U0232434

东北盐碱湿地鱼类与渔业

杨富亿　姜　明　李晓宇　文波龙　著

中国科学院战略性先导科技专项（A 类）
课题（XDA23060400 和 XDA28110400）资助出版

科 学 出 版 社
北　京

内 容 简 介

内陆天然盐碱湿地是国际《湿地公约》中的主要湿地类型之一。本书面向湿地科学的国家需求、学科前沿和国际前沿，是作者基于多年来从事内陆天然湿地鱼类资源调查和盐碱湿地渔-农-牧综合利用试验示范所获取的资料，总结科研与生产单位的新技术成果和群众经验并参考有关文献撰写而成的，旨在践行生态优先、绿色发展理念，促进生态文明建设和乡村振兴。全书共两篇6章，内容涉及湿地全球效益的两个方面——物种基因库功能和渔业功能，包括盐碱湿地鱼类种群多样性与群落多样性、盐碱湿地水环境与渔业的关系、沼泽湿地生态渔业、稻-渔-牧综合种养以及苏打盐碱湿地对虾的驯化移殖。书末给出相关附录6篇。

本书理论与生产相结合，既适合湿地鱼类学、渔业资源学、水产增养殖学方面的科研与技术人员及农户使用，又可作为湿地生态学、湿地生物多样性保护和生态工程等领域的科研人员、高校相关专业师生以及政府有关部门的参考书，也可作为湿地农业技术培训用书。

图书在版编目（CIP）数据

东北盐碱湿地鱼类与渔业／杨富亿等著. —北京：科学出版社，2023.8

ISBN 978-7-03-073843-1

Ⅰ. ①东… Ⅱ. ①杨… Ⅲ. ①盐碱地－沼泽化地－淡水养殖－研究－东北地区 Ⅳ. ①S964

中国版本图书馆 CIP 数据核字（2022）第 220748 号

责任编辑：孟莹莹 程雷星／责任校对：樊雅琼
责任印制：吴兆东／封面设计：无极书装

科 学 出 版 社 出版
北京东黄城根北街 16 号
邮政编码：100717
http://www.sciencep.com
北京中石油彩色印刷有限责任公司 印刷
科学出版社发行 各地新华书店经销

*

2023 年 8 月第 一 版 开本：787×1092 1/16
2023 年 8 月第一次印刷 印张：35 3/4
字数：848 000

定价：298.00 元

（如有印装质量问题，我社负责调换）

序 一

湿地是地球表层系统的重要组成部分，是自然界生物生产力较高的生态系统和人类文明的发祥地之一。湿地具有调蓄洪水、调节气候、净化水环境等巨大的环境调节功能，有“地球之肾”之称；具有多种供给与文化服务功能，是人类重要的生存环境和资源资本。科学保护与合理利用湿地资源是当前经济社会可持续发展的重要内容之一。

人类活动对湿地发生和演变的影响越来越大，甚至超过自然变化。持续的围垦、改造、污染和生物资源过度利用等人类活动与气候干旱等自然因素的共同影响，使得一些地区的湿地不断退化乃至丧失，目前我国湿地所面临的威胁也十分严峻。联合国千年生态系统评估报告也指出，湿地退化和丧失的速度超过了其他生态系统退化和丧失的速度。我国政府十分重视湿地的保护与合理利用，自 1992 年加入《关于特别是作为水禽栖息地的国际重要湿地公约》以来，相继采取了一系列重大举措来加强湿地保护与恢复，初步形成了以湿地自然保护区为主体的湿地保护体系，湿地保护率达 45%（2013 年）。2003 年，国务院批准发布了《全国湿地保护工程规划（2002～2030 年）》；2005 年，国家编制了《全国湿地保护工程实施规划（2005～2010 年）》；2012 年，国务院批准《全国湿地保护工程“十二五”实施规划》，其间在全球范围内率先完成国家湿地资源调查。2016 年《湿地保护修复制度方案》的出台，进一步完善了湿地保护管理制度体系，推动了湿地保护。2019 年，“国家湿地研究中心”的成立，标志着我国湿地研究国家级平台的建立和我国湿地研究进入了新阶段。在目前国家十分重视湿地研究工作的形势下，该书的出版具有特殊意义。

在人类活动和气候变化双重作用的影响下，湿地生态系统发生着剧烈的变化，急需更新湿地鱼类等生物多样性现状和变化的相关信息，满足湿地保护与管理的需求。中国科学院南京地理与湖泊研究所和中国科学院长春地理研究所（现中国科学院东北地理与农业生态研究所）共同完成的“中国湖沼系统调查与分类”（1993～1996 年），1998 年、1999 年分别出版的《中国湖泊志》《中国沼泽志》，国家林业局主持并于 1995～2003 年完成的首次全国湿地资源调查和 2009～2013 年完成的第二次全国湿地资源调查，都对我国主要湿地的类型、面积、分布、植被等信息进行了收集；中国科学院东北地理与农业生态研究所主持完成的国家科技基础性工作专项“中国沼泽湿地资源及其主要生态环境效益综合调查”（2013～2018 年），则在以往沼泽面积调查的基础上，进一步开展了沼泽水资源、泥炭资源、生物资源的调查。以上工作极大地丰富了我国沼泽与湖泊湿地资源状况的国情调查，推动了湿地保护工作的开展。但这些工作中还缺少较为重要的湿地鱼类资源调查。

20 世纪 90 年代以来，该书作者先后参与了多项全国性和区域性的湿地资源综合调查工作，在湿地鱼类资源方面积累了大量第一手资料。该书的第一篇即以这些资料为基础，系统地整理了东北地区内陆天然盐碱湿地的鱼类多样性现状，不仅为中国内陆水体鱼类多样性监测提供了基础资料，更重要的是弥补了我国目前开展的湿地资源调查中鱼类资源信息的不足，对于从事湿地研究的科研人员、湿地保护管理人员以及生物学、生态学、环境科学领域的工作者，都具有重要的参考价值。该书作为目前少有的介绍湿地鱼类多样性的专著，它的出版对促进我国湿地研究向更高层次发展、丰富湿地生态学的知识宝库、推动湿地特别是内陆盐碱湿地的生物多样性保护与合理利用，具有重要的理论意义和现实意义。

刘兴土

中国工程院院士

2020年3月

序　二

湿地作为一种陆地表层独特而重要的生态系统，在全球生态平衡中扮演着极其重要的角色。湿地提供水源涵养与水文调节、珍稀水禽和植物生境维持、碳蓄积和气候调节等重要的生态系统服务，在维系生态安全中发挥着不可替代的重要作用，是可持续发展进程中关系国家和区域生态安全的战略资源。受气候变化影响和人类活动扰动，全球湿地生态系统退化严重，过去的一个世纪中全球湿地面积减少了50%，远超过其他陆地生态系统退化和丧失的速度。

湿地被誉为“自然之肾”。它不仅具有丰富的自然资源，还具有巨大的气候调节功能和环境效益。湿地对江河起着重要的调节作用，具有蓄洪防旱、控制土壤侵蚀、促淤造陆等多种功能；湿地还是天然蓄水库，在调节气候、补充地下水、降解环境污染物等方面均有重要作用。湿地温室气体的排放与全球变化有密切关系。湿地是重要的自然资源，具有生物多样性富集的特点，生长栖息着众多的植物、动物和微生物，特别是作为珍稀水禽的繁殖地和越冬地，是重要的“物种基因库”。湿地是介于水体和陆地之间，兼有水、陆过渡性特征的生态类型，因此，其具有极高的生物生产力，可为人类持续地提供粮食、肉类、医药、能源及各种工业原料。湿地水土资源丰富，可以辟为良田、牧场、林地、芦苇生产基地和水产养殖基地。在保护生态环境前提下的合理开发，湿地可以为我国农、林、牧、副、渔业的持续发展做出重要贡献。湿地还是具有特殊风格魅力的生态旅游资源，也是人类教育、科研不可多得的试验基地。

我国湿地数量众多且类型多样，是世界上湿地资源较为丰富的国家之一，对湿地及其生物多样性研究十分重视。20世纪50年代，我国就已经建立了湿地科研机构，中国科学院所属研究所、高等院校及地质矿产部门从湿地的资源、环境、生物多样性及其保护与合理利用等不同方面，先后对一些地区的天然湿地进行了综合性或专题性的调查研究。1958年建立的中国科学院长春地理研究所（2002年其与中国科学院黑龙江农业现代化研究所整合组建了中国科学院东北地理与农业生态研究所），以沼泽湿地作为科研主攻方向之一，并于60～70年代完成了三江平原、松嫩平原、大兴安岭、小兴安岭、长白山区等区域性沼泽湿地的科学考察；80年代以来，以松嫩平原和三江平原为基地，开展沼泽湿地生态保护、恢复与可持续利用研究，建立了黑龙江三江平原沼泽草甸生态系统定位观测研究站，开始了沼泽湿地生态系统的定位研究；2000年以来，在松嫩平原西部开展盐碱沼泽湿地的生态恢复与可持续利用工程模式研究与示范，并建立了松嫩平原西部盐碱湿地生态研究站，为盐碱沼泽湿地恢复与可持续利用提供科技支持。

鱼类多样性是湿地生物多样性的重要组成部分。鱼类多样性具有生物多样性层面的物种资源和可供利用的自然渔业资源双层含义，鱼类多样性及其群落结构动态是湖泊沉积物质量与沼泽湿地生态系统健康评价的重要指标之一。因此，进行湿地鱼类多样性调查十分必要和重要。同时，养殖鱼类的引入与其他鱼类的非目的性带入、外来鱼类从养殖水体向自然水域逃逸等多种原因，使天然湿地中外来鱼类物种增加，有的已建群，在渔获物中占有一定比例。水产养殖业和水利工程建设的不断发展，引种、宗教放生活动的日益频繁，将引起外来鱼类物种数目增加、种群规模与分布范围扩大，进而加大入侵物种对湿地生态系统的影响甚至导致生态灾难。及时掌握外来物种的多样性状况，是有效预测、鉴别入侵物种和进行引种风险评估的重要依据，是区域性湿地生物多样性保护的一项重要研究课题。

盐碱湿地是地球内陆天然湿地的主要类型之一。我国是世界上盐碱湿地众多的国家之一，西起西藏、新疆经青海、甘肃、宁夏、陕西、山西、内蒙古、吉林至东北边陲的黑龙江等省（自治区）分布着数量庞大的现代盐碱湿地，它是北半球盐碱湿地的重要组成部分，在我国西部和北部的半壁江山中构成一道特殊的自然景观。东北地区的内陆盐碱湿地主要分布在松嫩平原、呼伦贝尔高原、锡林郭勒高原。关于我国内陆盐碱湿地的鱼类多样性情况，早在 20 世纪 60 年代就有过乌梁素海、岱海、达赉湖（呼伦湖）、青海湖以及新疆境内部分盐碱湿地的专题报道，冀北、新疆和晋南地区部分盐碱湿地也有一些零星的材料。70 年代研究人员对以达里湖为中心的锡林郭勒高原盐碱湿地鱼类资源做过系统的调研。80 年代全国渔业资源调查与区划期间，研究人员对前进湖、乌梁素海、红碱淖、河口水库、岱海、黄旗海、达赉湖（呼伦湖）、达里湖、查干湖、庆平湖、库仑淖以及银川、晋南、冀北、乌兰察布盟（现乌兰察布市）等地区的盐碱湿地做过鱼类学调研；新疆资源开发综合考察期间研究人员对博斯腾湖、柴窝堡湖、乌伦古湖、赛里木湖等盐碱湿地进行过鱼类与渔业调研。90 年代地方水产生产与科研部门在盐碱湿地鱼类资源调查与合理利用方面做了大量工作，并有相关文献报道。2006 年国家科技基础性工作专项“中国湖泊水质、水量和生物资源调查”启动，其中涉及蒙新高原一些盐碱湖泊湿地的鱼类资源调查。

该书作者以长期从事湿地鱼类多样性科学研究所积累的大量资料为基础，基于生物多样性及其保护生物学与环境生物学的相关理论，从鱼类种群与群落的 α 多样性和 β 多样性层面，系统地阐述了东北地区内陆天然盐碱湿地鱼类区系特征和物种多样性概况，分别给出国家级重点保护水生野生动物、中国易危种、中国特有种、东北地区特有种、冷水种以及盐碱湿地独有种的物种数目与分布特征，研究、分析鱼类群落生态多样性指数与盐碱湿地生态环境因子的关系，探讨盐碱湿地鱼类多样性下降的驱动因素，为促进盐碱湿地鱼类多样性保护与持续健康发展，合理开发利用高盐碱湿地耐盐碱鱼类种质资源，提供了理论与实践依据。

北京师范大学环境学院教授

2020 年 6 月 3 日

序　三

我国是世界渔业大国，也是内陆渔业大国。2018 年，我国内陆渔业产量 3165 万 t（其中养殖产量 2960 万 t），占世界内陆渔业总产量的 49.8%，为改善民生、发展经济做出了重要贡献。然而，由于内陆水域污染和生物多样性降低，耕地和水资源制约，以及严厉环保政策的实施等，近些年我国内陆渔业发展受到了一定影响。为此，农业农村部等十部委联合印发了《关于加快推进水产养殖业绿色发展的若干意见》，提出“加快构建水产养殖业绿色发展的空间格局、产业结构和生产方式”，并将“加强盐碱水域资源开发利用，积极发展盐碱水养殖”作为拓展水产养殖空间的重要举措之一。

我国具有广阔的盐碱湿地，低洼易涝盐碱荒地资源超过 2000 万 hm^2，其中，不宜种植作物且靠近水系的宜渔低洼易涝盐碱荒地 300 万 hm^2 以上，改造和利用这部分国土资源一直是我国区域农业综合开发的重要内容。

对于低洼盐碱土地的利用，人们常采取化学、生物和工程技术措施改良土质或水质后再进行利用。人们曾用磷石膏和糖醛渣改良碱土和碱化潮土，也曾用泥炭等改良盐碱土。化学技术措施通常由于具有明显的副作用或技术还不成熟而应用规模不大。生物排水法也称植树造林法，其作用范围有限。利用传统的工程技术措施，如垂直排水（或称机电排水）、明沟排水、暗管排水等工程措施可有效降低地下水位，但通常工程量大、成本较高。现在人们找到了一种较好地改造低洼盐碱土地的工程技术，即基塘渔农系统，俗称上粮下渔法，实现了盐碱国土资源的高效渔农综合开发。

对于大型盐碱水域的渔业综合利用，可根据水质特点和水域生物多样性提供的生态服务功能，放养、增殖、引进适宜种类和数量的耐盐碱经济水生动物，开展生态旅游、游钓等活动，以高效生产安全的水产品，提高就业水平，促进区域经济社会发展。

无论是低洼盐碱土地渔农综合开发还是大型盐碱水域的渔业综合利用，都需要以对水环境特点、鱼类多样性、生物群落多样性和备选增养殖生物的认知为前提。该书作者长期从事盐碱湿地鱼类与渔业研究，积累了大量盐碱水域生态学资料和成果。该书前 3 章详尽地介绍了天然盐碱湿地鱼类种群多样性、群落多样性和盐碱湿地水环境与渔业的关系，为我国盐碱地和盐碱水域的渔业利用提供了不可多得的基础资料。

该书作者长期从事盐碱湿地渔-农-牧综合利用技术研发、集成和示范工作，创建了芦苇沼泽、沼泽泡沼、沼泽型湖泊（水库）稻-渔-牧、莲-渔、菱-渔等天然盐碱湿地生态渔业模式，研发了盐碱水域对虾驯养、河蟹合理放养等技术，对我国东北盐碱地渔业的持续健康发展起到积极的推动作用。

在我国践行生态优先、绿色发展理念，落实创新驱动发展战略、乡村振兴战略和可持续发展战略的当下，该书的出版非常必要和及时，相信会对我国内陆盐碱水渔业科研与生产持续健康发展起到重要的指导作用。在此，也期盼作者有更多、更好的著作问世。

中国海洋大学水产学院教授

2021 年 7 月于青岛

前　　言

作者基于生态优先、绿色发展理念，面向湿地科学的国家需求与学科前沿而撰写了本书。书中所述盐碱湿地，包括《关于特别是作为水禽栖息地的国际重要湿地公约》（简称《湿地公约》）中的盐湖（咸水、半咸水、碱水湖）、时令盐湖（季节、间歇性咸水、半咸水湖及其浅滩）、内陆盐沼（盐碱水沼泽及面积小于 $8hm^2$ 的水面）、时令碱（咸）水盐沼（季节性盐沼及其泡沼）和草本沼泽，其公约指定代码分别为 Q、R、Sp、Ss 和 Tp。此外，还有宜渔低洼易涝盐碱地。

一、盐碱湿地鱼类多样性

湿地是地球上重要的生态系统和人类宝贵的生存环境之一。自 20 世纪 70 年代，湿地研究就成为国际环境科学和生态学研究的热点问题之一。美国成立了湿地科学家协会（Society for Wetland Scientists），加拿大建立了湿地工作组（Wetland Working Group）、出版了《湿地》（*Wetlands*）和《加拿大湿地》（*Wetlands of Canada*）等专著。在湿地分类系统中，美国学者 L. M. Cowardin 等把湿地分为滨海湿地、河口湿地、河流湿地、湖泊湿地和沼泽湿地。1971 年 2 月 2 日，来自加拿大、英国、苏联等 18 个国家的政府代表在伊朗拉姆萨尔签署了旨在保护和合理利用全球湿地的《湿地公约》，1975 年 12 月 21 日正式生效，表明湿地已引起国际有关政府的重视。1980 年首次国际湿地大会在印度召开，并规定每隔 4 年召开一次，标志着湿地研究步入新阶段。为了保护湿地，美国于 1977 年颁布了第一部湿地保护法规。1992 年，加拿大颁布了《联邦湿地保护政策》，该政策承诺加拿大政府保证联邦领土上的湿地功能无损失。1995 年美国开始实施一项总投资为 6.85 亿美元的湿地项目，旨在重建佛罗里达大沼泽地，于 2010 年完成。

截至 2020 年，我国湿地面积约 41.2 万 km^2，仅逊于加拿大、俄罗斯和美国，位居亚洲第一，《湿地公约》划分的 42 类湿地在中国都有分布，不仅湿地类型繁多，生物多样性丰富，还具有青藏高原特有湿地类型和许多独特的湿地生物物种。我国一直重视湿地科学研究，20 世纪 50 年代就开始了系统的湿地科学研究工作。1958 年我国建立了沼泽湿地研究专门机构——中国科学院长春地理研究所（2002 年其与中国科学院黑龙江农业现代化研究所整合组建了中国科学院东北地理与农业生态研究所），并主持完成 1960～1970 年首次全国沼泽资源调查和 90 年代第二次全国沼泽资源调查；1985～1988 年由中国科学院南京地理与湖泊研究所主持完成全国湖泊资源调查；1992 年我国成为《湿地公约》缔约国，并在联合国环境与发展大会之后制定的《中国 21 世纪议程》中，将湿地保护与合理利用列为议程的优先项目；1993～1996 年，中国科学院南京地理与湖泊研究所和中国科学院长春地理研究所共同完成“中国湖沼系统调查与分类研究”项目；1994 年国家林业部主持召开了“中国湿地保护研讨会”，部署全国湿地资源调查工作，并组织牵头制定《中国湿地保护行动计划》；同年，国家环保局也向全国发出《关于加强湿地生态保护工作的通知》；1995 年中国科学院所属 15 个研究所联合，依托中国科学院长春地理研究所，成立了“中国科学院湿地研究中心”；由国家林业局主持完成 1995～2003 年首次全国湿地资源调查和 2009～2013 年第二次全国湿地资源调查，在此基础上编制了《全国湿地保护工程规划（2002～2030 年）》和不同时期的《全国湿地保护工程实施规划》及《湿地保护修复制度方案》；由中国科学院南京地理与湖泊研究所主持完成 2006～2011 年“中国湖泊水质、水量和生物资源调查”和 2014～2019 年“中国湖泊沉积物底质调查”；2013～2018 年由中国科学院东北地理与农业生态研究所主持完成“中国沼泽湿地资源及其主要生态环境效益综合调查”。基于长期的湿地研究工作，并依托中国科学院东北地理与农业生态研究所，2019 年成立了由中国科学院与国家林业和草原局合作共建的“湿地研究中心”。国家级湿地研究中心的成立，标志着我国湿地研究国家平台的建立和我国湿地合作研究进入了新阶段，将为我国湿地管理、湿地保护与修复、履行《湿地公约》提供强大的技术支撑。2022 年 6 月 1 日起正式施行的《中华人民共和国湿地保护法》是我国首部系统、全面的湿地保护法律，标志着我国湿地管理与保护、湿地修复与合理利用上升到法律层面。

盐碱湿地在地球内陆湿地中占有相当的比例，如世界盐湖湿地总面积仅略小于淡水湖。截至 2020 年，我国现有湿地中，盐碱湿地面积超过 2000 万 hm^2，所占比例超过 37.44%；其中，湖泊湿地总面积中约有一半是盐碱湖泊湿地。新中国成立后，党和政府十分重视盐碱湿地资源的调查与开发。相比于其他类型的盐碱湿地，盐湖湿地因具有丰富的矿产资源和可观的生物资源，对其所做的研究工作相对较多。1957 年国家成立了“中国科学院盐湖科学调查队”，组织全国有关单位开展了新疆、青海、甘肃、宁夏、内蒙古等省（自治区）的盐湖资源调查。在此基础上，于 1960 年召开了第一届全国盐湖盐矿学术会议，在我国掀起了盐湖资源调查和开发研究的高潮。1963 年中华人民共和国国家科学技术委员会成立了盐湖专业组，进一步推动了我国盐湖事业的发展。1964 年我国又制定了盐湖科技发展十年规划。1965 年还建立了专门研究机构——中国科学院青海盐湖研究所，全国盐湖科学研究进入了崭新时期。

早期的盐湖科学研究主要是地质学者基于开发利用矿产资源而立足于水化学和地质特征的研究，仅少数学者研究盐水水体的生物区系和分布。20 世纪 60 年代，我国开始从渔业利用方面研究盐碱湿地的水生生物资源，中国科学院青海盐湖研究所、中国科学院南京地理与湖泊研究所等单位先后对青海湖、岱海、乌梁素海等盐碱渔业湿地进行过颇具规模的饵料基础和鱼类资源调研。70 年代大连水产学院（现为大连海洋大学）在“达里湖渔业资源和增殖”项目中，基于该湖大量死鱼原因和渔业利用研究的成果，首次阐明了碱度和 pH 的协同作用是内陆碳酸盐类盐碱湿地水环境的重要生态限制因子。80 年代大连水产学院、中国水产科学研究院黑龙江水产研究所等单位对山西运城盐湖和新疆艾比湖的卤虫资源做过调研；由大连水产学院主持完成的“黄河水系渔业资源调查”项目中，对黄河中游的盐碱渔业湿地乌梁素海、红碱淖、前进湖及河口水库进行了水化学和渔业生物资源的调查；中国科学院新疆资源开发综合考察队完成了对新疆水生生物资源与渔业的考察，其中涉及部分盐碱湿地。90 年代中国水产科学研究院黑龙江水产研究所等单位先后对新疆、青海和内蒙古三省（自治区）的高盐碱湖泊湿地的水化学、浮游生物及卤虫资源进行了全面调研；大连水产学院在“内陆盐水水域生物资源的调查和利用”项目中，对晋南、宁夏银川、河北张家口、内蒙古乌兰察布盟和吉林白城地区的40多个盐碱水体进行了调研；新疆维吾尔自治区水产科学研究所等单位对赛里木湖、博斯腾湖、柴窝堡湖等盐碱湿地进行了鱼类和渔业资源的专题调研。2000年以来，大连海洋大学、中国地质科学院矿产资源研究所盐湖中心等有关部门对西藏地区多个盐湖的浮游生物做过调研。

湿地生物多样性是湿地生态系统的重要生态特征。湿地为众多濒危野生动植物提供栖息与繁衍地，被誉为“物种基因库”，这是湿地的全球效益之一。鱼类作为生物多样性的重要成分，是湿地生态系统有机组成、维持湿地生态平衡不可或缺的因素，对湿地生物多样性持续健康发展起着重要作用。鱼类多样性具有生物多样性层面的物种资源和可供利用的自然渔业资源双层含义。鱼类多样性及其群落结构动态是湖泊湿地沉积物质量评估与沼泽湿地生态系统健康评价的重要生物学指标，因而开展湿地鱼类多样性调查就显得十分必要和重要。新中国成立以来我国还未开展过湿地鱼类资源的专题调查，在以往进行的全国性和区域性的湿地资源综合调查与专项调查工作中，也缺少这部分较为重要的湿地鱼类资源内容。所出版的相关专著，如《中国湖泊调查报告》（2019年）、《中国沼泽志》（1999年）、《中国湖泊志》（1998年）、《中国湖泊资源》（1989年）等在介绍特定湿地鱼类多样性状况时，多半是以引用资料为主概括性描述鱼类种类组成和渔获量，缺少种群与群落层面的α多样性与β多样性特征的系统分析与讨论。在以往进行的全国性湿地资源调查中，虽然也涉及部分盐碱湿地，但因鱼类学方面采样调查所做工作不多，缺少系统的总结论述，以致有关内陆盐碱湿地的鱼类多样性情况，迄今所知较少。所见到的相关文献资料，如《中国湖泊调查报告》（2019年）、《中国盐湖生态学》（2010年）、《中国北方内陆盐水水域鱼类的种类和多样性》（2002年）、《不同盐碱度水体的鱼类区系结构及主要经济鱼类生长的比较》（2000年）、《新疆资源开发综合考察报告集：新疆水生生物与渔业》（1989年）、《黄河水系渔业资源》（1986年）等对特定盐碱湿地鱼类多样性的记述，大部分也是以引用资料为主的小区域尺度的概括性描述。

东北地区的盐碱湿地集中分布在松嫩平原和呼伦贝尔高原与锡林郭勒高原，从国家科技基础性工作专项重点项目“中国湖泊水质、水量和生物资源调查”（2006FY110600）和“中国湖泊沉积物底质调查”（2014FY110400）的野外调查发现，只有其中的39片盐碱湖泊沼泽湿地有鱼类生存，在其他类型的盐碱湿地尚未见到鱼类。以往有关该区盐碱湿地鱼类多样性的报道，仅见于文献中个别湿地鱼类物种数目的描述，同样也缺少系统的采样调查与总结。例如，《黑龙江省渔业资源》（1985年）和《黑龙江水系渔业资源》（1986年）记录的鱼类合计呼伦湖有21种，乌兰泡有9种，达里湖有13种（包括附属湖泊），连环湖有41种，扎龙湖有20种；《黑龙江鱼类》（1981年）记录的鱼类连环湖有40种、呼伦湖有28种；《达里湖水化学和水生生物学研究》（1981年）报道达里湖只有5种耐盐碱鱼类（瓦氏雅罗鱼、鲫、麦穗鱼、达里湖高原鳅和九棘刺鱼）；《达里湖地区的鱼类区系》（1982年）报道了达里湖水系18种鱼类；《内蒙古锡林郭勒高原东半部内陆水系的鱼类》（1992年）记述了锡林郭勒高原东部乌拉盖盆地11种鱼类；《查干淖尔鱼类组成及区系分析》（2002 年）报道查干淖尔湿地 12 种鱼类。为了摸清东北地区内陆盐碱湿地鱼类物种多样性的概况，促进盐碱湿地生物多样性恢复与持续健康发展，合理开发利用高盐碱湿地耐盐碱鱼类种质资源，作者以野外调查获取的 39 片盐碱湖泊沼泽湿地鱼类学资料为基础，同时参考文献资料，从鱼类种群多样性与群落多样性层面，结合生物多样性及其保护生物学和环境生物学的相关理论，阐述东北地区内陆天然盐碱湿地鱼类区系特征、物种多样性结构、群落生态多样性指数及其与湿地生态环境因子的关系，作为本书第一篇内容。

二、盐碱湿地渔业绿色发展

我国是盐碱水域和盐碱地较多的国家，盐碱地资源9900多万公顷，盐碱水域约4600万hm^2，主要分布在东北、华北、西北内陆地区以及长江以北沿海地带。我国绝大部分盐碱地和盐碱水域长期处于荒置状态。在盐碱地和盐碱水域开展水产养殖和渔农综合利用，“以渔降盐、以渔治碱、种养结合”，既利用盐碱水养殖水产品，发展水产养殖业，增加水产品的供给，又可改造盐碱地为农田，变废为宝，增加大量耕地面积。将“白色荒漠”的盐碱地，改造成可以种养结合的“鱼米绿洲”，既对保障粮食生产安全有重要战略意义，又对增加渔业发展新空间、增加农业土地资源及盐碱环境生态修复具有重要现实意义，对促进这些地区的乡村产业发展和乡村振兴也有重要作用。“三北”地区，由于气候干燥、降水量少和水分蒸发超过补给等，有些渔业湿地水质逐渐高盐碱化，一般 pH 在 8.5 以上，有时达到 10.0 以上。由于水质高盐碱化，水生生物赖以生存的生态环境发生较大的变化，一些水生生物资源已逐渐趋于灭绝，致使渔业生产受到严重影响。

渔业是国民经济的重要产业之一，是农业农村经济的重要组成部分。相比于其他产业，渔业是湿地合理利用的高适合性产业。新中国成立 70 多年特别是改革开放 40 多年来，我国渔业发展取得了历史性变革和举世瞩目的巨大成就，在保障农产品供给和国家粮食安全、增加农民收入和就业、加强生态文明建设等方面发挥了重要作用，为世界渔业发展贡献了“中国智慧”“中国方案”和“中国力量”。党的十八届五中全会提出“创新、协调、绿色、开放、共享”的发展理念，将绿色发展作为我国经济社会长期发展的一个重要理念。习近平同志在十九大报告中指出，加快生态文明体制改革，建设美丽中国。新时代渔业高质量发展需要新的理论支撑，渔业现代化和建设渔业强国需要有一个旗帜鲜明的大方向、大目标，绿色发展是渔业未来发展的必然选择。2019 年 1 月，农业农村部等 10 部委联合印发了《关于加快推进水产养殖业绿色发展的若干意见》，这是新中国成立以来第一个经国务院批准、专门针对水产养殖业的指导性文件，是新时期中国水产养殖业发展的纲领性文件，使渔业绿色发展的方针得到进一步加强。

在生态优先的前提下，合理利用盐碱湿地、发展盐碱水渔业是国内外研究的重点领域之一。20 世纪 90 年代以来，国家水产主管部门将“低洼盐碱地和高盐碱水域渔业生物资源利用途径研究”列入“内陆天然水域生态渔业应用技术基础研究”，国家自然科学基金委员会将“内陆天然水域生态渔业应用技术基础研究”列入水产学科优先发展的应用基础研究领域，其成为国家自然科学基金水产学科方面重大、重点项目的资助对象。2000 年以来召开的中国水产学会学术年会和历届世界水产养殖大会上，盐碱水渔业多次成为大会专题之一。

国际上盐碱水渔业较发达的国家当属印度和澳大利亚。我国的盐碱水渔业虽然起步较晚，但发展较快。早在 1958 年我国就成立了国内首家盐碱地利用科研机构——辽宁省盐碱地利用研究所，开展了滨海和近海内陆盐碱湿地渔业利用的研究。20 世纪 90 年代以来，中国海洋大学、山东省淡水水产研究所（现山东省淡水渔业研究院）等单位广泛开展了黄淮海平原低洼盐碱地以渔改碱技术及渔-农-牧结合综合利用模式与技术的研究，提出“顺应性改碱”的策略；中国水产科学研究院东海水产研究所在滨海水产养殖品种与技术模式研发以及西北内陆地区盐碱地驯化移殖海洋生物等方面都做了大量工作。基于长期的盐碱地渔业研究工作，“中国水产科学研究院盐碱地渔业工程技术研究中心”（依托中国水产科学研究院东海水产研究所）和“山东省盐碱地渔业工程技术研究中心”（依托山东省淡水水产研究所）2005 年先后成立。由山东省淡水水产研究所、中国海洋大学、中国科学院南京地理与湖泊研究所和中国科学院水生生物研究所共同完成的“低洼盐碱地池塘规模化养殖技术研究与示范”项目，建立了由挖池抬田技术、农艺降盐碱技术、渔-农生态工程技术、水质调控技术、防病技术、节水养殖技术、名优种类养殖技术等要素构成的低洼盐碱地渔-农综合利用技术体系，并获得了 2006 年度国家科学技术进步奖二等奖。

我国目前已从理论上初步阐明了盐碱水环境的特性对养殖生物的影响，从实践上创建了多元化的盐碱水水产养殖技术模式。面对我国渔业生产中可利用资源的日益萎缩，以及水产品需求量不断增加的形势，迫切需要开辟渔业生产新领域，形成新的渔业生产力。开发利用我国丰富的盐碱湿地资源发展盐碱水渔业，不仅拓宽了我国渔业发展领域，增强了渔业自主创新能力，还对我国渔业经济可持续发展，维护食物保障产生积极作用。新中国成立 70 多年特别是改革开放 40 多年来，我国在内陆盐碱地渔业学科领域取得了丰硕成果，积累了丰富的科研与生产资料。系统地总结这些新技术成果，将广大群众和生产单位零散的技术经验编撰成籍，使之转化为生产力，可为盐碱湿地渔-农-牧综合利用提供技术支撑，提高盐碱湿地开发利用的经济效益，从而推动我国盐碱水渔业持续健康发展。

内陆天然湿地除了具有“物种基因库”功能之外，渔业功能也是其重要功能之一。渔业不仅是湿地的高适合性产业，还是湿地经济的重要产业模式。通过建立渔业产业模式，可实现天然湿地生态恢复、保护与合理利用的协调统一。我国十分重视盐碱湿地渔业开发利用的科学研究。在 1997 年国家自然科学基金委员会编辑的“自然科学学科发展战略调研报告”丛书中的《水产学》中，高盐碱型内陆水域生物资源研究，对虾对高盐碱水域适应机制研究，以及低洼盐碱荒地资源渔、农、牧结合综合利用研究，作为“低洼盐碱地和高盐碱水域生物资源利用途径研究”的内容，被列入水产学优先发展的应用基础研究领域——天然水域生态渔业应用技术基础研究。2018 年 7 月，农业农村部印发了《农业绿色发展技术导则（2018～2030 年）》，该导则将低洼盐碱地渔业绿色技术和模式的研究与推广作为主要任务之一纳入其中。2018 年以来实施的国家重点研发计划“蓝色粮仓科技创新”重点专项中，“盐碱水域生态工程化养殖技术与模式”为其中的项目之一，研究内容包括“盐碱水质综合改良调控与绿色养殖技术”“筛选、移殖、驯化盐碱水质适宜养殖种类”和“构建盐碱水渔业综合利用模式”。

20 世纪 90 年代，中国科学院东北地理与农业生态研究所在松嫩平原碳酸盐型盐碱湿地生态渔业技术研究过程中，创建了碳酸盐型盐碱沼泽湿地苇-蟹（鱼）、苇-稻-蟹（鱼）、稻-渔-牧、莲-渔、菱-渔等生态渔业模式。2000 年以来，通过“苏打盐碱泡沼对虾养殖技术研究”“吉林西部退化湿地生态修复及合理利用模式与技术研究”“大安市大岗子镇牛新套保苇场退化湿地恢复和重建与可持续利用科技示范”等项目的试验示范，发现来自海洋的对虾不仅可以成功地在黄淮海平原低盐度氯化物型盐碱水环境驯化养殖，还对内陆高碱度、高 pH 的碳酸盐型盐碱水环境具有一定的适应能力，可以进行梯度递增的高碱度驯化，并通过调整水环境阳离子的比例关系，有望使水质达到满足其生存与生长的要求；还针对自然条件下河蟹无法适应高盐碱水环境、成蟹生产潜力尚无成熟的估算方法以致蟹种合理放养密度难以确定等关键问题，探索出高盐碱水环境蟹种适应性驯化技术和成蟹生产潜力估算继而确定蟹种合理放养密度的方法，解决了高盐碱湿地河蟹生态养殖可持续发展的关键难题，提出基于湿地生态保护的盐碱芦苇沼泽湿地河蟹可持续养殖模式。以上内容作为“吉林西部退化盐碱湿地恢复与合理利用关键技术研究”的重要成果之一，获得 2015 年度吉林省科技进步奖一等奖。

作者以上述科研工作积累为基础，结合近年来实施的中国科学院战略性先导科技专项（A 类）“美丽中国生态文明建设科技工程”课题“东北农牧交错带生态功能提升与绿色发展示范”（XDA23060400）和中国科学院战略性先导科技专项（A 类）“黑土地保护与利用科技创新工程”课题“盐碱湿地资源利用与生态功能提升模式”（XDA28110400）的试验示范成果，同时广泛搜集、整理东北地区盐碱湿地渔-农-牧绿色发展学科领域所取得的新技术成果和广大群众及生产单位零散的实践经验，作为本书的第二篇内容。

全书由两篇 6 章组成。第一篇论述天然盐碱湿地鱼类多样性，由第 1 章和第 2 章构成，分别论述了盐碱湖泊沼泽湿地鱼类种群多样性和群落多样性。第 1 章通过两个盐碱湿地区（松嫩平原和内蒙古高原）、5 个盐碱湿地群（吉林西部、齐齐哈尔、大庆、呼伦贝尔高原和锡林郭勒高原），记述了东北地区 39 片盐碱湖泊沼泽湿地鱼类群落的物种多样性概况，其中的 24 片湖泊沼泽包含在《中国沼泽志》所列 11 片重点沼泽范围内，调查与整理出的鱼类物种合计 6 目 13 科 49 属 72 种和亚种，其中包括国家二级重点保护水生野生动物 1 种、中国易危种 4 种、中国特有种 6 种、东北地区特有种 15 种、冷水种 15 种和盐碱湿地独有种 34 种（6 目 10 科 30 属）；结合松辽平原水系变迁的地史资料，提出“松嫩平原盐碱湿地鱼类区系形成于松辽古大湖，呈现南北方物种相互渗透的过渡性特征”的思想；对盐碱湿地与淡水湿地的鱼类物种多样性特征进行了分析、比较。第 2 章通过松嫩平原 13 片主要盐碱渔业湿地和东北地区 38 片盐碱湿地（包括渔业和非渔业湿地），探讨东北地区内陆盐碱湿地鱼类群落 α 多样性、β 多样性、群落关联性、群落隔离性以及 α 多样性指数与水环境因子的关系，认为目前盐碱湿地鱼类多样性所呈现出的下降趋势，主要缘于湿地水环境碱度的升高及其与湿地面积的协同效应；提出湿地鱼类多样性评价的新方法——群落等级多样性指数法。

第二篇探讨宜渔盐碱湿地渔-农-牧绿色发展，由第 3～6 章构成，分别介绍盐碱湿地水环境与渔业的关系、沼泽湿地生态渔业、稻-渔-牧综合种养和苏打盐碱湿地对虾的驯化移殖。第 3 章从盐碱湿地养殖水化学特征及其对养殖生物的影响角度，阐述盐碱湿地水环境因子与渔业增养殖的关系，并以碳酸盐类盐碱湿地水环境为例，探讨盐碱湿地不同增养殖模式与盐碱水环境因子的关系，提出基于水产养殖的盐碱湿地水质改良技术。第 4 章基于湿地资源分布的地理特征和类型以及盐碱湿地渔业增养殖与水化学的关系，介绍盐碱沼泽湿地4种生态渔业发展途径（苇-渔综合养育、基于生态恢复的苇-渔综合养育、沼泽化水体放养渔业及莲（菱）湿地生态渔业）和11种模式与技术（苇-鱼、苇-蟹、苇-虾、多物种共生、苇-鱼-虾、碳汇渔业、盐碱泡沼放养渔业、泡沼型水库放养渔业、东北蝲蛄养殖、莲-渔和菱-渔技术模式）；针对自然条件下河蟹无法适应高盐碱水环境、成蟹生产潜力尚无有效的估算方法以致蟹种合理放养密度难以确定等关键问题，探索出蟹种高盐碱水环境的适应性驯化技术和成蟹生产潜力估算进而确定蟹种合理放养密度的方法。第5章介绍盐碱湿地稻-渔-牧综合种养途径，基于稻-渔生态经济学基础和苏打型稻-鱼盐碱湿地微生物学特征的分析，提出7种盐碱湿地稻-渔-牧绿色发展模式与技术（稻-鱼、稻-鸭、稻田养殖东北蝲蛄、稻-鱼-菇、稻-鱼-苇、稻-鱼-苇-蒲和稻-鱼-麦），并凝练成相关的技术规范。第6章基于水环境因子与对虾生存和生长的关系、碱度和pH对对虾的生态毒理学效应、对虾的环境适应性以及碱水湿地对虾生长与水环境因子的关系的系列实验研究，探讨内陆盐碱湿地驯化移殖对虾的可能性。

本书还以书末附录的形式，给出与本书内容相关的附录6篇。

本书内容涉及湿地全球效益中的两个方面——物种基因库功能和渔业功能。物种基因库功能主要体现在第一篇，其中所采用的渔获物样本的采集与统计方法，除特殊环境外，均按照《内陆鱼类多样性调查与评估技术规定》（中华人民共和国生态环境部制定）和《生物多样性观测技术导则 内陆水域鱼类》（HJ 710.7—2014）的相关规定进行。鱼类的中文名、拉丁名与分类系统，以《东北地区淡水鱼类》（2007年）和《中国内陆鱼类物种与分布》（2016年）为蓝本，兼顾习惯性。撰写体系和架构大部分采用了HJ 710.7—2014的相关规定。渔业功能主要体现在第二篇，撰写时，无论是总结已有的资料，还是对群众经验与生产单位资料的总结、凝练以及对搜集到的其他科研成果的整编，都力求科学性、系统性、适用性和实用性，兼顾前沿性，理论与科普相结合，着力构建适宜于东北地区发展的、可供其他地区借鉴的盐碱湿地渔-农-牧绿色发展技术体系，使读者不仅能获得相关学科的比较系统的基础知识，还能被引导进入当代湿地科学研究的前沿，推动农业农村现代化生产实践。

作者将湿地的物种基因库功能和渔业功能寓于一体，成书出版，其主要目的在于：一是推进生态文明建设和乡村振兴，构建内陆天然盐碱湿地渔-农-牧绿色发展技术体系，为盐碱湿地渔-农-牧工程化产业模式的建立提供技术支撑；二是弥补我国以往湿地资源调查中鱼类资源信息的缺失，丰富我国湿地生态学内容，推进我国湿地学科体系建设，有裨于东北地区湿地渔业面向经济与生态建设的发展战略研究和湿地渔业中长期发展规划的制定，促进内陆盐碱湿地渔业生态学、渔业资源学、渔业增养殖学等盐碱水渔业新兴学科的建立与持续健康发展，并为我国寒区、旱区湿地渔业持续健康发展提供基础资料和科技支持；三是总结新中国成立70多年特别是改革开放40多年来东北地区内陆天然盐碱湿地鱼类多样性科学研究成果和盐碱湿地渔-农-牧综合利用生产经验，为推动东北地区盐碱湿地鱼类和渔业学科发展提供理论指导和实践依据，并为我国高盐碱型内陆湿地鱼类种质资源利用途径研究和盐碱湿地渔-农-牧改良生态环境与综合利用技术研发提供借鉴；四是为中国生物多样性监测与研究网络（Biodiversity Observation Network of China，Sino BON）

之下的内陆水体鱼类多样性监测网（Sino BON-Inland Water Fish）提供东北地区内陆天然盐碱湿地鱼类多样性的基础资料。总之，作者希望本书在我国湿地鱼类多样性及其保护科学研究上有所补充，在盐碱湿地渔-农-牧绿色发展方面有参考价值。

本书所涉及的科研工作得到了有关项目的资助和课题组成员的密切配合。相关项目、课题、专题的负责人有中国科学院南京地理与湖泊研究所张恩楼、吴艳宏（已调离）、姚书春、鲍琨山、薛滨，中国科学院东北地理与农业生态研究所文波龙、王志春、吕宪国、杨福、杨富亿、李秀军、李晓宇、姜明，中国科学院沈阳应用生态研究所孙毅。参加野外工作的人员有中国科学院南京地理与湖泊研究所姚书春、陶井奎、鲍琨山，中国科学院东北地理与农业生态研究所文波龙、刘淼、杨富亿、张继涛、李景鹏、李秀军、李晓宇、娄彦景、娄晓楠，哈尔滨师范大学肖海丰。上述单位的在读学生也参加了部分工作。此外，地方水利（水务）、农业（畜牧水产）、环保、地方志管理部门、图书馆部门和保护区管理机构等相关单位以及工作地区的乡（镇）农业技术推广站都给予了大力支持和帮助，并提供了宝贵的第一手资料，恕不一一列出，在此一并致谢。

非常感谢老一辈湿地学家、中国工程院院士刘兴土先生，北京师范大学环境学院崔保山教授，中国海洋大学水产学院董双林教授分别为本书撰写序。本书所采用的资料，除了作者工作积累之外，还参考了大量文献资料，同时也向参考文献中的诸位作者深表感谢。本书的相关研究工作得到中国科学院战略性先导科技专项（A 类）课题“东北农牧交错带生态功能提升与绿色发展示范”（XDA23060400）和“盐碱湿地资源利用与生态功能提升模式”（XDA28110400）的资助。

由于作者学识所限，本书所阐述内容难免有疏漏之处，诚望专家学者和其他读者提出宝贵意见，以便在今后的工作中及时修正。

根据 2019 年 1 月农业农村部等 10 部委联合发布的《关于加快推进水产养殖业绿色发展的若干意见》和 2020 年中央一号文件中“推进水产绿色健康养殖”重要部署，为推广先进适用的水产绿色健康养殖技术和模式，加快推进水产养殖业绿色发展，2020 年 3 月《农业农村部办公厅关于实施 2020 年水产绿色健康养殖“五大行动”的通知》，决定从 2020 年起实施水产绿色健康养殖“五大行动”，盐碱水绿色养殖技术模式被列为农业农村部筛选的 9 项推广技术模式之一。展望未来，随着我国湿地基础研究和应用研究水平的不断提升，面向湿地科学的国家需求、学科前沿和国际前沿，盐碱湿地生物多样性及其保护研究将会持续稳步推进，围绕盐碱湿地渔-农-牧绿色发展体系建设的绿色技术、发展模式等重大科学问题的综合研究也将会跃上新台阶，基于坚实、完善技术支撑的盐碱地渔业在解决我国盐碱地区“三农”问题上也将发挥更大的作用。

目　录

第一篇　天然盐碱湿地鱼类多样性

第1章　种群多样性

1.1　松嫩平原盐碱湿地区

本书所述的“松嫩平原盐碱湿地区”，是指松嫩平原天然湿地中的盐碱湿地部分（另一部分为淡水湿地），包括有鱼类生存的盐碱湖泊湿地和盐碱湖泊沼泽湿地。盐碱湖泊沼泽湿地均包含于《中国沼泽志》所列的重点沼泽中，即青肯泡沼泽（中国沼泽编号：232302-034，下同）、查干湖沼泽（220721-038）、月亮泡水库沼泽（220882-036）、莫莫格沼泽（220821-035）、扎龙沼泽（230200-027）、哈拉海沼泽（230221-028）及龙沼盐沼（220882-037）[1]。

松嫩平原的盐碱湿地，主要分布在吉林西部、齐齐哈尔和大庆三片湿地群（均由淡水湿地和盐碱湿地构成），后文分别称“吉林西部盐碱湿地群”“齐齐哈尔盐碱湿地群”“大庆盐碱湿地群”。

1.1.1　吉林西部盐碱湿地群

吉林西部盐碱湿地群由11片盐碱湿地构成（表1-1）。其中，莫什海泡、鹅头泡、茨勒泡及洋沙泡包含于莫莫格沼泽，牛心套保泡、张家泡及花敖泡包含于龙沼盐沼，新庙泡和查干湖包含于查干湖沼泽，他拉红泡包含于月亮泡水库沼泽。除此之外，还包括闭流类微咸水湖波罗泡。

表1-1　吉林西部盐碱湿地群自然概况

湿地调查编号	湿地名称	经纬度	所在地区	面积/km²	平均水深/m	平均年鱼产量/(kg/hm²)
（1）	张家泡	44°57′N～44°59′N，123°37′E～123°59′E	吉林乾安	8.0	0.93	—
（2）	他拉红泡	45°37′N～45°39′N，123°54′E～123°58′E	吉林大安	9.0	0.90	13.6
（3）	波罗泡	44°22′N～44°29′N，124°42′E～124°50′E	吉林农安	90	0.65	—
（4）	莫什海泡	45°48′N～45°49′N，123°55′E～123°56′E	吉林镇赉	7.5	1.20	129.6
（5）	鹅头泡	45°54′N～45°56′N，123°38′E～123°44′E	吉林镇赉	18.0	0.25	—
（6）	茨勒泡	45°56′N～45°58′N，123°49′E～123°53′E	吉林镇赉	8.0	0.70	—
（7）	洋沙泡	46°14′N～46°18′N，123°00′E～123°07′E	吉林镇赉	30.0	0.60	—
（39）	牛心套保泡	45°13′N～45°16′N，123°15′E～123°21′E	吉林大安	28.6	0.73	193.6
（42）	新庙泡	45°08′N～45°14′N，124°26′E～124°32′E	吉林前郭	24.2	1.82	73.6
（43）	花敖泡	44°57′N～45°02′N，123°49′E～123°55′E	吉林乾安	28.7	0.83	98.2
（45）	查干湖	45°10′N～45°21′N，124°04′E～124°27′E	吉林前郭	347.4	1.56	142.5

注：“平均年鱼产量”由当地渔场历年捕捞量资料统计得出，后文同。

1. 湿地群物种多样性

1）物种资源

采集到吉林西部盐碱湿地群鱼类3目8科32属39种（本书鱼类多样性调查与统计方法均按照附录Ⅰ、Ⅱ的相关规定进行），由移入种2目2科6属6种（青鱼、草鱼、团头鲂、鲢、鳙及斑鳜）和土著种3目8科27属33种构成（表1-2）。土著种中，彩石鳑鲏、凌源鮈、东北颌须鮈和银鮈为《东北地区淡水鱼类》所述的中国特产鱼类（后文称“中国特有种”）[2]，占比12.12%（中国特有种物种数占土著种物种数的比例，后文同）；东北鳈、克氏鳈、平口鮈、东北颌须鮈、黑龙江花鳅、黑龙江泥鳅和葛氏鲈塘鳢为东北地区特有种[2]，占比21.21%；拉氏鲅、平口鮈和黑龙江花鳅为《中国淡水冷水性鱼类》所述的冷水性鱼类（后文称“冷水种”）[3]，占比9.09%；怀头鲇为《中国濒危动物红皮书·鱼类》所述的易危物种（后文称“中国易危种”）[4]，占比3.03%。

表1-2 吉林西部盐碱湿地群鱼类物种组成

种类	a	b	c	d	e	f	g	h	i	j	k
一、鲤形目 Cypriniformes											
（一）鲤科 Cyprinidae											
1. 青鱼 *Mylopharyngodon piceus*▲		+		+				+	+		+
2. 草鱼 *Ctenopharyngodon idella*▲		+		+				+	+	+	+
3. 拉氏鲅 *Phoxinus lagowskii*			+				+		+		+
4. 鳡 *Elopichthys bambusa*											+
5. 䱗 *Hemiculter leucisculus*		+						+	+	+	+
6. 红鳍原鲌 *Cultrichthys erythropterus*		+							+		+
7. 翘嘴鲌 *Culter alburnus*											+
8. 蒙古鲌 *Culter mongolicus mongolicus*											+
9. 鳊 *Parabramis pekinensis*		+		+					+		+
10. 团头鲂 *Megalobrama amblycephala*▲				+				+	+	+	+
11. 大鳍鱊 *Acheilognathus macropterus*								+	+		
12. 黑龙江鳑鲏 *Rhodeus sericeus*								+	+		+
13. 彩石鳑鲏 *Rhodeus lighti*								+			
14. 花䱻 *Hemibarbus maculatus*											+
15. 麦穗鱼 *Pseudorasbora parva*		+		+	+	+	+	+	+	+	+
16. 平口鮈 *Ladislavia taczanowskii*											+
17. 东北鳈 *Sarcocheilichthys lacustris*	+	+	+		+			+			
18. 克氏鳈 *Sarcocheilichthys czerskii*						+					
19. 棒花鱼 *Abbottina rivularis*									+		+
20. 凌源鮈 *Gobio lingyuanensis*								+			
21. 犬首鮈 *Gobio cynocephalus*								+			
22. 东北颌须鮈 *Gnathopogon mantschuricus*						+					

续表

种类	a	b	c	d	e	f	g	h	i	j	k
23. 银鮈 *Squalidus argentatus*						+					
24. 鲤 *Cyprinus carpio*		+		+		+		+	+	+	+
25. 银鲫 *Carassius auratus gibelio*	+	+	+	+	+	+	+	+	+	+	+
26. 鲢 *Hypophthalmichthys molitrix*▲		+		+				+	+	+	+
27. 鳙 *Aristichthys nobilis*▲		+		+				+	+	+	+
（二）鳅科 Cobitidae											
28. 黑龙江泥鳅 *Misgurnus mohoity*	+	+	+	+	+	+	+	+		+	
29. 北方泥鳅 *Misgurnus bipartitus*										+	
30. 黑龙江花鳅 *Cobitis lutheri*		+			+	+		+			
31. 花斑副沙鳅 *Parabotia fasciata*		+				+		+			
二、鲇形目 Siluriformes											
（三）鲿科 Bagridae											
32. 黄颡鱼 *Pelteobagrus fulvidraco*		+				+		+	+	+	+
（四）鲇科 Siluridae											
33. 鲇 *Silurus asotus*		+		+				+	+	+	+
34. 怀头鲇 *Silurus soldatovi*											+
三、鲈形目 Perciformes											
（五）鮨科 Serranidae											
35. 鳜 *Siniperca chuatsi*										+	
36. 斑鳜 *Siniperca scherzeri*▲								+			
（六）塘鳢科 Eleotridae											
37. 葛氏鲈塘鳢 *Perccottus glenii*	+	+	+	+	+	+	+	+	+	+	+
（七）斗鱼科 Belontiidae											
38. 圆尾斗鱼 *Macropodus chinensis*											+
（八）鳢科 Channidae											
39. 乌鳢 *Channa argus*								+	+	+	+

注：a. 张家泡；b. 他拉红泡；c. 波罗泡；d. 莫什海泡；e. 鹅头泡；f. 茨勒泡；g. 洋沙泡；h. 牛心套保泡；i. 新庙泡；j. 花敖泡；k. 查干湖。▲代表移入种。后文同。

2）种类组成

吉林西部盐碱湿地群的鱼类群落中，鲤形目31种、鲈形目5种、鲇形目3种，分别占79.49%、12.82%、7.69%。科级分类单元中，鲤科27种、鳅科4种，分别占69.23%、10.26%；鲇科、鮨科均2种，各占5.13%；鲿科、斗鱼科、鳢科和塘鳢科均1种，各占2.56%[①]。

3）区系生态类群

吉林西部盐碱湿地群的土著鱼类群落，由4个区系生态类群构成。

（1）江河平原区系生态类群：鳡、红鳍原鲌、蒙古鲌、翘嘴鲌、鳊、䱗、花䱻、银鮈、

① 因四舍五入，各组分占比加和可能与100%稍有偏差，本书余同。

东北鳈、克氏鳈、棒花鱼、花斑副沙鳅和鳜，占 39.39%。

（2）北方平原区系生态类群：拉氏鲅、凌源鮈、犬首鮈、平口鮈、东北颌须鮈和黑龙江花鳅，占 18.18%。

（3）新近纪区系生态类群：鲤、银鲫、麦穗鱼、彩石鳑鲏、黑龙江鳑鲏、大鳍鱊、黑龙江泥鳅、北方泥鳅、鲇和怀头鲇，占 30.30%。

（4）热带平原区系生态类群：乌鳢、圆尾斗鱼、黄颡鱼和葛氏鲈塘鳢，占 12.12%。

本书将北方平原、北方山地、北极淡水及北极海洋区系生态类群合并称为“北方区系生态类群”，湿地群中北方区系生态类群中合计 6 种鱼类，占 18.18%。

2. 湿地物种多样性

1）张家泡

（1）物种资源。采集到鱼类 2 目 3 科 4 属 4 种，均为土著种，其中包括东北地区特有种东北鳈、黑龙江泥鳅和葛氏鲈塘鳢，占 75%。

（2）种类组成。鱼类群落中，鲤形目 3 种、鲈形目 1 种，分别占 75%、25%。科级分类单元中，鲤科 2 种，占 50%；鳅科、塘鳢科均 1 种，各占 25%。

（3）区系生态类群。土著鱼类群落，由 3 个区系生态类群构成。①江河平原区系生态类群：东北鳈，占 25%。②新近纪区系生态类群：银鲫和黑龙江泥鳅，占 50%。③热带平原区系生态类群：葛氏鲈塘鳢，占 25%。

（4）渔获物组成。非渔业湿地（没有渔业管理的湿地，后文同），土著鱼类来自洮儿河（为嫩江支流）。渔获物中，土著经济鱼类银鲫占 66.67%（重量比例，后文同）；小型非经济鱼类葛氏鲈塘鳢、黑龙江泥鳅、东北鳈占 33.33%（表 1-3）。

表 1-3　张家泡渔获物组成（2008-07-06）

种类	重量/kg	数量/尾	平均体重/g	重量比例/%	数量比例/%	种类	重量/kg	数量/尾	平均体重/g	重量比例/%	数量比例/%
葛氏鲈塘鳢	0.8	73	11.0	12.12	16.29	东北鳈	0.2	59	3.4	3.03	13.17
银鲫	4.4	214	20.6	66.67	47.77	合计	6.6	448			
黑龙江泥鳅	1.2	102	11.8	18.18	22.77						

注：野外渔获物采样时，凡有采样时间记录的湖泊，本书均予以标出。表中比例均为四舍五入结果，本书余同。

2）他拉红泡

（1）物种资源。采集到鱼类 3 目 5 科 17 属 17 种，由移入种 1 目 1 科 4 属 4 种（青鱼、草鱼、鲢及鳙）和土著种 3 目 5 科 13 属 13 种构成。土著种中，黑龙江花鳅为冷水种，占 7.69%；东北鳈、黑龙江泥鳅、黑龙江花鳅和葛氏鲈塘鳢为东北地区特有种，占 30.77%。

（2）种类组成。鱼类群落中，鲤形目 14 种、鲇形目 2 种、鲈形目 1 种，分别占 82.35%、11.76%、5.88%。科级分类单元中，鲤科 11 种、鳅科 3 种，分别占 64.71%、17.65%；鲿科、鲇科、塘鳢科均 1 种，各占 5.88%。

（3）区系生态类群。土著鱼类群落，由 4 个区系生态类群构成。①江河平原区系生态类群：鳌、红鳍原鲌、东北鳈、鳊和花斑副沙鳅，占 38.46%。②北方平原区系生态类群：黑龙江花鳅，占 7.69%。③新近纪区系生态类群：麦穗鱼、鲤、银鲫、黑龙江泥鳅和鲇，占 38.46%。④热带平原区系生态类群：黄颡鱼和葛氏鲈塘鳢，占 15.38%。

以上北方区系生态类群中有 1 种鱼类，占 7.69%。

（4）渔获物组成。捕捞型渔业湿地（渔业管理方式以捕捞野生鱼类为主的渔业湿地，后文同），土著鱼类来自洮儿河。渔获物中，土著经济鱼类银鲫、红鳍原鲌、鳌、鲤、鲇、黄颡鱼占 98.49%；小型非经济鱼类葛氏鲈塘鳢、麦穗鱼占 1.51%（表 1-4）。

表 1-4　他拉红泡渔获物组成（2007-09-11）

种类	重量/kg	数量/尾	平均体重/g	重量比例/%	数量比例/%	种类	重量/kg	数量/尾	平均体重/g	重量比例/%	数量比例/%
葛氏鲈塘鳢	1.5	76	19.7	0.45	2.17	鲇	11.2	29	386.2	3.38	0.83
银鲫	13.1	128	102.3	3.95	3.65	黄颡鱼	1.9	72	26.4	0.57	2.05
红鳍原鲌	28.4	1273	22.3	8.56	36.32	麦穗鱼	3.5	493	7.1	1.06	14.07
鳌	10.9	969	11.2	3.29	27.65	合计	331.6	3505			
鲤	261.1	465	561.5	78.74	13.27						

3）波罗泡

（1）物种资源。采集到鱼类 2 目 3 科 5 属 5 种，均为土著种，其中包括冷水种拉氏鲅和东北地区特有种葛氏鲈塘鳢、黑龙江泥鳅及东北鳈，分别占 20%和 60%。

（2）种类组成。鱼类群落中，鲤形目 4 种、鲈形目 1 种，分别占 80%、20%。科级分类单元中，鲤科 3 种，占 60%；鳅科、塘鳢科均 1 种，各占 20%。

（3）区系生态类群。土著鱼类群落，由 4 个区系生态类群构成。①江河平原区系生态类群：东北鳈，占 20%。②北方平原区系生态类群：拉氏鲅，占 20%。③新近纪区系生态类群：银鲫和黑龙江泥鳅，占 40%。④热带平原区系生态类群：葛氏鲈塘鳢，占 20%。

以上北方区系生态类群中有 1 种鱼类，占 20%。

（4）渔获物组成。非渔业湿地，土著鱼类来自西流松花江（又称松花江吉林省段、松花江上游）。渔获物中，土著经济鱼类银鲫占 82.87%；小型非经济鱼类葛氏鲈塘鳢、黑龙江泥鳅、东北鳈、拉氏鲅占 17.12%（表 1-5）。

表 1-5　波罗泡渔获物组成

种类	重量/kg	数量/尾	平均体重/g	重量比例/%	数量比例/%	种类	重量/kg	数量/尾	平均体重/g	重量比例/%	数量比例/%
葛氏鲈塘鳢	1.2	84	14.3	6.63	10.01	东北鳈	0.2	93	2.2	1.10	11.08
银鲫	15.0	462	32.5	82.87	55.07	拉氏鲅	0.1	51	2.0	0.55	6.08
黑龙江泥鳅	1.6	149	10.7	8.84	17.76	合计	18.1	839			

4）莫什海泡

（1）物种资源。采集到鱼类3目4科12属12种，由移入种1目1科5属5种（青鱼、草鱼、鲢、鳙及团头鲂）和土著种3目4科7属7种构成。土著种中，包括东北地区特有种黑龙江泥鳅和葛氏鲈塘鳢，占28.57%。

（2）种类组成。鱼类群落中，鲤形目10种，占83.33%；鲇形目和鲈形目均1种，各占8.33%。科级分类单元中，鲤科9种，占75%；鳅科、鲇科和塘鳢科均1种，各占8.33%。

（3）区系生态类群。土著鱼类群落，由3个区系生态类群构成。①江河平原区系生态类群：鳊，占14.29%。②新近纪区系生态类群：鲤、银鲫、麦穗鱼、黑龙江泥鳅和鲇，占71.43%。③热带平原区系生态类群：葛氏鲈塘鳢，占14.29%。

（4）渔获物组成。放养型渔业湿地（渔业管理方式是以放养为主的渔业湿地，后文同），土著鱼类来自嫩江。渔获物中，放养的经济鱼类鲢、鳙、草鱼、青鱼、团头鲂占69.55%；土著经济鱼类鲤、银鲫、鲇、鳊占29.99%；小型非经济鱼类葛氏鲈塘鳢、黑龙江泥鳅、麦穗鱼占0.45%（表1-6）。

表1-6　莫什海泡渔获物组成（2010-12-26）

种类	重量/kg	数量/尾	平均体重/g	重量比例/%	数量比例/%	种类	重量/kg	数量/尾	平均体重/g	重量比例/%	数量比例/%
葛氏鲈塘鳢	0.3	17	17.6	0.15	4.52	青鱼	3.3	2	1650.0	1.67	0.53
银鲫	4.4	44	100.0	2.23	11.70	鲤	48.8	121	403.3	24.72	32.18
鲢	81.1	72	1126.4	41.08	19.15	鲇	5.6	11	509.1	2.84	2.93
鳙	38.8	22	1763.6	19.66	5.85	鳊	0.4	1	400.0	0.20	0.27
草鱼	13.5	8	1687.5	6.84	2.13	麦穗鱼	0.4	49	8.2	0.20	13.03
团头鲂	0.6	2	300.0	0.30	0.53	合计	197.4	376			
黑龙江泥鳅	0.2	27	7.4	0.10	7.18						

5）鹅头泡

（1）物种资源。采集到鱼类2目3科6属6种，均为土著种，其中包括冷水种黑龙江花鳅和东北地区特有种东北鳈、黑龙江泥鳅、黑龙江花鳅和葛氏鲈塘鳢，分别占16.67%、66.67%。

（2）种类组成。鱼类群落中，鲤形目5种、鲈形目1种，分别占83.33%、16.67%。科级分类单元中，鲤科3种、鳅科2种、塘鳢科1种，分别占50%、33.33%、16.67%。

（3）区系生态类群。土著鱼类群落，由4个区系生态类群构成。①江河平原区系生态类群：东北鳈，占16.67%。②北方平原区系生态类群：黑龙江花鳅，占16.67%。③新近纪区系生态类群：麦穗鱼、银鲫和黑龙江泥鳅，占50%。④热带平原区系生态类群：葛氏鲈塘鳢，占16.67%。

以上北方区系生态类群中有1种鱼类，占16.67%。

（4）渔获物组成。非渔业湿地，土著鱼类来自嫩江。渔获物中，土著经济鱼类银鲫占

60.78%；小型非经济鱼类葛氏鲈塘鳢、麦穗鱼、东北鳈、黑龙江泥鳅、黑龙江花鳅占 39.21%（表 1-7）。

表 1-7 鹅头泡渔获物组成

种类	重量/kg	数量/尾	平均体重/g	重量比例/%	数量比例/%	种类	重量/kg	数量/尾	平均体重/g	重量比例/%	数量比例/%
葛氏鲈塘鳢	1.3	74	17.6	25.49	23.79	黑龙江花鳅	0.0	3	0	0	0.96
银鲫	3.1	123	25.2	60.78	39.55	麦穗鱼	0.6	89	6.7	11.76	28.62
黑龙江泥鳅	0.1	17	5.9	1.96	5.47	合计	5.1	311			
东北鳈	0.0	5	0	0	1.61						

注：由于数据的四舍五入，表中存在渔获物数量取值大于 0 而重量为 0 的情况，余同。

6）茨勒泡

（1）物种资源。采集到鱼类 3 目 5 科 12 属 12 种，均为土著种。土著种中，黑龙江花鳅为冷水种，占 8.33%；东北颌须鮈和银鮈为中国特有种，占 16.67%；克氏鳈、东北颌须鮈、黑龙江泥鳅、黑龙江花鳅和葛氏鲈塘鳢为东北地区特有种，占 41.67%。

（2）种类组成。鱼类群落中，鲤形目 9 种、鲇形目 2 种、鲈形目 1 种，分别占 75%、16.67%、8.33%。科级分类单元中，鲤科 6 种、鳅科 3 种，分别占 50%、25%；鲇科、鲿科和塘鳢科均 1 种，各占 8.33%。

（3）区系生态类群。土著鱼类群落，由 4 个区系生态类群构成。①江河平原区系生态类群：银鮈、克氏鳈和花斑副沙鳅，占 25%。②北方平原区系生态类群：东北颌须鮈和黑龙江花鳅，占 16.67%。③新近纪区系生态类群：麦穗鱼、鲤、银鲫、黑龙江泥鳅和鲇，占 41.67%。④热带平原区系生态类群：黄颡鱼和葛氏鲈塘鳢，占 16.67%。

以上北方区系生态类群中有 2 种鱼类，占 16.67%。

（4）渔获物组成。非渔业湿地，土著鱼类来自嫩江。银鮈首次见于莫莫格湖泊沼泽湿地群及嫩江。渔获物中，土著经济鱼类银鲫、鲤、鲇、黄颡鱼占 84.99%；小型非经济鱼类葛氏鲈塘鳢、银鮈、东北颌须鮈、克氏鳈、黑龙江泥鳅、黑龙江花鳅、花斑副沙鳅、麦穗鱼占 15.02%（表 1-8）。

表 1-8 茨勒泡渔获物组成

种类	重量/kg	数量/尾	平均体重/g	重量比例/%	数量比例/%	种类	重量/kg	数量/尾	平均体重/g	重量比例/%	数量比例/%
葛氏鲈塘鳢	1.3	92	14.1	6.62	13.14	花斑副沙鳅	0.01	2	5.0	0.05	0.29
银鲫	8.4	269	31.2	42.75	38.43	鲤	6.3	41	153.7	32.06	5.86
银鮈	0.03	6	5.0	0.15	0.86	鲇	1.7	7	242.9	8.65	1.00
东北颌须鮈	0.01	3	3.3	0.05	0.43	黄颡鱼	0.3	12	25.0	1.53	1.71
克氏鳈	0.2	62	3.2	1.02	8.86	麦穗鱼	1.0	131	7.6	5.09	18.71
黑龙江泥鳅	0.3	44	6.8	1.53	6.29	合计	19.65	700			
黑龙江花鳅	0.1	31	3.2	0.51	4.43						

7）洋沙泡

（1）物种资源。采集到鱼类 2 目 3 科 5 属 5 种，均为土著种，其中包括冷水种拉氏鲅和东北地区特有种黑龙江泥鳅、葛氏鲈塘鳢，分别占 20%和 40%。

（2）种类组成。鱼类群落中，鲤形目 4 种、鲈形目 1 种，分别占 80%、20%。科级分类单元中，鲤科 3 种，占 60%；鳅科、塘鳢科均 1 种，各占 20%。

（3）区系生态类群。土著鱼类群落，由 3 个区系生态类群构成。①北方平原区系生态类群：拉氏鲅，占 20%。②新近纪区系生态类群：麦穗鱼、银鲫和黑龙江泥鳅，占 60%。③热带平原区系生态类群：葛氏鲈塘鳢，占 20%。

以上北方区系生态类群中有 1 种鱼类，占 20%。

（4）渔获物组成。非渔业湿地，土著鱼类来自嫩江。渔获物中，土著经济鱼类银鲫占 60.53%；小型非经济鱼类葛氏鲈塘鳢、黑龙江泥鳅、麦穗鱼、拉氏鲅占 39.47%（表 1-9）。

表 1-9　洋沙泡渔获物组成

种类	重量/kg	数量/尾	平均体重/g	重量比例/%	数量比例/%	种类	重量/kg	数量/尾	平均体重/g	重量比例/%	数量比例/%
葛氏鲈塘鳢	2.5	131	19.1	32.89	25.24	麦穗鱼	0.3	92	3.3	3.95	17.73
银鲫	4.6	246	18.7	60.53	47.40	拉氏鲅	0.0	14	0	0	2.70
黑龙江泥鳅	0.2	36	5.6	2.63	6.94	合计	7.6	519			

8）牛心套保泡

（1）物种资源。采集到鱼类 3 目 7 科 21 属 23 种，由移入种 2 目 2 科 6 属 6 种（青鱼、草鱼、鲢、鳙、团头鲂及斑鳜）和土著种 3 目 6 科 15 属 17 种构成。土著种中，黑龙江花鳅为冷水种，占 5.88%；彩石鳑鲏和凌源鮈为中国特有种，占 11.76%；东北鳈、黑龙江泥鳅、黑龙江花鳅和葛氏鲈塘鳢为东北地区特有种，占 23.53%。

（2）种类组成。鱼类群落中，鲤形目 18 种、鲈形目 3 种、鲇形目 2 种，分别占 78.26%、13.04%、8.70%。科级分类单元中，鲤科 15 种、鳅科 3 种，分别占 65.22%、13.04%；鲿科、鲇科、鮨科、塘鳢科和鳢科均 1 种，各占 4.35%。

（3）区系生态类群。土著鱼类群落，由 4 个区系生态类群构成。①江河平原区系生态类群：䱗、东北鳈和花斑副沙鳅，占 17.65%。②北方平原区系生态类群：凌源鮈、犬首鮈和黑龙江花鳅，占 17.65%。③新近纪区系生态类群：鲤、银鲫、大鳍鱊、彩石鳑鲏、黑龙江鳑鲏、麦穗鱼、黑龙江泥鳅和鲇，占 47.06%。④热带平原区系生态类群：乌鳢、黄颡鱼和葛氏鲈塘鳢，占 17.65%。

以上北方区系生态类群中有 3 种鱼类，占 18.75%。

（4）渔获物组成。放养型渔业湿地，土著鱼类来自洮儿河。2008 年 9 月 26 日的渔获物中，放养的经济鱼类青鱼、草鱼、鲢、鳙、团头鲂占 78.94%；土著经济鱼类鲤、银鲫、鲇、䱗占 14.82%；小型非经济鱼类葛氏鲈塘鳢、黑龙江泥鳅、大鳍鱊、彩石鳑鲏、麦穗鱼、东北鳈占 6.25%。2009 年 10 月 5 日的渔获物中，放养的经济鱼类草鱼、鳙、斑鳜占

78.33%；土著经济鱼类鲤、银鲫、䱗占 20.02%；小型非经济鱼类葛氏鲈塘鳢、黑龙江泥鳅、大鳍鱊、东北鳈占 1.66%（表 1-10）。

表 1-10　牛心套保泡渔获物组成

种类	2008-09-26					2009-10-05				
	重量/kg	数量/尾	平均体重/g	重量比例/%	数量比例/%	重量/kg	数量/尾	平均体重/g	重量比例/%	数量比例/%
鲢	2.9	7	414.3	6.71	1.56					
鳙	1.2	2	600.0	2.78	0.44	94.1	72	1306.9	17.62	3.25
草鱼	27.5	29	948.3	63.66	6.44	250.9	168	1493.5	46.97	7.58
青鱼	1.7	3	566.7	3.94	0.67					
鲤	2.5	11	227.3	5.79	2.44	28.4	57	498.2	5.32	2.57
银鲫	2.5	79	31.6	5.79	17.55	57.4	462	124.2	10.75	20.85
团头鲂	0.8	4	200.0	1.85	0.89					
鲇	0.5	3	166.7	1.16	0.67					
䱗	0.9	52	17.3	2.08	11.56	21.1	671	31.4	3.95	30.28
葛氏鲈塘鳢	0.4	28	14.3	0.93	6.22	5.8	193	30.1	1.09	8.71
黑龙江泥鳅	0.3	32	9.4	0.69	7.11	1.3	47	27.7	0.24	2.12
斑鳜						73.4	372	179.3	13.74	16.79
大鳍鱊	0.6	47	12.8	1.39	10.44	0.5	37	13.5	0.09	1.67
彩石鳑鲏	0.2	19	10.5	0.46	4.22					
麦穗鱼	0.7	81	8.6	1.62	18.00					
东北鳈	0.5	53	9.4	1.16	11.78	1.3	137	9.5	0.24	6.18
合计	43.2	450				534.2	2216			

9）新庙泡

（1）物种资源。采集到鱼类 3 目 5 科 18 属 19 种，由移入种 1 目 1 科 5 属 5 种（青鱼、草鱼、鲢、鳙及团头鲂）和土著种 3 目 5 科 13 属 14 种构成。土著种中，包括冷水种拉氏鲅和东北地区特有种葛氏鲈塘鳢，均占 7.14%。

（2）种类组成。鱼类群落中，鲤形目 15 种，占 78.95%；鲇形目和鲈形目均 2 种，各占 10.53%。科级分类单元中，鲤科 15 种，占 78.95%；鲿科、鲇科、塘鳢科和鳢科均 1 种，各占 5.26%。

（3）区系生态类群。土著鱼类群落，由 4 个区系生态类群构成。①江河平原区系生态类群：鳊、䱗、红鳍原鲌和棒花鱼，占 28.57%。②北方平原区系生态类群：拉氏鲅，占 7.14%。③新近纪区系生态类群：大鳍鱊、黑龙江鳑鲏、麦穗鱼、鲤、银鲫和鲇，占 42.86%。④热带平原区系生态类群：乌鳢、黄颡鱼和葛氏鲈塘鳢，占 21.43%。

以上北方区系生态类群中有 1 种鱼类，占 7.14%。

（4）渔获物组成。放养型渔业湿地，土著鱼类来自西流松花江。渔获物中，放养的经济鱼类草鱼、青鱼、团头鲂占31.69%；土著经济鱼类鲤、红鳍原鲌、䱗、鳊、银鲫占60.96%；小型非经济鱼类拉氏鲹、麦穗鱼、棒花鱼、大鳍鱊占7.37%（表1-11）。

表1-11 新庙泡渔获物组成（2008-01-22）

种类	重量/kg	数量/尾	平均体重/g	重量比例/%	数量比例/%	种类	重量/kg	数量/尾	平均体重/g	重量比例/%	数量比例/%
拉氏鲹	1.9	259	7.3	1.39	2.01	鲤	11.0	167	65.9	8.03	1.30
草鱼	9.2	30	306.7	6.72	0.23	银鲫	16.6	107	155.1	12.12	0.83
青鱼	27.0	210	128.6	19.71	1.63	䱗	20.3	1750	11.6	14.82	13.59
鳊	2.2	61	36.1	1.61	0.47	红鳍原鲌	33.4	9528	3.5	24.38	74.02
麦穗鱼	1.8	137	13.1	1.31	1.06	大鳍鱊	6.0	411	14.6	4.38	3.19
团头鲂	7.2	183	39.3	5.26	1.42	合计	137.0	12873			
棒花鱼	0.4	30	13.3	0.29	0.23						

10）花敖泡

（1）物种资源。采集到鱼类3目7科14属15种，由移入种1目1科4属4种（青鱼、鲢、鳙及团头鲂）和土著种3目7科10属11种构成。土著种中，黑龙江泥鳅和葛氏鲈塘鳢为东北地区特有种，占18.18%。

（2）种类组成。鱼类群落中，鲤形目10种、鲈形目3种、鲇形目2种，分别占66.67%、20%、13.33%。科级分类单元中，鲤科8种、鳅科2种，分别占53.33%、13.33%；鲿科、鲇科、鮨科、塘鳢科和鳢科均1种，各占6.67%。

（3）区系生态类群。土著鱼类群落，由3个区系生态类群构成。①江河平原区系生态类群：䱗和鳜，占18.18%。②新近纪区系生态类群：鲤、银鲫、麦穗鱼、黑龙江泥鳅、北方泥鳅和鲇，占54.55%。③热带平原区系生态类群：乌鳢、黄颡鱼和葛氏鲈塘鳢，占27.27%。

（4）渔获物组成。放养型渔业湿地，土著鱼类来自洮儿河。渔获物中，放养的经济鱼类鲢、鳙占34.35%；土著经济鱼类鲤、银鲫占60.39%；小型非经济鱼类麦穗鱼、葛氏鲈塘鳢、黑龙江泥鳅占5.25%（表1-12）。

表1-12 花敖泡渔获物组成（2008-10-29）

种类	重量/kg	数量/尾	平均体重/g	重量比例/%	数量比例/%	种类	重量/kg	数量/尾	平均体重/g	重量比例/%	数量比例/%
鲢	4.7	8	587.5	10.28	1.71	麦穗鱼	1.4	146	9.6	3.06	31.20
鳙	11.0	13	846.2	24.07	2.78	葛氏鲈塘鳢	0.9	39	23.1	1.97	8.33
鲤	20.9	53	394.3	45.73	11.33	黑龙江泥鳅	0.1	17	5.9	0.22	3.63
银鲫	6.7	192	34.9	14.66	41.03	合计	45.7	468			

11）查干湖

（1）物种资源。采集到鱼类3目6科23属25种，由移入种1目1科5属5种（青鱼、草鱼、鲢、鳙及团头鲂）和土著种3目6科18属20种构成。土著种中，拉氏鲅和平口鉤为冷水种，占10%；怀头鲇为中国易危种，占5%；平口鉤和葛氏鲈塘鳢为东北地区特有种，占10%。

（2）种类组成。鱼类群落中，鲤形目19种、鲇形目3种、鲈形目3种，分别占76%、12%、12%。科级分类单元中，鲤科19种、鲇科2种，分别占76%、8%；鮨科、鳢科、塘鳢科和斗鱼科均1种，各占4%。

（3）区系生态类群。土著鱼类群落，由4个区系生态类群构成。①江河平原区系生态类群：鳡、鳘、鳊、棒花鱼、蒙古鲌、红鳍原鲌、翘嘴鲌和花䱻占40%。②北方平原区系生态类群：拉氏鲅和平口鉤，占10%。③新近纪区系生态类群：鲤、银鲫、黑龙江鳑鲏、麦穗鱼、鲇和怀头鲇，占30%。④热带平原区系生态类群：圆尾斗鱼、黄颡鱼、乌鳢和葛氏鲈塘鳢，占20%。

以上北方区系生态类群中有2种鱼类，占10%。

（4）渔获物组成。放养型渔业湿地，土著鱼类来自西流松花江。红鳍原鲌和鳘为群落优势种。2009年1月8日的渔获物中，放养的经济鱼类鲢、鳙、团头鲂占38.16%；土著经济鱼类鲤、银鲫、花䱻、红鳍原鲌、蒙古鲌、鳘、怀头鲇、黄颡鱼占60.48%；小型非经济鱼类麦穗鱼占1.37%。2009年1月16日的渔获物中，放养的经济鱼类鲢、鳙占75%；土著经济鱼类鲤、银鲫、鳡、红鳍原鲌、蒙古鲌占25.01%（表1-13）。

表1-13　查干湖渔获物组成

种类	2009-01-08					2009-01-16				
	重量/kg	数量/尾	平均体重/g	重量比例/%	数量比例/%	重量/kg	数量/尾	平均体重/g	重量比例/%	数量比例/%
鲤	4.7	27	174.1	9.20	3.32	15.7	17	923.5	8.40	7.36
银鲫	9.4	346	27.2	18.40	42.51	13.3	117	113.7	7.12	50.65
鳙	15.4	45	342.2	30.14	5.53	89.4	32	2793.8	47.86	13.85
鲢	2.8	13	215.4	5.48	1.60	50.7	37	1370.3	27.14	16.02
花䱻	0.3	1	300.0	0.59	0.12	—	—	—	—	—
鳡	—	—	—	—	—	1.8	1	1800.0	0.97	0.43
红鳍原鲌	2.6	78	33.3	5.09	9.58	9.8	19	515.8	5.25	8.23
麦穗鱼	0.7	69	10.1	1.37	8.48	—	—	—	—	—
蒙古鲌	8.2	62	132.3	16.05	7.62	6.1	8	762.5	3.27	3.46
鳘	3.5	152	23.0	6.85	18.67	—	—	—	—	—
团头鲂	1.3	13	100.0	2.54	1.60	—	—	—	—	—
怀头鲇	1.6	1	1600.0	3.13	0.12	—	—	—	—	—
黄颡鱼	0.6	7	85.7	1.17	0.86	—	—	—	—	—
合计	51.1	814				186.8	231			

1.1.2　齐齐哈尔盐碱湿地群

齐齐哈尔盐碱湿地群位于松嫩平原黑龙江省西部的齐齐哈尔—泰康区域，由 11 片盐碱湿地构成（表 1-14）。其中，龙江湖和鸿雁泡包含于哈拉海沼泽，扎龙湖、南山湖、齐家泡、大龙虎泡、小龙虎泡及连环湖包含于扎龙沼泽。

表 1-14　齐齐哈尔盐碱湿地群自然概况

湿地调查编号	湿地名称	经纬度	所在地区	面积/km²	平均水深/m	平均年鱼产量/(kg/hm²)
(8)	龙江湖	46°50′N～46°52′N，123°07′E～123°10′E	黑龙江龙江	12.5	2.48	28.2
(9)	鸿雁泡	47°20′N～47°22′N，123°22′E～123°25′E	黑龙江龙江	10.0	0.65	—
(10)	月饼泡	46°26′N～46°28′N，124°21′E～124°31′E	黑龙江杜尔伯特	23.0	2.48	7.6
(11)	乌尔塔泡	46°01′N～46°05′N，124°18′E～124°22′E	黑龙江杜尔伯特	24.0	1.10	—
(47)	扎龙湖	47°11′N～47°13′N，124°12′E～124°15′E	黑龙江齐齐哈尔	6.8	0.91	76.4
(52)	南山湖	46°48′N～46°55′N，123°52′E～123°57′E	黑龙江泰来	26.4	1.07	43.9
(53)	齐家泡	46°48′N～46°50′N，124°15′E～124°19′E	黑龙江杜尔伯特	9.6	1.47	142.7
(55)	喇嘛寺泡	46°14′N～46°20′N，124°02′E～124°09′E	黑龙江杜尔伯特	39.2	0.84	83.4
(56)	大龙虎泡	46°40′N～46°47′N，124°19E～124°26′E	黑龙江杜尔伯特	56.3	1.87	104.2
(57)	小龙虎泡	46°36′N～46°41′N，124°24′E～124°29′E	黑龙江杜尔伯特	13.8	1.02	127.4
(58)	连环湖	46°30′N～46°50′N，123°59′E～124°15′E	黑龙江杜尔伯特	536.8	1.83	102.2

1. 湿地群物种多样性

1）物种资源

采集到齐齐哈尔盐碱湿地群鱼类 4 目 9 科 33 属 45 种，由移入种 2 目 2 科 6 属 6 种（青鱼、草鱼、团头鲂、鲢、鳙和大银鱼）和土著种 4 目 8 科 27 属 39 种构成（表 1-15）。土著种中，真鲹、拉氏鲹、平口鮈、北方花鳅、黑龙江花鳅和黑斑狗鱼为冷水种，占 15.38%；彩石鳑鲏、凌源鮈和黄黝为中国特有种，占 7.69%；黑斑狗鱼、真鲹、湖鲹、平口鮈、条纹似白鮈、东北鳈、克氏鳈、黑龙江泥鳅、黑龙江花鳅和葛氏鲈塘鳢为东北地区特有种，占 25.64%；怀头鲇为中国易危种，占 2.56%。

表 1-15　齐齐哈尔盐碱湿地群鱼类物种组成

种类	a	b	c	d	e	f	g	h	i	j	k
一、鲑形目 Salmoniformes											
（一）银鱼科 Salangidae											
1. 大银鱼 *Protosalanx chinensis*▲									+		+
（二）狗鱼科 Esocidae											
2. 黑斑狗鱼 *Esox reicherti*	+										

续表

种类	a	b	c	d	e	f	g	h	i	j	k
二、鲤形目 Cypriniformes											
（三）鲤科 Cyprinidae											
3. 青鱼 *Mylopharyngodon piceus*▲	+										+
4. 草鱼 *Ctenopharyngodon idella*▲	+				+	+	+	+	+	+	+
5. 真鲅 *Phoxinus phoxinus*		+									+
6. 湖鲅 *Phoxinus percnurus*				+	+		+	+			
7. 拉氏鲅 *Phoxinus lagowskii*	+	+	+	+		+		+			+
8. 䱗 *Hemiculter leucisculus*	+		+	+	+	+	+	+	+	+	+
9. 贝氏䱗 *Hemiculter bleekeri*							+				
10. 红鳍原鲌 *Cultrichthys erythropterus*	+		+		+		+		+	+	+
11. 翘嘴鲌 *Culter alburnus*								+			
12. 蒙古鲌 *Culter mongolicus mongolicus*	+										+
13. 鳊 *Parabramis pekinensis*											+
14. 团头鲂 *Megalobrama amblycephala*▲	+		+		+			+	+		+
15. 银鲴 *Xenocypris argentea*							+				
16. 大鳍鱊 *Acheilognathus macropterus*			+	+		+		+	+		+
17. 黑龙江鳑鲏 *Rhodeus sericeus*		+			+						+
18. 彩石鳑鲏 *Rhodeus lighti*						+		+	+		+
19. 花䱻 *Hemibarbus maculatus*	+										+
20. 唇䱻 *Hemibarbus labeo*	+										
21. 条纹似白鮈 *Paraleucogobio strigatus*	+										
22. 麦穗鱼 *Pseudorasbora parva*	+		+	+	+	+	+	+	+	+	+
23. 平口鮈 *Ladislavia taczanowskii*			+			+	+	+			+
24. 东北鳈 *Sarcocheilichthys lacustris*	+			+				+	+		+
25. 克氏鳈 *Sarcocheilichthys czerskii*						+					+
26. 棒花鱼 *Abbottina rivularis*			+	+	+	+		+	+		+
27. 凌源鮈 *Gobio lingyuanensis*					+	+	+	+	+		+
28. 犬首鮈 *Gobio cynocephalus*					+	+	+	+	+		+
29. 细体鮈 *Gobio tenuicorpus*					+						+
30. 蛇鮈 *Saurogobio dabryi*	+				+						+
31. 鲤 *Cyprinus carpio*	+		+		+	+	+	+	+	+	+
32. 银鲫 *Carassius auratus gibelio*	+	+	+	+	+	+	+	+	+	+	+
33. 鲢 *Hypophthalmichthys molitrix*▲	+		+		+	+	+	+	+	+	+
34. 鳙 *Aristichthys nobilis*▲	+		+		+	+	+	+	+	+	+
（四）鳅科 Cobitidae											
35. 黑龙江泥鳅 *Misgurnus mohoity*	+			+	+	+					+

续表

种类	a	b	c	d	e	f	g	h	i	j	k
36. 北方泥鳅 *Misgurnus bipartitus*						+					+
37. 黑龙江花鳅 *Cobitis lutheri*	+	+	+	+	+						+
38. 北方花鳅 *Cobitis granoei*					+						+
三、鲇形目 Siluriformes											
（五）鲿科 Bagridae											
39. 黄颡鱼 *Pelteobagrus fulvidraco*	+	+			+	+	+	+			+
（六）鲇科 Siluridae											
40. 鲇 *Silurus asotus*	+				+	+	+	+			+
41. 怀头鲇 *Silurus soldatovi*						+					+
四、鲈形目 Perciformes											
（七）鮨科 Serranidae											
42. 鳜 *Siniperca chuatsi*								+			
（八）塘鳢科 Eleotridae											
43. 葛氏鲈塘鳢 *Perccottus glenii*		+	+	+	+	+	+	+	+		+
44. 黄黝 *Hypseleotris swinhonis*			+						+		+
（九）鳢科 Channidae											
45. 乌鳢 *Channa argus*	+				+	+					+

注：a. 龙江湖；b. 鸿雁泡；c. 月饼泡；d. 乌尔塔泡；e. 扎龙湖；f. 南山湖；g. 齐家泡；h. 喇嘛寺泡；i. 大龙虎泡；j. 小龙虎泡；k. 连环湖。

2）种类组成

齐齐哈尔盐碱湿地群鱼类群落中，鲤形目 36 种、鲈形目 4 种、鲇形目 3 种、鲑形目 2 种，分别占 80.00%、8.89%、6.67%、4.44%。科级分类单元中，鲤科 32 种、鳅科 4 种，分别占 71.11%、8.89%；鲇科和塘鳢科均 2 种，各占 4.44%；狗鱼科、银鱼科、鲿科、鮨科和鳢科均 1 种，各占 2.22%。

3）区系生态类群

齐齐哈尔盐碱湿地群土著鱼类群落，由 5 个区系生态类群构成。

（1）江河平原区系生态类群：鳊、䱗、贝氏䱗、红鳍原鲌、蒙古鲌、翘嘴鲌、银鲴、花䱻、唇䱻、棒花鱼、蛇鮈、东北鳈、克氏鳈和鳜，占 35.90%。

（2）北方平原区系生态类群：黑斑狗鱼、拉氏鲅、湖鲅、平口鮈、凌源鮈、犬首鮈、细体鮈、条纹似白鮈、北方花鳅和黑龙江花鳅，占 25.64%。

（3）北方山地区系生态类群：真鲅，占 2.56%。

（4）新近纪区系生态类群：鲤、银鲫、大鳍鱊、黑龙江鳑鲏、彩石鳑鲏、麦穗鱼、黑龙江泥鳅、北方泥鳅、鲇和怀头鲇，占 25.64%。

（5）热带平原区系生态类群：葛氏鲈塘鳢、黄黝、乌鳢和黄颡鱼，占 10.26%。

以上北方区系生态类群中有 11 种鱼类，占 28.20%。

2. 湿地物种多样性

1）龙江湖

（1）物种资源。采集到鱼类4目6科22属23种，由移入种1目1科5属5种（青鱼、草鱼、鲢、鳙及团头鲂）和土著种4目6科17属18种构成。土著种中，拉氏鲅、黑斑狗鱼和黑龙江花鳅为冷水种，占16.67%；黑斑狗鱼、东北鳈、条纹似白鮈、黑龙江泥鳅和黑龙江花鳅为东北地区特有种，占27.78%。

（2）种类组成。鱼类群落中，鲤形目19种、鲇形目2种，分别占82.61%、8.70%；鲑形目和鲈形目均1种，各占4.35%。科级分类单元中，鲤科17种、鳅科2种，分别占73.91%、8.70%；鳢科、鲿科、鲇科、狗鱼科均1种，各占4.35%。

（3）区系生态类群。土著鱼类群落，由4个区系生态类群构成。①江河平原区系生态类群：红鳍原鲌、蒙古鲌、鳘、花䱻、唇䱻、蛇鮈和东北鳈，占38.89%。②北方平原区系生态类群：黑斑狗鱼、拉氏鲅、条纹似白鮈和黑龙江花鳅，占22.22%。③新近纪区系生态类群：麦穗鱼、鲤、银鲫、黑龙江泥鳅和鲇，占27.78%。④热带平原区系生态类群：乌鳢和黄颡鱼，占11.11%。

以上北方区系生态类群中有4种鱼类，占22.22%。

（4）渔获物组成。放养型渔业湿地，土著鱼类来自绰尔河（嫩江支流）。渔获物中，放养的经济鱼类鲢、鳙、草鱼、青鱼、团头鲂占81.19%；土著经济鱼类银鲫、鳘、蒙古鳘、红鳍原鲌、鲤、鲇、黄颡鱼、乌鳢、蛇鮈、黑斑狗鱼、花䱻、唇䱻占18.33%；小型非经济鱼类黑龙江泥鳅、黑龙江花鳅、拉氏鲅、麦穗鱼、东北鳈、条纹似白鮈占0.47%（表1-16）。

表1-16　龙江湖渔获物组成（2010-09-25～28，2011-01-09～15）

种类	重量/kg	数量/尾	平均体重/g	重量比例/%	数量比例/%	种类	重量/kg	数量/尾	平均体重/g	重量比例/%	数量比例/%
银鲫	35.0	375	93.3	4.63	17.84	鲇	9.4	32	293.8	1.24	1.52
鳘	3.7	199	18.6	0.49	9.47	黄颡鱼	1.9	21	90.5	0.25	1.00
蒙古鳘	2.4	62	38.7	0.32	2.95	拉氏鲅	0.9	149	6.0	0.12	7.09
鲢	239.0	276	865.9	31.64	13.13	乌鳢	5.7	4	1425.0	0.75	0.19
鳙	309.0	313	987.2	40.91	14.89	麦穗鱼	1.9	292	6.5	0.25	13.89
草鱼	50.5	43	1174.4	6.69	2.05	蛇鮈	0.3	9	33.3	0.04	0.43
青鱼	7.7	7	1100.0	1.02	0.33	东北鳈	0.1	11	9.1	0.01	0.52
团头鲂	7.0	19	368.4	0.93	0.90	黑斑狗鱼	3.4	3	1133.3	0.45	0.14
黑龙江泥鳅	0.1	17	5.9	0.01	0.81	条纹似白鮈	0.3	13	23.1	0.04	0.62
黑龙江花鳅	0.3	29	10.3	0.04	1.38	花䱻	1.6	5	320.0	0.21	0.24
红鳍原鲌	4.0	57	70.2	0.53	2.71	唇䱻	6.5	3	2166.7	0.86	0.14
鲤	64.7	163	396.9	8.56	7.75	合计	755.4	2102			

2）鸿雁泡

（1）物种资源。采集到鱼类 3 目 4 科 6 属 7 种，均为土著种，其中包括冷水种拉氏鲅、真鲅及黑龙江花鳅和东北地区特有种真鲅、黑龙江花鳅和葛氏鲈塘鳢，均占 42.86%。

（2）种类组成。鱼类群落中，鲤形目 5 种，占 71.43%；鲇形目和鲈形目均 1 种，各占 14.29%。科级分类单元中，鲤科 4 种，占 57.14%；鳅科、塘鳢科和鲿科均 1 种，各占 14.29%。

（3）区系生态类群。土著鱼类群落，由 4 个区系生态类群构成。①北方平原区系生态类群：拉氏鲅和黑龙江花鳅，占 28.57%。②北方山地区系生态类群：真鲅，占 14.29%。③新近纪区系生态类群：黑龙江鳑鲏和银鲫，占 28.57%。④热带平原区系生态类群：葛氏鲈塘鳢和黄颡鱼，占 28.57%。

以上北方区系生态类群中有 3 种鱼类，占 42.86%。

（4）渔获物组成。非渔业湿地，土著鱼类来自嫩江。渔获物中，土著经济鱼类银鲫、黄颡鱼占 50.80%；小型非经济鱼类葛氏鲈塘鳢、黑龙江花鳅、黑龙江鳑鲏、拉氏鲅、真鲅占 49.20%（表 1-17）。

表 1-17　鸿雁泡渔获物组成（2010-09-20～22，2010-10-10～13）

种类	重量/kg	数量/尾	平均体重/g	重量比例/%	数量比例/%	种类	重量/kg	数量/尾	平均体重/g	重量比例/%	数量比例/%
银鲫	12.6	314	40.1	40.51	18.46	真鲅	1.2	187	6.4	3.86	10.99
葛氏鲈塘鳢	9.4	439	21.4	30.23	25.81	拉氏鲅	1.7	298	5.7	5.47	17.52
黑龙江花鳅	2.1	269	7.8	6.75	15.81	黄颡鱼	3.2	62	51.6	10.29	3.64
黑龙江鳑鲏	0.9	132	6.8	2.89	7.76	合计	31.1	1701			

3）月饼泡

（1）物种资源。采集到鱼类 2 目 3 科 15 属 15 种，由移入种 1 目 1 科 3 属 3 种（团头鲂、鲢及鳙）和土著种 2 目 3 科 12 属 12 种构成。土著种中，拉氏鲅、平口鮈及黑龙江花鳅为冷水种，占 25%；黄黝为中国特有种，占 8.33%；黑龙江花鳅和葛氏鲈塘鳢为东北地区特有种，占 16.67%。

（2）种类组成。鱼类群落中，鲤形目 13 种、鲈形目 2 种，分别占 86.67%、13.33%。科级分类单元中，鲤科 12 种、塘鳢科 2 种、鳅科 1 种，分别占 80%、13.33%、6.67%。

（3）区系生态类群。土著鱼类群落，由 4 个区系生态类群构成。①江河平原区系生态类群：䱗、红鳍原鲌和棒花鱼，占 25%。②北方平原区系生态类群：拉氏鲅、平口鮈和黑龙江花鳅，占 25%。③新近纪区系生态类群：大鳍鱊、麦穗鱼、鲤和银鲫，占 33.33%。④热带平原区系生态类群：葛氏鲈塘鳢和黄黝，占 16.67%。

以上北方区系生态类群中有 3 种鱼类，占 25%。

（4）渔获物组成。放养型渔业湿地，土著鱼类来自嫩江。渔获物中，放养的经济鱼类鲢、鳙、团头鲂占 15.96%；土著经济鱼类鲤、银鲫、䱗、红鳍原鲌占 65.80%；小型非经济鱼类麦穗鱼、大鳍鱊、葛氏鲈塘鳢、拉氏鲅、黑龙江花鳅、平口鉤、棒花鱼、黄黝占18.21%（表1-18）。

表1-18 月饼泡渔获物组成（2010-09-27～30）

种类	重量/kg	数量/尾	平均体重/g	重量比例/%	数量比例/%	种类	重量/kg	数量/尾	平均体重/g	重量比例/%	数量比例/%
䱗	17.2	1536	11.2	16.33	28.88	葛氏鲈塘鳢	3.7	237	15.6	3.51	4.46
银鲫	23.4	860	27.2	22.22	16.17	团头鲂	5.4	44	122.7	5.13	0.83
鲤	8.9	48	185.4	8.45	0.90	拉氏鲅	1.3	191	6.8	1.23	3.59
红鳍原鲌	19.8	500	39.6	18.80	9.40	黑龙江花鳅	2.1	286	7.3	1.99	5.38
麦穗鱼	7.9	1076	7.3	7.50	20.23	平口鉤	0.1	8	12.5	0.09	0.15
鲢	3.6	9	400.0	3.42	0.17	棒花鱼	0.6	26	23.1	0.57	0.49
鳙	7.8	19	410.5	7.41	0.36	黄黝	2.9	426	6.8	2.75	8.01
大鳍鱊	0.6	52	11.5	0.57	0.98	合计	105.3	5318			

4）乌尔塔泡

（1）物种资源。采集到鱼类2目3科10属11种，均为土著种，其中包括冷水种拉氏鲅及黑龙江花鳅和东北地区特有种湖鲅、东北鳈、黑龙江泥鳅、黑龙江花鳅和葛氏鲈塘鳢，分别占18.18%及45.45%。

（2）种类组成。鱼类群落中，鲤形目10种、鲈形目1种，分别占90.91、9.09%。科级分类单元中，鲤科8种、鳅科2种、塘鳢科1种，分别占72.73%、18.18%、9.09%。

（3）区系生态类群。土著鱼类群落，由4个区系生态类群构成。①江河平原区系生态类群：棒花鱼、䱗和东北鳈，占27.27%。②北方平原区系生态类群：拉氏鲅、湖鲅和黑龙江花鳅，占 27.27%。③新近纪区系生态类群：大鳍鱊、麦穗鱼、银鲫和黑龙江泥鳅，占36.36%。④热带平原区系生态类群：葛氏鲈塘鳢，占9.09%。

以上北方区系生态类群中有3种鱼类，占27.27%。

（4）渔获物组成。非渔业型湿地，土著鱼类来自嫩江。渔获物中，土著经济鱼类银鲫、䱗占72.54%；小型非经济鱼类葛氏鲈塘鳢、大鳍鱊、黑龙江泥鳅、黑龙江花鳅、棒花鱼、麦穗鱼、东北鳈、拉氏鲅、湖鲅占27.46%（表1-19）。

表1-19 乌尔塔泡渔获物组成

种类	重量/kg	数量/尾	平均体重/g	重量比例/%	数量比例/%	种类	重量/kg	数量/尾	平均体重/g	重量比例/%	数量比例/%
银鲫	9.6	132	72.7	67.61	20.31	麦穗鱼	0.7	147	4.8	4.93	22.62
䱗	0.7	42	16.7	4.93	6.46	东北鳈	0.1	17	5.9	0.70	2.62
葛氏鲈塘鳢	1.4	86	16.3	9.86	13.23	湖鲅	0.1	13	7.7	0.70	2.00
大鳍鱊	0.4	27	14.8	2.82	4.15	拉氏鲅	0.3	49	6.1	2.11	7.54
黑龙江泥鳅	0.6	107	5.6	4.23	16.46	棒花鱼	0.1	7	14.3	0.70	1.08
黑龙江花鳅	0.2	23	8.7	1.41	3.54	合计	14.2	650			

5）扎龙湖

（1）物种资源。采集到鱼类3目6科20属23种，由移入种1目1科4属4种（鲢、鳙、草鱼及团头鲂）和土著种3目6科16属19种构成。土著种中，包括中国特有种凌源鮈和东北地区特有种湖鲂、黑龙江花鳅、黑龙江泥鳅、葛氏鲈塘鳢，分别占5.26%和21.05%。

（2）种类组成。鱼类群落中，鲤形目19种，占82.61%；鲇形目和鲈形目均2种，各占8.70%。科级分类单元中，鲤科16种、鳅科3种，分别占69.57%、13.04%；鲿科、鲇科、塘鳢科和鳢科均1种，各占4.35%。

（3）区系生态类群。土著鱼类群落，由4个区系生态类群构成。①江河平原区系生态类群：棒花鱼、蛇鮈、䱗和红鳍原鲌，占21.05%。②北方平原区系生态类群：湖鲂、凌源鮈、犬首鮈、细体鮈、黑龙江花鳅和北方花鳅，占31.58%。③新近纪区系生态类群：黑龙江鳑鲏、麦穗鱼、鲤、银鲫、黑龙江泥鳅和鲇，占31.58%。④热带平原区系生态类群：葛氏鲈塘鳢、乌鳢和黄颡鱼，占15.79%。

以上北方区系生态类群中有6种鱼类，占31.58%。

（4）渔获物组成。放养型渔业湿地，土著鱼类来自乌裕尔河和乌双河（均为嫩江支流）。渔获物中，土著经济鱼类鲤、银鲫、鲇、黄颡鱼、䱗、乌鳢、红鳍原鲌、蛇鮈占57.62%；放养的经济鱼类鲢、鳙、草鱼、团头鲂占26.40%；小型非经济鱼类麦穗鱼、湖鲂、凌源鮈、犬首鮈、棒花鱼、葛氏鲈塘鳢、黑龙江花鳅、黑龙江鳑鲏占15.96%（表1-20）。

表1-20　扎龙湖渔获物组成（2009-08-29～31）

种类	重量/kg	数量/尾	平均体重/g	重量比例/%	数量比例/%	种类	重量/kg	数量/尾	平均体重/g	重量比例/%	数量比例/%
鲤	23.6	70	337.1	5.53	0.94	红鳍原鲌	43.6	1483	29.4	10.22	19.86
银鲫	137.2	1464	93.7	32.17	19.60	湖鲂	1.3	102	12.1	0.30	1.37
鲢	49.3	168	293.5	11.56	2.25	犬首鮈	8.2	371	22.1	1.92	4.97
鳙	17.4	41	424.4	4.08	0.55	凌源鮈	11.7	557	21.0	2.74	7.46
草鱼	42.1	55	765.5	9.87	0.74	棒花鱼	1.7	61	27.9	0.40	0.82
团头鲂	3.8	33	115.2	0.89	0.44	葛氏鲈塘鳢	17.4	469	37.1	4.08	6.28
鲇	4.7	31	151.6	1.10	0.42	蛇鮈	2.1	48	43.8	0.49	0.64
黄颡鱼	7.2	116	62.1	1.69	1.55	黑龙江花鳅	8.4	718	11.7	1.97	9.61
䱗	15.8	485	32.6	3.70	6.49	黑龙江鳑鲏	2.2	175	12.6	0.52	2.34
乌鳢	11.6	22	527.3	2.72	0.29	合计	426.5	7469			
麦穗鱼	17.2	1000	17.2	4.03	13.39						

6）南山湖

（1）物种资源。采集到鱼类3目6科19属22种，由移入种1目1科3属3种（鲢、鳙及草鱼）和土著种3目6科16属19种构成。土著种中，拉氏鲅和平口鮈为冷水种，占10.53%；彩石鳑鲏和凌源鮈为中国特有种，占10.53%；克氏鳈、平口鮈、黑龙江泥鳅和葛氏鲈塘鳢为东北地区特有种，占21.05%；怀头鲇为中国易危种，占5.26%。

（2）种类组成。鱼类群落中，鲤形目17种、鲇形目3种、鲈形目2种，分别占77.27%、13.64%、9.09%。科级分类单元中，鲤科15种，占68.18%；鲇科、鳅科均2种，各占9.09%；鲿科、塘鳢科和鳢科均1种，各占4.55%。

（3）区系生态类群。土著鱼类群落，由4个区系生态类群构成。①江河平原区系生态类群：克氏鳈、鳌和棒花鱼，占15.79%。②北方平原区系生态类群：拉氏鲅、平口鮈、凌源鮈和犬首鮈，占21.05%。③新近纪区系生态类群：大鳍鱊、彩石鳑鲏、麦穗鱼、鲤、银鲫、黑龙江泥鳅、北方泥鳅、怀头鲇和鲇，占47.37%。④热带平原区系生态类群：葛氏鲈塘鳢、乌鳢和黄颡鱼，占15.79%。

以上北方区系生态类群中有4种鱼类，占21.05%。

（4）渔获物组成。放养型渔业湿地，土著鱼类来自嫩江。2008年7月8日的渔获物中，土著经济鱼类鲤、银鲫占86.70%；小型非经济鱼类大鳍鱊、彩石鳑鲏、葛氏鲈塘鳢、麦穗鱼、黑龙江泥鳅、北方泥鳅、棒花鱼、拉氏鲅占13.30%。2008年11月8日的渔获物中，土著经济鱼类鲤、银鲫、鳌占86.22%；小型非经济鱼类彩石鳑鲏、棒花鱼、葛氏鲈塘鳢、麦穗鱼、平口鮈占13.77%（表1-21）。南山湖为高盐碱湿地，银鲫、鲤种群中30%～40%的个体患有九江头槽绦虫病。

表1-21　南山湖渔获物组成

种类	夏季（2008-07-08）					秋季（2008-11-08）				
	重量/kg	数量/尾	平均体重/g	重量比例/%	数量比例/%	重量/kg	数量/尾	平均体重/g	重量比例/%	数量比例/%
鲤	28.1	162	173.5	64.45	16.95	10.8	76	142.1	55.10	14.81
银鲫	9.7	369	26.3	22.25	38.60	5.9	202	29.2	30.10	39.38
大鳍鱊	0.6	42	14.3	1.38	4.39	—	—	—	—	—
彩石鳑鲏	0.9	83	10.8	2.06	8.68	0.2	26	7.7	1.02	5.07
棒花鱼	0.4	23	17.4	0.92	2.41	0.2	17	11.8	1.02	3.31
麦穗鱼	0.9	92	9.8	2.06	9.62	0.5	69	7.2	2.55	13.45
北方泥鳅	0.8	41	19.5	1.83	4.29	—	—	—	—	—
黑龙江泥鳅	0.1	13	7.7	0.23	1.36	—	—	—	—	—
葛氏鲈塘鳢	1.6	77	20.8	3.67	8.05	1.6	92	17.4	8.16	17.93
鳌	—	—	—	—	—	0.2	17	11.8	1.02	3.31
拉氏鲅	0.5	54	9.3	1.15	5.65	—	—	—	—	—
平口鮈	—	—	—	—	—	0.2	14	14.3	1.02	2.73
合计	43.6	956				19.6	513			

7）齐家泡

（1）物种资源。采集到鱼类3目4科15属17种，由移入种1目1科3属3种（鲢、鳙及草鱼）和土著种3目4科12属14种构成。土著种中，平口鮈为冷水种，占7.14%；

凌源鮈为中国特有种，占 7.14%；湖鲂、平口鮈和葛氏鲈塘鳢为东北地区特有种，占 21.43%。

（2）种类组成。鱼类群落中，鲤形目 14 种、鲇形目 2 种、鲈形目 1 种，分别占 82.35%、11.76%、5.88%。科级分类单元中，鲤科 14 种，占 82.34%；鲿科、鲇科、塘鳢科均 1 种，各占 5.88%。

（3）区系生态类群。土著鱼类群落，由 4 个区系生态类群构成。①江河平原区系生态类群：䱗、贝氏䱗、红鳍原鲌和银鲴，占 28.57%。②北方平原区系生态类群：湖鲂、平口鮈、凌源鮈和犬首鮈，占 28.57%。③新近纪区系生态类群：麦穗鱼、鲤、银鲫和鲇，占 28.57%。④热带平原区系生态类群：葛氏鲈塘鳢和黄颡鱼，占 14.29%。

以上北方区系生态类群中有 4 种鱼类，占 28.57%。

（4）渔获物组成。放养型渔业湿地，土著鱼类来自嫩江。渔获物中，放养的经济鱼类鲢、鳙、草鱼占 67.84%；土著经济鱼类鲤、银鲫、红鳍原鲌、䱗、黄颡鱼、鲇占 32.15%；小型非经济鱼类平口鮈占 0.01%（表 1-22）。

表 1-22　齐家泡渔获物组成（2008-12-26）

种类	重量/kg	数量/尾	平均体重/g	重量比例/%	数量比例/%	种类	重量/kg	数量/尾	平均体重/g	重量比例/%	数量比例/%
鲤	28.8	33	872.7	9.06	5.91	䱗	0.6	29	20.7	0.19	5.20
银鲫	9.2	126	73.0	2.89	22.58	黄颡鱼	2.2	24	91.7	0.69	4.30
鲢	16.1	12	1341.7	5.07	2.15	鲇	30.3	51	594.1	9.53	9.14
鳙	169.9	39	4356.4	53.46	6.99	平口鮈	0.02	1	20.0	0.01	0.18
红鳍原鲌	31.1	237	131.2	9.79	42.47	合计	317.82	558			
草鱼	29.6	6	4933.3	9.31	1.08						

8）喇嘛寺泡

（1）物种资源。采集到鱼类 3 目 5 科 20 属 22 种，由移入种 1 目 1 科 4 属 4 种（鲢、鳙、草鱼及团头鲂）和土著种 3 目 5 科 16 属 18 种构成。土著种中，拉氏鲅和平口鮈为冷水种，占 11.11%；彩石鳑鲏和凌源鮈为中国特有种，占 11.11%；东北鳈、湖鲂、平口鮈和葛氏鲈塘鳢为东北地区特有种，占 22.22%。

（2）种类组成。鱼类群落中，鲤形目 18 种，占 81.82%；鲇形目和鲈形目均 2 种，各占 9.09%。科级分类单元中，鲤科 18 种，占 81.82%；鲿科、鲇科、塘鳢科和鮨科均 1 种，各占 4.55%。

（3）区系生态类群。土著鱼类群落，由 4 个区系生态类群构成。①江河平原区系生态类群：东北鳈、棒花鱼、䱗、翘嘴鲌和鳜，占 27.78%。②北方平原区系生态类群：拉氏鲅、湖鲂、凌源鮈、犬首鮈和平口鮈，占 27.78%。③新近纪区系生态类群：大鳍鱊、彩石鳑鲏、麦穗鱼、鲤、银鲫和鲇，占 33.33%。④热带平原区系生态类群：葛氏鲈塘鳢和黄颡鱼，占 11.11%。

以上北方区系生态类群中有 5 种鱼类，占 27.78%。

（4）渔获物组成。放养型渔业湿地，土著鱼类来自嫩江。2008 年 10 月 21 日的渔获物中，土著经济鱼类黄颡鱼、鲤、银鲫、鲇、䱗占 30.77%；放养的经济鱼类鲢、鳙、草鱼、团头鲂占 34.44%；小型非经济鱼类葛氏鲈塘鳢、拉氏鲅、大鳍鱊、彩石鳑鲏、麦穗鱼、平口鮈、东北鳈占 34.77%。2008 年 12 月 27 日的渔获物中，土著经济鱼类鲤占 6.25%；放养的经济鱼类鲢、鳙、草鱼占 93.76%（表 1-23）。

表 1-23　喇嘛寺泡渔获物组成

种类	2008-10-21					2008-12-27				
	重量/kg	数量/尾	平均体重/g	重量比例/%	数量比例/%	重量/kg	数量/尾	平均体重/g	重量比例/%	数量比例/%
鲢	5.8	13	446.2	9.29	0.72	1.7	42	40.5	0.78	32.56
鳙	9.4	18	522.2	15.06	1.00	156.1	57	2738.6	71.18	44.19
草鱼	4.5	6	750.0	7.21	0.33	47.8	12	3983.3	21.80	9.30
黄颡鱼	0.7	17	41.2	1.12	0.95	—	—	—	—	—
鲤	7.1	27	263.0	11.38	1.51	13.7	18	761.1	6.25	13.95
银鲫	3.3	89	37.1	5.29	4.96					
团头鲂	1.8	12	150.0	2.88	0.67					
鲇	3.1	23	134.8	4.97	1.28					
䱗	5.0	192	26.0	8.01	10.70					
葛氏鲈塘鳢	5.9	262	22.5	9.46	14.60					
拉氏鲅	0.9	137	6.6	1.44	7.64					
大鳍鱊	1.0	87	11.5	1.60	4.85					
彩石鳑鲏	0.2	17	11.8	0.32	0.95					
麦穗鱼	11.1	763	14.5	17.79	42.53					
平口鮈	0.8	24	33.3	1.28	1.34					
东北鳈	1.8	107	16.8	2.88	5.96					
合计	62.4	1794				219.3	129			

9）大龙虎泡

（1）物种资源。采集到鱼类 3 目 3 科 17 属 18 种，由移入种 2 目 2 科 5 属 5 种（大银鱼、鲢、鳙、草鱼及团头鲂）和土著种 2 目 2 科 12 属 13 种构成。土著种中，包括中国特有种彩石鳑鲏、凌源鮈及黄黝和东北地区特有种东北鳈、葛氏鲈塘鳢，分别占 23.08%和 15.38%。

（2）种类组成。鱼类群落中，鲤形目 15 种、鲈形目 2 种、鲑形目 1 种，分别占 83.33%、11.11%、5.56%。科级分类单元中，鲤科 15 种、塘鳢科 2 种、银鱼科 1 种，分别占 83.33%、11.11%、5.56%。

（3）区系生态类群。土著鱼类群落，由 4 个区系生态类群构成。①江河平原区系生态类群：䱗、红鳍原鲌、棒花鱼和东北鳈，占 30.77%。②北方平原区系生态类群：凌源鮈和犬首鮈，占 15.38%。③新近纪区系生态类群：大鳍鱊、彩石鳑鲏、麦穗鱼、鲤和银鲫，占 38.46%。④热带平原区系生态类群：葛氏鲈塘鳢和黄黝，占 15.38%。

以上北方区系生态类群中有 2 种鱼类，占 15.38%。

（4）渔获物组成。放养型渔业湿地，土著鱼类来自嫩江。2008 年 10 月 28 日的渔获物中，放养的经济鱼类鲢、鳙、草鱼、团头鲂占 21.71%；土著经济鱼类鲤、银鲫、红鳍原鲌、䱗占 35.04%；小型非经济鱼类黄黝、麦穗鱼、葛氏鲈塘鳢、东北鳈、大鳍鱊、棒花鱼、彩石鳑鲏占 43.27%（表 1-24）。2009 年 9 月 21～22 日的渔获物中，驯化移殖种类大银鱼占 40.20%；土著经济鱼类鲤、银鲫、䱗占 50.89%；小型非经济鱼类黄黝占 8.90%（表 1-24）。大龙虎泡为高盐碱湿地，银鲫和鲤种群中 50%～60%的个体患有红线虫病和九江头槽绦虫病。

表 1-24　大龙虎泡渔获物组成

种类	2008-10-28					2009-09-21～22				
	重量/kg	数量/尾	平均体重/g	重量比例/%	数量比例/%	重量/kg	数量/尾	平均体重/g	重量比例/%	数量比例/%
鲢	6.1	13	469.2	9.13	0.60					
鳙	6.6	12	550.0	9.88	0.55					
草鱼	1.0	2	500.0	1.50	0.09					
黄黝	2.0	83	24.1	2.99	3.84	19.8	925	21.4	8.90	32.94
鲤	10.0	43	232.6	14.97	1.99	8.7	18	483.3	3.91	0.64
银鲫	4.5	137	32.8	6.74	6.33	47.2	329	143.5	21.22	11.72
团头鲂	0.8	7	114.3	1.20	0.32					
红鳍原鲌	4.8	71	67.6	7.19	3.28					
䱗	4.1	149	27.5	6.14	6.89	57.3	581	98.6	25.76	20.69
葛氏鲈塘鳢	4.2	242	17.4	6.29	11.18					
棒花鱼	0.9	31	29.0	1.35	1.43					
大鳍鱊	2.5	132	18.9	3.74	6.10					
大银鱼						89.4	955	93.6	40.20	34.01
彩石鳑鲏	1.2	83	14.5	1.80	3.84					
麦穗鱼	14.0	797	17.6	20.96	36.83					
东北鳈	4.1	362	11.3	6.14	16.73					
合计	66.8	2164				222.4	2808			

10）小龙虎泡

（1）物种资源。采集到鱼类 1 目 1 科 8 属 8 种，由移入种 1 目 1 科 3 属 3 种（鲢、鳙及草鱼）和土著种 1 目 1 科 5 属 5 种构成。

（2）种类组成。鱼类群落中，8 种鱼类均隶属鲤形目、鲤科。

（3）区系生态类群。土著鱼类群落，由 2 个区系生态类群构成。①江河平原区系生态类群：䱗和红鳍原鲌，占 40%。②新近纪区系生态类群：鲤、银鲫和麦穗鱼，占 60%。

（4）渔获物组成。放养型渔业湿地，土著鱼类来自嫩江。渔获物中，土著经济鱼类银鲫、䱗、红鳍原鲌占32.33%；放养的经济鱼类鲤、鲢、鳙、草鱼占67.13%；小型非经济鱼类麦穗鱼占0.53%（表1-25）。

表1-25　小龙虎泡渔获物组成（2009-12-22）

种类	重量/kg	数量/尾	平均体重/g	重量比例/%	数量比例/%	种类	重量/kg	数量/尾	平均体重/g	重量比例/%	数量比例/%
鲤	11.3	53	213.2	12.06	5.14	红鳍原鲌	16.7	473	35.3	17.82	45.83
银鲫	5.5	127	43.3	5.87	12.31	麦穗鱼	0.5	29	17.2	0.53	2.81
䱗	8.1	292	27.7	8.64	28.29	草鱼	10.4	7	1485.7	11.10	0.68
鲢	27.7	37	748.6	29.56	3.59	合计	93.7	1032			
鳙	13.5	14	964.3	14.41	1.36						

注：该湿地鲤种群中90%以上的个体为放养的杂交品种，土著种群较少，故在进行渔获物统计时，鲤归入放养种类。

11）连环湖

（1）物种资源。采集到鱼类4目7科28属37种，由移入种2目2科6属6种（大银鱼、鲢、鳙、青鱼、草鱼及团头鲂）和土著种3目6科22属31种构成。土著种中，拉氏鲅、真鲅和平口鮈为冷水种，占9.68%；彩石鳑鲏、凌源鮈和黄黝为中国特有种，占9.68%；真鲅、东北鳈、克氏鳈、平口鮈、黑龙江泥鳅、黑龙江花鳅和葛氏鲈塘鳢为东北地区特有种，占22.58%；怀头鲇为中国易危种，占3.23%。

（2）种类组成。鱼类群落中，鲤形目30种，占81.08%；鲇形目和鲈形目均3种，占8.11%；鲑形目1种，占2.70%。科级分类单元中，鲤科27种，占72.97%；鳅科3种，占8.11%；塘鳢科和鲇科均2种，各占5.41%；银鱼科、鳢科和鮨科均1种，各占2.70%。

（3）区系生态类群。土著鱼类群落，由5个区系生态类群构成。①江河平原区系生态类群：鳊、花䱻、䱗、红鳍原鲌、蒙古鲌、棒花鱼、蛇鮈、东北鳈和克氏鳈，占29.03%。②北方平原区系生态类群：拉氏鲅、平口鮈、凌源鮈、犬首鮈、细体鮈、黑龙江花鳅和北方花鳅，占22.58%。③北方山地区系生态类群：真鲅，占3.23%。④新近纪区系生态类群：大鳍鱊、黑龙江鳑鲏、彩石鳑鲏、麦穗鱼、鲤、银鲫、鲇、怀头鲇、北方泥鳅和黑龙江泥鳅，占32.26%。⑤热带平原区系生态类群：乌鳢、葛氏鲈塘鳢、黄黝和黄颡鱼，占12.90%。

以上北方区系生态类群中有8种鱼类，占25.81%。

（4）渔获物组成。连环湖由18片湿地构成，均为放养型渔业湿地，土著鱼类来自渠道，来自嫩江及其支流乌裕尔河。以下为其中6片主要湿地的渔获物组成情况。

a. 西葫芦泡：采集到鱼类3目3科13属13种。红鳍原鲌和䱗为群落优势种。渔获物中，土著经济鱼类鲤、银鲫、红鳍原鲌、蒙古鲌、䱗、怀头鲇占45.29%；放养的经济鱼类鲢、鳙占42.48%；小型非经济鱼类黄黝、葛氏鲈塘鳢、麦穗鱼、棒花鱼、平口鮈占12.21%（表1-26）。

表 1-26　西葫芦泡渔获物组成（2008-07-10）

种类	重量/kg	数量/尾	平均体重/g	重量比例/%	数量比例/%	种类	重量/kg	数量/尾	平均体重/g	重量比例/%	数量比例/%
鲤	31.3	107	292.5	14.44	2.61	黄黝	10.5	563	18.7	4.84	13.75
银鲫	5.7	207	27.5	2.63	5.05	葛氏鲈塘鳢	7.1	309	23.0	3.27	7.54
鲢	64.8	113	573.5	29.89	2.76	麦穗鱼	5.6	604	9.3	2.58	14.75
鳙	27.3	37	737.8	12.59	0.90	棒花鱼	1.1	83	13.3	0.51	2.03
红鳍原鲌	34.2	721	47.4	15.77	17.60	平口鉤	2.2	147	15.0	1.01	3.59
蒙古鲌	1.2	11	109.1	0.55	0.27	怀头鲇	0.1	2	50.0	0.05	0.05
䱗	25.7	1192	21.6	11.85	29.10	合计	216.8	4096			

b. 阿木塔泡：采集到鱼类 4 目 5 科 17 属 18 种。2008 年 11 月 6 日的渔获物中，放养的经济鱼类鲢、鳙、草鱼、团头鲂和驯化移殖种类大银鱼占 42.41%；土著经济鱼类鲤、银鲫、鲇、黄颡鱼、红鳍原鲌、䱗占 42.50%；小型非经济鱼类黄黝、麦穗鱼、大鳍鱊、彩石鳑鲏、黑龙江泥鳅占 15.10%（表 1-27）。2009 年 9 月 29～30 日的渔获物中，放养的经济鱼类鲢、鳙和驯化移殖种类大银鱼占 32.55%；土著经济鱼类银鲫、红鳍原鲌、䱗占 20.28%；小型非经济鱼类黄黝、麦穗鱼、平口鉤占 47.16%（表 1-27）。

表 1-27　阿木塔泡渔获物组成

种类	2008-11-06					2009-09-29～30				
	重量/kg	数量/尾	平均体重/g	重量比例/%	数量比例/%	重量/kg	数量/尾	平均体重/g	重量比例/%	数量比例/%
鲤	10.8	47	229.8	11.09	2.66	—	—	—	—	—
银鲫	4.7	194	24.2	4.83	10.99	13.4	210	63.8	10.41	4.08
鲢	14.0	29	482.8	14.37	1.64	21.2	64	331.3	16.47	1.24
鳙	21.0	41	512.2	21.56	2.32	13.5	48	281.3	10.49	0.93
草鱼	3.2	7	457.1	3.29	0.40	—	—	—	—	—
鲇	3.5	19	184.2	3.59	1.08	—	—	—	—	—
黄颡鱼	0.6	13	46.2	0.62	0.74	—	—	—	—	—
红鳍原鲌	8.8	241	36.5	9.03	13.65	7.1	181	39.2	5.52	3.52
团头鲂	1.4	13	107.7	1.44	0.74	—	—	—	—	—
䱗	12.7	459	27.7	13.04	26.01	5.6	246	22.8	4.35	4.79
黄黝	3.9	213	18.3	4.00	12.07	29.8	2310	12.9	23.15	44.93
大银鱼	1.4	109	12.8	1.44	6.18	7.2	102	70.6	5.59	1.98
麦穗鱼	2.3	212	10.8	2.36	12.01	17.7	1292	13.7	13.75	25.13
大鳍鱊	1.7	61	27.9	1.75	3.46	—	—	—	—	—
彩石鳑鲏	6.5	33	197.0	6.67	1.87	—	—	—	—	—
北方泥鳅	0.7	52	13.5	0.72	2.95	—	—	—	—	—
平口鉤	—	—	—	—	—	13.2	688	19.2	10.26	13.38
黑龙江泥鳅	0.2	22	9.1	0.21	1.25	—	—	—	—	—
合计	97.4	1765				128.7	5141			

c. 二八股泡：采集到鱼类2目2科9属9种。银鲫为群落优势种。渔获物中，放养的经济鱼类鲢、鳙、草鱼及驯化移殖种类大银鱼占85.52%；土著经济鱼类鲤、银鲫、䱗占14.40%，小型非经济鱼类平口鮈、大鳍鱊占0.09%（表1-28）。

表1-28　二八股泡渔获物组成（2008-12-28）

种类	重量/kg	数量/尾	平均体重/g	重量比例/%	数量比例/%	种类	重量/kg	数量/尾	平均体重/g	重量比例/%	数量比例/%
鲢	43.5	57	763.2	30.20	16.91	䱗	0.14	1	140.0	0.10	0.30
鳙	63.8	92	693.5	44.29	27.30	平口鮈	0.08	1	80.0	0.06	0.30
鲤	17.1	41	417.1	11.87	12.17	大银鱼	0.08	1	80.0	0.06	0.30
银鲫	3.5	129	27.1	2.43	38.28	大鳍鱊	0.05	2	25.0	0.03	0.59
草鱼	15.8	13	1215.4	10.97	3.86	合计	144.05	337			

d. 牙门喜泡：采集到鱼类3目4科11属11种。渔获物中，放养的经济鱼类鲢、鳙、草鱼及驯化移殖种类大银鱼占44.72%；土著经济鱼类䱗、银鲫、红鳍原鲌、鲤占40.94%；小型非经济鱼类黑龙江泥鳅、麦穗鱼、黄黝占14.35%（表1-29）。

表1-29　牙门喜泡渔获物组成（2009-09-26～28）

种类	重量/kg	数量/尾	平均体重/g	重量比例/%	数量比例/%	种类	重量/kg	数量/尾	平均体重/g	重量比例/%	数量比例/%
䱗	9.2	1278	7.2	13.90	31.30	红鳍原鲌	2.9	165	17.6	4.38	4.04
大银鱼	7.3	541	13.5	11.03	13.25	鲢	7.2	77	93.5	10.88	1.89
黑龙江泥鳅	0.8	79	10.1	1.21	1.93	鳙	10.5	73	143.8	15.86	1.79
麦穗鱼	1.2	343	3.5	1.81	8.40	草鱼	4.6	36	127.8	6.95	0.88
黄黝	7.5	1042	7.2	11.33	25.52	鲤	2.7	13	207.7	4.08	0.32
银鲫	12.3	436	28.2	18.58	10.68	合计	66.2	4083			

e. 他拉红泡：采集到鱼类2目2科7属7种，银鲫和真鲅为群落优势种。渔获物中，土著经济鱼类银鲫、䱗约占51.21%；放养鱼类鲢、鳙占34.65%；小型非经济鱼类真鲅、葛氏鲈塘鳢、黄黝占14.13%（表1-30）。

表1-30　他拉红泡渔获物组成（2009-09-23～25）

种类	重量/kg	数量/尾	平均体重/g	重量比例/%	数量比例/%	种类	重量/kg	数量/尾	平均体重/g	重量比例/%	数量比例/%
银鲫	163.2	2757	59.2	35.52	33.13	真鲅	17.6	2347	7.5	3.83	28.20
鲢	93.6	251	372.9	20.37	3.02	葛氏鲈塘鳢	19.6	1126	17.4	4.27	13.53
鳙	65.6	139	471.9	14.28	1.67	黄黝	27.7	1174	23.6	6.03	14.11
䱗	72.1	529	136.3	15.69	6.36	合计	459.4	8323			

f. 霍烧黑泡：采集到鱼类 4 目 5 科 17 属 17 种。2008 年 11 月 8 日的渔获物中，土著经济鱼类鲤、银鲫、红鳍原鲌、䱗、鲇占 70.12%；放养的经济鱼类鲢、鳙及驯化移殖种类大银鱼占 23.04%；小型非经济鱼类黄黝、葛氏鲈塘鳢、麦穗鱼、棒花鱼、平口鉤占 6.85%（表 1-31）。2008 年 7 月 10 日的渔获物中，土著经济鱼类鲤、银鲫、红鳍原鲌、䱗、黄颡鱼、蒙古鲌占 45.62%；放养的经济鱼类鲢、鳙占 35.31%；小型非经济鱼类黄黝、葛氏鲈塘鳢、麦穗鱼、棒花鱼、平口鉤占 19.08%（表 1-31）。2009 年 9 月 19～20 日的渔获物中，放养的经济鱼类鲢、鳙、草鱼及驯化移殖种类大银鱼占 71.19%；土著经济鱼类银鲫、红鳍原鲌占 14.08%；小型非经济鱼类葛氏鲈塘鳢、麦穗鱼、黄黝、棒花鱼、东北鳈占 14.74%（表 1-32）。

表 1-31　霍烧黑泡渔获物组成

种类	大榆树（2008-11-08）					温德沟（2008-07-10）				
	重量/kg	数量/尾	平均体重/g	重量比例/%	数量比例/%	重量/kg	数量/尾	平均体重/g	重量比例/%	数量比例/%
鲤	11.9	49	242.9	19.87	3.51	7.8	33	236.4	17.11	3.87
银鲫	3.2	123	26.0	5.34	8.80	2.3	97	23.7	5.04	11.38
鲢	6.9	17	405.9	11.52	1.22	9.0	23	391.3	19.74	2.70
鳙	4.9	8	612.5	8.18	0.57	7.1	10	710.0	15.57	1.17
黄黝	1.6	96	16.7	2.67	6.87	1.9	107	17.8	4.17	12.56
葛氏鲈塘鳢	0.7	23	30.4	1.17	1.65	0.8	31	25.8	1.75	3.64
红鳍原鲌	17.3	462	37.4	28.88	33.05	8.9	239	37.2	19.52	28.05
麦穗鱼	0.8	73	11.0	1.34	5.22	0.4	43	9.3	0.88	5.05
棒花鱼	0.6	41	14.6	1.00	2.93	0.5	22	22.7	1.10	2.58
䱗	7.5	317	23.7	12.52	22.68	0.6	36	16.7	1.32	4.23
平口鉤	0.4	22	18.2	0.67	1.57	5.1	187	27.3	11.18	21.95
鲇	2.1	11	190.9	3.51	0.79	—	—	—	—	—
黄颡鱼	—	—	—	—	—	0.8	21	38.1	1.75	2.46
蒙古鲌	—	—	—	—	—	0.4	3	133.3	0.88	0.35
大银鱼	2.0	156	12.8	3.34	11.16	—	—	—	—	—
合计	59.9	1398				45.6	852			

表 1-32　霍烧黑泡渔获物组成（2009-09-19～20）

种类	重量/kg	数量/尾	平均体重/g	重量比例/%	数量比例/%	种类	重量/kg	数量/尾	平均体重/g	重量比例/%	数量比例/%
大银鱼	17.6	224	78.6	8.31	6.79	棒花鱼	3.1	157	19.7	1.46	4.76
银鲫	28.2	536	52.6	13.32	16.24	东北鳈	1.3	127	10.2	0.61	3.85
葛氏鲈塘鳢	3.7	123	30.1	1.75	3.73	鲢	63.2	216	292.6	29.86	6.54
红鳍原鲌	1.6	54	29.6	0.76	1.64	鳙	49.7	84	591.7	23.48	2.54
麦穗鱼	9.2	713	12.9	4.35	21.60	草鱼	20.2	14	1442.9	9.54	0.42
黄黝	13.9	1053	13.2	6.57	31.90	合计	211.7	3301			

1.1.3　大庆盐碱湿地群

大庆盐碱湿地群，位于松嫩平原黑龙江省西部大庆-安达-肇源区域，由 13 片盐碱湿地构成（表 1-33）。其中，老江身泡和青肯泡包含于青肯泡沼泽。

表 1-33　大庆盐碱湿地群自然概况

湿地调查编号	湿地名称	经纬度	所在地区	面积/km^2	平均水深/m	平均年鱼产量/(kg/hm^2)
（16）	中内泡	46°17′N～46°21′N，125°01′E～125°06′E	黑龙江安达	33	1.67	—
（17）	七才泡	46°14′N～46°15′N，125°04′E～125°06′E	黑龙江安达	7	1.37	214.3
（18）	八里泡	46°23′N～46°25′N，125°13′E～125°15′E	黑龙江安达	10	0.55	—
（21）	王花泡	46°32′N～46°36′N，125°18′E～125°23′E	黑龙江肇源	40	0.30	—
（22）	库里泡	45°46′N～45°52′N，124°46′E～124°51′E	黑龙江肇源	18.5	1.73	—
（23）	鸭木蛋格泡	46°44′N～46°46′N，124°13′E～124°18′E	黑龙江肇源	12	0.40	—
（25）	东大海	46°05′N～46°08′N，124°37′E～124°41′E	黑龙江大庆	18.5	1.35	—
（26）	西大海	46°04′N～46°09′N，124°02′E～124°05′E	黑龙江大庆	26.5	1.13	—
（28）	八百垧泡	46°30′N～46°31′N，125°52′E～125°53′E	黑龙江大庆	6	1.10	16.3
（29）	碧绿泡	46°27′N～46°29′N，124°47′E～124°50′E	黑龙江大庆	8	1.15	28.6
（30）	北二十里泡	46°28′N～46°32′N，125°07′E～125°15′E	黑龙江大庆	72	0.95	—
（49）	老江身泡	46°01′N～46°04′N，125°04′E～125°06′E	黑龙江安达	12.4	1.27	64.6
（50）	青肯泡	46°20′N～46°24′N，125°28′E～125°32′E	黑龙江安达	72.3	0.92	39.6

1. 湿地群物种多样性

1）物种资源

采集到大庆盐碱湿地群的鱼类物种 3 目 6 科 25 属 28 种，由移入种 1 目 1 科 4 属 4 种（草鱼、团头鲂、鲢及鳙）和土著种 3 目 6 科 21 属 24 种构成（表 1-34）。土著种中，拉氏鲅、平口鉤和黑龙江花鳅为冷水种，占 12.5%；黄黝为中国特有种，占 4.17%；东北鳈、克氏鳈、湖鲅、突吻鉤、平口鉤、黑龙江花鳅、黑龙江泥鳅和葛氏鲈塘鳢为东北地区特有种，占 33.33%。

表 1-34　大庆盐碱湿地群鱼类物种组成

种类	a	b	c	d	e	f	g	h	i	j	k	l	m
一、鲤形目 Cypriniformes													
（一）鲤科 Cyprinidae													
1. 草鱼 *Ctenopharyngodon idella*▲	+	+		+					+	+		+	+
2. 湖鲅 *Phoxinus percnurus*	+												

续表

种类	a	b	c	d	e	f	g	h	i	j	k	l	m
3. 拉氏鲅 *Phoxinus lagowskii*	+	+									+		
4. 䱗 *Hemiculter leucisculus*	+						+	+	+	+	+	+	+
5. 红鳍原鲌 *Cultrichthys erythropterus*		+							+	+		+	
6. 团头鲂 *Megalobrama amblycephala* ▲									+	+		+	
7. 大鳍鱊 *Acheilognathus macropterus*	+									+	+		
8. 黑龙江鳑鲏 *Rhodeus sericeus*											+		
9. 麦穗鱼 *Pseudorasbora parva*	+	+		+			+	+	+	+		+	+
10. 平口鮈 *Ladislavia taczanowskii*										+			
11. 东北鳈 *Sarcocheilichthys lacustris*	+	+											
12. 克氏鳈 *Sarcocheilichthys czerskii*					+								
13. 棒花鱼 *Abbottina rivularis*	+	+								+	+		
14. 犬首鮈 *Gobio cynocephalus*											+		
15. 突吻鮈 *Rostrogobio amurensis*		+											
16. 鲤 *Cyprinus carpio*	+	+		+	+				+	+	+	+	+
17. 银鲫 *Carassius auratus gibelio*	+	+	+	+	+	+	+	+	+	+	+	+	+
18. 鲢 *Hypophthalmichthys molitrix* ▲	+	+		+					+	+		+	+
19. 鳙 *Aristichthys nobilis* ▲		+		+					+	+		+	+
（二）鳅科 Cobitidae													
20. 黑龙江泥鳅 *Misgurnus mohoity*	+	+	+		+	+	+	+			+	+	
21. 北方泥鳅 *Misgurnus bipartitus*												+	
22. 黑龙江花鳅 *Cobitis lutheri*					+	+					+		
23. 花斑副沙鳅 *Parabotia fasciata*		+									+		
二、鲇形目 Siluriformes													
（三）鲿科 Bagridae													
24. 黄颡鱼 *Pelteobagrus fulvidraco*	+	+					+	+			+	+	
（四）鲇科 Siluridae													
25. 鲇 *Silurus asotus*		+						+	+	+	+	+	
三、鲈形目 Perciformes													
（五）塘鳢科 Eleotridae													
26. 葛氏鲈塘鳢 *Perccottus glenii*	+			+	+	+						+	+
27. 黄黝 *Hypseleotris swinhonis*													+
（六）鳢科 Channidae													
28. 乌鳢 *Channa argus*										+			

注：a. 中内泡；b. 七才泡；c. 八里泡；d. 王花泡；e. 库里泡；f. 鸭木蛋格泡；g. 东大海；h. 西大海；i. 八百垧泡；j. 碧绿泡；k. 北二十里泡；l. 老江身泡；m. 青肯泡。

2）种类组成

大庆盐碱湿地群鱼类群落中，鲤形目 23 种、鲈形目 3 种、鲇形目 2 种，分别占 82.14%、

10.71%、7.14%。科级分类单元中，鲤科19种、鳅科4种、塘鳢科2种，分别占67.86%、14.29%、7.14%；鲇科、鲿科及鳢科均1种，各占3.57%。

3）区系生态类群

大庆盐碱湿地群土著鱼类群落，由4个区系生态类群构成。

（1）江河平原区系生态类群：鳌、红鳍原鲌、棒花鱼、东北鳈、克氏鳈和花斑副沙鳅，占25%。

（2）北方平原区系生态类群：拉氏鲹、湖鲹、平口鮈、犬首鮈、突吻鮈和黑龙江花鳅，占25%。

（3）新近纪区系生态类群：鲤、银鲫、大鳍鱊、黑龙江鳑鲏、麦穗鱼、黑龙江泥鳅、北方泥鳅和鲇，占33.33%。

（4）热带平原区系生态类群：葛氏鲈塘鳢、黄黝、乌鳢和黄颡鱼，占16.67%。

以上北方区系生态类群中有6种鱼类，占25%。

2. 湿地物种多样性

1）中内泡

（1）物种资源。采集到鱼类3目4科13属14种，由移入种1目1科2属2种（草鱼及鲢）和土著种3目4科11属12种构成。土著种中，包括冷水种拉氏鲹和东北地区特有种东北鳈、湖鲹、黑龙江泥鳅、葛氏鲈塘鳢，分别占8.33%和33.33%。草鱼、鲢是从附近养殖水体逃到该湿地的，为间接放养种。

（2）种类组成。鱼类群落中，鲤形目12种，占比85.71%；鲈形目和鲇形目均1种，各占7.14%。科级分类单元中，鲤科11种，占78.57%；鳅科、塘鳢科和鲿科均1种，各占7.14%。

（3）区系生态类群。土著鱼类群落，由4个区系生态类群构成。①江河平原区系生态类群：鳌、棒花鱼和东北鳈，占25%。②北方平原区系生态类群：拉氏鲹和湖鲹，占16.67%。③新近纪区系生态类群：鲤、银鲫、大鳍鱊、麦穗鱼和黑龙江泥鳅，占41.67%。④热带平原区系生态类群：葛氏鲈塘鳢和黄颡鱼，占16.67%。

以上北方区系生态类群中有2种鱼类，占16.67%。

（4）渔获物组成。中内泡为大庆市蓄滞洪区之一，非渔业型湿地。土著鱼类来自嫩江。渔获物中，间接放养种草鱼占14.35%；土著经济鱼类鲤、银鲫、鳌、黄颡鱼占74.50%；小型非经济鱼类麦穗鱼、葛氏鲈塘鳢、黑龙江泥鳅、黑龙江花鳅、拉氏鲹、湖鲹占11.15%（表1-35）。

表1-35　中内泡渔获物组成

种类	重量/kg	数量/尾	平均体重/g	重量比例/%	数量比例/%	种类	重量/kg	数量/尾	平均体重/g	重量比例/%	数量比例/%
银鲫	14.4	252	57.1	46.97	33.07	黑龙江泥鳅	0.30	29	10.3	0.98	3.81
鳌	1.3	47	27.7	4.24	6.17	黑龙江花鳅	0.09	11	8.2	0.29	1.44
鲤	6.7	49	137.7	21.85	6.43	湖鲹	0.15	13	11.5	0.49	1.71

续表

种类	重量/kg	数量/尾	平均体重/g	重量比例/%	数量比例/%	种类	重量/kg	数量/尾	平均体重/g	重量比例/%	数量比例/%
麦穗鱼	0.88	137	6.4	2.87	17.98	草鱼	4.4	7	628.6	14.35	0.92
黄颡鱼	0.44	9	48.9	1.44	1.18	拉氏鲹	0.30	82	3.7	0.98	10.76
葛氏鲈塘鳢	1.7	126	13.5	5.54	16.54	合计	30.66	762			

2）七才泡

（1）物种资源。采集到鱼类2目4科15属15种，由移入种1目1科3属3种（草鱼、鲢及鳙）和土著种2目4科12属12种构成。土著种中，包括冷水种拉氏鲹和东北地区特有种东北鳈、突吻鮈、黑龙江泥鳅，分别占8.33%和25%。

（2）种类组成。鱼类群落中，鲤形目13种、鲇形目2种，分别占86.67%、13.33%。科级分类单元中，鲤科11种、鳅科2种，分别占73.33%、13.33%；鲿科、鲇科均1种，各占6.67%。

（3）区系生态类群。土著鱼类群落，由4个区系生态类群构成。①江河平原区系生态类群：红鳍原鲌、棒花鱼、东北鳈和花斑副沙鳅，占33.33%。②北方平原区系生态类群：拉氏鲹和突吻鮈，占16.67%。③新近纪区系生态类群：鲤、银鲫、麦穗鱼、黑龙江泥鳅和鲇，占41.67%。④热带平原区系生态类群：黄颡鱼，占8.33%。

以上北方区系生态类群中有2种鱼类，占16.67%。

（4）渔获物组成。七才泡为大庆市防洪承泄区之一，放养型渔业湿地。土著鱼类来自嫩江。渔获物中，土著经济鱼类鲤、银鲫、鲇、黄颡鱼、红鳍原鲌占15.22%；放养的经济鱼类鲢、鳙、草鱼占83.04%；小型非经济鱼麦穗鱼、黑龙江泥鳅、棒花鱼占1.73%（表1-36）。

表1-36　七才泡渔获物组成

种类	重量/kg	数量/尾	平均体重/g	重量比例/%	数量比例/%	种类	重量/kg	数量/尾	平均体重/g	重量比例/%	数量比例/%
银鲫	15.1	148	102.0	6.27	23.57	黑龙江泥鳅	0.67	57	11.8	0.28	9.08
黄颡鱼	0.47	9	52.2	0.20	1.43	鲢	62.2	63	987.3	25.81	10.03
鲤	15.0	29	517.2	6.22	4.62	鳙	115.0	81	1419.8	47.73	12.90
鲇	5.5	11	500.0	2.28	1.75	草鱼	22.9	17	1347.1	9.50	2.71
麦穗鱼	0.60	90	6.7	0.25	14.33	棒花鱼	2.9	102	28.4	1.20	16.24
红鳍原鲌	0.61	21	29.0	0.25	3.34	合计	240.95	628			

3）八里泡

2006～2011年湖泊调查期间，八里泡还是无渔业的高污染、高盐碱湿地，2013年以来由个人承包，养鱼经营。2006～2011年只发现银鲫和黑龙江泥鳅2种鱼类，均为鲤形目种类，分别隶属于鲤科及鳅科，其中黑龙江泥鳅为东北地区特有种，均为新近纪区系生态类群的种类。渔获物中，银鲫、黑龙江泥鳅分别占98.08%、1.92%（表1-37）。银鲫种群中超过60%的个体患有九江头槽绦虫病。

表1-37　八里泡渔获物组成

种类	重量/kg	数量/尾	平均体重/g	重量比例/%	数量比例/%
银鲫	5.1	173	29.5	98.08	90.10
黑龙江泥鳅	0.10	19	5.3	1.92	9.90
合计	5.2	192			

4）王花泡

（1）物种资源。采集到鱼类2目2科7属7种，由移入种1目1科3属3种（鲢、鳙及草鱼）和土著鱼类2目2科4属4种构成，其中葛氏鲈塘鳢为东北地区特有种。鲢、鳙及草鱼均为邻近放养水体逃逸来的，属间接放养种。

（2）种类组成。鱼类群落中，鲤形目、鲤科均为6种，各占85.71%；鲈形目、塘鳢科均为1种，各占14.29%。

（3）区系生态类群。土著鱼类群落，由2个区系生态类群构成。①新近纪区系生态类群：麦穗鱼、鲤和银鲫，占75%。②热带平原区系生态类群：葛氏鲈塘鳢，占25%。

（4）渔获物组成。王花泡为大庆市蓄滞洪区之一，非渔业湿地。土著鱼类来自双阳河、大庆水库及黑鱼泡。渔获物中，土著经济鱼类鲤、银鲫占45.70%；间接放养的经济鱼类鲢、鳙及草鱼占51.99%；小型非经济鱼类葛氏鲈塘鳢、麦穗鱼占2.31%（表1-38）。

表1-38　王花泡渔获物组成

种类	重量/kg	数量/尾	平均体重/g	重量比例/%	数量比例/%	种类	重量/kg	数量/尾	平均体重/g	重量比例/%	数量比例/%
银鲫	28.6	231	123.8	24.99	43.10	鳙	8.9	7	1271.4	7.78	1.31
鲤	23.7	49	483.7	20.71	9.14	草鱼	15.9	14	1135.7	13.89	2.61
葛氏鲈塘鳢	2.1	125	16.8	1.83	23.32	麦穗鱼	0.55	74	7.4	0.48	13.81
鲢	34.7	36	963.9	30.32	6.72	合计	114.45	536			

5）库里泡

（1）物种资源。采集到鱼类2目3科6属6种，均为土著种，其中包括冷水种黑龙江花鳅和东北地区特有种克氏鳈、黑龙江花鳅、黑龙江泥鳅、葛氏鲈塘鳢，分别占16.67%和66.67%。

（2）种类组成。鱼类群落中，鲤形目5种、鲈形目1种，分别占83.33%、16.67%。科级分类单元中，鲤科3种、鳅科2种、塘鳢科1种，分别占50%、33.33%、16.67%。

（3）区系生态类群。土著鱼类群落，由4个区系生态类群构成。①江河平原区系生态类群：克氏鳈，占16.67%。②北方平原区系生态类群：黑龙江花鳅，占16.67%。③新近纪区系生态类群：鲤、银鲫和黑龙江泥鳅，占50%。④热带平原区系生态类群：葛氏鲈塘鳢，占16.67%。

以上北方区系生态类群中有 1 种鱼类，占 16.67%。

（4）渔获物组成。库里泡也称哭泪泡，为大庆市防洪承泄区之一，非渔业型湿地，2006～2011 年湖泊调查期间尚未开发利用。土著鱼类来自嫩江。渔获物中，土著经济鱼类银鲫、鲤占 91.63%；小型非经济鱼类黑龙江泥鳅、黑龙江花鳅、克氏鳈、葛氏鲈塘鳢占 8.37%（表 1-39）。

表 1-39　库里泡渔获物组成

种类	重量/kg	数量/尾	平均体重/g	重量比例/%	数量比例/%	种类	重量/kg	数量/尾	平均体重/g	重量比例/%	数量比例/%
银鲫	4.1	146	28.1	20.20	36.23	克氏鳈	0.08	16	5.0	0.39	3.97
鲤	14.5	73	198.6	71.43	18.11	葛氏鲈塘鳢	1.2	87	13.8	5.91	21.59
黑龙江泥鳅	0.27	57	4.7	1.33	14.14	合计	20.3	403			
黑龙江花鳅	0.15	24	6.3	0.74	5.96						

6）鸭木蛋格泡

鸭木蛋格泡的物种资源、种类组成及区系生态类群和前文所述的张家泡完全相同（见 1.1.1 节）。该泡为非渔业湿地，土著鱼类来自嫩江。渔获物中，土著经济鱼类银鲫占 28.71%；小型非经济鱼类葛氏鲈塘鳢、黑龙江泥鳅、黑龙江花鳅占 71.28%（表 1-40）。

表 1-40　鸭木蛋格泡渔获物组成

种类	重量/kg	数量/尾	平均体重/g	重量比例/%	数量比例/%	种类	重量/kg	数量/尾	平均体重/g	重量比例/%	数量比例/%
银鲫	0.29	17	17.1	28.71	16.67	葛氏鲈塘鳢	0.37	43	8.6	36.63	42.16
黑龙江泥鳅	0.29	31	9.4	28.71	30.39	合计	1.01	102			
黑龙江花鳅	0.06	11	5.5	5.94	10.78						

7）东大海

（1）物种资源。采集到鱼类 2 目 3 科 5 属 5 种，均为土著种，其中包括东北地区特有种黑龙江泥鳅，占 20%。

（2）种类组成。鱼类群落中，鲤形目 4 种、鲇形目 1 种，分别占 80%、20%。科级分类单元中，鲤科 3 种，占 60%；鳅科、鲿科均 1 种，各占 20%。

（3）区系生态类群。土著鱼类群落，由 3 个区系生态类群构成。①江河平原区系生态类群：鳘，占 20%。②新近纪区系生态类群：银鲫、麦穗鱼和黑龙江泥鳅，占 60%。③热带平原区系生态类群：黄颡鱼，占 20%。

（4）渔获物组成。非渔业湿地，土著鱼类来自嫩江。渔获物中，土著经济鱼类银鲫、鳘、黄颡鱼占 66.59%；小型非经济鱼类麦穗鱼、黑龙江泥鳅占 33.42%（表 1-41）。

表1-41 东大海渔获物组成

种类	重量/kg	数量/尾	平均体重/g	重量比例/%	数量比例/%	种类	重量/kg	数量/尾	平均体重/g	重量比例/%	数量比例/%
银鲫	1.5	67	22.4	36.59	16.22	黄颡鱼	0.13	4	32.5	3.17	0.97
䱗	1.10	94	11.7	26.83	22.76	麦穗鱼	0.89	172	5.2	21.71	41.65
黑龙江泥鳅	0.48	76	6.3	11.71	18.40	合计	4.10	413			

8）西大海

（1）物种资源。采集到鱼类2目4科6属6种，均为土著种，其中包括东北地区特有种黑龙江泥鳅，占16.67%。

（2）种类组成。鱼类群落中，鲤形目4种、鲇形目2种，分别占66.67%、33.33%。科级分类单元中，鲤科3种，占50%；鳅科、鲿科和鲇科均1种，各占16.67%。

（3）区系生态类群。土著鱼类群落，由3个区系生态类群构成。①江河平原区系生态类群：䱗，占16.67%。②新近纪区系生态类群：银鲫、麦穗鱼、黑龙江泥鳅和鲇，占66.67%。③热带平原区系生态类群：黄颡鱼，占16.67%。

（4）渔获物组成。非渔业湿地，土著鱼类来自嫩江。渔获物中，土著经济鱼类银鲫、䱗、鲇、黄颡鱼占95.45%；小型非经济鱼类麦穗鱼、黑龙江泥鳅占4.55%（表1-42）。

表1-42 西大海渔获物组成

种类	重量/kg	数量/尾	平均体重/g	重量比例/%	数量比例/%	种类	重量/kg	数量/尾	平均体重/g	重量比例/%	数量比例/%
银鲫	17.9	572	31.3	70.20	54.22	黄颡鱼	0.64	22	29.1	2.51	2.09
䱗	3.3	249	13.3	12.94	23.60	麦穗鱼	0.77	142	5.4	3.02	13.46
黑龙江泥鳅	0.39	53	7.4	1.53	5.02	合计	25.5	1055			
鲇	2.5	17	147.1	9.80	1.61						

9）八百垧泡

（1）物种资源。采集到鱼类2目2科10属10种，由移入种1目1科4属4种（草鱼、鲢、鳙及团头鲂）和土著种2目2科6属6种构成。

（2）种类组成。鱼类群落中，鲤形目、鲤科均9种，各占90%；鲇形目、鲇科均1种，各占10%。

（3）区系生态类群。土著鱼类群落，由2个区系生态类群构成。①江河平原区系生态类群：䱗和红鳍原鲌，占33.33%。②新近纪区系生态类群：鲤、银鲫、麦穗鱼和鲇，占66.67%。

（4）渔获物组成。放养型渔业湿地，土著鱼类来自嫩江。渔获物中，放养的经济鱼类团头鲂、鲢、鳙、草鱼占60.08%；土著经济鱼类鲤、银鲫、鲇、红鳍原鲌、䱗占39.48%；小型非经济鱼类麦穗鱼占0.43%（表1-43）。

表 1-43　八百垧泡渔获物组成

种类	重量/kg	数量/尾	平均体重/g	重量比例/%	数量比例/%	种类	重量/kg	数量/尾	平均体重/g	重量比例/%	数量比例/%
银鲫	25.3	246	102.8	11.81	29.08	鲢	40.6	47	863.8	18.95	5.56
团头鲂	1.3	6	216.7	0.61	0.71	鳙	79.6	82	970.7	37.16	9.69
鲤	52.1	98	531.6	24.32	11.58	草鱼	7.2	8	900.0	3.36	0.95
鲇	3.5	13	269.2	1.63	1.54	䱗	1.7	131	13.0	0.79	15.48
麦穗鱼	0.92	148	6.2	0.43	17.49	合计	214.22	846			
红鳍原鲌	2.0	67	29.9	0.93	7.92						

10）碧绿泡

（1）物种资源。采集到鱼类 3 目 3 科 14 属 14 种，由移入种 1 目 1 科 4 属 4 种（草鱼、鳙、鲢及团头鲂）和土著种 3 目 3 科 10 属 10 种构成。土著种中，包括冷水种平口鮈和东北地区特有种平口鮈，各占 10%。

（2）种类组成。鱼类群落中，鲤形目 12 种，占 85.71%；鲇形目和鲈形目均 1 种，各占 7.14%。科级分类单元中，鲤科 12 种，占 85.71%；鲇科和鳢科均 1 种，各占 7.14%。

（3）区系生态类群。土著鱼类群落，由 4 个区系生态类群构成。①江河平原区系生态类群：䱗、红鳍原鲌和棒花鱼，占 30%。②北方平原区系生态类群：平口鮈，占 10%。③新近纪区系生态类群；鲤、银鲫、大鳍鱊、麦穗鱼和鲇，占 50%。④热带平原区系生态类群：乌鳢，占 10%。

以上北方区系生态类群中有 1 种鱼类，占 10%。

（4）渔获物组成。放养型渔业湿地，土著鱼类来自嫩江。渔获物中，土著经济鱼类鲤、银鲫、鲇、红鳍原鲌、乌鳢、䱗占 29.97%；放养的经济鱼类团头鲂、鲢、鳙、草鱼约占 69.34%；小型非经济鱼类麦穗鱼、棒花鱼、平口鮈、大鳍鱊占 0.69%（表 1-44）。

表 1-44　碧绿泡渔获物组成

种类	重量/kg	数量/尾	平均体重/g	重量比例/%	数量比例/%	种类	重量/kg	数量/尾	平均体重/g	重量比例/%	数量比例/%
银鲫	6.9	74	93.2	5.49	13.94	平口鮈	0.03	2	15.0	0.02	0.38
团头鲂	1.7	7	242.9	1.35	1.32	大鳍鱊	0.18	13	13.8	0.14	2.45
鲤	17.9	37	483.8	14.23	6.97	鲢	55.8	52	1073.1	44.37	9.79
鲇	3.1	9	344.4	2.46	1.69	鳙	12.6	13	969.2	10.02	2.45
麦穗鱼	0.49	66	7.4	0.39	12.43	草鱼	17.1	12	1425.0	13.60	2.26
红鳍原鲌	5.5	147	37.4	4.37	27.68	䱗	1.0	86	11.6	0.80	16.20
乌鳢	3.3	2	1650.0	2.62	0.38	合计	125.77	531			
棒花鱼	0.17	11	15.5	0.14	2.07						

11）北二十里泡

（1）物种资源。采集到鱼类 2 目 4 科 13 属 13 种，均为土著种，其中包括冷水种拉氏鲅及黑龙江花鳅和东北地区特有种黑龙江花鳅、黑龙江泥鳅，各占 15.38%。

（2）种类组成。鱼类群落中，鲤形目 11 种、鲇形目 2 种，分别占 84.62%、15.38%。科级分类单元中，鲤科 8 种、鳅科 3 种，分别占 61.54%、23.08%；鲿科和鲇科均 1 种，各占 7.69%。

（3）区系生态类群。土著鱼类群落，由 4 个区系生态类群构成。①江河平原区系生态类群：䱗、棒花鱼和花斑副沙鳅，占 23.08%。②北方平原区系生态类群：拉氏鲅、黑龙江花鳅和犬首鮈，占 23.08%。③新近纪区系生态类群：鲤、银鲫、大鳍鱊、黑龙江鳑鲏、黑龙江泥鳅和鲇，占 46.15%。④热带平原区系生态类群：黄颡鱼，占 7.69%。

以上北方区系生态类群中有 3 种鱼类，占 23.08%。

（4）渔获物组成。北二十里泡为大庆市蓄滞洪区之一，非渔业湿地。土著鱼类来自嫩江。渔获物中，土著经济鱼类鲤、银鲫、鲇、䱗、黄颡鱼占 92.57%；小型非经济鱼类黑龙江鳑鲏、大鳍鱊、黑龙江泥鳅、黑龙江花鳅、花斑副沙鳅、拉氏鲅、棒花鱼、犬首鮈占 7.41%（表 1-45）。

表 1-45　北二十里泡渔获物组成

种类	重量/kg	数量/尾	平均体重/g	重量比例/%	数量比例/%	种类	重量/kg	数量/尾	平均体重/g	重量比例/%	数量比例/%
银鲫	12.2	362	33.7	41.16	35.67	鲤	11.3	146	77.4	38.12	14.38
䱗	1.2	73	16.4	4.05	7.19	鲇	1.8	22	81.8	6.07	2.17
黑龙江鳑鲏	0.04	12	3.3	0.13	1.18	黄颡鱼	0.94	29	32.4	3.17	2.86
大鳍鱊	0.12	13	9.2	0.40	1.28	拉氏鲅	0.3	59	5.1	1.01	5.81
黑龙江泥鳅	0.93	198	4.7	3.14	19.51	棒花鱼	0.17	11	15.5	0.57	1.08
黑龙江花鳅	0.09	26	3.5	0.30	2.56	犬首鮈	0.53	57	9.3	1.79	5.62
花斑副沙鳅	0.02	7	2.9	0.07	0.69	合计	29.64	1015			

12）老江身泡

（1）物种资源。采集到鱼类 3 目 5 科 13 属 14 种，由移入种 1 目 1 科 4 属 4 种（草鱼、鲢、鳙及团头鲂）和土著种 3 目 5 科 9 属 10 种构成。土著种中，包括东北地区特有种黑龙江泥鳅和葛氏鲈塘鳢，占 20%。

（2）种类组成。鱼类群落中，鲤形目 11 种、鲇形目 2 种、鲈形目 1 种，分别占 78.57%、14.29%、7.14%。科级分类单元中，鲤科 9 种、鳅科 2 种，分别占 64.29%、14.29%；鲿科、鲇科和塘鳢科均 1 种，各占 7.14%。

（3）区系生态类群。土著鱼类群落，由 3 个区系生态类群构成。①江河平原区系生态类群：䱗和红鳍原鲌，占 20%。②新近纪区系生态类群：鲤、银鲫、麦穗鱼、黑龙江泥鳅、北方泥鳅和鲇，占 60%。③热带平原区系生态类群：葛氏鲈塘鳢和黄颡鱼，占 20%。

（4）渔获物组成。放养型渔业湿地，土著鱼类来自嫩江和呼兰河（松花江支流）。渔获物中，放养的经济鱼类鲢、鳙、草鱼、团头鲂占 74.54%；土著经济鱼类鲤、银鲫占 20.73%；小型非经济鱼类麦穗鱼、葛氏鲈塘鳢占 4.73%（表 1-46）。

表 1-46 老江身泡渔获物组成（2008-10-25）

种类	重量/kg	数量/尾	平均体重/g	重量比例/%	数量比例/%	种类	重量/kg	数量/尾	平均体重/g	重量比例/%	数量比例/%
鲢	19.6	26	753.8	22.58	6.03	团头鲂	1.3	9	144.4	1.50	2.09
鳙	37.6	39	964.1	43.32	9.05	麦穗鱼	1.1	73	15.1	1.27	16.94
鲤	14.1	41	343.9	16.24	9.51	葛氏鲈塘鳢	3.0	98	30.6	3.46	22.74
银鲫	3.9	139	28.1	4.49	32.25	合计	86.8	431			
草鱼	6.2	6	1033.3	7.14	1.39						

13）青肯泡

（1）物种资源。采集到鱼类 2 目 2 科 9 属 9 种，由移入种 1 目 1 科 3 属 3 种（草鱼、鲢及鳙）和土著种 2 目 2 科 6 属 6 种构成。土著种中，包括中国特有种黄黝和东北地区特有种葛氏鲈塘鳢，各占 16.67%。

（2）种类组成。鱼类群落中，鲤形目、鲤科均 7 种，各占 77.78%；鲈形目、塘鳢科均 2 种，各占 22.22%。

（3）区系生态类群。土著鱼类群落，由 3 个区系生态类群构成。①江河平原区系生态类群：䱗，占 16.67%。②新近纪区系生态类群：鲤、银鲫和麦穗鱼，占 50%。③热带平原区系生态类群：葛氏鲈塘鳢和黄黝，占 33.33%。

（4）渔获物组成。放养型渔业湿地，土著鱼类来自嫩江和呼兰河。渔获物中，放养的经济鱼类鲢、鳙、草鱼占 81.84%；土著经济鱼类鲤、银鲫占 14.69%；小型非经济鱼类麦穗鱼、葛氏鲈塘鳢占 3.47%（表 1-47）。青肯泡为高盐碱湿地，鲤、银鲫种群中超过 50% 的个体患有九江头槽绦虫病。

表 1-47 青肯泡渔获物组成（2008-10-23）

种类	重量/kg	数量/尾	平均体重/g	重量比例/%	数量比例/%	种类	重量/kg	数量/尾	平均体重/g	重量比例/%	数量比例/%
鲢	30.3	52	582.7	17.80	7.02	麦穗鱼	1.6	117	13.7	0.94	15.79
鳙	84.3	96	878.1	49.53	12.96	葛氏鲈塘鳢	4.3	149	28.9	2.53	20.11
鲤	18.7	57	328.1	10.99	7.69	草鱼	24.7	31	796.8	14.51	4.18
银鲫	6.3	239	26.4	3.70	32.25	合计	170.2	741			

1.1.4 小结

综合 1.1.1 节～1.1.3 节所述，得出松嫩平原盐碱湿地区鱼类物种多样性概况。

1. 物种资源多样性

松嫩平原盐碱湿地区的鱼类物种为 4 目 10 科 39 属 52 种，由移入种 3 目 3 科 7 属 7 种

（青鱼、草鱼、团头鲂、鲢、鳙、大银鱼及斑鳜）和土著种4目9科33属45种构成（表1-48）。土著种中，怀头鲇为中国易危种，占2.22%；彩石鳑鲏、凌源鮈、银鮈、东北颌须鮈和黄黝为中国特有种，占11.11%；东北鳈、克氏鳈、黑斑狗鱼、真鲅、湖鲅、条纹似白鮈、平口鮈、突吻鮈、东北颌须鮈、黑龙江花鳅、黑龙江泥鳅和葛氏鲈塘鳢为东北地区特有种，占26.67%；黑斑狗鱼、北方花鳅、黑龙江花鳅、真鲅、拉氏鲅和平口鮈为冷水种，占13.33%。

表1-48 松嫩平原盐碱湿地区鱼类物种组成与分布

种类	分布
一、鲤形目 Cypriniformes	
（一）鲤科 Cyprinidae	
1. 青鱼 *Mylopharyngodon piceus*▲	（2）（4）（8）（39）（42）（45）（58）
2. 草鱼 *Ctenopharyngodon idella*▲	（2）（4）（8）（16）（18）（21）（28）（29）（39）（42）（43）（45）（47）（49）（50）（52）（53）（55）～（58）
3. 真鲅 *Phoxinus phoxinus*	（9）（58）
4. 湖鲅 *Phoxinus percnurus*	（11）（16）（47）（53）（55）
5. 拉氏鲅 *Phoxinus lagowskii*	（3）（7）～（11）（16）～（18）（30）（42）（45）（52）（55）（58）
6. 鳡 *Elopichthys bambusa*	（45）
7. 鳘 *Hemiculter leucisculus*	（2）（8）（10）（11）（16）（25）（26）（28）（30）（39）（42）（43）（45）（47）（49）（50）（52）（53）（55）～（58）
8. 贝氏鳘 *Hemiculter bleekeri*	（53）
9. 红鳍原鲌 *Cultrichthys erythropterus*	（2）（8）（10）（18）（28）（29）（42）（45）（47）（49）（53）（56）～（58）
10. 翘嘴鲌 *Culter alburnus*	（45）（55）
11. 蒙古鲌 *Culter mongolicus mongolicus*	（8）（45）（58）
12. 鳊 *Parabramis pekinensis*	（2）（4）（42）（45）（58）
13. 团头鲂 *Megalobrama amblycephala*▲	（4）（8）（10）（28）（29）（39）（42）（43）（45）（47）（55）（56）（58）
14. 银鲴 *Xenocypris argentea*	（53）
15. 大鳍鱊 *Acheilognathus macropterus*	（10）（11）（16）（29）（30）（39）（42）（52）（55）（56）（58）
16. 黑龙江鳑鲏 *Rhodeus sericeus*	（9）（30）（39）（42）（45）（47）（58）
17. 彩石鳑鲏 *Rhodeus lighti*	（39）（52）（55）（56）（58）
18. 花䱻 *Hemibarbus maculatus*	（8）（45）（58）
19. 唇䱻 *Hemibarbus labeo*	（8）
20. 条纹似白鮈 *Paraleucogobio strigatus*	（8）
21. 麦穗鱼 *Pseudorasbora parva*	（2）（4）～（8）（10）（11）（16）（18）（21）（25）（26）（28）（29）（39）（41）（43）（45）（47）（49）（50）（52）（53）（55）～（58）
22. 平口鮈 *Ladislavia taczanowskii*	（10）（29）（45）（52）（53）（58）
23. 东北鳈 *Sarcocheilichthys lacustris*	（1）～（3）（5）（8）（11）（16）（18）（39）（56）
24. 克氏鳈 *Sarcocheilichthys czerskii*	（6）（22）（40）（52）（58）
25. 凌源鮈 *Gobio lingyuanensis*	（39）（47）（52）（53）（55）（56）（58）

续表

种类	分布
26. 犬首鮈 *Gobio cynocephalus*	（30）（39）（47）（52）（53）（55）（56）（58）
27. 细体鮈 *Gobio tenuicorpus*	（47）（58）
28. 棒花鱼 *Abbottina rivularis*	（10）（11）（16）（18）（29）（30（42）（45）（47）（52）（55）（56）（58）
29. 东北颌须鮈 *Gnathopogon mantschuricus*	（6）
30. 银鮈 *Squalidus argentatus*	（6）
31. 突吻鮈 *Rostrogobio amurensis*	（18）
32. 蛇鮈 *Saurogobio dabryi*	（8）（47）（58）
33. 鲤 *Cyprinus carpio*	（2）（4）（6）（8）（10）（16）（18）（21）（22）（25）（26）（28）～（30）（39）（42）（43）（45）（47）（49）（50）（52）（53）（55）～（58）
34. 银鲫 *Carassius auratus gibelio*	（1）～（11）（16）（18）（19）（21）～（23）（25）（26）（28）～（30）（39）（42）（43）（45）（47）（49）（50）（52）（53）（55）～（58）
35. 鳙 *Aristichthys nobilis*▲	（2）（4）（8）（10）（17）（39）（42）（43）（45）（47）（49）（50）（52）（53）（55）～（58）
36. 鲢 *Hypophthalmichthys molitrix*▲	（2）（4）（8）（10）（17）（18）（21）（28）（29）（39）（42）（43）（45）（47）（49）（50）（52）（53）（55）～（58）
（二）鳅科 Cobitidae	
37. 黑龙江泥鳅 *Misgurnus mohoity*	（1）～（8）（11）（16）（18）（19）（22）（23）（25）（26）（30）（43）（47）（49）（52）（58）
38. 北方泥鳅 *Misgurnus bipartitus*	（43）（49）（52）（58）
39. 黑龙江花鳅 *Cobitis lutheri*	（2）（5）（6）（8）～（11）（16）（22）（23）（30）（39）（47）（58）
40. 北方花鳅 *Cobitis granoei*	（47）（58）
41. 花斑副沙鳅 *Parabotia fasciata*	（2）（6）（18）（30）
二、鲇形目 Siluriformes	
（三）鲿科 Bagridae	
42. 黄颡鱼 *Pelteobagrus fulvidraco*	（2）（6）（8）（9）（16）（18）（25）（26）（30）（39）（41）（43）（45）（47）（49）（52）（53）（55）（58）
（四）鲇科 Siluridae	
43. 鲇 *Silurus asotus*	（2）（4）（6）（8）（18）（26）（28）～（30）（39）（42）（43）（45）（47）（49）（52）（53）（55）（58）
44. 怀头鲇 *Silurus soldatovi*	（45）（52）（58）
三、鲑形目 Salmoniformes	
（五）银鱼科 Salangidae	
45. 大银鱼 *Protosalanx chinensis*▲	（56）（58）
（六）狗鱼科 Esocidae	
46. 黑斑狗鱼 *Esox reicherti*	（8）
四、鲈形目 Perciformes	
（七）鮨科 Serranidae	
47. 鳜 *Siniperca chuatsi*	（43）
48. 斑鳜 *Siniperca scherzeri*▲	（39）

续表

种类	分布
（八）塘鳢科 Eleotridae	
49. 葛氏鲈塘鳢 *Perccottus glenii*	（1）～（7）（9）～（11）（16）（21）～（23）（39）（42）（43）（45）（47）（49）（50）（52）（53）（55）（56）（58）
50. 黄黝 *Hypseleotris swinhonis*	（10）（50）（56）（58）
（九）斗鱼科 Belontiidae	
51. 圆尾斗鱼 *Macropodus chinensis*	（45）
（十）鳢科 Channidae	
52. 乌鳢 *Channa argus*	（8）（29）（39）（42）（43）（45）（47）（52）（58）

松嫩平原盐碱湿地区的土著鱼类群落中，还有黑龙江省地方重点保护野生动物名录所列物种4目8科30属39种，包括黑斑狗鱼、鳊、鳌、贝氏鳌、红鳍原鲌、蒙古鲌、翘嘴鲌、银鲴、大鳍鱊、黑龙江鳑鲏、花䱻、唇䱻、条纹似白鮈、棒花鱼、麦穗鱼、突吻鮈、蛇鮈、平口鮈、东北颌须鮈、鳡、拉氏鲅、真鲅、湖鲅、银鮈、东北鳈、凌源鮈、犬首鮈、细体鮈、鲤、银鲫、北方花鳅、黑龙江花鳅、黑龙江泥鳅、黄颡鱼、怀头鲇、鲇、鳜、葛氏鲈塘鳢和乌鳢。

2. 种类组成

松嫩平原盐碱湿地区的鱼类群落中，鲤形目41种、鲇形目3种、鲑形目2种、鲈形目6种，分别占78.85%、5.77%、3.85%、11.54%。科级分类单元中，鲤科36种、鳅科5种，分别占69.23%、9.62%；鲇科、塘鳢科和鮨科均2种，各占3.85%；鲶科、银鱼科、狗鱼科、斗鱼科和鳢科均1种，各占1.92%。

3. 区系生态类群

松嫩平原盐碱湿地区的土著鱼类群落，由5个区系生态类群构成。①江河平原区系生态类群：鳡、鳊、鳌、贝氏鳌、红鳍原鲌、蒙古鲌、翘嘴鲌、银鲴、花䱻、唇䱻、棒花鱼、蛇鮈、银鮈、东北鳈、克氏鳈、花斑副沙鳅和鳜，占37.78%。②北方平原区系生态类群：黑斑狗鱼、湖鲅、拉氏鲅、凌源鮈、犬首鮈、细体鮈、突吻鮈、条纹似白鮈、平口鮈、东北颌须鮈、北方花鳅和黑龙江花鳅，占26.67%。③北方山地区系生态类群：真鲅，占2.22%。④新近纪区系生态类群：鲤、银鲫、黑龙江鳑鲏、彩石鳑鲏、大鳍鱊、麦穗鱼、黑龙江泥鳅、北方泥鳅、鲇和怀头鲇，占22.22%。⑤热带平原区系生态类群：圆尾斗鱼、葛氏鲈塘鳢、黄黝、乌鳢和黄颡鱼，占11.11%。

以上北方区系生态类群中有13种鱼类，占28.89%。

4. 鱼类动物地理构成

按照我国淡水鱼类动物地理分区[2]，松嫩平原盐碱湿地区地处古北界北方区黑龙江亚区黑龙江分区。但属于该分区的土著鱼类只有真鲅、拉氏鲅、东北鳈和犬首鮈。湖鲅、克氏鳈、黑龙江花鳅、黑龙江泥鳅、黑龙江鳑鲏为黑龙江亚区之下黑龙江分区与滨海分区的共有种；凌源鮈、怀头鲇、细体鮈、葛氏鲈塘鳢、北方花鳅是黑龙江亚区与华东区之下海辽亚区的共有种；银鲫为北方区之下黑龙江亚区与额尔齐斯河亚区的共有种。

可见，在我国淡水鱼类动物地理区划的5个地理区，即北方区、宁蒙区、华西区、华东区和华南区中，在松嫩平原盐碱湿地区仅见到北方区的特有种（银鲫、真鲹、湖鲹、拉氏鲹、东北鳈、克氏鳈、犬首鮈、黑龙江花鳅、黑龙江泥鳅和黑龙江鳑鲏），而未见其他区的特有种。上段描述的15种鱼类属于古北界种类，占39.47%；其余23种为北方区与华南区的共有种，占60.53%。湖鲹、克氏鳈、东北鳈、黑龙江花鳅、黑龙江泥鳅和葛氏鲈塘鳢为东北地区的特有种。尚未发现松嫩平原盐碱湿地区的特有种。

1.2 内蒙古高原盐碱湿地区

本书所述的“内蒙古高原盐碱湿地区”，是指内蒙古高原中位于东北地区的盐碱湖泊沼泽湿地。在《中国沼泽志》“沼泽分区”中，内蒙古高原沼泽湿地隶属于“松嫩-蒙新盐沼、薹草、芦苇沼泽区”之下的“内蒙古高原-黄土高原薹草、芦苇沼泽亚区”，包括呼伦贝尔高原、锡林郭勒高原、乌兰察布高原及巴彦淖尔-阿拉善-鄂尔多斯高原沼泽群[1]。本书所述的盐碱湿地均包含于《中国沼泽志》所列重点沼泽，即呼伦湖沼泽（152129-061）、乌拉盖沼泽（152525-067）、查干淖尔盐沼（152523-068）和达里诺尔沼泽（150425-069），分布于呼伦贝尔高原和锡林郭勒高原两片盐碱湿地群。

1.2.1 呼伦贝尔高原盐碱湿地群

呼伦贝尔高原盐碱湿地群，地处内蒙古大兴安岭西侧，主要包括呼伦湖和乌兰泡，隶属于呼伦湖沼泽（表1-49）。

表1-49 呼伦贝尔高原盐碱湿地群自然概况

湿地调查编号	湿地名称	经纬度	所在地区	面积/km²	平均水深/m	水面海拔/m
（35）	呼伦湖[5-7]	48°40′N～49°20′N，116°58′E～117°47′E	内蒙古新巴尔虎右旗	2267	5.7	540.5
（37）	乌兰泡[8-9]	48°16′N～48°22′N，117°22′E～117°32′E	内蒙古新巴尔虎右旗	75	1.5	560

1. *湿地群物种多样性*

1）物种资源

采集到的和文献[2]、[5]及[8]～[16]记载的呼伦贝尔高原盐碱湿地群鱼类物种合计6目10科36属46种，由移入种2目2科6属6种（大银鱼、鲢、鳙、草鱼、团头鲂及细鳞鲴）和土著种6目9科30属40种构成（表1-50）。土著种中，细鳞鲑为国家二级重点保护水生野生动物，占2.5%；细鳞鲑、哲罗鲑和乌苏里白鲑为中国易危种，占7.5%；黑斑狗鱼、拟赤梢鱼、东北鳈、克氏鳈、兴凯银鮈、高体鮈、突吻鮈、条纹似白鮈、黑龙江花鳅、黑龙江泥鳅和葛氏鲈塘鳢为东北地区特有种，占 27.5%；哲罗鲑、细鳞鲑、乌苏里白鲑、黑斑狗鱼、拉氏鲅、瓦氏雅罗鱼、拟赤梢鱼、北方花鳅、黑龙江花鳅、江鳕及九棘刺鱼为冷水种，占 27.5%。

表 1-50　呼伦贝尔高原盐碱湿地群鱼类物种组成

种类	a	b
一、鲑形目 Salmoniformes		
（一）鲑科 Salmonoidae		
1. 哲罗鲑 *Hucho taimen*	+	
2. 细鳞鲑 *Brachymystax lenok*	+	
3. 乌苏里白鲑 *Coregonus ussuriensis*	+	
（二）银鱼科 Salangidae		
4. 大银鱼 *Protosalanx chinensis*▲	+	
（三）狗鱼科 Esocidae		
5. 黑斑狗鱼 *Esox reicherti* *	+	+
二、鲤形目 Cypriniformes		
（四）鲤科 Cyprinidae		
6. 草鱼 *Ctenopharyngodon idella*▲*	+	
7. 拉氏鲅 *Phoxinus lagowskii* *	+	
8. 瓦氏雅罗鱼 *Leuciscus waleckii waleckii**	+	+
9. 拟赤梢鱼 *Pseudaspius leptocephalus*	+	
10. 𩷶 *Hemiculter leucisculus*	+	
11. 贝氏𩷶 *Hemiculter bleekeri*	+	+
12. 蒙古𩷶 *Hemiculter lucidus warpachowskii* *	+	+
13. 鳊 *Parabramis pekinensis*	+	
14. 团头鲂 *Megalobrama amblycephala*▲	+	
15. 红鳍原鲌 *Cultrichthys erythropterus* *	+	+
16. 蒙古鲌 *Culter mongolicus mongolicus* *	+	+
17. 翘嘴鲌 *Culter alburnus*	+	
18. 细鳞鲴 *Xenocypris microlepis*▲	+	
19. 大鳍鱊 *Acheilognathus macropterus* *	+	+
20. 黑龙江鳑鲏 *Rhodeus sericeus* *	+	
21. 花鲭 *Hemibarbus maculatus*	+	
22. 唇鲭 *Hemibarbus labeo* *	+	
23. 条纹似白鮈 *Paraleucogobio strigatus* *	+	
24. 麦穗鱼 *Pseudorasbora parva* *	+	
25. 克氏鳈 *Sarcocheilichthys czerskii* *	+	
26. 东北鳈 *Sarcocheilichthys lacutris*	+	
27. 高体鮈 *Gobio soldatovi* *	+	
28. 犬首鮈 *Gobio cynocephalus*	+	
29. 细体鮈 *Gobio tenuicorpus*	+	
30. 兴凯银鮈 *Squalidus chankaensis*	+	
31. 突吻鮈 *Rostrogobio amurensis*	+	
32. 蛇鮈 *Saurogobio dabryi* *	+	+
33. 鲤 *Cyprinus carpio* *	+	+
34. 鲫 *Carassius auratus auratus* *	+	
35. 银鲫 *Carassius auratus gibelio* *	+	+
36. 鲢 *Hypophthalmichthys molitrix*▲*	+	
37. 鳙 *Aristichthys nobilis*▲*	+	
（五）鳅科 Cobitidae		
38. 黑龙江泥鳅 *Misgurnus mohoity* *	+	+
39. 北方泥鳅 *Misgurnus bipartitus*	+	
40. 北方花鳅 *Cobitis granoei*	+	
41. 黑龙江花鳅 *Cobitis lutheri* *	+	+
三、鲇形目 Siluriformes		
（六）鲇科 Siluridae		
42. 鲇 *Silurus asotus* *	+	+
（七）鲿科 Bagridae		
43. 乌苏拟鲿 *Pseudobagrus ussuriensis*	+	
四、鲈形目 Perciformes		
（八）塘鳢科 Eleotridae		
44. 葛氏鲈塘鳢 *Perccottus glenii* *	+	
五、鳕形目 Gadiformes		
（九）鳕科 Gadidae		
45. 江鳕 *Lota lota*	+	
六、刺鱼目 Gasterosteiformes		
（十）刺鱼科 Gasterosteidae		
46. 九棘刺鱼 *Pungitius pungitius*	+	

注：a. 呼伦湖；b. 乌兰泡。*湖泊调查期间采集到的鱼类，其余为文献有记录但未采集到的种类。

2）种类组成

呼伦贝尔高原盐碱湿地群鱼类群落中，鲤形目 36 种、鲑形目 5 种、鲇形目 2 种，分别占 78.26%、10.87%、4.35%；鳕形目、刺鱼目和鲈形目均 1 种，各占 2.17%。科级分类单元中，鲤科 32 种、鳅科 4 种、鲑科 3 种，分别占 69.57%、8.70%、6.52%；银鱼科、狗鱼科、鲇科、鮨科、鳕科、刺鱼科和塘鳢科均 1 种，各占 2.17%。

3）区系生态类群

呼伦贝尔高原盐碱湿地群土著鱼类群落，由 7 个区系生态类群构成。

（1）江河平原区系生态类群：红鳍原鲌、鳊、蒙古鲌、翘嘴鲌、䱗、贝氏䱗、蒙古䱗、唇䱻、花䱻、东北鳈、克氏鳈、蛇𬶋和兴凯银𬶋，占 32.5%。

（2）北方平原区系生态类群：瓦氏雅罗鱼、拟赤梢鱼、拉氏鲅、高体𬶋、犬首𬶋、细体𬶋、突吻𬶋、条纹似白𬶋、黑龙江花鳅、北方花鳅和黑斑狗鱼，占 27.5%。

（3）北方山地区系生态类群：哲罗鲑和细鳞鲑，占 5%。

（4）北极淡水区系生态类群：乌苏里白鲑和江鳕，占 5%。

（5）北极海洋区系生态类群：九棘刺鱼，占 2.5%。

（6）新近纪区系生态类群：鲤、鲫、银鲫、麦穗鱼、黑龙江鳑鲏、大鳍鱊、黑龙江泥鳅、北方泥鳅和鲇，占 22.5%。

（7）热带平原区系生态类群：乌苏拟鮨和葛氏鲈塘鳢，占 5%。

以上北方区系生态类群中有 16 种鱼类，占 40%。

2. 湿地物种多样性

1）呼伦湖

（1）物种资源。文献记载的呼伦湖鱼类物种包括：文献[2] 4 目 6 科 30 种；文献[5] 5 目 8 科 32 种；文献[10] 4 目 5 科 23 种；文献[11] 3 目 4 科 19 种；文献[12] 2 目 3 科 15 种；文献[13] 4 目 5 科 20 种；文献[14] 4 目 5 科 26 种；文献[15] 4 目 4 科 18 种；文献[8] 3 目 6 科 31 种；文献[9]、[16]均为 5 目 8 科 33 种。湿地调查期间，采集到样本的鱼类物种为 4 目 5 科 23 属 24 种。综合文献资料和调查采集的样本，得出呼伦湖的鱼类物种为 6 目 10 科 36 属 46 种，由移入种 2 目 2 科 6 属 6 种（大银鱼、鲢、鳙、草鱼、团头鲂及细鳞鲴）和土著种 6 目 9 科 30 属 40 种构成（表 1-50）。

上述鱼类中，采集到样本的为 4 目 5 科 23 属 24 种，由移入种 1 目 1 科 3 属 3 种（草鱼、鲢及鳙）和土著种 4 目 5 科 20 属 21 种构成。文献中有记载但未采集到样本的为 5 目 7 科 20 属 22 种，其中包括国家二级重点保护水生野生动物，中国易危种细鳞鲑、哲罗鲑和乌苏里白鲑，冷水种哲罗鲑、细鳞鲑、乌苏里白鲑、拟赤梢鱼、北方花鳅、江鳕及九棘刺鱼，以及东北地区特有种拟赤梢鱼、东北鳈、兴凯银𬶋和突吻𬶋。

呼伦湖土著鱼类群落中，国家级重点保护水生野生动物、中国易危种、东北地区特有种和冷水种的种类及其比例组成，与前文所述的湿地群情况相同（见 1.2.1 节）。

（2）种类组成。呼伦湖鱼类群落中，鲤形目 36 种、鲑形目 5 种、鲇形目 2 种，分别占 78.26%、10.87%、4.35%；鳕形目、刺鱼目和鲈形目均 1 种，各占 2.17%。科级分类单元中，鲤科 32 种、鳅科 4 种、鲑科 3 种，分别占 69.57%、8.70%、6.52%；银鱼科、狗鱼科、鲇科、鮨科、鳕科、刺鱼科和塘鳢科均 1 种，各占 2.17%。

采集到样本的鱼类中，鲤形目 21 种，占 87.5%；鲑形目、鲇形目和鲈形目均 1 种，各占 4.17%。科级分类单元中，鲤科 19 种、鳅科 2 种，分别占 79.17%、8.33%；狗鱼科、鲇科和塘鳢科均 1 种，各占 4.17%。

（3）区系生态类群。呼伦湖的鱼类区系生态类群，与呼伦贝尔高原盐碱湿地群相同（参考前文）。其中，采集到样本的 21 种土著鱼类，由 4 个区系生态类群构成。①江河平原区系生态类群：红鳍原鲌、蒙古鲌、蒙古鳌、唇䱻、蛇鮈和克氏鳈，占 28.57%。②北方平原区系生态类群：瓦氏雅罗鱼、拉氏鲅、高体鮈、条纹似白鮈、黑龙江花鳅和黑斑狗鱼，占 28.57%。③新近纪区系生态类群：鲤、鲫、银鲫、麦穗鱼、黑龙江鳑鲏、大鳍鱊、黑龙江泥鳅和鲇，占 38.10%。④热带平原区系生态类群：葛氏鲈塘鳢，占 4.76%。

以上北方区系生态类群中有 6 种鱼类，占 28.57%。

（4）渔获物组成。放养型渔业湿地，土著鱼类来自海拉尔河。渔获物中，放养的经济鱼类鳙占 0.51%；土著经济鱼类花䱻、鲤、银鲫、蒙古鳌、红鳍原鲌及鲇占 73.85%；小型非经济鱼类麦穗鱼、棒花鱼、葛氏鲈塘鳢、黑龙江泥鳅占 25.63%（表 1-51）。

表 1-51 呼伦湖渔获物组成（2010-12-29，2011-01-12）

种类	重量/kg	数量/尾	平均体重/g	重量比例/%	数量比例/%	种类	重量/kg	数量/尾	平均体重/g	重量比例/%	数量比例/%
麦穗鱼	28.6	1946	14.7	16.15	21.48	葛氏鲈塘鳢	1.1	93	11.8	0.62	1.03
花䱻	6.2	61	101.6	3.50	0.67	黑龙江泥鳅	1.6	243	6.6	0.90	2.68
棒花鱼	14.1	467	30.2	7.96	5.16	红鳍原鲌	19.8	1704	11.6	11.18	18.81
鲤	16.2	59	274.6	9.15	0.65	鳙	0.9	1	900.0	0.51	0.01
银鲫	29.7	378	78.6	16.77	4.17	鲇	2.7	4	675.0	1.52	0.04
蒙古鳌	56.2	4102	13.7	31.73	45.29	合计	177.1	9058			

（5）渔业资源。呼伦湖地处额尔古纳河上游，是呼伦贝尔高原的天然渔场。据文献[13]记载，呼伦湖对野生鱼类资源的利用始于 1912 年，年产量 2400t，其主要经济鱼类有鲤、银鲫、黑斑狗鱼、鲇和红鳍原鲌。呼伦湖的渔获量，1923～1926 年为 3744～4800t，主要经济鱼类鲤、红鳍原鲌、银鲫、鲇和黑斑狗鱼分别占 30%、35%、15%、12%和 5%；1938～1955 年为 805～5298t（最高和最低分别出现在 1945 年和 1951 年），主要经济鱼类与上述相同。

1957 年以前呼伦湖年渔获量 4000t 左右；1957 年以后快速上升，1961 年达到最高，为 9193t，单位面积产量 39.60kg/hm^2；1965 年后大幅度下降，1969 年仅 2966.9t，单位面积产量 12.9kg/hm^2；之后逐步上升，至 1977 年接近历史最高水平。

1980 年以来，呼伦湖年渔获量 6000～8000t。但鱼的质量较 20 世纪 50 年代有所下降，大个体鱼类数量减少，小型鱼类比例增加。例如，鲤鱼和大型经济鱼类所占渔获量的比例，50 年代分别为 40%和 70%左右；70 年代分别为 17%和 30%左右。2000 年以来，大型经济鱼类所占比例不足 20%，蒙古鳌等小型经济鱼类所占比例超过 80%[17]。

根据呼伦湖鱼类资源状况[9]，1998～2003 年，呼伦湖年渔获量的计划指标控制在 1 万 t 左右，但实际为 1.11 万 t，单位面积产量为 45.73kg/hm^2。2004～2007 年渔获量的计划指标控制在 5000t 左右，但由于湖水位下降，鱼类产卵场大多变为沙滩，产黏性卵鱼类无处产卵繁殖，鱼类资源减少，年渔获量降至 2000～4000t，平均为 2814.25t，单位面积产量为 11.72kg/hm^2。1998～2007 年平均年渔获量为 7805.2t，平均单位面积产量为 34.43kg/hm^2（表 1-52）。

表 1-52　1998～2007 年呼伦湖渔获量[9]

年份	总产量/t	主要经济鱼类/t						
		鲤	银鲫	鲇	红鳍原鲌	蒙古鲌	瓦氏雅罗鱼	蒙古鳌
1998	11342.2	453.3	7.3	155.3	305.7	—	30.1	10390.5
1999	9004.2	312.6	23.3	78.9	476.3	—	33.9	8079.2
2000	11514.2	565.9	67.7	218.7	255.2	—	15.3	10391.4
2001	13819.4	270.7	51.8	18.2	142.5	—	7.5	13328.7
2002	13393.2	364.0	30.6	2.9	76.5	—	11.5	12906.7
2003	7721.8	411.3	26.6	—	110.7	28.5	43.4	7101.3
2004	2563.5	124.8	14.2	—	18.2	51.3	20.5	2334.5
2005	2662.4	100.6	22.1	—	47.0	30.1	7.7	2454.9
2006	2809.2	45.1	5.0	—	46.4	15.8	2.2	2694.7
2007	3221.9	16.8	0.9	1.2	24.6	27.9	6.3	3144.2

注：引用时经过整理。

2000 年以来，呼伦湖年渔获量指标虽然控制在 10000t 左右，但渔获物的 80%以上是经济价值较低的小型鱼类（以蒙古鳌为主），鲤等较大型经济鱼类不足 20%，而且规格较小[17]。据文献[9]记载，呼伦湖鱼类资源衰退的趋势从 20 世纪 50 年代就已经开始。1951 年鲤渔获量为 2508t，在当年总渔获量中所占比例为 48%；1960 年降至 2003t，占当年总渔获量的 24%；1969 年又降至 276t，占当年总渔获量的 9.3%；小型非经济鱼类的渔获量所占比例在 80 年代初就已经达到 70%以上。1998～2007 年，鲤渔获量占总渔获量的比例年平均为 3.41%。

2）乌兰泡

（1）物种资源。有关乌兰泡鱼类物种的文献记载包括：文献[6]描述为“主要经济鱼类有鲤、鲫、鳌、红鳍鲌、蒙古红鲌、狗鱼、鲶鱼 3 目 3 科 7 种”（著者注：鲶鱼＝鲇，狗鱼＝黑斑狗鱼，红鳍鲌＝红鳍原鲌，蒙古红鲌＝蒙古鲌）；文献[13]为 1 目 2 科 9 种。经过整理，文献[13]和文献[8]所记载的鱼类物种合计 13 种。

湖泊调查期间，采集到样本的鱼类为 3 目 4 科 12 属 12 种，包括黑斑狗鱼、瓦氏雅罗鱼、蒙古鳌、红鳍原鲌、蒙古鲌、大鳍鱊、蛇鮈、鲤、银鲫、黑龙江泥鳅、黑龙江花鳅和鲇；文献中记录的贝氏鳌没有采集到样本。

综合上述资料，得出乌兰泡鱼类物种为 3 目 4 科 12 属 13 种，均为土著种（表 1-50）。其中，黑斑狗鱼、瓦氏雅罗鱼和黑龙江花鳅为冷水种，占 23.08%；黑斑狗鱼、黑龙江花鳅和黑龙江泥鳅为东北地区特有种，占 23.08%。相比之下，乌兰泡的鱼类物种数要比呼伦湖少得多。

（2）种类组成。乌兰泡鱼类群落中，鲤形目 11 种，占 84.62%；鲑形目和鲇形目均 1 种，各占 7.69%。科级分类单元中，鲤科 9 种、鳅科 2 种，分别占 69.23%、15.38%；狗鱼科和鲇科均 1 种，各占 7.69%。

（3）区系生态类群。乌兰泡土著鱼类群落，由 3 个区系生态类群构成。①江河平原区系生态类群：红鳍原鲌、蒙古鲌、蒙古韰、贝氏韰和蛇鮈，占 38.46%。②北方平原区系生态类群：瓦氏雅罗鱼、黑龙江花鳅和黑斑狗鱼，占 23.08%。③新近纪区系生态类群：鲤、银鲫、大鳍鱊、黑龙江泥鳅和鲇，占 38.46%。

以上北方区系生态类群中有 3 种鱼类，占 23.08%。

（4）渔获物组成。捕捞型渔业湿地，土著鱼类来自乌尔逊河。渔获物中，土著经济鱼类鲤、银鲫、鲇、红鳍原鲌、蒙古鲌、蒙古韰占 99.31%；小型非经济鱼类黑龙江花鳅占 0.69%（表 1-53）。

表 1-53　乌兰泡渔获物组成

种类	重量/kg	数量/尾	平均体重/g	重量比例/%	数量比例/%	种类	重量/kg	数量/尾	平均体重/g	重量比例/%	数量比例/%
鲤	58.6	113	518.6	33.64	9.75	蒙古鲌	17.6	105	167.6	10.10	9.06
银鲫	49.7	399	124.6	28.53	34.43	蒙古韰	9.8	263	37.3	5.63	22.69
鲇	23.9	51	468.6	13.72	4.40	黑龙江花鳅	1.2	125	9.6	0.69	10.79
红鳍原鲌	13.4	103	130.1	7.69	8.89	合计	174.2	1159			

（5）渔业资源。渔业部门于 1955 年对乌兰泡实施了改造，经过筑坝提高水位，当年冬季进行捕捞生产，捕获大规格成鱼 525t。1985 年，与乌兰泡相通的乌尔逊河实行常年禁渔后，乌兰泡也停止捕捞生产。1999 年呼伦贝尔市水利局在乌尔逊河进入乌兰泡的河道上修桥、筑坝、建拦河闸，以提升乌兰泡水位，将贝尔湖（中国与蒙古国界湖，位于乌尔逊河上游并与该河相通）进入乌尔逊河产卵繁殖的鱼类引进乌兰泡湿地，乌兰泡的鱼类资源由此而得到有效增殖，之后呼伦贝尔市水利局将水面经营权转包给外来人员，不再归属“呼伦湖渔业有限公司”。

1972～1985 年乌兰泡的渔获量见表 1-54。据此可以计算出该时间段内乌兰泡的平均年渔获量约为 92t，平均单位面积产量为 12.27kg/hm^2。

表 1-54　1972～1985 年乌兰泡渔获量[13]

年份	总产量/kg	主要经济鱼类/kg						
		鲤	银鲫	鲇	黑斑狗鱼	红鳍原鲌	蒙古鲌	蒙古韰
1972	70000	12775	23506	511	1533	12775	—	18900
1973	55755	10220	18805	409	1226	10220	—	14875
1974	50800	5264	220	1120	6568	21890	228	15510
1975	78020	15365	28470	485	1670	15320	—	16710
1976	66008	40136	10283	1115	1781	4602	2061	6030

续表

年份	总产量/kg	主要经济鱼类/kg						
		鲤	银鲫	鲇	黑斑狗鱼	红鳍原鲌	蒙古鲌	蒙古韰
1977	152306	46942.5	25060.5	355	1399	7164	2135	69250
1978	108710	18349	2414	2857	750	37760	—	46580
1979	140721	15349	16509	488	1141	15644	1125	90465
1980	50503	4373	480	240	—	720	—	44690
1981	36970	3874	1069	12	—	880	—	31135
1982	57650	—	1050	—	900	11050	—	44650
1983	123400	26655	4840	1670	815	7540	—	81880
1984	120420	45253.5	22102.5	5272	2764	6158	—	38970
1985	176679	96046.5	7949	56788	1944	2417.5	—	11124

注：引用时经过整理。

3. 蒙古韰资源生物学与种群调控

1）繁殖生物学

（1）繁殖习性。呼伦湖的蒙古韰喜欢在水体上层集群活动。6月下旬表层水温达到22℃时进入繁殖期，一直持续到7月末。在湖沿岸浅滩静水湾集群产卵，卵具黏性，黏附在岸边水草上或砂砾底质的石块上。因此，其产卵场通常情况下在水草较多或砂砾底质的岸边。湖区底质70%为泥质，30%为砂砾质。砂砾底质遍布湖的沿岸，所以呼伦湖沿岸都是蒙古韰的良好产卵场。由于湖东岸为砂砾底质，湖西岸为泥质底质，相比之下，蒙古韰更喜欢在水草较多的东岸产卵繁殖。实际观察到的产卵鱼群数量湖东岸也明显多于西岸[18, 19]。

（2）产卵群体结构。蒙古韰初次性成熟的最小规格，雌性体长为8.8cm，体重为12.5g；雄性体长为9.2cm，体重为13.3g。繁殖群体中雌、雄所占比例不断变化，产卵期以前的繁殖群体中雌鱼比较多，在随机抽取的387尾样本中，雌性220尾，雄性167尾，雌性、雄性比为1.32∶1。产卵期的繁殖群体中雄鱼较多，在产卵场采集的458尾样本鱼中，雌性194尾，雄性264尾，雌性、雄性比为1∶1.36。

（3）生殖力。呼伦湖的蒙古韰1龄即可达到性成熟，绝对生殖力（F）为2021～15470粒卵，体长相对生殖力（F_L）为230～1137粒卵/cm，体重相对生殖力（F_W）为273～700粒卵/g；体长、体重相对生殖力分别与体长、体重呈幂函数曲线关系（表1-55）。个体生殖力随着体长、体重的增加而提高。个体平均绝对生殖力，体长9～10cm的为3552粒卵，体长11～13cm的为9860粒卵，体长14cm的为16420粒卵。

表1-55　呼伦湖蒙古韰相对生殖力的数学模型[18]

体长相对生殖力			体重相对生殖力		
数学模型	R^2	P	数学模型	R^2	P
$F_L=-10L^2+412L-2659$	0.98	<0.001	$F_W=-3W^2+110W-380$	0.98	<0.001
$F_L=-0.3L^3+304L-2271$	0.98	<0.001	$F_W=-0.01W^3-7W^2+170W-638$	0.98	<0.001

注：R^2为数学模型的决定系数；P为数学模型的显著水平；L为体长；W为体重。

2）蒙古韰种群快速增长的原因

（1）繁殖特征上的优势。呼伦湖 3 种韰属鱼类中，蒙古韰产黏性卵，韰和贝氏韰均产漂流性卵；初次性成熟年龄雌性韰2～3 龄，体长 8～10cm，体重 15g 以上；贝氏韰 2 龄，雌性体长 8.8cm，雄性体长 9.0cm[2]。可见蒙古韰性成熟年龄（1 龄）早于韰和贝氏韰。

蒙古韰繁殖前期雌性多于雄性，繁殖期间雌性少于雄性。这是因为在繁殖前期雌性比雄性性成熟早，使得雌性性成熟个体数量多于雄性；而在繁殖期，较早成熟的雌性个体产卵结束后即离开产卵群体，这导致繁殖期的种群性比发生变化，即雄性多于雌性。

一般情况下，能够在江河繁殖的鱼类产漂流性卵，如青鱼、草鱼、鲢、鳙等；而能够在静水湖泊中繁殖的鱼类产黏性卵，如鲤、银鲫等。呼伦湖水量的补给河流克鲁伦河和乌尔逊河在蒙古韰繁殖季节有些年份受到干旱的影响会断流，导致产漂流性卵的鱼类不能繁殖（如韰和贝氏韰），而蒙古韰产卵繁殖不受河水断流的影响，每年都有效地进行正常繁殖，这也是该鱼能够在达赉湖成为优势种群的原因之一。

尽管蒙古韰的相对繁殖能力赶不上其他种类（如红鳍原鲌、鲌类等），但其性成熟较早，每年 7 月全部鱼类都成为繁殖群体（初孵仔鱼除外），繁殖迅速，这为蒙古韰成为达赉湖优势群体提供了有利条件。

（2）繁殖环境优越。2000 年以来，呼伦湖地区干旱少雨，湖泊水位下降，水深变浅，多西北风，湖面波浪频繁，水体透明度下降，仅表层水体有利于浮游生物繁殖，下层水体缺少光照，浮游植物难以繁殖，使底层水体溶解氧含量极低，不利于底层鱼类的繁殖。而蒙古韰是中上层鱼类，喜食浮游动物，这样就具备了蒙古韰生存的生态条件，而不利于其他经济鱼类如鲤、银鲫等生存。

呼伦湖沿岸坡度小、水浅，为水草的生长创造了条件，而且湖沿岸绝大部分为砂砾质底质，是蒙古韰良好的产卵场。

（3）捕捞的影响。由于呼伦湖蒙古韰1 龄即可达到性成熟，这使得上年繁殖鱼苗第二年全部成为繁殖群体，种群增长迅速，这是该鱼在呼伦湖成为优势种群的基础。

呼伦湖渔业有限公司捕捞蒙古韰所使用的网具为小眼网，网目规格仅为 3cm，目的是捕捞体长 9～10cm 的蒙古韰，但那些捕食蒙古韰的食鱼性鱼类的幼鱼也一同被捕起，使湖中食鱼性鱼类的种群数量减少，蒙古韰因缺少了天敌，种群得以迅速扩张。

呼伦湖位于我国北部，水温较低，生长季节短，一些大型经济鱼类和食鱼性鱼类需要几年才能达到性成熟，结果是大型鱼类的繁殖速度远慢于蒙古韰。

3）种群资源量调控

呼伦湖的 7 种主要经济鱼类鲤、银鲫、红鳍原鲌、蒙古鲌、黑斑狗鱼、鲇和蒙古韰中，蒙古韰所占渔获物的比例在 20 世纪 70 年代低于 60%，80 年代上升至 80%左右，90 年代超过 90%。为了控制其种群数量，呼伦湖渔业有限公司采用小网目渔具高强度捕捞，但在捕捞蒙古韰的同时，也把其他经济鱼类的幼鱼捕捞出水，使这些经济鱼类的资源遭到破坏，数量逐渐减少，而低值小型鱼类蒙古韰的捕捞量逐渐上升。2000 年以来，蒙古韰年产量超过 3000t，所占比例超过 95%。

1.2.2 锡林郭勒高原盐碱湿地群

锡林郭勒高原盐碱湿地群，主要包括达里湖群和查干淖尔（表 1-56）。其中，达里湖群由达里湖（又称达里诺尔）、鲤鱼湖（又称鲤鱼泡子、多多诺尔）和岗更湖（又称岗更诺尔）构成。达里湖群包含于达里诺尔沼泽；查干淖尔包含于查干淖尔沼泽和乌拉盖沼泽。

表 1-56 锡林郭勒高原盐碱湿地群自然概况

湿地调查编号	湿地名称	经纬度	所在地区	面积/km^2	平均水深/m	水面海拔/m
（38）	达里湖群[7]	43°13′N～43°23′N，116°26′E～116°45′E	内蒙古克什克腾旗	213	6.7	1227
（59）	查干淖尔[8, 20, 21]	44°41′N～44°42′N，114°01′E～114°02′E	内蒙古阿巴嘎旗	33	2.5	—

1. 湿地群物种多样性

1）物种资源

文献[2]、[5]、[20]及[22]～[25]记载锡林郭勒高原盐碱湿地群的鱼类物种合计 2 目 3 科 19 属 24 种，由移入种 1 目 1 科 4 属 4 种（草鱼、团头鲂、鲢及鳙）和土著种 2 目 3 科 15 属 20 种构成（表 1-57）。

表 1-57 锡林郭勒高原盐碱湿地群鱼类物种组成

种类	达里湖群	查干淖尔	种类	达里湖群	查干淖尔
一、鲤形目 Cypriniformes			14. 鲫 *Carassius auratus auratus*	+	+
（一）鲤科 Cyprinidae			15. 鲢 *Hypophthalmichthys molitrix*▲	+	+
1. 瓦氏雅罗鱼 *Leuciscus waleckii waleckii*	+	+	16. 鳙 *Aristichthys nobilis*▲	+	+
2. 草鱼 *Ctenopharyngodon idella*▲	+	+	（二）鳅科 Cobitidae		
3. 拉氏鲅 *Phoxinus lagowskii*	+		17. 泥鳅 *Misgurnus anguillicaudatus*	+	+
4. 花江鲅 *Phoxinus czekanowskii*	+		18. 北方泥鳅 *Misgurnus bipartitus*	+	
5. 团头鲂 *Megalobrama amblycephala*▲		+	19. 北鳅 *Lefua costata*	+	
6. 红鳍原鲌 *Cultrichthys erythropterus*		+	20. 北方须鳅 *Barbatula nuda*	+	
7. 棒花鱼 *Abbottina rivularis*	+		21. 弓背须鳅 *Barbatula gibba*	+	
8. 麦穗鱼 *Pseudorasbora parva*	+	+	22. 北方花鳅 *Cobitis granoei*	+	+
9. 凌源鮈 *Gobio lingyuanensis*	+		23. 达里湖高原鳅 *Triplophysa dalaica*	+	
10. 高体鮈 *Gobio soldatovi*	+		二、刺鱼目 Gasterosteiformes		
11. 似铜鮈 *Gobio coriparoides*	+		（三）刺鱼科 Gasterosteidae		
12. 兴凯银鮈 *Squalidus chankaensis*	+		24. 九棘刺鱼 *Pungitius pungitius*	+	+
13. 鲤 *Cyprinus carpio*	▲	+			

上述土著鱼类中，拉氏鲅、瓦氏雅罗鱼、北鳅、北方须鳅、北方花鳅和九棘刺鱼为冷水种，占 30%；凌源鮈达里湖高原鳅为中国特有种，占 5%；兴凯银鮈和高体鮈为东北地区特有种，占 10%。

2）种类组成

锡林郭勒高原盐碱湿地群鱼类群落中，鲤形目 23 种、刺鱼目 1 种，分别占 95.83%、4.17%。科级分类单元中，鲤科 16 科、鳅科 7 种、刺鱼科 1 种，分别占 66.67%、29.17%、4.17%。

3）区系生态类群

锡林郭勒高原盐碱湿地群土著鱼类群落，由 5 个区系生态类群构成。

（1）江河平原区系生态类群：红鳍原鲌、棒花鱼和兴凯银鮈，占 15%。

（2）北方平原区系生态类群：瓦氏雅罗鱼、拉氏鲅、花江鲅、凌源鮈、高体鮈、似铜鮈、北鳅、北方须鳅、弓背须鳅和北方花鳅，占 50%。

（3）北极海洋区系生态类群：九棘刺鱼，占 5%。

（4）新近纪区系生态类群：鲤、鲫、麦穗鱼、泥鳅和北方泥鳅，占 25%。

（5）中亚高山区系生态类群：达里湖高原鳅，占 5%。

以上北方区系生态类群中有 11 种鱼类，占 55%。

2. 湿地物种多样性

1）达里湖群

（1）物种资源。调查采集到和文献[2]、[5]及[22]～[25]记载的达里湖群鱼类物种合计 2 目 3 科 17 属 22 种，由移入种 1 目 1 科 4 属 4 种（草鱼、鲤、鲢及鳙）和土著种 2 目 3 科 13 属 18 种构成。土著种中，拉氏鲅、瓦氏雅罗鱼、北鳅、北方须鳅、北方花鳅和九棘刺鱼为冷水种，占 33.33%；达里湖高原鳅为中国特有种，占 5.56%；兴凯银鮈和高体鮈为东北地区特有种，占 11.11%。

（2）种类组成。达里湖群鱼类群落中，鲤形目 21 种、刺鱼目 1 种，分别占 95.45%、4.55%。科级分类单元中，鲤科 14 种、鳅科 7 种、刺鱼科 1 种，分别占 63.64%、31.82%、4.55%。

（3）区系生态类群。达里湖群土著鱼类群落，由 5 个区系生态类群构成。①江河平原区系生态类群：棒花鱼和兴凯银鮈，占 11.11%。②北方平原区系生态类群：瓦氏雅罗鱼、拉氏鲅、花江鲅、凌源鮈、高体鮈、似铜鮈、北鳅、北方须鳅、弓背须鳅和北方花鳅，占 55.56%。③北极海洋区系生态类群：九棘刺鱼，占 5.56%。④新近纪区系生态类群：鲫、麦穗鱼、泥鳅和北方泥鳅，占 22.22%。⑤中亚高山区系生态类群：达里湖高原鳅，占 5.56%。

以上北方区系生态类群中有 11 种鱼类，占 61.11%。

达里湖的最大附属河流贡格尔河，其上游距离辽河上游西拉木伦河的支流嘎斯汰河的直线距离只有 3km，中间为沙丘所隔。岗更湖距离西拉木伦河的另一支流也只有 20km，中间也为沙丘所阻隔，古代辽河与达里湖可能相连通。文献[5]记载的西辽河土著鱼类物种有马口鱼（*Opsariichthys bidens*）、中华细鲫（*Aphyocypris chinensis*）、拉氏鲅、瓦氏雅罗鱼、赤眼鳟（*Squaliobarbus curriculus*）、䱗、贝氏䱗、红鳍原鲌、细鳞鲴、黑龙江鳑鲅、长吻䱻（*Hemibarbus longirostris*）、麦穗鱼、高体鮈、凌源鮈、细体鮈、棒花鮈（*Gobio rivuloides*）、棒花鱼、鲤、鲫、银鲫、北鳅、北方须鳅、达里湖高原鳅、北方花鳅、泥鳅、大鳞副泥鳅、鲇、黄颡鱼、九棘刺鱼、鳜、黄黝、葛氏鲈塘鳢和乌鳢。通过比较可知，达里湖与辽河上游水系的土著鱼类群落有 13 种共有种（拉氏鲅、瓦氏雅罗鱼、麦穗鱼、高体鮈、凌源鮈、棒花鱼、鲫、北鳅、北方须鳅、达里湖高原鳅、北方花鳅、泥鳅及九棘刺鱼），鱼类区系具有一定程度的相似性，表明这些水系的鱼类物种具有同一来源[2]。

2）查干淖尔

（1）物种资源。文献[20]中记录 1999～2000 年调查采集到的鱼类为 2 目 3 种 12 属 12 种，由移入种 1 目 1 科 4 属 4 种（草鱼、团头鲂、鲢及鳙）和土著种 2 目 3 科 8 属 8 种构成。土著种中，瓦氏雅罗鱼、北方花鳅和九棘刺鱼为冷水种，占 37.5%。

（2）种类组成。查干淖尔鱼类群落中，鲤形目 11 种、刺鱼目 1 种，分别占 91.67%、8.33%。科级分类单元中，鲤科 9 种、鳅科 2 种、刺鱼科 1 种，分别占 75%、16.67%、8.33%。

（3）区系生态类群。查干淖尔土著鱼类群落，由 4 个区系生态类群构成。①江河平原区系生态类群：红鳍原鲌，占 12.5%。②北方平原区系生态类群：瓦氏雅罗鱼和北方花鳅，占 25%。③北极海洋区系生态类群：九棘刺鱼，占 12.5%。④新近纪区系生态类群：鲤、鲫、麦穗鱼和泥鳅，占 50%。

以上北方区系生态类群中有 3 种鱼类，占 37.5%。

3. 种群资源学特征

1）鱼类资源动态

（1）渔获量。体现在渔获量上的达里湖经济鱼类资源变化，大致分为以下三个阶段[7, 26-28]。①1949～1979 年自然捕捞阶段：这一时期无任何增殖措施，是在捕捞能力较低的情况下维持的渔获量。②1980～1994 年定额捕捞阶段：1980～1990 年鱼类繁殖条件较好，资源增殖量相对较稳定，捕捞强度也相对较高，平均年渔获量为 584t；1991 年后鱼类自然繁殖条件日趋恶化，在捕捞强度不变的情况下，1991～1994 年年渔获量为 220～480t，年平均渔获量为 360t，为历史最低。③1995 年以后人工增殖阶段：为了提高渔业生产力，1995 年开始采取人工增殖措施，补充自然繁殖力的不足，渔获量逐渐回升。1998 年渔获量达到 961t，为历史最高。1999～2001 年年渔获量为 541～775t，平均渔获量为 601t；2002～2009 年年渔获量为 401～700t，平均渔获量为 502t。这一时期由于水质逐渐恶化，水源不足，水面面积缩小（1998 年 228km^2，2007 年 224km^2，2009 年 190km^2，2010 年 200km^2，2013 年 213km^2），影响了鱼类栖息生长，再加上捕捞强度过大，导致鱼类资源衰退。由于水质和水源难以控制，为恢复鱼类资源，只能适当降低捕捞强度。

（2）鲫和瓦氏雅罗鱼资源量与合理捕捞量。达里湖因水质盐碱度较高，湖中经济鱼类只有鲫和瓦氏雅罗鱼两种。鲫的产量在达里湖总产量中占 50%左右，所以鲫在整个达里湖渔业资源中有着举足轻重的地位，但因其中 30%左右的鲫个体患有九江头槽绦虫病，因此生长速度最慢。瓦氏雅罗鱼要洄游到河道进行产卵繁殖，而近年来由于产卵条件恶化，瓦氏雅罗鱼补充群体数量一直不足，造成湖中成鱼数量下降，资源呈现衰退趋势。

文献[29]曾估算鲫和瓦氏雅罗鱼捕捞群体的资源量和合理捕捞量。结果表明，鲫可捕群体资源量为600～670t，瓦氏雅罗鱼为450t，合计1050～1120t，基于资源恢复的合理捕捞量为400～450t。

以往达里湖鱼产量下降，大多是繁殖条件恶化所致。近几年湖水位略有回升，透明度增加，水质趋势发展向好，鲫鱼产卵条件逐步得到改善。瓦氏雅罗鱼繁殖期间如能保证河道水位不下降，或修建人工产卵场，并控制亲鱼捕捞数量，则瓦氏雅罗鱼资源恢复将会更快。因为该鱼性腺指数高达25%，平均繁殖力为1.45万粒/尾，繁殖力较强，且2龄即可进入产卵群体，3年可见效。所以如果产卵条件得到改善，捕捞规格与数量合理，3年左右鱼产量恢复到20世纪70～80年代水平是可能的（1974～1990年平均年鱼产量为620t）。如果资源恢复后管理得当，保持在1974～1978年的高产水平（平均年产量为700t）也是可以实现的。这样高产水平持续了5年，并没有引起随后几年出现资源衰退（1979～1983年平均年鱼产量为600t）。所以达里湖年平均鱼产量保持600～700t的高产稳产水平是可以做到的[27, 29]。

文献[28]采用灰色模型预测达里湖2010年、2011年、2012年、2013年和2014年的鱼产量，结果分别为489t、526t、566t、609t和656t。这与文献[29]的预测十分相近。

2）重要物种的资源生物学及其种群调控

（1）瓦氏雅罗鱼。

a. 捕捞群体年龄组成。渔获物分析表明，1994～1995年[29]和2005～2006年[30]的捕捞群体均由2～8龄构成，以3～4龄为主体（表1-58）。

表1-58　瓦氏雅罗鱼渔获物年龄组成[30]

调查时间	项目	年龄/龄						
		2	3	4	5	6	7	8
2005～2006年[30]	样本/尾	13	97	73	11	5	2	2
	所占比例/%	6.4	47.8	36.0	5.4	2.5	1.0	1.0
	平均体长/cm	11.9	15.1	18.6	20.9	22.7	24.1	25.0
	平均体重/g	34.3	70.2	121.0	168.6	213.0	267.3	303.5
1994～1995年[29]	平均体重/g	35.7	64.3	122.9	164.0	219.6	288.0	327.5
	占渔获物比例/%	1.5	27.8	47.9	7.9	9.3	2.6	3.0

b. 生长。文献[30]报道，体长（L/cm）与体重（W/g）的关系为：$W = 2.81\times10^{-2} L^{2.825}$（$R^2 = 0.996$）。式中，$b = 2.825$（$b$为鱼类体长与体重关系式$W = aL^b$中的指数），接近于3，表明瓦氏雅罗鱼等速生长，生长规律符合Von Bertalanffy生长方程。采用Ford方程和Beverton法计算L_∞、k和t_0，所得渐近体长$L_\infty = 28.98\text{cm}$，生长系数$k = 0.259$，渐近体重$W_\infty = 366.95\text{g}$，理论上体长或体重等于零时的年龄$t_0 = -0.324$。瓦氏雅罗鱼的生长模型为

$$L_t = 28.98[1 - \mathrm{e}^{-0.259(t+0.324)}] \tag{1-1}$$

$$W_t = 366.95[1 - e^{-0.259(t+0.324)}]^{2.825} \tag{1-2}$$

对式（1-1）和式（1-2）中 t 求一阶导数、二阶导数，分别得其生长速度方程和生长加速度方程（作者整理所得）：

$$dL / dt = 7.494e^{-0.259(t+0.324)} \tag{1-3}$$

$$dW / dt = 268.092e^{-0.259(t+0.324)}[1 - e^{-0.259(t+0.324)}]^{1.825} \tag{1-4}$$

$$d^2L / dt^2 = -1.938e^{-0.259(t+0.324)} \tag{1-5}$$

$$d^2W / dt^2 = 69.329e^{-0.259(t+0.324)}[1 - e^{-0.259(t+0.324)}]^{0.825} \times [2.825e^{-0.259(t+0.324)} - 1] \tag{1-6}$$

从上述生长方程可以看出，瓦氏雅罗鱼的生长在达里湖表现出如下特征。

一是体重生长曲线不具有拐点，随着年龄增大而逐渐趋向渐近体长。体重生长曲线为不对称的 S 形曲线，随着年龄的增大，体重生长呈现慢—快—慢的变化趋势。

二是体长生长速度是一条随着时间的增加而逐渐下降的曲线，表明其生长速度在不断减慢；体长生长加速度曲线上升逐渐趋于平缓，表明随着体长生长速度的下降，其递减速度逐渐趋于缓慢。

三是体重生长速度和生长加速度均为具有拐点的曲线，根据式 $t_r = t_0 + \ln 3 / k$ 计算出其拐点年龄 t_r 为 3.925 龄，拐点年龄的体重为 117.15g，体长为 19.35cm。拐点之前（即 $t < 3.925$ 龄）加速度为正值，是体重生长速度递增阶段，但其生长加速度在下降；当 $t = 3.925$ 龄时生长加速度为 0，生长速度不再递增；拐点之后（即 $t > 3.925$ 龄）生长加速度为负值，体重生长速度进入递减阶段，表明 3.925 龄以后为体重递减阶段，其生长已进入衰老期。

c. 死亡。自然死亡系数：自然死亡系数表示由自然因素所造成的死亡的系数。影响自然死亡的因素较多且较为复杂，同时，自然死亡程度高低又随着不同生命阶段而有所变化，因而要对自然死亡系数进行准确估算是很困难的。通常采用下式计算瓦氏雅罗鱼的自然死亡系数（M）[30]：

$$\lg M_p = 0.654 \lg k + 0.463 \lg T - 0.279 \lg L_\infty - 0.007 \tag{1-7}$$

$$M_z = 2.591 / t_\lambda - 2.1 \times 10^{-3} \tag{1-8}$$

式中，$t_\lambda = t_0 + 3 / k$，计算结果为 $t_\lambda = 11.28$ 龄。由 M_p 和 M_z 平均值求得 M。

根据上述 L_∞、k 和 t_0 值，年平均水温取 $T = 8$℃，代入式（1-7）和式（1-8），得 $M_p = 0.417$，$M_z = 0.228$。由于鱼类的自然死亡率与其寿命及栖息环境都有一定关系，两式都具有一定意义，因此可采用二者平均值，即 $M = 0.323$。

总死亡系数：由渔获物年龄组成（表 1-58）可知，瓦氏雅罗鱼捕捞群体中自 3 龄开始大部分个体进入渔具选择过程，捕捞群体的最小年龄 $t_c = 3$ 龄，对应的渔获物尾数为 97 尾；渔获物最大年龄值 $t_\lambda = 8$ 龄，对应的渔获物尾数为 2 尾。文献[30]采用两种不同的方法计算出年总死亡系数 $Z_1 = 0.907$、$Z_2 = 0.970$，两种方法计算的年总死亡系数基本一致，取其平均值 $Z = 0.939$。

捕捞死亡系数：根据式 $Z = F + M$，求得捕捞死亡系数 $F = Z - M = 0.616$，种群资源的开发利用率 $E = F / Z \approx 0.656$。

生活史类型：根据 r 选择和 K 选择理论，鱼类种群生活史类型可以用 7 个生态学参数来表达。这 7 个生态学参数为渐近体长（L_∞）、渐近体重（W_∞）、生长系数（k）、瞬时自然死亡系数（M）、初次生殖年龄（T_m）、最大年龄（t_λ）和种群生殖力（P_F）。对于T_m的取值，将渔获物样本中 50%以上个体性成熟的最低年龄作为初次生殖年龄，为$T_m = 3$龄，计算出的$P_F = 26.74$。通常认为种群生殖力 11～100 的鱼类，属于 r 选择型。因此，达里湖瓦氏雅罗鱼的生活史类型应为 r 选择型[30]。

资源管理模式：不同生活史类型的鱼类，对种群的捕捞强度具有不同的反应。通常采用单位补充量的鱼产量模式，来探讨种群在不同捕捞强度和不同年龄的产量变化情况[30]。其数学模型为

$$
\begin{aligned}
Y = FN_0 e^{-M(t_c-t_0)} W_\infty [Z^{-1} - 3e^{-k(t_c-t_0)} / (Z+k) \\
+ 3e^{-2k(t_c-t_0)} / (Z+2k) - 3e^{-3k(t_c-t_0)} / (Z+3k)]
\end{aligned}
\tag{1-9}
$$

式中，Y 为以重量表示的单位补充量的鱼产量；N_0 为每年达到 t_0 年龄时鱼的个体假设数量；t_c 为进入渔业捕捞群体的最小年龄（又分别称为渔业补充年龄、开捕年龄、最小捕捞年龄）；t_0 为体长为 0 时的假设年龄。

假设年龄为t_0时个体数量$N_0 = 1000$尾，在此条件下，t_c固定在 3 龄时，改变瞬时捕捞死亡系数（F）；固定$F = 1.0$，改变渔业补充年龄（t_c），分别计算出相应的平均鱼产量。通过研究这些产量的变化趋势，可得出如下结果。

一是在当前开捕年龄（$t_c = 3$ 龄）不变的情况下，最初单位补充量产量随着捕捞死亡系数的增大而提高，在$F = 0.5$以前，产量上升较快；$F = 0.5\sim1.0$时，产量上升缓慢；$F = 1.0$时，单位补充量产量达到最大值。当F 超过 1.0 并继续增大时，单位补充量产量则随着捕捞死亡水平的提高而呈现缓慢下降的趋势。这种单位补充量产量呈现了典型的 r 选择，表现出捕捞对种群数量变动的影响，在自然变动的掩盖下不明显。因此，不断地加大捕捞强度并非就可以获得更高的产量。

二是在目前捕捞死亡系数不变的情况下，单位补充量的鱼产量随着开捕年龄的改变而变化。最初单位补充量的鱼产量是随着开捕年龄的增大而提高的，当开捕年龄增大到 3 龄时，单位补充量的鱼产量达到最大值，之后随着开捕年龄的继续增大而呈明显下降趋势。在同一世代的群体里，随着年龄的增加，由于自然死亡因素，种群密度大幅度减小，因而产量明显下降，这也是典型的 r 选择型鱼类的产量模式。

问题探讨。①捕捞强度与产量：达里湖瓦氏雅罗鱼同一世代群体中，随着年龄增加，群体数量下降较快。例如，在$F = 0.6$的捕捞强度下，6 龄时产量约为 3 龄时的 3/4，8 龄时产量不到 3 龄时的 1/2[30]。因此，低龄阶段若提高开捕年龄，可以增加一定的产量，但达到一定产量后继续提高开捕年龄，会引起产量下降。适当的捕捞强度能取得较高的产量，获得最佳的经济效益，超过一定的捕捞水平后，盲目提高捕捞强度，不但不能增加产量，反而会降低鱼产量。②生长拐点：生长拐点是鱼类体重生长由快速转为慢速的转折点。在渔业利用上，常常从发挥鱼类生长潜能角度考虑，把生长拐点作为捕捞标准，还有的通过求临界年龄来考虑开捕年龄，认为鱼类的生长拐点就是其临界年龄。达里湖瓦氏雅罗鱼的生长拐点年龄为 3.925 龄，若将其生长拐点作为开捕年龄，可以获得较大的渔获物个体（拐点体重为 117.15g），并维持较大的资源量。③生活史类型：鱼类的生活史类型，是鱼类在

长期进化过程中与环境相互作用形成的，是组成不同种群动态类型的基础。根据达里湖瓦氏雅罗鱼的生态学参数值和改变瞬时捕捞死亡率、开捕年龄时的产量变化趋势判断，达里湖瓦氏雅罗鱼是 r 选择型的鱼类。该选择型的鱼类，当达到一定的捕捞年龄后，继续提高其开捕年龄则不能增加产量，从而达不到合理利用资源的目的。盲目提高捕捞强度也不能增加其产量，反而会导致产量下降。④开捕年龄：从单位补充量的产量方程计算结果分析，达里湖瓦氏雅罗鱼达到最高产量时的开捕年龄为 3 龄左右。目前达里湖瓦氏雅罗鱼渔获物以 3～4 龄为主体。该鱼的初次性成熟年龄也为 3 龄，基于资源保护和经济效益，作为渔业管理对策，达里湖瓦氏雅罗鱼的开捕年龄应定在 3 龄以上。同时，还应保持目前的捕捞强度和网具规格不变，这样不仅能够保持目前渔获量和鱼类多样性的稳定，还能够保护和充分利用达里湖瓦氏雅罗鱼的资源。

（2）岗更湖鲫。

a. 生长。体长与鳞径、体重的关系：渔获物分析表明，岗更湖鲫捕捞种群由 2～7 龄构成，2～4 龄占 90%[31]。体长（L/cm）与鳞径（R/cm）的关系为 $L=36.67R-1.737(R^2=0.960)$；体长与体重的关系为 $W=3.7\times10^{-2}L^{2.922}$（$R^2=0.981$，$n=803$ 尾）。

从鳞片测得 7 个年龄组的平均鳞径分别为 0.291cm、0.431cm、0.490cm、0.563cm、0.655cm、0.691cm 和 0.740cm，代入体长和鳞径的关系式可求得推算体长，进而通过体长与体重关系式推算出体重（表 1-59）。推算的体长可以作为平均体长。

表 1-59　岗更湖鲫各龄推算体长和体重[31]

指标	年龄/龄						
	1	2	3	4	5	6	7
实测体长/cm	—	16.81	17.22	17.90	23.28	23.57	24.65
推算体长/cm	8.94	14.07	16.23	18.91	22.28	23.61	25.36
体长相对增长率/%	—	57.38	15.35	16.51	17.82	0.06	0.07
生长指标	—	4.05	2.02	2.48	3.10	1.29	1.69
实测体重/g	—	140.69	150.85	183.20	310.5	395.00	442.31
推算体重/g	22.33	83.84	127.42	198.98	321.30	389.77	469.25
体重相对增长率/%	—	275.46	51.20	56.16	61.47	18.51	23.24

生长阶段：岗更湖鲫初次性成熟年龄为 2 龄，2 龄前为仔鱼生长阶段，2 龄后进入成鱼生长阶段。以相对增长率和生长指标划分生长阶段，更能客观地反映鱼类生长的特点。如表 1-59 所示，1～2 龄鱼体长相对增长率和体重相对增长率及生长指标均大于性成熟后各龄鱼，说明摄取的能量主要用于个体生长，生长较快；进入成鱼生长阶段后，由于摄取的能量部分用于性腺发育和成熟，生长速度相对减慢。3～5 龄体长相对增长率和体重相对增长率已明显降低，鱼体发育逐渐进入衰老期。

生长模型：岗更湖鲫生长模型为

$$L_t=30.79[1-e^{-0.228(t+0.457)}] \tag{1-10}$$

$$W_t = 826.94[1 - e^{-0.228(t+0.457)}]^{2.922} \quad (1\text{-}11)$$

对式（1-10）和式（1-11）中 t 求一阶导数、二阶导数，得其生长速度方程及生长加速度方程（作者整理所得）：

$$dL / dt = 7.02e^{-0.228(t+0.457)} \quad (1\text{-}12)$$

$$dW / dt = 550.921e^{-0.228(t+0.457)}[1 - e^{-0.228(t+0.457)}]^{1.922} \quad (1\text{-}13)$$

$$d^2L / dt^2 = -1.601e^{-0.228(t+0.457)} \quad (1\text{-}14)$$

$$d^2W / dt^2 = 125.61e^{-0.228(t+0.457)}[1 - e^{-0.228(t+0.457)}]^{0.922} \times [2.922e^{-0.228(t+0.457)} - 1] \quad (1\text{-}15)$$

根据生长方程计算岗更湖鲫生长拐点年龄为4.4龄，拐点处体重为247.4g。

b. 生活史类型：根据 r 选择和 K 选择理论，利用渐近体长（L_∞）、渐近体重（W_∞）、生长系数（k）、瞬时自然死亡系数（M）、初次生殖年龄（T_m）、最大年龄（t_λ）和种群繁殖力（P_F）7个生态学参数，来判断岗更湖鲫的生活史类型。经过计算，这7个生态学参数值分别为30.79cm、826.94g、0.228、0.404、3龄、12.73龄和16.18。因此，岗更湖鲫的生活史类型偏向 r 选择型。

c. 资源管理模式：由于岗更湖鲫的生活史类型偏向于 r 选择型，所以其资源管理模式可采用达里湖瓦氏雅罗鱼资源管理模式。从生长阶段来看，岗更湖鲫1～2龄生长速度最快，3龄开始生长速度减缓。从初次性成熟年龄来看，岗更湖鲫为2～3龄，因此过多地捕捞低龄鱼不利于种群可持续发展。若将其拐点年龄（4龄）作为开捕年龄，虽然可以获得较大的渔获物个体（拐点体重247.4g）和维持较大的资源量，但产量将有所下降。综合上述，基于鱼类多样性和渔业资源管理，岗更湖鲫开捕年龄应为3龄，能够体现捕捞强度水平的 F 值不超过2.0。

3）主要物种的遗传多样性

文献[32]研究了达里湖和岗更湖瓦氏雅罗鱼和鲫的肌肉、肝脏、心肌组织中过氧化物酶、酯酶、乳酸脱氢酶和苹果酸脱氢酶四种同工酶的差异性。结果显示，达里湖瓦氏雅罗鱼和鲫肝脏中过氧化物酶、酯酶的含量均高于岗更湖，而肌肉中含量达里湖相对低些；乳酸脱氢酶和苹果酸脱氢酶在三种组织中的含量，达里湖瓦氏雅罗鱼和鲫也高于岗更湖。总体上看，达里湖瓦氏雅罗鱼和鲫的心肌与肝脏的四种同工酶含量均高于岗更湖，肌肉的四种同工酶含量相对稳定。

通常，硬骨鱼类的同工酶系统具有明显的组织特异性。上述结果表明，达里湖和岗更湖的瓦氏雅罗鱼和鲫的四种同工酶在同一组织或不同组织间也同样存在着差异。同一组织，两个湖泊的瓦氏雅罗鱼和鲫四种酶的含量几乎都是达里湖的高于岗更湖的，其原因可能是两个湖泊水质盐碱度的差异。长期生活在达里湖中的瓦氏雅罗鱼和鲫，为了适应高盐碱水环境而降低体液浓度，以维持渗透压的稳定，同时过多的盐碱离子，使体内各组织都会做出相应的调整。

同工酶是参与体内生命活动最为重要的酶系统之一。因此，达里湖瓦氏雅罗鱼和鲫体内各组织同工酶含量的提高，可能是为了抵抗不良环境的影响而做出相应的调整；在不同组织间，四种酶的活性在心脏和肝脏表现得均较明显，而在肌肉组织中相对稳定，这可能是心脏和肝脏在机体内所承担的功能比较复杂，而肌肉的功能相对单一造成的。

达里湖和岗更湖的瓦氏雅罗鱼和鲫的三种组织、四种同工酶所存在的上述差异，可能是两种鱼类在高盐碱耐受能力上存在差异的原因之一，从而体现出两种鱼类在达里诺尔保护区的遗传多样性。

4）影响物种资源多样性的环境因子

监测资料显示，达里湖浮游植物、浮游动物和底栖动物的平均年生物量分别为3.236mg/L、1.365mg/L 和 9.91g/m^2，所提供的鱼类生产潜力合计 1691t，但经济鱼类只有鲫和瓦氏雅罗鱼两种杂食性种类，饵料资源并未得到充分利用。其主要原因是水环境碱度、pH 及 K^+浓度均较高，而 Ca^{2+}、Mg^{2+}浓度过低，从而导致 Ca^{2+}、Mg^{2+}对 K^+的拮抗效应太弱而使得水环境对水生动物致毒。同时，这也是该湖鱼类区系较为简单的重要原因之一[7, 33]。能否在这样的水环境引入更有经济价值的鱼类，一直备受关注。文献[25]根据 1975～1978 年达里湖鱼类驯化养殖试验结果，并参照河北省、内蒙古自治区几个内陆盐碱湖泊水质变化过程和鱼类放养效果，阐述了梭鱼、鲢、鳙、草鱼、鲤、丁鲹（*Tinca tinca*）、鲤×鲫鱼杂交种、青海湖裸鲤（*Gymnocypris przewalskii przewalskii*）、鲫、瓦氏雅罗鱼及北方须鳅对达里湖水环境的适应能力，为揭示达里湖盐碱水环境因子对淡水鱼类资源多样性的影响，以及研究既能充分利用天然饵料，又能适应高原碳酸盐类高盐碱、离子组成比例失调的特殊水环境的经济鱼类并进行放流增殖提供了科学依据。

（1）盐度。一般认为鲤仔鱼适应的水环境盐度界限为 6～10g/L，成鱼为 10g/L；对盐度较为敏感的鲢，其适应的盐度界限仔鱼为 5～6g/L，成鱼为 8～10g/L。至于梭鱼等河口广盐性鱼类以及曾与海洋有过联系的鲑科鱼类，其当年鱼和成鱼的耐盐性更强。可以看出达里湖水环境盐度尚在鲤科鱼类的适应范围。

在内蒙古的几个内陆湖中，黄旗海 1977 年水环境盐度高达 18.0g/L。其中，Cl^-在阴离子中占优势，浓度为 7.16g/L；pH 为 9.42，低于达里湖；碳酸盐碱度$[c(1/2CO_3^{2-})+c(HCO_3^-)]$为 68.1mmol/L，低于查干淖尔（73.0mmol/L），其死鱼原因与高盐度有关。但 1975 年黄旗海水环境盐度为 11.7g/L 时，所放养的瓦氏雅罗鱼仍然生长较好；1976 年盐度＞12.0g/L 时，还有所捕获。看来盐度＜12.0g/L，对瓦氏雅罗鱼等鱼类的致死影响较小，可不必考虑盐度的影响。12.0g/L 的盐度与鲤科鱼类所能适应的盐度界限相差不大，但同时也不能否认在高盐度情况下，可能会降低碱度的致死浓度，而促使鱼类更快死亡。

（2）碱度。梭鱼、鲢、鳙和草鱼对高碱度水环境十分敏感，在达里湖水环境中，当水温＞20℃时，几小时内即死亡。鲤和丁鲹等适应性相对较强，可生存几天至几十天。1977 年，在达里湖捕获 3 尾鲤，但很难排除它们不是从相邻的岗更湖和鲤鱼湖分别通过沙里河和耗来河进入的。据老渔工反映，1938 年为大水年份，鲤从鲤鱼湖大量进入达里湖，但此后达里湖并未再见到鲤，说明达里湖的水环境已不适应鲤生存。用鲤、鲫正反杂交后代进行试验，结果表明，以鲤为母本的杂种后代同母本的耐碱能力差不多；以鲫为母本的杂种后代中，除了一部分个体具须外，其外形酷似鲫，但该杂交后代的耐碱能力较强。

对高碱度耐受能力较强的鱼类，包括青海湖裸鲤、北方须鳅、麦穗鱼、瓦氏雅罗鱼、鲫、九棘刺鱼、棒花鱼、凌源鮈、兴凯银鮈、北鳅、北方花鳅和泥鳅。其中，除了青海湖裸鲤之外，其余种类均见于达里湖群。但除了北方须鳅、麦穗鱼、鲫和九棘刺鱼外，其余都只停留在入湖河口附近和附属湖泊岗更湖及鲤鱼湖（二者均为淡水湖），其耐碱能力比北方须鳅、麦穗鱼、瓦氏雅罗鱼、鲫和九棘刺鱼差得多。

（3）耐碱能力。在查干淖尔，当鲫死亡殆尽，瓦氏雅罗鱼尚能生存。白音察干海子在鲫不能生存时，移入的瓦氏雅罗鱼还可勉强生活。达里湖1952年、1973年和1977年春季水质劣变时，每次鲫死亡达50～500t，而瓦氏雅罗鱼可生存。用浓缩的达里湖水试验的结果也与大水面自然状况相符，即当碱度增大时，鲫首先死亡，其次是瓦氏雅罗鱼和麦穗鱼。

青海湖水环境 $\rho(Cl^-)$为 5274.7mg/L，$\rho(K^+)$为 3258.2mg/L，盐度为 12～13g/L；但 $\rho(HCO_3^-)$、$\rho(CO_3^{2-})$分别只有525.0mg/L、419.4mg/L，碳酸盐碱度也仅为22.64mmol/L，均低于达里湖。在浓缩湖水试验过程中，青海湖裸鲤的死亡时间要比瓦氏雅罗鱼更晚。可见，青海湖裸鲤虽然生活在氯化物类高盐度湖泊，但它具有较强的耐碱性。因而，在达里湖，青海湖裸鲤具有驯化移殖价值。

（4）鱼类长期适应的盐碱水化学极限。达里湖水环境盐度并不算高，只有5.5g/L，浓缩至1/2，才与青海湖差不多，死鱼是碱度和pH过高造成的。在低碱度情况下，由于植物光合作用，pH仍可升得很高而使鱼死亡。例如，1976年夏季，在达里湖北河口养殖场蓄养梭鱼试验中，池水中$c(HCO_3^-)$为 2.02mmol/L，$c(1/2CO_3^{2-})$为 12.9mmol/L，$\rho(Ca^{2+})$为7.36mg/L；缓冲作用较小，因为沉水植物没有被清除，其光合作用使pH升高到10.53（死鱼时可能更高），导致梭鱼死亡。

达里湖北河口小岛附近$c(HCO_3^-)$为19.2mmol/L，$c(1/2CO_3^{2-})$为13.23mmol/L，$\rho(Ca^{2+})$为12.2mg/L，因水草较多，pH经常超过9.8。在这里用网箱养殖鱼类反而不如碱度较大、远离河口的无水草区。历年死鱼都发生在南北河口一带、盐碱度较低、浅水多草区。所以不宜用碱度作为死鱼的唯一因素，应同时考虑pH变化。

表1-60为几片内陆盐碱湿地主要水化学特征和鱼类适应状况。可以看出，梭鱼在氯化物类水质、碱度只有22.64mmol/L的青海湖可以存活80d以上，但成活率很低，多数患有水霉病。据当地居民反映，他们在囫囵淖捕获过小梭鱼和怀卵的大梭鱼。但当1977年碳酸盐碱度达到31.8mmol/L时，纵然有梭鱼、草鱼和鲢鱼存在，也濒于死亡。这是因为1972年黄旗海碱度为30.2mmol/L时，已无鲢、鳙存在。由此可见，鲢、草鱼和梭鱼生存的碱度极限应低于30mmol/L；黄旗海1972年盐度为7.8g/L，其似乎不是草鱼和鲢鱼死亡的原因。

表1-60　几片内陆盐碱湿地主要水化学特征和鱼类适应状况[25]

湖泊名称	时间	pH	碳酸盐碱度/(mmol/L)	盐度/(g/L)	鱼类存活状况
达里湖	1977年	9.3～9.56	44.5	5.5	有时春夏间鲫鱼大批死亡
黄旗海	1964年	9.03	16.49	—	鲢、草鱼、鳙生长良好
黄旗海	1972年	9.2	30.2	7.8	鲢、鳙开始死亡，产量大降
黄旗海	1973年	9.4	38.99	8.1	鲢已不存在，鲤鱼皮肤溃疡、瞎眼
黄旗海	1974年	9.3	45.59	11.7	鲤鱼减少，移入瓦氏雅罗鱼

续表

湖泊名称	时间	pH	碳酸盐碱度/(mmol/L)	盐度/(g/L)	鱼类存活状况
黄旗海	1975 年	9.3～9.5	45～50	12	捕到少量瓦氏雅罗鱼
黄旗海	1977 年 10 月	9.42	68.1	18	1976 年鲤鱼已不能生存，瓦氏雅罗鱼少见，试养青海湖裸鲤
查干淖尔	1973 年 6 月	9.6	62.61	7.3	1972 年产量下降
查干淖尔	1976 年 6 月	9.61	73.0	9.08	1975 年已无鲫鱼，瓦氏雅罗鱼烂体
白音查干	1964～1965 年	9.1～9.4	41.3～53.0	—	1964 年鲤鱼不能生活，鲫鱼开始死亡
白音查干	1973 年	9.7	136.5	—	1966 年移入瓦氏雅罗鱼，1970 年死亡，1973 年无鱼
其甘诺尔	1976 年	9.7	48.1	5.6	鲫鱼在湖水中存活 10d
青海湖	1964 年	9.2～9.4	22.61	12.5	部分幼梭鱼在大湖中存活 80d 以上
囫囵淖	1977 年 10 月	9.42	31.8	4.6	春季尚有少量梭鱼、鲢等

黄旗海鲤在 pH 为 9.4、碳酸盐碱度为 38.99mmol/L 条件下，盐度为 8.1g/L 时开始死亡；达里湖碳酸盐碱度为 44.5mmol/L 时，个别鲤个体可以偶然存活。黄旗海鲫在 pH 为 9.3、碳酸盐碱度为 45.59mmol/L、盐度为 11.7g/L 时大量死亡。当其甘诺尔 pH 为 9.7、盐度为 5.6g/L、碳酸盐碱度为 48.1mmol/L 时，用湖水室内养殖的鲫仅能存活 10d。可见达里湖水环境碱度已接近鲫的适应极限。

瓦氏雅罗鱼的耐碱能力比鲫强，在碳酸盐碱度为 68～73mmol/L、pH 为 9.4～9.6 时（黄旗海和查干淖尔）处于烂体、死亡阶段，其适应的碱度极限应低于 68.0mmol/L。应该指出，烂鳍、瞎眼、肌肉溃疡和坏疽都是高碱度、高 pH 水环境中鱼类的共同特征，许多内陆盐碱湖泊出现慢性死鱼的都无一例外。因而有人把高 pH 所引起的鱼类原纤维腐蚀和坏死称为“碱病”。青海湖裸鲤的适应性最强，在碳酸盐碱度为 68.0mmol/L 条件下可存活 19d 以上。

（5）鲫、瓦氏雅罗鱼和麦穗鱼是盐碱湿地广泛分布的鱼类。调查结果表明，鲫、瓦氏雅罗鱼和麦穗鱼广泛分布于吉林省西部、内蒙古自治区、河北省张北高原和陕西省北部的一些内陆盐碱湖泊中。这些地区一般属于海拔接近 1000m 或 1000m 以上的高原。许多内陆湖泊因为没有出水口，水环境盐碱度较高。这 3 种鱼对盐碱水环境和较低的水温均有较强的适应性。

从食性上看，它们都摄食一部分浮游生物，瓦氏雅罗鱼和鲫都要摄食一些沉水植物；麦穗鱼和瓦氏雅罗鱼摄食一部分底栖动物；瓦氏雅罗鱼还摄食麦穗鱼和条鳅的幼鱼。这些广泛的食物来源可较充分地利用盐碱湖泊中的天然饵料资源。如前文所述，由浮游植物、浮游动物和底栖动物所提供的鱼类生产潜力合计 1691t，相当于平均鱼产量 85kg/hm^2 左右，而多年平均鱼产量只有 30kg/hm^2 左右，约为鱼类生产潜力的 35%。这表明达里湖水环境鱼类的饵料竞争并不紧张。

就繁殖来说，鲫在河口区水草上产卵，虽然也上溯河流，但距离河口不远。瓦氏雅罗鱼主要在河道内沙石、水草上产卵，在公格尔河上游建坝前可上溯 100km，产卵期很早，与鲫在位置上和时间上都不存在较大矛盾。麦穗鱼则在河道各种物体上产卵，产卵时间也比瓦氏雅罗鱼晚得多，争夺产卵场的矛盾也不存在。

从产量上看，瓦氏雅罗鱼和鲫约各占一半，看不出它们在数量上存在着相互消长的关系，也说明这几种鱼种间竞争的矛盾不大，是相互适应的。按照已有的研究结果，麦穗鱼属、雅罗鱼属化石在我国中新统地层就已发现，鲫出现得也较早，这说明它们共同经历了自然条件的变迁，获得了相互适应。

瓦氏雅罗鱼和鲫等对低温和高碱度的适应是有限度的，在我国西部接近 2000m 的高原，特别是在流水中其逐渐被裂腹鱼亚科鱼类所取代。中国科学院水生生物研究所在海拔 2073m 的新疆赛里木湖移殖鲫，因为 7 月平均水温只有 15.1℃，生殖腺退化而不能产卵繁殖。至于瓦氏雅罗鱼，它在解冰后 6～8℃即可产卵。看来瓦氏雅罗鱼不仅在耐碱性方面超过了鲫，在耐寒方面也是胜过鲫的，可以作为高原湖泊驯化移殖的对象。

鲫、瓦氏雅罗鱼和麦穗鱼是我国起源较早、适应于高程 1000～2000m 的内陆盐碱湖泊的鱼类。在达里湖群，岗更湖是一个典型的内陆淡水湖泊，岗更湖水环境盐碱度远远低于达里湖，这可能是造成两个湖泊鱼类多样性差异的重要原因。

1.2.3　小结

综合 1.2.1 节及 1.2.2 节所述资料，得出内蒙古高原盐碱湿地区鱼类物种多样性的概况。

1. 物种资源多样性

内蒙古高原盐碱湿地区的鱼类物种为 6 目 10 科 40 属 55 种，由移入种 2 目 2 科 6 属 6 种（大银鱼、细鳞鲴、鲢、鳙、草鱼及团头鲂）和土著种 6 目 9 科 34 属 49 种构成（表 1-61）。土著种中，细鳞鲑为国家二级重点保护水生野生动物，占 2.04%；细鳞鲑、哲罗鲑和乌苏里白鲑为中国易危种，占 6.12%；凌源鮈和达里湖高原鳅为中国特有种，占 4.08%；黑斑狗鱼、拟赤梢鱼、东北鳈、克氏鳈、兴凯银鮈、高体鮈、条纹似白鮈、突吻鮈、黑龙江泥鳅、黑龙江花鳅和葛氏鲈塘鳢为东北地区特有种，占 22.45%；哲罗鲑、细鳞鲑、乌苏里白鲑、黑斑狗鱼、拉氏鲅、瓦氏雅罗鱼、拟赤梢鱼、北鳅、北方须鳅、北方花鳅、黑龙江花鳅、江鳕和九棘刺鱼为冷水种，占 26.53%。

表 1-61　内蒙古高原盐碱湿地区鱼类物种组成

种类	a	b	种类	a	b
一、鲑形目 Salmoniformes			6. 草鱼 *Ctenopharyngodon idella*▲	+	+
（一）鲑科 Salmonoidae			7. 拉氏鲅 *Phoxinus lagowskii*	+	+
1. 哲罗鲑 *Hucho taimen*	+		8. 花江鲅 *Phoxinus czekanowskii*		+
2. 细鳞鲑 *Brachymystax lenok*	+		9. 瓦氏雅罗鱼 *Leuciscus waleckii waleckii*	+	+
3. 乌苏里白鲑 *Coregonus ussuriensis*	+		10. 拟赤梢鱼 *Pseudaspius leptocephalus*	+	
（二）银鱼科 Salangidae			11. 𩷶 *Hemiculter leucisculus*	+	
4. 大银鱼 *Protosalanx chinensis*▲	+		12. 贝氏𩷶 *Hemiculter bleekeri*	+	
（三）狗鱼科 Esocidae			13. 蒙古𩷶 *Hemiculter lucidus warpachowskii*	+	
5. 黑斑狗鱼 *Esox reicherti*	+		14. 鳊 *Parabramis pekinensis*	+	
二、鲤形目 Cypriniformes			15. 团头鲂 *Megalobrama amblycephala*▲	+	+
（四）鲤科 Cyprinidae			16. 红鳍原鲌 *Cultrichthys erythropterus*	+	+

续表

种类	a	b
17. 蒙古鲌 *Culter mongolicus mongolicus*	+	
18. 翘嘴鲌 *Culter alburnus*	+	
19. 细鳞鲴 *Xenocypris microlepis*▲	+	
20. 大鳍鱊 *Acheilognathus macropterus*	+	
21. 黑龙江鳑鲏 *Rhodeus sericeus*	+	
22. 花䱻 *Hemibarbus maculatus*	+	
23. 唇䱻 *Hemibarbus labeo*	+	
24. 条纹似白鮈 *Paraleucogobio strigatus*	+	
25. 棒花鱼 *Abbottina rivularis*		+
26. 麦穗鱼 *Pseudorasbora parva*	+	+
27. 东北鳈 *Sarcocheilichthys lacutris*	+	
28. 克氏鳈 *Sarcocheilichthys czerskii*	+	
29. 凌源鮈 *Gobio lingyuanensis*		+
30. 高体鮈 *Gobio soldatovi*	+	+
31. 犬首鮈 *Gobio cynocephalus*	+	
32. 细体鮈 *Gobio tenuicorpus*	+	
33. 似铜鮈 *Gobio coriparoides*		+
34. 兴凯银鮈 *Squalidus chankaensis*	+	+
35. 突吻鮈 *Rostrogobio amurensis*	+	
36. 蛇鮈 *Saurogobio dabryi*	+	
37. 鲤 *Cyprinus carpio*	+	+
38. 鲫 *Carassius auratus auratus*	+	+
39. 银鲫 *Carassius auratus gibelio*	+	
40. 鲢 *Hypophthalmichthys molitrix*▲	+	+
41. 鳙 *Aristichthys nobilis*▲	+	+
（五）鳅科 Cobitidae		
42. 泥鳅 *Misgurnus anguillicaudatus*		+
43. 黑龙江泥鳅 *Misgurnus mohoity*	+	
44. 北方泥鳅 *Misgurnus bipartitus*	+	+
45. 北方花鳅 *Cobitis granoei*	+	+
46. 黑龙江花鳅 *Cobitis lutheri*	+	
47. 北鳅 *Lefua costata*		+
48. 北方须鳅 *Barbatula nuda*		+
49. 弓背须鳅 *Barbatula gibba*		+
50. 达里湖高原鳅 *Triplophysa dalaica*		+
三、鲇形目 Siluriformes		
（六）鲇科 Siluridae		
51. 鲇 *Silurus asotus*	+	
（七）鲿科 Bagridae		
52. 乌苏拟鲿 *Pseudobagrus ussuriensis*	+	
四、鲈形目 Perciformes		
（八）塘鳢科 Eleotridae		
53. 葛氏鲈塘鳢 *Perccottus glenii*	+	
五、鳕形目 Gadiformes		
（九）鳕科 Gadidae		
54. 江鳕 *Lota lota*	+	
六、刺鱼目 Gasterosteiformes		
（十）刺鱼科 Gasterosteidae		
55. 九棘刺鱼 *Pungitius pungitius*	+	+

注：a. 呼伦贝尔高原盐碱湿地群；b. 锡林郭勒高原盐碱湿地群。

内蒙古高原盐碱湿地区的土著鱼类群落中，还有黑龙江省地方重点保护野生动物名录所列鱼类物种6目9科30属39种，包括哲罗鲑、细鳞鲑、乌苏里白鲑、黑斑狗鱼、瓦氏雅罗鱼、拟赤梢鱼、拉氏鲅、花江鲅、鳊、餐、贝氏餐、红鳍原鲌、蒙古鲌、翘嘴鲌、大鳍鱊、黑龙江鳑鲏、花䱻、唇䱻、条纹似白鮈、东北鳈、棒花鱼、麦穗鱼、突吻鮈、蛇鮈、兴凯银鮈、凌源鮈、犬首鮈、细体鮈、高体鮈、鲤、银鲫、黑龙江花鳅、北方花鳅、黑龙江泥鳅、乌苏拟鲿、鲇、葛氏鲈塘鳢、江鳕及九棘刺鱼。

2. 种类组成

内蒙古高原盐碱湿地区的鱼类群落中，鲤形目45种、鲑形目5种、鲇形目2种，分别占81.82%、9.09%、3.64%；鲈形目、鳕形目及刺鱼目均1种，各占1.82%。科级分类单元中，鲤科 36 种、鳅科 9 种、鲑科 3 种，分别占 65.45%、16.36%、5.45%；银鱼科、狗鱼科、鲿科、鲇科、塘鳢科、鳕科及刺鱼科均 1 种，各占 1.82%。

3. 区系生态类群

内蒙古高原盐碱湿地区土著鱼类群落，由 8 个区系生态类群构成。

（1）江河平原区系生态类群：3 种䱗、红鳍原鲌、鳊、蒙古鲌、翘嘴鲌、棒花鱼、2 种䱻、2 种鳈、蛇𬶋和兴凯银𬶋，占 28.57%。

（2）北方平原区系生态类群：瓦氏雅罗鱼、拟赤梢鱼、拉氏鲅、花江鲅、凌源𬶋、高体𬶋、犬首𬶋、细体𬶋、似铜𬶋、条纹似白𬶋、突吻𬶋、北鳅、北方须鳅、弓背须鳅、2 种花鳅和黑斑狗鱼，占 34.69%。

（3）北方山地区系生态类群：哲罗鲑及细鳞鲑，占 4.08%。

（4）北极淡水区系生态类群：乌苏里白鲑和江鳕，占 4.08%。

（5）北极海洋区系生态类群：九棘刺鱼，占 2.04%。

（6）新近纪区系生态类群：鲤、鲫、银鲫、麦穗鱼、黑龙江鳑鲏、大鳍鱊、泥鳅、北方泥鳅、黑龙江泥鳅和鲇，占 20.41%。

（7）热带平原区系生态类群：乌苏拟鲿和葛氏鲈塘鳢，占 4.08%。

（8）中亚高山区系生态类群：达里湖高原鳅，占 2.04%。

以上北方区生态类群中有 22 种鱼类，占 44.90%。

4. 鱼类动物地理构成

（1）北方区黑龙江亚区。呼伦贝尔高原即属于该亚区。该亚区内，发源于大兴安岭两侧的额尔古纳河（海拉尔河、根河等）和嫩江（甘河、诺敏河、绰尔河、洮儿河等）两大水系，都是黑龙江的上源河流，是该亚区的最西部分。呼伦湖水系（克鲁伦河、乌尔逊河、贝尔湖、乌兰泡等）在丰水年时，呼伦湖通过新开河与海拉尔河相通，为外流水系，只是在枯水年份与海拉尔河断开，为内流水系，但所分布的鱼类区系不受影响，因而也应属于黑龙江亚区。该亚区在内蒙古境内的南界，应在霍林河。

该亚区内的呼伦湖是内蒙古自治区最大渔业基地。以呼伦湖为主体的三湖（呼伦湖、贝尔湖和乌兰泡）三河（克鲁伦河、乌尔逊河和达兰鄂罗木河）地区形成了一个渔业生产整体，成为鱼类栖息、繁衍的天然优良湿地。1992 年成立内蒙古达赉湖国家级自然保护区（2015 年更名为内蒙古呼伦湖国家级自然保护区）。2002 年 1 月内蒙古达赉湖国家级自然保护区被列入第二批国际重要湿地名录。

黑龙江花鳅和蒙古䱗为该亚区的特有种。

（2）宁蒙区内蒙古过渡亚区。达里湖水系（包括岗更湖、多伦诺尔两淡水湖以及贡格尔河等 4 条河流）和查干淖尔水系（包括东西两湖及昌都河与恩格尔河）即属于该亚区。该亚区的鱼类区系组成具有明显的过渡特征：与东邻的辽河亚区（华东区）比较，虽然缺少鲇科、鲿科、鮨科、塘鳢科、鳢科等鱼类，但该亚区中拉氏鲅、瓦氏雅罗鱼、红鳍原鲌、麦穗鱼、高体𬶋、凌源𬶋、棒花鱼、鲫、北鳅、北方须鳅、北方泥鳅、北方花鳅、泥鳅、达里湖高原鳅及九棘刺鱼也在辽河亚区均有分布。与西邻内蒙古（高原）亚区（宁蒙区）比较，虽然有拉氏鲅、高体鮈、北鳅、达里湖高原鳅、北方泥鳅及北方花鳅重复分布，但缺少吐鲁番鲅百灵庙亚种（*Phoxinus grumi belimiauensis*）、忽吉图高原鳅（*Triplophysa hutjertjuensis*）、斜颌背斑高原鳅（*Triplophysa dorsonotatus plagiognathu*）等内蒙古（高原）亚区代表性鱼类[5]。

一些地质资料分析认为，古代的达里湖水系与辽河水系有过连通，其间鱼类应属同源，只因近代环境的变化，淘汰了一些适应环境能力差的种类，才呈现出现代鱼类区系的差异[5]。

1.3 东北地区内陆盐碱湿地区

综合 1.1 节及 1.2 节所述，得出东北地区内陆盐碱湿地鱼类物种多样性的概况。

1. 物种多样性

（1）物种资源多样性。东北地区内陆盐碱湿地的鱼类物种为 6 目 13 科 49 属 72 种，由移入种 3 目 3 科 8 属 8 种（大银鱼、青鱼、草鱼、团头鲂、细鳞鲴、鲢、鳙及斑鳜）和土著种 6 目 12 科 43 属 64 种构成（表 1-62）。

表 1-62 东北地区内陆盐碱湿地鱼类物种组成与分布

种类	分布
一、鲑形目 Salmoniformes	
（一）鲑科 Salmonoidae	
1. 哲罗鲑 *Hucho taimen*	（35）
2. 细鳞鲑 *Brachymystax lenok*	（35）
3. 乌苏里白鲑 *Coregonus ussuriensis*	（35）
（二）银鱼科 Salangidae	
4. 大银鱼 *Protosalanx chinensis*▲	（35）（56）（58）
（三）狗鱼科 Esocidae	
5. 黑斑狗鱼 *Esox reicherti*	（8）（35）
二、鲤形目 Cypriniformes	
（四）鲤科 Cyprinidae	
6. 青鱼 *Mylopharyngodon piceus*▲	（2）（4）（8）（39）（42）（45）（58）
7. 草鱼 *Ctenopharyngodon idella*▲	（2）（4）（8）（16）（18）（21）（28）（29）（35）（38）（39）（42）（43）（45）（47）（49）（50）（52）（53）（55）～（59）
8. 真鲅 *Phoxinus phoxinus*	（9）（58）
9. 湖鲅 *Phoxinus percnurus*	（11）（16）（47）（53）（55）
10. 拉氏鲅 *Phoxinus lagowskii*	（3）（7）～（11）（16）～（18）（30）（35）（38）（42）（45）（52）（55）（58）
11. 花江鲅 *Phoxinus czekanowskii*	（38）
12. 瓦氏雅罗鱼 *Leuciscus waleckii waleckii*	（35）（38）（59）
13. 拟赤梢鱼 *Pseudaspius leptocephalus*	（35）
14. 鳡 *Elopichthys bambusa*	（45）
15. 䱗 *Hemiculter leucisculus*	（2）（8）（10）（11）（16）（25）（26）（28）（30）（35）（39）（42）（43）（45）（47）（49）（50）（52）（53）（55）～（58）
16. 贝氏䱗 *Hemiculter bleekeri*	（35）（53）
17. 蒙古䱗 *Hemiculter lucidus warpachowskii*	（35）（37）

续表

种类	分布
18. 红鳍原鲌 *Cultrichthys erythropterus*	(2)(8)(10)(18)(28)(29)(35)(37)(42)(45)(47)(53)(56)～(59)
19. 翘嘴鲌 *Culter alburnus*	(35)(45)(55)
20. 蒙古鲌 *Culter mongolicus mongolicus*	(8)(35)(37)(45)(58)
21. 鳊 *Parabramis pekinensis*	(2)(4)(35)(42)(45)(58)
22. 团头鲂 *Megalobrama amblycephala*▲	(4)(8)(10)(28)(29)(35)(39)(42)(43)(45)(47)(55)(56)(58)(59)
23. 银鲴 *Xenocypris argentea*	(53)
24. 细鳞鲴 *Xenocypris microlepis*▲	(35)
25. 大鳍鱊 *Acheilognathus macropterus*	(10)(11)(16)(29)(30)(35)(39)(42)(52)(55)(56)(58)
26. 黑龙江鳑鲏 *Rhodeus sericeus*	(9)(30)(35)(39)(42)(45)(47)(58)
27. 彩石鳑鲏 *Rhodeus lighti*	(39)(52)(55)(56)(58)
28. 花䱻 *Hemibarbus maculatus*	(8)(35)(45)(58)
29. 唇䱻 *Hemibarbus labeo*	(8)(35)
30. 条纹似白鮈 *Paraleucogobio strigatus*	(8)(35)
31. 麦穗鱼 *Pseudorasbora parva*	(2)(4)～(8)(10)(11)(16)(18)(21)(25)(26)(28)(29)(35)(38)(39)(43)(45)(47)(49)(50)(52)(53)(55)～(59)
32. 平口鮈 *Ladislavia taczanowskii*	(10)(29)(45)(52)(53)(58)
33. 东北鳈 *Sarcocheilichthys lacustris*	(1)～(3)(5)(8)(11)(16)(18)(35)(39)(56)
34. 克氏鳈 *Sarcocheilichthys czerskii*	(6)(22)(35)(52)(58)
35. 凌源鮈 *Gobio lingyuanensis*	(38)(39)(47)(52)(53)(55)(56)(58)
36. 犬首鮈 *Gobio cynocephalus*	(30)(35)(39)(47)(52)(53)(55)(56)(58)
37. 高体鮈 *Gobio soldatovi*	(35)(38)
38. 细体鮈 *Gobio tenuicorpus*	(35)(47)(58)
39. 似铜鮈 *Gobio coriparoides*	(38)
40. 棒花鱼 *Abbottina rivularis*	(10)(11)(16)(18)(29)(30)(38)(42)(45)(47)(52)(55)(56)(58)
41. 东北颌须鮈 *Gnathopogon mantschuricus*	(6)
42. 银鮈 *Squalidus argentatus*	(6)
43. 兴凯银鮈 *Squalidus chankaensis*	(35)(38)
44. 突吻鮈 *Rostrogobio amurensis*	(18)(35)
45. 蛇鮈 *Saurogobio dabryi*	(8)(35)(47)(58)
46. 鲤 *Cyprinus carpio*	(2)(4)(6)(8)(10)(16)(18)(21)(22)(25)(26)(28)～(30)(35)(37)(38)(39)(42)(43)(45)(47)(49)(50)(52)(53)(55)～(59)
47. 鲫 *Carassius auratus auratus*	(35)(38)(59)
48. 银鲫 *Carassius auratus gibelio*	(1)～(11)(16)(18)(19)(21)～(23)(25)(26)(28)～(30)(35)(37)(39)(42)(43)(45)(47)(49)(50)(52)(53)(55)～(58)
49. 鲢 *Hypophthalmichthys molitrix*▲	(2)(4)(8)(10)(18)(21)(28)(29)(35)(38)(39)(42)(43)(45)(47)(49)(50)(52)(53)(55)～(59)
50. 鳙 *Aristichthys nobilis*▲	(2)(4)(8)(10)(17)(35)(38)(39)(42)(43)(45)(47)(49)(50)(52)(53)(55)～(59)
(五)鳅科 Cobitidae	
51. 北鳅 *Lefua costata*	(38)

续表

种类	分布
52. 达里湖高原鳅 *Triplophysa dalaica*	（38）
53. 泥鳅 *Misgurnus anguillicaudatus*	（38）（59）
54. 黑龙江泥鳅 *Misgurnus mohoity*	（1）～（8）（11）（16）（18）（19）（22）（23）（25）（26）（30）（35）（43）（47）（49）（52）（58）
55. 北方泥鳅 *Misgurnus bipartitus*	（35）（38）（43）（49）（52）（58）
56. 黑龙江花鳅 *Cobitis lutheri*	（2）（5）（6）（8）～（11）（16）（22）（23）（30）（35）（37）（39）（47）（58）
57. 北方花鳅 *Cobitis granoei*	（35）（38）（47）（58）（59）
58. 北方须鳅 *Barbatula nuda*	（38）
59. 弓背须鳅 *Barbatula gibba*	（38）
60. 花斑副沙鳅 *Parabotia fasciata*	（2）（6）（18）（30）
三、鲇形目 Siluriformes	
（六）鲿科 Bagridae	
61. 黄颡鱼 *Pelteobagrus fulvidraco*	（2）（6）（8）（9）（16）（18）（25）（26）（30）（39）（41）（43）（45）（47）（49）（52）（53）（55）（58）
62. 乌苏拟鲿 *Pseudobagrus ussuriensis*	（35）
（七）鲇科 Siluridae	
63. 鲇 *Silurus asotus*	（2）（4）（6）（8）（18）（26）（28）～（30）（35）（37）（39）（42）（43）（45）（47）（49）（52）（53）（55）（58）
64. 怀头鲇 *Silurus soldatovi*	（45）（52）（58）
四、鲈形目 Perciformes	
（八）鮨科 Serranidae	
65. 鳜 *Siniperca chuatsi*	（43）
66. 斑鳜 *Siniperca scherzeri*▲	（39）
（九）塘鳢科 Eleotridae	
67. 葛氏鲈塘鳢 *Perccottus glenii*	（1）～（7）（9）～（11）（16）（21）～（23）（35）（39）（42）（43）（45）（47）（49）（50）（52）（53）（55）（56）（58）
68. 黄黝 *Hypseleotris swinhonis*	（10）（50）（56）（58）
（十）斗鱼科 Belontiidae	
69. 圆尾斗鱼 *Macropodus chinensis*	（45）
（十一）鳢科 Channidae	
70. 乌鳢 *Channa argus*	（8）（29）（39）（42）（43）（45）（47）（52）（58）
五、鳕形目 Gadiformes	
（十二）鳕科 Gadidae	
71. 江鳕 *Lota lota*	（35）
六、刺鱼目 Gasterosteiformes	
（十三）刺鱼科 Gasterosteidae	
72. 九棘刺鱼 *Pungitius pungitius*	（35）（38）（59）

注："分布"栏中带括号的数字代表湿地调查编号。每片湿地的编号参见 1.1 节、1.2 节。

东北地区内陆盐碱湿地的土著鱼类群落中，细鳞鲑为国家二级重点保护水生野生动物，占1.56%；细鳞鲑、哲罗鲑、乌苏里白鲑和怀头鲇为中国易危种，占6.25%；彩石鳑鲏、凌源鮈、东北颌须鮈、银鮈、达里湖高原鳅和黄黝为中国特有种，占9.38%；黑斑狗鱼、拟赤梢鱼、真鲅、湖鲅、东北鳈、克氏鳈、兴凯银鮈、平口鮈、东北颌须鮈、高体鮈、条纹似白鮈、突吻鮈、黑龙江泥鳅、黑龙江花鳅和葛氏鲈塘鳢为东北地区特有种，占23.44%；哲罗鲑、细鳞鲑、乌苏里白鲑、黑斑狗鱼、拉氏鲅、真鲅、瓦氏雅罗鱼、拟赤梢鱼、平口鮈、北鳅、北方须鳅、北方花鳅、黑龙江花鳅、江鳕和九棘刺鱼为冷水种，占23.44%。

此外，还有黑龙江省地方重点保护野生动物名录所列物种6目11科38属51种，包括哲罗鲑、细鳞鲑、乌苏里白鲑、黑斑狗鱼、瓦氏雅罗鱼、拟赤梢鱼、鳡、拉氏鲅、花江鲅、真鲅、湖鲅、鳊、鲂、鳘、贝氏鳘、红鳍原鲌、蒙古鲌、翘嘴鲌、银鲴、大鳍鱊、黑龙江鳑鲏、花䱻、唇䱻、条纹似白鮈、棒花鱼、麦穗鱼、突吻鮈、蛇鮈、平口鮈、东北颌须鮈、银鮈、兴凯银鮈、东北鳈、凌源鮈、犬首鮈、细体鮈、高体鮈、鲤、银鲫、黑龙江花鳅、北方花鳅、黑龙江泥鳅、黄颡鱼、乌苏拟鲿、怀头鲇、鲇、鳜、葛氏鲈塘鳢、乌鳢、江鳕及九棘刺鱼。

（2）物种分布。仅分布于松嫩平原盐碱湿地区的鱼类物种为4目9科18属20种，包括青鱼、真鲅、湖鲅、鳡、鳘、银鲴、彩石鳑鲏、平口鮈、东北鳈、东北颌须鮈、银鮈、花斑副沙鳅、黄颡鱼、怀头鲇、大银鱼、鳜、斑鳜、黄黝、圆尾斗鱼及乌鳢；仅见于内蒙古高原盐碱湿地区的鱼类物种为5目6科19属22种，包括花江鲅、瓦氏雅罗鱼、拟赤梢鱼、蒙古鳘、细鳞鲴、高体鮈、细体鮈、似铜鮈、兴凯银鮈、鲫、泥鳅、北鳅、北方须鳅、弓背须鳅、达里湖高原鳅、北方花鳅、乌苏拟鲿、哲罗鲑、细鳞鲑、乌苏里白鲑、江鳕及九棘刺鱼；松嫩平原盐碱湿地区与内蒙古高原盐碱湿地区均有分布的鱼类物种为4目5科26属30种，包括草鱼、拉氏鲅、贝氏鳘、红鳍原鲌、蒙古鲌、翘嘴鲌、鳊、团头鲂、黑龙江鳑鲏、大鳍鱊、花䱻、唇䱻、条纹似白鮈、麦穗鱼、克氏鳈、凌源鮈、犬首鮈、棒花鱼、蛇鮈、突吻鮈、鲤、银鲫、鲢、鳙、黑龙江泥鳅、北方泥鳅、黑龙江花鳅、鲇、黑斑狗鱼及葛氏鲈塘鳢。

分布范围仅限于1片盐碱湿地的鱼类物种有21种，包括花江鲅、拟赤梢鱼、鳡、银鲴、细鳞鲴、细体鮈、似铜鮈、东北颌须鮈、银鮈、北鳅、达里湖高原鳅、北方须鳅、弓背须鳅、乌苏拟鲿、哲罗鲑、细鳞鲑、乌苏里白鲑、鳜、斑鳜、圆尾斗鱼及江鳕；分布在2片和3片盐碱湿地的鱼类物种合计18种，包括真鲅、瓦氏雅罗鱼、蒙古鳘、贝氏鳘、翘嘴鲌、花䱻、唇䱻、条纹似白鮈、高体鮈、兴凯银鮈、突吻鮈、鲫、泥鳅、北方花鳅、怀头鲇、大银鱼、黑斑狗鱼及九棘刺鱼；分布在4片和5片盐碱湿地的鱼类物种合计10种，包括湖鲅、蒙古鲌、鳊、黑龙江鳑鲏、彩石鳑鲏、克氏鳈、蛇鮈、北方泥鳅、花斑副沙鳅及黄黝。

2. 种类组成

东北地区内陆盐碱湿地的鱼类群落中，鲤形目55种、鲈形目6种、鲑形目5种、鲇形目4种，分别占76.39%、8.33%、6.94%、5.56%；鳕形目和刺鱼目均1种，各占1.39%。科级分类单元中，鲤科45种、鳅科10种、鲑科3种，分别占62.5%、13.89%、4.17%；

鲇科、鮠科、塘鳢科和鮨科均 2 种，各占 2.78%；银鱼科、狗鱼科、鳕科、刺鱼科、斗鱼科和鳢科均 1 种，各占 1.39%。

3. 区系生态类群

东北地区内陆盐碱湿地的土著鱼类群落，由 8 个区系生态类群构成。

（1）江河平原区系生态类群：鳡、鳊、鳘、贝氏鳘、蒙古鳘、红鳍原鲌、蒙古鲌、翘嘴鲌、银鲴、花䱻、唇䱻、棒花鱼、蛇鮈、银鮈、东北鳈、克氏鳈、兴凯银鮈、花斑副沙鳅和鳜，占 29.69%。

（2）北方平原区系生态类群：瓦氏雅罗鱼、拟赤梢鱼、湖鲅、拉氏鲅、花江鲅、凌源鮈、高体鮈、犬首鮈、细体鮈、似铜鮈、条纹似白鮈、突吻鮈、平口鮈、东北颌须鮈、北鳅、北方须鳅、弓背须鳅、北方花鳅、黑龙江花鳅及黑斑狗鱼，占 31.25%。

（3）北方山地区系生态类群：真鲅、哲罗鲑及细鳞鲑，占 4.69%。

（4）北极淡水区系生态类群：乌苏里白鲑和江鳕，占 3.13%。

（5）北极海洋区系生态类群：九棘刺鱼，占 1.56%。

（6）新近纪区系生态类群：鲤、鲫、银鲫、黑龙江鳑鲏、彩石鳑鲏、大鳍鱊、麦穗鱼、泥鳅、黑龙江泥鳅、北方泥鳅、鲇和怀头鲇，占 18.75%。

（7）热带平原区系生态类群：圆尾斗鱼、葛氏鲈塘鳢、黄黝、乌鳢、乌苏拟鲿及黄颡鱼，占 9.38%。

（8）中亚高山区系生态类群：达里湖高原鳅，占 1.56%。

以上北方区系生态类群中有 26 种鱼类，占 40.63%。

有关东北地区内陆天然盐碱湿地鱼类物种组成及其分布的详细信息，见附录III。

1.4　盐碱湿地与淡水湿地物种多样性比较

这里所述的“淡水湿地”，是指松嫩平原—内蒙古高原区的天然湿地中进行过鱼类资源调查的淡水湖泊湿地和淡水湖泊沼泽湿地，包括月亮泡、新荒泡、哈尔挠泡、大库里泡、涝洲泡、红旗泡、新华湖、三勇湖、茂兴湖、克钦湖、石人沟泡和贝尔湖（中国侧）。

1. 淡水湿地鱼类物种多样性概况

（1）物种资源多样性。采集到淡水湿地鱼类物种合计 4 目 8 科 36 属 46 种（表 1-63）。其中，移入种 1 目 1 科 5 属 5 种，包括青鱼、草鱼、团头鲂、鲢及鳙；土著种 4 目 8 科 31 属 41 种。土著种中，怀头鲇为中国易危种，占 2.44%；凌源鮈、东北颌须鮈及黄黝为中国特有种，占 7.32%；真鲅、湖鲅、东北鳈、克氏鳈、兴凯银鮈、黑龙江花鳅、黑龙江泥鳅和葛氏鲈塘鳢为东北地区特有种，占 19.51%；瓦氏雅罗鱼、拉氏鲅、真鲅、平口鮈、黑龙江花鳅和黑斑狗鱼为冷水种，占 14.63%；黑斑狗鱼、瓦氏雅罗鱼、拉氏鲅、真鲅、湖鲅、鳊、鳘、贝氏鳘、红鳍原鲌、蒙古鲌、翘嘴鲌、银鲴、大鳍鱊、黑龙江鳑鲏、唇䱻、花䱻、棒花鱼、麦穗鱼、东北颌须鮈、兴凯银鮈、条纹似白鮈、平口鮈、蛇鮈、东北鳈、凌源鮈、鲤、银鲫、黑龙江花鳅、黑龙江泥鳅、黄颡鱼、怀头鲇、鲇、鳜、葛氏鲈塘鳢和乌鳢为黑龙江省地方重点保护野生动物名录所列物种，占 85.37%（4 目 8 科 29 属 35 种）。

表 1-63 淡水湿地鱼类物种组成

种类	a	b	c	d	e	f	g	h	i	j	k	m
一、鲤形目 Cypriniformes												
（一）鲤科 Cyprinidae												
1. 青鱼 *Mylopharyngodon piceus*▲	+	+	+	+					+		+	
2. 草鱼 *Ctenopharyngodon idella*▲	+	+	+	+	+	+	+	+	+	+	+	
3. 真鲅 *Phoxinus phoxinus*				+								+
4. 湖鲅 *Phoxinus percnurus*		+										+
5. 拉氏鲅 *Phoxinus lagowskii*		+			+	+	+					+
6. 瓦氏雅罗鱼 *Leuciscus waleckii waleckii*						+						+
7. 鳘 *Hemiculter leucisculus*	+	+	+	+	+	+	+		+	+	+	
8. 贝氏鳘 *Hemiculter bleekeri*			+									
9. 红鳍原鲌 *Cultrichthys erythropterus*	+				+	+	+		+	+		
10. 蒙古鲌 *Culter mongolicus mongolicus*				+								
11. 翘嘴鲌 *Culter alburnus*						+	+				+	
12. 鳊 *Parabramis pekinensis*				+	+	+		+			+	
13. 团头鲂 *Megalobrama amblycephala*▲	+	+	+	+	+	+	+	+	+	+	+	
14. 银鲴 *Xenocypris argentea*	+		+			+						
15. 大鳍鱊 *Acheilognathus macropterus*		+							+	+		+
16. 黑龙江鳑鲏 *Rhodeus sericeus*	+		+	+		+						
17. 彩石鳑鲏 *Rhodeus lighti*		+								+		
18. 花鲭 *Hemibarbus maculatus*			+			+				+		
19. 唇鲭 *Hemibarbus labeo*												+
20. 麦穗鱼 *Pseudorasbora parva*	+	+	+	+	+	+	+		+	+	+	+
21. 东北鳈 *Sarcocheilichthys lacustris*		+										
22. 克氏鳈 *Sarcocheilichthys czerskii*	+						+					+
23. 棒花鱼 *Abbottina rivularis*		+	+	+	+		+			+		
24. 东北颌须鮈 *Gnathopogon mantschuricus*					+							
25. 兴凯银鮈 *Squalidus chankaensis*					+							
26. 条纹似白鮈 *Paraleucogobio strigatus*												+
27. 凌源鮈 *Gobio lingyuanensis*	+	+	+						+	+		+
28. 犬首鮈 *Gobio cynocephalus*	+	+	+						+	+		
29. 蛇鮈 *Saurogobio dabryi*	+		+									
30. 平口鮈 *Ladislavia taczanowskii*									+			
31. 鲢 *Hypophthalmichthys molitrix*▲	+	+	+	+	+	+	+		+	+	+	

续表

种类	a	b	c	d	e	f	g	h	i	j	k	m
32. 鳙 *Aristichthys nobilis*▲	+	+	+	+				+	+	+	+	
33. 鲤 *Cyprinus carpio*	+	+	+	+	+	+	+	+	+	+	+	+
34. 银鲫 *Carassius auratus gibelio*	+	+	+	+	+	+	+	+	+	+	+	+
（二）鳅科 Cobitidae												
35. 黑龙江泥鳅 *Misgurnus mohoity*		+	+		+	+	+					
36. 北方泥鳅 *Misgurnus bipartitus*		+			+					+		
37. 黑龙江花鳅 *Cobitis lutheri*			+		+							+
38. 花斑副沙鳅 *Parabotia fasciata*	+		+		+							
二、鲇形目 Siluriformes												
（三）鲿科 Bagridae												
39. 黄颡鱼 *Pelteobagrus fulvidraco*	+	+	+	+			+		+	+	+	
（四）鲇科 Siluridae												
40. 鲇 *Silurus asotus*	+	+	+	+	+	+	+		+	+		+
41. 怀头鲇 *Silurus soldatovi*		+										
三、鲈形目 Perciformes												
（五）鮨科 Serranidae												
42. 鳜 *Siniperca chuatsi*		+						+				
（六）塘鳢科 Eleotridae												
43. 葛氏鲈塘鳢 *Perccottus glenii*	+	+	+	+	+			+	+	+	+	+
44. 黄黝 *Hypseleotris swinhonis*			+						+			
（七）鳢科 Channidae												
45. 乌鳢 *Channa argus*	+	+		+	+		+	+	+	+	+	
四、鲑形目 Salmoniformes												
（八）狗鱼科 Esocidae												
46. 黑斑狗鱼 *Esox reicherti*						+						+

注：a. 月亮泡；b. 新荒泡；c. 哈尔挠泡；d. 大库里泡；e. 涝洲泡；f. 红旗泡；g. 新华湖；h. 三勇湖；i. 茂兴湖；j. 克钦湖；k. 石人沟泡；m. 贝尔湖。

（2）种类组成。淡水湿地鱼类群落中，鲤形目 38 种、鲈形目 4 种、鲇形目 3 种、鲑形目 1 种，分别占 82.61%、8.70%、6.52%、2.17%。科级分类单元中，鲤科 34 种、鳅科 4 种，分别占 73.91%、8.70%；鲇科、塘鳢科均 2 种，各占 4.35%；狗鱼科、鮨科、鲿科、鳢科均 1 种，各占 2.17%。

（3）区系生态群。淡水湿地的土著鱼类群落，由 5 个区系生态类群构成。①江河平原区系生态类群：鳊、䱗、贝氏䱗、红鳍原鲌、蒙古鲌、翘嘴鲌、银鲴、花䱻、唇䱻、棒花鱼、兴凯银鮈、蛇鮈、东北鳈、克氏鳈、花斑副沙鳅和鳜，占 39.02%。②北方平原区系生态类群：瓦氏雅罗鱼、湖鲂、拉氏鲂、凌源鮈、犬首鮈、东北颌须鮈、条纹似白鮈、平口鮈、黑斑狗鱼和黑龙江花鳅，占 24.39%。③北方山地区系生态类群：真鲅，占 2.44%。④新近纪区系生态类群：鲤、银鲫、黑龙江鳑鲏、彩石鳑鲏、大鳍鱊、麦穗鱼、黑龙江泥鳅、北方泥鳅、鲇和怀头鲇，占 24.39%。⑤热带平原区系生态类群：葛氏鲈塘鳢、黄黝、乌鳢和黄颡鱼，占 9.76%。

以上北方区系生态类群中有 11 种鱼类，占 26.83%。

2. 物种多样性比较

（1）物种资源多样性。由表 1-64 可知，盐碱湿地与淡水湿地鱼类群落的共有种，包括黑斑狗鱼、瓦氏雅罗鱼、青鱼、草鱼、团头鲂、鲢、鳙、拉氏鲅、真鲅、湖鲅、鳊、䱗、贝氏䱗、红鳍原鲌、蒙古鲌、翘嘴鲌、银鲴、大鳍鱊、黑龙江鳑鲏、彩石鳑鲏、花䱻、唇䱻、棒花鱼、麦穗鱼、蛇鮈、东北鳈、克氏鳈、凌源鮈、犬首鮈、兴凯银鮈、条纹似白鮈、平口鮈、东北颌须鮈、鲤、银鲫、黑龙江花鳅、北方泥鳅、黑龙江泥鳅、花斑副沙鳅、黄颡鱼、怀头鲇、鲇、鳜、黄黝、葛氏鲈塘鳢及乌鳢，合计 4 目 8 科 36 属 46 种。

盐碱湿地独有种为鳡、蒙古䱗、细鳞鲴、银鮈、拟赤梢鱼、花江鲅、高体鮈、细体鮈、似铜鮈、突吻鮈、鲫、北鳅、北方须鳅、弓背须鳅、北方花鳅、泥鳅、达里湖高原鳅、乌苏里拟鲿、哲罗鲑、细鳞鲑、乌苏里白鲑、大银鱼、圆尾斗鱼、斑鳜、江鳕及九棘刺鱼，合计 6 目 9 科 25 属 26 种。

淡水湿地的全部鱼类物种与盐碱湿地共有。

表 1-64 盐碱湿地与淡水湿地鱼类物种组成

种类	a	b	种类	a	b
一、鲑形目 Salmoniformes			12. 瓦氏雅罗鱼 *Leuciscus waleckii waleckii*	+	+
（一）鲑科 Salmonidae			13. 拟赤梢鱼 *Pseudaspius leptocephalus*	+	
1. 哲罗鲑 *Hucho taimen*	+		14. 鳡 *Elopichthys bambusa*	+	
2. 细鳞鲑 *Brachymystax lenok*	+		15. 䱗 *Hemiculter leucisculus*	+	+
3. 乌苏里白鲑 *Coregonus ussuriensis*	+		16. 贝氏䱗 *Hemiculter bleekeri*	+	+
（二）银鱼科 Salangidae			17. 蒙古䱗 *Hemiculter lucidus warpachowskii*	+	
4. 大银鱼 *Protosalanx chinensis*▲	+		18. 红鳍原鲌 *Cultrichthys erythropterus*	+	+
（三）狗鱼科 Esocidae			19. 翘嘴鲌 *Culter alburnus*	+	+
5. 黑斑狗鱼 *Esox reicherti*	+	+	20. 蒙古鲌 *Culter mongolicus mongolicus*	+	+
二、鲤形目 Cypriniformes			21. 鳊 *Parabramis pekinensis*	+	+
（四）鲤科 Cyprinidae			22. 团头鲂 *Megalobrama amblycephala*▲	+	+
6. 青鱼 *Mylopharyngodon piceus*▲	+	+	23. 银鲴 *Xenocypris argentea*	+	+
7. 草鱼 *Ctenopharyngodon idella*▲	+	+	24. 细鳞鲴 *Xenocypris microlepis*▲	+	
8. 真鲅 *Phoxinus phoxinus*	+	+	25. 大鳍鱊 *Acheilognathus macropterus*	+	+
9. 湖鲅 *Phoxinus percnurus*	+	+	26. 黑龙江鳑鲏 *Rhodeus sericeus*	+	+
10. 拉氏鲅 *Phoxinus lagowskii*	+	+	27. 彩石鳑鲏 *Rhodeus lighti*	+	+
11. 花江鲅 *Phoxinus czekanowskii*	+		28. 花䱻 *Hemibarbus maculatus*	+	+

续表

种类	a	b
29. 唇䱻 *Hemibarbus labeo*	+	+
30. 条纹似白鮈 *Paraleucogobio strigatus*	+	+
31. 麦穗鱼 *Pseudorasbora parva*	+	+
32. 平口鮈 *Ladislavia taczanowskii*	+	+
33. 东北鳈 *Sarcocheilichthys lacustris*	+	+
34. 克氏鳈 *Sarcocheilichthys czerskii*	+	+
35. 凌源鮈 *Gobio lingyuanensis*	+	+
36. 犬首鮈 *Gobio cynocephalus*	+	+
37. 高体鮈 *Gobio soldatovi*	+	
38. 细体鮈 *Gobio tenuicorpus*	+	
39. 似铜鮈 *Gobio coriparoides*	+	
40. 棒花鱼 *Abbottina rivularis*	+	+
41. 东北颌须鮈 *Gnathopogon mantschuricus*	+	+
42. 银鮈 *Squalidus argentatus*	+	
43. 兴凯银鮈 *Squalidus chankaensis*	+	+
44. 突吻鮈 *Rostrogobio amurensis*	+	
45. 蛇鮈 *Saurogobio dabryi*	+	+
46. 鲤 *Cyprinus carpio*	+	+
47. 鲫 *Carassius auratus auratus*	+	
48. 银鲫 *Carassius auratus gibelio*	+	+
49. 鲢 *Hypophthalmichthys molitrix*▲	+	+
50. 鳙 *Aristichthys nobilis*▲	+	+
（五）鳅科 Cobitidae		
51. 泥鳅 *Misgurnus anguillicaudatus*	+	
52. 黑龙江泥鳅 *Misgurnus mohoity*	+	+
53. 北方泥鳅 *Misgurnus bipartitus*	+	+
54. 北方花鳅 *Cobitis granoei*	+	
55. 黑龙江花鳅 *Cobitis lutheri*	+	+
56. 北鳅 *Lefua costata*	+	
57. 北方须鳅 *Barbatula nuda*	+	
58. 弓背须鳅 *Barbatula gibba*	+	
59. 达里湖高原鳅 *Triplophysa dalaica*	+	
60. 花斑副沙鳅 *Parabotia fasciata*	+	+
三、鲇形目 Siluriformes		
（六）鲿科 Bagridae		
61. 黄颡鱼 *Pelteobagrus fulvidraco*	+	+
62. 乌苏拟鲿 *Pseudobagrus ussuriensis*	+	
（七）鲇科 Siluridae		
63. 鲇 *Silurus asotus*	+	+
64. 怀头鲇 *Silurus soldatovi*	+	+
四、鲈形目 Perciformes		
（八）鮨科 Serranidae		
65. 鳜 *Siniperca chuatsi*	+	+
66. 斑鳜 *Siniperca scherzeri*▲	+	
（九）塘鳢科 Eleotridae		
67. 葛氏鲈塘鳢 *Perccottus glenii*	+	+
68. 黄黝 *Hypseleotris swinhonis*	+	+
（十）斗鱼科 Belontiidae		
69. 圆尾斗鱼 *Macropodus chinensis*	+	
（十一）鳢科 Channidae		
70. 乌鳢 *Channa argus*	+	+
五、鳕形目 Gadiformes		
（十二）鳕科 Gadidae		
71. 江鳕 *Lota lota*	+	
六、刺鱼目 Gasterosteiformes		
（十三）刺鱼科 Gasterosteidae		
72. 九棘刺鱼 *Pungitius pungitius*	+	

注：a. 盐碱湿地；b. 淡水湿地。

（2）区系生态类群。在盐碱湿地与淡水湿地的鱼类区系生态类群中，均包含江河平原、北方平原、北方山地、新近纪和热带平原区系生态类群的物种。盐碱湿地还有北极淡水、北极海洋和中亚高山区系生态类群的种类。

盐碱湿地与淡水湿地鱼类区系生态类群的共有种为 3 目 7 科 25 属 41 种，包括黑斑狗鱼、瓦氏雅罗鱼、鳊、䱗、贝氏䱗、红鳍原鲌、蒙古鲌、翘嘴鲌、银鲴、花䱻、唇䱻、棒花鱼、兴凯银𬶋、蛇𬶋、条纹似白𬶋、平口𬶋、东北颌须𬶋、东北鳈、克氏鳈、花斑副沙鳅、鳜、湖鲂、拉氏鲂、凌源𬶋、犬首𬶋、黑龙江花鳅、鲤、银鲫、黑龙江鳑鲏、彩石鳑鲏、大鳍鱊、麦穗鱼、黑龙江泥鳅、北方泥鳅、鲇、怀头鲇、真鲂、葛氏鲈塘鳢、黄黝、乌鳢及黄颡鱼，与淡水湿地土著鱼类物种构成完全相同。

盐碱湿地鱼类区系生态类群独有种为 5 目 7 科 20 属 23 种，包括鳡、蒙古鲹、银𬶋、拟赤梢鱼、花江鲂、高体𬶋、细体𬶋、似铜𬶋、突吻𬶋、鲫、北鳅、北方须鳅、弓背须鳅、达里湖高原鳅、北方花鳅、泥鳅、乌苏拟鲿、哲罗鲑、细鳞鲑、乌苏里白鲑、圆尾斗鱼、江鳕及九棘刺鱼。

淡水湿地鱼类区系生态类群的全部种类与盐碱湿地共有。

（3）国家重点保护物种。盐碱湿地分布有国家二级重点保护水生野生动物细鳞鲑，淡水湿地目前尚未发现国家重点保护物种。

（4）中国易危种。分布在盐碱湿地的中国易危种有细鳞鲑、哲罗鲑、乌苏里白鲑和怀头鲇 4 种，淡水湿地只有怀头鲇 1 种。所占比例盐碱湿地（6.25%）高于淡水湿地（3.03%）。

（5）中国特有种。分布于盐碱湿地的中国特有种包括彩石鳑鲏、凌源𬶋、东北颌须𬶋、银𬶋、达里湖高原鳅和黄黝 6 种；淡水湿地有凌源𬶋、东北颌须𬶋及黄黝 3 种。所占比例相差不大，盐碱湿地（9.38%）略高于淡水湿地（7.32%）。

（6）东北地区特有种。分布在盐碱湿地的东北地区特有种包括黑斑狗鱼、拟赤梢鱼、真鲂、湖鲂、东北鳈、克氏鳈、兴凯银𬶋、平口𬶋、东北颌须𬶋、高体𬶋、条纹似白𬶋、突吻𬶋、黑龙江泥鳅、黑龙江花鳅和葛氏鲈塘鳢 15 种；淡水湿地有真鲂、湖鲂、东北鳈、克氏鳈、兴凯银𬶋、黑龙江花鳅、黑龙江泥鳅和葛氏鲈塘鳢 8 种。所占比例盐碱湿地（23.44%）高于淡水湿地（19.51%）。

（7）冷水种。分布在盐碱湿地的冷水种包括哲罗鲑、细鳞鲑、乌苏里白鲑、黑斑狗鱼、拉氏鲂、真鲂、瓦氏雅罗鱼、拟赤梢鱼、平口𬶋、北鳅、北方须鳅、北方花鳅、黑龙江花鳅、江鳕和九棘刺鱼 15 种；淡水湿地有瓦氏雅罗鱼、拉氏鲂、真鲂、平口𬶋、黑龙江花鳅和黑斑狗鱼 6 种，所占比例盐碱湿地（23.44%）高于淡水湿地（14.63%）。

（8）地方重点保护物种。在盐碱湿地和淡水湿地中，均分布有一定数目的黑龙江省地方重点保护野生动物名录所列物种，分别为 6 目 11 科 38 属 51 种和 4 目 8 科 29 属 35 种，其中，淡水湿地的全部物种均与盐碱湿地共有。除此之外，盐碱湿地还有哲罗鲑、细鳞鲑、乌苏里白鲑、拟赤梢鱼、鳡、花江鲂、鲂、突吻𬶋、银𬶋、犬首𬶋、细体𬶋、高体𬶋、北方花鳅、乌苏拟鲿、江鳕及九棘刺鱼。

1.5　盐碱湿地鱼类区系的形成与特征

1.5.1　松嫩平原鱼类区系

1. 松嫩平原鱼类区系形成于松辽古大湖

（1）松辽水系格局的形成。根据地质资料[34-37]，松辽平原是在中生代形成的冲积、湖积平原，早更新世发展成为松辽古大湖。嫩江自上新世至更新世为辽河的上源，史称“嫩辽河”，向南流入渤海，早更新世与东辽河、西辽河、西流松花江、大兴安岭东坡和小兴安岭西坡的大小河流一起从不同方向流向松辽古大湖，形成向心状水系，只有现今的松花江干流从大湖东北岸向东北方向经哈尔滨流向三江平原，可见当时的松花江干流是松辽古大湖的唯一出口[35, 36]。晚更新世以来，松辽古大湖逐渐消亡，松辽分水岭不断上升和形成，致使松辽平原的古水文网再次发生重大变迁，下辽河平原新构造运动不断下沉，至晚更新世末次冰期，黄海、渤海海平面下降到现今海平面以下 130～160m，使辽河侵蚀基面下降，河床比降增大，导致辽河干流及注入渤海的其他河流不断溯源侵蚀，辽河干流袭夺了东辽河、西辽河，形成现今的辽河水系。在辽河水系形成的同时，松辽分水岭也逐渐向北迁移至现今的位置。在松辽分水岭以北的松嫩平原，原来从不同方向流向松辽古大湖的所有河流，以西流松花江、嫩江为干流流经松嫩平原，注入松花江干流向东北方向流经哈尔滨—依兰—佳木斯—三江平原，在三江平原与黑龙江汇合，形成了黑龙江水系。至此，松辽平原形成了现代松花江、辽河两大水系的基本格局。

（2）鱼类区系的形成。有资料表明，在第四纪冰川期海退期间，包括辽河在内的黄渤海水系的河流，都属于古黄河水系，因而可以认为这些河流水系的鱼类是同一来源。随着“嫩辽河”被松辽分水岭隔断，形成了现今的嫩江和辽河，但在隔断之初，嫩江为一盆地，后黑龙江向上袭夺，使嫩江东流入黑龙江。这样，早在新近纪上新世已广泛分布于中国东部江河平原区的江河平原和热带平原区系生态类群的鱼类便通过古黄河水系扩散到辽河和黑龙江[2, 34]。这说明当时松辽古大湖的鱼类主要来自“嫩辽河”，同时东部江河平原和南方热带平原区系生态类群的鱼类，可沿着“嫩辽河”溯河进入松辽古大湖，形成现今松嫩平原水系乃至整个黑龙江水系鱼类区系中的江河平原和热带平原区系生态类群。

松嫩平原是松辽平原中松辽分水岭以北的部分，晚更新世以来，嫩江古水文网发生重大变迁，地壳缓慢下沉区的古河床、河曲地带积水将松辽古大湖分割成星罗棋布的小湖，这些湖泊经历了漫长的地质环境演化过程，形成现今的松嫩平原湖泊型湿地群（包括盐碱湖泊湿地和淡水湖泊湿地）。同时，原松辽古大湖中的鱼类，其中包括江河平原和热带平原区系生态类群的南方种类也由此保留了下来。可见，松嫩平原湖泊型湿地群（包括淡水湖泊湿地和盐碱湖泊湿地）的鱼类区系形成于松辽古大湖。现今鱼类分布的差异，与生态环境变化紧密相关。

辽河缺少黑龙江自然分布的青鱼、草鱼、鳡、几种鲌属种类、细鳞鲴等典型江河平原区系生态类群的种类，是由于河床淤浅等生态条件恶化而出现的次生现象。辽河缺少黑龙江水系的鲑科、狗鱼科、鳕科等冷水性鱼类，其可能的原因：一是这些鱼类在冰川期从北方分布到黑龙江、嫩江流域，故未能分布到辽河流域；二是河道生态条件不适宜，辽河与嫩江分离后，水源主要来自流经荒漠沙丘地区的西拉木伦河和老哈河，河水含沙量大、混浊，河床逐渐淤浅，不适合冷水性鱼类生存。所以辽河历史上就没有过这些鱼类的记录。

2. 鱼类区系呈现南北方物种相互渗透的过渡性特征

从前文所述结果可以看出，松嫩平原盐碱湖泊型湿地群的鱼类区系成分，以构成世界淡水鱼类主要类群的骨鳔类——鲤形目及鲤科为主体，这与中国南北各地乃至东亚淡水鱼类区系组成相似。与东北地区的淡水鱼类区系相比，松嫩平原盐碱湖泊型湿地群的鱼类区系成分中缺少中亚高山、北极淡水和北极海洋区系生态类群的种类。动物地理构成上，既有斗鱼科、鳢科、塘鳢科、鲿科等东洋界暖水性鱼类，同时古北界冷水性类群也占有一定比例（6种，占13.33%），呈现地理区（或亚区）间相互重叠，南北方物种相互渗透的混合类群特征，符合古北界与东洋界交汇过渡的黑龙江水系淡水鱼类区系特点。同时表明历史上松嫩平原盐碱湖泊型湿地群的鱼类物种是丰富多样的。

3. 鱼类区系与河流水系的关系

本书对松嫩平原盐碱湖泊湿地群鱼类区系的研究结果表明，松嫩平原盐碱湖泊湿地群的鱼类区系与其所在的河流水系存在密切关系。通过前文所述的松嫩古大湖，嫩江和松花江的鱼类区系早在地质时代就有过广泛交流。现今已记录的嫩江、松花江土著鱼类物种的共有种达69种[2]，描述两鱼类群落物种结构相似性的Jaccard指数和Sørenson指数分别为0.767和0.868（计算方法见下文2.1.3节），表现为相似度均极高。种类组成中，松嫩平原盐碱湖泊湿地群、嫩江和松花江三个鱼类群落的物种结构主体均为鲤形目和鲤科类群。其中，鲤形目类群物种数及其占比分别为41种（78.85%）、54种（69.23%）和54种（66.67%）；鲤科类群物种数及其占比分别为36种（69.73%）、47种（60.26%）和46种（56.79%）。区系生态类群中，江河平原区系生态类群的物种数均相对占优，三个群落分别有17种（37.78%）、24种（29.63%）和25种（32.05%）；北方区系生态类群的种类也均占有一定比例，分别为13种（28.89%）、28种（35.90%）和27种（33.33%）。物种分布上，包括蛇鮈、凌源鮈、犬首鮈等江河流水型种类在内的盐碱湖泊湿地群的45种土著鱼类，均见于嫩江和松花江。

松嫩平原盐碱湖泊湿地群与其所在的河流水系鱼类区系成分上的密切关系，既显示出盐碱湖泊湿地群与其所在河流水系在鱼类区系起源上的地理统一性（同属于北方区黑龙江亚区黑龙江分区），同时又反映出盐碱湖泊湿地群与其所在河流水系在鱼类区系方面存在着古老的历史渊源；而鱼类物种的空间分布，反映出地质时期松嫩平原盐碱湖泊湿地群乃至整个松嫩平原湖泊型湿地群与嫩江、松花江鱼类区系之间相互交流的事实。

4. 与毗邻湖泊型湿地群鱼类区系的关系

研究显示，松嫩平原盐碱湖泊湿地群鱼类区系与其毗邻湖泊型湿地群存在一定差异。小兴安岭—长白山区的火山堰塞湖湿地群（43°46′N～48°47′N，126°06′E～129°03′E）和三江平原的兴凯湖湿地群（44°30′N～45°18′N，132°00′E～132°51′E）均为东北地区主要湖泊型湿地群，已记录到的土著鱼类物种分别为9目16科47属64种和8目14科44属63种[38, 39]。通过比较可知，三湖泊湿地群的鱼类区系均以鲤形目和鲤科类群为主体，江河平原区系生态类群的物种占比均相对较高，均呈现南北方物种相互渗透的混合类群特征，符合黑龙江水系淡水鱼类组成的古北界区系特点。不同之处在于，松嫩平原盐碱湖泊湿地群的鱼类区系中缺少北方区所特有的九棘刺鱼、江鳕、黑龙江中杜父鱼、乌苏里白鲑、哲罗鲑、黑龙江茴鱼、细鳞鲑等冷水种。究其原因，火山堰塞湖湿地群的鱼类物种主要源自嫩江上游和牡丹江上游，兴凯湖湿地群的鱼类物种主要源自乌苏里江上游。

上述冷水性鱼类的自然物种在这些江河上游低温溪流环境中均有分布[2, 3]，江-湖间物种交流使这些鱼类得以进入火山堰塞湖湿地群和兴凯湖湿地群，经过长期的环境适应性驯化，由原来的江河流水型转变为湖泊缓流型而定居下来。相比之下，松嫩平原盐碱湖泊湿地群地处嫩江下游与西流松花江下游的交汇地带，均为河成湖泊型湿地，直接或间接与江河相通。上述冷水种的自然分布范围原本未能到达这里，故这些湖泊型盐碱湿地无此类群生存。

1.5.2　内蒙古高原鱼类区系

1. 水系的形成

1）额尔古纳河-呼伦湖水系

额尔古纳河水系的建立与地壳运动及风蚀、水蚀等外营力相关，古生代额尔古纳河流域就曾出现了地壳大断裂。又有资料认为，中生代燕山运动早期，由于太平洋板块与亚洲大陆相对运动形成扭力，内蒙古东北部总体上升隆起，并产生了大兴安岭-林西深断裂，其长千余千米。至白垩纪晚期，燕山运动加剧，地层又遭受了多次强烈褶皱、火山喷发和岩浆入侵，受大兴安岭-林西断裂控制，大兴安岭进一步抬升，主脊形成。主脊两侧因受挤压，又形成多条较浅的地层大断裂。在此基础上受外营力影响，沟谷和河道逐渐形成。新生代新构造运动期间，大兴安岭地区以垂直运动占优势，差异升降为主，并伴有火山喷发，山体进一步抬升。随着大兴安岭的抬升，山体两侧剧烈下沉，形成盆地，岭西为海拉尔盆地，岭东在嫩江-八里罕深断裂以东的宽广地带不断下陷，形成松辽盆地。以大兴安岭主脊为分水岭，东西两侧的地表水及地下水沿断裂形成的沟谷分别汇入两大盆地。第四纪冰期，山地厚达 100m 以上冰层的底部由于巨大压力而具有可塑性，冰川以此软流层滑动，顺坡雕刻山地地貌。间冰期的冰融水分别向东西盆地输水，盆地积水向外宣泄，额尔古纳河水系和嫩江水系在大兴安岭两侧形成[5]。

呼伦湖是额尔古纳水系的重要组成部分，湖泊的形成渊源已久。根据地质资料，古生代蒙古国克鲁伦河源头的肯特山至额尔古纳河地区同属于一个地质断裂带，现克鲁伦河河谷曾为断裂带的一条大断裂。中生代，呼伦湖地区发生强烈下沉和拗陷，形成大的湖盆。进入新生代，在中生代拗陷的基础上发生了以垂直运动占优势的差异性升降运动，形成包括呼伦湖和贝尔湖在内的地堑式盆地，成为蒙古高原的最低点。发源于蒙古国肯特山的克鲁伦河向东北流，于呼伦湖外泄河流木得那雅河（达兰鄂罗木河）汇入，注入额尔古纳河。克鲁伦河后来受呼伦湖西北丘陵的阻挡，直接由湖区西南部注入，与木得那雅河失去联系。额尔古纳河上游海拉尔河的一条支流也从东北岸注入呼伦湖。在其后的地壳运动中，经过多次升降运动和沉积，呼伦湖和贝尔湖盆地抬升，湖水萎缩，呼伦湖与贝尔湖分隔，之间以乌尔逊河相连，发源于大兴安岭的哈拉哈河注入贝尔湖，另有一支流西日乐尔金河直接注入乌尔逊河，成为呼伦湖水系的重要水源。受气候等自然因素变迁的影响，20 世纪初呼伦湖曾萎缩至仅由几片大水泡子组成的湖泊。1908 年克鲁伦河河水上涨，使得分散的水泡子得以相互连通，形成一个大型湖泊，1939 年实地记录显示，湖面面积为 1000km^2 左右。随后湖面逐渐扩大为 2000km^2 以上。20 世纪后期，由于干旱等木得那雅河断流，呼伦湖成为只吞不吐的湖泊，海拉尔河注入呼伦湖的支流断流，呼伦湖与额尔古纳河水系失去联系，2009 年为遏制呼伦湖的迅速萎缩，实施“引河济湖”工程，使海拉尔河的部分水量重新入湖。

2）内流河

内蒙古高原经历了沧海桑田的地质史，古生代末的二叠纪，内蒙古高原处于西伯利亚地台和华北地台间的地槽区，低凹而活动强烈。至中生代三叠纪，锡林郭勒盟和乌兰察布市的部分地区仍为浅海环境。三叠纪以后，由于火山活动、沉积等作用，浅海逐渐上升为陆地。燕山运动期间内陆出现了大型断陷和拗陷盆地，多为湖盆景观，直至新生代，这些盆地仍主要为河湖相沉积。全新世内蒙古北部以上升为主，上升运动的不均匀性导致山地、丘陵等起伏地貌形成，形成大小湖泊 300 多个。发源于山地的河流汇入湖泊，形成内陆河湖水系，如达里湖-河流水系。

3）达里湖

达里湖的形成和变迁均与地质构造密切相关。据记载，在大约至今 7000 万年的新近纪，达里湖地区发生地壳沉降，形成一个巨大的内陆湖盆，现今的达里湖即为该湖盆中心。受西拉木伦深断裂控制，新近纪晚期的上新世至第四纪早期的更新世，这一带有强烈的玄武岩喷发，在盆地的周围形成丘陵和台地。湖盆西北及西部形成 2～4 级大面积熔岩台地，深断裂北侧的台地南缘——达里湖北岸台地至今仍保留有东西向排列的 50 多个极其完整的火山锥；湖盆东北及东部边缘可见多个熔岩舌（五指山）。据地质学家推测，第四纪间冰期的冰融水携带着大量的冰川漂砾和冰碛物阻塞了流水通道，湖盆内形成了巨大的堰塞湖，湖泊东西长约 52km，南北宽超过 28km，是现代达里湖面积的 5 倍，现今的达里湖主湖区与东部及西部的岗更湖和鲤鱼湖连为一体，湖水水位高于现代湖面 60～65m，由火山锥形成的砧子山和由基岩溢出形成的曼陀山是湖中的两个孤岛。然而，碎屑岩、砂砾岩的大量输入也使湖底逐渐抬高，湖泊缩小。

2. 水系变迁及鱼类扩散

鱼类是从古生代时期就出现于地球的水生脊椎动物，它们随水生环境的变迁不断演化、扩散，直至今天。鱼类分布格局的形成，都经历了漫长的过程。

1）中生代地貌特征与鱼类演化的共同基础

中生代早中期，整个中国西北部的地貌以大型湖盆景观为主，规模宏大的塔里木盆地、准噶尔盆地、柴达木盆地均已出现。现今的内蒙古高原、鄂尔多斯高原也以大型盆地和断裂为主要地貌类型。中西部的鄂尔多斯盆地（陕北盆地）、酒泉-雅布赖盆地、河套盆地均已形成，灵武盆地东起现巴彦淖尔市西南部，向西南跨越阿拉善、青海东北部及甘肃中部。这些盆地之间尚无高大山系阻隔，在现青藏高原、现内蒙古高原之间有可能曾建立过水系联系，鱼类可能获得基因交流的机会。中国华北至东北曾有一个巨大的内陆盆地（宁武盆地），从山西向东北，经京西、承德，一直延伸至辽西，盆地内为河湖相，现滦河、永定河、西拉木伦河的源头正处于盆地内，内蒙古三大外流水系的上游水系可能相通，甚至与二连盆地、鄂尔多斯盆地、松辽盆地也有水系联系。当时，水生脊椎动物以全骨鱼类（Holostei）最为繁盛，全骨鱼类的代表弓鳍鱼（Amiiformes）一直延续到现代，分布于北美洲。化石资料表明，弓鳍鱼在内蒙古中西部的鄂尔多斯及阴山以北锡林郭勒等地均有分布，其中的中华弓鳍鱼（*Sinamia*）最具代表性，表明内蒙古与全球鱼类具有鱼类演化的共同基础。中生代后期，真骨鱼类开始繁荣，狼鳍鱼科（Lycopteria）为东亚地区的特有类群，内蒙古锡林郭勒、赤峰、鄂尔多斯均发现了该类鱼的化石，所有这些鱼类分布的共性，代表了中国北方淡水鱼类的组成特色，也有可能与当时湖盆地貌及水系沟通有关。内蒙古各地发现的软体动物瓣鳃类化石也可为内蒙古水系的分分合合提供某些佐证。例如，球蚬科（Sphaeriidae）、球蚬属（*Sphaerium*）的一种球蚬（*Sphaerium* sp.）在白垩纪就已广泛分布于内蒙古各地的淡水水域，证明当时淡水环境存在相互联系的事实。

从侏罗纪开始的燕山运动对内蒙古的地貌、水系有较大影响，山系的形成阻断了某些水系的联系，如燕山西段至张家口一线上升成山系，成为滦河水系与西拉木伦河水系的分水岭。大兴安岭、阴山、贺兰山等山系已成雏形，在某种程度上阻隔了内蒙古南北水系的沟通和鱼类的扩散，鱼类区系开始南北分化，例如，东北地区出土的满洲鱼、松华江（现松花江）鱼等古鱼类化石在内蒙古的其他地区尚未发现。

2）新生代新近纪的环境变迁与鱼类扩散

在新生代新近纪，地壳的褶皱升降，逐渐塑造着我国北方的现代地貌。早期，地势起伏不大，仍以大型湖盆为主，水系间沟通较多，当时真骨鱼类开始繁盛，分布甚广。我国已有鲤形目、鲇形目，且有鲤科、鳅科及科级以下的分支类群，如鲤、鲫、鳑鲏、雅罗鱼、麦穗鱼、棒花鱼、鲇、赤眼鳟等属，以及鳅科鱼类均广泛分布于内蒙古高原和黄河流域。

（1）东北地区水系及鱼类：古近纪渐新世以后，新构造运动（喜马拉雅造山运动）渐趋强烈，大兴安岭迅速抬升，山脉周边下陷运动随之加速，大兴安岭以东为广阔的断陷带，松嫩盆地、松辽盆地扩大延伸，嫩江、松花江及辽河水系的下游均处在下陷带之内，河网相连，水系可能相通。雅罗鱼、松花江鱼等常见种类可在各水系交流扩散。东北地区相似的纬度经历了冰期等相似的变迁，各水系鱼类联系源远，直到现在土著鱼类仍有较高的相似性。但大兴安岭已在某些地段成为岭东与岭西水系的分水岭，开始阻断鱼类的交流。

（2）中部水系及鱼类扩散：内蒙古中部的二连盆地、河套盆地在新近纪最为广阔。二连盆地是阴山以北的一个大型拗陷盆地，最大时北至二连浩特市以北，南抵浑善达其湖盆，西起包头市达尔罕茂明安联合旗北部的腾格尔诺尔，东至苏尼特左旗，长超过300km，宽约150km，盆地中河湖湿地交错，湖水动荡游移，鲤、鲫、麦穗鱼、鳅类、鲇等鱼类在广袤的现今内蒙古高原地区的水域生存，成为内蒙古高原鱼类现代区系组成的基础。

随着新构造运动的加剧，虽然整个锡林郭勒处在上升隆起中，但是仍以盆地和河湖景观占有很大的优势，可能某些地段水系仍可沟通，直到现在，达里湖、艾不盖河、西拉木伦河，甚至滦河和永定河的内蒙古段的土著鱼类仍有较高的相似性，说明锡林郭勒高原内及南部边缘地区的鱼类扩散随着地貌的变迁，阻断与交流多有发生。例如，拉氏鲅、瓦氏雅罗鱼、马口鱼、麦穗鱼、细体鮈、高体鮈、凌源鮈、鲤、鲫、达里湖高原鳅、泥鳅、北鳅、北方花鳅、北方泥鳅、棒花鱼在上述几水系均有分布。

3）第四纪水系与现代鱼类区系的形成

第四纪是现代水系建立和鱼类区系的形成时期，构造运动和气候条件是决定因素。其间，外流水系分分合合，各水系的鱼类时而交流时而被隔离。因大兴安岭、阴山山系、北山山系、贺兰山迅速隆升和包围，内蒙古高原的内陆水系形成，鱼类开始了在分异环境下的独立演化，逐渐形成特有种，如忽吉图高原鳅、达里湖高原鳅等。

早更新世，在海拔100m左右的东北平原上的长春市西北部，强烈的升降运动形成海拔仅200m的黄土状物质组成的台地平原，成为松辽分水岭，嫩江上游被松花江袭夺，辽河与嫩江南北分流，辽河辗转流入渤海湾，嫩江则北去，汇入松花江，更新世早期的水系隔离，也许是现代鱼类区系组成差异较大的原因之一。

大兴安岭东西两侧分别属松花江流域和额尔古纳河流域。发源于蒙古国肯特山的克鲁伦河注入呼伦湖盆地，经呼伦湖延伸到额尔古纳河，后又袭夺了海拉尔河北上，最后与来自俄罗斯的石勒喀河汇成黑龙江。额尔古纳河水系的形成，建立了呼伦贝尔高原与蒙古高原的鱼类区系的沟通要道。急剧升高的大兴安岭分水岭使额尔古纳河水系与嫩江水系彻底分开。但共同的起源、相似的自然历史以及有着同一入海口，也使得两水系的鱼类物种有着不少相同的种类。

在第四纪更新世，现今的渤海湾曾上升为陆地，青藏高原抬升的同时，渤海湾地区又不断下沉入海，现在渤海湾的一些地方地表有2～3道高出地面1～2m的坝壳堤就证明了现渤海湾周围的陆地曾经被浅海淹没过，黄河、辽河、滦河等河流的入海处，当时可能都是浅海或河湖相，水网相通，现在的一些地区还可见到古河道，鱼类有可能交流过。后经河流的搬运，河流泥沙在入海口不断沉积，渤海海岸向外推移，鱼类交流受到阻挡。进入全新世，滦河三角洲、黄河三角洲、渤海平原逐渐形成，建造成海滨平原，起伏的地貌使水系被分割。由此可见，内蒙古东部三大外流水系经历过相似的地质和气候变迁，有着千丝万缕的复杂联系，因而也建立了鱼类区系中的某些复杂联系。但水系的分割，也使得水系间鱼类区系存在着一定的差别。

内蒙古高原上的一些内陆湖泊在间冰期有冰融水注入，水面扩大，水位上升，甚至和外流水系贯通，如达里湖高水位时，其面积是现在的5倍（如前所叙），南与西辽河水系相通，西南部经浑善达克盆地与锡林郭勒的白银库伦、查干淖尔等内流水系沟通。古达里湖的范围向南可达30km外的好鲁库和75km外的元宝山，西至现在的白银库伦。西辽河主要支流西拉木伦河和滦河上游支流同发源于克什克腾旗西南的高寒台地。现今，达里湖、滦河、西拉木伦河、锡林河都分布有凌源鮈、九棘刺鱼、北方须鳅和瓦氏雅罗鱼，说明这些水系曾经相通过。

内蒙古高原上内陆水系的广泛沟通，不但使新近纪就已出现的古老鱼类鲫、麦穗鱼、鲇、鳅科等种类广泛分布，而且一些在高原条件下分化出来的高原鳅类也随之在内蒙古高原扩散，最西见于额济纳河，向东至达里湖。研究表明，达里湖水系、乌拉盖水系、艾不盖河及永定河、滦河内蒙古段的鱼类组成具有较高的相似性，后因阻隔分化，逐渐演化成独立的地方种，如达里湖高原鳅、忽吉图高原鳅等。达里湖高原鳅后又扩散至艾不盖河、乌梁素海等地。

内蒙古鱼类区系组成复杂，除了北方鱼类之外，南方的一些种类也因地质和气候原因而扩散进来，在内蒙古繁衍分化。在新生代，我国地形的三个拗陷带中有两个经过内蒙古，一个是松辽平原—华北平原—江汉平原，直到北部湾；另一个是呼伦贝尔—鄂尔多斯—四川盆地。那时秦岭等高大山系正在新构造运动中逐渐隆起，山势并不高峻，有些地方还不足以完全阻断鱼类的南北交流，相对平坦的地貌及沟谷可能成为鱼类扩散的通道。我国东部河口地带也为鱼类的南北交流提供了通道，第四纪我国黄海大陆架深度不超过 80m，冰期与间冰期海平面变化超过 100m，海岸线位移达数百千米，一些鱼类随着地貌和气候变迁而南北迁移，溯河扩散，因此内蒙古出现南方鱼类便可理解了，如鲌属种类。内蒙古大部分地区在新近纪还是亚热带气候，为一些喜温暖气候的鱼类提供了生存空间，在与环境协同进化中分化出适应温凉气候的种类，从而丰富了内蒙古的鱼类区系组成，如鲌属、鲳属、鮈属、鳜、黄颡鱼、黄黝等江河平原及热带平原区系生态类群。

3. 鱼类区系来源

江河平原区系生态类群是内蒙古鱼类区系的主体类群之一，且几乎都分布在黑龙江水系（额尔古纳河、嫩江）和西辽河水系，绝大多数是鲤科种类。该区系生态类群的种类发生在全球气温下降、青藏高原初步隆升、东南季风气候已经形成的新近纪上新世。此间亚洲东部平原上的大江大河在季节性水量变化的作用下，贯通了沼泽性小湖泊，形成了江湖纵横交错的平原水网型地貌环境。在上述广阔水域的新环境中，原有的鱼类区系发生了变化，出现了雅罗鱼亚科的东亚类群（草鱼、青鱼、鳡、鳤等）、鲌亚科、鲴亚科、鲢亚科、鮈亚科和鲤亚科等江河平原区系生态类群的主要成员。上述鱼类能分布到黑龙江水系，是通过古代黄河、辽河扩散过来的。在渤海尚未陷成之前，古辽河携辽西、冀、鲁诸水系与古黄河汇通后进入黄海，生活在中国东部的江河平原区系生态类群的鱼类，沿古辽河北移的通道扩展到北方各地。嫩江在上新世至更新世时原是古辽河的上源（嫩辽河），该鱼类群又能进一步北扩至嫩江流域，至第四纪早更新世长春附近的地势升高，松辽分水岭形成，将两河分开，嫩江北流与松花江汇合，后又被张广才岭东部的三江水系向上袭夺而形成了黑龙江水系，江河平原区系生态类群的种类也就分布到了黑龙江水系，成为现今内蒙古境内额尔古纳河、嫩江水系的主体鱼类。

基于相同的原因，热带平原区系生态类群的种类也分布到了上述地区。地处黄河上游的河套盆地，目前除了发现有鳘、蒙古鲌两种江河平原区系生态类群的种类之外，再没有发现该生态类群的其他种类。其原因是，在该区系生态类群生成之前的渐新世至中新世期间所发生的喜马拉雅造山运动，使鄂尔多斯盆地抬成高原，现晋、陕的河曲、保德一带已为高山，黄河至此向南落差甚大，下游平原的鱼类无力上溯至河套地区。故此，河套地区的现生鱼类都是发生在中新世甚至是渐新世以前的古老种类，或是它们的后裔。鳘、蒙古鲌两种鱼类之所以能出现在河套地区，可能与 20 世纪 50 年代初当地大量放养长江野生鱼苗而无意带入有关。

构成内蒙古鱼类区系第二大类群的是新近纪区系生态类群。这是一群发生很早，在气候炎热、水域较小、水浅草多、混浊少氧的水环境中形成的鱼类。它们在新近纪的中新世甚至渐新世以前就分布到亚欧北部的各个水系中。这一生态类群的种类在内蒙古全境都有分布。古新世至渐新世内蒙古的地势低平，气候暖湿（阴山以北为暖温带，阴山以南为亚热带）。在河套地区的始新世地层中，曾出土过鲤科鱼类的亚口鱼属（*Catostomus* sp.）、绒毛弓鳍鱼（*Pappichthys mongoliensis*）及内蒙吻鲶（*Rhinecastes gangeri*）等鱼类的化石，可以说明原始的鲤科及鲇形目鱼类在新近纪早期就已经在河套地区生存了。

北方平原和北方山地区系生态类群的种类，起源于中亚以北寒冷的平原和山地。这一生态类群的主要特点是耐寒能力较强，喜清澈多氧的水环境。平原区系生态类群中，瓦氏雅罗鱼形成于渐新世；北鳅和北方须鳅也是中新世已有的种类，它们之所以能分布到河套盆地和阴山以北的内蒙古中西部高原，是因为在喜马拉雅运动以前当地就已有分布。其他种类可能是在嫩江与辽河还没有分开之前，就已经扩散到内蒙古高原的东半部及其邻近地区。该区系生态类群的种类在内蒙古各水系均有分布。山地区系生态类群中，除了细鳞鲑在滦河上游（闪电河）也有分布外，其他种类均分布在额尔古纳河水系和嫩江水系。

中亚高山区系生态类群中，除了大部分种类分布在西部的额济纳水系外，内蒙古中部高原也有零星分布。第四纪早更新世青藏高原再次迅速上升，青藏地区气候更加寒冷干燥、太阳辐射增强、高山峡谷型河流增多，淡水湖泊减少或消失。只有适应水文变化剧烈的河流生境的鱼类可幸存下来。适应这种环境条件特别是繁殖条件的鲃亚科鱼类的一分支，其臀鳞扩大演化成有鳞的原始裂腹鱼类；另外条鳅类一分支出现了一系列形态变化，适应溪流石砾缝隙环境生活，并在繁殖期出现副性征，进化成高原鳅类。在青藏高原持续上升的过程中，石洋河、疏勒河与额济纳河（弱水），疏勒河与古罗布泊水系都有过相通和分离的过程。发生或生存在上述特殊环境中的各种特化了的裂腹鱼类和高原鳅类产生了交流。额济纳河（弱水）中也就自然分布了一些适应当地环境的鱼类。

北极淡水和北极海洋区系生态类群的来源，2011年，旭日干认为是北极海水系的河流常因下游冰块阻塞而溢水相通（因大部海拔均很低），所以北方来的黑龙江茴鱼、鲑类及江鳕等能广泛分布于黑龙江亚区。内蒙古额尔古纳河和嫩江属黑龙江亚区的一部分，所分布的北极淡水和北极海洋区系生态类群的种类，其来源应符合上理（以上资料摘编自文献[5]）。

第 2 章　群落多样性

2.1　松嫩平原盐碱渔业湿地鱼类群落

为了解松嫩平原盐碱渔业湿地鱼类群落的生态多样性特征，本书选择牛心套保泡、新庙泡、查干湖、花敖泡、扎龙湖、老江身泡、青肯泡、南山湖、齐家泡、喇嘛寺泡、大龙虎泡、小龙虎泡和连环湖 13 片主要盐碱渔业湿地进行初步探讨。这些湿地分布在吉林省白城、松原地区以及黑龙江省齐齐哈尔、大庆和绥化地区，地理范围为 44°57′N～47°19′N，123°15′E～125°32′E，水域面积为 6.8～536.8km^2，平均水深为 0.83～1.87m，平均年鱼产量为 39.6～197.3kg/hm^2；水环境 pH 为 8.31～9.38，盐度为 0.37～9.01g/L，碱度为 3.87～42.86mmol/L（表 2-1）。

表 2-1　13 片盐碱渔业湿地自然概况

湿地名称	水域面积/km^2	平均水深/m	平均年鱼产量/(kg/hm^2)	主要水化学指标[40]		
				盐度/(g/L)	碱度/(mmol/L)	pH
牛心套保泡	38.2	1.21	197.3	2.91	28.20	9.31
新庙泡	24.2	1.82	73.6	0.38	3.87	8.31
查干湖	347.4	1.56	142.5	1.12	11.36	9.08
花敖泡	28.7	0.83	98.2	9.01	42.86	9.29
扎龙湖	6.8	0.91	76.4	0.73	8.64	8.97
老江身泡	12.4	1.27	64.6	2.48	20.86	9.38
青肯泡	72.3	0.92	39.6	3.70	35.79	9.17
南山湖	26.4	1.07	43.9	0.72	9.11	9.01
齐家泡	9.6	1.47	142.7	0.90	9.54	8.93
喇嘛寺泡	39.2	0.84	83.4	0.39	4.69	8.58
大龙虎泡	56.3	1.87	104.2	0.37	3.91	8.67
小龙虎泡	13.8	1.02	127.4	2.99	31.46	9.18
连环湖	536.8	1.83	102.2	1.06	12.56	8.37

2.1.1　物种结构

1. 群落样本的采集

（1）采集时间。群落样本采集结合当地捕捞生产进行，采样时间为 2008～2010 年每年的明水期（5～10 月）和冬季（12 月至次年 1 月）。

（2）采样网具。采样所使用的网具，明水期主要有三层刺网、拖网、网箔和拉网；冬季均使用冰下大拉网。①刺网：网目规格，外层为 15～20cm，内层为 5～10cm，每片长度为

20～30m，高度为 1.0～1.5m，每次采样投放 10～15 片，总长度为 200～400m，持续时间 12h。②拖网：网口直径为 1.5～2.5m，网目规格为 1～2cm，每次采样时间 2～4h。③网箔：网目规格为 1～2cm，每次采样覆盖水面 1～2hm^2，持续时间 12h。④拉网：明水期使用的拉网网目规格为 2～4cm，长度为 200～300m，每次采样行程时间为 1～2h。冰下大拉网网目规格有 1～2cm 和 5～10cm 两种，长度均为 500～750m，每次采样行程均为 1.0～1.5km。

（3）采样频率。每一处湿地实行不定期的随机定点采样与渔获物抽样结合，总采样频率 3～5 次。

（4）采样点设置。50～500hm^2 的湿地中设置 3～5 个点，50hm^2 以下的湿地中设置 1～2 个点。采集样本时，按照初次性成熟年龄时的个体平均体重是否达到 50.0g，将样本鱼划分为小型鱼类（≤50.0g）和大型鱼类（＞50.0g）两部分。

2. 优势种的测度

1）优势度指数法

优势度指数（D_Y）的计算公式为

$$D_Y = 100000 \times f_i / m(n_i / N + w_i / W)$$

式中，m 为采样次数；f_i 为 m 次采样中第 i 种出现的频数；n_i、w_i、N 和 W 分别为 m 次采样中第 i 种样本个体数（尾）、生物量（kg）、群落样本总个体数和总生物量。将 $D_Y > 10000$ 的物种作为群落优势种[41]。

2）相对丰度法

将群落中相对丰度 $R_A \geqslant 10\%$ 的物种确定为优势种。相对丰度的计算公式为

$$R_A = 100\% \times n_i / N$$

式中，n_i 和 N 分别为群落中第 i 种样本的个体数和群落样本总个体数[42]。

3）优势种数目法

该法是将群落中每一物种的相对丰度从大到小排序，根据计算出的群落优势种数目（A），取位居前 A 个物种作为群落的优势种。优势种数目的计算公式为

$$A = 1 / \sum_{i=1}^{S} x_i^2$$

式中，S 为群落样本的物种数目；x_i 为群落中第 i 物种的相对丰度（各物种已按相对多度值从大到小排序）[43]。

3. 群落结构特征

1）物种多样性

（1）物种组成。采集到 13 片盐碱湿地的鱼类物种合计 4 目 9 科 34 属 45 种，由移入种 3 目 3 科 7 属 7 种（大银鱼、斑鳜、鲢、鳙、青鱼、草鱼及团头鲂）和土著种 3 目 8 科 28 属 38 种构成（表 2-2）。土著种中，怀头鲇为中国易危种，占 2.63%；彩石鳑鲏、凌源鮈及黄黝为中国特有种，占 7.89%；真鲅、湖鲅、东北鳈、克氏鳈、平口鮈、黑龙江花鳅、黑龙江泥鳅和葛氏鲈塘鳢为东北地区特有种，占 21.05%；真鲅、拉氏鲅、平口鮈、黑龙江花鳅及北方花鳅为冷水种，占 13.16%。

表 2-2　13 片盐碱湿地鱼类群落样本分布

种类	牛心套保泡	新庙泡	查干湖	花敖泡	扎龙湖	老江身泡	青肯泡
一、鲑形目 Salmoniformes							
（一）银鱼科 Salangidae							
1. 大银鱼 *Protosalanx chinensis*▲							
二、鲤形目 Cypriniformes							
（二）鲤科 Cyprinidae							
2. 青鱼 *Mylopharyngodon piceus*▲	3	210	210				
3. 草鱼 *Ctenopharyngodon idella*▲	197	30	30	7	55	6	31
4. 真鲅 *Phoxinus phoxinus*							
5. 湖鲅 *Phoxinus percnurus*					102		
6. 拉氏鲅 *Phoxinus lagowskii*		259	259				
7. 鳡 *Elopichthys bambusa*			1				
8. 鳘 *Hemiculter leucisculus*	723	1750	1902	39	485	17	29
9. 贝氏鳘 *Hemiculter bleekeri*							
10. 翘嘴鲌 *Culter alburnus*			1				
11. 蒙古鲌 *Culter mongolicus mongolicus*			70				
12. 鳊 *Parabramis pekinensis*			61				
13. 团头鲂 *Megalobrama amblycephala*▲	4	183	196	14	33	9	
14. 红鳍原鲌 *Cultrichthys erythropterus*		3528	9327		1483	39	
15. 银鲴 *Xenocypris argentea*							
16. 大鳍鱊 *Acheilognathus macropterus*	84	9					
17. 黑龙江鳑鲏 *Rhodeus sericeus*	3	411	417		175		
18. 彩石鳑鲏 *Rhodeus lighti*	19						
19. 花䱻 *Hemibarbus maculatus*			1				
20. 麦穗鱼 *Pseudorasbora parva*	81	137	206	146	1000	73	117
21. 平口鮈 *Ladislavia taczanowskii*			17				
22. 棒花鱼 *Abbottina rivularis*		30	30		61		
23. 蛇鮈 *Saurogobio dabryi*					48		
24. 东北鳈 *Sarcocheilichthys lacustris*	190						
25. 克氏鳈 *Sarcocheilichthys czerskii*							
26. 凌源鮈 *Gobio lingyuanensis*	14				557		
27. 犬首鮈 *Gobio cynocephalus*	3				371		
28. 细体鮈 *Gobio tenuicorpus*					4		
29. 鲤 *Cyprinus carpio*	68	167	211	53	70	41	57
30. 银鲫 *Carassius auratus gibelio*	541	117	463	192	1464	139	239
31. 鲢 *Hypophthalmichthys molitrix*▲	7	107	157	8	168	26	52
32. 鳙 *Aristichthys nobilis*▲	74	58	77	13	41	39	96

续表

种类	牛心套保泡	新庙泡	查干湖	花敖泡	扎龙湖	老江身泡	青肯泡
（三）鳅科 Cobitidae							
33. 黑龙江花鳅 *Cobitis lutheri*	43				718		
34. 北方花鳅 *Cobitis granoei*					19		
35. 黑龙江泥鳅 *Misgurnus mohoity*	79			43	129	19	
36. 北方泥鳅 *Misgurnus bipartitus*				17		12	
三、鲇形目 Siluriformes							
（四）鲿科 Bagridae							
37. 黄颡鱼 *Pelteobagrus fulvidraco*	21	19	7	12	116	42	
（五）鲇科 Siluridae							
38. 怀头鲇 *Silurus soldatovi*			1				
39. 鲇 *Silurus asotus*	13	32	22	18	31		
四、鲈形目 Perciformes							
（六）鮨科 Serranidae							
40. 鳜 *Siniperca chuatsi*				6			
41. 斑鳜 *Siniperca scherzeri*▲	372						
（七）塘鳢科 Eleotridae							
42. 葛氏鲈塘鳢 *Perccottus glenii*	221	46	39	39	469	98	149
43. 黄黝 *Hypseleotris swinhonis*							37
（八）斗鱼科 Belontiidae							
44. 圆尾斗鱼 *Macropodus chinensis*			1				
（九）鳢科 Channidae							
45. 乌鳢 *Channa argus*	7	33	9	11	22		
总物种数/总个体数	22/2767	18/7126	25/13715	15/618	23/7621	13/560	9/807

种类	南山湖	齐家泡	喇嘛寺泡	大龙虎泡	小龙虎泡	连环湖	总个体数/分布的湿地片数
一、鲑形目 Salmoniformes							
（一）银鱼科 Salangidae							
1. 大银鱼 *Protosalanx chinensis*▲				955		1133	2088/2
二、鲤形目 Cypriniformes							
（二）鲤科 Cyprinidae							
2. 青鱼 *Mylopharyngodon piceus*▲						17	440/4
3. 草鱼 *Ctenopharyngodon idella*▲	17	6	18	2	7	70	476/13
4. 真鲅 *Phoxinus phoxinus*						2347	2347/1
5. 湖鲅 *Phoxinus percnurus*		7	5				114/3
6. 拉氏鲅 *Phoxinus lagowskii*	54		13			39	624/5
7. 鳡 *Elopichthys bambusa*							1/1

续表

种类	南山湖	齐家泡	喇嘛寺泡	大龙虎泡	小龙虎泡	连环湖	总个体数/分布的湿地片数
8. 䱗 *Hemiculter leucisculus*	17	34	192	730	292	4058	10268/13
9. 贝氏䱗 *Hemiculter bleekeri*		31					31/1
10. 翘嘴鲌 *Culter alburnus*			7				8/2
11. 蒙古鲌 *Culter mongolicus mongolicus*						14	84/2
12. 鳊 *Parabramis pekinensis*						2	63/2
13. 团头鲂 *Megalobrama amblycephala*▲			12	7		13	471/9
14. 红鳍原鲌 *Cultrichthys erythropterus*		237		71	473	2063	17221/8
15. 银鲴 *Xenocypris argentea*		15					15/1
16. 大鳍鱊 *Acheilognathus macropterus*	42		87	132		63	417/6
17. 黑龙江鳑鲏 *Rhodeus sericeus*						9	1015/5
18. 彩石鳑鲏 *Rhodeus lighti*	109		17	83		33	261/5
19. 花䱻 *Hemibarbus maculatus*						3	4/2
20. 麦穗鱼 *Pseudorasbora parva*	161	43	63	797	29	3280	6133/13
21. 平口鮈 *Ladislavia taczanowskii*	14	1	24			45	101/5
22. 棒花鱼 *Abbottina rivularis*	40			31		303	495/6
23. 蛇鮈 *Saurogobio dabryi*						9	57/2
24. 东北鳈 *Sarcocheilichthys lacustris*			107	362		2	661/4
25. 克氏鳈 *Sarcocheilichthys czerskii*	13					127	140/2
26. 凌源鮈 *Gobio lingyuanensis*	9	17	3	12		7	619/7
27. 犬首鮈 *Gobio cynocephalus*	21	22	7	9		11	444/7
28. 细体鮈 *Gobio tenuicorpus*						11	15/2
29. 鲤 *Cyprinus carpio*	238	33	45	61	53	290	1387/13
30. 银鲫 *Carassius auratus gibelio*	571	126	89	466	127	4689	9223/13
31. 鲢 *Hypophthalmichthys molitrix*▲	73	12	55	13	37	847	1562/13
32. 鳙 *Aristichthys nobilis*▲	49	39	75	12	14	532	1119/13
（三）鳅科 Cobitidae							
33. 黑龙江花鳅 *Cobitis lutheri*						73	834/3
34. 北方花鳅 *Cobitis granoei*						7	26/2
35. 黑龙江泥鳅 *Misgurnus mohoity*	13					101	384/6
36. 北方泥鳅 *Misgurnus bipartitus*	41					52	122/4
三、鲇形目 Siluriformes							
（四）鲿科 Bagridae							
37. 黄颡鱼 *Pelteobagrus fulvidraco*	19	24	17			34	311/10
（五）鲇科 Siluridae							
38. 怀头鲇 *Silurus soldatovi*	2					2	5/3

续表

种类	南山湖	齐家泡	喇嘛寺泡	大龙虎泡	小龙虎泡	连环湖	总个体数/分布的湿地片数
39. 鲇 *Silurus asotus*	125	26	9	23		30	329/10
四、鲈形目 Perciformes							
（六）鮨科 Serranidae							
40. 鳜 *Siniperca chuatsi*							6/1
41. 斑鳜 *Siniperca scherzeri*▲							372/1
（七）塘鳢科 Eleotridae							
42. 葛氏鲈塘鳢 *Perccottus glenii*	169	27	262	242		1612	3373/12
43. 黄黝 *Hypseleotris swinhonis*				1008		6558	7603/3
（八）斗鱼科 Belontiidae							
44. 圆尾斗鱼 *Macropodus chinensis*							1/1
（九）鳢科 Channidae							
45. 乌鳢 *Channa argus*	9					17	108/7
总物种数/总个体数	22/1806	17/700	20/1107	19/5016	8/1032	37/28503	71378

注：数字代表样本个体数（尾）。

13片盐碱湿地的土著鱼类中，湖泊定居型种类较多，它们都能在湖中完成生命周期，其中包括鲤、银鲫、鲇、黄颡鱼、鳘、红鳍原鲌、乌鳢、翘嘴鲌、蒙古鲌、鳜、银鲴和花䱻等经济鱼类；其次是江-湖洄游型，其中较有价值的仅鳡和鳊，但因其数量均较少，目前已无渔业意义。

（2）物种分布。草鱼、鳘、麦穗鱼、鲤、银鲫、鲢和鳙在13片盐碱湿地中均有分布；葛氏鲈塘鳢分布在除小龙虎泡之外的所有湿地；黄颡鱼和鲇分布在10片湿地；团头鲂和红鳍原鲌分布的湿地分别有9片和8片；凌源鮈、犬首鮈和乌鳢分布的湿地均有7片；大鳍鱊、棒花鱼和黑龙江泥鳅分布的湿地均有6片；拉氏鲅、黑龙江鳑鲏、彩石鳑鲏和平口鮈分布的湿地均有5片；青鱼、东北鳈和北方泥鳅均分布在4片湿地；湖鲅、黑龙江花鳅、怀头鲇和黄黝分布的湿地均有3片；大银鱼、翘嘴鲌、蒙古鲌、鳊、花䱻、蛇鮈、克氏鳈、细体鮈和北方花鳅分布的湿地均有2片；真鲅、鳡、贝氏鳘、银鲴、鳜、斑鳜和圆尾斗鱼所分布的湿地均只有1片。

（3）相对丰度。13片盐碱湿地鱼类群落物种相对丰度见表2-3。由表2-3可知，同一物种在不同湿地鱼类群落中的相对丰度不尽一致。若以累计相对丰度（即某一物种在各片湿地的样本之和所占全部湿地样本的比例）计算，红鳍原鲌最高，为24.10%；其次是鳘，为14.37%。累计相对丰度≥1.00%的其他物种有银鲫（12.91%）、黄黝（10.64%）、麦穗鱼（8.58%）、葛氏鲈塘鳢（4.72%）、真鲅（3.28%）、大银鱼（2.92%）、鲢（2.19%）、鲤（1.94%）、鲢（1.57%）、黑龙江鳑鲏（1.42%）及黑龙江花鳅（1.17%）；累计相对丰度<1.00%且≥0.10%的物种有东北鳈（0.92%）、拉氏鲅（0.87%）、凌源鮈（0.87%）、棒花鱼（0.69%）、草鱼（0.67%）、团头鲂（0.66%）、青鱼（0.62%）、大鳍鱊（0.58%）、黑龙江泥鳅（0.54%）、

斑鳜（0.52%）、鲇（00.46%）、黄颡鱼（0.44%）、彩石鳑鲏（0.37%）、克氏鳈（0.20%）、北方泥鳅（0.17%）、湖鲂（0.16%）、乌鳢（0.15%）、平口鮈（0.14%）和蒙古鲌（0.12%）。鳡和圆尾斗鱼均只采集到1尾样本。

表 2-3　13 片盐碱湿地鱼类群落物种相对丰度　　（单位：%）

牛心套保泡		扎龙湖		查干湖		南山湖	
物种	相对丰度	物种	相对丰度	物种	相对丰度	物种	相对丰度
1. 䱗	27.11	1. 红鳍原鲌	19.46	1. 红鳍原鲌	68.01	1. 银鲫	31.62
2. 银鲫	20.28	2. 银鲫	19.21	2. 䱗	13.87	2. 鲤	13.18
3. 斑鳜	13.95	3. 麦穗鱼	13.12	3. 银鲫	3.38	3. 葛氏鲈塘鳢	9.36
4. 葛氏鲈塘鳢	8.29	4. 黑龙江花鳅	9.42	4. 黑龙江鳑鲏	3.04	4. 麦穗鱼	8.91
5. 草鱼	7.39	5. 凌源鮈	7.31	5. 拉氏鲅	1.89	5. 鲇	6.92
6. 东北鳈	7.12	6. 䱗	6.36	6. 鲤	1.54	6. 彩石鳑鲏	6.04
7. 大鳍鱊	3.15	7. 葛氏鲈塘鳢	6.15	7. 青鱼	1.53	7. 鲢	4.04
8. 麦穗鱼	3.04	8. 犬首鮈	4.87	8. 麦穗鱼	1.50	8. 拉氏鲅	2.99
9. 黑龙江泥鳅	2.96	9. 黑龙江鳑鲏	2.30	9. 团头鲂	1.43	9. 鳙	2.71
10. 鳙	2.77	10. 鲢	2.20	10. 鲢	1.14	10. 大鳍鱊	2.33
11. 鲤	2.55	11. 黑龙江泥鳅	1.69	11. 鳙	0.56	11. 北方泥鳅	2.27
12. 黑龙江花鳅	1.61	12. 黄颡鱼	1.52	12. 蒙古鲌	0.51	12. 棒花鱼	2.21
13. 黄颡鱼	0.79	13. 湖鲂	1.34	13. 鳊	0.44	13. 犬首鮈	1.16
14. 彩石鳑鲏	0.71	14. 鲤	0.92	14. 葛氏鲈塘鳢	0.28	14. 黄颡鱼	1.05
15. 凌源鮈	0.52	15. 棒花鱼	0.80	15. 草鱼	0.22	15. 草鱼	0.94
16. 鲇	0.49	16. 草鱼	0.72	16. 棒花鱼	0.22	16. 䱗	0.94
17. 鲢	0.26	17. 蛇鮈	0.63	17. 鲇	0.16	17. 平口鮈	0.78
18. 乌鳢	0.26	18. 鳙	0.54	18. 平口鮈	0.12	18. 黑龙江泥鳅	0.72
19. 团头鲂	0.15	19. 团头鲂	0.43	19. 乌鳢	0.07	19. 克氏鳈	0.72
20. 青鱼	0.11	20. 鲇	0.41	20. 黄颡鱼	0.05	20. 凌源鮈	0.50
21. 黑龙江鳑鲏	0.112	21. 乌鳢	0.29	21. 花䱻	0.01	21. 乌鳢	0.50
22. 犬首鮈	0.11	22. 北方花鳅	0.25	22. 怀头鲇	0.01	22. 怀头鲇	0.11
—	—	23. 细体鮈	0.05	23. 圆尾斗鱼	0.001	—	—
—	—	—	—	24. 鳡	0.01	—	—
—	—	—	—	25. 翘嘴鲌	0.01	—	—

小龙虎泡		青肯泡		老江身泡		花敖泡	
物种	相对丰度	物种	相对丰度	物种	相对丰度	物种	相对丰度
1. 红鳍原鲌	45.83	1. 银鲫	26.64	1. 银鲫	24.82	1. 银鲫	31.07
2. 䱗	28.29	2. 葛氏鲈塘鳢	16.61	2. 葛氏鲈塘鳢	17.50	2. 麦穗鱼	23.62

续表

小龙虎泡		青肯泡		老江身泡		花敖泡	
物种	相对丰度	物种	相对丰度	物种	相对丰度	物种	相对丰度
3. 银鲫	12.31	3. 麦穗鱼	13.04	3. 麦穗鱼	13.04	3. 鲤	8.58
4. 鲤	5.14	4. 鳙	10.70	4. 黄颡鱼	7.50	4. 黑龙江泥鳅	6.96
5. 鲢	3.59	5. 鲤	6.35	5. 鲤	7.32	5. 䱗	6.31
6. 麦穗鱼	2.81	6. 鲢	5.80	6. 红鳍原鲌	6.96	6. 葛氏鲈塘鳢	6.31
7. 鳙	1.36	7. 黄黝	4.12	7. 鳙	6.96	7. 鲇	2.91
8. 草鱼	0.68	8. 草鱼	3.46	8. 鲢	4.64	8. 北方泥鳅	2.75
—	—	9. 䱗	3.23	9. 黑龙江泥鳅	3.39	9. 团头鲂	2.27
—	—	—	—	10. 䱗	3.04	10. 鳙	2.10
—	—	—	—	11. 北方泥鳅	2.14	11. 黄颡鱼	1.94
—	—	—	—	12. 团头鲂	1.61	12. 乌鳢	1.79
—	—	—	—	13. 草鱼	1.07	13. 鲢	1.29
—	—	—	—	—	—	14. 草鱼	1.13
—	—	—	—	—	—	15. 鳜	0.98

齐家泡		喇嘛寺泡		大龙虎泡		新庙泡	
物种	相对丰度	物种	相对丰度	物种	相对丰度	物种	相对丰度
1. 红鳍原鲌	33.86	1. 葛氏鲈塘鳢	23.67	1. 黄黝	20.10	1. 红鳍原鲌	49.51
2. 银鲫	18.00	2. 䱗	17.34	2. 大银鱼	19.04	2. 䱗	24.56
3. 麦穗鱼	6.14	3. 东北鳈	9.67	3. 麦穗鱼	15.89	3. 黑龙江鳑鲏	5.77
4. 鳙	5.57	4. 银鲫	8.04	4. 䱗	14.55	4. 拉氏鲅	3.63
5. 䱗	4.86	5. 大鳍鱊	7.86	5. 银鲫	9.29	5. 青鱼	2.95
6. 鲤	4.71	6. 鳙	6.78	6. 东北鳈	7.22	6. 团头鲂	2.57
7. 贝氏䱗	4.43	7. 麦穗鱼	5.69	7. 葛氏鲈塘鳢	4.82	7. 鲤	2.34
8. 葛氏鲈塘鳢	3.86	8. 鲢	4.97	8. 大鳍鱊	2.63	8. 麦穗鱼	1.92
9. 鲇	3.71	9. 鲤	4.07	9. 彩石鳑鲏	1.65	9. 银鲫	1.64
10. 黄颡鱼	3.43	10. 平口鮈	2.17	10. 红鳍原鲌	1.42	10. 鲢	1.50
11. 犬首鮈	3.14	11. 草鱼	1.63	11. 鲤	1.22	11. 鳙	0.81
12. 凌源鮈	2.43	12. 彩石鳑鲏	1.54	12. 棒花鱼	0.62	12. 葛氏鲈塘鳢	0.65
13. 银鮈	2.14	13. 黄颡鱼	1.54	13. 鲇	0.46	13. 乌鳢	0.46
14. 鲢	1.71	14. 拉氏鲅	1.17	14. 鲢	0.26	14. 鲇	0.45
15. 湖鲅	1.00	15. 团头鲂	1.08	15. 凌源鮈	0.24	15. 草鱼	0.42
16. 草鱼	0.86	16. 鲇	0.81	16. 鳙	0.24	16. 棒花鱼	0.42
17. 平口鮈	0.14	17. 翘嘴鲌	0.637	17. 犬首鮈	0.18	17. 黄颡鱼	0.27

续表

齐家泡		喇嘛寺泡		大龙虎泡		新庙泡	
物种	相对丰度	物种	相对丰度	物种	相对丰度	物种	相对丰度
—	—	18. 犬首鮈	0.63	18. 团头鲂	0.14	18. 大鳍鱊	0.13
—	—	19. 湖鲂	0.45	19. 草鱼	0.04	—	—
—	—	20. 凌源鮈	0.27	—	—	—	—

连环湖							
物种	相对丰度	物种	相对丰度	物种	相对丰度	物种	相对丰度
1. 黄黝	23.01	11. 棒花鱼	1.06	21. 黄颡鱼	0.12	31. 蛇鮈	0.03
2. 银鲫	16.45	12. 鲤	1.0	22. 彩石鳑鲏	0.12	32. 北方花鳅	0.02
3. 鳘	14.24	13. 克氏鳈	0.45	23. 鲇	0.11	33. 凌源鮈	0.02
4. 麦穗鱼	11.51	14. 黑龙江泥鳅	0.35	24. 青鱼	0.06	34. 花䱻	0.01
5. 真鱥	8.23	15. 黑龙江花鳅	0.26	25. 乌鳢	0.06	35. 东北鳈	0.01
6. 红鳍原鲌	7.24	16. 草鱼	0.25	26. 蒙古鲌	0.05	36. 怀头鲇	0.01
7. 葛氏鲈塘鳢	5.66	17. 大鳍鱊	0.22	27. 团头鲂	0.05	37. 鳊	0.00
8. 大银鱼	3.98	18. 北方泥鳅	0.18	28. 犬首鮈	0.04	—	—
9. 鲢	2.97	19. 平口鮈	0.16	29. 细体鮈	0.04	—	—
10. 鳙	1.87	20. 拉氏鲅	0.14	30. 黑龙江鳑鲏	0.03	—	—

（4）种类组成。13 处盐碱湿地鱼类群落中，鲤形目 35 种、鲈形目 6 种、鲇形目 3 种、鲑形目 1 种，分别占 77.78%、13.33%、6.67%、2.22%。鲤科 31 种、鳅科 4 种，分别占 68.89%、8.89%；鲇科、鮨科和塘鳢科均 2 种，各占 4.44%；银鱼科、鲿科、斗鱼科和鳢科均 1 种，各占 2.22%。

（5）区系生态类群。13 处盐碱湿地土著鱼类群落，由 5 个区系生态类群构成。①江河平原区系生态类群：鳘、贝氏鳘、红鳍原鲌、鳊、鳡、翘嘴鲌、蒙古鲌、花䱻、银鮈、蛇鮈、东北鳈、克氏鳈、棒花鱼和鳜，占 36.84%。②北方平原区系生态类群：湖鲂、拉氏鲅、凌源鮈、犬首鮈、细体鮈、平口鮈、黑龙江花鳅和北方花鳅，占 21.05%。③北方山地区系生态类群：真鲅，占 2.63%。④新近纪区系生态类群：鲤、银鲫、麦穗鱼、黑龙江鳑鲏、彩石鳑鲏、大鳍鱊、黑龙江泥鳅、北方泥鳅、鲇和怀头鲇，占 26.32%。⑤热带平原区系生态类群：乌鳢、圆尾斗鱼、黄颡鱼、黄黝和葛氏鲈塘鳢，占 13.16%。

以上北方区系生态类群中有 9 种鱼类，占 23.68%。

2）物种优势度

13 处盐碱湿地鱼类群落物种优势度指数见表 2-4。可以看出，不同鱼类间的物种优势度指数相差悬殊，这与鱼类物种相对较少，优势种数量相对较大的实际情况相符。其中，青鱼、草鱼、鲤、鲢、鳙、斑鳜、鲇 7 种大型鱼类和银鲫、黑龙江花鳅、大银鱼、鳘、红鳍原鲌、麦穗鱼、凌源鮈、葛氏鲈塘鳢和黄黝 9 种小型鱼类的优势度指数在绝大多数盐碱湿地中大于 10000，表明它们在不同盐碱湿地鱼类群落中相对占有一定优势，这同目前各湿地的商业性渔获物构成的实际情况基本相符。同时还可以看出，在不同盐碱湿地鱼类群落中，同一种鱼类的优势度指数也存在较大差异，这显然是放养、捕捞等人为因素影响所致。

表 2-4 13片盐碱湿地鱼类群落物种优势度指数

牛心套保泡		扎龙湖		查干湖		南山湖	
物种	D_Y	物种	D_Y	物种	D_Y	物种	D_Y
1. 草鱼	55610	1. 银鲫	51770	1. 红鳍原鲌	81080	1. 鲤	77750
2. 𩽾	30930	2. 红鳍原鲌	30080	2. 鳙	18920	2. 银鲫	63550
3. 银鲫	30670	3. 麦穗鱼	17420	3. 𩽾	13390	3. 葛氏鲈塘鳢	16570
4. 鳙	19280	4. 鲢	13810	4. 鲤	9860	4. 麦穗鱼	13180
5. 斑鳜	13330	5. 黑龙江花鳅	11580	5. 鲢	6580	5. 彩石鳑鲏	9160
6. 葛氏鲈塘鳢	9360	6. 草鱼	10590	6. 银鲫	6250	6. 棒花鱼	3670
7. 鲤	7900	7. 葛氏鲈塘鳢	10360	7. 青鱼	2900	7. 拉氏鲅	2230
8. 东北鳈	3710	8. 凌源鮈	10200	8. 蒙古鲌	2870	8. 北方泥鳅	2300
9. 大鳍鱊	3340	9. 𩽾	10190	9. 团头鲂	2450	9. 大鳍鱊	1900
10. 黑龙江泥鳅	3240	10. 犬首鮈	6890	10. 黑龙江鳑鲏	1520	10. 𩽾	740
11. 麦穗鱼	1580	11. 鲤	6470	11. 麦穗鱼	1440	11. 平口鮈	640
12. 鲢	380	12. 鳙	4630	12. 草鱼	890	12. 黑龙江泥鳅	520
13. 彩石鳑鲏	370	13. 乌鳢	3010	13. 拉氏鲅	790	—	—
14. 青鱼	200	14. 黑龙江鳑鲏	2860	14. 鳊	340	—	—
15. 团头鲂	140	15. 黄颡鱼	2240	15. 鳡	160	—	—
16. 鲇	100	16. 湖鲅	1670	16. 翘嘴鲌	150	—	—
—	—	17. 鲇	1520	17. 怀头鲇	140	—	—
—	—	18. 团头鲂	1330	18. 棒花鱼	110	—	—
—	—	19. 棒花鱼	1220	19. 黄颡鱼	70	—	—
—	—	20. 蛇鮈	1130	20. 花䱻	30	—	—
—	—	21. 细体鮈	10	21. 圆尾斗鱼	1	—	—
小龙虎泡		青肯泡		老江身泡		花敖泡	
物种	D_Y	物种	D_Y	物种	D_Y	物种	D_Y
1. 红鳍原鲌	63650	1. 鳙	62490	1. 鳙	52360	1. 鲤	57060
2. 𩽾	36930	2. 葛氏鲈塘鳢	40640	2. 银鲫	36740	2. 银鲫	55690
3. 鲢	33150	3. 银鲫	35950	3. 鲢	28610	3. 麦穗鱼	34260
4. 银鲫	18180	4. 鲢	24820	4. 鲤	25750	4. 鳙	26850
5. 鲤	17020	5. 草鱼	18690	5. 麦穗鱼	18210	5. 鲢	11990
6. 鳙	15770	6. 鲤	18680	6. 草鱼	8530	6. 葛氏鲈塘鳢	10300
7. 草鱼	11780	7. 麦穗鱼	16730	7. 团头鲂	3590	7. 黑龙江泥鳅	3850
8. 麦穗鱼	3340			8. 葛氏鲈塘鳢	2620	8. 鳜	20

续表

连环湖							
物种	D_Y	物种	D_Y	物种	D_Y	物种	D_Y
1. 银鲫	32550	8. 鲤	4670	15. 鲇	110	22. 北方花鳅	30
2. 黄黝	25920	9. 葛氏鲈塘鳢	4300	16. 黑龙江泥鳅	90	23. 北方泥鳅	30
3. 鲢	25620	10. 大银鱼	4240	17. 大鳍鱊	80	24. 细体鮈	30
4. 䱗	20610	11. 平口鮈	2800	18. 彩石鳑鲏	60	25. 团头鲂	20
5. 鳙	20240	12. 草鱼	1470	19. 克氏鳈	60	26. 怀头鲇	2
6. 麦穗鱼	10730	13. 真鲅	1030	20. 黄颡鱼	50	—	—
7. 红鳍原鲌	9870	14. 棒花鱼	620	21. 蒙古鲌	40	—	—

齐家泡		喇嘛寺泡		大龙虎泡		新庙泡	
物种	D_Y	物种	D_Y	物种	D_Y	物种	D_Y
1. 鳙	60450	1. 鳙	62650	1. 大银鱼	25060	1. 红鳍原鲌	98340
2. 红鳍原鲌	52520	2. 麦穗鱼	21810	2. 䱗	17960	2. 䱗	28400
3. 银鲫	25470	3. 葛氏鲈塘鳢	7860	3. 黄黝	13910	3. 青鱼	21340
4. 鲇	18670	4. 䱗	5880	4. 银鲫	13630	4. 鲢	12950
5. 鲤	14970	5. 鲢	5520	5. 麦穗鱼	10440	5. 鲤	9330
6. 草鱼	10390	6. 拉氏鲅	3720	6. 东北鳈	4350	6. 黑龙江鳑鲏	7570
7. 鲢	7220	7. 东北鳈	3100	7. 鲤	3850	7. 草鱼	6950
8. 䱗	5390	8. 银鲫	2900	8. 葛氏鲈塘鳢	3160	8. 团头鲂	6680
9. 黄颡鱼	4990	9. 鲤	2700	9. 大鳍鱊	1760	9. 拉氏鲅	3400
10. 贝氏䱗	4010	10. 大鳍鱊	2440	10. 红鳍原鲌	1540	10. 麦穗鱼	2370
11. 银鲴	1970	11. 草鱼	1950	11. 鳙	1260	11. 鳊	2080
12. 平口鮈	190	12. 鲇	1150	12. 鲢	1190	12. 棒花鱼	520
—	—	13. 平口鮈	770	13. 彩石鳑鲏	1040	—	—
—	—	14. 团头鲂	630	14. 棒花鱼	470	—	—
—	—	15. 黄颡鱼	570	15. 团头鲂	200	—	—
—	—	16. 彩石鳑鲏	480	16. 草鱼	190	—	—

优势度指数≥10000 的物种中，青鱼、鲇、斑鳜、大银鱼、凌源鮈和黑龙江花鳅所分布的湿地均只有 1 片，黄黝 2 片，葛氏鲈塘鳢 4 片，草鱼和红鳍原鲌 5 片，鲤和鲢各 6 片，䱗7 片，麦穗鱼 8 片，鳙和银鲫分别为 9 片和 10 片；大型鱼类除大龙虎泡以外的其他所有湿地均有分布；小型鱼类则分布在全部湿地。上述经济鱼类所分布湿地，青鱼、鲇、斑鳜和大银鱼均为 1 片，草鱼和红鳍原鲌各 5 片，鲤 6 片，鲢和䱗各 7 片，鳙和银鲫分别为 9 片和 10 片；小型非经济鱼类凌源鮈和黑龙江花鳅均为 1 片，黄黝 2 片，葛氏鲈塘鳢 4 片，麦穗鱼 8 片。

以上结果显示，土著经济鱼类䱗、鲤、银鲫和红鳍原鲌形成一定优势度的湿地均≥5 片，其中银鲫在喇嘛寺泡、查干湖及新庙泡以外的所有湿地均形成了一定的优势度；麦穗鱼、葛氏鲈塘鳢、黄黝、黑龙江花鳅、凌源鮈等经济意义不大的小型鱼类也在部分湖泊中占据一定优势；自然分布的食鱼性鱼类鲇在齐家泡具有一定优势；驯化移殖的食鱼性鱼类斑鳜、大银鱼分别在牛心套保泡和大龙虎泡形成一定优势；人工放养种类青鱼、草鱼、鲢及鳙也在部分湿地形成优势，其中鳙已在大龙虎泡、南山湖、新庙泡和扎龙湖以外的全部湿地形成优势。

3）群落优势种

（1）物种构成。结果表明，在确定群落优势种的三种方法中，每一种方法所确定的优势种数目不尽一致（表2-5）。通过优势度指数法确定的优势种为16种，包括青鱼、草鱼、鲤、鲢、鳙、斑鳜、鲇7种大型鱼类和银鲫、黑龙江花鳅、大银鱼、鳘、红鳍原鲌、麦穗鱼、凌源鮈、葛氏鲈塘鳢及黄黝9种小型鱼类；由相对丰度法确定的优势种为10种，包括鲤、鳙、斑鳜3种大型鱼类和银鲫、黄黝、大银鱼、鳘、麦穗鱼、葛氏鲈塘鳢及红鳍原鲌7种小型鱼类；由优势种数目法确定的优势种为24种，包括鲤、草鱼、鲇、鲢、鳙、斑鳜6种大型鱼类和鳘、银鲫、东北鳈、葛氏鲈塘鳢、大鳍鱊、黄黝、麦穗鱼、大银鱼、黑龙江泥鳅、彩石鳑鲏、拉氏鲅、红鳍原鲌、黄颡鱼、真鲅、黑龙江鳑鲏、犬首鮈、凌源鮈及黑龙江花鳅18种小型鱼类。

表2-5　以不同方法确定的群落优势种

湿地名称	优势度指数法		相对丰度法		优势种数目法	
	优势种数	种类	优势种数	种类	优势种数	种类
牛心套保泡	5	草鱼、鳘 鳙、斑鳜 银鲫	3	鳘 斑鳜 银鲫	7/6.89[①]	鳘、银鲫、东北鳈 葛氏鲈塘鳢、斑鳜 草鱼、大鳍鱊
大龙虎泡	5	大银鱼、黄黝 银鲫、鳘 麦穗鱼	4	黄黝、鳘 大银鱼 麦穗鱼	7/7.11	黄黝、大银鱼、麦穗鱼 银鲫、东北鳈、鳘 葛氏鲈塘鳢
花敖泡	6	鲤、银鲫、鳙 鲢、麦穗鱼 葛氏鲈塘鳢	2	银鲫 麦穗鱼	7/6.58	银鲫、麦穗鱼、鲤 黑龙江泥鳅、鳘 葛氏鲈塘鳢、鲇
喇嘛寺泡	2	鳙 麦穗鱼	2	葛氏鲈塘鳢 鳘	8/8.22	葛氏鲈塘鳢、鳘 银鲫、大鳍鱊、鳙 东北鳈、鲢、麦穗鱼
南山湖	4	鲤、银鲫 麦穗鱼 葛氏鲈塘鳢	2	银鲫 鲤	8/6.76	银鲫、葛氏鲈塘鳢 鲇、彩石鳑鲏、鲢 麦穗鱼、鲤、拉氏鲅
老江身泡	5	鳙、银鲫 鲤、鲢 麦穗鱼	3	银鲫 麦穗鱼 葛氏鲈塘鳢	8/7.41	银鲫、葛氏鲈塘鳢 黄颡鱼、鲤、麦穗鱼 红鳍原鲌、鳙、鲢
连环湖	6	银鲫、鳘 黄黝、鲢 麦穗鱼、鳙	4	黄黝 鳘、银鲫 麦穗鱼	8/7.59	麦穗鱼、大银鱼、银鲫 红鳍原鲌、黄黝、鳘 葛氏鲈塘鳢、真鲅
青肯泡	6	葛氏鲈塘鳢、银鲫 鲢、草鱼、鲤、鳙	4	葛氏鲈塘鳢、鳙 麦穗鱼、银鲫	5/4.95	银鲫、葛氏鲈塘鳢、 麦穗鱼、鲤、鳙

续表

湿地名称	优势度指数法		相对丰度法		优势种数目法	
	优势种数	种类	优势种数	种类	优势种数	种类
新庙泡	4	红鳍原鲌、鲢 鳌、青鱼	2	红鳍原鲌 鳌	3/3.19	红鳍原鲌、鳌 黑龙江鳑鲏
查干湖	3	红鳍原鲌、鳙、鳌	2	红鳍原鲌、鳌	2/2.06	红鳍原鲌、鳌
扎龙湖	9	银鲫、红鳍原鲌 黑龙江花鳅、鳌 麦穗鱼、草鱼、鲢 葛氏鲈塘鳢、凌源鮈	3	红鳍原鲌 麦穗鱼 银鲫	8/8.44	红鳍原鲌、麦穗鱼 黑龙江花鳅、银鲫 凌源鮈、犬首鮈 葛氏鲈塘鳢、鳌
小龙虎泡	7	红鳍原鲌、鳌、银鲫 鲤、鳙、草鱼、鲢	3	红鳍原鲌 鳌、银鲫	3/3.22	鳌、银鲫 红鳍原鲌
齐家泡	6	红鳍原鲌、银鲫、鲇 鲤、草鱼、鳙	2	红鳍原鲌 银鲫	6/5.99	红鳍原鲌、银鲫、鳙 鳌、鲤、麦穗鱼

注：①“7/6.89”中，“7”为确定的物种数，“6.89”为计算的物种数目，余同。

由上述三种方法所确定的优势种可知，以三种方法为共同标准所确定的优势种包括银鲫、鳌、葛氏鲈塘鳢、黄黝、麦穗鱼、大银鱼和红鳍原鲌 7 种。以优势度指数法和相对丰度法为共同标准所确定的优势种，除了与相对丰度所确定的优势种相同之外，优势度指数法还增加了青鱼、草鱼、鲢、鲇、黑龙江花鳅和凌源鮈。以优势度指数法和优势种数目法为共同标准所确定的优势种中，除了共有种鲤、草鱼、鲇、鲢、鳙、斑鳜、鳌、银鲫、葛氏鲈塘鳢、黄黝、麦穗鱼、大银鱼、红鳍原鲌、凌源鮈及黑龙江花鳅之外，优势度指数法还有青鱼，优势种数目法增加了东北鳈、大鳍鱊、黑龙江泥鳅、彩石鳑鲏、拉氏鲅、黄颡鱼、真鲅、黑龙江鳑鲏及犬首鮈。以相对丰度法和优势种数目法为共同标准所确定的优势种中，鲤、鳙、银鲫、鳌、葛氏鲈塘鳢、斑鳜、黄黝、麦穗鱼、大银鱼及红鳍原鲌为共有种，与相对丰度法所确定的优势种相同；采用优势种数目法还增加了草鱼、鲇、鲢、东北鳈、大鳍鱊、黑龙江泥鳅、彩石鳑鲏、拉氏鲅、黄颡鱼、真鲅、黑龙江鳑鲏、犬首鮈、凌源鮈及黑龙江花鳅。

综合上述结果，采用三种方法确定的 13 片盐碱湿地鱼类群落的优势种合计 4 目 7 科 22 属 25 种，由土著种鲤、银鲫、鳌、红鳍原鲌、黄颡鱼、鲇、麦穗鱼、葛氏鲈塘鳢、黄黝、黑龙江泥鳅、黑龙江花鳅、黑龙江鳑鲏、彩石鳑鲏、拉氏鲅、真鲅、犬首鮈、东北鳈、大鳍鱊、凌源鮈和移入种青鱼、草鱼、鲢、鳙、斑鳜及大银鱼构成。土著种中，经济鱼类包括鲤、银鲫、鳌、红鳍原鲌、黄颡鱼及鲇，其余为小型非经济鱼类。移入种中，斑鳜和大银鱼为驯化移殖的经济鱼类；青鱼、草鱼、鲢及鳙为放养的经济鱼类。按照个体大小划分，包括大型鱼类鲤、鲇、青鱼、草鱼、鲢、鳙及斑鳜 7 种，其余 18 种为小型鱼类。

（2）优势分布。13 片盐碱湿地中，连环湖和扎龙湖的优势种数目最多，均为 10 种；其次为花敖泡，9 种；喇嘛寺泡、南山湖、老江身泡和齐家泡均为 8 种；牛心套保泡、大龙虎泡、青肯泡和小龙虎泡均为 7 种；新庙泡 5 种；查干湖最少，为 3 种（表 2-6）。

表 2-6　13 片盐碱湿地鱼类群落优势种及其分布

种类	牛心套保泡	新庙泡	查干湖	花敖泡	扎龙湖	老江身泡	青肯泡
一、鲑形目 Salmoniformes							
（一）银鱼科 Salangidae							
1. 大银鱼 *Protosalanx chinensis* ▲							
二、鲤形目 Cypriniformes							
（二）鲤科 Cyprinidae							
2. 青鱼 *Mylopharyngodon piceus* ▲		+					
3. 草鱼 *Ctenopharyngodon idella* ▲	+				+		+
4. 真鲅 *Phoxinus phoxinus*							
5. 拉氏鲅 *Phoxinus lagowskii*							
6. 鳌 *Hemiculter leucisculus*	+	+	+	+	+		
7. 红鳍原鲌 *Cultrichthys erythropterus*		+	+		+	+	
8. 大鳍鱊 *Acheilognathus macropterus*	+						
9. 黑龙江鳑鲏 *Rhodeus sericeus*		+					
10. 彩石鳑鲏 *Rhodeus lighti*							
11. 麦穗鱼 *Pseudorasbora parva*				+	+	+	+
12. 东北鳈 *Sarcocheilichthys lacustris*	+						
13. 凌源鮈 *Gobio lingyuanensis*					+		
14. 犬首鮈 *Gobio cynocephalus*					+		
15. 鲤 *Cyprinus carpio*				+		+	+
16. 银鲫 *Carassius auratus gibelio*	+			+	+	+	+
17. 鲢 *Hypophthalmichthys molitrix* ▲		+		+	+	+	+
18. 鳙 *Aristichthys nobilis* ▲			+	+		+	+
（三）鳅科 Cobitidae							
19. 黑龙江花鳅 *Cobitis lutheri*					+		
20. 黑龙江泥鳅 *Misgurnus mohoity*				+			
三、鲇形目 Siluriformes							
（四）鲿科 Bagridae							
21. 黄颡鱼 *Pelteobagrus fulvidraco*						+	
（五）鲇科 Siluridae							
22. 鲇 *Silurus asotus*				+			
四、鲈形目 Perciformes							
（六）鮨科 Serranidae							
23. 斑鳜 *Siniperca scherzeri* ▲	+						
（七）塘鳢科 Eleotridae							
24. 葛氏鲈塘鳢 *Perccottus glenii*	+			+	+	+	+
25. 黄黝 *Hypseleotris swinhonis*							
物种数	7	5	3	9	10	8	7

续表

种类	南山湖	齐家泡	喇嘛寺泡	大龙虎泡	小龙虎泡	连环湖
一、鲑形目 Salmoniformes						
（一）银鱼科 Salangidae						
1. 大银鱼 *Protosalanx chinensis*▲				+		+
二、鲤形目 Cypriniformes						
（二）鲤科 Cyprinidae						
2. 青鱼 *Mylopharyngodon piceus*▲						
3. 草鱼 *Ctenopharyngodon idella*▲		+			+	
4. 真鲅 *Phoxinus phoxinus*						+
5. 拉氏鲅 *Phoxinus lagowskii*	+					
6. 𩾌 *Hemiculter leucisculus*		+	+	+	+	+
7. 红鳍原鲌 *Cultrichthys erythropterus*		+			+	+
8. 大鳍鱊 *Acheilognathus macropterus*			+			
9. 黑龙江鳑鲏 *Rhodeus sericeus*						
10. 彩石鳑鲏 *Rhodeus lighti*	+					
11. 麦穗鱼 *Pseudorasbora parva*	+	+	+	+		+
12. 东北鳈 *Sarcocheilichthys lacustris*			+	+		
13. 凌源鮈 *Gobio lingyuanensis*						
14. 犬首鮈 *Gobio cynocephalus*						
15. 鲤 *Cyprinus carpio*	+	+			+	
16. 银鲫 *Carassius auratus gibelio*	+	+	+	+	+	+
17. 鲢 *Hypophthalmichthys molitrix* ▲	+		+		+	+
18. 鳙 *Aristichthys nobilis* ▲		+	+		+	+
（三）鳅科 Cobitidae						
19. 黑龙江花鳅 *Cobitis lutheri*						
20. 黑龙江泥鳅 *Misgurnus mohoity*						
三、鲇形目 Siluriformes						
（四）鲿科 Bagridae						
21. 黄颡鱼 *Pelteobagrus fulvidraco*						
（五）鲇科 Siluridae						
22. 鲇 *Silurus asotus*	+	+				
四、鲈形目 Perciformes						
（六）鮨科 Serranidae						
23. 斑鳜 *Siniperca scherzeri* ▲						
（七）塘鳢科 Eleotridae						
24. 葛氏鲈塘鳢 *Perccottus glenii*	+		+	+		+
25. 黄黝 *Hypseleotris swinhonis*				+		+
物种数	8	8	8	7	7	10

优势种分布上，银鲫分布在查干湖和新庙泡以外的其他 11 片湿地；䱗分布在老江身泡、青肯泡和南山湖以外的其他 10 片湿地；麦穗鱼分布在牛心套保泡、新庙泡、查干湖和小龙虎泡以外的其他 9 片湿地；鲢分布在牛心套保泡、查干湖、齐家泡和大龙虎泡以外的其他 9 片湿地；葛氏鲈塘鳢分布在新庙泡、查干湖、齐家泡和小龙虎泡以外的其他 9 片湿地；鳙分布在牛心套保泡、新庙泡、扎龙湖、南山湖和大龙虎泡以外的 8 片湿地；红鳍原鲌分布在牛心套保泡、花敖泡、青肯泡、南山湖、喇嘛寺泡和大龙虎泡以外的其他 7 片湿地；鲤分布的湿地包括花敖泡、老江身泡、青肯泡、南山湖、齐家泡和小龙虎泡；草鱼分布在牛心套保泡、扎龙湖、青肯泡、齐家泡和小龙虎泡；东北鳈分布的湿地包括牛心套保泡、喇嘛寺泡和大龙虎泡；鲇分布在花敖泡、南山湖和齐家泡；大银鱼、黄黝均分布在大龙虎泡和连环湖；大鳍鱊分布的湿地为牛心套保泡和喇嘛寺泡；青鱼和黑龙江鳑鲏均分布在新庙泡；拉氏鲹和彩石鳑鲏均分布在南山湖；真鲹仅分布在连环湖；凌源鮈、犬首鮈和黑龙江花鳅均分布在扎龙湖；黑龙江泥鳅仅分布在花敖泡；黄颡鱼仅分布在老江身泡；斑鳜仅生存于牛心套保泡。

从优势种的分布可以看出，土著经济鱼类银鲫、䱗在大部分湿地均已形成优势种群；红鳍原鲌也成为新庙泡、查干湖、扎龙湖、老江身泡、齐家泡、小龙虎泡和连环湖的优势种群；鲤也在花敖泡、老江身泡、青肯泡、南山湖、齐家泡和小龙虎泡形成了优势种群，这些鱼类成为湿地渔业经济发展的重要基础。

一些小型非经济鱼类在部分湿地也已形成了优势种群。例如，麦穗鱼和葛氏鲈塘鳢在花敖泡、扎龙湖、连环湖、老江身泡、青肯泡、南山湖、喇嘛寺泡和大龙虎泡形成优势种群；东北鳈在牛心套保泡、喇嘛寺泡和大龙虎泡形成优势种群；黄黝在大龙虎泡和连环湖，大鳍鱊在牛心套保泡和喇嘛寺泡，黑龙江鳑鲏在新庙泡，拉氏鲹和彩石鳑鲏在南山湖，真鲹在连环湖，凌源鮈、犬首鮈和黑龙江花鳅在扎龙湖，黑龙江泥鳅在花敖泡也分别形成了优势种群。还有一些分布广泛的食鱼性土著鱼类在部分湿地也形成了优势种群。例如，鲇在花敖泡、南山湖和齐家泡，黄颡鱼在老江身泡均形成优势种群。

4. 问题探讨

1）物种组成动态

（1）连环湖和扎龙湖。表 2-7 为连环湖和扎龙湖 1980～1983 年[44]和 2008～2010 年两次调查所采集到的鱼类物种。经比较可知，连环湖 1980～1983 年和 2008～2010 年均采集到的物种有 5 种放养鱼类（青鱼、草鱼、团头鲂、鲢及鳙）和 19 种土著鱼类（䱗、蒙古鲌、鳊、红鳍原鲌、大鳍鱊、黑龙江鳑鲏、花䱻、麦穗鱼、棒花鱼、蛇鮈、东北鳈、克氏鳈、鲤、银鲫、黑龙江泥鳅、黄颡鱼、鲇、黄黝及乌鳢）；2008～2010 年新采集到的物种（以往没有记录的）有驯化移殖鱼类大银鱼和 12 种土著鱼类（真鲹、拉氏鲹、彩石鳑鲏、平口鮈、凌源鮈、犬首鮈、细体鮈、黑龙江花鳅、北方花鳅、北方泥鳅、怀头鲇及葛氏鲈塘鳢）；2008～2010 年未采集到的物种（以往有记录的）为 16 种土著鱼类：马口鱼、瓦氏雅罗鱼、湖鲹、鳡、赤眼鳟、贝氏䱗、蒙古䱗、兴凯䱗、翘嘴鲌、鲂、银鮈、细鳞鮈、唇䱻、花斑副沙鳅、鳜及中华青鳉。总体上看，两次调查所采集到的连环湖鱼类物种合计 53 种，2008～2010 年比 1980～1983 年减少 3 种。

表 2-7　不同时期连环湖和扎龙湖鱼类物种组成

种类	连环湖		扎龙湖	
	2008～2010 年	1980～1983 年	2008～2010 年	1980～1983 年
一、鲑形目 Salmoniformes				
（一）银鱼科 Salangidae				
1. 大银鱼 *Protosalanx chinensis*▲	+			
（二）狗鱼科 Esocidae				
2. 黑斑狗鱼 *Esox reicherti*				+
二、鲤形目 Cypriniformes				
（三）鲤科 Cyprinidae				
3. 马口鱼 *Opsariichthys bidens*		+		
4. 青鱼 *Mylopharyngodon piceus*▲	+	+		
5. 草鱼 *Ctenopharyngodon idella*▲	+	+	+	+
6. 瓦氏雅罗鱼 *Leuciscus waleckii waleckii*		+		
7. 真鲅 *Phoxinus phoxinus*	+			
8. 湖鲅 *Phoxinus percnurus*		+	+	
9. 拉氏鲅 *Phoxinus lagowskii*	+			
10. 鳡 *Elopichthys bambusa*		+		
11. 赤眼鳟 *Squaliobarbus curriculus*		+		
12. 䱗 *Hemiculter leucisculus*	+	+	+	+
13. 贝氏䱗 *Hemiculter bleekeri*		+		
14. 蒙古䱗 *Hemiculter lucidus warpachowskii*		+		
15. 兴凯䱗 *Hemiculter lucidus lucidus*		+		
16. 翘嘴鲌 *Culter alburnus*		+		
17. 蒙古鲌 *Culter mongolicus mongolicus*	+	+		
18. 鳊 *Parabramis pekinensis*	+	+		
19. 鲂 *Megalobrama skolkovii*		+		
20. 团头鲂 *Megalobrama amblycephala*▲	+	+	+	
21. 红鳍原鲌 *Cultrichthys erythropterus*	+	+	+	+
22. 银鲴 *Xenocypris argentea*		+		+
23. 细鳞鲴 *Xenocypris microlepis*		+		
24. 大鳍鱊 *Acheilognathus macropterus*	+	+		+
25. 黑龙江鳑鲏 *Rhodeus sericeus*	+	+	+	
26. 彩石鳑鲏 *Rhodeus lighti*	+			
27. 花䱻 *Hemibarbus maculatus*	+	+		+
28. 唇䱻 *Hemibarbus labeo*		+		
29. 麦穗鱼 *Pseudorasbora parva*	+	+	+	+
30. 平口鮈 *Ladislavia taczanowskii*	+			

续表

种类	连环湖		扎龙湖	
	2008～2010年	1980～1983年	2008～2010年	1980～1983年
31. 棒花鱼 *Abbottina rivularis*	+	+	+	+
32. 蛇鮈 *Saurogobio dabryi*	+	+	+	+
33. 东北鳈 *Sarcocheilichthys lacustris*	+	+		
34. 克氏鳈 *Sarcocheilichthys czerskii*	+	+		
35. 凌源鮈 *Gobio lingyuanensis*	+	+		
36. 犬首鮈 *Gobio cynocephalus*	+		+	
37. 细体鮈 *Gobio tenuicorpus*	+		+	
38. 鲤 *Cyprinus carpio*	+			+
39. 银鲫 *Carassius auratus gibelio*	+	+		+
40. 鲢 *Hypophthalmichthys molitrix*▲	+	+	+	+
41. 鳙 *Aristichthys nobilis*▲	+	+	+	+
（四）鳅科 Cobitidae				
42. 黑龙江花鳅 *Cobitis lutheri*	+		+	
43. 北方花鳅 *Cobitis granoei*	+		+	
44. 黑龙江泥鳅 *Misgurnus mohoity*	+	+	+	+
45. 北方泥鳅 *Misgurnus bipartitus*	+			
46. 花斑副沙鳅 *Parabotia fasciata*		+		
三、鲇形目 Siluriformes				
（五）鲿科 Bagridae				
47. 黄颡鱼 *Pelteobagrus fulvidraco*	+	+	+	+
（六）鲇科 Siluridae				
48. 怀头鲇 *Silurus soldatovi*	+			
49. 鲇 *Silurus asotus*	+	+	+	+
四、鲈形目 Perciformes				
（七）鮨科 Serranidae				
50. 鳜 *Siniperca chuatsi*		+		+
（八）塘鳢科 Eleotridae				
51. 葛氏鲈塘鳢 *Perccottus glenii*	+		+	+
52. 黄黝 *Hypseleotris swinhonis*	+	+		
（九）鳢科 Channidae				
53. 乌鳢 *Channa argus*	+	+	+	
五、鳉形目 Cyprinodontiformes				
（十）青鳉科 Oryziatidae				
54. 中华青鳉 *Oryzias catipes　sinensis*		+		
总物种数	37	40	23	19

扎龙湖 1980～1983 年和 2008～2010 年均采集到的物种有 3 种放养鱼类（草鱼、鲢及鳙）和 11 种土著鱼类（䱗、红鳍原鲌、麦穗鱼、棒花鱼、蛇𬶋、鲤、银鲫、黑龙江泥鳅、黄颡鱼、鲇及葛氏鲈塘鳢）；2008～2010 年新采集到的物种有放养鱼类团头鲂和 8 种土著鱼类（湖鲅、黑龙江鳑鲏、凌源𬶋、犬首𬶋、细体𬶋、黑龙江花鳅、北方花鳅及乌鳢）；2008～2010 年未采集到的物种有 5 种土著鱼类：黑斑狗鱼、银鲴、大鳍鱊、花䱻及鳜。总体上，两次调查所采集到的扎龙湖鱼类物种合计 28 种，2008～2010 年比 1980～1983 年增加 4 种。

2008～2010 年在连环湖和扎龙湖新采集到的 17 种鱼类中，怀头鲇、乌鳢、大银鱼及团头鲂为经济鱼类，其余为常见的小型非经济鱼类。其中，大银鱼为连环湖 2006 年驯化移殖物种[45-48]；小型非经济鱼类数量较大，是扎龙国家级自然保护区食鱼鸟类的主要食源[49, 50]。2008～2010 年未采集到的 19 种鱼类中，马口鱼、湖鲅、花斑副沙鳅、中华青鳉及兴凯䱗为小型非经济鱼类，其余 14 种为经济鱼类。

（2）查干湖。表 2-8 为查干湖 2008～2010 年、1989～1991 年采集到的和文献记录的鱼类物种。

表 2-8　不同时期查干湖鱼类物种组成

种类	a	b	c
一、七鳃鳗目 Petromyzoniformes			
（一）七鳃鳗科 Petromyzonidae			
1. 雷氏七鳃鳗 *Lampetra reissneri*		+	+
2. 日本七鳃鳗 *Lampetra japonica*			+
二、鲑形目 Salmoniformes			
（二）鲑科 Salmonidae			
3. 黑龙江茴鱼 *Thymallus arcticus* ▲			+
（三）狗鱼科 Esocidae			
4. 黑斑狗鱼 *Esox reicherti*			+
三、鲤形目 Cypriniformes			
（四）鲤科 Cyprinidae			
5. 马口鱼 *Opsariichthys bidens*			+
6. 青鱼 *Mylopharyngodon piceus*▲	+	+	+
7. 草鱼 *Ctenopharyngodon idella*▲	+	+	+
8. 瓦氏雅罗鱼 *Leuciscus waleckii waleckii*		+	+
9. 真鲅 *Phoxinus phoxinus*			+
10. 湖鲅 *Phoxinus percnurus*			+
11. 拉氏鲅 *Phoxinus lagowskii*	+		
12. 鳡 *Elopichthys bambusa*	+		+
13. 赤眼鳟 *Squaliobarbus curriculus*			+
14. 䱗 *Hemiculter leucisculus*	+	+	+
15. 翘嘴鲌 *Culter alburnus*	+	+	+
16. 蒙古鲌 *Culter mongolicus mongolicus*	+		+
17. 达氏鲌 *Culter dabryi dabryi*			+
18. 鳊 *Parabramis pekinensis*	+		+
19. 团头鲂 *Megalobrama amblycephala*▲	+	+	+
20. 红鳍原鲌 *Cultrichthys erythropterus*	+	+	+
21. 银鲴 *Xenocypris argentea*			+
22. 兴凯鱊 *Acheilognathus chankaensis*			+
23. 黑龙江鳑鲏 *Rhodeus sericeus*	+	+	+
24. 彩石鳑鲏 *Rhodeus lighti*			+
25. 唇䱻 *Hemibarbus labeo*			+
26. 花䱻 *Hemibarbus maculatus*	+	+	
27. 麦穗鱼 *Pseudorasbora parva*	+	+	+
28. 平口𬶋 *Ladislavia taczanowskii*	+		
29. 棒花鱼 *Abbottina rivularis*	+	+	+
30. 突吻𬶋 *Rostrogobio amurensis*			+
31. 蛇𬶋 *Saurogobio dabryi*		+	+
32. 东北鳈 *Sarcocheilichthys lacustris*		+	+
33. 凌源𬶋 *Gobio lingyuanensis*		+	
34. 犬首𬶋 *Gobio cynocephalus*			+
35. 鲤 *Cyprinus carpio*	+	+	+
36. 银鲫 *Carassius auratus gibelio*	+	+	+
37. 鲢 *Hypophthalmichthys molitrix*▲	+	+	+
38. 鳙 *Aristichthys nobilis*▲	+	+	+
（五）鳅科 Cobitidae			
39. 黑龙江花鳅 *Cobitis lutheri*		+	+
40. 黑龙江泥鳅 *Misgurnus mohoity*		+	+

续表

种类	a	b	c	种类	a	b	c
41. 花斑副沙鳅 *Parabotia fasciata*		+	+	（十）鰕虎鱼科 Gobiidae			
四、鲇形目 Siluriformes				48. 褐吻鰕虎鱼 *Rhinogobius brunneus*		+	+
（六）鲿科 Bagridae				（十一）斗鱼科 Belontiidae			
42. 黄颡鱼 *Pelteobagrus fulvidraco*	+	+	+	49. 圆尾斗鱼 *Macropodus chinensis*	+	+	+
43. 乌苏拟鲿 *Pseudobagrus ussuriensis*		+	+	（十二）鳢科 Channidae			
（七）鲇科 Siluridae				50. 乌鳢 *Channa argus*	+	+	+
44. 怀头鲇 *Silurus soldatovi*	+	+	+	六、鳕形目 Gadiformes			
45. 鲇 *Silurus asotus*	+	+	+	（十三）鳕科 Gadidae			
五、鲈形目 Perciformes				51. 江鳕 *Lota lota*			+
（八）鮨科 Serranidae				七、鲉形目 Scorpaeniformes			
46. 鳜 *Siniperca chuatsi*		+	+	（十四）杜父鱼科 Cottidae			
（九）塘鳢科 Eleotridae				52. 杂色杜父鱼 *Cottus poecilopus*			+
47. 葛氏鲈塘鳢 *Perccottus glenii*	+			总物种数	25	30	47

注：a. 2008～2010 年；b. 1989～1991 年；c. 文献[51]～[53]。

经比较可知，2008～2010 年、1989～1991 年均采集到而且文献也有记载的物种包括 5 种放养鱼类（青鱼、草鱼、团头鲂、鲢及鳙）和 13 种土著鱼类（鳘、翘嘴鲌、红鳍原鲌、黑龙江鳑鲏、麦穗鱼、棒花鱼、鲤、银鲫、黄颡鱼、鲇、怀头鲇、圆尾斗鱼及乌鳢）；2008～2010 年采集到的物种（1989～1991 年未采集到，文献也没有记载的）有拉氏鲅、平口鮈及葛氏鲈塘鳢；2008～2010 年未采集到的物种（1989～1991 年采集到，文献有记载的）有移入种黑龙江茴鱼和 26 种土著鱼类日本七鳃鳗、雷氏七鳃鳗、黑斑狗鱼、马口鱼、瓦氏雅罗鱼、真鲅、湖鲅、赤眼鳟、达氏鲌、银鲴、兴凯鱊、彩石鳑鲏、唇䱻、突吻鮈、蛇鮈、东北鳈、凌源鮈、犬首鮈、黑龙江花鳅、黑龙江泥鳅、花斑副沙鳅、乌苏拟鲿、鳜、褐吻鰕虎鱼、江鳕及杂色杜父鱼；1989～1991 年采集到的物种（文献没有记载的）有土著种花䱻和凌源鮈；1989～1991 年未采集到的物种（文献有记载的）有移入种黑龙江茴鱼和 18 种土著鱼类日本七鳃鳗、黑斑狗鱼、马口鱼、真鲅、湖鲅、鳡、赤眼鳟、蒙古鲌、达氏鲌、鳊、银鲴、兴凯鱊、彩石鳑鲏、唇䱻、突吻鮈、犬首鮈、江鳕及杂色杜父鱼；2008～2010 年和 1989～1991 均未采集到的物种（文献有记载的）有移入种黑龙江茴鱼和土著种日本七鳃鳗、黑斑狗鱼、马口鱼、真鲅、湖鲅、赤眼鳟、达氏鲌、银鲴、兴凯鱊、彩石鳑鲏、唇䱻、突吻鮈、犬首鮈、江鳕及杂色杜父鱼。总体上，2008～2010 年采集到的鱼类物种数比 1989～1991 年采集到的减少 5 种、比文献记载的减少 22 种。

还应该指出，从扎龙湖、连环湖和查干湖鱼类物种的调查结果看，都存在着有过记录的物种未被采集到，没有过记录的物种而被采集到的情况。所以那些未被采集到的物种不一定意味着已经在湿地中消失，可能是因为物种处在濒危状态，种群规模较小，或分布范围狭窄，生活习性和生境特殊，以致在渔具种类和数量、采样范围和强度等都有限的情况下一时难以捕获，但很可能会重见于另外的调查中。这也说明查清湿地中全部鱼类物种数目虽然较困难，但增加调查采样的频率与强度，则有可能获得更接近实际的物种数目。因此，目前松嫩平原盐碱湿地鱼类群落中，尚不能排除未获得的其他稀有物种。

2）群落优势种动态

综合优势度指数与优势种，一些昔日的土著优势种类如鲤、银鲫、䱗、红鳍原鲌等，目前仍具有明显的种群优势。例如，在扎龙湖的商业性渔获物中，银鲫所占比例仍在60%～80%[49]。而另一些昔日的优势种类，如连环湖的蒙古鲌、齐家泡的银鲴均已失去昔日的种群优势。

相比之下，通过驯化移殖，部分鱼类适应了新的湿地生态环境生存下来并在一些湿地中逐渐形成一定优势。例如，连环湖和大龙虎泡驯化移殖的大银鱼均已形成优势种群并获得商业性渔获量[47, 48]。但在2008～2010年大龙虎泡渔获物中，小型鱼类（包括小型经济鱼类和非经济鱼类）的生物量明显下降，群落结构趋于简单化，这是否与大银鱼大量吞食这些鱼类的仔、幼鱼和鱼卵有关，值得进一步研究。

3）关于群落优势种的确定

生态学上的优势种是对群落结构、功能以及群落环境的形成起着主要控制与影响作用，决定群落主要特征的物种。因此，区分群落中的优势种和从属种曾被认为是群落生态学研究中的首要工作。通常群落样本中个体数量或生物量最多、出现频率最高的种类，往往就是优势种。如何以客观的标准确定优势种，则是需要优先解决的问题。

鱼类群落中优势种的确定，目前主要有生物量指数法[41]、个体相对多度（也称相对丰度）法[42]，以及个体数量-生物量-出现频率法、个体优势度指数法和对群落多样性的贡献法[43]，尚未规范统一。本书所采用的确定群落优势种的三种方法虽然存在一些差别，但与目前各湿地的商业性渔获物组成大致相符。其中，相对丰度法和优势种数目法所确定的群落优势种，均涉及物种的个体相对丰度，实际上均属于相对丰度法，只是优势种数目的确定略有不同：前者是根据群落中某一物种的相对丰度是否≥10%来确定的；后者则是通过群落中各物种相对丰度的平方和计算得出的。

比较三种方法确定13片盐碱湿地鱼类群落的优势种可知，优势度指数法与相对丰度法所确定的群落优势种数目合计为16种，其中共有种占62.5%；优势度指数法与优势种数目法所确定的群落优势种数目合计为25种，其中共有种占60%；相对丰度法与优势种数目法所确定的群落优势种数目合计为24种，其中共有种占41.67%。可见，从共有种所占比例来看，群落优势种的确定，以优势度指数法与相对丰度法的效果相对更好些。鉴于鱼类物种个体大小的差异性，以优势度指数作为确定优势种的指标相比于物种相对丰度更合适，因为优势度指数综合了个体数量、生物量和出现频率三个因素。为此，建议在今后的研究中，增加采样次数，用优势度指数来确定优势种。至于优势度指数的具体标准要根据不同湿地的特点，结合渔获物组成情况，综合鱼类的分布、出现频率、个体数量和生物量及其所占比例等各方面因素来确定。本书以优势度指数≥10000作为判定优势种的标准，其结果包括了由相对丰度法所确定的全部优势种。因此，这一标准对松嫩平原盐碱湿地鱼类群落优势种判定标准的选择具有一定的参考价值。

2.1.2　α 多样性

1. 测度方法

1）物种丰富度

对 13 片盐碱湿地鱼类群落的物种丰富度的测度，采用群落样本的物种数目和物种丰富度指数两种方法。物种丰富度指数采用 Margalef 指数（d_{Ma}）：

$$d_{\mathrm{Ma}} = (S_1 - 1) / \ln N \tag{2-1}$$

式中，S_1 和 N 分别为群落样本的物种数和个体数[43, 54, 55]。采用 2.1.1 节的样本。

2）生态多样性指数

生态多样性指数是以群落中的物种数、全部物种的个体数和每个物种的个体数为基础，综合反映群落中物种的丰富度与均匀程度和群落异质性的数量指标，是一类应用较普遍的群落物种多样性指标。本书采用的生态多样性指数包括 Simpson 优势度指数（λ，简称 Simpson 指数）、Gini 多样性指数（D_{Gi}，简称 Gini 指数）、Shannon-Wiener 信息多样性指数（H，简称 Shannon-Wiener 指数）、Pielou 均匀度指数（J，简称 Pielou 指数）、Fisher 对数极数指数（α，简称 Fisher 指数），以及目、科、属等级多样性指数（$H_{\mathrm{O\cdot F\cdot G}}$）[43, 54, 55]。其计算公式如下：

$$\lambda = \sum_{i=1}^{S_1} (n_i / N)^2 \tag{2-2}$$

$$D_{\mathrm{Gi}} = 1 - \sum_{i=1}^{S_1} (n_i / N)^2 \tag{2-3}$$

$$H = -\sum_{i=1}^{S_1} (n_i / N) \ln(n_i / N) \tag{2-4}$$

$$J = H / \ln S_1 \tag{2-5}$$

$$H_{\mathrm{O\cdot F\cdot G}} = \ln S + \sum_{i=1}^{m} \ln S_m + \sum_{i=1}^{n} \ln S_n - \left[\sum_{i=1}^{m} \sum_{i=1}^{n} S_{mn} \ln S_{mn} \right] \Big/ S_m \tag{2-6}$$

$$- \left[\sum_{i=1}^{n} \sum_{i=1}^{j} S_{nj} \ln S_{nj} \right] \Big/ S_n - \sum_{i=1}^{p} S_{pk} \ln S_{pk} / S \tag{2-7}$$

$$S_1 = \alpha \ln(1 + N / \alpha) \tag{2-8}$$

式中，S_1、N 同上；n_i 为群落样本中第 i 物种的个体数；S、S_m、S_n 分别为湿地鱼类名录中的总物种数（即物种丰富度）、第 m 目、第 n 科物种数；S_{mn}、S_{nj}、S_{pk} 分别为第 m 目之下第 n 科的物种数、第 n 科之下第 j 属的物种数、总属数 p 之下第 k 属的物种数；α 由迭代法求得。

把每一片湿地所获取的样本总个体数和总生物量作为该群落样本并计算多样性指数，以群落样本的物种数作为该群落的物种丰富度[43, 54]。为避免单一指数可能带来的片面性，这里采用样本个体数和生物量并行统计的生态多样性指数。

3）群落物种相对多度分布格局

群落中物种多度组成的比例关系即多度格局，是群落结构的重要特点，不同的群落具有不同的多度格局，与群落物种多样性密切相关。通过对群落土著种相对多度分布格局的测度，可以了解群落的物种变化，即物种的多度分布及其与周围环境的关系状况，有助于更全面地认识特定群落的物种多样性特征。采用物种相对多度分布模型拟合的方法，测度鱼类群落物种相对多度分布格局[43, 54]。

（1）几何级数分布模型。数学模型为 $n_i = Nk(1-k)^{i-1}/[1-(1-k)^S]$。式中，$S$、$N$ 分别为群落物种数、总个体数量；k 为不同多度种的资源分配比例 $(0<k<1)$。

采用“迭代法”，通过式 $n_{\min}/N = k(1-k)^{s-1}/[1-(1-\mathrm{k})^S]$ 估计参数 k 值。其中，$n_{\min}$ 为群落中多度最小的物种个体数。表 2-9 列出了 k 值为 0.1～0.9 时 13 片盐碱湿地鱼类群落物种数（S）所对应的 $n_{\min}/N$ 值。

表 2-9　k 值为 0.1～0.9 时群落物种数所对应的 $n_{\min}/N$ 值　（单位：$\times10^{-4}$）

k	S												
	5	6	7	8	9	10	11	12	13	14	15	16	17
0.1	1602.16	1260.23	1018.67	839.81	702.71	594.82	508.14	437.32	378.69	329.59	288.08	252.72	22.39
0.2	1218.47	888.19	663.42	503.99	387.56	300.73	234.93	184.48	145.43	115.01	91.17	72.41	57.59
0.3	865.82	571.44	384.62	262.18	180.22	124.58	86.45	60.15	41.93	29.27	20.44	14.29	9.99
0.4	562.11	326.26	192.00	113.89	67.87	40.56	24.27	14.54	8.72	5.23	3.14	1.88	1.13
0.5	322.58	158.73	78.74	39.22	19.57	9.78	4.87	2.44	1.22	0.61	0.31	0.15	0.08
0.6	155.19	61.69	25.28	9.84	3.93	1.57	0.63	0.25	0.10				
0.7	56.84	17.02	5.10	1.53	0.46	0.14							
0.8	12.80	2.56	0.51	0.10									
0.9	0.90	0.09											

k	S												
	18	19	20	21	22	23	24	25	26	27	28	29	30
0.1	196.22	173.54	173.54	136.51	136.51	108.05	96.31	85.94	76.75	68.60	61.36	54.92	49.19
0.2	45.86	36.56	36.56	23.27	23.27	14.85	11.86	9.48	7.58	6.06	4.85	3.87	3.10
0.3	6.99	4.89	4.89	2.40	2.40	1.17	0.85	0.57	0.40	0.28	0.20	0.14	0.10
0.4	0.68	0.41	0.41	0.15	0.15	0.05							

（2）对数级数分布模型。数学模型为 $f_n = \alpha x^n / n$。式中，f_n 为有 n 个物种个体的频数；α 为 Fisher 指数；x 为常数，且 $0<x<1$，采用迭代法，由式 $N/S_1 = x/[(x-1)\ln(1-x)]$ 求得。为方便计算，现将 13 片盐碱湿地鱼类群落的部分 x 值与其所对应的 N/S 值列入表 2-10。

表 2-10　群落 x 与 N/S 的对应关系

x	N/S	x	N/S	x	N/S	x	N/S	x	N/S	x	N/S
0.9800	12.53	0.9850	15.64	0.9900	21.50	0.9950	37.56	0.9991	158.29	0.99982	644.33
0.9805	12.77	0.9855	16.05	0.9905	22.39	0.9955	40.94	0.9992	175.15	0.99983	677.51
0.9810	13.03	0.9860	16.50	0.9910	23.38	0.9960	45.10	0.9993	196.52	0.99984	714.79

续表

x	N/S	x	N/S	x	N/S	x	N/S	x	N/S	x	N/S
0.9815	130.97	0.9865	16.97	0.9915	24.47	0.9965	50.35	0.9994	224.23	0.99985	757.00
0.9820	13.58	0.9870	17.48	0.9920	25.68	0.9970	57.21	0.9995	262.99	0.99986	804.51
0.9825	13.88	0.9875	18.03	0.9925	27.05	0.9975	66.60	0.9996	319.40	0.99987	859.85
0.9830	14.19	0.9880	18.62	0.9930	28059	0.9980	80.30	0.9997	410.80	0.99988	923.36
0.9835	14.52	0.9885	15.31	0.9935	30.35	0.9985	102.37	0.9998	586.93	0.99989	997.01
0.9840	14.87	0.9890	19.94	0.9940	32.38	0.9990	144.62	0.99981	614.13	0.99990	1085.63
0.9845	15.24	0.9895	20.68	0.9945	34.75						

（3）对数正态分布模型。数学模型为$S(R)=S_0\exp(-a^2R^2)$。式中，R为物种多度级（倍程）从小到大排列的顺序。其中，物种数目最多的倍程（模式倍程）的R值记为0，位于模式倍程前和后的倍程的R值分别记为–1，–2，–3，…和1，2，3，…；S_0为模式倍程的物种数；$S(R)$为距离模式倍程的第R个倍程的物种数；a为反映物种分布宽度的参数。

分别采用式$a^2R_{\max}^2=\ln[S(0)/S(R_{\max})]$及$S_0=\exp\left[\overline{\ln S(R)}+a^2\overline{R^2}\right]$估计参数$a$和$S_0$。其中，$S(0)$为模式倍程的物种观测频数；$S(R_{\max})$为距离模式倍程最远的倍程$(R_{\max})$的物种观测频数，若$R_{\max}$有2个值（如$R_{\max}=\pm R$），则分别计算其$a$值后取平均值；$\overline{\ln S(R)}$为每个倍程的物种观测频数的对数平均值；$\overline{R^2}$为$R^2$的平均值。

（4）拟合模型的χ^2适合性检验。计算公式为$\chi^2=\sum_{i=1}^{m}(O_i-E_i)/E_i$。式中，$O_i$、$E_i$分别为观测值、拟合模型的预测值；$m$为物种数目或多度组数。以$\chi^2<\chi_\alpha^2(m-k-1)$判断为适合，其中，$(m-k-1)$为自由度，$k$为拟合模型被估计参数的个数；$\alpha$为显著水平。

2. 结果

1）物种丰富度

13片盐碱湿地鱼类群落物种丰富度平均为19种（表2-11）。以连环湖最多，为37种；其次是查干湖，为25种；小龙虎泡最少，为8种。物种丰富度≥30种的湿地只有连环湖；物种丰富度<30种且≥20种的有扎龙湖、查干湖、牛心套保泡、南山湖和喇嘛寺泡；物种丰富度<20种且≥10种的有花敖泡、新庙泡、老江身泡、齐家泡和大龙虎泡；物种丰富度<10种的有青肯泡和小龙虎泡。

表2-11 群落生态多样性指数

以d_{I}为评价指标		以d_{B}为评价指标		以D_{I}为评价指标		以D_{B}为评价指标	
d_{I}	湿地名称及排序	d_{B}	湿地名称及排序	D_{I}	湿地名称及排序	D_{B}	湿地名称及排序
2.236	1. 连环湖	3.372	1. 查干湖	0.877	1. 扎龙湖	0.856	1. 连环湖
2.130	2. 扎龙湖	3.166	2. 连环湖	0.874	2. 连环湖	0.851	2. 扎龙湖
2.098	3. 查干湖	3.138	3. 扎龙湖	0.857	3. 大龙虎泡	0.850	3. 查干湖

续表

以 d_I 为评价指标		以 d_B 为评价指标		以 D_I 为评价指标		以 D_B 为评价指标	
d_I	湿地名称及排序	d_B	湿地名称及排序	D_I	湿地名称及排序	D_B	湿地名称及排序
1.984	4. 喇嘛寺泡	2.657	4. 喇嘛寺泡	0.844	4. 牛心套保泡	0.849	4. 新庙泡
1.762	5. 大龙虎泡	2.653	5. 南山湖	0.801	5. 青肯泡	0.822	5. 小龙虎泡
1.423	6. 齐家泡	2.647	6. 大龙虎泡	0.798	6. 喇嘛寺泡	0.813	6. 大龙虎泡
1.162	7. 新庙泡	2.359	7. 牛心套保泡	0.794	7. 老江身泡	0.755	7. 牛心套保泡
1.154	8. 老江身泡	2.236	8. 新庙泡	0.788	8. 南山湖	0.726	8. 老江身泡
1.092	9. 牛心套保泡	1.570	9. 花敖泡	0.745	9. 齐家泡	0.700	9. 花敖泡
1.058	10. 南山湖	1.568	10. 老江身泡	0.712	10. 花敖泡	0.688	10. 青肯泡
1.009	11. 小龙虎泡	1.562	11. 齐家泡	0.690	11. 小龙虎泡	0.684	11. 齐家泡
0.976	12. 花敖泡	1.542	12. 小龙虎泡	0.502	12. 查干湖	0.612	12. 喇嘛寺泡
0.908	13. 青肯泡	1.168	13. 青肯泡	0.432	13. 新庙泡	0.556	13. 南山湖
1.461		2.280		0.747		0.751	

以 J_I 为评价指标		以 J_B 为评价指标		以 λ_I 为评价指标		以 λ_B 为评价指标	
J_I	湿地名称及排序	J_B	湿地名称及排序	λ_I	湿地名称及排序	λ_B	湿地名称及排序
0.914	1. 大龙虎泡	0.891	1. 小龙虎泡	0.568	1. 新庙泡	0.444	1. 南山湖
0.905	2. 青肯泡	0.836	2. 新庙泡	0.498	2. 查干湖	0.388	2. 喇嘛寺泡
0.843	3. 老江身泡	0.785	3. 扎龙湖	0.310	3. 小龙虎泡	0.316	3. 齐家泡
0.791	4. 扎龙湖	0.748	4. 老江身泡	0.288	4. 花敖泡	0.312	4. 青肯泡
0.769	5. 牛心套保泡	0.738	5. 青肯泡	0.255	5. 齐家泡	0.300	5. 花敖泡
0.767	6. 南山湖	0.729	6. 查干湖	0.212	6. 南山湖	0.274	6. 老江身泡
0.756	7. 花敖泡	0.727	7. 花敖泡	0.206	7. 老江身泡	0.245	7. 牛心套保泡
0.751	8. 喇嘛寺泡	0.719	8. 大龙虎泡	0.202	8. 喇嘛寺泡	0.187	8. 大龙虎泡
0.734	9. 齐家泡	0.718	9. 喇嘛寺泡	0.199	9. 青肯泡	0.178	9. 小龙虎泡
0.730	10. 连环湖	0.662	10. 齐家泡	0.156	10. 牛心套保泡	0.151	10. 新庙泡
0.708	11. 查干湖	0.574	11. 牛心套保泡	0.143	11. 大龙虎泡	0.150	11. 查干湖
0.691	12. 小龙虎泡	0.518	12. 南山湖	0.126	12. 连环湖	0.149	12. 扎龙湖
0.407	13. 新庙泡	0.474	13. 连环湖	0.123	13. 扎龙湖	0.144	13. 连环湖
0.751		0.701		0.253		0.249	

以 H_I 为评价指标		以 H_B 为评价指标		以 $H_{O\text{-}F\text{-}G}$ 为评价指标		以 S 为评价指标	
H_I	湿地名称及排序	H_B	湿地名称及排序	$H_{O\text{-}F\text{-}G}$	湿地名称及排序	S	湿地名称及排序
2.370	1. 扎龙湖	2.352	1. 扎龙湖	7.657	1. 连环湖	37	1. 连环湖
2.321	2. 连环湖	2.282	2. 连环湖	7.503	2. 牛心套保泡	25	2. 查干湖
2.155	3. 查干湖	2.218	3. 查干湖	7.162	3. 扎龙湖	23	3. 扎龙湖
2.132	4. 牛心套保泡	2.087	4. 新庙泡	7.160	4. 南山湖	22	4. 牛心套保泡
2.129	5. 大龙虎泡	1.993	5. 大龙虎泡	6.987	5. 花敖泡	22	5. 南山湖

续表

以 H_I 为评价指标		以 H_B 为评价指标		以 H_{O-F-G} 为评价指标		以 S 为评价指标	
H_I	湿地名称及排序	H_B	湿地名称及排序	H_{O-F-G}	湿地名称及排序	S	湿地名称及排序
2.082	6. 喇嘛寺泡	1.852	6. 小龙虎泡	6.916	6. 新庙泡	20	6. 喇嘛寺泡
1.950	7. 南山湖	1.592	7. 牛心套保泡	6.802	7. 查干湖	19	7. 大龙虎泡
1.760	8. 青肯泡	1.556	8. 老江身泡	6.045	8. 喇嘛寺泡	18	8. 新庙泡
1.753	9. 老江身泡	1.525	9. 齐家泡	5.904	9. 老江身泡	17	9. 齐家泡
1.691	10. 齐家泡	1.437	10. 青肯泡	5.804	10. 齐家泡	15	10. 花敖泡
1.472	11. 花敖泡	1.435	11. 喇嘛寺泡	5.136	11. 青肯泡	13	11. 老江身泡
1.437	12. 小龙虎泡	1.414	12. 花敖泡	4.159	12. 小龙虎泡	9	12. 青肯泡
1.012	13. 新庙泡	1.179	13. 南山湖	3.152	13. 大龙虎泡	8	13. 小龙虎泡
1.866		1.763		6.184		19	

注：d_I 与 d_B、D_I 与 D_B、H_I 与 H_B、J_I 与 J_B、λ_I 与 λ_B 分别为以样本个体数和生物量计算的 Margalef 指数、Gini 指数、Shannon-Wiener 指数、Pielou 指数、Simpson 指数。尾行数据为平均值。

13 片盐碱湿地鱼类群落中，基于样本个体数和生物量的 Margalef 指数 d_I、d_B 的平均值分别为 1.461、2.280。d_I 排序前三位的湿地分别为连环湖、扎龙湖及查干湖，指数值分别为 2.236、2.130 及 2.098；d_B 排序前三位的湿地分别为查干湖、连环湖及扎龙湖，指数值分别为 3.372、3.166 及 3.138。d_I、d_B 最低值均出现在青肯泡，分别为 0.908、1.168。总体上，d_I 明显小于 d_B（$t=-3.320, P<0.01$），这显然是物种个体大小差异所致（大多数物种个体数量大于其生物量）。

2）生态多样性指数

（1）Shannon-Wiener 指数。基于样本个体数和生物量的 Shannon-Wiener 指数 H_I、H_B 的平均值分别为 1.866、1.763。H_I 排序前三位的湿地分别为扎龙湖、连环湖及查干湖，指数值分别为 2.370、2.321 及 2.155；H_B 排序前三位的湿地分别为扎龙湖、连环湖及查干湖，指数值分别为 2.352、2.282 及 2.218。H_I、H_B 最低值分别出现在新庙泡和南山湖，分别为 1.012 和 1.179。总体上，H_I 与 H_B 无明显差别（$t=0.679, P>0.05$）。

（2）Gini 指数。基于样本个体数和生物量的 Gini 指数 D_I、D_B 的平均值分别为 0.747、0.751。D_I 排序前三位的湿地分别为扎龙湖、连环湖及大龙虎泡，指数值分别为 0.877、0.874 及 0.857；D_B 排序前三位的湿地分别为连环湖、扎龙湖及查干湖，指数值分别为 0.856、0.851 及 0.850。D_I、D_B 最低值分别出现在新庙泡和南山湖，分别为 0.432 和 0.556。总体上，D_I 与 D_B 无明显差别（$t=-0.090, P>0.05$）。

（3）Pielou 指数。基于样本个体数和生物量的 Pielou 指数 J_I、J_B 的平均值分别为 0.751、0.701。J_I 排序前三位的湿地分别为大龙虎泡、青肯泡及老江身泡，指数值分别为 0.914、0.905 及 0.843；J_B 排序前三位的湿地分别为小龙虎泡、新庙泡及扎龙湖，指数值分别为 0.891、0.836 及 0.785。J_I、J_B 最低值分别出现在新庙泡和连环湖，分别为 0.407 和 0.474。总体上，J_I 与 J_B 无明显差别（$t=1.046, P>0.05$）。

（4）Simpson 指数。基于样本个体数和生物量的 Simpson 指数 λ_I、λ_B 的平均值分别

为0.253、0.249。λ_I 排序前三位的湿地分别为新庙泡、查干湖及小龙虎泡，指数值分别为0.568、0.498 及 0.310；λ_B 排序前三位的湿地分别为南山湖、喇嘛寺泡及齐家泡，指数值分别为0.444、0.388 及 0.316。λ_I、λ_B 最低值分别出现在扎龙湖和连环湖，分别为0.123和0.144。总体上，λ_I 与 λ_B 无明显差别（$t=0.085, P>0.05$）。

（5）等级多样性指数。13 片盐碱湿地鱼类群落的目、科、属等级多样性指数平均值为6.184。排序在前三位的湿地分别为连环湖、牛心套保泡及扎龙湖，$H_{O\cdot F\cdot G}$ 值分别为7.657、7.503 及 7.162。大龙虎泡最低，为3.152。

（6）多样性指数的相关性。13 片盐碱湿地鱼类群落多样性指数的相关性见表 2-12。

表 2-12　群落生态多样性指数的相关性

多样性指数	d	D	J	λ	H	$H_{O\cdot F\cdot G}$	S	α
d	I→	0.155	0.045	−0.155	0.703**	0.160	0.736**	−0.672*
D	0.344	←B	0.767**	−1.000	0.642*	−0.099	0.167	0.343
J	−0.359	0.323	1	−0.767**	0.580*	−0.386	−0.130	0.532
λ	−0.344	−1.000	−0.323	1	−0.642*	0.099	−0.167	−0.343
H	0.600*	0.931**	0.200	−0.931**	1	0.169	0.634*	−0.158
$H_{O\cdot F\cdot G}$	0.391	−0.033	−0.486	0.034	0.070	1	0.593*	−0.132
S	0.825**	0.279	−0.697**	−0.279	0.490	−0.132	1	−0.582*
α	−0.693**	−0.643*	−0.050	0.643*	−0.773**	0.585*	−0.570*	1

注：*表示 $P<0.05$，**表示 $P<0.01$，后文同。“I→”表示“1”斜线右侧为基于样本个体数的多样性指数所计算的相关系数，“←B”表示“1”斜线左侧为基于样本生物量的多样性指数所计算的相关系数。

基于样本个体数的多样性指数。由表 2-12 可知，Margalef 指数与 Shannon-Wiener 指数和物种丰富度均极显著相关（$P<0.01$），与 Fisher 指数显著负相关（$P<0.05$）；Gini 指数与 Pielou 指数极显著相关（$P<0.01$），与 Shannon-Wiener 指数显著相关（$P<0.05$）；Pielou 指数与 Simpson 指数极显著负相关（$P<0.01$），与 Shannon-Wiener 指数显著相关（$P<0.05$）；Simpson 指数与 Shannon-Wiener 指数显著负相关（$P<0.05$）；Shannon-Wiener 指数和等级多样性指数均与物种丰富度显著相关（$P<0.05$）；物种丰富度与 Fisher 指数显著负相关（$P<0.05$）。以上结果表明，Margalef 指数与 Shannon-Wiener 指数和物种丰富度，Gini 指数与 Pielou 指数均呈现极显著的一致性；相反，Pielou 指数与 Simpson 指数则呈现极显著的不一致性。此外，Fisher 指数与 Margalef 指数和物种丰富度，Simpson 指数与 Shannon-Wiener 指数均呈现显著的不一致性；物种丰富度与 Shannon-Wiener 指数和等级多样性指数，Shannon-Wiener 指数与 Gini 指数和 Pielou 指数则有显著的一致性。

基于样本生物量的多样性指数。由表 2-12 可知，Fisher 指数与 Simpson 指数和等级多样性指数，Margalef 指数与 Shannon-Wiener 指数均显著相关（$P<0.05$）；Shannon-Wiener 指数与 Gini 指数，Margalef 指数与物种丰富度均极显著相关（$P<0.01$）。Fisher 指数与 Gini 指数和物种丰富度均显著负相关（$P<0.05$），与 Margalef 指数和 Shannon-Wiener 指数均极显著负相关（$P<0.01$）；Pielou 指数与物种丰富度，Shannon-Wiener 指数与 Simpson 指

数也均极显著负相关（$P<0.01$）。以上结果表明，Margalef 指数与物种丰富度具有极显著的一致性；Fisher 指数与 Margalef 指数和 Shannon-Wiener 指数均呈现极显著的不一致性；Pielou 指数与物种丰富度，Shannon-Wiener 指数与 Simpson 指数也均呈现极显著的不一致性。

表 2-12 还显示，在基于样本个体数和生物量的多样性指数相关性中，物种丰富度与 Fisher 指数均显著负相关（$P<0.05$）；物种丰富度与 Margalef 指数均极显著正相关（$P<0.01$），表现出高度的一致性。另外，由于 Gini 指数和 Simpson 指数所表示的生态学意义恰好相反，且多样性指数之和等于 1，因而二者相关系数均为–1。

3）物种相对多度分布模型

13 片盐碱湿地鱼类群落物种相对多度分布模型的拟合结果如表 2-13 所示。13 片盐碱湿地鱼类群落的物种分布格局均符合对数正态分布模型；新庙泡、连环湖、青肯泡和查干湖鱼类群落物种分布还符合几何级数分布模型。

表 2-13　群落物种相对多度分布模型

湿地名称	参数估计			拟合模型	适合性检验			
	k	x	a		χ^2	χ^2_α	df	P
	0.313			$n_i = 1217.64\times0.687^i$	289.625	36.123	14	<0.001
牛心套保泡		0.999151		$f_n = 2.265\times0.999151^n / n$	1426.356	32.909	12	<0.001
			0.298	$S(R) = 2.803\exp(-0.089R^2)$	4.043	9.488	4	>0.05
	0.365			$n_i = 2859.92\times0.635^i$	1193.69	36.123	14	<0.001
大龙虎泡		0.999587		$f_n = 2.054\times0.999587^n / n$	936.898	34.528	13	<0.001
			0.160	$S(R) = 2.745\exp(-0.026R^2)$	2.469	14.067	7	>0.05
	0.415			$n_i = 402.29\times0.485^i$	67.765	20.515	5	<0.001
花敖泡		0.997512		$f_n = 1.167\times0.997512^n / n$	97.649	18.467	4	<0.001
			0.447	$S(R) = 1.971\exp(-0.199R^2)$	2.386	5.991	2	>0.05
	0.210			$n_i = 524.38\times0.790^i$	123.079	36.123	14	<0.001
喇嘛寺泡		0.998756		$f_n = 2.395\times0.998756^n / n$	286.734	32.909	12	<0.001
			0.254	$S(R) = 3.131\exp(-0.064R^2)$	3.994	9.448	4	>0.05
	0.268			$n_i = 551.39\times0.732^i$	72.936	29.588	10	<0.01
南山湖		0.998785		$f_n = 1.787\times0.998785^n / n$	569.494	27.877	9	<0.001
			0.393	$S(R) = 2.767\exp(-0.154R^2)$	11.537	11.345	3	<0.01
	0.378			$n_i = 267.93\times0.622^i$	21.089	12.592	6	<0.05
老江身泡		0.996775		$f_n = 1.395\times0.996775^n / n$	186.791	20.515	50	<0.001
			0.349	$S(R) = 1.984\exp(-0.122R^2)$	1.137	7.815	3	>0.05

续表

湿地名称	参数估计			拟合模型	适合性检验			
	k	x	a		χ^2	χ^2_α	df	P
连环湖	0.119			$n_i = 4142.19 \times 0.881^i$	32.938	33.294	22	>0.05
		0.999911		$f_n = 2.608 \times 0.999911^n / n$	768.694	46.797	21	<0.001
			0.160	$S(R) = 2.026\exp(-0.026R^2)$	14.048	15.507	8	>0.05
青肯泡	0.286			$n_i = 327.95 \times 0.714^i$	5.65	11.070	5	>0.05
		0.998588		$f_n = 1.070 \times 0.998558^n / n$	143.937	18.467	4	<0.001
			0.524	$S(R) = 2.363\exp(-0.275R^2)$	0.605	3.841	1	>0.05
齐家泡	0.460			$n_i = 476.91 \times 0.540^i$	49.467	26.125	8	<0.001
		0.996909		$f_n = 1.730 \times 0.996909^n / n$	249.687	24.322	7	<0.001
			0.268	$S(R) = 1.801\exp(-0.072R^2)$	1.462	11.070	5	>0.05
查干湖	0.345			$n_i = 7294.71 \times 0.655^i$	39.487	43.820	19	>0.001
		0.999825		$f_n = 2.419 \times 0.999825^n / n$	769.436	34.528	13	<0.001
			0.139	$S(R) = 2.215\exp(-0.019R^2)$	8.253	14.067	7	>0.05
新庙泡	0.369			$n_i = 7573.51 \times 0.631^i$	148.968	29.588	10	<0.001
		0.999898		$f_n = 1.314 \times 0.999898^n / n$	286.924	26.125	8	<0.001
			0.058	$S(R) = 1.506\exp(-0.003R^2)$	6.457	9.448	4	>0.05
扎龙湖	0.199			$n_i = 1878.91 \times 0.801^i$	148.695	42.312	18	<0.001
		0.999666		$f_n = 2.496 \times 0.999666^n / n$	763.268	40.790	17	<0.001
			0.191	$S(R) = 3.638\exp(-0.037R^2)$	2.380	9.448	4	>0.05
小龙虎泡	0.452			$n_i = 857.52 \times 0.548^i$	15.688	12.592	6	<0.05
		0.998858		$f_n = 1.180 \times 0.998858^n / n$	238.694	20.515	5	<0.001
			0.349	$S(R) = 1.768\exp(-0.122R^2)$	1.566	7.185	3	>0.05

注：df 表示自由度。

4）群落生态多样性与群落结构异质性

Shannon-Wiener 指数是生物群落物种丰富度与群落结构异质性的测度，是表达生物群落物种结构复杂性与分布（个体数量或生物量）均匀性的指标，其数值范围一般在 1.5～3.5，很少超过 4.5，而且该值越高或与 Pielou 指数和 Gini 指数的一致性越显著，其群落物种多样性程度也越高，群落物种结构越复杂，群落异质性与稳定性也越高，群落抵抗外界扰动能力或受到破坏后的恢复能力也就越强[56-58]。基于物种个体数和生物量的松嫩平原 13 片盐碱湿地鱼类群落的 Shannon-Wiener 指数平均值分别为 1.5 和 2.0 左右，表明总体多样性程度相对较高，且与 Pielou 指数和 Gini 指数的一致性也较好（显著和极显著），因而群落结构的异质性与稳定性程度也相对较高，这与湿地较完善的渔业经营管理和相对稳定的水环境有关。

松嫩平原的 13 片盐碱湿地中，扎龙湖地处黑龙江扎龙国家级自然保护区内，连环湖与该保护区相毗邻，两片盐碱湿地都是保护区食鱼鸟类的主要食源地，在维系保护区湿地生物多样与生态功能上具有重要作用。同时，这两片湿地鱼类群落 Shannon-Wiener 指数也相对较高，目前群落结构相对较稳定。因此，一方面，应结合鱼类物种多样性保护，对其群落结构的动态变化加强监测；另一方面，还应保持湿地生态环境的相对稳定，以维持目前相对稳定的鱼类群落结构。

地处查干湖国家级自然保护区的查干湖和新庙泡，虽然 Shannon-Wiener 指数并不算高，但基于物种个体数的 Simpson 指数明显高于其他湿地，同时也显著高于基于生物量的 Simpson 指数。这其中表达了两个信息：一是目前这两片盐碱湿地中鱼类群落结构的不稳定性；二是这两片盐碱湿地的鱼类群落都以小型物种鳘和红鳍原鲌为优势种，显示了物种结构的不合理性。

5）α 多样性与湿地自然因素的关系

对 13 片盐碱湿地鱼类群落的 α 多样性指数和表 2-1 中盐碱湿地若干因素进行相关分析，结果见表 2-14。

表 2-14　群落生态多样性指数与若干因素的相关性

项目	d_I	d_B	H_I	H_B	D_I
平均年鱼产量	0.231	0.301	0.561*	0.231	0.672*
物种丰富度	0.721**	0.894**	0.672*	0.549	0.392
样本总数量	0.210	0.322	0.102	0.392	–0.237
样本总生物量	0.172	0.251	0.313	0.345	0.320
碱度	–0.626*	–0.637*	–0.549	–0.514	–0331
盐度	–0.532	–0.541	–0.475	–0.462	–0.318
pH	–0.517	–0.325	–0.317	–0.416	–0.104
纬度	–0.131	–0.014	0.046	–0.231	0.267
经度	–0.247	–0.421	–0.346	–0.141	–0.216

项目	D_B	J_I	J_B	λ_I	λ_B
平均年鱼产量	0.246	0.462	–0.028	–0.691**	–0.114
物种丰富度	0.342	–0.021	–0.158	–0.245	–0.379
样本总数量	0.275	–0.348	0.072	0.292	–0.303
样本总生物量	0.271	0.104	–0.239	–0.282	0.229
碱度	–0.220	–0.023	0.179	–0.219	0.369
盐度	–0.283	–0.162	0.194	0.286	0.316
pH	–0.239	0.136	–0.208	0.251	0.240
纬度	–0.349	0.291	–0.261	–0.302	0.392
经度	–0.020	0.047	0.372	0.194	0.027

（1）与平均年鱼产量的关系。由表2-14可知，基于物种个体数的Shannon-Wiener指数和Gini指数与平均年鱼产量均显著相关（$P<0.05$），Simpson指数与平均年鱼产量极显著负相关（$P<0.01$），这与青鱼、草鱼、鲢、鳙、鲤等大型鱼类因放养量适宜而生物量增加，小型鱼类个体数量较大而生物量较小的实际情况相符。

文献[59]报道，长江中下游地区湖泊放养鱼类产量占总产量的60%～90%，放养对群落生态多样性指数具有负影响。松嫩平原的湖泊湿地放养鱼类产量占总产量的比例一般低于50%（实际调查结果），按照目前的放养规模，在一定范围内随着放养量的提高，群落Shannon-Wiener指数和Gini指数均呈现升高的趋势，但其拐点值得进一步研究。

（2）与物种丰富度和样本总数量的关系。表2-14显示，物种丰富度和样本总数量都是与多样性指数密切相联系的参数。基于物种个体数和生物量的Margalef指数与物种丰富度极显著相关（$P<0.01$），基于物种个体数的Shannon-Wiener指数与物种丰富度显著相关（$P<0.05$），这显然与它们所表达的生态学信息是一致的。以样本个体数和生物量计算的Shannon-Wiener指数、Gini指数、Pielou指数、Simpson指数和等级多样性指数与样本总数量和总生物量之间都没有明显的相关性（$P>0.05$），表明生态多样性指数的两种统计方法均未受到样本大小的影响，从而反映了群落物种多样性的固有特性。同时，也再次表明生态多样性指数是群落的物种丰富度与物种相对丰度（群落的异质性）的综合表达[41, 54, 55]。

（3）与水环境因子的关系。表2-14还显示，基于物种个体数和生物量的Margalef指数与碱度显著负相关（$P<0.05$）。这表明目前13片盐碱湿地水环境的碱度已对鱼类群落的物种多样性指数产生明显的负影响。同时也表明，增加水量补给，控制水环境盐碱化对保护鱼类物种多样性起着重要作用。然而，目前盐碱湿地的水量补给明显偏少，湿地面积在缩小，这将对湿地鱼类群落的物种多样性、群落结构和功能的异质性与稳定性构成潜在威胁[60]。

（4）物种丰富度与湿地自然因素的关系。

a. 与湿地面积、平均水深、经度和纬度的关系：13片盐碱湿地鱼类群落的物种丰富度（S）与湿地面积（A/km^2）、平均水深（h/m）、纬度（N）和经度（E）的相关性及其线性关系见表2-15。

表2-15　群落物种丰富度与湿地面积、平均水深、经度和纬度的关系

因素	因素相关系数（r）	线性关系		
		拟合模型	线性相关性（r）	线性决定系数（r^2）
S-N	−0.243	$S=17.747-0.074N$	−0.147	2.16×10^{-2}
		$S=19.326+0.392\ln N$	0.126	1.59×10^{-2}
		$S=398.738\exp(-0.047N)$	−0.127	1.61×10^{-2}
		$S=14.837N^{0.014}$	0.107	1.14×10^{-2}
S-E	−0.431	$S=624.397-5.149E$	−0.545	0.297
		$S=14.184-2.143\times10^{-3}\ln E$	−0.012	1.44×10^{-4}
		$S=1.491\times10^{20}\exp(-0.436E)$	−0.571*	0.326
		$S=14.518\times10^{92}E^{-39.295}$	−0.549	0.301

续表

因素	因素相关系数（r）	线性关系		
		拟合模型	线性相关性（r）	线性决定系数（r^2）
S-A	0.142	$S=16.793+0.012A$	0.424	0.180
		$S=15.482+1.372\ln A$	0.337	0.114
		$S=16.303\exp(7.263\times10^{-4}A)$	0.402	0.162
		$S=14.619A^{0.027}$	0.297	0.088
S-h	0.262	$S=14.979+2.724h$	0.272	7.40×10^{-2}
		$S=16.787+2.327\ln h$	0.214	4.58×10^{-2}
		$S=1.426\exp(0.134h)$	0.299	8.94×10^{-2}
		$S=17.632h^{0.219}$	0.201	4.04×10^{-2}

由表2-15可知，13片盐碱湿地鱼类群落的物种丰富度只与经度存在显著的指数函数曲线关系（$P<0.05$）。这表明各片湿地的鱼类物种丰富度只存在地理位置上的东西差异，而与南北关系不大。研究表明，全球范围内湿地鱼类群落的物种丰富度倾向于随纬度和水库深度增加而下降的趋势[42]。松嫩平原的13片盐碱湿地鱼类群落的物种丰富度随纬度升高也呈现下降趋势，但不明显。例如，44°57′N～45°21′N区域的牛心套保泡、新庙泡、花敖泡和查干湖与46°04′N～47°11′N的扎龙湖、南山湖、连环湖、齐家泡、大龙虎泡、小龙虎泡和喇嘛寺泡，两区域盐碱湿地鱼类群落的物种丰富度总体上无显著差别（$t=1.479, P>0.05$），这可能与盐碱湿地分布较为集中，地理位置非常接近有关。

相对于纬度，松嫩平原的13片盐碱湿地鱼类群落的物种丰富度与经度的负相关性已达到显著水平，表明随着湿地所在经度的增加，物种丰富度呈现明显下降趋势。例如，123°15′E～124°32′E区域的牛心套保泡、新庙泡、花敖泡和查干湖与125°04′E～125°32′E区域的老江身泡和青肯泡，两区域盐碱湿地鱼类群落的物种丰富度前者明显高于后者，即西部明显高于东部（$t=2.129, P<0.05$），这可能与江、湖鱼类种群间的自由交流程度有关。

松嫩平原的盐碱湿地大多数为外流型河成湖[36]，为平原型浅水湿地，平均水深一般不超过3.0m，水体分层不明显，垂直环境梯度的生态位异质性可适于不同习性的鱼类物种栖息，因此在一定深度范围内，随深度增加，鱼类生存空间也提高；加之江、湖鱼类物种的自然交流和人工放养，这些因素都有可能增加鱼类物种丰富度，以致松嫩平原的13片盐碱湿地鱼类群落的物种丰富度与平均水深的关系表现出这种增加趋势。但这种正相关性尚未达到显著水平（$P>0.05$）。

大多数研究表明，湿地鱼类群落的物种丰富度与水域面积之间大多呈显著正相关，线性关系通常为幂函数曲线，其数学模型为$S=CA^Z$[42]。式中，S为物种数目；A为水域面积；C和Z值为常数。Z值为物种丰富度随水域面积增加而提高的速度下降幅度，在世界范围内呈现出不同地理区域的变动趋势，如欧洲河流为0.24，南美河流为0.55，全球湖泊为0.25，北美湖泊为0.16，南美湖泊为0.35。

与之不同的是，松嫩平原的13片盐碱湿地鱼类群落的物种丰富度和湿地面积之间的正相关关系并不显著，拟合曲线近似于直线；拟合幂函数曲线中，Z 值也远小于上述地区，表明松嫩平原盐碱湿地鱼类群落的物种丰富度随着湿地面积增加而提高的速度下降得远不如其他地区明显，从而再次表明了 S 、A 之间不显著的相关关系。这种不显著关系也与平原型浅水湿地生境多样性较差的生态特点相符。

另外计算结果表明，物种丰富度与湿地面积、平均水深的偏相关系数分别为 0.017、0.272，均不显著（$P>0.05$）；其复回归关系数学模型 $S=17.628+1.397\times10^{-2}A+0.883h$ $(R^2=0.434, P>0.05)$ 中，湿地面积、平均水深的偏回归系数显著水平 P 值分别为 0.115、0.761，也均不显著（$P>0.05$）。这再次印证了物种丰富度与湿地面积和平均水深的不显著相关性。

b. 与水环境盐度、碱度和 pH 的关系：水环境盐度、碱度和 pH 通常是限制鱼类栖息与分布的生态因子，进而影响物种丰富度。相关性分析表明（表 2-16），13 片盐碱湿地鱼类群落的物种丰富度与盐度、碱度和 pH 的简单相关性均表现为负相关，其中与碱度相关显著（$P<0.05$）；在排除盐度和 pH 影响效应的条件下，物种丰富度与碱度的偏相关性仍然接近于 $P<0.05$ 的显著水平（一级偏相关系数、二级偏相关系数分别为 0.648、0.703）。在物种丰富度与盐度[Sal / (g / L)]、碱度[Alk / (mmol / L)]、pH 的复回归关系 $S=17.013+1.496\text{Sal}-0.381\text{Alk}+0.299\text{pH}$（$R^2=0.772, P<0.05$）中，盐度、碱度和 pH 的偏回归系数的显著水平 P 值分别为 0.213、0.027 和 0.637，可见只有碱度的偏回归系数达到显著水平（$P<0.05$）。以上结果揭示，盐碱湿地水环境中，对鱼类物种丰富度产生负面影响的因子可能是碱度。

表 2-16　群落物种丰富度与水环境盐度、碱度和 pH 的关系

简单相关性	一级偏相关性	二级偏相关性	线性关系		
			拟合模型	线性相关性（r）	线性决定系数（r^2）
$r_{12}=-0.492$	$r_{12\cdot3}=0.347$	$r_{12\cdot34}=0.341$	$S=18.482-1.158\text{Sal}$	−0.484	0.234
	$r_{12\cdot4}=-0.356$		$S=17.723-2.732\ln\text{Sal}$	-0.582^*	0.339
			$S=14.193\exp(0.017\text{Sal})$	0.037	1.37×10^{-3}
			$S=17.485\text{Sal}^{-0.141}$	-0.643^*	0.413
$r_{13}=-0.655^*$	$r_{13\cdot2}=-0.568$	$r_{13\cdot24}=-0.672$	$S=18.753-0.179\text{Alk}$	-0.639^*	0.408
	$r_{13\cdot4}=-0.574$		$S=22.763-2.497\ln\text{Alk}$	-0.572^*	0.327
			$S=21.493\exp(-0.031\text{Alk})$	-0.719^{**}	0.517
			$S=16.376\text{Alk}^{-0.174}$	-0.609^*	0.371
$r_{14}=-0.371$	$r_{14\cdot2}=-0.137$	$r_{14\cdot23}=-0.143$	$S=56.483-3.344\text{pH}$	−0.331	0.110
	$r_{14\cdot3}=0.005$		$S=82.147-28.793\ln\text{pH}$	−0.296	8.76×10^{-2}
			$S=21.265\exp(1.735\times10^{-4}\text{pH})$	0.083	6.87×10^{-3}
			$S=16.158\text{pH}^{0.037}$	0.094	8.84×10^{-3}

注：相关系数下标数字中，1 代表物种丰富度，2 代表盐度（Sal），3 代表碱度（Alk），4 代表 pH。

表 2-16 还显示，水环境盐度与鱼类物种丰富度同时存在显著的对数曲线（$P<0.05$）和幂函数曲线（$P<0.05$）关系，且都为下降型曲线，其中，幂函数曲线关系接近极显著水平（$R_{0.01}=0.684$），最为适合。碱度与鱼类物种丰富度同时具有显著的直线（$P<0.05$）、对数曲线（$P<0.05$）、幂函数曲线（$P<0.05$）和指数函数曲线（$P<0.01$）关系，也均为下降型曲线，其中，指数函数曲线关系最为适宜。pH 与鱼类物种丰富度无明显线性关系。

松嫩平原的天然盐碱湿地水质化学类型均为碳酸盐钠组 I 型（C_{I}^{Na}），水环境盐度虽然很少超过鱼类生存限制指标 5～10g/L，但碱度和 pH 往往较高而且较稳定[61-63]。13 片盐碱湿地中，随着水量补给减少和水环境盐碱化加剧，蒸发浓缩将使湿地水环境盐度、碱度和 pH 不断升高，逐渐演化为高碱度、高 pH 的碳酸盐型湿地[40]。从二级偏相关性可知，在此类湿地中，水环境碱度很可能先于盐度和 pH 而限制鱼类生存。因此，碱度将对松嫩平原盐碱湿地鱼类群落物种丰富度构成潜在威胁。

还应该指出，受渔具的选择性、采样强度、采样方法以及某些种类的特殊习性等诸多因素的影响，某些鱼类在短期调查时很难被发现，如银鲫原本为新庙泡的主要经济鱼类，但在采样过程中均未采集到样本。在这 13 片盐碱湿地中，尚不能排除未获得的其他物种，尤其是稀有种类。因此，本书也仅根据已获取的样本资料，对这些盐碱湿地鱼类群落的物种多样性进行较粗略的测定，以期为进一步的深入研究提供参考依据。

2.1.3　β 多样性

相比群落 α 多样性（即群落内多样性），群落 β 多样性则是研究群落间的多样性。生物群落相似性是群落 β 多样性研究的重要内容之一。本书仍以前文所述的 13 片盐碱湿地为研究对象，初步探讨松嫩平原盐碱湿地鱼类群落的相似性[64]。

1. *群落相似性测度方法*

1）相似性指数

采用 Jaccard 指数（C_J）、Sørenson 指数（C_S）、基于个体数的 Morisita-Horn 指数（C_{MHI}）和基于生物量的 Morisita-Horn 指数（C_{MHB}）来测度群落相似性，分别采用下式计算[42, 43, 65]：

$$C_J = j/(S_a + S_b - j) \tag{2-9}$$

$$C_S = 2j/(S_a + S_b) \tag{2-10}$$

$$C_{MHI} = 2\sum_{i=1}^{S} n_{ai}n_{bi} \Bigg/ \left[N_{aI}N_{bI}\left(\sum_{i=1}^{S} n_{ai}^2/N_{aI}^2 + \sum_{i=1}^{S} n_{bi}^2/N_{bI}^2\right)\right] \tag{2-11}$$

$$C_{MHB} = 2\sum_{i=1}^{S} w_{ai}w_{bi} \Bigg/ \left[W_{aB}W_{bB}\left(\sum_{i=1}^{S} w_{ai}^2/W_{aB}^2 + \sum_{i=1}^{S} w_{bi}^2/W_{bB}^2\right)\right] \tag{2-12}$$

式中，S_a、S_b 和 j 分别为群落 a、b 的物种数和共有物种数；n_{ai} 与 n_{bi}、N_{aI} 与 N_{bI} 分别为群落 a 与 b 中第 i 物种的样本个体数、群落样本总个体数；w_{ai} 与 w_{bi}、W_{aB} 与 W_{bB} 分别为群落 a 与 b 中第 i 物种的样本生物量、群落样本总生物量。仍采用 2.1.1 节的样本。

2）群落相似分类

采用群落相似性分类法[43]，以 C_J、C_S、C_{MHI}、C_{MHB} 值 0.501 为阈值，对 13 片盐碱

湿地鱼类群落进行分类；以相似性指数分别为 0～0.250、0.251～0.500、0.501～0.750 和 0.751～1.000 为标准，将群落相似性程度划分为极低、较低、较高和极高 4 个等级。

2. 结果

1）群落相似性

13 片盐碱湿地鱼类群落 78 对组合的相似性指数见表 2-17 和表 2-18。

表 2-17　群落 Jaccard 指数和 Sørenson 指数

湿地名称	牛心套保泡	大龙虎泡	花敖泡	喇嘛寺泡	南山湖	老江身泡	连环湖
牛心套保泡	$C_J \rightarrow$	0.600	0.353	0.684	0.400	0.500	0.481
大龙虎泡	0.750	$\leftarrow C_S$	0.353	0.600	0.400	0.500	0.600
花敖泡	0.523	0.523	1	0.353	0.357	0.667	0.292
喇嘛寺泡	0.813	0.750	0.522	1	0.474	0.500	0.481
南山湖	0.571	0.571	0.526	0.634	1	0.250	0.440
老江身泡	0.667	0.667	0.800	0.667	0.400	1	0.333
连环湖	0.650	0.750	0.452	0.650	0.611	0.500	1
青肯泡	0.609	0.609	0.857	0.609	0.421	0.933	0.452
齐家泡	0.538	0.538	0.471	0.692	0.364	0.556	0.588
查干湖	0.486	0.541	0.357	0.486	0.364	0.483	0.533
新庙泡	0.500	0.571	0.316	0.500	0.417	0.500	0.444
扎龙湖	0.556	0.611	0.444	0.611	0.375	0.571	0.591
小龙虎泡	0.583	0.667	0.667	0.583	0.400	0.750	0.500

湿地名称	青肯泡	齐家泡	查干湖	新庙泡	扎龙湖	小龙虎泡
牛心套保泡	0.438	0.368	0.321	0.333	0.385	0.412
大龙虎泡	0.438	0.368	0.370	0.400	0.440	0.500
花敖泡	0.750	0.308	0.217	0.188	0.286	0.500
喇嘛寺泡	0.438	0.529	0.321	0.333	0.407	0.412
南山湖	0.267	0.222	0.222	0.263	0.231	0.250
老江身泡	0.875	0.385	0.318	0.333	0.400	0.600
连环湖	0.292	0.417	0.364	0.286	0.419	0.333
青肯泡	1	0.417	0.273	0.267	0.350	0.667
齐家泡	0.588	1	0.292	0.294	0.429	0.636
查干湖	0.429	0.452	1	0.571	0.414	0.381
新庙泡	0.421	0.455	0.727	1	0.391	0.429
扎龙湖	0.519	0.600	0.585	0.563	1	0.400
小龙虎泡	0.800	0.778	0.552	0.600	0.571	1

注：“$C_J \rightarrow$”表示“1”斜线右侧为 C_J 值；“$\leftarrow C_S$”表示“1”斜线左侧为 C_S 值。

表 2-18　群落 Morisita-Horn 指数

湿地名称	牛心套保泡	大龙虎泡	花敖泡	喇嘛寺泡	南山湖	老江身泡	连环湖
牛心套保泡	C_{MHI} →	0.497	0.470	0.378	0.529	0.528	0.562
大龙虎泡	0.211	← C_{MHB}	0.436	0.551	0.369	0.401	0.819
花敖泡	0.352	0.268	1	0.646	0.888	0.884	0.519
喇嘛寺泡	0.711	0.096	0.527	1	0.419	0.592	0.461
南山湖	0.198	0.274	0.858	0.122	1	0.888	0.502
老江身泡	0.565	0.150	0.730	0.869	0.243	1	0.527
连环湖	0.487	0.482	0.548	0.494	0.270	0.738	1
青肯泡	0.697	0.121	0.634	0.949	0.207	0.975	0.822
齐家泡	0.602	0.106	0.583	0.968	0.166	0.901	0.571
查干湖	0.474	0.251	0.592	0.674	0.224	0.854	0.854
新庙泡	0.286	0.262	0.220	0.095	0.169	0.217	0.217
扎龙湖	0.615	0.458	0.429	0.211	0.393	0.361	0.735
小龙虎泡	0.570	0.273	0.540	0.440	0.287	0.705	0.884

湿地名称	青肯泡	齐家泡	查干湖	新庙泡	扎龙湖	小龙虎泡
牛心套保泡	0.539	0.306	0.139	0.034	0.485	0.450
大龙虎泡	0.391	0.180	0.112	0.091	0.417	0.286
花敖泡	0.870	0.374	0.052	0.012	0.628	0.221
喇嘛寺泡	0.570	0.096	0.067	0.052	0.484	0.187
南山湖	0.867	0.420	0.055	0.014	0.600	0.221
老江身泡	0.989	0.374	0.046	0.010	0.627	0.205
连环湖	0.527	0.399	0.241	0.209	0.596	0.441
青肯泡	1	0.389	0.046	0.010	0.623	0.207
齐家泡	0.950	1	0.821	0.783	0.712	0.857
查干湖	0.823	0.780	1	0.996	0.501	0.893
新庙泡	0.174	0.188	0.573	1	0.458	0.863
扎龙湖	0.323	0.269	0.499	0.378	1	0.641
小龙虎泡	0.653	0.537	0.845	0.625	0.601	1

注：“C_{MHI} →”表示“1”斜线右侧为 C_{MHI} 值；“← C_{MHB}”表示“1”斜线左侧为 C_{MHB} 值。

以 C_J 为评价指标，相似度极高、较高、较低、极低的组合数分别为 2 组、15 组、56 组、5 组，分别占 2.56%、19.23%、71.79%、6.41%；较高和极高组之和（下称高组）、较低和极低组之和（下称低组）的组合数分别为 17 组、61 组，分别占 21.79%、78.21%。以 C_S 为评价指标，相似度极高、较高、较低、极低的组合数分别为 13 组、46 组、19 组、0 组，分别占 16.67%、58.97%、24.36%、0；高组、低组的组合数分别为 59 组、19 组，分别占 75.64%、24.36%。以上结果表明，以 C_J 为评价指标的群落物种种类组成的相似度总体较低，而以 C_S 为评价指标的群落物种种类组成的相似度总体较高（表 2-19）。

表 2-19　基于 Jaccard 指数和 Sørenson 指数的群落相似度

湿地名称	极高		较高		较低		极低	
	C_J	C_S	C_J	C_S	C_J	C_S	C_J	C_S
A	0	BD	BDF	CHLMIEGJK	LIMCEJGHKO	0	0	0
B	0	DGFM	DGFM	CHLMIEJKF	CHLEJK	0	0	0
C	H	FG	FG	DEM	DIEOG	GIJKL	JK	0
D	0	FI	FI	HLMIEFGK	EJGLHKM	J	0	0
E	0	0	0	G	FGHKLM	FHJKLM	IJL	0
F	H	M	M	GIKL	IKGLJ	J	0	0
G	0	0	0	IJLM	IMJLHK	HK	0	0
H	0	S	S	JL	ILJK	JK	0	0
I	0	M	M	L	JKL	JK	0	0
J	0	0	K	KLM	LM	0	0	0
K	0	0	0	LM	LM	0	0	0
L	0	0	0	0	0	0	0	0
相似组合数	2	13	15	46	56	19	5	0

注：A. 牛心套保泡；B. 大龙虎泡；C. 花敖泡；D. 喇嘛寺泡；E. 南山湖；F. 老江身泡；G. 连环湖；H. 青肯泡；I. 齐家泡；J. 查干湖；K. 新庙泡；L. 扎龙湖；M. 小龙虎泡。

以 C_{MHI} 为评价指标，相似度极高、较高、较低、极低的组合数分别为 14 组、19 组、22 组、23 组，分别占 17.95%、24.36%、28.21%、29.49%；高组、低组的组合数分别为 33 组、45 组，分别占 42.31%、57.69%。以 C_{MHB} 为评价指标，相似度极高、较高、较低、极低的组合数分别为 14 组、24 组、21 组、19 组，分别占 17.95%、30.77%、26.92%、24.36%；高组、低组的组合数分别为 38 组、40 组，分别占 48.72%、51.28%。以上结果表明，以 C_{MHI}、C_{MHB} 为评价指标的群落物种个体数量和生物量结构的相似度均表现为总体较低，只是以 C_{MHB} 为评价指标的群落物种生物量结构的相似度较低的明显程度略逊于前者（表 2-20）。

表 2-20　基于 Morisita-Horn 指数的群落相似度

湿地名称	极高		较高		较低		极低	
	C_{MHI}	C_{MHB}	C_{MHI}	C_{MHB}	C_{MHI}	C_{MHB}	C_{MHI}	C_{MHB}
A	0	0	EFH	DFHILM	BCDILM	CGJK	JK	BE
B	G	0	D	0	CEFHLM	CEGKJLM	IJK	DFHI
C	FEH	E	DGL	DFHMGIJ	I	L	JKM	K
D	G	FHI	FH	JM	EGL	GM	IKJM	EKL
E	FH	0	GI	0	I	GM	JKM	JKFHI
F	H	HIJ	GL	GM	I	L	JKM	K
G	0	HJM	HL	IL	IM	0	JK	K
H	0	IJ	L	M	I	L	JKM	K

续表

湿地名称	极高		较高		较低		极低	
	C_{MHI}	C_{MHB}	C_{MHI}	C_{MHB}	C_{MHI}	C_{MHB}	C_{MHI}	C_{MHB}
I	JKM	J	L	M	0	L	0	K
J	KM	M	L	K	0	L	0	0
K	M	0	0	M	L	L	0	0
L	0	0	M	M	0	0	0	0
相似组合数	14	14	19	24	22	21	23	19

注：A～M 含义同表 2-19。

以 C_J、C_S 为共同评价指标（记作 $C_J \cap C_S$），相似度极高、较高、较低、极低的组合数分别为 0 组、5 组、16 组、0 组，在 78 对组合中占比分别为 0、6.41%、20.51%、0；高组、低组的组合数分别为 5 组、16 组，占比分别为 6.41%、20.51%。以 C_{MHI}、C_{MHB} 为共同评价指标（记作 $C_{MHI} \cap C_{MHB}$）的组合数分别为 4 组、7 组、7 组、8 组，占比分别为 5.13%、8.97%、8.97%、10.26%；高组、低组的组合数分别为 11 组、15 组，占比分别为 14.10%、19.23%。以上结果表明，以 $C_J \cap C_S$ 和 $C_{MHI} \cap C_{MHB}$ 为评价指标，群落物种种类组成和数量结构（个体数量与生物量）的相似度均表现为总体较低（表 2-21）。

表 2-21　基于 $C_J \cap C_S$ 和 $C_{MHI} \cap C_{MHB}$ 指标的群落相似度

湿地名称	极高		较高		较低		极低	
	$C_J \cap C_S$	$C_{MHI} \cap C_{MHB}$	$C_J \cap C_S$	$C_{MHI} \cap C_{MHB}$	$C_J \cap C_S$	$C_{MHI} \cap C_{MHB}$	$C_J \cap C_S$	$C_{MHI} \cap C_{MHB}$
A	0	0	0	FH	0	C	0	0
B	0	0	FM	0	0	CELM	0	I
C	0	E	0	DG	ILG	0	0	K
D	0	0	FI	0	J	G	0	K
E	0	0	0	0	FHKLM	0	0	JK
F	0	H	0	G	J	0	0	K
G	0	0	0	L	HK	0	0	K
H	0	0	0	0	JK	0	0	K
I	0	J	0	0	JK	0	0	0
J	0	M	K	0	0	0	0	0
K	0	0	0	0	0	L	0	0
L	0	0	0	M	0	0	0	0
相似组合数	0	4	5	7	16	7	0	8

注：A～M 含义同表 2-19。

单一的 C_J 或 C_S、C_{MHI} 或 C_{MHB} 都不能较为全面地反映 13 片盐碱湿地鱼类群落物种种类组成或数量结构的相似性状况。以 $C_J \cap C_S$、$C_{MHI} \cap C_{MHB}$ 为评价指标，可在一定程度上克服单一指标的片面性。因而上述结果揭示，13 片盐碱湿地鱼类群落的物种种类组成和数量结构的相似度均表现为总体较低，与 C_J、C_{MHI} 所反映出的结果更为相符，表明仅通过 C_J、C_{MHI} 也可以了解松嫩平原盐碱湿地鱼类群落的相似性状况。同时，这一结果也反映出了目前松嫩平原盐碱湿地鱼类群落间的共有种较少，群落间物种种类组成的空间分布关联性不大，群落物种种类组成差异显著；群落间数量结构各有其自身的种群分布特征，相似度也较差，群落间种群数量的空间分布也无密切关系。

以 $C_J \cap C_S$、$C_{MHI} \cap C_{MHB}$ 为共同评价指标的组合数，即群落物种种类组成和数量结构的相似度同步极高、较高、较低、极低的组合数均为 0 组。这表明 13 片盐碱湿地鱼类群落中，目前尚无物种种类组成和数量结构的相似度同步较高或较低的湿地，这既反映出群落物种种类组成和数量结构的不稳定性和差异显著性，同时又表现出群落数量结构的变化与物种种类组成之间无明显相关性，即某一群落中鱼类生物量或个体数量的增加或减少，并不一定引发鱼类物种数目的变化。

2）群落相似性分类

以 C_{MHI} 为阈值，13 片盐碱湿地鱼类群落被划分为三类：$\alpha_1 = \{A, B, D\}$、$\beta_1 = \{C, F, G, H, I, J, K, L, M\}$和 $\gamma_1 = \{E\}$。其生态学意义：①α_1 类群落的 C_{MHI} 均大于 0.501，β_1 类部分群落的 C_{MHI} 小于 0.501，故 α_1 类群落的同质性高于 β_1 类群落，α_1 类群落物种结构的相似度总体上高于 β_1 类；②γ_1 类群落与 α_1 类群落、β_1 类群落物种结构的相似度均较低。

以 C_{MHB} 为阈值，13 片盐碱湿地鱼类群落也被划分为三类：$\alpha_2 = \{A, C, D, F, G, H, I, J, M\}$、$\beta_2 = \{E, K, L\}$和 $\gamma_2 = \{B\}$。其生态学意义：①α_2 类部分群落的 C_{MHB} 小于 0.501，β_2 类群落的 C_{MHB} 均小于 0.501，故 α_2 类群落的同质性低于 β_2 类群落，但群落生物量结构的相似度总体上相对高于 β_2 类；②γ_2 类群落与 α_2 类群落、β_2 类群落生物量结构的相似度均较低。

上述群落分类结果也反映出目前松嫩平原盐碱湿地鱼类群落的物种种类结构相似度和数量结构相似度均较低的总体状况。

3. 问题探讨

1）鱼类群落相似性与湿地生态环境变化的关系

保持栖息生境稳定与物种间交流是有利于物种形成和多样性维持的重要条件。近几十年来，干旱与洪水、农业垦殖、水利工程等诸多因素的叠加效应，给松嫩湖群生态环境持续带来不利影响，湿地鱼类群落结构经常处在退化、恢复与重建之中，鱼类栖息地、繁殖环境和索饵场的稳定性降低；江-湖隔绝破坏了原始的江-湖复合生态系统间的有机联系，鱼类种群间的相互交流受阻，那些不能在湖泊中繁殖的江-湖洄游型鱼类也因种群得不到补充而在湖泊中衰退，分布范围缩小乃至消失，破坏了鱼类空间分布的均衡性。其结果，群落本身的种类数和群落间的共有种数均在减少，群落种类组成的相似性下降。13 片盐碱湿地鱼类物种组成的变化见 2.1.1 节。

干旱和盐碱化导致湿地水环境碱度长期超过淡水渔业的一般水平（3.0mmol/L），部分湿地已接近或超过鲢、鳙生存的危险指标（10.0mmol/L）[66]。从 13 片盐碱湿地鱼类群落的物种丰富度与水环境碱度的相关性即可看出，碱度升高对湿地鱼类物种丰富度所产生的负面影响较为明显（见2.1.2节）。然而，湿地盐碱化造成水环境碱度升高的同时，还常常伴随着湿地水域面积和平均水深的减小，虽然鱼类物种丰富度与水域面积和平均水深的关系并不明显（见2.1.2节），但碱度（Alk）、水域面积（A）和平均水深（h）三者对鱼类物种丰富度（S）的不利影响具有协同效应，其中碱度与水域面积的协同效应已达到显著水平，其关系式为$S = 14.992 - 1.302\times10^{-2}\,\mathrm{Alk} - 0.418A$（$R^2 = 0.688$），Alk、$A$的偏回归系数的$P$值分别为0.002、0.009。湿地水域面积缩小，使鱼类栖息地、繁殖地和索饵场大量丧失，过高的碱度还可直接毒死鱼类。查干湖曾于20世纪60～70年代两度盐碱化，水域面积最小时只有50km^2，湿地中仅存鲤、银鲫、红鳍原鲌、麦穗鱼等耐碱能力较强的几种鱼类，湿地生态功能和渔业功能丧失。1984年引松花江水重建湿地生态系统，土著鱼类恢复到1989～1990年的26种。1992～1994年再度盐碱化，鱼类群落再度受损。而后湿地生态系统虽经多年的恢复与重建，但土著鱼类组成也未恢复到从前水平。1989～1990年曾见于该湿地、同为中国易危种和冷水种的土著鱼类雷氏七鳃鳗（*Lampetra reissneri*），而后在该湿地的渔获物中从未再现过。

2）鱼类群落相似性与渔业经营的关系

鱼类放养提高了群落相似性。松嫩平原的渔业湿地均以放养为主，放养鱼类的产量占总产量的60%～70%。群落结构中，鲢、鳙、草鱼、青鱼、团头鲂等大型放养鱼类的生物量大于个体数量，银鲫、黄颡鱼、鲦、红鳍原鲌、麦穗鱼等小型土著种类的个体数量大于其生物量。显然，放养鱼类的生物量对群落生物量结构的影响大于土著种；对个体数量的影响则相反。13片盐碱湿地鱼类群落的生物量结构相似度总体较高，个体数量结构的相似度高低不明显，但数量结构的相似度总体较高，这可能与放养鱼类和土著鱼类的种群数量特征有关。这些湿地中原本无鲢、鳙、草鱼、青鱼、团头鲂的自然物种，通过放养不仅改变了群落本身的种类组成和数量结构，还增加了群落间共有种数，这无疑也有利于提高群落种类组成的相似性。

与放养相反，鱼类的驯化移殖，降低了群落相似性。通过驯化移殖，增加了群落间的异种组成，因而降低了群落种类组成的相似性。大银鱼吞食其他鱼类的受精卵及其仔、幼鱼，导致银鲫、黄颡鱼、麦穗鱼、鲦、红鳍原鲌、大鳍鱊、凌源鮈、银鲫、葛氏鲈塘鳢等小型鱼类在大龙虎泡2010年的渔获物中所占比例明显低于2008年和2009年，群落结构趋于单纯化。由群落分类结果可知，该湿地鱼类群落的生物量结构与其他湿地的相似度都较低，这很有可能与大银鱼移殖所产生的次生效应改变了群落数量结构有关。

过度利用土著鱼类提高了群落相似性。放养鱼类的种群数量变动取决于鱼类苗种的放养量，不能反映湿地鱼类种群自身的消长规律。过度捕捞鲤、鲇、黄颡鱼、乌鳢、蒙古鲌、翘嘴鲌等土著鱼类，不仅使群落中捕食者种群衰退，被捕食者小型鱼类的种群得以发展乃至形成优势种群，同时鲤、鲇、乌鳢、蒙古鲌、翘嘴鲌等大中型经济鱼类的幼鱼种群数量增加，导致群落种类组成小型化、单纯化，个体结构小型化、低龄化。大中型土著鱼类的过度捕捞，加上小型鱼类较大中型鱼类具有较强的种群补偿调节能力，环境变化和捕捞对其种群产生的伤害较小，使群落内大中型土著鱼类种群发展弱化，小型鱼类种群强化，以至在群落样本采集过程中，小型鱼类样本的个体数量占总样本数量的比例高达 83.71%。上述群落“四化”的持续发展，也是目前盐碱湿地鱼类群落数量结构的相似度总体较高的原因之一。

3）湿地鱼类资源利用与渔业发展

鱼类资源具有两重属性：一是物种资源，即生物多样性范畴的鱼类物种；二是渔业资源，即可供渔业利用的自然资源。盐碱湿地鱼类资源利用与渔业发展应以保护鱼类物种多样性为前提，无论是否具有经济价值都应保护。从目前盐碱湿地鱼类群落的相似性状况来看，湿地正面临着两个主要问题：一是自然与人为因素所导致的湿地生态环境变化；二是过度捕捞所导致的鱼类群落“四化”的加剧。这两个问题的叠加效应，使得湿地鱼类群落长期处于受损状态，群落结构及其相似性也均处在动态变化之中，群落内种间关系的协调性、种群结构的合理性和群落结构的稳定性均在下降。

针对上述情况，著者提出未来 13 片盐碱湿地渔业发展方向为：合理利用土著鱼类资源，优化调整鱼类群落结构，发展多种群湿地渔业。并提出如下建议。

（1）实施湿地常态化补水，以保持湿地水域面积、鱼类栖息地、繁殖环境和索饵场的稳定，并遏制湿地盐碱化进程。

（2）通过控制网目规格、限额捕捞来降低对土著鱼类的捕捞强度，遏制群落“四化”进一步发展。

（3）发展湿地群渔业。①分别将查干湖和新庙泡纳入“吉林查干湖国家级自然保护区”，扎龙湖和南山湖纳入“黑龙江扎龙国家级自然保护区”的建设与管理范畴，按照“生态优先、兼顾渔业、持续利用”的原则，发展以鲢、鳙为主的湿地群渔业，防止水体富营养化。②对于鱼类群落的数量结构相似度较低的大龙虎泡、小龙虎泡、齐家泡和连环湖，增加团头鲂放养量，以确保湿地中有足够的剩余群体，利用该鱼可以在湿地中自然繁殖的特点，使其逐渐形成内源性种群。③对于大龙虎泡和连环湖，应加大对大银鱼的捕捞强度，控制外源性种群的发展。④对于鱼类群落种类组成和数量结构的相似度都同步较高或较低的老江身泡、青肯泡、喇嘛寺泡和花敖泡，应大量放养经济价值高、以底栖动物为食的青鱼和花䱻，适量投放蒙古鲌和翘嘴鲌。⑤对于水生维管束植物和小型鱼类资源均较丰富的新荒泡和牛心套保泡，分别投放食底栖动物与水草的中华绒螯蟹（*Eriocheir sinensis*），食小型鱼、虾的鳜（或鲇、乌鳢、翘嘴鲌）和以周丛生物、有机碎屑为食的细鳞鲴（*Xenocypris microlepis*），建立“蟹-鳜-鲴”优质高效的绿色渔业模式。

2.2　东北地区内陆盐碱湿地鱼类群落

2.2.1　*α* 多样性

除了查干淖尔之外，东北地区 38 片盐碱湿地鱼类群落的物种结构见 1.3 节，*α* 多样性指数见表 2-22～表 2-24。*α* 多样性指数的计算方法见 2.1.2 节。

表 2-22 38 片盐碱湿地鱼类群落 α 多样性指数

以 d_{Ma} 为评价指标		以 α 为评价指标		以 $H_{O\text{-}F\text{-}G}$ 为评价指标		以 S 为评价指标	
d_{Ma}	湿地名称与排序	α	湿地名称与排序	$H_{O\text{-}F\text{-}G}$	湿地名称与排序	S	湿地名称与排序
2.875	1. 龙江湖	3.611	1. 龙江湖	7.657	1. 连环湖	46	1. 呼伦湖
2.236	2. 连环湖	2.635	2. 碧绿泡	7.550	2. 龙江湖	37	2. 连环湖
2.130	3. 扎龙湖	2.365	3. 莫什海泡	7.503	3. 牛心套保泡	25	3. 查干湖
2.098	4. 查干湖	2.105	4. 北二十里泡	7.407	4. 他拉红泡	23	4. 牛心套保泡
2.072	5. 碧绿泡	2.059	5. 茨勒泡	7.162	5. 扎龙湖	23	4. 龙江湖
1.984	6. 喇嘛寺泡	1.895	6. 七才泡	7.160	6. 南山湖	23	4. 扎龙湖
1.855	7. 莫什海泡	1.889	7. 月饼泡	7.022	7. 北二十里泡	22	5. 南山湖
1.762	8. 大龙虎泡	1.881	8. 乌尔塔泡	6.987	8. 花敖泡	22	5. 喇嘛寺泡
1.733	9. 北二十里泡	1.822	9. 中内泡	6.921	9. 七才泡	22	5. 达里湖
1.679	10. 茨勒泡	1.593	10. 八百垧泡	6.916	10. 新庙泡	19	6. 新庙泡
1.632	11. 月饼泡	1.286	11. 呼伦湖	6.907	11. 呼伦湖	18	7. 大龙虎泡
1.552	12. 七才泡	1.137	12. 王花泡	6.802	12. 查干湖	17	8. 他拉红泡
1.544	13. 乌尔塔泡	1.055	13. 鹅头泡	6.705	13. 茨勒泡	17	8. 齐家泡
1.507	14. 中内泡	1.000	14. 库里泡	6.157	14. 月饼泡	15	9. 月饼泡
1.423	15. 齐家泡	0.991	15. 乌兰泡	6.045	15. 喇嘛寺泡	15	9. 花敖泡
1.335	16. 八百垧泡	0.978	16. 他拉红泡	5.904	16. 老江身泡	15	9. 七才泡
1.162	17. 新庙泡	0.932	17. 鸿雁泡	5.848	17. 中内泡	14	10. 碧绿泡
1.154	18. 老江身泡	0.847	18. 达里湖	5.804	18. 齐家泡	14	10. 老江身泡
1.136	19. 呼伦湖	0.841	19. 西大海	5.371	19. 乌尔塔泡	14	10. 中内泡
1.092	20. 牛心套保泡	0.830	20. 鸭木蛋格泡	5.136	20. 青肯泡	13	11. 乌兰泡
1.058	21. 南山湖	0.801	21. 东大海	5.124	21. 碧绿泡	13	11. 北二十里泡
1.009	22. 小龙虎泡	0.767	22. 洋沙泡	5.114	22. 达里湖	12	12. 莫什海泡
0.976	23. 花敖泡	0.706	23. 波罗泡	4.788	23. 莫什海泡	12	12. 茨勒泡
0.955	24. 王花泡	0.606	24. 张家泡	4.500	24. 八百垧泡	11	13. 乌尔塔泡
0.908	25. 青肯泡	0.524	25. 青肯泡	4.257	25. 鹅头泡	10	14. 八百垧泡
0.871	26. 鹅头泡	0.447	26. 花敖泡	4.257	25. 库里泡	9	15. 青肯泡
0.858	27. 他拉红泡	0.393	27. 南山湖	4.159	26. 小龙虎泡	8	16. 小龙虎泡
0.850	28. 乌兰泡	0.349	28. 老江身泡	4.146	27. 西大海	7	17. 鸿雁泡
0.833	29. 库里泡	0.349	29. 小龙虎泡	4.006	28. 乌兰泡	7	17. 王花泡
0.807	30. 鸿雁泡	0.311	30. 八里泡	3.738	29. 王花泡	6	18. 库里泡
0.741	31. 达里湖	0.298	31. 牛心套保泡	3.288	30. 鸿雁泡	6	18. 鹅头泡
0.718	32. 西大海	0.268	32. 齐家泡	3.270	31. 波罗泡	6	18. 西大海
0.664	33. 东大海	0.254	33. 喇嘛寺泡	3.270	31. 洋沙泡	5	19. 东大海
0.649	34. 鸭木蛋格泡	0.191	34. 扎龙湖	3.270	31. 东大海	5	19. 波罗泡
0.640	35. 洋沙泡	0.160	35. 大龙虎泡	3.152	32. 大龙虎泡	5	19. 洋沙泡
0.594	36. 波罗泡	0.160	36. 连环湖	2.716	33. 鸭木蛋格泡	4	20. 鸭木蛋格泡
0.491	37. 张家泡	0.139	37. 查干湖	2.485	34. 张家泡	4	20. 张家泡
0.190	38. 八里泡	0.058	38. 新庙泡	1.386	35. 八里泡	2	21. 八里泡
1.257		1.014		5.260		14	

续表

以 λ 为评价指标		以 D_{Gi} 为评价指标		以 H 为评价指标		以 J 为评价指标	
λ	湿地名称与排序	D_{Gi}	湿地名称与排序	H	湿地名称与排序	J	湿地名称与排序
0.822	1. 八里泡	0.886	1. 波罗泡	2.418	1. 龙江湖	0.935	1. 鸿雁泡
0.568	2. 新庙泡	0.877	2. 张家泡	2.370	2. 扎龙湖	0.914	2. 大龙虎泡
0.498	3. 查干湖	0.874	3. 王花泡	2.321	3. 连环湖	0.913	3. 鸭木蛋格泡
0.457	4. 呼伦湖	0.858	4.牛心套保泡	2.155	4. 查干湖	0.905	4. 青肯泡
0.409	5. 达里湖	0.857	5. 花敖泡	2.132	5. 牛心套保泡	0.903	5. 张家泡
0.371	6. 西大海	0.849	6. 月饼泡	2.129	6. 大龙虎泡	0.895	6. 乌兰泡
0.361	7. 波罗泡	0.845	7. 他拉红泡	2.113	7. 碧绿泡	0.882	7. 库里泡
0.325	8. 洋沙泡	0.844	8. 查干湖	2.112	8. 七才泡	0.881	8. 月饼泡
0.324	9. 张家泡	0.828	9. 洋沙泡	2.082	9. 喇嘛寺泡	0.863	9. 乌尔塔泡
0.310	10. 小龙虎泡	0.828	10. 齐家泡	2.069	10. 乌尔塔泡	0.843	10. 老江身泡
0.309	11. 鸭木蛋格泡	0.824	11. 东大海	2.011	11. 月饼泡	0.841	11. 东大海
0.298	12. 鹅头泡	0.817	12. 新庙泡	1.952	12. 北二十里泡	0.840	12. 八百垧泡
0.288	13. 花敖泡	0.809	13. 八百垧泡	1.950	13. 莫什海泡	0.802	13. 东大海
0.286	14. 东大海	0.801	14. 茨勒泡	1.950	13. 南山湖	0.801	14. 碧绿泡
0.273	15. 王花泡	0.800	15. 龙江湖	1.934	14. 八百垧泡	0.797	15. 中内泡
0.255	16. 齐家泡	0.798	16. 鹅头泡	1.911	15. 中内泡	0.795	16. 波罗泡
0.248	17. 他拉红泡	0.794	17. 库里泡	1.837	16. 茨勒泡	0.791	17. 扎龙湖
0.236	18. 库里泡	0.791	18. 乌兰泡	1.820	17. 鸿雁泡	0.785	18. 莫什海泡
0.218	19. 茨勒泡	0.788	19. 小龙虎泡	1.760	18. 青肯泡	0.785	19. 王花泡
0.212	20. 南山湖	0.782	20. 中内泡	1.753	19. 老江身泡	0.774	20. 他拉红泡
0.209	21. 乌兰泡	0.764	21. 大龙虎泡	1.741	20. 乌兰泡	0.771	21. 龙江湖
0.206	22. 老江身泡	0.752	22. 八里泡	1.691	21. 齐家泡	0.769	22. 牛心套保泡
0.202	23. 喇嘛寺泡	0.745	23. 鸭木蛋格泡	1.609	22. 他拉红泡	0.767	23. 南山湖
0.200	24. 北二十里泡	0.727	24. 乌尔塔泡	1.581	23. 库里泡	0.761	24. 北二十里泡
0.199	25. 青肯泡	0.714	25. 连环湖	1.528	24. 王花泡	0.756	25. 东大海
0.191	26. 中内泡	0.712	26. 达里湖	1.472	25. 花敖泡	0.751	26. 喇嘛寺泡
0.183	27. 莫什海泡	0.702	27. 青肯泡	1.437	26. 小龙虎泡	0.746	27. 鹅头泡
0.176	28. 鸿雁泡	0.691	28. 七才泡	1.353	27. 东大海	0.743	28. 月饼泡
0.172	29. 月饼泡	0.690	29. 东大海	1.337	28. 鹅头泡	0.739	29. 茨勒泡
0.172	30. 八百垧泡	0.676	30. 喇嘛寺泡	1.291	29. 洋沙泡	0.734	30. 齐家泡
0.156	31. 牛心套保泡	0.675	31. 莫什海泡	1.280	30. 波罗泡	0.730	31. 连环湖
0.155	32. 碧绿泡	0.639	32. 北二十里泡	1.265	31. 鸭木蛋格泡	0.708	32. 东大海
0.151	33. 乌尔塔泡	0.629	33. 扎龙湖	1.252	32. 长家泡	0.692	33. 西大海
0.143	34. 大龙虎泡	0.591	34. 老江身泡	1.240	33. 西大海	0.691	34. 小龙虎泡
0.142	35. 七才泡	0.543	35. 南山湖	1.236	34. 达里湖	0.635	35. 达里湖
0.126	36. 连环湖	0.502	36. 西大海	1.102	35. 呼伦湖	0.466	36. 八里泡
0.123	37. 扎龙湖	0.432	37. 呼伦湖	1.012	36. 新庙泡	0.460	37. 呼伦湖
0.114	38. 龙江湖	0.178	38. 碧绿泡	0.323	37. 八里泡	0.407	38. 新庙泡
0.265		0.735		1.698		0.770	

注：尾行所列数据为平均值，表 2-23 和表 2-24 同。

表2-23　22片盐碱渔业湿地鱼类群落 α 多样性指数

以 d_{Ma} 为评价指标		以 λ 为评价指标		以 D_{Gi} 为评价指标		以 H 为评价指标	
d_{Ma}	湿地名称与排序	λ	湿地名称与排序	D_{Gi}	湿地名称与排序	H	湿地名称与排序
2.875	1. 龙江湖	0.568	1. 新庙泡	0.886	1. 龙江湖	2.418	1. 龙江湖
2.236	2. 连环湖	0.498	2. 查干湖	0.877	2. 扎龙湖	2.370	2. 扎龙湖
2.130	3. 扎龙湖	0.457	3. 呼伦湖	0.874	3. 连环湖	2.321	3. 连环湖
2.098	4. 查干湖	0.409	4. 达里湖	0.857	4. 大龙虎泡	2.155	4. 查干湖
2.072	5. 碧绿泡	0.310	5. 小龙虎泡	0.845	5. 碧绿泡	2.132	5. 牛心套保泡
1.984	6. 喇嘛寺泡	0.288	6. 花敖泡	0.844	6. 牛心套保泡	2.129	6. 大龙虎泡
1.855	7. 莫什海泡	0.255	7. 齐家泡	0.828	7. 月饼泡	2.113	7. 碧绿泡
1.762	8. 大龙虎泡	0.248	8. 他拉红泡	0.828	7. 八百垧泡	2.082	8. 喇嘛寺泡
1.632	9. 月饼泡	0.212	9. 南山湖	0.817	8. 莫什海泡	2.011	9. 月饼泡
1.423	10. 齐家泡	0.209	10. 乌兰泡	0.801	9. 青肯泡	1.950	10. 南山湖
1.335	11. 八百垧泡	0.206	11. 老江身泡	0.798	10. 喇嘛寺泡	1.950	10. 莫什海泡
1.162	12. 新庙泡	0.202	12. 喇嘛寺泡	0.794	11. 老江身泡	1.934	11. 八百垧泡
1.154	13. 老江身泡	0.199	13. 青肯泡	0.791	12. 乌兰泡	1.760	12. 青肯泡
1.136	14. 呼伦湖	0.183	14. 莫什海泡	0.788	13. 南山湖	1.753	13. 老江身泡
1.092	15. 牛心套保泡	0.172	15. 八百垧泡	0.752	14. 他拉红泡	1.741	14. 乌兰泡
1.058	16. 南山湖	0.172	15.月饼泡	0.745	15. 齐家泡	1.691	15. 齐家泡
1.009	17. 小龙虎泡	0.156	16. 牛心套保泡	0.712	16. 花敖泡	1.609	16. 他拉红泡
0.976	18. 花敖泡	0.155	17. 碧绿泡	0.690	17. 小龙虎泡	1.472	17. 花敖泡
0.908	19. 青肯泡	0.143	18. 大龙虎泡	0.591	18. 达里湖	1.437	18. 小龙虎泡
0.858	20. 他拉红泡	0.126	19. 连环湖	0.543	19. 呼伦湖	1.236	19. 达里湖
0.850	21. 乌兰泡	0.123	20. 扎龙湖	0.502	20. 查干湖	1.102	20. 呼伦湖
0.741	22. 达里湖	0.114	21. 龙江湖	0.432	21. 新庙泡	1.012	21. 新庙泡
1.470		0.246		0.754		1.835	
以 J 为评价指标		以 α 为评价指标		以 $H_{O\text{-}F\text{-}G}$ 为评价指标		以 S 为评价指标	
J	湿地名称与排序	α	湿地名称与排序	$H_{O\text{-}F\text{-}G}$	湿地名称与排序	S	湿地名称与排序
0.914	1. 大龙虎泡	3.611	1. 龙江湖	7.657	1. 连环湖	46	1. 呼伦湖
0.905	2. 青肯泡	2.635	2. 碧绿泡	7.550	2. 龙江湖	37	2. 连环湖
0.895	3. 乌兰泡	2.365	3. 莫什海泡	7.503	3. 牛心套保泡	25	3. 查干湖
0.843	4. 老江身泡	1.889	4. 月饼泡	7.407	4. 他拉红泡	23	4. 牛心套保泡
0.840	5. 八百垧泡	1.593	5. 八百垧泡	7.162	5. 扎龙湖	23	4. 龙江湖
0.801	6. 碧绿泡	1.286	6. 呼伦湖	7.160	6. 南山湖	23	4. 扎龙湖
0.791	7. 扎龙湖	0.991	7. 乌兰泡	6.987	7. 花敖泡	22	5. 南山湖
0.785	8. 莫什海泡	0.978	8. 他拉红泡	6.916	8. 新庙泡	22	5. 喇嘛寺泡
0.774	9. 他拉红泡	0.847	9. 达里湖	6.907	9. 呼伦湖	22	5. 达里湖
0.771	10. 龙江湖	0.524	10. 青肯泡	6.802	10. 查干湖	19	6. 新庙泡
0.769	11. 牛心套保泡	0.447	11. 花敖泡	6.157	11. 月饼泡	18	7. 大龙虎泡
0.767	12. 南山湖	0.393	12. 南山湖	6.045	12. 喇嘛寺泡	17	8. 齐家泡

续表

以 J 为评价指标		以 α 为评价指标		以 $H_{O\text{-}F\text{-}G}$ 为评价指标		以 S 为评价指标	
J	湿地名称与排序	α	湿地名称与排序	$H_{O\text{-}F\text{-}G}$	湿地名称与排序	S	湿地名称与排序
0.756	13. 花敖泡	0.349	13. 小龙虎泡	5.904	13. 老江身泡	17	8. 他拉红泡
0.751	14. 喇嘛寺泡	0.349	13. 老江身泡	5.804	14. 齐家泡	15	9. 月饼泡
0.743	15. 月饼泡	0.298	14. 牛心套保泡	5.136	15. 青肯泡	15	9. 花敖泡
0.734	16. 齐家泡	0.268	15. 齐家泡	5.124	16. 碧绿泡	14	10. 碧绿泡
0.730	17. 连环湖	0.254	16. 喇嘛寺泡	5.114	17. 达里湖	14	10. 老江身泡
0.708	18. 查干湖	0.191	17. 小龙虎泡	4.788	18. 莫什海泡	13	11. 乌兰泡
0.691	19. 小龙虎泡	0.160	18. 大龙虎泡	4.500	19. 八百垧泡	12	12. 莫什海泡
0.635	20. 达里湖	0.160	19. 连环湖	4.159	20. 小龙虎泡	10	13. 八百垧泡
0.460	21. 呼伦湖	0.139	20. 查干湖	4.006	21. 乌兰泡	9	14. 青肯泡
0.407	22. 新庙泡	0.058	21. 新庙泡	3.152	22. 大龙虎泡	8	15. 小龙虎泡
0.749		0.899		5.997		19	

表 2-24　16 片盐碱非渔业湿地鱼类群落 α 多样性指数

以 d_{Ma} 为评价指标		以 λ 为评价指标		以 D_{Gi} 为评价指标		以 H 为评价指标	
d_{Ma}	湿地名称与排序	λ	湿地名称与排序	D_{Gi}	湿地名称与排序	H	湿地名称与排序
1.733	1. 北二十里泡	0.822	1. 八里泡	0.858	1. 七才泡	2.112	1. 七才泡
1.679	2. 茨勒泡	0.371	2. 西大海	0.849	2. 乌尔塔泡	2.069	2. 乌尔塔泡
1.552	3. 七才泡	0.361	3. 波罗泡	0.824	3. 鸿雁泡	1.952	3. 北二十里泡
1.544	4. 乌尔塔泡	0.325	4. 洋沙泡	0.809	4. 中内泡	1.911	4. 中内泡
1.507	5. 中内泡	0.324	5. 张家泡	0.800	5. 北二十里泡	1.837	5. 茨勒泡
0.955	6. 王花泡	0.309	6. 鸭木蛋格泡	0.782	6. 茨勒泡	1.820	6. 鸿雁泡
0.871	7. 鹅头泡	0.298	7. 鹅头泡	0.764	7. 库里泡	1.581	7. 库里泡
0.833	8. 库里泡	0.286	8. 东大海	0.727	8. 王花泡	1.528	8. 王花泡
0.807	9. 鸿雁泡	0.273	9. 王花泡	0.714	9. 东大海	1.353	9. 东大海
0.718	10. 西大海	0.236	10. 库里泡	0.702	10. 鹅头泡	1.337	10. 鹅头泡
0.664	11. 东大海	0.218	11. 茨勒泡	0.691	11. 鸭木蛋格泡	1.291	11. 洋沙泡
0.649	12. 鸭木蛋格泡	0.200	12. 北二十里泡	0.676	12. 张家泡	1.280	12. 波罗泡
0.640	13. 洋沙泡	0.191	13. 中内泡	0.675	13. 洋沙泡	1.265	13. 鸭木蛋格泡
0.594	14. 波罗泡	0.176	14. 鸿雁泡	0.639	14. 波罗泡	1.252	14. 张家泡
0.491	15. 张家泡	0.151	15. 乌尔塔泡	0.629	15. 西大海	1.240	15. 西大海
0.190	16. 八里泡	0.142	16. 七才泡	0.178	16. 八里泡	0.323	16. 八里泡
0.964		0.293		0.707		1.509	

以 J 为评价指标		以 α 为评价指标		以 $H_{O\text{-}F\text{-}G}$ 为评价指标		以 S 为评价指标	
J	湿地名称与排序	α	湿地名称与排序	$H_{O\text{-}F\text{-}G}$	湿地名称与排序	S	湿地名称与排序
0.935	1. 鸿雁泡	2.105	1. 北二十里泡	7.022	1. 北二十里泡	15	1. 七才泡
0.913	2. 鸭木蛋格泡	2.059	2. 茨勒泡	6.921	2. 七才泡	14	2. 中内泡
0.903	3. 张家泡	1.895	3. 七才泡	6.705	3. 茨勒泡	13	3. 北二十里泡
0.882	4. 库里泡	1.881	4. 乌尔塔泡	5.848	4. 中内泡	12	4. 库里泡

续表

以 J 为评价指标		以 α 为评价指标		以 $H_{O\text{-}F\text{-}G}$ 为评价指标		以 S 为评价指标	
J	湿地名称与排序	α	湿地名称与排序	$H_{O\text{-}F\text{-}G}$	湿地名称与排序	S	湿地名称与排序
0.881	5. 七才泡	1.822	5. 中内泡	5.371	5. 乌尔塔泡	11	5. 乌尔塔泡
0.863	6. 乌尔塔泡	1.137	6. 王花泡	4.257	6. 鹅头泡	7	6. 鸿雁泡
0.841	7. 东大海	1.055	7. 鹅头泡	4.257	6. 库里泡	7	6. 王花泡
0.802	8. 洋沙泡	1.000	8. 库里泡	4.146	7. 西大海	6	7. 鹅头泡
0.797	9. 中内泡	0.932	9. 鸿雁泡	3.738	8. 王花泡	6	7. 库里泡
0.795	10. 波罗泡	0.841	10. 西大海	3.288	9. 鸿雁泡	6	7. 西大海
0.785	11. 王花泡	0.830	11. 鸭木蛋格泡	3.270	10. 波罗泡	5	8. 波罗泡
0.761	12. 北二十里泡	0.801	12. 东大海	3.270	10. 洋沙泡	5	8. 东大海
0.746	13. 鹅头泡	0.767	13. 洋沙泡	3.270	10. 东大海	5	8. 洋沙泡
0.739	14. 茨勒泡	0.706	14. 波罗泡	2.716	11. 鸭木蛋格泡	4	9. 张家泡
0.692	15. 西大海	0.606	15. 张家泡	2.485	12. 张家泡	4	9. 鸭木蛋格泡
0.466	16. 八里泡	0.311	16. 八里泡	1.386	13. 八里泡	2	10. 八里泡
0.800		1.172		4.247		8	

1. 物种丰富度指数

（1）物种丰富度。物种丰富度即物种的数目，是最简单、最古老的物种多样性测度方法，直到目前，仍有许多生态学家使用该方法。测定物种丰富度最简单的方法是记录群落内（或生境内）所有生物种类数及其数量，但实际工作中，由于种种原因（如人力、物力、财力以及群落边界等），通常测定的是群落样本（即样方）中的物种数。显然，物种丰富度与群落样方大小有关，如果研究区域样方面积在时间和空间上是确定的或可控制的，则物种丰富度会提供很有用的信息；否则，物种丰富度几乎是没有意义的[43]。

本书所述的 38 片盐碱湿地鱼类群落的物种丰富度为 2～46 种，平均为 14 种。以呼伦湖最高，为 46 种；其次是连环湖，为 37 种；查干湖位列第三，为 25 种。八里泡的物种丰富度最低，为 2 种。物种丰富度≥30 种的湿地有 2 片；＜30 种且≥20 种的湿地有 7 片；＜20 种且≥10 种的湿地有 16 片；＜10 种的湿地有 13 片。还有部分湿地间的物种丰富度相同。例如，牛心套保泡、龙江湖和扎龙湖均为 23 种，南山湖、喇嘛寺泡和达里湖均为 22 种，月饼泡、花敖泡和七才泡均为 15 种，碧绿泡、老江身泡和中内泡均为 14 种，库里泡、鹅头泡和西大海均为 6 种，东大海、波罗泡和洋沙泡均为 5 种，他拉红泡和齐家泡均为 17 种，乌兰泡和北二地里泡均为 13 种，莫什海泡和茨勒泡均为 12 种，鸿雁泡和王花泡均为 7 种，鸭木蛋格泡和张家泡均为 4 种。22 片渔业湿地的物种丰富度为 8～46 种，平均为 19 种；16 片非渔业湿地的物种丰富度为 2～15 种，平均为 8 种。渔业湿地的物种丰富度明显高于非渔业湿地（$t = 4.630, P < 0.001$）。

相关分析表明，38 片盐碱湿地鱼类群落的物种丰富度（S）与群落样本的个体数（N）极显著相关（$r = 0.449, P < 0.01$），二者具有高度的一致性。

（2）物种丰富度指数。38 片盐碱湿地鱼类群落的 Margalef 指数为 0.190～2.875，平均为 1.257。以龙江湖最高，为 2.875；其次是连环湖，为 2.236；扎龙湖居第三位，为 2.130。最低值出现在八里泡，为 0.190。Margalef 指数≥2.0 的湿地有 5 片；＜2.0 且≥1.0 的湿地有 17 片；＜1.0 的湿地有 16 片。渔业湿地的 Margalef 指数为 0.741～2.875，平均为 1.470；非渔业湿地的 Margalef 指数为 0.190～1.733，平均为 0.964。渔业湿地的 Margalef 指数明显高于非渔业湿地（$t = 2.862, P < 0.01$）。

2. 生态多样性指数

群落生态多样性指数是以群落的物种数目、全部物种的个体数及每个种的个体数为基础，综合反映群落中种的丰富度和均匀程度的数量指标。与物种多度分布模型比较而言，生态多样性指数计算容易且无须假定群落物种多度分布，是一类应用较普遍的多样性指数。应用多样性指数测度群落多样性时，一个物种数少、均匀度高的群落，可能和另一个物种数多、均匀度低的群落具有相同的多样性。因此，多样性指数仅仅被看作是定量描述群落异质性的数量指标[43]。

（1）Simpson 指数。Simpson 指数又称为优势度指数，是多样性的反面即集中性的度量，而非多样性的测度，该值越大，群落的多样性程度就越低。该指数侧重于群落样本多度最大的种，对物种丰富度不太敏感。38 片盐碱湿地鱼类群落的 Simpson 指数为 0.114～0.822，平均为 0.265。以八里泡最高，为 0.822；其次是新庙泡，为 0.568；查干湖居第三位，为 0.498。最低值出现在龙江湖，为 0.114。Simpson 指数≥0.4 的湿地有 5 片；＜0.4 且≥0.3 的湿地有 6 片；＜0.3 且≥0.2 的湿地有 13 片；＜0.2 的湿地有 14 片。渔业湿地的 Simpson 指数为 0.114～0.568，平均为 0.246；非渔业湿地的 Simpson 指数为 0.142～0.822，平均为 0.293。渔业湿地的 Simpson 指数略低于非渔业湿地（$t = -0.991, P > 0.05$）。可见 Simpson 指数的最大值出现在非渔业湿地，而最小值再现在渔业湿地。

（2）Shannon-Wiener 指数。生物群落的 Shannon-Wiener 指数借用了信息论的方法，通过描述种的个体出现的不确定性来测度物种多样性，即不确定性越高，多样性也就越高，其值一般在 1.5～3.5，很少超过 4.5[43, 55]。

38 片盐碱湿地鱼类群落的 Shannon-Wiener 指数为 0.323～2.418，平均为 1.698，略高于一般范围的下限。以龙江湖最高，为 2.418；其次是扎龙湖，为 2.370；连环湖位居第三，为 2.321。最小值出现在八里泡，为 0.323。Shannon-Wiener 指数≥2.0 的湿地有龙江湖、扎龙湖、连环湖、查干湖、牛心套保泡、大龙虎泡、碧绿泡、七才泡、喇嘛寺泡、乌尔塔泡和月饼泡，平均为 2.174，高于一般水平的下限；＜2.0 且≥1.5 的湿地有北二十里泡、莫什海泡、南山湖、八百垧泡、中内泡、茨勒泡、鸿雁泡、青肯泡、老江身泡、乌兰泡、齐家泡、他拉红泡、库里泡和王花泡，平均为 1.787，也高于一般水平的下限；＜1.5 且≥1.0 的湿地有 12 片；＜1.0 的湿地有 1 片。除上述之外的其余 13 片盐碱湿地 Shannon-Wiener 指数均低于 1.5，平均为 1.200。可见，38 片盐碱湿地中，有 65.79%的湿地鱼类群落的 Shannon-Wiener 指数达到一般生物群落水平。渔业湿地鱼类群落的 Shannon-Wiener 指数为 1.012～2.418，平均为 1.835，略高于一般水平的下限；非渔业湿地鱼类群落的 Shannon-Wiener 指数为 0.323～2.112，平均为 1.509，则等于一般水平的下限。渔业湿地的 Shannon-Wiener 指数略高于非渔业湿地（$t=1.680, P>0.05$）。

（3）Fisher 指数。在物种多度格局的对数级数分布模型中，其参数α与群落的物种数目和个体总数成正比，而且不受样方大小的影响（见 2.1.2 节）。同时，α作为 Fisher 指数，还是生态学家首倡的一种多样性指数，即使对数级数模型不是描述物种多度格局的最好模型时也是如此[43, 54, 67]。

Fisher 指数通常被认为是一个很好的群落多样性指数，α越大，群落多样性程度就越高。本书的 38 片盐碱湿地鱼类群落的 Fisher 指数为 0.058～3.611，平均为 1.014。以龙江湖最高，为 3.611；其次是碧绿泡，为 2.635；莫什海泡位居第三，为 2.365。最小值出现在新庙泡，为 0.058。Fisher 指数≥3.0 的湿地只有 1 片；＜3.0 且≥2.0 的湿地有 4 片；＜2.0 且≥1.0 的湿地有 9 片；＜1.0 的湿地有 24 片。渔业湿地的 Fisher 指数为 0.058～3.611，平均为 0.899；非渔业湿地的 Fisher 指数为 0.311～2.105，平均为 1.172。渔业湿地的 Fisher 指数略低于非渔业湿地（$t=-0.955, P>0.05$）。可见 Fisher 指数的最大值和最小值均出现在渔业湿地。

（4）Gini 指数。相比于 Simpson 指数的群落集中性度量，Gini 指数则是对群落多样性的测度，其值越高，群落的多样性程度也越高。38 片盐碱湿地鱼类群落的 Gini 指数为 0.178～0.886，平均为 0.735。以波罗泡最高，为 0.886；其次是张家泡，为 0.877；王花泡位居第三，为 0.874。最小值出现在碧绿泡，为 0.178。Gini 指数≥0.8 的湿地只有 15 片；＜0.8 且≥0.7 的湿地有 12 片；＜0.7 且≥0.6 的湿地有 6 片；＜0.6 且≥0.5 的湿地有 3 片；＜0.5 的湿地有 2 片。渔业湿地的 Gini 指数为 0.432～0.886，平均为 0.754；非渔业湿地的 Gini 指数为 0.178～0.858，平均为 0.707。渔业湿地的 Gini 指数略高于非渔业湿地（$t=1.100, P>0.05$）。

（5）等级多样性指数。生命系统是一个复杂的等级系统，在群落水平上这种等级属性表现尤为突出，因为群落是处于不同分类等级上的相互作用的生物体构成的集合。实地考察或比较群落的多样性时，生物的等级属性是应该考虑的。假设有两个物种数目和各物种相对多度都相同的群落，不管采用哪一种多样性指数测度，都不能比较出两个群落的差别。但是，如果一个群落中所有种都属于同一个属，而另一个群落中每个种都属于不同的属，很显然，后者的多样性程度要高于前者。若从遗传多样性角度考虑更是如此[55]。

本书采用群落的目、科、属等级多样性指数，38 片盐碱湿地鱼类群落为 1.386～7.657，平均为 5.260。以连环湖最高，为 7.657；其次是龙江湖，为 7.550；牛心套保泡位居第三，为 7.503。最小值出现在八里泡，为 1.386。≥7.0 的湿地只有 7 片；＜7.0 且≥6.0 的湿地有 8 片；＜6.0 且≥5.0 的湿地有 7 片；＜5.0 且≥4.0 的湿地有 7 片；＜4.0 且≥3.0 的湿地有 6 片；＜3.0 且≥2.0 的湿地有 2 片；＜2.0 且≥1.0 的湿地有 1 片。渔业湿地的目、科、属等级多样性指数为 3.152～7.657，平均为 5.997；非渔业湿地的目、科、属等级多样性指数为 1.386～7.022，平均为 4.247。渔业湿地的目、科、属等级多样性指数高于非渔业湿地（$t=2.860, P<0.01$）。

3. 均匀度

通常，群落α多样性包含两方面的含义：一是物种丰富度，指一个群落或生境中物种数目的多寡，也就是说，种数越多，多样性程度就越高；二是均匀度，指一个群落或生境中各物种个体数目（多度）分配的均匀程度，若各物种个体数越接近，均匀度就越高。因此，在测度一个群落的物种多样性时，要综合考虑物种丰富度和均匀度指标。例如，两个群落的物种丰富度相同，但物种均匀度不一样，其物种多样性可不同；反之，若物种均匀度一致，而物种丰富度不等，则两群落的物种多样性也可不同[43]。

均匀度反映群落中各物种个体数的分布格局，当群落中所有的物种都有同样多的个体数时，可直观地看出均匀度最大；而当全部个体属于一个种时，其均匀度最小。本书采用基于 Shannon-Wiener 指数的 Pielou 指数。38 片盐碱湿地鱼类群落的 Pielou 指数为 0.407～0.935，平均为 0.770。以鸿雁泡最高，为 0.935；其次是大龙虎泡，为 0.914；鸭木蛋格泡位居第三，为 0.913。最小值出现在新庙泡，为 0.407。Pielou 指数≥0.9 的湿地只有 5 片；＜0.9 且≥0.8 的湿地有 9 片；＜0.8 且≥0.7 的湿地有 18 片；＜0.7 且≥0.6 的湿地有 3 片；＜0.5 且≥0.4 的湿地有 3 片。渔业湿地的 Pielou 指数为 0.407～0.914，平均为 0.749；非渔业湿地的 Pielou 指数为 0.466～0.935，平均为 0.800。渔业湿地的 Pielou 指数略低于非渔业湿地（$t=-0.595, P>0.05$）。可见，Pielou 指数的最大值出现在非渔业湿地，而最小值出现在渔业湿地。

4. 多样性指数的相关性

表 2-25 为 38 片盐碱湿地、22 片盐碱渔业湿地、16 片盐碱非渔业湿地的鱼类群落 α 多样性指数的相关性分析结果。

表 2-25　盐碱湿地鱼类群落 α 多样性指数的相关性

湿地类型	d_{Ma}	λ	D_{Gi}	H	J	α	$H_{O\text{-}F\text{-}G}$	S
38 片盐碱湿地	d_{Ma}	-0.518^{**}	0.518^{**}	0.822^{**}	0.039	0.429^{**}	0.627^{**}	0.547^{**}
22 片盐碱渔业湿地		−0.366	0.366	0.794^{**}	0.114	0.414	0.213	0.255
16 片盐碱非渔业湿地		-0.708^{**}	0.708^{**}	0.875^{**}	0.211	0.999^{**}	0.965^{**}	0.960^{**}
38 片盐碱湿地		λ	−1	-0.834^{**}	-0.716^{**}	-0.374^{**}	-0.346^{*}	−0.116
22 片盐碱渔业湿地			−1	-0.749^{**}	-0.786^{**}	−0.308	0.116	0.249
16 片盐碱非渔业湿地			−1	-0.939^{**}	-0.793^{**}	-0.681^{**}	-0.684^{**}	-0.672^{**}
38 片盐碱湿地			D_{Gi}	0.834^{**}	0.716^{**}	0.374^{*}	0.346^{*}	0.116
22 片盐碱渔业湿地				0.749^{**}	0.786^{**}	0.308	−0.116	−0.249
16 片盐碱非渔业湿地				0.939^{**}	0.793^{**}	0.681^{**}	0.684^{**}	0.672^{**}
38 片盐碱湿地				H	0.484^{**}	0.321	0.572^{**}	0.386^{*}
22 片盐碱渔业湿地					0.628^{**}	0.230	0.117	0.000
16 片盐碱非渔业湿地					0.616^{*}	0.856^{**}	0.837^{**}	0.860^{**}
38 片盐碱湿地					J	0.156	−0.230	-0.398^{*}
22 片盐碱渔业湿地						0.103	−0.405	−0.531
16 片盐碱非渔业湿地						0.187	0.167	0.200

续表

湿地类型	d_{Ma}	λ	D_{Gi}	H	J	α	$H_{O\text{-}F\text{-}G}$	S
38片盐碱湿地						α	0.157	−0.053
22片盐碱渔业湿地							−0.053	−0.106
16片盐碱非渔业湿地							0.961**	0.956**
38片盐碱湿地							$H_{O\text{-}F\text{-}G}$	0.732**
22片盐碱渔业湿地								0.571*
16片盐碱非渔业湿地								0.950**

38片盐碱湿地、16片盐碱非渔业湿地的鱼类群落Margalef指数与该类湿地的Simpson指数均极显著负相关（$P<0.01$），呈现高度不一致性；与Shannon-Wiener指数、Fisher指数、Gini指数、等级多样性指数和物种丰富度均极显著相关（$P<0.01$），具有高度一致性。此外，渔业湿地鱼类群落的Margalef指数也与该类湿地的Simpson指数极显著相关（$P<0.01$），具有高度一致性。

38片盐碱湿地、22片盐碱渔业湿地、16片盐碱非渔业湿地的鱼类群落Simpson指数与Gini指数的相关系数均为−1，呈现完全不一致；与Shannon-Wiener指数和Pielou指数均极显著负相关（$P<0.01$），呈现出高度不一致性。38片盐碱湿地和其中的非渔业湿地鱼类群落的Simpson指数与Fisher指数均极显著负相关（$P<0.01$），呈现出高度不一致性；38片盐碱湿地鱼类群落的Simpson指数与等级多样性指数显著负相关（$P<0.05$），非渔业湿地与等级多样性指数、物种丰富度均极显著负相关（$P<0.01$），呈现出高度不一致性。

38片盐碱湿地、22片盐碱渔业湿地、16片盐碱非渔业湿地的鱼类群落Gini指数与Shannon-Wiener指数和Pielou指数均极显著相关（$P<0.01$），具有高度一致性。38片盐碱湿地鱼类群落的Gini指数与Fisher指数和等级多样性指数均显著相关（$P<0.05$）；非渔业湿地鱼类群落的Gini指数与Fisher指数、等级多样性指数和物种丰富度均极显著相关（$P<0.01$），均具有高度一致性。

38片盐碱湿地的鱼类群落Shannon-Wiener指数与Pielou指数和等级多样性指数均极显著相关（$P<0.01$），与物种丰富度显著相关；渔业湿地Shannon-Wiener指数与Pielou指数极显著相关（$P<0.01$）；非渔业湿地Shannon-Wiener指数与Pielou指数、Fisher指数、等级多样性指数和物种丰富度均极显著相关（$P<0.01$），均具有高度一致性。

38片盐碱湿地的鱼类群落Pielou指数与物种丰富度呈显著负相关（$P<0.05$）；非渔业湿地鱼类群落的Fisher指数与等级多样性指数和物种丰富度均极显著相关（$P<0.01$），均具有高度一致性；38片盐碱湿地和非渔业湿地鱼类群落的等级多样性指数与物种丰富度均极显著相关（$P<0.01$），均具有高度一致性；渔业湿地鱼类群落的等级多样性指数与物种丰富度显著相关（$P<0.05$）。

以上结果显示，等级多样性指数与Fisher指数、Margalef指数、Shannon-Wiener指数和Gini指数均极显著相关（$P<0.01$），均表现出高度的一致性，这表明群落等级多样性

指数可反映出群落的异质性与物种丰富度特征。Gini 指数与 Shannon-Wiener 指数、Pielou 指数以及 Shannon-Wiener 指数与 Pielou 指数之间的极显著相关关系，与这些多样性指数本身所反映出的群落结构的异质性相符；Simpson 指数与 Shannon-Wiener 指数、Pielou 指数、Fisher 指数和等级多样性指数之间的极显著负相关关系，则与 Simpson 指数所反映出的群落结构集中性的特点相符。

5. 多样性指数与物种丰富度和样本个体数的相关性

由偏相关分析结果可知（表 2-26），样本个体数一定时，Margalef 指数、Gini 指数、Fisher 指数与物种丰富度均极显著相关（$P<0.01$），均具有高度一致性；Simpson 指数与物种丰富度极显著负相关（$P<0.01$），呈现出高度不一致性。当物种丰富度一定时，Simpson 指数与样本个体数极显著相关（$P<0.01$），具有高度一致性；Pielou 指数、Gini 指数和 Fisher 指数均与样本个体数极显著负相关（$P<0.01$），均呈现出高度不一致性。

表 2-26　38 片盐碱湿地鱼类群落生态多样性指数与物种丰富度和样本个体数的相关性

简单相关性		偏相关性		简单相关性		偏相关性		简单相关性		偏相关性	
因子	r	因子	r	因子	r	因子	r	因子	r	因子	r
r_{12}	0.910**	$r_{12\cdot3}$	0.908**	r_{25}	–0.498**	$r_{25\cdot3}$	–0.651**	r_{27}	0.462*	$r_{27\cdot3}$	0.612**
r_{13}	0.341*	$r_{13\cdot2}$	–0.320	r_{35}	0.122	$r_{35\cdot2}$	0.495**	r_{37}	–0.127	$r_{37\cdot2}$	–0.467**
r_{24}	0.223	$r_{24\cdot3}$	0.199	r_{26}	–0.163	$r_{26\cdot3}$	0.180	r_{28}	0.901**	$r_{28\cdot N3}$	0.916**
r_{34}	0.122	$r_{34\cdot2}$	0.131	r_{36}	–0.597**	$r_{36\cdot2}$	–0.582**	r_{38}	0.278	$r_{38\cdot2}$	–0.462**

注：相关系数下标中的数字，1 代表 Margalef 指数，2 代表物种丰富度，3 代表样本个体数，4 代表 Shannon-Wiener 指数，5 代表 Simpson 指数，6 代表 Pielou 指数，7 代表 Gini 指数，8 代表 Fisher 指数。

以上结果表明，Margalef 指数与物种丰富度有关，Pielou 指数和 Gini 指数均受样本个体数的影响，Simpson 指数、Gini 指数和 Fisher 指数同时依赖于物种丰富度和样本个体数。相比之下，Shannon-Wiener 指数则不受物种丰富度和样本个体数的影响，能够较真实地反映群落多样性状况，因而可用于群落多样性比较。

相关分析结果还显示，当样本个体数一定时，等级多样性指数与物种丰富度，等级多样性指数与其所隶属的目、科、属的数目均极显著相关（$P<0.01$），均具有高度一致性；当物种丰富度一定时，等级多样性指数与其所隶属的属的数目极显著相关（$P<0.01$），具有高度一致性。这表明群落目、科、属分类单元的等级多样性指数与物种丰富度密切相关，而与样本大小的关系相对较弱；同时也反映了分类单元层次上物种分布的均匀性在很大程度上取决于群落中单种属的多寡；而且分类单元中目之下单种科，科之下单种属，以及名录中单种属的数目越大，等级多样性指数就越高。

2.2.2　多样性指数与水环境因子的关系

1. 与碱度、盐度和 pH 的关系

表 2-27 为 38 片盐碱湿地鱼类群落生态多样性指数与水环境碱度、盐度和 pH 的相关性。

表 2-27　38 片盐碱湿地鱼类群落生态多样性指数与水环境碱度、盐度和 pH 的相关性

简单相关性		一级偏相关性		二级偏相关性	
相关因子	r	相关因子	r	相关因子	r
r_{d1}	−0.530**	$r_{d1\cdot2}$	0.437*	$r_{d1\cdot23}$	−0.377
		$r_{d1\cdot3}$	−0.431*		
r_{d2}	−0.474**	$r_{d2\cdot1}$	0.147	$r_{d2\cdot13}$	0.271
		$r_{d2\cdot3}$	−0.372		
r_{d3}	−0.629**	$r_{d3\cdot1}$	−0.201	$r_{d3\cdot12}$	−0.328
		$r_{d3\cdot2}$	−0.319		
r_{H1}	−0.485**	$r_{H1\cdot2}$	0.247	$r_{H1\cdot23}$	−0.274
		$r_{H1\cdot3}$	−0.442*		
r_{H2}	−0.436**	$r_{H2\cdot1}$	−0.250	$r_{H2\cdot13}$	0.100
		$r_{H2\cdot3}$	−0.399*		
r_{H3}	−0.210	$r_{H3\cdot1}$	0.216	$r_{H3\cdot12}$	0.224
		$r_{H3\cdot2}$	0.107		
r_{D1}	−0.143	$r_{D1\cdot2}$	0.122	$r_{D1\cdot23}$	0.146
		$r_{D1\cdot3}$	0.176		
r_{D2}	−0.219	$r_{D2\cdot1}$	−0.229	$r_{D2\cdot13}$	−0.226
		$r_{D2\cdot3}$	0.125		
r_{D3}	−0.218	$r_{D3\cdot1}$	−0.340	$r_{D3\cdot12}$	−0.327
		$r_{D3\cdot2}$	−0.211		
r_{J1}	0.068	$r_{J1\cdot2}$	0.327	$r_{J1\cdot23}$	0.459*
		$r_{J1\cdot3}$	0.000		
r_{J2}	0.109	$r_{J2\cdot1}$	−0.004	$r_{J2\cdot13}$	0.499*
		$r_{J2\cdot3}$	−0.007		
r_{J3}	0.371	$r_{J3\cdot1}$	0.019	$r_{J3\cdot12}$	0.137
		$r_{J3\cdot2}$	0.000		
$r_{\lambda1}$	0.167	$r_{\lambda1\cdot2}$	0.116	$r_{\lambda1\cdot23}$	−0.231
		$r_{\lambda1\cdot3}$	0.219		
$r_{\lambda2}$	0.196	$r_{\lambda2\cdot1}$	−0.003	$r_{\lambda2\cdot13}$	−0.347
		$r_{\lambda2\cdot3}$	0.295		
$r_{\lambda3}$	−0.386	$r_{\lambda3\cdot1}$	−0.413*	$r_{\lambda3\cdot12}$	−0.411
		$r_{\lambda3\cdot2}$	−0.364		

续表

简单相关性		一级偏相关性		二级偏相关性	
相关因子	r	相关因子	r	相关因子	r
$r_{\alpha1}$	0.254	$r_{\alpha1\cdot2}$	-0.421^{*}	$r_{\alpha1\cdot23}$	−0.233
		$r_{\alpha1\cdot3}$	0.343		
$r_{\alpha2}$	0.157	$r_{\alpha2\cdot1}$	0.549^{**}	$r_{\alpha2\cdot13}$	−0.371
		$r_{\alpha2\cdot3}$	0.512^{**}		
$r_{\alpha3}$	−0.259	$r_{\alpha3\cdot1}$	-0.499^{**}	$r_{\alpha3\cdot12}$	-0.517^{*}
		$r_{\alpha3\cdot2}$	-0.581^{**}		

注：相关系数下标中，d 代表 Margalef 指数，H 代表 Shannon-Wiener 指数，D 代表 Gini 指数，J 代表 Pielou 指数，λ 代表 Simpson 指数，α 代表 Fisher 指数；1 代表碱度(mmol/L)，2 代表盐度(g/L)，3 代表 pH。

由一级偏相关系数可知，当水环境碱度一定时，Fisher 指数与水环境盐度极显著正相关（$P<0.01$），具有高度一致性；与水环境 pH 极显著负相关，呈现出高度不一致性；Simpson 指数与水环境 pH 显著负相关（$P<0.05$）。当水环境盐度一定时，Margalef 指数与水环境碱度显著正相关（$P<0.05$）；Fisher 指数与水环境碱度显著负相关（$P<0.05$）、与水环境 pH 极显著负相关（$P<0.01$）。当水环境 pH 一定时，Margalef 指数和 Shannon-Wiener 指数都与水环境碱度显著负相关（$P<0.05$），Shannon-Wiener 指数与水环境盐度显著负相关（$P<0.05$），Fisher 指数与水环境盐度极显著正相关（$P<0.01$）。

由二级偏相关系数可知，当水环境碱度和 pH 同时不变时，Pielou 指数与水环境盐度显著正相关（$P<0.05$）；当水环境盐度和 pH 同时不变时，Pielou 指数与水环境碱度显著正相关（$P<0.05$）；当水环境碱度和盐度同时不变时，Fisher 指数与水环境 pH 显著负相关。

以上结果表明，38 片盐碱湿地在当前盐碱水环境条件下，水环境碱度、盐度和 pH 的变化均可影响鱼类群落多样性，但受 pH 的影响程度相对较大。由此可见，保持盐碱湿地生态持续健康发展，对维护湿地鱼类多样性具有特别重要的意义。

2. 物种丰富度与水环境因子的关系

表 2-28 为 38 片盐碱湿地鱼类群落的物种丰富度与水环境碱度、盐度和 pH 的相关性。由偏相关系数可知，水环境盐度和 pH 分别保持不变或同时保持不变，物种丰富度与水环境 pH 的一级偏相关性、二级偏相关性均为极显著负相关（$P<0.01$），具有高度不一致性；当水环境 pH 保持不变时，物种丰富度与水环境盐度的一级偏相关性为极显著负相关（$P<0.01$），表现出高度不一致性。

表 2-28　38 片盐碱湿地鱼类群落的物种丰富度与水环境碱度、盐度和 pH 的相关性

简单相关性		一级偏相关性		二级偏相关性	
相关因子	r	相关因子	r	相关因子	r
r_{S1}	-0.539^{*}	$r_{S1\cdot2}$	-0.491^{**}	$r_{S1\cdot23}$	-0.517^{**}
		$r_{S1\cdot3}$	-0.531^{**}		

续表

简单相关性		一级偏相关性		二级偏相关性	
相关因子	r	相关因子	r	相关因子	r
r_{S2}	–0.448*	$r_{S2\cdot1}$	0.268	$r_{S2\cdot13}$	0.259
		$r_{S2\cdot3}$	–0.492**		
r_{S3}	–0.317	$r_{S3\cdot1}$	0.142	$r_{S3\cdot12}$	0.217
		$r_{S3\cdot2}$	–0.245		

注：相关系数下标中，S 代表物种丰富度；1 代表碱度/(mmol/L)，2 代表盐度(g/L)，3 代表 pH。

以上结果表明，38 片盐碱湿地鱼类群落的物种丰富度与水环境碱度的关系密切，盐碱湿地水环境的碱度水平在当前情况下继续升高，将有可能降低鱼类群落的物种丰富度。然而，如果因干旱缺水，湿地水量不断浓缩，水环境碱度、盐度和 pH 都将上升，群落的物种丰富度也将受到不利的影响。

2.2.3　问题探讨

1. 群落多样性指数的选择

研究 38 片盐碱湿地鱼类群落 α 多样性所采用的生态多样性指数，除了常用的物种丰富度指数（Margalef 指数）、概率度量指数（Gini 指数与 Simpson 指数）、信息度量指数（Shannon-Wiener 指数）和基于 Shannon-Wiener 指数的均匀度指数（Pielou 指数）外，还采用了过去较少使用的 Fisher 指数（α）。α 是物种多度对数级数分布模型的参数，可较好地反映群落的物种丰富度，但作者发现它显著地受到群落样本大小的影响，这与文献[55]所报道的不同。同时还发现，提供群落异质性信息的 Shannon-Wiener 指数不受物种丰富度和样本大小的影响，因而可用于不同地区的鱼类群落多样性比较。

针对鱼类群落的等级属性，本书还采用了基于物种数目的等级多样性指数，并利用鱼类名录计算群落目、科、属等级多样性指数。结果表明，目、科、属等级多样性指数可以反映出群落物种丰富度和目、科、属不同层次上物种分布的均匀性，而且不受样本大小的影响，也可用于同一地区和不同地区的鱼类群落多样性的比较。在 38 片盐碱湿地中，张家泡与鸭木蛋格泡，波罗泡、洋沙泡与东大海，鹅头泡、库里泡与西大海，鸿雁泡与王花泡，茨勒泡与莫什海泡，中内泡、碧绿泡与老江身泡，七才泡、花敖泡与月饼泡，北二十里泡与乌兰泡，他拉红泡与齐家泡，牛心套保泡、龙江湖与扎龙湖，南山湖、喇嘛寺泡与达里湖，其鱼类群落的物种丰富度相同，而等级多样性指数各异，即使在分类阶元目、科、属的数目分别相同的湿地，其等级多样性指数也不尽一致，这些都反映出群落目、科、属层次上物种分布的不均匀性。可能正是这种不均匀性使得物种丰富度最高的呼伦湖（46 种），其等级多样性指数并非最大，而等级多样性指数最大值出现在物种丰富度比呼伦湖少 9 种的连环湖。呼伦湖的等级多样性指数值与新庙泡、七才泡基本一致，但新庙泡和七才泡的鱼类物种丰富度比呼伦湖分别少了 27 种和 31 种。

以上结果揭示，与 Margalef 指数、Shannon-Wiener 指数、Gini 指数、Fisher 指数等基

于个体数量的群落生态多样性指数相比，等级多样性指数是一种在目、科、属层次上反映群落物种结构的异质性的多样性指数，它可以通过名录中的物种数目快速地计算多样性指数；同时又是一种趋于标准化的多样性指数，有利于地区间鱼类群落多样性的比较和特定湿地鱼类多样性程度的快速评估，尤其是对于自然保护区和湿地公园鱼类多样性的评估，其更为方便快捷。

2. *群落多样性评价*

生物群落多样性程度的高低，通常采用适当的多样性指数来评价。以往大多采用物种丰富度来评价，但迄今为止尚无统一的评价标准。物种丰富度即物种的数目，是最简单、最古老的物种多样性测度方法，是物种多样性测度中较为简单且生物学意义明显的指标。直到目前，仍有许多学者使用该指标。由于物种丰富度与样方大小有关，二者之间又没有函数关系，如果研究区域或样地面积在时间和空间上是确定的或可控制的，则该指标会提供很有用的信息。否则，该指标几乎是没有意义的。

根据物种丰富度与异质性相结合的多样性测度标准，本书采用目、科、属等级多样性指数（$H_{\text{O-F-G}}$）、物种丰富度（S）、Shannon-Wiener 指数（H），以及物种丰富度指数（d_{Ma}）、Fisher 指数（α）、Gini 指数（D_{Gi}）与 H 之和$\left[\sum(d_{\text{Ma}}+\alpha+H+D_{\text{Gi}})\right]$四种指标，来评价 38 片盐碱湿地鱼类群落的 α 多样性程度，结果见表 2-29。

表 2-29　38 片盐碱湿地鱼类群落 α 多样性评价

以 $H_{\text{O-F-G}}$ 为评价指标		以 S 为评价指标		以 $\sum(d_{\text{Ma}}+\alpha+H+D_{\text{Gi}})$ 为评价指标		以 H 为评价指标	
$H_{\text{O-F-G}}$	高→低排序	S	高→低排序	$\sum(d_{\text{Ma}}+\alpha+H+D_{\text{Gi}})$	高→低排序	H	高→低排序
7.657	1. 连环湖	46	1. 呼伦湖	9.790	1. 龙江湖	2.418	1. 龙江湖
7.550	2. 龙江湖	37	2. 连环湖	7.665	2. 碧绿泡	2.370	2. 扎龙湖
7.503	3. 牛心套保泡	25	3. 查干湖	6.987	3. 莫什海泡	2.321	3. 连环湖
7.407	4. 他拉红泡	23	4. 牛心套保泡	6.590	4. 北二十里泡	2.155	4. 查干湖
7.162	5. 扎龙湖	23	4. 龙江湖	6.417	5. 七才泡	2.132	5. 牛心套保泡
7.160	6. 南山湖	23	4. 扎龙湖	6.360	6. 月饼泡	2.129	6. 大龙虎泡
7.022	7. 北二十里泡	22	5. 南山湖	6.357	7. 茨勒泡	2.113	7. 碧绿泡
6.987	8. 花敖泡	22	5. 喇嘛寺泡	6.343	8. 乌尔塔泡	2.112	8. 七才泡
6.921	9. 七才泡	22	5. 达里湖	6.049	9. 中内泡	2.082	9. 喇嘛寺泡
6.916	10. 新庙泡	19	6. 新庙泡	5.690	10. 八百垧泡	2.069	10. 乌尔塔泡
6.907	11. 呼伦湖	18	7. 大龙虎泡	5.591	11. 连环湖	2.011	11. 月饼泡
6.802	12. 查干湖	17	8. 他拉红泡	5.568	12. 扎龙湖	1.952	12. 北二十里泡
6.705	13. 茨勒泡	17	8. 齐家泡	5.118	13. 喇嘛寺泡	1.950	13. 莫什海泡
6.157	14. 月饼泡	15	9. 月饼泡	4.908	14. 大龙虎泡	1.950	13. 南山湖
6.045	15. 喇嘛寺泡	15	9. 花敖泡	4.894	15. 查干湖	1.934	14. 八百垧泡
5.904	16. 老江身泡	15	9. 七才泡	4.383	16. 鸿雁泡	1.911	15. 中内泡
5.848	17. 中内泡	14	10. 碧绿泡	4.373	17. 乌兰泡	1.837	16. 茨勒泡

续表

以 $H_{O·F·G}$ 为评价指标		以 S 为评价指标		以 $\sum(d_{Ma}+\alpha+H+D_{Gi})$ 为评价指标		以 H 为评价指标	
$H_{O·F·G}$	高→低排序	S	高→低排序	$\sum(d_{Ma}+\alpha+H+D_{Gi})$	高→低排序	H	高→低排序
5.804	18. 齐家泡	14	10. 老江身泡	4.366	18. 牛心套保泡	1.820	17. 鸿雁泡
5.371	19. 乌尔塔泡	14	10. 中内泡	4.347	19. 王花泡	1.760	18. 青肯泡
5.136	20. 青肯泡	13	11. 乌兰泡	4.197	20. 他拉红泡	1.753	19. 老江身泡
5.124	21. 碧绿泡	13	11. 北二十里泡	4.189	21. 南山湖	1.741	20. 乌兰泡
5.114	22. 达里湖	12	12. 莫什海泡	4.178	22. 库里泡	1.691	21. 齐家泡
4.788	23. 莫什海泡	12	12. 茨勒泡	4.127	23. 齐家泡	1.609	22. 他拉红泡
4.500	24. 八百垧泡	11	13. 乌尔塔泡	4.067	24. 呼伦湖	1.581	23. 库里泡
4.257	25. 鹅头泡	10	14. 八百垧泡	4.050	25. 老江身泡	1.528	24. 王花泡
4.257	25. 库里泡	9	15. 青肯泡	3.993	26. 青肯泡	1.472	25. 花敖泡
4.159	26. 小龙虎泡	8	16. 小龙虎泡	3.965	27. 鹅头泡	1.437	26. 小龙虎泡
4.146	27. 西大海	7	17. 鸿雁泡	3.607	28. 花敖泡	1.353	27. 东大海
4.006	28. 乌兰泡	7	17. 王花泡	3.532	29. 东大海	1.337	28. 鹅头泡
3.738	29. 王花泡	6	18. 库里泡	3.485	30. 小龙虎泡	1.291	29. 洋沙泡
3.288	30. 鸿雁泡	6	18. 鹅头泡	3.435	31. 鸭木蛋格泡	1.280	30. 波罗泡
3.270	31. 波罗泡	6	18. 西大海	3.428	32. 西大海	1.265	31. 鸭木蛋格泡
3.270	31. 洋沙泡	5	19. 东大海	3.415	33. 达里湖	1.252	32. 长家泡
3.270	31. 东大海	5	19. 波罗泡	3.373	34. 洋沙泡	1.240	33. 西大海
3.152	32. 大龙虎泡	5	19. 洋沙泡	3.219	35. 波罗泡	1.236	34. 达里湖
2.716	33. 鸭木蛋格泡	4	20. 鸭木蛋格泡	3.025	36. 张家泡	1.102	35. 呼伦湖
2.485	34. 张家泡	4	20. 张家泡	2.664	37. 新庙泡	1.012	36. 新庙泡
1.386	35. 八里泡	2	21. 八里泡	1.002	38. 八里泡	0.323	37. 八里泡

由表 2-29 可知，以上述四种指标为评价标准，八里泡鱼类群落多样性程度的排序均位列最后；以 $H_{O·F·G}$ 和 H 为评价标准，除八里泡以外排序相同的湿地只有小龙虎泡，均位列第 26 位；以 H 和 S 为评价标准，排序相同的湿地有八百垧泡和鸿雁泡，分别位列第 14 位和第 17 位；以 $\sum(d_{Ma}+\alpha+H+D_{Gi})$ 和 H 为评价标准，排序相同的湿地有龙江湖和鸭木蛋格泡，分别位列第 1 位和第 31 位；以 $H_{O·F·G}$ 和 S 为评价标准，排序相同的湿地为七才泡，位列第 9 位。相比之下，以 $H_{O·F·G}$ 和 S、$H_{O·F·G}$ 和 $\sum(d_{Ma}+\alpha+H+D_{Gi})$ 为评价标准，其结果中没有排序相同的湿地。

在评价结果中排序第 1～10 位的湿地中，以 H 和 S 为评价标准的有龙江湖、扎龙湖、连环湖、查干湖、牛心套保泡、大龙虎泡、碧绿泡、七才泡及喇嘛寺泡；以 $H_{O·F·G}$ 和 S 为评价标准的有连环湖、龙江湖、牛心套保泡、他拉红泡、扎龙湖、南山湖、花敖泡及七才泡；以 $H_{O·F·G}$ 和 H 为评价标准的有龙江湖、扎龙湖、连环湖、牛心套保泡及七才泡；以 $H_{O·F·G}$ 和 $\sum(d_{Ma}+\alpha+H+D_{Gi})$ 为评价标准的有龙江湖、北二十里泡及七才泡；以 $\sum(d_{Ma}+\alpha+H+D_{Gi})$ 和 S 为评价标准的有龙江湖、碧绿泡、七才泡及月饼泡；

以$\sum(d_{\mathrm{Ma}}+\alpha+H+D_{\mathrm{Gi}})$和$H$为评价标准的有龙江湖、碧绿泡、七才泡及乌尔塔泡。

在评价结果中排序第1～15位的湿地中，以H和S为评价标准的有龙江湖、扎龙湖、连环湖、查干湖、牛心套保泡、大龙虎泡、碧绿泡、七才泡、喇嘛寺泡、乌尔塔泡、月饼泡、北二十里泡、莫什海泡、南山湖、中内泡及八百垧泡（包括排序相同的湿地）；以$H_{\mathrm{O\cdot F\cdot G}}$和$S$为评价标准的有连环湖、龙江湖、牛心套保泡、他拉红泡、扎龙湖、南山湖、北二十里泡、花敖泡、七才泡、新庙泡、呼伦湖、查干湖、茨勒泡、月饼泡及喇嘛寺泡；以$H_{\mathrm{O\cdot F\cdot G}}$和$H$为评价标准的有龙江湖、扎龙湖、连环湖、牛心套保泡、南山湖、北二十里泡、七才泡、查干湖、月饼泡及喇嘛寺泡；以$H_{\mathrm{O\cdot F\cdot G}}$和$\sum(d_{\mathrm{Ma}}+\alpha+H+D_{\mathrm{Gi}})$为评价标准的有连环湖、龙江湖、扎龙湖、北二十里泡、七才泡、查干湖、茨勒泡、月饼泡及喇嘛寺泡；以$\sum(d_{\mathrm{Ma}}+\alpha+H+D_{\mathrm{Gi}})$和$S$为评价标准的有龙江湖、碧绿泡、莫什海泡、北二十里泡、七才泡、月饼泡、茨勒泡、乌尔塔泡、中内泡、八百垧泡、连环湖、扎龙湖、喇嘛寺泡、大龙虎泡及查干湖；以$\sum(d_{\mathrm{Ma}}+\alpha+H+D_{\mathrm{Gi}})$和$H$为评价标准的有龙江湖、碧绿泡、北二十里泡、莫什海泡、七才泡、月饼泡、乌尔塔泡、中内泡、八百垧泡、连环湖、扎龙湖、喇嘛寺泡、大龙虎泡及查干湖。

上述结果显示，评价效果相对较好的指标组合为H与S、$\sum(d_{\mathrm{Ma}}+\alpha+H+D_{\mathrm{Gi}})$与$S$和$H_{\mathrm{O\cdot F\cdot G}}$与$S$，其次为$\sum(d_{\mathrm{Ma}}+\alpha+H+D_{\mathrm{Gi}})$与$H$，表明$\sum(d_{\mathrm{Ma}}+\alpha+H+D_{\mathrm{Gi}})$、$H$、$S$及$H_{\mathrm{O\cdot F\cdot G}}$四种指标均可作为鱼类群落多样性程度的评价标准，这从它们之间的相关系数（分别为0.877、0.970、0.876及0.910，$P<0.01$）也可以反映出。但从物种丰富度与异质性相结合的多样性测度标准来考虑，只代表物种丰富度单一意义的S指标不宜用作评价标准。其余三种指标则是群落物种丰富度与异质性相结合的多样性指标，可以用作评价标准。从这三种指标间的相关程度看，$\sum(d_{\mathrm{Ma}}+\alpha+H+D_{\mathrm{Gi}})$与$H$、$H_{\mathrm{O\cdot F\cdot G}}$的相关系数分别为0.923、0.910（$P<0.01$），$H$与$H_{\mathrm{O\cdot F\cdot G}}$的相关系数为0.979（$P<0.01$），为其中最大，故$H$和$H_{\mathrm{O\cdot F\cdot G}}$组合的评价效果相对更佳。

综合上述可见，$\sum(d_{\mathrm{Ma}}+\alpha+H+D_{\mathrm{Gi}})$、$H$、$S$及$H_{\mathrm{O\cdot F\cdot G}}$四种群落多样性指标均可作为鱼类群落多样性程度的评价标准，其中，H和$H_{\mathrm{O\cdot F\cdot G}}$的效果更佳。实际应用中，$H$值的计算过程较为复杂，需要进行个体数量或生物量调查，野外工作量较大。相比之下，$H_{\mathrm{O\cdot F\cdot G}}$值的计算过程则简单得多，只要编制出特定湿地的鱼类名录，即可根据名录中每一个目、科、属的物种数和名录总物种数，快速计算出$H_{\mathrm{O\cdot F\cdot G}}$值，用于特定湿地鱼类多样性程度评估和群落间多样性程度的比较。目前，大多数湿地自然保护区和湿地公园都有编制好的鱼类物种名录，利用现成的名录即可方便地计算出$H_{\mathrm{O\cdot F\cdot G}}$值。同时，$H_{\mathrm{O\cdot F\cdot G}}$值也是一种近似于标准化的多样性指数，可用于不同区域间鱼类群落多样性的比较。基于上述，本书推荐采用等级多样性指数作为标准，来评价湿地鱼类群落α多样性程度。

2.3　鱼类群落关联性与隔离性

2.3.1　群落关联系数与隔离指数

1. 群落关联系数

不同鱼类群落间物种组成的关联性，通常用关联系数来测度。常用的关联系数为

Jaccard 系数，通过式（2-13）计算[43]：

$$r_{jk} = a / (a + b + c) \tag{2-13}$$

式中，r_{jk} 为群落 j 、k 之间的关联系数；a 为出现于群落 j 与群落 k 的物种数，即共有种数；b 为出现于群落 j 而未出现于群落 k 的物种数，即群落 j 的独有种数；c 为出现于群落 k 而未出现于群落 j 的物种数，即群落 k 的独有种数。本书暂以 $r_{jk} \leqslant 0.250$ 、$0.251 < r_{jk} \leqslant 0.500$ 、$0.501 < r_{jk} \leqslant 0.750$ 和 $r_{jk} > 0.751$ 为标准，将群落间的关联性程度（后文称“群落关联度”）划分为极低、较低、较高和极高。

式（2-13）还可变形为

$$r_{jk} = a / (S_j + S_k - a) \tag{2-14}$$

式中，S_j 、S_k 分别为群落 j 、群落 k 的物种数。

2. 群落隔离指数

鱼类群落间物种组成的分化与隔离（后文合并称“群落隔离性”）程度，本书采用基于二元属性数据的 β 多样性指数 β_W 来度量[43]，其计算公式为

$$\beta_W = S / m_a - 1 \tag{2-15}$$

式中，S 为研究系统中观测的物种总数（物种丰富度）；m_a 为研究系统中各样方或样本的平均物种数。本书暂以 $\beta_W \leqslant 0.250$ 、$0.251 < \beta_W \leqslant 0.500$ 、$0.501 < \beta_W \leqslant 0.750$ 和 $\beta_W > 0.751$ 为标准，将鱼类群落间物种组成的分化与隔离程度（后文称“群落隔离度”）划分为极低、较低、较高和极高。

2.3.2　群落关联性与隔离性特征

1. 松嫩平原盐碱湿地区

1）吉林西部与齐齐哈尔盐碱湿地群

（1）物种资源组成。由表 2-30 可知，吉林西部与齐齐哈尔盐碱湿地群的鱼类物种合计为 49 种。两个盐碱湿地群鱼类群落的共有种为 31 种，包括青鱼、草鱼、拉氏鲅、䱗、红鳍原鲌、翘嘴鲌、蒙古鲌、团头鲂、大鳍鱊、黑龙江鳑鲏、花䱻、麦穗鱼、平口鮈、东北鳈、克氏鳈、棒花鱼、凌源鮈、犬首鮈、鲤、银鲫、鲢、鳙、黑龙江泥鳅、北方泥鳅、黑龙江花鳅、黄颡鱼、鲇、怀头鲇、鳜、葛氏鲈塘鳢及乌鳢；吉林西部盐碱湿地群独有种为 7 种，包括鳡、鳊、东北颌须鮈、银鮈、花斑副沙鳅、斑鳜及圆尾斗鱼；齐齐哈尔盐碱湿地群独有种为 11 种，包括真鲅、湖鲅、贝氏䱗、银鲴、彩石鳑鲏、唇䱻、条纹似白鮈、蛇鮈、黄黝、大银鱼及黑斑狗鱼。

表 2-30　吉林西部与齐齐哈尔盐碱湿地群鱼类物种组成

种类	a	b	种类	a	b
一、鲤形目 Cypriniformes			2. 草鱼 *Ctenopharyngodon idella*▲	+	+
（一）鲤科 Cyprinidae			3. 真鲅 *Phoxinus phoxinus*		+
1. 青鱼 *Mylopharyngodon piceus*▲	+	+	4. 湖鲅 *Phoxinus percnurus*		+

续表

种类	a	b	种类	a	b
5. 拉氏鱥 *Phoxinus lagowskii*	+	+	34. 鳙 *Aristichthys nobilis*▲	+	+
6. 鳡 *Elopichthys bambusa*	+		（二）鳅科 Cobitidae		
7. 䱗 *Hemiculter leucisculus*	+	+	35. 黑龙江泥鳅 *Misgurnus mohoity*	+	+
8. 贝氏䱗 *Hemiculter bleekeri*		+	36. 北方泥鳅 *Misgurnus bipartitus*	+	+
9. 红鳍原鲌 *Cultrichthys erythropterus*	+	+	37. 黑龙江花鳅 *Cobitis lutheri*	+	+
10. 翘嘴鲌 *Culter alburnus*	+	+	38. 花斑副沙鳅 *Parabotia fasciata*	+	
11. 蒙古鲌 *Culter mongolicus mongolicus*	+	+	二、鲇形目 Siluriformes		
12. 鳊 *Parabramis pekinensis*	+		（三）鲿科 Bagridae		
13. 团头鲂 *Megalobrama amblycephala*▲	+	+	39. 黄颡鱼 *Pelteobagrus fulvidraco*	+	+
14. 银鲴 *Xenocypris argentea*		+	（四）鲇科 Siluridae		
15. 大鳍鱊 *Acheilognathus macropterus*	+	+	40. 鲇 *Silurus asotus*	+	+
16. 黑龙江鳑鲏 *Rhodeus sericeus*	+	+	41. 怀头鲇 *Silurus soldatovi*	+	+
17. 彩石鳑鲏 *Rhodeus lighti*		+	三、鲈形目 Perciformes		
18. 花䱻 *Hemibarbus maculatus*	+	+	（五）鮨科 Serranidae		
19. 唇䱻 *Hemibarbus labeo*		+	42. 鳜 *Siniperca chuatsi*	+	+
20. 条纹似白鮈 *Paraleucogobio strigatus*		+	43. 斑鳜 *Siniperca scherzeri*▲	+	
21. 麦穗鱼 *Pseudorasbora parva*	+	+	（六）塘鳢科 Eleotridae		
22. 平口鮈 *Ladislavia taczanowskii*	+	+	44. 葛氏鲈塘鳢 *Perccottus glenii*	+	+
23. 东北鳈 *Sarcocheilichthys lacustris*	+	+	45. 黄黝 *Hypseleotris swinhonis*		+
24. 克氏鳈 *Sarcocheilichthys czerskii*	+	+	（七）斗鱼科 Belontiidae		
25. 棒花鱼 *Abbottina rivularis*	+	+	46. 圆尾斗鱼 *Macropodus chinensis*	+	
26. 凌源鮈 *Gobio lingyuanensis*	+	+	（八）鳢科 Channidae		
27. 犬首鮈 *Gobio cynocephalus*	+	+	47. 乌鳢 *Channa argus*	+	+
28. 东北颌须鮈 *Gnathopogon mantschuricus*	+		三、鲑形目 Salmoniformes		
29. 银鮈 *Squalidus argentatus*	+		（九）银鱼科 Salangidae		
30. 蛇鮈 *Saurogobio dabryi*		+	48. 大银鱼 *Protosalanx chinensis*▲		+
31. 鲤 *Cyprinus carpio*	+	+	（十）狗鱼科 Esocidae		
32. 银鲫 *Carassius auratus gibelio*	+	+	49. 黑斑狗鱼 *Esox reicherti*		+
33. 鲢 *Hypophthalmichthys molitrix*▲	+	+			

注：a. 吉林西部盐碱湿地群；b. 齐齐哈尔盐碱湿地群。

（2）群落关联系数。采用式（2-13）计算。式中，$a=31$ 种，$b=7$ 种，$c=11$ 种，计算出 $r_{jk}\approx 0.633$，表现为群落关联度较高。这表明，吉林西部与齐齐哈尔两个盐碱湿地群鱼类群落之间的物种资源多样性关联度较高。

式（2-13）中的（$a+b+c$），相当于由群落 j、k 共同组成的群落的物种数，即相当于吉林西部-齐齐哈尔地区盐碱群鱼类群落的物种数，即 49 种。对于吉林西部与齐齐哈尔两个盐碱湿地群鱼类群落，式（2-14）中 S_j、S_k 分别为 38 种、42 种，a 为 31 种，采用式（2-14）计算的 r_{jk} 值，与式（2-13）的计算结果完全相同。实际上，式（2-14）中的（S_j+S_k-a），也相当于由群落 j、k 共同组成的群落的物种数，即相当于吉林西部-齐齐哈尔盐碱湿地群鱼类群落的物种数，即 49 种。

（3）群落隔离指数。对于吉林西部-齐齐哈尔盐碱湿地生态系统，$S=49$种，$m_a=(38+42)/2=40$种，则吉林西部与齐齐哈尔盐碱湿地群的鱼类群落隔离指数为$\beta_W=49/40-1=0.225$，表现为两区域盐碱湿地群的鱼类群落隔离度极低。

2）吉林西部与大庆盐碱湿地群

（1）物种资源组成。由表2-31可知，吉林西部与大庆盐碱湿地群的鱼类物种合计为41种。两个盐碱湿地群鱼类群落的共有种为25种，包括草鱼、拉氏鲅、䱗、红鳍原鲌、团头鲂、大鳍鱊、黑龙江鳑鲏、鲤、银鲫、鲢、鳙、黑龙江泥鳅、北方泥鳅、黑龙江花鳅、花斑副沙鳅、黄颡鱼、鲇、麦穗鱼、平口鮈、东北鳈、克氏鳈、棒花鱼、犬首鮈、葛氏鲈塘鳢及乌鳢；吉林西部盐碱湿地群独有种为13种，包括青鱼、鳡、翘嘴鲌、蒙古鲌、鳊、花䱻、怀头鲇、鳜、斑鳜、凌源鮈、东北颌须鮈、银鮈及圆尾斗鱼；大庆盐碱湿地群独有种为3种，包括湖鲅、突吻鮈及黄黝。

表2-31 吉林西部与大庆盐碱湿地群鱼类物种组成

种类	a	b	种类	a	b
一、鲤形目 Cypriniformes			25. 鲤 *Cyprinus carpio*	+	+
（一）鲤科 Cyprinidae			26. 银鲫 *Carassius auratus gibelio*	+	+
1. 青鱼 *Mylopharyngodon piceus*▲	+		27. 鲢 *Hypophthalmichthys molitrix*▲	+	+
2. 草鱼 *Ctenopharyngodon idella*▲	+	+	28. 鳙 *Aristichthys nobilis*▲	+	+
3. 湖鲅 *Phoxinus percnurus*		+	（二）鳅科 Cobitidae		
4. 拉氏鲅 *Phoxinus lagowskii*	+	+	29. 黑龙江泥鳅 *Misgurnus mohoity*	+	+
5. 鳡 *Elopichthys bambusa*	+		30. 北方泥鳅 *Misgurnus bipartitus*	+	+
6. 䱗 *Hemiculter leucisculus*	+	+	31. 黑龙江花鳅 *Cobitis lutheri*	+	+
7. 红鳍原鲌 *Cultrichthys erythropterus*	+	+	32. 花斑副沙鳅 *Parabotia fasciata*	+	+
8. 翘嘴鲌 *Culter alburnus*	+		二、鲇形目 Siluriformes		
9. 蒙古鲌 *Culter mongolicus mongolicus*	+		（三）鲿科 Bagridae		
10. 鳊 *Parabramis pekinensis*	+		33. 黄颡鱼 *Pelteobagrus fulvidraco*	+	+
11. 团头鲂 *Megalobrama amblycephala*▲	+	+	（四）鲇科 Siluridae		
12. 大鳍鱊 *Acheilognathus macropterus*	+	+	34. 鲇 *Silurus asotus*	+	+
13. 黑龙江鳑鲏 *Rhodeus sericeus*	+	+	35. 怀头鲇 *Silurus soldatovi*	+	
14. 花䱻 *Hemibarbus maculatus*	+		三、鲈形目 Perciformes		
15. 麦穗鱼 *Pseudorasbora parva*	+	+	（五）鮨科 Serranidae		
16. 平口鮈 *Ladislavia taczanowskii*	+	+	36. 鳜 *Siniperca chuatsi*	+	
17. 东北鳈 *Sarcocheilichthys lacustris*	+	+	37. 斑鳜 *Siniperca scherzeri*▲	+	
18. 克氏鳈 *Sarcocheilichthys czerskii*	+	+	（六）塘鳢科 Eleotridae		
19. 棒花鱼 *Abbottina rivularis*	+	+	38. 葛氏鲈塘鳢 *Perccottus glenii*	+	+
20. 凌源鮈 *Gobio lingyuanensis*	+		39. 黄黝 *Hypseleotris swinhonis*		+
21. 犬首鮈 *Gobio cynocephalus*	+	+	（七）斗鱼科 Belontiidae		
22. 突吻鮈 *Rostrogobio amurensis*		+	40. 圆尾斗鱼 *Macropodus chinensis*	+	
23. 东北颌须鮈 *Gnathopogon mantschuricus*	+		（八）鳢科 Channidae		
24. 银鮈 *Squalidus argentatus*	+		41. 乌鳢 *Channa argus*	+	+

注：a. 吉林西部盐碱湿地群；b. 大庆盐碱湿地群。

（2）群落关联系数。采用式（2-13）计算。式中，$a=25$ 种，$b=13$ 种，$c=3$ 种，计算出 $r_{jk}\approx 0.610$，表现为群落关联度较高。这表明，吉林西部与大庆两个盐碱湿地群鱼类群落的物种资源多样性关联度较高。式（2-14）中，S_j、S_k 分别为 38 种、28 种，a 为 25 种，采用式（2-14）计算的 r_{jk} 值，与式（2-13）计算的完全相同。

（3）群落隔离指数。对于吉林西部-大庆盐碱湿地生态系统，$S=41$ 种，$m_a=(38+28)/2=33$ 种，则吉林西部与大庆盐碱湿地群的鱼类群落隔离指数为 $\beta_W=41/33-1\approx 0.242$，表现为两区域盐碱湿地群的鱼类群落隔离度极低。

3）大庆与齐齐哈尔盐碱湿地群

（1）物种资源组成。由表 2-32 可知，大庆与齐齐哈尔盐碱湿地群鱼类群落的物种数合计为 44 种。两个盐碱湿地群鱼类群落的共有种为 26 种，包括草鱼、湖鲅、拉氏鲅、䱗、红鳍原鲌、团头鲂、鲤、银鲫、鲢、鳙、黑龙江泥鳅、北方泥鳅、黑龙江花鳅、黄颡鱼、鲇、大鳍鱊、黑龙江鳑鲏、麦穗鱼、平口鮈、东北鳈、克氏鳈、棒花鱼、犬首鮈、葛氏鲈塘鳢、黄黝及乌鳢；大庆盐碱湿地群独有种为 2 种，即花斑副沙鳅和突吻鮈；齐齐哈尔盐碱湿地群独有种为 16 种，包括青鱼、真鲅、贝氏䱗、翘嘴鲌、蒙古鲌、银鲴、怀头鲇、彩石鳑鲏、唇䱻、花䱻、条纹似白鮈、凌源鮈、蛇鮈、鳜、大银鱼及黑斑狗鱼。

表 2-32　大庆与齐齐哈尔盐碱湿地群鱼类物种组成

种类	a	b	种类	a	b
一、鲤形目 Cypriformes			19. 麦穗鱼 *Pseudorasbora parva*	+	+
（一）鲤科 Cyprinidae			20. 平口鮈 *Ladislavia taczanowskii*	+	+
1. 青鱼 *Mylopharyngodon piceus*▲		+	21. 东北鳈 *Sarcocheilichthys lacustris*	+	+
2. 草鱼 *Ctenopharyngodon idella*▲	+	+	22. 克氏鳈 *Sarcocheilichthys czerskii*	+	+
3. 真鲅 *Phoxinus phoxinus*		+	23. 棒花鱼 *Abbottina rivularis*	+	+
4. 湖鲅 *Phoxinus percnurus*	+	+	24. 凌源鮈 *Gobio lingyuanensis*		+
5. 拉氏鲅 *Phoxinus lagowskii*	+	+	25. 犬首鮈 *Gobio cynocephalus*	+	+
6. 䱗 *Hemiculter leucisculus*	+	+	26. 突吻鮈 *Rostrogobio amurensis*	+	
7. 贝氏䱗 *Hemiculter bleekeri*		+	27. 蛇鮈 *Saurogobio dabryi*		+
8. 红鳍原鲌 *Cultrichthys erythropterus*	+	+	28. 鲤 *Cyprinus carpio*	+	+
9. 翘嘴鲌 *Culter alburnus*		+	29. 银鲫 *Carassius auratus gibelio*	+	+
10. 蒙古鲌 *Culter mongolicus mongolicus*		+	30. 鲢 *Hypophthalmichthys molitrix*▲	+	+
11. 团头鲂 *Megalobrama amblycephala*▲	+	+	31. 鳙 *Aristichthys nobilis*▲	+	+
12. 银鲴 *Xenocypris argentea*		+	（二）鳅科 Cobitidae		
13. 大鳍鱊 *Acheilognathus macropterus*	+	+	32. 黑龙江泥鳅 *Misgurnus mohoity*	+	+
14. 黑龙江鳑鲏 *Rhodeus sericeus*	+	+	33. 北方泥鳅 *Misgurnus bipartitus*	+	+
15. 彩石鳑鲏 *Rhodeus lighti*		+	34. 黑龙江花鳅 *Cobitis lutheri*	+	+
16. 花䱻 *Hemibarbus maculatus*		+	35. 花斑副沙鳅 *Parabotia fasciata*	+	
17. 唇䱻 *Hemibarbus labeo*		+	二、鲇形目 Siluriformes		
18. 条纹似白鮈 *Paraleucogobio strigatus*		+	（三）鲿科 Bagridae		

续表

种类	a	b	种类	a	b
36. 黄颡鱼 *Pelteobagrus fulvidraco*	+	+	41. 黄黝 *Hypseleotris swinhonis*	+	+
（四）鲇科 Siluridae			（七）鳢科 Channidae		
37. 鲇 *Silurus asotus*	+	+	42. 乌鳢 *Channa argus*	+	+
38. 怀头鲇 *Silurus soldatovi*		+	四、鲑形目 Salmoniformes		
三、鲈形目 Perciformes			（八）银鱼科 Salangidae		
（五）鮨科 Serranidae			43. 大银鱼 *Protosalanx chinensis*▲		+
39. 鳜 *Siniperca chuatsi*		+	（九）狗鱼科 Esocidae		
（六）塘鳢科 Eleotridae			44. 黑斑狗鱼 *Esox reicherti*		+
40. 葛氏鲈塘鳢 *Perccottus glenii*	+	+			

注：a. 大庆盐碱湿地群；b. 齐齐哈尔盐碱湿地群。

（2）群落关联系数。采用式（2-13）计算。式中，$a=26$ 种，$b=2$ 种，$c=16$ 种，计算出 $r_{jk}\approx 0.591$，表现为群落关联度较高。这表明，大庆与齐齐哈尔两个盐碱湿地群鱼类群落的物种资源多样性关联度较高。式（2-14）中，S_j、S_k 分别为 28 种、42 种，a 为 26 种，采用式（2-14）计算的 r_{jk} 值，与式（2-13）计算的完全相同。

（3）群落隔离指数。对于大庆-齐齐哈尔盐碱湿地生态系统，$S=44$ 种，$m_a=(42+28)/2=35$ 种，则大庆与齐齐哈尔盐碱湿地群的鱼类群落隔离指数为 $\beta_W=44/35-1\approx 0.257$，表现为两区域盐碱湿地群的鱼类群落隔离度较低（而近乎极低）。

4）松嫩平原盐碱湿地区与盐碱湿地群

松嫩平原盐碱湿地区鱼类群落，是由吉林西部、齐齐哈尔及大庆盐碱湿地群三个亚群落构成的。如果将式（2-14）中群落 j 作为松嫩平原盐碱湿地区鱼类群落，其群落物种数记作 S_j，那么，吉林西部、齐齐哈尔及大庆盐碱湿地群三个群落，就可作为群落 j 的亚群落，记作群落 k_i（i 代表三个亚群落），对应的亚群落物种数记作 S_{k_i}；此时，式（2-14）中 a 值记作 a_{jk_i}，有 $a_{jk_i}=S_{k_i}$。于是，群落 j 与亚群落 k_i 的关联系数 r_{jk_i}，可按式（2-16）计算：

$$r_{jk_i}=S_{k_i}/S_j \tag{2-16}$$

对于松嫩平原盐碱湿地区鱼类群落，$S_j=52$ 种（表 1-48）；三个亚群落的 S_{k_i} 值分别为 39 种（见 1.1.1 节）、45 种（见 1.1.2 节）及 28 种（见 1.1.3 节），通过式（2-16）可方便地计算群落之间的关联系数。其结果为：松嫩平原盐碱湿地鱼类群落与吉林西部、齐齐哈尔及大庆盐碱湿地群鱼类群落的关联系数分别为 0.75、0.87 及 0.54，表现为群落关联度较高或极高。

采用式（2-13）、式（2-14）及式（2-16）均可计算群落间的关联系数，而式（2-16）更适合于计算整体群落与亚群落之间的关联系数。通过计算松嫩平原盐碱湿地区鱼类群落与其亚群落吉林西部、齐齐哈尔及大庆盐碱湿地群鱼类群落之间的关联系数，可知松嫩平原盐碱湿地区鱼类群落物种资源多样性与其三个亚群落的关联度均较高，其中与吉林西部、齐齐哈尔盐碱湿地群鱼类群落的关联度极高。也就是说，松嫩平原盐碱湿地区鱼类群落的物种资源多样性，有 87%、75%及 54%分别源于齐齐哈尔、吉林西部及大庆盐碱湿地群。

2. 内蒙古高原盐碱湿地区

1）盐碱湿地群

（1）物种资源组成。由表 1-61 可知，呼伦贝尔高原与锡林郭勒高原盐碱湿地群鱼类群落的共有种为 15 种，包括草鱼、拉氏鲅、瓦氏雅罗鱼、团头鲂、红鳍原鲌、鲤、鲫、麦穗鱼、高体鮈、兴凯银鮈、鲢、鳙、北方泥鳅、北方花鳅和九棘刺鱼；呼伦贝尔高原盐碱湿地群独有种为 31 种，包括哲罗鲑、细鳞鲑、乌苏里白鲑、大银鱼、黑斑狗鱼、䱗、蒙古䱗、贝氏䱗、拟赤梢鱼、鳊、蒙古鲌、翘嘴鲌、细鳞鲴、黑龙江鳑鲏、大鳍鱊、唇䱻、花䱻、克氏鳈、东北鳈、条纹似白鮈、犬首鮈、细体鮈、突吻鮈、蛇鮈、银鲫、黑龙江泥鳅、黑龙江花鳅、鲇、乌苏拟鲿、葛氏鲈塘鳢及江鳕；锡林郭勒高原盐碱湿地群独有种为 9 种，包括花江鲅、凌源鮈、似铜鮈、棒花鱼、泥鳅、北鳅、北方须鳅、弓背须鳅和达里湖高原鳅。

（2）群落关联系数。采用式（2-13）计算。其中，$a = 15$ 种，$b = 31$ 种，$c = 9$ 种，计算出 $r_{jk} \approx 0.273$，表现为群落关联度较低。这表明，呼伦贝尔高原和锡林郭勒高原两个盐碱湿地群鱼类群落的物种资源多样性关联度较低（而偏于极低）。

（3）群落隔离指数。对于呼伦贝尔高原-锡林郭勒高原盐碱湿地生态系统，$S = 55$ 种，$m_a = (46 + 24) / 2 = 35$ 种，则呼伦贝尔高原与锡林郭勒高原盐碱湿地群的鱼类群落隔离指数为 $\beta_W = 55 / 35 - 1 \approx 0.571$，表现为群落隔离度较高。这表明，呼伦贝尔高原与锡林郭勒高原两区域盐碱湿地群的鱼类群落隔离度较高。事实上，呼伦贝尔高原盐碱湿地群地处黑龙江水系，鱼类区系也源于黑龙江水系。锡林郭勒高原盐碱湿地群地处西辽河水系，鱼类区系也自然与辽河水系存在着必然联系。

2）盐碱湿地区与盐碱湿地群

（1）内蒙古高原盐碱湿地区与呼伦贝尔高原盐碱湿地群。呼伦贝尔高原盐碱湿地群鱼类群落是内蒙古高原盐碱湿地区鱼类群落的亚群落，两群落之间的关联系数可通过式（2-16）来计算。其中，$S_j = 55$种，$S_{k_i} = 46$种，计算出 $r_{jk_i} \approx 0.836$，表现为群落关联度极高。

（2）内蒙古高原盐碱湿地区与锡林郭勒高原盐碱湿地群。锡林郭勒高原盐碱湿地群鱼类群落也是内蒙古高原盐碱湿地区鱼类群落的亚群落，两群落的关联系数也可通过式（2-16）来计算。其中，$S_j = 55$种，$S_{k_i} = 24$种，计算出 $r_{jk_i} \approx 0.436$，表现为群落关联度较低。

从上述关联系数可知，内蒙古高原盐碱湿地区鱼类群落的物种资源多样性与呼伦贝尔高原盐碱湿地群鱼类群落关系较为密切，而与锡林郭勒高原盐碱湿地群鱼类群落的关联性相对较低。也就是说，内蒙古高原盐碱湿地区的鱼类物种资源多样性，有 83.6%源于呼伦贝尔高原盐碱湿地群。

3. 东北地区内陆盐碱湿地

1）松嫩平原与内蒙古高原盐碱湿地区

（1）群落关联系数。由表 2-33 可知，松嫩平原与内蒙古高原盐碱湿地区鱼类群落的共有种为 35 种（a）；内蒙古高原盐碱湿地区独有种为 20 种（b）；松嫩平原盐碱湿地区独有种为 17 种（c），采用式（2-13）计算出 $r_{jk}\approx 0.486$，表现为群落关联度较低。这表明，虽然松嫩平原与呼伦贝尔高原的盐碱湿地同属于黑龙江水系，但因中间有大兴安岭的阻挡，松嫩平原与内蒙古高原两区域盐碱湿地鱼类群落多样性的关系并不十分密切。

表 2-33　松嫩平原与内蒙古高原盐碱湿地区鱼类物种组成比较

种类	a	b
一、鲑形目 Salmoniformes		
（一）鲑科 Salmonoidae		
1. 哲罗鲑 *Hucho taimen*		+
2. 细鳞鲑 *Brachymystax lenok*		+
3. 乌苏里白鲑 *Coregonus ussuriensis*		+
（二）银鱼科 Salangidae		
4. 大银鱼 *Protosalanx chinensis*▲	+	+
（三）狗鱼科 Esocidae		
5. 黑斑狗鱼 *Esox reicherti*	+	+
二、鲤形目 Cypriformes		
（四）鲤科 Cyprinidae		
6. 青鱼 *Mylopharyngodon piceus*▲	+	
7. 草鱼 *Ctenopharyngodon idella*▲	+	+
8. 真鲅 *Phoxinus phoxinus*	+	
9. 湖鲅 *Phoxinus percnurus*	+	
10. 拉氏鲅 *Phoxinus lagowskii*	+	+
11. 花江鲅 *Phoxinus czekanowskii*		+
12. 瓦氏雅罗鱼 *Leuciscus waleckii waleckii*		+
13. 拟赤梢鱼 *Pseudaspius leptocephalus*		+
14. 鳡 *Elopichthys bambusa*	+	
15. 𩾌 *Hemiculter leucisculus*	+	+
16. 贝氏𩾌 *Hemiculter bleekeri*	+	+
17. 蒙古𩾌 *Hemiculter lucidus warpachowskii*		+
18. 红鳍原鲌 *Cultrichthys erythropterus*	+	+
19. 翘嘴鲌 *Culter alburnus*	+	+
20. 蒙古鲌 *Culter mongolicus mongolicus*	+	+
21. 鳊 *Parabramis pekinensis*	+	+
22. 团头鲂 *Megalobrama amblycephala*▲	+	+
23. 银鲴 *Xenocypris argentea*	+	
24. 细鳞鲴 *Xenocypris microlepis*▲		+
25. 大鳍鱊 *Acheilognathus macropterus*	+	+
26. 黑龙江鳑鲏 *Rhodeus sericeus*	+	+
27. 彩石鳑鲏 *Rhodeus lighti*	+	
28. 花䱻 *Hemibarbus maculatus*	+	+
29. 唇䱻 *Hemibarbus labeo*	+	+
30. 条纹似白鮈 *Paraleucogobio strigatus*	+	+
31. 麦穗鱼 *Pseudorasbora parva*	+	+
32. 平口鮈 *Ladislavia taczanowskii*	+	
33. 东北鳈 *Sarcocheilichthys lacustris*	+	+
34. 克氏鳈 *Sarcocheilichthys czerskii*	+	+
35. 凌源鮈 *Gobio lingyuanensis*	+	+
36. 犬首鮈 *Gobio cynocephalus*	+	+
37. 高体鮈 *Gobio soldatovi*		+
38. 细体鮈 *Gobio tenuicorpus*	+	+
39. 似铜鮈 *Gobio coriparoides*		+
40. 棒花鱼 *Abbottina rivularis*	+	+
41. 东北颌须鮈 *Gnathopogon mantschuricus*	+	
42. 银鮈 *Squalidus argentatus*	+	
43. 兴凯银鮈 *Squalidus chankaensis*		+
44. 突吻鮈 *Rostrogobio amurensis*	+	+
45. 蛇鮈 *Saurogobio dabryi*	+	+
46. 鲤 *Cyprinus carpio*	+	+
47. 鲫 *Carassius auratus auratus*		+
48. 银鲫 *Carassius auratus gibelio*	+	+
49. 鲢 *Hypophthalmichthys molitrix*▲	+	+
50. 鳙 *Aristichthys nobilis*▲	+	+
（五）鳅科 Cobitidae		
51. 泥鳅 *Misgurnus anguillicaudatus*		+
52. 黑龙江泥鳅 *Misgurnus mohoity*	+	+
53. 北方泥鳅 *Misgurnus bipartitus*	+	+

续表

种类	a	b
54. 北方花鳅 *Cobitis granoei*	+	+
55. 黑龙江花鳅 *Cobitis lutheri*	+	+
56. 北鳅 *Lefua costata*		+
57. 北方须鳅 *Barbatula nuda*		+
58. 弓背须鳅 *Barbatula gibba*		+
59. 达里湖高原鳅 *Triplophysa dalaica*		+
60. 花斑副沙鳅 *Parabotia fasciata*	+	
三、鲇形目 Siluriformes		
（六）鲿科 Bagridae		
61. 黄颡鱼 *Pelteobagrus fulvidraco*	+	
62. 乌苏拟鲿 *Pseudobagrus ussuriensis*		+
（七）鲇科 Siluridae		
63. 鲇 *Silurus asotus*	+	+
64. 怀头鲇 *Silurus soldatovi*	+	
四、鲈形目 Perciformes		
（八）鮨科 Serranidae		
65. 鳜 *Siniperca chuatsi*	+	
66. 斑鳜 *Siniperca scherzeri*▲	+	
（九）塘鳢科 Eleotridae		
67. 葛氏鲈塘鳢 *Perccottus glenii*	+	+
68. 黄黝 *Hypseleotris swinhonis*	+	
（十）斗鱼科 Belontiidae		
69. 圆尾斗鱼 *Macropodus chinensis*	+	
（十一）鳢科 Channidae		
70. 乌鳢 *Channa argus*	+	
五、鳕形目 Gadiformes		
（十二）鳕科 Gadidae		
71. 江鳕 *Lota lota*		+
六、刺鱼目 Gasterosteiformes		
（十三）刺鱼科 Gasterosteidae		
72. 九棘刺鱼 *Pungitius pungitius*		+

注：a. 松嫩平原盐碱湿地区；b. 内蒙古高原盐碱湿地区。

（2）群落隔离指数。对于松嫩平原-内蒙古高原盐碱湿地生态系统鱼类群落，$S = 72$ 种，$m_a = (52 + 55) / 2 = 53.5$ 种，则松嫩平原与内蒙古高原盐碱湿地区鱼类群落隔离指数为 $\beta_W = 72 / 53.5 - 1 \approx 0.346$，表现为群落隔离度较低。松嫩平原与呼伦贝尔高原的盐碱湿地同属于黑龙江水系，鱼类区系均来自黑龙江水系，虽然中间有大兴安岭阻隔，但因鱼类组成上有一定数量的共有种，这也在一定程度上降低了松嫩平原与内蒙古高原两区域的鱼类群落隔离度。

2）盐碱湿地区与东北地区内陆盐碱湿地

松嫩平原盐碱湿地区鱼类群落是东北地区内陆盐碱湿地鱼类群落的亚群落，两群落之间的关联系数可通过式（2-16）来计算。其中，$S_j = 72$种，$S_{k_i} = 52$种，计算出 $r_{jk_i} \approx 0.722$，表现为群落关联度较高。

内蒙古高原盐碱湿地区鱼类群落也是东北地区内陆盐碱湿地鱼类群落的亚群落，两群落之间的关联系数也可通过式（2-16）来计算。其中，$S_j = 72$种，$S_{k_i} = 55$种，计算出 $r_{jk_i} \approx 0.764$，表现为群落关联度极高。

东北地区内陆盐碱湿地的鱼类区系源于黑龙江水系和辽河水系，内蒙古高原盐碱湿地区的鱼类区系也源于这两大水系。相比之下，鱼类区系仅源于黑龙江水系的松嫩平原盐碱湿地区鱼类群落，与内蒙古高原盐碱湿地区鱼类群落同时作为东北地区内陆盐碱湿地鱼类群落的亚群落，后者与东北地区内陆盐碱湿地鱼类群落的关联度自然要相对密切些。这一点在上述的群落关联系数上也有所体现。

3）区系生态类群的关联性与隔离性

松嫩平原和内蒙古高原盐碱湿地区鱼类群落物种数目虽然相差不大（分别为52种和55种），且都含有黑龙江水系鱼类区系成分，但大兴安岭的阻挡使两区域的鱼类区系成分仍有一定差别。虽然两区域群落中都有江河平原、北方平原、北方山地、新近纪及热带平原区系生态类群的种类，但内蒙古高原盐碱湿地区还有北极淡水、北极海洋及中亚高山区系生态类群的种类，这已初步显示出高原湿地鱼类区系的特点。

（1）类群群落物种多样性。从表1-48和表1-61的土著种组成可知，松嫩平原与内蒙古高原盐碱湿地鱼类区系生态类群的共有种为28种（a），包括鳊、䱗、贝氏䱗、红鳍原鲌、蒙古鲌、翘嘴鲌、唇䱻、花䱻、棒花鱼、蛇𬶋、克氏鳈、东北鳈、黑斑狗鱼、拉氏鲅、凌源𬶋、犬首𬶋、突吻𬶋、条纹似白𬶋、黑龙江花鳅、鲤、银鲫、黑龙江鳑鲏、大鳍鱊、麦穗鱼、黑龙江泥鳅、北方泥鳅、鲇及葛氏鲈塘鳢；松嫩平原盐碱湿地区独有种为17种（b），包括真鲅、鳡、翘嘴鲌、银鲴、银𬶋、东北鳈、花斑副沙鳅、鳜、湖鲅、平口𬶋、东北颌须𬶋、彩石鳑鲏、黄颡鱼、怀头鲇、圆尾斗鱼、黄黝及乌鳢；内蒙古高原盐碱湿地区独有种为21种（c），包括蒙古䱗、兴凯银𬶋、瓦氏雅罗鱼、拟赤梢鱼、花江鲅、高体𬶋、细体𬶋、似铜𬶋、北鳅、北方须鳅、弓背须鳅、北方花鳅、鲫、泥鳅、哲罗鲑、细鳞鲑、乌苏里白鲑、乌苏拟鲿、江鳕、九棘刺鱼及达里湖高原鳅。

（2）类群群落的关联系数。采用式（2-13）计算出类群群落关联系数为$r_{jk}\approx 0.424$，表现为关联度较低。这说明虽然松嫩平原与内蒙古高原盐碱湿地鱼类区系中都含有黑龙江水系的鱼类区系成分，但二者的关系并不十分密切。

（3）类群群落的隔离指数。对于东北地区内陆盐碱湿地生态系统的鱼类区系生态类群，$S=66$种，$m_a=(45+49)/2=47$种，则松嫩平原与内蒙古高原盐碱湿地区鱼类区系生态类群群落的隔离指数$\beta_W=66/47-1\approx 0.404$，表现为群落隔离度较低。这说明虽然松嫩平原与内蒙古高原盐碱湿地鱼类区系并不存在密切关系，但其类群群落的隔离度也不算高。

4. 盐碱湿地与淡水湿地

1）群落关联系数

盐碱湿地与淡水湿地的鱼类物种组成见表1-64。采用式（2-13）计算两群落关联系数。这里$a=46$，$b=26$，$c=0$，计算得出$r_{jk}\approx 0.639$，表现为群落关联度较高。这说明盐碱湿地与淡水湿地鱼类群落的物种资源多样性存在较密切的关系。

2）群落隔离指数

对于盐碱湿地-淡水湿地生态系统鱼类群落，$S=72$种，$m_a=(72+46)/2=59$种，则盐碱湿地与淡水湿地鱼类群落隔离指数$\beta_W=72/59-1\approx 0.220$，表现为群落隔离度极低。这也为盐碱湿地与淡水湿地鱼类群落存在着较高的关联度提供了佐证。

3）区系生态类群群落关联系数

采用式（2-13）计算出盐碱湿地与淡水湿地鱼类区系生态类群群落关联系数为$r_{jk}\approx 0.641$（$a=41$，$b=23$，$c=0$），表现为关联度较高。说明盐碱湿地与淡水湿地鱼类区系生态类群的关系较为密切。

4）区系生态类群群落隔离指数

采用式（2-15）计算区系生态类群群落隔离指数。对于盐碱湿地-淡水湿地生态系统鱼类区系生态类群，$S = 64$ 种，$m_a = (64+41)/2 = 52.5$ 种，则松嫩平原-内蒙古高原盐碱湿地与淡水湿地鱼类区系生态类群群落隔离指数 $\beta_W = 64/52.5-1 \approx 0.219$，表现为群落隔离度极低。

5）松嫩平原-内蒙古高原湿地分别与盐碱湿地、淡水湿地鱼类群落的关联性

本书所述"松嫩平原-内蒙古高原湿地"，由松嫩平原-内蒙古高原盐碱湿地和淡水湿地构成。显然，盐碱湿地和淡水湿地鱼类群落均为松嫩平原-内蒙古高原湿地鱼类群落的亚群落，因而群落关联系数可通过式（2-16）计算。此处，$S_j = 72$种，盐碱湿地鱼类群落 $S_{k_i} = 72$种，淡水湿地鱼类群落 $S_{k_i} = 46$种。由此计算出松嫩平原-内蒙古高原湿地与盐碱湿地鱼类群落的关联系数 $r_{jk_i} = 1$，与淡水湿地鱼类群落的关联系数 $r_{jk_i} \approx 0.639$。表明松嫩平原-内蒙古高原湿地的鱼类资源多样性，与该区的盐碱湿地完全相同，与淡水湿地关联度也较高，相比之下群落多样性程度与盐碱湿地的关系更密切。由此可见，加强松嫩平原-内蒙古高原盐碱湿地的生态保护，对维持该区湿地鱼类多样性具有特别重要的意义。

第二篇　盐碱湿地渔-农-牧绿色发展

第3章　盐碱湿地水环境与渔业的关系

3.1　盐碱水养殖水化学

3.1.1　水化学指标特征

盐碱湿地水化学采样调查的范围，包括吉林省西部白城和松原地区，地处松嫩平原西部霍林河-洮儿河流域的龙沼盐沼湿地区。采样调查的湿地类型，包括天然湿地盐碱沼泽和盐碱泡沼（面积≤8.0hm^{2}的水面），人工湿地为盐碱池塘。盐碱沼泽常年积水5～50cm，盐碱泡沼常年积水20～80cm，植被种类为芦苇（*Phragmites australis*）、羊草（*Leymus chinensis*）、碱蓬（*Suaeda glauca*）、马蔺（*Iris lactea*）、狭叶黑三棱（*Sparganium subglobosum*）、荆三棱（*Bolboschoenus yagara*）和眼子菜（*Potamogeton distinctus*）。

1. 盐碱沼泽

1）主要离子组成

明水期盐碱沼泽水环境主要离子的质量浓度组成中，阴离子以$\rho(SO_4^{2-})$最高，为7918.0mg/L（总体平均值，后文同）；其次是$\rho(Cl^-)$，为2592.8mg/L；$\rho(HCO_3^-)$、$\rho(CO_3^{2-})$分别为123.0mg/L、128.9mg/L（表3-1）。阳离子以$\rho(Na^+ + K^+)$最高，为2796.8mg/L；其次是$\rho(Mg^{2+})$，为853.1mg/L。主要离子的比例组成（指的是以mmol/L为单位，各离子在离子总量中所占比例）中，阴离子$c(SO_4^{2-})$和$c(Cl^-)$所占比例均为23.8%，$c(HCO_3^-)$和$c(CO_3^{2-})$所占比例均为0.7%；阳离子$c(Na^+ + K^+)$最高，为37.2%，$c(Mg^{2+})$、$c(Ca^{2+})$所占比例分别为14.7%、2.2%（表3-2）。

表3-1　盐碱沼泽水环境主要离子质量浓度　（单位：mg/L）

地点	采样点	$\rho(Cl^-)$	$\rho(SO_4^{2-})$	$\rho(HCO_3^-)$	$\rho(CO_3^{2-})$	$\rho(Ca^{2+})$	$\rho(Mg^{2+})$	$\rho(Na^+ + K^+)$
四棵树	1	1432.4	4750.7	20.4	22.0	149.1	536.7	1490.4
	2	2719.3	2183.9	26.1	36.2	145.8	1049.3	2362.6
	3	3446.2	9769.6	36.3	27.1	165.3	1341.6	3231.7
	4	2537.1	2037.5	33.6	33.7	135.8	978.9	2204.3
	5	2884.5	8177.7	24.3	22.7	138.1	1122.9	2705.1
	平均	2603.9	5383.9	28.1	28.3	146.8	1005.9	2398.8
月亮泡	1	2404.2	5287.2	158.3	287.4	287.3	772.5	1995.3
	2	2435.8	4398.8	186.7	262.5	289.1	763.5	1832.7
	3	2313.6	4846.6	193.9	260.3	262.7	767.3	1868.4
	平均	2384.5	4844.2	179.6	270.1	279.7	767.8	1898.8

续表

地点	采样点	$\rho(Cl^-)$	$\rho(SO_4^{2-})$	$\rho(HCO_3^-)$	$\rho(CO_3^{2-})$	$\rho(Ca^{2+})$	$\rho(Mg^{2+})$	$\rho(Na^++K^+)$
海坨	1	1945.6	10530.1	226.1	53.0	385.6	1047.2	2679.8
	2	1920.9	8385.3	213.8	87.9	339.0	1039.7	2367.8
	3	1923.6	8705.5	219.0	87.9	326.6	868.6	2440.9
	4	1909.9	9405.6	200.1	106.4	326.6	887.2	2581.8
	5	2541.9	9688.5	211.9	96.3	372.7	876.1	3031.1
	6	2201.1	9405.6	207.2	94.9	341.7	859.3	2605.0
	平均	2073.8	9353.4	213.0	87.7	348.7	929.7	2617.7
大榆树	1	3147.1	11432.1	163.0	87.0	317.7	1170.6	3571.7
	2	3144.4	9928.9	168.2	80.6	311.6	1146.8	3585.8
	3	2833.2	11740.1	166.3	84.7	302.4	1165.2	3454.1
	4	3017.2	11747.5	153.7	100.8	305.5	1163.3	3575.2
	5	2871.1	11549.5	172.3	77.9	308.6	1152.3	3440.0
	6	1715.6	11762.2	144.4	126.0	394.1	1150.5	2702.5
	7	1721.0	11776.8	147.7	120.9	333.0	1192.6	2706.2
	平均	2635.7	11419.6	159.4	96.8	324.7	1163.0	3290.8
大岗子	1	3422.7	8966.2	4.1	174.6	283.2	414.3	3931.1
	2	3397.5	8823.8	11.3	164.9	288.9	416.1	3909.0
	3	3283.8	11954.9	15.8	179.1	288.0	410.7	4592.3
	4	3104.5	5657.2	65.5	124.0	285.9	369.8	3002.4
	5	3122.1	7543.0	78.6	164.3	285.0	385.8	3454.0
	平均	3266.1	8589.0	35.1	161.4	286.2	399.3	3777.8
总体平均		2592.8	7918.0	123.0	128.9	277.2	853.1	2796.8

注：符号“ $\rho(X)$ ”表示离子 X 的质量浓度（mg/L），全书同。

表 3-2　盐碱沼泽水环境主要离子比例组成

地点	采样点	$c(Cl^-)$	$c(SO_4^{2-})$	$c(HCO_3^-)$	$c(CO_3^{2-})$	$c(Ca^{2+})$	$c(Mg^{2+})$	$c(Na^++K^+)$
四棵树	1	40.4/22.3	49.5/27.3	0.3/0.2	0.4/0.2	3.7/2.0	22.4/12.3	64.8/35.7
	2	16.6/30.6	22.7/9.1	0.4/0.2	0.6/0.2	3.6/1.5	40.8/17.4	95.8/41.0
	3	71.5/30.6	21.2/9.1	0.6/0.3	0.6/0.3	3.4/1.5	40.8/17.4	95.8/41.0
	平均	42.8/27.8	31.1/15.2	0.4/0.2	0.5/0.2	3.6/1.7	34.7/15.7	85.5/39.2
月亮泡	1	66.7/26.4	55.1/21.5	2.6/1.0	4.8/1.9	7.2/2.8	32.2/12.6	86.8/33.9
	2	68.6/28.5	45.8/19.0	3.1/1.3	4.4/1.8	7.2/3.0	31.8/13.2	79.7/33.1
	3	65.2/26.8	50.5/20.8	3.2/1.3	4.3/1.8	6.6/2.7	32.0/13.2	81.2/33.4
	平均	66.8/27.2	50.5/20.4	3.0/1.2	4.5/1.8	7.0/2.8	32.0/13.0	82.6/33.5
海坨	1	54.8/16.2	109.7/32.4	3.7/1.1	0.9/0.3	9.6/2.8	43.6/12.9	116.5/34.4
	2	54.1/18.0	87.3/29.0	3.5/1.2	1.5/0.5	8.5/2.8	43.3/14.4	102.9/34.7
	3	54.2/18.0	90.7/30.1	3.6/1.2	1.5/0.5	8.2/2.7	36.2/12.0	106.1/35.3

续表

地点	采样点	$c(\mathrm{Cl^-})$	$c(\mathrm{SO_4^{2-}})$	$c(\mathrm{HCO_3^-})$	$c(\mathrm{CO_3^{2-}})$	$c(\mathrm{Ca^{2+}})$	$c(\mathrm{Mg^{2+}})$	$c(\mathrm{Na^+ + K^+})$
海坨	4	64.9/19.9	98.0/30.1	3.3/1.0	1.8/0.6	8.2/2.5	37.0/11.4	112.3/34.5
	5	71.6/20.2	100.9/28.5	3.5/1.0	1.6/0.5	9.3/2.6	36.5/10.3	131.8/37.2
	6	62.0/19.1	98.0/30.2	3.4/1.1	1.5/0.5	8.5/2.9	37.3/11.5	113.3/35.0
	平均	60.3/18.6	97.4/30.1	3.5/1.1	1.5/0.5	8.7/2.7	39.0/12.1	113.8/35.2
大榆树	1	88.7/20.9	119.1/28.1	2.7/0.6	1.5/0.4	7.9/1.9	48.8/11.5	155.3/36.6
	2	88.6/21.8	103.4/25.4	2.8/0.7	1.4/0.3	7.8/1.9	47.8/11.7	155.9/38.3
	3	79.8/19.3	122.3/29.6	2.7/0.7	1.4/0.3	7.6/1.8	48.6/11.8	150.2/36.4
	4	85.0/20.1	122.4/28.9	2.5/0.6	1.7/0.4	7.6/1.8	48.5/11.5	155.4/36.7
	5	80.9/19.7	120.3/29.3	2.8/0.7	1.3/0.3	7.7/1.9	48.0/11.7	149.6/36.4
	6	77.6/20.4	122.5/32.2	2.4/0.6	2.1/0.6	9.9/2.6	47.9/12.6	117.5/30.9
	7	76.6/20.2	122.7/32.3	2.4/0.6	2.0/0.5	8.3/2.2	49.7/13.1	117.7/31.2
	平均	82.5/20.3	119.0/29.4	2.6/0.6	1.6/0.4	8.1/2.0	48.5/12.0	143.1/35.2
大岗子	1	96.4/24.8	93.4/24.4	0.07/0.02	2.9/0.8	7.1/1.8	17.3/44.5	170.9/40.0
	2	95.7/24.9	91.9/23.9	0.2/0.05	2.7/0.7	7.2/1.9	17.3/44.9	170.0/44.2
	3	92.5/20.8	124.5/28.0	0.3/0.07	3.0/0.7	7.2/1.6	17.1/3.9	199.7/44.9
	4	87.5/28.9	58.9/19.5	1.1/0.4	2.1/0.7	7.1/2.4	15.4/5.1	130.5/43.1
	5	89.9/26.0	78.6/22.7	1.3/0.4	2.7/0.8	7.1/2.1	16.1/4.7	150.2/43.4
	平均	92.4/25.1	89.5/23.7	0.6/0.2	2.7/0.7	7.1/2.0	16.6/20.6	164.2/43.1
总体平均		69.0/23.8	77.5/23.8	2.0/0.7	2.2/0.7	6.9/2.2	34.2/14.7	117.8/37.2

注：①符号“ $c(X)$ ”表示离子 X 的摩尔浓度，单位为 mmol/L；②数据“40.4/22.3”中，“40.4”表示离子 X 的摩尔浓度，为 40.4mmol/L，“22.3”表示离子 X 的比例组成，为 22.3%。全书同。

2）pH、盐度、总碱度和总硬度

明水期盐碱沼泽水环境 pH 为 8.97，盐度为 14.71g/L，总碱度为 4.22mmol/L，总硬度为 42.48mmol/L（表 3-3）。

表 3-3　盐碱沼泽水环境 pH、盐度、总碱度、总硬度

地点	采样点	总碱度/(mmol/L)	总硬度/(mmol/L)	盐度/(g/L)	pH	地点	采样点	总碱度/(mmol/L)	总硬度/(mmol/L)	盐度/(g/L)	pH
四棵树	1	1.06	26.09	8.41	9.37	月亮泡	3	7.52	38.54	10.51	9.22
	2	1.64	47.37	8.52	9.24		平均	7.45	38.98	10.62	9.23
	3	1.50	60.03	18.02	9.31	海坨	1	4.59	53.27	16.88	8.61
	4	1.11	44.18	7.96	9.33		2	4.91	51.80	14.36	8.52
	5	0.78	50.24	15.05	9.24		3	5.06	44.36	14.85	8.70
	平均	1.22	45.58	11.59	9.30		4	5.05	45.13	15.43	8.60
月亮泡	1	7.39	39.37	11.19	9.29		5	5.08	45.80	16.82	8.87
	2	7.44	39.04	10.17	9.17		6	4.98	44.35	15.80	8.76

续表

地点	采样点	总碱度/(mmol/L)	总硬度/(mmol/L)	盐度/(g/L)	pH	地点	采样点	总碱度/(mmol/L)	总硬度/(mmol/L)	盐度/(g/L)	pH
海坨	平均	4.95	47.45	15.69	8.68	大榆树	平均	4.23	56.58	19.14	8.21
大榆树	1	4.12	56.72	19.89	7.91	大岗子	1	2.98	24.34	17.19	9.32
	2	4.10	55.59	18.37	8.23		2	2.93	24.56	17.02	9.73
	3	4.14	56.09	19.74	8.12		3	3.24	24.33	20.72	9.64
	4	4.20	56.11	20.07	8.74		4	3.14	22.57	12.63	9.50
	5	4.12	55.73	19.57	8.20		5	4.03	23.21	15.04	9.06
	6	4.47	57.81	17.99	7.92		平均	3.26	23.80	16.52	9.45
	7	4.44	58.03	18.32	8.37	总体平均		4.22	42.48	14.71	8.97

3）M/D 值、$c(Mg^{2+})/c(Ca^{2+})$值及水化学类型

水环境 M/D 值，通常称为离子系数，它表示水环境中 1 价阳离子与 2 价阳离子单位电荷浓度的比值，即$[c(Na^{+}) + c(K^{+})]/[c(1/2Mg^{2+}) + c(1/2Ca^{2+})]$。明水期盐碱沼泽水环境 M/D 值为 6.25；$c(Mg^{2+})/c(Ca^{2+})$值为 5.47（表 3-4）。水化学类型为硫酸盐类钠组Ⅱ型（S_{II}^{Na}）。

表 3-4　盐碱沼泽水环境 M/D 值及 $c(Mg^{2+})/c(Ca^{2+})$值

地点	采样点	M/D 值	$c(Mg^{2+})/c(Ca^{2+})$值	地点	采样点	M/D 值	$c(Mg^{2+})/c(Ca^{2+})$值
四棵树	1	4.97	6.05	大榆树	1	5.48	6.18
	2	4.33	12.14		2	5.61	6.13
	3	4.33	12.00		3	5.35	6.31
	平均	4.54	10.06		4	5.54	6.38
月亮泡	1	4.41	4.47		5	5.37	6.23
	2	4.09	4.12		6	4.07	4.84
	3	4.21	4.85		7	4.06	5.99
	平均	4.24	4.48		平均	5.07	6.01
海坨	1	4.38	4.54	大岗子	1	14.00	2.44
	2	3.97	5.09		2	13.88	2.40
	3	4.78	4.41		3	16.44	2.38
	4	4.97	4.51		4	5.80	2.17
	5	5.76	3.92		5	12.95	2.27
	6	4.95	4.39		平均	12.61	2.33
	平均	4.80	4.48	总体平均		6.25	5.47

4）营养元素和有机物

盐碱沼泽水环境有效磷（PO_4^{3-}-P）质量浓度，以 7 月最高（3.380mg/L），10 月最低（1.870mg/L），明水期平均为 2.665mg/L（表 3-5）。亚硝酸态氮（NO_2^--N）明水期均未检出。硝酸态氮（NO_3^--N）仅在 4 月和 7 月有检出，质量浓度分别为 0.002mg/L 和 0.018mg/L，明水期平均为 0.010mg/L。总铵（氨）态氮（NH_4^+-N）质量浓度以 4 月和 10 月最高（均为 0.080mg/L），7 月最低（0.037mg/L），明水期平均为 0.062mg/L。有效氮（NO_3^--N + NH_4^+-N）

质量浓度以 4 月最高（0.082mg/L），11 月最低（0.051mg/L），明水期平均为 0.067mg/L。N / P 值（即有效氮与有效磷浓度的比值）10 月最高（0.043），7 月最低（0.016），明水期平均为 0.027。其他营养元素，如活性硅（SiO_3^{2-}-Si）质量浓度明水期平均为 3.200mg/L（其中 11 月未检出）；总铁（TFe）质量浓度 7 月最高（0.100mg/L），11 月最低（0.061mg/L），明水期平均为 0.080mg/L。

表 3-5　盐碱沼泽水环境营养元素和有机物质量浓度

测定时间	PO_4^{3-}-P /(mg/L)	NO_3^--N /(mg/L)	NO_2^--N /(mg/L)	NH_4^+-N /(mg/L)	有效氮 /(mg/L)	N / P 值	TFe /(mg/L)	SiO_3^{2-}-Si /(mg/L)	COD_{Cr} /(mg/L)
4 月	2.800	0.002	未检出	0.080	0.082	0.029	0.090	3.800	15.4
7 月	3.380	0.018	未检出	0.037	0.055	0.016	0.100	3.900	13.6
10 月	1.870	未检出	未检出	0.080	0.080	0.043	0.070	1.900	13.9
11 月	2.610	未检出	未检出	0.051	0.051	0.020	0.061	—	14.4
平均	2.665	0.010	未检出	0.062	0.067	0.027	0.080	3.200	14.3

明水期盐碱沼泽水环境有机物质量浓度（以 COD_{Cr} 表示），以 4 月最高（15.4mg/L），7 月最低（13.6mg/L），明水期平均为 14.3mg/L。

2. *盐碱泡沼*

1）主要离子组成

明水期盐碱泡沼水环境主要离子的质量浓度组成中，阴离子以 $\rho(HCO_3^-)$ 最高，为 994.6mg/L；$\rho(Cl^-)$ 次之，为 209.7mg/L（表 3-6）。阳离子以 $\rho(Na^+ + K^+)$ 最高，为 524.8mg/L；其次是 $\rho(Mg^{2+})$，为 28.6mg/L。主要离子的比例组成中，阴离子以 $c(HCO_3^-)$ 最高，为 32.40%；$c(Cl^-)$ 次之，为 10.57%（表 3-7）。阳离子以 $c(Na^+ + K^+)$ 所占比例最高，为 47.18%；$c(Mg^{2+})$ 次之，为 6.52%。

表 3-6　盐碱泡沼水环境主要离子质量浓度　（单位：mg/L）

地点	时间	$\rho(Cl^-)$	$\rho(SO_4^{2-})$	$\rho(HCO_3^-)$	$\rho(CO_3^{2-})$	$\rho(Ca^{2+})$	$\rho(Mg^{2+})$	$\rho(Na^+ + K^+)$
三八泡	5 月	377.9	72.5	1004.1	72.6	13.1	22.4	713.8
	6 月	313.6	55.8	945.1	83.5	15.8	25.5	634.7
	7 月	480.2	15.4	759.0	30.5	7.4	29.8	595.0
	8 月	240.9	52.1	843.2	55.2	18.3	21.3	521.9
	9 月	252.7	51.2	1013.0	50.8	12.6	20.6	604.1
	10 月	276.3	43.3	1085.4	73.0	13.2	22.8	659.0
	平均	323.6	48.4	941.6	60.9	13.4	23.7	621.4
庆发泡	5 月	87.3	2.9	1016.5	28.7	17.0	34.4	378.5
	7 月	94.8	30.1	1130.4	27.2	18.9	37.1	468.6
	9 月	105.2	25.0	995.7	60.8	29.1	28.7	437.5
	平均	95.8	19.3	1047.5	38.9	21.7	33.4	428.2
总体平均		209.7	33.9	994.6	49.9	17.5	28.6	524.8

表 3-7 盐碱泡沼水环境主要离子比例组成 [单位：(mmol/L)/%]

地点	时间	$c(Cl^-)$	$c(SO_4^{2-})$	$c(HCO_3^-)$	$c(CO_3^{2-})$	$c(Ca^{2+})$	$c(Mg^{2+})$	$c(Na^+ + K^+)$
三八泡	5 月	10.65/17.35	0.76/1.24	16.46/26.82	1.21/1.97	0.33/0.54	0.93/1.52	31.04/50.57
	6 月	8.83/16.00	0.58/1.05	15.49/28.00	1.39/2.51	0.39/0.70	1.06/1.92	27.59/49.86
	7 月	13.50/25.10	0.16/0.30	12.44/23.10	0.51/0.95	0.11/0.20	1.24/2.30	25.87/48.03
	8 月	6.79/14.70	13.82/30.00	0.92/2.00	0.46/1.00	0.89/1.93	22.69/49.21	22.69/49.21
	9 月	7.12/1.35	0.53/1.01	16.61/31.60	0.85/1.62	0.32/0.61	0.86/1.64	26.27/49.98
	10 月	7.78/13.60	0.45/0.79	17.79/31.12	1.22/2.13	0.33/0.58	0.95/1.66	28.65/50.11
	平均	9.11/14.68	2.72/5.73	13.29/23.77	0.94/1.70	0.40/0.76	4.62/9.71	27.02/49.63
庆发泡	5 月	2.46/6.42	0.03/0.08	16.66/43.46	0.48/1.25	0.42/1.10	1.43/3.73	16.85/43.96
	7 月	2.67/5.82	0.31/0.68	18.53/40.39	0.45/0.98	0.47/1.02	1.54/3.36	20.37/44.40
	9 月	2.96/7.13	0.26/0.63	16.32/39.23	1.01/2.43	0.73/1.76	1.20/2.89	19.02/45.83
	平均	2.70/6.46	0.20/0.46	17.17/41.03	0.65/1.55	0.54/1.29	1.39/3.33	18.75/44.73
总体平均		5.91/10.57	1.46/3.10	15.23/32.40	0.79/1.63	0.47/1.03	3.01/6.52	22.88/47.18

注：“/”前面的数据表示离子浓度，单位为 mmol/L；“/”后面的数据表示该离子浓度所占阳离子或阴离子总量的百分比，单位为%。

2）pH、盐度、总碱度和总硬度

明水期盐碱泡沼水环境 pH 为 8.78，盐度为 1.96g/L，总碱度为 17.96mmol/L，总硬度为 3.22mmol/L（表 3-8）。

表 3-8 盐碱泡沼水环境 pH、盐度、总碱度、总硬度

地点	时间	总碱度/(mmol/L)	总硬度/(mmol/L)	盐度/(g/L)	pH	地点	时间	总碱度/(mmol/L)	总硬度/(mmol/L)	盐度/(g/L)	pH
三八泡	5 月	18.88	3.70	2.27	8.84	三八泡	平均	17.46	2.92	2.02	8.77
	6 月	18.27	3.45	2.07	8.52	庆发泡	5 月	17.62	3.68	2.18	8.65
	7 月	13.46	2.83	1.81	8.37		7 月	19.43	3.05	1.83	8.80
	8 月	15.66	2.66	1.76	8.74		9 月	18.34	3.81	1.69	8.93
	9 月	18.30	2.32	2.03	9.22		平均	18.46	3.51	1.90	8.79
	10 月	20.21	2.54	2.17	8.93	总体平均		17.96	3.22	1.96	8.78

3）M/D 值、$c(Mg^{2+})/c(Ca^{2+})$值及水化学类型

盐碱泡沼水环境 M/D 值为 31.90，$c(Mg^{2+})/c(Ca^{2+})$值为 3.41（表 3-9）。水化学类型为碳酸盐类钠组 I 型（C_I^{Na}）。

表 3-9 盐碱泡沼水环境 M/D 值及 $c(Mg^{2+})/c(Ca^{2+})$值

地点	时间	M/D 值	$c(Mg^{2+})/c(Ca^{2+})$值	地点	时间	M/D 值	$c(Mg^{2+})/c(Ca^{2+})$值
三八泡	5 月	67.08	2.82	三八泡	7 月	38.33	11.27
	6 月	38.06	2.72		8 月	33.61	1.93

续表

地点	时间	M/D 值	$c(Mg^{2+})/c(Ca^{2+})$值	地点	时间	M/D 值	$c(Mg^{2+})/c(Ca^{2+})$值
三八泡	9 月	44.53	2.69	庆发泡	7 月	20.27	3.28
	10 月	44.77	2.88		9 月	19.71	1.64
	平均	44.40	4.05		平均	19.40	2.77
庆发泡	5 月	18.22	3.40	总体平均		31.90	3.41

4）营养元素和有机物

明水期盐碱泡沼水环境平均总磷（TP）质量浓度为 0.725mg/L，PO_4^{3-}-P 质量浓度为 0.386mg/L；总氮（TN）质量浓度为 3.553mg/L，NO_3^--N、NO_2^--N 及 NH_4^+-N 质量浓度分别为 0.283mg/L、0.002mg/L 及 0.525mg/L，有效氮质量浓度为 0.810mg/L；N / P 值为 13.29mg/L；TFe 质量浓度为 0.310mg/L；COD_{Cr} 为 21.50mg/L（表 3-10）。

表 3-10　盐碱泡沼水环境营养元素和有机物质量浓度　　（单位：mg/L）

地点	时间	TP	TN	TFe	NH_4^+-N	NO_2^--N	NO_3^--N	PO_4^{3-}-P	有效氮	N / P 值	COD_{Cr}
三八泡	5 月	1.219	2.743	0.394	0.503	0.005	0.464	0.378	0.972	2.57	20.54
	6 月	1.044	4.864	0.264	1.033	0.004	0.183	0.687	1.220	1.78	21.73
	7 月	1.363	4.166	0.776	0.693	0.004	0.370	1.250	1.067	0.85	24.91
	8 月	0.620	6.198	0.513	0.535	0.002	0.262	0.192	0.799	4.16	27.33
	9 月	1.116	4.826	0.334	0.434	0.001	0.159	1.238	0.594	0.48	25.42
	10 月	0.826	4.801	0.408	0.682	0.001	0.058	0.358	0.741	2.07	22.69
	平均	1.031	4.600	0.448	0.647	0.003	0.249	0.684	0.899	1.99	23.77
庆发泡	5 月	0.279	2.311	0.140	0.330	0.001	0.152	0.008	0.483	60.40	18.40
	7 月	0.394	2.502	0.156	0.470	0.002	0.432	0.116	0.904	7.79	20.54
	9 月	0.582	2.705	0.216	0.406	0.001	0.368	0.140	0.775	5.54	18.74
	平均	0.418	2.506	0.171	0.402	0.001	0.317	0.088	0.721	24.58	19.23
总体平均		0.725	3.553	0.310	0.525	0.002	0.283	0.386	0.810	13.29	21.50

3. 盐碱池塘

1）主要离子组成

采样调查的盐碱池塘，其塘龄（即养鱼年限）为 1～9 年。主要阴离子的质量浓度中，各龄池塘水环境均以 $\rho(Cl^-)$ 最高，平均为 851.0mg/L；其次是 $\rho(HCO_3^-)$，为 191.6mg/L；$\rho(SO_4^{2-})$ 和 $\rho(CO_3^{2-})$ 分别为 112.5mg/L 和 86.9mg/L（表 3-11）。主要阳离子质量浓度中，塘龄为 1～3 年、7 年、9 年的池塘均以 $\rho(Na^+ + K^+)$ 最高，4～6 年及 8 年的池塘均以 $\rho(Ca^{2+})$ 最高；总体上以 $\rho(Na^+ + K^+)$ 最高，平均为 165.7mg/L，$\rho(Ca^{2+})$、$\rho(Mg^{2+})$ 分别为 91.4mg/L、68.0mg/L。

表 3-11　盐碱池塘水环境主要离子质量浓度　　（单位：mg/L）

塘龄/年	$\rho(Cl^-)$	$\rho(SO_4^{2-})$	$\rho(HCO_3^-)$	$\rho(CO_3^{2-})$	$\rho(Ca^{2+})$	$\rho(Mg^{2+})$	$\rho(Na^++K^+)$
1	1671.3	73.9	226.9	102.0	94.8	138.2	502.6
2	983.0	102.7	188.5	93.6	103.6	85.0	243.8
3	829.6	161.3	192.8	83.4	98.4	74.2	192.5
4	762.5	102.7	206.7	103.8	112.8	66.7	73.7
5	768.9	83.5	187.9	82.8	69.6	61.9	46.8
6	728.8	75.8	192.8	92.4	102.4	61.4	22.1
7	679.5	162.2	192.8	22.8	79.6	43.2	203.5
8	701.8	163.2	173.9	99.0	68.4	40.6	47.3
9	533.2	87.4	161.7	102.6	93.2	40.6	158.6
平均	851.0	112.5	191.6	86.9	91.4	68.0	165.7

主要离子的比例组成上，各龄池塘的阴离子所占比例，均以 $c(Cl^-)$ 最高，平均为 57.69%；其次是 $c(HCO_3^-)$，为 8.09%；$c(CO_3^{2-})$、$c(SO_4^{2-})$ 虽然各龄池塘互有上下，但总体相差不大，分别为 3.77%、3.11%（表 3-12）。阳离子中，塘龄为 1～4 年、7～9 年的池塘均以 $c(Na^++K^+)$ 最高，5 年的池塘以 $c(Mg^{2+})$ 最高，6 年的池塘 $c(Ca^{2+})$ 与 $c(Mg^{2+})$ 相同且高出 $c(Na^++K^+)$ 1.78 倍。总体上，主要阳离子的比例组成以 $c(Na^++K^+)$ 最高，平均为 14.72%；$c(Mg^{2+})$ 次之，为 6.72%。

表 3-12　盐碱池塘水环境主要离子比例组成

塘龄/年	$c(Cl^-)$	$c(SO_4^{2-})$	$c(HCO_3^-)$	$c(CO_3^{2-})$	$c(Ca^{2+})$	$c(Mg^{2+})$	$c(Na^++K^+)$
1	47.08/57.18	0.77/0.94	3.72/4.52	1.70/2.06	2.37/2.88	5.76/6.99	20.94/25.43
2	27.69/55.71	1.07/2.15	3.09/6.22	1.56/3.14	2.59/5.21	3.54/7.12	10.16/20.44
3	23.37/54.13	1.68/3.89	3.16/7.32	1.39/3.22	2.46/5.70	3.09/7.16	8.02/18.58
4	21.48/59.11	1.07/2.94	3.39/9.33	1.73/4.76	2.82/7.76	2.78/7.65	3.07/8.45
5	21.66/65.12	0.87/2.62	3.08/9.26	1.38/4.15	1.74/5.23	2.58/7.76	1.95/5.86
6	20.53/64.04	0.79/2.46	3.16/9.86	1.54/4.80	2.56/7.99	2.56/7.99	0.92/2.87
7	19.14/52.24	1.69/4.61	3.16/8.62	0.38/1.04	1.99/5.43	1.80/4.91	8.48/23.14
8	19.77/63.08	1.70/5.42	2.85/9.09	1.65/5.26	1.71/5.46	1.69/5.39	1.97/6.29
9	15.02/48.58	0.91/2.94	2.65/8.57	1.71/5.53	2.33/7.54	1.69/5.47	6.61/21.38
平均	23.97/57.69	1.17/3.11	3.14/8.09	1.45/3.77	2.29/5.91	2.83/6.72	6.90/14.72

2）pH、盐度、总碱度及总硬度

明水期各龄池塘水环境 pH 为 8.09，盐度为 1.54g/L，总碱度为 3.74mmol/L，总硬度为 15.46mmol/L（表 3-13）。

表 3-13　盐碱池塘水环境 pH、盐度、总碱度、总硬度

塘龄/年	总碱度/(mmol/L)	总硬度/(mmol/L)	盐度/(g/L)	pH	塘龄/年	总碱度/(mmol/L)	总硬度/(mmol/L)	盐度/(g/L)	pH
1	4.63	29.53	2.79	8.72	6	3.82	13.29	1.27	7.90
2	3.78	20.50	1.79	8.46	7	3.45	12.41	1.33	7.91
3	4.14	18.83	1.58	8.29	8	3.16	2.62	1.25	7.83
4	3.52	16.44	1.41	7.94	9	3.21	10.33	1.14	7.75
5	3.93	15.15	1.32	7.97	平均	3.74	15.46	1.54	8.09

3）M/D 值、$c(Mg^{2+})/c(Ca^{2+})$值及水化学类型

明水期各龄池塘水环境平均 M/D 值为 0.63，$c(Mg^{2+})/c(Ca^{2+})$值为 1.24（表 3-14）。

表 3-14　盐碱池塘水环境 M/D 值及 $c(Mg^{2+})/c(Ca^{2+})$值

塘龄/年	M/D 值	$c(Mg^{2+})/c(Ca^{2+})$值	塘龄/年	M/D 值	$c(Mg^{2+})/c(Ca^{2+})$值
1	1.30	2.43	6	0.09	1.00
2	0.83	1.37	7	1.12	0.90
3	0.72	1.26	8	0.29	0.99
4	0.28	0.99	9	0.82	0.73
5	0.22	1.48	平均	0.63	1.24

相比于盐碱沼泽及盐碱泡沼，盐碱池塘的水化学类型较为复杂，不同塘龄的池塘水质水化学类型也不尽一致。其中，塘龄在 1～3 年、7 年及 9 年的池塘为氯化物类钠组Ⅲ型（Cl_{III}^{Na}）；4 年、6 年及 8 年的池塘为氯化物类钙组Ⅲ型（Cl_{III}^{Ca}）；5 年的池塘为氯化物类镁组Ⅲ型（Cl_{III}^{Mg}）。

4）营养元素和有机物

盐碱池塘水环境营养元素和有机物的采样调查，仅在 2003 年 7 月 23 日对个别池塘进行过采样测定。其结果为，PO_4^{3-}-P 质量浓度为 0.415mg/L，NO_3^--N 质量浓度为 0.241mg/L，NO_2^--N 质量浓度为 0.004mg/L，NH_4^+-N 质量浓度为 1.290mg/L，有效氮质量浓度为 1.535mg/L，TN 质量浓度为 2.73mg/L，TP 质量浓度为 1.41mg/L，TFe 质量浓度为 1.30mg/L，SiO_3^{2-}-Si 质量浓度为 2.75mg/L，N / P 值为 3.70，COD_{Cr} 为 19.72mg/L。

4. 水化学评价

1）主要离子组成

（1）离子数量特征。一般河流、湖泊等淡水湿地水环境中主要阳离子的比例组成特征表现为 $c(Ca^{2+})>c(Na^+)>c(Mg^{2+})$，主要阴离子为 $c(CO_3^{2-})>c(SO_4^{2-})>c(Cl^-)$，水化学类型多为碳酸盐类钙组Ⅱ型（$C_{II}^{Ca}$）；天然海水主要阴离子、阳离子的比例组成特征分别表现为 $c(Cl^-)>c(SO_4^{2-})>c(CO_3^{2-})$、$c(Na^+)>c(Mg^{2+})>c(Ca^{2+})$，水化学类型为氯化物类钠组Ⅲ型（$Cl_{III}^{Na}$）[68]。比较三种类型内陆盐碱湿地水环境离子比例组成特征，可知其阳离子比例组成特征都表现为 $c(Na^+)>c(Mg^{2+})>c(Ca^{2+})$，与天然海水完全相同，而异于河流、湖泊

等淡水湿地。由于$c(CO_3^{2-})$和$c(HCO_3^-)$都是天然湿地水环境总碱度的主要成分，所以从三种类型盐碱湿地水环境阴离子比例组成特征上看，沼泽为$c(SO_4^{2-})=c(Cl^-)>c(CO_3^{2-})$，虽然与淡水湿地和天然海水均存在差异，但相对更接近天然海水；盐碱泡沼为$c(HCO_3^-)>c(Cl^-)>c(SO_4^{2-})$，与淡水湿地相似；盐碱池塘为$c(Cl^-)>c(HCO_3^-)>c(SO_4^{2-})$，则与天然海水相近。

（2）CO_3^{2-}、HCO_3^-、总碱度及 pH、CO_3^{2-}、HCO_3^-对水质的影响，主要是形成碳酸盐碱度（为总碱度的主要组成部分）和构成缓冲系统。相比于池塘的人工湿地水环境，天然湿地水环境中CO_3^{2-}数量很少。盐碱沼泽和盐碱池塘水环境总碱度都在渔业水域中-高产指标范围（1.0～10.0mmol/L），盐碱泡沼处于中-低产指标范围（11～18mmol/L）[68]。

一般认为$c(1/2CO_3^{2-})/c(HCO_3^-)$值越接近 1，水环境的缓冲容量就越大[68]。经过计算，盐碱沼泽水环境$c(1/2CO_3^{2-})/c(HCO_3^-)$值为 0.9（0.4～3.7），水环境缓冲容量相对较高；盐碱泡沼水环境为 0.06（0.02～0.08），水环境缓冲容量相对较低；盐碱池塘水环境为 0.43（0.12～0.58）。可见三种类型盐碱湿地水环境的缓冲容量，以沼泽最大，泡沼最小。

pH 是反映水质状况的一个综合指标，对水生生物具有多方面影响，因而其也是一个较为重要的水化学因子[68, 69]。渔业水环境对 pH 的要求一般为 6.0～9.0，最适宜的范围是 7.2～8.5，绝大多数淡水湿地水环境是很容易满足的[68]。上述三种类型盐碱湿地水环境平均 pH 为 8.1～8.8，极值为 7.8～9.5，而 9.0 以上的数值仅出现过 4 次。可见三种类型盐碱湿地水环境的 pH 绝大多数时间都在适宜范围，但均已接近渔业水环境的上限。

（3）Ca^{2+}、Mg^{2+}与总硬度。Ca^{2+}、Mg^{2+}与总硬度对水产养殖的影响：一是作为营养元素，二是作为水质、底质的改良剂。盐碱沼泽和盐碱池塘的水环境$c(1/2Ca^{2+})$和$c(1/2Mg^{2+})$均较丰富，平均超过 7.0mmol/L，总硬度超过 10.0mmol/L，均属于硬水，同时均高于渔业水环境的最适宜范围（1.0～3.0mmol/L）。相比之下，盐碱泡沼水环境$c(1/2Ca^{2+})$及$c(1/2Mg^{2+})$较低，一般低于 1.5mmol/L，总硬度为 2.0～4.0mmol/L，属于软水，但仍在适宜范围。

（4）SO_4^{2-}和Cl^-。渔业水环境对$c(Cl^-)$限定为 112.7mmol/L 以下[68, 69]。三种类型盐碱湿地水环境$c(Cl^-)$均低于 100mmol/L。其中，盐碱沼泽稍高些，平均为 70mmol/L 左右；盐碱池塘为 20mmol/L 左右；盐碱泡沼最低，平均为 6mmol/L 左右。

SO_4^{2-}对渔业生产的影响主要是过多的SO_4^{2-}会还原生成硫化氢（H_2S），后者对水生生物有强烈的致毒作用。一般渔业水环境要求$c(SO_4^{2-})$低于 60mmol/L，H_2S浓度低于 0.01mg/L[68, 69]。H_2S生成数量与 pH 关系密切。当 pH 为 8.0～9.0 时，H_2S浓度仅占总硫化物的 0.5%～5%[68]。在三种类型盐碱湿地中，只有盐碱沼泽水环境$c(SO_4^{2-})$平均达到 75mmol/L 左右，超过渔业水环境的一般要求。但盐碱沼泽水环境 pH 达到 8.5 以上时，水环境中H_2S浓度在总硫化物中所占比例低于 2%，这时由SO_4^{2-}还原生成的H_2S的数量不会超过其致毒标准，对鱼类等渔业生物生存与生长无影响。

（5）Na^++K^+与盐度。水环境Na^++K^+的比例组成在三种类型盐碱湿地水环境中平均为 32.3%、46.5%、10.2%。同世界河流、淡水湖泊和天然海水相比，盐碱沼泽和盐碱池塘水环境均超过世界河流及淡水湖泊的 7%～8%；盐碱泡沼超过世界河流、湖泊和天然海水的 32%。一般淡水生物所能适应的盐度上限为 3.0～5.0g/L，耐盐上限为 15.0g/L[61]。三种类型盐碱湿地中，只有沼泽水环境盐度均超过 15.0g/L，这是许多淡水生物的耐盐上限（鲤科鱼类为 10.0g/L）。盐碱泡沼水环境盐度为 3.0～5.0g/L，盐碱池塘水环境盐度为 1.0～3.0g/L，均在淡水生物的适应范围。一些淡水经济鱼类，如鲤、鲫、银鲫、瓦氏雅罗鱼等，在盐度为 1.0～5.0g/L 的半咸水环境中均可生长，但不能自然繁殖。

（6）M/D 值与 $c(Mg^{2+})/c(Ca^{2+})$ 值。M/D 值是水生态环境的一个重要指标，该值越大于 1，水环境 $Na^+ + K^+$ 与 $Mg^{2+} + Ca^{2+}$ 的比例组成就越不平衡，水生生物对盐度的适应能力也越强，而能够生活的种类越少。一般渔业水环境的 M/D 值不超过 4.0[68, 69]。M/D 值还常常与某些水化学因子如 pH、碱度等产生较强的协同作用，构成某些水生生物栖息的限制因素[61]。在三种类型盐碱湿地水环境中，属于碳酸盐类水质的盐碱泡沼水环境 M/D 值较高，平均超过 30，在高 pH、高碱度的协同作用下，限制了渔业生物正常生长。例如，碳酸盐类水质的盐碱泡沼养殖的鲤、鲫、银鲫生长速度明显慢于同类水质的盐碱池塘，鲢、鳙、草鱼也生长不好。相比之下，沼泽地水环境 M/D 值略高于 4.0，盐碱池塘水环境 M/D 值远低于 4.0，都较适宜。

对于盐碱湿地水环境，$\rho(Ca^{2+})$和 $c(Mg^{2+})/c(Ca^{2+})$值均为水环境的重要指标。通常 $c(Mg^{2+})/c(Ca^{2+})$值超过 11.0 时，鱼类生长便受到抑制[68]。三种类型盐碱湿地水环境 $c(Mg^{2+})/c(Ca^{2+})$平均都低于 6.0，均适宜渔业生产。

2）水化学因子间的相关性

（1）盐碱沼泽。对各采样点的测试数据进行统计分析的结果显示（表 3-15），盐碱沼泽水环境总碱度（Alk）分别与盐度（Sal）、$\rho(SO_4^{2-})$、$\rho(Cl^-)$ 及总硬度（H_T），pH 分别与盐度、总硬度均无显著相关性（$P>0.05$）；盐度分别与 $\rho(SO_4^{2-})$、$\rho(Cl^-)$、$\rho(Mg^{2+})$ 及 $\rho(Na^+ + K^+)$，总碱度与 $\rho(Mg^{2+})$，总硬度分别与盐度、$\rho(Mg^{2+})$均有极显著直线回归关系（$P<0.01$）；盐度和总碱度与 $\rho(Ca^{2+})$都有显著的直线回归关系（$P<0.05$）。

表 3-15　盐碱沼泽水化学因子间的相关性

直线回归关系	直线回归关系
$Sal = -0.842 + 2.284\rho(Cl^-)$ ($r = 0.994$)	$Alk = -3.022 + 0.724\rho(Mg^{2+})$ ($r = 0.987$)
$Sal = -0.418 + 0.334\rho(SO_4^{2-})$ ($r = 0.963$)	$Alk = -2.169 + 0.537\rho(Ca^{2+})$ ($r = 0.772$)
$Sal = -0.314 + 0.297\rho(Na^+ + K^+)$ ($r = 0.969$)	$H_T = -0.423 + 0.236Sal$ ($r = 0.988$)
$Sal = -0.277 + 6.34\times10^{-2}\rho(Mg^{2+})$ ($r = 0.986$)	$H_T = -8.43\times10^{-2} + 1.24\times10^{-2}\rho(Mg^{2+})$ ($r = 0.999$)
$Sal = -0.152 + 0.173\rho(Ca^{2+})$ ($r = 0.747$)	

（2）盐碱泡沼。对各采样点的测试数据进行统计分析的结果显示（表 3-16），盐碱泡沼水环境盐度分别与总碱度、$\rho(HCO_3^-)$ 具有直线回归关系（$P<0.01$）。这说明碳酸盐类盐碱水环境盐度的变化直接取决于 $\rho(HCO_3^-) + \rho(CO_3^{2-})$ 的改变。

表 3-16　盐碱泡沼水化学因子间的相关性

直线回归关系	直线回归性关系
$Sal = -0.132 + 1.918Alk \quad (r = 0.992)$	$Sal = -0.207 + 0.182\rho(HCO_3^-) \quad (r = 0.985)$
$Sal = -0.526 + 1.144Alk \quad (r = 0.911)$	$Sal = -5.1\times10^{-2} + 0.194\rho(HCO_3^-) \quad (r = 0.884)$
$Sal = -0.621 + 0.737Alk \quad (r = 0.919)$	$Sal = -4.9\times10^{-2} + 0.241\rho(HCO_3^-) \quad (r = 0.815)$
$Sal = -0.419 + 1.468Alk \quad (r = 0.890)$	$Sal = -0.418 + 0.285\rho(HCO_3^-) \quad (r = 0.955)$
$Sal = -6.3\times10^{-2} + 0.943Alk \quad (r = 0.864)$	$Sal = -7.6\times10^{-2} + 44\rho(HCO_3^-) \quad (r = 0.974)$

（3）盐碱池塘。对 19 口不同塘龄的盐碱池塘各采样点的水样测试数据进行统计分析，结果显示（表 3-17），塘龄为 1 年的池塘盐度分别与 $\rho(Cl^-)$、总硬度及总碱度均有极显著直线回归关系（$P < 0.01$）；塘龄为 2～6 年的池塘盐度分别与 $\rho(Cl^-)$、总硬度具有直线回归关系（$P < 0.01$）。

表 3-17　盐碱池塘水化学因子间的相关性

回归关系	塘龄/年	回归关系	塘龄/年
$Sal = 0.249 + 1.520\rho(Cl^-) \quad (r = 0.991)$	0～1	$Sal = 0.611 + 0.938\rho(Cl^-) \quad (r = 0.864)$	6
$Sal = -2.278 + 1.009Alk \quad (r = 0.835)$	0～1	$Sal = 0.130 + 0.192H_T \quad (r = 0.986)$	2
$Sal = 0.147 + 8.4\times10^{-2}H_T \quad (r = 0.971)$	0～1	$Sal = -0.146 + 0.187H_T \quad (r = 0.888)$	3
$Sal = -8.3\times10^{-2} + 1.769\rho(Cl^-) \quad (r = 0.991)$	2	$Sal = -4.9\times10^{-2} + 0.184H_T \quad (r = 0.815)$	4
$Sal = 0.533 + 1.035\rho(Cl^-) \quad (r = 0.901)$	3	$Sal = -0.419 + 0.231H_T \quad (r = 0.955)$	5
$Sal = 0.587 + 1.144\rho(Cl^-) \quad (r = 0.912)$	4	$Sal = -0.279 + 0.269H_T \quad (r = 0.978)$	6
$Sal = 0.376 + 1.737\rho(Cl^-) \quad (r = 0.890)$	5		

数据统计过程中还发现，由于利用了嫩江水（盐度为 0.42g/L）作为盐碱池塘水源，池塘水化学指标大多随着塘龄的增加而呈现规律性递减。各塘龄的盐碱池塘水环境盐度、总碱度、总硬度、pH、$\rho(Mg^{2+})$与塘龄（a/年）具有极显著曲线回归关系（$P < 0.01$），$\rho(Cl^-)$、$\rho(HCO_3^-)$与塘龄具有显著直线回归关系（$P < 0.05$），$\rho(Na^+ + K^+)$与塘龄具有极显著直线回归关系（$P < 0.01$），如表 3-18 所示。

表 3-18　各塘龄的盐碱池塘水化学因子间的相关性

回归关系	回归关系
$Sal = 0.986 + 1.769a^{-1} \quad (r = 0.995)$	$\rho(Mg^{2+}) = 34.91 + 104.55a^{-1} \quad (r = 0.979)$
$Alk = 3.310 + 1.352a^{-1} \quad (r = 0.815)$	$\rho(Cl^-) = 1328.34 - 95.46a \quad (r = 0.792)$
$H_T = 10.255 + 10.017a^{-1} \quad (r = 0.978)$	$\rho(HCO_3^-) = 218.63 - 5.36a \quad (r = 0.786)$
$pH = 7.745 + 1.084a^{-1} \quad (r = 0.890)$	$\rho(Na^+ + K^+) = 470.92 - 85.21a \quad (r = 0.923)$

由此可见，随着塘龄的增加，盐碱池塘水环境逐渐趋于淡化。表 3-18 中水环境盐度与塘龄（a）的关系式为

$$\mathrm{Sal} = 1.769a^{-1} + 0.986 \tag{3-1}$$

对 a 求一阶导数，得到池塘水环境淡化速率方程式：

$$V_{\mathrm{Sal}} = -1.769a^{-2} \tag{3-2}$$

式中，V_{Sal} 为池塘水环境的淡化速率，负号表示淡水速率随着塘龄的增加而下降。通过式（3-2）可以预测，这些盐碱池塘水环境盐度在相当长的时间内，还难以达到 1.0g/L 以下的淡水标准，在相当长的时间内池塘水环境仍属半咸水。

对嫩江沿岸塘龄为 1 年，即新开挖的头一年养鱼的盐碱池塘水化学指标的测定结果显示，作为水源的嫩江在枯水期结束后（4～5 月），各指标基本上都达到最高值；7 月、8 月丰水期前后，下降到最低值（表 3-19）。但总碱度因受夏季水生生物代谢活动旺盛的影响，呈现出不同的变化趋势。9 月前后，各项指标随着嫩江径流量的减少而回升。对塘龄为 2 年的盐碱池塘水化学指标的测定结果，也存在上述类似的变化情况。

表 3-19　不同季节嫩江沿岸不同塘龄的盐碱池塘水化学指标

塘龄/年	测定时间	总碱度/(mmol/L)	总硬度/(mmol/L)	盐度/(g/L)	Cl^-/(g/L)	pH
1	2001-04-29	4.44	13.52	2.92	1.68	8.72
	2001-05-27	6.85	13.64	2.95	1.63	8.43
	2001-06-20	6.87	12.91	3.01	0.69	9.34
	2001-07-18	7.18	11.45	1.91	0.71	8.52
	2001-08-29	8.59	11.99	1.99	1.03	8.56
	2001-09-28	8.47	12.63	2.05	1.16	8.58
	2001-10-14	8.92	11.41	1.84	0.97	9.00
	平均	7.33	12.51	2.38	1.12	8.74
2	2003-04-27	9.08	3.66	2.02	1.23	8.91
	2003-05-29	14.69	4.83	2.95	1.69	8.68
	2003-06-27	14.83	7.45	2.97	1.65	8.79
	2003-07-26	14.03	7.47	3.04	0.69	8.02
	2003-08-30	12.45	7.81	1.93	0.72	8.27
	2003-09-29	13.04	9.34	2.00	1.04	8.31
	2003-10-23	6.14	9.21	2.07	1.04	8.33
	2003-11-14	12.41	9.70	1.86	0.97	8.74
	平均	12.08	7.43	2.36	1.13	8.51

3）营养元素和有机物

三种类型盐碱湿地中，盐碱沼泽与盐碱泡沼水环境的营养元素含量均较丰富，都达到或超过中、高产池塘水平，其中有效磷质量浓度已超过高产池塘 30 倍以上（后者一般低于 0.01mg/L）。但有效磷和有效氮质量浓度极不平衡。总体上，N/P 值为 0.04～5.0，与适

宜的 N/P 值 7～14 相比，盐碱泡沼和沼泽化盐碱池塘接近其低限，沼泽地则显著偏低。文献[63]和[70]的观测资料表明，松嫩平原盐碱湿地水环境有效磷质量浓度大多较高，多数水体的 N/P 值为 0.05～3.0。此类盐碱水环境中制约渔业生产性能的水化学因子，往往是氮，而不是磷。相比之下，绝大多数淡水湿地渔业水环境中，限制渔业生产性能的生态因子，常常是磷，而不是氮。可见盐碱湿地和淡水湿地渔业水环境尚存在一定差别。

从水环境有机物水平上看，三种类型盐碱湿地中，盐碱沼泽和盐碱池塘总体上相当于中产池塘水平(COD_{Cr}值为 10～20mg/L)；盐碱泡沼相当于高产池塘水平(COD_{Cr}值为 21～40mg/L)，而且高值大多出现在 6～9 月。

5. 盐碱湿地与淡水湿地水化学比较

表 3-20 和表 3-21 分别为东北地区盐碱沼泽和淡水沼泽水化学主要离子物质的量浓度，表 3-22 和表 3-23 分别为松嫩平原与黄淮海平原盐碱池塘水化学主要离子物质的量浓度和主要水化学指标，以便于比较。

表 3-20　东北地区盐碱沼泽水化学主要离子物质的量浓度

所在地	$c(K^+)$ /(mmol/L)	$c(Na^+)$ /(mmol/L)	$c(1/2Ca^{2+})$ /(mmol/L)	$c(1/2Mg^{2+})$ /(mmol/L)	$c(Cl^-)$ /(mmol/L)	$c(1/2SO_4^{2-})$ /(mmol/L)	$c(1/2CO_3^{2-})$ /(mmol/L)	$c(HCO_3^-)$ /(mmol/L)	盐度/(g/L)
吉林大安[71]	0.06	41.03	0.56	1.93	9.50	0.28	4.44	23.76	2.91
	0.03	17.82	0.77	2.41	2.40	0.14	0.72	6.96	1.32
	0.05	37.36	0.50	4.05	8.20	0.05	7.01	31.49	3.34
	0.02	19.18	4.50	3.96	6.20	0.002	0	16.92	1.83
吉林大安[72]	0.03	23.48	4.06	3.60	7.68	0.002	0	1.90	2.09
	0.06	30.52	2.95	4.16	9.84	0.008	0.86	23.23	2.61
	0.17	10.33	1.17	3.38	2.10	0.06	0.60	12.84	1.19
	0.06	13.04	0.90	3.38	3.00	0.09	0.96	13.68	1.33
	0.07	13.67	1.07	2.69	3.15	0.14	0.96	13.08	1.32
	0.05	24.40	2.10	5.10	3.70	0.14	7.51	23.32	1.10
	0.12	0.43	3.69	25.88	0.41	0.09	2.16	21.78	2.50
	0.05	24.40	2.10	5.10	3.70	0.14	7.51	23.32	2.45
吉林乾安[73]	0.09	38.64	1.10	5.10	16.80	0.16	5.30	25.41	3.29
	0.02	9.03	1.80	3.60	2.75	0.07	0.99	11.10	1.10
吉林洮南[74]	0.06	13.49	3.00	3.40	2.50	0.14	2.65	16.02	1.57
	0.09	44.57	0.90	4.70	17.90	0.46	8.18	27.85	3.50
	0.04	3.43	0.94	0.63	0.32	0.03	0.48	4.70	0.42
黑龙江扎龙[75]	0.09	8.62	0.80	0.81	0.35	0.04	0	9.84	0.54
黑龙江泰来[75]	0.04	1.40	0.60	0.61	0.60	0.03	0	1.92	0.13

所在地	总碱度/(mmol/L)	总硬度/(mmol/L)	pH	*A*	*B*	*M*/*D* 值	*A*/*H* 值	水化学类型
吉林大安[71]	28.20	2.49	9.3	683.8	3.4	16.5	11.3	C_{I}^{Na}
	13.68	3.18	9.0	594.0	3.1	5.6	4.3	C_{I}^{Na}

续表

所在地	总碱度/(mmol/L)	总硬度/(mmol/L)	pH	A	B	M/D 值	A/H 值	水化学类型
吉林大安[71]	38.50	4.55	9.4	747.2	8.1	8.2	8.5	C_{I}^{Na}
	16.92	8.46	9.3	913.3	0.9	2.3	2.0	C_{I}^{Na}
吉林大安[72]	18.96	7.66	8.8	903.1	0.9	3.1	2.5	C_{I}^{Na}
	24.09	7.11	9.5	545.0	1.4	4.3	3.4	C_{I}^{Na}
	13.44	4.55	8.7	60.8	2.9	2.3	3.0	C_{I}^{Na}
	14.64	4.28	8.9	233.0	3.8	3.1	3.4	C_{I}^{Na}
	14.04	3.76	8.9	204.0	2.5	3.7	3.7	C_{I}^{Na}
	30.83	7.20	9.5	498.0	2.4	3.4	4.3	C_{I}^{Na}
	23.94	29.57	8.8	3.6	7.0	0.02	0.8	C_{II}^{Mg}
	30.83	7.20	9.4	488.0	2.4	3.4	4.3	C_{I}^{Na}
吉林乾安[73]	30.72	6.20	9.4	429.3	4.6	6.2	5.0	C_{I}^{Na}
	12.10	5.40	9.2	451.5	2.0	1.7	2.2	C_{I}^{Na}
吉林洮南[74]	18.68	6.40	9.4	224.8	1.1	2.1	2.9	C_{I}^{Na}
	36.02	5.60	9.5	495.2	5.2	8.0	6.4	C_{I}^{Na}
	5.20	1.57	9.0	85.8	0.7	2.2	3.3	C_{I}^{Na}
黑龙江扎龙[75]	8.84	1.61	8.8	95.8	1.0	5.4	5.5	C_{I}^{Na}
黑龙江泰来[75]	1.92	1.21	8.9	35.0	1.0	1.2	1.6	C_{I}^{Na}

注：$A=c(Na^+)/c(K^+)$；$B=c(1/2Mg^{2+})/c(1/2Ca^{2+})$；$A/H=[c(1/2CO_3^{2-})+c(HCO_3^-)]/[c(1/2Mg^{2+})+c(1/2Ca^{2+})]$。

表3-21　东北地区淡水沼泽水化学主要离子物质的量浓度

所在地	$c(K^+)$/(mmol/L)	$c(Na^+)$/(mmol/L)	$c(1/2Ca^{2+})$/(mmol/L)	$c(1/2Mg^{2+})$/(mmol/L)	$c(Cl^-)$/(mmol/L)	$c(1/2SO_4^{2-})$/(mmol/L)	$c(1/2CO_3^{2-})$/(mmol/L)	$c(HCO_3^-)$/(mmol/L)	盐度/(g/L)
吉林大安[71]	0.11	1.50	10.61	8.83	0.82	0.04	0	9.80	0.99
	0.08	1.61	10.41	8.88	0.84	0.04	0.20	9.90	1.00
吉林大安[72]	0.02	1.92	9.28	8.58	0.96	0.03	0	9.54	0.95
	0.07	0.65	10.25	8.13	0.51	0.49	0.72	6.60	0.79
吉林大安[73]	0.003	2.80	1.13	0.88	0.35	0.04	0	4.13	0.36
黑龙江黑河[76]	0.02	0.18	0.95	0.55	0.04	0.31	0	1.56	0.20
	0.02	0.13	0.91	0.21	0.04	0.27	0	1.38	0.18
	0.02	0.09	0.31	0.14	0.04	0.21	0	0.86	0.21
黑龙江扎龙[77]	0.27	1.54	0.83	1.27	0.11	0.15	0.68	5.08	0.42
	0.43	1.37	0.93	1.36	0.11	0.13	0.98	4.00	0.37
	0.36	1.47	0.86	1.27	0.10	0.16	1.00	5.11	0.43
	0.40	1.48	1.36	0.70	0.19	0.24	0.64	2.44	0.27

续表

所在地	$c(K^+)$ /(mmol/L)	$c(Na^+)$ /(mmol/L)	$c(1/2Ca^{2+})$ /(mmol/L)	$c(1/2Mg^{2+})$ /(mmol/L)	$c(Cl^-)$ /(mmol/L)	$c(1/2SO_4^{2-})$ /(mmol/L)	$c(1/2CO_3^{2-})$ /(mmol/L)	$c(HCO_3^-)$ /(mmol/L)	盐度/(g/L)
黑龙江扎龙[77]	0.42	1.33	1.13	0.97	0.22	0.20	0.66	2.59	0.28
吉林向海[77]	0.02	1.93	4.52	2.17	0.28	0.59	未检出	7.16	0.64
	0.04	1.84	1.47	1.18	0.32	0.30	0.10	4.00	0.36
	0.07	3.84	1.14	1.63	0.51	0.36	0.47	5.10	0.49
	0.12	8.04	1.11	2.99	1.04	0.46	1.91	9.23	0.93
	0.12	5.04	2.25	2.27	0.60	0.57	0.85	7.74	0.74
吉林莫莫格[77]	0.04	2.41	1.75	0.96	0.32	未检出	0.45	3.74	0.36
	0.05	3.81	1.47	1.05	0.19	未检出	0.18	5.80	0.50
	0.07	4.91	0.39	0.45	0.39	未检出	0.21	12.33	0.90
	0.06	8.61	2.27	2.65	1.19	0.65	0.21	3.25	0.51

所在地	总碱度 /(mmol/L)	总硬度 /(mmol/L)	pH	A	B	M/D 值	A/H 值	水化学类型
吉林大安[71]	4.13	2.01	7.7	933.3	0.8	1.4	2.1	C_{I}^{Na}
吉林大安[72]	9.54	17.86	8.1	96.0	0.9	0.1	0.5	C_{II}^{Ca}
	7.32	18.38	8.5	9.3	0.8	0.04	0.4	C_{III}^{Ca}
吉林大安[73]	9.80	19.44	8.3	13.6	0.8	0.08	0.5	C_{III}^{Ca}
吉林大安[74]	10.10	19.29	8.5	20.1	0.9	0.09	0.5	C_{III}^{Ca}
黑龙江黑河[76]	1.56	1.75	6.7	9.0	0.6	0.1	0.9	C_{II}^{Ca}
	1.38	1.20	6.8	6.5	0.2	0.1	1.2	C_{I}^{Ca}
	0.86	0.43	6.6	4.5	0.5	0.3	2.0	C_{I}^{Ca}
黑龙江扎龙[77]	5.76	2.10	8.0	5.7	1.5	0.9	2.7	C_{I}^{Ca}
	4.98	2.29	8.0	3.2	1.5	0.8	2.2	C_{I}^{Ca}
	6.11	2.13	8.0	4.1	1.5	0.9	2.9	C_{I}^{Ca}
	3.08	2.06	8.0	3.7	0.5	0.9	1.5	C_{I}^{Ca}
	3.25	2.10	8.0	3.2	0.9	0.8	1.5	C_{I}^{Ca}
吉林向海[77]	7.16	6.69	8.5	96.5	0.5	0.0	1.1	C_{I}^{Ca}
	4.10	2.65	8.5	46.0	0.8	0.7	1.5	C_{I}^{Na}
	5.57	2.77	8.5	54.9	1.4	1.4	2.0	C_{I}^{Na}
	11.14	4.10	8.5	67.0	2.7	2.0	2.7	C_{I}^{Na}
	8.59	4.52	8.5	42.0	1.0	1.1	1.9	C_{I}^{Na}
吉林莫莫格[77]	4.19	2.61	8.2	60.3	0.5	0.9	1.6	C_{I}^{Na}
	5.98	2.52	8.2	76.2	0.7	1.5	2.4	C_{I}^{Na}
	12.54	0.84	8.2	70.1	1.2	5.9	14.9	C_{I}^{Na}
	3.46	4.92	8.2	143.5	1.2	1.8	0.7	C_{III}^{Na}

注：同表 3-20。

表 3-22　松嫩平原与黄淮海平原盐碱池塘水化学主要离子物质的量浓度

所在地	$c(K^+)$ /(mmol/L)	$c(Na^+)$ /(mmol/L)	$c(1/2Ca^{2+})$ /(mmol/L)	$c(1/2Mg^{2+})$ /(mmol/L)	$c(Cl^-)$ /(mmol/L)	$c(1/2SO_4^{2-})$ /(mmol/L)	$c(1/2CO_3^{2-})$ /(mmol/L)	$c(HCO_3^-)$ /(mmol/L)	盐度/(g/L)
吉林大安	0.08	13.91	0.28	0.60	2.10	0.05	0.72	9.60	1.02
	0.04	18.32	0.46	0.66	3.15	0.14	1.68	10.08	1.22
	0.12	9.58	1.14	3.13	1.78	0.09	0.72	12.00	1.11
	0.07	9.79	0.79	3.18	2.15	0.04	0.36	12.72	1.15
	0.03	13.00	0.96	1.33	3.30	0.10	0.48	10.68	1.12
吉林镇赉	0.04	15.13	0.91	1.03	3.38	0.13	1.68	10.80	1.22
	0.21	16.65	1.11	3.74	9.28	0.22	1.20	9.84	1.43
	0.04	17.70	0.92	3.83	10.62	0.21	1.20	9.36	1.47
	0.12	9.65	1.40	3.07	1.75	0.08	1.08	11.64	1.10
吉林乾安	20.94*		4.74	11.52	47.08	1.54	3.40	3.72	2.72
	10.16		5.18	7.08	27.69	2.14	3.12	3.09	1.80
	8.02		4.92	6.18	23.37	3.36	2.78	3.16	1.63
	3.07		5.64	5.56	21.48	2.14	3.46	3.39	1.43
吉林洮南Ⅰ	1.95		3.48	5.16	21.66	1.74	2.76	3.08	1.30
	0.92		5.12	5.12	20.53	1.58	3.08	3.16	1.28
吉林洮南Ⅱ	8.48		3.98	3.60	19.14	3.38	0.76	3.16	1.38
	1.97		3.42	3.38	19.77	3.40	3.30	2.85	1.29
	6.61		4.66	3.38	15.02	1.82	3.42	2.65	1.18
山东高青[48]	23.40		5.65	13.89	21.23	14.91	0.47	6.03	2.24
	16.85		5.19	11.57	14.75	12.60	0.30	5.77	1.91
山东高青[78]	22.85		5.67	14.96	22.17	14.52	0.31	6.24	2.44
山东高青[79]	26.56		5.58	14.61	25.47	15.70	0.47	4.88	2.89
山东高青[80]	—		7.64	—	—	—	—	—	9.55
	—		2.54	—	—	—	—	—	3.50
	—		2.00	—	—	—	—	—	2.01
	—		3.80	—	—	—	—	—	2.03
山东高青[81]	—		—	—	96.13	37.49	—	—	10.31
	—		—	—	12.69	4.46	—	—	1.73
	—		—	—	18.82	7.27	—	—	2.48
	—		—	—	28.84	8.18	—	—	3.65
山东高青[82]	46.38		14.25	29.48	40.24	46.60	0	3.26	3.86
	37.98		15.68	26.51	48.46	29.53	0	2.16	4.81
山东禹城[82]	11.84		2.88	10.77	12.74	6.44	0.89	5.38	1.59
	16.14		4.36	9.56	13.55	9.76	0.48	6.26	1.94
山东高青[83]	127.93		6.40	78.40	112.93	97.14	—	—	12.85
	40.97		2.72	11.10	30.53	18.70	—	—	3.44
	26.53		1.96	8.60	18.04	11.06	—	—	2.45

续表

所在地	$c(K^+)$ /(mmol/L)	$c(Na^+)$ /(mmol/L)	$c(1/2Ca^{2+})$ /(mmol/L)	$c(1/2Mg^{2+})$ /(mmol/L)	$c(Cl^-)$ /(mmol/L)	$c(1/2SO_4^{2-})$ /(mmol/L)	$c(1/2CO_3^{2-})$ /(mmol/L)	$c(HCO_3^-)$ /(mmol/L)	盐度/(g/L)
山东高青[83]	16.73		3.98	9.82	14.52	11.14	—	—	1.93
	33.14		3.08	17.46	28.00	20.72	—	—	3.30
山东利津[84]	16.94		4.57	6.63	17.19	5.86	0.18	4.12	1.73
	33.12		4.05	10.44	36.12	7.68	0.52	1.62	2.77
	19.75		3.37	7.64	21.00	6.37	0.49	2.02	1.82
	19.48		2.83	7.83	20.69	6.23	0.49	1.82	1.78
	8.24		2.50	5.67	7.78	5.27	0.39	2.55	1.01
山东利津[85]	37.53		3.98	10.50	40.06	7.46	0.50	1.22	2.90
	29.74		4.10	10.14	32.85	7.15	0.42	1.76	2.54
	34.17		4.04	10.82	37.05	7.81	0.47	1.69	2.83
	19.32		3.37	7.84	21.07	6.13	0.37	2.08	1.80
	19.62		2.83	7.91	20.76	6.31	0.48	1.88	1.79
	8.24		2.50	5.67	7.78	5.27	0.39	2.55	1.01
山东利津[86]	—		—	—	—	—	0.52	1.62	2.77
	—		—	—	—	—	0.45	2.02	1.82
	—		—	—	—	—	0.49	1.82	1.78
	—		—	—	—	—	0.39	2.55	1.01

注：表中数据为6～9月平均值，除引用的文献资料外，其他为本书作者实测。“吉林洮南Ⅰ”和“吉林洮南Ⅱ”代表“吉林洮南”两个地方的数据。

*表示 $C(Na^+) + C(K^+)$。

表 3-23　松嫩平原与黄淮海平原盐碱池塘主要水化学指标

所在地	总碱度/(mmol/L)	总硬度/(mmol/L)	pH	离子比值				水化学类型
				$c(Na^+)/c(K^+)$	$c(1/2Mg^{2+})/c(1/2Ca^{2+})$	*M/D* 值	*A/H* 值	
吉林大安	10.32	0.88	8.9	173.9	2.1	1.4	11.7	C_{I}^{Na}
	11.76	1.12	9.3	458.0	1.4	1.6	10.5	C_{I}^{Na}
	12.72	4.27	8.8	79.8	2.7	0.8	3.0	C_{I}^{Na}
	13.08	3.97	8.5	139.9	4.0	0.8	3.3	C_{I}^{Na}
	11.16	2.29	8.7	433.3	1.4	1.2	4.9	C_{I}^{Na}
吉林镇赉	12.48	1.94	9.2	378.3	1.1	1.2	6.4	C_{I}^{Na}
	11.04	4.85	9.1	79.3	3.4	1.5	2.3	C_{I}^{Na}
	10.56	4.75	9.1	442.5	4.2	1.7	2.2	C_{I}^{Na}
	12.72	4.47	9.0	80.4	2.2	0.8	2.8	C_{I}^{Na}
吉林乾安	7.12	16.26	8.7	—	2.4	0.6	0.4	Cl_{II}^{Na}
	6.21	12.26	8.5	—	1.4	1.6	0.5	Cl_{III}^{Na}

续表

所在地	总碱度/(mmol/L)	总硬度/(mmol/L)	pH	离子比值				水化学类型
				$c(Na^+)/c(K^+)$	$c(1/2Mg^{2+})/c(1/2Ca^{2+})$	M/D 值	A/H 值	
吉林乾安	5.94	11.10	8.3	—	1.3	1.4	0.5	Cl_{III}^{Na}
	6.85	11.20	7.9	—	1.0	0.4	0.6	Cl_{III}^{Na}
吉林洮南	5.84	8.64	8.0	—	1.5	0.3	0.7	Cl_{III}^{Na}
	6.24	10.24	7.9	—	1.0	0.04	0.5	Cl_{III}^{Ca}、Cl_{III}^{Na}
	3.92	7.58	7.9	—	0.9	2.2	0.5	Cl_{III}^{Na}
	6.15	6.80	7.8	—	1.0	0.3	0.9	Cl_{II}^{Na}
	6.07	8.04	7.8	—	0.8	1.1	0.8	Cl_{III}^{Na}
山东高青[78]	6.49	20.46	8.4	—	2.5	3.6	0.3	Cl_{II}^{Na}
	6.07	16.66	8.3	—	2.8	2.8	0.4	Cl_{II}^{Na}
	6.55	20.61	8.2	—	2.6	3.5	0.3	Cl_{II}^{Na}
山东高青[79]	5.35	19.99		—	2.6	5.0	0.3	Cl_{II}^{Na}
山东高青[80]	6.00	34.22	9.4	—	—	—	0.2	Cl_{II}^{Na}
	5.93	8.06	9.0	—	—	—	0.7	Cl_{II}^{Na}
	6.94	4.63	8.9	—	—	—	1.5	Cl_{II}^{Na}
	5.47	6.22	8.3	—	—	—	0.9	Cl_{II}^{Na}
山东高青[81]	1.98	39.70	9.2	—	—	—	0.04	Cl_{II}^{Na}、Cl_{III}^{Na}
	4.38	3.97	8.8	—	—	—	1.1	Cl_{II}^{Na}
	5.93	8.76	8.2	—	—	—	0.7	Cl_{II}^{Na}
	6.30	11.57	8.4	—	—	—	0.5	Cl_{II}^{Na}
山东高青[82]	3.26	43.73	—	—	1.8	14.2	0.1	S_{II}^{Na}
	2.16	42.19	—	—	1.7	17.6	0.1	Cl_{III}^{Na}
山东禹城[82]	6.26	13.65	—	—	3.7	1.9	0.5	Cl_{III}^{Na}
	6.74	13.92	—	—	2.2	2.4	0.5	Cl_{III}^{Na}
山东高青[83]	2.54	42.40	—	—	12.3	—	0.1	—
	5.74	7.01	—	—	4.1	—	0.8	—
	7.60	5.28	—	—	4.4	—	1.4	—
	4.88	6.90	—	—	2.5	—	0.7	—
	4.97	10.27	—	—	5.7	—	0.5	—
山东利津[84]	4.29	11.09	8.4	—	1.5	3.9	0.4	Cl_{III}^{Na}
	2.12	14.35	9.0	—	2.6	15.5	0.1	Cl_{III}^{Na}

续表

所在地	总碱度/(mmol/L)	总硬度/(mmol/L)	pH	离子比值				水化学类型
				$c(Na^+)/c(K^+)$	$c(1/2Mg^{2+})/c(1/2Ca^{2+})$	*M*/*D* 值	*A*/*H* 值	
山东利津[84]	2.45	10.90	8.8	—	2.3	7.9	0.2	Cl_{III}^{Na}
	2.31	10.56	9.0	—	2.8	8.5	0.2	Cl_{III}^{Na}
	3.19	8.08	8.7	—	2.3	2.8	0.4	Cl_{II}^{Na}
山东利津[85]	1.94	14.18	9.2	—	2.0	21.8	0.1	Cl_{III}^{Na}
	2.14	13.95	9.0	—	2.5	13.6	0.2	Cl_{III}^{Na}
	2.03	14.35	9.1	—	2.7	15.8	0.1	Cl_{III}^{Na}
	2.60	10.56	8.8	—	2.3	7.9	0.2	Cl_{III}^{Na}
	2.66	10.64	9.0	—	2.8	8.3	0.3	Cl_{III}^{Na}
	3.32	8.08	8.8	—	2.3	2.8	0.4	Cl_{III}^{Na}
山东利津[86]	2.12	14.35	9.0	—	—	—	0.1	—
	2.45	10.90	8.8	—	—	—	0.2	—
	2.31	10.56	9.0	—	—	—	0.2	—
	3.19	8.08	8.7	—	—	—	0.4	—

3.1.2　盐碱水质改良

盐碱湿地的水质改良，其主要内容包括水化学因子和饵料生物基础的改良两方面。采取适当的措施，使盐碱水环境的盐度、碱度、pH 等和渔业生产关系密切的水化学因子达到鱼类生理与生长要求，同时增加饵料生物，从而改善水生生物环境，促进渔业生物生长。这对盐碱湿地的渔业利用至关重要[70, 87]。

盐碱水质淡化是盐碱湿地渔业利用的核心，也是进一步获得高产的关键。沼泽化盐碱池塘水、土环境盐度高，碱度大，浮游生物数量少，营养贫乏，水质清瘦，渔业生产性能较低，同时水质复杂多变，不易控制和调节。特别是夏季遇到干旱少雨，池水大量蒸发、渗漏，各种盐碱成分浓缩，上述情况会更严重。这种情况直接影响甚至危及鱼类等水生动物的正常生命活动，鱼类等水生动物生长极其缓慢。因此，对盐碱水质实施淡化改良，是实现盐碱湿地水产养殖的首要任务。

1. 盐碱池塘

根据盐碱池塘水化学特点及其水质变化规律，生产上可通过以下途径予以改良。

1）注入淡水

加入淡水直接稀释了盐碱水中各种离子的浓度，使原来较高的盐度、碱度及 pH 降低，从而接近淡水渔业生物的渗透压，满足其正常生长需要。当这些主要指标降低后，再配合合理施肥等其他措施，可以为有益藻类的繁殖提供良好的环境条件和营养基础，从而抑制其他不易被鱼类消化利用的藻类增殖，使水质能够持续地保持“肥、活、嫩、爽”的良好状态。因此，勤加水、少加水，能使池塘水体生态环境不断得到改善和更新，促进水体物质循环与转化利用，保证鱼类快速生长。但每加注 1 次淡水直接降低池塘水环境盐碱度的有效时间，一般可持续 8～10d，以后盐碱度又会缓缓回升。这时，如果再次注入新水，则又会恢复原来的过程。

表 3-24 和表 3-25 分别为地下水和河水改良盐碱池塘水质的效果[70]。除此之外，生活污水也具有调节水质作用，而且可降低养殖成本，不与农业争水争肥，增产潜力较大，效果显著（表 3-26）。

表 3-24 地下水改良盐碱池塘水质的效果[70]

池塘面积/hm^2	常水位深度/m	原池水			加淡水数量/(m^3/hm^2)	加淡水比例/%	改良后		
		盐度/(g/L)	总碱度/(mmol/L)	pH			盐度/(g/L)	总碱度/(mmol/L)	pH
0.32	1.3	6.92	3.89	8.85	3000	20	4.14	2.44	8.40
0.37	1.3	6.37	4.13	8.93	7200	40	4.21	2.83	8.51
0.91	1.1	5.90	3.94	9.01	12000	60	3.56	2.12	8.62
0.32	1.1	5.78	4.09	9.12	1600	10	3.71	3.03	8.30
0.33	1.2	6.82	4.28	8.93	3600	20	3.46	3.12	7.86
0.66	1.3	7.13	3.54	8.72	5100	30	4.43	2.11	7.62
0.67	1.5	7.22	3.92	8.89	6800	40	4.31	2.44	7.73
1.30	1.4	6.47	3.35	8.92	10000	50	3.92	2.51	7.52
0.33	1.6	5.26	1.12	8.50	3200	20	4.82	1.43	8.00
0.40	1.8	5.36	2.68	8.00	7200	40	4.05	1.13	7.50
1.00	2.0	5.26	2.63	8.50	1200	60	3.65	1.43	7.00

表 3-25 河水改良盐碱池塘水质的效果[70]

注水时间	测定时间	盐度/(g/L)	总碱度/(mmol/L)	pH	注水时间	测定时间	盐度/(g/L)	总碱度/(mmol/L)	pH
05-18	05-16	2.83	12.60	8.2	08-09	08-06	2.56	13.30	8.4
	05-23	2.30	11.30	8.0		08-11	2.13	12.40	8.1
07-03	07-02	2.47	12.90	8.6	10-06	10-04	2.34	13.70	8.6
	07-07	2.02	10.70	8.2		10-12	2.05	12.60	8.3

表 3-26 生活污水改良盐碱池塘水质的效果[70]

池塘面积/hm^2	常水位深度/m	原池水			加淡水数量/(m^3/hm^2)	加淡水比例/%	改良后		
		盐度/(g/L)	总碱度/(mmol/L)	pH			盐度/(g/L)	总碱度/(mmol/L)	pH
0.33	1.6	5.25	1.56	8.5	1600	10	5.05	1.55	8.5
0.33	1.8	5.21	1.62	9.0	3600	20	4.86	1.98	8.5

续表

池塘面积/hm^2	常水位深度/m	原池水			加淡水数量/(m^3/hm^2)	加淡水比例/%	改良后		
		盐度/(g/L)	总碱度/(mmol/L)	pH			盐度/(g/L)	总碱度/(mmol/L)	pH
0.67	1.7	5.23	1.56	8.0	5100	30	2.64	1.13	8.0
0.67	1.7	5.23	1.61	8.5	6800	40	2.84	1.22	8.0
2.00	2.0	5.26	1.63	8.5	10000	50	3.26	1.13	7.5

2）施有机肥

施足有机肥料，可使生塘变熟塘，特别是对于新建池塘，效果更为明显。施有机肥料可使新开挖的池塘底部尽快铺上一层塘泥，塘泥中的腐殖质等胶体物质镶嵌在土壤间隙中，既可有效地防止砂壤土的渗漏，又能使池水与盐碱土壤基本隔绝，从而发挥塘泥保肥、供肥、调节 pH 与水体肥度等作用。有机肥的施用量，一般为 12～15m^3/hm^2。根据试验，将畜禽粪便等有机肥料发酵腐熟后加 3%的生石灰消毒，每天施 1 次，用量为 120～225kg/hm^2，加水稀释后全池泼洒，施肥后 3～5d，水体盐度较施肥前下降 0.2～2.16g/L，总碱度下降 0.13～1.61mmol/L（表 3-27）。

表 3-27　施有机肥改良盐碱池塘水质的效果[70]

池塘面积/hm^2	常水位深度/m	施肥前			平均日施肥量/(kg/hm^2)	改良后		
		盐度/(g/L)	总碱度/(mmol/L)	pH		盐度/(g/L)	总碱度/(mmol/L)	pH
0.33	1.3	4.85	1.61	8.5	110	4.65	1.47	8.5
0.27	1.6	5.24	1.71	8.0	255	4.26	1.34	7.5
0.20	1.8	5.26	1.63	8.5	300	3.16	1.03	7.0

3）注水与施肥相结合

在鱼类放养初期，由于水温较低，为了增加水体营养物质，增殖天然饵料生物，同时又宜于降低水环境盐碱度，每隔 10～15d，根据水质情况施 1 次有机肥，每次施肥量 1.5～2.25t/hm^2。施肥后，水色以黄绿色、绿褐色为主。经过一段时间后，水体透明度下降。当水色开始向蓝绿色转化时，及时加注新水。一般 6 月以后，每隔 10～15d 加注 1 次新水，每次提高水位 10～15cm。这样，可确保在夏季水体盐碱度升高、水环境恶化时，池塘水质能及时得到调节与改善。

随着水温的逐渐升高，原来的水色慢慢消退，蓝绿色、草绿色开始增强，蓝藻、绿藻的数量在不断增加。为了及时调节水质并减轻池水污染，此时，主要采用生理酸性或中性化肥为追肥（主要有过磷酸钙、尿素、磷酸二铵），使池水中的盐碱成分得以中和或减少，同时也直接增加水体中氮、磷等营养元素的含量。由于化肥的成分单一，肥效较短，施肥后仅 1 周左右，水色变得最浓，透明度最低。这时，及时加注新水 10～15cm，调节水质，使水环境保持良好的稳定状态，有利于继续施肥。

经过观察，采取上述注水与施肥相结合的措施，可促进有益藻类的繁殖，培育丰富的天然饵料。当水色由黄绿色、绿褐色向草绿色、蓝绿色开始转化时，预示着水体中浮游植物优势种群的消退或变更，即不利于鱼类消化吸收的蓝藻、绿藻的数量开始增加，这与水质的变化密切相关。此时直接加注新水10～15cm（指加注的水量能确保池塘水位增加10～15cm，后文同），稀释各种盐碱离子浓度，降低水环境盐碱度，再配合施肥措施，为硅藻、隐藻等有益藻类的增殖提供营养基础和水环境条件，使其继续成为优势种群，因而也进一步抑制了其他无益藻类种群的发展。

表3-28为注水与施肥相结合改良盐碱池塘水质的效果。

表3-28　注水与施肥相结合改良盐碱池塘水质的效果[70]

池塘面积/hm^2	pH	注水施肥前3d			注水深度/cm	施肥量/(kg/hm^2)	注水施肥后6d		
		水色	透明度/cm	主要藻类及其比例/%			水色	透明度/cm	主要藻类及其比例/%
0.67	8.9	黄绿	25	硅藻60	10	尿素14	黄绿	26	硅藻63
0.62	9.0	草绿	28	绿藻72	15	牛粪1000	绿褐	28	隐藻58
0.62	8.8	蓝绿	22	蓝藻46	15	猪粪800	黄绿	25	硅藻54

2. 盐碱泡沼

1）引淡水

利用江河水和地下淡水资源，进行盐碱水质淡化改良，防止因盐碱度过高而引起鱼类死亡，其效果通常较为显著。科尔沁沙地的内蒙古自治区布日敦泡（面积213hm^2），20世纪70～80年代引用杖房河水，淡化水质获得成功[88]。布日敦泡水质淡化前，pH为9.6，总碱度为36.4mmol/L，盐度为5.6g/L，每年开春都大量死鱼；水质淡化后鲤、鲫、鲢、鳙、草鱼均生长良好，淡化后的布日敦泡变成当地渔业生产优良的水域。

1982年，松嫩平原的黑龙江省龙江湖（面积1000hm^2）水质总碱度为18.1mmol/L，总硬度为2.04mmol/L，盐度为1.62g/L，pH为9.42。由于pH高、碱度大，鲢、鳙、草鱼不能存活，自然鱼类组成只有银鲫和葛氏鲈塘鳢，平均年鱼产量仅9.0kg/hm^2。1983年以后引绰尔河（嫩江支流）入湖，1991年检测水质总碱度为8.6mmol/L，总硬度为2.92mmol/L，盐度为0.79g/L，pH为8.30。1984年开始投放鱼种，其生长速度与其他非盐碱湿地无明显差别。1990年以来平均年鱼产量为75.0kg/hm^2，比1982年约增长了7.3倍[63]。

表3-29为吉林省大安市叉干镇巩莫泡引淡水改良盐碱水质的效果。

表3-29　巩莫泡引淡水改良盐碱水质的效果[70]

测定时间	pH	盐度/(g/L)	透明度/cm	总碱度/(mmol/L)	总硬度/(mmol/L)	$c(Cl^-)$/(mmol/L)	$c(SO_4^{2-})$/(mmol/L)	$c(HCO_3^-)$/(mmol/L)	$c(Na^++K^+)$/(mmol/L)
1991-08-13（改水前）	9.48	2.12	15.17	23.71	2.67	1.60	0.41	22.22	25.49
1993-08-07（改水后）	8.62	0.88	33.4	9.63	3.27	0.96	0.30	9.41	8.68
1995-07-15	8.67	0.91	35.8	8.37	3.13	0.91	0.32	8.15	7.75

2）施肥

盐碱性水体增施有机肥和无机肥料，其作用主要是增加天然饵料基础，改善水环境理化性状，提高渔业水环境质量。试验表明，适宜于盐碱湖泊湿地水体施用的无机肥料，以硫酸铵、过磷酸钙等生理酸性化肥为主。这些肥料不但价格低廉易得，而且在向水环境提供大量营养元素供水生生物利用的同时，还释放出大量的酸根离子来中和水环境中的 OH^-，从而减弱了水体的酸碱度，降低了水环境 pH。

适于盐碱湖泊湿地水体施用的有机肥料，包括直接在水体中沤制绿肥或直接施用发酵腐熟的农家肥（畜禽粪便及厩肥等），还可增加集水区内畜禽的放牧数量，其排泄物可随着径流进入水体，起到间接的施肥作用。这些有机肥料在向水环境提供大量营养物质（促进肥水）和饵料的同时，其中大量腐殖酸还直接参与了水环境中的化学反应，起到一定的酸化水质作用进而降低水环境 pH。

根据试验观察，有机肥料的施用方法，应改传统的一次性大量施基肥为少量多次经常化地施追肥；改堆肥施用为泼洒粪水。这种施肥方法有如下优点：①延长了肥料在水层中的停留时间，使其易分解、易被浮游生物利用，可持续不断地补充肥源，使水层中的浮游植物有足够的营养而得到持续的繁殖与生长。②可提高肥料的利用效率和物质循环利用的周转速率，还能使早期水质尽快地肥起来。③采用这种方法施用的有机肥料，在水环境中不仅起到了培肥水质的作用，为鲢、鳙等滤食性鱼类培养浮游生物饵料，还有相当一部分形成有机腐屑而被这些鱼类直接摄食利用，或者腐屑上吸附大量细菌后被利用，具有人工投喂饲料的效果。例如，吉林省大安市叉干镇庆学泡由浮游生物饵料提供的鲢、鳙鱼产量为 $1074kg/hm^2$，而施用有机肥料后的实际产量为 $1395kg/hm^2$。可见水环境中的有机肥料，实际上主要起着饵料的作用。

3.2　水环境因子对养殖生物的影响

3.2.1　水环境因子对鱼类的影响

1. 生态毒理学效应

1）盐度和碱度对银鲫的影响

（1）银鲫对盐度的耐受性。银鲫具有适应性强、个体大、生长快、食性广、病害少、养殖产量高等优点，是盐碱水养殖的优良品种之一。文献[89]的实验结果表明，在水温为 24.5℃、pH 为 8.80 的条件下，体长为 3.56cm 的银鲫幼鱼在盐度为 13g/L 的水环境中，24h 全部死亡；在盐度为 12g/L 的水环境中，48h 全部死亡；在盐度为 10g/L 的水环境中，96h 全部死亡。通常，毒物的毒性大小用一定时间内引起生物死亡一半的浓度来评价，如 24h 半致死浓度（lethal concentration 50%），用符号表示为 $24hLC_{50}$；将生物实际所能适应的浓度称为安全浓度（safe concentration，SC）。半致死浓度和安全浓度存在下面关系[68, 90]：

$$SC = 0.3 \times 48hLC_{50}^3 / 24hLC_{50}^2 \qquad (3\text{-}3)$$

在文献[89]的实验中，银鲫幼鱼的盐度 24h、48h、72h 和 96hLC_{50} 分别为 11.53g/L、10.77g/L、9.35g/L 及 8.58g/L，安全盐度（SC_{Sal}）为 2.82g/L。

经比较发现，银鲫幼鱼的盐度 24hLC_{50} 略高于鲢，但明显低于鲤和尼罗罗非鱼（*Oreochromis niloticus*）等盐碱池塘养殖鱼类[91, 92]。已有研究表明，在盐度适当的水环境中，淡水鱼类经过一定时间的养殖后，对盐度的耐受能力因得到驯化而进一步提高[90]。因此，银鲫幼鱼在盐碱池塘水环境中经过一段时间的饲养，可进一步提高其耐盐能力，进而可在盐度适宜的盐碱池塘水体中正常生长。

（2）银鲫对碱度的耐受性。通常情况下，碳酸盐类盐碱湿地水质化学类型均为C_{I}^{Na}，其水质特征的强弱可用比碱度来表示，记作 A/H：

$$A/H=[c(\mathrm{HCO_3^-})+c(1/2\mathrm{CO_3^{2-}})]/[c(1/2\mathrm{Ca^{2+}})+c(1/2\mathrm{Mg^{2+}})] \tag{3-4}$$

A/H 值比 1 越大，表示水环境碱度越高，而硬度越低，水环境毒性越强。由于水环境硬度较低，不能抑制水体在蒸发浓缩过程中所积累的碱度，所以碱度往往成为鱼类死亡的重要因素。碱度具有慢性效应，即随着时间增加，碱度的毒性作用表现出由不显著到显著。

根据文献[89]的实验观察，在 pH 为 8.80 的条件下，银鲫幼鱼的碱度 24hLC_{50}、48hLC_{50}、72hLC_{50} 和 96hLC_{50} 分别为 98.74mmol/L、79.49mmol/L、74.10mmol/L 和 64.19mmol/L，采用式（3-3）计算其生存的安全碱度（SC_{Alk}）为 15.46mmol/L；在 pH 为 9.25～9.35 的水环境中，银鲫幼鱼可安全生存 144h。据此，可认为银鲫的耐碱性要强于鲢、鲤和尼罗罗非鱼，在沿黄河流域盐碱水环境碱度一般都能适应。

（3）碱度和盐度对银鲫的联合毒性效应。通常采用 Marking 指数相加法（AI 法），来评价碱度和盐度对银鲫的联合毒性效应[89]。首先，根据盐度和碱度的单因子对实验鱼存活率的影响，分别计算出银鲫的盐度和碱度 LC_{50} 值。其次，将毒性物质（NaCl 和 $NaHCO_3$）按浓度单位 1∶1 混合，计算银鲫的混合物 LC_{50} 值。然后，计算出毒性相加作用之和（S）：$S=A_m/A+B_m/B$（式中，A 和 B 分别为单一毒性实验中盐度和碱度 LC_{50} 值；A_m 和 B_m 分别为混合毒性实验中盐度和碱度 LC_{50} 值）。当 $S<1$ 时，$\mathrm{AI}=1/S-1$；当 $S\geqslant 1$ 时，$\mathrm{AI}=1-1/S$。用 AI 判断联合毒性：AI＞0 时为协同作用；AI＜0 时为拮抗作用；AI＝0 时为相加作用。

文献[89]的实验结果表明，盐度和碱度对银鲫幼鱼的联合毒性作用在 96h 内均表现为协同效应。在 24h 时，协同作用表现得最显著（$\mathrm{AI}_{24h}=0.20$），而后作用减弱（$\mathrm{AI}_{48h}=0.17$），并趋向于相加效应（$\mathrm{AI}_{96h}=0.05$），表明银鲫幼鱼对盐度和碱度混合毒性的敏感性在前 48h 逐渐增强，而后随着时间的延长，又渐渐有所适应。

（4）盐碱池塘养殖银鲫应注意的问题。通过上述实验可知，在盐碱水养殖银鲫时，应注意水环境盐碱度的调节。一方面，加强对盐度的监控，盐度过高时，采取部分换水、加注新水等方法降低盐度。另一方面，由于盐度和碱度对银鲫毒性的协同效应，也不应忽略对水环境碱度的调控。

2）达里湖鲫对盐度和碱度的耐受性

（1）对盐度的耐受性。文献[93]的研究显示，盐度突变条件下，在盐度梯度分别为 2g/L、4g/L、6g/L、8g/L、10g/L、12g/L 及 14g/L 的水环境中，达里湖鲫对盐碱水环境表现出一定的应激性：盐度为 10g/L 时，达里湖鲫呼吸平缓，在水底缓慢游动，表现正常。盐度＞

10g/L 时，前期应激反应剧烈，表现为躁动不安，在水中狂游，鳃盖开闭频率加快，个别鱼鳍基部或鳃盖边缘充血，甚至跃出水面，身体产生痉挛现象；后期趋向平稳，活动减少，呼吸频率下降，随着暴露时间的延长，逐渐出现死亡现象，体表和鳃部分泌大量黏液，水中泛起泡沫。

盐度突变条件下，达里湖鲫的累计存活率随着盐度的升高而逐渐降低。盐度为 10g/L 时，24h 累计存活率为 93.3%；盐度为 12g/L 时，累计存活率为 53.3%，接近半数死亡。当盐度为 14g/L 时，24h 全部死亡。通过直线回归法，计算出达里湖鲫的盐度 24hLC_{50}、48hLC_{50}、72hLC_{50}和 96hLC_{50}分别为 11.80g/L、11.09g/L、10.81g/L 和 10.53g/L，采用式（3-3）计算出的SC_{Sal}为 2.94g/L。

据观察，盐度渐变条件下，以 2g/L 为梯度，每天升高盐度 2g/L，当鱼类出现死亡时，每天盐度上升速度改为 1.0g/L，鱼的生理现象跟突变条件下没有显著差异，且在盐度达到 10g/L 时也无死亡现象。当盐度达到 12g/L 时，开始出现死亡，24h 时累计存活率为 86.7%；盐度达到 14g/L 时，24h 累计存活率为 60%；盐度 15g/L 时，24h 时存活率为 33.3%，继续维持 48h 后，则全部死亡。

在盐度突变和渐变条件下，对达里湖鲫 24h 累计存活率进行统计分析，结果表明，盐度低于 10g/L 时，其存活率无明显差异；达到 12g/L 时，突变条件下存活率为 53.3%，接近半数死亡，而渐变条件下存活率高达 86.7%；达到 14g/L 时，突变条件下全部死亡，此时渐变条件下的累计存活率为 60%；当盐度达到 15g/L 时，渐变组存活率迅速下降，继续维持 48h 后，个体全部死亡。

从以上结果可以看出，在盐度为 10g/L 的水环境中，无论是突变还是渐变，达里湖鲫的存活率均在 86.7%以上，表明该鱼对盐度具有一定的耐受能力。当盐度超过 10g/L 时，随着盐度的升高，突变组的累计存活率急剧下降，而渐变组的耐受性明显高于突变组。但无论是突变还是渐变，达里湖鲫生存的盐度上限并无明显差别，突变组生存上限为 14g/L，渐变组为 15g/L。说明盐度＜10g/L 时，达里湖鲫对水环境盐度变化不敏感；盐度≥10g/L 时，达里湖鲫自身调节能力明显受到外界环境盐度的制约，当环境盐度超过其耐受能力时便会死亡。

在实际养殖生产中，通过逐渐提高盐度的方法对达里湖鲫进行环境适应性驯化，可以减少环境突变而使鱼体产生过度的应激反应。上述实验结果表明，当水环境盐度≥10g/L 时，渐变条件下的达里湖鲫对盐度的耐受能力和存活率明显高于突变条件。然而，达里湖鲫本身对渗透压的调节能力是一定的，突变和渐变条件下其盐度生存上限差别并不明显。

养殖过程中，当新的养殖水环境与原产地培育苗种的水环境差别较大时，对放养苗种进行一定时间的驯化暂养，使之能迅速适应新环境变化带来的胁迫，可提高苗种存活率。

（2）对碱度的耐受性。根据文献[93]的实验，在碱度分别为 40.4mmol/L、46.0mmol/L、50.8mmol/L、55.6mmol/L、62.8mmol/L、69.2mmol/L、78.4mmol/L 及 90.8mmol/L 的条件下，突变组的鱼在碱度≤46mmol / L 以下时，表现为快速游动，呼吸加快，一段时间后应激现象有所减缓，无死亡。在≥50.8mmol / L 时，表现为焦躁不安、狂游，随后身体侧翻甚至扭曲、痉挛，体表和鳃部均分泌大量黏液；死后头部发黑，体表泛青，部分个体的腹部呈现微黄色，有鳞片脱落现象；同时水中泛起大量泡沫，水质变浑浊。

突变条件下，达里湖鲫累计存活率随着碱度的升高而逐渐降低。在碱度为 55.6mmol/L 水环境中，24h 累计存活率为 86.7%；碱度为 69.2mmol/L 时，24h 累计存活率为 53.3%，接近半数死亡；当碱度达到 90.8mmol/L 时，24h 全部死亡。通过直线回归法，计算出达里湖鲫的碱度 24hLC_{50}、48hLC_{50}、72hLC_{50} 和 96hLC_{50} 分别为 69.83mmol/L、68.78mmol/L、67.07mmol/L 和 65.11mmol/L，SC_{Alk} 为 20.02mmol/L。

碱度渐变过程中，鱼的呼吸、行为与突变组的情况相似，只是渐变组中个体死亡时无剧烈应激反应。游动和呼吸较为平缓，随着实验时间的延长，部分个体无法耐受高碱度而逐渐死亡。碱度≤63mmol/L，没有死亡现象；达到 70.8mmol/L 时，鱼开始死亡，24h 累计存活率为 86.7%。而后随着碱度的升高，累计存活率逐渐下降，但下降幅度不大。当第 10d 将碱度提高到 109.2mmol/L 时，累计存活率达到 73.3%。维持该浓度 48h，累计存活率下降到 53.3%，接近半数死亡。

文献[93]的实验还发现，当碱度达到 55.6mmol/L 时，突变组出现死亡现象，而渐变组中碱度达到 60.8mmol/L 才开始出现死亡个体，此时突变组的累计存活率仅为 53.3%，远远低于渐变组。在碱度突变组中，碱度达到 90mmol/L 时，鱼全部死亡，而渐变组中碱度达到 109.2mmol/L 后再维持 3d，其存活率仍达到 53.3%。达里湖鲫生存的碱度上限，突变组在 90mmol/L 左右，渐变组高于 109.2mmol/L，二者差别明显。这些结果表明，在达里湖鲫体内存在耐碱系统。但其耐碱系统作用的发挥需要一定的时间，即通过短暂的适应性调整后，达里湖鲫可以对碱度更高的盐碱水环境产生一定的适应能力。鳃表上皮的 Cl^--HCO_3^- 泵进行离子的交换转运可能是解释这一现象的重要理论依据。

（3）盐碱水环境增养殖达里湖鲫的可行性。研究表明，当水环境盐度＞7g/L、碱度＞10mmol/L、pH＞9.0 时，大多数淡水鱼类的生长发育、新陈代谢以及生理调节机制等均受到不同程度的影响。我国东北地区的盐碱湿地水质类型多为碳酸盐类，大多数水环境 pH 为 8.8～9.5，碱度为 15～30mmol/L，受特殊地质环境的影响，水环境盐度并不算高，一般不超过 6g/L[63, 94]。因此，高碱度和高 pH 成为许多淡水鱼类移入的天然屏障[61, 71, 95]。

达里湖为达里湖鲫的原产地，该湖泊为内蒙古高原上的碳酸盐类半咸水湖泊，近年来由于气候干旱等，湖水的盐度和碱度分别达到 6.5g/L 和 53.6mmol/L[96, 97]，而达里湖鲫在该水环境中能长期生存与生长。实验中发现，达里湖鲫对碱度的耐受性强于对盐度的耐受性，且具有广幅的耐受范围。当水环境盐度低于 10g/L 时，达里湖鲫均能正常生存，在此类盐碱水环境中进行增养殖具有一定的可行性。在盐度高于 10g/L 的盐碱水环境进行增养殖时，通过适当的环境适应性驯化，投放驯化后的苗种，可提高存活率。但由于鱼体自身对盐度耐受能力有限，当盐度超过其耐受能力时，不适合增养殖。碱度＜50mmol/L 时，达里湖鲫存活率为 100%，可以进行增养殖生产。在碱度＞63mmol/L 的盐碱水环境中，可通过适应性驯化进行推广养殖。

必须指出，盐度和碱度对于鱼类的作用以及鱼类对盐碱水环境的适应能力和耐受机制的表达是一个复杂过程，尤其是天然水环境中离子组成成分复杂多样，使得鱼类对其耐受性实际上就是对各种离子及其组成比例的综合耐受能力。通常情况下，内陆碳酸盐型盐碱湿地具有较高且较稳定的 pH 和碱度，而盐度往往并不高，受各种水环境因子的共同影响，鱼类对盐度的耐受能力会大大降低，高 pH、高碱度以及严重失衡的离子组成比例对鱼类的毒性作用往往限制鱼类的生存。所以，应根据盐碱水环境的具体特点，对相关鱼类进行适应性驯化，因地制宜地发展达里湖鲫的增养殖渔业[93]。

3）鲢幼鱼对盐度和碱度的耐受性

（1）对盐度的耐受性。文献[91]的实验表明，在水温为 23℃、pH 为 8.60 的条件下，体长为 5.4～8.2cm 的鲢幼鱼在盐度为 14g/L 的水环境中，2.5h 出现第 1 尾鱼死亡，且对高盐度比较敏感，有惊跳、急游等应激行为，死亡后鱼鳃及体表均分泌有大量的黏液；9h 死亡率为 20.83%，20h 死亡率为 91.67%。鲢幼鱼的盐度 $24hLC_{50}$、$48hLC_{50}$、$72hLC_{50}$ 和 $96hLC_{50}$ 分别为 11.2g/L、9.0g/L、8.6g/L 和 8.2g/L，SC_{Sal} 为 1.51g/L。

上述鲢幼鱼的盐度 $24hLC_{50}$、$48hLC_{50}$ 和 $96hLC_{50}$ 高于文献[90]的研究结果，后者分别为 7.90g/L、7.10g/L 及 6.30g/L。可能与实验所用的稀释用水差别较大有关。文献[91]所用的稀释用水为盐碱水，其碱度和硬度均远高于文献[90]所用的自来水。同样是在添加 NaCl 的情况下，虽然盐碱水 M/D 值高于自来水，对鱼的毒性作用较强，但鱼对此类水环境的综合适应性要强于自来水，所以实验鱼在该水环境中对盐度的耐受性也较高些。

以上现象，也从另一侧面反映出水环境中碱度和硬度较大时，水环境盐度对鱼类的毒性作用得到缓解，有利于提高鱼类对盐度的耐受性。由此提示，在分析盐度对养殖种类的影响时，要结合当地的水质状况尤其是硬度等方面进行综合考虑。

（2）对碱度的耐受性。在 pH 为 8.74，碱度梯度为 100mmol/L、70mmol/L、56mmol/L、44mmol/L、32mmol/L、18mmol/L 及 10mmol/L 的条件下，实验鱼在碱度≥74mmol/L 的水环境中，13h 全部死亡。鲢幼鱼的碱度 $24hLC_{50}$、$48hLC_{50}$、$72hLC_{50}$ 和 $96hLC_{50}$ 分别为 51.4mmol/L、27.1mmol/L、23.7mmol/L 和 15.7mmol/L，SC_{Alk} 为 2.26mmol/L。

鲢幼鱼的碱度 $24hLC_{50}$ 低于文献[68]的研究结果，后者为 91.8～78.9mmol/L（pH 为 8.67～8.80），这也可能与实验所用的稀释用水为盐碱水有关，即盐碱水中除了具有一定的碱度外，还有较高的盐度。这表明在 pH 相近时，提高盐度将降低鲢鱼对碱度的耐受性。

（3）对盐度、碱度的联合耐受性。正交实验结果表明，在碱度分别为 23.3mmol/L、14.0mmol/L 及 11.2mmol/L 的水环境中，鲢幼鱼的盐度 $24hLC_{50}$ 分别为 7.9g/L、10.4g/L 及 13.9g/L；在盐度分别为 11.0g/L、10.1g/L 及 9.5g/L 的水环境中，鲢幼鱼的碱度 $24hLC_{50}$ 分别为 14.1mmol/L、14.7mmol/L 及 15.9mmol/L。

对盐度、碱度的混合实验结果进行方差分析，可知鲢幼鱼的盐度、碱度 24h 致死作用均较显著（$P<0.05$）；碱度 $24hLC_{50}$[$Alk_{24hLC_{50}}$/(mmol/L)]与盐度[Sal/(g/L)]存在线性关系：

$$Alk_{24hLC_{50}} = -1.78Sal + 34.17 \quad (r = -0.871, P < 0.05) \tag{3-5}$$

可见，随着盐度或碱度升高，鲢幼鱼对碱度或盐度的耐受力均在下降。这表明，盐度和碱度之间对鲢鱼的致死作用仍有一定的协同作用。所以，当养殖水体盐度或碱度高于正常值较大时，相应的碱度（盐度）调控指标应降低。

在几种常见淡水鱼类中，鲢对盐度、碱度的耐受能力是最低的。文献[66]曾提出鲢鱼养殖用水碳酸盐碱度的危险指标为10mmol/L。可见鲢幼鱼生存的安全碱度2.26mmol/L明显低于该危险值。因此，养殖鲢鱼的盐碱水环境碱度应不超过3.0mmol/L。

4）淡水白鲳幼鱼对盐度和碱度的耐受性

淡水白鲳（*Colossoma brachypomum*），学名短盖巨脂鲤，是食用与观赏兼备的大型热带鱼类之一，其以个体大、食性广、耐低氧、生长快、起捕率高等特点而被广泛养殖。为了将该鱼作为盐碱水养殖品种，文献[98]以自来水添加NaCl、$NaHCO_3$、Na_2CO_3为试验用水，进行了幼鱼对盐度和碱度的耐受性研究。

（1）对盐度的耐受性。实验表明，在水温为23℃、pH为8.21的条件下，平均体长为2.9cm的淡水白鲳幼鱼在盐度为15g/L的水环境中存活2h，在盐度为14g/L的水环境中存活10h，在盐度≤10g/L的水环境中96h存活率均为100%。盐度在10～14g/L范围内，每升高0.5g/L，对幼鱼的致死作用均有较大影响。幼鱼的盐度$24hLC_{50}$、$48hLC_{50}$和$96hLC_{50}$分别为12.0g/L、11.4g/L和10.4g/L，SC_{Sal}为3.09g/L。文献[90]曾在pH为8.00～8.46、水温19～20℃的条件下，得出鲢、鳙幼鱼的盐度$24hLC_{50}$分别为9.55～7.90g/L、10.80～8.30g/L，$48hLC_{50}$分别为8.06～7.10g/L、9.94～7.80g/L，$96hLC_{50}$分别为6.50～6.60g/L、9.06～7.22g/L。可见淡水白鲳幼鱼的耐盐能力强于鲢、鳙。

（2）对碱度的耐受性。实验条件下，淡水白鲳幼鱼的碱度$24hLC_{50}$、$48hLC_{50}$和$96hLC_{50}$分别为83.25mmol/L、56.99mmol/L和45.70mmol/L，SC_{Alk}为8.01mmol/L。文献[90]研究显示，pH为8.80的条件下，鲢幼鱼的碱度$24hLC_{50}$为78.9mmol/L；pH为8.65条件下，草鱼幼鱼的碱度$24hLC_{50}$为82.2mmol/L。这表明淡水白鲳幼鱼对碱度的耐受性略强于鲢、草鱼。

（3）对盐度、碱度混合耐受性。根据碱度梯度为125mmol/L、67mmol/L、42mmol/L及20mmol/L与盐度梯度为9g/L、8g/L、7g/L及6g/L的正交实验结果，淡水白鲳幼鱼的盐度$24hLC_{50}$分别为5.8g/L、7.6g/L、8.7g/L及9.8g/L，碱度$24hLC_{50}$分别为30.3mmol/L、43.7mmol/L、78.6mmol/L及100.7mmol/L，且$Alk_{24hLC_{50}}$与盐度（Sal）存在线性关系：

$$Alk_{24hLC_{50}} = -24.69Sal + 256.24 \quad (r = -0.950,\ P < 0.05) \tag{3-6}$$

对盐度、碱度混合实验的方差分析表明，碱度对淡水白鲳幼鱼的致死作用较显著（$P<0.05$），盐度与碱度交互作用对致死作用的影响均不显著（$P>0.05$）。但与盐度、碱度的单因子毒性实验比较，随着碱度或盐度的提高，其致死率均明显增加。在盐度与碱度的混合实验中，各组碱度（或盐度）一定时，随着盐度（或碱度）的升高，其致死率也呈现增加趋势，全致死（死亡率100%）时间则呈现缩短的趋势。这表明盐度与碱度仍有一定的协同效应。

因此，盐碱水养殖淡水白鲳时，必须注意水环境盐度、碱度的调控。通常，淡水白鲳在盐度为10.0g/L而其他条件正常的水体中均能存活。但在盐碱水体中，随着碱度的升高，其盐碱耐受能力下降，相应的水质调控指标也应下调。

5）澎泽鲫幼鱼对盐度和碱度的耐受性

（1）对盐度的耐受性。文献[99]的实验表明，在pH为8.80(±0.10)的水环境中，当盐度为12g/L时，彭泽鲫（*Carassius auratus pengzeesis*）幼鱼24h全部死亡；盐度为10g/L

时，48h 全部死亡；盐度为 9g/L 时，96h 全部死亡。澎泽鲫幼鱼的盐度 $24hLC_{50}$、$48hLC_{50}$、$72hLC_{50}$ 及 $96hLC_{50}$ 分别为 9.996g/L、7.871g/L、6.879g/L 及 6.67g/L。在 pH 为 8.65(±0.20) 的条件下，澎泽鲫幼鱼的 SC_{Sal} 为 1.464g/L。

（2）对碱度的耐受性。在 pH 为 8.71(±0.33) 的水环境中，彭泽鲫幼鱼的碱度 $24hLC_{50}$、$48hLC_{50}$、$72hLC_{50}$ 和 $96hLC_{50}$ 分别为 71.71mmol/L、69.85mmol/L、60.81mmol/L 和 59.87mmol/L，SC_{Alk} 为 19.57mmol/L。与淡水白鲳、鲢、尼罗罗非鱼、鲤鱼等幼鱼的耐碱能力相比[68, 91, 92, 98-100]，彭泽鲫幼鱼的耐碱能力低于淡水白鲳、尼罗罗非鱼等耐碱能力较强的鱼类，但随着时间的延长，其 LC_{50} 值并无明显下降，且远优于其他盐碱水环境养殖的鱼类。因此，彭泽鲫适合于盐碱水养殖。

（3）对盐度和碱度联合毒性的适应。据文献[99]的实验，盐度和碱度对彭泽鲫幼鱼的联合毒性在 96h 内表现为协同效应，且在 72h（$AI_{72h}=0.484$）时协同作用最强，而后稍有减弱（$AI_{96h}=0.473$）。这表明彭泽鲫幼鱼对盐度和碱度毒性的敏感性在 72h 之前是逐渐增强的，随着时间的延长而逐渐有所适应。

6）淡水鱼类对 pH 的生存适应性

20 世纪 80 年代以来，随着我国盐碱地渔业开发利用的广泛开展，pH、盐度、碱度对淡水养殖生物的影响研究也在不断发展，而且研究的种类也从过去的淡水鱼类扩展到淡水虾、河蟹以及对虾等可供内陆移殖、养殖的海洋生物[92]。水环境 pH 的变化常常被认为是直接或间接影响水生生物，特别是鱼类生活的生态因子之一。国外学者 20 世纪 20 年代就已经注意到水环境 pH 的变化对水生生物的影响效应，并开展了相关的生理、生化方面的研究；我国学者 1936 年曾研究过 pH 对鲇鱼耗氧率的影响[101]。

（1）不同种鱼类对 pH 的生存适应性。根据文献[101]的实验，在水温为 25.1～31.6℃ 的水环境中，体长为 2.3～7.4cm、平均体重为 0.56～1.83g 的青鱼对 pH 的生存适应范围为 4.6～10.2。超出此范围，pH 从下限降低 0.2，有少数个体死亡；再降低 0.2，只有少数个体能存活；pH 降低到 4.0 时，个体全部死亡。从生存适应范围的高限来看，pH 升高 0.2 时，有少量个体死亡；pH 逐渐升至 10.6 时，死亡速度加快直到全部个体死亡。

在水温为 25.1～31.6℃的水环境中，体长为 3.1～8.8cm、平均体重为 0.75～2.29g 的草鱼对 pH 的生存适应范围为 4.6～10.2。超出此范围，pH 从下限降低 0.2，有少数个体死亡；pH 再降低 0.2，则只有少数个体存活；pH 降低到 4.0 时，个体全部死亡。pH 升高至 10.4 时，多数个体尚能存活；pH 逐渐升高到 10.6 时，死亡速度加快直到全部个体死亡。

在水温为 25.1～31.6℃的水环境中，体长为 4.5～10.1cm、平均体重为 4.23～7.52g 的鲤鱼对 pH 的生存适应范围为 4.4～10.4。超出此范围，pH 无论从下限开始降低，还是从上限开始升高，每次变化幅度 0.2，实验鱼都无法生存。

在水温为 25.1～31.6℃的水环境中，体长为 2.6～10.0cm、平均体重为 0.86～2.87g 的鲢鱼对 pH 的生存适应范围为 4.6～10.2。超出此范围，pH 从下限降低 0.2，有少数个体死亡；再降低 0.2，则大部分个体死亡；pH 降低到 4.0 时，个体全部死亡。pH 从上限升高 0.2 时，部分个体尚能存活；pH 逐渐升高到 10.6 时，死亡速度加快直到全部死亡。

在水温为 25.1～31.6℃的水环境中，体长为 3.4～10.2cm、平均体重为 1.29～7.68g

的鳙鱼对 pH 的生存适应范围为 4.6～10.2。超出此范围，pH 从下限降低 0.2，大部分个体尚能存活；再降低 0.2，只有少部分个体能存活；pH 降低到 4.0 时，个体全部死亡。pH 从上限升高 0.2 时，少部分个体尚能存活；pH 逐渐升高到 10.6 时，死亡速度加快直到全部个体死亡。

（2）同种鱼类个体之间和异种之间对 pH 的生存适应能力。在青鱼、草鱼、鲢及鳙个体之间对 pH 变化的生存适应性上，个体全部死亡的 pH 均为 4.0 以下和 10.6 以上，生存适应的安全 pH 范围为 4.6～10.2，pH 4.0～4.6 或 10.2～10.6 为生存适应的过渡范围。这表明同种鱼类的不同个体对 pH 的生存适应性存在差异。如果以过渡范围的 pH 差来表示它们的这种差异性，则在酸性适应方面的 pH 差为 0.6，在碱性适应方面的 pH 差为 0.4。鲤鱼表现得较为特殊，不但比上述 4 种鱼类有较强的生存适应能力，而且生存适应的安全 pH 范围也较宽泛（4.4～10.4），过渡范围较窄，无论对酸的适应还是对碱的适应，其 pH 差均为 0.2。

5 种鱼类种间对 pH 的生存适应能力也存在差别。在对酸和碱的适应能力上，鲤鱼都明显强于其他种类。在青鱼、草鱼、鲢及鳙 4 种鱼类中，青鱼、草鱼、鳙对酸的适应能力强于鲢；青鱼、草鱼对碱的适应能力强于鲢、鳙。尽管这 4 种鱼类对 pH 生存适应的安全范围和过渡范围的 pH 相同，但不同种类对 pH 的变化表现出不同的生存适应能力。当然，青鱼、草鱼、鲢及鳙之间的这种差别比它们和鲤鱼之间的差别要小。

（3）几种鱼类对 pH 变化的敏感性。pH 在其生存适应的安全范围以外，从 4.4 降至 4.2 时，青鱼的存活率由 93%下降到 33%，草鱼的存活率由 85%下降到 25%，鲢的存活率由 80%下降到 7%，鳙的存活率由 89%下降到 60%，鲤鱼的存活率由 100%下降到 0。对碱性范围的适应上，pH 从 10.2 升至 10.4 时，青鱼的存活率由 100%下降到 80%，草鱼、鲢、鳙的存活率也相应地由 100%分别下降到 77%、46%、11%，鲤鱼均为 100%存活。但当 pH 从 10.4 升至 10.6 时，鲤的存活率由 100%降到 0。

从存活时间来看，pH 在生存适应的安全范围以外，pH 降低或升高，尽管变幅并不算大，但鱼类存活时间都在相应缩短。这表明，对于生存适应的安全范围以外的 pH，无论升高还是降低，5 种鱼类都能辨别出来。在这方面，鲤鱼比其他 4 种鱼类相对更敏锐一些。

（4）pH 与盐度、碱度的协同作用。以上结果表明，我国的青鱼、草鱼、鲢、鳙及鲤五大淡水养殖鱼类对水环境 pH 的变化具有极大的生存适应能力，为养殖生产和特殊水体（如盐碱湿地）的利用提供了生态位优势。但是，不同条件下，pH 对鱼类的影响往往是不同的。天然条件下 pH 常常与其他环境因子相结合而形成错综复杂的关系，鱼类对 pH 的生存适应性也发生变化。正常盐度低 pH、正常盐度高 pH 以及高盐度高 pH 的水环境对养殖生物都具有一定的毒性影响，且可能存在协同作用，如 pH 与鲢、鳙的盐度 LC_{50} 值呈负相关。

盐度与 pH 之间的毒性作用相互影响。当盐度与 pH 各自达到一定值时，两者对鱼的毒性有加强效应。当 pH 为 9.5～10.0，盐度为 4.5～8.0g/L 时，鲢鱼就会出现狂游、惊跳、浮头，鳃及体表迅速分泌大量黏液等症状[90]。而且，鲢、鳙的盐度 24hLC_{50}（$Sal_{24hLC_{50}}$）、48hLC_{50}（$Sal_{48hLC_{50}}$）及 96hLC_{50}（$Sal_{96hLC_{50}}$）与 pH 均存在线性关系[68, 91]。

鲢：

$$
\begin{aligned}
Sal_{24hLC_{50}} &= -3.78pH + 39.75 \\
Sal_{48hLC_{50}} &= -2.89pH + 31.18 \\
Sal_{96hLC_{50}} &= -2.06pH + 23.18
\end{aligned} \quad (3\text{-}7)
$$

鳙：

$$
\begin{aligned}
Sal_{24hLC_{50}} &= -4.78pH + 49.25 \\
Sal_{48hLC_{50}} &= -4.35pH + 44.24 \\
Sal_{96hLC_{50}} &= -3.69pH + 38.58
\end{aligned} \quad (3\text{-}8)
$$

同时，碱度与 pH 之间的毒性作用也是相互影响的。据文献[66]的研究，鲢的 $24hLpH_{50}$（LpH_{50} 表示半数致死 pH，即 lethal pH 50%）与碱度存在线性关系：

$$
24hLpH_{50} = (10.00 \pm 0.038) - (1.49 \times 10^{-2} \pm 7.00 \times 10^{-4})Alk \quad (3\text{-}9)
$$

并认为碱度致毒是综合作用的结果，除了主要因子 CO_3^{2-} 外，不同 pH 条件下还有 OH^-、HCO_3^-、盐度等因子起协同作用。

通过实验，得到不同 pH 条件下鲢、鳙、草鱼的盐度和碱度 LC_{50} 值（表 3-30）；盐度为 5.5g/L 时，不同 pH 条件下麦穗鱼、青海湖裸鲤、瓦氏雅罗鱼和鲫的碱度 LC_{50} 值（表 3-31），以及不同碱度下鲢的 LpH_{50} 值（表 3-32）。

表 3-30　不同 pH 下盐度、碱度对几种养殖鱼类的 LC_{50} 值

影响因子	鱼类	$24hLC_{50}$	$48hLC_{50}$	$72hLC_{50}$	$96hLC_{50}$	实验 pH	资料来源
盐度/(g/L)	鲢/鳙	13.56/16.59	10.79/14.60	—	8.60/13.05	7.00	[90]
		11.14/13.20	9.22/11.84	—	7.32/10.50	7.58	
		9.55/10.80	8.06/9.94	—	6.50/9.06	8.00	
		7.90/8.30	7.10/7.80	—	6.30/7.22	8.46	
		6.82/6.91	6.23/6.30	—	5.62/6.02	8.70	
		5.60/5.65	5.40/5.45	—	5.02/5.06	8.98	
		4.10/4.32	3.83/4.00	—	3.71/3.93	9.45	
		2.50/3.00	2.33/2.40	—	2.24/2.32	9.90	
碱度/(mmol/L)	鲢	109	109	105	105	8.30	[66]
		95.0	91.7	90.0	76.7	8.74	
		59.5	59.5	52.3	52.3	9.23	
		44.3	42.5	40.0	38.9	9.40	
		29.9	26.5	24.1	21.1	9.57	
	鳙	65.7	53.0	—	34.0	9.10	[66]
		59.4	50.1	—	35.6	9.20	
	草鱼	82.2	77.6	—	—	8.65	[66]
		65.7	53.0	—	34.0	9.14	
		50.5	—	—	—	9.20	[92]
		50.5	—	—	—	9.20	

表 3-31　盐度为 5.5g/L、不同 pH 下碱度对鱼类的 LC_{50} 值[25]　（单位：mmol/L）

鱼类	$24hLC_{50}$	$48hLC_{50}$	$72hLC_{50}$	$96hLC_{50}$	实验 pH
麦穗鱼	78.8	74.5	—	72.2	9.7
瓦氏雅罗鱼	78.8	73.9	—	69.2	9.6
青海湖裸鲤	—	99.9	—	99.9	9.6
鲫	73.9	73.9	—	72.2	9.6

表 3-32　不同碱度下 pH 对鲢鱼的 LpH_{50} 值[25]

碱度/(mmol/L)	$24hLpH_{50}$	$48hLpH_{50}$	$72hLpH_{50}$	$96hLpH_{50}$
8.8	10.14	10.10	—	9.84
15.8	9.64	9.62	9.54	9.38

2. 对生长发育的影响

1）盐度和碱度对鱼类能量收支的影响

鱼类的能量代谢与其生长有直接关系，而生长又受渗透调节的影响。研究表明，盐度对硬骨鱼类的标准代谢速率、摄食率、食物转换效率以及激素刺激均有较大的影响。淡水鱼类在正常生存环境中依靠摄取的食物获得能量，而能量的支出主要有两种途径：一种是能被鱼类自身利用的能量，如呼吸、运动、生长等能量；另一种是鱼类自身无法利用而随着废物直接排出的能量。但在盐碱水环境中，鱼类的能量支出还包括调节渗透压所消耗的能量，从而减少了呼吸、运动、生长等方面的能量分配[102]。

文献[103]的研究结果表明，水环境盐度分别在 3g/L、5g/L、7g/L 及 9g/L 时，对鲤鱼的最大摄食率、特定生长率和食物转化效率均有显著影响；盐度对排出的废物能/摄食能所占比例的影响不显著，但对代谢能/摄食能所占比例和生长能/摄食能所占比例均有显著影响[102]。文献[100]研究了彭泽鲫在不同盐度和碱度中的耗氧率和排氨率，发现盐度对彭泽鲫排氨率和耗氧率的影响不显著，而碱度对其排氨率及耗氧率有显著影响。

2）盐度、碱度和 pH 对鱼类胚胎发育的影响

（1）盐度的影响。盐度显著地影响鱼类的胚胎发育。文献[90]提出草鱼、鲢胚胎的耐盐能力相近，上限约为 1.4g/L，当盐度≥3.0g/L 时，胚胎停止发育或发育畸形。随着盐度的升高，两种鱼类的卵径均呈现下降趋势。当盐度达到 6.5g/L 时，两种鱼卵的直径显著减小[102]。文献[104]及[105]研究了盐度对大银鱼受精卵孵化的影响。结果表明，大银鱼受精卵在盐度≤20g/L 的水环境中可以正常发育并孵化出仔鱼。但随着盐度的升高，胚胎发育速度减慢，畸形率增加甚至停止发育，其胚胎发育的耐盐上限为 18.2g/L。

文献[106]在研究盐度对池沼公鱼胚胎发育的影响中发现，胚胎可在盐度≤2g/L 的水环境中正常发育并孵化出仔鱼；盐度为 2.5g/L 时，虽然曾一度发育到眼色素出现，但最终没能孵化出仔鱼。故认为池沼公鱼的胚胎耐盐限度在 2.5g/L 左右，此值高于草鱼、鲢鱼卵的耐盐上限。

文献[107]在研究盐碱对大银鱼受精卵孵化和仔鱼存活的影响中发现，在盐度为 2～

12g/L 的水环境中，受精卵的孵化率基本一致，发育情况良好。这表明在盐度＜12.0g/L 时，盐度对大银鱼受精卵孵化没有显著影响，对仔鱼存活的影响也很小。

（2）碱度的影响。鱼类胚胎的孵化率与碱度呈负相关，孵化时间与碱度呈正相关。文献[108]实验发现，随着水环境碱度的升高，卡拉白鱼（*Chalcalburnus chalcoides aralensis*）受精卵孵化率降低，孵化时间延长，且受精卵发育畸形[102]。另据观察，在碱度为 97.3mmol/L 的水环境中，池沼公鱼受精卵先是胚盘隆起，继而畸形分裂，随之卵质开始分解，动物极与卵黄界限消失，卵间隙被原生质裂解产物充满，受精卵混浊、发白而死亡[106]。这与受精卵发育历程相同，只是历时更短，12h 内全部死亡。在碱度为 76mmol/L 的水环境中，受精卵 48h 的死亡率高达 96.2%，个别卵虽然通过卵裂，最终也只发育到原肠期。在碱度为 35.2mmol/L 的水环境，胚胎发育基本正常，孵化率也较高。这些结果表明池沼公鱼在其胚胎发育过程中对碱度的要求不甚严格。就东北地区而言，对于大多数碱度≤20mmol/L 的自然水域，移殖池沼公鱼可不受碱的限制。但是像达里湖这样的高碱度湖泊，移殖该鱼时则应考虑碱度的影响。

文献[107]在研究盐碱度对大银鱼受精卵孵化和仔鱼存活的影响中发现，在碱度为 3～12mmol/L 的水环境中，除了个别情况外，绝大多数受精卵的孵化效果均较好。即便在碱度为 12.0mmol/L 的水体，也能全部孵化，且仔鱼的存活时间也无明显差别。这也表明大银鱼繁殖所能耐受的碱度较高。

（3）盐度与碱度的联合影响。研究发现，在碱度为 3～12mmol/L 的条件下，盐度≤10.0g/L 时，大银鱼受精卵的孵化情况基本相同，孵化率较高，仔鱼的存活天数也较长[107]。当盐度＞10.0g/L 时，孵化情况明显不同，表现为碱度≤6mmol/L 时孵化效果较好，碱度＞6mmol/L 时，则孵化率明显下降。这些结果表明，盐度和碱度对大银鱼繁殖的影响具有协同作用。但这种协同效应主要发生在水环境盐度较高的情况下。

（4）pH 与盐度的联合影响。文献[107]的研究还发现，在 pH 为 7～10、盐度为 2～12g/L 的条件下，当盐度为 2.0g/L 时，pH 对孵化率的影响都不显著；当盐度＞2.0g/L 时，孵化效果都不佳。pH 在中性附近，仔鱼存活天数相对较多。pH 升高，存活天数减少。总体上，在上述 pH 和盐度水平下，大银鱼的繁殖生长所受影响不大。

瓦氏雅罗鱼是适合于内陆盐碱湿地生存的耐盐碱能力较强的鱼类，也是达里湖的主要经济鱼类。文献[109]在研究达里湖瓦氏雅罗鱼受精卵孵化的影响因子时认为，受精卵孵化对水质要求较严格，不单受盐度和 pH 两个因子的影响，而是盐度、碱度及其与 pH 联合作用的结果。

（5）pH 与碱度的联合影响。文献[106]的实验表明，在同一碱度水平下，池沼公鱼胚胎存活率随着 pH 的升高而下降。在碱度为 15.7mmol/L（14.2～17.2mmol/L）的条件下，pH 达到 9.0 时，胚胎 12h 的存活率为 99.2%；pH 达到 10.2 时，存活率仅为 9.72%。在该碱度范围内，pH 对胚胎的 $24hpH_{50}$、$48hpH_{50}$ 和 $96hpH_{50}$ 分别为 9.82、9.79 和 9.60。

当碱度升高时，pH 对胚胎的致死作用加强。在碱度为 37.1mmol/L（35.1～39.1mmol/L）的条件下，pH 为 9.58 时即显示出强烈的毒性作用，其 12h 死亡率达 98.1%，胚胎发育在尚未达到原肠胚期即全部死亡。在该碱度范围内，pH 对胚胎的 $24hpH_{50}$、$48hpH_{50}$ 及 $96hpH_{50}$

分别为9.20、9.14及8.92。研究结果还表明，池沼公鱼胚胎对pH的忍受高限随着水环境碱度的增大而降低；pH对碱度的毒性具有协同作用[106]。

综上所述，盐度、碱度、pH以及某些水化学离子浓度的升高对淡水鱼、虾等养殖生物的胚胎发育具有显著的负面影响，其主要表现在抑制胚胎某些部位的组织发育，进而造成受精卵停滞发育或畸形。

3）盐度与碱度对鱼类组织的毒性影响

通常情况下，水环境盐度的增加，可使鱼类体内与外界环境之间的渗透压差值逐渐升高，迫使鱼类通过呼吸等方式调节渗透压，从而影响鱼类的鳃组织。文献[102]的研究认为，盐度升高可改变尼罗罗非鱼幼鱼鳃小片上泌氯细胞的功能和结构，使氯细胞增大和具有高度活性的琥珀酸脱氧氢酶的线粒体数量增多。当盐度为17.0g/L时，尼罗罗非鱼耗氧率达到最大值[104]。

文献[102]在研究碱度对湖鳟（*Salmo* sp.）等鱼类的鳃、肝脏和肾脏结构的影响时，发现碱度对组织的影响主要是使其鳃上皮分离或破裂，氯细胞增生或者肥大，肾小球突起及肾小球或造血组织中出现无色透明小液滴。

3. 对生理生化过程的影响

1）盐度与碱度的影响

已有研究表明，相对海洋来说，内陆盐碱水的主要离子组成较为复杂，缓冲能力较差。当盐度和碱度变化时，不同离子间的比值也会发生较大的改变，将直接影响淡水生物的渗透压调节能力进而影响其生存。因此，盐度对淡水生物渗透压的调节具有显著的影响。随着水环境盐度的升高，鱼类的血浆电解质浓度也呈现不规律升高。例如，当外界水环境盐度超过6.6g/L时，草鱼的血浆电解质（Cl^-、Na^+）浓度略有上升；在盐度达到10.9g/L时，其血浆电解质浓度失去控制[102]。

碱度对鱼类生理生化过程的影响，主要表现在酶活力、新陈代谢等方面。一方面，适宜的碱度有利于鱼类生理、生化过程的调节，但碱度超过鱼类适应范围就会抑制其生长及正常生理、生化功能的调节。另一方面，碱度升高还会引起pH升高，当pH超过鱼类消化酶活性的最适pH上限时，体内的消化酶活性急剧下降，鱼类的消化功能和摄食水平显著降低。而当碱度过高时，还会加快鱼类的新陈代谢速度[102, 110]。

2）盐度、碱度和pH的协同作用

（1）pH与盐度的协同作用。正常盐度高pH、正常盐度低pH、高盐度及高pH的水环境都对淡水养殖生物产生毒性影响，且可能具有协同作用。pH和盐度对鱼类的联合毒性作用的研究结果表明，当pH和盐度都达到一定数值时，二者对鱼的毒性作用互有加强。在pH为9.5～10、盐度为4.5～8.0g/L时，鲢鱼出现狂游、惊跳、浮头，鳃组织及体表迅速分泌大量黏液[90-92, 102]。

pH还能加剧盐度对鱼类的毒性作用。实验表明，在不同梯度的pH水环境中，盐度对鱼类的LC_{50}值随着pH升高而递减，pH升高进一步强化了盐度对鱼类的毒性作用[90, 102]。

（2）pH与碱度的协同作用。在利用达里湖高盐碱水研究碱度对鱼类致死的原因时，

认为水环境中 $\rho(HCO_3^-)/\rho(CO_3^{2-})$ 降低导致 pH 升高，碱度与 pH 的协同作用是实验鱼类（鲤、鲢等）死亡的主要原因[66, 102]。

pH 升高同样也能使碱度对鱼类的毒性加强。文献[66]的研究结果表明，碱度和 pH 对鱼类的致死作用存在着相互影响效应：pH 越高，碱度对鲤鱼的毒性越强。在高碱度、高 pH 条件下鱼类会患上严重的碱病，鲢、鳙、草鱼表现为狂游、冲撞，迅速翻白上浮，鳃部出血，很快死亡[66, 102]。

（3）盐度与碱度的协同作用。盐碱湿地水环境对鱼类的影响，是 pH、盐度、碱度以及主要离子比值等生态因子综合作用的结果。盐度和碱度对淡水白鲳幼鱼的联合毒性的正交实验结果表明，碱度的毒性作用显著，而盐度的作用尚不显著。这表明盐度和碱度共同影响鱼类时，碱度的毒性作用相对较强[98, 102]。

3.2.2　水环境因子对虾类的影响

1. 对日本沼虾的生态毒理学效应

日本沼虾（*Macrobrachium nipponense*），又称淡水青虾、河虾，广泛分布于淡水渔业水域，具有较高的食用价值、饲用价值，在淡水渔业中占有重要地位，因而一直是大中型渔业水域增养殖的主要水生经济动物。对日本沼虾的研究，目前除了其增养殖技术和组织胚胎学外[111-113]，有关水环境因子对其自身的影响研究，主要侧重于温度、盐度、pH、Ca^{2+} 对代谢生理、发育繁殖等的影响[114-118]。

盐度、碱度和 pH 是碳酸盐类盐碱湿地水环境较为重要的生态因子，其往往是此类盐碱水增养殖日本沼虾的限制因素[63, 94, 119]。为探讨东北地区松嫩平原碳酸盐类盐碱湿地移殖日本沼虾的可能性，通过盐度、碱度和 pH 对日本沼虾幼虾的单因子静态急性毒性实验，研究日本沼虾对此类水环境的适应性[95, 120]，为该虾的驯化移殖提供科学依据。

1）碱度

（1）实验条件与方法。实验幼虾捕自松嫩平原的月亮泡，体长 2.92(±0.74)cm，体重 1.17(±0.32)g。以澄清的湖水为实验基础水，其盐度为 0.36g/L，碱度为 4.13mmol/L，pH 为 7.67。幼虾在基础水环境下适应 24h 后再用于实验。所用容器为 12L 的塑料盆，盛实验水 8L。实验水温 21.4(±1.6)℃，溶解氧含量 7.35(±1.49)mg/L。

运用 Karber 法设置碱度梯度[121]。配制实验水时，先取基础水 5L，然后加入碱度为 77.56mmol/L 的天然盐碱泡沼水，加入盐碱水的数量 V(L)按下式计算：

$$V=(5a-20.65)/(77.56-a) \tag{3-10}$$

式中，a 为碱度梯度。测定配制的实验水碱度，以配制碱度与实测碱度之差≤±5% 为符合标准。对照组以原湖水为实验水。以幼虾 24h 阳性反应率和 24h、48h 及 96h 死亡率作计算。幼虾中毒程度的判别标准为：失去正常游泳能力，附肢还能活动者为阳性反应；失去游泳能力且附肢也不活动，用解剖针刺激毫无反应者视为死亡。

分别以幼虾急性毒性作用的碱度效应剂量（effective dose，ED）、致死浓度（LC）和 SC_{Alk} 值，作为日本沼虾对碱度适应能力的评价指标。其中，最低效应剂量（effective dose 0，ED_0）、绝对效应剂量（effective dose 100%，ED_{100}）、最低致死浓度（LC_0）和绝对致死浓度（LC_{100}），均采用算术比例法计算[122]；采用移动平均角法计算半数效应剂量（ED_{50}）、LC_{50} 及其 95%置信限[123]；通过概率单位回归法[124]计算 10%、90%效应剂量（分别为 ED_{10}、ED_{90}）与致死浓度（分别为 LC_{10}、LC_{90}）。

（2）实验结果。碱度可直接反映出水环境主要阴离子 $c(HCO_3^-)$ 与 $c(CO_3^{2-})$ 的高低。保持一定的碱度是水生动物生长繁殖的重要条件之一。但碱度太高，反而会抑制水生动物的生长发育，甚至危及其生存。如表 3-33 和表 3-34 所示，碱度为 35.28mmol/L 时，日本沼虾幼虾 24h 全部呈现阳性反应；碱度达到 61.99mmol/L 时，日本沼虾幼虾 24h 全部死亡（实际存活时间 4～7h）。未见对照组有阳性反应或死亡个体，且 96h 后均活动正常。综合 ED_0 和 SC_{Alk} 值，建议在只考虑碱度因子的条件下，日本沼虾幼虾在天然盐碱水环境长期生存的安全碱度确定为≤10mmol/L。

表 3-33　急性毒性作用下日本沼虾幼虾的碱度 ED

碱度梯度/(mmol/L)	实验水			阳性反应数/尾	阳性反应率/%	24hED/(mmol/L)				
	碱度对数	pH	盐度/(g/L)			ED_0	ED_{10}	ED_{50}	ED_{90}	ED_{100}
8.89	0.954	7.70	0.78	0	0	7.98	10.96	17.96	29.42	32.79
10.46	1.020	7.71	0.90	2	10					
12.18	1.086	7.72	1.05	3	15					
14.18	1.152	7.73	1.21	4	20					
16.51	1.218	7.75	1.41	9	45					
19.22	1.284	7.77	1.64	11	55					
22.37	1.350	7.79	1.91	15	75					
26.04	1.416	7.82	2.22	17	85					
30.31	1.482	7.86	2.58	18	90					
35.28	1.548	7.91	3.06	20	100					

注：概率单位回归方程 $y=5.971x-2.489(R^2=0.985, P<0.01)$。式中，$y$ 为阳性反应率的概率值；x 为碱度对数；ED_{50} 的 95%置信限为 14.60～22.53mmol/L。

表 3-34　急性毒性作用下日本沼虾幼虾的碱度 LC 值

		实验水			24h		48h		96h	
		碱度对数	pH	盐度/(g/L)	死亡数/尾	死亡率/%	死亡数/尾	死亡率/%	死亡数/尾	死亡率/%
碱度梯度/(mmol/L)	35.28	1.548	7.91	3.06	0	0	1	5	3	15
	37.86	1.578	7.93	3.22	1	5	2	10	5	25
	40.62	1.609	7.96	3.45	4	20	5	25	6	30
	43.59	1.639	8.00	3.70	7	35	9	45	9	45
	46.77	1.670	8.04	3.97	8	40	11	55	11	55
	50.18	1.701	8.09	4.26	13	65	15	75	15	75
	53.84	1.731	8.15	4.57	15	75	17	85	17	85

续表

		实验水			24h		48h		96h	
		碱度对数	pH	盐度/(g/L)	死亡数/尾	死亡率/%	死亡数/尾	死亡率/%	死亡数/尾	死亡率/%
碱度梯度/(mmol/L)	57.77	1.762	8.23	4.90	17	85	19	95	20	100
	61.99	1.792	8.33	5.26	20	100				
LC_0/(mmol/L)					36.61		34.03		31.30	
LC_{10}/(mmol/L)					38.72		37.32		33.99	
LC_{50}/(mmol/L)（95%置信限）					48.95/45.72～50.60		45.15/39.46～51.67		44.96/34.34～55.38	
LC_{90}/(mmol/L)					59.30		55.12		57.62	
LC_{100}/(mmol/L)					61.50		59.02		57.81	
SC_{Alk}/(mmol/L)							11.52			

注：概率单位回归方程 $y_{24h}=13.825x-18.232(R^2=0.973, P<0.01)$，$y_{48h}=15.113x-20.037(R^2=0.995, P<0.01)$，$y_{96h}=11.170x-13.386(R^2=0.983, P<0.01)$。式中，$y$ 为死亡率的概率值；x 为碱度对数。

（3）问题探讨。碱度对水生动物的毒性作用受 pH 的影响，pH 升高，水生动物对碱度的适应能力下降。二者相互作用，往往是限制水生动物移入与生存的主要因素，这在内陆碱性水域尤为明显[25, 70, 126]。据文献[66]的研究资料，当 pH 为 8.65 时，草鱼鱼种的碱度 24hLC_{50} 为 82.2mmol/L；当 pH 分别为 8.30 及 8.74 时，鲢鱼种的碱度 24hLC_{50} 分别为 109.0mmol/L 及 95.0mmol/L；当 pH 分别为 8.30 及 8.70 时，鲢、草鱼鱼种 SC_{Alk} 分别为 32.7mmol/L 及 20.8mmol/L（作者根据文献资料计算结果）。本实验 pH 为 7.91～8.33，与上述 pH 一样，都在日本沼虾生存的安全范围，但其幼虾的碱度 24hLC_{50} 和 SC_{Alk}，均明显低于鲢和草鱼鱼种（幅度分别为 40.5%～55.1%和 44.6%～64.8%）。这表明日本沼虾幼虾对碱度的适应能力不如鲢及草鱼鱼种；在鲢、草鱼能够正常栖息的碱性水域，日本沼虾幼虾未必也能存活。例如，松嫩平原的小西米泡，其碱度为 28.08mmol/L，pH 为 8.90，曾多次移殖日本沼虾，但均未获成功，而人工放养的鲢、鳙、草鱼生长良好，研究后认为是高碱度所致。

然而，鲢、鳙、草鱼只是 3 种普通淡水经济鱼类，它们的耐碱能力是淡水鱼类中相对较差的[66]。至于那些分布在高碱度、高 pH 的碱性水域中的经济鱼类，其耐碱能力则更是日本沼虾幼虾所无法相比的。例如，生活在碱度为 44.9mmol/L、pH 为 9.60 的环境中达里湖鲫和瓦氏雅罗鱼，在 pH 为 9.60～9.70 的实验条件下，碱度 24hLC_{50} 分别为 78.8mmol/L 和 73.9mmol/L[102]，SC_{Alk} 分别为 20.0mmol/L 和 22.2mmol/L（作者根据原文献资料计算结果）。由此可见，未经过驯化的日本沼虾幼虾对诸如达里湖这样的内陆高盐碱水环境是无法适应的。

尽管如此，日本沼虾在部分碱性水域也可见其踪迹。在松嫩平原碱性水域，日本沼虾自然生存的碱度上限为 18.52mmol/L[70, 126]。该区碱性水域增养殖日本沼虾，过去多从盐度方面考虑其适应性（通常，此类水域水环境含盐量一般在 1.0～3.0g/L，适合该虾生存[126]），而未注意到该虾对碱度的适应性，盲目移殖、养殖，结果均告失败。

碱性水域一般都属 Na_2CO_3、$NaHCO_3$ 型水质，碱度背景值都较高，通常在 20mmol/L 以上，用来养殖日本沼虾时，其蒸发浓缩作用使碱度进一步升高，可能达到致死浓度。所以养殖过程中要注意补水和定期换水，保持一定的水量交换[127]。另外，碱性水环境中 pH 与碱度存在线性关系[70]：

$$pH = 1.92 \times 10^{-2} Alk + 8.42 \quad (r = 0.671,\ P < 0.01) \tag{3-11}$$

这表明，水环境碱度升高的同时，pH 也随之升高。所以在养殖过程中，还要增施有机肥料或施用农用酸，以保证水环境 CO_2 的正常供应，抑制碱度升高[127]。

碱性水域主要分布在我国北方地区，由于气候的原因，经常出现丰水和枯水的自然变化，水环境碱度也随之改变，这在半干旱的东北地区松嫩平原表现尤为强烈。水环境的每一次变化都会给鱼、虾等水生动物创造自然驯化与适应的机会，对碱度的适应能力可能由此而得到增强。前述的日本沼虾在该区碱性水域自然生存的碱度上限为 18.52mmol/L，已明显超过本实验的 ED_0 和 SC_{Alk}，但仍可生长、繁殖，可能就是这种驯化与适应的结果。鲢、鳙、草鱼虽然是淡水鱼类中耐碱能力较差的种类，但对高碱度水环境仍能较好地适应；而瓦氏雅罗鱼和鲫鱼在碱度高于其自身生存安全值 1 倍以上的达里湖仍能正常生长，这也体现了环境驯化与适应的效应。

本实验中日本沼虾幼虾原来生活的水环境碱度较低，与那些长期生活在碱度相对高一些水域中的幼虾相比，可能因为缺乏这种驯化与适应过程，所以对碱度适应能力也相对较弱。据观察，生活在碱度为 16.88mmol/L、盐度为 1.47g/L、pH 为 8.82 的松嫩平原榆树泡的日本沼虾幼虾，在适宜的盐度和 pH 条件下，幼虾的碱度 $24hLC_{50}$、$48hLC_{50}$ 分别为 53.43mmol/L、51.47mmol/L，SC_{Alk} 为 14.33mmol/L。与邻近月亮泡的幼虾相比，前者 $24hLC_{50}$、$48hLC_{50}$ 及 SC_{Alk} 分别高于后者 9.2%、14.0%及 24.4%。由此可知，日本沼虾对碱度的适应能力也是可以驯化的，而且通过盐碱水环境的驯化与适应，其耐碱能力可以得到增强。同时，在内陆高碱度水域移殖、养殖日本沼虾时，应投放驯化过的碱化虾苗（或幼虾）。

2）盐度

以往研究水生生物对盐度的适应性，都是以水环境 NaCl 浓度为盐度指标。然而，内陆碱性水域离子组成复杂，盐度的改变往往联系着主要离子成分及其比例构成的变化，所以盐度对水生生物的影响也常常是综合性的。由于盐度成分的差异，通过上述实验得出的水生生物耐盐指标，也不一定适用于碱性水环境。为开发利用内陆丰富的碱性水域资源发展日本沼虾的增养殖业，扩大其生产领域，本实验以天然碱性泡沼水为实验用水，探讨碱性水环境下日本沼虾幼虾对盐度的适应能力。

（1）实验条件与方法。经过较大盐度梯度的预备实验后，按 Karber 法设置盐度梯度。将日本沼虾生活的东方红泡（位于松嫩平原，盐度为 4.83g/L，碱度为 13.12mmol/L，pH 为 8.52）水浓缩至盐度为 17.47g/L、碱度为 47.62mmol/L、pH 为 9.74 的高盐碱水，用来调配实验用水。以澄清的湖水为实验基础水。配制实验用水时，先取基础水 5L，然后添加浓缩的高盐碱水，添加量 V(L)按下式计算：

$$V = (5a - 1.8) / (17.47 - a) \tag{3-12}$$

式中，a 为盐度梯度。

（2）实验结果。一定的盐度也是日本沼虾赖以生存的环境条件之一。但盐度超过一定范围反而有害乃至威胁其生存。在本实验的盐碱水环境下，日本沼虾幼虾对盐度的最高耐受限（24hLC$_{100}$）为 10.04g/L，生存适应上限（24hED$_{50}$）为 3.17g/L，SC$_{Sal}$ 为 1.52g/L（表 3-35 和表 3-36）。

表 3-35　急性毒性作用下日本沼虾幼虾的盐度 ED 值

盐度梯度/(g/L)	实验水			阳性反应数/尾	阳性反应率/%	24hED/(g/L)				
	盐度对数	pH	碱度/(mmol/L)			ED$_0$	ED$_{10}$	ED$_{50}$	ED$_{90}$	ED$_{100}$
1.54	0.186	7.70	7.09	0	0					
1.77	0.248	7.71	7.68	1	5					
2.03	0.308	7.72	8.34	4	20					
2.33	0.367	7.73	9.10	4	20					
2.68	0.428	7.74	9.99	5	25	1.61	2.08	3.17	4.80	4.84
3.08	0.489	7.75	11.00	8	40					
3.54	0.549	7.76	12.17	11	55					
4.07	0.610	7.78	13.52	15	75					
4.68	0.670	7.80	15.07	18	90					

注：概率单位回归方程 $y=7.050x+1.475(R^2=0.951, P<0.01)$。式中，$y$ 为阳性反应率的概率值；x 为盐度对数；ED$_{50}$ 的 95%置信限为 3.02～3.32g/L。

表 3-36　急性毒性作用下日本沼虾幼虾的盐度 LC 值

	实验水			24h		48h		96h	
	盐度对数	pH	碱度/(mmol/L)	死亡数/尾	死亡率/%	死亡数/尾	死亡率/%	死亡数/尾	死亡率/%
盐度梯度/(g/L) 4.93	0.693	7.81	15.70	0	0	2	10	5	25
5.32	0.726	7.82	16.69	1	5	4	20	8	40
5.74	0.759	7.84	17.76	3	15	7	35	9	45
6.19	0.792	7.85	18.90	4	20	8	40	11	55
6.68	0.825	7.87	20.15	5	25	9	45	13	65
7.21	0.858	7.89	21.49	8	40	13	65	14	70
7.78	0.891	7.92	22.94	9	45	14	70	17	85
8.40	0.924	7.95	24.52	13	65	16	80	19	95
9.07	0.958	7.98	26.22	16	80	19	95	20	100
9.79	0.991	8.06	28.05	19	95	20	100	—	—
10.57	1.024	8.10	30.03	20	100	—	—	—	—
LC$_0$/(g/L)				5.07		4.44		3.69	
LC$_{10}$/(g/L)				5.74		4.87		4.25	
LC$_{50}$/(g/L)（95%置信限）				7.95/(7.74～8.11)		6.84/(6.69～6.99)		5.77/(5.59～5.93)	
LC$_{90}$/(g/L)				9.78		8.89		8.19	
LC$_{100}$/(g/L)				10.04		9.31		8.65	
SC$_{Sal}$/(g/L)						1.52			

注：概率单位回归方程 $y_{24h}=11.060x-4.671(R^2=0.961, P<0.01)$，$y_{48h}=9.802x-3.020(R^2=0.969, P<0.01)$，$y_{96h}=8.979x-1.921(R^2=0.958, P<0.01)$。式中，$y$ 为死亡率的概率值；x 为盐度对数。

（3）问题探讨。研究结果表明，在 pH 为 7.8～8.1 的适宜条件下，鲢夏花鱼种的盐度 $24hLC_{50}$、$48hLC_{50}$ 及 $96hLC_{50}$ 分别为 9.55g/L、8.06g/L 及 6.50g/L，SC_{Sal} 为 1.72g/L[90]；鳙夏花鱼种的对应指标分别为 10.80g/L、9.94g/L、9.06g/L 及 2.53g/L（作者根据文献资料计算结果，下同）；翘嘴鲌的盐度 $24hLC_{50}$、$48hLC_{50}$ 及 $96hLC_{50}$ 分别为 10.9g/L、10.0g/L 及 10.0g/L，SC_{Sal} 为 2.53g/L[128]。在 pH 为 8.14～8.32 条件下，淡水白鲳的盐度 $24hLC_{50}$、$48hLC_{50}$ 及 $96hLC_{50}$ 分别为 12.0g/L、11.4g/L 及 10.4g/L，SC_{Sal} 为 3.09g/L[98]。另据报道，红螯螯虾（*Cherax quadricarinatus*）虾苗的盐度 $24hLC_{50}$、$48hLC_{50}$、$72hLC_{50}$ 及 $96hLC_{50}$ 分别为 17.79g/L、16.69g/L、15.13g/L 及 13.02g/L，SC_{Sal} 为 4.41g/L；幼虾的相同指标分别为 19.58g/L、18.61g/L、16.47g/L、15.88g/L 及 5.04g/L[124]。由此可见，不同种类的水生动物对盐度的适应能力差别明显，而日本沼虾相对低些。

一些淡水鱼类的 SC_{Sal} 值，如三角鲂（*Megalobrama terminalis*）为 2.48g/L[129]，海南鲌（*Culter recurviceps*）和光倒刺鲃（*Spinibarbus hollandi*）均为 3.0g/L[130, 131]。尽管这些鱼、虾对盐度的适应能力有所不同，但它们生存的盐度安全值相差不大，一般为 1.5～3.0g/L。相比之下，日本沼虾的 SC_{Sal} 值较低，且比耐盐能力最差的鲢鱼还低 11.6%，这很可能与实验用水的差别有关。

研究水生动物的耐盐性，过去都是以 NaCl 为盐度成分，所得结果实际上是动物对水环境 NaCl 浓度的适应性。然而，天然水域特别是碱性水环境的盐度成分不仅仅是 NaCl，还含有相当数量的 HCO_3^-、CO_3^{2-} 等构成碱度的离子，它们对水生动物也同样具有毒性作用。所以，仅以 NaCl 作为耐盐指标，尚无法确切地反映水生动物对天然水体盐度的适应能力。曾用 NaCl 作为盐度指标进行日本沼虾的耐盐实验，其盐度 $24hLC_{50}$、$48hLC_{50}$ 及 $96hLC_{50}$ 分别为 13.47g/L、11.83g/L 及 10.49g/L，SC_{Sal} 为 2.74g/L，分别比本实验盐碱水环境下偏高 69.4%、73.0%、81.8%及 80.3%。

松嫩平原的盐碱水环境主要为碳酸盐类，氯化物类相对较少[70]。碳酸盐类盐碱湿地的分布面积约占盐碱湿地总面积的 90%，碱度大多超过 20mmol/L，盐度低于 5g/L，构成盐度的离子成分中，$\rho(1/2CO_3^{2-})+\rho(HCO_3^-)$ 占比 40%～75%。氯化物类盐碱湿地的分布面积约占盐碱湿地总面积的 10%，碱度一般小于 20mmol/L，但盐度均超过 3g/L，$\rho(1/2CO_3^{2-})+\rho(HCO_3^-)$ 在盐度中占比一般低于 15%。

采用高碱度碳酸盐类盐碱水配制的实验用水仍为碳酸盐类水质，水环境中仍保持 $c(1/2CO_3^{2-})+c(HCO_3^-)>c(Cl^-)$ 的特征；盐度成分中，$\rho(1/2CO_3^{2-})+\rho(HCO_3^-)$、$c(Na^+)+c(Cl^-)$ 占比分别约为 65%、5%。在此环境下碱度先于盐度而限制幼虾生存。本次盐度实验中，配制盐度梯度所用水为低碱度、高盐度的氯化物型盐碱水，各实验梯度的水环境仍为氯化物类水质，$c(1/2CO_3^{2-})+c(HCO_3^-)<c(Cl^-)$；盐度成分中，$\rho(1/2CO_3^{2-})+\rho(HCO_3^-)$、$c(Na^+)+c(Cl^-)$所占比例分别约为 15%、50%；实验用水最高碱度尚未超过幼虾 $96hLC_{50}$ 上限（31.30mmol/L）。因而在适宜 pH 的条件下，限制幼虾生存的主要是 CO_3^{2-}、HCO_3^-（构成碱度）以外的盐度成分。

文献[98]在盐度（NaCl）与碱度（$NaHCO_3+Na_2CO_3$）混合作用对淡水白鲳鱼种的急性毒性实验中，认为盐度和碱度交互作用的毒性效应虽未达到显著水平（$P>0.05$），但仍然有一定的加强作用。故本实验得出的日本沼虾幼虾的耐盐指标，实际上也是盐度和碱度共同影响下的结果，更适合天然盐碱水环境特点，对生产也有一定的指导意义。

内陆盐碱水环境 $\rho(1/2CO_3^{2-})+\rho(HCO_3^-)$ 与盐度、碱度密切相关，进而影响水生动物对盐度的适应性。$\rho(1/2CO_3^{2-})+\rho(HCO_3^-)$ 与盐度的相关性在碳酸盐类盐碱水环境中极显著（$r=0.869, P<0.01$），而在氯化物类盐碱水环境中不显著（$r=0.407, P>0.05$）。这说明碳酸盐类盐碱水环境盐度的变化，很大程度上取决于 $\rho(1/2CO_3^{2-})+\rho(HCO_3^-)$ 的改变。氯化物类盐碱水环境中，因 $\rho(1/2CO_3^{2-})+\rho(HCO_3^-)$ 在盐度中占比较小而表现出与盐度的相关性不明显。也正是由于这种差异，盐度与碱度的相关性在碳酸盐类盐碱水环境中极显著且存在线性关系：

$$\mathrm{Sal}=0.115\times \mathrm{Alk}-9.61\times 10^{-2}\quad (r=0.837,\ P<0.01) \tag{3-13}$$

而在氯化物类碱性水环境中不显著（$r=0.384,\ P>0.05$）。

以上表明，高碱度和高盐度现象很可能同时出现在碳酸盐类盐碱水环境。受高碱度的影响，日本沼虾幼虾在碳酸盐类盐碱水环境中对盐度的耐受能力必然下降。由于盐度和碱度致毒作用具有相互影响的效应，自然条件下，日本沼虾只能生活在盐度和碱度都比较适宜的水域，从而分布范围受到限制。目前调查到的松嫩平原盐碱水域中，已有日本沼虾生长且能够繁殖的碳酸盐类盐碱湿地共有 13 处，最高碱度为 18.52mmol/L，相应的盐度为 0.98g/L（木头西北泡）；最高盐度为 1.92g/L，相应的碱度为 11.83mmol/L（三王泡）。日本沼虾在氯化物类盐碱湿地生存的盐度上限和碱度上限均出现在东方红泡。

盐度和碱度的相互影响作用在碳酸盐型盐碱水环境表现得更加明显。如在上述最高碱度和最高盐度时，根据回归方程推测出此时的盐度、碱度分别为 2.03g/L、17.53mmol/L，分别比实际高出 107.1%、48.2%；13 处盐碱湿地的水环境盐度和碱度极显著负相关且存在直线关系：

$$\mathrm{Sal}=-0.129\mathrm{Alk}+3.311\quad (r=-0.661, P<0.01) \tag{3-14}$$

曾在盐度为 3.34g/L、碱度为 11.14mmol/L 的沙坨泡（位于松嫩平原）投放日本沼虾幼虾，但 7～12h 全部死光。由此可以看出，日本沼虾对水环境盐度的适应能力，在氯化物类盐碱水环境要强于苏打盐碱水环境，这显然是碱度高低差异所致。

另有报道，日本沼虾还可在河口咸淡水环境下生存[111, 132]。这种水域均为 NaCl 型水质，盐度为 3.0～10.0g/L，碱度为 1.0～4.0mmol/L[70]。而据文献[115]的实验结果，在其他水环境因子都适宜的条件下，NaCl 浓度为 14.0g/L 及 20.0g/L 时，日本沼虾幼虾都有一定的生长率。这都说明在碱度较低或较适宜的水环境中，日本沼虾可适应较高的盐度。

通常情况下，碳酸盐类盐碱水环境碱度背景值高于氯化物床，按照“盐碱混合后碱度的致死作用显著”的结论[98]，在碳酸盐类盐碱水环境中，日本沼虾对盐度的适应能力将受到抑制。根据本次实验结果和“生物适应环境的能力可以通过环境驯化而有所强化”[90]，结合日本沼虾自然分布的特点，确定水环境盐度≤2.0g/L、碱度≤20.0mmol/L 的少数碳酸盐类盐碱湿地，应作为当前主要增养殖利用对象。其他高碱度水域则应在解决碱化虾苗后，再进行利用。而碱度≤20.0mmol/L 的氯化物类盐碱水域，可以不受盐度因素的制约。

本实验还表明，用 NaCl 作为耐盐指标的水生生物，不能随意移殖到内陆盐碱水域。

3）pH

（1）实验条件与方法。先在 pH 为 3.0～12.0 的范围，以公差 1.0 pH 单位设置 10 个梯度组，每组 5 尾虾，进行预备实验。根据各组 24h 死亡率及死亡速度，确定正式实验的 pH 梯度如表 3-37 所示。

表 3-37　急性毒性作用下日本沼虾幼虾的 LpH 值

		24h		48h		72h		96h	
		死亡数/尾	死亡率/%	死亡数/尾	死亡率/%	死亡数/尾	死亡率/%	死亡数/尾	死亡率/%
pH 梯度	3.5	30	100						
	3.7	30	100						
	3.9	16	53.33	22	73.33	24	80.00	26	86.67
	4.1	8	26.67	14	46.67	16	53.33	24	73.33
	4.3	0	0	1	3.33	7	23.33	12	40.00
	5.0	0	0	0	0	2	6.67	5	16.67
	6.0	0	0	0	0	0	0	0	0
	8.5	0	0	0	0	0	0	0	0
	9.0	0	0	3	10.00	5	16.67	6	20.00
	9.5	3	10.00	6	20.00	12	40.00	19	63.33
	10.0	10	33.33	16	53.33	20	66.67	24	80.00
	10.5	22	73.33	28	93.33	30	100		
	11.0	30	100						
LpH_0		4.30/9.34		4.32/8.82		5.10/8.67		5.26/8.67	
LpH_{10}		4.23/9.50		4.26/9.00		4.95/8.87		5.10/8.84	
LpH_{50}		3.93/10.13		3.95/9.72		4.35/9.67		4.48/9.51	
LpH_{90}		3.63/10.76		3.81/10.44		3.75/10.47		3.85/10.17	
LpH_{100}		3.55/10.92		3.75/10.62		3.60/10.67		3.69/10.34	

注：“/”前面的数据代表酸性范围，“/”后面的数据代表碱性范围。

为模拟天然盐碱泡沼水环境的阴离子组成特征，各组 pH（包括预备实验）均采用 1.0mol/L 的 HCl、Na_2CO_3、$NaHCO_3$ 和 NaOH 进行调整。其中，pH 为 5.5 及其以下的各组用 HCl 调节；pH 为 6.0～8.5 的各组用 1∶5 的 Na_2CO_3、$NaHCO_3$ 混合调配；pH 为 9.0 和 9.5 的两组用 5∶1 的 Na_2CO_3、$NaHCO_3$ 调整；pH 为 10.0 及其以上的各组用 1∶1 的 Na_2CO_3、NaOH 校正。实验前对各组的 pH 再逐一检测、校正。以后每隔 12h 监测 1 次 pH 并随时调整，保持 24h 内各组 pH 变化值＜0.2pH 单位。

pH 对日本沼虾幼虾的急性毒性作用评价指标包括：急性毒性作用下 pH 对幼虾的 $24hLpH_{50}$、$48hLpH_{50}$、$72hLpH_{50}$ 及 $96hLpH_{50}$；生存的安全范围（$96hLpH_{10}$）及适应范围（$96hLpH_{10}$）；最低耐受限（酸性 $24hLpH_{100}$）、最高耐受限（碱性 $24hLpH_{100}$）以及耐受范围（$24hLpH_{90}$）。上述指标均通过算术比例法计算。

（2）实验结果。pH 是综合反映水环境质量的一个重要指标，pH 的不稳定影响日本沼虾的生理、生化过程，以致出现中毒反应[115, 117, 133]。本实验表明，在不同 pH 水平下，日本沼虾幼虾急性中毒呈双向剂量-反应，即死亡率先随着 pH 升高而下降，又随着 pH 的继续升高而增加(表 3-38)。幼虾在 pH 低于 4.3 和高于 9.0 的各组，其 96h 死亡率均高于 50%，故可把 4.3 以下作为酸性范围，高于 9.0 作为碱性范围。

表 3-38　不同 $\rho(Ca^{2+})$和 pH 条件下日本沼虾的日生长率[117]　（单位：%/d）

$\rho(Ca^{2+})$	pH			$\rho(Ca^{2+})$	pH			$\rho(Ca^{2+})$	pH		
	6.5	7.5	8.5		6.5	7.5	8.5		6.5	7.5	8.5
38.8	0.63	1.21	0.96	61.1	1.22	1.12	3.02	78.8	1.68	1.96	1.54
	0.16	1.07	2.66		0.83	1.37	1.99		2.15	1.39	1.53

我国《渔业水质标准》（GB 11607—89）规定 pH 指标为 6.5～8.5，可知日本沼虾幼虾生存的安全范围（5.26～8.67）及适应范围（5.10～8.84）都符合该标准，只是下限偏低，而上限略高。由于天然水环境均为中性偏碱性、弱碱性或碱性（如盐碱水域），pH 一般在 7.5 左右，故本实验碱性范围的结果更具实际意义。

（3）问题探讨。

a. 日本沼虾对 pH 的适应能力：各种水生动物对水环境 pH 都有一定的适应能力和适应范围。据文献[66]研究，当碱度为 8.3mmol/L 时，鲢鱼种的 $24hLpH_{50}$、$48hLpH_{50}$ 及 $96hLpH_{50}$ 分别为 10.14、10.10 及 9.84；碱度为 15.8mmol/L 时，鲢鱼种的 $24hLpH_{50}$、$48hLpH_{50}$、$72hLpH_{50}$ 及 $96hLpH_{50}$ 分别为 9.64、9.62、9.54 及 9.38。本实验碱度为 5.92～8.37mmol/L，幼虾 $24hLpH_{50}$、$48hLpH_{50}$ 及 $96hLpH_{50}$ 低于相同碱度水平下的鲢鱼种 0.1%～3.76%。可以认为日本沼虾幼虾和鲢鱼种对 pH 的适应能力是一致的。

一些淡水经济鱼类如青鱼、草鱼、鲢、鳙对 pH 的适应范围为 4.6～10.2，鲤为 4.4～10.4[101]。它们主要出现在 pH 为 6～10 的中性和碱性水环境，生活的水环境 pH 范围为 4.5～10.5，属于狭酸碱性生物。本实验日本沼虾幼虾对 pH 的适应范围比这 4 种鱼类要窄 0.5～1.6 pH 单位，且上限偏低 1.4～1.6 pH 单位（幅度为 13%～15%），也应属于狭酸碱性生物。

黄颡鱼和黄鳝（*Monopterus albus*）是另外两种习见的淡水经济鱼类[134, 135]。在适宜环境下，1 龄黄鳝，酸性范围的 $24hLpH_{50}$、$48hLpH_{50}$、$72hLpH_{50}$ 及 $96hLpH_{50}$ 分别为 4.68、4.38、5.05 及 5.18，碱性范围的 $24hLpH_{50}$、$48hLpH_{50}$、$72hLpH_{50}$ 及 $96hLpH_{50}$ 分别为 10.65、9.25、9.01 及 8.55，适应范围为 5.88～7.95，安全范围为 6.06～7.80，最低耐受限为 4.00，最高耐受限为 13.17，耐受范围为 4.14～12.67（作者根据文献资料计算结果，下同）；1 龄黄颡鱼，酸性范围的 $24hLpH_{50}$、$48hLpH_{50}$ 及 $96hLpH_{50}$ 分别为 3.62、3.95 及 3.20，碱性范围的 $24hLpH_{50}$、$48hLpH_{50}$ 及 $96hLpH_{50}$ 分别为 9.40、9.16、及 8.40，适应范围为 4.32～7.08，安全范围为 4.60～6.80，最低耐受限为 2.47，最高耐受限为 10.80，耐受范围为 2.70～10.50。相比之下，日本沼虾幼虾对低 pH 的耐受性强于黄鳝而不如黄颡鱼，对高 pH 的耐受性则强于黄颡鱼而次于黄鳝；适应范围和安全范围的下限 3 种动物基本一致，上限则是日本沼虾幼虾高于两种鱼类 0.9～1.9 pH 单位（幅度为11%～28%）。总体上，日本沼虾对 pH 的适应能力与青鱼、草鱼、鲢、鳙基本一致，而与黄鳝、黄颡鱼存在一定差别。

b. 水生动物对pH的适应能力与栖息生境有关：青鱼、草鱼、鲢、鳙均生活在深水区的中上层环境，水体透明度较高，水生植物光合作用强烈，pH变化也较大，且经常达到9.0～9.5以上，日较差一般可达1.5～2.0 pH单位。日本沼虾主要生活在沿岸带浅水区，水质混浊，光合作用相对较弱，pH变化逊于深水区的中上层水环境。黄鳝、黄颡鱼栖息于水体底层，该水层属于还原型水环境，pH在较低水平下保持相对稳定。上述因素可使生活在中上层水环境的生物接受pH驯化而使适应的强度相对高于底层生物。黄鳝、黄颡鱼还有钻泥、筑巢的习性，对低pH环境的适应能力均较强。本实验日本沼虾对pH的适应范围，狭于青鱼、草鱼、鲢、鳙等中上层鱼类而宽于底栖生活的黄鳝、黄颡鱼，尤其对高pH的适应能力明显高于底栖鱼类。这种差别可能是环境驯化与适应所致。再如，将体重为75～120g/尾的鲢、鳙和草鱼，从pH为8.12的淡水池塘移殖到pH为9.43的天然盐碱水环境，同时把生活在天然盐碱水域中体重为100～150g/尾的乌鳢移殖到淡水池塘驯化养殖。尽管放养之初两种鱼死亡率都很大，但经过120～150d的养殖，天然盐碱水域和淡水池塘的成鱼存活率仍分别在7.4%和16.7%。这显然与自然环境驯化与适应有关。

上述表明，改变水环境，水生动物对pH的适应性也随之发生变化，对高pH或低pH的新环境都可适应。这也使内陆高碱度水域驯化、移殖日本沼虾有了可能。

c. 培育适应高pH、高碱度的虾苗是高盐碱水域增养殖日本沼虾的关键：pH、碱度同时偏高，是内陆高碱度湿地水环境的显著特征，二者对水生生物的毒性作用相互影响。文献[66]将水环境pH与鲢鱼种的碱度24hLC$_{50}$（$Alk_{24hLC_{50}}$）的关系描述为

$$pH = -1.49\times10^{-2} Alk_{24hLC_{50}} + 10.00 \quad (r = -0.976, \ P < 0.01) \tag{3-15}$$

通常，内陆碱性湿地水环境pH随着碱度的增加而升高。而对于松嫩平原的碱性湿地，其pH和碱度的这种关系已达到极显著且存在线性关系：

$$Alk = 25.93pH - 207.74 \quad (r = 0.689, \ P < 0.01) \tag{3-16}$$

由于pH和碱度的背景值都稳定在较高水平，一些水域超过生物适应能力的pH、碱度很可能同时存在。根据上述pH和碱度相互作用的关系，生物对pH和碱度的适应能力都将下降，以致无法存活。也正是pH和碱度相互影响的作用，极大地限制了生物的生存范围。例如，日本沼虾在松嫩平原盐碱水域的分布范围，仅限于少部分pH和碱度都较适宜的水域，那些pH适宜但碱度偏高，或碱度适宜而pH较高，或pH和碱度同时偏高的水域，目前尚未见其踪迹。然而，这部分湿地占宜渔湿地的80%以上，亟待开发利用。

研究表明，碱性水环境K^+、Na^+、Ca^{2+}及Mg^{2+}组成的变化（浓度与比例），对淡水鱼、虾的移入与栖息都有显著的影响。这些水生态因子的改变往往与pH密切相关，而与碱度相关性不大。所以pH限制水生生物生存的作用往往强于碱度。根据松嫩平原盐碱水域水生生物资源的调查结果，日本沼虾自然分布的pH上限为8.87，相应的碱度为16.47mmol/L；碱度上限为18.52mmol/L，相应的pH为8.72。这些水域的pH均与本实验日本沼虾幼虾生存的pH安全范围和适应范围的上限基本一致。目前，日本沼虾生存的自然水域pH和碱度都尚未超过高碱度水域（碱度＞20.0mmol/L，pH＞9.0）。因此，高碱度水域增养殖日本沼虾的关键技术，是培育适应高pH、高碱度的虾苗。

2. 对生长与发育的影响

1）pH 和 $\rho(Ca^{2+})$对日本沼虾生长的影响

在不同 pH 和 $\rho(Ca^{2+})$条件下进行日本沼虾生长实验的结果表明[117]，$\rho(Ca^{2+})$分别为 38.8mg/L、61.1mg/L 和 78.8mg/L 时，日本沼虾平均日生长率分别为 1.12%/d、1.59%/d 和 1.71%/d，即 $\rho(Ca^{2+})$提高，其生长率也增加；pH 在 6.5、7.5 和 8.5 条件下的平均日生长率分别为 1.11%/d、1.35%/d 和 1.95%/d，随着 pH 的提高，日本沼虾生长率也增加（表 3-38）。

统计分析表明，pH 对日本沼虾生长的影响作用大于 $\rho(Ca^{2+})$，接近统计学显著水平（表 3-39）。同时，pH 和 $\rho(Ca^{2+})$在影响该虾生长的过程中很可能存在一定的交互作用。实验表明，pH 不仅影响日本沼虾摄入能量的多少，还可能影响摄食能用于生长的比例。从上述 pH 和 $\rho(Ca^{2+})$在影响该虾生长过程中可能有交互作用的结果来推断，pH 的变化很可能是通过扰乱日本沼虾体液离子平衡、改变食欲影响生长的[117]。

表 3-39　日本沼虾日生长率的方差分析结果[117]

效应	SS	df	s^2	F	比较
pH	2.228	2	1.144	4.036	$F > F_{0.10}$
$\rho(Ca^{2+})$作用	1.192	2	0.596	2.159	$F > F_{0.25}$
交互作用	2.480	4	0.620	2.246	$F > F_{0.25}$
误差	2.486	9	0.276		
总变异	8.386	17			

注：SS 代表平方和；df 代表自由度；s^2 代表方差；F 代表 F 分布函数。后文同。

与其他水生动物相比，钙在甲壳动物生命过程中起着更重要的作用。其周期性的蜕壳需要大量的钙，这些钙必须从饵料或通过体表吸收得到补充。文献[117]的实验以灰分含量很少的摇蚊幼虫投喂日本沼虾，这很可能导致虾无法从饵料中获得身体所需要的足够的钙，因此，水环境中的钙就可能对日本沼虾显得较为重要。这可以从实验过程中 $\rho(Ca^{2+})$较高时，虾生长较快、对照组的虾蜕壳后甲壳迟迟不能硬化且食欲锐减而得到证实。

已有研究表明，甲壳动物的甲壳钙化与水环境中 pH、$\rho(Ca^{2+})$有关；OH^-和一定的 $\rho(Ca^{2+})$在甲壳动物的甲壳钙化过程中是必需的。由此可推知，pH 和 Ca^{2+}共同参与的钙化过程可能是上述实验中 pH 和 Ca^{2+}交互作用的另一途径[117]。

在内陆盐碱水特别是碳酸盐类盐碱水环境中，$\rho(Ca^{2+})$往往较低（因形成 $CaCO_3$ 沉淀）。上述实验提示，利用这类盐碱湿地发展虾蟹类甲壳动物增养殖时，一要注意投喂一些灰分含量较多的饲料，使虾蟹获得足够的钙补充；二要定期向水体施入一定量的生石灰，补充水环境中的钙（同时兼有生态防病的作用）。

2）盐度对罗氏沼虾生长的影响

根据文献[136]的实验结果，平均体长为 8.0mm 的罗氏沼虾（*Macrobrachium rosenbergii*）幼虾在实验之初的 10d 内，实验组幼虾体长增长速度明显低于对照组（实验用水为深井水），最大增长值仅为对照组的 46.7%。这可能是幼虾进入具有一定盐度的实验组水环境，生理上尚需进行渗透压等调节而耗费较多的体能。从第 11d 后，实验组与对照组间的幼虾体长增长值的差距明显缩小，表明 11～20d 内，幼虾体长的增长已明显受到盐度的影响。21～30d 内，实验组幼虾体长和体重的日均增长值分别为对照组的 61.1%～83.3%和 52.0%～82.7%，但成活率均高于对照组（表 3-40）。

表 3-40　盐度对罗氏沼虾生长的影响[136]

试验盐度/(g/L)	体长增长/mm		第 30d		30d 平均增长		存活率/%
	1～10d	11～20d	体长/mm	体重/mg	体长/(mm/d)	体重/(mg/d)	
5.02	–0.2	3.0	11.9	24.3	0.13	0.62	48
6.02	0.2	1.6	11.3	18.8	0.11	0.44	66
9.10	0.7	2.7	11.8	17.2	0.13	0.39	65
13.58	0.3	2.7	12.3	19.9	0.14	0.48	61
19.33	0.4	3.6	11.9	23.1	0.13	0.58	82
24.10	–0.1	3.6	12.5	23.8	0.15	0.60	69
26.90	–0.4	3.3	11.8	22.7	0.13	0.54	50
1.29（对照）	1.5	3.3	13.4	28.1	0.18	0.75	43

由表 3-40 可知，经过 30d 饲养，盐度为 24.10g/L 的实验组幼虾成活率仍有 69%，体长、体重的平均日增长量分别为 0.15mm、0.60mg。这表明罗氏沼虾幼虾对养殖水环境盐度突变的耐受能力有限，但与淡水鱼类相似，可通过盐度渐变驯化而显著提高其耐盐能力[90, 136]。

由急性毒性实验得出罗氏沼虾幼虾的 SC_{Sal} 为 3.71g/L。经过 30d 饲养，盐度为 5.02g/L 的实验组幼虾体重与对照组最接近，为对照组的 86.5%。已有实验表明，在盐度为 5.0g/L 的半咸水环境中，罗氏沼虾饲养 4 个月的成活率为 84%，体重、体长分别为 24.32g、91mm；盐度为 10.0g/L 时，成活率为 65%，体重、体长分别为 12.26g、71mm。

以上结果表明，内陆低盐度半咸水水域移殖罗氏沼虾是切实可行的，但其生长速度可能会随着盐度的升高而趋于缓慢。

3）盐度对发育的影响

据文献[137]的实验结果，日本沼虾的生长仅在蜕皮后的瞬间发生。由表 3-41 可以看出，日本沼虾幼体的生长速度在盐度<6.0g/L 时与盐度呈正相关；其生长速度随着盐度的上升而加快，其中以盐度为 6.0g/L 的幼体生长最快，其次是盐度为 4.0g/L 组。当盐度>6.0g/L 时，其生长速度与盐度呈负相关，盐度上升，生长速度减慢。

表 3-41　不同盐度下日本沼虾幼体的发育特征[137]

指标	盐度/(g/L)	发育期									
		Ⅰ	Ⅱ	Ⅲ	Ⅳ	Ⅴ	Ⅵ	Ⅶ	Ⅷ	Ⅸ	Ⅹ
平均体长/mm	0	2.00	2.36								
	2	2.00	2.37	2.55	2.88	3.11	3.37	3.56	4.16	4.56	4.86
	4	2.00	2.38	2.58	2.94	3.31	3.67	3.97	4.45	4.77	4.98
	6	2.00	2.41	2.63	3.01	3.41	3.82	4.26	4.79	5.11	5.30

续表

指标	盐度/(g/L)	发育期									
		Ⅰ	Ⅱ	Ⅲ	Ⅳ	Ⅴ	Ⅵ	Ⅶ	Ⅷ	Ⅸ	Ⅹ
平均体长/mm	10	2.00	2.38	2.56	2.91	3.29	3.66	3.84	4.05	4.22	4.53
	14	2.00	2.30	2.44	2.64	2.89					
	18	2.00	2.26	2.39							
存活率/%	0	46.7	0								
	2	100	100	100	76.7	73.3	73.3	60.0	56.7	20.0	
	4	100	100	96.7	83.3	73.3	73.3	73.3	66.7	33.3	
	6	100	100	100	86.7	80.0	80.0	76.7	76.7	50.0	
	10	100	100	96.7	83.3	76.7	73.3	70.0	66.7	40.0	
	14	100	100	86.7	53.3	0					
	18	100	73.3	0							
平均持续时间/h	0	34.0									
	2	36.5	100	96.0	98.0	99.0	68.0	42.0	40.0	42.0	
	4	36.0	92.0	94.0	84.0	84.0	64.4	32.0	30.0	28.4	
	6	36.0	86.0	82.0	80.0	70.0	60.2	25.0	24.0	22.0	
	10	36.0	84.0	80.0	80.0	74.0	58.0	24.0	22.0	24.0	
	14	36.0	90.0	86.0	90.0						
	18	36.0	98.0								
累计发育时间/h	0	34.0									
	2	36.5	136.5	232.5	330.5	429.5	497.5	539.5	579.5	621.5	
	4	36.0	128.0	222.0	306.0	390.0	454.4	486.4	516.4	544.8	
	6	36.0	122.0	204.0	284.0	354.0	414.2	439.2	463.2	485.2	
	10	36.0	120.0	200.0	280.0	354.0	412.0	436.0	458.0	482.0	
	14	36.0	126.0	212.0	302.0						
	18	36.0	134.0								

由表 3-41 可知，日本沼虾幼体完成变态后的存活率，盐度为 6.0g/L 时最高，达 50%；其次是盐度为 10.0g/L，存活率为 40%。盐度为 14.0g/L 时，幼体发育至第Ⅴ期时全部死亡；盐度为 18.0g/L 时，幼体发育至第Ⅲ期时全部死亡。

从完成变态的 4 个盐度组日本沼虾幼体的累计发育时间来看，幼体的发育速度与盐度呈负相关，其发育时间随盐度升高而逐渐缩短。其中，发育最快的是 10.0g/L 盐度组，累计用时 482h；其次是 6.0g/L 盐度组，累计用时 485.2h；最慢的是 2.0g/L 盐度组，累计用时 621.5h。

根据 2～10g/L 盐度组日本沼虾幼体的总发育时间，获得了盐度 Sal(g/L)与幼体生长发育时间 D(h)的回归关系：

$$D = -92.15 \ln \mathrm{Sal} + 39.04 \tag{3-17}$$

4）对能量收支的影响

根据文献[117]研究 pH 和 $\rho(Ca^{2+})$对日本沼虾能量收支影响的结果，在 pH 分别为 6.5、

7.5 及 8.5，$\rho(Ca^{2+})$分别为 38.8mg/L、61.1mg/L 及 78.8mg/L 的水环境中，随着 pH 升高与$\rho(Ca^{2+})$增加，日本沼虾的日摄入能也大致增加。由于日本沼虾以氨和尿素方式排泄的能量不足其摄食能的 2%[94]，在所摄入的能量中，呼吸和排泄消耗了虾同化能的绝大部分，这与大多数甲壳动物和鱼类相同。

文献[117]的研究还表明，在上述实验中，日本沼虾以粪便形式损失的能量占其摄食能的 1.8%（1.3%～2.2%），也就是说，对摄食能的同化率为 98.2%。摄食能的 15.8%（9.2%～23.6%）用在生长上。在 pH 分别为 6.5、7.5 和 8.5 的条件下，实验虾用于生长的能量分别为 15.6%、15.9%和 18.0%，似乎呈现出其用于生长的能量比例随着 pH 上升而增加的趋势。

3.2.3　水环境因子对河蟹的影响

1. 生态毒理学效应

河蟹，学名中华绒螯蟹（*Eriocheir sinensis*），是原产于我国的大型洄游性甲壳动物，现在亚欧等其他国家也有广泛分布。为探讨氯化物类盐碱水养殖河蟹的可能性，文献[138]采用地下氯化物类盐碱水（pH 为 8.4，碱度 5.53mmol/L，盐度 0.4g/L）添加 NaCl、$NaHCO_3$，进行了幼蟹（平均体重为 57.4mg）对盐度和碱度的耐受性研究。

1）盐度

在盐度梯度为 1g/L、3.5g/L、5g/L、6.5g/L、8g/L、11g/L、14g/L、17g/L、20g/L 及 23g/L，水温为 20.3℃的试验条件下，幼蟹的盐度 24hLC_{50}、48hLC_{50}、72hLC_{50} 和 96hLC_{50} 分别为 8.12g/L、6.47g/L、5.29g/L 和 4.88g/L，SC_{Sal} 为 1.23g/L。盐度对渔业动物的影响，主要是通过影响其渗透压而起作用。河蟹繁殖期和幼体发育期需要在淡水、海水过渡环境中进行，但经过 5 次蜕皮发育到大眼幼体时要回归淡水。长期自然选择使河蟹在其不同发育期具有不同的渗透压调节方式。因此，经过淡化处理后已经适应淡水环境生活的幼蟹不能适应高盐度水环境。本试验用水模拟了氯化类盐碱水的水质特点，1 价阳离子和 2 价阳离子比例与海水相差较大。主要离子比例间的失衡对水生动物产生毒性或降低了动物的耐盐性。

日本和美国渔业水质标准所规定的 NaCl 质量浓度分别小于 2.5～5.0g/L 和 1.5g/L。文献[90]曾建议我国淡水养殖用水盐度指标为 NaCl 质量浓度低于 1.5g/L。本试验幼蟹的 SC_{Sal} 为 1.23g/L，低于 1.5g/L，表明幼蟹所适应的水环境偏于淡水。

2）碱度

在碱度梯度为 11.33mmol/L、20.23mmol/L、35.12mmol/L、62.00mmol/L 及 110.94mmol/L 的条件下，幼蟹的碱度 24hLC_{50}、48hLC_{50}、72hLC_{50} 和 96hLC_{50} 分别为 52.97mmol/L、42.44mmol/L、26.27mmol/L 和 24.96mmol/L，SC_{Alk} 为 8.17mmol/L。从生存的安全碱度看，幼蟹对碱度的耐受性远低于淡水白鲳、达里湖鲫和尼罗罗非鱼，和鲤鱼相当而略高于鲢（2.26mmol/L）[98]。据文献[138]的试验结果，罗氏沼虾仔虾的碱度 24hLC_{50}、48hLC_{50}、72hLC_{50} 和 96hLC_{50} 分别为 51.02mmol/L、32.07mmol/L、27.16mmol/L 和 21.54mmol/L，SC_{Alk} 为 3.80mmol/L。可见幼蟹对碱度的耐受性也高于罗氏沼虾。

淡水渔业水体要求碱度在1.0～3.0mmol/L，但尚无明确指标。由于河蟹幼蟹安全生存的碱度上限为8.17mmol/L，已接近文献[66]提出的鲢、鳙养殖用水的碳酸盐碱度危险指标，即10.0mmol/L。因此，建议将10.0mmol/L也作为内陆盐碱湿地河蟹养殖用水的碱度危险指标。超过该指标的盐碱水体养殖河蟹时，应对苗种进行适当的环境适应性驯化，使苗种适应了该盐碱水环境之后再放养，这样可大大提高苗种的放养存活率，提高养殖效果。

3）盐度和碱度的联合效应

盐度梯度为2g/L、4g/L、6g/L及8g/L，碱度梯度为12.34mmol/L、21.02mmol/L、36.30mmol/L及60.66mmol/L条件下的正交试验结果表明，同一碱度下随着盐度的升高，幼蟹死亡率增加。方差分析结果表明，盐度和碱度对幼蟹24h、48h及72h死亡率的影响极显著（$P<0.01$），二者交互作用的影响不显著（$P>0.05$）；盐度、碱度以及二者交互作用对幼蟹96h死亡率的影响均极显著（$P<0.01$）。

水环境中2价阳离子对1价阳离子具有拮抗作用。当碱度较高时，水体2价阳离子必然会因形成碳酸盐沉淀而减少，这更加剧了1价阳离子和2价阳离子比例失衡的程度。氯化物类盐碱水的盐度，尤其是氯离子浓度较高，加之阳离子比例失衡，二者是限制此类盐碱水养殖的主要因素。为了解决离子失衡问题，目前人们除了设法降低水环境盐碱度之外，已经开始向池塘中加入$MgSO_4$等盐类来增加2价阳离子浓度，以保证养殖对象存活并获得高产。

2. 阳离子比例对河蟹生长的影响

K^+、Na^+、Ca^{2+}及Mg^{2+}是构成水环境盐度的主要阳离子成分，也是水生生物正常生命活动所必需的，但是它们单独存在且浓度超过一定限度，或共同存在而比例失调时都将对生物体产生毒性影响。河蟹系浅海里生，淡水中生活的洄游性甲壳动物，人工繁育的蟹苗要经过低盐度环境的适应性驯化，才能进入淡水中生存。目前有关阳离子对河蟹生命过程的影响研究，仅限于$\rho(Mg^{2+})$、$\rho(Ca^{2+})$及$\rho(Mg^{2+})/\rho(Ca^{2+})$对河蟹的出苗率、仔蟹成活率及其生长的影响[139-141]。针对内陆盐碱水环境特别是碳酸盐类盐碱湿地河蟹移殖、养殖的相关研究尚不多见，对碳酸盐类盐碱水环境河蟹生存及生长与主要阳离子组成的关系尚不清楚。

2009～2013年，根据养殖试验资料，探讨了碳酸盐类盐碱沼泽湿地河蟹体重生长率与水环境M/D、$c(1/2Ca^{2+})/c(1/2Mg^{2+})$、$c(Na^+)/c(K^+)$、$c(1/2Ca^{2+})/c(K^+)$及$c(1/2Mg^{2+})/c(K^+)$的相关性，旨在了解内陆盐碱湿地特别是碳酸盐类盐碱湿地河蟹生长与主要阳离子比例（以下称环境因子）的关系，为发展东北地区碳酸盐类盐碱湿地规模化养殖河蟹提供技术依据。

1）试验条件与方法

（1）试验地自然环境。试验区位于吉林省西部大安市、洮南市和乾安县，地理范围为44°59′N～45°16′N，123°14′E～124°03′E。试验区地处松嫩平原西部半湿润向半干旱地区的过渡地带，年平均气温为4.3℃，≥10℃活动积温为2935℃，年无霜期为130d，年日照时数为3012h，年太阳辐射量为5259MJ/hm^2，年降水量为396mm，年蒸发量为1817mm。试验地13块，为霍林河与洮儿河间的河漫滩型草本沼泽，总面积为2080hm^2，天然降水为主要水源，常年积水平均深度为0～20cm，洪水年份洮儿河补给湿地，同时进入的野生鱼、虾，平均年生物量为30kg/hm^2。土壤类型为苏打盐渍土，全盐含量为4.92g/kg。水环境碱度为20.26mmol/L、盐度为2.27g/L、pH为9.25，属C_I^{Na}半咸水。水环境阳离子组成及其比值分别见表3-42和表3-43。

表3-42　试验地水化学特征

试验地	面积/hm^2	碱度/(mmol/L)	盐度/(g/L)	pH	$\rho(K^+)$/(mg/L)	$\rho(Na^+)$/(mg/L)	$\rho(Ca^{2+})$/(mg/L)	$\rho(Mg^{2+})$/(mg/L)
Ⅰ	63	28.20	2.91	9.31	2.3	943.6	11.1	23.1
Ⅱ	47	7.68	0.99	9.02	1.2	409.9	15.3	28.9
Ⅲ	94	38.50	3.34	9.34	1.9	859.3	10.0	48.6
Ⅳ	143	16.92	1.83	9.26	0.8	441.2	90.0	47.5
Ⅴ	317	10.80	1.00	9.17	2.0	259.7	11.1	21.3
Ⅵ	618	24.10	2.61	9.43	2.2	702.0	59.0	49.9
Ⅶ	87	13.26	2.44	9.19	13.8	800.4	14.7	20.4
Ⅷ	283	15.21	3.27	9.10	14.9	1100.7	20.7	25.0
Ⅸ	16	15.00	2.89	9.23	12.8	953.6	19.1	25.5
Ⅹ	75	30.83	2.45	9.51	1.9	561.2	42.0	61.2
Ⅺ	87	5.18	0.42	9.00	2.4	79.0	18.8	7.6
Ⅻ	152	38.79	3.29	9.41	1.2	867.8	12.5	44.1
XIII	98	18.96	2.09	9.32	1.0	540.0	81.2	43.2

表3-43　试验地水化学主要阳离子比值

试验地	$c(1/2Ca^{2+})/c(1/2Mg^{2+})$	$c(Na^+)/c(K^+)$	$c(1/2Ca^{2+})/c(K^+)$	$c(1/2Mg^{2+})/(K^+)$	*M*/*D*
Ⅰ	0.29	695.80	9.41	32.64	16.97
Ⅱ	0.32	237.74	24.86	78.27	5.64
Ⅲ	0.12	767.04	10.26	38.13	8.24
Ⅳ	1.14	935.34	219.38	192.97	2.27
Ⅴ	0.31	220.23	10.82	34.61	4.88
Ⅵ	0.71	541.18	52.30	73.12	4.31
Ⅶ	0.43	98.37	2.08	4.80	14.46
Ⅷ	0.50	125.29	2.71	5.45	15.49
Ⅸ	0.45	126.35	2.91	6.47	13.59
Ⅹ	0.41	500.94	43.11	104.68	3.40
Ⅺ	1.48	55.83	15.28	10.29	2.23
Ⅻ	0.17	1226.49	20.31	119.44	7.76
XIII	1.13	915.84	158.34	140.40	3.07

试验地植被以芦苇为优势种，平均年生物量为 1273kg/hm^2。沉水植物主要为穗状狐尾藻和微齿眼子菜，平均年生物量为222.90kg/hm^2；底栖动物主要为软体动物，包括萝卜螺、圆扁螺及土蜗，平均年生物量为102.53kg/hm^2。试验地属退化碳酸盐类盐碱芦苇沼泽湿地，在松嫩平原具有广泛代表性。

（2）河蟹养殖试验。根据成蟹生产潜力确定蟹种的合理放养密度。所用蟹种为1龄幼蟹，又称扣蟹，购于辽宁盘锦，每年4月20～25日投放。9月1日开始捕捞成蟹。养殖用水为洮儿河水，通过渠道引入。采用常规措施进行养殖管理。

（3）河蟹生长指标计算。随机抽取蟹种5.0kg、成蟹20.0kg，统计雌（♀）、雄（♂）个体数量，测量湿体重，取平均值作为雌、雄蟹种和成蟹的平均体重，计算年度生长指标，各年度生长指标的平均值作为试验期间的总体生长指标。采用体重的相对生长率（relative growth rate of weight，RGR_w）(%)、绝对生长率（absolute growth rate of weight，AGR_w）(mg/d)和内禀生长率（intrinsic growth rate of weight，IGR_w）(%/d)作为河蟹生长观测指标，采用下式计算：

$$\begin{aligned} RGR_w &= 100\times(w_2-w_1)/w_1 \\ AGR_w &= (w_2-w_1)/t \\ IGR_w &= 100\times(\ln w_2-\ln w_1)/t \end{aligned} \tag{3-18}$$

式中，w_1、w_2分别为蟹种、成蟹的个体湿重，mg；t为养殖时间，d。

（4）结果评价。

a. 差异显著性：极显著（$P<0.01$）、显著（$P<0.05$）和不显著（$P>0.05$）。

b. 相关显著性：极显著（$r\geqslant r_{0.01}$）、显著（$r\geqslant r_{0.05}$）、近于显著[$(r_{0.05}-r)<0.1$]和不显著[$(r_{0.05}-r)\geqslant 0.1$]。

c. 简单相关性受其他因子的影响效应：正效应（简单相关系数–偏相关系数≥0.1）、负效应（偏相关系数–简单相关系数≥0.1）和无影响效应（偏相关系数–简单相关系数<0.1）。

d. 河蟹生长影响因子的确定：河蟹体重生长率与某环境因子的四级偏相关性为极显著，或显著，或近乎显著负相关，符合三者之一即认为该环境因子对河蟹生长有影响；四级偏相关性不显著，认为该环境因子对河蟹生长无影响。

2）试验结果

（1）体重生长的差异性。2009～2013年试验地河蟹养殖结果见表3-44。由差异性检验可知，试验地间雌蟹种（$F=13.08$）、雄蟹种（$F=13.06$）和雌成蟹（$F=804.62$）、雄成蟹（$F=932.58$）的规格均差异极显著（$P<0.01$）。同一块试验地雌蟹种、雄蟹种规格之间的差异性，试验地Ⅱ（$t=3.370$）和Ⅻ（$t=3.324$）均显著（$P<0.05$），其余均不显著（$P>0.05$）；雌成蟹、雄成蟹规格之间的差异性，试验地Ⅻ（$t=4.852$）为显著（$P<0.05$），其余均为极显著（$P<0.01$）。

表 3-44　试验地河蟹养殖结果

试验地	放养				起捕				
	密度/(只/hm^2)	重量/(kg/hm^2)	规格/(g/只)		回捕数/(只/hm^2)	产量/(kg/hm^2)	规格/(g/只)		回捕率/%
			♂	♀			♂	♀	
Ⅰ	2120	12.73	6.3	5.9	503	45.8	104.5	77.3	23.7
Ⅱ	2390	14.36	6.2	5.7	768	143.1	205.0	167.7	32.4
Ⅲ	1850	9.24	5.1	4.8	539	53.2	116.0	81.3	29.6
Ⅳ	2000	10.81	5.5	5.3	662	66.3	113.0	87.3	33.8
Ⅴ	2740	13.14	4.9	4.6	543	76.1	152.5	127.8	19.8
Ⅵ	3060	15.32	5.2	4.7	549	53.3	107.2	86.8	17.9
Ⅶ	2300	10.35	4.5	3.8	540	80.4	164.0	133.8	23.7
Ⅷ	1590	8.72	5.7	5.3	478	48.6	110.0	93.3	30.7
Ⅸ	2080	9.38	4.9	4.2	722	73.1	110.0	92.5	34.9
Ⅹ	2290	11.47	4.8	5.3	483	46.9	110.2	84.0	21.7
Ⅺ	2200	13.22	6.2	6.1	642	104.7	182.3	143.8	29.7
Ⅻ	2120	12.69	6.0	5.3	592	50.4	90.0	80.3	27.9
XIII	1820	9.82	5.5	5.2	554	52.1	100.0	88.0	30.4

注：表中数据为各年度平均值。

试验地河蟹体重生长情况见表 3-45。试验地间雌蟹（$F=3.35$）、雄蟹（$F=24.19$）体重相对生长率差异极显著（$P<0.01$）；同一块试验地雌蟹、雄蟹体重相对生长率的差异性，试验地Ⅱ极显著（$t=-7.223$，$P<0.01$），试验地Ⅹ显著（$t=-3.763$，$P<0.05$），其余均不显著（$P>0.05$）。雌蟹（$F=12.43$）、雄蟹（$F=17.77$）体重绝对生长率的差异性，试验地间极显著（$P<0.01$），同一块试验地不显著（$P>0.05$）。雌蟹、雄蟹体重内禀生长率的差异性，试验地间和试验地内均不显著（$P>0.05$）。

表 3-45　试验地河蟹体重生长情况

试验地	RGR_w/%		AGR_w/(mg/d)		IGR_w/(%/d)	
	♂	♀	♂	♀	♂	♀
Ⅰ	11.81±1.49	9.17±1.08	798.4±197.6	580.5±143.5	2.283±0.431	2.092±0.331
Ⅱ	24.29±5.06	21.53±2.76	1616.3±147.2	1317.1±127.6	2.844±0.524	2.749±0.296
Ⅲ	16.47±2.46	12.07±1.88	901.6±192.4	622.0±163.4	3.124±0.347	2.300±0.194
Ⅳ	14.81±1.80	11.72±1.60	874.0±217.3	666.7±174.8	3.023±0.274	2.278±0.207
Ⅴ	22.82±4.17	20.29±2.83	1200.0±233.7	1001.6±210.1	2.795±0.397	2.703±0.211
Ⅵ	14.86±1.89	13.23±1.34	829.3±143.2	667.5±98.4	3.026±0.689	2.371±0.426
Ⅶ	26.85±3.77	25.92±2.03	1296.7±247.6	1056.9±146.5	2.923±0.470	2.895±0.361
Ⅷ	13.86±1.12	12.58±1.00	848.0±129.7	715.4±113.4	2.407±0.249	2.332±0.214
Ⅸ	16.25±3.05	15.93±1.82	854.5±213.4	717.9±174.8	2.529±0.147	2.514±0.104

续表

试验地	RGR_w/%		AGR_w/(mg/d)		IGR_w/(%/d)	
	♂	♀	♂	♀	♂	♀
Ⅹ	16.64±2.43	11.25±1.48	505.7±187.4	639.8±165.2	2.548±0.227	2.246±0.187
Ⅺ	21.52±2.56	17.10±1.65	1431.7±117.6	1119.5±112.4	2.749±0.326	2.569±0.394
Ⅻ	10.61±0.81	10.72±0.77	682.9±123.7	609.8±114.8	2.202±0.430	2.109±0.266
XIII	13.02±1.63	12.06±1.47	768.3±131.9	673.2±123.7	2.358±0.472	2.300±0.314

（2）体重生长与环境因子的相关性。河蟹体重生长率与环境因子的相关分析结果见表 3-46～表 3-51。总体上看，河蟹体重生长率与环境因子的简单相关性受其他因子影响的负效应频数高于正效应（分别为 29.11%和 21.33%），受复合因子的影响频数高于单因子（分别为 37.78%和 12.44%）；体重相对生长率、绝对生长率与环境因子的简单相关性受其他因子影响的正效应、负效应频数差别不大，但内禀生长率的简单相关性所受影响的负效应频数明显高于正效应；雌蟹、雄蟹体重生长率与环境因子的简单相关性所受影响的负效应频数也明显高于正效应。这些结果体现出碳酸盐类盐碱湿地水环境因子构成的不平衡性。

表 3-46　雄蟹体重相对生长率与环境因子的相关性

简单相关		一级偏相关		二级偏相关				三级偏相关		四级偏相关	
因子	r	因子	r	因子	r	因子	r	因子	r	因子	r
r_{af}	0.009	$r_{af\cdot g}$	–0.047	$r_{af\cdot gh}$	–0.211	$r_{af\cdot hm}$	–0.033	$r_{af\cdot ghm}$	–0.125	$r_{af\cdot ghmn}$	0.038
		$r_{af\cdot h}$	0.241	$r_{af\cdot gm}$	–0.231	$r_{af\cdot hn}$	0.162	$r_{af\cdot ghn}$	–0.383		
		$r_{af\cdot m}$	0.137	$r_{af\cdot gn}$	–0.352	$r_{af\cdot mn}$	–0.106	$r_{af\cdot hmn}$	–0.644*		
		$r_{af\cdot n}$	–0.037					$r_{af\cdot gmn}$	–0.367		
r_{ag}	–0.705**	$r_{ag\cdot f}$	–0.706*	$r_{ag\cdot fh}$	–0.671*	$r_{ag\cdot hm}$	–0.547	$r_{ag\cdot fhm}$	–0.688*	$r_{ag\cdot fhmn}$	–0.633
		$r_{ag\cdot h}$	–0.676*	$r_{ag\cdot fm}$	–0.686*	$r_{ag\cdot hn}$	–0.697*	$r_{ag\cdot fhn}$	–0.743*		
		$r_{ag\cdot m}$	–0.671*	$r_{ag\cdot fn}$	–0.791**	$r_{ag\cdot mn}$	–0.592	$r_{ag\cdot hmn}$	–0.399		
		$r_{ag\cdot n}$	–0.756**					$r_{ag\cdot fmn}$	–0.658*		
r_{ah}	–0.299	$r_{ah\cdot f}$	–0.377	$r_{ah\cdot fg}$	0.242	$r_{ah\cdot gm}$	–0.207	$r_{ah\cdot fgm}$	0.073	$r_{ah\cdot fgmn}$	0.165
		$r_{ah\cdot g}$	0.128	$r_{ah\cdot fm}$	0.004	$r_{ah\cdot gn}$	–0.091	$r_{ah\cdot fgn}$	–0.185		
		$r_{ah\cdot m}$	0.101	$r_{ah\cdot fn}$	–0.368	$r_{ah\cdot mn}$	–0.087	$r_{ah\cdot gmn}$	–0.181		
		$r_{ah\cdot n}$	–0.418					$r_{ah\cdot fmn}$	–0.282		
r_{am}	–0.403	$r_{am\cdot f}$	–0.422	$r_{am\cdot fg}$	0.363	$r_{am\cdot gh}$	0.330	$r_{am\cdot fgh}$	0.288	$r_{am\cdot fghn}$	–0.076
		$r_{am\cdot g}$	0.290	$r_{am\cdot fh}$	–0.205	$r_{am\cdot gn}$	0.034	$r_{am\cdot fgn}$	0.114		
		$r_{am\cdot h}$	–0.475	$r_{am\cdot fn}$	–0.451	$r_{am\cdot hn}$	–0.659*	$r_{am\cdot ghn}$	0.161		

续表

简单相关		一级偏相关		二级偏相关				三级偏相关		四级偏相关	
因子	r	因子	r	因子	r	因子	r	因子	r	因子	r
r_{am}	−0.403	$r_{am\cdot n}$	−0.585*					$r_{am\cdot fhn}$	−0.506		
r_{an}	−0.087	$r_{an\cdot f}$	−0.097	$r_{an\cdot fg}$	−0.510	$r_{an\cdot gh}$	−0.386	$r_{an\cdot fgh}$	−0.491	$r_{an\cdot fghm}$	−0.421
		$r_{an\cdot g}$	−0.395	$r_{an\cdot fn}$	−0.266	$r_{an\cdot gm}$	−0.282	$r_{an\cdot fgm}$	−0.399		
		$r_{an\cdot h}$	−0.317	$r_{an\cdot fm}$	−0.464	$r_{an\cdot hm}$	−0.585	$r_{an\cdot ghm}$	−0.264		
		$r_{an\cdot m}$	−0.470					$r_{an\cdot fhm}$	−0.527		

注：相关系数下标中，a. RGR_w；f. $c(1/2Ca^{2+})/c(1/2Mg^{2+})$；g. $c(Na^+)/c(K^+)$；h. $(1/2Ca^{2+})/c(K^+)$；m. $c(1/2Mg^{2+})/c(K^+)$；n. M/D。

表 3-47　雌蟹体重相对生长率与环境因子的相关性

简单相关		一级偏相关		二级偏相关				三级偏相关		四级偏相关	
因子	r	因子	r	因子	r	因子	r	因子	r	因子	r
r_{bf}	−0.042	$r_{bf\cdot g}$	−0.155	$r_{bf\cdot gh}$	−0.340	$r_{bf\cdot hm}$	0.019	$r_{bf\cdot ghm}$	−0.270	$r_{bf\cdot ghmn}$	−0.369
		$r_{bf\cdot h}$	0.191	$r_{bf\cdot gm}$	−0.343	$r_{bf\cdot hn}$	0155	$r_{bf\cdot ghn}$	−0.441		
		$r_{bf\cdot m}$	0.087	$r_{bf\cdot gn}$	−0.354	$r_{bf\cdot mn}$	−0.059	$r_{bf\cdot hmn}$	−0.225		
		$r_{bf\cdot n}$	−0.014					$r_{bf\cdot gmn}$	−0.395		
r_{bg}	−0.681*	$r_{bg\cdot f}$	−0.685*	$r_{bg\cdot fh}$	−0.649*	$r_{bg\cdot hm}$	−0.616*	$r_{bg\cdot fhm}$	−0.633*	$r_{bg\cdot fhmn}$	−0.581
		$r_{bg\cdot h}$	−0.638*	$r_{bg\cdot fm}$	−0.634*	$r_{bg\cdot hn}$	−0.639*	$r_{bg\cdot fhn}$	−0.673*		
		$r_{bg\cdot m}$	−0.608*	$r_{bg\cdot fn}$	−0.715*	$r_{bg\cdot mn}$	−0.561	$r_{bg\cdot hmn}$	−0.568		
		$r_{bg\cdot n}$	−0.691*					$r_{bg\cdot fmn}$	−0.604*		
r_{bh}	−0.318	$r_{bh\cdot f}$	−0.364	$r_{bh\cdot fg}$	0.232	$r_{bh\cdot gm}$	−0.221	$r_{bh\cdot fgm}$	0.003	$r_{bh\cdot fgmn}$	0.094
		$r_{bh\cdot g}$	0.099	$r_{bh\cdot fm}$	0.059	$r_{bh\cdot gn}$	−0.022	$r_{bh\cdot fgn}$	0.195		
		$r_{bh\cdot fm}$	0.013	$r_{bh\cdot fn}$	−0.374	$r_{bh\cdot mn}$	0.093	$r_{bh\cdot gmn}$	−0.222		
		$r_{bh\cdot fn}$	−0.344					$r_{bh\cdot fmn}$	0.223		
r_{bm}	−0.426	$r_{bm\cdot f}$	−0.432	$r_{bm\cdot fg}$	0.294	$r_{bm\cdot gh}$	0.327	$r_{bm\cdot fgh}$	0.186	$r_{bm\cdot fghn}$	0.016
		$r_{bm\cdot g}$	0.265	$r_{bm\cdot fh}$	−0.256	$r_{bm\cdot gn}$	0.151	$r_{bm\cdot fgn}$	0.173		
		$r_{bm\cdot h}$	−0.315	$r_{bm\cdot fn}$	−0.502	$r_{bm\cdot hn}$	−0.396	$r_{bm\cdot ghn}$	0.259		
		$r_{bm\cdot n}$	−0.499					$r_{bm\cdot fhn}$	−0.148		
r_{bn}	0.057	$r_{bn\cdot f}$	0.041	$r_{bn\cdot fg}$	−0.283	$r_{bn\cdot gh}$	−0.212	$r_{bn\cdot fgh}$	−0.255	$r_{bn\cdot fghm}$	0.178
		$r_{bn\cdot g}$	−0.232	$r_{bn\cdot fh}$	−0.100	$r_{bn\cdot gm}$	−0.075	$r_{bn\cdot fgm}$	−0.152		
		$r_{bn\cdot h}$	−0.150	$r_{bn\cdot fm}$	−0.279	$r_{bn\cdot hm}$	−0.292	$r_{bn\cdot ghm}$	−0.049		
		$r_{bn\cdot m}$	−0.293					$r_{bn\cdot fhm}$	−0.354		

注：相关系数下标中，b. RGR_w；f、g、h、m、n 同表 3-46。

表 3-48　雄蟹体重绝对生长率与环境因子的相关性

简单相关		一级偏相关		二级偏相关				三级偏相关		四级偏相关	
因子	r	因子	r	因子	r	因子	r	因子	r	因子	r
r_{cf}	0.159	$r_{cf\cdot g}$	0.153	$r_{cf\cdot gh}$	0.343	$r_{cf\cdot hm}$	−0.191	$r_{cf\cdot ghm}$	0.545	$r_{cf\cdot ghmn}$	0.514
		$r_{cf\cdot h}$	0.029	$r_{cf\cdot gm}$	0.088	$r_{cf\cdot hn}$	−0.054	$r_{cf\cdot ghn}$	0.244		
		$r_{cf\cdot m}$	0.292	$r_{cf\cdot gn}$	−0.020	$r_{cf\cdot mn}$	0.117	$r_{cf\cdot hmn}$	-0.658^{*}		
		$r_{cf\cdot n}$	0.138					$r_{cf\cdot gmn}$	−0.007		
r_{cg}	-0.592^{*}	$r_{cg\cdot f}$	-0.591^{*}	$r_{cg\cdot fn}$	−0.455	$r_{cg\cdot hm}$	−0.500	$r_{cg\cdot fhm}$	−0.463	$r_{cg\cdot fhmn}$	−0.390
		$r_{cg\cdot h}$	-0.563^{*}	$r_{cg\cdot fh}$	−0.452	$r_{cg\cdot hn}$	−0.571	$r_{cg\cdot fhn}$	−0.492		
		$r_{cg\cdot m}$	−0.516	$r_{cg\cdot fm}$	-0.628^{*}	$r_{cg\cdot mn}$	−0.412	$r_{cg\cdot hmn}$	−0.386		
		$r_{cg\cdot n}$	-0.637^{*}					$r_{cg\cdot fmn}$	−0.398		
r_{ch}	−0.244	$r_{ch\cdot f}$	−0.424	$r_{ch\cdot fg}$	−0.012	$r_{ch\cdot gm}$	−0.420	$r_{ch\cdot fgm}$	−0.138	$r_{ch\cdot fgmn}$	−0.011
		$r_{ch\cdot g}$	−0.105	$r_{ch\cdot fm}$	−0.085	$r_{ch\cdot gn}$	−0.313	$r_{ch\cdot fgn}$	−0.059		
		$r_{ch\cdot m}$	−0.153	$r_{ch\cdot fn}$	−0.452	$r_{ch\cdot mn}$	0.147	$r_{ch\cdot gmn}$	−0.405		
		$r_{ch\cdot n}$	−0.347					$r_{ch\cdot fmn}$	0.088		
r_{cm}	−0.369	$r_{cm\cdot f}$	−0.435	$r_{cm\cdot fg}$	0.094	$r_{cm\cdot gh}$	0.433	$r_{cm\cdot fgh}$	0.166	$r_{cm\cdot fghn}$	−0.025
		$r_{cm\cdot g}$	0.156	$r_{cm\cdot fm}$	−0.137	$r_{cm\cdot gn}$	−0.067	$r_{cm\cdot fgn}$	−0.063		
		$r_{cm\cdot h}$	−0.321	$r_{cm\cdot fn}$	−0.532	$r_{cm\cdot hn}$	−0.458	$r_{cm\cdot ghn}$	0.278		
		$r_{cm\cdot n}$	−0.536					$r_{cm\cdot fhn}$	−0.326		
r_{cn}	−0.080	$r_{cn\cdot f}$	0.004	$r_{cn\cdot fg}$	−0.262	$r_{cn\cdot gh}$	−0.413	$r_{cn\cdot fgh}$	−0.268	$r_{cn\cdot fghm}$	−0.215
		$r_{cn\cdot g}$	−0.301	$r_{cn\cdot fh}$	−0.172	$r_{cn\cdot gm}$	−0.269	$r_{cn\cdot fgn}$	−0.253		
		$r_{cn\cdot h}$	−0.265	$r_{cn\cdot fm}$	−0.339	$r_{cn\cdot hm}$	−0.425	$r_{cn\cdot ghm}$	−0.240		
		$r_{cn\cdot m}$	−0.424					$r_{cn\cdot fhm}$	−0.341		

注：相关系数下标中，c. AGR_w；f、g、h、m、n 同表 3-46。

表 3-49　雌蟹体重绝对生长率与环境因子的相关性

简单相关		一级偏相关		二级偏相关				三级偏相关		四级偏相关	
因子	r	因子	r	因子	r	因子	r	因子	r	因子	r
r_{df}	0.138	$r_{df\cdot g}$	0.131	$r_{df\cdot gh}$	0.049	$r_{df\cdot hm}$	0.330	$r_{df\cdot ghm}$	0.209	$r_{df\cdot ghmn}$	0.057
		$r_{df\cdot h}$	0.376	$r_{df\cdot gm}$	0.396	$r_{df\cdot hn}$	0.298	$r_{df\cdot ghn}$	−0.112		
		$r_{df\cdot m}$	0.249	$r_{df\cdot gn}$	−0.164	$r_{df\cdot mn}$	0.030	$r_{df\cdot hmn}$	0.033		
		$r_{df\cdot n}$	0.064					$r_{df\cdot gmn}$	0.302		
r_{dg}	-0.652^{*}	$r_{dg\cdot f}$	-0.651^{*}	$r_{dg\cdot fh}$	−0.543	$r_{dg\cdot hm}$	-0.703^{*}	$r_{dg\cdot fhm}$	-0.677^{*}	$r_{dg\cdot fhmn}$	−0.629
		$r_{dg\cdot h}$	-0.627^{*}	$r_{dg\cdot fm}$	-0.638^{*}	$r_{dg\cdot hn}$	-0.658^{*}	$r_{dg\cdot fhn}$	−0.621		
		$r_{dg\cdot m}$	-0.665^{*}	$r_{dg\cdot fn}$	-0.735^{**}	$r_{dg\cdot mn}$	−0.582	$r_{dg\cdot hmn}$	−0.624		

续表

简单相关		一级偏相关		二级偏相关				三级偏相关		四级偏相关	
因子	r	因子	r	因子	r	因子	r	因子	r	因子	r
r_{dg}	−0.652*	$r_{dg \cdot n}$	−0.728**					$r_{dg \cdot fmn}$	−0.601		
r_{dh}	−0.262	$r_{dh \cdot f}$	−0.430	$r_{dh \cdot fg}$	0.055	$r_{dh \cdot gm}$	−0.309	$r_{dh \cdot fgm}$	−0.364	$r_{dh \cdot fgmn}$	0.285
		$r_{dh \cdot g}$	0.133	$r_{dh \cdot fm}$	−0.226	$r_{dh \cdot gn}$	−0.123	$r_{dh \cdot fgn}$	−0.025		
		$r_{dh \cdot m}$	0.027	$r_{dh \cdot fn}$	−0.502	$r_{dh \cdot mn}$	0.005	$r_{dh \cdot gmn}$	−0.285		
		$r_{dh \cdot n}$	−0.426					$r_{dh \cdot fmn}$	−0.032		
r_{dm}	−0.320	$r_{dm \cdot f}$	−0.376	$r_{dm \cdot fg}$	0.342	$r_{dm \cdot gh}$	0.444	$r_{dm \cdot fgh}$	0.481	$r_{dm \cdot fghn}$	0.234
		$r_{dm \cdot g}$	0.358	$r_{dm \cdot fh}$	0.024	$r_{dm \cdot gn}$	0.082	$r_{dm \cdot fgn}$	0.120		
		$r_{dm \cdot h}$	−0.192	$r_{dm \cdot fn}$	−0.539	$r_{dm \cdot hn}$	−0.374	$r_{dm \cdot ghn}$	0.273		
		$r_{dm \cdot n}$	−0.542					$r_{dm \cdot fhn}$	−0.231		
r_{dn}	−0.160	$r_{dn \cdot f}$	−0.104	$r_{dn \cdot fg}$	−0.459	$r_{dn \cdot gn}$	−0.448	$r_{dn \cdot fgh}$	−0.458	$r_{dn \cdot fghm}$	−0.201
		$r_{dn \cdot g}$	−0.450	$r_{dn \cdot fn}$	−0.303	$r_{dn \cdot gm}$	−0.385	$r_{dn \cdot fgm}$	−0.345		
		$r_{dn \cdot h}$	−0.379	$r_{dn \cdot fm}$	−0.428	$r_{dn \cdot hmf}$	−0.485	$r_{dn \cdot ghm}$	−0.280		
		$r_{dn \cdot m}$	−0.483					$r_{dn \cdot fhm}$	−0.374		

注：相关系数下标中，d. AGR_w；f、g、h、m、n 同表 3-46。

表 3-50　雄蟹体重内禀生长率与环境因子的相关性

简单相关		一级偏相关		二级偏相关				三级偏相关		四级偏相关	
因子	r	因子	r	因子	r	因子	r	因子	r	因子	r
r_{ef}	0.117	$r_{ef \cdot g}$	0.106	$r_{ef \cdot gh}$	0.197	$r_{ef \cdot hm}$	−0.075	$r_{ef \cdot ghm}$	0.201	$r_{ef \cdot ghmn}$	−0.041
		$r_{ef \cdot h}$	0.043	$r_{ef \cdot gm}$	−0.023	$r_{ef \cdot hn}$	−0.059	$r_{ef \cdot ghn}$	0.103		
		$r_{ef \cdot m}$	0.118	$r_{ef \cdot gn}$	−0.178	$r_{ef \cdot mn}$	−0.115	$r_{ef \cdot hmn}$	−0.486		
		$r_{ef \cdot n}$	−0.078					$r_{ef \cdot gmn}$	−0.170		
r_{eg}	−0.225	$r_{eg \cdot f}$	−0.220	$r_{eg \cdot fh}$	−0.400	$r_{eg \cdot hm}$	−0.325	$r_{eg \cdot fhm}$	−0.301	$r_{eg \cdot fhmn}$	−0.127
		$r_{eg \cdot h}$	−0.358	$r_{eg \cdot fm}$	−0.311	$r_{eg \cdot hn}$	−0.362	$r_{eg \cdot fhn}$	−0.454		
		$r_{eg \cdot m}$	−0.333	$r_{eg \cdot fn}$	−0.377	$r_{eg \cdot mn}$	−0.181	$r_{eg \cdot hmn}$	−0.173		
		$r_{eg \cdot n}$	−0.346					$r_{eg \cdot fmn}$	−0.222		
r_{eh}	0.140	$r_{eh \cdot f}$	0.088	$r_{eh \cdot fg}$	0.352	$r_{eh \cdot gm}$	0.195	$r_{eh \cdot fgm}$	0.284	$r_{eh \cdot fgmn}$	0.612
		$r_{eh \cdot g}$	0.315	$r_{eh \cdot fm}$	0.295	$r_{eh \cdot gn}$	0.127	$r_{eh \cdot fgn}$	0.315		
		$r_{eh \cdot m}$	0.294	$r_{eh \cdot fn}$	−0.033	$r_{eh \cdot mn}$	0.353	$r_{eh \cdot gmn}$	0.259		
		$r_{eh \cdot n}$	−0.063					$r_{eh \cdot fmn}$	0.633*		
r_{em}	−0.012	$r_{em \cdot f}$	−0.047	$r_{em \cdot fg}$	0.230	$r_{em \cdot gh}$	−0.015	$r_{em \cdot fgh}$	−0.078	$r_{em \cdot fghn}$	−0.553
		$r_{em \cdot g}$	0.252	$r_{em \cdot fh}$	−0.286	$r_{em \cdot gn}$	−0.054	$r_{em \cdot fgn}$	−0.021		

续表

简单相关		一级偏相关		二级偏相关				三级偏相关		四级偏相关	
因子	r	因子	r	因子	r	因子	r	因子	r	因子	r
r_{em}	−0.012	$r_{em\cdot h}$	−0.186	$r_{em\cdot fn}$	−0.313	$r_{em\cdot hn}$	−0.336	$r_{em\cdot ghn}$	−0.234		
		$r_{em\cdot n}$	−0.306					$r_{em\cdot fhn}$	−0.599		
r_{en}	−0.343	$r_{en\cdot f}$	−0.333	$r_{en\cdot fg}$	−0.446	$r_{en\cdot gh}$	−0.327	$r_{en\cdot fgh}$	−0.420	$r_{en\cdot fghm}$	−0.652
		$r_{en\cdot g}$	−0.427	$r_{en\cdot fh}$	−0.250	$r_{en\cdot gm}$	−0.360	$r_{en\cdot fgm}$	−0.393		
		$r_{en\cdot h}$	−0.322	$r_{en\cdot fm}$	−0.443	$r_{en\cdot hm}$	−0.420	$r_{en\cdot ghm}$	−0.395		
		$r_{en\cdot m}$	−0.447					$r_{en\cdot fhm}$	0.587		

注：相关系数下标中，e.IGR_w；f、g、h、m、n 同表 3-46。

表 3-51　雌蟹体重内禀生长率与环境因子的相关性

简单相关		一级偏相关		二级偏相关				三级偏相关		四级偏相关	
因子	r	因子	r	因子	r	因子	r	因子	r	因子	r
r_{if}	0.041	$r_{if\cdot g}$	0.130	$r_{if\cdot gh}$	−0.039	$r_{if\cdot hm}$	0.052	$r_{if\cdot ghm}$	0.029	$r_{if\cdot ghmn}$	−0.056
		$r_{if\cdot h}$	0.267	$r_{if\cdot gm}$	−0.022	$r_{if\cdot hn}$	0.226	$r_{if\cdot ghn}$	−0.120		
		$r_{if\cdot m}$	0.190	$r_{if\cdot gn}$	−0.044	$r_{if\cdot mn}$	0.005	$r_{if\cdot hmn}$	−0.268		
		$r_{if\cdot n}$	0.044					$r_{if\cdot gmn}$	0.074		
r_{ig}	-0.749^{**}	$r_{ig\cdot f}$	-0.748^{**}	$r_{ig\cdot fh}$	-0.733^{*}	$r_{ig\cdot hm}$	-0.694^{*}	$r_{ig\cdot fhm}$	-0.706^{*}	$r_{ig\cdot fhmn}$	−0.655
		$r_{ig\cdot h}$	-0.738^{**}	$r_{ig\cdot fm}$	-0.708^{*}	$r_{ig\cdot hn}$	-0.743^{**}	$r_{ig\cdot fhn}$	-0.766^{**}		
		$r_{ig\cdot m}$	-0.709^{**}	$r_{ig\cdot fn}$	-0.790^{**}	$r_{ig\cdot mn}$	-0.651^{*}	$r_{ig\cdot hmn}$	-0.633^{*}		
		$r_{ig\cdot n}$	-0.774^{**}					$r_{ig\cdot fmn}$	-0.682^{*}		
r_{ih}	−0.281	$r_{ih\cdot f}$	−0.379	$r_{ih\cdot fg}$	0.317	$r_{ih\cdot gn}$	−0.065	$r_{ih\cdot fgm}$	-0.796^{**}	$r_{ih\cdot fgmn}$	-0.712^{*}
		$r_{ih\cdot g}$	0.211	$r_{ih\cdot fm}$	0.114	$r_{ih\cdot gm}$	0.075	$r_{ih\cdot fgn}$	0.278		
		$r_{ih\cdot m}$	0.215	$r_{ih\cdot fn}$	−0.398	$r_{ih\cdot mn}$	0.214	$r_{ih\cdot gmn}$	−0.049		
		$r_{ih\cdot n}$	−0.341					$r_{ih\cdot fmn}$	0.312		
r_{im}	−0.442	$r_{im\cdot f}$	−0.472	$r_{im\cdot fg}$	−0.213	$r_{im\cdot gh}$	0.225	$r_{im\cdot fgh}$	-0.782^{**}	$r_{im\cdot fghn}$	-0.803^{**}
		$r_{im\cdot g}$	0.298	$r_{im\cdot fh}$	−0.323	$r_{im\cdot gn}$	0.140	$r_{im\cdot fgn}$	−0.003		
		$r_{im\cdot h}$	−0.408	$r_{im\cdot fn}$	−0.567	$r_{im\cdot hn}$	−0.514	$r_{im\cdot ghn}$	0.129		
		$r_{im\cdot n}$	−0.569					$r_{im\cdot fhn}$	−0.535		
r_{in}	−0.006	$r_{in\cdot f}$	0.018	$r_{in\cdot fg}$	−0.383	$r_{in\cdot gh}$	−0.223	$r_{in\cdot fgh}$	0.353	$r_{in\cdot fghm}$	−0.402
		$r_{in\cdot g}$	−0.295	$r_{in\cdot fh}$	−0.133	$r_{in\cdot gm}$	−0.133	$r_{in\cdot fgm}$	−0.614		
		$r_{in\cdot h}$	−0.186	$r_{in\cdot fm}$	−0.317	$r_{in\cdot hm}$	−0.384	$r_{in\cdot ghm}$	−0.126		
		$r_{in\cdot m}$	−0.399					$r_{in\cdot fhm}$	−0.466		

注：相关系数下标中，i. IGR_w；f、g、h、m、n 同表 3-46。

（3）环境因子影响的组合效应。相关分析结果显示，在雄蟹体重相对生长率与 $c(1/2Ca^{2+})/c(1/2Mg^{2+})$ 的简单相关性受其他因子的影响作用中，$c(1/2Ca^{2+})/c(K^{+})$ 与 $c(1/2Mg^{2+})/c(K^{+})$ 所起作用均表现为负效应，M/D 值与两因子的复合因子均无影响效应，由三因子构成的复合因子所起的作用为显著负效应（$r_{af\cdot hmn}=-0.644$）。对雄蟹体重相对生长率与 $c(1/2Mg^{2+})/c(K^{+})$ 的简单相关性的影响作用，$c(1/2Ca^{2+})/c(K^{+})$ 无影响效应，M/D 值（$r_{am\cdot n}=-0.585$）与两因子的复合因子（$r_{am\cdot hn}=-0.659$）均为显著负效应，两因子的复合因子分别与 $c(Na^{+})/c(K^{+})$、$c(1/2Ca^{2+})/c(1/2Mg^{2+})$ 构成的三因子的复合因子为不显著的正效应、负效应兼有。$c(1/2Ca^{2+})/c(K^{+})$、$c(1/2Mg^{2+})/c(K^{+})$ 及 M/D 间的单因子和两因子的复合因子对雄蟹体重绝对生长率与 $c(1/2Ca^{2+})/c(1/2Mg^{2+})$ 的简单相关性的影响作用，均为不显著正效应、负效应与无影响效应兼有，但三因子的复合因子只有显著负效应（$r_{cf\cdot hmn}=-0.658$）。可见，环境因子对河蟹体重生长率与环境因子的简单相关性的影响作用具有组合效应，这进一步体现了碳酸盐类盐碱湿地水环境因子构成的不平衡性。

在雄蟹体重绝对生长率与 $c(Na^{+})/c(K^{+})$ 的简单相关性受其他因子的影响作用中，$c(1/2Ca^{2+})/c(1/2Mg^{2+})$、$c(1/2Ca^{2+})/c(K^{+})$ 及 M/D 值均无影响效应，两因子的复合因子为正效应与无影响效应兼有，但三因子的复合因子及其与 $c(1/2Mg^{2+})/c(K^{+})$ 所构成的四因子的复合因子均为不显著正效应，其作用结果使简单相关性达到显著（$r_{cg}=-0.592$）。这是环境因子组合效应的另一种形式。

（4）环境因子影响作用的不稳定性和异质性。相关分析还表明，受其他因子（包括复合因子，下同）影响的负效应作用，雌蟹体重相对生长率、绝对生长率、内禀生长率和雄蟹体重相对生长率分别与 $c(Na^{+})/c(K^{+})$ 的简单相关性和偏相关性都存在极显著，或显著，或近乎显著的组合，相关系数差别不大，相关性质一致。这表明河蟹体重生长与 $c(Na^{+})/c(K^{+})$ 密切相关，其简单相关性受其他因子的影响作用较弱，显示该环境因子对河蟹生长的影响作用较强，且其影响作用不易受到其他因子的干扰。

在其他因子影响的正效应作用下，雄蟹体重绝对生长率与 $c(Na^{+})/c(K^{+})$ 的简单相关性显著，四级偏相关性不显著且相关系数明显小于简单相关系数。表明雄蟹体重绝对生长率与 $c(Na^{+})/c(K^{+})$ 的相关性较差，其简单相关性受其他因子的影响作用较强，显示该环境因子对雄蟹体重绝对生长率的影响作用较弱，且容易受到其他因子的干扰。可见，$c(Na^{+})/c(K^{+})$ 对河蟹生长的影响作用因受其他因子的干扰而表现出不稳定性及其对雌蟹、雄蟹生长影响的异质性。

在其他因子的负效应作用下，雌蟹、雄蟹体重内禀生长率与 $c(1/2Ca^{2+})/c(K^{+})$ 及 $c(1/2Mg^{2+})/c(K^{+})$、雄蟹体重相对生长率和绝对生长率与 $c(1/2Ca^{2+})/c(1/2Mg^{2+})$、雄蟹体重相对生长率和内禀生长率分别与 $c(1/2Mg^{2+})/c(K^{+})$、M/D 值的简单相关性都不显著，但偏相关性都存在极显著，或显著，或近乎显著的组合，相关系数大小差别较大。这表明河蟹体重生长与这些因子不但密切相关，而且其简单相关性所受其他因子的影响作用都较强，也显示出这些环境因子对河蟹生长影响作用的不稳定性和对雌蟹、雄蟹生长影响的差异性。同时，这也从另一方面体现了碳酸盐类盐碱湿地水环境因子的不平衡性。

3）问题探讨

（1）阳离子组成与生物适应性。海水的盐类组成较稳定，离子组成也有其恒比关系，海洋生物经过漫长的进化适应，也只适应这种特定的离子组成。远离海洋的内陆碳酸盐类盐碱湿地，水环境盐度虽然并不算高，通常≤6.0g/L[61]，但其变化频繁，导致离子组成及其比值也复杂多变，不具有海水常量离子的衡比性，且背景值较高。本试验 $c(1/2Ca^{2+})/c(1/2Mg^{2+})$、$c(Na^+)/c(K^+)$、$c(1/2Ca^{2+})/c(K^+)$、$c(1/2Mg^{2+})/c(K^+)$及 M/D 值的平均值分别为 0.57、495.88、43.98、64.71 及 7.87，分别高于海水的 0.19[68]（$t=3.262$, $P<0.01$）、47.32（$t=4.191$，$P<0.01$）、2.06（$t=2.248$，$P<0.05$）、10.78（$t=3.243$，$P<0.01$）及 3.76（$t=2.744$，$P<0.01$）。一些淡水生物因经常受到盐碱水环境的适应性驯化而生存下来。但是像河蟹、对虾等生命起源于海洋的生物缺少对内陆盐碱水环境的适应性驯化，就有可能因离子组成不平衡导致比例失调而影响其生存与生长。

（2）河蟹生长与 $c(Na^+)/c(K^+)$的关系。据试验观察，在盐度为 15.0g/L 的人工海水中，$c(Na^+)/c(K^+)$在 79.4～201.6（引用时作者进行了转换处理）范围内与凡纳滨对虾（*Litopenaeus vannamei*）体重内禀生长率的简单相关性为极显著负相关；近海地区在利用地表咸水和地下卤水养殖对虾时，也发现较高的 $c(Na^+)/c(K^+)$是影响对虾存活与生长的主要因素[142-146]。本试验在平均盐度为 2.27g/L 的条件下，$c(Na^+)/c(K^+)$在 55.83～1226.49 范围内与雌蟹体重内禀生长率的简单相关性和一级偏相关性、二级偏相关性、三级偏相关性均为显著或极显著负相关，四级偏相关性为近乎显著负相关。这表明碳酸盐类盐碱水环境较高的 $c(Na^+)/c(K^+)$值也将降低河蟹体重生长率，可认为是河蟹生长的影响因子。由于该因子对雌蟹、雄蟹体重多项生长指标都有影响，且受其他因子的干扰较小（如前所述），因而很可能成为影响作用较稳定的生态因子。

（3）河蟹生长与 $c(1/2Ca^{2+})/c(1/2Mg^{2+})$的关系。文献[68]在研究鲟鱼（*Acipenser* sp.）生长时，向池塘水体施入适量的 Ca^{2+}可加快幼鲟生长。但当 $c(1/2Ca^{2+})/c(1/2Mg^{2+})$达到 6.66 时，幼鲟生长受到抑制。文献[147]研究显示，$c(1/2Ca^{2+})/c(1/2Mg^{2+})$为 0.18～0.23 时，日本鳗鲡（*Anguilla japonica*）的孵化率最高。适合凡纳滨对虾仔虾生存的 $c(1/2Ca^{2+})/c(1/2Mg^{2+})$为 0.1～0.4[148]；河蟹与海虾的育苗水及其幼体生长的适宜 $c(1/2Ca^{2+})/c(1/2Mg^{2+})$均为 0.2～0.3[149, 150]。本试验 $c(1/2Ca^{2+})/c(1/2Mg^{2+})$总体上高于上述值，在 0.12～1.48 范围内与雌蟹、雄蟹体重生长率的简单相关性和四级偏相关性都不显著，可认为对河蟹生长无影响。

（4）河蟹生长与 $c(1/2Ca^{2+})/c(K^+)$、$c(1/2Mg^{2+})/c(K^+)$的关系。文献[61]、[68]的研究结果表明，Ca^{2+}、Mg^{2+}对 K^+的毒性都有拮抗作用。盐碱水环境 Ca^{2+}对 K^+产生拮抗作用时，$c(1/2Ca^{2+})/c(K^+)$一般低于 13.01，为 7.8 时，其拮抗作用最明显[151]。本试验 $c(1/2Ca^{2+})/c(K^+)$总体上高于上述，在 2.08～219.38 范围内与雌蟹体重内禀生长率的四级偏相关性为显著负相关、与雄蟹近乎显著正相关。$c(1/2Mg^{2+})/c(K^+)$对水生生物的影响尚未见报道。本试验 $c(1/2Mg^{2+})/c(K^+)$值在 4.80～192.79 范围内与雌蟹体重内禀生长率的四级偏相关性极显著负相关、与雄蟹近乎显著负相关。以上表明，碳酸盐类盐碱湿地水环境较高的 $c(1/2Ca^{2+})/c(K^+)$及 $c(1/2Mg^{2+})/c(K^+)$，都将降低河蟹体重内禀生长率，可认为都对河蟹生长有影响。

（5）河蟹生长与 M/D 值的关系。水环境 M/D 值的高低，反映了 Ca^{2+}、Mg^{2+}对 K^+、Na^+毒性的拮抗程度，该值越高越不利于水生生物生存与生长。沿海及近海内陆地区河蟹苗种培育、海虾养殖用水均为氯化物类水质，该类型水环境中包括 M/D 值在内的阳离子比值通常都接近正常海水[68, 143-146, 152, 153]。碳酸盐类盐碱湿地水环境 *M*/*D* 值往往较高，如达里湖高达 37.9[119]，不但海洋生物难以生存，而且多数情况下在盐度和离子浓度尚未达到限制程度之前就已经影响到普通淡水生物的生存与生长[61]。有关 *M*/*D* 值对水生生物影响的研究报道尚少。本试验 *M*/*D* 值在 2.23～16.97 范围内与雄蟹体重内禀生长率的四级偏相关性为近乎显著负相关，可认为对河蟹生长有影响。

4）结论与建议

（1）离子组成的不平衡性，导致碳酸盐类盐碱湿地水环境河蟹体重生长率与环境因子的简单相关性均受到其他因子的影响，这种影响作用具有不稳定性和对雌蟹、雄蟹生长影响的异质性。

（2）在其他因子影响的负效应作用下，碳酸盐类盐碱湿地水环境 $c(1/2Ca^{2+})/c(1/2Mg^{2+})$ 对河蟹体重生长无影响，*M*/*D* 值、$c(Na^{+})/c(K^{+})$、$c(1/2Ca^{2+})/c(K^{+})$及 $c(1/2Mg^{2+})/c(K^{+})$可能是影响因子。建议在进行 $10.0hm^2$ 以下的小面积养殖时，可通过施加 KCl 和 $CaCl_2$ 来提高 $c(K^{+})$和 $c(1/2Ca^{2+})$，降低 $c(Na^{+})/c(K^{+})$及 $c(1/2Mg^{2+})/c(K^{+})$，保持 $c(1/2Ca^{2+})/c(K^{+})$及 *M*/*D* 值的相对稳定。这样既满足了河蟹正常生长对 Ca^{2+}的需求，又能优化水环境质量进而促进河蟹生长。

（3）养殖试验中蟹种投放后即获得盐碱水环境驯化的机会，形成对离子比值的综合性适应机制，从而具有了在盐碱水环境中生存与生长的能力。目前亟待开发利用的是碱度 10mmol/L 以上、pH 超过 9.0、阳离子比值偏高的碳酸盐类高盐碱湿地，此类水域不宜采用上述的离子调节技术。建议蟹种放养前先用养殖区的盐碱水进行环境适应性驯化，使蟹种实现由原生地的氯化物类水环境向碳酸盐类盐碱水环境的适应性过渡。

（4）对蟹种进行高盐碱水环境的适应性驯化，将是碳酸盐类盐碱湿地实现商品蟹规模化养殖的有效途径。

3. 盐度对河蟹早期发育的影响

河蟹幼体孵化后，要经历 5 期蚤状幼体和大眼幼体两个不同的幼体发育阶段，共经过 6 次蜕皮。在此过程中，盐度通过渗透压的改变对各发育阶段的幼体有着不同的影响，是最为重要的环境因子之一[154, 155]。

不同时期的蚤状幼体对盐度变化的忍受力是不同的。研究结果表明，Ⅱ期、Ⅲ期蚤状幼体对水环境盐度的变化反应较为敏感，盐度日降幅≥2.0g/L 时会导致幼体大量死亡，盐度日降幅≥1.0g/L 时也会影响幼体的正常发育，它们可忍受的盐度下限分别为 12.0g/L 及 10.0g/L。Ⅳ期蚤状幼体对盐度下降的忍受力较前两期已有较大提高，盐度日降幅 1.0～2.0g/L 时对幼体发育变态已无明显不利影响，但盐度日降幅＞3.0g/L 仍会导致Ⅳ期蚤状幼体的大量死亡。Ⅴ期蚤状幼体对盐度改变及低盐度的调适能力较前几期幼体已有很大提高，当盐度降至 10.0g/L 时，存活幼体仍能以正常速度发育变态为大眼幼体。因此，河蟹Ⅱ～Ⅴ期蚤状幼体对盐度变化的忍受能力是逐渐增强的[155, 156]。

研究河蟹大眼幼体对盐度变化的忍受能力时还发现，1～2 龄的大眼幼体对盐度下降的适应能力已显著提高，盐度日降幅＜5.0g/L 的情况下，大眼幼体的存活率达 90%以上。显然，该发育阶段自然因素引起的盐度下降已不会对幼体的发育、生长构成严重威胁[155, 156]。

3.2.4 碳酸盐类盐碱湿地增养殖与水环境因子的关系

我国北方地区有许多碳酸盐类盐碱湖泊湿地，水环境碱度和 pH 均较高、较稳定。由于此类湖泊湿地碳酸盐碱度的毒性效应，限制了其渔业利用[63, 66]。文献[63]总结了松嫩平原碳酸盐类盐碱湖泊湿地三勇湖及敖包泡的水质状况、龙江湖改水洗碱及其渔业生态恢复前后的生产情况和诺尔湖盲目生产所造成的危害，从盐碱水养殖生态学角度，探讨宜渔的碳酸盐类盐碱湖泊湿地渔业利用与水环境因子的关系。

1. 水化学特征

1）自然概况

三勇湖水面呈椭圆形，水源由北部引嫩（嫩江）干渠经过 4 个水库后引入。鱼类生长期间无补水条件，水质混浊度较大，透明度为 5～8cm，常年呈白浆色。敖包泡底质平坦，开发前为盐碱洼地，碱草丛生，水源来自“乌双”（乌裕尔河和双阳河）工程的连环湖泄洪渠道，混浊度较大，透明度为 5～10cm。龙江湖渔业开发前为典型的碳酸盐类盐碱湖泊沼泽，湖底平坦，碱蓬及杂草丛生，水质混浊，与三勇水库相似。诺尔湖为普通苏打盐碱湖泊沼泽，水源为“乌双”泄洪水，非泄洪期无补水条件。以上湖泊湿地的基本情况见表 3-52。

表 3-52 湖泊沼泽基本情况[63]

湖泊沼泽	面积/hm^2	平均水深/m	鱼类总产量/t			平均年鱼产量/(kg/hm^2)	统计时间
			鲤鱼	草鱼	其他		
三勇湖	267	1.5～1.7	125	105	70	1125	1986 年
敖包泡	600	1.3～2.0	55	129	5.5	315.8	1986 年
龙江湖	1000	1.5～2.5	—	45	30	75	1991 年
诺尔湖	667	1.5～1.9	7.2	10.8	32	75	1988 年

2）主要水化学特征

（1）离子组成与水质类型。三勇湖和敖包泡水化学主要离子组成见表 3-53。水环境阴离子组成（平均值）均为 $\rho(HCO_3^-) > \rho(Cl^-) > \rho(CO_3^{2-}) > \rho(SO_4^{2-})$。其中，除了 $\rho(HCO_3^-)$ 敖包泡高于三勇湖之外，$\rho(Cl^-)$、$\rho(CO_3^{2-})$ 及 $\rho(SO_4^{2-})$ 均为三勇湖高于敖包泡。阳离子组成均为 $\rho(Na^+ + K^+) > \rho(Mg^{2+}) > \rho(Ca^{2+})$。其中，除了 $\rho(Na^+ + K^+)$ 三勇湖高于敖包泡之外，$\rho(Mg^{2+})$、$\rho(Ca^{2+})$ 均为敖包泡高于三勇湖。水质化学类型均为 C_I^{Na} 半咸水。

表 3-53 三勇湖和敖包泡水化学主要离子组成[63]

湖泊沼泽	测定时间	盐度/(g/L)	碱度/(mmol/L)	总硬度/(mmol/L)	COD_{Cr}/(mg/L)	pH	$\rho(Na^+ + K^+)$/(mg/L)
三勇湖	1986-05-10	1.88	15.60	3.06	19.20	8.86	589.95
	1986-06-15	1.71	15.10	2.85	20.31	8.50	524.50

续表

湖泊沼泽	测定时间	盐度/(g/L)	碱度/(mmol/L)	总硬度/(mmol/L)	COD_{Cr}/(mg/L)	pH	$\rho(Na^{+}+K^{+})$/(mg/L)
三勇湖	1986-07-20	1.49	11.12	2.34	23.28	8.40	491.76
	1986-08-11	1.45	12.94	2.20	25.54	8.70	431.30
	1986-09-12	1.65	15.12	1.92	23.76	9.30	499.28
	1986-10-12	1.79	16.70	2.10	21.21	9.24	544.63
	平均	1.66	14.43	2.41	22.22	8.83	513.57
敖包泡	1986-05-07	1.79	14.56	3.04	17.20	8.70	312.80
	1986-07-10	1.49	16.06	2.52	19.20	9.10	387.23
	1986-09-25	1.40	15.16	3.15	17.51	8.80	361.55
	平均	1.56	15.26	2.90	17.97	8.87	353.86

湖泊沼泽	测定时间	$\rho(Cl^{-})$/(mg/L)	$\rho(SO_4^{2-})$/(mg/L)	$\rho(HCO_3^{-})$/(mg/L)	$\rho(CO_3^{2-})$/(mg/L)	$\rho(Ca^{2+})$/(mg/L)	$\rho(Mg^{2+})$/(mg/L)
三勇湖	1986-05-10	312.32	59.95	829.87	60.00	10.82	18.48
	1986-06-15	259.14	46.11	781.06	69.00	13.03	21.04
	1986-07-20	396.74	12.69	627.29	25.20	6.13	24.65
	1986-08-11	199.10	43.03	696.84	45.60	15.15	17.56
	1986-09-12	208.65	42.27	837.19	42.00	10.42	17.02
	1986-10-12	228.38	35.78	896.99	60.00	10.92	18.85
	平均	267.39	39.97	778.21	50.30	11.08	19.60
敖包泡	1986-05-07	72.12	2.40	840.04	23.70	14.04	28.45
	1986-07-10	78.34	24.87	934.22	22.50	15.63	30.63
	1986-09-25	86.96	20.65	822.86	50.24	24.05	23.71
	平均	79.14	15.97	865.71	32.15	17.91	27.60

（2）盐度、碱度、总硬度、pH及有机物。由表3-53可知，水环境平均盐度三勇湖、敖包泡分别为1.66g/L、1.56g/L，前者略高于后者。平均碱度三勇湖、敖包泡分别为14.43mmol/L、15.26mmol/L，前者略低于后者。平均总硬度三勇湖、敖包泡分别为2.41mmol/L、2.90mmol/L，前者也略低于后者。pH则敖包泡略高于三勇湖，分别为8.87、8.83。COD_{Cr}值中，三勇湖全年变化不大，5月最低，为19.20mg/L，8月最高，为25.54mg/L，3个相对较高值均出现在7月、8月及9月；敖包泡春季（5月）和秋季（9月）较为接近，夏季（7月）最高（19.20mg/L）。总体上，明水期三勇湖略高于敖包泡。

COD_{Cr}值高低是水质肥瘦的标志。但有机物含量过高，过多地消耗水中溶解氧，对水环境氧气状况会产生明显的影响。一般来说，COD_{Cr}值越高，表明水环境中有机物质含量也越高。文献[157]认为COD_{Cr}值达到13～15mg/L是肥水的标志。由此可见，三勇湖和敖包泡水质都已达到肥水的标准，已相当于高产池塘水平。

除了用COD_{Cr}值作为肥水指标之外，水体浮游植物生物量超过20.0mg/L，也作为肥水指标[157]。后者同时还作为鲢、鳙鱼食物的最适密度。三勇湖浮游植物平均生物量为33.92mg/L（表3-54），鲢、鳙经过4个月饲养，体重由40g增加到400g，平均增重9倍以上。碳酸盐类盐碱水环境中如此明显的增重效果，完全是投饵、施肥促进了浮游植物繁殖所致。

表 3-54 三勇湖投饵、施肥与浮游植物生物量[63]

时间	硬颗粒饲料/t	有机肥/t			化肥/t			浮游植物生物量/(mg/L)
		奶牛粪	鸡粪	合计	过磷酸钙	尿素	合计	
5 月	8.72	270	30	300	—	—	—	—
6 月	65.41	301	57	358	—	—	—	—
7 月	143.90	86	138	224	5	10	15	16.51
8 月	176.23	300	220	520	—	—	—	59.97
9 月	21.80	—	—	—	—	—	—	25.27
合计	416.06	957	445	1402	5	10	15	—

3）营养元素

由表 3-55 可知，水环境中 TN、TP 和 TFe 浓度，三勇湖均高于敖包泡。三种无机氮中，两湖泊均以 NH_4^+-N 浓度最高，总无机氮占比也最高。三勇湖平均总无机氮高于敖包泡，其中 NH_4^+-N 浓度和 NO_2^--N 浓度也均高于敖包泡，但敖包泡的 NO_3^--N 浓度高于三勇湖。PO_4^{3-}-P 浓度中，三勇湖高出敖包泡 6.8 倍，而敖包泡的 N / P 值高出三勇湖 3.4 倍。

表 3-55 三勇湖和敖包泡水化学营养盐含量[63]

湖泊沼泽	测定时间	TN	TP	TFe	PO_4^{3-}-P	NO_3^--N	NO_2^--N	NH_4^+-N	总无机氮	N / P 值
三勇湖	1986-05	0.960	2.16	0.310	0.298	0.365	0.004	0.396	0.765	2.57
	1986-06	0.822	3.83	0.208	0.541	0.144	0.003	0.813	0.960	1.77
	1986-07	1.073	3.28	0.611	0.984	0.291	0.003	0.503	0.797	0.81
	1986-08	0.488	4.88	0.404	0.151	—	—	—	—	—
	1986-09	0.879	3.80	0.263	0.975	0.125	0.001	0.342	0.468	0.48
	1986-10	0.650	3.78	0.321	0.282	0.045	0.001	0.537	0.583	2.07
	平均	0.812	3.62	0.353	0.539	0.194	0.002	0.518	0.715	1.33
敖包泡	1986-05	0.220	1.82	0.110	0.006	0.120	0.001	0.260	0.381	63.5
	1986-07	0.310	1.97	0.123	0.091	0.340	0.002	0.370	0.712	7.82
	1986-09	0.450	2.13	0.170	0.110	0.290	0.001	0.320	0.611	5.55
	平均	0.327	1.97	0.134	0.069	0.250	0.001	0.317	0.568	8.23

注：表中除了 N/P 值外，其他数据单位均为 mg/L。

文献[157]报道无锡河埒口高产池塘平均 N / P 值为 104（61～139），与淡水藻类生长的适宜 N/P 值 7.0 相比，该池塘水体的有效氮含量相对高于有效磷含量。相比于上述高产池塘，三勇湖水体的有效氮含量与有效磷含量差别不大而略有偏高，总体上 N/P 值在 1 左右，明显低于 7，如果适当增施氮肥，渔业增产效果将更好；敖包泡则表现为有效氮含量相对高于有效磷含量，总体上 N/P 值在 7 左右。长期监测结果表明，松嫩平原碳酸盐类盐碱湖泊湿地水环境 PO_4^{3-}-P 浓度大多在 0.7mg/L 左右，像敖包泡这样 PO_4^{3-}-P 浓度偏低的盐碱湿地并不多见[63]。

2. 盐碱水化学与渔业增养殖的关系

1）水质改良与鱼产量

（1）基本情况。龙江湖位于黑龙江省龙江县南部，是由地面洼地降水积水而成的封闭型湖泊湿地。由大、小两个湖泊组成，其中，水深 2.5m 以上的水面约 1000hm^2，水深低于 2.5m 的水面约 200hm^2，总蓄水量 2400 万 m^3。土壤为碱化草甸土，湖边缘砂质土壤较多，湖心深处为淤泥质。由于集水区大量盐碱离子进入湖中，湖水盐碱度逐渐升高，鲢、鳙不能存活，鱼类组成只有银鲫和葛氏鲈塘鳢及少量凶猛鱼类，平均鱼产量为 9kg/hm^2。随着湖水大量蒸发，水质逐渐浓缩，盐碱度升高，造成 1982 年 8 月放养的鲢、鳙苗种全部死亡。对水质测定结果显示，这时的水环境盐度为 1.62g/L，但鲤、草鱼、鲢、鳙等大多数淡水鱼类对水环境盐度的适应能力可达 7～8g/L，因而初步认为鲢、鳙不能存活的主要原因不是盐度高，而是碱度高。

（2）水质改良生态工程。根据龙江湖渔业功能逐渐丧失的实际情况，1983 年龙江县水务局同龙江湖水产养殖场联合，开始实施渔业生态恢复工程，即在龙江湖外缘修 1 条长 1650m、宽 5m、高 2.5m 的拦河坝。建成后拦河坝可引绰尔河（嫩江支流）水入湖，同时通过溢洪道将原龙江湖水排放到湖区外的沼泽湿地，以更新湖水，从而使湖泊湿地的渔业功能逐渐得到恢复。

（3）水质改良效果。1983 年完成了“引绰入龙”和筑堤防逃工程，同年换掉湖水 10 万 m^3，相当于该湖蓄水量的 50%。1985 年和 1988 年又进行了换水。经过 1983 年、1985 年和 1988 年 3 次换水，龙江湖渔业生态发生了较大变化。1991 年 8 月测定结果显示（表 3-56），实施生态恢复工程后龙江湖水环境盐度、碱度及 pH 均明显下降，透明度适中，水质清新，水色呈现黄绿色，盐碱粉尘污染程度减轻，为开展放养渔业提供了良好的生态环境。

表 3-56　龙江湖水质改良前后主要水化学指标[63]

测定时间	盐度/(g/L)	pH	碱度 /(mmol/L)	总硬度 /(mmol/L)	透明度 /m	$\rho(Cl^-)$ /(mg/L)	$\rho(SO_4^{2-})$ /(mg/L)	$\rho(HCO_3^-)$ /(mg/L)	$\rho(Na^+ + K^+)$ /(mg/L)
1982-08	1.62	9.42	18.10	2.04	15	43.40	29.78	1034.29	447.50
1991-08	0.79	8.30	8.60	2.92	36	30.90	25.93	497.92	178.25

龙江湖水生态环境的逐渐恢复，也为浮游生物繁殖创造了有利条件，从而为鲢、鳙提供了饵料资源。据测定，生态恢复后，浮游生物总生物量达到恢复前的 3.01 倍；其中，浮游植物生物量为恢复前的 2.23 倍，恢复后和恢复前生物量分别为 12.38mg/L 及 5.55mg/L；浮游动物生物量为恢复前的 5.22 倍，恢复后和恢复前生物量分别为 10.13mg/L 及 1.94mg/L（表 3-57）[158]。

表 3-57　龙江湖水质改良前后浮游生物生物量[158]　（单位：mg/L）

测定时间	浮游植物								浮游动物				
	蓝藻	绿藻	硅藻	裸藻	金藻	黄藻	隐藻	合计	原生动物	轮虫	枝角类	桡足类	合计
1982-08-02	0.25	3.64	0.81	0.65	0.17	—	0.03	5.55	0.003	0.81	0.51	0.62	1.94
1991-08-28	2.50	3.25	0.24	6.00	—	0.39	—	12.38	0.29	0.72	1.92	7.20	10.13

自 1984 年龙江湖开始放养鲢、鳙鱼种以来，至 1990 年共放养 23t，在总放养量 74t 中占 31%。1991 年 8 月测得 5$^+$、6$^+$龄的鲢、鳙个体体长为 62～74cm，体重为 4750～7200g；鲤个

体体长为 39～40cm，体重为 1200～1950g，且肥满度较高，表明鱼类生长发育良好（表 3-58）。文献[158]还报道黑龙江省其他淡水水域 5^+、6^+龄的鲢、鳙个体体长为 62.0～62.5cm，体重为 4870～5000g。由此可见，生态恢复后龙江湖鲢、鳙生长速度与其他非盐碱水域已无明显差别。

表 3-58　水质改良后龙江湖鱼类生长情况[158]

年龄/龄	鲢、鳙			鲤			银鲫		
	体长/cm	体重/g	肥满度	体长/cm	体重/g	肥满度	体长/cm	体重/g	肥满度
2^+	21	260	1.9	25	400	2.9	12.0	25	3.1
3^+	37	900	1.8	30	900	2.7	13.5	125	3.0
4^+	49	2400	2.0	33	1000	2.7	14.5	135	3.2
5^+	62	4750	2.0	39	1200	2.0	16.0	175	3.3
6^+	74	7200	1.8	40	1950	2.6	17.0	190	3.2

随着鱼类放养种类和数量的增加，鱼产量、产值也逐年递增。总产量由 1983 年的 10t 提高到 1991 年的 75t；产值由 1983 年的 3.5 万元提高到 1991 年的 37.5 万元；总产量中鲢、鳙占比由 1983 年的 10%提高到 1991 年的 60%，个体规格也大多超过 4.0kg/尾。1991 年龙江湖鱼产量虽然只有 75kg/hm^2，但比 1982 年增长了 8.3 倍。

2）诺尔湖死鱼与水化学的关系

诺尔湖位于黑龙江省杜尔伯特蒙古族自治县西南部。1987 年从“乌双”工程之一的连环湖泄洪道引水，1988 年承包经营，当年投放鱼种 9.0t，投资 12 万元，捕捞成鱼 50.0t，纯收入 14 万元。1989 年上游河道干涸，没有补水条件，水位逐年下降，水面减少，1991 年平均水深由 1.7m 降至 0.8m。1992 年投放鲤、鲢、鳙鱼种合计 2.0t。6 月中旬至 7 月上旬，干旱无雨，250g/尾的鲤和 350g/尾的鲢、鳙开始大批死亡，15d 后近乎绝迹。7 月 21 日测定水质碱度为 51.16mmol/L，pH 为 9.27（表 3-59）。文献[25]报道在碱度为 30.2mmol/L、pH 为 9.2 的盐碱水环境中，鲢、鳙已无法适应。这表明诺尔湖水环境在碱度达到 51.16mmol/L 之前，鲢、鳙就已经开始死亡了。

表 3-59　诺尔湖与连环湖（水源）主要水化学指标[63]

湖泊沼泽	盐度/(g/L)	pH	碱度/(mmol/L)	硬度/(mmol/L)	$\rho(CO_3^{2-})$/(mg/L)	$\rho(Cl^-)$/(mg/L)	$\rho(SO_4^{2-})$/(mg/L)	$\rho(HCO_3^-)$/(mg/L)	$\rho(Na^++K^+)$/(mg/L)	$\rho(Ca^{2+})$/(mg/L)	$\rho(Mg^{2+})$/(mg/L)
诺尔湖	4.39	9.27	51.16	5.14	256.20	193.80	13.45	2600.67	1258.25	17.27	52.02
连环湖	0.74	7.20	6.06	3.10	18.81	101.60	25.26	331.34	177.00	23.85	23.26

关于碱度对鱼类的毒性作用，文献[66]的研究结果显示，在 pH 为 9.5 的水环境，鲤鱼种的碱度 24hLC$_{50}$ 为 50.0mmol/L；在碱度为 41.6mmol/L、pH 为 9.42 和碱度为 48.2mmol/L、pH 为 9.64 两种实验水环境中，放入的鲢、鳙、草鱼鱼种都很快死亡。这表明在同一碱度（或 pH）水平的水环境中，pH（或碱度）越高，对鱼类的毒性作用也越强。

由表 3-59 可知，当诺尔湖水环境碱度达到 51.16mmol/L、pH 为 9.27 时，作为水源的连环湖水体碱度只有 6.06mmol/L、pH 为 7.20。由于连续几年枯水，1992 年诺尔湖鱼类死亡原因，可认为是碱度过高。干旱造成湖水蒸发浓缩致使碱度升高，这在内蒙古自治区碱性湖泊渔业发展过程中也有同样的表现[25]。

大多数碱度较高的碳酸盐类盐碱湿地，其水质化学类型都为 C_{I}^{Na} 半咸水，因为只有该型水才能在蒸发浓缩过程中积累碱度。若遇干旱年份，蒸发浓缩作用使碱度进一步升高，可能对鱼类造成死亡的威胁，诺尔湖就是典型例子。所以了解此类水域的水质特点，认识高碱度和高 pH 对鱼类的毒性，对于松嫩平原碳酸盐类盐碱湖泊湿地渔业生态恢复与利用有着特别重要的意义。

3）碱度、pH 与鱼产量

综上可知，对于碳酸盐类盐碱湖泊湿地的渔业增养殖，碱度为 11.12～16.7mmol/L、pH 为 8.4～9.24 的水域，放养鲤、鲢、鳙、草鱼的产量可达 1125kg/hm^2；对于碱度为 14.56～16.06mmol/L、pH 为 8.7～9.1 的水域，采取渔业生态恢复措施，也可达到增产效果；碱度为 18.1mmol/L、pH 为 9.42 以上的水域，往往鱼类组成单一，产量较低，渔业生态恢复效果通常不明显。

4）碱度与渔业利用的关系

（1）重视品种选择。通常情况下，对于 C_{I}^{Na} 型水质特征较强的碳酸盐类盐碱湖泊湿地，应重视碱度对鱼类的毒性效应，根据湖泊水质特点，选择耐碱能力不同的鱼类进行渔业利用。研究表明，几种养殖鱼类的耐碱能力为：青海湖裸鲤＞瓦氏雅罗鱼＞银鲫＞鲤＞尼罗罗非鱼＞草鱼＞鲢、鳙。一般地，对于碳酸盐类盐碱湖泊湿地，碱度＜10.0mmol/L 的水域实施放养渔业是安全的；碱度≥10.0mmol/L 且＜18.0mmol/L 的水域，如能通过补水来改善湿地生态环境，也可以发展放养渔业；碱度≥18.0mmol/L 的水域，如果能力有限、缺乏生态恢复条件，则不宜实施常规鱼类的放养渔业，需要另选耐碱能力较强的鱼类，如瓦氏雅罗鱼、青海湖裸鲤等。

（2）实施放养渔业的碱度上限。研究表明，水环境碱度与 pH 对鱼类的毒性作用是相互影响的，即在同一 pH（碱度）下，碱度（pH）越高对鱼类的毒性作用越强[66]。三勇湖最高碱度为 16.7mmol/L，最高 pH 为 9.3。实施放养渔业后，通过施肥、投饵，使平均年鱼产量达到 1125kg/hm^2，比原来提高 18 倍，同时水质状况也得到明显改善。1985 年水环境 pH 平均为 9.14（8.9～9.3），实施放养渔业后为 8.83（8.4～9.3）；水体透明度由 5～8cm 增加到 10～12cm；水质颜色由灰白色转变为微绿色；TN、TP 浓度比 1985 年分别增加了 4.6 倍、15 倍。

相比之下，敖包泡虽然未实施放养渔业，但也采取了诸如放养大规格鱼种、合理搭配放养比例、改善拦鱼设备、控制凶猛鱼类过度繁殖、提高商品鱼回捕率等渔业增产技术。1984 年放养鲤、鲢、鳙春片鱼种，1986 年冬捕抽样，平均规格鲤为 1.25kg/尾（1.0～6.0kg/尾），鲢为 3.25kg/尾（2.5～5.0kg/尾），鳙为 3.61kg/尾（2.6～5.5kg/尾）。这些增产措施的综合运用，使成鱼平均年产量达到 315.8kg/hm^2。

根据文献[25]的报道，20 世纪 60～70 年代，内蒙古自治区黄旗海水体 pH 为 9.03，碱度为 16.49mmol/L，在此条件下鲢、鳙、鳊生长良好。根据三勇湖和敖包泡渔业高产的实践，认为碱度＜18.0mmol/L 的碳酸盐类盐碱湖泊湿地，只要投施有机肥，改善生态环境，防止 pH 过度升高，是可以发展放养渔业的[63]。

第4章　沼泽湿地生态渔业

4.1　苇-渔综合养育

4.1.1　苇-鱼模式

1. 苇-鱼共生理论

1）芦苇沼泽自然环境

相比于池塘、湖泊等渔业环境，芦苇沼泽作为水产养殖环境，具有不同的生态特点。芦苇沼泽水体较浅，一般水深30～50cm，深者也不过1.0m左右。而且水位的升降变化是根据芦苇不同发育阶段的需要而变化的。由于水浅，水温受气温的影响较大，在夏季，松嫩平原芦苇沼泽的表层水温有时可超过30℃，昼夜温差可达10℃以上。

芦苇生长茂密的芦苇沼泽，其水温虽然受光照影响较小，但受气温的影响较大，因而水温的变化要比池塘剧烈。由于水浅，大气中的氧气容易溶入，且水体中大量植物进行光合作用放出大量的氧气，使水体溶解氧含量较为充足。据观察，5～9月芦苇生长期，水体溶解氧含量均＞3mg/L，鱼类没有缺氧现象。

芦苇沼泽水生生物种类组成上，浮游生物不论种类和数量都较池塘少得多，底栖动物较多，而丝状藻类及水生维管束植物远多于池塘。春季，浅水高温，光照充足，正是许多水生维管束植物良好的生活环境。底栖动物中的摇蚊幼虫、多种寡毛类和小型螺类等大量繁生，草鱼、团头鲂、鳊等草食性鱼类和鲤、鲫等杂食性鱼类的天然饵料资源较为丰富。

2）苇-鱼共生生态系统结构

生态系统中，一对物种之间的直接相互作用通常分为竞争、共生和牧食三种类型。苇-鱼共生实际上是一种生活空间结构上的共生。在苇-鱼共生生态系统中，杂草对芦苇的生长具有抑制作用，是竞争关系；芦苇和草食性鱼类间具有相互促进对方生长的作用，属共生关系；通过摄食杂草，草食性鱼类可抑制苇田杂草的生长，二者为牧食关系。

苇-鱼共生指在芦苇生长季节，放养草食性鱼类使苇、鱼共生于芦苇沼泽中，形成苇-鱼共生生态系统。苇-鱼之间相辅相成，相得益彰，能动地发挥了鱼类在生态系统中的积极作用，促进能量朝着有利于芦苇和鱼类的方向流动，获得了良性循环。

苇-鱼共生生态系统属人工生态系统范畴。在该系统中，光、水、热、温度、CO_2、O_2和一些无机物质等为非生物因子；生产者、消费者和分解者为生物因子。

苇-鱼共生生态系统中，生产者主要有芦苇植株、杂草和藻类，它们均通过光合作用和呼吸作用参与碳素循环，并向消费者和分解者提供有机物质；消费者的种类和数量较多，如浮游动物、鱼类（放养的鲤、鲫、草食性鱼类等）、芦苇害虫以及鱼类的敌害（如食鱼水鸟）等。

3）苇-鱼共生生态系统功能

将芦苇和鱼类置于同一个生态系统中，通过鱼类的放养时间、品种及其数量的合理搭配，可更有效地发挥二者之间相辅相成的作用，促进物质循环，使能量朝着苇、鱼都有利的方向流转。苇-鱼共生生态系统是在原来单一的芦苇沼泽生态系统中加进了鱼类环节，从而加速了新生态系统内的物质循环和能量流动，使生态系统运转比较合理和有利。芦苇是该系统中占绝对优势的生物种群，它大量吸收日光能、CO_2、水以及各种无机营养成分，借助光合作用而制造有机物质，形成芦苇资源，供给人类利用。然而，大量的杂草同样也进行着和芦苇大体一样的能量转化过程，但它们并不为人类提供有益的产品，相反，还和芦苇争夺肥料、空间和阳光，而且有些杂草还是芦苇害虫的中间宿主。

鱼类可以是该系统的初级消费者，也可以是次级消费者，有的还是三级消费者，这里只涉及放养什么鱼最有效的问题。经过比较，草食性鱼类是最佳选择。在苇田中，草食性鱼类能摄食大量的杂草，从而减弱了杂草与芦苇对肥料的争夺，促进芦苇产量和质量的提高，同时又净化了水质，优化了鱼类生活环境。

芦苇在生长发育过程中需要不断地从土壤中吸取大量 N、P、K 等营养元素。芦苇湿地放养鱼类后，随着鱼类的不断长大，其食量和排粪量递增。例如，据测算，1 尾体长为 7～13cm 的草鱼日食量相当于其体重的 52%，排粪量为吃食量的 72%，按照养鱼时间 110d、放养量 400 尾/hm^2 计算，则鱼类的排粪量为 140～150kg/hm^2，这些粪肥中含有丰富的 N 和 P，从而成为芦苇沼泽的内源性肥料。

杂草增加是芦苇生境劣变、芦苇沼泽湿地生态退化的重要标志。在人工育苇的条件下，除草是芦苇高产管理、退化芦苇抚育复壮的重要措施之一。传统的芦苇沼泽除草大多采用农药喷施法，其不仅对芦苇沼泽生态环境造成污染，同时还浪费了杂草所转化的太阳能。而大量的细菌、浮游生物以及部分其他水生动物通常也因苇田排灌而流失，直接或间接地造成芦苇沼泽肥分的损失。从物质的循环和能量的流动来看，这是一种自然损失现象；从生态系统的生物资源而论，这显然是一种物质和能量的浪费。通过放养草食性鱼类可使该生态系统结构内部的物质和能量进行比较合理和最经济的传递，较充分地利用原来浪费了的物质和能量，并使之转化为鱼产品和促进芦苇增产，这符合生态农业的目的和本质。把芦苇培育和水产养殖的生产与管理逐步建立在科学的基础上，以相对少的能量和物质投入，取得尽可能高的产出，以获得较好的经济效益和生态效益。

总之，在芦苇沼泽生态系统中加进鱼类种群，各生物种群、群落的组成和相互关系就发生了变化，草食性鱼类和芦苇双双成为该系统中的优胜者。草食性鱼类在芦苇沼泽中既除草灭虫，又疏松土壤，不仅使肥料不被杂草夺去，还将杂草转化成鱼类粪便供芦苇利用，促进芦苇生长发育。鱼类的呼吸丰富了水环境中碳的供应，而碳可确保芦苇正常的光合作用及其生物量的增加对营养的需要，构成芦苇产量增加的物质基础。在整个苇-鱼共生生态系统中，草食性鱼类发挥了对芦苇有利的作用，芦苇也为鱼类提供了清爽的水环境、丰富的饵料，其结果是苇、鱼共生互利，为人类提供了优质的动物蛋白。

2. 技术体系

基于 20 世纪 90 年代低洼易涝盐碱芦苇沼泽湿地渔业利用试验示范[159-163]，2002～

2013 年，在吉林省大安市牛心套保苇场，再次进行了碳酸盐类盐碱芦苇沼泽湿地成鱼养殖试验与推广，以进一步完善碳酸盐类盐碱芦苇沼泽湿地养鱼技术体系[164, 165]。

1）养殖场地及其生态工程

（1）适宜面积。芦苇沼泽养鱼的面积，以 5～10hm^2 为一个养殖单元较为适宜。如果开发集中连片的大面积芦苇沼泽，也按此比例划分养殖单元。

（2）生态工程。主要开挖生态沟。①在养殖单元四周边界处，开挖宽 5～10m、深 0.5～1.0m 的环沟，出土筑坝；堤坝内侧与环沟外缘之间留出 5～10m 宽的消浪带，防止水大时风浪毁坏堤坝。②在养殖单元内部，开挖宽 1.5m、深 50cm，且与环沟相通的明水沟，所挖出的芦苇，通过苇墩移栽到其他地方。明水沟尽可能沿着芦苇密度相对较稀疏的地方开挖，其总体布局呈“十”字或“井”字形。经过上述改造后，苇田内无植被覆盖的明水面占 15%～25%，芦苇覆盖率减少到 75%～85%。

自然条件下的芦苇沼泽，植被茂密，通气透光不良，水体溶解氧含量＜2.5mg/L，不利于鱼类生存。开挖一定面积的明水沟和环沟，是开发碳酸盐类盐碱芦苇沼泽养鱼的基础条件，其生态作用主要表现在以下方面。

一是扩大鱼类活动、觅食与栖息场所，提高芦苇沼泽通气、透光性能，增加水温和溶解氧含量，促进饵料生物增殖，从而改善养殖生态环境。据测定，明水沟两侧植被覆盖处的水体溶解氧含量比封闭状态提高 1.2～3.3 倍，水温提高 1.6～2.8℃。

二是提早放鱼，相对延长生长期。该区春季水体化冻较晚，干旱缺水，沼泽区自然积水深度为 0～5cm，无法在 5 月 15 日前放鱼。开挖明水沟和环沟后，可将沼泽区有限的自然积水集中利用。鱼种在 5 月 1 日前先投放到明水沟或环沟中，以后逐渐增加水量，提高水位，而且在完全解冻后还可用机井补水，这样可延长生长期 10～15d。

三是增加沼泽区蓄水量，防止干旱季节缺水缺氧，降低补水成本。

四是有利于生态防病和秋季排水捕鱼。

（3）建立鱼类越冬区。将养殖单元靠近道路的一侧划出 3%～5%的面积，下挖 3～4m，建立蓄水深度为 2.5～3.0m 的鱼类越冬区，并与环沟和明水沟相通。每年秋季捕鱼时，将达不到商品规格的鱼放入越冬区，下一年继续养殖，可提高商品鱼规格，降低养殖成本。

（4）建立进水、排水系统。以洮儿河、霍林河和地下水为养殖水源。每个养殖单元设进水口 1 处，养殖面积超过 10hm^2 的设 2 处；设排水口 1～2 处。进水口、排水口要严格分道，便于排盐碱水、引淡水。

（5）设立补充水源。每一个养殖单元配备 1～2 眼机井，用于旱季补水和盐碱水质淡化。

2）水量管理

芦苇沼泽养鱼的水量管理，主要通过芦苇生长发育过程中对水分需要时间的不同来调控，原则是苇鱼兼顾、双获丰收。根据该区冬季漫长严寒、春季多风干旱、夏季炎热多雨的气候特点，按照芦苇季节性需水的生物学特性，采取“春浅、夏深、秋落干”的浅-深-浅间歇灌水方法，实现较好效果。

（1）养殖早期浅水。5 月中旬第 1 次灌水，保持地面水深 5～10cm，可提高地温，促进苇芽萌发，也可防止早春冻害。随着气温的升高，水量过多会抑制芦苇幼苗生长。故在

6 月上旬开始第 1 次排水，保持水深 3～4cm，以提高地温，促进芦苇幼苗生长。此阶段鱼体尚小，保持浅水也有利于水体升温，促进饵料生物繁殖和鱼类生长。

（2）养殖中后期深水。6 月中旬第 2 次灌水，保持水深 20～30cm。7 月下旬进行第 2 次排水，保持水深 3～4cm。7 月下旬以后，芦苇高度生长盛期已过，此时排水既可改善土壤结构，又可降低养殖区湿度，减少芦苇病害的发生。保持 3～4cm 水深的持续时间一般为 4～6d，其间鱼类都集中到明水沟和环沟内，采取补投饲料、加注新水的措施，其生长可不受影响。7 月底至 8 月初进行第 3 次灌水，保持水深 30～40cm，既可满足芦苇茎粗度生长的需要，又可使鱼类进入苇草丛中觅食。

（3）秋季浅水。9 月 15 日以后进行第 3 次排水，这也是养殖单元的最终撤水。秋季撤水可加速芦苇茎秆成熟，提高纤维质量，又有利于养分向地下茎转移积累和休眠芽萌发，为下年芦苇高产打基础。此时，水温下降，鱼类停止摄食与生长，排水也有利于起捕。

3）生态环境改良

（1）盐碱水质淡化。盐碱水质淡化是碳酸盐类盐碱芦苇沼泽养鱼的核心技术，也是进一步提高鱼、苇产量的重要措施。特别是那些位于低洼、闭流地带的芦苇沼泽，水环境碱度偏高，水质复杂、多变，不易控制和调节，夏季如果遇到干旱少雨，水体蒸发、渗漏，导致水质浓缩，水环境盐度升高至 6.5g/L，碱度＞15mmol/L，pH＞9.5。盐度、碱度和 pH 的协同作用，更加剧了水质的毒性效应，严重影响鱼类的正常活动甚至危及其生命。经验表明，采取注水与施肥相结合的方法，可充分降低水环境盐碱度，淡化水质，主要水化学指标达到鱼类生长要求。

a. 放鱼前 10～15d，施发酵腐熟好的有机肥 4.5～6t/hm^2；6 月、9 月每隔 7～10d 追施 1 次，数量为 1.2～1.5t/hm^2（折合 40～50g/m^3），以泼洒粪水的方法施用。7 月、8 月高温季节，以同样的方法和数量，每隔 10～15d 追施 1 次。

b. 芦苇是需 K、N 较强的植物，6 月下旬至 8 月，水温达到 22℃以上，其间每隔 7～10d 追施 1 次化肥。化肥的种类和用量分别为硫酸钾 10～15g/m^3、尿素 2～4g/m^3、过磷酸钙 7～10g/m^3，每月施 3～4 次。追施化肥的原则是少量多次经常化。

c. 无论施有机肥还是化肥，每次施肥后，待水质变肥时，都要加注新水 5～10cm。

应注意：上述改良效果只能维持 10～15d，之后水环境盐度、碱度和 pH 重新回升，应再次注水。7 月、8 月是高温季节，每隔 10～15d 加注 1 次井水，每次注水量 8～10cm，这样可使夏季容易发生的返盐返碱、水质恶化现象得到有效控制。注水与施肥的有效结合，还促进了硅藻、隐藻等对鱼类有益的藻类增殖，丰富了天然饵料，改良了水体生态环境。

表 4-1～表 4-3 分别为试验地年施肥量、试验地月施肥比例以及注水前后水体盐碱度的变化。

表 4-1　试验地年施肥量　（单位：kg/hm^2）

年份	有机肥	氮肥	磷肥	钾肥
2002	27220	1470	1190	1760
2003	23870	1240	1390	1860
2004	26140	1210	1450	1820

表 4-2　试验地月施肥比例　　（单位：%）

年份	有机肥					化肥			
	5月	6月	7月	8月	9月	6月	7月	8月	9月
2002	29.5	37.9	13.6	8.8	10.2	26.3	29.8	34.6	9.3
2003	30.9	36.4	14.7	9.2	10.8	29.0	27.5	34.8	8.7
2004	31.2	34.2	13.3	9.7	11.6	26.6	30.8	33.2	9.4

表 4-3　注水前后水体盐碱度的变化

注水时间	注水深度/cm	测定时间	pH	碱度/(mmol/L)	盐度/(g/L)
2002-08-20	11	08-19	8.79	13.44	3.86
		08-24	8.07	9.82	2.07
2003-07-06	11	07-05	8.77	14.38	3.98
		07-09	8.13	8.12	2.55
2003-08-13	9	08-10	9.10	12.39	4.16
		08-16	8.41	7.81	2.33
2004-07-22	9	07-18	9.22	13.69	4.32
		07-24	8.33	7.47	2.09
2004-08-15	10	08-14	9.11	11.96	4.19
		08-18	8.27	6.57	2.12

（2）基底翻耙。春天化冻后，对芦苇沼泽的基底进行翻耙，以重耙为主，动土深度为7～10cm。据测定，实施芦苇沼泽基底翻耙具有以下生态效应。

a. 春季沼泽地面温度可提高 4～7℃、水温提高 1.3～2.2℃，增加水环境中芦苇需要量较大的 K^+浓度，加快早春季节地表解冻，促进苇芽萌发、根茎无性繁殖和土壤中 N、P、K 的有效化。

b. 消灭沼泽内越冬害虫及其虫卵，减少芦苇病虫害的发生。

c. 破坏土壤草根层，疏松土壤，促进有机质腐烂分解，增强土壤向水体的供肥能力，有利于鱼类饵料生物繁殖。

（3）割草透光。养鱼期间，当养殖单元的芦苇、蒿草长出水面 50～60cm 时，将明水沟两旁 1.5～2.0m 远范围内的芦苇、蒿草全部割掉，沤制绿肥，其中芦苇通过压青苇移栽到别处。这样可增加苇田通气、透光性能，增加水体光照度，提高水温度和溶解氧含量。

综合应用上述环境改良措施，可使养殖单元的芦苇沼泽水环境溶解氧含量达到 5.0mg/L 以上，较原始沼泽平均增加 1.7～7.9 倍；浮游植物生物量达到 11.3～17.9mg/L，平均增加 5.3～10.4 倍；水体有效养殖积温年平均增加 173～219℃。

4）合理放养

（1）养殖鱼类。①草食性鱼类：草鱼、团头鲂及鳊，它们可直接利用苇田杂草，具有生物防除杂草的生态效应。②杂食性鱼类：鲤、银鲫，可摄食苇田中的底栖动物、有机碎屑等天然饵料。③滤食性鱼类：鲢、鳙，它们摄食苇田水体中的浮游植物、浮游动物、悬浮细菌和有机碎屑等天然饵料。④鱼食性鱼类：除上述种类外，还可增加投放规格为 50～100g/尾的鲇或乌鳢 120～150 尾/hm^2，以充分利用沼泽中的小杂鱼、小虾。

应注意：草鱼对食物很挑剔，往往把喜食的沉水植物（如眼子菜科的种类）先吃光，同时又嗜食植物嫩芽。在食物缺乏的情况下，草鱼往往啃食苇芽，导致芦苇生长不起来。实践观察，规格超过 1.0kg 的草鱼还常常跃出水面取食芦苇嫩茎叶，导致芦苇植株残缺不全，形成大片芦苇退化区，影响芦苇正常生长。建议今后开发苇田养鱼时，选择食草能力相对较弱的种类如团头鲂、鳊等，同样可达到生物防除杂草的效果。

（2）自然增殖。一般情况下，芦苇沼泽水生植物较多，有利于草上产卵鱼类的自然繁殖。因此，可增放一些具有产卵能力的鲤、银鲫，让其在沼泽环境中自然繁殖，不仅可增产增收，幼鱼通过越冬，还可作为下一年放养的鱼种，从而节省养殖成本。

（3）确定合理放养密度。确定芦苇沼泽养鱼的合理放养密度，通常应坚持如下原则。

a. 饵料合理利用原则：芦苇沼泽人放天养的养鱼模式，不存在溶氧不足和水质不清新等限制鱼类生长的环境因子，鱼产量主要取决于天然饵料基础。合理放养密度，就是使放养群体既不妨碍天然饵料的增殖，又能最大限度为鱼类提供饵料，使鱼类能提供最大的群体生产量。如果放养密度过大，每尾鱼占有饵料量少，由于竞争和觅食而消耗过多的能量，鱼体生长缓慢，鱼产量低。相反，如果放养密度太小，每尾鱼占有饵料量过大，虽然个体生长速度较快，肥满度较高，但饵料利用效率低，鱼产量总体上也不会很高。只有合理的放养密度才能和饵料基础相适应，个体平均增重适中，饵料利用效率最高。这时养殖单元内可有最大的饵料生产量，即放养鱼的数量不影响饵料生物的持续高产。

b. 经济效益原则：通常放养密度稍稍偏大，总产量会高一些，但平均个体增重降低，鱼规格变小，商品价值较低；放养密度偏小时，个体生长加快，产量虽然低一些，产值可能大致相等。因密度偏高的养殖方法，鱼种费用会增加，影响生产利润。

（4）合理放养密度估算。基于湿地生态保护、饵料生物持续高产的芦苇沼泽养鱼的合理放养密度，可通过下式计算：

$$X_1 = 2.924 \times 10^{-2} B_1 \tag{4-1}$$

$$X_2 = 5.458B_2 + 38.708B_3 \tag{4-2}$$

$$X_3 = 25.059B_4 + 0.141B_5 \tag{4-3}$$

式中，X_1为体长 10～13cm 的草鱼（或团头鲂或鳊）合理放养密度，尾/hm^2；X_2为规格 25～50g/尾的银鲫、50～100g/尾的鲤鱼合理放养密度；X_3为体长 15～18cm 的鲢或鳙的合理放养密度；B_1、B_2、B_3、B_4和B_5分别为沉水植物、软体动物、寡毛类、浮游植物和浮游动物的平均年生物量，kg/hm^2。

（5）养殖模式。2002～2013 年，吉林省大安市牛心套保苇场碳酸盐类盐碱芦苇沼泽湿地成鱼养殖模式见表 4-4～表 4-15。

表 4-4　芦苇沼泽养鱼模式（1）

种类	放养				起捕			
	规格/(g/尾)	放养量/(kg/hm^2)	密度/(尾/hm^2)	重量比例/%	规格/(g/尾)	产量/(kg/hm^2)	个体增重/倍	产量比例/%
鲤	53	29.68	560	69.70	381	118.4	6.19	64.52
草鱼	68	5.92	87	13.90	519	20.9	6.63	11.39
鲢	55	3.80	69	8.92	438	24.0	6.96	13.08
鳙	59	2.12	36	4.98	532	12.8	8.02	6.98
鲂	28	1.06	38	2.49	409	7.4	13.61	4.03
合计	—	42.58	790	—	—	183.5	—	—

表 4-5　芦苇沼泽养鱼模式（2）

种类	放养				起捕			
	规格/(g/尾)	放养量/(kg/hm^2)	密度/(尾/hm^2)	重量比例/%	规格/(g/尾)	产量/(kg/hm^2)	个体增重/倍	产量比例/%
鲤	56	12.54	224	65.21	629	137.7	10.23	68.99
草鱼	107	2.25	21	11.70	1271	21.9	10.88	10.97
鲢	54	1.57	29	8.16	660	14.0	11.22	7.01
鳙	55	1.93	35	10.04	689	20.0	11.53	10.02
鲂	26	0.94	36	4.89	361	6.0	12.88	3.01
合计	—	19.23	345	—	—	199.6	—	—

表 4-6　芦苇沼泽养鱼模式（3）

种类	放养				起捕			
	规格/(g/尾)	放养量/(kg/hm^2)	密度/(尾/hm^2)	重量比例/%	规格/(g/尾)	产量/(kg/hm^2)	个体增重/倍	产量比例/%
鲤	53	15.90	300	68.98	709	162.0	12.38	71.97
草鱼	82	2.21	27	9.59	932	18.0	10.37	8.00
鲢	52	1.25	24	5.42	721	9.0	12.87	4.00
鳙	54	3.02	56	13.10	721	29.3	12.35	13.02
鲂	28	0.67	24	2.91	429	6.8	14.32	3.02
合计	—	23.05	431	—	—	225.1	—	—

表 4-7　芦苇沼泽养鱼模式（4）

种类	放养				起捕			
	规格/(g/尾)	放养量/(kg/hm^2)	密度/(尾/hm^2)	重量比例/%	规格/(g/尾)	产量/(kg/hm^2)	个体增重/倍	产量比例/%
鲤	52	16.64	320	69.42	430	124.1	7.27	65.04
草鱼	83	2.16	26	9.01	863	22.1	9.40	11.58
鲢	54	1.30	24	5.42	456	11.0	7.44	5.77
鳙	57	3.19	56	13.31	502	25.5	7.81	13.36
鲂	25	0.68	27	2.84	364	8.1	13.56	4.25
合计	—	23.97	453	—	—	190.8	—	—

表 4-8　芦苇沼泽养鱼模式（5）

种类	放养				起捕			
	规格/(g/尾)	放养量/(kg/hm^2)	密度/(尾/hm^2)	重量比例/%	规格/(g/尾)	产量/(kg/hm^2)	个体增重/倍	产量比例/%
鲤	54	30.89	572	51.51	440	198.3	7.15	56.26
草鱼	88	16.46	187	27.45	960	51.8	9.91	14.70
鲢	54	3.94	73	6.57	590	21.5	9.93	6.10
鳙	52	7.54	145	12.57	650	67.8	11.50	19.23
银鲫	22	1.14	52	1.90	190	13.1	7.64	3.72
合计	—	59.97	1029	—	—	352.5	—	—

表 4-9　芦苇沼泽养鱼模式（6）

种类	放养				起捕			
	规格/(g/尾)	放养量/(kg/hm^2)	密度/(尾/hm^2)	重量比例/%	规格/(g/尾)	产量/(kg/hm^2)	个体增重/倍	产量比例/%
鲤	55	20.08	365	55.09	620	135.5	10.27	73.32
草鱼	102	6.63	65	18.19	1270	12.6	11.45	6.82
鲢	56	2.52	45	6.91	540	4.7	8.64	2.54
鳙	62	5.39	87	14.79	780	24.9	11.58	13.47
银鲫	22	1.83	83	5.02	240	7.1	9.91	3.84
合计	—	36.45	645	—	—	184.8	—	—

表 4-10　芦苇沼泽养鱼模式（7）

种类	放养				起捕			
	规格/(g/尾)	放养量/(kg/hm^2)	密度/(尾/hm^2)	重量比例/%	规格/(g/尾)	产量/(kg/hm^2)	个体增重/倍	产量比例/%
鲤	57	25.65	450	62.02	508	74.1	7.91	57.85
草鱼	95	5.04	53	12.19	962	17.0	9.13	13.27
鲢	54	2.05	38	4.96	488	3.6	8.04	2.81
鳙	63	6.17	98	14.92	713	30.2	10.32	23.58
银鲫	19	2.45	129	5.92	172	3.2	8.05	2.50
合计	—	41.36	768	—	—	128.1	—	—

表 4-11　芦苇沼泽养鱼模式（8）

种类	放养				起捕			
	规格/(g/尾)	放养量/(kg/hm^2)	密度/(尾/hm^2)	重量比例/%	规格/(g/尾)	产量/(kg/hm^2)	个体增重/倍	产量比例/%
鲤	55	24.37	443	58.37	512	73.1	8.31	54.47
草鱼	105	5.36	51	12.84	888	17.7	7.46	13.19
鲢	50	2.10	42	5.03	462	4.8	8.24	3.58
鳙	65	7.22	111	17.29	517	18.0	6.95	13.41
银鲫	20	2.70	135	6.47	102	20.6	4.10	15.35
合计	—	41.75	782	—	—	134.2	—	—

表 4-12　芦苇沼泽养鱼模式（9）

种类	放养				起捕			
	规格/(g/尾)	放养量/(kg/hm^2)	密度/(尾/hm^2)	重量比例/%	规格/(g/尾)	产量/(kg/hm^2)	个体增重/倍	产量比例/%
鲤	42	10.92	260	59.57	642	145.4	14.29	80.91
草鱼	133	2.79	21	15.22	951	15.2	6.15	8.46
鲢	64	1.47	23	8.02	369	7.7	4.77	4.28
鳙	67	3.15	47	17.18	763	11.4	10.39	6.34
合计	—	18.33	351	—	—	179.7	—	—

表 4-13　芦苇沼泽养鱼模式（10）

种类	放养				起捕			
	规格/(g/尾)	放养量/(kg/hm^2)	密度/(尾/hm^2)	重量比例/%	规格/(g/尾)	产量/(kg/hm^2)	个体增重/倍	产量比例/%
鲤	48	13.39	279	64.59	622	163.7	11.96	73.18
草鱼	86	3.78	44	18.23	843	29.4	8.80	13.14
鲢	62	1.05	17	5.07	402	6.0	5.48	2.68
鳙	66	2.51	38	12.11	681	24.6	9.32	11.00
合计	—	20.73	378	—	—	223.7	—	—

表 4-14　芦苇沼泽养鱼模式（11）

种类	放养				起捕			
	规格/(g/尾)	放养量/(kg/hm^2)	密度/(尾/hm^2)	重量比例/%	规格/(g/尾)	产量/(kg/hm^2)	个体增重/倍	产量比例/%
鲤	57	11.23	197	62.67	680	125.0	10.93	71.67
草鱼	130	2.73	21	15.23	1050	18.6	7.08	10.67
鲢	65	1.11	17	6.19	457	7.2	6.03	4.13
鳙	73	2.85	39	15.90	640	23.6	7.77	13.53
合计	—	17.92	274	—	—	174.4	—	—

表 4-15　芦苇沼泽养鱼模式（12）

种类	放养				起捕			
	规格/(g/尾)	放养量/(kg/hm^2)	密度/(尾/hm^2)	重量比例/%	规格/(g/尾)	产量/(kg/hm^2)	个体增重/倍	产量比例/%
鲤	55	11.22	204	59.49	512	94.2	8.31	68.66
草鱼	126	2.90	23	15.38	983	17.0	6.80	12.39
鲢	71	1.28	18	6.79	432	6.6	5.08	4.81
鳙	64	3.46	54	18.35	561	19.4	7.77	14.14
合计	—	18.86	299	—	—	137.2	—	—

5）养殖管理

芦苇沼泽养鱼的管理措施，主要是生态防病。新开发的苇田首次放养鱼类之前，要对明水沟、环沟和越冬区内的自然积水用漂白粉清塘消毒，用量为20.0g/m^3。由于越冬水体中生存着越冬鱼类，以后每年开春解冻后放鱼前，改用 2.0g/m^3 的漂白粉消毒。放养鱼种时，先用浓度为 5%的食盐水消毒 7～10min，再投放。6～8 月养殖期间，每隔 10～15d 向明水沟、环沟以及鱼类集中活动的水区泼洒 1 次漂白粉 2.0g/m^3。应注意：清塘消毒药物可选择生石灰，但养殖期间的消毒药物不能用生石灰，以防止水环境碱度和 pH 升高。

6）捕捞

按照水量管理原则，养殖单元将在 9 月 15 日前后开始排水。排水方法有两种：①人工排水，其排水速度以每天水位下降 3～5cm 为宜，确保鱼类能有充足的时间及时游出苇草丛，随着水流进入明水沟和环沟。如果排水速度过快，导致水位急剧下降，鱼类往往因水位下降过快而来不及游出苇草丛，最终搁浅而死。②停止加水，让水量自然消耗。这两种排水方法均可使苇田在 10 月 1 日前后干涸。这时鱼类全部集中到明水沟、环沟和越冬区，可用长度为 30～50m 的小拉网起捕。捕捞时，每 2～3d 进行 1 次。未达到商品规格的鱼放回越冬区，作为下一年的大规格鱼种。实践表明，开挖的明水沟、环沟和越冬区，还相当于成鱼的暂养池，可随时捕捞、出售。

3. 效益

1）经济效益

2002～2013 年，芦苇沼泽成鱼养殖试验面积累计 64hm^2，生产成鱼约 148827kg，单位面积成鱼平均产量为 193.8kg/hm^2；经济效益累计 120.31 万元，单位面积经济效益平均 1566 元/hm^2（表 4-16）。

表 4-16　芦苇沼泽养鱼试验成鱼产量与经济效益

项目	2002 年	2003 年	2004 年	2005 年	2006 年	2007 年
产量/kg	11859	12774	14406	12211	22560	11829
经济效益/万元	7.72	6.92	7.67	10.94	19.97	11.58
项目	2008 年	2009 年	2010 年	2011 年	2012 年	2013 年
产量/kg	8198	8589	11501	14957	11162	8781
经济效益/万元	6.15	8.53	9.94	13.97	8.69	8.23

2）生态效益

芦苇沼泽养鱼后，除了仍保持原有湿地环境外，养鱼后沼泽土壤含盐量也有所下降，有机质、全 N、全 P 含量均明显增加（表 4-17）；芦苇害虫及杂草密度减小，芦苇密度、基茎粗度、株高及生物量均显著增加（表 4-18）。因此，芦苇沼泽养鱼在获取显著经济效益的同时，还具有良好的生态效应。

表 4-17　试验地土壤养分变化

项目	含盐量/(g/kg)	有机质/(g/kg)	全 N/(mg/kg)	全 P/(mg/kg)
养鱼前	7.44	11.66	649.6	67.3
养鱼后	4.82	19.73	782.9	102.9
变化/%	−35.2	69.2	20.5	52.9

表 4-18 试验地芦苇生物学性状调查

项目	害虫密度/(个/m^2)	杂草密度/(株/m^2)	芦苇生物学性状			
			密度/(株/m^2)	基茎粗/mm	株高/cm	生物量/(kg/hm^2)
养鱼前	39.3	178.9	109	2.6	98.4	1874.8
养鱼后	26.5	89.2	142	3.7	139.7	2421.1
变化/%	−32.6	−50.1	30.3	42.3	42.0	29.1

3）社会效益

推广芦苇沼泽养鱼，为牛心套保苇场职工找到一条就业路子，获得一定的经济收入。通过收取苇田养鱼承包费，促进企业的发展。截至 2013 年，职工累计承包芦苇沼泽养鱼湿地面积 2072hm^2，商品鱼（鲤、银鲫、鲇、乌鳢、鲢、鳙）总产量约 274.95t，单位面积平均产量 132.7kg/hm^2，获经济效益 204 万元，单位面积经济效益平均 985 元/hm^2，人均增收 5397 元。

4.1.2 苇-蟹模式

1. 苇-蟹共生理论

1）物种共生原理

在苇-蟹生态系统中，芦苇可吸收盐碱离子、吸附有机悬浮物和富集毒物，对养殖水环境具有生物净化效应；河蟹取食杂草、低值鱼、虾、底栖动物、有机碎屑和危害芦苇的害虫，不仅减少了系统中与芦苇争肥、争氧、争空间的生物和致病因子，其粪便还可增加肥源，摄食活动又可疏松土壤，耕耘水体，改善水土环境，促进芦苇生长与地下茎繁殖。

2）自然资源合理利用原理

苇田放养河蟹后，改变了原来苇田湿地只长苇草、经济效益低的简单结构，创造了苇-蟹共生互利、相互促进、优质高效、生物多样性更加丰富的人工湿地环境；充分利用了芦苇湿地中水、土、光、热、生物等自然资源优势，实现一水多用、一地多收、互利共赢。

3）生态经济学原理

从渔业经济学角度来看，河蟹是我国人民传统美食佳肴，市场稳定；放养河蟹进一步增强了苇田湿地的生态环保功能与经济生产功能，实现经济效益、生态效益、社会效益协调发展，是一种养育（育苇）结合、清洁环保、优质高效的湿地生态经济模式。

4）生态优先理论

湿地资源可持续利用是湿地科学与湿地管理的重要研究内容[166, 167]。养殖河蟹是湿地合理利用与科学管理的有效途径之一[168, 169]。自 20 世纪 70 年代长江中下游的草型湖泊湿地放养河蟹获得成功以来，目前河蟹养殖在一些地方已成为湖泊湿地渔业的支柱产业[170-175]。天然湿地成蟹生产潜力至今尚无成熟的估算方法，蟹种的合理放养密度还难以确定，常常因放养密度过大，导致饵料资源过度消耗，湿地河蟹养殖业难以持续，这也是近年来湖泊湿地河蟹养殖产量和经济效益下降的主要原因之一[176]，同时导致植被和底栖动物的自然再生能力降低，湿地生态系统功能减弱，湿地健康发展受到影响。

由于草食性鱼类的放养密度突破了湿地开发利用的生态安全阈值，曾导致许多湖泊湿地的沉水植物和底栖动物多样性和生产力下降，湿地生态平衡失调，湿地的生态功能和渔业功能逐渐丧失。河蟹对沉水植物的影响，除了和草食性鱼类一样直接摄食沉水植物外，在栖息活动中还对沉水植物产生一定的破坏作用，这一过程并不摄食。河蟹对底栖动物的影响：一是直接摄食；二是和草食性鱼类一样，破坏沉水植物的间接作用。游弋中的河蟹对底栖动物（如螺类）也产生一定的影响。可见，河蟹对湿地沉水植物和底栖动物的影响，直接效应和间接效应并存，放养过度时对湿地生态更具破坏力。

沉水植物和底栖动物既是河蟹的天然饵料，同时又是芦苇沼泽生态系统中生物环境的主要组成成分。芦苇沼泽养蟹，是以不破坏湿地沉水植物和底栖动物生物生产力为原则的，即坚持湿地生态保护原则。

2. 成蟹养殖技术体系

1）养殖场地

芦苇沼泽多分布在江河中下游、湖泊（水库）附近等水源充足的旷野里，一般面积较大。利用芦苇沼泽养殖成蟹，主要依靠天然饵料，其养殖地点要选择在交通方便、水源充沛、水质无污染、便于排灌、有堤或便于筑堤、能避洪涝和干旱之害的地方。1个养殖单元的面积以50～150hm^{2}为宜，开发集中连片的大面积芦苇沼泽养蟹，也按此比例分割划块。面积过小，河蟹索饵面积不够，会影响其正常生长。但面积超过200hm^2，则不便于管理。

2）基础设施建设

（1）生态工程。①环沟：在养殖单元四周边界处，开挖宽10m、深1.0m的环沟，出土筑坝，堤坝高超出当地历史最高水位1.0m以上，坝基内侧与环沟外缘之间留出宽度为10～15m的消浪带，防止水大时风浪毁坏堤坝和破坏防逃设施。②明水沟：养殖单元内部，沿着芦苇密度稀疏地带开挖宽3～5m、深0.8～1.0m的明水沟，并与环沟相通，明水沟总体上呈“十”字或“井”字形布局。挖出的土堆积成小土丘，筑成蟹岛，作为河蟹陆地栖息地。

经过上述改造后，养殖单元内的明水面占比为20%～30%，植被覆盖区（主要是芦苇）占比为70%～80%。为了增加植被覆盖率，为河蟹提供质量较好的隐蔽环境，可将上述开挖生态沟挖出的植被，通过移植草墩子的方式移栽到植被相对稀疏的地方，促进芦苇等植物自然增殖，提高郁蔽度。

和芦苇沼泽养鱼一样，开挖生态沟同样也是碳酸盐类盐碱芦苇沼泽养蟹的基本条件。其生态作用主要表现在如下方面。

一是扩大河蟹活动、觅食与栖息的场所，提高苇田通气、透光性能，有利于增加水温和溶解氧含量，促进饵料生物自然增殖，改善生态环境。

二是提早投放蟹种，相对延长生长期。试验区（吉林省西部）地处松嫩平原半湿润向半干旱的过渡地带，降水量不多，尤其春季严重缺水，人工补水又很困难，无法在5月1日前放蟹种。开挖生态沟后，可利用沼泽内有限的自然积水，蟹种在4月15～20日沼泽地化冻后先放进沟中，以后逐渐增加水量。

三是可增加沼泽蓄水量，防止旱季缺水缺氧。

四是便于成蟹捕捞。秋季河蟹大多集中到生态沟的开阔水域，可方便起捕。

（2）防逃围栏。选用厚度为 0.05～0.1mm、高度为 50～70cm（8～10m/kg）的农用薄膜作为防逃围栏材料。安装方法：在四周的堤坝上，每隔 1.0m 远插入一根高度 80cm 的竹竿，竹竿顶端用铁丝线联结，然后将薄膜的上沿固定在铁丝线上，下沿埋入土中 15～20cm。

（3）蟹种驯化池。近海地区养殖蟹种的水环境均为 NaCl 型水质，试验地吉林省大安市牛心套保盐碱苇田的水环境为 $NaHCO_3$ 型水质。后者不仅碱度、pH 较高，水环境中主要阳离子 K^+、Na^+、Ca^{2+}及 Mg^{2+}组成也有较大差异，自然条件下河蟹对此类水环境的适应能力较差。试验表明，未经驯化的蟹种直接放养到该水体，会产生较强烈的应激反应，体内生物调节功能受到严重影响，成活率只有 50%～60%。通过水环境适应性驯化，可增强蟹种对盐碱水环境的综合适应能力，放养成活率可提高到 80%以上。

用于蟹种驯化的池塘建在养殖单元外侧地势低洼地带，单口驯化池面积以 0.5～1.5hm^2 为宜。池底设计呈斜坡形，坡降 1/100，最大蓄水深度为 1.5m 时，坡面水深为 10～30cm。坡底最低处设置排水口两个。

驯化池总面积根据河蟹养殖面积确定。养殖面积超过 50hm^2 的试验区，配备驯化池 0.75～1.5hm^2；养殖面积小于 50hm^2 的，配备驯化池 0.5～0.75hm^2。每口驯化池配备 1 眼出水量为 80～100m^3/h 的水源井。

驯化池除了用于蟹种的环境适应性驯化外，秋季还可用于成蟹的暂养和育肥。

（4）进水、排水系统。每一个养殖单元设置进水口 1 处，排水口 1～2 处，都用闸门控制水量。排水闸门的建设要与河蟹防逃、成蟹捕捞结合起来。在闸门安装捕蟹网具，秋季排水的同时，还可起到回捕成蟹的作用；在此基础上，再增设双层聚乙烯网防逃护栏，网脚用石笼沉底泥中，这样可进一步起到防逃作用。

对现有的年久失修的进水、排水设施和渠道系统实施完善改造，做到灌得进、排得出，使养蟹区的水量、水深随时可以调控，确保养蟹水环境保持良好状态。

3）饵料资源调查

在湖泊湿地，河蟹的天然饵料主要有沉水植物（包括植物体上的附着藻类）、底栖动物、有机碎屑、小型鱼、虾。芦苇沼泽水体较浅，缺乏越冬条件，加之水的流动性较差，自然条件下不利于鱼、虾栖息，河蟹的食物主要由沉水植物、底栖动物和有机碎屑构成。

芦苇沼泽养殖成蟹，大多为人放天养，天然饵料的多寡是决定蟹种放养密度的关键。因此，放养蟹种之前，必须了解养殖单元中可供河蟹利用的天然饵料资源状况，只有这样才能实现生态保护下的合理放养。下面是简易的饵料资源调查方法。

（1）采样点设置与生物量统计。首次在芦苇沼泽改造成的养殖单元养蟹时，投放蟹种的前一年 5～9 月每月调查 1 次，每次在芦苇覆盖区设置 3～5 个采样点，每个采样点采集 3 次样品，取 3 次样品的平均值作为该采样点饵料生物的平均生物量（kg/hm^2）。将每个采样点的平均生物量作为本次调查的平均生物量。取 5 次调查的平均生物量作为养蟹单元的芦苇沼泽饵料资源的平均年生物量。

（2）样品采集与生物量计算。

a. 沉水植物饵料：芦苇沼泽中可供河蟹利用的沉水植物种类，主要有小狐尾藻

（*Myriophyllum humile*）、杉叶藻（*Hippuris vulgaris*）、金鱼藻（*Ceratophyllum demersum*）、菹草（*Potamogeton crispus*）、东北眼子菜（*Potamogeton mandschuriensis*）、穗状狐尾藻（*Myriophyllum spicatum*）和微齿眼子菜（*Potamogeton maackianus*）。

定量测定方法，通常采用水草定量夹。该定量夹夹口完全张开时，网口每边长 0.5m，采样面积为 0.25m^2。采样调查时，将采集到的 0.25m^2 样方内的全部沉水植物连根拔起，清洗干净后，装入样品袋内带回室内，去除根、枯死的枝、叶及其他杂质；去除附着在植物体表的水分，按种类称其重量（湿重，下同）。最后换算成 1.0m^2 范围内各类沉水植物的重量，即为生物量。

b. 底栖动物饵料：芦苇沼泽中可供河蟹取食的底栖动物，包括软体动物耳萝卜螺（*Radix auricularia*）、旋螺（*Gyraulus* sp.）、圆扁螺（*Huppeutis* sp.）及土蜗（*Galba* sp.），摇蚊科（Chironomidae）、蠓科（Ceratopogouidae）的水生昆虫及其幼虫，寡毛类水丝蚓（*Limnodrilus* sp.）及颤蚓（*Tubifex* sp.）。底栖动物饵料生物量的调查与沉水植物同步进行，采样工具一般用 0.05m^2 改良式彼得森采泥器。调查时，将采泥器采得的底泥样品先倒入 240～250 目/cm^2 的分样筛中，然后将其放在水中轻轻摇荡，洗去样品中的污泥，最后将筛中的渣滓装入塑料袋带回室内。

在室内，将塑料袋中的渣滓再次倒入上述筛中，用自来水再行冲洗，直到污泥全部被洗净，然后将渣滓倒入白色解剖盘内，加入清水，用镊子、解剖针或吸管，轻轻地检出各类底栖动物（必要时用放大镜检查）。根据虫体大小用滤纸将其体表的水分吸干，用扭力天平称重。最后，把称重所获得的结果，换算成 1.0m^2 范围内各类底栖动物的重量，即为生物量。

c. 有机碎屑饵料：芦苇沼泽中可供河蟹利用的有机碎屑饵料的主要成分是死亡、腐烂的挺水植物和沉水植物的枯枝落叶。因而可将挺水植物和沉水植物生物量中的一部分，作为河蟹的有机碎屑饵料。挺水植物生物量的定量调查方法类似沉水植物，将 1.0m^2 样方内全部挺水植物从基部割断，称其重量即可。取挺水植物和沉水植物年平均生物量总和的 5%，作为河蟹有机碎屑饵料的平均年生物量。

4）成蟹生产潜力估算

成蟹生产潜力估算，是芦苇沼泽湿地养蟹的一项重要工作。一块已经规划设计好的芦苇沼泽能产多少成蟹，是养殖者首先要了解的问题，同时也是确定蟹种合理放养密度，实现芦苇沼泽湿地成蟹养殖可持续发展的前提条件。截至目前，尚无一种成熟的方法来估算成蟹生产潜力，进而也无法估算出蟹种的合理放养密度。本试验借鉴文献[172]估算鱼类生产潜力所采用的能量收支法，来尝试估算芦苇沼泽成蟹生产潜力。

（1）沉水植物提供的成蟹生产潜力。由下式计算：

$$F_1 = B_1 \times a_1 \times b_1 \times c_1 \times d_1 \times e_1 / E \tag{4-4}$$

式中，F_1 为沉水植物提供的成蟹生产潜力，kg/hm^2；B_1 为沉水植物的平均年生物量，kg/hm^2；a_1 为沉水植物的年 P/B 系数（即年生产量与年生物量的比值），取 1.25[177]；b_1 为允许河蟹对沉水植物平均年生物量的最大利用率，通常取 20%；c_1 为沉水植物中干物质占比，取 12.50%[178]；d_1 为河蟹对沉水植物干物质的消化吸收率，取 28.208%[178]；e_1 为沉水植物干物质的能值，取 10.80MJ/kg[178, 179]；E 为湿重条件下成蟹的能值，取 5.82MJ/kg[180]。

（2）有机碎屑提供的成蟹生产潜力。由下式计算：

$$F_2 = B_6 \times a_2 \times b_2 \times c_2 \times d_2 \times e_2 / E \tag{4-5}$$

式中，F_2为有机碎屑提供的成蟹生产潜力；B_6为有机碎屑的平均年生物量；a_2为有机碎屑的年 P/B 系数，取 1.25[177]；b_2为允许河蟹对有机碎屑平均年生物量的最大利用率，通常取 50%；c_2为有机碎屑中干物质占比，取 12.50%[178]；d_2为河蟹对有机碎屑干物质的消化吸收率，取 28.208%[178]；e_2为有机碎屑干物质的能值，取 16.744MJ/kg[178, 181]。

（3）底栖动物提供的成蟹生产潜力。

a. 底栖动物群落年 P/B 系数（a_3），由下式计算：

$$a_3 = a_m \times p_m + a_i \times p_i + a_o \times p_o \tag{4-6}$$

式中，a_m、a_i、a_o分别为软体动物、水生昆虫、寡毛类的年 P/B 系数，分别取 1.8、3.5、5.4[172]；p_m、p_i、p_o分别为底栖动物群落生物量中软体动物、水生昆虫、寡毛类的平均年生物量占比，%。

b. 底栖动物群落中干物质占比（c_3 / %），由下式计算：

$$c_3 = c_m \times p_m + c_i \times p_i + c_o \times p_o \tag{4-7}$$

式中，c_m、c_i、c_o分别为软体动物、水生昆虫、寡毛类的干物质占比，分别取 7.326%、22%、16.51%[174]。

c. 河蟹对底栖动物群落干物质的消化吸收率（d_3 / %），由下式计算：

$$d_3 = d_m \times p_m + d_i \times p_i + d_o \times p_o \tag{4-8}$$

式中，d_m、d_i、d_o分别为河蟹对软体动物、水生昆虫、寡毛类干物质的消化吸收率，分别取 80%[181]、75.331%、75.331%[178]。

d. 底栖动物群落干物质的能值[e_3 /(MJ/kg)]，由下式计算：

$$e_3 = e_m \times p_m + e_i \times p_i + e_o \times p_o \tag{4-9}$$

式中，e_m、e_i、e_o分别为软体动物、水生昆虫、寡毛类干物质的能值，分别取 17.9MJ/kg、21.7MJ/kg、23.7MJ/kg[172]。

e. 底栖动物群落提供的成蟹生产潜力[F_3 /(kg/hm^2)]，由下式计算：

$$F_3 = B_7 \times a_3 \times b_3 \times c_3 \times d_3 \times e_3 / E$$

式中，B_7为底栖动物群落平均年生物量，kg/hm^2；b_3为允许河蟹对底栖动物群落平均年生物量的最大利用率，通常取 20%。

（4）芦苇沼泽湿地成蟹生产潜力。沉水植物、有机碎屑和底栖动物群落提供的成蟹生产潜力的总和，即为芦苇沼泽湿地成蟹生产潜力。由式$F = F_1 + F_2 + F_3$计算。式中，F为芦苇沼泽湿地成蟹生产潜力，kg/hm^2；F_1、F_2及F_3的意义如上所述。

5）确定蟹种合理放养密度

（1）确定依据。在群众性养蟹发展过程中，经常会出现蟹种投放过多的现象，易造成饵料过度消耗，天然饵料的再生产能力遭受破坏，致使同一块芦苇沼泽成蟹养殖最多只能进行 2～3 年，甚至只有 1 年，故常有“蟹不过三”的说法。在一块芦苇沼泽投放多少蟹种才能确保在生态保护前提下实现成蟹的可持续养殖，避免出现“蟹不过三”，同时还使经济效益达到合理水平，这需要确定合理的放养密度。蟹种合理放养密度的确定依据，主要是芦苇沼泽的成蟹生产潜力，其次是蟹种计划放养规格、回捕率（回捕的成蟹个体数在放养的蟹种个体数中的占比）和成蟹计划平均增重（计划养成规格与蟹种放养规格之差）。

（2）计算方法。根据实践经验，芦苇沼泽养蟹的蟹种合理放养密度，可由下式计算：

$$X_4 = 1000 \times F / k \times (W_2 - W_1) \tag{4-10}$$

式中，X_4为蟹种合理放养密度，只/hm^2；F为成蟹生产潜力，kg/hm^2；k为计划成蟹回捕率，%；W_1、W_2分别为计划蟹种放养规格、成蟹规格，g/只。

（3）技术参数选取。北方地区养殖成蟹大多放养扣蟹（1龄蟹种，又称1龄幼蟹），平均规格为3～10g/只，成蟹规格平均为75～120g/只，成蟹平均回捕率为10%～40%。据此，在选择芦苇沼泽蟹种合理放养密度的技术参数时，计划蟹种放养规格取5.0g/只，回捕率取30%，计划成蟹规格取120g/只。

采用上述技术参数，由式（4-10）所确定的蟹种合理放养密度，实际上就是预计回捕率在30%条件下蟹种合理放养的个体密度（只/hm^2）。个体密度再乘以计划放养规格，即为蟹种合理放养的重量密度（kg/hm^2）。

6）蟹种的合理选购与运输

（1）选择蟹种。蟹类品种繁多，但经济价值较大的只有河蟹和日本绒螯蟹（*Eriocheir japonicus*）。采购蟹种时，常常发现一些没有养殖价值的杂种蟹混在其中，如狭颚绒螯蟹（*Eriocheir leptognathus*）、直额绒螯蟹（*Eriocheir rectus*）等。它们在外形上都与河蟹和日本绒螯蟹有明显区别，发现这些杂种蟹应及时剔除。日本绒螯蟹虽然个体较大，味鲜肉嫩，但对北方气候、水土环境的适应能力较差，死亡率高，生长慢。因此，在没有成熟养殖经验时，不宜引种到北方养殖。从目前北方各地养蟹情况来看，以选择河蟹效果最佳。通过以下方法来区分河蟹和日本绒螯蟹[182-184]：①河蟹头胸甲背部隆起，方圆形，额齿尖锐，前侧齿尖锐，第4齿完全，掌部绒毛较细，步足前节狭长，雄性第一腹肢末端刚毛整齐、圆钝，体长为体宽的92%～95%。②日本绒螯蟹背部平坦，近似方圆形，额齿较钝，波纹状，前侧齿很小，第4齿不全，掌部绒毛浓密，步足前节宽短，雄性第一腹肢末端刚毛稀少、不圆，体长为体宽的88%～91%。

（2）剔出性成熟蟹种。能否购买到高质量的蟹种关系到成蟹养殖成败。因此，蟹种选择是一个重要环节。选择蟹种时，要尽量减少性成熟蟹种的比例。性成熟蟹种是指培育成的蟹种群体中，部分个体规格达到10～50g/只，其外部形态、副性征已与成蟹相同，性腺已完全或接近成熟，这样的蟹种通常被称为性成熟蟹种、假蟹种、小绿蟹、老头蟹。

性成熟蟹种实际上是一种长不大的成蟹，没有任何养殖价值，混进蟹种群体中放养，其中一部分在7～8月死亡，没有死亡的个体也不生长。2002～2004年试验之初，由于没有经验，购买的蟹种中有少量性成熟蟹种，秋季捕捞的成蟹群体中，有5%～10%是老头蟹。因而在购买蟹种时要严格鉴定区别，否则将给养蟹生产带来重大损失。

正确识别性成熟蟹种是成蟹养殖的基本常识之一。只有正确识别，才能在采购蟹种时剔出这类假蟹种，从而避免损失。下面“五看”是目前较为有效的识别方法。

a. 看腹部：河蟹的腹部扁平，呈片状，弯折贴附在胸部腹面，通常称为蟹脐。正常蟹种，不论雌雄个体，腹部都狭长，略呈三角形，但随着生长，雄蟹的腹部仍然保持三角形，而雌蟹腹部逐渐变圆。选购蟹种时，要观察蟹种的腹部，如果都是三角形或近似三角形，即为正常蟹种；如果腹部已经变圆，且周围密生绒毛，则有可能是性成熟蟹种，应予以剔除。

b. 看交接器：察看交接器是辨认雄性性成熟蟹种的有效方法。打开雄蟹的腹部，便可看到雄蟹的交接器。正常雄性蟹种的交接器为软管状，性成熟蟹种的交接器为坚硬的骨质化管状体。交接器是否骨质化，是判断雄性性成熟蟹种的条件之一。

c. 看螯足和步足：河蟹第一对螯足强大，呈钳状，掌节有绒毛。正常蟹种的掌节绒毛较短，而且疏松；性成熟蟹种的掌节绒毛较稠密，并且相对较长，颜色也较深。从步足的前节和胸节上的刚毛来看，正常蟹种表现为短而稀，性成熟蟹种则表现为粗长、稠密且坚硬。

d. 看性腺：打开蟹种的头胸甲，如果是雌性性成熟蟹种，则在肝区上面有两条紫色长条状物，这就是卵巢，肉眼可清楚地看到卵粒。若是雄性性成熟蟹种，肝区则有两条白色块状物，即精巢，俗称蟹膏。正常蟹种，打开头胸甲只能看到黄色的肝脏。

e. 看背甲颜色和蟹纹：正常蟹种的头胸甲背部颜色为黄色，或黄色里面夹杂着少量淡绿色，其颜色在蟹种个体越小时越淡。性成熟蟹种的头胸甲背部颜色较深，为绿色，有的甚至为墨绿色。成蟹的背部具有多处起伏状条纹，俗称蟹纹。正常蟹种的背部较平坦，起伏不明显；而性成熟蟹种的背部凸凹不平，起伏十分明显。

（3）蟹种质量鉴别。

a. 了解蟹种生产过程：购买蟹种时，要向蟹种生产单位了解以下情况。蟹苗是捕捞的天然蟹苗还是天然海水孵化的蟹苗、人工海水孵化的蟹苗和井盐水孵化的蟹苗；蟹种是池塘养殖的还是稻田培育的；蟹种养殖过程中所投喂的饲料种类、主要成分等；蟹苗阶段蟹苗的淡化处理情况。如果蟹苗为天然海水孵化，大眼幼体阶段经过 5～7d 淡水驯化，蟹种为稻田养殖，则购买这样的蟹种更能适应苇田的生态环境，养殖效果相对较好。

b. 观察外表：要求规格整齐，附肢、蟹壳坚硬，肢体完整无损伤，体表黄褐色，无寄生物。体内鳃丝透明无污物，肝脏鲜黄、丰满、肠胃健康，攀爬能力强，手抓松开后立即四散逃离，行动迅速。

c. 干法检验：取一定数量的蟹种用纱网包起来放到阴凉处 10h 后检查，如无死亡，则为体质健壮、质量上乘的优质蟹种。

（4）合理运输。北方养殖的河蟹品种均为辽河水系的河蟹。试验地所用的蟹种也为该品种蟹，每年 4 月中旬至下旬购于辽宁盘锦，厢式货车运输，运输时间为 12～15h，平均成活率在 90%以上。以下问题是在运输过程中需要注意的。

a. 搞好外包装：采用规格为 90cm×40cm×30cm 的泡沫箱作为外包装箱，在其长边、短边各开设 3～5 个、1～2 个孔径 2～3cm 的小孔，以保持箱内外空气流通，防止蟹种缺氧死亡。

b. 蟹种预处理：在购买地，选择好的蟹种提前捕捞装进网箱，放入附近河沟或池塘明水中暂养 24h，清除鳃中污泥。运输当天再提起网箱，将蟹种分开装入聚乙烯网袋中，每袋装 5.0kg。网袋一定要扎紧扎实，尽可能减少蟹种在袋中活动的机会，防止其乱爬或互相争斗。

c. 装箱启运：将装好蟹种的网袋按 10 袋/箱的标准，装入上述四周打有通气孔的泡沫箱，如果外界气温超过 20℃，应同时添加 6 个冰冻矿泉水瓶，以充分利用箱体空间又不挤压为宜。网袋装好后盖上盖子，用透明胶带将纸箱盖封扎牢固，注意不要封住通气孔。然后，将封好的泡沫箱整齐地码放到货车中，固定结实，防止运输过程中汽车颠簸而导致泡沫箱倾倒。如果遇到低温，运输途中还要盖上帆布保温，防止冻坏蟹种。

d. 运输管理：蟹种运输过程中，注意防晒、防高温、防风、防雨淋、防冻、防干燥、防高温差[173, 184, 185]。这“七防”是保证运输高成活率的关键，其中有一项出问题都会影响存活率。采用厢式货车运输，一般可避免上述问题的出现。但运输期间，仍要做好以下管理工作。已经包装好的蟹种应马上起运，时间不能拖得太长，越快越好；为确保稳妥，应在车厢内投放一定数量的冰块，使车厢内温度保持在 10～12℃。

7）蟹种的环境适应性驯化

（1）水质分析。在蟹种驯化之前，分别对近海地区蟹种培育池用水、试验区碳酸盐类盐碱芦苇沼泽水和蟹种驯化池水源水进行检测分析，测定项目包括碱度和 K^{+}、Na^{+}、Ca^{2+} 及 Mg^{2+} 浓度。表 4-19 是试验区碳酸盐类盐碱芦苇沼泽水、蟹种驯化池水源水和蟹种培育池用水的测试分析结果。

表 4-19　不同水体的碱度及离子浓度

水体类型	碱度/(mmol/L)	K^{+}/(g/L)	Na^{+}/(g/L)	Ca^{2+}/(g/L)	Mg^{2+}/(g/L)
苗种生产地蟹种培育池用水	2.41	80.2	897.7	52.1	103.0
养殖试验区碳酸盐类盐碱芦苇沼泽水	18.96	1.0	540.0	81.2	43.2
养殖试验区蟹种驯化池水源水	4.13	0.2	64.5	22.5	10.6

（2）选择驯化目标因子。由于碱度常常是碳酸盐类盐碱湿地限制河蟹存活的主要水环境因子，所以将碱度作为蟹种环境适应性驯化的目标因子。

（3）驯化梯度设计。以蟹种培育用水的碱度作为蟹种驯化用水的基础碱度，记作 a_0。以 a_0 为第 1 个驯化梯度，记作 a_1（$a_1 = a_0$）。以 2.0mmol/L 为公差，将盐碱苇田水的碱度划分成等差数列的 n 个项，记作 $a_1, a_2, a_3, \cdots, a_m$（$m = 1,2,3,\cdots,n$），其中的每一项（$a_m$）即为蟹种的驯化梯度，驯化梯度差为 2.0mmol/L，可用下式计算：

$$a_m = a_0 + 2 \times (m-1) \tag{4-11}$$

该驯化梯度中，最后 1 个驯化梯度 a_n，近似等于养殖区盐碱芦苇沼泽水的碱度。当蟹种驯化到第（$n-1$）个梯度时，即可满足放养要求，而不必再继续驯化至第 n 个梯度。

由表 4-19 可知，养殖区盐碱芦苇沼泽水的驯化碱度梯度，可按式（4-11）依次设计：2.41mmol/L、4.41mmol/L、6.41mmol/L、8.41mmol/L、10.41mmol/L、12.41mmol/L、14.41mmol/L、16.41mmol/L 和 18.41mmol/L（$n = 9$），最后 1 个驯化梯度 $a_9 = 18.41$mmol/L，接近于芦苇沼泽水的实际碱度值（18.69mmol/L）。实际驯化时，只要驯化到第 8 个梯度，即 $a_8 = 16.41$mmol/L 即可。

（4）驯化基础水配制。①配制指标的选择：将苗种生产地蟹种培育池用水的碱度和K^+、Na^+、Ca^{2+}及Mg^{2+}浓度作为驯化基础水的配制指标。②加注井水：往蟹种驯化池加入井水（驯化池水源水），加入量为蓄水量的 1/5～1/3。③选择添加适当的化合物：可供选择添加的化合物，包括工业用 NaCl、KCl、$MgSO_4·6H_2O$、$CaCl_2·2H_2O$、$NaHCO_3$和农用H_2SO_4。④化合物添加方法：当蟹种驯化池水源的井水碱度高于蟹种培育用水时，添加农用H_2SO_4，否则，添加工业$NaHCO_3$；当水源井水的K^+、Na^+、Ca^{2+}及Mg^{2+}浓度低于蟹种培育用水时，选择添加工业 NaCl、KCl、$MgSO_4·6H_2O$ 和 $CaCl_2·2H_2O$；否则，不添加。⑤化合物添加量：各种化合物的添加量分别按下式计算：

$$
\begin{aligned}
W_{H_2SO_4} &= 0.049 \times V_w \times (a_w - a_p) \\
W_{NaHCO_3} &= 0.084 \times V_w \times (a_p - a_w) \\
W_i &= W_{mi} \times V_w \times (C_{ni} - C_{wi}) / W_{ai}
\end{aligned}
\tag{4-12}
$$

式中，$W_{H_2SO_4}$、W_{NaHCO_3}分别为H_2SO_4、$NaHCO_3$的添加量，kg；W_i为$MgSO_4·6H_2O$、NaCl、KCl 及$CaCl_2·2H_2O$中第 i 种化合物的添加量，g；a_w、a_p分别为驯化池水源井水和苗种生产地蟹种培育池用水的碱度；W_{mi}、W_{ai}分别为$MgSO_4·6H_2O$、NaCl、KCl 及$CaCl_2·2H_2O$中第 i 种化合物分子量和阳离子原子量；V_w为驯化池井水的加入量，m^3；C_{ni}、C_{wi}分别为蟹种培育池用水和驯化池水源井水K^+、Na^+、Ca^{2+}及Mg^{2+}中第 i 种离子的浓度。

由表 4-19 可知，蟹种驯化池水源井水的碱度高于蟹种培育池用水，因而选择添加农用H_2SO_4；蟹种驯化池水源井水的K^+、Na^+、Ca^{2+}及Mg^{2+}浓度都低于蟹种培育池用水，所以 NaCl、KCl、$MgSO_4·6H_2O$ 和 $CaCl_2·2H_2O$ 均需添加。

在配制蟹种驯化基础水时，先加入驯化池水源井水 2000m^3，静止 24h，然后添加$MgSO_4·6H_2O$、$CaCl_2·2H_2O$、NaCl、KCl 和H_2SO_4，添加量按下式计算：

$$
\begin{aligned}
W_i &= 2000 \times W_{mi} \times (C_{ni} - C_{wi}) / W_{ai} \\
W_{H_2SO_4} &= 98 \times (a_w - a_p)
\end{aligned}
\tag{4-13}
$$

计算结果，NaCl、KCl、$MgSO_4·6H_2O$、$CaCl_2·2H_2O$ 和H_2SO_4添加量分别为 4129kg、305kg、1742kg、217kg 和 169kg。

表 4-20 是试验区蟹种驯化基础水的配制结果。

表 4-20 试验区蟹种驯化基础水的配制结果

水体类型	碱度/(mmol/L)	K^+/(g/L)	Na^+/(g/L)	Ca^{2+}/(g/L)	Mg^{2+}/(g/L)
蟹种培育池用水	2.41	80.2	897.7	52.1	103.0
蟹种驯化基础水	2.27	93.6	863.2	63.9	112.7
基础水与培育池用水之差	–0.14	13.4	–34.5	11.8	9.7
基础水较培育池用水变化/%	–5.81	16.71	–3.84	22.65	9.42

（5）蟹种投放。①驯化基础水准备：要在蟹种运输至驯化池之前，完成驯化基础水的

配制。②投放时间：驯化基础水配制完成后，需要静止24h，然后再投放蟹种。③投放密度：驯化池蟹种的投放密度以0.1～0.2kg/m³为宜，折合20～40只/m³。2006～2013年，试验区驯化池蟹种的平均投放密度为0.12～0.16kg/m³，折合25～35只/m³。④计数：对投放到驯化池中的蟹种，尽可能准确称重、记数，便于统计蟹种的驯化成活率与损失率，计算实际放养密度。

（6）驯化速度。①适时添加芦苇沼泽水：驯化蟹种投放到驯化池后，先以配制好的驯化基础水为驯化用水，从第1个驯化梯度开始驯化。每1个驯化梯度驯化12h后，向驯化池中添加1次芦苇沼泽水，使驯化进程转入下一个驯化梯度。当转到第$n-1$个驯化梯度时，停止添加。整个驯化期间，需要添加芦苇沼泽水$n-2$次。②添加量：每次向驯化池添加芦苇沼泽水的数量，按下式计算：

$$V_{m-1} = 2 \times \sum V / (a_{\mathrm{f}} - a_m) \tag{4-14}$$

式中，V_{m-1}为转入第m（$m = 2, 3, 4, \cdots, n-1$）个驯化梯度时，需要添加芦苇沼泽水的数量，m³；$\sum V$为第$m-1$个驯化梯度结束时，驯化池的累计水量，m³；a_{f}为芦苇沼泽水的碱度；a_m为第m个驯化梯度。

经验表明，在完成第3个驯化梯度的驯化后，蟹种已经对盐碱水环境产生了一定的适应能力。这时，为了加快驯化进程，从第4个驯化梯度开始，每次添加苇田水之前，先将驯化池水排至900～1000m³，然后再添加。

表4-19中，$a_{\mathrm{f}} = 18.96$mmol/L。每次向驯化池添加芦苇沼泽水的数量，可按下式计算：

$$V_{m-1} = 2 \times \sum V / (18.96 - a_m) \tag{4-15}$$

具体添加方法如下。

a. 投放到驯化池的蟹种，从第1个驯化梯度$a_1 = 2.41$mmol/L开始驯化。经过12h后，转入第2个驯化梯度$a_2 = 4.41$mmol/L的驯化过程。这时，进行第1次添加芦苇沼泽水，添加量为$V_1 = 2 \times 2000 / (18.96 - 4.41) \approx 275\mathrm{m}^3$。第1个梯度结束时，驯化池的累计水量等于加入的水源井水量，即$\sum V = 2000\mathrm{m}^3$。至第2个驯化梯度时，驯化池的累计水量为$\sum V = 2000 + 275 = 2275\mathrm{m}^3$。

b. 在第2个梯度，经过12h驯化，转入第3个梯度$a_3 = 6.41$mmol/L的驯化过程。这时，第2次添加芦苇沼泽水，添加量为$V_2 = 2 \times 2275 / (18.96 - 6.41) \approx 363\mathrm{m}^3$。第3个梯度结束时，驯化池水累计量为$\sum V = 2000 + 275 + 363 = 2638\mathrm{m}^3$。

c. 在第3个梯度，经过12h驯化，进入第4个梯度$a_4 = 8.41$mmol/L的驯化过程。这时，可将驯化池水从第3个驯化梯度结束时的2638m³排至1000m³，在此基础上第3次添加芦苇沼泽水。计算出应添加的量为$V_3 = 190\mathrm{m}^3$。同样可计算出转入第5个、第6个、第7个和第8个驯化梯度时，需分别第4次、第5次、第6次和第7次添加芦苇沼泽水，其添加量分别为$V_4 = 234\mathrm{m}^3$、$V_5 = 305\mathrm{m}^3$、$V_6 = 440\mathrm{m}^3$和$V_7 = 784\mathrm{m}^3$。当完成第8个梯度$a_8 = 16.41$mmol/L的驯化时，即可停止添加盐碱沼泽水，结束蟹种驯化过程。

表4-21是试验区蟹种驯化梯度的设计值与驯化过程的实测值。

表 4-21　试验区蟹种驯化梯度变化

设计梯度/(mmol/L)	实测梯度/(mmol/L)	设计与实测之差/(mmol/L)	设计较实测变化/%	设计梯度/(mmol/L)	实测梯度/(mmol/L)	设计与实测之差/(mmol/L)	设计较实测变化/%
2.41	2.62	−0.21	−8.02	12.41	12.69	−0.28	−2.21
4.41	4.24	0.17	4.01	14.41	14.14	0.27	1.91
6.41	6.26	0.15	2.40	16.41	16.14	0.27	1.67
8.41	8.59	−0.18	−2.10	18.41	18.19	0.22	1.21
10.41	10.22	−0.19	−1.86				

（7）驯化过程管理。蟹种驯化过程在室外自然条件下进行，需要进行下面的管理工作：蟹种驯化的全过程都要充气增氧；移植水草，即在驯化池水面的2/3处覆盖一层芦苇和沉水植物，其既能为蟹种遮阳，防止水温骤升，又可提供栖息场所、蜕壳隐蔽物和部分植物性饵料；由于驯化期间蟹种均能蜕1次壳，获得一定生长量，因而每天18: 00～20: 00要投喂1次新鲜小杂鱼碎块，每100kg蟹种投喂5～10kg，具体还要根据摄食状况而定。

（8）环境适应性驯化的生态效应。

a. 蟹种实际放养密度的确定：由式（4-10）所确定的蟹种合理放养密度，实际上是芦苇沼泽在当前天然饵料提供能力下的最大放养密度。超过该放养密度，不但饵料可持续生产会受到影响，成蟹无法持续养殖，而且沉水植物和底栖动物的自然生产能力也将下降，芦苇沼泽生态遭到破坏。由于从河蟹苗种生产单位购进的蟹种不能直接放养，需事先经过盐碱水环境的适应性驯化。因此，驯化蟹种的放养密度，才是养殖单元芦苇沼泽河蟹养殖的实际放养密度。

芦苇沼泽的蟹种实际放养密度，要根据蟹种合理放养密度、蟹种驯化成活率和损失率（包括运输、装卸过程的死亡以及含水量、称重等误差）来确定，并通过下式计算：

$$\mathrm{SD_r} = X_4 \times \mathrm{SR_d} / (1 - M_t) \tag{4-16}$$

式中，$\mathrm{SD_r}$为芦苇沼泽蟹种实际放养密度，只/hm^2；X_4为蟹种合理放养密度，由式（4-10）计算得出；$\mathrm{SR_d}$为蟹种驯化成活率，%；M_t为蟹种损失率，%。

b. 蟹种实际采购量的确定：2006～2013年试验区蟹种驯化成活率和损失率的总体平均值分别为87.43%和11.87%。这说明蟹种实际采购量，只有多于由成蟹生产潜力所估算的需要量，才能确保蟹种实际放养密度达到或接近其合理放养密度。蟹种实际采购量由下式计算：

$$Q_1 = Q_2 \times [2 - (1 - M_t) \times \mathrm{SR_d}] \tag{4-17}$$

式中，Q_1为蟹种实际采购量，kg或只；Q_2为根据成蟹生产潜力所估算的蟹种需要量，kg或只。如果M_t、$\mathrm{SR_d}$分别采用87.43%、11.87%，则$Q_1 = 1.229Q_2$。这意味着要达到蟹种的合理放养密度，蟹种实际采购量应比估算的需要量增加22.9%。这对蟹种采购来说，具有普遍指导意义。实际应用中，可近似地采用25%。

c. 培育大规格蟹种：养殖生产上，蟹种放养密度大多以个体数量计算，而蟹种采购量均以重量计算，销售商也以重量论价。在相同重量下，蟹种规格越小，个体数量就越多，多数情况下对养殖者就越有利。但北方地区河蟹生长期相对较短，适宜放养5.0g/只以上的大规格蟹种。2006～2013 年蟹种驯化过程中，蟹种平均规格放入驯化池时为 5.13g/只，驯化结束时为 5.45g/只，平均增加了 0.32g/只，每年驯化天数平均为 5.5d，则驯化期间蟹种规格平均增加速度为 0.058g/d。这说明蟹种的驯化过程相当于中间培育，该过程不仅提高了蟹种对盐碱水环境的适应能力，还能提高放养规格。

对于不同养蟹的芦苇沼泽，放养的蟹种在个体数量密度相同条件下所需要的蟹种总重量，小规格的要少于大规格的，而且通过驯化过程，可以将小规格蟹种培育成大规格，同样可以达到放养大规格蟹种的目的。同时因购买蟹种的重量减少，还可降低蟹种成本，这比全部购买大规格蟹种要合适得多。这一点对芦苇沼泽成蟹养殖很有帮助。

8）蟹种放养

驯化结束后，蟹种在驯化池的水环境适应 24h 后，用蟹地笼网具捕捞出池。捕捞时，要尽可能多集中一些网具，并列放置于池底，争取尽快将蟹种捕捞出池。

蟹种驯化池大多建在养殖单元的芦苇沼泽附近，且每一个养殖单元配备 1 口驯化池，驯化蟹种捕捞出池后，无须再经过长距离运输，可直接投放到养殖区。

对出池的驯化蟹种，要准确称重、计数，根据入池时的数据，统计蟹种驯化成活率与运输过程的损失率，计算蟹种的实际放养密度。

应该指出，如果几个养殖单元共用 1 口驯化池，蟹种驯化往往不能一次性完成，而是要分几次进行，这势必要增加驯化前蟹种的运输损失率，驯化后的蟹种也面临再运输的损失。

放养规格与密度是蟹种放养模式的主要技术指标。差异性分析结果表明，根据成蟹生产潜力估算的未驯化蟹种的放养模式和驯化蟹种的实际放养模式，其蟹种放养规格、放养密度都没有明显差别（$t<t_{0.05}$，$P>0.05$），可以认为两种放养模式是等效的。驯化蟹种投放到苇田水体后，对其存活情况连续观察 2～3d，每年在各个投放地点均未发现大批死蟹，只在个别投放点发现几只，最多十几只死蟹。这说明蟹种的驯化技术是成功的。

9）养殖管理

（1）增殖动物性饵料。芦苇沼泽养殖成蟹，植物性饵料在合理放养密度下一般不会缺乏。但芦苇沼泽中大多缺少小杂鱼、虾等动物性饵料，底栖动物是河蟹食谱中动物性饵料的唯一来源，导致河蟹对动物性饵料的摄食强度往往超过植物性饵料，从而增加底栖动物生产力遭受破坏的风险。为了避免此类情况出现，成蟹养殖过程中，适当增殖底栖动物性饵料，对满足河蟹摄食要求、防止湿地生态遭破坏具有重要意义。通常采用下面两种方法来增殖动物性饵料。

a. 增殖小型螺类：河蟹较喜食小型螺类，如萝卜螺、旋螺、圆扁螺、土蜗等。每年 5～7 月，从养殖区附近的湖泊、水库、稻田中捞取这些螺类的苗种或其幼体，直接投入苇田。2006～2013 年试验地小型螺类的平均年投放量为 45～75kg/hm^2，约为蟹种放养重量密度的 10～15 倍。

b. 增殖小杂鱼、虾：在增殖小型螺类资源的同时，投放性成熟的鲫鱼 50～100 尾/hm^2 和抱卵的日本沼虾 150～300 尾/hm^2。

（2）水环境优化。①施用生石灰：6～8 月河蟹生长旺季，每月投放 1 次生石灰 100～120g/m^3，使水环境 $\rho(Ca^{2+})$保持在 80.0mg/L 以上，满足成蟹正常的蜕壳生长需要。生石灰的施用，还可起到生态防病的作用。养殖期间，并未特意采取防病措施，但河蟹患病率极低。②加注新水：利用蟹种驯化池的水源井，6～8 月每隔 7～10d 向明水沟或环沟加注 1 次井水，每次连续注水 4～6h。这既能补充消耗的水量，又可刺激河蟹蜕壳，加快其生长。

（3）日常管理。①防盗：每个养殖单元派专人精心管理，每天沿养殖区周围巡视，防止偷盗。②防逃：完善防逃设施。通常情况下，水质腐败或受到污染、饵料不足、性成熟以及夏季雨量过大时，都容易引发河蟹大批逃逸。由于试验地建立了完备的防逃设施，成蟹在防逃环节上的损失数量很少；远离部分农作物种类。观察还发现，与养蟹的芦苇沼泽相邻的农田，如果种植高粱、甜菜、土豆和瓜类，可引诱大批河蟹前来觅食。所以，养蟹芦苇沼泽的附近农田，应尽可能不种植此类农作物。

10）成蟹捕捞

（1）合理捕捞时间。根据连续多年的捕捞经验，采用蟹簖、蟹地笼和单层定置刺网联合作业法捕捞成蟹，效果较好。但要进一步提高成蟹的回捕数量，增加经济效益，在捕捞时间上还需要注意以下两方面的问题。

a. 确定最佳开捕季节：选择最佳的捕捞季节是成蟹养殖的关键技术环节之一。捕捞季节应根据当地自然条件、气候变化、河蟹活动情况以及性腺发育程度而定。一般开捕季节在 8 月下旬，一直持续到 9 月底。这个季节气温、水温都比较适宜河蟹栖息，其绝大多数集中在明水沟、环沟等水面开阔区域，便于捕捞。随着天气转冷，蟹群开始向芦苇丛中移动。到 9 月底，大部分河蟹转移到苇草丛中，这不仅给捕捞带来非常大的困难，还增加了外逃机会，从而影响回捕率，影响产量和经济效益。因此，捕捞季节必须掌握好。相反，如果开捕季节过早，成蟹的肥满度较差，软壳蟹较多，死亡率较高，销售困难，也影响经济效益。

8 月下旬至 9 月上旬捕捞的成蟹，个体相对稍小，成熟度较差，蟹黄、蟹膏重量较轻，蟹肉不大饱满，但成蟹的总体产量相差不大。9 月中旬以后捕捞的成蟹，个体相对较大，蟹黄、蟹膏成熟度较好，肉质也相对丰厚。9 月捕捞产量一般可占总产量的 80%，是主要的捕捞季节。

b. 日捕捞时间：河蟹在一天中有三次活动高峰。第一次是 4: 00～7: 00，第二次是 16: 00～20: 00，第三次是 22: 00～24: 00。在这三个高峰期内捕捞效果较好，第一个高峰期的产量最高。合理利用河蟹的昼夜活动规律，是提高成蟹回捕率的重要方法之一。

（2）捕捞前的准备工作。捕捞季节和日捕捞时间明确之后，就要克服一切困难，做好捕捞前的准备工作。①按照最大捕捞强度的标准，准备网具和运输工具。②组织足够的技术熟练、实践经验丰富的捕捞人员和当地的渔政管理人员就位。③积极组织营销，实行当地与外地销售、批发与零售相结合的多元化销售模式；推销与宣传相结合，拓宽销售渠道。最大限度增加销售量，以减轻成蟹的暂养与储存压力。

（3）关注气象因素。成蟹的捕捞产量与气象因素有关。一般是，气温与捕捞产量呈正相关；寒潮期间的捕捞量较少；风向以偏北风的捕捞量最高；风速越小捕捞效果越好；阴天的捕捞效果最好，晴天次之，雨天最差。根据这些气象因素的变化，在河蟹最佳捕捞期的 9 月，按照最大捕捞强度的标准准备网具、组织人员和运输机械，最大限度地提高回捕率，把达到商品规格、成熟度较好的河蟹全部捕捞上市。

(4) 利用河蟹的趋向性。①东南沿海趋向性：在比较同一块养殖单元内同一网具在不同位置的捕捞产量时发现，靠近东南方向的捕捞产量比其他地方要高一些。这说明当河蟹性成熟后要进行生殖洄游，洄游的目的地是其祖先生殖洄游的地方，即东南方向的大海与河流交汇的半咸水处。该遗传习性使成蟹产生向大海方向移动的趋向性。②水域趋向性：靠近湖泊、水库、池塘等水域的芦苇沼泽，邻近水域一侧的河蟹产量相对较高。这说明成蟹具有向养殖区外部水域方向移动的习惯。利用河蟹的趋向性，合理设置网具，捕捞效果较好，对提高回捕率有重要意义。

11）成蟹暂养与育肥

在吉林省西部，9 月日平均水温为 10～15℃，河蟹仍在摄食、生长，并且 10～20 日有 1 次较为集中的蜕壳高峰期。这个季节捕捞出水的成蟹，其肉质、蟹黄、蟹膏都不太饱满，且刚刚完成最后 1 次蜕壳的黄蟹（俗称软壳蟹）的比例也较大。所以必须经过一段时间的暂养、育肥，使性成熟的绿蟹壳硬、黄满、肉质丰厚，提高售价，黄蟹发育成绿蟹。2002～2004 年试养阶段，秋季销往外地的成蟹运输死亡率平均为 20%～30%，最高达 40%。其原因，主要是在捕上来的成蟹中，黄蟹占比达 10%～20%，即便是绿蟹，其中大多数步足松软无力，体质较差，没有经过暂养、育肥而直接运输，从而导致成活率较低。经过暂养，还能清除蟹鳃中的污泥，降低成蟹运输死亡率。因此，成蟹暂养、育肥对芦苇沼泽依靠天然饵料养殖成蟹至关重要。2006～2013 年，试验苇田主要利用池塘进行成蟹暂养、育肥。

（1）暂养池的准备。

a. 利用蟹种驯化池：春季蟹种驯化结束后，打开排水口，排掉驯化水。之后，始终保持排水口打开的状态，避免雨季池内积水，并通过酷暑消毒，以备秋季成蟹暂养、育肥。

b. 改造废弃坑塘：部分试验苇田周围分布着废弃的鱼池或低洼坑塘，可因地制宜，整修改造为暂养、育肥池。主要是增设高 50.0cm 左右的塑料布防逃围墙，池中间或边缘留出一定面积的陆地（土堆或土埂），供河蟹上岸觅食、栖息。

c. 网围沼泽：除上述两种暂养、育肥池外，还可在养殖单元内部，用网围圈出一定面积的沼泽水面作为暂养、育肥池。这种网围沼泽就地暂养、育肥的方法，可使暂养池水体与外界始终保持相互交换的状态，不用特意实施水质管理，其效果好于上述两种池塘，是一种值得推广应用的方法。

利用蟹种驯化池和改造废弃坑塘作暂养、育肥池时，水面要放置一些水生植物，其覆盖面积应占总水面的 1/3。网围沼泽建造成蟹暂养、育肥池时，所使用的围栏材料为 4 目/cm^2 的铁丝网，围栏面积为 0.2～0.3hm^2，其中，由环沟或明水沟构成的明水区面积占 2/3，芦苇覆盖区占 1/3。用于围栏的铁丝网兼作防逃墙，用木桩固定，高度为 1.2～1.5m，其底部插入泥中 20.0cm 左右，露出水面 30～40cm，顶端用塑料布制成向内侧倾斜的防逃檐。

（2）暂养池注水。由蟹种驯化池、废弃坑塘改造而成的暂养、育肥池，均以沼泽水为水源。采用蟹种驯化池为暂养、育肥池，其注水量以池底最低处的水深达到 1.0～1.2m 为宜，这时斜坡水深 5～20cm。由坑塘改造而成的暂养、育肥池，注水前先将池中老水抽出，日晒 1～2d 后，再加注新水，注水深度为 0.5～1.0m。

（3）暂养蟹的投放。①黄蟹、绿蟹分开暂养：成蟹捕捞出水后，及时将黄蟹、绿蟹分别挑选出来，放入各自的暂养、育肥池中，便于以不同的价格集中销售。②选择最后一次蜕壳的个体：由黄蟹发育到绿蟹通常需要多次蜕壳。绿蟹的暂养、育肥池中，要尽可能投放已完成最后一次蜕壳的个体，这样的蟹在暂养、育肥期间一般不再蜕壳，有利于提高成活率。这种蟹的规格一般＞75.0g/只，在捕捞出水时，应及时挑拣出来。③尽可能减轻应激反应：河蟹对水环境碱度变化所产生的应激反应十分强烈，这个过程要消耗体内较多的能量，对其存活有一定的影响。因此，从同一养殖单元捕捞的成蟹，要尽可能集中在同一口池中暂养、育肥，这样可以减轻河蟹因不同养殖单元内沼泽水碱度的差异而产生的应激反应，从而降低河蟹自身的能量消耗，提高成活率。这就要求每个养殖单元都要准备好充足的暂养、育肥池，尽可能避免交叉使用。④分类暂养、育肥：由于不同规格的成蟹以及雌雄蟹之间售价差别较大，所以在暂养、育肥时，大小规格、雌雄群体要分开，这样有利于提高总体售价，增加收入。根据购买商的要求，暂养、育肥的规格可分为 50～75g/只、75～100g/只、100～125g/只及 125g/只以上几个档次。

（4）密度。试验区成蟹暂养、育肥的密度为 2.3～6.7kg/m^3，折合 18～52 只/m^3，总体上为 3.2kg/m^3（折合 25 只/m^3）。经验表明，成蟹暂养、育肥的密度以不超过 5.0kg/m^3 为宜（折合 30～40 只/m^3）。

（5）管理。

a. 合理投喂：暂养、育肥期间水温超过 10℃时，每天要适当投喂饲料。投喂时，饲料沿池边四周撒开。投喂量以下次投喂时池边有少量剩余为宜，剩余较多则下次少喂，一般为成蟹暂养重量的 5%～8%。每天 9 点和 17 点各投喂 1 次，投喂量分别占 30%和 70%。

成蟹育肥用的饲料应就地取材，要求含有大量糖分和蛋白质，以满足成蟹对动、植物营养成分的需要，有助于短期内提高肥满度。实践表明，采用“玉米、豆饼各占 20%＋小杂鱼虾占 60%”“小杂鱼虾占 70%＋甜菜、甜菜叶、土豆共占 30%”两种配方的饲料，其育肥效果较好。

刚捕捞出水的绿蟹，体色暗、蟹黄少、体重轻、蟹腿软、肠管空。使用上述饲料经过 7～10d 的育肥，蟹壳明显发亮，蟹体、蟹黄饱满，蟹腿坚硬，肠管充盈，体重可增加 5%～10%，售价可提高一半以上。

b. 水质管理：由蟹种驯化池、废弃坑塘改造而成的暂养、育肥池，河蟹密度较大，投喂的饲料较多，水体与外界没有交换，水质容易劣变，应经常加注新水，确保水质清新，防止缺氧。为此，可投放规格 15～20cm 的鲢鱼 30 尾/hm^2，作为试水鱼，如果发现鱼浮头，说明水体缺氧，应及时注水。一般每隔 2～3d 换水 1 次，每次先排掉 1/3，然后补足。

应注意：成蟹暂养、育肥池的水量要比养殖单元的芦苇沼泽水少得多，水环境自身的缓冲能力较差，调节水质时不能采用泼洒生石灰的传统方法。暂养、育肥池水均为养殖单元的盐碱沼泽水，施用生石灰可导致池水的碱度、pH 进一步升高，当超出河蟹耐受能力时，往往造成河蟹死亡。

12）捕捞出售

（1）蟹地笼捕捞。每次可集中设置 5～10 只地笼，进行高强度快速捕捞。10 只地笼 2～3h 的捕捞量可达 300～500kg。一般出售量在 200kg 以上时，可采用此法捕捞。

（2）挖坑捕捉。利用性成熟蟹离开淡水环境，进行生殖洄游的习性和趋光性实施捕捉。

方法是：在防逃围栏边角处开挖洞门，洞门外侧挖 1 个方坑，坑的大小以内部能够放 1 只水桶为宜，坑上缘挖出 1 个 10cm 深的槽形小坑，放 1 只节能灯泡。每天早晚，大多数性成熟的成蟹都爬出水体，在防逃围栏周围寻找外逃机会，在 4: 00～6: 00 和 19: 00～22: 00 两个时间段活动最为旺盛。这时打开洞门，河蟹便成群结队从洞门爬出滑落到水桶内。

通过挖坑捕捉的河蟹大多数是 100g/只以上的绿蟹，黄蟹和小规格蟹都较少，而且出售多少，就可捕捉多少，达到计划出售量时便可封闭洞门，下次需要时，再打开洞门捕捉以确保其鲜活。一般出售量小于 200kg 时，宜采用此法。

13）成蟹储存

成蟹的暂养、育肥时间通常在 7～15d，甚至更长。然而，秋季捕捞的成蟹中，有一部分（主要是绿蟹）在 3～5d 就可售出，不需要暂养、育肥，但可以选择储存。根据具体条件，储存方法有以下两种。

（1）房间储存：用来储存成蟹的房间，墙壁要光滑，使成蟹无法攀爬，同时有一定的保温性能，通风条件较好。将需要储存的成蟹以 5～10kg/hm^2 的密度散放在室内地面上，门口设置防逃设施，每天喷洒净水 2～3 次，使蟹体保持潮湿。根据气温和储存数量，每天投喂适量饲料（饲料种类如前述），可确保储存 3～5d 的成蟹成活率达到 95%～98%。

（2）网箱储存：对于 2～3d 内就能售出的成蟹，可以 20～30kg/m^2 的密度放到网箱中储存，每天适量投饲，恢复体质，同时消除鳃中污泥，可获得 95%以上的成活率。试验苇田储存成蟹的网箱，采用 4 目/cm^2 的铁丝网制成，长 1.5m，宽、高均为 50cm 左右，体积为 0.375m^3，每只箱储存 10.0kg（折合 27.0kg/m^2），储存 3～5d，成活率均超过 95%。网箱要放在养殖区的环沟水体中，底部用木杆垫起，使之离开底泥 10～20cm。

3. 效益

1）经济效益

2006～2013 年，吉林省大安市牛心套保试验区进行芦苇沼泽养殖河蟹累计 133hm^2，生产成蟹约 40.61t，累计经济效益 74.61 万元。用于养蟹试验的芦苇沼泽虽然经过连续 8 年的成蟹养殖，但成蟹的平均规格、产量和经济效益均能维持在一定水平，并未再现“蟹不过三”现象。因而从渔业经济学角度看，试验地所采用的放养模式及其配套技术较为合理。

2）生态效益

（1）改善湿地生态过程。芦苇沼泽养蟹后，可使沼泽湿地蓄水量每年增加约 8 万 m^3，相当于平均水深增加约 6cm。养蟹前的芦苇沼泽湿地，每年春季干涸，土壤干燥，芦苇发芽较晚。养蟹后开挖的环沟、明水沟，可增加湿地蓄水量，提高春季土壤含水量和空气湿度，有利于芦苇地下茎的快速萌发。

通过养蟹，解决了芦苇沼泽自我维持对水的生态需求，改善了原有水文过程，增强了湿地自我养护的能力，提高了芦苇生产力。对定点样地的监测结果表明，试验地芦苇平均密度由养蟹前 42 株/m^2 增加到 71 株/m^2；芦苇实际平均年产量为 5478kg/hm^2，比养蟹前（3263kg/hm^2）增加 67.88%。可见，养蟹还具有改造低产苇田的效果。

（2）水土改良效应。根据养蟹前后水环境盐度与土壤含盐量变化、每年排水量与芦苇收割量等指标估算，仅 2006～2009 年，从试验区芦苇沼泽表层土壤 0～20cm 土体析出的盐分总量约 8162kg/hm^2，其中随水排掉的盐分总量约 6714kg/hm^2，通过芦苇吸收与收割而排出的盐分总量约 1448kg/hm^2，分别占 82.26%和 17.74%。水质分析结果表明，试验地水环境盐度、碱度养蟹前（2005 年）分别为 2.57g/L、18.68mmol/L，养蟹后（2009 年）分别为 1.10g/L、12.10mmol/L，平均年降幅 19.1%、10.3%。由表 4-22 可知，试验地土壤含盐量平均年下降 20.4%，土壤有机质含量平均年增加 8.9%，土壤全氮、全磷、全钾含量平均年增加 15.0%、18.9%、21.6%。

表 4-22　试验地 0～20cm 土层含盐量和养分含量变化　（单位：g/kg）

测定时间	含盐量	有机质	全氮	全磷	全钾
养蟹前（2005 年）	5.74	10.92	0.755	0.269	0.974
养蟹后（2009 年）	2.31	15.37	1.321	0.538	2.133

从废水排放标准看，2009 年试验地所排出的废水含盐量为 1.10g/L，符合《农田灌溉水质标准》（GB 5084—2021）所规定的盐碱土地区标准（≤2000mg/L），不仅不会造成试验地外部水土环境次生盐碱化，还可以将废水回收用于其他湿地生态补水。

3）社会效益

（1）致富于民。截至 2013 年，试验区所在地吉林省大安市牛心套保苇场推广芦苇沼泽成蟹养殖技术累计面积 3976hm^2，生产成蟹 175.6t，获经济效益 6322.2 万元，人均纯收入新增约 1.672 万元，对人均纯收入的贡献率为 63%。2013 年，20 户职工承包芦苇沼泽养蟹 1340hm^2，成蟹总产量 61.5t，实现产值 221.4 万元，扣除成本 89.06 万元，获经济效益 132.34 万元，户均 6.617 万元。

（2）促进企业发展。大安市牛心套保苇场是以经营芦苇为主的集体企业，在目前芦苇产业不景气的大环境下，企业发展步履维艰。通过推广应用芦苇沼泽养蟹技术，企业每年均可获得一定的收入，成为企业发展的经济支柱。2013 年仅承包费收入就达 18.76 万元。

（3）解决社会就业。芦苇沼泽养蟹，为 673 人次剩余劳动力找到了新的就业门路。同时带动了当地运输业、旅游业、餐饮业、水产资料经营业等相关行业的发展，间接地增加了社会就业渠道。

4. 成蟹的养殖经营

1）搞好经营的意义

成蟹的养殖经营，包括蟹种采购、成蟹捕捞、暂养和储存运销等环节的投入和产出及其客观效果。这是在吉林省西部乃至整个松嫩平原苇田成蟹养殖逐渐规模化、产业化后所必须考虑的问题。

成蟹养殖者要及时把产品卖出去，卖个好价钱，或者要购到纯正、质高价廉的蟹种，以维持简单再生产和扩大再生产，都需要研究经营问题；面对卖难买难，产、销两地多数分离和地区、季节、时间差价大且多变而多数生产者又不能应变的矛盾，从中获取较高的利润，更需要研究经营问题。因此，经营是成蟹养殖通向产、销的桥梁与纽带，是保证苇田成蟹规模化、产业化养殖生产良性循环不可缺少的中间环节[186]。

2）蟹种价格变动

近年来，商品蟹价格高、销路畅刺激着河蟹养殖业的发展。现在，河蟹养殖业已由沿海、近海地区向内地迅速发展，养殖面积不断扩大，对蟹种的需求也越来越多，蟹种供求矛盾十分突出，蟹种价格不断升高。从辽宁盘锦地区的情况来看，其变化规律的主要表现：①总趋势是价格逐年升高，如2006年、2008年、2010年和2013年分别为15元/kg、21元/kg、29元/kg和36元/kg，年均递增13.32%；②规格越小，单价越高，反之则越低；③4月中、下旬价格相对较低，5月1日以后逐渐升高。

根据蟹种价格变动特点，成蟹养殖者可采取的对策：①在前期价格低廉时购买，暂养在苇田明水沟或环沟里。对于集中连片开发的苇田，可事先找几处水量较多的苇田作为暂养塘，集中暂养，再择机捕捞出水，投放到其他养殖区的苇田。②提高运输与放养技术水平，以降低死亡率，尽可能降低蟹种损失率。

3）经营对策

河蟹是时令性很强的商品。近年来，北方地区的人们也逐渐喜欢上了河蟹，每年中秋、国庆双节期间是食蟹的高峰期。随着人民生活水平提高，市场对河蟹的需求量越来越多，河蟹价格也越来越高。商品蟹价格变化较大，总体上表现为：①总趋势呈现逐年升高。从长春市某水产批发市场的统计资料看，2000～2005年，来自辽宁盘锦的成蟹平均售价为23元/kg，2007年为24元/kg，2008年为27元/kg。随着人们对河蟹认识程度的提高，大安市牛心套保苇田所养殖的成蟹逐渐打入长春市市场，平均售价2010年为31元/kg，2013年达到52元/kg。②沿海价格高于内地，南方高于北方，大中城市高于乡镇。③规格大、质量好的价格增幅较大，如黄蟹经过暂养、育肥后变成绿蟹，其价格可提升12～16元/kg。

另外，从长春市某水产批发市场的情况看，9月上旬价格较高。因为这段时间成蟹上市量较少，能捕到的大规格成蟹更少，有特殊需要的单位或个人，不惜高价购买，使蟹价升高。9月中旬价格较低。因这期间大部分养殖水域都开始捕蟹，成蟹上市较多，但成熟的不多，特殊需求者购买数量有限，多数蟹暂时滞销，因而价格下降。9月下旬前后面临中秋、国庆双节，除特殊需要者外，居民购买量也增多，因而蟹价上涨。国庆节之后，买蟹者减少，蟹价下降。元旦前后蟹价又开始上涨。

根据商品蟹价格变动特点，经营者可采取如下对策。

（1）以养好蟹为本。充分利用宜渔的苇田湿地资源，逐步扩大规模，提高养殖技术水平，增加商品蟹总产量。

（2）推广成蟹暂养、育肥技术。暂养、育肥的目的在于催肥、增加体重，变黄蟹为绿蟹，变低价为高价，聚零散为批量，提高经济效益。暂养的方法也要因地制宜加以选择。

（3）逐步推广活蟹冷藏技术。推广此技术的主要目的是节省成本，提高时差效益。方法是把鲜活的成蟹放在特定条件下的冷藏室，活体储存一段时间后再上市。凡有冷藏库和地下恒温室的地方均可试行。

（4）适当推迟捕蟹期。采取此项措施的主要目的：①规格再增大一些、成熟度再提高一些，提高其商品价值；②提高价差增值系数，增加收入。有些养蟹农户把开捕期从8月25日推迟到9月1日，还有的推迟到9月5日，最后排水捕净，均取得了良好效果。

（5）适当集中捕捞。捕蟹期虽然只有30～40d，但从缩短管护期，节约人力、财力、物力，防逃、增加回捕率等因素考虑，应多下网具，高强度集中捕捞。从以往的情况来看，最好在10月1日前捕捞基本结束。

（6）搞好市场调研。根据商品蟹的时间、季节和地区差价变动规律，要使蟹卖个好价钱，对出水的蟹，应选择最适合的时机和价高的地区销售。为此，要多了解市场行情，及早同有关单位挂钩，不断扩大销路，确保货畅其流。

5. 大规格成蟹养殖

2008～2013年，在牛心套保湿地选择一块面积为22hm^{2}的碳酸盐类盐碱芦苇沼泽，进行大规格成蟹养殖试验。每年10月上旬放养规格为5.5～6.5g/只的扣蟹1180只/hm^2（折合6.58kg/hm^2）。2012年、2013年平均年捕捞成蟹453只/hm^2，回捕率为38.39%；平均产量为95.09kg/hm^2，平均规格为209.9g/只；经济效益为4738元/hm^2，高出普通成蟹养殖模式6.92倍，产投比达3.946。成蟹中，83.79%的个体规格达到217.6g/只，其产量为82.64kg/hm^2；16.21%的个体规格达到169.4g/只，其产量为12.45kg/hm^2。

1）大规格成蟹养殖的必要条件

河蟹的生长要有足够的积温作保证，而且性成熟之后就不能继续脱壳生长。河蟹的性成熟不仅需要一定的积温，同时还要有一个临界高温阈值（即高温的最低值），达不到这一阈值，河蟹就不能成熟，越冬之后下一年在不高于性成熟高温阈值范围内，可获得更多的生长积温，确保河蟹继续蜕壳生长，从而有可能育出较大规格的成蟹。

通常情况下，河蟹从当年繁殖的蟹苗开始，养殖到第二年秋季即可达到性成熟。性成熟蟹的规格北方地区多为100～130g，很少超过150g。只有那些第二年秋季尚未成熟的个体，越冬后才能继续蜕壳生长，长成200g以上的大规格成蟹。因此，夏季营造低温的养殖水环境，使河蟹当年达不到性成熟所需的积温和临界高温阈值，成为大规格成蟹养殖的关键。

2）技术措施

大规格成蟹养殖，除了田间生态工程、成蟹生产潜力估算、蟹种合理放养密度估算以及蟹种环境适应性驯化措施之外，还需要以下技术环节。

（1）水草栽培。水草栽培是苇田养殖大规格成蟹的关键技术之一。水草对河蟹有益作用表现在：吸收盐碱成分和污物，净化水质；提供植物性饵料和栖息场所，有利于正常蜕壳生长；形成“地下森林”，营造低温小环境，避免水温过高而提早性成熟；营造水底有氧小环境。人工栽培的水草种类为菹草（*Potamogeton crispus*）、苦草（*Vallisneria natans*）和轮叶黑藻（*Hydrilla verticillata*）。环沟、明水沟主要栽培轮叶黑藻和苦草，要求布满整个水面，适宜生物量为3～5kg/m^2。越冬池主要栽培菹草，栽种面积为水面的2/3，适宜生物量为8～10kg/m^2。

a. 菹草：人工栽培菹草的主要措施是移植其繁殖体，即石芽。菹草的石芽系繁殖芽的一种，是菹草营养体长到成株后在死亡腐败之前形成的，每株菹草可产生几个至几十个石芽。芽体较短，质地坚硬且有韧性，边缘带刺，脱离母体后沉入水底，蛰伏休眠越夏，秋季再萌发长成新的植株。石芽数量较大，繁殖迅速，对不良环境和各种外界侵害的抵抗力较强，便于引种移植，容易获得成功[187-189]。

菹草石芽采集及其移植方法：利用菹草石芽繁殖后代的生物学特性，适时采集。每年7 月下旬石芽生物量最大之际，从附近的菹草型水体（如月亮泡），用齿距为 1.0cm、齿长为 10～15cm 的耙子（也可以用底拖网）将其从水体中捞出，洗净污泥，装入淋湿的麻袋内运输。运输途中要勤洒水，确保芽体的最大失水率不超过 15%～20%，同时也不能过于碰撞挤压，以免损伤芽孢，影响萌发。运到养殖区沼泽后，趁湿润及时播种，播种密度一般在 200～400 个/m^2 效果较好。

菹草越冬期的管理：菹草较耐寒冷，在北方冰下水体可照常生长。要做到菹草的安全越冬与旺盛生长，并能获得较大的生物量，冬季应做好管理工作。①结冰前注水深度在 2.5m 以上，越冬期间经常补水，保持冰下不冻水层在 1.2～1.5m，使菹草能获得足够的光照与生长空间。冰下水层低于 1.0m，将影响菹草生长高度和生物量。但水层超过 1.9m，则会因冰下光照不足而阻碍菹草正常生长。②每 10～15d 追施 1 次尿素（8g/m^3）、过磷酸钙（3g/m^3）。施肥方法是把各种肥料按其用量装入编织袋内，用细绳系在木杆上，悬挂在冰下水层中，挂袋深度超过冰层 10～15cm。③冬季雪后，要及时清除掉积雪，最大限度增加冰下水体光照度，促进菹草旺盛生长。④下一年开春，冰雪消融后至蟹种放养前，每隔 7～10d 追施 1 次上述肥料，数量减半。同时，要经常补水，避免水位下降时菹草茎尖露出水面而干死。

b. 轮叶黑藻：轮叶黑藻是多年生沉水植物，根须发达，茎节能发根生长，断枝能随水漂浮沉入水底发育成新植株。人工栽培就是利用其很强的分蘖再生能力，断枝能生根发育成新植株的生物学特征。6 月中旬，植株高度达 30～50cm，正处在旺盛生长阶段。此时，从沼泽泡沼、河沟等处选择植株高度在 20cm 以上、分枝群丛较多、生长旺盛的轮叶黑藻，进行人工栽种。栽种前，先将采集到的植株，修剪成 10～15cm 一段的茎枝，然后将修剪成段的每节茎枝的下端，用黏质底泥包裹成小团块，按株距 20cm、行距 30cm 的密度，将包裹底泥的茎枝沉入养殖区的沼泽明水沟和环沟水底，包裹底泥的一端垂直朝下，使其很快与底泥贴近，便于快速萌发须根。

应注意：要选择风平浪静、风和日丽的天气进行栽植，当天采集的植株要即时修剪、栽种完毕，不宜拖延，以免影响成活率。

c. 苦草：苦草也是常见的多年生沉水植物，其具有很强的分蘖再生能力，在整个生长期，匍匐于水底的根状茎都能不断地萌发新植株。苦草不仅能开花结果，进行有性生殖，还能依靠营养体来繁衍后代。每年秋季，苦草各植株根状茎的端部能形成特殊的球茎，这些球茎伏于水底越冬，下年春季萌发抽芽，形成新植株。苦草栽培方法通常有两种：①球茎播种法：每年 4 月，用底拖网在苦草丛生的沼泽泡沼拖曳，捞取蛰伏于水底的球茎。球茎的规格一般为 0.3～0.7g/ind.。将捞取到的球茎逐个包裹上底泥，按株、行距均 30cm 的密度进行点播，沉入明水沟和环沟水体，使之快速贴泥，萌发出新植株。②整株移植法：一是获取苗株，可通过采集天然植株和人工培育两种方法取得。前者是在 6 月中旬选择苦草丛生、生长茂盛的沼泽泡沼，用长齿铁耙入泥，将苦草植株连根带泥掘起，作为移植用的苗株；后者是从 4 月开始，将收集到的球茎按株、行距均为 3～5cm 的密度点播到塑料大棚的水稻育苗床中，按照水稻育苗的方法进行管理。待球茎萌发的新芽长到 3～5cm 时，每天日出后气温升高时，将塑料大棚敞开，以充分利用阳光，促进植株生长。待苗株的高度达到 15～20cm 时，即可移栽到明水沟和环沟中。二是苗株移栽，通常采用抛入法和插入法。前者是用黏性的底泥将苗株的根部包裹成一团，然后按株、行距均为 25～30cm 的密度，逐株抛入明水沟和环沟水体；后者是将选择好的苗株按株、行距均为 25～30cm 的密度直接插入水底，其根部入泥深度 3～5cm。经验表明，采用插入法移植的苗株，其缓苗时间较短，生长也较快，是一种值得推广应用的有效方法。

（2）养殖管理。①补充动物性饵料：养殖期间，从周围的沼泽、稻田、湖泊（水库）等水域采集活体小型螺类，随时投放到苇田水体，增殖河蟹喜食的动物性饵料资源。试验地 1 个生长期小型螺类的平均年投放量为 600～900kg/hm^2。②水质调节：养殖期间，每隔 10～15d 向明水沟和环沟水体施 1 次生石灰，用量为 15～20g/m^3。其主要作用是改善水环境质量、生态防病、补充水层中 Ca^{2+}浓度，促进河蟹正常蜕壳生长。③水温调控：7 月、8 月高温季节，每天加注机井水 1～2cm。通过加注井水，可将养殖水温控制在 20～24℃，河蟹年生长积温控制在 2000～2300℃。④越冬期管理：结冰前，向越冬池注水，使其水深超过 3.0m；越冬期间，及时清除冰面积雪，增加冰下光照度；检查冰下水位变动情况，保持不冻水层 1.5m 以上；冬季收割芦苇时，禁止机械和人力进入越冬池冰面，确保越冬环境安静。

（3）捕捞、暂养及育肥。头一年放养的蟹种，养至下年 8 月 20～25 日开始捕捞成蟹。采用蟹簖、蟹地笼和定置刺网联合作业法，实施高强度集中捕捞。按照个体规格大小和雌雄性别，对捕捞出水的成蟹进行分类；采用网围沼泽的方法实施暂养、育肥。

6. 生态优先型成蟹养殖

沼泽湿地是内陆天然湿地的主要类型之一，其以较高的生物生产力、生物种群效益、生态系统效益和全球效益，在人类生产和生活中发挥着巨大作用[166, 167]。放养河蟹是松嫩平原沼泽湿地生态恢复与合理利用的生态渔业模式[190]，也常因过度放养，造成饵料资源过度消耗，不仅成蟹规格较小，产量和经济效益下降，还导致湿地植被和底栖动物自然再生能力降低，湿地生态系统功能减弱，湿地健康发展也受到影响。研究河蟹合理放养问题，对湿地河蟹养殖业可持续发展，探索可持续湿地资源管理模式都具有重要意义。

本试验选择松嫩平原碳酸盐类盐碱芦苇沼泽湿地为研究对象，通过沼泽湿地成蟹生产力来估算 1 龄幼蟹的合理放养密度，并于 2006～2012 年连续进行成蟹养殖试验，研究该放养密度的合理性，在此基础上探索沼泽湿地 1 龄幼蟹适宜的放养密度和可持续养殖模式[191]。

1）试验地自然条件

试验地位于松嫩平原西部吉林省大安市、洮南市和乾安县，共计 13 块，总面积为 845hm^2，属霍林河-洮儿河下游河漫滩型碳酸盐类盐碱芦苇沼泽湿地。5～9 月试验地自然积水深度平均为 10～80cm，水环境平均碱度、盐度、pH 分别为 20.26mmol/L、2.41g/L、9.25，水质化学类型均为 C_{I}^{Na} 半咸水（表 4-23）。试验地植被群落，挺水层以芦苇为优势种，伴生有旱苗蓼（*Polygonum lapathifolium*）、灰绿藜（*Oxybasis glauca*）、穗状黑三棱（*Sparganium confertum*）、圆叶碱毛茛（*Halerpestes cymbalaria*）、水葱（*Schoenoplectus tabernaemontani*）、三棱藨草（*Scirprs triqueter*）和荆三棱（*Scirpus yagara*）；沉水层主要由小狐尾藻、杉叶藻、金鱼藻、穗状狐尾藻和微齿眼子菜构成。底栖动物群落主要由耳萝卜螺、旋螺、圆扁螺和土蜗等软体动物，摇蚊科、蠓科的水生昆虫幼虫，水丝蚓及颤蚓等寡毛类构成。试验地中无野生鱼、虾生存。

表 4-23 试验地概况

试验地	经纬度	所在地	面积/hm^2	总碱度/(mmol/L)	含盐量/(g/L)	pH
1	45°16′34.07″N，123°19′21.13″E	大安市大岗子镇	63	28.20	2.91	9.31
2	45°09′36.89″N，123°34′40.91″E	大安市大岗子镇	47	7.67	1.99	9.02
3	45°10′38.76″N，123°37′5509″E	大安市大岗子镇	94	38.50	3.34	9.34
4	45°15′07.72″N，123°25′15.42″E	洮南市黑水镇	43	16.92	1.83	9.26
5	45°19′09.10″N，123°14′28.03″E	洮南市黑水镇	37	10.80	1.00	9.17
6	45°05′41.59″N，123°36′26.48″E	大安市龙沼镇	62	24.10	2.61	9.43
7	45°03′59.27″N，123°37′46.37″E	大安市龙沼镇	87	13.26	2.44	9.19
8	45°02′21.26″N，123°34′34.02″E	大安市龙沼镇	83	15.21	3.27	9.10
9	45°06′51.07″N，123°41′25.42″E	洮南市二龙镇	17	15.00	2.89	9.23
10	45°05′25.74″N，124°03′24.69″E	大安市龙沼镇	75	30.83	2.45	9.51
11	45°05′40.61″N，123°50′59.73″E	大安市龙沼镇	87	5.18	1.24	9.00
12	44°59′05.22″N，123°43′11.40″E	乾安县水字镇	52	38.79	3.29	9.41
13	44°55′22.49″N，123°26′17.38″E	乾安县水字镇	98	18.96	2.09	9.32

2005年5～9月，采用湿地生物群落研究的方法，对试验地植被（包括挺水植物和沉水植物）和底栖动物群落的年平均生物量进行了调查，结果见表 4-24。作为河蟹天然饵料基础的沉水植物群落、有机碎屑和底栖动物群落的年平均生物量，试验区分别为 207.56kg/hm^2、132.37kg/hm^2 和 75.57kg/hm^2（各试验地总体平均值，下同），在饵料基础总量中分别占49.95%、31.86%和18.19%。

表 4-24 2005年试验地天然饵料生物量调查结果 （单位：kg/hm^2）

试验地	植被群落	有机碎屑	小狐尾藻群丛	穗状狐尾藻群丛	金鱼藻群丛	杉叶藻群丛
1	1971±472	98.53±23.62	12.31±4.07	49.82±19.81	24.61±7.92	8.91±3.44
2	3071±416	153.45±20.84	26.74±10.12	733.61±21.43	35.17±13.07	11.94±4.90
3	3263±293	163.17±14.65	21.41±11.91	81.20±32.17	39.82±13.14	13.90±7.22
4	1477±238	73.86±11.92	13.04±4.18	37.64±13.92	19.81±4.92	6.17±3.91
5	2761±347	138.02±17.35	19.17±6.51	67.94±22.72	29.44±9.94	9.82±3.44
6	2173±429	108.64±21.43	13.94±5.93	54.62±19.83	23.14±9.17	7.21±2.59
7	2173±312	108.69±15.13	20.49±7.22	77.94±22.17	30.49±11.22	12.47±7.12
8	3493±712	174.57±35.67	22.43±13.17	89.14±27.41	43.41±5.99	14.12±6.71
9	2917±371	145.83±18.52	24.67±7.42	72.74±21.09	30.92±13.70	12.17±3.94
10	1439±214	71.97±10.73	13.15±6.10	39.81±13.07	19.17±5.43	6.94±2.14
11	2931±292	146.54±14.61	19.14±7.29	72.51±19.82	30.99±5.91	12.17±5.60
12	3764±364	188.21±18.27	23.66±13.44	93.22±27.93	39.49±11.37	16.47±6.59
13	2986±347	149.30±17.35	18.69±6.32	72.94±19.88	34.91±12.44	11.22±4.93
试验区	2648±572	132.37±36.89	19.14±7.01	118.70±17.51	30.87±7.67	11.04±3.08

续表

试验地	微齿眼子菜群丛	沉水植物群落	软体动物类群	水生昆虫类群	寡毛类	底栖动物群落
1	54.74±19.83	150.39±52.88	36.76±13.41	24.08±7.93	15.45±4.71	76.24±24.17
2	86.78±29.42	234.24±31.59	15.00±6.71	8.82±2.93	6.65±2.03	30.49±13.43
3	92.56±31.27	248.89±23.12	8.65±2.37	5.00±1.94	3.60±1.97	17.29±7.62
4	35.96±14.83	112.62±33.81	21.35±9.42	12.09±3.47	9.82±2.41	43.28±15.91
5	84.29±23.93	210.66±39.45	17.39±4.97	9.85±4.17	6.69±1.40	33.98±11.90
6	66.81±31.43	165.72±18.46	16.59±4.71	10.07±3.44	5.61±2.02	32.29±13.66
7	96.97±39.82	238.36±9.84	55.41±19.37	32.38±13.41	15.92±4.72	103.61±32.71
8	97.34±21.39	266.44±51.25	36.62±13.17	22.80±4.97	16.92±4.06	76.24±8.94
9	82.08±17.49	222.57±63.71	47.18±11.44	29.37±10.03	21.78±9.40	98.34±32.42
10	30.73±13.07	109.80±17.62	23.36±9.17	13.68±4.71	8.35±3.12	45.38±15.14
11	88.75±34.42	223.56±43.91	42.58±17.03	24.56±11.22	15.58±7.01	82.75±29.38
12	114.35±42.92	287.19±37.41	102.34±32.47	53.41±17.64	37.41±4.92	193.26±32.51
13	90.07±22.13	227.83±29.83	74.45±19.47	48.05±9.42	26.78±10.12	149.24±31.47
试验区	78.57±24.71	207.56±56.03	38.28±26.84	22.63±15.15	14.56±9.28	75.57±51.33

注：有机碎屑的平均年生物量，本书按植被群落平均年生物量的 5%计算。

2）试验方法

（1）饵料对成蟹产量的作用估测。通过估测饵料对成蟹产量的作用，可以了解在本试验的放养密度条件下河蟹对饵料的实际利用情况。以幼蟹摄食各种饵料所获得的成蟹产量和各种饵料对成蟹产量的贡献率作为估测指标，分别通过下式计算（依据文献[181]整理所得）：

$$
\begin{gathered}
Q_j = E_j \times p_j \times \mathrm{DI}_j \times Y \Big/ \left[\left(\sum_{j=1}^{5} \mathrm{DI}_j \times p_j \right) \times \left(\sum_{j=1}^{5} E_j \times p_j \right) \right] \\
c_1 = E_2 \times E_3 \times \mathrm{DI}_2 \times \mathrm{DI}_3 \times Y \times F_1 / A \times B \\
c_2 = E_1 \times E_3 \times \mathrm{DI}_1 \times \mathrm{DI}_3 \times Y \times F_2 / A \times B \\
c_3 = E_1 \times E_2 \times \mathrm{DI}_1 \times \mathrm{DI}_2 \times Y \times F_3 / A \times B \\
A = \mathrm{DI}_2 \times \mathrm{DI}_3 \times F_1 + \mathrm{DI}_1 \times \mathrm{DI}_3 \times F_2 + \mathrm{DI}_1 \times \mathrm{DI}_2 \times F_3 \\
B = E_2 \times E_3 \times F_1 + E_1 \times E_3 \times F_2 + E_1 \times E_2 \times F_3
\end{gathered}
\tag{4-18}
$$

式中，Q_j 为幼蟹分别摄食沉水植物、有机碎屑、软体动物、水生昆虫和寡毛类中第 j 种饵料（$j = 1, 2, 3, 4, 5$）所获得的成蟹产量，$\mathrm{kg/hm^2}$；p_j 为第 j 种饵料平均年生物量在饵料基础总量中占比，%；DI_j 为河蟹对第 j 种饵料干物质的消化率，%；E_j 为第 j 种饵料干物质的能值，取值参见 4.1.2 节第二部分；Y 为试验地成蟹平均年产量，$\mathrm{kg/hm^2}$；c_1、c_2、c_3 分别为沉水植物、有机碎屑、底栖动物对成蟹产量的贡献率，%；F_1、F_2、F_3 分别为沉水植物、有机碎屑、底栖动物所提供的成蟹生产潜力，$\mathrm{kg/hm^2}$。

（2）幼蟹放养密度的生态效应评估。2012 年 5～9 月，再次调查试验地植被、沉水植物和底栖动物群落的平均年生物量，采样区域与 2005 年相同。通过 2012 年与 2005 年试验地沉水植物、底栖动物群落多样性和湿地生物生产功能的变化，来评估本试验的放养密度对沼泽湿地生态的影响效应。湿地生物生产功能的变化，采用河蟹放养前后试验地植被、沉水植物和底栖动物群落生物量的差异性来评估。沉水植物和底栖动物群落多样性采用 Shannon 指数（H）、Simpson 指数（D）、Pielou 指数（J）和相似性指数（C_π）来测度，分别通过下式计算[42, 43]：

$$
\begin{aligned}
H &= -\sum_{i=1}^{S}(w_i / W)\ln(w_i / W) \\
D &= 1-\sum_{i=1}^{S}(w_i / W)^2 \\
J &= H / \ln S \\
C_\pi &= 2\times\left(\sum_{i=1}^{S} w_{1i}w_{2i}\right)\Big/\left[W_1W_2\left(\sum_{i=1}^{S} w_{1i}^2 / W_1^2+\sum_{i=1}^{S} w_{2i}^2 / W_2^2\right)\right]
\end{aligned}
\tag{4-19}
$$

式中，W、w_i 分别为沉水植物、底栖动物群落中第 i 物种的平均年生物量；W_1 与 w_{1i}、W_2 与 w_{2i} 分别为河蟹养殖前后试验地沉水植物、底栖动物群落及其第 i 物种的平均年生物量，且 $\sum w_{1i} = W_1$，$\sum w_{2i} = W_2$；S 为群落物种数目。以 C_π 值 0～0.250、0.251～0.500、0.501～0.750 和 0.751～1 为标准，将河蟹养殖前后试验地沉水植物和底栖动物群落的相似性程度划分为极低、较低、较高和极高。

2006～2012 年，对每一块试验地进行连续 7 年的成蟹养殖试验，每年幼蟹的实际放养密度均采用估算的放养密度（估算方法见 4.1.2 节第 2 部分）。

3）结果与分析

（1）幼蟹放养密度与成蟹产量。如表 4-25 所示，幼蟹的实际放养规格，试验地为 4.5～6.3g/只，明显大于计划放养规格（$t = 2.271$，$P = 0.041$）；试验区为 5.4g/只（5.0～5.8g/只），显著大于计划放养规格（$t = 2.404$，$P = 0.028$）。幼蟹的实际放养密度，试验地为 453～1597 只/hm²，与计划放养密度无显著差别（$t = -1.053$，$P = 0.314$）；试验区为 809 只/hm²（605～1013 只/hm²），与计划放养密度无明显差异（$t = -0.107$，$P = 0.919$）。

表 4-25 试验地成蟹生产力和幼蟹的计划放养密度及实际放养密度

试验地	成蟹生产力/(kg/hm²)				幼蟹放养			
	沉水植物	有机碎屑	底栖动物	合计	计划密度/(只/hm²)	实际密度/(只/hm²)	实际重量/(kg/hm²)	实际规格/(g/只)
1	2.461	6.248	17.448	26.157	758	746±207	4.70±2.4	6.3±2.4
2	3.833	9.736	6.871	20.440	592	607±183	3.76±2.0	6.2±2.0
3	4.073	10.345	3.797	18.215	528	556±122	2.87±2.0	5.1±2.0
4	1.843	4.681	9.765	16.289	472	453±196	2.49±2.3	5.5±2.3
5	3.448	8.753	7.314	19.515	566	612±127	3.00±1.5	4.9±1.5
6	2.712	6.887	6.902	16.501	478	509±132	2.65±2.0	5.2±2.0
7	3.901	9.908	21.336	35.145	1017	995±243	4.48±1.9	4.5±1.9

续表

试验地	成蟹生产力/(kg/hm²)				幼蟹放养			
	沉水植物	有机碎屑	底栖动物	合计	计划密度/(只/hm²)	实际密度/(只/hm²)	实际重量/(kg/hm²)	实际规格/(g/只)
8	4.360	11.074	17.722	33.156	961	900±139	5.13±1.9	5.7±1.9
9	3.642	9.247	22.724	35.613	1032	875±131	4.29±1.7	4.9±1.7
10	1.797	4.562	9.753	16.112	467	476±107	2.29±1.7	4.8±1.7
11	3.659	9.290	17.770	30.719	890	912±195	5.65±2.1	6.2±2.1
12	4.700	11.933	40.391	57.024	1653	1597±362	9.58±2.1	6.0±2.1
13	3.729	9.466	32.958	46.153	1338	1277±291	7.02±2.2	5.5±2.2
试验区	3.397±0.917	8.625±2.894	16.519±10.913	28.541±12.748	827±370	809±338	4.45±2.08	5.4±0.6

由表 4-26 可知，成蟹的产量在试验地为 14.76～71.22kg/hm²，明显高于生产潜力（$t=2.227$，$P=0.045$）；试验区为 32.92kg/hm²（22.04～43.80kg/hm²），与生产潜力无显著差别（$t=0.730$，$P=0.480$）。成蟹规格在试验地为 119.7～186.2g/只，明显高于计划养成规格（$t=3.799$，$P=4.70\times10^{-3}$）；试验区为 137.5g/只（127.5～147.5g/只），显著高于计划养成规格（$t=3.774$，$P=4.88\times10^{-3}$）。成蟹回捕率在试验地为 21.85%～40.33%，与计划回捕率无显著差异（$t=-0.093$，$P=0.927$）；试验区为 28.73%（25.71%～31.75%），与计划回捕率无明显差别（$t=-0.947$，$P=0.365$）。

表 4-26　2006～2012 年试验地成蟹养殖结果

试验地	个体数量/(只/hm²)	总重量/(kg/hm²)	平均规格/(g/只)	平均增重/(g/只)	放养效益	回捕率/%	利润/(元/hm²)
1	181±93	22.50±7.69	124.3±14.4	118.0±17.1	4.787±2.912	24.26±6.9	382.5±173.6
2	186±114	24.76±8.64	133.1±13.4	126.9±23.6	6.580±3.334	30.64±11.3	445.7±193.4
3	157±102	22.56±7.17	143.7±21.6	138.6±18.2	7.955±3.271	28.24±10.2	428.6±163.2
4	143±162	18.36±6.49	128.4±17.3	123.9±22.0	7.368±1.379	31.57±9.3	321.3±137.9
5	164±112	19.63±4.47	119.7±19.7	114.8±10.9	6.546±2.594	26.80±6.5	329.8±159.4
6	121±167	17.46±5.92	144.3±25.9	139.1±21.3	6.596±1.708	23.77±4.7	342.2±170.8
7	237±79	44.13±13.13	186.2±27.5	181.7±29.2	9.855±3.179	23.82±5.1	873.8±317.9
8	261±93	33.28±10.07	127.5±16.9	121.8±11.8	6.487±2.714	29.00±5.7	605.7±292.4
9	287±134	39.23±9.14	136.7±17.6	131.8±20.7	9.149±2.393	32.80±10.3	721.8±239.3
10	104±127	14.76±3.62	141.9±26.0	137.1±24.1	6.450±2.258	21.85±4.2	259.8±93.2
11	257±173	35.31±5.88	137.4±17.2	131.2±13.9	6.245±1.728	28.18±7.7	656.8±203.6
12	514±133	64.71±13.19	125.9±30.2	119.9±22.0	6.753±1.698	32.19±8.6	1113.0±336.4
13	515±146	71.22±17.64	138.3±21.7	132.8±27.2	10.140±4.426	40.33±10.4	1296.2±449.2
试验区	241±134	32.92±18.00	137.5±16.6	132.1±16.9	7.301±1.558	28.73±5.0	598.2±325.9

每一块试验地的成蟹个体平均规格为 100～200g/只，其中 91.42%的个体达到 125～150g/只。幼蟹放养效益（即放养 1.0kg 幼蟹所回捕的成蟹重量）在试验地、试验区分别为 4.787～10.140、7.301（6.359～8.243），渔业技术经济效果总体为良（一般认为 10 以上为优，5～10 为良，5 以下为差）。成蟹养殖的经济效益，试验地为 259.8～1296.2 元/hm^2；试验区为 401～795 元/hm^2（平均 598.2 元/hm^2），其 95%置信限为 401～795 元/hm^2。

（2）成蟹产量与饵料生物量和水化学因子的关系。试验地成蟹平均年产量与沉水植物群落（b_1）、有机碎屑（b_2）、软体动物（b_3）、水生昆虫（b_4）、寡毛类（b_5）和底栖动物群落（b_6）的平均年生物量（kg/hm^2）存在极显著的多元回归关系：

$$Y = -8.109 + 1.374\times10^{-2} b_1 + 0.123 b_2 - 0.179 b_3 + 2.736 b_4 - 2.014 b_5 + 0.301 b_6 \quad (R^2 = 0.973,\ s = 5.32\text{kg}/\text{hm}^2) \tag{4-20}$$

试验地成蟹平均年产量与沉水植物群落、软体动物、水生昆虫和寡毛类的平均年生物量也存在极显著的多元回归关系：

$$Y = -7.649 + 9.107\times10^{-2} b_1 - 0.293 b_3 + 1.903 b_4 - 0.692 b_5 \quad (R^2 = 0.947,\ s = 5.07\text{kg}/\text{hm}^2) \tag{4-21}$$

试验地成蟹平均年产量与饵料平均年生物量的最优回归关系为

$$Y = -1.962 + 3.529\times10^{-2} b_1 + 0.217 b_4 + 0.255 b_6 \quad (R^2 = 0.966,\ s = 4.72\text{kg}/\text{hm}^2) \tag{4-22}$$

式中，b_1、b_4、b_6 偏回归系数的 P 值分别为 0.025、5.35×10^{-6}、6.72×10^{-6}。

以上结果表明，在本试验的幼蟹放养密度条件下，成蟹年平均产量与沉水植物群落、水生昆虫和底栖动物群落的年平均生物量均密切相关。另据研究，长江流域的草型湖泊湿地成蟹产量与沉水植物群落生物量极显著相关（$r = 0.76$，$P < 0.001$），与寡毛类生物量显著负相关（$r = -0.48$，$P = 0.03$），与水生昆虫生物量无显著相关性（$r = -0.05$，$P = 0.84$）[192]。

试验地幼蟹年平均放养密度与沉水植物群落（$r = 0.668$，$P = 9.90\times10^{-3}$）、底栖动物群落（$r = 0.966$，$P = 6.84\times10^{-3}$）、软体动物（$r = 0.967$，$P = 6.84\times10^{-3}$）、水生昆虫（$r = 0.956$，$P = 6.91\times10^{-3}$）和寡毛类（$r = 0.946$，$P = 6.99\times10^{-3}$）的平均年生物量均极显著相关，这与长江流域的草型湖泊湿地不同[192]。

试验地幼蟹年平均放养密度与水环境碱度、盐度和 pH 无显著复相关性（$R^2 = 0.087$）和偏相关性（偏回归系数的 P 值分别为 0.781、0.648 和 0.651），成蟹年平均产量与碱度、盐度和 pH 也无显著复相关性（$R^2 = 0.039$）和偏相关性（偏回归系数的 P 值分别为 0.941、0.631 和 0.929）。相比之下，长江流域草型湖泊湿地的幼蟹放养密度与 pH 无显著相关性（$r = 0.907$，$P = 0.79$），但成蟹产量与 pH 极显著相关（$r = 0.68$，$P = 0.002$）[192]。

（3）幼蟹放养密度与幼蟹平均增重、成蟹产量和回捕数量间的关系。试验地成蟹平均年产量（Y）与幼蟹平均年放养密度（X）、成蟹平均年回捕数量[n/(只/hm^2)]都存在极显著的多项式回归关系：

$$Y = 40.105 - 0.106X + 1.400\times10^{-4} X^2 - 2.900\times10^{-8} X^3 \quad (R^2 = 0.976,\ s = 3.21\text{kg}/\text{hm}^2) \tag{4-23}$$

$$Y = 1.616 + 9.937\times10^{-2} n + 2.220\times10^{-4} n^2 - 3.200\times10^{-7} n^3 \quad (R^2 = 0.955,\ s = 4.39\text{kg}/\text{hm}^2) \tag{4-24}$$

在本试验的 X 和 n 值（104～515 只/hm²）范围内，式（4-23）、式（4-24）均为增函数。

试验地幼蟹平均年放养密度与幼蟹个体平均增重[w/(kg/只)]的关系不明显（$r = 0.012$），二者乘积[m/(kg/hm²)，$m = X \times w$]与成蟹平均年产量、幼蟹平均年放养密度均存在极显著的多项式回归关系：

$$Y = 54.194 - 1.423m + 1.633 \times 10^{-2} m^2 - 4.600 \times 10^{-5} m^3 \quad (R^2 = 0.873,\ s = 7.40\text{kg/hm}^2) \tag{4-25}$$

$$m = -2.190 + 0.105X + 7.080 \times 10^{-5} X^2 - 3.300 \times 10^{-8} X^3 \quad (R^2 = 0.909,\ s = 17.00\text{kg/hm}^2) \tag{4-26}$$

本试验 m 值的范围为 56.13～191.48kg/hm²，在该范围内，式（4-25）在区间 57.58～179.09kg/hm² 内为增函数，在区间 56.13～57.58kg/hm² 和 179.09～191.48kg/hm² 内为减函数，拐点在 118.33kg/hm² 处，在 $m = 179.09$kg/hm² 处获得成蟹最高年平均产量，为 58.88kg/hm²（试验区总体平均数的估计值，下同）。在本试验的 X 值范围内，式（4-26）为增函数。

（4）成蟹养殖利润与幼蟹放养密度、成蟹产量和幼蟹平均增重的关系。试验地成蟹平均年养殖利润[M/(元/hm²)]与幼蟹平均年放养密度、成蟹平均年产量都存在极显著的多项式回归关系：

$$M = 2526.2 - 9.368X + 1.215 \times 10^{-2} X^2 - 4.4 \times 10^{-6} X^3 \quad (R^2 = 0.937,\ s = 94.6\text{元/hm}^2) \tag{4-27}$$

$$M = -58.009 + 21.735Y - 3.949 \times 10^{-2} Y^2 - 6.5 \times 10^{-5} Y^3 \quad (R^2 = 0.992,\ s = 33.0\text{元/hm}^2) \tag{4-28}$$

在本试验的 X 值范围内，式（4-27）在区间 550～1292 只/hm² 内为增函数，在区间 453～550 只/hm² 和 1292～1597 只/hm² 内为减函数，拐点在 920 只/hm² 和 1292 只/hm² 处获得最高平均年养殖利润，为 1214.9 元/hm²。在本试验的 Y 值范围内，式（4-28）为增函数。

试验地平均年养殖利润与成蟹平均年产量、幼蟹平均个体增重存在极显著多元回归关系：

$$M = -205.06 + 17.818Y + 1.644w \quad (R^2 = 0.998,\ s = 16.7\text{元/hm}^2) \tag{4-29}$$

式中，Y、w 的偏回归系数的 P 值分别为 1.6×10^{-4}、1.95×10^{-4}。

（5）饵料对成蟹产量的作用。如表 4-27 所示，幼蟹摄食各类饵料所获得的成蟹产量，试验地估计值高于实际产量（$t = 5.080$，$P = 2.59 \times 10^{-4}$），试验区估计值与实际产量无显著差别（$t = 0.607$，$P = 0.556$）。幼蟹摄食沉水植物所获得的成蟹产量，试验地（$t = 8.710$，$P = 4.96 \times 10^{-4}$）和试验区（$t = 6.777$，$P = 6.37 \times 10^{-4}$）估计值均高于生产力。幼蟹摄食有机碎屑所获得的成蟹产量，试验地估计值低于生产力（$t = -5.553$，$P = 7.80 \times 10^{-4}$），试验区二者无显著差别（$t = -1.061$，$P = 0.310$）。幼蟹摄食底栖动物所获得的成蟹产量，试验地估计值高于生产力（$t = 2.269$，$P = 0.041$），试验区二者无显著差别（$t = 0.733$，$P = 0.479$）。幼蟹摄食每一种饵料所获得的成蟹产量在总产量中的比例，以沉水植物最高，为 27.81%；其次是软体动物，为 25.31%；有机碎屑、水生昆虫、寡毛类分别为 17.81%、17.12%、11.96%。

表 4-27　饵料对成蟹产量的作用估测结果　（单位：kg/hm²）

试验地	Q_1	Q_2	Q_3	Q_4	Q_5	合计
1	6.12	4.01	7.03	5.26	3.68	26.10
2	11.56	8.21	3.48	2.33	1.92	27.50
3	11.81	7.74	1.93	1.27	1.00	23.75
4	5.81	3.81	5.17	3.34	2.97	21.10
5	8.69	5.69	3.37	2.18	1.62	21.55
6	7.30	4.74	3.43	2.38	1.43	19.33
7	13.90	6.33	15.19	10.13	5.44	50.99
8	12.05	7.90	7.79	5.53	4.49	37.76
9	11.53	7.56	11.48	8.16	6.61	45.34
10	4.51	2.95	4.50	3.01	1.96	16.93
11	11.40	7.48	10.20	6.72	4.65	40.45
12	14.78	9.69	24.73	14.73	11.27	75.20
13	16.53	10.90	25.41	18.72	11.40	82.96
试验区	10.46±3.70	6.69±2.37	9.52±7.87	6.44±5.31	4.50±3.47	37.61±21.28

注：Q_1、Q_2、Q_3、Q_4、Q_5 分别为幼蟹摄食沉水植物、有机碎屑、软体动物、水生昆虫、寡毛类所获得的成蟹产量。

估测结果表明，各种饵料对成蟹产量的贡献率以底栖动物最高，为 48.38%；沉水植物和有机碎屑分别为 32.66%和 30.77%。以上结果显示，一方面沉水植物和底栖动物在沼泽湿地河蟹养殖中的作用是十分明显的。另一方面，有机碎屑的作用也不容忽视。在没有野生鱼、虾等其他动物性饵料来源的沼泽湿地，底栖动物、沉水植物和有机碎屑共同构成河蟹的全部饵料基础。

（6）河蟹对沼泽湿地生物群落的影响。通过表 4-28 和表 4-20 的比较可知，2012 年与 2005 年的试验地（$t=0.862$，$P=0.406$）和试验区（$t=-0.086$，$P=0.932$）植被群落，试验地（$t=0.356$，$P=0.690$）和试验区（$t=0.189$，$P=0.784$）沉水植物群落的年平均生物量都无显著差异。沉水植物群落中，试验地小狐尾藻（$t=0.706$，$P=0.494$）、穗状狐尾藻（$t=-1.489$，$P=0.169$）、金鱼藻（$t=0.157$，$P=0.878$）、杉叶藻（$t=-0.127$，$P=0.901$）和微齿眼子菜（$t=1.440$，$P=0.279$），试验区小狐尾藻（$t=0.459$，$P=0.656$）、穗状狐尾藻（$t=-0.660$，$P=0.522$）、金鱼藻（$t=0.067$，$P=0.947$）、杉叶藻（$t=-0.068$，$P=0.946$）和微齿眼子菜（$t=0.801$，$P=0.440$）群丛的年平均生物量都无显著差异，群落物种结构也无明显变化，微齿眼子菜、穗状狐尾藻群丛的生物量仍占据优势，仍然为群落的优势种。

表 4-28　2012 年试验地植被和底栖动物群落生物量　（单位：kg/hm²）

试验地	植被群落	小狐尾藻群丛	穗状狐尾藻群丛	金鱼藻群丛	杉叶藻群丛	微齿眼子菜群丛
1	1993±276	13.69±3.43	42.13±15.71	20.93±7.92	7.62±2.93	65.39±23.94
2	3209±347	20.49±7.66	69.74±22.31	33.92±13.61	11.92±5.61	120.27±47.32
3	3167±391	32.43±13.71	101.73±39.47	52.73±22.39	17.94±7.92	174.26±57.34
4	1371±372	10.94±4.17	33.43±17.66	17.81±9.22	6.73±2.44	50.58±23.41

续表

试验地	植被群落	小狐尾藻群丛	穗状狐尾藻群丛	金鱼藻群丛	杉叶藻群丛	微齿眼子菜群丛
5	2827±419	23.49±7.90	66.92±27.44	31.22±9.91	13.41±7.80	93.76±34.76
6	2070±217	11.47±5.74	43.64±13.91	19.84±7.37	6.92±3.12	57.33±22.49
7	2219±213	22.73±9.17	67.41±21.32	32.43±11.90	12.13±5.73	77.19±29.82
8	3517±594	31.92±13.66	92.17±13.51	46.77±21.03	15.64±5.12	126.44±49.42
9	2867±407	19.87±5.99	64.92±19.88	31.63±17.27	11.43±5.13	75.19±29.83
10	1571±317	17.30±8.62	49.81±22.02	23.41±9.82	8.27±2.47	66.16±19.87
11	3144±607	12.73±5.23	43.62±19.81	20.17±7.63	6.44±3.12	64.42±17.34
12	3687±572	23.69±9.84	79.93±23.40	43.90±13.92	13.50±5.66	98.70±33.52
13	3107±587	22.14±11.92	63.83±23.62	29.81±10.02	10.55±4.37	74.73±27.53
试验区	2673±746	20.22±7.01	63.02±20.32	31.12±11.08	10.96±3.64	88.03±34.73

试验地	沉水植物群落	软体动物类群	水生昆虫类群	寡毛类	底栖动物群落
1	149.76±73.24	37.27±13.21	16.42±4.63	9.73±3.47	63.42±21.74
2	256.32±61.49	15.25±7.95	6.22±1.47	3.44±1.72	24.91±7.38
3	379.05±98.43	11.26±4.34	5.73±2.31	0.84±0.24	17.83±6.57
4	119.47±51.94	28.46±12.80	13.00±5.67	6.14±2.10	47.60±17.36
5	228.82±71.41	20.89±10.24	12.48±6.34	3.21±0.91	36.58±18.92
6	139.16±59.62	12.43±4.37	5.06±2.17	2.17±1.24	19.66±9.84
7	211.92±72.61	57.62±22.07	27.33±5.98	7.79±2.28	92.74±35.47
8	312.93±110.39	53.12±13.98	28.56±12.64	7.04±3.74	88.72±29.71
9	203.02±51.49	65.78±19.36	27.66±17.34	10.13±5.78	103.57±35.64
10	153.93±49.81	27.84±12.47	11.64±6.28	3.14±0.91	42.62±17.32
11	147.36±27.84	50.02±12.93	24.30±17.48	9.23±2.34	83.55±34.72
12	259.64±47.31	57.54±21.79	27.95±19.21	3.98±0.34	89.47±21.73
13	201.07±67.33	59.47±12.82	29.85±11.72	3.41±1.27	92.73±23.97
试验区	212.50±75.33	38.23±19.89	18.17±9.69	5.40±3.10	61.80±31.49

2012 年与 2005 年试验地（$t=-1.547$，$P=0.155$）和试验区（$t=-0.824$，$P=0.428$）底栖动物群落、试验地（$t=-0.011$，$P=0.989$）和试验区（$t=-0.005$，$P=0.994$）软体动物、试验地（$t=-1.872$，$P=0.089$）和试验区（$t=-0.894$，$P=0.391$）水生昆虫的年平均生物量都无显著差异，但 2012 年试验地（$t=-3.568$，$P=6.34\times10^{-3}$）和试验区（$t=-3.376$，$P=7.71\times10^{-3}$）寡毛类的年平均生物量都明显降低。

从表 4-29 的群落多样性指数可以看出，2012 年与 2005 年试验地沉水植物群落 Shannon 指数（$t=-1.203$，$P=0.256$）、Simpson 指数（$t=1.490$，$P=0.169$）和 Pielou 指数（$t=-1.219$，$P=0.250$），试验区 Shannon 指数（$t=-1.407$，$P=0.188$）、Simpson 指数（$t=1.825$，$P=0.089$）和 Pielou 指数（$t=-1.381$，$P=0.194$）均无显著差异。2012 年试验地底栖动物群落 Shannon 指数（$t=-10.592$，$P=4.08\times10^{-4}$）、Simpson 指数

（$t=-2.006$，$P=0.044$）和 Pielou 指数（$t=-10.598$，$P=4.07\times10^{-4}$），试验区 Shannon 指数（$t=-9.627$，$P=4.89\times10^{-4}$）、Simpson 指数（$t=-6.993$，$P=6.17\times10^{-4}$）和 Pielou 指数（$t=-9.646$，$P=4.48\times10^{-4}$）都显著下降。2012 年与 2005 年试验地和试验区沉水植物和底栖动物群落的相似指数都在 0.95 以上，相似度极高。

表 4-29　试验地沉水植物和底栖动物群落多样性指数

试验地	沉水植物群落						
	H_1	H_2	λ_1	λ_2	J_1	J_2	C_π
1	1.402	1.364	0.279	0.300	0.129	0.152	0.985
2	1.416	1.321	0.274	0.320	0.120	0.179	0.978
3	1.399	1.339	0.281	0.312	0.131	0.168	0.980
4	1.437	1.385	0.261	0.291	0.107	0.139	0.968
5	1.368	1.397	0.294	0.286	0.150	0.132	0.996
6	1.352	1.362	0.300	0.298	0.160	0.154	0.999
7	1.360	1.423	0.299	0.272	0.155	0.116	0.995
8	1.394	1.393	0.282	0.285	0.134	0.134	0.946
9	1.410	1.411	0.278	0.276	0.124	0.123	0.999
10	1.458	1.057	0.259	0.328	0.094	0.143	0.958
11	1.375	1.342	0.292	0.307	0.146	0.166	0.996
12	1.374	1.403	0.293	0.279	0.146	0.128	0.997
13	1.375	1.413	0.291	0.276	0.146	0.122	0.997
试验区	1.394	1.355	0.283	0.295	0.134	0.143	0.984
试验地	底栖动物群落						
	H_1	H_2	λ_1	λ_2	J_1	J_2	C_π
1	1.036	0.950	0.627	0.651	0.943	0.865	0.915
2	1.042	0.920	0.627	0.544	0.948	0.834	0.973
3	1.039	0.799	0.623	0.496	0.946	0.727	0.950
4	1.043	0.926	0.627	0.551	0.949	0.843	0.975
5	1.027	0.900	0.615	0.550	0.935	0.819	0.978
6	1.012	0.882	0.609	0.522	0.921	0.803	0.976
7	0.982	0.864	0.593	0.520	0.894	0.786	0.986
8	1.042	0.873	0.631	0.532	0.949	0.795	0.958
9	1.048	0.868	0.632	0.516	0.954	0.790	0.953
10	1.014	0.825	0.610	0.493	0.923	0.751	0.964
11	1.018	0.910	0.612	0.545	0.927	0.828	0.984
12	1.013	0.786	0.606	0.487	0.922	0.715	0.960
13	1.019	0.771	0.615	0.483	0.928	0.702	0.955
试验区	1.026	0.867	0.617	0.530	0.934	0.789	0.964

以上结果表明，本试验的幼蟹放养密度对沼泽湿地沉水植物群落生物量尚无明显影响，对底栖动物群落中寡毛类生物量的影响虽然显著，但整个底栖动物群落生物量并未受到明显影响。该放养密度对沉水植物群落多样性尚无显著影响，底栖动物群落多样性虽然明显降低，但群落相似度仍然极高。可以认为：本试验的幼蟹放养密度对沼泽湿地生态系统的生物生产功能和生物群落多样性均无显著影响，对沼泽湿地生态尚无明显损害。

（7）幼蟹放养密度动态聚类分析。选择 13 块试验地的碱度、盐度、pH、成蟹生产力、成蟹平均年产量、幼蟹平均年放养密度、幼蟹平均年放养规格、沉水植物平均年生物量和底栖动物群落平均年生物量 9 个变量，采用“欧氏距离法”，对试验期间幼蟹放养密度动态进行聚类分析，其结果见图 4-1。

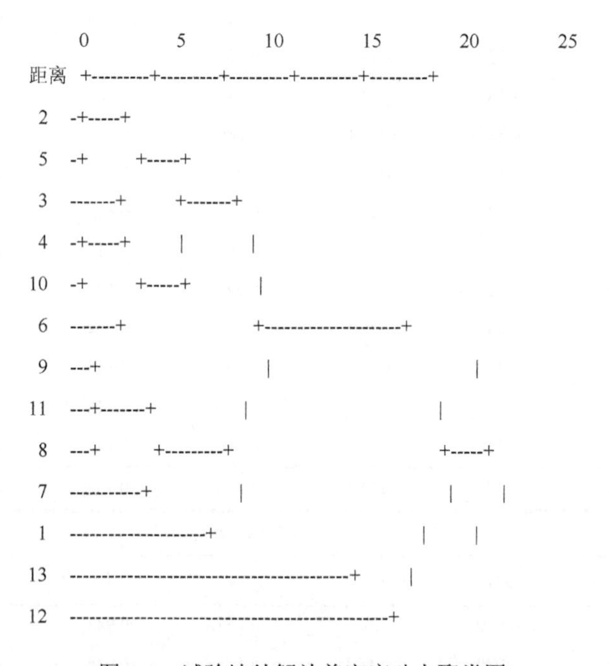

图 4-1　试验地幼蟹放养密度动态聚类图

图 4-1 显示，13 块试验地共分为三类：A = {1,2,3,4,5,6,7,8,9,10,11}，B={12}，C={13}。其中，A 类的 11 块试验地中，上述 9 个变量参数彼此相近，其 95%置信限分别为：碱度为 12.41～24.99mmol/L，盐度为 1.89～2.83g/L，pH 为 9.13～9.33，成蟹生产力为 19.53～29.17kg/hm^2，成蟹平均年产量为 20.61～32.47kg/hm^2，幼蟹平均年放养密度为 576～814 只/hm^2，幼蟹平均年放养规格为 5.01～5.77g/只，沉水植物平均年生物量为 165.37～231.59kg/hm^2，底栖动物群落平均年生物量为 35.04～75.74kg/hm^2。这 11 块试验地的上述 9 个变量指标在松嫩平原的盐碱沼泽湿地中具有一定的代表性，其幼蟹放养密度也可为同类型沼泽湿地借鉴。

4）问题探讨

（1）沼泽湿地幼蟹的合理放养密度。衡量湿地幼蟹放养密度的合理性，应基于饵料生产能力、生态保护和经济效益三方面。沼泽湿地河蟹养殖的主要限制因素是饵料基础。本试验在成蟹养殖连续进行7年的条件下，沼泽湿地的生物生产功能和生物群落多样性也均未受到明显影响，沼泽湿地饵料生产能力和湿地健康发展得以持续；幼蟹平均放养密度的95%置信限也处在式（4-27）的增函数区间。因此，从湿地饵料生产能力、生态保护和经济效益上看，本试验的幼蟹放养密度都是合理的。

湖北保安湖是我国较早开展河蟹合理放养技术研究的湖泊湿地之一。1991～1993年该湖扁担塘和主体湖区[174]、1996～1997年该湖土库湖区[172]的幼蟹放养密度分别平均为686只/hm^2、1200只/hm^2（本书作者根据文献资料计算所得），其经济效益、生态效益显著，因而均属于合理放养密度范围。由此可见，草型湖泊湿地的幼蟹合理放养密度要高于本试验沼泽湿地。

（2）沼泽湿地河蟹的养殖容量。沼泽湿地河蟹养殖容量包括两方面的含义：①基于饵料生产能力的养殖容量，即沼泽湿地当前的饵料生产能力所能提供的最高成蟹产量和所能承载的最大幼蟹放养密度。超过该养殖容量，饵料可持续生产能力将受到影响，幼蟹平均增重、成蟹产量与幼蟹放养密度的回归曲线都将出现拐点。②基于生态保护的养殖容量，即在生态系统结构与功能不被破坏的前提下，沼泽湿地所能承载的最高成蟹产量和最大幼蟹放养密度。超过该养殖容量，将打破湿地生态平衡机制，湿地生态功能下降乃至丧失。本试验尚未出现如上所述的曲线拐点，湿地生态也未受到显著影响，表明本试验幼蟹放养密度和成蟹产量的平均值都尚未达到养殖容量。

沼泽湿地依靠天然饵料养殖成蟹的产量，主要取决于幼蟹放养密度、成蟹回捕数量和幼蟹平均增重，本试验的多元相关系数达到0.999。理论上的幼蟹放养密度，应是扣除幼蟹放养后的死亡数量之后，能使捕捞期之前的成蟹产量接近于养殖容量时的幼蟹种群现存量。成蟹回捕数量受幼蟹成活率和人为因素的共同影响。幼蟹平均增重取决于沼泽湿地的饵料生产能力，要获得最高成蟹产量，就要使幼蟹放养密度和个体平均增重的乘积最大。本试验虽尚未获得m的最大值，但m值分别在57.58kg/hm^{2}和179.09kg/hm^{2}处，是式（4-25）函数的驻点，并在179.09kg/hm^{2}处获得最高成蟹平均年产量58.88kg/hm^2。可将58.88kg/hm^{2}作为沼泽湿地基于饵料生产能力的成蟹产量容量，进而由式（4-23）估算出相应的幼蟹放养密度容量为1146只/hm^2。

目前，有关河蟹养殖容量研究较多的是基于生态保护的湖泊（包括水库）湿地河蟹养殖容量[170, 183]。基于生态保护的沼泽湿地河蟹养殖容量可以定义为：对沉水植物和底栖动物群落生物量没有明显影响时的最高成蟹产量和最大幼蟹放养密度。在本试验中，当2012年与2005年试验区沉水植物、底栖动物群落和水生昆虫的平均年生物量存在显著差异时，$t=t_{0.05}=-2.179$，则2012年试验区三种饵料生物年平均生物量的估计值分别为150.82kg/hm^2、39.18kg/hm^{2}和11.76kg/hm^2，由式（4-22）估测试验区2005年三种饵料生物的平均年生物量分别为207.56kg/hm^2、75.57kg/hm^{2}和22.63kg/hm^{2}时，其预期成蟹产量为29.54kg/hm^2；当三种饵料生物的平均年生物量因放养过度而分别减少到2012年的水平时，成蟹产量下降到15.90kg/hm^2，较预期产量减少的13.64kg/hm^2，即为被过量放养的河蟹破坏掉的三种饵料生物量所提供的成蟹产量。由此可以得出，基于生态保护的沼泽湿地成蟹产量容量为29.54 + 13.64 = 43.18kg/hm^2；由式（4-23）估计相应的幼蟹放养密度容量为978只/hm^2。显然，43.18kg/hm^{2}和978只/hm^{2}也是沼泽湿地成蟹养殖的生态安全阈值。

另据研究，在动物性饵料缺乏的条件下，根据成蟹产量容量[y/(只/hm^2)]与成蟹壳宽（x/mm）的回归关系式：$y = 166.67\exp(-0.131x)$，估算长江流域草型湖泊湿地生态保护下的成蟹产量容量为 29.25kg/hm^2，相应的产量密度为 174 只/hm^2[170]。若采用 1991～1993 年保安湖扁担塘湖区的成蟹平均年回捕率 18.35%[174]，则估算出长江流域草型湖泊湿地的幼蟹放养密度容量为 948 只/hm^2。采用 1997 年扁担塘湖区成蟹平均壳宽（67.0±5.9）mm 和成蟹平均年回捕率 18.35%[172, 174]，估算出该湖区的幼蟹放养密度容量为 1401 只/hm^2。若加上动物性饵料的作用，则实际的幼蟹放养密度容量将高于估算值。

不难看出，基于生态保护的和基于饵料生产能力的湿地河蟹养殖容量，长江流域的草型湖泊湿地都要高于本试验沼泽湿地，这可能是前者饵料资源更加丰富所致。例如，湖北保安湖沉水植物群落平均年生物量为 20t/hm^2[172]，远高于本试验沼泽湿地。但也有例外，如黑龙江省东湖水库沉水植物和底栖动物群落的年平均生物量分别为 135t/hm^2 和 396.25kg/hm^2，明显高于本试验沼泽湿地，而幼蟹放养密度容量仅为 122 只/hm^2[183]，远低于本试验沼泽湿地。

（3）沼泽湿地幼蟹的适宜放养密度。沉水植物和底栖动物群落兼有饵料基础和维护湿地生态平衡的作用，幼蟹适宜放养密度的确定，应以湿地生态保护为前提，饵料持续生产为基础，兼顾经济效益。因此，基于生态保护的成蟹养殖产量、规格及其利润达到合理配置时的幼蟹放养密度，可作为湿地的幼蟹适宜放养密度。

基于生态保护的沼泽湿地幼蟹放养密度容量，实际上相当于最大合理放养密度。根据本试验幼蟹合理放养密度平均值的区间 605～1013 只/hm^2，可将沼泽湿地幼蟹适宜放养密度平均值的区间确定为 605～978 只/hm^2，进而得出其平均值为（792±309）只/hm^2。由式（4-23）、式（4-26）及式（4-28）分别估算得出放养密度为 792 只/hm^2 及 978 只/hm^2 两种情况下的成蟹产量、平均规格和利润。其结果为：当放养密度为 792 只/hm^2 时，三种指标分别为 29.56kg/hm^2、143.0g/只和 548.4 元/hm^2；当放养密度为 978 只/hm^2 时，三种指标分别为 43.22kg/hm^2、145.8g/只和 868.8 元/hm^2。可知前者比后者分别下降 31.61%、1.92%和 36.88%，但与本试验无明显差异（P 值分别为 0.607、0.259 和 0.592），大体上达到了生态保护下成蟹产量、规格和利润的合理配置。因此，792 只/hm^2 可作为沼泽湿地幼蟹适宜放养密度的平均值。

采用成蟹最高年产量、平均规格和回捕率，估算长江流域草型湖泊湿地幼蟹适宜放养密度的平均值为（700±60）只/hm^2[192]。若将该估算方法中成蟹平均规格折合为本试验的计划养成规格，即 120g/只，则估算的上述草型湖泊湿地幼蟹的适宜放养密度平均为 913 只/hm^2，略高于本试验沼泽湿地的 15.28%（$P = 0.190$）。

河蟹虽为杂食性动物，但偏于肉食性，动物性饵料和植物性饵料共存时，后者常成为次要食物[170, 171, 178, 193, 194]。本试验底栖动物对成蟹产量的作用超过了沉水植物和有机碎屑，从而使底栖动物群落多样性受到一定程度的影响。这些都表明，增殖底栖动物（尤其是小型螺类）资源，可以减轻河蟹对沉水植物群落的破坏，降低底栖动物群落受损程度，还有可能提高幼蟹适宜放养密度，甚至突破其放养密度容量。

5）应用前景

（1）主要技术指标的快速估算。通过 2006～2013 年的连续放养试验，在芦苇沼泽成蟹生产潜力、蟹种放养密度、成蟹年产量和沉水植物、有机碎屑、软体动物、水生昆虫、寡毛类等饵料资源平均年生物量之间，通过多元回归分析，可获得一些经验公式。通过这些公式，可以方便、快捷地估算出芦苇沼泽的成蟹生产潜力、蟹种合理放养密度与成蟹产量，从而指导经营者迅速制订出切实可行的生产计划，这对开发利用芦苇沼泽开展河蟹养殖产业，具有一定的指导意义。

a. 成蟹生产潜力。估算方法：芦苇沼泽成蟹生产潜力，可直接通过下式估算：

$$F_{估}=0.052B_1+0.401B_m+1.545 \tag{4-30}$$

式中，$F_{估}$为芦苇沼泽成蟹生产潜力；B_1为沉水植物群落平均年生物量；B_m为软体动物中小型螺类的平均年生物量。

可靠性检验：采用式（4-30）估算的试验地成蟹生产潜力，与4.1.2节第二部分中通过饵料基础估算的成蟹生产潜力（F）进行比较，其结果见表4-30。可知试验地中$F_{估}$比F较高的地块，平均还高出1.60%（平均值分别为31.78kg/hm^{2}及31.20kg/hm^2）；比F较低的地块，平均还低5.41%（平均值分别为25.87kg/hm^{2}及27.35kg/hm^2）。总体上，$F_{估}$低于F 2.94%。对$F_{估}$与F进行差异性t检验，得$t=-1.999$，与$t_{0.05}=2.179$相比，说明$F_{估}$低于F的程度不明显。

表4-30　采用两种方法估算的试验地成蟹生产潜力　（单位：kg/hm^2）

试验地	F	$F_{估}$	$F_{估}-F$	$F_{估}$较F变化/%	试验地	F	$F_{估}$	$F_{估}-F$	$F_{估}$较F变化/%
Ⅰ	26.16	24.11	−2.05	−7.84	Ⅷ	33.16	30.08	−3.08	−9.29
Ⅱ	20.44	19.74	−0.70	−3.42	Ⅸ	35.61	32.04	−3.57	−10.03
Ⅲ	18.22	17.98	−0.24	−1.32	Ⅹ	16.11	16.62	0.51	3.17
Ⅳ	16.29	15.96	−0.33	−2.03	Ⅺ	30.72	30.24	−0.48	−1.56
Ⅴ	19.52	19.47	−0.05	−0.26	Ⅻ	57.02	57.52	0.50	0.88
Ⅵ	16.50	16.82	0.32	1.94	XIII	46.05	43.25	−2.80	−6.08
Ⅶ	35.15	36.16	1.01	2.87	平均	28.53	27.69	−0.84	−2.94

以上表明，采用沉水植物和软体动物（主要是小型螺类）与采用沉水植物、底栖动物（软体动物＋水生昆虫＋寡毛类）和有机碎屑所估算的成蟹生产潜力，二者是等效的。如果采用前者的方法估算，在饵料基础调查时，可不必采集挺水植物样品测定有机碎屑的生物量，也不用同时测定软体动物、水生昆虫、寡毛类3种饵料的生物量，只需测定小型螺类这一种饵料的生物量即可，工作量将明显减少。而且计算方法也十分简洁，更具实用性。

b. 成蟹产量。估算方法：芦苇沼泽成蟹平均年产量，可直接通过下式估算：

$$Y_{估}=0.077B_1+0.284B_7-4.511 \tag{4-31}$$

式中，$Y_{估}$为放养成蟹的平均年产量；B_1同式（4-30）；B_7为底栖动物群落平均年生物量。

可靠性检验：采用式（4-31）估算的试验地成蟹平均年产量，与实际放养产量（$Y_{实}$）进行比较，结果见表4-31。可知试验地中$Y_{估}$比$Y_{实}$较高的地块，平均还高出10.50%（平均值分别为36.21kg/hm^{2}及32.77kg/hm^2），比$Y_{实}$较低的地块，平均还低12.33%（平均值分别为29.00kg/hm^{2}及33.08kg/hm^2）。总体上，$Y_{估}$平均低于$Y_{实}$ 0.12%。对$Y_{估}$与$Y_{实}$进行差异性t检验，得$t=-0.068$，与$t_{0.05}=2.179$相比，说明$Y_{估}$低于$Y_{实}$的程度不明显。

表 4-31 试验地估算的成蟹平均年产量与实际放养产量 （单位：kg/hm²）

试验地	$Y_{估}$	$Y_{实}$	$Y_{估}-Y_{实}$	$Y_{估}$ 较 $Y_{实}$ 变化/%	试验地	$Y_{估}$	$Y_{实}$	$Y_{估}-Y_{实}$	$Y_{估}$ 较 $Y_{实}$ 变化/%
Ⅰ	28.69	22.50	6.19	27.51	Ⅷ	37.60	33.28	4.32	12.98
Ⅱ	22.13	24.76	–2.63	–10.62	Ⅸ	40.50	39.23	1.27	3.24
Ⅲ	19.51	22.56	–3.05	–13.52	Ⅹ	16.81	14.76	2.05	13.89
Ⅳ	16.43	18.36	–1.93	–10.51	Ⅺ	36.15	35.31	0.84	2.38
Ⅴ	21.31	19.63	1.68	8.56	Ⅻ	72.42	64.71	7.71	11.91
Ⅵ	17.38	17.46	–0.08	–0.46	XIII	55.36	71.22	–15.86	–22.27
Ⅶ	43.21	44.13	–0.92	–2.08	平均	32.88	32.92	–0.04	–0.12

实际应用时，只要事先测定出沉水植物和底栖动物的年平均生物量，便可应用该式估算出成蟹的大致年产量，从而为生产管理特别是成蟹的捕捞和销售决策提供科学依据。

在测定底栖动物生物量时，把铜筛中所有底栖动物全部检出后，一并称重即可，而无须分类称重，从而减少工作量。

c. 蟹种合理放养密度。估算方法：芦苇沼泽蟹种合理放养密度，可通过下式估算：

$$X_{估1}=1.653B_1+5.514B_7+49.007 \tag{4-32}$$

$$X_{估2}=1.615B_1+10.852B_7+68.532 \tag{4-33}$$

式中，$X_{估1}$、$X_{估2}$ 均为芦苇沼泽的蟹种合理放养密度，只/hm²；B_1 及 B_7 如前所述。

可靠性检验：采用式（4-32）和式（4-33）估算的试验地蟹种合理放养密度，与 4.1.2 节第二部分估算的试验地蟹种合理放养密度（X_4）进行比较，结果见表 4-32。

表 4-32 采用不同方法估算的试验地蟹种合理放养密度 （单位：只/hm²）

试验地	X_4	$X_{估1}$	$X_{估2}$	$X_{估1}-X_4$	$X_{估2}-X_4$	$X_{估1}$ 较 X_4 变化/%	$X_{估2}$ 较 X_4 变化/%
Ⅰ	758	718	710	–40	–48	–5.28	–6.33
Ⅱ	592	604	610	12	18	2.03	3.04
Ⅲ	528	556	564	28	36	5.30	6.82
Ⅳ	472	474	482	2	10	0.42	2.12
Ⅴ	566	585	598	19	32	3.36	5.65
Ⅵ	478	501	516	23	38	4.81	7.95
Ⅶ	1017	1014	1055	–3	38	–0.29	3.74
Ⅷ	961	910	896	–51	–65	–5.31	–6.76
Ⅸ	1032	959	940	–73	–92	–7.07	–8.91
Ⅹ	467	481	499	14	32	3.00	6.85
Ⅺ	890	869	892	–21	2	2.36	0.22
Ⅻ	1653	1589	1643	–64	–10	–3.87	–0.60
XIII	1338	1249	1244	–89	–94	–6.65	–7.03
平均	827	808	819	–19	–8	–2.30	–0.97

结果显示，试验地中 $X_{估1}$ 及 $X_{估2}$ 比 X_4 高的地块，平均还分别高出 3.29%（平均值分别为 534 只/hm² 及 517 只/hm²）及 4.15%（平均值分别为 652 只/hm² 及 626 只/hm²）；比 X_4 低的地块，平均还分别低 4.48%（平均值分别为 1044 只/hm² 及 1093 只/hm²）及 5.31%（平均值分别为 1087 只/hm² 及 1148 只/hm²）。总体上，$X_{估1}$、$X_{估2}$ 平均低于 X_4 2.30%、0.97%。差异性 t 检验结果表明，$X_{估1}$ 与 X_4、$X_{估2}$ 与 X_4 的差异性比较的 t 值分别为 −1.713、−0.597，与 $t_{0.05}=2.179$ 相比，说明 $X_{估1}$、$X_{估2}$ 低于 X_4 的程度都不明显。

在已测定出沉水植物生物量的情况下，只要再测定底栖动物或其中的小型螺类生物量，均可通过式（4-32）、式（4-33），方便地估算出蟹种的合理放养密度，从而为蟹种的科学采购与合理运输快速提供决策。相比之下，采用式（4-33）的效果将更好一些，工作量也将大大减少。

d. 幼蟹适宜放养密度。统计分析结果表明，由成蟹生产潜力所确定的幼蟹适宜放养密度与所估算的合理放养密度之间无显著差异（$t=0.276$，$P>0.05$）。因而幼蟹的适宜放养密度 X_{Opt}(只/hm²)，也可通过沉水植物群落（B_1）、有机碎屑（B_6）和底栖动物群落（B_7）的平均年生物量，由下式估算：

$$X_{Opt}=0.474B_1+1.838B_6+6.293B_7 \tag{4-34}$$

实际应用时，结合沼泽湿地生态调查工作，只要测定出湿地中 3 种饵料基础的平均年生物量，便可快捷地估算出幼蟹的适宜放养密度。

（2）形成生态优先型成蟹养殖模式的技术经济指标。通过以上讨论分析可知，在湿地成蟹生产潜力和幼蟹合理放养密度尚无成熟估算方法的条件下，本试验估算沼泽湿地成蟹生产潜力和幼蟹合理放养密度的方法是切实可行的，并在此基础上，形成生态优先型成蟹养殖模式如下的技术经济指标：①松嫩平原盐碱芦苇沼泽湿地基于饵料生产能力和生态保护的 1 龄幼蟹平均放养密度容量分别为 1146 只/hm² 和 978 只/hm²，平均合理放养密度为 809 只/hm²（605～1013 只/hm²），平均适宜放养密度为 792 只/hm²（605～978 只/hm²）。②松嫩平原盐碱芦苇沼泽湿地生态优先型河蟹可持续养殖模式的技术经济指标特征为：1 龄幼蟹平均放养规格为 5.4g/只（5.0～5.8g/只），平均放养密度为 792 只/hm²（605～978 只/hm²），预计成蟹平均产量为 29.56kg/hm²，成蟹平均规格为 143.0g/只，平均经济效益为 548.4 元/hm²。

（3）发展潜力。以往试验表明，盐碱沼泽湿地通过适当的工程改造，幼蟹经过盐碱水环境的适应性驯化之后，河蟹的环境适应性强、食性冗杂的生物学特点等得到充分发挥，可较好地适应盐碱沼泽湿地环境[191]。本试验进一步说明放养驯化后的幼蟹，其放养密度和成蟹产量已不再受碱度、盐度、pH 等水环境因子的制约，即河蟹生长已不再受这些因子的影响。

目前，东北地区仅三江平原和松嫩平原就有各类沼泽湿地 187 万 hm²[195-198]。碳酸盐类盐碱芦苇沼泽是松嫩平原盐碱沼泽湿地的主要类型之一，仅霍林河下游就有 3.4 万 hm²[196]。自然条件下这些盐碱沼泽湿地不适合鱼、虾养殖，沉水植物、底栖动物、有机碎屑等天然饵料资源无法利用。以上表明，在解决了幼蟹环境适应性驯化技术条件下，应用本书成果，可在生态保护前提下，将各类沼泽湿地现成的饵料资源转化为优质水产品，变自然资源优势为产品优势和经济优势，促进当地农民增收致富和区域湿地资源可持续管理，发展潜力巨大。

7. 河蟹苗种生态培育

1）地下半咸水生态培育Ⅲ期仔蟹

近些年来，随着湿地河蟹养殖业的快速发展，1 龄蟹种的需求量不断增加。吉林省西部龙沼盐沼湿地，地处霍林河下游泛滥平原，总面积为 15.19 万 hm^2，是吉林省商品蟹的主要养殖区域，目前养殖面积为 3.67 万 hm^2，1 龄蟹种的年需要量超过 100 万 kg，都要从辽宁盘锦购买，运输成本超过 150 万元，而成活率低于 80%。由此可见，解决 1 龄蟹种自给或部分自给问题，已成为该区商品蟹养殖业降本增效的关键。

从蟹苗养殖到商品蟹的过程为蟹苗→Ⅰ期仔蟹→Ⅱ期仔蟹→Ⅲ期仔蟹→1 龄蟹种→商品蟹。在河蟹的生活史中，Ⅲ期仔蟹是蟹苗到 1 龄蟹种之间的重要发育阶段，1 龄蟹种的培育都是从Ⅲ期仔蟹开始的。因此，解决 1 龄蟹种自给或部分自给问题，Ⅲ期仔蟹的培育是关键的第一步。

从适宜生活的水环境来看，蟹苗→Ⅰ期仔蟹→Ⅱ期仔蟹→Ⅲ期仔蟹，逐渐从含盐量为 7.0～8.0g/L 的半咸水环境降至＜1.0g/L 的淡水环境。以往Ⅲ期仔蟹的培育，只有沿海地区河蟹育苗生产单位才能做到，内陆淡水地区还无法实现。水文资料显示，龙沼盐沼湿地区地下浅层半咸水资源十分丰富，其含盐量为 2.0～6.0g/L，非常适宜蟹苗和Ⅰ期仔蟹、Ⅱ期仔蟹生活。因此，龙沼盐沼湿地具有了完成蟹苗→Ⅰ期仔蟹→Ⅱ期仔蟹→Ⅲ期仔蟹的可能性。2016 年以来进行了这方面的试验研究，初步获得成功。

（1）培育池建设。

a. 场地及面积。可作为培育池的天然盐沼湿地应具备的条件：①地势相对低洼，便于改造；②挺水植被覆盖度超过 80%，可不用再种植水生植物；③地下浅层半咸水资源相对丰富，以确保水源充足。培育池面积以 0.5～1.0hm^2 为宜，过大、过小均不利于水质调控。

b. 开挖斜坡形环沟。斜坡形环沟既可营造植被覆盖区与明水区、深水区与浅水区、不同水温梯度的多样性水环境，提高蟹苗与各期仔蟹栖息的环境适宜性，同时还可增加培育池的蓄水量，防止干旱季节缺水与水质浓缩，盐度升高。斜坡形环沟在培育池的四周边界处开挖，宽度为 5～10m，向四周倾斜 1/100，出土筑堤，使环沟最低处的水深达到 1.0～1.2m。

（2）建立咸水、淡水水源。蟹苗和Ⅰ期仔蟹、Ⅱ期仔蟹适宜在盐度＞2.0g/L 的半咸水环境中生活，Ⅲ期仔蟹适于盐度＜1.0g/L 的淡水环境。培育池水环境在蟹苗和Ⅰ期仔蟹、Ⅱ期仔蟹阶段保持盐度＞2.0g/L 的半咸水状态，到Ⅲ期仔蟹时，逐渐下调至盐度＜1.0g/L，因而需要建立咸水、淡水两个水源，来实现培育池的半咸水逐渐淡化。咸水、淡水水源的建立方法，是在培育池旁打浅水井和深水井各 1 眼，分别抽取地下浅层半咸水和地下深层淡水。

（3）培养优质适口饵料。蟹苗的优质适口饵料包括轮虫、枝角类和桡足类，提供足量的优质适口饵料是提高蟹苗成活率和保证Ⅲ期仔蟹培育效果的关键。优质适口饵料的培养方法：蟹苗投放前 15～20d，加注半咸水至植被覆盖区水深 15cm 左右，施入腐熟粪肥 7.5～9.0t/hm^2，5～7d 后再施 1 次，用量减半，同时加注半咸水，使培育池水位增加 10cm 左右。

（4）合理放养。①适时放苗：水体中轮虫、枝角类和桡足类总生物量达到最大时放苗。一般生物量超过3000ind./L时，即可放苗。②适宜密度：放养密度过大，影响蟹苗蜕壳速度和成活率。根据水环境条件、蟹苗规格与质量来确定，水环境较好、蟹苗规格大且质量好的，密度可小一些；反之，密度则大一些。一般适宜密度为7.5～15.0kg/hm^2，折合个体数为150～225万只/hm^2。

（5）科学管理。①适时投喂：蟹苗放养后，监测水体中轮虫、枝角类和桡足类的生物量变化情况，适时补充人工饵料。适时投喂的标准为：当水体中轮虫、枝角类和桡足类总生物量低于3000ind./L时，每天上午、下午各泼洒1次20～30kg/hm^{2}豆浆；低于2000ind./L时，投喂配合饲料。②适时注水：蟹苗投放时植被覆盖区水深为20cm左右，水质为半咸水，根据蟹苗和Ⅰ期仔蟹、Ⅱ期仔蟹、Ⅲ期仔蟹所适应的水环境含盐量逐渐降低的特点，通过适时加注半咸水和淡水来调节。适时注水的标准为：当蟹苗蜕壳变态为Ⅰ期仔蟹后，加注半咸水、淡水，分别使池水增加15cm、5cm；变态为Ⅱ期仔蟹后，加注半咸水、淡水，分别使池水增加10cm、15cm；变态为Ⅲ期仔蟹后，加注淡水，使池水增加40cm。

（6）试验结果。本试验地位于吉林西部龙沼盐沼湿地区牛心套保湿地，面积为0.82hm^2，苏打盐碱土壤，0～40cm土体含盐量为4.26g/kg，地下浅层（8.0m）半咸水含盐量为3.82g/L，地下深层（52.0m）淡水含盐量为0.63g/L。2016～2017年进行了试验，其中2017年6月3日放养规格为16万只/kg的蟹苗10.0kg，放养密度为195万只/hm^2，折合个体数为12.2kg/hm^2。2017年盐沼湿地地下半咸水培育Ⅲ期仔蟹效果采样调查结果见表4-33。

表4-33　2017年盐沼湿地地下半咸水培育Ⅲ期仔蟹试验结果

调查时间	样本数量/只	样本重量/g	平均规格/(只/kg)	平均规格/(mg/只)	池水含盐量/(g/L)
06-03	—	—	160000	6.25	4.09
06-10	298	3.022	98630	10.14	4.02
06-17	372	4.829	77050	12.98	3.29
06-25	186	5.991	30110	32.21	2.33
06-30	132	8.008	16480	60.67	1.04
07-02	6月30日开始排水，至7月2日排干，共计收捕Ⅲ期仔蟹25.04kg，41.27万只，估测由蟹苗培育成Ⅲ期仔蟹的成活率为25.79%				

由表4-33可知，利用盐沼湿地地下半咸水培育Ⅲ期仔蟹，经过28d培育，由蟹苗培育成的Ⅲ期仔蟹平均规格为60.67mg/只，成活率为25.79%，水体含盐量逐渐趋于淡水环境，培育成的Ⅲ期仔蟹同时也受到淡水环境的适应性驯化，这就为下一步1龄蟹种的培育创造了良好条件。因而本试验盐沼湿地地下半咸水生态培育Ⅲ期仔蟹的方法是切实可行的。

2）Ⅲ期仔蟹生态培育成1龄蟹种

在河蟹生活史中，Ⅲ期仔蟹是蟹苗到1龄蟹种的重要发育阶段，沿海和近海地区的河蟹苗种生产单位所培育的1龄蟹种都是从Ⅲ期仔蟹开始的。受自然条件限制或其他原因，内陆地区目前还无法将Ⅲ期仔蟹培育成1龄蟹种。

从适宜生活的水环境来看，蟹苗→Ⅰ期仔蟹→Ⅱ期仔蟹→Ⅲ期仔蟹的过程中，水环境盐度从 7.0～8.0g/L 的半咸水逐渐降至淡水（盐度＜1.0g/L）。区域水文资料显示，龙沼盐沼湿地区地下淡水资源都十分丰富，但目前尚未开发利用。同时，吉林西部“引嫩（嫩江）入白（白城）”、河湖连通等水利工程，又增加了地表淡水资源量。这些都为龙沼盐沼湿地开展Ⅲ期仔蟹培育成 1 龄蟹种提供了水源保障。

2016 年以来，在相关科研项目的支持下，在龙沼盐沼湿地区进行了Ⅲ期仔蟹生态培育成 1 龄蟹种过程的技术探索，已初步获得成功。

（1）培育池选择。培育池选择在地势相对低洼处，便于改造；植被覆盖度＞80%、生物量＞$1.0kg/m^2$，可不用人工种植水生植物；地下淡水资源相对丰富，或靠近地表引水渠道，以确保水源充足。面积以 $1.0～2.0hm^2$ 为宜，过大、过小均不利于水质调控和培育管理。

（2）建立淡水水源保障系统。Ⅲ期仔蟹和 1 龄蟹种均适于淡水环境生活，但盐沼湿地土壤含盐量较高，导致水体盐度也偏高，不仅影响Ⅲ期仔蟹和 1 龄蟹种的成活率，较高的盐度还刺激其性腺过快发育，促使 1 龄蟹种性早熟，影响蟹种质量，需要建立淡水水源保障系统，以便及时淡化水质。

建立淡水水源保障系统的方法，主要是在培育池附近打 1 眼机井，抽取地下淡水，同时修建地表引水渠道，利用地表淡水，二者互为补充。

（3）营造适宜的栖息环境。①开挖斜坡形环沟：斜坡形环沟既可营造植被覆盖区与明水区、深水区与浅水区、不同水温梯度的多样性水环境，又可增加蓄水量，防止干旱季节缺水与水质浓缩，盐度升高，同时坡面可为蜕壳后的河蟹爬上植被覆盖区觅食创造有利条件。斜坡形环沟在培育池四周边界处开挖，宽度为 8.0～10.0m，向四周倾斜 1/100，出土筑堤，使环沟最低处的水深达到 1.2～1.5m。②自然消毒：采用自然消毒的办法，提供无敌害、少病菌的栖息环境。自然消毒的方法是：秋季排干水，利用严冬杀灭敌害和病原菌，第二年开春化冻前再将池底植被烧掉。③池底耕翻：第二年开春将培育池底耕翻适当深度，有利于水生植物、底栖动物等天然饵料自然增殖，还可提高冲洗盐碱的效果。一般池底土壤解冻深度达到 5.0～10.0cm 时，即实施机械耕翻，耕翻深度为 5.0～10.0cm（即耕翻至冻层）。④冲洗盐碱：当耕翻过的池底解冻到一定深度后，注入淡水冲洗盐碱，以降低水环境盐度，提高Ⅲ期仔蟹栖息环境的适宜性，同时降低 1 龄蟹种性早熟比例，提高 1 龄蟹种质量。冲洗盐碱的方法：5 月 15～20 日池底土壤解冻深度达到 50cm 以上后，第 1 次注入淡水至植被覆盖区水深 15cm 左右，浸泡 1 周后排出，隔 3～5d 后第 2 次注入淡水至植被覆盖区水深 20cm，浸泡 7～10d 后排出。⑤进水口、排水口分道：有利于及时排出咸水、注入淡水，调节水质，防止次生盐碱化，为此设立对角线式或对边式排咸水口、引淡水口。

（4）培养天然饵料。Ⅲ期仔蟹是以植物性饵料为主的杂食性动物，天然饵料包括浮游动物、底栖动物、水生植物、有机碎屑等，其中水生植物所占比例超过 85%，是主要饵料成分，充足的天然饵料是提高培育成活率的关键措施之一。培养天然饵料的方法：6 月 5～10 日最后一次冲洗盐碱的水排出后，再注水至植被覆盖区水深 15～20cm，施入发酵腐熟的粪肥 $15～22.5t/hm^2$，两周后以相同的用量再施 1 次，同时注水至植被覆盖区水深 20～30cm。

（5）合理放养。①放养的适宜水深与盐度：III期仔蟹放养时植被覆盖区水深为 20～25cm，水环境盐度为 1.0～1.5g/L，需加注新水，增加水深与淡化水质，达到III期仔蟹放养所需要的适宜水深和盐度。放养的适宜水深与盐度分别为植被覆盖区水深 30～40cm，水环境盐度＜1.0g/L。②适时放养：在主要饵料水生植物的生物量、主要栖息环境指标水体盐度同步达到适宜水平时放养III期仔蟹。适时放养的生物学指标为水生植物生物量≥1.5kg/m^2，环境指标为水环境盐度＜1.0g/L。③适宜密度：根据 1 龄蟹种的培育条件与预计规格、III期仔蟹的规格与质量来确定。如果水环境较好、水源充足、III期仔蟹规格大且质量好、预计 1 龄蟹种规格为 120～200 只/kg，密度可大一些；反之，密度则小一些。一般适宜密度为 22.5 万～45 万只/hm^2。

（6）科学管理。①保持适宜水深：培育期间正处在 7～8 月的高温季节，III期仔蟹放养 1 周后注水增加植被覆盖区水深至III期仔蟹和 1 龄蟹种生长发育所需要的适宜水深，整个培育期间均保持该水深，不采用传统的逐渐增加水深的做法。该适宜水深，通常以植被覆盖区水深保持 50～80cm 为标准。②适时投喂：III期仔蟹放养后，监测水生植物生物量的变化情况，适时补充人工饲料。一般当水生植物生物量＜1.5kg/m^2 时，开始投喂人工饲料。③排咸水、引淡水：培育期间经常排出盐度逐渐升高、有机物含量较多的老水，注入新水，以降低水体盐度，保持水环境清新。一般每隔 5～7d 换水 1 次，抽去底层水，然后加注新水，每次换水 1/4 或 1/3。

（7）试验结果。试验地选择吉林西部龙沼盐沼牛心套保湿地，面积为 1.75hm^2，苏打盐碱土壤，0～40cm 土体含盐量为 4.26g/kg，地下淡水盐度为 0.63g/L。2017 年 7 月 2 日目标区域放养规格为 1.65 万只/kg 的III期仔蟹 25kg，放养密度为 23.57 万只/hm^2，折合 14.29kg/hm^2。2017 年盐沼湿地III期仔蟹生态培育成 1 龄蟹种试验结果见表 4-34。

表 4-34 2017 年盐沼湿地III期仔蟹生态培育成 1 龄蟹种试验结果

调查时间	获取样本数量/只	样本重量/g	平均规格/(只/kg)	平均规格/(mg/只)
07-02（放养）	132	8.008	16480	60.67
07-20	92	12.26	7500	133.3
08-03	43	33.08	1300	769.3
08-23	81	112.50	720	1388.9
09-04	63	300.00	210	4761.9
09-07	9 月 5 日开始捕捞，9 月 10 日捕捞结束，共计收获 1 龄蟹种 926.67kg，约 19.46 万只，产量 529.53kg/hm^2，估测III期仔蟹生态培育成 1 龄蟹种的成活率为 47.17%			

由表 4-34 可知，盐沼湿地III期仔蟹生态培育成 1 龄蟹种试验，经过 1 个月的培育，由III期仔蟹生态培育成平均规格为 210 只/kg 的 1 龄蟹种，成活率为 47.17%，这就为 1 龄蟹种的规模化培育、批量生产创造了良好条件。

3）蟹苗生态培育成 1 龄蟹种

从蟹苗至商品蟹的养殖过程通常为：蟹苗→Ⅰ期仔蟹→Ⅱ期仔蟹→III期仔蟹→1 龄蟹

种→商品蟹。在不同阶段所适应的水环境特点上，蟹苗→Ⅰ期仔蟹→Ⅱ期仔蟹→Ⅲ期仔蟹阶段，所适应的水环境从半咸水（1.0g/L＜盐度＜10.0g/L）逐渐降至淡水；Ⅲ期仔蟹→1龄蟹种→商品蟹过程，所适应的水环境为淡水。前文所述“地下半咸水生态培育Ⅲ期仔蟹”和“Ⅲ期仔蟹生态培育成1龄蟹种”分别解决了蟹苗→Ⅰ期仔蟹→Ⅱ期仔蟹→Ⅲ期仔蟹及Ⅲ期仔蟹→1龄蟹种的过程。本试验旨在解决蟹苗→1龄蟹种的过程。

（1）养殖场地选择。试验地为吉林西部龙沼盐沼区牛心套保湿地，面积为0.75～1.5hm^2。

（2）建立咸水、淡水水源保障系统。蟹苗→Ⅰ期仔蟹→Ⅱ期仔蟹过程，要求池水盐度从5.0g/L逐渐降至3.0g/L，但仍保持半咸水环境；Ⅱ期仔蟹→Ⅲ期仔蟹过程，要求池水盐度从3.0g/L逐渐淡化至＜1.0g/L；Ⅲ期仔蟹→1龄蟹种过程，要求池水始终保持淡水环境。由于盐沼湿地土壤含盐量较高，水体盐度也偏高，这不仅影响Ⅲ期仔蟹和1龄蟹种的成活率，较高的盐度还刺激蟹种性腺过快发育，促使1龄蟹种性早熟，影响蟹种质量。因此，在蟹苗→1龄蟹种过程中，需要同时建立咸水、淡水两个水源保障系统，以满足蟹苗不同发育阶段对水环境盐度的要求。

试验地建立咸水、淡水水源保障系统的方法，主要是打两眼不同深度的机井，分别抽取地下半咸水和地下淡水，同时修建地表淡水引水渠道，使地下半咸水、地下淡水与地表淡水互为补充。

（3）营造适宜环境。①开挖斜坡形环沟：斜坡形环沟既可营造植被覆盖区与明水区、深水区与浅水区、不同水温梯度的多样性水环境，还可增加蓄水量，防止干旱季节缺水与水质浓缩，盐度升高，同时坡面可为蜕壳后的河蟹爬上植被覆盖区觅食创造有利条件。斜坡形环沟的开挖方法及其规格、标准，见前文“Ⅲ期仔蟹生态培育成1龄蟹种”。②自然消毒清塘：采用自然消毒清塘措施，提供无敌害、少病菌、无污染的栖息环境。自然消毒的方法见前文“Ⅲ期仔蟹生态培育成1龄蟹种”。③池底翻耙：第二年开春将养殖池底翻耙适当深度，促进土壤营养物质释放，培养浮游动物、水生植物、底栖动物等天然饵料。池底耕翻的方法见前文“Ⅲ期仔蟹生态培育成1龄蟹种”。④冲洗盐碱：翻耙过的池底解冻到一定深度后，注入淡水冲洗盐碱，减少0～30cm土壤含盐量，遏制土壤返盐返碱，降低1龄蟹种性早熟比例，提高1龄蟹种质量。冲洗盐碱的方法：4月20～25日池底土壤解冻20cm以上后，第1次注入淡水至植被覆盖区水深10～15cm，浸泡1周后排出，隔3～5d后第2次注入淡水至植被覆盖区水深20～25cm，浸泡7～10d后排出。⑤进水渠、排水渠分道：进水渠、排水渠分道设置，有利于池中盐度逐渐升高的咸水及时排出，注入淡水加以调节，防止水质次生盐碱化。为此，设立两套渠道系统，分别用于排咸水、引淡水。

（4）培养天然饵料。培养出充足的天然饵料可提高蟹苗育成1龄蟹种的成活率。蟹苗阶段的天然饵料包括轮虫、枝角类和桡足类等浮游动物；Ⅲ期仔蟹和1龄蟹种的天然饵料包括浮游动物、底栖动物、水生植物、有机碎屑等，其中，水生植物所占比例应在85%以上，是这一阶段的主要饵料成分。培养天然饵料的方法：5月10～15日冲洗盐碱的水排出后，培育池加注半咸水至植被覆盖区水深15～20cm，施入发酵腐熟粪肥15～22.5t/hm^2，1周后再施1次，用量为7.5～9.0t/hm^2，同时加注半咸水，使池水增加10～15cm。

（5）蟹苗合理放养。①适时放养：当水体中轮虫、枝角类和桡足类总生物量达到最大时，开始放养蟹苗，以确保初下塘的蟹苗摄食到充足的天然饵料。放苗和适宜时间见前文“地下半咸水生态培育Ⅲ期仔蟹”。②适宜密度：根据水环境条件、蟹苗规格与质量以及预计 1 龄蟹种规格来确定，如在水环境较好、蟹苗规格大且质量好、预计 1 龄蟹种规格 120～200 只/kg 的情况下，密度可稀一些；反之，则密一些。一般适宜密度为 5～10kg/hm^2，折合个体数量为 75～150 万只/hm^2。

（6）科学管理。①适时投喂：蟹苗放养后，监测天然饵料生物量变化情况，当生物量下降到一定程度后适时投喂人工饲料。当水体中轮虫、枝角类和桡足类总生物量低于 3000ind./L 时，每天上午、下午各泼洒 1 次 20～30kg/hm^2 豆浆；低于 2000ind./L 时，投喂蟹苗专用配合饲料；水生植物生物量低于 1.5kg/hm^2 时，投喂 1 龄蟹种专用配合饲料。②保持适宜水深与盐度：根据蟹苗、Ⅰ期仔蟹、Ⅱ期仔蟹、Ⅲ期仔蟹及 1 龄蟹种要求水环境盐度逐渐降低、水深逐渐增加的特点，通过适时加注半咸水和淡水来调节。当蟹苗蜕壳变态为Ⅰ期仔蟹后，加注半咸水、淡水，分别使池水增加 15～20cm、5～10cm，保持植被覆盖区水深 30～40cm，水环境盐度为 5.0～3.0g/L；变态为Ⅱ期仔蟹后，加注半咸水、淡水，分别使池水增加 5～10cm、15～20cm，保持植被覆盖区水深 40～50cm，水环境盐度为 3.0～1.0g/L；变态为Ⅲ期仔蟹后，加注淡水至植被覆盖区水深 60～80cm，水环境盐度＜1.0g/L。③排咸水、引淡水：养殖期间及时排出池中盐度逐渐升高、有机物含量较多的老水，及时补充新水，使水环境盐度逐渐淡化，持续地保持水环境的适宜性。具体方法见前文“Ⅲ期仔蟹生态培育成 1 龄蟹种”。

（7）试验结果。本试验在吉林西部龙沼盐沼区牛心套保湿地进行，试验地面积为 1.5hm^2，苏打盐碱土壤，0～40cm 土体含盐量为 4.26g/kg，地下半咸水盐度为 4.22g/L，地下淡水盐度为 0.63g/L，地表淡水（洮儿河水）盐度为 0.47g/L。2017 年 6 月 3 日放养规格为 16.32 万只/kg 的蟹苗 12.0kg，放养密度为 130.56 万只/hm^2，折合 8.0kg/hm^2。2017 年盐沼湿地蟹苗生态养成 1 龄蟹种试验结果见表 4-35。

表 4-35　2017 年盐沼湿地蟹苗生态养成 1 龄蟹种试验结果

调查时间	获取样本数量/只	样本重量/g	平均规格/(只/kg)	平均规格/(mg/只)
06-03（放养）	—	—	163200	6.13
06-17	137	11.41	12000	83.3
07-02	92	12.26	7500	133.3
07-20	106	25.24	4200	238.1
08-03	43	33.08	1300	769.3
08-23	81	112.50	720	1388.9
09-04	74	132.14	560	1785.7
09-13	63	300.00	210	4761.9
09-18	9 月 13 日开始捕捞，9 月 18 日捕捞结束，共计收获 1 龄蟹种 3052kg，约 64.1 万只，产量 2034kg/hm^2，估测蟹苗生态养成 1 龄蟹种的成活率为 32.73%			

由表 4-35 可知，盐沼湿地蟹苗生态养成 1 龄蟹种试验，经过 105d 养殖，由蟹苗生态

养成平均规格为 210 只/kg 的 1 龄蟹种成活率为 32.73%，为盐沼湿地 1 龄蟹种的规模化养殖、批量生产提供了技术基础。

4.1.3 苇-虾模式

适于盐碱芦苇沼泽养殖的虾类，主要是日本沼虾。根据主要养殖对象的不同，可分为主养、鱼虾混养、蟹虾混养、虾蟹鱼混养等养殖模式。由于日本沼虾具有喜浅水、善爬跳、怕强光、蜕皮次数多、耗氧量大、寿命短等特点，在成虾养殖过程中，要尽量营造适合该虾生长的水环境，以保证养殖成功，取得高产高效[132, 199-201]。

芦苇沼泽主养日本沼虾，是指以日本沼虾为主养对象，适当放养夏花鲢、鳙，以达到充分利用苇田水体、控制水质肥度的目的。2008～2010 年，在牛心套保苇场进行苏打盐碱芦苇沼泽主养日本沼虾的试验，养殖面积为 6.8hm^2，获得成虾平均产量为 158.73kg/hm^2、平均规格为 3.7g/尾的试验结果，同时还分别收获鲢、鳙鱼种 750kg/hm^2、180kg/hm^2，实现总体经济效益 7136 元/hm^2。

1. 适宜面积与生态工程

主养日本沼虾的芦苇沼泽面积以 1.5～3.0hm^2 为宜。养殖区四周边界处开挖宽 5m、深 50cm 的环沟。将一侧环沟加宽到 10m，底部向排水口倾斜，使水量全部排出，作为集虾沟。同时在养殖区的一角，开挖 100～200m^2 的集虾池，与集虾沟相连，便于干塘捕捞成虾。进水口加装 60 目/cm^2 的纱网过滤水质。每个养殖区配备 1 眼机井。

2. 虾苗放养前的准备

虾苗放养前 10～15d，用浓度为 20.0g/m^3 的漂白粉，对养殖区芦苇沼泽的自然积水进行消毒。虾苗放养前 5～7d，养殖区保持水深 30～50cm，施发酵腐熟有机肥 2.0～4.0t/hm^2，堆放于一角，用以培养幼虾喜食的轮虫、枝角类、桡足类等浮游动物饵料。

3. 虾苗的驯化培育

和蟹种一样，虾苗自然条件下也无法适应碳酸盐类盐碱水环境，需经驯化培育成 1～2cm 的幼虾，才能进行成虾养殖。

1）驯化培育池处理

利用试验区蟹种驯化池进行虾苗驯化培育。当蟹种驯化结束后，排掉驯化池水，用机井水将池底淤泥冲洗干净，再一次加入机井水 80cm，然后用浓度为 20.0g/m^3 的漂白粉消毒。消毒 5～7d 后，在池内移栽轮叶黑藻、金鱼藻等沉水植物，覆盖全池 1/3。

2）虾苗投放

（1）试水。需要驯化培育的虾苗在投放之前，必须进行试水。方法是：水体消毒 5～7d 后，用水桶装水 50%～60%，投放虾苗 10 尾，观察 24h，如果无异常情况，则证明消毒药物的毒性已过，可以放苗。

（2）密度。放苗的密度以不超过 1000 尾/m^3 为宜。

（3）投放方法。虾苗运到养殖区后，将装有虾苗的尼龙袋从纸箱中取出，放入驯化池水体漂浮10～15min，观察袋内虾苗活动情况和袋内外水温差异，估计袋内外水温基本平衡后再将袋子口打开，向袋内慢慢注入驯化池水。此时，虾苗活动增强，即可将虾苗放入驯化池水体中。

（4）注意事项。投放虾苗的时间尽可能选择在晴天的早晨，缓苗过程中，要始终坚持带水操作，水温差控制在2℃以内。

3）添加养殖区盐碱沼泽水

采用蟹种驯化过程中盐碱芦苇沼泽水的添加方法（见4.1.2节），每隔12h添加1次，每次添加量以使水深增加2～3cm为宜。添加的沼泽水用60～80目的细纱网过滤。当虾苗平均体长达到1.0cm时，改为每天加注1次沼泽水5～10cm。

4）投喂饲料

（1）虾苗投放后前2周内，用60～75kg/hm^{2}黄豆磨成浆，全池均匀泼洒，每天2～3次。根据水体中浮游生物量的多少，适当增减豆浆的投喂量。

（2）虾苗投放2周以后，即可改喂人工饲料，如微囊颗粒料、米糠、豆饼糊、麦麸糊等。还可用小杂鱼或螺蚌肉、蚯蚓等混合粉碎，加鱼粉，煮熟后投喂。

（3）饲料沿驯化池边投喂，每天投喂2次，6：00～8：00投喂30%，18：00～20：00投喂70%，日投喂量从每1万尾虾苗500g逐步增加到2.0kg，并根据幼虾吃食情况以及天气、水质变化，灵活掌握，合理调整，以确保幼虾生长的需要。

5）水质管理

（1）监控水色：幼虾的天然饵料主要为浮游生物，而浮游生物种类和数量又决定着水质的颜色。经验表明，驯化培育池的水色以黄绿色或紫褐色为最佳，透明度为30～40cm。这种水色标志着水中幼虾适口的天然饵料较丰富，有利于幼虾生长。

（2）注水与换水：每天加水的同时，通过池底的排水口，将池底老水排掉，使池水下降3～5cm，使池水始终保持清新，溶解氧含量＞5.0mg/L。

（3）水体消毒：对于养殖区的芦苇沼泽水体，每隔5～7d，用浓度为2.0g/m^{3}的漂白粉消毒1次。

（4）使用光合细菌：每隔5～7d，对养殖区的芦苇沼泽泼洒1次光合细菌溶液（菌体浓度100亿ind./mL），用量为5.0g/m^3；或作为饲料添加剂，以0.3%的用量拌入饲料投喂。

6）日常管理

（1）巡塘检查。每天早、晚各巡塘1次，观察幼虾吃食、活动情况，查看水质变化，发现异常情况，及时采取补救措施。

（2）防治有害生物。驯化培育池中幼虾的有害生物，主要是蛙类、水蜈蚣、青泥苔和微囊藻，一旦出现要及时清除。

4. 养殖区幼虾放养

1）驯化培育池幼虾的捕捞

虾苗经过20～30d驯化培育，达到体长为1.5～2.0cm的幼虾水平，即可捕捞出水，放入养殖区的芦苇沼泽水体，进入成虾养殖阶段。捕捞时，先准备1只网箱，然后用抄网在沉水植物的下面，将水草连同栖息在水草上的幼虾一起兜出水面，挑拣出来的幼虾随即放入网箱内暂养。待大部分幼虾捕捞出水后，放掉一部分池水，捞出沉水植物，再反复用夏花渔网围捕，最后排干池水，捕捉剩下的幼虾。

捕捞驯化幼虾注意事项：①驯化结束，幼虾继续适应 24h 后，将驯化池水深度降低至 40～50cm，然后再捕捞。②如有大批软壳虾存在，不宜立即捕捞，一定要等到幼虾壳长硬后再捕捞。③幼虾体质娇嫩，个体较小，极易受伤。在捕捞过程中，动作要轻快，不要碰伤、挤压，确保成活率。

2）养殖区驯化幼虾的放养

捕捞出水的驯化幼虾，经计数后，直接放入养殖区的芦苇沼泽水体。试验区幼虾的平均放养密度为 24.76 万尾/hm^2。

5. 套养鱼种及养育管理

1）鱼种套养

7 月，养殖区分别套养鲢夏花鱼种 1.2 万尾/hm^2、鳙夏花鱼种 3000 尾/hm^2。

2）养育管理

（1）定期泼洒生石灰。日本沼虾在幼虾阶段，每隔 7～10d 蜕壳 1 次，成虾阶段 15～20d 蜕壳 1 次。刚蜕壳的软壳虾，活动能力很弱，直到新壳中慢慢沉积碳酸钙和磷酸钙而使壳硬化后，才能正常活动。所以，要确保虾体正常蜕壳生长，需要增加水层中钙质含量。为此，养殖期间，每隔 15～20d 泼洒 1 次 10～20g/m^3 生石灰。特别是雨后施用生石灰，可以促进蜕壳后的软壳虾快速恢复体质，对幼虾蜕壳后的生长起到重要作用。

（2）水量与投饲管理。参照芦苇沼泽养鱼的水量管理方法（见 4.1.1 节）。当水体较浅时，鱼、虾可游到环沟和集虾池中生活，只要适当补投饲料，其可不受水量少的影响而正常生长。每天 8：00～9：00、17：00～18：00 和 20：00～21：00 各投喂 1 次。第 3 次投喂以青虾饲料为主。

（3）水质管理。7 月、8 月是高温季节，水草耗氧量大，有害物质增多，应经常加注新水，稀释毒物，控制水质不宜过肥，透明度保持在 30～40cm，确保水质清新，溶解氧充足，促进套养的鲢、鳙鱼种和日本沼虾快速生长。

6. 渔获物处理

1）成虾捕捞

芦苇沼泽水环境条件较好，日本沼虾生长较快，幼虾生长 40～50d，体长可达 3.0cm 以上，并且性腺开始成熟，达到捕捞规格。又因日本沼虾寿命不长，所以适时捕捞显得尤其重要。试验地在正式捕捞之前，先进行试捕，测量虾的体长和体重，根据试捕情况，制订正式捕捞方案。一般正式捕捞时间在 8 月上旬开始，到 9 月底结束。捕捞网具以地笼为主，最后排干水清捕。

2）成虾运输

日本沼虾在大安市当地的零售价格平均为 7～12 元/kg，而离此地 400km 的长春市可达 25～30 元/kg。所以为提高经济效益，每年绝大部分成虾销往长春市。经过 3～4h 运输，其成活率均在 95%以上。

（1）运输工具及装置。①汽运装置：采用载重 5t 的卡车，安装充气装置。一般是在卡车靠驾驶室的顶部安装 1 台 2.5kW 的汽油发电机，连接 6 台 300W 的增氧泵（另装两台备用）。卡车中央安装 2 只大铁箱，每只长 2.0m，宽 1.2m，高 1.25m。铁箱底布设充气的塑料管和气石（每箱 20～30 只），当机器开动时，可不断地向铁箱中送气增氧。②盛虾箱：盛虾箱长 1.0m，宽 75cm，高 10cm，四壁为木板结构，上底、下底用聚乙烯网片包裹牢固，上底可活动，装虾后用铁丝固定好，使虾分层在运输水体中充分利用空间，水、气能上下流动。

（2）装运方法。①网箱暂养：从暂养、育肥池捕捞出水后，立即放入网箱内，置于苇田明水沟或环沟中，让其排出粪便和洗净体表污物，减少途中耗氧，同时剔除死、伤的个体。②过数装箱：通常每只盛虾箱可装虾 30～50kg，具体数量可根据天气情况而定。水温高、气压低就少装，反之则可多装。装箱方法是：先将大铁箱内放满清水（多为井水），计数后装进盛虾箱，再将盛虾箱平放于大铁箱中，同时开动增氧泵充气。每只大铁箱可容纳盛虾箱 16 只，呈“丁”字形码放，高温季节在空隙处放冰块降温，每辆车一次加冰 50kg，可盛运活虾 950～1600kg。

3）途中管理

运输途中加强管理，做到不断气、少停车。以下几方面的情况要求每隔 2h 检查 1 次。

（1）检查充气装置。看充气状况是否正常，尤其是防止塑料管破裂或通气不畅。

（2）检查冰块情况。应视冰块的融化程度，及时加冰，保持冰水共存状态，确保虾的运输成活率。

（3）检查大铁箱水量。往往因颠簸造成途中水量减少，应及时检查，补水，避免装在上层的虾离水，造成死亡。

（4）检查虾活动情况。看其在箱内是否游动正常，如有异常，要找出原因并及时处理。

4.1.4　多物种共生模式

1. 苇-鱼-虾模式

所述的苇-鱼-虾模式，是指利用养殖成鱼的芦苇沼泽，在主养鱼的同时和不影响鱼产量、不增加投饲量的前提下，混养适量的日本沼虾，以充分利用芦苇沼泽水体和残余的饲料，达到增加虾产量、提高芦苇沼泽经济效益的目的。

1）养殖模式

2009～2013 年，大安市牛心套保苇场的苇-鱼-虾模式，其主要技术指标为：投放驯化培育的幼虾 18 万～25 万尾/hm^2，成虾产量为 158～220kg/hm^2，成鱼产量为 463～880kg/hm^2。几种主要的苇-鱼-虾模式见表 4-36～表 4-38。

表 4-36　芦苇沼泽苇-鱼-虾模式（1）

种类	放养规格/(g/尾)	放养密度/(尾/hm^2)	平均产量/(kg/hm^2)	种类	放养规格/(g/尾)	放养密度/(尾/hm^2)	平均产量/(kg/hm^2)
鲢	150～250	865～1259	343.2～531.7	银鲫	20～50	1800～2250	180.5～273.9
鳙	150～250	77～120	43.6～64.8	日本沼虾	0.25～0.5	23.17 万～25.22 万	197.9～215.3

表 4-37　芦苇沼泽苇-鱼-虾模式（2）

种类	放养规格/(g/尾)	放养密度/(尾/hm^2)	平均产量/(kg/hm^2)	种类	放养规格/(g/尾)	放养密度/(尾/hm^2)	平均产量/(kg/hm^2)
鲢	100～200	519～571	159.2～169.5	团头鲂	50～100	593～636	96.7～107.3
鳙	100～200	66～78	67.2～73.8	银鲫	20～50	942～1106	64.4～82.5
草鱼	100～200	1040～1186	77.3～82.6	日本沼虾	0.25～0.5	18.53 万～22.64 万	158.2～193.3

表 4-38　芦苇沼泽苇-鱼-虾模式（3）

种类	放养规格/(g/尾)	放养密度/(尾/hm^2)	平均产量/(kg/hm^2)	种类	放养规格/(g/尾)	放养密度/(尾/hm^2)	平均产量/(kg/hm^2)
鲢	100～200	219～463	128.6～230.7	团头鲂	50～100	457～753	98.4～132.8
鳙	100～200	30～75	21.4～45.7	银鲫	20～50	1272～1894	229.6～373.9
草鱼	100～200	626～727	53.6～78.3	日本沼虾	0.25～0.5	21.17 万～25.47 万	186.3～219.6

2）养殖管理

（1）投喂饲料。实施苇-鱼-虾模式的芦苇沼泽，其成鱼产量大多高于主养成鱼模式，因此需要投喂饲料。经验表明，投喂的饲料应以颗粒饲料为主，与投喂原料饲料相比，成鱼增长速度要快 20%～30%。每天投喂量按鱼、虾体重的 5%～8%计算。上午投喂 1/3，下午投喂 2/3。根据天气、水质变化及鱼、虾吃食情况，适时调整。

（2）水质管理。实施苇-鱼-虾模式的芦苇沼泽，由于投喂饲料，水环境极易劣变，需要进行水质调节。平常保持水深 50～80cm，7～10d 换水 1 次，每次换掉 1/3，使水体透明度保持在 30～35cm。

2. 苇-蟹-虾模式

所述的苇-蟹-虾模式，是指在养殖成蟹的芦苇沼泽中混养日本沼虾，在不影响成蟹产量的情况下，能充分利用沼泽水体和其中的天然饵料，进一步提高成蟹养殖的经济效益。2010～2013 年，在牛心套保苇场进行了碳酸盐类盐碱芦苇沼泽苇-蟹-虾模式试验。试验地面积为 30.8hm^2，每年 5 月上旬放养规格为 5.7g/只、经过环境适应性驯化的 1 龄幼蟹 900～1000 只/hm^2，7 月上旬放养体长为 1～2cm、经过驯化培育的日本沼幼虾 9.3 万～9.5 万尾/hm^2。2012～2013 年收获成蟹平均为 68.74kg/hm^2，平均规格为 156.3g/只，平均回捕率为 45.25%；收获青虾平均为 66.54kg/hm^2，平均规格为 3.27g/尾，平均回捕率为 21.81%；平均经济效益为 5914 元/hm^2，高出普通成蟹养殖模式 7.21 倍。

1）工程措施

实施苇-蟹-虾模式的芦苇沼泽，其田间工程捕捞与苇-蟹模式相同（见 4.1.2 节）。其中蟹种驯化池，同时也用于虾苗驯化培育。

2）苗种驯化与放养

（1）蟹种驯化与放养。实施苇-蟹-虾模式，蟹种驯化与放养要尽可能提前，以便腾出驯化池用于虾苗的驯化培育。蟹种的驯化与放养见 4.1.2 节。

（2）虾苗驯化培育与放养。试验用虾苗平均体长0.5cm，驯化培育与放养方法见4.1.3节。

3）养殖管理

实施苇-蟹-虾模式，一般不投饲料，其养殖管理方法按照苇-蟹模式的管理进行（见4.1.2节）。

4）捕捞、暂养及育肥

（1）河蟹。河蟹捕捞按照苇-蟹模式进行，成蟹暂养与育肥采用网围沼泽的方法（见4.1.2节）。

（2）日本沼虾。

a. 捕捞：8月中旬，日本沼虾养殖后期即可进行捕捞。采取捕大留小的方法，将达到上市标准的商品虾起捕出售，小虾继续养殖。下面是常用的捕捞方法。

一是抄网捕捞。用抄网从水草下方往上捞起水草，然后将栖息在水草上的虾抖落于网中，再进行大小规格分离，小虾放回继续养殖。

二是虾笼捕捞。将30～50个虾笼用绳子串联在一起，每个笼内放入米糠、豆饼、玉米面、高粱面等诱饵，将串联的虾笼放入明水沟或环沟水底。傍晚放笼，第二天早晨收笼取虾。

三是窝捕。用芦苇、沉水植物等水草扎成虾窝，放置于明水沟和环沟中，引诱虾前来栖息，次日用抄网置于虾窝下面，将其兜出水面，把栖息在虾窝上的虾抖落进网中即可。

四是干塘捕捞。9月中旬养殖区的芦苇沼泽开始排水，下旬干涸，虾群集中到明水沟和环沟，用拉网捕捞，同时放干水清捕。干塘捕捞时应注意排水的速度不能太快，以每天水深下降3～5cm为宜，确保虾群顺利游进明水沟和环沟。经验表明，干塘捕虾的同时，还可增加成蟹的回捕数量。

b. 暂养及育肥：成虾捕捞出水后难以存活，集中上市则影响价格，所以可以将来不及销售的虾暂养起来，或是将尚未达到上市规格，或市价低的小虾进行暂养、育肥，均衡上市，待价而售，可获得较高的经济效益。通常利用驯化培育池来暂养、育肥虾，其步骤如下。

一是清洗池底。幼虾驯化培育结束后，排干池水，用井水洗净污泥，然后保持排水口打开的状态，防止夏季积水，通过阳光曝晒、酷暑消毒，以备秋季虾的暂养、育肥。

二是虾的预处理。在捕捞过程中，将出水的虾暂养在网箱中，利用沼泽水体除去虾体表及鳃中上的污物，并清除病弱、死亡个体，然后进行暂养、育肥。

三是暂养池准备。注入沼泽水至池水深度达到1.0～1.2m，捞取水草移入池内，覆盖水面1/2～3/4，营造良好的水环境，使原来体色不佳的虾体变得透亮清秀，提高虾的品质。

四是放虾。先用浓度为2.0g/m^{3}的漂白粉全池消毒，然后放虾，密度不超过500g/m^3。

五是管理。虾投放2～3d适应新环境后，可投喂麦麸、米糠、豆饼、切碎的小杂鱼或螺蚌肉，投喂量以投喂后5～6h略有剩余为标准，一般为暂养虾总重量的5%～8%。分上午、下午两次投喂，并根据天气、水温、摄食情况而调整；2～3d加注1次井水，至井水深度增加5cm，同时排掉池底层水至池水深度下降2～3cm。

如果虾的数量不多，且暂养时间不超过2～3d，也可以用网箱暂养。网箱内应移植一些鲜绿色水草，促使虾体色转佳。网箱要放置在养殖单元内的环沟或明水沟中，底部垫起，使箱底离开底泥 10～20cm。暂养密度≤3.0kg/m^3，可确保成活率在 95%以上。

3. 苇-鱼-虾-蟹模式

2008～2013 年，在一块面积为 94hm^2 的碳酸盐类盐碱芦苇沼泽实施苇-鱼-虾-蟹模式，成蟹平均年产量为 73.22kg/hm^2，平均规格为 144.7g/只；青虾产量为 56.53kg/hm^2，平均规格为 3.36g/尾；成鱼产量为 514.6kg/hm^2；经济效益为 6232 元/hm^2，产投比为 4.774。

1）工程措施

（1）生态沟。在试验地四周边界处，开挖宽 10m、深 1.5m 的环沟，出土加高、加固堤坝，并使堤坝高度超出当地历史最高水位 1.0m 以上。试验地内沿着芦苇密度相对较稀疏地带，开挖宽 3.0m、深 1.2～1.5m 的“十”字形明水沟，明水沟与环沟相通。将明水沟和环沟的相交区域扩建成越冬区，面积为 3.0hm^2，可蓄水深度 3.5m。

（2）建蟹种驯化池。在试验地边界外部建蟹种驯化池，面积为 1.0hm^2，可蓄水深度 1.5m。

（3）建立补水水源。在试验地周边打机井 6 眼，用于旱季补水，其中 1 眼设在蟹种驯化池附近，作为驯化池水源。

（4）建防逃设施。采用河蟹防逃膜，在试验地堤坝上建高度为 50cm 的防逃围栏。

2）水环境消毒

2008 年春季苗种放养前，对于生态沟和越冬区的自然积水用浓度为 20.0g/m^3 的漂白粉消毒。以后每年开春，这些自然积水均改用浓度为 2.0g/m^3 的漂白粉消毒。

3）苗种放养

（1）蟹种放养。每年 10 月中旬放养驯化后的蟹种 800～1000 只/hm^2，平均规格为 5～6g/只，下一年秋季捕捞成蟹。蟹种驯化、放养与养殖管理见 4.1.2 节。

（2）虾苗放养。①自繁虾苗：2008 年 5 月，用 196 目/cm^2 的纱网在试验地内设置 3 处围栏，总面积为 10hm^2。每处围栏内，生态沟面积不小于 1/3。从附近的湖泊、水库、养鱼泡沼等湿地中收集体长 5～6cm 的抱卵日本沼虾亲虾，按 15～20kg/hm^2 的密度投放到围栏内，使其自然繁殖虾苗。当虾苗体长达到 1～2cm 时，将亲虾捕捞出水，同时拆除围栏，使幼虾进入整个养殖区。②外购虾苗：当自繁虾苗数量无法满足需要时，应外购部分虾苗。2008 年 6 月，从辽宁营口购进体长 5～8mm 的虾苗 100 万尾，在蟹种驯化池中驯化培育成 1～2cm 的幼虾后，放入试验地水体。通过以上两种途径解决的虾苗，相当于 2008 年 5～7 月一次性投放体长＞1.0cm 的幼虾 17.36 万尾/hm^2。

（3）鱼种放养。①肉食性鱼类：品种选择当地市场售价较高的鳜和鲇鱼。每年春季投放规格为 10～15g/尾的鳜 30 尾/hm^2。2008 年 5 月，投放规格为 50～100g/尾的鲇鱼 60 尾/hm^2。②滤食性鱼类：每年春季投放体长 15～20cm 的鲢鱼 70 尾/hm^2、鳙鱼 20 尾/hm^2。③草食性鱼类：2008 年 5 月，投放体长 10～15cm 的团头鲂（或鳊）120 尾/hm^2。④杂食性鱼类：2008 年 5 月，投放规格 25～50g/尾的银鲫 700 尾/hm^2、规格 1.0～1.5kg/尾的性成熟鲤鱼 30 尾/hm^2，鲤鱼按雌、雄比例 4∶1 搭配投放。

芦苇沼泽地水草较多，水质清澈，有利于鲤、鲫、鲇、团头鲂、日本沼虾的自然繁殖，实现种群的自然增殖。日本沼虾个体较小，活动范围不大，争食能力不强，可发挥其数量较大的群体优势，以多取胜。日本沼虾的这些特点，既能满足成虾养殖对苗种的需要，同时又可作为活体饵料满足其他鱼类摄食的要求。鳜、鲇以苇田中的野生杂鱼和自然繁殖的鲤、银鲫幼鱼以及小虾为食，可满足其正常生长。同时，鳜、鲇的捕食也降低了苇田水体鲤、银鲫和虾的种群密度，使商品鱼、虾养殖不受影响。

4）养殖管理

一是保持一定水量。正常年份养殖水深控制在30～80cm，以兼顾芦苇生长。如遇干旱年份或干旱季节，利用机井补水。二是水体消毒。每隔15～20d，用浓度为2.0g/m^{3}的漂白粉对生态沟水体消毒1次。三是日常管理（参照4.1.2节及4.1.3节）。

5）虾种群增殖

要确保试验地芦苇沼泽中的日本沼虾既能满足鳜、鲇和河蟹的捕食需要，同时又能提供一定的成虾产量，增殖其种群数量较为重要。

（1）投放抱卵虾。从2009年开始，每年5～7月，在当地收集抱卵的日本沼虾投放到养殖区芦苇沼泽的围栏中，使其自然孵化，增加虾苗数量。

（2）增施肥料。6～8月，每隔15～20d，在试验地中的生态沟水体施1次发酵腐熟的农家肥50～100g/m^3，将肥料用水调制成肥浆均匀泼洒即可。这样可促进水体中浮游生物增殖，增加幼虾适口饵料生物量，使孵出的幼虾能够及时获得足够的适口饵料，提高幼虾的变态速度和成活率。

（3）保护亲虾、幼虾。将捕捞成虾的网目规格调整到8～10mm，使捕获的成虾最小规格控制在3～4cm。同时将捕获的抱卵大虾放回苇田水体。这样既保护了当年繁殖出的幼虾，又保护了已进入产卵期的当年虾所繁殖的虾苗；既可提高成虾的质量，又能增加虾的种群数量，还为下一年成虾的养殖提供大规格虾苗和可供自繁的亲虾。

6）捕捞

一是确定鱼类的最小捕捞规格。一般鳜为400g/尾，鲇为500g/尾，鲢为750g/尾，鳙为1.5g/尾，银鲫为150g/尾，团头鲂为300g/尾；采用定置刺网和网箔全年捕捞；不符合捕捞规格的鱼放回试验地。二是成虾实行全年捕捞，最小捕捞规格为4.0cm（成虾捕捞、暂养与运输方法见4.1.3节）。河蟹的捕捞见4.1.2节。

7）技术问题探讨

（1）依靠天然饵料实施苇-鱼-虾-蟹模式，蟹种的合理放养密度以600～900只/hm^{2}为宜，在存活率为70%～80%的条件下，还可留有足量的水草供草食性鱼类摄食。

（2）混养鱼类中，草食性鱼类应占有一定比例，以增加水体浮游生物进而也增加虾类饵料。草食性鱼类以团头鲂、鳊等对水草破坏力不强的种类为宜。肥水性鱼类鲢、鳙的混养数量也不宜过多。

（3）日本沼虾的种群数量以保持12万～15万尾/hm^{2}为宜。这样既可保证成虾的质量，又能满足鱼、蟹的饵料需求。

（4）苇-鱼-虾-蟹模式，可使试验地芦苇沼泽中50%～60%的水草得到有效利用，既减少了杂草数量，促进芦苇生长，又可提供优质水产品。

4. 苇-蟹-鳜-鲴模式

农业生产效益低下、抗灾能力弱、农田生态环境不良、农村经济发展相对缓慢等，仍是目前制约我国农业发展和农民增收的主要问题；经济的快速发展、农民增收和生态保护之间往往出现矛盾。实践证明，发展优质高效的生态农业是解决这些矛盾的有效方法[202-206]。20 世纪 90 年代进行的松嫩平原区域农业综合发展研究中，研究人员探索出以鲢、鳙、鲤、银鲫等常规鱼类养殖为主，种养结合的鱼-稻-苇、鱼-苇-禽（畜）、鱼-稻-苇-蒲等的生态农业模式，为该区盐碱芦苇沼泽湿地的可持续利用提供了有效途径[207-212]。

河蟹、鳜和鲴都是我国传统的优质水产品，也是湖泊、池塘发展优质高效渔业的主要目标品种[169, 213, 214]。针对碳酸盐类盐碱芦苇沼泽水环境盐碱度偏高，自然条件下河蟹、鳜和鲴无法适应的问题，通过苗种高盐碱水环境的适应性驯化，来提高其存活率，将以往盐碱芦苇沼泽利用模式中的常规鱼类代之以优质品种，结合芦苇高产抚育，建立养育结合、优质高效的苇-蟹-鳜-鲴生态农业模式，可为盐碱芦苇沼泽渔业生态与渔业功能恢复和可持续利用提供借鉴[190]。

1）试验地自然环境

试验地位于吉林省大安市牛心套保苇场。试验地面积为 23.6hm^2，春季干涸，6～8 月可从霍林河、洮儿河进水，使试验地水深增加 10～30cm，随水进入野生鱼、虾 10 余种；土壤类型为苏打盐碱土，全盐含量为 5.74g/kg；水环境盐度为 2.57g/L，碱度为 18.68mmol/L，pH 为 9.41，水质化学类型为 C_{I}^{Na} 半咸水。试验前芦苇平均年产量为 2472kg/hm^2，综合经济效益为 964 元/hm^2。

2）技术体系

（1）基础设施建设。2005 年试验前进行基础设施建设。①试验地周围边界处，开挖宽 8.0m、深 1.5m 的环沟，出土筑堤。②试验地内部沿着芦苇密度较小地带，开挖宽 1.5m、深 1.0m 的“十”字形明水沟，明水沟相交区域扩建成面积 1.5hm^2、可蓄水深度 3.5m 的越冬区。③在试验地外部地势低洼地带，开挖河蟹、鳜和鲴的苗种驯化池各 1 口，面积均为 0.5hm^2，深 1.5m。④靠近驯化池打机井两眼，作为驯化池水源，并用于干旱季节试验地补水。⑤试验地四周堤坝上，建高度为 40cm 的塑料布防逃围栏。⑥疏通和完善进水、排水工程。

（2）确定生长周期。河蟹生长周期确定为两年，即春季放养 1 龄幼蟹，秋季捕捞 2 龄成蟹。鳜生长周期确定为 3 年，即春季放养 1 龄鳜，下一年秋、冬季捕捞 3 龄鳜的成鱼。鲴的养殖周期确定为 4 年，即春季放养 2 龄细鳞鲴，下一年秋、冬季捕捞 4 龄鲴的成鱼。

（3）苗种环境适应性驯化。除河蟹外，鳜和鲴品种分别为鸭绿江水系的斑鳜和黑龙江水系的细鳞鲴，苗种分别购于水丰水库和镜泊湖。苗种原生地的淡水环境与试验地的高盐碱水环境差别较大，自然条件下无法适应。试验中采用机井水 + 化学试剂 + 盐碱水的驯化方法，对苗种进行高盐碱水环境的适应性驯化，试验地放养驯化过的苗种。蟹种的驯化及其放养方法见 4.1.2 节。斑鳜和细鳞鲴鱼种的驯化方法参考蟹种进行。

（4）合理放养。根据芦苇沼泽水体各类天然饵料所能提供的河蟹、斑鳜、细鳞鲴的最大生产潜力、计划产量、捕捞规格、放养规格、回捕率、驯化成活率及运输死亡率，确定苗种放养密度。

a. 计划放养密度范围的确定：河蟹、斑鳜与细鳞鲴苗种的放养密度范围，均通过下式计算：

$$SD_n = P_n / k_n \times (W_{n2} - W_{n1}) \tag{4-35}$$

式中，SD_n 为河蟹（只/hm^2）、斑鳜和细鳞鲴（尾/hm^2）的计划放养密度范围；P_n 为计划产量范围，kg/hm^2；k_n 为计划回捕率范围，%；W_{n1} 为河蟹（g/只）、斑鳜和细鳞鲴（g/尾）的计划放养规格范围；W_{n2} 为河蟹（g/只）、斑鳜和细鳞鲴（g/尾）的计划商品规格范围。表 4-39 为苇-蟹-鳜-鲴模式苗种计划放养密度范围。

表 4-39　苇-蟹-鳜-鲴模式苗种计划放养密度范围

种类	SD_n	W_{n1}	P_n	W_{n2}	k_n
河蟹/(只/hm^2)	1250～1400	5～6	30～60	125～150	20～30
斑鳜/(尾/hm^2)	135～185	20～30	15～30	250～300	50～60
细鳞鲴/(尾/hm^2)	375～450	50～100	30～45	250～300	40～50

b. 实际放养密度的确定：河蟹、斑鳜和细鳞鲴苗种的实际放养密度，均通过下式计算：

$$SD_r = SD_{ul} \times SR_d / (1 - M_t) \tag{4-36}$$

式中，SD_r 为河蟹、斑鳜和细鳞鲴的实际放养密度；SD_{ul} 为河蟹、斑鳜、细鳞鲴计划放养密度范围的上限；SR_d 为苗种驯化成活率，%；M_t 为苗种预计损失率，%。表 4-40 是苇-蟹-鳜-鲴模式苗种实际放养密度。

表 4-40　苇-蟹-鳜-鲴模式苗种实际放养密度

种类	SD_{ul}	M_t	SR_d	SD_r	平均放养规格/(g/只)	平均放养量/(kg/hm^2)
河蟹	1400	15	87.7	1450	4.4	6.38
斑鳜	185	15	86.4	190	25.7	4.88
细鳞鲴	450	15	79.2	420	83.2	34.94

（5）规范化养殖。河蟹放养按《无公害食品 中华绒螯蟹养殖技术规范》（NY/T 5065—2001）进行；鳜鱼和鲴鱼放养按《无公害食品 稻田养鱼技术规范》（NY/T 5055—2001）进行；水源水质符合《渔业水质标准》（GB 11607—1989）和《无公害食品 淡水养殖用水水质》（NY 5051—2001）的规定。

（6）管理。

a. 水量调控与芦苇培育：根据芦苇生长发育特点，按照苇、蟹、鱼兼顾的原则，实施春浅（水深 3～5cm）、夏深（水深 20～30cm）、秋季自然干的水量管理。采用压青苇、移植苇墩、施有机肥、烧荒耕翻等措施，进行芦苇高产培育。

b. 增殖活体饵料：为增加斑鳜的活体饵料鱼，每年 5 月，从附近的月亮泡、新荒泡、五间房水库等天然水体，捞取具有产卵繁殖能力的小型鱼类（如大鳍鱊、黑龙江鳑鲏和银鲫）投放到养殖区芦苇沼泽，投放密度为 100～200 尾/hm^2，同时投放河蚌 50～100ind./hm^2，以提供大鳍鱊和黑龙江鳑鲏的产卵基质。

为增殖河蟹喜食的底栖动物饵料，5～7 月从附近的天然水体和稻田捞取小型螺类移入苇田水体，每月投放量为 100～200kg/hm^2。

c. 水质调节：为实现生态防病与健康养殖，在生长旺季的 6～8 月，每隔 10～15d 在生态沟和越冬池区投施 1 次生石灰和发酵腐熟的有机肥，用量分别为 10～15g/m^3 及 40～50g/m^3，以优化养殖水环境，使水层中河蟹蜕壳生长所需的 Ca^{2+}浓度＞80mg/L。生石灰、有机肥分别调制成生石灰浆和肥浆均匀泼洒。

d. 日常管理：每天早、晚各巡视 1 次，检查围栏，发现损坏及时修补，防止河蟹逃逸。发现死鱼、死蟹及时埋掉。

e. 斑鳜和细鳞鲴的越冬管理：入冬前，需要做的准备工作包括：①向越冬池注水至水深达到 2.5～3.0m；②清除生态沟内芦苇、杂草，使鳜、细鳞鲴顺利游进越冬池。越冬期间，需要做的工作包括①及时清除冰面积雪，增加冰下光照度；②经常检查冰下水位，保持冰下水层在 1.2～1.5m；③当冰下水层＜1.0m 时，要及时打开机井补水；④冬季收割芦苇时，禁止机械、人员进入越冬池冰面，确保越冬环境安静。

（7）捕捞与暂养。

a. 河蟹：从 8 月下旬至 9 月初开始捕捞，采用蟹簖、蟹地笼和定置刺网联合作业捕捞。捕捞出水的成蟹尽可能及时出售，一时不能售出的，按照规格大小、雌雄分类，采用网拦沼泽暂养、育肥。

b. 鳜和细鳞鲴：①捕捞。中秋节和国庆节来临之际，采用网箔、地笼和定置刺网联合作业法捕捞，每天捕捞 1 次。出水成鱼可直接出售，也可经过暂养、育肥后再出售。临近元旦和春节，使用长度 200～300m 的拉网进行冰下捕捞。每 2～3d 捕捞 1 次，连续捕捞 8～10 次，即可将越冬池中达到商品规格的鳜、细鳞鲴成鱼捕净。②暂养。以试验地的沼泽水为水源，将捕捞出水的鳜、细鳞鲴成鱼分别放在各自的鱼种驯化池中暂养，暂养密度为 2.0～5.0kg/m^3（折合 10～20 尾/m^3），保持暂养池水深 1.0～1.2m。暂养期间，每天投喂 1 次活体小杂鱼 100～150g/m^3 和人工饲料 50～100g/m^3。人工饲料为玉米面与高粱面的混合饲料，各占比 50%。③冬季水温较低，出水的鳜、细鳞鲴成鱼尽可能鲜活出售，不进行暂养、育肥。

（8）生态效应观测。在试验地区的芦苇沼泽较为平坦、能够正常上水的地方，设置 3 块观测样地，每块样地规格 4.0m×3.0m，定点调查芦苇密度、水环境盐度与碱度、土壤含盐量、有机质以及 N、P、K 含量的变化。

3）生态经济效益

（1）河蟹、斑鳜和细鳞鲴的产量。试验之初，由于苗种驯化技术不成熟，斑鳜和细鳞鲴鱼种驯化失败，蟹种驯化存活率也只有 37.3%。在 2006 年和 2007 年的第 1 个试验周期，只进行了河蟹放养试验。2006 年投放规格为 4.2g/只的蟹种 12.42kg/hm^2，2007 年捕获规格为 145.2g/只的成蟹 151.15kg/hm^2。2008 年和 2009 年的第 2 个试验周期，河蟹、斑鳜和细鳞鲴的渔获物情况见表 4-41 和表 4-42。

表 4-41　2009 年苇-蟹-鳜-鲴模式渔获量

种类	数量/(尾/hm^2)	产量/(kg/hm^2)	个体平均规格/g	回捕率/%
河蟹	483	81.00	167.7	33.3
斑鳜	136	39.34	289.3	71.6
细鳞鲴	228	58.62	257.1	54.3

表 4-42　2009 年苇-蟹-鳜-鲴模式渔获物体重组成

种类	体重组成/%					
	100～124g	125～149g	150～199g	200～249g	250～299g	≥300g
河蟹	3.9	5.5	76.2	13.7	0.7	0
斑鳜	0	7.7	11.3	22.4	52.6	16.0
细鳞鲴	0	0	3.7	18.2	73.6	4.5

由表 4-41 和表 4-42 可知，试验地成蟹捕捞群体的平均规格超过 150g/只。斑鳜和细鳞鲴的平均规格也均达到市场要求的标准（分别为 250g/尾及 200g/尾）。

（2）经济效益。由表 4-43 可知，如果每两年作为 1 个试验周期，则苇-蟹-鳜-鲴模式两个试验周期除收回全部基础投资外，还可盈利 4896 元/hm^2。若不考虑基础投资，进入正常生产期的苇-蟹-鳜-鲴模式两年可产生经济效益约 14528 元/hm^2（如第 2 个试验周期），比试验前的芦苇沼泽每两年的综合经济效益高出约 13 倍。

表 4-43　苇-蟹-鳜-鲴模式投入产出

年份	投入/(元/hm^2)			产出/(元/hm^2)		经济效益/(元/hm^2)	投产比
	基础投资	苗种费用	其他投资	芦苇产值	蟹、鱼产值		
2006～2007	12754	266	2390	1287	6953	−7170	1.870
2008～2009	0	3692	3460	3667	18013	14528	0.330
2006～2009	12754	3958	5850	4954	22504	4896	0.822

试验还表明，苇-蟹模式作为苇-蟹-鳜-鲴的过渡模式，其经济效益也很可观。如不考虑基础投资，苇-蟹模式两年可产生经济效益 5600 元/hm^2（第 1 个试验周期），比试验前的芦苇沼泽平均年经济效益高出约 4.8 倍。由此提示：苇-蟹模式的经济效益虽然赶不上苇-蟹-鳜-鲴模式，但在初期斑鳜和细鳞鲴鱼种驯化技术尚未完全掌握时，可先建立苇-蟹模式，待收回部分基础投资后，再过渡到苇-蟹-鳜-鲴模式。若放养规格为 8～10g/只的幼蟹，并实行春放秋捕，则通过实施苇-蟹模式可将基础投资快速收回。

（3）生态效益。①改善湿地水文过程：试验前芦苇沼泽春季经常干涸，土壤干燥，不利于植物生长发育。建立苇-蟹-鳜-鲴模式，使芦苇沼泽每年可增加蓄水量约 8.61 万 m^3，相当于湿地平均水深增加 36.5cm，从而满足了湿地自我维持对水分的需求，改善了原有水文过程。②提高芦苇生产力：苇-蟹-鳜-鲴模式在生态沟和越冬区蓄水，可提高土壤含水量和空气湿度，有利于芦苇地下茎快速萌发。因而苇-蟹-鳜-鲴模式增强了芦苇沼泽的自我养护能力，提高了芦苇生产力。对 3 块样地的监测结果表明，试验地芦苇平均密度由试验前（2005 年）的 44 株/m^2，增加到试验后（2009 年）的 67 株/m^2，年增幅为 11.1%；芦苇平均年产量为 5478kg/hm^2，比试验前增长 22%，使低产苇田逐渐变为高产苇田。③改善水土环境：苇-蟹-鳜-鲴模式还具有改善水土环境的生态效应。根据试验前后水环境与土壤含盐量变化、每年排水量与芦苇收割量等指标估算，2006～2009 年从试验地表面 0～20cm 土体析出的盐分总量约 7317kg/hm^2，其中，随水排掉的盐分总量约 5492kg/hm^2，通过芦苇吸收并收割而排出的盐分总量约 1825kg/hm^2，分别约占 75.06%和 24.94%。水质分析显示，试验地水环境盐度、碱度分别由试验前的 2.57g/L、18.68mmol/L 下降到试验后的 1.29g/L、12.1mmol/L，年均降幅分别为 15.8%、10.3%。由表 4-44 可知，试验地土壤含盐量平均年下降 20.4%，土壤有机质含量平均年增加 8.9%，土壤全氮、全磷、全钾的含量平均年增加比例分别为 15.0%、18.9%、21.6%。

表 4-44　试验地 0～20cm 土体含盐量和养分含量　（单位：g/kg）

测定时间	含盐量	有机质	全氮	全磷	全钾
试验前（2005 年）	5.74	10.92	0.755	0.269	0.974
试验后（2009 年）	2.31	15.37	1.321	0.538	2.133

从排放的废水水质看，2009 年试验地所排出的废水平均含盐量为 1.29g/L，符合《农田灌溉水质标准》（GB 5084—2021）所规定的盐碱土地区标准（≤2000mg/L）。这表明试验地废水可以资源化利用，用于试验地以外芦苇沼泽湿地的生态补水。

（4）社会效益。2006～2007 年河蟹驯化放养成功后，2008 年牛心套保苇场采用本试验技术建立苇-蟹模式 1846hm^2，2010 年发展到 2713hm^2，其中，苇-蟹-鳜-鲴模式 287hm^2。2008～2010 年，该苇场由推广本项试验技术而累计生产成蟹 175.6t，斑鳜 8736kg，细鳞鲴 13.1t，获经济效益 223 万元，由此新增人均收入累计 1738 元，人均总收入由 2005 年的 2392 元提高到 2010 年的 4062 元，年均增幅为 11.2%，其中本试验技术的贡献率为 43%。

4）问题探讨

（1）苇-蟹-鳜-鲴模式的合理性。渔业经济上，河蟹、斑鳜和细鳞鲴都属名、特、优水产品。苇-蟹-鳜-鲴模式中，河蟹主要摄食沉水植物和底栖动物；斑鳜主要取食低值杂鱼、小虾、水生昆虫及其幼虫；细鳞鲴则以斑鳜、河蟹无法利用且很容易败坏水质的有机碎屑、腐殖质、周丛生物、蓝藻和绿藻等为食，故有“环保鱼”之称。以合适的规格和密度将 3 种水产动物有效地配置于芦苇沼泽湿地生态系统，把系统中没有经济价值或经济意义不大的原初生产和次级生产转换为高值水产品生产，可有效地发挥各生物种之间的饵料生态位效益和互利协同作用。

苇-蟹-鳜-鲴模式的合理性。

a. 芦苇可吸收盐碱离子、吸附有机悬浮物和富集毒物，对养殖水环境具有生物净化效应；吸附在芦苇茎、叶上面的有机悬浮物还可成为细鳞鲴的饵料。

b. 河蟹与斑鳜取食低值鱼、虾，有效地控制了湿地中鱼、虾的种群数量，使之维持在适当的种群数量范围，抑制其过度繁殖；取食杂草和危害芦苇的害虫，不但减少了系统中与芦苇争肥、争氧、争空间的生物和致病因子，而且其粪便等排泄物可增加肥源，摄食活动又可疏松土壤，耕耘水体，改善水土环境，从而促进芦苇生长及其地下茎的繁殖。

c. 细鳞鲴的环保效应，可进一步确保放养水环境的良性循环。

由此可见，苇-蟹-鳜-鲴模式符合物种共生原理、生态位原理和自然资源合理利用原理，是一种养育（育苇）结合的生态农业模式。

（2）存在的问题及其对策。

a. 蟹种放养密度和成蟹产量：蟹种放养密度和成蟹产量均偏高，已对水草生长产生影响；同时养殖周期也过长，不利于投资回收。建议在不投饲料的条件下，规格 4～5g/只的蟹种放养密度控制在 900～1200 只/hm^2，或者规格为 8～10g/只的幼蟹放养密度控制在 800～1000 只/hm^2；实行春季放养，当年捕捞成蟹，成蟹产量控制在 60～75kg/hm^2。

b. 鳜的放养密度和规格：鳜放养密度和规格均偏大，已显示出饵料不足并对细鳞鲴鱼种造成一定危害。建议在不投饲料的条件下，规格 10～15g/尾的鳜鱼种放养密度控制在 90～120 尾/hm^2。

c. 细鳞鲴放养密度：细鳞鲴放养密度偏大，因饵料不足导致成鱼规格较小，体重增幅不高。建议在不投饲料的条件下，放养密度控制在 150～225 尾/hm^2，以保证成鱼平均规格达到 300g/尾以上。

d. 鳜、细鳞鲴的回捕率：鳜和细鳞鲴的回捕率均未达到一般标准要求（≥80%），相对较低，尤其是细鳞鲴。建议将养殖区芦苇沼泽的生态沟底部由目前的平面形改为凸凹形，越冬池底部改为比降为 1/100～1/50 的斜坡形。这样改造可形成局部积水，实行分段捕捞，有利于提高回捕率。

e. 活体饵料：采用试验地目前的鱼、蟹放养密度，为了进一步提高鳜、河蟹的规格与产量，生长期间还应补充投放一定数量的银鲫、黑龙江鳑鲏、大鳍鱊等繁殖力较强的鱼类和螺类、贝类等软体动物，以增殖活体饵料资源，确保活体饵料满足蟹、鳜的生长需要。

5）应用前景

苇-蟹-鳜-鲴模式的建立，改变了芦苇沼泽湿地自然条件下低经济效益的单一结构，创造了苇、鱼、蟹共生互利、相互促进、优质高效的多样性环境，充分利用了芦苇沼泽水、土、光、热、生物等自然资源优势，使其转化为经济优势和产品优势，实现了一水多用、一地多收、均获丰收的效果。作为沼泽湿地生态渔业利用的有效途径之一，苇-蟹-鳜-鲴模式进一步增强了芦苇沼泽湿地渔业生态功能与生产功能，实现了经济效益、生态效益和社会效益的协调发展，是一种清洁环保、优质高效的湿地生态农业模式，可为吉林西部乃至松嫩平原碳酸盐类盐碱芦苇沼泽生态渔业高效可持续利用提供借鉴。实施步骤上，可将苇-蟹模式作为过渡模式，用于回收投资，这对经济欠发达地区的农村尤为适用。

4.1.5　盐碱沼泽湿地生态渔业技术操作规程

1. 河蟹生态养殖

1）适用范围

适用于盐碱沼泽湿地成蟹生态养殖。沼泽化盐碱湖泊湿地可参照执行。

2）养殖环境

（1）环境条件。交通便利，敌害生物少，沉水植物年平均生物量为 10～30g/m^2、底栖动物年平均生物量为 3～10g/m^2，有堤或便于筑堤，能避洪水和干旱。

（2）水源水质。水源水质应符合《渔业水质标准》（GB 11607—1989）规定。

（3）面积。每一个养殖单元面积以 50～200hm^2 为宜。

3）基础设施建设

（1）生态沟。在养殖单元四周边界处开挖宽 10.0m、深 1.2m 的环沟，内部开挖宽 3.0m、深 80cm 的明水沟。明水沟与环沟相通，呈“田”字形布局。

（2）筑围堤。用开挖环沟挖出的土方修筑围堤，其高度应超过当地历史最高水位 1.0m，堤内侧与环沟之间空出 10～15m 的距离，作为消浪带。

（3）排水系统。进水、排水系统应畅通无阻，进水口、排水口应建闸调控。

（4）防逃设施。一是围堤防逃围栏：选择厚度为 0.05～0.1mm、高度为 75cm 的防老化塑料薄膜作为围栏材料。围堤上每隔 1.0m 插入 1 根高度为 80cm 的竹竿，塑料薄膜顶端用丝线联结，将塑料薄膜上沿固定在丝线上，塑料薄膜下沿埋入土中 20cm。二是进排水口防逃设施：用双层聚乙烯网片封拦闸门，网上沿增设 20cm 高的围栏，网脚用石笼沉入泥中。

4）蟹种放养

（1）放养时间。4 月中旬。

（2）放养密度。放养规格为 160～200 只/kg 的蟹种（1 龄幼蟹）3.0～6.0kg/hm^2。

（3）蟹种质量。蟹种质量应符合《无公害食品 中华绒螯蟹养殖技术规范》（NY/T 5065—2001）的要求。

（4）蟹种消毒。蟹种在放养前应消毒，其方法按《无公害食品 中华绒螯蟹养殖技术规范》（NY/T 5065—2001）的规定执行。

5）养殖管理

（1）日常管理。沿四周巡逻，加强渔政管理。其他管理措施按《无公害食品 中华绒螯蟹养殖技术规范》（NY/T 5065—2001）的规定执行。

（2）环境管理。及时捞出被蟹咬断而漂浮在水面的水草、死蟹以及蜕壳后留下的蟹壳。

6）捕捞

9 月上旬用地笼开始捕捞成蟹。

7）暂养及育肥

（1）暂养的对象。未达到性成熟的个体。

（2）暂养水体选择。因地制宜，选择环沟等适宜水体进行育肥，水深以 50～70cm 为宜。

（3）建防逃设施。如前所述。

（4）暂养密度。以暂养水体计算暂养密度，一般不应超过 5.0kg/m^3。

（5）投喂饲料。暂养期间，投喂野杂鱼虾、玉米、高粱等或人工配合饲料。清晨、傍晚各投喂 1 次，投喂数量以投喂后 2～3h 或第二天清晨没有剩余为宜。

8）成蟹销售运输

经过暂养育肥的成蟹，其销售运输按照《无公害食品 中华绒螯蟹养殖技术规范》（NY/T 5065—2001）的规定执行。

2. 鱼类生态养殖

1）适用范围

适用于盐碱沼泽湿地成鱼生态养殖。淡水沼泽湿地可参照执行。

2）养殖环境

（1）环境条件。交通便利，敌害生物少，有堤或便于筑堤，能避洪水和干旱。

（2）水质。水源水质应符合《渔业水质标准》（GB 11607—1989）的规定；沼泽湿地水环境 pH＜9.5，其余指标应符合《无公害农产品 淡水养殖产地环境条件》（NY/T 5361—2016）的规定。

（3）面积。每一个养殖单元面积以 5～75hm^2 为宜。

3）基础设施建设

（1）生态沟。在养殖单元的四周边界处开挖宽 5.0～10.0m、深 1.0～1.2m 的环沟，中间开挖宽 1.5～3.0m、深 0.5～1.0m 的明水沟。明水沟与环沟相通，呈“田”字形布局。

（2）越冬区。明水沟与环沟交点处扩建成越冬区，面积为养殖单元的 1%～2%，蓄水深度为 2.5～3.0m。

（3）修筑围堤。围堤高度应超过当地历史最高水位 1.0m，堤内侧与环沟之间空出 5.0～10.0m。

（4）进水、排水系统。进水口、排水口建闸调控；盐碱沼泽湿地进水口、排水口应相对设置；进水口、排水口安装防逃网。

4）鱼种放养

（1）来源。县级及以上单位的水产原（良）种场或自育鱼种并经检疫合格的。

（2）质量。规格整齐、体质健壮、无病无伤。

（3）时间。4 月中旬至 5 月上旬（春季放养），或 10 月上旬（秋季放养）。

（4）种类。鲤、草鱼、团头鲂、鲫、鲢、鳙、大鳞鲃、雅罗鱼等耐盐碱性的名优品种。

（5）规格。鲤≥150g/尾，草鱼≥100g/尾，团头鲂≥25g/尾，鲫≥50g/尾，鲢≥200g/尾，鳙≥200g/尾。

（6）密度。450～750 尾/hm^2。

5）养殖管理

（1）日常管理。观察鱼的活动与生长情况；加强巡护，防逃、防盗，汛期密切注意水位变化情况。

（2）水量管理。确保环沟和明水沟满水。

（3）生态防病。一是水环境消毒：放鱼前，按照《无公害食品 渔用药物使用准则》（NY 5071—2002）的规定，对明水沟和环沟水体用漂白粉消毒。二是鱼种消毒：按照《无公害食品 渔用药物使用准则》（NY 5071—2002）的规定，进行鱼种投放前食盐消毒。三是除草：当植物长出水面 50cm 以上时，将明水沟两侧 2.0m 范围内高出水面的部分除掉。

6）排水与捕捞

9 月中旬左右，疏通环沟、明水沟，然后排水。排水速度以每天水位下降 3～5cm 为宜。待鱼类集中到环沟、明水沟及越冬区后，开始捕捞。

7）渔获物处理

及时出售达到上市规格的鱼，不够上市的大规格鱼种转入越冬区。

4.2 基于生态恢复的苇-渔综合养育

4.2.1 苇-鱼-虾模式

1. 试验区自然概况

试验地位于松嫩平原西部吉林省大安市龙沼盐沼湿地区，地理坐标为 45°13′N～45°16′N，123°15′E～123°21′E。该区地处霍林河与洮儿河之间的河漫滩沼泽地带，由霍林河与洮儿河水力运动产生的河间洼地积水形成。该区属温带半湿润向半干旱过渡的大陆性季风气候，平均年气温为 4.3℃，≥10℃的活动积温为 2935℃，日照时数为 3012h，太阳辐射量为 5259MJ/m^2，降水量为 396mm，蒸发量为 1817mm，无霜期为 125～135d。

试验地面积为 300hm^2。据退化前的资料，1990～1998 年芦苇平均年产量为 1.2～1.8t/hm^2，最高为 3.3t/hm^2。1996～1998 年调查，湿地鱼类群落由 14 种野生鱼类组成，平均年产量为 128.43kg/hm^2；虾类群落由日本沼、秀丽白虾（*Exopalaemon mosestus*）和中华小长臂虾（*Palaemonetes sinensis*）组成，平均年产量为 42.74kg/hm^2。1999 年以来，由于连续干旱，2001 年 9 月，湿地水面已不足 3.0hm^2，水质浓缩为高盐碱水（表 4-45），鱼虾消失。2001 年年底完全干涸，土壤含盐量达 5742.7mg/kg，出现大面积无植被的光板盐碱地，实测芦苇产量为 549.7kg/hm^2，渔业生态呈严重退化状态，渔业功能丧失。此类芦苇沼泽湿地在松嫩平原具有广泛代表性[215]。

表 4-45 试验地生态退化过程中水质的变化

年份	碱度 /(mmol/L)	盐度 /(g/L)	pH	$\rho(K^+)$ /(mg/L)	$\rho(Na^+)$ /(mg/L)	$\rho(Ca^{2+})$ /(mg/L)	$\rho(Mg^{2+})$ /(mg/L)	$\rho(Cl^-)$ /(mg/L)	$\rho(SO_4^{2-})$ /(mg/L)	$\rho(CO_3^{2-})$ /(mg/L)	$\rho(HCO_3^-)$ /(mg/L)
1998	8.16	0.71	8.81	6.4	102.5	32.8	26.3	53.3	0.9	7.2	483.1
1999	38.78	3.29	9.68	1.2	867.8	12.5	44.1	215.8	1.7	207.4	1944.2
2000	64.32	0.65	9.70	2.9	2068.2	6.0	55.1	770.4	5.3	367.2	3176.9
2001	133.82	14.12	9.65	24.0	3500.0	50.1	230.9	2861.3	0.0	688.3	6763.7

2. 模式建立的原则

1）可行性原则

全面分析和评价退化湿地的补水程度与可恢复性，充分考虑当地的经济基础、物质资料供应等现实社会条件，明确技术难易程度，确保恢复的可操作性。

2）适用性原则

立足于退化湿地的自然条件、渔业生态与功能要求和群众的可接受性，制定相应的恢复策略和目标，采用便于推广的技术模式。

3）区域性和典型性原则

退化湿地的渔业生态恢复与重建是吉林和黑龙江两省西部生态农业建设的主要内容。紧密结合地方社会发展建设，选择代表性较强的退化盐碱芦苇沼泽湿地进行试验示范研究。

4）生态经济原则

根据芦苇沼泽湿地渔业生态系统结构的特点，运用生态学原理（生物共生、生态位、生物多样性、生态系统结构）和经济学原理（自然资源合理利用、生态经济效益）构建高效渔业生物群落，使退化沼泽湿地渔业生态恢复与湿地资源的高效开发利用和谐统一。

5）无害化原则

对恢复过程中产生的高浓度盐碱废水进行资源化利用，实现盐碱成分总量的减少，防止周围环境的次生盐碱化。

3. 模式建立的目标

试验地属于大安市牛心套保芦苇沼泽湿地的一部分。该湿地历史上曾是吉林省渔业和芦苇的生产基地，1960年建立大安市牛心套保渔苇场。1960～1998年，芦苇年产量在4000～8000t，最高达1.1万t，平均产量为1494kg/hm^2；野生鱼类平均年产量为100～500t，虾类平均年产量为30～60t，鱼虾平均产量为189.47kg/hm^2。1990年以来，由于水量偏少，自然鱼、苇资源衰退，特别是鱼类越冬死亡率较高，产量下降。因此，将再现昔日的鱼-苇复合沼泽湿地生态系统，恢复渔业和芦苇生产功能作为模式建立的目标。

4. 模式建立的策略

水量减少导致水文过程功能丧失是牛心套保芦苇沼泽湿地渔业生态退化的根本原因。采用过程导向策略，首先消除引起退化的干扰因素，强调水文基本过程和生境的恢复，启动和引导湿地渔业生态系统的自我恢复过程。通过水利工程措施，恢复湿地与河流间的供水联系；通过合理的水资源管理，优化湿地水文过程，建立地表水循环系统，提高水体交换能力和周转速率，输出盐碱成分和过量的营养物质；结合农艺措施，改善水、土环境质量，促进生境恢复，启动生物自我恢复过程。通过芦苇培育、渔业生物放流增殖等生物措施，加快渔业生态系统生物群落恢复并提高系统生物生产力，实现恢复目标。

5. 技术体系

1）工程措施

（1）恢复湿地与河流的水力联系。结合牛心套保湿地生态恢复工程建设，2000年修建引洮（洮儿河）分灌渠21km及其配套水利工程；2001年在洮儿河干流的庆有村段增建拦河闸，进一步抬高灌溉水位。对20世纪70年代修建的引霍（霍林河）入牛（牛心套保）渠道进行清淤改造，恢复和重建水毁工程。协调察尔森水库（建于洮儿河上游，内蒙古兴安盟境内）和洮儿河灌区及湿地用水的关系，实行水库-灌区-湿地的区域水资源联合调度管理，使牛心套保湿地于 2002 年入冬前恢复生态补水。

（2）湿地基底改造。为了确保湿地排水时不影响水生动物的正常生存，促进水生动物种群恢复，在其四周开挖环沟，宽 10.0m，深 1.5m，出土筑坝。内部基底开挖“井”字形明水沟，宽 2.0m，深 1.2m，与环沟相通；明水沟交点处扩建为鱼类越冬区，平均水深为 3.0～3.5m。改造后的湿地蓄水量增加，明水区与芦苇覆盖区的比例达到 1∶21，为水文过程的合理调控，促进恢复目标的实现提供了技术保障。

（3）完善灌排工程。改造年久失修的控制闸门，确保灌排系统畅通，并使湿地进水和排水严格分道，便于排盐碱水引淡水。完善排水渠道，将尾水及时排入其他湿地。

2）生物措施

（1）自然增殖鱼虾。通过灌江纳苗，引入洮儿河和霍林河天然鱼虾苗种（或其受精卵），自然恢复湿地原有鱼虾种群。

（2）放流增殖。在促进自然恢复的同时，通过人工投放苗种，加快湿地鱼虾种群恢复进程，构建高效、优化的渔业生物群落。在水质达到要求时，每年以 2∶1∶7 的比例投放鲢、鳙、鲤合计 200 尾/hm^2，规格为鲢、鳙为 100～150g/尾，鲤为 50～100g/尾，同时投放规格为 1 万～2 万尾/kg 的日本沼虾 3500 尾/hm^2。

（3）芦苇培育。采用芦苇移栽技术（压青苇、苇墩移植）进行光板盐碱地育苇；将工程中挖出的芦苇植株通过苇墩移植到密度较小的地方使其自然繁殖；水量调控与分区封育、重点培育相结合，促进芦苇自然恢复；每年投放规格为 50～100g/尾的团头鲂 15～30 尾/hm^2，以生物措施控制苇田杂草。

3）农艺措施

以堆肥的方法，在芦苇生长期间施发酵腐熟的农家肥及绿肥 30～45t/hm^2；开春化冻后将基底土壤耕翻或重耙 1 次，动土深度为 5～10cm。

4）水资源管理

（1）水质条件。水源为洮儿河水，盐度为 0.71g/L，碱度为 6.96mmol/L，pH 为 7.68。随着试验的开展，湿地水质逐渐得到淡化，2004 年检测水体盐度为 3.29g/L，碱度为 30.72mmol/L，pH 为 9.41，已满足水生动物生存需要，开始放流鱼虾。

（2）水量调控。以苇、鱼、虾兼顾为原则，根据芦苇生长发育对水、土、光、热等环境因子的要求和寒冷地区鱼、虾的生长特点，采用“春浅、夏深、秋落干”的水量管理方法。具体为：5 月上旬灌水 5～10cm，6 月上旬排水至<3.0cm；6 月中旬灌水 20～30cm，7 月下旬排水至<3.0cm；8 月上旬灌水 30～40cm，9 月中旬以每天下降 3～5cm 的速度开始排水，9 月底到 10 月上旬自然落干。1 个生长季的灌溉定额控制在 0.9 万～1.2 万 m^3/hm^2。

6. 试验结果

1）湿地生境恢复

试验地基底改造后，平均每个生长季可增加蓄水量 800～1000m^3/hm^2，相当于平均水深增加 8～10cm，从而提高了湿地水体调蓄功能和自我养护能力。水量的科学调控建立了地表水循环系统，改变并优化了退化前的水文过程，生态补水过程、生态需水保证能力等湿地健康发展的要素均在恢复。同时，土壤中的盐碱成分快速溶解并随尾水排出，加之芦苇还可吸收、富集一部分盐分，其随着收获而排出系统。

监测结果表明，经过 2002～2008 年连续 7 年的恢复过程，试验地表面 0～20cm 土体含盐量下降了 59.70%，年递减 14.06%，达到芦苇发育所能适应的盐度范围（<5.0g/kg）；土壤有机质含量增加了 105.37%，年递增 12.74%，表明土壤养分状况得到了改善；随着土壤含盐量的下降，水环境盐度也在不断下降（表 4-46）。

表 4-46　试验地 0～20cm 土体含盐量和养分变化　（单位：mg/kg）

年份	含盐量	有机质	全氮	全磷	全钾	速效氮	速效磷	速效钾
2002	5742.7	7482.6	391.7	117.3	405.5	6.2	1.7	7.3
2008	2314.2	15366.7	1321.0	538.4	2132.6	17.6	10.4	17.4

监测结果还显示，至 2008 年，水环境盐度、碱度比 2001 年分别下降了 92.21%、90.96%，年均降幅 30.55%、29.06%，达到苇、鱼、虾生长的适合范围，即盐度<3.0g/L，碱度<20.0mmol/L（表 4-47）。

表 4-47　湿地恢复过程中水化学特征变化

年份	碱度 /(mmol/L)	盐度 /(g/L)	pH	$\rho(K^+)$ /(mg/L)	$\rho(Na^+)$ /(mg/L)	$\rho(Ca^{2+})$ /(mg/L)	$\rho(Mg^{2+})$ /(mg/L)	$\rho(Cl^-)$ /(mg/L)	$\rho(SO_4^{2-})$ /(mg/L)	$\rho(CO_3^{2-})$ /(mg/L)	$\rho(HCO_3^-)$ /(mg/L)
2003	36.02	3.70	9.52	3.7	1025.1	18.0	56.4	635.5	22.0	245.3	1698.6
2004	30.72	3.29	9.41	3.6	888.7	22.0	61.2	596.5	7.6	159.1	1550.3
2005	30.83	2.45	9.37	1.9	561.2	42.0	61.2	131.4	6.8	225.4	1422.5
2006	24.09	2.61	8.59	2.2	702.0	59.0	49.9	349.3	0.4	25.9	1417.2
2007	18.68	1.57	9.41	2.3	310.3	60.0	40.8	88.8	6.7	79.6	977.2
2008	12.10	1.10	9.13	0.7	207.6	36.0	43.2	97.6	3.4	29.8	677.4

2）湿地生物群落恢复

（1）芦苇群落。芦苇主要以地下茎繁殖，适宜环境下繁殖能力很强。水量调控改变了退化前湿地长期淹水，不利于芦苇发育的水文过程，水、土等非生物环境的改良，也为芦苇生长发育营造了良好环境，再结合人工育苇措施，芦苇的生物学状况、产量和质量均在恢复。监测结果表明（表 4-48），2008 年芦苇产量比 2001 年增加 495.45%，年增幅 29.03%；2006～2008 年，芦苇平均年产量均接近或超过退化前最高水平；芦苇纤维含量及其长度也达到或超过退化前。至 2008 年，试验地芦苇覆盖率达到 100%，原来无任何植被生长的光板盐碱地也已长出了芦苇，密度达 30～60 株/m^2。

表 4-48　试验地芦苇生物学指标

年份	密度/(株/m^2)	株高/cm	基径粗/mm	株重/g	产量/(kg/hm^2)	纤维含量/%	纤维长度/mm
2001	44	37	1.9	2.8	1472	37.6	0.72
2003	81	93	2.7	12.6	6108	44.7	1.17

续表

年份	密度/(株/m^2)	株高/cm	基径粗/mm	株重/g	产量/(kg/hm^2)	纤维含量/%	纤维长度/mm
2004	67	94	3.4	10.7	5478	46.4	1.22
2005	77	104	2.6	11.2	6983	50.4	1.21
2006	78	118	4.3	14.1	7864	53.7	1.37
2007	88	149	4.7	13.7	8973	52.2	1.44
2008	97	173	3.9	13.2	8765	49.8	1.520

（2）鱼虾群落。从物种组成上看，根据2008年秋、冬季调查结果（表4-49），在恢复后的芦苇沼泽湿地共发现鱼类15种，退化前野生鱼类中除花江鱥、犬首鮈和黑龙江泥鳅未采集到样本外，其他种类以及3种虾类均再现于恢复后的湿地。退化前和恢复后湿地鱼、虾总物种数分别为17种和18种，共有物种14种，后者较前者增加了人工放养的团头鲂、鲤、鲢、鳙。恢复后湿地经济鱼类种群数量明显增加，表明鱼类群落结构得到优化。

表4-49　恢复后和退化前芦苇沼泽湿地鱼虾物种组成的变化

种类	退化前	恢复后	种类	退化前	恢复后
1. 花江鱥 *Phoxinus czekanowskii*	+		12. 黄颡鱼 *Pelteobagrus fulvidraco*	+	+
2. 湖鱥 *Phoxinus percnurus*	+	+	13. 鲇 *Silurus asotus*	+	+
3. 团头鲂 *Megalobrama amblycephala*		+	14. 葛氏鲈塘鳢 *Perccottus glenii*	+	+
4. 𩷶 *Hemiculter leucisculus*	+	+	15. 乌鳢 *Channa argus*	+	+
5. 大鳍鱊 *Acheilognathus macropterus*	+	+	16. 犬首鮈 *Gobio cynocephalus*	+	
6. 麦穗鱼 *Pseudorasbora parva*	+	+	17. 鳙 *Aristichthys nobilis*		+
7. 棒花鱼 *Abbottina rivularis*	+	+	18. 银鲫 *Carassius auratus gibelio*	+	+
8. 鲤 *Cyprinus carpio*		+	19. 中华小长臂虾 *Palaemonetes sinensis*	+	+
9. 鲢 *Hypophthalmichthys molitrix*		+	20. 日本沼虾 *Macrobrachium nipponense*	+	+
10. 黑龙江泥鳅 *Misgurnus mohoity*	+		21. 秀丽白虾 *Exopalaemon mosestus*	+	+
11. 黑龙江花鳅 *Cobitis lutheri*	+	+	总物种数	17	18

由式$r_{1\text{-}2} = a/(s_1 + s_2 - a)$计算出湿地生态恢复后与退化前鱼虾群落物种组成的相似性指数为0.667（式中，$r_{1\text{-}2}$为相似性指数；s_1、s_2及a分别为恢复后、退化前鱼虾群落的物种数目及共有种数[42, 43]）。其中，鱼类亚群落相似性指数为0.611，虾类亚群落相似性系数为1.000；野生鱼类亚群落相似性指数为0.786，野生虾类亚群落相似性系数为1.000。

由式$H = -\sum_{i=1}^{S_1}(n_i/N)\ln(n_i/N)$计算出湿地生态恢复后鱼虾群落年生态多样性指数为2.693，比退化前（1.332）提高102.18%（式中，H为Shannon多样性指数；S_1、n_i、N分别为群落样本物种数、第i种个体数、群落样本总个体数[42, 43]）。其中，生态恢复后鱼类亚群落年生态多样性指数为2.569，比退化前（1.147）提高123.98%；虾类亚群落年生态多样性指数为0.714，比退化前（0.323）提高121.05%。

随着水、土生态环境的逐渐恢复，芦苇沼泽湿地的渔业生产功能也逐渐恢复。监测结果表明（表 4-50），2003～2008 年，恢复过程中的芦苇沼泽湿地鱼、虾平均年产量分别为 402.13kg/hm^2、113.83kg/hm^2，水产品平均年提供能力为 515.98kg/hm^2，比退化前 1960～1998 年和 1996～1998 年分别增加 172.33%和 201.44%，表明渔业生产功能显著提高。

表 4-50　恢复过程中芦苇沼泽湿地鱼、虾产量　（单位：kg/hm^2）

年份	鱼类	虾类	年份	鱼类	虾类	年份	鱼类	虾类
2003	266.95	87.46	2005	477.04	130.70	2007	496.07	112.07
2004	332.27	82.73	2006	479.77	127.86	2008	360.66	142.17

（3）浮游生物群落。监测结果表明，在恢复后和退化前的湿地中，分别见到浮游植物 57 属种和 54 属种，合计 70 属种，共有种 41 属种（表 4-51）。恢复后和退化前浮游植物群落相似性系数为 0.586，生态多样性指数分别为 2.383 和 2.138。

表 4-51　恢复后和退化前芦苇沼泽湿地浮游植物组成

种类	退化前	恢复后	种类	退化前	恢复后
蓝藻门 Cyanophyta			21. 直链藻 *Melosira* sp.	+	+
1. 线形棒条藻 *Rhabdoderma lineare*	+		22. 变异直链藻 *Melosira varans*	+	
2. 蓝纤维藻 *Dactylococcopsis* sp.	+	+	23. 脆杆藻 *Fragilaria* sp.	+	+
3. 蓝纤维藻 *Dactylococcopsis* sp.	+	+	24. 尺骨针杆藻 *Synedra ulna*	+	+
4. 也列金蓝纤维藻 *Dactylococcopsis elenkinii*	+	+	25. 尖针杆藻 *Synedra acus*	+	+
5. 银灰平裂藻 *Merismopedia glauca*	+	+	26. 舟形藻 *Navicula* sp.	+	+
6. 细小平裂藻 *Merismopedia minima*	+	+	27. 羽纹藻 *Pinnularia* sp.	+	
7. 盐生微囊藻 *Microcystis salina*		+	28. 月形藻 *Amphora* sp.	+	+
8. 微囊藻 *Microcystis pulverea*		+	29. 月形藻 *Amphora* sp.		+
9. 微囊藻 *Microcystis firma*	+	+	30. 异端藻 *Gomphonema* sp.		+
10. 囊球藻 *Coelosphaerium* sp.	+	+	31. 等片藻 *Diatoma* sp.	+	+
11. 极小胶球藻 *Gloeocapsa minima*	+	+	32. 窗纹藻 *Epithomia* sp.		+
12. 池生胶球藻 *Gloeocapsa limnetica*	+	+	33. 沼生双舟藻 *Amphiprora paludosa*	+	+
13. 胶球藻 *Gloeocapsa* sp.	+	+	34. 隆起棒杆藻 *Rhopalodia gibba*	+	+
14. 湖生楔形藻 *Gomphosphaeria lacustris*	+	+	35. 蝇状棒杆藻 *Rhopalodia museulus*	+	+
15. 鱼腥藻 *Anabaena* sp.	+	+	36. 菱形藻 *Nitzschia* sp.	+	
16. 牟勒拟鱼腥藻 *Anabaenopsis mulleri*	+		37. 双菱藻 *Surirella* sp.	+	+
17. 施圆鞘丝藻 *Lyngbya contorta*	+	+	38. 楔形藻 *Licmophora* sp.	+	+
18. 颤藻 *Oscillatoria* sp.		+	绿藻门 Chlorophyta		
19. 席藻 *Phorimidium* sp.	+	+	39. 壳衣藻 *Phacotus* sp.	+	+
硅藻门 Bacillariophyta			40. 衣藻 *Chlamydomonas* sp.	+	+
20. 孟氏小环藻 *Cyclotella meneghiniana*	+	+	41. 莓状实球藻 *Pandorina morum*	+	+

续表

种类	退化前	恢复后	种类	退化前	恢复后
42. 新月双形藻 *Dimorphococcus lunatus*	+	+	58. 浮球藻 *Planktonsphaeria gelatinosa*	+	
43. 简单网球藻 *Dictyosphaerium simplex*	+		59. 鼓藻 *Cosmarium* sp.	+	
44. 美丽网球藻 *Dictyosphaerium pulchellum*	+	+	60. 水绵 *Spirogyra* sp.	+	+
45. 短棘盘星藻 *Pediastrum boryanum*		+	61. 孟氏藻 *Mougeotia* sp.		+
46. 空星藻 *Coelastrum* sp.	+	+	裸藻门 Euglenophyta		
47. 肾形藻 *Nephrocytium* sp.	+	+	62. 绿裸藻 *Euglena viridis*	+	
48. 克氏藻 *Kirchneriella* sp.	+	+	63. 尾裸藻 *Euglena caudate*	+	+
49. 四角藻 *Tetraedron* sp.	+	+	64. 扁裸藻 *Phacus* sp.	+	+
50. 卵囊藻 *Oocystis* sp.		+	65. 尾扁裸藻 *Phacus* sp.	+	
51. 四刺柯氏藻 *Chodatella quadriseta*		+	66. 鳞孔藻 *Lcpocinclis* sp.	+	
52. 镰形纤维藻 *Ankistrodesmus falcatus*	+	+	67. 囊裸藻 *Trachomonas* sp.		+
53. 针形纤维藻 *Ankistrodesnus acicularis*	+		68. 双鞭裸藻 *Eutreptis* sp.		+
54. 四刺栅藻 *Scenedesmus quadricauda*	+	+	隐藻门 Cryptophyta		
55. 双列栅藻 *Scenedesmus bijuga*	+	+	69. 隐藻 *Cryptomonas* sp.	+	+
56. 十字藻 *Crucigenia* sp.	+	+	70. 蓝隐藻 *Chroomonas* sp.		+
57. 胶囊藻 *Gloeocystis* sp.		+	总物种数	54	57

监测到恢复后和退化前湿地的浮游动物分别为38种和41种，合计47种，共有种32种（表4-52）。平均年生物量恢复后和退化前分别为0.317mg/L和0.273mg/L。恢复后和退化前浮游动物群落相似性系数为0.681，生态多样性指数分别为1.712和1.964。

表 4-52　恢复后和退化前芦苇沼泽湿地浮游动物组成

种类	退化前	恢复后	种类	退化前	恢复后
原生动物			13. 土生游仆虫 *Euplotus terricola*	+	+
1. 湖沼砂壳虫 *Difflugia limnetica*	+		14. 筒壳虫 *Tintinnidium* sp.	+	+
2. 尖顶砂壳虫 *Difflugia acuminata*	+	+	15. 盘状表壳虫 *Arcella discoides*	+	+
3. 砂壳虫 *Difflugia* sp.	+	+	16. 褶累枝虫 *Epistylis plicatilie*	+	+
4. 刀口虫 *Spathidium spathula*	+	+	17. 瓶累枝虫 *Epistylis urceolata*		+
5. 单环栉毛虫 *Didinium balbianii*		+	18. 喇叭虫 *Stentor* sp.	+	+
6. 片状漫游虫 *Litonotus fasciola*	+	+	19. 下毛目纤毛虫 *Hypotricha*	+	
7. 肋状半眉虫 *Idemiophorys pleurosigma*	+	+	轮虫		
8. 肾形虫 *Colpoda* sp.	+	+	20. 长三肢轮虫 *Filinia langiseta*	+	+
9. 缩钟虫 *Vorticella abbreviata*	+		21. 针簇多肢轮虫 *Polyarthra trigla*	+	+
10. 钟形虫 *Vorticella* sp.	+	+	22. 环顶巨腕轮虫 *Pedalia fennica*	+	+
11. 施回侠盗虫 *Strobilidium gyrans*	+		23. 卜氏晶囊轮虫 *Asplanchna brightiwelli*	+	+
12. 大弹跳虫 *Halteria grandinella*	+	+	24. 梳状疣毛轮虫 *Synchaeta pectinata*	+	

续表

种类	退化前	恢复后	种类	退化前	恢复后
25. 长圆疣毛轮虫 *Sychaeta oblonga*	+	+	38. 英勇剑水蚤类 *Cyclops strenuus*	+	+
26. 花筐臂尾轮虫 *Brachionus capsuliflorus*	+		39. 直刺北镖蚤 *Arctodiaptomus rectispinosus*	+	+
27. 壶状臂尾轮虫 *Brachionus urceus*	+	+	40. 无节幼体 Nauplius	+	+
28. 矩形龟甲轮虫 *Keratella quadrata*		+	枝角类		
29. 螺形龟甲轮虫 *Keratella cochlearis*	+	+	41. 直额裸腹溞 *Moina rectirostris*	+	+
30. 月形腔轮虫 *Lecane luna*	+	+	42. 长刺溞 *Daphnia longinspina*	+	+
31. 高桥轮虫 *Scaridium longicaudum*		+	43. 圆形盘肠溞 *Chydorus sphaericus*	+	+
32. 盘镜轮虫 *Testudinella patina*	+		44. 金氏船卵溞 *Scapholeberis kindit*		+
33. 泡轮虫 *Pompholyx* sp.	+	+	45. 尖额溞 *Alona* sp.	+	+
34. 单趾轮虫 *Monostyla* sp.	+	+	46. 长柱尾突溞 *Bythotrephes longimanus*	+	
35. 狭甲轮虫 *Colurella* sp.	+		47. 锐额溞 *Alonell* sp.	+	+
36. 鞍甲轮虫 *Lepadella* sp.		+			
桡足类			总物种数	41	38
37. 近邻剑水蚤 *Cyclops vicinus*	+	+			

（4）底栖动物群落。监测到恢复后和退化前湿地的底栖动物分别为18种和19种，合计21种，共有种16种（表4-53）。2003～2008年处在恢复过程中的芦苇沼泽湿地底栖动物群落平均年生物量为43.48kg/hm^2（表4-54），虽然低于退化前（1998年）29.06%，但根据差异显著性t检验可知，其差别并不明显（$t=-1.42$，$t_{0.05}=2.571$，$P>0.05$）。2008年恢复试验工程结束后底栖动物群落生物量为103.71kg/hm^2，比退化前提高69.21%。恢复后和退化前底栖动物群落相似性系数为0.762，生态多样性指数分别为1.374和1.721。

表4-53　恢复后和退化前芦苇沼泽湿地底栖动物组成

种类	退化前	恢复后	种类	退化前	恢复后
环节动物			11. 榜娘 *Dytiscus* sp.		+
1. 扁蛭 *Glossiphonia* sp.	+	+	12. 马大头稚虫 *Anax* sp.	+	
2. 颤蚓 *Tubifes* sp.	+	+	13. 蠓科幼虫 Ceratopogonidae	+	+
3. 水丝蚓 *Limnodrilus* sp.	+	+	14. 摇蚊科幼虫 Chironomidae	+	+
软体动物			15. 羽摇蚊群 *Tendipes* gr. *plumosus*	+	+
4. 耳萝卜螺 *Radix auricularia*	+	+	16. 半折摇蚊群 *Tendipes* gr. *semireductus*	+	
5. 狭罗卜螺 *Radix lagotis*	+	+	17. 盐生摇蚊群 *Tendipes* gr. *salinarius*	+	
6. 土蜗 *Galba* sp.	+	+	18. 指突隐摇蚊群 *Cryptochironomus* gr. *digitatus*		+
7. 截口土蜗 *Galba truncatula*	+	+	19. 自由摇蚊群 *Orthocladiinac* gr. *solivaga*	+	+
8. 旋螺 *Gyraulus* sp.	+	+	20. 格氏摇蚊群 *Tendipes* gr. *grodhausi*	+	+
9. 圆扁螺 *Hippeutis* sp.	+	+	21. 花纹前突摇蚊群 *Procladius* gr. *choreus*	+	+
水生昆虫			总物种数	19	18
10. 划蝽 *Sigra distanti*	+	+			

表 4-54 恢复过程中的芦苇沼泽湿地底栖动物平均年生物量 （单位：kg/hm^2）

年份	软体动物	水生昆虫	环节动物	合计	年份	软体动物	水生昆虫	环节动物	合计
1998	31.76	19.08	10.45	61.29	2006	17.39	9.85	6.69	33.93
2003	8.65	5.00	3.60	17.25	2007	16.59	10.07	5.61	32.27
2004	15.00	8.82	6.65	30.47	2008	55.41	32.38	15.92	103.71
2005	21.35	12.09	9.82	43.26	平均*	22.40	13.04	8.05	43.48

* 2003～2008 年的平均值。

（5）水生维管束植物群落。在恢复后和退化前的湿地分别监测到水生维管束植物 13 种和 17 种，合计 19 种，共有种 11 种（表 4-55）。2003～2008 年处在恢复过程的芦苇沼泽湿地沉水植物平均年生物量为 197.44kg/hm^2（表 4-56），虽然低于退化前（1998 年）18.64%，但根据差异显著性 t 检验结果可知，其差别并不明显（$t=-0.457$，$t_{0.05}=2.571$，$P>0.05$）。恢复后和退化前水生维管束植物群落相似性系数为 0.440，生态多样性指数分别为 1.432 和 1.260。

表 4-55 恢复后和退化前水生维管束植物群落种类组成变化

种类	退化前	恢复后	种类	退化前	恢复后
1. 芦苇 *Phragmites communis*	+	+	11. 稀脉萍 *Lemna perpusilla*	+	
2. 稗 *Echinochloa crusgalli*	+	+	12. 轮叶黑藻 *Hydrilla verticillata*	+	
3. 穗状黑三棱 *Sparganium stoloniferum*	+	+	13. 苦草 *Vallisneria spiralis*	+	
4. 水葱 *Scirpus tabernaemontani*	+	+	14. 穗状狐尾藻 *Myriophyllum spicatum*	+	+
5. 水烛 *Typha angustifolia*	+		15. 竹叶眼子菜 *Potamogeton malainus*	+	
6. 旱苗蓼 *Polygonum lapathifolium*	+	+	16. 微齿眼子菜 *Potamogeton maackianus*	+	+
7. 灰绿藜 *Chenopodium glaucun*	+	+	17. 菹草 *Potamogeton crispus*		+
8. 紧穗三棱草 *Bolboschhoenus compactus*	+	+	18. 篦齿眼子菜 *Potamogeton pectinatus*	+	+
9. 圆叶碱毛茛 *Halerpestes cymbalaria*		+	19. 金鱼藻 *Ceratophyllum demersum*	+	+
10. 菱 *Trapa matans*	+		总物种数	17	13

表 4-56 恢复过程中的芦苇沼泽湿地沉水植物平均年生物量 （单位：kg/hm^2）

	1998 年	2003 年	2004 年	2005 年	2006 年	2007 年	2008 年
平均年生物量	234.24	112.62	191.80	207.39	195.72	266.44	210.66

7. 生态恢复后湿地生态系统特征

较退化前相比，生态恢复后芦苇沼泽湿地生态系统具有如下特征。

（1）生物环境：植被覆盖率明显增加；生物群落物种组成相似或极相似；群落生态多样性指数接近或高于退化前；鱼、虾群落结构优化，经济种类、数量增加；群落中土著种仍占主体；群落的渔业生产功能显著增强；生物食物链延长，食物网趋于稳定并复杂化。

（2）非生物环境：水、土环境质量明显改善；水文条件更趋优化；生境能够提供维持种群繁殖、稳定和发展所需的基本条件；通过环沟、明水沟等工程设施，可抵御每年干旱季节的缺水威胁。

（3）湿地生态系统：生态系统结构更加合理，功能增强；在现有条件下能够实现生态系统的自我维持；持续提供芦苇、鱼虾水产品的功能增强；植物光合作用、水土环境质量更新等生态功能能够正常发展。

8. 问题探讨

1）芦苇沼泽湿地生态恢复的策略

不同的湿地类型、退化原因与恢复目标，其生态恢复的策略也不同。例如，对低位沼泽湿地的恢复，国外大多通过减少营养物质的输入、抬高地下水位和草皮移植等策略，促进水文特征、营养状况、动物及植被等要素的恢复。对于陆地化与污染的河流、河缘湿地，基本恢复策略是通过疏浚河道，防止侵蚀来控制陆地化过程；通过切断污染源，加强非点源污染的净化管理恢复河流水质。

水量缺失是牛心套保盐碱芦苇湿地退化的根本原因，水分是生态恢复的主导生态因子，因而采用过程导向策略，侧重于基本水文过程（水文周期、淹水历时及频率、水分更新率）功能的恢复，进而促进生境的恢复。同样是水量缺失而导致退化的松嫩平原大安古河道盐碱湿地和黄河三角洲芦苇湿地，均采用了旨在恢复与重建湿地基本水文过程功能的过程导向策略，即通过水利工程措施，分别引入月亮湖水和黄河水来恢复湿地与河流水源之间的地表水力联系，建立湿地地表径流循环系统，使湿地水域面积扩大，水、土含盐量逐渐下降，野生动、植物种类和数量迅速增加，实现退化湿地的生态恢复与重建[216, 217]。

按照生态演替理论，严重退化的盐碱芦苇湿地生境的恢复，即标志着随后生物自我恢复过程的启动[218-220]。芦苇和野生鱼虾种群的恢复过程表明，利用自我过程来恢复生物群落是可行的，它可自我维持且无须高投入，对大面积芦苇湿地的生态恢复与重建是有益的。因此，恢复基本水文过程功能与启动生物自我恢复过程，可作为水量缺失引起退化的芦苇湿地生态恢复与重建的基本策略。

2）芦苇沼泽湿地生态恢复技术

通常，退化湿地生态恢复的技术包括生境恢复、生物恢复和生态系统结构与功能恢复三大类。但在实践中，不同退化类型的湿地，其恢复的目标、策略不同，拟采用的关键技术也不尽一致。松嫩平原大安古河道盐碱湿地和黄河三角洲芦苇湿地的生态恢复过程，都是首先通过工程技术方法建立以淋洗盐碱为目标的地表水排灌循环系统，率先实现生境的恢复，然后在此基础上实现生物自动恢复的[216, 217]。实践表明，在生物自动恢复过程中，如果再辅助一些能够避免人为干扰的技术措施如围栏、防火、人工看管等，可加速生物群落的恢复进程。

牛心套保盐碱芦苇湿地的渔业生态恢复，根据芦苇湿地生态系统的自然结构与退化特点，主要侧重于生境恢复和生物恢复。生境恢复是在土壤高盐碱化的干涸湿地中，重建鱼、苇共生环境，在湿地生态恢复中先于生物恢复而起核心作用，包括基底恢复、水体恢复和土壤恢复。生物恢复的主要目标是恢复鱼、苇种群的生物生产力，它寓于生境恢复之中。基于生态恢复与生物治碱相结合的指导思想，采用生境优先于生物的恢复过程，设计以芦苇为主，鱼、苇兼顾，工程、生物、农艺与水资源优化管理措施相互整合应用的技术体系。恢复过程中，农艺措施对土壤恢复的直接作用是改善土壤理化性状，间接作用是培肥水质，降低水环境盐碱化程度；水资源管理技术的直接作用是恢复湿地的水文过程，间接作用是改良土壤和淡化水质；生物措施的直接作用是控制浮游生物过量繁殖和利用天然饵料资源，间接作用是改良水土环境。可见，这些技术对湿地恢复的作用具有兼容性。通过工程措施改造的湿地基底，则为技术作用效果的实现提供了平台。

生境恢复和生物恢复是目前内陆盐碱湿地生态恢复与重建的基本技术，而且生境恢复往往先于生物恢复。以改善水、土等非生物环境质量为特征的生境恢复，可通过水利工程措施恢复与重建湿地水文过程来实现。牛心套保退化盐碱芦苇湿地生境的恢复过程还表明，除了必要的水利工程措施外，适当的基底改造和有效的农艺技术也均可促进生境的恢复。目前，生物恢复的途径多半是在生境恢复之后，通过生物的自我调节、自动恢复及人工管护而共同实现。从牛心套保退化盐碱芦苇湿地的生物恢复过程来看，在创造生物自我恢复过程的同时，人工增殖与培植等生物措施的辅助作用也不可忽视。

3）湿地生态恢复过程的水资源管理

水文条件恢复和水环境质量改善的湿地水文状况恢复是退化湿地生态恢复与重建技术体系的重要内容。对于内陆退化盐碱湿地的生态恢复与重建，有效的水资源管理措施尤为重要。在松嫩平原大安古河道退化盐碱湿地和黄河三角洲退化芦苇湿地的生态恢复过程中，水资源管理方案的制订都是根据湿地土壤盐碱成分积累的时间变化规律，以提高土壤的浸泡和淋洗盐碱效果为目的，目标是降低水、土含盐量，改善其理化环境，在实施恢复过程的初期至中后期，灌水、排水的数量和频率都是不同的，一般是每年春季灌水、浸泡和排水的数量最大，而周期最短；进入夏、秋季节，灌水、排水的数量逐渐减小，而周期逐渐延长[216, 217]。

牛心套保退化盐碱芦苇湿地渔业生态恢复过程的水资源管理，其目的是确保芦苇正常生长发育的同时，又不影响鱼、虾等水生动物生存，目标是重建鱼、苇湿地生态系统。所采用的水资源管理方案，是在有基底改造工程做保障的前提下，根据芦苇季节性需水的生物学特点来制订的，该方案可在湿地排水管理以及冬季结冰期间，确保鱼、虾等水生动物都能集中到明水沟、环沟及越冬区水体，其生存与生长不受影响。在实施苇、鱼、虾兼顾的灌水、排水调控过程中，也实现了水、土含盐量下降，从而使土壤基底和水质等非生物环境得到改善。

从牛心套保退化盐碱芦苇湿地渔业生态恢复的实践可以看出，湿地生态恢复过程的水资源管理方案，应根据水资源管理的目的和目标来制订和实施。同时表明，对于退化较严重的盐碱芦苇湿地的生态恢复与重建，建立“苇-鱼-虾”养殖与育苇兼顾的水资源管理模式值得借鉴。

4）湿地生态恢复过程中废水资源化

与淡水湿地不同，盐碱湿地的生态恢复与重建，一般都涉及盐碱土淋洗过程，因而均有高盐碱废水的产生。据估算，在 2003～2008 年牛心套保退化盐碱芦苇湿地生态恢复过程中，从土壤表面 0～20cm 土体析出的盐分总量约 9800kg/hm^2，其中，通过芦苇收获而排出系统外部的盐分总量约 670kg/hm^2，约占 6.8%。可见，在退化盐碱湿地生态恢复过程中，通过地表水循环系统从土壤中淋洗出的盐分，绝大多数是随着尾水排出的。这些尾水若直接排入环境，很容易造成次生盐碱化。根据当地具体的自然环境条件，牛心套保试验区是将这部分尾水直接用于其他退化芦苇湿地的生态补水，使其资源化利用。

无论是恢复还是重建湿地，水都是最关键的要素。但在社会经济快速发展的今天，缺水已经是全球性问题，常规水资源已经最大限度地被人类所利用。与此同时，各地的湿地生态恢复工程区，通过高额代价换取的有限的灌溉水资源，在经过湿地排出后，一般都被弃掉，这说明还有许多可再次回收利用的湿地排水资源等待着开发利用。建议在实施退化盐碱湿地的生态恢复与重建过程中，对淋洗盐碱的废水进行处理，途径有两种：①可采用植物吸收、富集的方法，如在实施集中连片的芦苇湿地生态恢复时，可借鉴牛心套保湿地恢复模式，将废水作为其他芦苇湿地的生长期补水或恢复重建用水，通过芦苇吸收、富集和收获实现盐分总量的减少而非通常情况下的迁移。②用于其他退化湿地如干涸的湖泊、沼泽、蓄滞洪区等生态恢复与重建的水源。因此，废水资源化利用的有效途径，应纳入湿地生态恢复与重建过程中。在全球性缺水、常规水资源已得到充分利用的今天，探讨废水的资源化利用对湿地的生态恢复与重建具有重要意义。

5）湿地生态恢复与资源利用

根据生态经济效益原理和可持续发展原则，在湿地生态恢复和重建过程中，以及确保其可持续的生态功能基础上，还应建立可持续发展的湿地资源利用模式，发展湿地经济，努力实现经济效益、生态效益和社会效益相统一。例如，松嫩平原大安古河道盐碱湿地的生态恢复与重建过程中，人工湿地稻田的建立在恢复与重建湿地生态功能的同时，又使湿地的生态恢复与重建获得经济效益和社会效益[216, 217]。

渔业是湿地型经济模式的主要产业。水产养殖是湿地管理与科学研究的重要方法之一，也是湿地实现其生态效益与经济效益和谐并举的有效途径。因而水产养殖业是典型的适湿性产业。牛心套保退化盐碱芦苇湿地生态恢复过程，实际上也是一种湿地资源渔业开发利用模式的形成过程。2003～2008 年，该模式累计实现经济效益 57 万元。

当然，不同的湿地类型，其生态系统过程、特征不同，建立生态渔业-生态恢复模式的方法也很难有统一的模式，但在一定地域内，同一类型湿地建立生态渔业-生态恢复模式还是可以遵循一定模式的。苇-鱼-虾模式作为牛心套保芦苇沼泽湿地生态渔业-生态恢复模式，已分别应用于松嫩平原中低产苇田高效开发利用和退化芦苇沼泽湿地渔业生态恢复与重建。同时，芦苇沼泽湿地水产养殖模式已推广到新荒泡、查干湖、月亮泡、五间房水库等湿地渔业利用中。据初步统计，2009～2013 年，吉林西部推广苇-鱼-虾模式累计 13.87 万 hm^2，实现经济效益 1.63 亿元。

4.2.2　碳汇渔业模式

从大气中移走 CO_2、CH_4 等导致温室效应的气体、气溶胶或它们的初生体的任何过程、活动和机制称为碳汇；向大气中释放 CO_2、CH_4 等导致温室效应的气体、气溶胶或它们的初生体的任何过程、活动和机制称为碳源。面对全球气候变化，国际社会都致力于温室气体减源、增汇的探索，以适应、减缓温室效应所带来的影响；中国也将低碳、绿色发展作为建设资源节约型、环境友好型社会，应对全球气候变化和实现可持续发展的战略选择。

作为地球内陆天然湿地的主要类型之一的沼泽湿地，其面积占全球陆地面积的比例约为3%。泥炭地是沼泽湿地的主要类型之一，所储存的碳约占全球陆地碳的20%、土壤碳的35%，相当于大气碳的75%[166, 167, 221]；中国三江平原沼泽湿地碳的年积累量也达4.67万t[167]。

然而，在过去的200年间，排水疏干、农田化利用等导致沼泽湿地退化、消失，全球仅泥炭地的碳储量就减少了41亿t；农业垦殖使中国三江平原沼泽湿地碳汇能力下降60%～85%[222]。由此可见，沼泽湿地在减缓温室气体排放方面发挥着重要作用；而不合理的开发利用也可导致沼泽湿地碳汇能力下降乃至丧失[223]。实施生物碳汇扩增，如通过恢复和重建退化的植被、提升天然沼泽湿地生物固碳能力、大力发展碳汇型利用模式（直接或间接降低大气 CO_2 浓度的利用模式）等措施，将对增强沼泽湿地的碳汇能力产生积极作用。针对中国沼泽湿地农田化加剧、生态系统退化、环境恶化、碳汇能力下降的现实[196, 224]，2006～2011年选择松嫩平原碳酸盐类盐碱芦苇沼泽湿地，以田间工程措施为基础，运用生物共生原理、增殖生物学和恢复生态学原理，通过放养（流）鱼、虾、蟹和退化植被恢复等措施来发挥水生生物的碳汇功能，构建高生物量、高碳汇型水生生物群落，进行沼泽湿地生物碳汇扩增技术与碳汇型生态渔业恢复模式的试验[224]。

1. 试验地自然概况

试验地位于吉林省大安市牛心套保湿地，面积为100hm^2，为退化碳酸盐类盐碱芦苇沼泽湿地。自然状态下，该片芦苇沼泽平均年经济效益为236元/hm^2，野生鱼、虾平均年产量为23kg/hm^2；土壤类型为苏打盐碱土，盐含量为4.92g/kg；水环境盐度为1.33g/L，碱度为14.64mmol/L，pH为9.17，水质化学类型为C_{I}^{Na}半咸水；植被以芦苇为优势种，平均年生物量为1273kg/hm^2。

试验前，于2005年对试验地主要饵料资源进行了调查，结果为沉水植物、底栖动物平均年生物量分别为222.9kg/hm^2、102.54kg/hm^2；底栖动物中软体动物、摇蚊幼虫、寡毛类类群的平均年生物量分别为54.42kg/hm^2、31.98kg/hm^2、16.14kg/hm^2。

2. 技术体系

1）工程措施

工程措施包括开挖生态沟、建越冬区和苗种驯化池及配套机井。

2）放养（流）对象选择

根据水环境适应性和天然饵料的基础选择放养（流）对象。试验地水质盐度、碱度、pH等主要水化学指标适合鱼、虾、蟹生存要求。沼泽湿地水草茂盛，可为虾、蟹提供栖息与避敌蜕壳场所，还可为鲤、银鲫提供产卵繁殖基质；明水面扩大、水体空间增加为鲢、鳙觅食、生长提供适宜环境；浮游植物和浮游动物为鲢、鳙，软体动物、摇蚊幼虫和寡毛类为鲤、银鲫提供饵料资源；沉水植物、有机腐屑分别是河蟹和虾类的主要饵料。基于上述水环境和饵料资源组成的特点，放流对象选择鲢、鳙、鲤、银鲫、日本沼虾和河蟹。

3）苗种环境适应性驯化

鲢、鳙、鲤、银鲫和日本沼虾的苗种都来自当地，可适应试验地的盐碱水环境。蟹种的驯化与放养方法见4.1.2节。

4）合理放养（流）

（1）合理放养（流）量。合理放养（流）量是指在沼泽湿地生物生产力不被破坏、天然饵料资源可持续利用的前提下鱼、虾、蟹苗种的放养（流）量。鲢、鳙、鲤和银鲫的合理放养（流）量根据沼泽湿地鱼类天然饵料的平均年生物量来估算，估算方法参照式（4-1）～式（4-3）进行。河蟹的合理放养量根据成蟹生产潜力，由式（4-4）估算。日本沼虾的合理放流量由下式计算：

$$X_5 = 25.361B_6 \tag{4-37}$$

式中，X_5 为日本沼虾苗种的合理放流量，尾/hm²；B_6 为有机腐屑的平均年生物量，kg/hm²。

（2）放养（流）规格。河蟹 3～5g/只，鲤、银鲫 25～100g/尾，鲢、鳙 100～150g/尾，日本沼虾 1 万～2 万尾/kg。2006～2011 年，鱼类、日本沼虾和河蟹苗种的估算放养（流）量与实际放养（流）量见表 4-57。对估算放养（流）量与实际放养（流）量进行差异性检验，结果表明，鱼类（$t = 0.200$，$P = 0.773$）、日本沼虾（$t = 1.059$，$P = 0.350$）和河蟹（$t = -0.466$，$P = 0.574$）苗种的平均年实际放养（流）量与估算放养（流）量无显著差异；平均年实际放养（流）量中，除了日本沼虾明显低于估算放养（流）量之外（$t = -3.572$，$P = 0.018$），鱼类（$t = 0.611$，$P = 0.560$）和河蟹（$t = 1.372$，$P = 0.237$）均无显著差别。

表 4-57　试验地鱼类、日本沼虾与河蟹放养（流）量

年份	估算放养（流）量			实际放养（流）量		
	鱼类/(尾/hm²)	日本沼虾/(尾/hm²)	河蟹/(只/hm²)	鱼类/(尾/hm²)	日本沼虾/(尾/hm²)	河蟹/(只/hm²)
2006	113	3291	0	87	2818	0
2007	164	5466	0	175	4765	0
2008	249	3944	2317	268	4034	1574
2009	208	4017	2400	217	3615	2429
2010	254	3764	2764	232	2814	2861
2011	207	3191	2212	257	2545	2072
平均	199	3946	1616	206	3432	1489

5）管理

（1）芦苇培育。采取移植苇墩（包括工程建设中所挖出的芦苇）、压青苇、烧荒、翻耙、分区封育、水量调控等综合措施，进行芦苇培育，促进退化芦苇植被的恢复。

（2）水量调控。按照苇、鱼、虾、蟹共生对水的要求，实施春浅、夏满、秋落干的水量调控管理。芦苇覆盖区的平均水深，6 月上旬以前控制在 5～20cm，6 月中旬至 9 月上旬保持在 20～30cm，9 月中旬以后自然蒸发落干，水位逐渐下降。

（3）收获。10 月上旬芦苇覆盖区干涸，鱼、虾、蟹洄游到环沟、明水沟和越冬区，开始捕捞。冬季收割芦苇。

6）生物碳汇能力估算

以鱼类、日本沼虾、河蟹和芦苇（地上部分）作为碳汇生物，以其所固定的碳的总量来估算试验地生物碳汇能力。根据参数：$1\text{g}\ O_2 = 0.375\text{g}\ C$，$1\text{g}\ O_2 = 3.52\text{kcal}$，$1\text{cal} = 4.186\text{J}$，可得出试验地生物碳汇能力的计算公式：

$$A_C = 2.545 \times 10^{-2} \times \sum_{i=1}^{4} B_i \times E_i \tag{4-38}$$

式中，A_C为试验地生物碳汇能力，kg/hm^2；2.545×10^{-2}为能量与碳的转换系数，$1MJ = 2.545 \times 10^{-2} kgC$；$B_i$为鱼类（1）、日本沼虾（2）、河蟹（3）和芦苇（4）中第i种碳汇生物的平均年生物量，以年实际收获量计算（$i = 1, 2, 3, 4$）；E_i为第i种碳汇生物的能量换算系数，其中鱼类、芦苇分别取 4.20MJ/kg、1.42MJ/kg[225]，日本沼虾、河蟹分别取 3.28MJ/kg、5.82MJ/kg[181]。鱼类和日本沼虾的收获量中包括自然增殖种群和放养（流）种群。

3. 试验结果

1）碳汇生物生物量

2006～2011 年，通过实施鱼、虾、蟹放流增殖和退化芦苇植被的恢复，沼泽湿地的生物种群得到恢复和提高，从而构建起高生物量的高碳汇水生生物群落，成为退化沼泽湿地碳汇功能恢复的物质基础。沼泽湿地中浮游植物、浮游动物、底栖动物、沉水植物和有机碎屑等共同构成鱼类、日本沼虾和河蟹的天然饵料基础；水生植被既是鲤、银鲫的产卵基质，又是日本沼虾蜕壳避敌场所，进而促进鲤、银鲫和日本沼虾种群自然增殖；田间工程是实现苇、鱼、虾、蟹共生发展的保障；水量调控措施改善了沼泽湿地的水文过程，与栽培抚育措施共同促进芦苇植被恢复。

上述因素的综合作用，使试验地主要碳汇生物（鱼类、日本沼虾、河蟹和芦苇）的平均年生物量合计为 $3363kg/hm^2$，比试验前（$1296kg/hm^2$）增加 $2067kg/hm^2$，提高了 159.49%（表 4-58）。所增加的碳汇生物的生物量中，鱼类、日本沼虾和河蟹合计 $598kg/hm^2$，占 28.93%；芦苇 $1469kg/hm^2$，占 71.07%。由此可见，鱼、虾、蟹的放流增殖与退化芦苇植被恢复等生物措施，明显提高了沼泽湿地碳汇生物的生物量。

表 4-58　试验地鱼、虾、蟹和芦苇生物量　　（单位：kg/hm^2）

种类	试验前（2005 年）	2006 年	2007 年	2008 年	2009 年	2010 年	2011 年	平均（2006～2011 年）
鱼类	23（鱼、虾）	266	332	477	479	496	360	402
日本沼虾	—	122	126	165	173	156	228	162
河蟹	—	0	0	83	66	109	89	58
芦苇	1273	1410	1562	2896	2963	3873	3748	2742
合计	1296	1798	2020	3621	3681	4634	4425	3363

2）生物碳汇能力

在上述所构建的碳汇水生生物群落中，芦苇通过光合作用直接吸收、固定大气碳，其地上部分所固定的碳通过收获而移出大气，地下部分则借助有机质的腐化作用将其储存在湿地土壤中；摄食天然饵料的鱼、虾、蟹，以其生长活动与增殖过程促进饵料生物吸收、固定水体碳，其中一部分碳通过食物网机制以生物量的形式转化为碳汇生物产品（鱼、虾、蟹），再通过收获把这些已转化为生物产品的碳移出水体，从而间接地移走大气碳。

经过计算，2006～2011年，试验地平均年生物碳汇能力为164.22kg/hm^2，比试验前（49.42kg/hm^2）增加114.80kg/hm^2，提高了232.29%（表4-59）。所增加的生物碳汇能力中，鱼类、日本沼虾和河蟹合计65.12kg/hm^2，占39.65%；芦苇99.10kg/hm^2，占60.35%。

表4-59　试验地生物碳汇能力　（单位：kg/hm^2）

种类	2006年	2007年	2008年	2009年	2010年	2011年	平均
鱼类	28.53	35.52	50.99	51.28	53.02	38.55	42.98
日本沼虾	10.19	10.55	13.84	14.44	13.10	19.08	13.53
河蟹	0	0	12.31	9.88	16.21	13.25	8.61
芦苇	50.96	56.45	104.66	107.08	139.97	135.45	99.10
合计	89.68	102.52	181.80	182.68	222.30	206.33	164.22

以上结果表明，生物措施不仅提高了沼泽湿地碳汇生物的生物量，其生物碳汇能力也显著增强。同时表明，鱼、虾、蟹等水生动物的碳汇功能，对提高沼泽湿地碳汇能力所起的作用不容忽视。

3）经济效益

2006～2011年，试验地收获的碳汇生物产品鱼类、日本沼虾和河蟹合计373.43t，芦苇1645.2t，实现销售产值165.6万元，获经济效益44.64万元，年平均744元/hm^2，比试验前增加508元/hm^2，提高了215.25%。可见，试验所构建的苇-鱼-虾-蟹碳汇型复合生态结构，还是一种沼泽湿地合理利用的生态渔业模式。

4）对沉水植物和底栖动物的影响

试验地沉水植物生产力主要受河蟹的影响。调查结果显示（表4-60），2006～2011年试验地沉水植物的年均生物量与2005年不尽相同，表明河蟹年放流量不同，对沉水植物生长所造成的影响程度也不一样；沉水植物的年际生物量差异显著（$F=2.874$，$P=0.048$），但平均年生物量与2005年并无显著差异（$t=-0.382$，$P=0.679$）。

表4-60　试验地沉水植物和底栖动物生物量　（单位：kg/hm^2）

年份	沉水植物	底栖动物群落			
		软体动物类群	摇蚊幼虫类群	寡毛类类群	底栖动物群落
2005	222.90	54.42	31.98	16.14	102.53
2006	312.93^{a}	53.12^{b}	28.56^{a}	7.04^{a}	88.72^{a}
2007	203.02^{bc}	65.78^{a}	27.66^{a}	10.13^{a}	103.57^{a}
2008	153.93^{c}	27.84^{c}	11.64^{b}	3.14^{b}	42.62^{b}
2009	147.36^{c}	50.02^{bd}	24.30^{ab}	9.23^{a}	83.55^{a}
2010	259.64^{ab}	57.54^{b}	27.95^{a}	3.98^{b}	89.47^{a}
2011	201.07^{bc}	59.47^{ab}	29.85^{a}	3.41^{b}	92.73^{a}
平均	214.41	52.60	25.99	7.58	86.17

注：同一列数据中标有不同字母的表示差异显著，标有相同字母的表示无显著差异。

试验地底栖动物生产力受鲤、银鲫和河蟹的共同影响。由表 4-54 可知，2006～2008 年试验地底栖动物类群及群落平均年生物量与 2005 年不尽一致，这表明不同的鲤、银鲫和河蟹年放养（流）量，对底栖动物生长所造成的影响程度也不一样。其中，软体动物类群（$F=2.663$，$P=0.029$）、摇蚊幼虫类群（$F=3.947$，$P=0.011$）、寡毛类类群（$F=3.002$，$P=0.028$）和底栖动物群落（$F=2.717$，$P=0.033$）平均年生物量间的差异性均较明显，但底栖动物群落的平均年生物量与 2005 年无显著差异（$t=2.217$，$P=0.082$）。

结果还显示，不同种类的底栖动物所受到的影响程度并不相同。寡毛类所受影响程度较大，平均年生物量明显低于 2005 年（$t=-7.791$，$P=7.91\times10^{-4}$）；软体动物（$t=-0.396$，$P=0.672$）和摇蚊幼虫（$t=-0.855$，$P=0.434$）平均年生物量虽然也低于 2005 年，但都不显著，所受影响程度相对较小。由此可见，鲤、银鲫和河蟹对寡毛类的摄食强度高于软体动物和摇蚊幼虫，同时也显示出它们对底栖动物的摄食具有选择性。

总体上，鱼、虾、蟹的放养（流）与增殖对沼泽湿地沉水植物生产力无明显影响；对寡毛类类群生长繁殖的破坏程度相对较大，但对整个底栖动物群落并未构成显著影响。可以认为该放养模式对沼泽湿地生态系统的结构与功能无明显损害。

4. 问题探讨

固定并储存大气温室气体是实现低碳、绿色发展的重要途径之一，这既可以通过工业手段，又可以利用生物固碳功能来实现。但从目前的科技与生产发展水平来看，通过工业手段成本高、难度大。利用生物固碳功能，通过实施生物碳汇扩增战略来实现生物减排增汇较为必要。目前可实施生物碳汇扩增的领域包括海洋、林业、农业、草业、湿地和土地利用。其中，湿地的碳汇能力在全球仅次于海洋和森林，是陆地生态系统中仅次于森林的重要碳汇之一。因此，实施生物碳汇扩增潜力巨大，对中国发展低碳、绿色经济有着特别重要的意义。

本试验结果表明，退化盐碱芦苇沼泽湿地碳汇生物的生物量、生物碳汇能力平均年递增率分别达到 20.89%、27.15%，因而所构建的苇-鱼-虾-蟹复合群落结构是一种生物碳汇扩增模式。这表明退化芦苇沼泽湿地的生物碳汇扩增，可以通过恢复与重建高生物量、高碳汇型水生生物群落来实现。

有研究表明，不同的土地利用模式对陆地生态系统的碳汇能力也会产生影响[226-233]。例如，平朔某露天煤矿将 3346hm^2 耕地和 906hm^2 林地全部转化为工业广场、剥离区、露天矿坑、未复垦的排土场和已复垦的排土场，致使矿区生态系统碳汇能力由 1976 年的 115t/hm^2，下降到 2009 年的 67t/hm^2，年递减 1.62%[226]。本试验所构建的苇-鱼-虾-蟹碳汇型复合生态模式，不但使沼泽湿地的碳汇能力增强，而且由芦苇、鱼、虾、蟹等碳汇生物产品所获得的经济效益年递增 25.81%。这表明退化盐碱芦苇沼泽湿地碳汇功能恢复和生物碳汇扩增，还可通过建立碳汇型生态渔业-生态恢复模式来实现。

苇-鱼-虾-蟹碳汇型复合生态结构，增强了芦苇沼泽湿地的生物碳汇功能和提高了经济效益，对沼泽湿地生态系统结构无明显损害，可作为退化盐碱芦苇沼泽湿地碳汇功能恢复、生物碳汇扩增和生态渔业-生态恢复模式。该模式技术可行、成本低且有市场前景，适于盐碱芦苇沼泽湿地推广应用。

4.3　沼泽化水体放养渔业

4.3.1　盐碱泡沼

盐碱泡沼湿地作为国土资源类型之一，广泛分布在北方盐碱地区。松嫩平原盐碱湿地的水质化学类型大多为 C_{I}^{Na} 半咸水。这些盐碱泡沼，绝大多数是由若干个彼此不连续的小泡子群组成的，单个面积＜5.0hm^2，通常称之为重沼泽。这些泡沼多集中连片分布，虽然平时处在干涸状态，但到雨季可积水 20～50cm 深，加之地处江河、湖泊（水库）、灌渠等附近低洼易涝沼泽地带，容易实施生态补水进而恢复为泡沼湿地。生态恢复后泡沼湿地植被大多以芦苇为优势种，天然饵料丰富，加之水源便利，适合发展放养渔业[70, 159, 234-236]。

1. 松嫩平原盐碱泡沼

1）技术体系

（1）基础工程。

a. 基底改造：试验地位于松嫩平原西部吉林省大安市，盐碱泡沼湿地大多分布在引洮干渠沿岸和牛心套保泡、新荒泡、月亮泡、五间房水库等湖泊（水库）湿地区域的低洼盐碱地带。试验泡沼改造前均由 10～30 个干涸的小型自然泡沼组成。改造后，每个小泡沼的水生植物覆盖率均在 90%以上，土壤类型为盐碱化砂质、黏土或淤泥质土，平均含盐量为 2.99～13.62g/kg。经过改造，盐碱泡沼湿地面积一般为 10～100hm^2，相当于中小型盐碱湖泊湿地。改造方法通常包括：①清除泡子内部零星分布的塔头、漂垡子和集束杂草，使泡子内水草覆盖区所占比例减少到 70%～80%；②铲除泡内小土包，使小自然泡水面彼此连续，拓宽养鱼水面，改善泡内生态环境；③沿周围较低洼地段修筑堤坝。

b. 开挖生态沟：泡子内部明水区普遍下挖 50～80cm，使养鱼水深常年保持在 1.0～1.2m。在水草密度较大区域开挖宽 2～3m、与明水区等深的生态沟，这样既有利于排水时鱼类能及时、顺利地游出草丛，防止搁浅死鱼，损失产量，又能增强水草区通风透光的性能，增加溶解氧含量，改善水体生态环境，优化鱼类栖息与觅食条件。

c. 开挖集鱼沟：在泡子底部地势较低的堤坝内侧，开挖环形集鱼沟，宽 15～20m、深 1.0～1.5m。秋季捕鱼时，通过排水将鱼类都集中到沟内，再用 20～30m 长的小拉网方便地起捕。集鱼沟面积占 5%～10%。

d. 建立进水、排水系统：在最高、最低处分别设置进水口、排水口，并设闸门调控水流，掌握水位和流向，便于排咸水、引淡水。进水口、排水口尽可能分道，相距 200～300m。进水口、排水口设置拦鱼栅和拦污栅。

上述改造盐碱泡沼措施，具有投资少、见效快、省工、省力、效率高、效果好的特点，既适合沼泽地潮湿多水的具体环境特点，又便于施工，一般可当年放鱼。

（2）环境改良。盐碱泡沼土壤贫瘠，水质清瘦，浮游生物数量较少，渔业生产性能较差；通常水环境盐度＞4.0g/L，碱度＞10.0mmol/L，生物生产力低下，鱼类生长缓慢，甚至危及其生存。因此，开发利用盐碱泡沼实施放养渔业，必须采取适当措施进行改良，以压碱降盐，增殖浮游生物、底栖动物等天然饵料资源，改善鱼类栖息与生长环境。

a. 施肥：一是有机肥。每年春天解冻后到放鱼前 7～10d，施发酵腐熟好的有机肥 2～3t/hm^2；5 月、6 月和 9 月日施追肥 5～10g/m^3；7 月、8 月高温季节，每隔 5～7d 施 1 次，施肥量减少 50%。施追肥的方法：将发酵腐熟好的有机肥调制成浓度为 50～60g/m^3 的粪水，全泡泼洒。全年有机肥用量分配比例：5～6 月为 60%～75%，7 月、8 月为 5%～10%，9 月以后为 15%～20%。二是化肥。原则是少量多次经常化。水温 20～24℃时，每周施 1 次 4～6g/m^3 尿素、8～10g/m^3 硫酸铵和 3～5g/m^3 过磷酸钙；水温 25～30℃时，以相同的用量每 10d 施 1 次。

合理施肥是盐碱泡沼渔业利用的关键技术之一。试验表明，大量施用有机肥基肥和合理追施化肥，不仅可抑制养鱼期间 pH 上升（控制在适宜范围），增加水体肥沃度，有效地压碱降盐，还可使泡底尽快形成一层淤泥，促进生泡的熟化；既有效地防止了砂质盐碱土底质的渗漏，又能使养鱼水体与盐碱土底质部分隔绝，从而在一定程度上降低了水体次生盐碱化速度。7 月、8 月高温季节，水体中有机质含量较丰富，追施化肥调节水质，可保持丰富的天然饵料资源优势和良好的水体生态环境质量，防止鱼类因缺氧而浮头。

b. 烧荒：试验表明，春季烧掉泡底植被，可提高早春地温和水温，这对于增加土壤肥力，提高水层中有机质含量和渔业生产性能，增加浮游生物、底栖动物生物量，均有一定的效果。

c. 水量调控：一是适时注水。为了防止泡子内部及其周围土壤次生盐碱化，巩固养鱼与泡沼改良效果，每年秋天捕捞时，将原泡水全部排往远离养鱼泡子的荒草甸子或撂荒的沼泽洼地，并在上冻前将泡子加满淡水（湖泊、水库、灌渠或地下水）。这样可防止泡子干涸后地下盐碱水渗入存积，导致下一年养鱼时出现季节性返盐返碱，危害鱼类。二是适时排水。第二年春季放鱼前，将上年冬季注入的水排掉，然后加注淡水以备养鱼。有条件的地方最好先冲洗盐碱 1～2 次，这样可进一步提高水环境质量与养鱼效果。三是适时换水。养殖期间，每半月换水 1 次，将泡底层盐碱度较高的水排掉，排水量为 50%～70%，然后加满新水。5 月、6 月和 9 月每隔 10d 左右加注 1 次 10～15cm 新水；7 月、8 月高温季节每周加注 1 次 5～10cm 新水。这样，可以保证水位始终高于附近其他未开发利用的盐碱泡沼自然积水水位，有利于压碱降盐，改良水质。注水原则是春、秋宜浅，高温雨季要满。

（3）放养模式。

a. 确定依据：盐碱泡沼湿地发展放养渔业，要以稀放、疏养、薄收为原则，放养鱼类与数量主要根据泡地内天然饵料资源状况而定。盐碱泡沼湿地水草覆盖率较高，沉水饵料植物与寡毛类、螺类等底栖动物饵料资源都较丰富。以此确定鲤、草鱼为主要鱼类，搭配鳙、鲢和银鲫、团头鲂的放养模式。

b. 常规放养模式：在常规放养模式中，各种鱼的重量占比为鲤占 55%～60%，草鱼占 10%～15%，鲢占 5%～8%，鳙占 13%～22%，银鲫占 1%～3%，团头鲂占 2%～5%。规格为鲤 45～55g/尾，草鱼 80～120g/尾，鳙、鲢 50～60g/尾，银鲫 20～25g/尾，团头鲂 25～30g/尾。合计放养密度 30～60kg/hm^2（折合 750～1500 尾/hm^2）。

吉林西部盐碱泡沼养鱼常规放养模式，总体上可分为鲤-草鱼-鲢-鳙、鲤-草鱼-鲢-鳙-团头鲂和鲤-草鱼-鲢-鳙-银鲫模式，归纳于表 4-61～表 4-84。

表 4-61　盐碱泡沼养鱼放养模式（1）

种类	放养				起捕			
	规格/(g/尾)	放养量/(kg/hm^2)	密度/(尾/hm^2)	重量占比/%	规格/(g/尾)	产量/(kg/hm^2)	个体增重/倍	产量占比/%
鲤	53	29.7	560	69.6	381	118.4	6.19	64.5
草鱼	68	5.9	87	13.8	519	20.9	6.63	11.4
鲢	55	3.8	69	8.9	438	24.0	6.96	13.1
鳙	59	2.1	36	4.9	532	12.8	8.02	7.0
团头鲂	28	1.2	43	2.8	409	7.4	13.61	4.0
合计	—	42.7	795	—	—	183.5	—	—

表 4-62　盐碱泡沼养鱼放养模式（2）

种类	放养				起捕			
	规格/(g/尾)	放养量/(kg/hm^2)	密度/(尾/hm^2)	重量占比/%	规格/(g/尾)	产量/(kg/hm^2)	个体增重/倍	产量占比/%
鲤	56	12.5	223	65.8	629	137.7	10.23	69.0
草鱼	107	2.3	21	12.1	1271	21.9	10.88	11.0
鲢	54	1.5	28	7.9	660	14.0	11.22	7.0
鳙	55	1.8	33	9.5	689	20.0	11.53	10.0
团头鲂	26	0.9	35	4.7	361	6.0	12.88	3.0
合计	—	19.0	340	—	—	199.6	—	—

表 4-63　盐碱泡沼养鱼放养模式（3）

种类	放养				起捕			
	规格/(g/尾)	放养量/(kg/hm^2)	密度/(尾/hm^2)	重量占比/%	规格/(g/尾)	产量/(kg/hm^2)	个体增重/倍	产量占比/%
鲤	53	15.9	300	69.4	709	162.0	12.38	72.0
草鱼	82	2.0	24	8.7	932	18.0	10.37	8.0
鲢	52	1.4	27	6.1	721	9.0	12.87	4.0
鳙	54	3.0	56	13.1	721	29.3	12.35	13.0
团头鲂	28	0.6	21	2.6	429	6.8	14.32	3.0
合计	—	22.9	428	—	—	225.1	—	—

表 4-64　盐碱泡沼养鱼放养模式（4）

种类	放养				起捕			
	规格/(g/尾)	放养量/(kg/hm^2)	密度/(尾/hm^2)	重量占比/%	规格/(g/尾)	产量/(kg/hm^2)	个体增重/倍	产量占比/%
鲤	52	16.4	315	67.8	430	124.1	7.27	65.0
草鱼	83	2.3	28	9.5	863	22.1	9.40	11.6
鲢	54	1.4	26	5.8	456	11.0	7.44	5.8
鳙	57	3.3	58	13.6	502	25.5	7.81	13.4
团头鲂	25	0.8	32	3.3	364	8.1	13.56	4.2
合计	—	24.2	459	—	—	190.8	—	—

表 4-65　盐碱泡沼养鱼放养模式（5）

种类	放养				起捕			
	规格/(g/尾)	放养量/(kg/hm^2)	密度/(尾/hm^2)	重量占比/%	规格/(g/尾)	产量/(kg/hm^2)	个体增重/倍	产量占比/%
鲤	53	35.7	674	69.5	381	142.1	6.19	64.5
草鱼	68	7.1	104	13.8	519	28.8	6.63	13.1
鲢	55	4.5	82	8.8	438	15.3	6.96	6.9
鳙	59	2.6	44	5.1	532	8.9	8.02	4.0
团头鲂	28	1.5	54	2.9	409	25.1	13.61	11.4
合计	—	51.4	958	—	—	220.2	—	—

表 4-66　盐碱泡沼养鱼放养模式（6）

种类	放养				起捕			
	规格/(g/尾)	放养量/(kg/hm^2)	密度/(尾/hm^2)	重量占比/%	规格/(g/尾)	产量/(kg/hm^2)	个体增重/倍	产量占比/%
鲤	56	15.0	268	66.1	632	165.3	10.29	69.0
草鱼	107	2.7	25	11.9	1266	26.3	10.83	11.0
鲢	54	1.8	33	7.9	662	16.8	11.26	7.0
鳙	55	2.1	38	9.3	686	24.0	11.47	10.0
团头鲂	26	1.1	42	4.8	356	7.2	12.69	3.0
合计	—	22.7	406	—	—	239.6	—	—

表 4-67　盐碱泡沼养鱼放养模式（7）

种类	放养				起捕			
	规格/(g/尾)	放养量/(kg/hm^2)	密度/(尾/hm^2)	重量占比/%	规格/(g/尾)	产量/(kg/hm^2)	个体增重/倍	产量占比/%
鲤	42	11.0	262	59.8	642	145.4	14.29	80.9
草鱼	133	2.7	20	14.7	951	15.2	6.15	8.5

续表

种类	放养				起捕			
	规格/(g/尾)	放养量/(kg/hm^2)	密度/(尾/hm^2)	重量占比/%	规格/(g/尾)	产量/(kg/hm^2)	个体增重/倍	产量占比/%
鲢	64	1.5	23	8.2	369	7.7	4.77	4.3
鳙	67	3.2	48	17.4	763	11.4	10.39	6.3
合计	—	18.4	353	—	—	179.7	—	—

表 4-68　盐碱泡沼养鱼放养模式（8）

种类	放养				起捕			
	规格/(g/尾)	放养量/(kg/hm^2)	密度/(尾/hm^2)	重量占比/%	规格/(g/尾)	产量/(kg/hm^2)	个体增重/倍	产量占比/%
鲤	48	13.4	279	64.1	622	163.7	11.96	73.2
草鱼	86	3.8	44	18.2	843	29.4	8.80	13.1
鲢	62	1.1	18	5.3	402	6.0	5.48	2.7
鳙	66	2.6	39	12.4	681	24.6	9.32	11.0
合计	—	20.9	380	—	—	223.7	—	—

表 4-69　盐碱泡沼养鱼放养模式（9）

种类	放养				起捕			
	规格/(g/尾)	放养量/(kg/hm^2)	密度/(尾/hm^2)	重量占比/%	规格/(g/尾)	产量/(kg/hm^2)	个体增重/倍	产量占比/%
鲤	57	11.3	198	62.8	680	125.0	10.93	71.7
草鱼	130	2.7	21	15.0	1050	18.6	7.08	10.7
鲢	65	1.1	17	6.1	457	7.2	6.03	4.1
鳙	73	2.9	40	16.1	640	23.6	7.77	13.5
合计	—	18.0	276	—	—	174.4	—	—

表 4-70　盐碱泡沼养鱼放养模式（10）

种类	放养				起捕			
	规格/(g/尾)	放养量/(kg/hm^2)	密度/(尾/hm^2)	重量占比/%	规格/(g/尾)	产量/(kg/hm^2)	个体增重/倍	产量占比/%
鲤	55	12.2	222	63.5	512	94.2	8.31	68.7
草鱼	126	2.9	23	15.1	983	17.0	6.80	12.4
鲢	71	1.2	17	6.3	432	6.6	5.08	4.8
鳙	64	2.9	45	15.1	561	19.4	7.77	14.1
合计	—	19.2	307	—	—	137.2	—	—

表 4-71　盐碱泡沼养鱼放养模式（11）

类	放养				起捕			
	规格/(g/尾)	放养量/(kg/hm^2)	密度/(尾/hm^2)	重量占比/%	规格/(g/尾)	产量/(kg/hm^2)	个体增重/倍	产量占比/%
鲤	42	13.2	314	59.7	639	174.5	14.21	80.9
草鱼	133	3.3	25	14.9	946	18.2	6.11	8.4
鲢	64	1.8	28	8.1	372	9.2	4.81	4.3
鳙	67	3.8	57	17.2	755	13.7	10.27	6.4
合计	—	22.1	424	—	—	215.6	—	—

表 4-72　盐碱泡沼养鱼放养模式（12）

种类	放养				起捕			
	规格/(g/尾)	放养量/(kg/hm^2)	密度/(尾/hm^2)	重量占比/%	规格/(g/尾)	产量/(kg/hm^2)	个体增重/倍	产量占比/%
鲤	49	16.1	329	64.9	627	196.4	11.80	73.3
草鱼	87	4.5	52	18.1	844	35.3	8.70	13.2
鲢	61	1.2	20	4.8	412	6.8	5.75	2.5
鳙	64	3.0	47	12.1	687	29.6	9.73	11.0
合计	—	24.8	448	—	—	268.1	—	—

表 4-73　盐碱泡沼养鱼放养模式（13）

种类	放养				起捕			
	规格/(g/尾)	放养量/(kg/hm^2)	密度/(尾/hm^2)	重量占比/%	规格/(g/尾)	产量/(kg/hm^2)	个体增重/倍	产量占比/%
鲤	52	9.8	188	60.1	484	72.2	8.31	47.8
草鱼	83	0.8	10	4.9	1124	9.9	12.54	6.6
鲢	50	1.7	34	10.4	508	15.2	9.16	10.1
鳙	50	3.2	64	19.6	812	49.4	15.24	32.7
银鲫	20	0.8	40	4.9	114	4.4	5.70	2.9
合计	—	16.3	336	—	—	151.1	—	—

表 4-74　盐碱泡沼养鱼放养模式（14）

种类	放养				起捕			
	规格/(g/尾)	放养量/(kg/hm^2)	密度/(尾/hm^2)	重量占比/%	规格/(g/尾)	产量/(kg/hm^2)	个体增重/倍	产量占比/%
鲤	52	14.4	277	67.6	512	200.6	8.85	55.6
草鱼	134	2.4	18	11.3	970	66.0	6.24	18.3
鲢	63	0.9	14	4.2	790	21.5	11.54	6.0
鳙	69	2.1	30	9.9	829	58.4	11.01	16.2
银鲫	20	1.5	75	7.0	115	14.1	4.75	3.9
合计	—	21.3	414	—	—	360.6	—	—

表 4-75　盐碱泡沼养鱼放养模式（15）

种类	放养				起捕			
	规格/(g/尾)	放养量/(kg/hm^2)	密度/(尾/hm^2)	重量占比/%	规格/(g/尾)	产量/(kg/hm^2)	个体增重/倍	产量占比/%
鲤	50	7.2	144	55.4	550	195.0	10.00	57.8
草鱼	102	2.0	20	15.4	980	39.8	8.61	11.8
鲢	62	0.6	10	4.6	460	22.7	6.42	6.7
鳙	55	2.0	36	15.4	930	62.0	15.91	18.4
银鲫	20	1.2	60	9.2	80	17.7	3.0	5.2
合计	—	13.0	270	—	—	337.2	—	—

表 4-76　盐碱泡沼养鱼放养模式（16）

种类	放养				起捕			
	规格/(g/尾)	放养量/(kg/hm^2)	密度/(尾/hm^2)	重量占比/%	规格/(g/尾)	产量/(kg/hm^2)	个体增重/倍	产量占比/%
鲤	50	7.7	154	53.1	412	211.8	7.24	63.5
草鱼	105	2.1	20	14.5	983	41.0	8.36	12.3
鲢	62	0.8	13	5.5	472	17.6	7.61	5.3
鳙	60	2.4	40	16.6	516	49.7	7.60	14.9
银鲫	22	1.5	68	10.3	82	13.4	2.73	4.0
合计	—	14.5	295	—	—	333.5	—	—

表 4-77　盐碱泡沼养鱼放养模式（17）

种类	放养				起捕			
	规格/(g/尾)	放养量/(kg/hm^2)	密度/(尾/hm^2)	重量占比/%	规格/(g/尾)	产量/(kg/hm^2)	个体增重/倍	产量占比/%
鲤	52	11.7	225	60.6	476	237.9	8.15	56.2
草鱼	83	0.9	11	4.7	1109	62.1	12.36	14.7
鲢	50	2.0	40	10.4	492	26.4	8.84	6.2
鳙	50	3.8	76	19.7	804	81.3	15.08	19.2
银鲫	20	0.9	45	4.7	103	15.6	4.15	3.7
合计	—	19.3	397	—	—	423.3	—	—

表 4-78　盐碱泡沼养鱼放养模式（18）

种类	放养				起捕			
	规格/(g/尾)	放养量/(kg/hm^2)	密度/(尾/hm^2)	重量占比/%	规格/(g/尾)	产量/(kg/hm^2)	个体增重/倍	产量占比/%
鲤	52	17.3	333	67.3	492	240.6	8.46	55.6
草鱼	134	2.9	22	11.3	968	79.2	6.22	18.3

续表

种类	放养				起捕			
	规格/(g/尾)	放养量/(kg/hm²)	密度/(尾/hm²)	重量占比/%	规格/(g/尾)	产量/(kg/hm²)	个体增重/倍	产量占比/%
鲢	63	1.1	17	4.3	833	25.8	12.22	6.0
鳙	60	2.6	43	10.1	824	70.1	12.73	16.2
银鲫	20	1.8	90	7.0	113	17.0	4.65	3.9
合计	—	25.7	505	—	—	432.7	—	—

表 4-79　盐碱泡沼养鱼放养模式（19）

种类	放养				起捕			
	规格/(g/尾)	放养量/(kg/hm²)	密度/(尾/hm²)	重量占比/%	规格/(g/尾)	产量/(kg/hm²)	个体增重/倍	产量占比/%
鲤	54	53.7	994	62.8	440	198.3	7.15	56.2
草鱼	88	7.2	82	8.4	960	51.8	9.91	14.7
鲢	54	4.8	89	5.6	590	21.5	9.93	6.1
鳙	52	11.4	219	13.3	650	67.8	11.50	19.2
银鲫	22	8.4	382	9.8	190	13.1	7.64	3.7
合计	—	85.5	1766	—	—	352.5	—	—

表 4-80　盐碱泡沼养鱼放养模式（20）

种类	放养				起捕			
	规格/(g/尾)	放养量/(kg/hm²)	密度/(尾/hm²)	重量占比/%	规格/(g/尾)	产量/(kg/hm²)	个体增重/倍	产量占比/%
鲤	52	20.1	387	55.4	620	135.5	10.92	73.3
草鱼	102	6.5	64	17.9	1270	12.6	11.45	6.8
鲢	56	2.6	46	7.2	540	4.7	8.64	2.5
鳙	62	5.1	82	14.0	780	24.9	11.58	13.5
银鲫	22	2.0	91	5.5	240	7.1	9.91	3.8
合计	—	36.3	670	—	—	184.8	—	—

表 4-81　盐碱泡沼养鱼放养模式（21）

种类	放养				起捕			
	规格/(g/尾)	放养量/(kg/hm²)	密度/(尾/hm²)	重量占比/%	规格/(g/尾)	产量/(kg/hm²)	个体增重/倍	产量占比/%
鲤	57	25.2	450	61.3	508	74.1	7.91	57.8
草鱼	95	5.0	53	12.2	962	17.0	9.13	13.3
鲢	54	2.1	38	5.1	488	3.6	8.04	2.8
鳙	63	6.2	98	15.1	713	30.2	10.32	23.6
银鲫	19	2.6	129	6.3	172	3.2	8.05	2.5
合计	—	41.1	768	—	—	128.1	—	—

表 4-82　盐碱泡沼养鱼放养模式（22）

种类	放养				起捕			
	规格/(g/尾)	放养量/(kg/hm^2)	密度/(尾/hm^2)	重量占比/%	规格/(g/尾)	产量/(kg/hm^2)	个体增重/倍	产量占比/%
鲤	55	12.8	233	42.7	512	73.1	8.31	54.5
草鱼	105	5.3	50	17.7	888	17.7	7.46	13.2
鲢	50	2.1	42	7.0	462	4.8	8.24	3.6
鳙	65	7.2	111	24.0	517	18.0	6.95	13.4
银鲫	20	2.6	130	8.7	102	20.6	4.10	15.4
合计	—	30.0	566	—	—	134.2	—	—

表 4-83　盐碱泡沼养鱼放养模式（23）

种类	放养				起捕			
	规格/(g/尾)	放养量/(kg/hm^2)	密度/(尾/hm^2)	重量占比/%	规格/(g/尾)	产量/(kg/hm^2)	个体增重/倍	产量占比/%
鲤	54	34.7	643	64.5	438	86.6	7.11	47.8
草鱼	88	7.7	88	14.4	955	11.9	9.85	6.6
鲢	50	3.0	60	5.6	594	18.2	9.9	10.0
鳙	50	5.8	116	10.8	657	59.3	10.88	32.7
银鲫	25	2.6	104	4.8	184	5.3	6.36	2.9
合计	—	53.8	1011	—	—	181.3	—	—

表 4-84　盐碱泡沼养鱼放养模式（24）

种类	放养				起捕			
	规格/(g/尾)	放养量/(kg/hm^2)	密度/(尾/hm^2)	重量占比/%	规格/(g/尾)	产量/(kg/hm^2)	个体增重/倍	产量占比/%
鲤	55	24.2	440	53.7	592	162.6	9.76	73.3
草鱼	102	7.8	76	17.3	1109	15.2	9.87	6.9
鲢	56	3.0	54	6.7	521	5.6	8.30	2.5
鳙	62	6.2	100	13.7	762	30.0	11.29	13.5
银鲫	22	3.9	177	8.6	172	8.4	6.82	3.8
合计	—	45.1	847	—	—	221.8	—	—

c. 生态放养模式：盐碱泡沼湿地生态放养渔业，就是建立一个以渔业为主，鱼、畜、禽结合，综合利用，充分发挥其经济效益与生态效益的渔业生产体系。这是盐碱泡沼湿地渔业经济深度开发模式，它改变了传统单一粗放型放养模式，促进了自然资源的深层次利用，较大幅度地增加了盐碱泡沼湿地的鱼产量和经济效益。与粗放型放养渔业模式相比，生态放养渔业的鱼产量和经济效益均显著提高，是盐碱泡沼渔业开发利用的较佳模式。

种类及其比例：鲤、银鲫、草鱼、团头鲂合计占 40%～50%，鲢、鳙占 50%～60%，总放养量为 200～300kg/hm^2（折合 2600～3600 尾/hm^2），见表 4-85。

表 4-85　盐碱泡沼养鱼生态放养模式

种类	规格/(g/尾)	放养量/(kg/hm^2)	密度/(尾/hm^2)	重量比例/%	种类	规格/(g/尾)	放养量/(kg/hm^2)	密度/(尾/hm^2)	重量比例/%
鲤	50～100	30～45	600～900	15～20	鳙	80～90	70～75	800～1000	30～40
草鱼	200～300	25～30	130～140	10～15	团头鲂	25～30	15～20	600～800	5～10
鲢	70～80	30～45	400～600	15～20	银鲫	20～30	2～3	100～150	1～2

综合利用：养猪 10～15 头/hm^2、鸭 200～300 只/hm^2、鸡 50～100 只/hm^2，坝基及其他闲散空地种植饲料粮豆。利用部分饲料粮熬糖烧酒，糖渣和酒糟养猪，利用配合饲料养鸭、鸡等家禽，畜、禽粪便养鱼。由种植、养殖与农产品加工所提供的饲料及肥料，可使成鱼产量达到 1500～2250kg/hm^2，为粗放养殖的 10 倍以上。

缩短生长周期：改变鱼种一次性放足、成鱼一次性起捕、生长周期长、资金周转慢的传统养殖方式。6 月开始补投饲料，全年投喂精饲料 500～600kg/hm^2。8 月中旬开始轮捕，将达到商品规格的成鱼及时捕捞出售，做到均衡上市，以减小水体鱼密度。

科学施肥：以透明度不超过 25cm 为标准，每 4～5d 施 1 次化肥，增殖鲢、鳙天然饵料；全年施用 110kg/hm^2 尿素，175kg/hm^2 过磷酸钙，225kg/hm^2 硫酸铵。施肥时间选择晴天，以施肥后保持 3～4d 的连续晴天效果最佳，确保化肥充分利用，尽量避免施肥后遇到阴雨天气而损失肥效。新鲜猪粪中未完全消化的食物碎屑含有丰富的蛋白质、脂肪等营养物质，可以直接为鲤、银鲫利用。测定结果表明，新鲜猪粪比发酵后的猪粪少损失总固体物质 27.93%，碳素 45.90%，氮素 23.79%。因此，施用新鲜猪粪，提高了有机肥利用率。

（4）控制浮游生物过度增殖。

a. 浮游动物：浮游动物生物量经常大于浮游植物生物量，这是盐碱泡沼湿地水环境的一个重要特点。尤其是砂质盐碱土泡沼，养殖期间频繁注水、排水，或在连续阴雨天泡内水量增加时，都有利于枝角类、桡足类等大型浮游动物生长繁殖，而不利于浮游植物增殖。浮游动物大量摄食浮游植物，破坏了水生生态平衡，即使大量施肥，水质也不易转肥。研究表明，增加鳙鱼放养比例而减少鲢鱼比例，使二者放养比例由传统养殖的 1∶（2～3）转换为（2～3）∶1，成鱼净产量比达到（3～4）∶1，既可有效控制浮游动物过度增殖，又能提高鳙鱼生长速度。

采用生物措施控制盐碱泡沼水环境浮游动物的大量繁殖，能有效地消除水环境生物耗氧因子，再辅以施肥措施培植浮游植物，可发挥水体的生物增氧功能，达到水质肥、活、嫩、爽。采取这种措施控制浮游动物，不仅有利于提高养殖水体生态环境质量，还可避免使用化学药物（过去控制浮游动物的常规方法是使用晶体敌百虫），从而减轻环境污染。与传统的药物控制法相比，这种通过调整养殖鱼类的品种结构与比例来控制浮游动物的方法，在盐碱泡沼湿地的放流渔业中更具实际意义。

b. 小三毛金藻（*Prymnesium parum*）：小三毛金藻是盐碱泡沼水环境常见的藻类，多生活在盐度为2～12g/L的半咸水环境，特别是久旱后突降大雨时，极易大量繁殖。这种藻类的代谢产物中含有一种鱼毒素，可使鱼类中毒死亡（试验期间曾发生过大量毒死鱼现象）。

水产养殖上，大多采用施肥方法控制小三毛金藻的过度增殖。利用这种藻类生长缓慢、种间竞争能力较差的生物学特点，在施肥方法上，由传统的一次性大量施肥改为少量多次施用，使肥料较快地被分解利用，持续不断地补充肥源，增加水层有机质含量，提高水体肥力，促进各种浮游植物，尤其是隐藻（*Cryptomonas*）、红胞藻（*Rhodomonas*）、双鞭藻（*Eutreptia*）、衣藻（*Chlamydomonas*）、绿梭藻（*Chlorogonium*）等鞭毛藻类的大量繁殖，从而抑制小三毛金藻的大量繁衍。

采用施肥法控制小三毛金藻的滋生，既消除了其危害，又改良了盐碱水质，效果较显著。一般盐碱泡沼养鱼面积较大，小三毛金藻的防治不宜采用池塘养鱼所使用的泼洒黄泥浆法和换水稀释法。

（5）中草药防病。沼泽区辣蓼、铁苋菜、菖蒲、地锦草、艾蒿、车轮菜等中草药种类多、产量大、来源广，用来预防鱼病具有药效久、效果好、无污染、经济易得、简便易行等特点，只要利用得当，可较好地预防锚头鳋、车轮虫及草鱼“三病”等盐碱泡沼湿地放流渔业中常见病害的发生，具有降本增效的作用，应广为使用。

a. 投喂药饵：当地群众利用沼泽地产草药植物配制成下面几种药饵，防病效果较好，试验期间未发生较大规模鱼病，包括（以100kg鱼计算）：①3.0kg大蒜（捣烂，下同）+15.0kg谷糠+2.0kg黏高粱面+1.5kg食盐，并与切碎的中草药和鲜草混合均匀，略干后投喂；②1.0kg食盐+1.0kg大蒜，拌入适量的玉米面后呈团状投喂；③3.0kg韭菜+1.0kg食盐+5.0kg黏玉米面，调制成浆状后拌适量稻糠投喂；④1.0kg大蒜+15.0kg玉米面+5.0kg高粱面，调制成糊状后挤压成条状投喂；⑤铁苋菜、地锦草及辣蓼（切碎）各3.0kg+6.0kg玉米面+1.5kg食盐，略干后投喂。7月、8月每周投喂1次，每次连续投喂3～4d。其他月份每隔半月投喂1次，每次连续投喂2～3d。

b. 浸泡法：将菖蒲、艾蒿等药用植物扎成小草捆后，放于进水口、鱼类集中活动的区域，水深为0.8～1.5m时，用量为200～300kg/hm^2。经常翻动，20～25d更换1次。浸泡法使用还能起到绿肥的效果。

2）生态经济效益

实践证明，恢复、改造天然盐碱泡沼湿地发展放流渔业，是一项投资少、见效快、不占用耕地的开发性渔业生产，对于盐碱地区调整农产品生产结构，促进粮食和农副产品的多途径转化利用，实现当地农民脱贫致富，都有重要意义[159, 236, 237]。

渔业生态与功能的恢复使种植业无法利用的盐碱泡沼湿地得到有效利用。同时，不仅拓宽了淡水渔业生产新领域，充分利用了国土资源，还改良了盐碱土壤。实测结果表明，连续实施放流渔业3年的盐碱泡沼湿地，土壤含盐量下降了77.31%，有机质增加了90.84%，从而为种植业的发展提供了潜在的耕地资源。实施放养渔业，还可增加农家肥的使用量，从而减轻了农村生态环境的污染，提高了农村生态环境质量，促进了新农村建设。

实施盐碱泡沼湿地放养渔业，既提高了泡沼湿地水、土、光、热、生物等自然资源的利用率，又使集水区内的农田摆脱了洪泛和内涝的威胁。干旱季节还可抽取湿地中的渔业肥水灌溉。采用生态放养渔业模式，还有利于扩大当地农村种植业和畜牧业再生产规模，形成农牧渔有机结合、良性循环的农业生态系统，促进大农业内部各个行业的全面发展与产业结构优化调整。

2. 科尔沁沙地盐碱泡沼

其甘泡（其甘诺尔）、布日敦泡是内蒙古自治区翁牛特旗境内的两个碳酸盐类盐碱泡沼湿地，水域面积合计 803hm^2。因水环境碱度、pH 较高，水域中均无鱼类生存，甚至连蛙类也不能产卵繁殖。1976 年，水利部门开始探索渔业利用途径，1981 年获得成功，当年生产鲜鱼 40t。1981～1986 年累计生产鲜鱼 202t，其中 1985 年和 1986 年每年明水期上市活鱼超过 10t[88]。这两处盐碱泡沼渔业利用的成功，为同类型湿地渔业利用提供了有益借鉴。

1）盐碱泡沼自然概况

（1）其甘泡。其甘泡位于乌丹镇（翁牛特旗旗政府所在地）东南约 30km，属翁牛特旗巴嘎塔拉苏木（乡）其甘嘎查（村）。该泡沼湿地呈鱼鳔形，水面海拔为 592m，面积为 590hm^2，平均水深 2.0m 左右，蓄水量为 1180 万 m^3。形成于中生代侏罗纪晚期，是燕山山脉造山运动期所形成的褶皱地带，地貌区划属蒙新台地的东缘。西北部是玄武岩构成的平缓丘陵，东部是湖相沉积的风蚀地带，低山环绕，沙丘拱围，地下水较丰富，东南部是翁牛特旗的牧业基地之一。

其甘泡地处沙漠腹地，属半干旱草原季风气候，夏季酷热，冬季严寒，冰封期为 135～150d，11 月中旬开始结冰，冰厚度达 90～100cm，次年 4 月上旬冰雪消融，进入明水期。水源补给，主要来自白音花、下窝铺一带的洪水，平时有其甘河河水注入，流量为 0.23m^3/s，1971 年又增加了 3 眼淡水井，井水可自流入湖，总流量为 0.06m^3/s。在河水、井水的共同作用下，该湖西部进水口区域形成一个小面积扇形淡水化区，给养鱼创造了有利条件。

（2）布日敦泡。布日敦泡位于乌丹镇北 15km，属朝格温都苏木布日敦嘎查，面积为 213hm^2，平均水深在 2m 左右，蓄水量为 427 万 m^3。形成于新生代第四纪，属华夏系构造，是蒙新高原的隆起与松辽平原凹陷的断层地区，故地势倾斜，山湖交错。其东部为沙漠，西为丘陵，南为草场，北依高山，湖水苦涩，湖边常有白色碱斑洼地。水源补给主要靠干沟子河流域的洪水。该河正常年份平均流量为 0.01m^3/s，但遇干旱年份，经常断流甚至干涸。

2）渔业利用情况

1976 年开始实施渔业生态恢复与放养渔业利用。水质测试结果表明，除了碱度、盐度和 pH 偏高外，水环境均无毒物，适合渔业利用（表 4-86）。

表 4-86　其甘泡和布日敦泡水质分析结果[88]

湖泊湿地	pH	碱度 /(mmol/L)	盐度/(g/L)	$\rho(Cl^-)$ /(mg/L)	$\rho(SO_4^{2-})$ /(mg/L)	$\rho(HCO_3^-)$ /(mg/L)	$\rho(CO_3^{2-})$ /(mg/L)	$\rho(Ca^{2+})$ /(mg/L)
其甘泡	9.70	48.67	5.6	964	304.3	1590	678	5.83
布日敦泡	9.61	46.20	—	1115	51.8	1650	561	6.19

1977 年开始投放鱼种试验。从达里湖渔场引进适应盐碱能力较强的瓦氏雅罗鱼和达里湖鲫鱼各 100 尾，利用网箱分别置于湖中试养观察。经过 20d 试验养殖，其成活率达 98%，试养获得成功。同年秋季引进两种鱼共计 13 万尾，放入两湖，成活率均在 70%左右。1978 年从达里湖渔场采集瓦氏雅罗鱼受精卵进行孵化试验。但因运输过程中遇寒潮而失败。之后，又采集达里湖鲫鱼受精卵在两湖进行试验性孵化，结果取得了成功，出苗率达 50%以上，共计培育鲫鱼种 30 万尾。

1979 年汛期，大量洪水进入，此时正值鲫鱼繁殖期，给鲫鱼产卵繁殖创造了有利条件。1977 年投放的达里湖鲫鱼一部分开始产卵繁殖，共获得自然繁殖的鱼苗数百万尾。1980 年再次采集达里湖瓦氏雅罗鱼受精卵，运输至两湖进行孵化试验，除少部分受精卵因得水霉病而未能孵化外，大部分受精卵均孵化出鱼苗。

达里湖碱度、盐度和 pH 均与其甘泡、布日敦泡基本一致。上述试验表明，将达里湖瓦氏雅罗鱼和鲫鱼移殖到其甘泡、布日敦泡是可行的，鱼类可正常生长发育。1977 年投放的瓦氏雅罗鱼鱼种，1980 年体重已超过 600g。1981 年其甘泡捕捞成鱼 40t，占全旗渔获量的 70%。1982 年布日敦泡捕捞成鱼 35t，当年收入 2 万元。

旗甘河、仗房河枯水季节，也正是瓦氏雅罗鱼的生殖季节。由于水位较浅，瓦氏雅罗鱼无法逆流而上进行繁殖，这是该鱼不能在泡沼湿地中大量增殖的主要原因之一。为了增殖瓦氏雅罗鱼，每年春季从达里湖渔场移入受精卵，进行人工孵化。

3）渔业生态恢复

1983 年春季，由于气候干旱、水源补给不足、水面蒸发量较大、水域面积缩小、盐碱浓度升高，其甘泡、布日敦泡鱼类大量死亡，鱼类资源受到严重损害。为了保护鱼类资源，促进其正常繁殖，大量引入淡水，使盐碱水质淡化，促进生态恢复，确保鱼类安全生存与种群可持续发展。

（1）布日敦泡。1982 年，在进行水产资源调查与区划工作时，提出了布日敦泡盐碱水淡化方案：将仗房河（该河距布日敦泡最近距离 8km）淡水引入泡沼湿地，以降低水体盐碱度。其主要工程包括：疏通长 4km 的河道，同时开挖长 150m、宽 10m、深 7m 的支流河道；修建长 60m、宽 30m、高 8m 的拦洪堤坝，改变河水流向，使其泄入布日敦泡。该工程 1983 年夏季开始，1984 年 7 月 20 日竣工，22 日通水，27h 注入布日敦泡的淡水达 30 万 m^3，泡沼盐碱水开始淡化，不仅有效地控制了鱼类死亡的势头，同时利用网箱试养鲤、草鱼、鲢、鳙全部存活。1984 年秋季投放的 3 万尾鲤、鲢鱼种都生长良好，表明水质已得到改善，渔业生态正在恢复。截至 1985 年秋，已投放鱼种超过 200 万尾，其中经济鱼类占 1/3 以上。

布日敦泡盐碱水质的淡化，不仅为多品种、多层次的立体混养创造了有利条件，同时还为同类型水域的渔业利用与水质改造，提供了成功经验。

（2）其甘泡。丰水年份其甘泡鲫鱼和瓦氏雅罗鱼可产卵繁殖。但干旱年份鱼类大量死亡，虽有少量淡水注入，但也无济于事。因此，盐碱水环境改造，也应以水质淡化为主。但在水质淡化、渔业生态恢复之前，可引进青海湖裸鲤等耐盐碱能力较强的鱼类。

（3）水质监测。对渔业生态逐渐恢复的盐碱湿地，应定期监测水质动态变化情况。如发现水质变化影响到鱼类生存与生长时，要及时采取控制措施，避免水质进一步恶化。

4.3.2 泡沼型水库

1. 常规渔业

庆学水库位于吉林省大安市叉干乡，是一座由盐碱泡沼改造而成的灌溉兼养鱼的沼泽泡沼型小型水库，水域面积为 20.7hm^2，可养鱼水面为 12.4hm^2，可越冬水面为 4.3hm^2，平均水深为 2.52m，总库容为 26.2 万 m^3，集水面积为 9.6km^2，≥15℃的鱼类生长水温日数为 120～130d。库底平坦，细砂质土壤，水草较少，集水区内均为盐碱化草原和耕地。水质化学类型为C_{I}^{Na}半咸水，盐度为 1.83g/L，碱度为 14.74mmol/L，pH 为 9.1。平均年鱼产量为 93.7kg/hm^2，主要种类为鲢、鳙、银鲫和鲤鱼，总产量合计占比＞80%[238]。

1）生态环境改良

（1）引种水草。实施放养渔业前，库内水草较少，特别是沉水植物贫乏，这是水库渔业生产性能较低的主要原因之一。菹草是松嫩平原天然水域沉水植物的优势种之一，其繁殖体鳞枝的资源十分丰富，来源广，是人工移植的首选种类。每年 8 月中旬鳞枝生物量最大之际，用密齿铁耙从月亮泡、新荒泡等其他菹草型水体捞取，然后均匀播撒于库中。共移植鳞枝 2673kg，水草资源得到一定程度的恢复，使该库成为菹草型水体，生物量达到 3.72kg/m^2，底栖生物、浮游生物及沉水饲料植物等天然饵料的资源状况明显得到改善。

（2）生活污水资源化利用。由于过去经常发生灌溉与养鱼争水的矛盾，试验期间新开挖引水渠道 3.85km，将库区居民生活污水引入水库，年入库水量约 20 万 m^3，相当于库区年降水径流量的 5～8 倍，不仅满足了养鱼用水，还为鱼类生长提供了丰富的天然饵料，起到改善水质的作用。

（3）施有机肥。①为了多途径解决肥源，广泛收集周围农户猪牛羊粪便及其他农家肥；鼓励集水区群众到集水区内和水边放牧，使大量粪便直接遗落到库中，或遗落到集水区内而随着降水径流进入库中，起到施肥作用。②为增加肥源，对周围养殖家禽超过 50 只或养殖家畜 10 头以上的农户，实行无偿提供一半幼雏幼畜的鼓励政策，但要求每个养殖户每年向养鱼开发者回交粪肥 1～2t。③施用瓜果、蔬菜的茎叶等绿肥。④为了增加肥效，改变施肥方式，即将传统一次性大量施基肥的方法，改为少量多次经常化施追肥；改堆肥施用方式为泼洒粪水，即将发酵腐熟好的有机肥用水搅拌均匀，形成浓度为 40%～50%粪水后全库泼洒。5 月、6 月、9 月每周施 1 次，7 月、8 月高温季节每半月施 1 次。全年施肥量月分配比例：5 月为 20%～25%，6 月为 25%～30%，7 月为 10%～15%，8 月为 5%～10%，9 月为 15%～20%（表 4-87 和表 4-88）。

表 4-87 施肥量 （单位：kg/hm^2）

肥料种类	1989 年	1990 年	1991 年	1992 年	1993 年	1994 年
绿肥	7382	7890	6933	7040	5925	4772
农家肥	27310	19327	22743	20489	17893	17266
氮肥	3683	4967	5884	3233	3794	3363
磷肥	536	673	958	427	344	409

表 4-88　月施肥比例　（单位：%）

年份	有机肥					化肥			
	5月	6月	7月	8月	9月	6月	7月	8月	9月
1989	23.7	31.2	16.4	8.9	19.8	20.3	28.7	39.3	11.7
1990	19.2	29.8	18.7	8.7	23.6	19.6	31.4	37.8	11.2
1991	25.4	27.3	14.1	12.3	20.9	21.2	30.2	34.7	13.9
1992	20.9	32.8	15.2	8.4	22.7	18.7	28.3	32.8	20.2
1993	26.2	30.7	13.4	8.4	21.3	23.3	27.9	31.2	17.6
1994	28.4	31.3	15.7	6.2	18.4	25.6	31.4	33.8	9.2

（4）追施化肥。6～9 月是全年水温较高的季节，水温均在 18℃以上，在大量施用有机肥的同时，开始追施化肥。施用的化肥选择生理酸性肥料，主要有硫酸铵、过磷酸钙。在透明度保持 30～40cm 的情况下，主要采用如下施肥方法：①水温 20～25℃时，每 10d 追施 1 次，用量为 4～5g/m^3 硫酸铵，0.8～1.2g/m^3 过磷酸钙；水温 25℃以上时，以相同的用量每半月施 1 次。②遇到连续阴雨天，间隔时间过长时，天气转晴后立刻施肥。③全年化肥施用量的月分配比例：6 月为 20%～25%，7 月为 25%～30%，8 月为 30%～40%，9 月为 10%～15%。

以上肥料在向水体提供营养盐类的同时，也降低了水体碱度，减缓了 pH 的上升，因而还具有调节水质的作用。

2）合理放养

（1）确定放养种类和数量。①该区地处东北西部的盐碱贫困地区，粮食生产不足，精饲料紧张；但畜牧业相对发达，有机肥来源广，由此确定以有机肥、化肥养殖肥水性鱼类的放养模式。②为充分利用库内水草和底栖动物资源，搭配一定数量的草食性鱼类和杂食性鱼类。在总放养量中所占比例：鲢、鳙为 80%～90%，草鱼为 1%～3%，鳊为 3%～5%，团头鲂为 2%～4%，鲤为 3%～5%，银鲫为 1%～3%。

（2）以库带田，解决鱼种。①在水库周边的集水区内开展稻田养鱼，为水库养鱼培育鱼种。②水库管理部门向稻田养鱼农户无偿提供水源、技术、运输等服务，并垫付 50%的鱼种款，以当地鱼种价格的 80%回收鱼种。通过上述途径，可解决水库放养所需全部鱼种的 50%～60%。其中，鲤、鲫、草鱼占 70%，鲢、鳙鱼占 40%～50%，可节约水库养鱼开支 50%以上。同时，由于鱼种就地回收后可直接放入水库，运输距离较短，鱼种成活率明显提高。

（3）放养规格合理搭配。上述鱼种的平均放养规格：鲢、鳙 100g/尾以上，鲤 80g/尾，草鱼 150g/尾以上。鲢、鳙实行大、中、小三种规格搭配放养，大规格鲢、鳙超过 200g/尾，中规格鲢、鳙为 100～200g/尾，小规格鲢、鳙为 50～100g/尾；大、小规格各占 20%，中规格占 60%。

（4）调整放养时间与放养结构。鱼种以秋季放养为主和春季放养为辅，占比分别为 75%～80%和 20%～25%。每种鱼的放养投放比例依据每年的成鱼捕捞规格调整。其中，鲢、鳙放养比例为（5～7）∶1。最低捕捞规格：鲢 1.0kg/尾，鳙、草鱼 1.5kg/尾，鲤 750g/尾，银鲫 100g/尾，鳊、鲂 250g/尾。

1989～1994年鱼种放养量及其构成见表4-89。

表4-89 鱼种放养量及其构成

年份	总放养量/kg	平均放养量/(kg/hm²)	鱼种构成/(kg/%)						
			鲢	鳙	草鱼	鲤	鳊	团头鲂	银鲫
1989	4217	340	2878/68.3	576/13.6	97/2.3	211/5.0	198/4.7	118/2.8	139/3.3
1990	4996	403	3722/74.5	614/12.3	130/2.6	205/4.1	160/3.2	130/2.6	35/0.7
1991	5278	425	3767/71.4	567/10.7	206/3.9	253/4.8	227/4.3	195/3.7	63/1.2
1992	5669	457	4464/78.7	638/11.3	119/2.1	187/3.3	100/1.8	62/1.1	96/1.7
1993	6072	490	4456/73.4	759/12.5	49/0.8	255/4.2	164/2.7	219/3.6	170/2.8
1994	6361	513	4752/74.7	585/9.2	71/1.1	305/4.8	216/3.4	298/4.7	134/2.1

3）增殖野生鱼类资源

天然水域养殖的鲤、鲫、鳊、鲂等鱼类已近于野生化，所以商品价值较高。开发天然水域养鱼时，在适当加大鱼种投放量的同时，应重视改善它们在水域中的自然繁殖条件，促进野生鱼类资源的自然增殖。

（1）控制水位。鱼类繁殖旺季的5月、6月，农田需水量也较大。为确保草上产卵鱼类繁殖所需的稳定水位，开挖渠道为1.36km，从附近的引洮灌渠引水，使入库和出库水量基本平衡，保持水位相对稳定，从而改善鱼类产卵场的生态环境，提高鱼卵孵化率和鱼苗成活率。

（2）设置人工鱼巢。尽管库内移植了大量菹草，但在利用水域自然植被的同时，还应增设树枝、杂草（扎成草捆）、稻草、麦秆等人工鱼巢，进一步提高资源增殖效果。

（3）清除野杂鱼。对库内鲇鱼、乌鳢和鳌等野杂鱼类，尽可能予以清除。方法：增加野杂鱼的捕捞报酬；与捕捞者签订合同，规定渔获物中野杂鱼必须占有一定比例；春、秋两季采用定置刺网、钓鱼具等渔具捕捞鲇鱼和乌鳢。

4）防旱

以往水库曾多次干涸，或浓缩成高盐碱湖泊，渔业生态退化，严重影响了渔业功能。试验期间，利用当地秋季水量较充沛的特点，每年入冬前蓄满水；下一年5月、6月枯水期和灌溉放水时，尽可能多地通过引洮灌渠向水库补水，抵消蒸发量，使水的盐碱度不再升高。7～9月除了从灌渠可以补充部分水量外，还利用水库周围井灌稻区的排水作为补充水源。

5）常年捕捞，均衡上市

以往成鱼捕捞，大多只在元旦至春节之间进行1次。由于上市集中，价格较低，有时甚至积压变质。实施开发后，利用水库靠近白城、安广、大安等城市和交通便利的优势，实行常年小捕捞与年终大捕捞相结合，使商品鱼均衡上市。这种捕捞方式，既提高了经济效益（淡季鱼价高于年终大捕捞2～4元/kg），减轻年终集中销售的压力，加速资金周转，又相对解决了底层鱼冬季捕捞困难的问题，还降低了水库中的鱼类密度，促进了低龄鱼的生长。

6）防病

鱼种放养前，用5%的食盐水浸洗消毒5～10min；7月、8月每隔半月泼洒1次37.5kg/hm^{2}漂白粉；6～9月以浸泡法使用菖蒲、艾蒿、柳树枝、杨树枝及松树枝各250～300kg/hm^2，放于鱼类集中活动的区域，半月更换1次。采取这些防病措施，试验期间未发生过严重病害。

7）养殖结果

（1）经济效益。1990年开始捕捞成鱼，至1994年鱼产量和产值均有较大幅度提高，养殖成本下降，利润逐年增加（表4-90和表4-91）。

表4-90　成鱼产量及其构成

年份	总产量/kg	平均产量/(kg/hm^2)	产量构成/(kg/%)						
			鲢	鳙	草鱼	鲤	鳊	团头鲂	银鲫
1990	9461	763	5033/53.2	2526/26.7	596/6.3	445/4.7	208/2.2	322/3.4	331/3.5
1991	12177	982	5818/48.6	4067/33.4	499/4.1	560/4.6	377/3.1	305/2.5	451/3.7
1992	17028	1374	10472/61.5	3712/21.8	817/4.8	954/5.6	307/1.8	119/0.7	647/3.8
1993	22208	1791	11037/49.7	6263/28.2	733/3.3	1599/7.2	877/3.9	422/1.9	1288/5.8
1994	29103	2347	14959/51.4	6956/23.9	698/2.4	2794/9.6	1339/4.6	495/1.7	1863/6.4

表4-91　经济效益统计

年份	产值/万元	成本/万元	利润/万元	产投比	年份	产值/万元	成本/万元	利润/万元	产投比
1990	4.868	4.651	0.216	1.05	1993	12.938	8.669	3.269	1.49
1991	6.086	5.408	0.678	1.13	1994	14.085	8.877	5.209	1.59
1992	9.206	7.387	1.819	1.25	合计	47.183	34.992	11.191	1.35

（2）社会效益。试验期间共向社会提供商品鱼90t；库区33个自然村屯2729户农民出售商品牲猪4293头，肉牛2831头，羊9862只，禽类约2.154万只，共增收51.63万元。群众向水库出售有机肥料5690t，收入7.26万元。这不仅提高了水库成鱼产量，还促进了库区畜牧业快速发展和农民脱贫致富，为当地剩余劳动力提供出路。

（3）生态效益。水库养鱼所需要的大量有机肥料均来自周围农户，从而避免了房前屋后到处堆积乱扔，污染环境，提高了农村生态环境质量，促进新农村建设；同时改善了盐碱水库的水土生态环境，促进了盐碱水渔业良性循环。

8）问题探讨

（1）盐碱水库渔业生态恢复。盐碱水库水环境盐度大多＞3.0g/L，碱度＞10.0mmol/L，水环境理化性状不良，饵料基础较差，鱼产量不高。庆学水库通过引种水草、施有机肥、辅施化肥等综合措施的运用，使养殖期间的水生态环境质量有了明显改善（表4-92），饵料基础增强，自然渔业生态逐渐恢复，再配以合理的放养措施，渔业功能增强，鱼产量大幅度提高，如1990～1994年成鱼产量年均为1411.4kg/hm^2，较开发前增加了11.2倍，年递增率为32.3%，表明所采取的渔业生态恢复措施可为盐碱泡沼型水库实施放养渔业提供参考。

表 4-92 试验前后水质情况

测定时间	DO/(mg/L)	COD/(mg/L)	PO_4^{3-}-P /(mg/L)	NO_3^--N /(mg/L)	NO_2^--N /(mg/L)	NH_4^+-N /(mg/L)	TN/(mg/L)
1987-07-29	6.88	12.63	0.093	0.096	0.007	0.139	2.09
1994-08-02	9.32	27.96	0.163	0.474	0.083	0.862	4.23

测定时间	TP/(mg/L)	N / P 值	碱度 /(mmol/L)	总硬度 /(mmol/L)	盐度/(g/L)	透明度/cm	pH
1987-07-29	0.636	2.6	13.63	5.29	4.74	93.6	9.44
1994-08-02	1.331	8.7	5.72	4.20	3.38	37.2	8.67

（2）有机肥的施用方法。改传统的一次性大量施基肥为量少、多次经常化地施追肥，改堆肥施用为泼洒粪水。这种施肥方法具有如下优点：①延长了肥料在水层中的停留时间，使肥料较快地分解，容易被浮游生物利用，可持续不断地补充肥源，使水中的浮游植物有足够的营养而得到持续的繁殖与生长。②提高肥料的利用效率和物质循环的周转速率，还能使早期的水质很快地肥沃起来。③所施用的有机肥料在水中不仅起到肥水作用，为鲢、鳙培养浮游生物饵料，还有相当一部分以有机碎屑的形式被鲢、鳙直接滤食，或有机碎屑上吸附大量细菌后被利用。1993 年鲢、鳙实际产量为 1395kg/hm^2。有机肥料实际上主要起着饲料的作用。

（3）盐碱水库施化肥养鱼。盐碱水库宜施用生理酸性化肥，如硫酸铵、过磷酸钙等。它们不但价廉易得，而且在向水体提供营养盐类的同时，也减弱了水体的碱度。本试验还增加了氮肥施用量，以调整 N / P 值，使其达到 10 左右的较佳范围，实现较好效果。

（4）施肥法控制小三毛金藻。小三毛金藻是盐碱水体常见藻类，庆学水库先前曾多次发生毒死鱼现象，其中，1983 年、1986 年两次共毒死鱼类超过 3.5t。故试验期间利用该藻生长缓慢、种间竞争力较差的特点，改变过去一次性大量施肥为经常化地泼洒肥浆，使肥料较快地被分解利用，不断地补充肥源，增加水层中有机质含量，促进其他各类浮游植物的繁殖，从而抑制该藻的增殖。根据盐碱泡沼养鱼试验结果（见 4.2.2 节），采用施肥法控制小三毛金藻的过度繁殖，可作为盐碱水养鱼的通用方法。该法预防效果显著，从根本上消除了该藻的危害，同时又改良了盐碱水质，一举两得，生产上较为实用。

（5）盐碱水库放养鱼类。东北地区的盐碱水库大多分布在西部农牧交错带或牧区，且水草较少，尤其是缺少沉水饵料植物，浮游生物贫乏，底栖动物也不丰富，自然鱼类生产潜力一般在 75～150kg/hm^2，草食性鱼类和底栖动物食性的鱼类均不宜多放。本试验结果表明，通过人为调控的水体，鲢、鳙的产量是比较高的。在那些投饵较困难，而有施肥与补水条件，且水质盐度在 4.0g/L 以下的盐碱性水库，鲢、鳙作为主养鱼类是可行的。1994 年 7 月 23 日对 55 尾鲢鱼和 71 尾鳙鱼进行了生长观察。在鲢、鳙的放养比例为（5～7）∶1 的情况下，鲢鱼的生长速度仍明显快于鳙鱼。29 日对水体浮游生物进行了调查，结果是浮游动物的数量和生物量均很低，分别为 143.6ind./L 和 0.117mg/L；浮游植物数量和生物量均较高，分别为 4.296 万 ind./L 和 23.742mg/L，优势种为硅藻和隐藻，均系鲢鱼易消化利用的种类。所以该库浮游生物饵料的组成有利于鲢鱼的生长，故此鲢、鳙的放养比例可调整到（8～9）∶1。

2. 生态渔业

长城水库位于吉林省大安市叉干乡长城村，1977年蓄水，集水面积为7.2km²，库容为51.7万m³，以农业灌溉为主，有效养鱼水面为8.2hm²，平均水深为4.9m，水草较少，全年水温15℃以上的日数为110～120d。实施开发前水库配有鱼种池0.73hm²，由村集体经营，每年放养体长>9.0cm以上的鱼种1.5万～1.8万尾（折合约1.0t），其中鲢、鳙分别占73%、22%，草鱼、鲤和银鲫合计占5%。平均年鱼产量为2691kg，平均单产为328kg/hm²，其中鲢、鳙分别占72%、23%，其他鱼类合计占5%。

1）提高鱼种生产能力

对分布在库区内的3.87hm²天然盐碱泡沼进行渔业生态改造，并扩建成鱼池，使水库所拥有的池塘面积增至4.92hm²。1992年以后，每年利用灌区10hm²稻田培育鱼种，以水资源换鱼，以库带田，培育大规格鱼种。同时开发利用排水渠道和承泄区水面共计5.2hm²，用来饲养成鱼和培育大规格鱼种。通过这些措施，水库大规格鱼种的生产能力达到5.6～7.7t/a，实现鱼种自给，同时增加成鱼生产能力10.5～12.2t/a。

2）合理放养

（1）种类。开发前，该水库一直主养鲢、鳙，鲤、草鱼及银鲫比例很小。试验期间，调整了放养结构，主要是增加鲤、银鲫和草鱼的放养量，使其占比达到39.1%，同时减少鲢、鳙放养量，其占比降至8.6%，总放养量为492kg/hm²，放养量年递增33.6%。此外，还增放少量团头鲂和鳊鱼。历年鱼种放养情况见表4-93。

表4-93 鱼种放养情况

种类	1989年				1990年			
	总放养量/kg	平均规格/(g/尾)	平均放养量/(kg/hm²)	比例/%	总放养量/kg	平均规格/(g/尾)	平均放养量/(kg/hm²)	比例/%
鲢	1224.5	57.4	149.3	68.5	1586.6	66.5	193.5	58.9
鳙	352.2	53.6	42.9	19.7	449.8	73.2	54.9	16.7
草鱼	50.1	93.7	6.1	2.8	123.9	123.2	15.1	4.6
鲤	119.8	51.2	14.6	6.7	301.7	56.8	36.8	11.2
银鲫	41.1	29.7	5.0	2.3	231.7	35.8	28.3	8.6
合计	1787.7	—	217.9	—	2693.7	—	328.6	—

种类	1991年				1992年			
	总放养量/kg	平均规格/(g/尾)	平均放养量/(kg/hm²)	比例/%	总放养量/kg	平均规格/(g/尾)	平均放养量/(kg/hm²)	比例/%
鲢	2077.3	127.4	253.3	53.7	2337.5	136.4	285.1	49.8
鳙	661.5	125.8	80.7	17.1	769.8	130.2	93.9	16.4
草鱼	208.9	120.2	25.5	5.4	291.0	125.5	35.5	6.2
鲤	603.5	68.3	73.6	11.2	877.7	65.6	107.0	18.7
银鲫	317.2	26.8	38.7	8.6	417.7	28.4	50.9	8.9
合计	3868.4	—	471.8	—	4693.7	—	572.4	—

续表

种类	1993 年				1994 年			
	总放养量/kg	平均规格/(g/尾)	平均放养量/(kg/hm^2)	比例/%	总放养量/kg	平均规格/(g/尾)	平均放养量/(kg/hm^2)	比例/%
鲢	2531.2	135.7	308.7	47.2	2251.8	132.4	274.6	45.7
鳙	879.5	132.8	107.3	16.4	857.4	142.1	104.6	17.4
草鱼	259.3	127.2	43.8	6.7	266.1	130.2	32.4	5.4
鲤	1120.8	62.7	136.7	20.9	1098.8	60.4	134.0	22.3
银鲫	471.9	30.6	57.6	8.8	453.3	32.7	55.3	9.2
合计	5262.7	—	654.1	—	4927.4	—	600.9	—

（2）规格。1991 年以后，鲢、鳙、鲤改为多种规格搭配放养。其中，鲢、鳙规格为 250～400g/尾的占比为 5%～10%，放养量为 30～45kg/hm^2；规格为 150～200g/尾的占比为 15%～25%，放养量为 90～150kg/hm^2；规格为 50～100g/尾的占比为 30%～50%，放养量为 150～200kg/hm^2。鲤鱼规格为 75～100g/尾的占比为 60%～70%，放养量为 80～100kg/hm^2；规格为 25～50g/尾的占比为 25%～40%，放养量为 30～60kg/hm^2。草鱼、银鲫也放养 2～3 种规格。因库中无食鱼性鱼类，每年 6 月底套养规格 3～5cm 的夏花鱼种 1.2 万～1.7 万尾/hm^2。这种多规格、多层次的放养结构，可使鱼类阶梯式达到商品规格，有利于鱼类生长与均衡上市。

（3）时间。改变春季投放鱼种的传统做法，全部采取秋季放养。

3）因地制宜解决饲料

（1）秸秆配合饲料的开发。将稻草和玉米秆粉碎，经碱化或氨化处理后发酵，然后按照豆饼 40%、玉米 20%、稻糠 10%、发酵秸秆粉 30%的比例，配制成颗粒饲料。这种配合饲料的粗蛋白含量为 22.2%，粗脂肪为 5.1%，粗纤维为 14.3%，无氮浸出物为 42.7%。用这种配合饲料投喂鲤鱼、银鲫和草鱼，可节约精饲料 30%～35%，降低成本 20%～30%。

（2）种植青饲料。开发利用库区闲散空地及塘埂坝基等土地 6.8hm^2，种植紫花苜蓿、稗草、玉米、大豆等饲料作物。1991 年以后年产青饲料 20～35t，饲料粮 12～18t，基本满足了水库养鱼的需要。

4）发展畜禽养殖

（1）水面养鸭。1990 年以来，蛋鸭存栏数量保持在 2700～3000 只。每只鸭月排粪量在 6.0kg 左右，回收率约 70%，每年 5～9 月鱼类生长期入库的鸭粪数量达 50～60t。

（2）岸边养猪。1990 年以来，体重 60～90kg 的肉猪存栏数量保持在 90～120 头。每头猪月排粪量约 140kg，回收率约 80%，每年养鱼期间直接入库的猪粪达 60～70t。

5）养殖管理

（1）投饲。投饲的目的主要是解决鲤、草鱼、银鲫等鱼类天然饵料不足的问题。在水库的头、中间和库尾三个地段各设置两个饵料台，在气温较高的晴天和多云天，每天投喂饲料 700～1200kg，并以日落前不剩或仅剩少量为调整标准。

（2）防病。鱼种放养前用 5%的食盐水浸洗消毒 5～10min。养殖期间，每半月全库泼洒 1 次石灰乳，浓度为 20～25g/m^3；每周在饵料台周围泼洒 1 次漂白粉，浓度为 20.0g/m^3。

（3）防逃防盗。经常检查拦鱼栅、防逃桩和防逃网，加强渔政管理。

6）常年捕捞，均衡上市

将以往年底集中捕捞改为日常小捕，按市场需求，商品鱼以鲜活均衡上市，从而缩短了养殖周期，加快了资金周转，增加了收入。日常小捕捞还有利于提高回捕率、有利于秋季放养鱼种和鱼类越冬，同时又相对解决了底层鱼类冬季捕捞的困难。此外，日常小捕捞还降低了水体中的鱼类密度，有利于加快鱼类生长。一般小捕捞的鱼产量占全年总产量的 70%～80%。

7）协调农渔用水矛盾

水库灌溉任务重，水位年变幅大，加之本身调节能力较弱，农渔用水矛盾突出，开发前经常出现死库容运行。实施生态渔业开发后，采取以下措施来协调农渔用水矛盾。

（1）加强水利工程维修管理，增加蓄水量，扩大水面。到 1995 年累计新增蓄水量 2.87 万 m^3，新增养鱼水面 0.62hm^2。

（2）春季，对农业用水实行严格管理，采取先远后近，先高后低，先整后零，先水后旱的原则，合理用水，减少损失。

（3）适当处理汛期腾空库容问题，汛末抓紧蓄水并控制放水。1992 年和 1994 年均未腾空库容防洪，而是通过汛期放水量的控制来调节洪峰。

（4）因农渔用水同季，故加强水库秋季蓄水，并引进稻田的排水，尽量以较高的水位越冬，使蓄水与用水错峰，避免用水高峰期水位降至低库容而影响渔业。

（5）根据库存鱼的数量制定保鱼水位，其标准是平均 1.0t 鱼确保 6000m^3 以上的水体，或者水深＞2.5m 的水域面积＞0.2hm^2。试验期间确定的保鱼水位，为库容在 7.37 万～12.9 万 m^3 时的水位，或水域面积为 2.42～4.33hm^2，并以此作为农业灌溉用水的警戒水位。

8）试验结果

试验期间成鱼平均年产量为 2589kg/hm^2（表 4-94），比开发前增加了 6.89 倍，年递增 41.1%，接近吉林省同类水库多年平均单产（2693kg/hm^2）。平均年经济效益约 1.038 万元/hm^2，高于吉林省同类型水库（7247 元/hm^2），比开发前（1762 元/hm^2）增加 4.89 倍，年递增 34.4%。经济效益统计见表 4-95。

表 4-94　成鱼起捕情况

种类	1990 年				1991 年			
	总产量/kg	平均规格/(g/尾)	平均产量/(kg/hm^2)	比例/%	总产量/kg	平均规格/(g/尾)	平均产量/(kg/hm^2)	比例/%
鲢	7526.1	762	917.8	70.9	5507.7	683	671.7	56.7
鳙	2057.8	751	251.0	19.4	1183.6	716	144.3	12.2
草鱼	258.7	1438	31.5	2.4	772.8	1681	94.2	7.9
鲤	673.3	562	82.1	6.3	1462.1	627	178.3	15.1
银鲫	115.6	147	14.1	1.0	788.5	169	96.2	8.1
合计	10631.5	—	1296.5	—	9714.7	—	1184.7	—

续表

种类	1992年				1993年			
	总产量/kg	平均规格/(g/尾)	平均产量/(kg/hm^2)	比例/%	总产量/kg	平均规格/(g/尾)	平均产量/(kg/hm^2)	比例/%
鲢	7214.3	892	879.8	47.3	11767.8	1244	1435.1	46.5
鳙	2200.0	1125	268.2	14.4	3935.8	1367	480.7	15.5
草鱼	1374.1	1896	167.6	9.0	2755.5	2062	336.2	10.9
鲤	3532.7	763	430.8	23.2	5511.3	869	672.1	21.8
银鲫	937.6	164	114.3	6.1	1345.8	153	164.1	5.3
合计	15258.7	—	1860.7	—	25316.2	—	3088.2	—

种类	1994年				1995年			
	总产量/kg	平均规格/(g/尾)	平均产量/(kg/hm^2)	比例/%	总产量/kg	平均规格/(g/尾)	平均产量/(kg/hm^2)	比例/%
鲢	12119.2	1327	1477.9	42.4	13952.6	1283	1701.5	37.0
鳙	492.2	1379	572.2	16.4	6096.9	1492	743.5	16.2
草鱼	1669.6	1988	215.5	5.8	2519.8	1866	307.3	6.7
鲤	8851.1	783	1079.4	30.9	13604.2	892	1659.2	36.0
银鲫	1322.9	142	161.3	4.6	1548.2	157	188.8	4.1
合计	24455.0	—	3506.3	—	37721.7	—	4600.3	—

表 4-95 经济效益统计

年份	产值/万元	成本/万元	利润/万元	产投比	年份	产值/万元	成本/万元	利润/万元	产投比
1990	4.363	1.996	2.367	2.19	1994	17.538	5.157	12.381	3.40
1991	4.695	2.290	2.405	2.05	1995	24.820	6.262	18.558	3.96
1992	8.266	3.111	5.155	2.66	合计	74.767	23.676	51.091	3.16
1993	15.085	4.860	10.225	3.10					

9）问题探讨

（1）放养结构的调整与成鱼产量。放养规格单一、种类单调、数量偏少导致鱼产量低、效益差，这是小型水库普遍存在的问题。试验中进行了增加优质鱼、减少鲢鱼、稳定鳙鱼的高放养量、多品种、多规格的结构性调整。随着放养结构的逐步优化，后 3 年成鱼平均年产量（3731.6kg/hm^2）比前 3 年（1447.3kg/hm^2）增加了 1.58 倍，1995 年达到 4600.3kg/hm^2，比开发前（328kg/hm^2）增加了约 13 倍，年递增 69.58%，比 1990 年（1296.5kg/hm^2）增加 2.55 倍，年递增 28.8%。优化后的鱼种放养结构中，鲢、鳙分别占 40%～50%、15%～20%，优质鱼占 30%～40%；成鱼产量中，鲢、鳙合计占 50%～60%，优质鱼占 40%～50%。

（2）商品鱼结构与经济效益。鱼种放养结构的调整，改变过去鲢、鳙一统天下的局面为鲢、鳙与优质鱼六四开。优质鱼产量及其在总产量中的比例年平均分别递增 76.2% 和 36.2%，鲢、鳙比例递减 10.2%。试验期间共上市优质鱼 41t，在上市成鱼总量 116t 中占 35.3%。但其产值占到总产值的 60%。1995 年出售优质鱼 16.8t，在成鱼总销售量中占 46.2%，产值则占 73.8%。可见对于经济效益的提高，优质鱼起到了重要作用。

（3）常年捕捞与合理种群的建立。水库开发前 5 年放养鱼种的平均回捕率，鲢、鳙、草鱼及鲤分别为 9.3%、17.8%、11.5%及 3.7%。商品鱼回捕率为 41.4%，比例均较小。根据 1991～1995 年渔获物的抽样统计，估算放养鱼类平均回捕率，鲢、鳙、草鱼、鲤及银鲫分别为 44.4%、47%、45%、54%及 61%。根据各年度的回捕率和成活率，估算出全库商品鱼的回捕率平均为 77%。以上表明经常性的小捕捞与年末大捕捞相结合，既有利于均衡上市，又有利于提高鱼种回捕率和商品鱼起水率，减少库存鱼的数量，为进一步增加鱼种放养量创造条件。再结合多品种、多规格的优化放养结构，促进水库养殖鱼类合理种群数量与种群结构的建立。

（4）成鱼均衡上市。传统的年初放养、年末大捕、集中上市，成鱼价格偏低。常年小捕捞与年终大捕捞相结合，使商品鱼均衡上市，提高了经济效益。要做到这一点，其基础是前述养鱼措施的综合实施。

（5）秋季放养。将水库鱼种的放养时间由传统的春季改为秋季，这样有利于降低发病率，也有利于越冬和提早开食，从而省去了池塘越冬成本。

（6）秸秆饲料的利用。当地农作物秸秆资源十分丰富。通过试验，将玉米、稻草的秸秆混合粉碎后发酵，其粗蛋白质含量由处理前的 4.9%提高到 12.8%，粗纤维则由 33.6%降至 21.8%。用其代替部分精饲料养鱼，取得了较好效果，应在农区推广应用。

4.3.3　东北蝲蛄养殖

1. 东北蝲蛄资源特征

东北蝲蛄（*Cambaroides dauricus*），又称东北螯虾，隶属于甲壳纲、软甲亚纲、十足目、爬行亚纲、蝲蛄科、蝲蛄属。我国境内自然分布的螯虾只有蝲蛄属的 3 种，即许郎蝲蛄（*Cambaroides schrenckii*）、朝鲜蝲蛄（*Cambaroides similis*）和东北蝲蛄。许郎蝲蛄体型最小，主要分布在黑龙江下游和西伯利亚；东北蝲蛄体型最大，分布在黑龙江流域及西伯利亚和朝鲜北部；朝鲜蝲蛄分布范围局限于辽宁各地（约在北纬 42°以北）。3 种蝲蛄中，东北蝲蛄的种群密度及渔业价值最大，广泛分布于吉林、黑龙江两省。在长白山、小兴安岭、松嫩平原和三江平原沼泽区，每人可日捕 10～90kg，是当地可供捕捞的水产资源之一。该虾可常年供应市场，填补了食用鱼类上市的不足，从而丰富了群众菜篮子，调剂了市场水产品供应[239-242]。

1）形态特征

东北蝲蛄身体分为头和腹两部分。体长 65～75mm，体形扁平，甲壳坚厚，表面光滑，短毛很少，但小凹窝较多。背侧体色呈深棕绿色。头胸部扁圆桶形。额角呈三角形，两侧向内弯曲，先端尖，背面中央有一隆线。颈沟明显，劲沟后侧方无侧刺。第一触角无柄刺，第二触角鳞片尖而小，大触角鞭扁平，较长，向后折达第三腹节后缘，大约由 108 节组成。胸足 5 对且强壮，前 3 对具螯，第一对胸足强大，雄性更强大。雌性第 3 对胸足基部各有一雌性生殖孔，雄性第 5 对胸足基部各有一雄性生殖孔。腹部扁平，腹背侧隆起，腹足不发达，故游泳能力较弱。雄性 5 对腹足，第 1 至第 5 腹节各有 1 对，其中第 1 对、第 2 对腹足形成棒状交接器。雌性 4 对腹足，第 2 腹节至第 5 腹节各 1 对。尾节及内、外尾肢共同构成尾扇。

与东北蝲蛄相区别，许郎蝲蛄体长多为 75～80mm，背扁平，体色棕绿色，较东北蝲蛄色浅。甲壳表面有较多的短毛。头胸部的额角两侧平直，背面无中央隆线，但微有弧度。颈沟明显，颈沟后侧方有侧刺。第一触角无柄刺，第二触角鳞片窄而小。大触鞭较东北蝲蛄短，向后折只达第一腹甲后缘，大约由 75 节组成。前 3 对胸足具螯，第一对胸足螯甚大。第 4 对、第 5 对胸足指节呈爪状。生殖孔位置与东北蝲蛄相同。腹部扁平，背部隆起。尾节及尾肢组成尾扇。腹足不发达，雄性 5 对，第 1 对、第 2 对形成交接器。雌性 4 对腹足。

2）分布

东北蝲蛄在黑龙江流域分布很广，一般水域中都能采集到。特别是在松花江流域及其以北、以西、以南地区，不论平原江河、湖泊、沼泽，还是山区小河、溪流中都有其分布，冷水水域中数量较多，与哲罗鲑、细鳞鲑等冷水性鱼类共同生活在同一环境，成为黑龙江流域山区冷水水域中唯一的虾类物种。

许郎蝲蛄则是分布在松花江流域及其以东的乌苏里江水系和兴凯湖流域的虾类。这两种蝲蛄的分布范围可以以松花江为界，松花江以北、以西、以南各水域中只有东北蝲蛄分布，松花江以东的乌苏里江水系及兴凯湖流域只有许郎蝲蛄分布，而松花江及其主要支流的中下游是两种蝲蛄共同生活的水域。

3）生物学特征

（1）栖息习性。东北蝲蛄主要生活在水质清新、透明度较高、溶解氧丰富的流水环境中，水深 0.2～1.0m，在静水泡沼或缺氧的水环境中不能生存。喜欢栖居在石砾底质的河床，白天一般隐藏于石罐或背水一侧的石块下，并掘成浅穴隐藏其中，同时将泥沙推向外方，形成平圆形小丘，头向外，不时摆动大触鞭。单只或几十只共同生活在同一石块下面，翻动石块极易捕获。如果是泥沙质河床，它们就栖息于浅水草丛中或贴伏在水底。生活在大型江河水环境中的个体，整个温暖季节也都靠近岸边活动。有昼伏夜出的习性。据经常捕捞蝲蛄的农民讲，每天 3：00～8：00、18：00～22：00 是蝲蛄觅食较活跃的时间段，因此该时段也是钓肥蝲蛄的最好时机。冬季转入深水区越冬，已查明最深越冬水位为 2.5m（黑龙江省阿什河）。9 月下旬到 10 月上旬在浅水处几乎采集不到东北蝲蛄。次年开始解冻转暖后，由越冬深水处转移到浅水区生活。

（2）繁殖习性。东北蝲蛄两性异型现象，一般雄性个体大于雌性，雄性个体的大螯更强于雌性。另外，雄性有 5 对腹足，第 1 对、第 2 对腹足形成棒状交接器，雌性只有 4 对腹足，无交接器。因此从外部形态上极易鉴别出雌、雄性个体。东北蝲蛄的繁殖时间，在阿什河地区为 4 月下旬至 5 月上旬，7 月上中旬结束，6 月为繁殖盛期。繁殖水温为 7℃左右。雌虾产出的卵都黏附在腹足上孵化。一次产卵量为 60～100 粒，卵型较大，呈球形，直径 2.0mm 左右，孵化时间 40d 左右。当年幼虾生长至秋季，体长可达 37～50mm，第 2 年体长可达 65～70mm。第 3 年性成熟，开始繁殖。

（3）食性。东北蝲蛄为杂食性动物，动、植物类食物均食。食物种类多样，包括淡水藻类、水生种子植物、昆虫的水生幼虫，其他动物尸体以及各种有机碎屑等。东北蝲蛄胃容物检测发现，食有多量的丝状藻类、硅藻、水草残段、昆虫残肢以及一些因消化而无法辨认的食物，其中藻类和水草占主要成分。此外，还特别喜食鸡、鸭肠管和猪骨上的残屑。在室内饲养条件下不论投喂肉条还是面食，东北蝲蛄都不拒食。捕食时，先用大螯挟取，然后靠腭肢送入口中，配合协调。捕食最活跃的时间是每天黄昏和日出前后，白天很少离开巢觅食。

4）经济价值

（1）含肉率。据初步测定，规格5～10g的小蝲蛄和15～30g的大蝲蛄平均含肉率分别为16.63%～24.69%和13.71%～19.32%。大蝲蛄的含肉率相对较低，这与其甲壳增厚、附肢发达粗壮和性成熟等有关。东北蝲蛄因其胸甲较大，螯足粗壮，腹部短小而致使其含肉率一般低于其他甲壳动物，如日本沼泽虾的含肉率为40%。同时，含肉率也与季节有关。野外实测结果表明，以春末夏初季节的含肉率为最高。上述规格的小蝲蛄含肉率平均为23.46%，大蝲蛄含肉率平均为19.47%；秋末冬初季节含肉率最低，平均分别为14.93%和11.26%。同时还显示，含肉率也与雌雄个体有关。一般小蝲蛄阶段雌雄个体间的含肉率差别不大，雌性略高于雄性0.4%～1.2%（绝对值）；规格20～30g的大蝲蛄，雌性开始怀卵，雄性附肢增大，含肉率相对下降。尤其是部分雌性大蝲蛄（群众称其为“老头蛄”），色泽艳丽，甲壳明显增厚，螯足强大，肌肉无弹性，含肉率仅在4%～9%，食用价值较低。市场上销售的东北蝲蛄大部分已达性成熟，其甲壳、螯足均增大增厚，可食部分相对减少。根据抽样调查，某些未达到性成熟的雄蝲蛄含肉率可达27.43%，雌蝲蛄含肉率在22%左右。综合上述，东北蝲蛄的含肉率与个体规格、性别、生长季节、性腺成熟度等密切相关。为取得较好的产品质量，提高可食部分的利用率，掌握好采捕季节和适宜的上市规格是重要的一环。

（2）营养成分。测定结果显示，大个体的东北蝲蛄鲜肌肉中，粗蛋白、粗脂肪和灰分含量分别为18.62%、2.13%和2.44%，小个体东北蝲蛄分别为19.96%、2.73%和1.82%。与其他水产动物比较，大蝲蛄肌肉中粗脂肪含量均低于泥鳅（2.8%）、梭鱼（2.6%）、鳊鱼（2.4%）及河蟹（5.9%），说明其肉质较容易消化吸收；粗蛋白平均含量高于梭鱼（12.8%）、黄鳝（17.2%）、甲鱼（16.5%）、日本沼虾（16.4%）、河蟹（14.0%）及鳊鱼（18.5%）。小蝲蛄粗蛋白含量略高于大蝲蛄，而与乌鳢（19.0%）相当。天然水域中生长的东北蝲蛄，其肝脏十分发达，包埋在头胸甲中，群众称之为“黄”，是蝲蛄的特有风味之所在，其粗脂肪含量高达24.71%～29.36%。

2. 沼泽地养殖

1）选地与改造

利用沼泽地增养殖东北蝲蛄，应选择沉水植物较多、底栖动物和小杂鱼资源丰富、水源充足、排灌方便的地方，面积在1～3hm^2。在养殖区周围边界处开挖宽5m、深1.0～1.2m的环沟，内部开挖宽1.5m、深50cm的“十”字形或“井”字形明水沟，并与环沟相通。挖出的土筑成斜坡形土坎，供蝲蛄栖息。同时完善养殖区的进水、排水系统。

2）放养

东北蝲蛄苗种放养前，用1.5～1.8t/hm^{2}的生石灰清塘消毒，杀灭蛙类、凶猛鱼类、鼠类等敌害。5 月上旬投放 1 龄东北蝲蛄 1.8 万～2.4 万尾/hm²，尽可能在 5 月 10 日前放养结束。要求规格整齐，分散均匀投放，防止局部过密。同时，还可搭配放养规格为 70～80g/尾的鲢 750～900 尾/hm²、鳙 180～240 尾/hm²。东北蝲蛄沼泽地养殖模式见表 4-96。

表 4-96 东北蝲蛄沼泽地养殖模式

模式	放养				起捕				
	规格/g	总重量/kg	平均放养量/(kg/hm²)	个体密度/(尾/hm²)	规格/g	总产量/kg	平均产量/(kg/hm²)	个体密度/(尾/hm²)	回捕率/%
Ⅰ	2.07	53.2	38.8	18742	23.41	465.3	339.6	14506	77.4
Ⅱ	1.83	59.9	43.7	23863	20.64	520.9	380.2	18422	77.2

注：试验面积为 1.37hm²。

3）管理

（1）水质管理。水质管理的指标调控标准：水体透明度为 35～45cm，溶解氧含量＞5.0mg/L，pH 为 7.5～8.5，总硬度在 5.0mmol/L 左右。具体方法是：5 月、6 月和 9 月、10 月平面水深保持 20～40cm，7 月、8 月保持 1.2～1.5m。6～8 月每隔 7～10d 加注 1 次新水至水深增加 5～8cm，每隔 15d 施 1 次 20～30g/m³ 生石灰。养殖期间如果水草腐烂较多，水质发臭，则适当多加注新水。注水在上午进行，不能晚上加水，以防止蝲蛄逃逸。

（2）人工补饲。根据天气、水温及吃食情况进行人工补饲。每天分别于日出前和日落 1～2h 后在明水沟边均匀撒投 1 次，投喂量为全天总投喂量的 40%和 60%。日投喂量按蝲蛄总现存量的 8%～12%计算。1 个生长期动物性饲料、植物性饲料的投喂量分别占 40%～50%、50%～60%。季节分配上，5～8 月中旬植物性饲料占 80%，动物性饲料占 20%；8 月下旬至 10 月分别占 60%及 40%。1 个生长期的人工补饲量为 600～900kg/hm²。

4）捕捞

当水温下降到 5℃以下时，开始捕捞。

3. 草塘养殖

1）营造适宜的生态环境

自然环境中的蝲蛄喜欢生活在水草丛生、水质清澈、溶解氧含量丰富、水深 1m 以下的河流沿岸带，多在水底、水草及其他物体上营爬行生活。根据这些生态习性，对自然草塘进行模拟自然环境的人工改良。主要水质指标的调控范围：pH 为 8.0～8.5，溶解氧含量＞6.0mg/L，总碱度在 3.5mmol/L 左右，总硬度在 5.5mmol/L 左右，透明度＞40cm。

（1）开挖明水沟。在草塘周围边界处开挖宽 5m、深 80cm 的环沟，出土堆于外侧，筑起高 1.2～1.5m 的堤坝。草塘内部开挖宽 1.5m、深 50cm 的“井”字形明水沟，出土在沟两侧筑成斜坡形土坝，供蝲蛄栖息。改造后的草塘明水面占 23%，水草区占 77%。明水沟的开挖可以提高草塘的通气透光性能，使水体增氧升温，还有利于起捕。实测结果表明，生长期间明水沟两侧草丛中的水体溶解氧含量＞6.0mg/L，比改造前的封闭状态提高 1.6～2.3 倍，日平均水温增加 1.2～1.8℃，增加养殖积温 180～270℃。

（2）保持足够的水草覆盖面积。水草尤其是沉水植物在夏季既可为蝲蛄遮阳，又能提供部分植物性饵料，还是蝲蛄的蜕壳隐蔽场所。水草丛生处水生昆虫、底栖动物也较多，可为蝲蛄增殖天然动物性饵料。

（3）生石灰清塘与水质调节。蝲蛄苗种放养前草塘内保持水深 20～30cm，用生石灰 1.8t/hm^2 全塘泼洒清塘，防止凶猛鱼类敌害生物吞食蝲蛄和危害刚刚蜕壳的软壳蝲蛄。养殖期间，每隔 10d 左右用生石灰 600kg/hm^2 调节 1 次水质。生石灰清塘和调节水质，可增加水体中的 Ca^{2+}含量，确保蝲蛄正常生长发育，还有利于防病。

（4）根据蝲蛄生长特点调节水位。松嫩-三江平原地区的蝲蛄体重生长量，5 月占全年体重生长量的比例为 8%～11%，6～8 月占 70%～75%，9 月、10 月占 15%～20%。因此，水位调节原则是：5 月、6 月塘面平均水深控制在 20～50cm，以利于增加水温，促进蝲蛄生长与饵料生物增殖；7 月、8 月保持 1.0～1.2m，以增加蝲蛄活动空间、水体溶解氧含量及水体保温性能，利用生长旺季促进蝲蛄快速生长；9 月、10 月塘面水深保持在 50～80cm，以利于白天升温，夜间保温（主要是明水沟水体）。

（5）适时注水。草塘湿地环境的一个突出问题是水草容易腐烂，造成水质恶化，有时发臭。因此，养殖期间要经常加注新水，原则是“春秋浅利升温，夏季深促生长”。7 月、8 月高温季节 5～7d 加注 1 次新水至水深增加 8～10cm。如果水草腐烂较多，水色变黄味臭，则应多注水。

2）投饲

蝲蛄为典型的杂食性动物，自然环境中螺、蚌、鱼、虾、水生昆虫及其幼虫和水生植物的种子、嫩茎叶、丝状藻类、有机碎屑等各种动植物性饵料均食。每天的摄食时间多在 4：00～6：00 和 19：00～21：00，昼伏夜出。在适温范围内，随着水温的升高，其摄食强度增加。根据其摄食习性，试验中在饵料投喂上，主要从以下三方面进行了探索。

（1）饲料品种搭配：投喂的动物性饲料，主要有来自沼泽湿地的螺、蚌、小鱼、虾等；植物性饲料有鲜嫩水草、草籽、青菜等青饲料及玉米、豆饼、麦麸等商品饲料。

（2）确定投喂比例：1 个生长期的总投饲量中，动物性饲料占 40%，植物性饲料占 60%（其中青饲料和商品饲料各占 30%）。8 月上旬以前是蝲蛄体长增长阶段，其投饲量中青饲料占 60%，商品饲料占 25%，动物性饲料占 15%；8 月中旬以后是育肥阶段，增加动物性饲料的比例至 60%，商品饲料和青饲料各占 20%。

（3）饲料加工与投喂：所有饲料都要磨碎使蝲蛄适口。鱼、虾类饲料要鲜食且剁成碎块状；商品饲料加工成细颗粒状，浸泡松软后再投喂。饲料均匀撒在明水沟两侧土坝浅水处，不能定点堆积投喂，避免蝲蛄相互争斗。根据蝲蛄的活动规律，早晨投喂量占全天的 40%，晚间投喂量占全天的 60%。日投喂量视季节、天气、水温和吃食情况而定，以当天不剩或略余少量为标准。根据试验，日投喂量一般为蝲蛄生物量的 7%～12%。

3）苗种运输与放养

试验所用蝲蛄苗种均采捕于天然水域。捕捞时要小心起网，以免碰坏蝲蛄附肢，用清水洗掉污泥后装入大盆，带水运输，切不可干运，而且不能过分挤压。放养时，先往盆里慢慢加入草塘水至盆内水温与塘水接近（温差小于 4℃），再沿明水沟边缓缓放入水中。放养规格应尽可能整齐，分散投放，稀密均匀，防止局部过密而引起争斗，降低成活率。

放养时间从 4 月下旬开始，水温为 5～7℃，尽量在 5 月 5 日前放养完毕，同时尽可能减少放养批次，最好一次性放足。

4）捕捞时间

松嫩-三江平原地区养鱼的起捕时间，一般在 9 月下旬至 10 月上旬。这时白天平均水温仍在 8～9℃以上，中午可达 12～15℃以上。东北蝲蛄为广温性动物，较耐低温，一般 5℃以上开始生长，2℃以下停食。可见上述起捕鱼类时的水温，尚可满足东北蝲蛄的生长要求。为了提高东北蝲蛄的养成规格，增加产量，利用其生长水温较低的特点，可将起捕时间适当推迟。为此，草塘养殖东北蝲蛄的起捕时间，可延长到 10 月 20～25 日，水温降至 5℃以下。

草塘养殖东北蝲蛄的试验结果见表 4-97 和表 4-98。

表 4-97　草塘养殖东北蝲蛄的放养模式

模式	平均规格/g	总重量/kg	平均放养量/(kg/hm^2)	总个体数/尾	平均密度/(尾/hm^2)
Ⅰ	1.91	25.46	20.21	13260	10526
Ⅱ	1.87	23.26	18.46	12439	9874
Ⅲ	2.12	33.94	26.94	16009	12706
Ⅳ	2.07	32.56	25.84	15729	12483
Ⅴ	2.13	38.04	30.19	17859	14174
Ⅵ	2.02	38.87	30.85	19243	15273
平均	2.02	32.02	25.42	15757	12506

注：试验面积为 1.26hm^2。

表 4-98　草塘养殖东北蝲蛄的起捕情况

模式	平均规格/g	总产量/kg	平均产量/(kg/hm^2)	总个体数/尾	平均密度/(尾/hm^2)	回捕率/%	群体增重/倍
Ⅰ	18.47	194.51	154.37	10531	8358	79.4	6.64
Ⅱ	17.63	184.02	146.05	10439	8284	83.9	6.91
Ⅲ	22.06	287.49	228.17	13032	10343	81.4	7.47
Ⅳ	25.45	355.04	281.78	13950	11072	88.7	9.90
Ⅴ	20.92	319.08	253.24	15252	12105	85.4	7.39
Ⅵ	23.85	409.07	324.66	19124	13624	89.2	9.52
平均	21.40	291.54	231.38	13721	10631	84.7	7.97

注：试验面积为 1.26hm^2。

4. 沼泽泡沼养殖

1）泡沼自然条件及其改造

利用沼泽湿地中的自然泡沼养殖东北蝲蛄，其面积以 0.2～0.3hm^2 为宜，水深为 1.2～1.8m，淤泥厚度＜5.0cm。将泡底部改造成斜坡形的效果最佳，坡降 2%～3%。这可营造深浅结合、水温各异的生态环境条件，并充分利用光能升温，增加有效生长水温的时数和日数，克服东北地区昼夜温差大、水温下降快、生长期短的不利因素。斜坡还可为蝲蛄提供栖息与活动场所。利用斜坡上 30%的面积种植水稻（采用直播方式）和稗草，可模拟自然生态环境，供其避敌栖息，还能提供部分青绿饲料。养殖的前期水草尚未长出，可用陆生植物扎成草捆放置在离岸边 1.5～3.0m 远处，密度为 240～300 捆/hm^2。

2）清塘施肥

蝲蛄放养前 15～20d，注水至水深达到 20～30cm，用漂白粉和生石灰混合清塘消毒，用量分别为 120～150kg/hm^2 和 1050～1200kg/hm^2，加水稀释后全泡泼洒。清塘 5d 后施农家肥 9～12t/hm^2，以实现肥水放养，提高早期幼蝲蛄的成活率和生长速度。10d 后再注水至水深增加 15～20cm，然后放养。注水时水流要小些，避免直冲泡底，防止水质混浊。

3）放养

泡沼养殖蝲蛄，一般采取以蝲蛄为主、混养鱼类的模式。4 月下旬至 5 月 5 日放养 1 龄幼蝲蛄 6.27 万尾/hm^2、规格 70～75g/尾的鲢 1200 尾/hm^2 及鳙 300 尾/hm^2。1 龄幼蝲蛄均从天然水域中捕捞，用塑料大盆带水运输。放养时，先往盆里添加少量泡沼水至盆内，水温与泡沼水温接近后，再沿着泡沼边缘缓慢放入水中。为了确保安全，可用泡沼水在盆内暂养几尾幼蝲蛄和鱼类，48h 后如观察确无毒性，再大批投放。养殖模式见表 4-99。

表 4-99　东北蝲蛄泡沼养殖模式

种类	放养				起捕				
	规格/g	总放养量/kg	平均放养量/(kg/hm^2)	平均密度/(尾/hm^2)	规格/g	总产量/kg	平均产量/(kg/hm^2)	平均密度/(尾/hm^2)	回捕率/%
蝲蛄	4.2	76.8	264.8	62748	33.5	506.1	1745.3	52144	83.10
鲢	72.4	25.2	86.9	1200	737.2	240.4	828.6	1124	93.67
鳙	75.3	6.6	22.6	300	892.6	70.2	241.9	271	90.33

注：试验面积为 0.29hm^2。

4）养殖管理

（1）施肥。幼蝲蛄放养 5～7d 后，日施发酵腐熟的畜禽粪水（浓度为 40%～50%）450～600kg/hm^2。这种施肥方法，除了可以肥水外，大量的有机碎屑还可直接为蝲蛄取食，起到投饲作用。

（2）控制水位。6～8 月每隔 5～7d 加注 1 次新水至水深增加 8～10cm，并保持水深 1.2～1.5m。6 月以前和 9 月以后水深控制在 0.5～1.0m，有利于提高水温。

（3）调节水质。养殖期间，每半月用 30～40g/m^3 的生石灰调节水质，兼防病。生长期水质指标控制标准：pH 为 7.5～8.5，溶解氧含量＞4.0mg/L，透明度为 30～40cm，总硬度为 4～6mmol/L。

（4）投饵。根据东北蝲蛄的生长特点，8 月中旬以前主要是体长增长阶段，应投足植物性饲料，如豆饼、麦麸、米糠、植物嫩茎叶碎片等，其应占总投饲量的 70%～80%。8 月下旬以后，主要是体重增长阶段，要增加小杂鱼、虾、螺蚌等动物性饲料的投喂量，其应占总投饲量的 60%～70%。投喂时间为每天 4：00～5：00 和 17：00～19：00，分别在浅水区均匀撒投 1 次，不可集中堆积饲料，以防止蝲蛄相互争斗。日投饲量按蝲蛄现存生物量（体重）的 8%～12%估算。一般情况下，1 个生长期的投饲量为 1.5～1.8t/hm^2（其中部分饲料已被鱼类所食）。

5）捕捞

从 9 月 20 日开始，每天在浅水区水草底部，用抄网捕捞规格 20g/尾以上的大个体蝲蛄。10 月 1 日以后把水位降至 50cm 以下，用小拉网每天捕捞 3 次，10 月中旬干塘清捕。

5. 苇塘养殖

1）苇塘改造

对苇塘的改造主要是开挖明水沟和环沟。在养殖区周边界处开挖宽 8.0m、深 1.0m 的环沟，出土在外侧筑成高 1.2～1.5m 的堤坝。塘内开挖宽 2.0m、深 50cm 的明水沟，并与环沟相通，呈“井”字形布局。可模拟自然环境，将开挖明水沟所挖出的土方在两侧筑成斜坡形土坎，形成浅水区，供蝲蛄栖息。开挖明水沟可使植被茂密的自然苇塘增加通风透光性能，有利于水体升温增氧，促进蝲蛄生长与天然饵料增殖，还有利于起捕。改造后的苇塘明水面占 30%，水草覆盖区占 70%。保持一定量的水草覆盖面积，既可增加水体溶解氧含量，净化水质，为蝲蛄蜕壳时提供良好的隐蔽场所，又有利于蝲蛄分层栖息，疏散种群密度。同时，还可为蝲蛄遮阳，并提供部分青饲料。

2）清塘消毒

秋季排干塘水，经过严冬酷冻和日晒，可清除凶猛鱼类等吞食幼蝲蛄的水生生物。春季放养蝲蛄前 10d 注水至水深增加 10～15cm，然后用 2250kg/hm^2 生石灰清塘消毒。由于苇塘腐殖质较多，pH＜6.0，因此生石灰用量必须增加，以改良酸性土壤。同时，施用生石灰还可增加水环境中蝲蛄生长发育所必需的 Ca^{2+}浓度。

3）苗种采捕、运输与放养

沼泽区河流等天然水体较多，蝲蛄资源丰富，蝲蛄苗种捕自天然水域。捕捞时要特别小心，以免碰伤附肢。从网具上取下蝲蛄后用清水洗掉污泥，然后装入塑料大盆，加水至恰好淹没蝲蛄后带水运输。放养时，先调节大盆水温，使之与苇塘水温之差小于 2℃，然后沿明沟边慢慢放入苇塘水体，最好让蝲蛄自动爬入水中。放养的蝲蛄规格尽可能整齐，分散投放，稀密均匀。尽量在 5 月 5 日前放养完毕，使蝲蛄提早适应苇塘的新生态环境，以延长蝲蛄在苇塘的生长时间，增加成体蝲蛄的个体规格、提高产量。此外，为了控制水质肥度，充分利用水体空间，还可混养规格 100～150g/尾的鲢 600～700 尾/hm^2、鳙 90～120 尾/hm^2。

4）广开饲料来源，合理投喂

在人工养殖条件下，饵料充足与否、种类搭配是否合理都将直接影响蝲蛄的生长。根据沼泽地天然饵料的资源分布状况，人工采集的动物性饵料包括螺、蚌、鱼、虾等；植物性饵料包括鲜嫩水草、陆生旱草以及青菜、玉米、饼类等商品饲料。根据蝲蛄的生长特点，确定人工投喂饲料的时间与季节分配比例。8 月上旬是蝲蛄身体骨架的生长季节，投喂的饲料中，青饲料占 60%，商品饲料占 25%，动物性饲料占 15%；8 月中旬以后是增肉育肥季节，动物性饲料增至 60%，商品饲料、青饲料各占 20%。所有饲料均剁碎鲜食，以提高适口性、利用率，以及防病。投喂饲料时，沿着明水沟两侧土坎上的浅水区均匀撒投，不定点投喂。1 个生长期的投饲量为 1730kg/hm^2。

5）水质与水位调控

自然条件下蝲蛄的生活环境要求水质清澈，溶解氧含量丰富，pH 为 7.5～8.5，水深为 1.0～1.2m，Ca^{2+}浓度较高。养殖期间，根据水质好坏，适时注水，特别是盛夏高温季节，水草腐烂较多，水质易恶化，应大量注水。一般每隔 10d 左右施 1 次 600～750kg/hm^2 生石灰，调节水质 pH，提高水层 $\rho(Ca^{2+})$水平。根据蝲蛄的生长特点调节水位。一般情况下，5 月、6 月蝲蛄体重增长量占全年的 25%～30%，此阶段苇塘面平均水深控制在 25～50cm（逐渐增加水深），以利于提高水温，促进饵料生物增殖与蝲蛄生长；7 月、8 月体重增长量占全年的 50%～60%，其间苇塘面平均水深保持在 0.8～1.0m，以增加水体空间和溶解氧含量，有利于生长旺季促进蝲蛄快速生长；9 月、10 月体重增长量占全年的 15%～20%，这时水深保持在 0.5～1.0m（逐渐下降），有利于白天升温，夜间保温（明水沟效果更明显）。10 月 15 日以后开始排水，排水速度以苇塘水位日下降 3～5cm 为宜。10 月 20 日以后水温降至 5℃以下时进行捕捞。

采用上述技术措施，利用一块 1.82hm^2 的苇塘进行东北蝲蛄养殖试验。投放平均规格 1.94g/尾的 1 龄幼蝲蛄 6.6 万尾，折合 128kg；平均投放量为 3.63 万尾/hm^2（折合 70.33kg/hm^2）。试验结果，成体蝲蛄总量为 1012.3kg（折合约 5.11 万尾）；平均产量为 556.2kg/hm^2（折合约 2.81 万尾/hm^2）；平均个体规格为 19.81g，回捕率为 77.4%，平均个体增重 9.21 倍。

6. 应注意的问题

从前面介绍的沼泽地、草塘和苇塘养殖东北蝲蛄的试验结果可以看出，它们在技术上都有相似的一面，如工程改造、营造适宜的生态环境、水质与水位调控等。但同时也存在不同，应因地制宜地采取相应对策。总体上，还应注意下面几个技术问题。

（1）逃逸。根据观察，东北蝲蛄在下列条件下容易发生逃逸现象：水体缺氧，饵料不足，水温太高（超过 32℃），水质混浊（悬浮泥沙较多），晚上加水，天气突然变化或风雨交加，连阴天气。

（2）敌害。试验过程中曾出现过蝲蛄逃逸现象，主要原因是：进水口、排水口防护不好，又没注意检查，致使凶猛鱼类等敌害生物进入草塘里，养殖期间也未进行捕捞。秋季曾捕到过 1 尾体重 1.37kg 的鲇鱼，在其消化道内发现还有 5 只尚未完全消化的小蝲蛄。估计全生长期这条鲇鱼可吞食 100～200 尾幼蝲蛄。

（3）平底沟。试验中开挖的环沟和明水沟均为平底。秋季捕捞时发现，因这种平底沟所形成的捕捞水面太大，不利于捕捉蝲蛄。若将沟底改成高低相间、凹凸不平形，或营造成局部积水、局部干涸的多样性小环境，使捕捞水面化整为零，可很容易地捕捉蝲蛄。

（4）淤泥。蝲蛄营底栖爬行生活，水底不宜有过厚的淤泥。例如，草塘在开发改造前淤泥厚度已有 22cm（主要为腐殖质），试验过程中又没进行过清淤作业，到 1996 年已增至 57cm。过多的淤泥增加了耗氧量，也加重了水质调控的负担。

（5）混养鱼类。为了减少水层中的浮游生物及减小悬浮有机碎屑密度，提高水体透明度，降低水质肥沃度，并充分利用水体空间，还可混养适量的肥水性鱼类鲢、鳙。一般可投放个体规格为 75～100g 的鲢、鳙鱼种 1200～1500 尾/hm^2。

东北蝲蛄是东北地区个体最大的淡水食用虾类，其味道、营养均可与河蟹媲美。东北蝲蛄食性广泛，容易解决，且能直接将水草和有机碎屑转换为动物蛋白，能量转换效率较高，便于饲养。自然环境中，东北蝲蛄还是野鸭、鳜、鲇、乌鳢、细鳞鲑、哲罗鲑等高值食用鱼类与野生经济动物的优质饵料，对维持区域生物多样性起到了积极作用。在目前名特优水产品需求量不断增加、养殖生产不断发展、动物蛋白源又明显不足的情况下，发展东北蝲蛄的人工增养殖具有特别重要的意义。

4.4　莲（菱）湿地生态渔业

莲（菱）湿地，即以莲（*Nelumbo nucifera*）或菱（*Trapa bispinosa*）为优势群丛的天然草本沼泽湿地（以下以“莲湿地”来泛指此类型湿地）。莲湿地广泛分布于松嫩平原，部分群众还将其改造成莲田，发展鱼、虾、蟹绿色水产养殖业，形成莲田生态渔业。在该生态渔业模式中，放养的草食性动物（如草食性鱼类、河蟹）可吃掉部分水草，以底栖动物为食的养殖动物（如鲤、青鱼、河蟹）可吃掉底栖动物和莲的害虫，减少了水体中肥源的消耗和莲的病虫害，消除了与莲争夺氧气、空间及肥料的生态因子；同时养殖动物的排泄物还可增加肥源，其摄食活动起到疏松土壤、耕耘水体的作用，增强了莲田的通气性能，有利于莲的生长。莲藕消耗大量的有机质，清洁水质，荷叶为养殖动物遮阳，营造适宜小生境，有利于其生长。莲田生态渔业已逐渐发展成为松嫩平原生态优先、绿色发展的湿地经济产业之一。

4.4.1　莲-渔理论与实践

1. 莲-渔的理论基础

（1）生态学原理。莲-渔综合种养是指在莲湿地中进行莲与可养动物之间的间作或轮作，这是一种以莲为主，莲鱼（虾、蟹等可养动物）结合，以鱼促莲的立体综合经营模式。相比于传统的稻田养殖，莲湿地水体宽阔，蓄水时间较长，条件更为优越。莲湿地发展水产养殖，可以充分利用莲湿地水、土资源及其良好的湿地生态环境，并取得莲、水产品双丰收的显著生态效益与社会效益。发展水产养殖的莲湿地，其湿地生态环境更适于养殖动物的正常生长发育，养殖动物的摄食活动又使莲湿地生态系统在结构和功能上得到合理改造，变有害因素为积极可利用因子，以废补缺，减少了物质与能量的损失，从而提高了整个莲湿地的生物生产力，达到了莲与经济水生动物双增收的效果。

（2）能量流动与物质循环。同其他湿地生态系统一样，莲湿地生态系统也是由生物组分与非生物组分（即生境）所组成的物质-功能的统一体。其中的生物组分包括莲、养殖动物、杂草、底栖生物和微生物等生物群落，它们与生境相互作用，并进行着能量流动与物质循环。莲湿地生态系统的能量流动与物质循环不是全封闭式的，而是与外界系统有所交流。投入的养殖动物苗种和肥料、饲料以及进入系统内的各种生物（主要为昆虫、敌害生物、天敌生物等）和非生物（主要是随着水流进入的有机物、营养盐等），都是从其他生态系统进入的各种物质，它们参与了莲湿地生态系统的物质循环并作为能源。莲湿地中除了生产莲藕、莲子和经济水产品以外，还有相当一部分物质以生物（主要为昆虫、敌害生物、天敌生物等）或非生物（主要是随着水流进入的有机物、营养盐等）形式流走。

能量和物质在生物群落中的传递情况是极其复杂的。莲湿地生态系统内部生物生产的过程，首先是太阳能通过浮游植物或高等植物（莲和杂草）进行初级生产；杂草被草食性动物（如草食性鱼类、河蟹等）摄食，浮游植物被植食性浮游动物、底栖动物及鱼类等消耗而进行次级生产；次级生产的生物体又被动物食性的浮游动物、底栖动物和鱼类消耗而进行三级生产；以底栖动物及昆虫为食的鱼类为第四级生产；各类生物的死亡有机体或排泄物被水体中的微生物（细菌和真菌）分解，有机体又转变为无机物溶解于水体中，形成营养元素而被植物吸收利用，参与新的物质与能量循环过程。如此构成了一个完整的莲湿地生态系统的能量流动与物质循环过程。

2. 莲-渔的生态经济学意义

（1）提高湿地经济效益。莲湿地中天然饵料资源丰富，放养的鱼（虾、蟹等）可以充分利用这些天然饵料资源。如果再辅以人工饲料，在较短时间内就可获得较多的水产品产量，有利于改善农村鲜活水产品供应，也可供应城区，为城镇居民增加水产品数量，对淡水渔业生产起到补充作用。同时，发展莲田水产养殖业，还可增加农民经济收入。在投放大规格苗种、进行人工补饲的情况下，莲湿地养鱼的产量可达 750～1500kg/hm^2，其收入相当于莲湿地增加 375～750kg/hm^2 干壳莲子的产值。

（2）开辟水产苗种生产新途径。利用莲湿地培育水产动物苗种，不需要另外占地挖塘，不占用现有养殖水面，生产成本较低，并能就地繁育、就地放养，减少运输，提高成活率，方便生产，便于操作。莲田培育鱼种，一般可产规格为 15cm 左右的鱼种 1.5～2.25 万尾/hm^2。这十分有助于集体单位和家庭养鱼，改变鱼种靠外地、品种不对路、规格质量差、价格不合理等现象。莲湿地生态条件较好，鱼类密度较稀、活动范围大、天然饵料充足，而且盛夏时莲叶遮挡烈日，可避免因水温过高而抑制鱼类生长。所以鱼种生长较快，特别是草食性鱼类生长速度明显快于池塘，且发病率较低。

（3）提高莲子产量。莲田放养鱼类后，一般可使莲子增产 5%～10%。鱼类可吃掉与莲争肥的杂草，这样既保住了部分土壤肥分和有利于莲塘通风透光，使莲子增产，又避免了除草损失的能量(除草时部分杂草不能踩入塘内作为追肥和通过营养转化为鱼类产品)。此外，还节约了中耕除草的人工费用。养鱼还是生物防治莲塘敌害生物的有效措施之一。鱼类可捕食许多对莲有害的生物，如浮游生物、水生昆虫和其他敌害生物，从而减少了莲病虫害的发生，同时也节省了部分农药和施药用工的成本。养鱼过程中需要施肥、投饲，其残余的饲料、肥料便成为莲田的肥料。而且鱼类粪便也是一种优质肥料，可以增加莲的肥分。1 尾体重为 100.0g 的鱼种每天排出粪便约 2.0g，如果放养量为 3000 尾/hm^2，则每月可产鱼粪约 180kg/hm^2，这是相当可观的施肥量。鲢、草鱼、鲤和银鲫的粪便中，N 和 P 的含量均较高，其中以鲢的含量为最高，草鱼和鲤次之，银鲫最低。这 4 种鱼类的粪便与人、畜粪便比较，其 N、P 含量优于猪、牛粪便，接近于人粪和羊粪，仅次于鸡粪和兔粪。莲田养鱼后，由于鱼类在水体中经常活动，能调匀水温和增加水中溶解氧含量，同时鱼类活动破坏了土壤表层的氧化膜，使氧气不断进入耕作层，改善了土壤的通气状况。鱼类在水底觅食、翻掘食物，改良了土壤结构，有利于水体和土壤表层各种有机物分解，并减少了土壤还原物质，如沼气、有机酸、硫化氢等有害物质的积累，从而促进了莲的生长发育。上述各种因素的综合作用，使莲子产量增加。

4.4.2　莲-渔技术模式

1. 莲-鱼模式

1）基本设施

（1）加宽、加高与加固堤坝。养鱼的莲湿地加宽、加高堤坝，有利于提高养鱼水位，防止漏水、垮坝、水漫堤坝逃鱼。堤坝通常高 0.7～1.2m，宽 50～70cm。堤坝要夯实，防止大雨冲塌或漏水，以及田鼠、水蛇、蝼蛄等打洞。

（2）开挖鱼坑鱼沟。浅水莲湿地在改造时，需开挖鱼坑、鱼沟，其占比为莲湿地总面积的 5%～10%。鱼坑设在出水口附近或莲田旁边，其面积占比为 2%～3%，鱼坑底部比莲湿地低 80cm 左右，一般为方形、长方形或圆形。鱼坑的开挖方法和数量，因莲塘大小、形状、鱼类放养规格和密度的不同而异。有的养殖户在鱼坑上方搭建瓜棚果架或猪栏鸡舍，以充分利用莲湿地空间进行立体种养。鱼沟宽一般为 1.0m 左右，沟底低于莲湿地底部 50cm 左右，位置可具体根据莲湿地的面积和形状而定。通常有环塘沟、十字沟、井字沟等若干种，也有环塘沟与其他鱼沟相结合的开挖方法。环塘沟应距离堤坝 1.0m 左右，切勿紧挨着堤坝开挖，以免损坏堤坝，并有利于防逃。此外，还有 5 种类型的鱼沟也较为实用。①“四”形：在莲湿地的四周开挖，围沟总面积占 10%左右。②“U”形：在莲田三边开沟，沟面积占 7%～8%。③“L”形：在莲湿地相邻的两边开沟，沟面积占 5%。④“一”形：在莲塘中间开一条东西走向的深沟，其面积占 2.5%～3.0%。⑤“鱼溜”形：在莲湿地较低处开挖两个或多个沉坑，其面积占 1.0%～1.5%。有的养殖户在莲湿地内开挖专门养鱼设施，利用莲湿地生产期间“浅—深—浅”的水量管理原则，适时放养鱼类和捕捞。上述工程开挖时，沟宽 2～5m，深 1.0～1.5m，内堤坝高和宽均为 50cm 左右，外堤坝高和宽均在 2.0m 左右。鱼沟要和进出水口、鱼坑相通，其底略向鱼坑方向倾斜。培育鱼苗的莲湿地，最好在塘边开挖一个或几个临时性的鱼荡，周围筑小埂，使其与大塘水面隔开。鱼荡总面积视莲塘大小和所需放养的夏花鱼种数量而定，一般以不超过莲湿地面积的 10%为宜。当鱼苗培育成夏花鱼种并将其放入莲湿地后，鱼荡即可平掉。

（3）开设进出水口并安装拦鱼栅。进出水口设在莲田相对两对角附近的堤坝上，其中进水口必须靠近水源，以便莲田水体保持全部流通交换，有利于鱼、莲生长。面积较大的莲湿地应多设几个进水口，并在其上面安装拦鱼栅。拦鱼栅上端要高出堤坝 30～40cm，下端应埋入地下 20～30cm，防止逃鱼或敌害生物进入养殖区。拦鱼栅通常用竹箔、聚乙烯网片或树枝制作而成，网眼大小以鱼类逃不出去为标准，其长度应为进出水口长度的2倍以上。养鱼时，拦鱼栅应牢固设在进出水口处，呈弧形或“八”字形，凸面朝向莲湿地水面，这样可增加水的流通量，也可防止水大冲垮或冲倒拦鱼栅。进排水量较大的莲田，可以设置两层拦鱼栅，外层网眼较大，主要拦截体积较大的污物；内层网眼较小，主要拦截鱼类。通常这种拦鱼栅网眼大小由鱼体大小而定，保证既让鱼钻不出去，又尽量不挡小个体污物，确保水流畅通无阻。有的养殖户在莲湿地的进出水口先安置一道“一”字形的竹箔，然后在莲湿地的内侧再安装一层弧形竹箔，使之成为半圆形，随后在拦鱼设备内饲养几只或几十只鸭子。采用常规方法拦鱼，时间长了会因竹箔破损或鱼类（尤其是鲤鱼）将竹箔底部的泥土拱掉而发生逃鱼现象。而采用后者“竹箔-鸭子”式改进的拦鱼方法，则可完全避免逃鱼现象的发生。因为后者的拦鱼方式中，鸭子搅动水体所产生的声响，可使鱼类产生恐惧，使之不敢靠近拦鱼设备，即使竹箔稍有破损，也不会发生逃鱼。

（4）建平水缺与搭鱼棚。平水缺的主要作用是调节水深和溢洪，使莲湿地内水深始终满足莲生长的要求。通常进水口的高度是固定的，平水缺的高度应随着莲对水深要求的变化不断地调节。平水缺的另一个重要作用是在暴雨过后可使莲塘不受水淹，防止逃鱼。平水缺一般用砖砌成，而且应与排水口和拦鱼栅结合起来制作。如果鱼种需要在莲塘就地越冬，最好适当扩大并加深现有鱼坑，使之达到越冬要求（不冻水层为 1.0～1.5m）。

2）基本类型与方法

莲湿地养殖的鱼类品种，主要取决于莲湿地的天然饵料基础和鱼的苗种来源。由于莲湿地中杂草、有机碎屑、水生昆虫及其幼虫以及底栖动物等资源较丰富，生物量较大，因此，养殖对象以杂食性鱼类和草食性鱼类为宜。主要品种包括鲤和草鱼（后者以培育鱼种为宜），其次是团头鲂、银鲫和青鱼。如果投喂人工饲料，也可以放养其他鱼类。

（1）培育鱼种。一般从外地购买体全长为 5.0cm 左右的夏花，在莲湿地中进行秋片鱼种的培育。有条件的地方，也可以自己先在莲湿地的鱼荡内培育夏花，然后按一定密度放入莲塘进行秋片鱼种的培育（多余的夏花可销售或转至别处饲养）。就地育苗和就地放养，可降低生产成本并保证夏花的质量和数量。鱼荡培育鱼苗技术与池塘基本相同。在鱼苗放养前 10～15d 先对鱼荡进行清塘消毒，至鱼苗放养前 5～7d 视水质肥沃程度施入适量肥料，培养鱼苗所需的天然饵料。采用单养模式，放养密度比池塘稀得多，一般最大放养密度不超过 30 万～60 万尾/hm^2。经过 15～20d 培育，鱼苗可生长至体全长为 5.0cm 左右的夏花，达到分养至莲湿地培育鱼种的要求。莲湿地培育鱼种以混养为主，放养体全长为 5.0cm 左右的夏花 3 万尾//hm^2 左右，其中主养鱼类占 60%。如果以草鱼为主，则草鱼的放养量为 1.8 万尾/hm^2（占 60%），鲤为 6000 尾/hm^2（占 20%），团头鲂为 4500 尾/hm^2（占 15%），银鲫为 1500 尾/hm^2（占 5%）。只要夏花已达到放养规格，就应及时放入莲湿地水体，以利于鱼类的生长，通常应在 7 月初放养完毕。这种培育鱼种的方法，可产体质健壮且规格在 50g/尾以上的秋片鱼种 750～1500kg/hm^2。

（2）饲养成鱼。5 月上旬放养规格为 50～100g/尾秋片鱼种 3500～4000 尾/hm^2，其中鲤占 50%，团头鲂占 30%，银鲫、青鱼及其他鱼类合计占 20%。由于规格超过 250g/尾的草鱼对莲有害，因而不宜投放，尤其是在优质青饲料不足时更不宜放养。7 月初，套养夏花草鱼 1.2 万～1.5 万尾/hm^2。这种放养结构只要及时补充投喂适量商品饲料和青饲料（包括水生饲料），年底可产成鱼和秋片鱼种合计 1500kg/hm^2。嫩江沿岸的莲湿地多以草食性鱼类为主，一般放养量为 2250 尾/hm^2 左右，配养鱼类有鲤、银鲫、鳊和团头鲂。水质较肥沃的莲湿地，可同时放养鲢、鳙 450～600 尾/hm^2。

（3）莲-萍-鱼种养结合。有的养殖莲湿地还投放各种萍类 2200～2300kg/hm^2，分别放养体全长为 15～20cm 的秋片草鱼种 600～900 尾/hm^2，体全长 10cm 左右的鲤鱼种 750～2300 尾/hm^2，夏花草鱼 3000～4500 尾/hm^2 和夏花鲤 4500～7500 尾/hm^2。这种养殖模式，一般可产鲜萍 7.5 万 kg/hm^2（养殖过程中萍类覆盖水面超过 70%时，要及时捞出过多的萍），成鱼 750～1200kg/hm^2，秋片鱼种（草鱼和鲤）4500～6000 尾/hm^2。

3）一般管理方法

养鱼的莲湿地在鱼种放养前，用 450～600kg/hm^2 的生石灰带水清塘消毒，以杀灭野杂鱼类和敌害生物。放养的鱼苗或鱼种，其规格和质量必须符合技术要求。养鱼莲湿地的日常管理，大部分与一般人工莲湿地相同。但如下几项日常管理工作需要特别注意。

（1）管好水。养鱼莲湿地的水层管理与一般人工莲湿地基本相同，即移栽前 5～7d，蓄水深度 5.0cm 左右；移栽后水深保持在 3～5cm。以后逐渐增加水深，长出 1～2 片叶子时，保持水深 20.0cm 左右。高温季节水深控制在 50～60cm。在不影响莲生长的前提下，尽量增加养鱼莲湿地水深，以增加鱼类活动范围和空间，并让莲叶和杂草为鱼类取食。莲湿地中耕除草时，尽可能不排干水。夏季水温超过 30℃时，应灌微流水降温，或适当提高水位。

（2）施有机肥。养鱼莲湿地的基肥最好全部用有机肥，追肥也要适当增加腐熟的有机肥。一般基施有机肥 4.5～7.5t/hm^2。追化肥时，一般施用对鱼类无害的尿素和过磷酸钙。在莲湿地水深保持 10.0cm 以上时，施 225kg/hm^2 尿素，300kg/hm^2 过磷酸钙，120kg/hm^2 氯化钾或 150～375kg/hm^2 复合肥。莲的结实肥选用复合肥，施用量为 150kg/hm^2。进行人工投饲的养鱼莲塘，要防止氮肥过多，以免莲叶疯长。

（3）低毒农药防病害。喷药时，可采用分片隔日喷施的方法，使鱼类有回避的时间和场所。中午不宜进行，通常在傍晚喷药。喷药时，事先在药液中加入 0.5%～1.0%的洗衣粉，以提高药液的黏附性。施药后，加强巡塘，防止鱼类中毒。此外，从 6 月开始，每隔半月向鱼沟水体泼洒一次生石灰和漂白粉，用量分别为 75～150kg/hm^2 和 7.5～15.0kg/hm^2，化液施用。泼洒位置一般在两沟相接处。对于鲤、青鱼等吞食性鱼类，可采用投喂药饵的方法防治鱼病。

（4）投饲。一般天然莲湿地饵料资源的自然渔产潜力为 120～180kg/hm^2，在粗养模式下无须投喂人工饲料。但为了促进鱼类生长，进一步提高产量，在饲养过程中，还应结合莲田管理进行人工补饲（包括萍类等水生饲料），以补充天然饵料的不足，确保鱼类生长需要。放养草鱼的莲湿地，当天然青饲料不足时，必须补充投喂鲜嫩的青草，以防止草鱼啃食莲叶。实行人工投饲的养鱼莲湿地，应根据鱼类放养量和种类进行投喂，每次投喂量占鱼体重量的 5%～10%。

（5）摘除老叶、防逃与防敌害。适时摘除莲的老叶，既可减少莲植株体营养成分的损耗，转用于莲子生产，同时又有利于莲塘通风透光，而且摘除的老叶还可沤制绿肥，部分可为鱼类取食。养殖期间，要防止畜禽下塘伤害莲和鱼类，同时也要防治莲、鱼的敌害生物（水蛇、田鼠、鸟类等）。结合莲田的经营管理，观察鱼类动态，发现问题及时处理。遇到狂风暴雨时，要仔细检查进出水口、拦鱼设施和堤坝，防止洪水漫坝逃鱼。有鱼沟坑的莲湿地，还要注意经常清理（淤泥和污物）。

4）成鱼起捕和鱼种转养

莲子采收结束后即可捕捞。捕捞前先疏通鱼沟、鱼坑，使其畅通无阻，以使鱼类集中到鱼沟和鱼坑里。无鱼沟和鱼坑的深水莲湿地，捕鱼前应开挖一些临时性的鱼沟和鱼坑。傍晚时开始缓慢排水，到次日早晨即可排干，使鱼类集中到鱼沟和鱼坑中。排水时切不可过快、过急，防止鱼类来不及进入沟坑里而干死。捕大留小，一次捕捞不尽，可以重新灌水再捕。由于莲湿地水体较浅，所以捕捞出水的鱼种通常不再放回莲塘里越冬，如果必须在莲湿地里越冬，则要尽可能灌深水，确保冰下水层达到 1.0～1.5m。

5）技术模式

（1）主养草食性鱼类。

a. 莲湿地改造与鱼种主养：枯水期平整莲塘，夯实堤坝，安装水泥管注排水。水泥管两节之间夹一层铁丝网，防止逃鱼。莲湿地内无莲区（即明水区）占 40%，水深保持在 1.5～2.0m；莲覆盖区水深保持在 50～80cm。待莲发出两片叶后投放鱼种（以免草鱼吃掉莲嫩芽）。放养规格为 125g/尾左右的草鱼种 1200～1500 尾/hm^2，同时混养规格为 60g/尾左右的鲤鱼种 500～600 尾/hm^2，规格为 120g/尾左右的鲢、鳙鱼种合计 450 尾/hm^2 左右。

b. 放肥与投饲：对于人工莲湿地，当幼莲移栽后 2～5d，施农家肥 4.5t/hm^2，堆放于一角。水面还可养殖鸭、鹅等家禽，利用家禽排出的粪便肥水养鱼。投喂的饲料包括精饲料和青饲料。精饲料以商品饲料为主，草鱼投喂旱草、水草等青饲料。通常在鱼种放养之前，主养草鱼的莲湿地应有一部分沉水饲料植物，若没有则应人工移植。水体中的水草不但可以为草鱼提供适口的饵料，而且可以对新萌发的莲的嫩芽和幼枝起到保护作用。但水草被吃完后要及时补充足量的人工青饲料。人工饲料的投喂量根据鱼种放养量、水温、鱼类生长和摄食情况而定。一般一个生长期投喂 450kg/hm^2 商品饲料、10.0t/hm^2 青饲料。

试验表明，莲湿地主养草鱼模式的成鱼净产量为 2564kg/hm^2，草鱼平均规格为 1.4kg/尾，鲤为 0.7kg/尾。

（2）肥水性鱼类和杂食性鱼类并重。

a. 莲湿地的条件与改造：淤泥厚度不超过 50cm。每年秋季挖出一部分莲，使明水面占 1/3 左右，为鱼类提供活动空间。保持水深在 1.2～1.5m。

b. 施基肥：春季大量施用粪肥，既可为莲提供养分，又可培育浮游生物和底栖生物等天然饵料。一般施肥量为 7.5～9.0t/hm^2。

c. 放养鱼类：种类包括鲢、鲤和鲫鱼。鲢和鲫在莲湿地注水施肥后即可放养，鲤则要等到蝌蚪大量出现时再投放，以便使鲤鱼能吃到较多的天然饵料。放养量鲢为 750 尾/hm^2，鲤为 150 尾/hm^2，鲫为 4500 尾/hm^2，规格分别为 200g/尾、75g/尾和 20g/尾。由于草鱼会吃掉莲的嫩叶及尚未出水的莲花，影响莲的正常生长，故该模式中不宜放养草鱼。

d. 饲养管理：平时投喂少量精饲料，让鱼类取食天然饵料。高温季节摘除一部分过密的莲叶，以确保莲湿地水体有足够的光照。

以上放养模式的鱼类产量可达 1400kg/hm^2。莲从底泥中吸收养分，有利于消除底泥的能量陷阱，从而提高莲湿地生态系统的能量传递效率，并改善底层鱼类的生活环境。莲叶出水后，不再与浮游生物争夺营养，故不会影响鲢的生长。一些水体深度不超过 1.5m 的养鱼莲湿地，没有温跃层，7 月、8 月高温季节水温经常达到 30℃以上影响鱼类生存，这时莲叶能遮挡部分阳光，使水温不致升得过高，为鱼类营造适宜的生境。

（3）主养杂食性鱼类。

a. 莲湿地的选择与整修：要求保水、保肥，面积为 0.3～1.3hm^2，土质肥沃，淤泥厚度为 10～30cm，水深为 1.0～1.5m。四周开挖鱼沟，宽 1.5～2.0m，深 0.8～1.0m，鱼沟面积占 8%～10%。堤坝高 1.5m 以上，宽 1.0～1.2m，捶打结实。湿地基底翻耙整平。进出水口以及与鱼沟相交处都设置拦鱼栅。拦鱼栅呈拱形，孔隙大小根据鱼种规格而定。

b. 鱼种放养：种类包括鲤、鲫和青鱼，同时混养少量鲢、鳙、团头鲂及少量夏花草鱼。放鱼前 8～10d，用生石灰对鱼沟水体进行消毒。鱼种放养量合计为 750～1500 尾/hm^2，规格为 20～30g/尾。放养前用 3%～4%的食盐水浸洗消毒 8～10min。

c. 施肥与投喂：放鱼前施有机肥 9～12t/hm^2；6～8 月每月追施 375～750kg/hm^2 尿素。

d. 水层管理：根据莲的生长需要决定水层深度。莲叶刚出水时保持 5～10cm 水深。随着莲植株体的生长逐渐加深水层，至 9 月水深加到 1.0～1.2m。

e. 中耕除草：需中耕除草 2～3 次。第一次中耕除草在鱼类放入莲塘前，莲叶刚出水面时进行。待莲叶长满水面即可停止中耕除草。第一次中耕除草后，在田中开挖水沟，其宽 50～60cm，深 30cm 左右，呈“十”字形字或“井”字形，与环沟相通。第二次、第三次中耕除草前，均要降低水位，把鱼从小沟赶入环沟内。

f. 防病防逃：鱼病防治方法，一是鱼种放养前，对鱼沟和鱼种消毒；二是投药饵；三是施有机肥必须腐熟发酵；四是投喂新鲜饲料。防逃措施是经常查看水情、鱼情及拦鱼设备，发现水口堵塞、堤坝坍塌或漏水，要及时修补，防止逃鱼。

该养殖模式可产成鱼 600kg/hm^2。

（4）莲-苇-鱼综合种养。莲-苇-鱼综合种养生态农业模式是一种见效快、效益高、管理简便、省工时、节约饲料的开发性湿地渔业模式，对贫困地区调整产业结构、增加经济效益、提高芦苇沼泽湿地综合效益、发展高效渔业均具有重要意义。莲-苇-鱼共生系统能够充分发挥芦苇湿地水体空间效益和最大生产潜力，提高宜渔湿地资源利用率，综合开发芦苇湿地资源，增加商品鱼和芦苇及莲产品的产量，提高综合效益。芦苇、莲、鱼经过科学组合被置于同一个生态环境中，更好地发挥了它们之间的协同互补作用。春季放养大规格鱼种，一个生长期鲢、鳙个体可达 600g 以上，草鱼个体在 1000g 以上，鲤鱼个体均在 650g 以上，鲫鱼在 150～200g，其生长速度快于一般池塘，且成活率较高，这主要是莲-苇-鱼湿地系统天然饵料丰富、水质清新、环境适宜所致。

大面积芦苇沼泽湿地实行莲-苇-鱼综合开发，具有湖泊和池塘的某些生态特点，适于鱼类的生活与生长，能取得与池塘精养相似的效果。在这个共生体系中，苇、莲具有较强的吸肥能力，水层中的悬浮物沉淀作用快，各种营养盐类被吸收，水环境易得到净化，从而改善鱼类的生存环境；芦苇的落叶、莲塘中的杂草、昆虫、底栖动物、浮游生物等又为鱼类提供了充足的优质饵料，鱼类生活在这样的环境病害少，起捕率高，生长较快。同时，系统中的鱼类又可吃掉与芦苇、莲争肥、争空间的杂草和危害芦苇、莲的害虫，其活动又可疏松土壤，有利于芦苇和莲的生长。芦苇、莲和开挖鱼道沟的草墩等杂物形成隐蔽物，也为鱼类生长提供了有利的局部小生境。

莲-苇-鱼综合种养的技术措施，除采用常规措施进行莲藕的栽植外，其余措施与芦苇沼泽湿地养鱼基本相同（见4.1.1节）。有所区别的是透光增氧环节。在莲叶全盛期，将莲叶隔行拢在一起，尽可能让更多的阳光照射水面，增加水环境的溶解氧和水温，以达到鱼类快速生长的需要。

2. 莲-蟹模式

1）工程措施

用于养殖河蟹的莲湿地，应水源充足，水源附近无污染，旱季不干、雨季不淹、保水性能良好，底质土壤肥沃而又不淤积，环境安静，进出水方便，交通便利，面积以0.3～0.7hm^2为宜。河蟹放养前，需要完善莲湿地养蟹的配套工程。

（1）开挖蟹道沟。沿莲湿地堤埂内侧开挖供河蟹活动、避旱和觅食的环形蟹道沟，其面积一般为莲湿地面积的8%～10%。沟宽50cm左右，深80cm左右。

（2）加固堤埂。用开挖环沟的泥土加宽、加高堤埂，边施工边夯实，确保堤埂不裂、不跨、不漏水，以增强堤埂的保水和防逃能力。改造后的堤埂高度应达到60～80cm，上底宽50～60cm，下底宽80～100cm。

（3）建立防逃设施。四周堤埂的防逃设施可使用塑料大棚膜。同时，进出水口用铁丝网或栅栏圈围。

（4）完善进水、排水系统。养蟹的莲湿地应建有完善的进水、排水系统，以保证旱季不干、雨季不淹。进水、排水系统建设要结合蟹道沟工程进行。进水口建在堤埂上，排水口建在沟渠的最低处，按照高灌低排的格局布置，保证灌得进、排得出。

2）放蟹前的准备

（1）施肥与消毒。4月中旬前，选择晴天，先进行水体消毒，水深10～20cm时，用生石灰1050～1200kg/hm^2或漂白粉45～75kg/hm^2化水泼洒，并带水浸泡1周后，将水排放掉，然后加入新水至水深增加5～10cm。4月下旬至5月上旬，在河蟹苗种投放前7～10d，施发酵腐熟的4.5～6.0t/hm^2农家肥。

（2）种植水草。水草可为河蟹提供活动、隐蔽、蜕壳避敌的场所，同时是河蟹优质的天然饵料，还可净化水质，确保水环境清洁无污染。4月20日左右消毒结束加入新水后即可种植水草。水草种类以轮叶黑藻为主，苦草、紫萍（*Spirodela polyrrhiza*）为补充。轮叶黑藻环境适应能力强，易种植，还是河蟹喜食的水草。水草种植面积应占50%左右。当水草不足时，可将大薸（水浮萍）（*Pistia stratiotes*）圈围在四角代替水草。

（3）投放螺蛳。水草种植结束后，分3～4批次投放经过消毒的螺蛳3.0～4.5t/hm^2，使其在莲湿地中自然繁殖，增殖河蟹天然动物性饵料资源。养殖期间，根据河蟹摄食情况，适时向莲田补充螺蛳。

3）蟹种放养

天然莲湿地的蟹种放养时间一般为5月上旬，人工莲湿地的蟹种放养时间一般在栽植完莲藕半月左右。养殖成蟹的莲湿地一般投放规格为150～200只/kg的优质扣蟹0.9万～1.2万只/hm^2。还可搭配放养规格为250～500g/尾的鲢、鳙合计150尾/hm^2以及规格为100～150g/尾的鲇60～120尾/hm^2。投放鲢、鳙既可充分利用水体资源，又可净化水质；投放鲇鱼，则可清除过多的野杂鱼，提高能量转换效率。

4）养殖管理

（1）施肥。在5月、6月，一般每半月施一次发酵腐熟的有机肥1500～2250kg/hm^2；7月、8月，以复合肥为主，施肥量为1500～1800kg/hm^2。

（2）投喂饲料。对于集中连片的大面积莲湿地养蟹，一般采用稀放、粗养、薄收的“人放天养”模式。但对于放养量较大的人工莲湿地，则需要补充投喂部分饲料。

a. 河蟹专用料：优质高效适口的饲料是养殖成蟹的基础，在整个养殖过程中，应根据不同季节、天气变化、河蟹不同生长发育阶段对营养的需求以及河蟹的摄食活动情况等，合理调整每天的投喂量。另外，在整个养殖过程中，必须按“四定”的投饵方法采取“两头精、中间青”进行投喂。5月、6月以河蟹专用配合料为主，并将日投喂量控制在河蟹体重的3%～7%；7月、8月高温期间，适当降低精饲料的投喂量，以防饲料过剩导致水质劣变。

b. 补充动植物性饵料：养殖期间，5月、6月补充投喂煮熟后的小麦、黄豆、玉米等植物性饲料1%～3%；7月、8月以新鲜小杂鱼、小虾等动物性饵料为主，以防止河蟹因投喂不足而互相残食。每一阶段具体的投喂数量，应以投喂后1～2h内吃光或有少量剩余为标准。

c. 补充螺蛳：连续巡田3d，如果发现田边1～2m内螺蛳的密度小于10个/m^2，则应及时补投螺蛳750～1500kg/hm^2。螺蛳不仅作为河蟹的优质动物性饵料，同时还具有净化水质、改善莲田水环境的作用。

d. 补充水草：养殖过程中，如果发现水草不足，则应及时补植。

（3）水环境管理。①水量：根据莲随水涨、蟹随莲长的特点，莲湿地的水位实施由浅到深的管理模式。5月以前，水深保持在10～20cm。6月，随着气温的逐渐升高，根据莲的生长情况，可逐渐增加水深至20～40cm。其间将蟹道沟中多余的莲叶清除掉，以保持全天微流水环境，避免因莲叶过多影响水环境溶解氧含量。7月、8月高温季节，水深提高到50cm左右，直到收获。收藕的莲湿地在莲子收获完毕后，清除莲秆，加高固田埂，将水位增加到最高。②水质调控：保持水环境清新。一是在高温季节，每天添加新水；二是水深为40cm时，每隔15～20d，用150kg/hm^2生石灰化水泼洒。此外，还可定期施用光合细菌或EM菌等微生物制剂改善水质。

3. 菱-渔模式

除了上述莲湿地生态渔业模式之外，对天然菱湿地也可以实施必要的改造，发展生态渔业。菱较耐水深（1.0～3.0m），可在其他水生经济植物不能生长的深水区种植。菱的这一特点对菱-鱼（虾、蟹）结合，利用菱湿地建立菱-渔综合种养利用模式非常有利。

菱湿地养鱼是促使菱增产的一项有效的技术措施，其科学性及优点与莲湿地养鱼基本相似。在菱-鱼共生系统中，菱不仅可以改良鱼类栖息（包括幼鱼避敌躲藏）、摄食和产卵繁殖的生态环境，还可以间接地增加鱼类或其他水生经济动物的天然饵料（如螺类、虾、周丛生物、底栖动物和有机碎屑等）。所以植菱后可以增加鱼的产量。

育种移栽的菱湿地，可适量放养一些非草食性鱼类（如鲢、鳙、青鱼、鲤、鲫、鲇等）。鱼类可捕食菱的某些害虫，所以植菱的水体养鱼后，可获得鱼、菱双丰收的效果。

在菱-渔模式中，其种养比例要合理，一般至少要留有 20%～40%的无菱覆盖的明水面，以加强透光性、增氧，确保水生动物呼吸利用。此外，在防治菱的病虫害时，一定要选用相关标准规定的无公害农药。因施药或烂叶而导致水质恶化时，必须及时换水。

菱是虾、蟹类良好的天然巢穴（栖息隐蔽场所），也可净化水质和增加一部分天然饵料。故在养殖虾、蟹的池塘、稻田等水体中，可以引种移植适量的菱（不超过总水面的20%～30%）。这不仅可以提高虾、蟹的成活率和产量，还可增加一些菱的经济收入，同时综合而有效地利用了虾、蟹的养殖水体资源。

第5章　稻-渔-牧综合种养

5.1　稻-渔生态经济效应

我国南方地区稻田养殖的推广较为普遍，其在促进农民增加收入上起到重要作用。同时，稻田养殖的技术也取得很大进展。相比之下，北方地区的稻田养殖起步较晚，加之不同地区在地理位置、气候、土壤等条件上的差异，对于稻田养鱼技术的引入必须因地制宜。针对东北地区松嫩平原苏打盐碱湿地稻田养殖技术与模式，20世纪90年代以来，研究人员在吉林省西部大安科技示范区进行了较为系统的研究[243, 244]。

5.1.1　稻-渔的生态经济学基础

大力发展无污染、安全、优质的水稻绿色产品已备受人们关注。推广以稻田养殖为代表的立体生态农业模式，是实现绿色水稻种植愿望的重要途径。我国稻田渔业有着悠久的历史，先后经历了发展、萎缩、再发展的过程，并呈现出规模化、标准化、基地化和产业化的发展趋势。稻田养殖的水生动物种类，也由传统的鱼类发展为近年来的虾、蟹、蛙类、贝类、螺类等特种动物。这些都极大地丰富与发展了我国传统稻田养殖的理论与实践，同时，也是农业种植与水产养殖有机结合的生态农业模式的杰作。

长期的生产实践表明，单一稻作对资源的利用很不充分，不利于生态环境的保护。首先，杂草、浮游生物与水稻之间存在着对阳光、水分和土壤养分的竞争，而传统的杂草清除方法又将蕴含在它们体内的物质能量带出系统。其次，水稻种植中尤其是施用化肥和农药，加剧了农业非点源污染，造成了对生态环境的破坏。为了克服单一稻作的弊端，提高稻田综合效益，人们开发了不同层次和不同类型的稻田综合利用模式，其中稻田养鱼（虾、蟹）就是应用食物链理论、生态位理论和种间互利共生理论而建立起来的一种立体种植和养殖的生态农业模式。这种模式构成了比单一稻田生态系统更为复杂的食物链、食物网络结构，能量、水、肥利用率较高，因而系统具有较大的稳定性，抗御外界冲击的能力增强。此外，该系统能减轻由重施化肥、农药而带来的农田环境污染，增加稻田有益生物种，利于农田生物多样性的保护。同时，养殖的水生动物可以使土壤有机质增加，培肥地力，增强了这一共生系统的可持续性。所以，稻田养殖的综合生产模式同时也是可持续农业的重要内容。

5.1.2　稻-渔的效益

1. 经济效益

（1）增加水稻产量。由于鱼类的作用改善了稻田的生态环境条件，加之稻田养鱼的田间工程鱼沟、鱼坑的边际在光、热、气等方面的优势，促进水稻有效分蘖和有效穗数的增加以及结实率的提高，可使稻谷一般增产10%左右，最高的可增产20%左右。

（2）提高稻田的综合效益。在不投饲料的情况下，利用稻田培育夏花鱼种，可生产1龄鱼种75kg/hm^{2}左右。如果采用宽沟式、垄稻沟鱼式、流水沟式等技术模式，并实行投饲精养，则可生产鱼种或食用鱼1500kg/hm^{2}左右。鱼产品的收益每公顷可达数千元。江苏、浙江、湖南、湖北、四川等稻-渔产业较发达的地区都有连片的千斤稻、百斤鱼的稻、鱼高产典型案例。其他水产动物的养殖，特别是名特优水生生物的养殖，其经济效益更高。

（3）降低成本，增加收入。稻田养鱼减少了水稻的病虫害，减少了治虫用药和肥料等的成本支出，节省了除草和中耕的用工，使水稻和鱼类同时增产，增加收入。

2. 社会效益

（1）有利于农业农村现代化。稻田养鱼能提高土地利用率，充分利用资源，是一种集约化经营的好模式，符合我国人口多、耕地面积少的国情。稻田养鱼能立体、多元、综合地开发利用农田，以尽可能少的投入，生产更多、更好的稻谷和鱼类等水产品，是优质高产、低耗高效和科学合理的农业生态系统，也是农业绿色发展的目标之一。

（2）有益于搞活农村经济。稻田养鱼打破了传统粮食生产的单一农业生产方式，改善了稻区农村经济结构，是农民脱贫致富、维富的有效途径之一。尤其是改革开放40多年以来，市场经济推动稻田养鱼向更深方向发展，稻田立体开发、综合经营蓬勃发展。在传统稻田养鱼的带动下，衍生发展了稻-萍-鱼、稻-麦-鱼、稻-茭白-鱼、稻-鱼-蚌、稻-鱼-蟹、稻-鱼-蛙等模式，都取得了比单一种稻多数倍的经济收益，同时也缓解了偏远山区农村的吃鱼困难。

（3）有益于人们身体健康。以往我国农村生态环境日益恶化的原因之一，就是农药与化肥的过量使用使土壤遭到污染和破坏。稻谷是我国人民的主粮之一，农药和化肥通过“稻谷吸收→畜、禽、鱼摄食→人类食物”这条食物链，把污染物质逐渐转移、浓缩富集起来，最后危及人类健康。此外，稻田里的孑孓、蝇蛆等又是许多疾病传染流行的媒介。稻田养鱼后，鱼类在稻田里吃掉孑孓、蝇蛆等害虫，减少了疾病的发生和流行。同时以鱼治虫，可以减少农药用量，减轻环境污染，改善农村卫生状况，促进乡村生态文明建设。此外，稻-渔模式可以减少农药通过稻谷直接或间接带给人类的有害物质在体内的积聚，提高人们的健康水平。

（4）减轻农民的体力劳动。养鱼使稻田病虫害少了，杂草少了，就减轻了农民打农药、除草和中耕松土的强体力劳动，解放了劳动力。

3. 生态效益

（1）除草保肥作用。杂草是水稻的劲敌，能大量地吸收水分和肥料，而且是水稻一些病虫害的中间宿主。各地稻田中的杂草有近百种，常见的有二三十种。据估测，稻田里的杂草可使稻谷每年减产10%，高者可达20%～30%。未养鱼的稻田每年虽经1～2次的中耕除草，但仍会长出3750kg/hm^{2}左右的杂草，占稻草总产量的11.96%。这些杂草与水稻竞争，从稻田中吸收 0.62kg 的氮素，相当于 1.35kg 的尿素或 3.1kg 的硫酸铵，占稻田植物吸收总氮量的 8.34%。如果稻田中放养了鱼类，鱼的除草作用能使一部分肥料保留下来，使其直接供应水稻吸收生长。同时，鱼清除了杂草，避免了杂草与水稻相互争夺土壤、空间和日光能。

（2）除草造肥作用。鱼类尤其是草食性鱼类，在稻田中不断吃草，随着体长的增加，摄食量和排粪量也相应增加。据测定，体长为 6.5～13.0cm 的草鱼种日摄食量相当于自身体重的 52%。由于消化不完全，日排粪量相当于日摄食量的 72%，若以放养量 7500 尾/hm^2 计算，粪便中氮的含量相当于 2.5kg 硫酸铵，磷含量相当于 5.0kg 过磷酸钙。一个生长期养鱼稻田还可提供 2.5～5.0t/hm^2 的鱼沟肥泥，为下一年提供基肥，相当于 10～20kg 标准化肥的肥效。养鱼稻田与未养鱼稻田相比，土壤有机质、全氮、速效钾及速效磷的含量均有所增加，土壤理化性状得到改善。

（3）中耕松土作用。不养鱼的稻田中水稻长期处于浸水状态，水中生物的代谢、尸体及稻脚叶的腐烂，使土壤表层形成胶黏状态，封固了土壤，阻碍氧气向土壤扩散，使土壤中的有机物不能很好地分解、矿化，造成土壤板结。养鱼的稻田虽有 1～2 次的中耕除草，但在稻株拔节到乳熟期的较长时间内，土壤表层仍为胶泥层所覆盖，土壤中的有毒成分不能很好地分解、释放，影响水稻根系的呼吸发育、吸收水分和营养等生理功能，造成烂根和营养不良，最终造成水稻减产。稻田养鱼尤其是放养了鲤、鲫、鲇和罗非鱼（*Oreochromis* sp.）以后，鱼在田间觅食，拱土挖取底栖生物，不停地活动，翻动稻田表土，疏松土壤，使水层中的氧气深入土层，加速有机质的分解、矿化，增加肥效，可打破水稻根部的板结层，促进水稻根系的生长发育，使植株得以健壮地生长。

（4）生物除虫作用。稻田养鱼后，田里的害虫成了鱼的饵料，能起到生物治虫的作用，明显减少使用药剂、防治水稻病虫害的次数。稻田里放养的鱼类能够取食落到水面上的害虫，有时还能跳起扑食稻茎上的害虫，鲤、鲫、罗非鱼、青蛙（*Rana nigromaculata*）的捕虫能力更强。

（5）其他作用。鱼类在稻田中通过摄食杂草和稻脚叶，可改善稻田的通风换气和光照条件，有利于稻的抽穗、灌浆；鱼类呼吸所排出的二氧化碳，为水稻的光合作用提供了碳源；鱼类的活动搅动了水面，使水层中的溶解氧含量增加。

5.1.3　苏打型稻-鱼盐碱湿地微生物学特征

渔业水域环境中的饵料生物，主要包括浮游植物、浮游动物、悬浮细菌、水生维管束植物以及底栖生物等。除悬浮细菌外，其余几种饵料生物的资源状况，在《盐碱湿地及沼泽渔业利用》一书中已有阐述[70]。关于水稻种植过程中土壤学和生物学的变化，农业部门已有大量研究工作，但对稻鱼共作系统的同类研究相对较少。文献[245]探讨了非盐碱地稻鱼共作系统的土壤理化性质及微生物活性，文献[246]对稻-萍-蟹模式中的土壤化学性质进行了观测分析。水产养殖和水稻种植都是盐碱湿地利用的有效途径。而稻鱼共作是将水产养殖与农业种植结合起来的一种生态农业模式，它可实现鱼、稻双丰收，从而进一步提高稻田的综合效益。

本书以松嫩平原西部吉林省大安市苏打盐碱地稻-鱼生态系统为例[247-249]，研究苏打型稻-鱼盐碱湿地水体悬浮细菌的资源状况及其在稻-鱼生态系统中的作用，初步认识盐碱环境下稻-鱼生态系统水体和土壤微生物区系特征，以期更加全面地了解盐碱地稻-鱼生态系统的基本结构与功能，为稻-鱼综合种养模式的持续健康发展提供科学支撑。

1. 试验地概况

选择种稻年限为3～4年的稻鱼共作田和2～3年的平作田为研究对象，单块田面积为0.2～0.7hm^2，编号Ⅰ、Ⅱ、Ⅲ、Ⅳ、Ⅴ（表5-1）。

表5-1 试验稻田基本情况

稻田类型	田块数量/块	稻鱼共作田/(kg/hm^2)					平作田/(kg/hm^2)		
		施有机肥/(t/hm^2)	施化肥	投饲量	鱼产量	水稻产量	施有机肥/(t/hm^2)	施化肥	水稻产量
Ⅰ	9	24.7	1352	1572	452.0	6427	17.4	1557	5944
Ⅱ	7	27.4	1382	1794	595.4	5866	19.7	1679	5592
Ⅲ	12	34.2	1597	2070	625.1	6703	24.6	1847	6245
Ⅳ	7	42.7	1859	2205	785.9	7461	25.7	1892	6741
Ⅴ	4	40.8	1862	2173	969.2	7262	27.4	2012	6940

2. 结果

1）水体微生物数量与分布

由表5-2可知，吉林省西部苏打盐碱地稻鱼共作田水体异养细菌数量明显高于平作田（$P<0.05$）；季节变化为秋季>夏季>春季，极差近10倍。各田块异养细菌数量分布与年均成鱼产量显著相关（$r=0.879$，$P<0.05$），与年均水稻产量极显著相关（$r=0.949$，$P<0.01$），与年均施肥量（有机肥、化肥）相关性不显著（$r=0.609$，$P>0.05$）。

表5-2 苏打盐碱地稻鱼共作田水体异养细菌数量与分布

时间	处理	异养细菌数量/(万 ind./mL)					平均/(万 ind./mL)
		Ⅰ	Ⅱ	Ⅲ	Ⅳ	Ⅴ	
1994-05	FRS	0.488a	0.280a	0.827a	1.528A	0.764a	0.777a
	NRF	0.066b	0.097b	0.146a	0.083B	0.152a	0.109a
1994-09	FRS	1.316a	1.426a	11.973A	28.522A	30.716A	14.791A
	NRF	1.322a	2.084a	1.426B	1.536B	1.197B	1.513B
1995-06	FRS	3.534a	4.058a	7.069A	4.320a	1.312a	4.059a

续表

时间	处理	异养细菌数量/(万 ind./mL)					平均/(万 ind./mL)
		Ⅰ	Ⅱ	Ⅲ	Ⅳ	Ⅴ	
1995-06	NRF	0.937b	0.762b	0.497B	0.655b	0.602b	0.691b
1995-08	FRS	6.783A	2.462A	7.989A	0.433a	0.653a	3.664a
	NRF	0.359B	0.273B	0.546B	0.572a	0.937b	0.537a
全生长期	FRS	3.023a	2.057a	6.965A	8.736A	8.361a	5.828a
	NRF	0.671b	0.804b	0.654B	0.712B	0.651b	0.698b

注：FRS，稻鱼共作田；NRF，平作田。标有相同和不相同字母的分别表示无显著差异和存在显著差异，其中标有大、小写字母的分别表示差异显著（$P<0.05$）和极显著（$P<0.01$），后文同。

平作田异养细菌数量季节变化不大，极差<1.5 倍，与平均年施肥量（$r=0.215$）、平均年水稻产量（$r=0307$）的相关性均不明显（$P>0.05$）。与其他水产养殖水体相比，稻鱼共作田异养细菌数量远低于鱼塘和虾塘，平均达 80～720 倍[223, 224]。可见苏打盐碱地稻鱼共作田异养细菌数量水平，在施肥投饵的水产养殖生态系统中是比较低的。

从季节分布上看，稻鱼共作田与鱼塘和虾塘不同（二者均为夏季>秋季>春季）。其因，盐碱地稻鱼共作田夏季换水较频繁（防止积盐返碱），而秋季不换水或很少换水，水质较夏季肥沃，异养细菌数量高于夏季。而鱼塘和虾塘的水量管理措施与稻田相反。

测定过程中还发现，稻鱼共作田和平作田的放线菌、霉菌数量均较少，多数样品未检出。在 1994 年 9 月的 3 个水样中检测出稻鱼共作田放线菌、霉菌的数量分别为 0～13ind./mL、1～7ind./mL，平作田未检出。在 1995 年 8 月的两个水样中，测得稻鱼共作田放线菌数量为 2～17ind./mL，霉菌未检出；平作田霉菌数量为 1～37ind./mL，放线菌为 0～23ind./mL。

2）水体大肠菌群数量与分布

由表 5-3 可知，稻鱼共作田水体大肠菌群数量明显高于平作田（$P<0.01$）；季节变化为夏季>春季>秋季，极差近 23 倍；各田块数量分布与成鱼平均年产量显著相关（$r=0.931$，$P<0.05$），与年均有机肥施用量极显著相关（$r=0.971$，$P<0.01$）。平作田大肠菌群数量季节变化不大，极差<2.5 倍，与年均有机肥施用量显著相关（$r=0.86$，$P<0.05$）。尚未看出稻鱼共作田和平作田大肠菌群数量与年均化肥施用量有关。

表 5-3　苏打盐碱地稻鱼共作田水体大肠菌群数量与分布

时间	处理	大肠菌群数量/(ind./mL)					平均值/(ind./mL)
		Ⅰ	Ⅱ	Ⅲ	Ⅳ	Ⅴ	
1994-05	FRS	1426.1A	1742.5a	6873.0A	1535.8A	3736.4A	3062.8A
	NRF	63.7B	387.2b	142.6B	149.7B	173.2B	183.3B
1994-09	FRS	943.2A	7639.1A	1466.4A	1273.6A	403.6a	2345.2A
	NRF	78.9B	472.8B	162.7B	93.8B	102.9b	182.2B
1995-06	FRS	1472.7A	2782.5A	11952.6A	1944.7A	4429.4A	4516.4A
	NRF	102.5B	73.8B	137.4B	343.9B	176.3B	166.8B

续表

时间	处理	大肠菌群数量/(ind./mL)					平均值/(ind./mL)
		Ⅰ	Ⅱ	Ⅲ	Ⅳ	Ⅴ	
1995-08	FRS	7327.4A	837.4a	17934.2A	876.9A	4230.9A	6241.4A
	NRF	174.3B	122.6b	182.3B	237.2B	153.7B	174.0B
全生长期	FRS	2742.7A	1500.3A	9556.7A	1408.5A	3100.7A	3661.8A
	NRF	104.8B	264.3B	123.5B	206.3B	151.5B	170.1B

《地表水环境质量标准》（GB 3838—2002）规定鱼类保护区Ⅲ类水域的大肠菌群数量应＜1.0 万 ind./L；《渔业水质标准》（GB 11607—1989）规定水产养殖用水的大肠菌群数量应＜5000ind./L。研究过程中发现，稻鱼共作田水体中大肠菌群数量在相当时段达到 1.2 万～1.8 万 ind./L，已超过上述标准。

3）水体异养细菌种类组成

表 5-4 显示，从两个生长季的水样中共分离出 239 株异养细菌菌株。稻鱼共作田水体分离出的 155 株细菌，以革兰氏阴性无芽孢杆菌为主，其中弧菌属（*Vibrio*）和气单孢菌属（*Aeromonas*）合计检出 80 株，占比为 51.61%。平作田水体分离出的 84 株细菌，以革兰氏阴性杆菌为主，其中不动杆菌属（*Acinetobacter*）、假单胞菌属（*Pseudomonas*）和芽孢杆菌属（*Bacillus*）合计检出 48 株，占比为 57.14%。可以看出，两种稻田水体细菌组成、优势菌的种类均存在一定差异。稻鱼共作田水体有色菌种多于平作田，且与环境污染有关的大肠杆菌属细菌也有一定的检出率，对营养要求较复杂的弧菌属细菌也较多。平作田水体则以营养要求不高的不动杆菌属细菌为主，尚未检测出大肠杆菌属细菌。

表 5-4　苏打盐碱地稻鱼共作田水体异养细菌种类组成

种类	菌株数/株		检出率/%		种类	菌株数/株		检出率/%	
	FRS	NRF	FRS	NRF		FRS	NRF	FRS	NRF
不动杆菌属 *Acinetobacter*	3	20	1.94	23.81	无色杆菌属 *Achromobacter*	0	3	0	3.57
弧菌属 *Vibrio*	53	8	34.19	9.52	色杆菌属 *Chromobacterium*	0	7	0	8.33
假单胞菌属 *Pseudomonas*	7	17	4.52	20.24	微球菌属 *Micrococcus*	1	5	0.65	5.95
气单胞菌属 *Aeromonas*	27	3	17.42	3.57	黄杆菌属 *Flavobacterium*	3	4	1.94	4.76
黄单胞菌属 *Xanthomonas*	9	1	5.81	1.19	葡萄球菌属 *Staphylococcus*	12	2	7.74	2.38
芽孢杆菌属 *Bacillus*	29	11	18.71	13.10	未定菌属	7	3	4.52	3.57
大肠杆菌属 *Escherichia*	4	0	2.58	0	合计	155	84		

另据报道，营口、盘锦地区对虾池水体的细菌优势种类为葡萄球菌属、弧菌属和黄单胞菌属[250]；山东沿海对虾池水体细菌优势种类为大肠杆菌属、不动杆菌属和气单胞菌属[251]；杭州西湖水体中优势菌种为假单胞菌属、大肠杆菌属[252]。本试验苏打盐碱地的稻鱼共作田和平作田水体异养细菌优势种类均存在较大差异。这与上述水体相比，说明不同地域、不同土壤环境中，水体细菌组成的差异十分明显。

4）土壤微生物数量及其组成

由表 5-5 可知，吉林省西部苏打盐碱地稻鱼共作田土壤微生物总量显著高于平作田（$P<0.01$）；其中，优势种为放线菌（占比为 44.8%），其次为细菌（占比为 41.9%），霉菌最少（占比为 0.7%）。相关分析表明，稻鱼共作田的土壤微生物总量与平均年施肥量（$r=0.801$）、平均年有机肥施用量（$r=0.837$）、平均年化肥施用量（$r=0.694$）的相关性都近于显著（$r\approx r_{0.05}=0.878$），与平均年成鱼产量（$r=0.110$）及平均年水稻产量（$r=0.221$）的相关性相对较低。

表 5-5　苏打盐碱地稻鱼共作田土壤微生物数量及其组成

时间	处理	微生物总量/(万 ind./g)	细菌/(万 ind./g)	放线菌/(万 ind./g)	霉菌/(万 ind./g)	真菌/(ind./g)
1994-05	FRS	1179.4A	476.4	497.7	7.432	198.3
	NRF	350.2B	230.7	36.7	3.145	81.2
1994-09	FRS	1013.7A	435.8	432.8	6.739	148.3
	NRF	378.2B	254.7	27.6	4.803	92.3
1995-06	FRS	1339.1A	573.9	623.7	9.732	133.7
	NRF	474.5B	305.4	48.3	5.604	115.8
1995-08	FRS	1215.4a	502.4	582.2	8.447	19.29
	NRF	497.3b	336.5	36.3	5.634	102.5
全生长期		1186.5A	497.1	532.0	8.179	150.9
		420.3B	281.8	37.2	4.783	98.0

时间	处理	脲酶/(mg/g)	转化酶/(mg/g)	中性磷酸酶/(mg/g)	碱性磷酸酶/(mg/g)
1994-05	FRS	1.93a	18.56	1.35	1.91a
	NRF	1.12b	17.04	1.18	1.65a
1994-09	FRS	2.03A	17.49	1.33	1.75a
	NRF	0.94B	15.29	1.16	1.56a
1995-06	FRS	2.17a	20.16	1.54	2.26A
	NRF	1.34b	13.84	0.93	1.12B
1995-08	FRS	2.45a	19.29	1.51	1.98A
	NRF	1.46b	16.87	1.07	0.73B
全生长期	FRS	2.15a	18.99	1.43	1.97a
	NRF	1.22b	15.78	1.09	1.27b

土壤微生物活性、土壤酶活性是土壤生物学性质的重要指标。脲酶主要参与土壤中氮的循环转化，其活性与土壤有机质、全氮、全磷和速效氮有关；碱性磷酸酶是反映土壤有效磷供应能力的重要指标，通常与土壤全磷、速效磷、有机质、全氮有一定的相关性。

从表 5-5 可以看出，生长季节稻鱼共作田土壤脲酶和碱性磷酸酶均显著高于平作田（$P<0.05$）。其因，盐碱地稻田开挖鱼沟、鱼坑，增加了稻-水-土界面面积，光、热、气界面间的交换性能提高，水、土温度增加，促进土壤养分快速分解；鱼类觅食活动起到耕耘水体、疏松土壤的作用[243, 245, 246]，从而使土壤微生物与酶的活性进一步加强。文献[253]

对非盐碱地旱田的研究结果表明，施用有机肥和化肥均可增加土壤微生物活性，特别是有机肥，可为微生物创造良好的繁衍条件，比化肥更能激发微生物增殖。因此，苏打盐碱地稻鱼共作田土壤微生物数量的明显增加，可能是鱼类和增施有机肥共同作用的结果。

前文所述的鱼塘和虾塘底部 0～10cm 淤泥中细菌数量平均在 3000 万～8000 万 ind./g[245, 246]，远高于苏打盐碱地稻鱼共作田。非盐碱地稻鱼共作田 0～30cm 的土壤细菌数量和真菌数量分别为 690 万 ind./g 和 750 万 ind./g[245]，均高于苏打盐碱地稻鱼共作田。其因，除了土壤肥沃度差别较大以外，还可能与苏打盐碱土壤高碱度、高 pH 的环境条件不利于细菌繁殖有关。

苏打盐碱地稻鱼共作田土壤微生物总量明显低于非盐碱地旱田（2900 万～7700 万 ind./g），但放线菌和霉菌数量与上述旱田水平相当。苏打盐碱地稻鱼共作田和平作田的土壤真菌数量均显著高于上述旱田。同时还发现，苏打盐碱地稻鱼共作田的土壤放线菌数量显著高于非盐碱地稻鱼共作田（180 万个/g）。由此可见，苏打盐碱地稻鱼共作田在一定程度上可促进土壤中真菌、放线菌的增殖。

3. 问题探讨

1）施肥与微生物群落

按照稻、鱼共生的技术要求，苏打盐碱地稻鱼共作田应增加有机肥、减少化肥的施用量。本试验稻鱼共作田年均有机肥施用量比平作田平均增加 46.9%（39.0%～66.2%），而年均化肥施用量平均减少 10.7%（1.7%～17.7%）。其结果，水体中异养细菌数量明显增加，为外源物质→细菌→浮游动物→鱼类的食物链转化提供了丰富的初级营养物质。利用所测数据，可计算出 1 个生长季细菌产量为 307.5kg/hm^2，所提供的鱼产量为 5.65kg/hm^2，故稻鱼共作田增施有机肥有利于提高鱼产量。

稻鱼共作田水体属于兼性厌氧的弧菌属、气单胞菌属和假单胞菌属占异养细菌总菌株数的 56.1%，构成优势种群。其中的某些种类是水产养殖的主要病害菌，可引起多种鱼、虾等养殖动物产生败血病、出血、体表炎症等疾病。但在现有鱼产量水平下，这些致病菌尚未引起鱼病发生，说明还未达到致病浓度。稻鱼共作田的土壤微生物总量显著高于平作田，同时也高于稻鱼共作田水体，这主要是表层土壤沉积的有机肥、鱼类残饵及其排泄物、死亡的生物残体等富含有机质所致，而且土壤酶的活性也进一步加强。因此，在改善苏打盐碱土壤生物学性质方面，稻鱼共作不失为一种有效的方法。

2）微生物群落与鱼类品质

施有机肥是改良苏打盐碱地的重要途径，也是盐碱地种稻的主要技术措施，但同时也带来了稻田水质的严重污染。异养细菌是水体受有机污染的指示菌。本书研究结果显示，稻鱼共作田和平作田土壤异养细菌数量均与有机肥施用量极显著相关，这表明增加有机肥施用量可加剧稻田水体的有机污染。

对鱼体细菌污染状况的研究结果表明，6～9 月为养殖季节，活鱼死后立即测定其皮肉的异养细菌总数量，为 1.033 万～1.274 万 ind./(g·cm^2)，平均为 6.972 万 ind./(g·cm^2)，与水体异养细菌数量极为接近。这不仅显示出鱼体细菌的高污染程度，还表明稻田水体本身的污染程度与鱼体细菌污染程度之间的一致性。从异养细菌的数量看，稻鱼共作田比平作田平均高出近 10 倍，最高达 140 倍。尽管测定上存在一定误差，但这种较大数量的水体细菌污染，显然是稻鱼共作田施有机肥、投饵及鱼类排泄物共同促使细菌增殖所致的。

上述表明，大量投饵、施有机肥，在加剧苏打盐碱地稻鱼共作田有机污染的同时，也增加了鱼体细菌污染程度，可能导致养殖鱼类品质下降。

3）稻鱼共作仍然值得推广

畜禽粪便不仅可有效地改良盐碱地水、土环境，其中的有机腐屑还可直接被鱼类摄食，起到投饵作用。因此，苏打盐碱地稻鱼共作田均施用这种肥料。由于来自外界粪便污染和鱼类粪便污染的共同作用，水体受粪便污染的指示菌种大肠菌群数量明显增加。同时，粪便中还可能带入各类致病菌和其他有害物质，使水体环境质量下降并影响鱼类品质和健康。

本试验Ⅲ类稻田的水体大肠菌群数量 7 月、9 月均已经超过《地表水环境质量标准》（GB 3838—2002）所规定的鱼类保护区Ⅲ类水域大肠菌群数量指标；Ⅰ类稻田在 9 月、Ⅱ类稻田在 8 月、Ⅲ类稻田在 6 月的大肠菌群数量，也都分别超过《渔业水质标准》（GB 11607—1989）所规定的水产养殖用水大肠菌群数量标准。同时还发现，稻鱼共作田中属于兼性厌氧的弧菌属、气单胞菌属细菌的检测比例较高，它们中的某些种类是淡水鱼类的常见致病菌。但养殖过程中尚未发生鱼类消化道疾病（如肠炎病等）和细菌性鱼病，表明本试验大肠菌群和条件致病菌的数量水平尚未达到致病程度，对鱼类生长和产量尚未构成影响。但对鱼类品质的影响，有待进一步研究。

虽然微生物种群数量、群落结构对养殖鱼类的健康、鱼品质、鱼类病害等均有一定的影响，但在上述产量水平下尚未构成较大影响。因此，在盐碱地农业开发利用中，稻鱼共作仍然是一种较为有效的生态农业模式，养鱼后盐碱土壤的理化性质和生物学性质都得到明显改善，对保护农业生态环境起到积极作用。同时，苏打盐碱地稻鱼共作还实现了稻、鱼双丰收，取得良好的经济效益，是一种可持续发展的盐碱地生态农业模式。

5.2 模式与技术

5.2.1 稻-鱼共作

建立稻田人工湿地是松嫩平原苏打盐碱地利用的主要途径。在此基础上，进一步优化稻田湿地生态系统的生物环境结构，建立稻-鱼复合型人工湿地，是将开发盐碱地农作与利用浅层咸淡水和地表淡水资源养鱼结合起来的生态渔业模式。试验表明，在苏打盐碱地建立的稻-鱼人工湿地中，一个生长期内商品鱼的平均产量可达 300～600kg/hm^2，同时增收水稻 200～300kg/hm^2，具有节地、节水、节粮、节资和增产、增收的作用，是立体开发、综合利用盐碱湿地水土资源的一项重要措施。本书介绍松嫩平原西部吉林省大安市苏打盐碱地稻-鱼共作的试验示范成果[243]。

1. 试验地概况

试验地土壤为苏打盐碱土，其理化性质在松嫩平原具有广泛代表性（表 5-6）。试验稻田均由低洼易涝盐碱荒地改造而成，集中连片分布，单块田面积为0.12～0.23hm²。地下水为水源，水质情况见表5-7。排灌系统配套，单排单灌。设计4种试验模式，成鱼净产量分别为375kg/hm²、525kg/hm²、600kg/hm²及750kg/hm²，累计试验面积分别为2.87hm²、3.89hm²、2.40hm²及0.67hm²。日常管理均按常规稻鱼共作模式进行。

表5-6　试验地土质情况

试验地点	pH	有机质/(g/kg)	含盐量/(g/kg)	主要离子/(mg/kg)							
				Cl^-	SO_4^{2-}	HCO_3^-	CO_3^{2-}	Ca^{2+}	Mg^{2+}	Na^+	K^+
六合堂村	9.73	5.59	12.08	761.2	3687.4	1079.3	328.7	1553.2	555.2	4142.4	704.8
庆发村	10.17	4.93	11.14	1670.7	3425.2	823.7	903.8	158.0	637.3	2177.3	1028.2
长城村	9.10	7.92	10.11	1090.4	1635.7	473.9	350.6	457.4	469.7	4174.5	1298.6
光明村	9.70	6.53	9.29	1696.2	1278.0	1507.4	1394.5	1595.5	289.4	1736.3	506.7

表5-7　试验地水源（地下水）水质

试验地点	pH	总碱度/(mmol/L)	总硬度/(mmol/L)	盐度/(g/L)	主要离子/(mg/L)							
					Cl^-	SO_4^{2-}	HCO_3^-	CO_3^{2-}	Ca^{2+}	Mg^{2+}	Na^+	K^+
六合堂村	7.83	6.73	13.12	0.82	14.2	0	415.1	0	220.0	25.2	145.8	1.4
庆发村	7.82	4.02	6.73	0.64	11.4	0	410.2	0	46.4	20.2	150.0	1.3
长城村	8.29	2.80	1.96	0.42	86.6	3.2	171.8	0	31.2	4.8	123.0	1.4
光明村	6.86	3.35	15.40	0.65	46.2	13.5	204.4	0	270.0	22.8	84.1	0.6

2. 技术措施

1）压碱降盐

苏打盐碱土地区开展水产养殖，其水质条件不同于硫酸盐型和氯化物土质的地区（见附录Ⅳ），不能沿用现成的技术标准，而应该采取针对苏打盐碱土质特点的具体措施，使之达到水产养殖要求。苏打盐碱土盐度较高，pH≥9.0，自然状态下无法种稻与养鱼，必须脱盐降碱，以适应稻鱼生理与生态需要。本试验主要采取泡田淋洗的方法，效果较好。

（1）养鱼田块均进行秋翻，耕层深度增加到22～25cm，以增强土壤渗透能力和盐碱淋洗效果。上冻前，粗略平整田块，重点是打碎垡块，填平坑洼地，以保证泡田时水层深度一致，增强淋洗盐碱效果。

（2）第二年开春结合泡田，同时淋洗盐碱。第1次泡田灌水量为1500～1800m³/hm²，浸泡2～3d排掉。紧接着进行第2次泡田，灌水量为900～1200m³/hm²，浸泡3～4d排掉。泡田过程中要注意不露地皮。插秧前淋洗3～4次，灌水量逐渐减少。

（3）放鱼后到捕捞前要注意水色的变化。当稻田水色转为棕色时，表明水环境因子已经发生了变化，其中pH≥8.8，盐度≥5.0g/L，碱度≥12mmol/L，表明水质已劣变，应及时换水淋洗。而且水质颜色越深，上述指标中尤其是pH越高，水质越差。

2）改进鱼沟规格

苏打盐碱土中代换性 Na^+含量较高，土质松散，膨胀性很强，加之风浪作用和鱼类的活动搅水，使 1990～1991 年设计的宽、深均为 30～45cm 的传统鱼沟，7 月下旬就被淤平，严重影响后期鱼类的旺盛生长与栖息活动。同时，传统鱼沟的边坡过陡，造成边坡坍塌，堵塞鱼沟，淤平鱼坑，阻碍鱼类活动及其附近稻禾的生长，更不利于排水淋洗盐碱。

1992 年以后调整了鱼沟设计，先将田埂加高到 60～70cm，顶宽 35～40cm，并踩实加固。鱼沟挖成“围”形，其横断面呈等腰梯形，上口宽 70～80cm，下底宽 30～40cm，深 50～60cm，周围沿田埂的鱼沟在距埂 1.0m 远处开挖。根据田块长度，每块田开挖 2～3 条纵沟，间距为 8～12m，通长开挖 1 条横沟。在进水口、排水口交叉处，开挖长、宽各 2.0m、深 1.2m 的鱼坑。鱼沟与进水渠、排水渠相通，设置拦鱼栅。改进后的鱼沟，使稻田明水面增加到本田面积的 10%～15%，高于现有稻渔综合种养规范所规定的 10%的标准（见附录Ⅴ）。对于苏打盐碱地稻田，明水面增加后，蓄水量增多，还有利于安全使用农药、化肥及淋洗盐碱，便于鱼类活动与集中投饵，又克服了上述传统鱼沟的不利影响，从而优化了稻鱼共生生境。

3）合理插秧

春季最后一次泡田淋洗盐碱结束后，田面灌水深度为 3～5cm，将田面耙平，静止 2d 后插秧。由于鱼沟、鱼坑均加宽扩容，稻田明水面增加，通风透光能力增强，可充分利用有限的光热资源。

在插秧时，为了充分发挥稻田边行的优势，鱼沟、鱼坑的边缘 1.0m 远以内可适当密植，其外侧行、穴距由平作稻田的 30cm×14cm 缩小到 18cm×8cm，内侧减至 12cm×5cm，密植成篱笆状。这样既可使稻田的基本苗数和穴数与平作稻田保持一致（基本苗数 107 万～129 万株/hm^2），同时又可防止水大跑鱼，夏季还为鱼类遮阳。

稻行尽可能与鱼沟、鱼坑的边线垂直，这样便于鱼类进入稻行间觅食活动，增加田间通风透光效果。

4）合理放鱼

水稻插秧结束后，进一步全面整修田埂，清理鱼沟、鱼坑，以备放鱼。合理放鱼应考虑以下因素。

（1）种类与规格。苏打盐碱地稻田养鱼的种类，以耐盐碱能力较强的鲤鱼、银鲫和具有除草能力的草鱼为主，规格应尽量大一些，以便当年养成食用鱼。其中，鲤鱼 50～75g/尾，银鲫 25～30g/尾，草鱼 100～150g/尾。

（2）放养时间、数量及比例。放鱼时间在插秧结束 5～7d，秧苗返青后进行。先投放鲤鱼和银鲫，15～20d 后再放草鱼。放鱼前先用一盆稻田水试养 10 尾，观察 2d，证明无毒性时，再大批放养。放养量为 1200～2250 尾/hm^2，鲤、银鲫和草鱼分别占 40%、10%和 50%。

（3）早插秧、早放鱼。由于寒冷地区稻田养鱼的生长期只有 80～90d，因此鱼种应尽可能提早放养。养鱼稻田的插秧时间应尽量提前，力争 5 月 31 日前结束，尽可能不插 6 月秧，放鱼结束时间最晚不超过 6 月 10 日。而且鱼种规格要尽可能大些，鲤鱼 50g/尾以上，草鱼 100g/尾以上，以便当年养成食用鱼。

苏打盐碱地稻-鱼共作示范户鱼类放养模式见表 5-8～表 5-11。表 5-12 为稻-鱼共作试验地鱼类放养与起捕。试验地总放养量为 1400～2400 尾/hm²，其中鲤占 17%～63%，规格为 55～80g/尾；草鱼占 27%～45%，规格为 110～120g/尾；银鲫占 5%～12%，规格为 20～25g/尾。在部分示范户还搭配放养体长为 13.2～16.5cm 的鲇鱼 105～120 尾/hm²。

表 5-8　稻-鱼共作示范户鱼类放养模式（1）

鱼类	放养				起捕			
	规格/(g/尾)	重量/(kg/hm²)	密度/(尾/hm²)	重量比例/%	规格/(g/尾)	重量/(kg/hm²)	密度/(尾/hm²)	起捕率/%
鲤	79	72.8	915	63.2	432	288.8	900	98
草鱼	110	33.6	300	29.2	675	172.2	255	85
银鲫	20	8.7	420	7.6	109	41.1	405	96
合计	—	115.1	1635	—	—	502.1	1560	—

表 5-9　稻-鱼共作示范户鱼类放养模式（2）

鱼类	放养				起捕			
	规格/(g/尾)	重量/(kg/hm²)	密度/(尾/hm²)	重量比例/%	规格/(g/尾)	重量/(kg/hm²)	密度/(尾/hm²)	起捕率/%
鲤	65	72.3	1110	51.3	425	446.3	1050	95
草鱼	105	52.1	495	37.0	637	258.0	405	82
银鲫	22	16.4	735	11.6	126	81.3	645	88
合计	—	140.8	2340	—	—	785.6	2100	—

表 5-10　稻-鱼共作示范户鱼类放养模式（3）

鱼类	放养				起捕			
	规格/(g/尾)	重量/(kg/hm²)	密度/(尾/hm²)	重量比例/%	规格/(g/尾)	重量/(kg/hm²)	密度/(尾/hm²)	起捕率/%
鲤	65	17.1	270	20.0	466	117.3	255	94
草鱼	120	49.8	390	58.3	703	210.9	300	77
银鲫	25	18.5	735	21.7	135	89.1	660	90
合计	—	85.4	1395	—	—	417.3	1215	—

表 5-11　稻-鱼共作示范户鱼类放养模式（4）

鱼类	放养				起捕			
	规格/(g/尾)	重量/(kg/hm²)	密度/(尾/hm²)	重量比例/%	规格/(g/尾)	重量/(kg/hm²)	密度/(尾/hm²)	起捕率/%
鲤	55	17.0	315	17.8	504	151.2	300	95
草鱼	112	60.5	540	63.4	692	249.2	360	67
银鲫	19	17.9	941	18.8	112	99.2	885	94
合计	—	95.4	1796	—	—	499.6	1545	—

表 5-12　稻-鱼共作试验地鱼类放养与起捕

项目	种类	六合堂村			庆发村		
		规格/(g/尾)	重量/(kg/hm²)	密度/(尾/hm²)	规格/(g/尾)	重量/(kg/hm²)	密度/(尾/hm²)
放养	鲤	67	27.1	405	72	73.4	1020
	草鱼	120	41.4	345	110	41.3	375
	银鲫	22	16.2	735	20	7.2	360
	合计	—	84.7	1485	—	121.9	1755
起捕	鲤	510	175.9	345	438	413.9	945
	草鱼	730	186.2	255	680	204.0	300
	银鲫	135	76.9	570	110	33.0	300
	合计	—	439.0	1170	—	650.9	1545

项目	种类	长城村			光明村		
		规格/(g/尾)	重量/(kg/hm²)	密度/(尾/hm²)	规格/(g/尾)	重量/(kg/hm²)	密度/(尾/hm²)
放养	鲤	68	78.5	1155	58	22.6	390
	草鱼	113	54.2	480	110	62.7	570
	银鲫	24	17.6	735	20	18.6	930
	合计	—	150.3	2370	—	103.9	1890
起捕	鲤	430	464.4	1080	540	186.3	345
	草鱼	650	243.8	375	670	291.5	435
	银鲫	130	78.0	600	114	117.6	840
	合计	—	786.2	2055	—	595.4	1620

5）水层管理

东北地区稻鱼共生对水量的需要是同步的。苏打盐碱地稻鱼共作田的水量管理较为重要，因其既要防止田面返盐返碱，改善稻田水体生态环境，又要满足稻鱼正常生长发育。本试验采用以下 5 个阶段的水层调控，满足了稻鱼共生的需要。

（1）插秧结束立即排灌 1 次，淋洗盐碱，然后灌水至深度 5.0cm 左右以护苗返青，持续 3～4d 后再排水至≤3.0cm。返青后直到有效分蘖结束，均保持浅水不露地皮（水深≤3.0cm），并每隔 5～7d 排灌淋洗盐碱。这个阶段水稻秧苗小，气温较低，浅水灌溉有利于提高地温，促进水稻发育和增加分蘖率；同时鱼体也较小，摄食量少，保持浅水有利于水体升温，促进水层中天然饵料生物繁殖和鱼类生长。

（2）在分蘖末期、孕穗期和抽穗期，为了控制无效分蘖，确保水稻株壮、穗大、颗粒饱满，可以深灌到水深为 15～20cm。这个阶段鱼类逐渐增长，摄食量增加，提高水位可以扩大鱼类活动与觅食范围，促进生长，更重要的是还能以水压盐，防止季节性返盐返碱，危害稻鱼。

（3）晒田前先排灌淋洗盐碱，同时清理鱼沟、鱼坑，防止淤积和堵塞。晒田排水的速度要慢些，使鱼类能有充足的时间顺利进入鱼沟、鱼坑。晒田期间，鱼沟和鱼坑水深分别保持 50cm 和≥1.0m，确保鱼类安全渡过。同时要特别注意水质和鱼情的变化，发现有浮头或返碱现象（其水色呈棕色或茶褐色），要迅速向鱼沟、鱼坑加注新水，严重时应暂时停止晒田，注水淋洗盐碱。晒田结束立即复水至 5～10cm 深，并排灌淋洗盐碱。

（4）7 月下旬以后，随着水稻生长、鱼类体重的增加，水体中鱼类的负载量也逐渐增加，而水稻按其生育期要求，在这以后开始实行浅—深—浅的间歇式灌水管理方式。这个阶段无论水稻灌水量如何变化，都要保证鱼沟、鱼坑满水。同时，密切注意水色的变化，防止出现棕色水质，必要时可以提前捞出部分大规格成鱼，以减小水体中鱼密度。

（5）水稻扬花后期开始实行浅水灌溉（水深≤3.0cm）。灌浆到成熟期实行早浅、晚干的灌水方法，防止后期水稻受盐碱之害而造成枯熟。

在水稻全生育期的浅水灌溉期间，为确保鱼类顺利进入水稻行间觅食活动，每隔 2～3d 提高 1 次水位，使田面水深达到 10～15cm，每次持续 6～8h。

值得注意的是，为了控制无效分蘖，个别田块在水稻分蘖高峰期就晒田，使地面积盐返碱，严重影响了稻鱼生长。实践表明，分蘖高峰期采用深灌（水深 12～15cm）的方法来控制无效分蘖，对苏打盐碱地稻鱼共作更为有利。一方面深水可以压盐，抑制返碱；另一方面无效分蘖的幼芽可被鱼类摄食。但这种深水只能持续 3～5d，最多不得超过 7d。

6）补充饲料

自然条件下，稻田中杂草、底栖动物、浮游生物、水稻害虫等可为鱼类利用的天然饵料所能提供的鱼产量为 75～180kg/hm^2，要进一步提高鱼产量，也应像池塘养鱼那样，补充投喂人工饲料。

本试验在放鱼 5～7d 后，开始每隔 2d 在鱼沟内定点投喂 1 次混合饲料（将玉米面、稻糠、葵花饼等混合捏成团状投喂）。水稻封行后，每天 14：00～15：00 投喂 1 次。每天投饲量以略有剩余为宜。一个生长期的投饲量为 450～675kg/hm^2。

7）施肥

以有机肥为主、化肥为辅，重施基肥、辅施追肥为原则。本试验有机肥做基肥的用量为 18～23m^3/hm^2，追肥用量为 6.0～7.5t/hm^2；化肥做基肥的用量为 750～900kg/hm^2，追肥用量为 375～425kg/hm^2。化肥种类以尿素、过磷酸钙等生理酸性或中性肥料为宜。施化肥前，先排灌淋洗盐碱，并加注 8～10cm 深的新水后再施。也可以排至水深≤3.0cm，把鱼类集中到鱼沟、鱼坑后再施。但采取后者施肥方式时操作要迅速，防止积盐返碱。

苏打盐碱地稻鱼共作田禁止使用碳酸氢铵、硫酸铵、硝酸铵及氯化铵等铵态氮肥。因其在碱性条件下（pH＞8.5）会产生大量对鱼类有强烈致毒作用的 NH_3。

8）地下水升温

北方盐碱地区地表水资源一般都很贫乏，开发盐碱地种植水稻，多以地下水为水源。地下水水温一般在 8℃以下，溶解氧含量极低，直接进入稻鱼共作田，将对水稻和鱼类的生长发育产生不利影响。特别是水中的大量重金属离子和矿物质处于低价的溶解状态，并含有多种还原态气体，如 H_2S、CO_2、NH_3 等。这些气体进入稻田水层中，将使水土环境中有害气体的本底值增高，在苏打盐碱性环境下会对鱼类产生致死作用。

稻田水层中的溶解氧主要是浮游植物光合作用产生的，空气溶解的气所占比例极其有限。因此，地下水没有经过冲氧曝气而直接注入养鱼稻田，会影响鱼类的养殖密度和生长效果。通过曝气增加溶解氧含量，可将水中各种还原态有毒气体排除。同时，低价态的离子也被氧化成高价化合态，形成沉淀，从而减轻重金属离子的毒性影响。

鉴于上述，地下水经过曝气升温处理后，方可进入稻鱼共作田。本试验采用以下两种方法：①设置晒水池。晒水池一般由田块附近的低洼坑塘改造而成，也可以单独开挖。面积占本田面积的 0.3%～0.5%，建在田块的最高处。②延长输水渠道并降低流速。将稻鱼共作田的进水渠道加宽到 1.2～1.5m，比降在 0.1%～0.15%，长度增加到 200～300m，底部用塑料布铺平。地下水先进入晒水池曝晒后，经过长距离的渠道流入最末一级田块，然后迂回依次进入各田块。采取上述措施，碧空条件下，每天曝晒 6h 即可使水温提高 7～11℃，水中溶解氧含量增加 1.8～3.2mg/L，能在一定程度上减轻因地下水低温、缺氧对稻、鱼产生的不利影响。

9）鱼病及水稻病虫草害防治

本试验对鱼病的防治主要采取了 3 种措施：①鱼种消毒。放鱼时鱼种用 4%的食盐水浸洗 5～7min。②药物消毒。7 月、8 月高温季节，每隔 10～12d，在鱼沟、鱼坑内泼洒 1 次浓度为 2.0mg/L 的漂白粉（不能用生石灰），每月进行 2～3 次。③投喂药饵。每隔半月左右投喂 1 次药饵，每次连续投喂 3～4d。药饵配方为（以 50.0kg 鱼计）：大蒜 1.2kg（捣烂）+ 玉米面 15.0kg + 黏高粱面或黏玉米面［（3.0～5.0）kg + 0.2kg］ + 兽用土霉素 20.0g。将其挤压成条状，略干后投喂。若在药饵中添加少量芝麻油，则可进一步提高药饵的适口性和利用率。上述措施使本试验中未发生较大鱼病，保持较高的鱼种成活率。

稻田中放养鱼类后，部分害虫和杂草可直接为鱼类所食，促进秧苗健壮生长，抗病力增强，所以稻鱼共作田的水稻病虫草害通常并不严重。本试验采取两种防治措施：①人工灭虫。适当抬高田面水位后用木杆在田里驱赶，使稻禾茎叶上的害虫通过人工扫入水中为鱼类取食，重复进行 3～4 次，灭虫效果较好。②药物喷雾灭草治病。喷药前提高田面水深至 12～15cm，选择多云天气的 10：00 或晴天 16：00～17：00 以后喷施，喷头沿着风向斜向上方（约 45°），尽可能减少落入水体的药量。施药后次日换水，防止鱼类药物中毒。

10）鱼种暂养与成鱼续养

松嫩平原地处寒区，水稻开始插秧一般在 5 月 20～25 日，稻鱼共作的鱼种放养时间也较晚，而鱼种捕捞出越冬池的时间较早（一般 4 月中旬左右）。本试验在每年的 5 月 15 日左右，利用部分质量较好的泡田水，将预先购买的鱼种放入晒水池或置于排水沟渠中的栅栏内，暂养到水稻插秧结束再放入稻田。这样既可以缩短鱼类对稻田水环境的适应时间，提早放养，相对延长生长期，提高成活率，同时还可以缓解鱼种生产单位占用鱼池存放鱼种而影响正常养殖生产的矛盾。

秋季稻田最后撤水的时间一般在 9 月上旬，这时白天水温仍在 12～15℃。为提高成鱼的捕捞规格，增加产量，可以将捕捞出水的成鱼集中到鱼坑或排水沟渠内，通过人工投饲，续养到 9 月 25 日以后水稻收割前 7～10d 再捕捞销售，这样鱼产量可增加 5%～10%。

3. 结果

1）鱼产量与经济效益

4 个村稻-鱼共作试验田的平均鱼产量为 617.12kg/hm^2。养鱼产值 4 年累计 5.79 万元，扣除成本 2.16 万元，经济效益 3.63 万元，户均 5185 元，投入产出比为 1∶2.68，成本利润率为 168.1%（表 5-13）。由表 5-13 可知，稻-鱼共作田比平作田增产水稻 217.7～438.4kg/hm^2，增收鱼类 354.6～635.1kg/hm^2，增加经济效益 2298.0～5813.5 元/hm^2。

表 5-13　稻-鱼共作试验地增收情况

年份	面积/hm^2	成鱼净产量/(kg/hm^2)	共作田水稻产量/(kg/hm^2)	平作田水稻产量/(kg/hm^2)	共作田水稻增产/(kg/hm^2)	水稻增产幅度/%	平均增收/(元/hm^2)
1992	0.47	354.6	5646.3	5428.6	217.7	4.01	2298.0
1993	1.47	469.7	6055.6	5702.4	353.2	6.19	3139.2
1994	2.87	635.1	6333.8	5895.4	438.4	7.44	5813.5
1995	5.00	528.9	6244.5	5837.2	407.3	6.98	5321.7

2）生态效益

（1）盐碱土改良。为探讨稻-鱼共作田土壤理化指标的变化情况，本试验在长城村设置了对比试验。试验田与对照田的面积均为 0.18hm^2，水稻基本苗数、除草防病药物、施肥等方面的种类和用量均一致。结果表明，稻-鱼共作对土壤化学性质（表 5-14）、土壤微生物活性（表 5-15）及土壤养分平衡（表 5-16）均有显著影响。

表 5-14　稻-鱼共作对试验地土壤化学性质的影响

处理	采样深度（对应原地块）/cm	盐基代换量/(mmol/kg)	有机质/(g/kg)	全量/(mg/kg)		
				N	P	K
试验前（对照）	0～30	88.54	6.343	388.8	1162.5	18988.8
	30～40	94.95	4.196	307.8	1052.8	20330.5
试验后（对照）	0～30	104.44	13.215	941.2	1427.6	19440.6
	30～40	107.14	12.285	606.2	1200.6	20447.3
试验前	0～30（田面）	88.54	6.343	388.8	1162.5	18988.8
	30～40（鱼沟）	94.95	4.196	307.8	1052.8	20330.5
试验后	0～30（田面）	99.32	17.157	1135.5	1610.8	20083.8
	30～40（鱼沟）	119.60	13.395	731.2	1218.3	20699.3

表 5-15　稻-鱼共作对试验地土壤微生物活性的影响

处理	采样深度（对应原地块）/cm	过氧化氢酶/[mL/(0.1mol/L $KMnO_4$)]	转化酶/(mg/g)	中性磷酸酶/(mg/g)	微生物/(万 ind./g)		
					细菌	真菌	放线菌
试验前（对照）	0～30	1.65	17.04	1.18	254	98	36
	30～40	1.56	15.29	1.16	230	81	27
试验后（对照）	0～30	1.91	18.56	1.35	476	123	498
	30～40	1.75	17.49	1.33	435	115	423

续表

处理	采样深度（对应原地块）/cm	过氧化氢酶 /[mL/(0.1mol/L $KMnO_4$)]	转化酶/(mg/g)	中性磷酸酶/(mg/g)	微生物/(万 ind./g)		
					细菌	真菌	放线菌
试验前	0～30（田面）	1.65	17.04	1.18	254	98	36
	30～40（鱼沟）	1.56	15.29	1.16	230	81	27
试验后	0～30（田面）	2.26	20.61	1.54	573	148	623
	30～40（鱼沟）	1.89	19.29	1.51	502	133	582

表 5-16　稻-鱼共作对试验地土壤养分平衡的影响

处理	采样深度（对应原地块）/cm	碱解氮 /(mg/kg)	速效磷 /(mg/kg)	速效钾 /(mg/kg)	处理	采样深度（对应原地块）/cm	碱解氮 /(mg/kg)	速效磷 /(mg/kg)	速效钾 /(mg/kg)
试验前（对照）	0～30	18.46	4.32	71.38	试验前	0～30（田面）	18.46	4.32	71.38
	30～40	22.72	3.96	77.36		30～40（鱼沟）	22.72	3.96	77.36
试验后（对照）	0～30	58.93	5.04	95.83	试验后	0～30（田面）	64.61	6.83	112.79
	30～40	60.04	5.63	104.84		30～40（鱼沟）	69.58	5.29	122.19

可以看出，稻-鱼共作，鱼类吃掉了田中的杂草、底栖生物与害虫，加上饵料残渣和鱼类粪便，对土壤起到保肥增肥作用；同时，稻田开挖鱼沟、鱼坑后，土壤孔隙度提高，土壤的水容量降低，氧化还原电位升高，有毒物质含量降低，土壤微生物及酶的活性均进一步增强。稻-鱼共作使作物-水-土壤的界面增加，水稻和光、温、气的交换性提高，水体、土壤温度升高，促进养分快速分解；微生物活性的增强也使土壤中有效养分发挥较好；鱼类活动可疏松土壤，打破还原层，消除土壤还原层中的有毒物质，使养分在稻田生态系统中得以运输。

（2）生物除草与灭虫防病。实施稻-鱼共作后，稻田中的部分杂草可直接被鱼类取食；一些杂草的种子落入水中后，也可被鱼类摄食；鲤、鲫鱼可拱土吃掉表层土壤中的杂草幼根、嫩芽和小体地下茎，其综合作用有效地抑制了杂草的繁殖与生长。实测结果表明，稻鱼共作田的杂草产量为 143.7kg/hm^2，平作稻田为 436.2kg/hm^2。

稻-鱼共作田中鱼类还可大量吞食稻飞虱、叶蝉、稻螟虫、稻纵卷叶螟等水稻主要害虫。通常经过水体才能到达水稻茎叶上去的害虫以及经过风吹雨打或受到惊吓而落入水中的害虫，其大部分能被鱼类吃掉。田间调查结果显示，全部稻-鱼共作田的稻飞虱虫口密度平均为 10.7ind./穴，平作田平均为 27.2ind./穴；稻-鱼共作田和平作田的水稻纹枯病发病率分别为 14.3%和 22.6%。1995 年全部稻-鱼共作田和平作田的农药用量，前者平均为 8.2kg/hm^2，后者为 13.8kg/hm^2，减少了 40.6%。

（3）生物增温。在稻-鱼共作生态系统中，鱼类的活动搅动了水体，疏松了土壤，有利于水体及土壤对阳光的吸收，从而提高水、土的温度。实测结果表明，从 6 月 25 日到 8 月 25 日，稻-鱼共作田的日平均水温比平作田高出 0.93℃，这样在水稻生育期内稻鱼共作田可比平作田增加积温 50℃以上。同时，稻-鱼共作田的耕层温度也高于平作田，其中

5～20cm耕层温度分蘖期高1.2～1.4℃，孕穗期高0.8～2.7℃。根系密集、水肥作用较大的5～10cm耕层温度，分蘖期高1.1～1.5℃，孕穗期高1.9～3.1℃，这对加速水稻秧苗返青分蘖和后期的生长发育有着重要作用。温度是影响水稻生产的重要因素之一，特别是寒区种稻，稻-鱼共作的生物增温效应对水稻增产具有特别重要的意义。

（4）增产。稻-鱼共作累计试验面积9.81hm^2，水稻平均单产6071.1kg/hm^2，平作田平均单产5715.9kg/hm^2，增产幅度为6.21%，长城村稻-鱼共作试验田水稻平均单产为8273.7kg/hm^2，平作田平均单产7493.2kg/hm^2，增产幅度为10.4%。从前述试验结果分析，稻-鱼共作后，土壤肥力增加，生物活性加强，养分加速分解，促进了水稻根系发育及分蘖（试验田水稻单株分蘖数增加29.3%，有效穗数增加32.8%）；开挖的鱼沟、鱼坑扩大了稻田边行优势效应，提高了光合作用率。增加的边行改善了常规栽培行间的荫蔽环境，增加了秧苗的受光面积，透光率增加，使水稻成熟粒增多，秕谷率下降（较对照田结实率提高15.7%，空秕率减少12.3%）。由于通气性能增强，热量散失快，所以夜间温度降低，干物质积累较多，千粒重增加（较对照田增加17.8%）。以上诸因素的综合作用，提高了水稻产量。

4. *应用前景*

实施稻-鱼共作是变平面生产为立体生产，变单一经营为综合经营，充分合理地利用自然资源发展生态农业的一条有效途径，具有节地、节水、节粮、节资、增产、增收的作用，不仅为发展淡水渔业开辟了新的生产领域，还可在保证粮食稳定增长的同时，较大限度地增加农民经济收入，适合我国目前耕地面积逐渐减少、人口不断增加、粮食生产压力大的基本国情。在低洼盐碱地区发展稻-鱼共作，也是一种将开发治理盐碱地农作与利用水土资源养鱼结合起来的盐碱地生态渔业模式。若在吉林西部开发的4万hm^{2}稻田中，每年拿出25%来发展稻-鱼共作，其鱼产量按500kg/hm^2、水稻增产幅度以5%、水稻单产按5.0t/hm^{2}计算，则每年可增收水稻2633t，增产商品鱼4725t，经济效益与社会效益十分可观。

稻-鱼共作还具有明显的生物除草、灭虫防病、降低水稻发病率的作用，在一定程度上可减少农药与化肥的用量，适宜发展环保型农业。稻-鱼共作不仅有利于土壤有机质的积累，提高土壤养分含量，提高土壤氮素利用率和残留率，还能加快土壤养分的释放，改善其理化性状、提高生物活性，对盐碱土壤改良具有特别重要的意义。当然，与非盐碱地相比，苏打盐碱地稻-鱼共作确有一定困难，但只要技术对路，措施得力，同样可以取得稻、鱼双丰收的效果。本试验为松嫩平原苏打盐碱地实现稻-鱼共作提供了可借鉴的技术与模式。

5.2.2　稻-鸭共育

稻-鸭共育是日本在学习借鉴中国稻田养鸭技术的基础上发展起来的稻田复合种养系统，自1989年始创以来，迅速推广到韩国、越南、中国、菲律宾等国家。我国的稻-鸭生态种养技术研究始于1991年，但先期发展缓慢。1998年以来，中国水稻研究所在参考国内外有关资料和吸收日本稻田养鸭技术经验的基础上，研发出以水田为基础、种优质稻为中心、家鸭野养为特点，以生产无公害高效稻-鸭产品为目标的大田块、小群体、少饲喂的稻-鸭共育生态种养新模式。截至 2015 年，稻-鸭共育已在我国东起黑龙江省、西到新疆的各地广泛推广应用[254-267]。

稻-鸭共育是现代生态农业模式之一。稻-鸭共育复合生态系统是指鸭子全天候放养在稻田中，让鸭子和水稻在同一生态条件下共同生长发育，而非人工早放晚关的稻田养鸭。在这一复合生态条件下，两个生物种群相互影响、相互促进，改善了稻田小气候，充分发挥了稻田多功能生产能力，使现代水稻生产从主要依靠化肥、农药和除草剂，转变为发挥稻田综合生态功能，实现水稻节本增效可持续发展。研究表明，稻-鸭共育比稻-鱼、稻-蟹等种养模式更具优越性，可作为北方寒冷地区稻作复合生态种养技术的主体模式推广应用。

1. 吉林-黑龙江地区通用技术

综合文献[268]～[274]的资料，可得出吉林、黑龙江两省稻-鸭共育的如下通用技术。

1）环境条件

（1）稻田环境。稻-鸭共育田块的选择，要求远离城镇，环境安静，形状规则，田面平整。田埂适当加高，一般为高 20～30cm，宽 60～80cm，供水、电力、道路、通信条件较好，排灌自成体系，不受附近农田用水、施用肥料及农药的影响。稻田以集中连片效果最佳，这样便于管理，也不容易受到周围田块的影响。

（2）水环境。水稻和鸭子的栖息与生长都离不开水环境，鸭子的多项管理工作更离不开水。同时，生产绿色食品水稻和无公害鸭产品，原本对水环境就有一定的要求。因此，用于发展稻-鸭共育的田块，要优先选择那些靠近水源、水量充足、水质较好、排灌方便的田块；稻-鸭共育期间水体溶解氧含量≥5.0mg/L；没有工业和生活污染，符合农田灌溉用水和水产养殖用水相关标准的规定。凡远离水源的田块，都不宜选用。

（3）土壤环境。一般适合种植水稻的田块都可用于稻-鸭共育，但以土质为黏土的稻田更为适宜。黏土稻田保水保肥性能较好，土壤自然肥力也较高，易于水肥管理。砂质稻田保水保肥性能较差，一般不宜选用。

2）设施建造

（1）防护围栏。为了防止鸭子跑出共育稻田及天敌进入，放鸭前用网目规格为 1.0cm^2 的聚乙烯网片将稻田合围，网高 70～80cm，每隔 1.0～1.5m 远用竹竿打桩，网片的上下边用细铁丝线将网片拉直。圈围的小区面积以≤1.0hm^2 为宜。

（2）建鸭舍。鸭舍可为鸭子避风、避雨、避寒和遮挡强光。鸭舍的位置选在环境相对安静的地方，避开交通要道，一般在稻田边的空地上、稻田的一角或在田埂上。1.0hm^2 稻田建造鸭舍数量，一般规格为 10m×6m 的中型鸭舍 1～2 个，每个鸭舍放养 500 余只鸭；规格为 6m×3m 的小型鸭舍 3～4 个，每个鸭舍放养 150 余只鸭。鸭舍的迎风一侧封闭，其余侧面全部遮盖，其中顶部遮严；舍内高出地面，内铺稻草或木板，防止鸭子受潮、受凉。

3）稻田放鸭

（1）品种选择。在稻-鸭共育生态系统中，鸭子是在稻田里栖息与生长，所以选择品种时要用当地鸭子，因其环境适应能力较强，具有抗逆性，善于运动，喜食野生动植物饵料。试验地选择当地的小型鸭、杂交鸭和土鸭，俗称笨鸭。这些鸭子体型相对较小，如果体型过大，容易压倒或压死水稻秧苗。另外，不愿活动的鸭子品种，也不适合作为稻-鸭共育的鸭品种。因此，选择稻-鸭共育的鸭品种，应就地取材，以当地土著鸭为好。

（2）鸭龄选择。稻-鸭共育中对鸭龄的要求，一般以 7 日龄的雏鸭为宜，最大不应超过 15 日龄。鸭龄过大虽然成活率较高，但往往会压倒水稻秧苗，鸭龄过小则对稻田环境难以适应。

（3）放鸭时间。在水稻秧苗返青后 1 周左右，或在插秧后 7～10d 开始投放雏鸭。放鸭过早会压倒秧苗；过晚则稻田杂草生长过高，雏鸭不易取食。投放时间一般在 6 月初。这时气温逐渐增高，适合鸭子生长。由于雏鸭抵抗力弱，对雨水较为敏感，因而在放鸭时，要避开早、晚的低温时段和阴雨天，选择有利天气于 9：00～16：00 放鸭，分 2～3d 投放。雏鸭放入鸭舍前，先在稻田的一角圈围出 20～30m^2 的田面，作为暂养区，雏鸭在暂养区饲养 2～3d 获得驯化适应后，再撤掉暂养区使鸭子进入大田里活动。

（4）放鸭密度。稻-鸭共育系统中，鸭子的放养密度通常取决于鸭子品种、个体大小以及稻田中可利用的食物来源。但大多根据稻田杂草生长情况而定，杂草较多的多放，反之则少放。鸭子放养数量过少，稻田杂草去除率低，害虫数量就较多；相反，鸭子放养数量过多，则稻田杂草无法满足鸭子的摄食需要，使鸭子的养殖成本增加。目前各地的稻-鸭共育系统雏鸭放养密度为 120～600 只/hm^2。在雌、雄比例构成上，一般为 4∶1 或者 5∶1，这种比例可增强鸭子在田间的活动能力。

4）田间管理

（1）水量管理。稻-鸭共育田的水量管理，既要考虑水稻的生长需求，又要照顾鸭子的生长要求。一般水稻插秧后到抽穗前田面要保持适当水层，不能将浑水排出，水量减少时还要适当加注新水，以确保一定的水层深度。鸭子从田间撤出后，田面水体泥沙才能逐渐沉淀，水质变清，这时可缓慢排水或让水体自然落干，之后的时间段采用常规灌水的方法实施管理即可。

从鸭子养殖角度来看，应始终保持稻田里有一定的水层，只添水不排水。只有保持一定水层，鸭子才能充分发挥水禽在水中游戏、觅食的功能，这样既可有效防御陆生天敌，还可抑制杂草滋生。但是如果稻田水体过深，鸭爪触及不到底泥，其除草、中耕、浑水等生物功能就会受到影响。过深的水体还需要增加田埂高度，从而增加了稻-鸭共育的田间工程量。

随着鸭子逐渐长大，水层可逐渐加深。一般放鸭初期田面水层保持在 3～5cm，中后期保持在 6～10cm 为宜，直到抽穗前不能断水。

（2）鸭子饲养管理。

a. 环境适应性驯化。①采食天然饵料能力的驯化。稻-鸭共育系统中，鸭子的天然饵料主要是杂草、害虫及各种水生动物。为了使鸭子能够更有效地采集稻田中的这些天然饵料，在放入稻田之前，要对其进行田间采食能力方面的驯化。驯化方法为：放入稻田前尽可能少投喂饲料，让其产生强烈的采食欲，使其放入稻田后能立刻主动去采集田里的各类天然饵料。②鸭子接受管理能力的驯化。为方便鸭子在田期间的管理，还要对鸭群进行信号适应性训练。鸭子的听觉较为发达，对敲击声响和管理人员的召唤声音反应快速，很容易接受训练。在鸭子放入稻田之前，可在投喂饲料时进行信号训练，也可以在暂养区进行信号训练。训练时，要用固定的声响和动作进行反复训练，使鸭群建立起听从管理人员统一指挥的条件反射机制。

b. 补充投喂饲料。①补饲的原则。雏鸭在放入稻田前在育雏舍内以投喂人工饲料为主，进入稻田后，逐渐转为以自然觅食为主。由于稻田里的天然饵料数量有限，如果鸭子自然采食量不够，这时就应根据具体情况适当补充投喂人工饲料。但是在人工投喂过程中，要掌握投喂量，如果投喂过多，就失去了稻-鸭共育的意义了，变成稻田养鸭了，鸭子的生态学作用得不到充分发挥。②补饲量。雏鸭放入稻田前半月（约 3 周龄），由于自然觅食能力较差，每天需要补充投喂全价饲料 2～3 次。半月后随着鸭子逐渐增大，白天其摄食稻田里的杂草、害虫等天然饵料，早晨和中午可不用投喂，每天或隔日傍晚鸭群上岸后可补充投喂成鸭配合饲料，也可补充一些农副产品下脚料，如碎米、豆饼、玉米面、稻糠、麦麸等。补投饲料时，应注意不能为了加速鸭子生长而过多投喂，这样会使鸭子减少对天然饵料的采食，从而降低生物除草灭虫的生态学效应。后期稻田里的天然饵料减少时，可适当增加投喂次数和投喂量。在水稻抽穗前半月，适当增加饲料用量。总体上，稻-鸭共育期间补饲的次数、数量应根据鸭子的大小、稻田杂草和稻田可食生物的数量来确定。同时，为提高鸭子品质，促进其生长，还可在上述饲料中添加蔬菜等青饲料。③补饲地点。补饲时饲料的投放地点应相对固定，这样可使鸭子通过多次取食而记住投喂地点，以后只要听到声响或看到管理人员来投喂饲料，鸭子就会很快地从各处向投食地点聚集，形成习惯来摄食。这样的投喂地点一般可选择在鸭舍内，或者是靠近鸭舍的陆地上。另外，管理人员在投喂饲料时，可以将鸭子引诱到稻田里杂草较多而鸭子平时又较少到过的区域。稻田水层深浅的差异，使得某些水体较浅的地方杂草较多，而鸭子很少光顾，如果将饲料投放到这些地方，召唤鸭子前来觅食，连续多次后，鸭子在摄食人工饲料的同时，这些杂草也将被采食而清除掉。

c. 鸭子管护。①保持安静与天敌防范。稻-鸭共育田块周围要保持安静，防止各种噪声，工作人员也不可在稻田周围惊吓鸭群。严防鼠、蛇、狗等进入鸭舍及稻田。从各个方面着手，杜绝一切引发鸭子死亡的事件发生。②管理好鸭群。结合补饲，每次投喂饲料时都采用同一种声响呼唤鸭子，驯化鸭子集中摄食，这样有利于鸭群管理，同时也便于观察鸭子的个体生长情况和有无异常现象发生。③管理好鸭舍环境。鸭舍内要保持干燥，每天对鸭舍进行打扫，清除排泄物，地面所铺设的稻草等铺垫物要勤换勤晒。对于食槽、用具、运动场所、鸭舍内外墙壁都要定期冲洗消毒。

d. 做好疾病防疫。按照科学的免疫程序进行免疫注射，并通过采样进行监测，了解免疫效果。用于稻-鸭共育的雏鸭，开食前注射雏鸭病毒性肝炎疫苗，放养前在皮下注射鸭瘟疫苗，从而提高雏鸭的抗病能力、成活率。

e. 日常管护。①经常巡田观察，检查围栏有无漏洞，有无鸭子从围栏里面钻出来或者被困在围网上；对于刚放入稻田的雏鸭，检查有无身体抖动的湿毛鸭子，发现问题及时处理。②每周调查 1 次水稻及杂草生长情况、病虫害状况，同时观察鸭子的活动、采食情况。③查看有无患病或者已经死亡但未被发现的鸭子，一旦发现，将生病的鸭子带回室内诊治，痊愈后再放回稻田；对于已经死亡的鸭子，要拣出做深埋或者焚烧处理。④每天早晨放鸭子时，将鸭舍门小心地打开，让鸭子自行走出进入稻田觅食（鸭子本性胆小，不能人为驱赶，这样会使鸭子受到惊吓而聚集在一起，扎堆不觅食）。

5）收鸭

鸭子具有较强的采食能力，如不及时收回它们会采食稻穗，造成水稻减产。由于鸭子更喜欢采食成熟的稻穗，因此在水稻即将抽穗灌浆、稻穗下垂时，就要及时将鸭子从稻田里收回，一般在 7 月下旬，这时的鸭子体重为 1～2kg。鸭子收回后，肉鸭（多为雄鸭）再做短期的育肥之后即可出售；蛋鸭转为舍饲或放牧养殖，直到产蛋为止。另外，水稻施肥或施用部分农药时，也将及时收回鸭，施肥或药效期过后再放回田里，以防鸭子中毒。

6）收鸭后的稻田管理

鸭子离田后，一些害虫因无鸭子采食会大量繁殖，要做好防控工作，避免虫害大规模发生。为此，可以在水稻农药使用安全间隔期内，喷施无公害农药进行防虫，避免因虫害所造成的水稻减产。

2. 吉林大安苏打盐碱地稻-鸭共育试验

2016～2019 年，在松嫩平原吉林省西部大安市进行了苏打盐碱地稻-鸭共育技术与模式的试验示范。

1）苏打盐碱地稻-鸭共育的适宜性试验

（1）试验目的。稻-鸭共育技术是对传统稻田养鸭技术的继承、创新和发展，其生物学和生态学效应及其相关机理研究已颇为深入。今后应加强该模式的具体技术及其配套技术研究，进一步提高模式的实用性、易操作性，使农民容易掌握与使用该项技术。本试验旨在探索适于苏打盐碱土的稻-鸭共育技术特征，使该项技术更适用于吉林西部乃至整个松嫩平原的苏打盐碱地稻田，而对稻-鸭共育的生物学与生态学效益不再进行重复性探讨。

（2）试验地点与试验条件。试验地设在华清农业吉林省大安市苏打盐碱地水田改良试验示范基地（简称华清基地），其位于大安市联合乡秃尾巴山村，土壤为苏打盐碱土。2017 年选择试验地 3 块，总面积为 1.0hm^2，稻作年龄为 2 年，均为当地常规稻田。2018 年选择试验地 6 块，总面积为 1.13hm^2，稻作年龄为 3 年。

（3）试验方法。

a. 水稻栽培。试验地水稻的栽培方法，均采用当地常规的栽培模式，未做特殊处理。

b. 鸭子饲养。①基础设施建设：在试验地四周用聚乙烯网片制作成高 70～80cm 的围栏。2017 年，将 3 块试验地作为 1 个稻-鸭共育单元，在进水渠道上修建一座长 12.0m、宽 2.0m 的桥式鸭舍。2018 年，以每一块试验田为 1 个稻-鸭共育单元，每个单元修建 1 座长 4.0m、宽 1.5m 的桥式鸭舍，共修建 6 座鸭舍。②鸭子放养：2017 年，试验地 6 月 2 日插秧结束，6 月 11 日投放 33 日龄、平均体重 273.2g 的当地雏鸭 200 只，折合密度为 200 只/hm^2，其中雌鸭 167 只、雄鸭 33 只。2018 年，5 月 28 日插秧结束，根据田间秧苗返青的实际情况，6 月 23 日投放首批雏鸭 100 只，个体平均体重为 269.4g；7 月 2 日投放第二批雏鸭 100 只，个体平均体重为 287.7g。两批共投放 200 只，个体平均规格为 278.6g，折合密度为 100 只/hm^2，鸭群规模为 33.3 只/群。③管理：一是水量管理，放鸭初期稻田水深保持在 3～5cm，随着鸭子体重的增加逐渐增加田面水深至 10～15cm。二是补饲，主要根据鸭子生长进程进行人工补饲。放入稻田半月内每天早晨、中午、傍晚补充投喂雏鸭全价饲料各 1 次，投喂量分别占全天总投喂量的 25%、50%、25%，每只鸭的日投喂量为 150g，以后随着鸭子自行觅食，投喂次数由最初的每天 3 次逐渐降为 2 次、1 次，每只鸭的日投喂量也从 150g 逐渐降至 50g；水稻抽穗前半月每天早、晚各投喂 1 次，所占比例分别为 40%、60%，每只鸭的日投喂量为 100g。

稻-鸭共育期间鸭子的饲养管理除了上述水层、补饲之外，均按照常规稻-鸭共育技术进行。鸭子收回后实行常规稻田管理模式。

（4）推广示范。根据 2017～2018 年试验结果初步得出的“东北苏打盐碱地水田稻-鸭共育技术体系”，2019 年进行该技术模式的推广示范。推广示范地点仍选择华清基地，面积为 100 亩（1 亩≈666.7m^2），由农户自主经营管理，所采用的技术参数为：插秧后 4 周放养雏鸭，雏鸭平均放养密度为 6.3 只/亩。在以往试验示范过程中发现，围网阻挡了稻田外的饵料生物进入稻田内，进而影响鸭子天然饵料的来源。根据这一问题，在本次的推广示范中，采用不加围网的改革措施，使鸭子自然分群，不受人为控制。7 月 6 日共投放雏鸭 631 只，8 月 16 日结束稻-鸭共育，逐渐回收成鸭。

（5）试验结果。

a. 鸭子生长情况。

2017 年 8 月 5 日水稻开始抽穗，此时回收鸭子，结束稻-鸭共育。收回鸭子 187 只，其中雌鸭 154 只，雄鸭 33 只，成活率为 93.5%；平均体重为 1664.4g，按照共育时间 56d 计算，平均日增重 24.49g，平均日增重速率为 3.34%。

2018 年 8 月 4 日收鸭，收回成鸭 98 只，成活率为 49%，个体平均体重为 1592.7g。首批放养的雏鸭实现稻-鸭共育 42d，个体平均日增重 31.5g，平均日增重速率为 4.43%；第二批放养的雏鸭实现稻-鸭共育 33d，个体平均日增重 39.5g，平均日增重速率为 5.49%。由此得出 2018 年稻-鸭共育试验田鸭的个体平均日增重为 35.5g。

2019 年 7 月 6 日共投放雏鸭 631 只，8 月 16 日结束稻-鸭共育，逐渐回收成鸭。截至 8 月 25 日，共回收成鸭 572 只，成活率为 90.65%。稻-鸭共育时间 42d，鸭子平均体重由放养时的平均 157g/只增加到 782g/只，平均日增重约 15g/只，平均日增重速率为 3.99%。

b. 稻-鸭共育的生态效益。

防控稻田杂草：从田间调查结果来看，采用 2017 年的放养密度 150～225 只/hm^2（平均 200 只/hm^2），稻-鸭共育对杂草的控制效果为 87.9%，高于施用化学除草剂和人工除草的稻田（表 5-17）。虽然控草效果相对较明显，但对秧苗有一定损害。

表 5-17　2017 年稻-鸭共育期间稻田杂草密度的调查结果　（单位：株/m^2）

调查时间	稻-鸭共育田	平作田	施化学除草剂的稻田	人工除草田
放鸭后 10d	29.4	76.9	21.0	36.4
放鸭后 30d	11.6	117.7	30.7	29.6
放鸭后 50d	12.2	129.0	37.7	32.1
秋季（09-27）	17.9	147.6	47.4	39.2
控草效果/%	87.9	—	67.9	73.4

2018年在鸭子放养密度为75～150只/hm^{2}的条件下，对稻田杂草的控制效果为75.4%（表5-18），虽然低于2017年鸭子放养密度为150～225只/hm^{2}条件下的控草效果，但该密度下鸭子对水稻秧苗无任何损害。

表5-18 2018年稻-鸭共育期间稻田杂草密度的调查结果 （单位：株/m^2）

调查时间	稻-鸭共育田	平作田	施化学除草剂的稻田	人工除草田
放鸭后10d	31.6	37.2	17.0	16.3
放鸭后20d	20.2	48.3	22.4	29.6
放鸭后40d	14.7	56.6	31.4	26.4
秋季（09-10）	15.4	62.7	29.8	28.2
控草效果/%	75.4	—	53.4	55.1

试验区稻田的主要杂草为芦苇、沼生黑三棱（*Sparganium limosum*）、稗（*Echinochloa crus-galli*）、鸭舌草（*Monochoria vaginalis*）和节节菜（*Rotala indica*），发生数量占田间杂草的85%以上。2019年田间调查结果表明，推广示范区稻-鸭共育对稗草、鸭舌草和节节草的控制效果均超过75%，均高于人工除草稻田，其中对鸭舌草和节节草的控制效果均达90%以上（表5-19）。

表5-19 2019年推广示范区稻-鸭共育对稻田杂草的控制效果调查

稻田处理类型	控制效果/%				
	稗	鸭舌草	节节草	芦苇	沼生黑三棱
人工除草	73.29	80.62	76.73	82.34	87.62
稻-鸭共育	78.42	93.49	97.39	29.31	38.23

从田间调查结果还可以看出，稻-鸭共育对芦苇和沼生黑三棱的控制效果相对较差。

改良盐碱土：测定结果显示，稻-鸭共育田0～10cm和10～20cm层盐碱土壤容重较未开发的盐碱荒地分别下降了12.03%和6.06%（表5-20）。

表5-20 稻田土壤物理性质测定结果

处理	采样点位	采样深度/cm	样品编号	含水率/%	容重/(g/cm^3)	平均含水率/%	平均容重/(g/cm^3)
稻-鸭共育田	Ⅰ	0～10	1	21.01	1.3564	25.93	1.39
		10～20	2	23.73	1.5886	25.21	1.55
	Ⅱ	0～10	3	25.81	1.4995	—	—
		10～20	4	25.94	1.5153	—	—
	Ⅲ	0～10	5	30.96	1.3242	—	—
		10～20	6	25.96	1.5369	—	—

续表

处理	采样点位	采样深度/cm	样品编号	含水率/%	容重/(g/cm³)	平均含水率/%	平均容重/(g/cm³)
稻-蟹共育田	Ⅰ	0～10	7	28.84	1.4392	29.18	1.38
		10～20	8	28.57	1.4282	27.03	1.41
	Ⅱ	0～10	9	28.11	1.3590	—	—
		10～20	10	28.59	1.4567	—	—
	Ⅲ	0～10	11	30.61	1.3461	—	—
		10～20	12	29.95	1.3424	—	—
平作田	Ⅰ	0～10	13	27.02	1.3989	29.20	1.36
		10～20	14	25.88	1.4879	23.68	1.58
	Ⅱ	0～10	15	28.64	1.3444	—	—
		10～20	16	22.01	1.6264	—	—
	Ⅲ	0～10	17	31.93	1.3310	—	—
		10～20	18	23.17	1.6273	—	—
盐碱荒地	Ⅰ	0～10	19	11.10	1.5048	11.47	1.58
		10～20	20	16.68	1.6602	18.03	1.65
	Ⅱ	0～10	21	11.85	1.6456	—	—
		10～20	22	19.38	1.6458	—	—

稻-鸭共育的经济效益：表 5-21 为 2019 年推广示范区稻-鸭共育的经济效益调查。可以看出，稻-鸭共育稻田的经济效益平均高于人工除草田 1970 元/hm²，增幅为 24.26%。

表 5-21 推广示范区稻-鸭共育的经济效益调查

稻田处理类型	平均水稻产量/(kg/hm²)	平均投入/(元/hm²)	平均产出/(元/hm²)	平均经济效益/(元/hm²)	经济产投比
稻-鸭共育	6790	8390	18480	10090	2.204
人工除草	6420	7930	16050	8120	2.024

（6）问题探讨。

a. 鸭舍的建造：建造鸭舍是稻-鸭共育的主要技术措施之一，其主要作用是稻-鸭共育期间为鸭子避风、避雨、避寒和遮挡强光。鸭舍需要环境相对安静的位置，要避开交通要道。传统稻-鸭共育模式中的鸭舍均建在稻田边的陆地上，如田边空地、稻田一角或在田埂交叉处。本试验将这种鸭舍暂称为陆地式鸭舍。

2017～2018 年稻-鸭共育试验田均采用桥式鸭舍，即鸭舍建在稻田的进水渠道上。2017 年鸭舍建造规格为 12m×2m×1m，渠道边坡及渠底用相对较厚的农用大棚膜衬砌。这种鸭舍的两面长边墙建在渠道的堤埂上，其中朝向稻田一侧的长边墙设置规格为 40cm 高、60cm 长的 5 个小门；墙壁为砖砌，顶部覆盖石棉瓦；底部（相当于陆地式鸭舍的地面）每隔 3m 远的垂直渠道横卧 1 根硬质杆状木料（本试验采用废弃的铁路枕木），以木料为基础砌一面中间开口的垛墙；木料上部铺设硬质塑料网（相当于陆地式鸭舍地面所铺垫的稻草、木板），网目规格为 $1.0cm^2$。2018 年，在 6 块试验田中，每两块田之间的进水渠道上建造 1 个规格为 4m×3m 的鸭舍 1 个，鸭舍中央增加 1 块隔板，将原来鸭舍一分为二，相当于每块田建造规格为 4m×1.5m 的鸭舍 1 个。相当于 6 块试验田建造规格为 4m×3m 的鸭舍 3 个，规格为 4m×1.5m 的鸭舍 6 个。

与传统稻-鸭共育模式的陆地式鸭舍相比，本试验的桥式鸭舍具有如下优点。

一是鸭子排泄物直接进入稻田，更符合生态农业技术要求。桥式鸭舍底部由于采用了网状铺垫物，鸭子的排泄物可直接落入渠道水体中，进而随着渠道内的流水进入稻田，整个稻-鸭共育期间鸭子的排泄物几乎全部被利用。传统的陆地式鸭舍底部常常铺垫稻草和木板，鸭子的排泄物全部落在稻草和木板上，由于未直接进入水体而绝大部分损失掉。

二是桥式鸭舍有利于保持清洁的环境卫生，为鸭子提供无污染、少病害的停歇环境，有效地防止鸭病的发生。传统的陆地式鸭舍不仅给稻田周边带来一定程度的环境污染，同时还增加了鸭子患病的风险。

三是桥式鸭舍内部容易冲刷清洗，管理便利，工作量相对较小。传统的陆地式鸭舍需要 2～3d 晾晒、更换一次铺垫物，管理工作量相对较大。

本试验的桥式鸭舍是在传统稻-鸭共育的陆地式鸭舍基础上，应用生态学原理进一步改造而建成的，是对传统鸭舍的改革与创新，实践表明它更符合生态农业的技术要求。但从 2017 年的试验情况来看，这种鸭舍也存在一些问题，仍需进一步试验、完善。其中最突出的问题是，鸭舍朝向稻田一侧的池埂被鸭群连续踩踏，泥土松散，破损严重，威胁鸭舍安全。

针对 2017 年所出现的问题，2018 年进行了如下改革。一是将这一侧的池埂宽度进一步增加，由 2017 年的 50cm 增加到 1.0m，同时减缓坡度，并用砖块或石棉瓦衬砌。二是减少单个鸭群规模，控制在 30～50 只为一群，这样既有利于避免鸭子过于群集踩踏池埂，减轻鸭子对前期水稻秧苗的伤害，又有利于鸭子分布在田间各个角落觅食，达到均匀控草除虫效果。

b. 鸭子放养时间：如前所述，在传统稻-鸭共育模式中，雏鸭放养时间要求在水稻秧苗返青后，一般为插秧后 7～10d。2017 年大安稻-鸭共育试验田 6 月 2 日插秧结束，6 月 11 日投放雏鸭。从实际效果来看，雏鸭日龄偏高，个体偏大，对秧苗踩踏、碰撞作用强烈，经常将秧苗压倒并踩踏到水底，对秧苗的直接伤害作用较大。同时，盐碱土中 Na^+ 含量相对较高，土质松散，导致秧苗的根尚未扎实、扎深，鸭子的觅食活动会将秧苗整株铲起使秧苗浮于水面而逐渐死亡，部分浮于水面的秧苗被鸭子踩入泥中致死。上述两方面原因导致鸭舍附近的秧苗损失较大。

解决上述问题，下面两种方法可以考虑采用。

一是力争提前插秧。2017 年恰逢气候异常，春季气温偏低，水稻插秧时间普遍推迟，试验田插秧结束日期推迟到 6 月 2 日。如果按照正常年份的插秧结束时间 5 月 25 日计算，2017 年试验田的插秧结束时间推迟了 7～10d。所以，正常年份稻-

鸭共育田水稻插秧时间，在温度允许的情况下要尽可能提前，这样可相对延长稻-鸭共育的时间。

二是推迟放鸭时间。针对苏打盐碱土土质松散的特点，为了使秧苗的根最大限度扎实、扎深，减轻雏鸭对其伤害程度，将雏鸭放入稻田的时间由传统的插秧后7～10d推迟到15～20d，即插秧后2～3周。若放养雏鸭的时间按照插秧后15～20d计算，2017年放养雏鸭时间约为6月20日，稻-鸭共育时间约45d。如果按照正常年份插秧结束时间5月25日计算，雏鸭放养时间为6月10～15日，稻-鸭共育时间45～50d。可见，在放鸭和收鸭时间均已确定的情况下，尽可能提前插秧成为稻-鸭共育时间长短的主要因素。

例如，2018年，虽然插秧结束期为5月28日，按推迟15～20d放养雏鸭计算，应在6月12～17日左右投放，但因秧苗体质较弱，再加上插秧的质量也不高，综合因素导致苗情不佳，为了减轻鸭子对秧苗的损害，进一步推迟了放养时间。

但从2018年的情况来看，推迟放鸭时间，必须将鸭雏做暂养处理，因孵化季节错过之后，孵化场就不生产雏鸭了。因此，应事先将购买的雏鸭在孵化场暂养到适合稻田放养之时。

c. 鸭子放养密度：在传统的稻-鸭共育系统中，鸭子的放养密度通常取决于鸭子品种、个体大小以及稻田中可利用的食物来源。但大多根据稻田杂草生长情况而定，杂草较多的稻田多放鸭子，反之则少放。鸭子放养数量过少，稻田杂草去除率低，害虫数量较多；相反，鸭子放养数量过多，则稻田杂草无法满足鸭子的摄食需要，使鸭子的养殖成本增加。目前各地推广应用的传统稻-鸭共育系统中，雏鸭的放养密度为8～40只/亩。雌、雄比例为4∶1或者5∶1，这种比例可增强鸭子在田间的活动能力。

文献[273]报道了2012年黑龙江省农业科学院耕作栽培研究所在哈尔滨市道外区民主镇的试验结果，在雏鸭放养密度为225只/hm^2的条件下，稻-鸭共育时间为60d，当地麻鸭平均日增重量为56.17g，人工饲料平均日消耗量为40g/只，回收时鸭子的平均体重为3.57kg。

调查结果表明，2017年大安稻-鸭共育试验田杂草平均密度为187.3株/m^2，平均生物量为266.4g/m^2，折合2664kg/hm^2；稻-鸭共育期间鸭子平均日增重量为24.49g，人工饲料的平均日消耗量为73.8g/只，回收时鸭子的平均体重为1664.4g。经过比较发现，2017年大安稻-鸭共育试验田在放养密度为200只/hm^2的条件下，鸭子平均日增重量和回收时鸭子的平均体重均明显低于哈尔滨地区，而人工饲料平均日消耗量明显高于哈尔滨地区。这表明2017年大安稻-鸭共育试验田在现有杂草密度下鸭子放养密度已明显偏高，稻田中包括杂草、害虫在内的可利用的天然饵料已不能满足鸭子自然采食的需要，从而增加了人工补饲量。解决的办法是降低鸭子放养密度，如2018年调整至100～120只/hm^2，即采用传统稻-鸭共育技术中雏鸭放养密度的下限，同时鸭群规模也下降至30～50只/群，鸭子的平均日增重较2017年增加了45%。

d. 苏打盐碱地稻-鸭共育技术体系：综合2017～2018年的试验示范成果，初步形成以下列技术参数为核心指标的“东北苏打盐碱地稻-鸭共育技术体系”。①雏鸭放养时间为插秧后2～4周（传统为1～1.5周），②雏鸭放养密度为75～150只/hm^2（传统为150～

225 只/hm^2)，③鸭群规模为 30～50 只/群（传统为 120～200 只/群），④稻田杂草防控效果为 75%～80%。

2）鸭群密度对稻-鸭共育经济效益的影响

为了合理确定苏打盐碱地水田稻-鸭共育鸭群的适宜密度，规范盐碱地稻-鸭共育技术，2018～2019 年进行鸭群密度与稻-鸭共育经济效益关系的观察试验。

（1）试验方法。选择试验稻田 6 块，2018 年试验田鸭群密度设计为 75 只/hm^2、150 只/hm^2 和 225 只/hm^2，2019 年试验田鸭群密度设计为 300 只/hm^2、375 只/hm^2 和 450 只/hm^2。每个密度重复进行 2 块稻田，其中，75 只/hm^2 和 300 只/hm^2 的累计试验面积均为 0.37hm^2；150 只/hm^2 和 375 只/hm^2 的累计试验面积均为 0.35hm^2；225 只/hm^2 和 450 只/hm^2 的累计试验面积均为 0.41hm^2。试验稻田的水稻管理与当地生产田相同。

（2）试验结果。

a. 鸭子生长情况：2019 年 6 月 23 日，3 个试验处理密度的稻田分别投放雏鸭 110 只、130 只和 185 只，平均规格均为 156.2g/只。8 月 19 日结束稻-鸭共育，回收成鸭。共计回收成鸭 354 只，总体成活率为 83.29%。试验区稻-鸭共育的鸭子回收情况见表 5-22。

表 5-22　试验区稻-鸭共育的鸭子回收情况

处理密度/(只/hm^2)	试验面积/hm^2	放养量/只	回收量/只	平均规格/(g/只)	平均成活率/%	平均日增重/g	平均日增重率/%
300	0.37	110	92	827.4	83.64	11.78	3.02
375	0.35	130	109	917.2	83.84	13.35	3.15
450	0.41	185	153	872.7	82.70	12.57	3.06

b. 不同处理密度的经济效益：从表 5-23 可以看出，在鸭群密度为 300～450 只/hm^2 的稻-鸭共育模式中，稻田的综合经济效益平均为 14420 元/hm^2，比人工除草稻田高出 6300 元/hm^2；平均产投比为 2.571，比人工除草稻田高出 0.547。

表 5-23　试验区稻-鸭共育的水稻产量与经济效益调查

处理密度/(只/hm^2)	平均水稻产量/(kg/hm^2)	平均投入/(元/hm^2)	平均产出/(元/hm^2)	平均经济效益/(元/hm^2)	产投比	与人工除草稻田比经济效益增减/(元/hm^2)
300	7110	8390	22760	14370	2.713	6250
375	7020	9380	23770	14390	2.534	6270
450	6770	9890	24390	14500	2.466	6380
人工除草	6420	7930	16050	8120	2.024	

由表 5-23 还可看出，在三个处理密度的试验稻田中，450 只/hm^2 的经济效益略高于 300 只/hm^2 与 375 只/hm^2 两个处理密度，幅度分别为 0.90%与 0.76%；而 300 只/hm^2 与 375 只/hm^2 两个处理密度的经济效益基本一致。

c. 鸭群密度与水稻产量和经济效益的关系：表 5-24 为 2018～2019 年稻-鸭共育模式的平均经济指标。

表 5-24　2018～2019 年稻-鸭共育模式的平均经济指标

鸭群密度/(只/hm²)	水稻			鸭			稻-鸭合计	
	产量/(kg/hm²)	经济效益/(元/hm²)	产投比	体重/(kg/只)	经济效益/(元/hm²)	产投比	经济效益/(元/hm²)	产投比
450	6770	10930	2.821	872.7	3570	1.920	14500	2.466
375	7020	11550	2.925	917.2	2840	1.838	14390	2.534
300	7110	11780	2.553	827.4	2590	2.090	14370	2.713
225	7190	11980	2.696	1205.7	1930	1.923	13910	2.772
150	7320	12300	2.733	1517.4	1790	2.097	14090	2.801
75	7370	12430	2.792	1699.2	1270	2.106	13700	2.813

对表 5-24 中所列数据进行生物学统计分析。

鸭群密度与若干因素的相关性：相关分析表明，在稻-鸭共育模式中，鸭群密度与水稻产量和水稻经济效益均极显著负相关（$P<0.01$），其相关系数（r）分别为–0.972 和–0.973，与产投比的相关性不显著（$r=0.245$，$P>0.05$）。

鸭群密度与成鸭的个体规格极显著负相关（$r=-0.920$，$P<0.01$），与养鸭的经济效益极显著正相关（$r=0.987$，$P<0.01$），而与养鸭的产投比呈现接近于显著的负相关（$r=-0.710$，$r_{0.05}=0.811$，$P>0.05$）。

鸭群密度与稻-鸭共育模式的总体经济效益显著正相关（$r=0.914$，$P<0.05$），而近似于极显著正相关（$r=0.914\approx r_{0.01}=0.917$）；与稻-鸭共育模式的产投比则呈现极显著负相关（$r=-0.940$，$P<0.01$）。

从上述相关分析结果可以看出，在稻-鸭共育模式中，随着鸭群密度的增加，水稻产量和经济效益均呈现下降趋势，这表明鸭群密度过大对水稻种植效益有显著影响，而对种稻的产投比没有明显影响。同时表明，随着鸭群密度的增加，虽然成鸭的个体规格明显偏小，但养鸭的总体经济效益显著提高，同样对养鸭的产投比也没有明显影响。总体上看，随着鸭群密度的增加，稻-鸭共育模式的经济效益虽然明显提高，但由于养鸭饲料成本增加，其产投比显著下降。

基于水稻产量的鸭群适宜密度：多项式回归分析结果表明，鸭群密度[$x_1/(\times10^2$ 只/hm$^2)$]与稻-鸭共育模式的水稻平均产量[$y_1/(\times10^3$kg/hm$^2)$]存在极显著的二次多项式回归关系：

$$y_1=-0.506x_1^2+2.593x_1+4.626\quad(R^2=0.873)\tag{5-1}$$

对函数式（5-1）求一阶导数，得

$$y_1'=-1.012x_1+2.593\tag{5-2}$$

令 $y_2'=0$，得函数式（5-1）的驻点，为 $x_1=2.562$。

在本试验中，函数式（5-1）只有一个驻点，并且在该驻点，函数式（5-1）取得最大值7.948。从而这个最大值也是函数式（5-1）在区间[0.75, 4.5]内的最大值。因此，当鸭群密度为256只/hm²时，稻-鸭共育模式的水稻平均产量取得最大值，为7948kg/hm²。

基于产投比的鸭群适宜密度。多项式回归分析结果表明，鸭群密度[x_2/(只/hm²)]与稻-鸭共育模式的平均产投比（y_2）存在极显著的二次多项式回归关系：

$$y_2 = -2.538\times10^{-6}x_2^2 + 3.405\times10^{-4}x_2 + 2.810 \quad (R^2 = 0.873) \tag{5-3}$$

对函数式（5-3）求一阶导数，得

$$y_1' = -5.076\times10^{-6}x_2 + 3.405\times10^{-4} \tag{5-4}$$

令 $y_2' = 0$，得函数式（5-3）的驻点，为 $x_2 = 67$ 只/hm²。

本试验，函数式（5-3）只有一个驻点，为$x_2 = 67$只/hm²，并且在该驻点，函数式（5-3）取得最大值，而这个最大值也是函数式（5-3）在区间[75, 450]只/hm²内的最大值。因此，当鸭群密度为67只/hm²时，稻-鸭模式的平均产投比取得最大值，为2.821。

基于经济效益的鸭群适宜密度。多项式回归分析结果表明，鸭群密度[x_3/(×10²只/hm²)]与稻-鸭共育模式的平均经济效益[y_3/(×10⁴元/hm²)]存在显著的三次多项式回归关系：

$$y_3 = -6.645\times10^{-4}x_3^3 - 8.428\times10^{-4}x_3^2 + 0.032x_3 + 1.345 \quad (R^2 = 0.907) \tag{5-5}$$

对函数式（5-5）求一阶导数，得

$$y_3' = -19.935\times10^{-4}x_3^2 - 16.856\times10^{-4}x_3 + 0.032 \tag{5-6}$$

令 $y_2' = 0$，得函数式（5-5）的驻点，为 $x_3 = 3.606$。

本试验，函数式（5-5）只有一个驻点，即 $x_3 = 3.606$。x_3的取值在区间[0.75, 3.6）内，导函数式（5-6）恒为正；x_3的取值在区间（3.6, 4.5]内，导函数式（5-6）恒为负。由此判断函数式（5-5）在驻点$x_2 = 3.606$处取得最大值，而这个最大值也是函数式（5-5）在区间[0.75, 4.5]内的最大值。因此，当鸭群密度为361只/hm²时，稻-鸭模式的平均经济效益取得最大值，约为1.418万元/hm²。

基于生态与经济效益的鸭群适宜密度：综合以上结果，以水稻为主业，结合作为副业的鸭子商品性提高的要求，综合考虑稻-鸭共育的水稻产量、产投比、总体经济效益以及对杂草的控制效果，稻-鸭共育的鸭群适宜密度为67～361只/hm²。同时，由于鸭子具有集群性，规模放养时以75～150只/hm²为宜，这样既可避免鸭子集群过大而踩伤前期稻苗，又能使其分布到田间各个角落去觅食，达到均匀地去除田间害虫和杂草的目的，从而实现以生产绿色优质稻谷为主业的稻-鸭共育模式的宗旨。

3. 综合评价

经过30年来的试验研究与示范，稻-鸭共育模式已发展成为一项成熟的生态农业模式，并得到广泛推广应用，是全国稻作区发展水田生态农业的主推技术之一。生产和试验结果都表明，稻-鸭共育的经济效益、生态效益和社会效益与稻田鸭群的密度有密切关系。虽然，稻-鸭共育的鸭群密度越高，对治虫、防病、除草的效果相应越好，但稻谷产量和经济效益与鸭群密度都极显著负相关；鸭子的经济效益虽然随鸭群密度的增加而不断提高，但由于饲料等养鸭成本增加，其产投比相应下降。

松嫩平原是我国苏打盐碱地的主要分布区，同时也是主要稻作区之一，如何发展苏打盐碱地稻田生态农业是我国区域农业发展战略研究课题之一。本试验以吉林西部盐碱地稻作区为依托，探讨适合整个松嫩平原盐碱地稻作区发展的稻-鸭共育模式。在大安稻-鸭共育试验田中，除了鸭舍建造技术与传统稻-鸭共育技术有所不同之外，包括水稻栽培与管理、鸭子养殖管理等环节在内的其他技术措施均推广应用了传统稻-鸭共育技术。根据试验结果，可初步认为在解决了鸭舍建造、鸭子放养时间与密度因素后，即可形成“东北苏打盐碱地稻-鸭共育技术体系”。该技术体系的主要技术参数包括：雏鸭适宜放养时间为插秧后 2～4 周；鸭群适宜密度为 75～150 只/hm^2。该技术模式，可使稻-鸭共育的水稻产量、产投比和总体经济效益同时达到较佳水平，对稻田杂草的防控效果可达 75%～80%。

5.2.3 稻田养殖东北蝲蛄

1. 稻田环境条件

（1）面积。稻田面积以 0.1～0.3hm^2 为宜，其中以东西走向的长方形稻田效果最好[275]。

（2）田间工程。开挖“目”形明水沟，再通长挖一条串心沟，规格为上口宽 50cm，下底宽 30cm，深 30～40cm，其面积占田面面积的 20%～25%。挖出的土方堆放在一侧，形成土坎供蝲蛄栖息，这样可减少蝲蛄溜边和外逃的机会。

（3）营造适宜生境。为避免蝲蛄挖洞，造成浮土堆积，淤塞明水沟，还应在边坡距离田面 15～20cm 处每隔 30～40cm，用直径 8～10cm 的木棍戳成与田面呈 15°～20°、深度 15～20cm 的人工洞穴，以此来模拟自然环境条件，供其隐蔽栖息。两对面坡的洞穴应交错分布，防止蝲蛄相互争斗。

2. 水稻插秧与苗种放养

水稻插秧时明水沟两侧适当密植，以确保水稻基本苗数不变。稻行尽可能与明水沟垂直，以利于蝲蛄进入水稻行间觅食。

插秧结束后，在明水沟引种绿萍，为蝲蛄营造隐蔽栖息场所并提供青饲料。水稻返青后投放蝲蛄苗种，一般情况下投放 1 龄幼蝲蛄 1～3 尾/m^2。要分散放养，密度均匀，防止局部过密而引起争斗，影响成活率。东北蝲蛄稻田养殖模式见表 5-25。

表 5-25 东北蝲蛄稻田养殖模式

模式	放养				起捕				
	规格/g	总放养量/kg	平均放养量/(kg/hm^2)	放养密度/(尾/hm^2)	规格/g	总产量/kg	平均产量/(kg/hm^2)	产量密度/(尾/hm^2)	回捕率/%
Ⅰ	2.97	8.8	73.1	24602	27.6	63.1	525.6	19042	77.33
Ⅱ	3.64	12.7	105.8	29074	31.4	96.9	807.9	25730	88.50

3. 水量管理

（1）在水稻生育期内，不论水稻需水量如何变化，养殖蝲蛄的稻田都要求保持明水沟满水，不要随意改变水位，防止水位大起大落而导致蝲蛄洞穴搬迁或长时间干涸裸露。

（2）晒田排水时，水位以降至田面无水层为限，明水沟水位最低不得低于田面下 10cm。

（3）为保持水质清新，溶解氧含量充足，7 月、8 月每隔 2～3d 换 1 次水，方法是每次排出水量的 60%，然后加满新水。换水时间应在 13：00～15：00 气温较高时进行。入田水与在田水温差不宜超过 5℃（地下水要经过晒水池升温增氧后再入田）。注水时，水流要小，防止急水冲灌，造成水质混浊，干扰蝲蛄正常生活。

4. 饲养管理

（1）投喂饲料。为补充稻田中天然饵料的不足，8 月中旬以前投足植物性饲料（豆饼、玉米面等），8 月中旬以后增投动物性饲料（小杂鱼、软体动物肉等）。每天日出前及日落后分别在明水沟两侧岸边均匀撒投，防止饲料堆积。一般 1 个生长期的投饲量为 600～750kg/hm^2。

（2）调节水质。除了投饲之外，养殖期间每隔半月左右施 1 次生石灰，用量为 20～30g/m^3，以调节水质，增加水层中 Ca^{2+}含量，满足蝲蛄蜕壳需要，同时，生石灰还具有生态防病作用。

5. 施肥用药

野生蝲蛄尤其在幼体阶段对化肥、农药的毒害作用较为敏感。养殖蝲蛄的稻田应重施有机肥，少施化肥，而且以施基肥为主，严格限制农药用量。插秧前结合泡田整地，施有机肥 6.0～7.5t/hm^2，饲养期间每隔 10d 左右追施 1 次有机肥，用量为 20～30g/m^3。

插秧前药物封闭除草，插秧后不再使用除草剂。采用人工灭虫的办法，常在田里用木杆驱逐，使大量害虫落入稻田水体中为蝲蛄摄食，这样可基本控制虫害。采取低容量细喷雾的方法，使用少量农药防治稻瘟病。

6. 秋后续养

收割水稻时，稻田里水温仍在 10℃以上（白天中午可达 14℃以上），尚可满足蝲蛄正常生长对水温的需要。为提高起捕规格和产量，利用东北蝲蛄生长适温较低的特点，起捕时间可适当推迟。方法是：秋季稻田排水时，明水沟里保持 80%～90%的水量，最低水位不低于田面下 10cm，续养到水稻收割结束。这样既可做到蝲蛄养殖与水稻收割同步进行，又可保持明水沟和洞穴免遭破坏，明年可继续使用。续养期间，每天傍晚投喂 1 次动物性饲料。

水稻收割完立刻注水淹没田面，蝲蛄便以腐烂的稻茬、稻秆残叶碎片、草籽、稻粒及杂草等为食而继续生长，10 月中旬左右水温降至 5℃以下时再起捕。通过续养可延长生长期 15～20d，产量提高 4%～7%。

5.2.4 稻-鱼-菇模式

为改善土壤温度和养分供应状况，可利用旱田垄作吸热增温的原理，实行垄稻沟鱼结构，并遵循生态规律和生物共生理论，建立稻-鱼-菇立体共生的复合群体结构，使水田形成垄作、台面种稻、稻行间养菇、沟中养鱼的立体农业生态结构[276]。

1. 技术措施

（1）工程措施。试验地 4 块，总面积为 1.26hm^2。起垄宽 1.0m，沟深 50cm、宽 40cm。稻田周围开挖宽 1.0m、深 50cm 的环沟，且距离田埂 1.0m。田间开挖宽 50cm、深 30cm 的“井”字形鱼沟，并与环沟相通。在进水口和田面中央各挖 1 个 10m^2 的鱼坑。改造后的稻田明水面占 18.3%。为便于比较，选择相邻的平作稻田 0.3hm^2 作为对照田，其施肥量、水稻基本苗数等指标均与试验田不同。

（2）插秧与放鱼。5 月 20～30 日插秧结束。垄上插 4 行，行穴距为 30cm×13cm，边行密植为 20cm×10cm，使田面基本苗数与以往的平作田相同（保苗 120～130 株/m^2）。稻田经封闭灭草并排出残余药水后，于 6 月 10～12 日放养鱼种。9 月 10 日排水晒田，同时起捕成鱼。稻-鱼-菇模式鱼类放养与起捕见表 5-26。

表 5-26 稻-鱼-菇模式鱼类放养与起捕

鱼类	放养					起捕				
	数量/尾	密度/(尾/hm^2)	规格/g	总重量/kg	重量比例/%	数量/尾	规格/g	总产量/kg	平均产量/(kg/hm^2)	占总产量比例/%
鲤	1672	1327	63.7	106.5	54.28	1593	411.6	655.7	520.4	57.64
草鱼	637	506	116.6	74.3	37.87	533	762.7	406.5	322.6	35.73
鲢	46	37	82.6	3.8	1.94	37	486.5	18.0	14.3	1.58
鳙	131	104	88.6	11.6	5.91	114	503.5	57.4	45.6	5.05
合计	2486	1974		196.2		2277		1137.6	902.9	

注：试验面积为 1.26hm^2。

（3）套放菌袋。7 月 8～10 日，将在室内处理好的三级香菇和平菇菌袋以挂袋方式放入水稻行间，菌袋四周多处打孔，并使底部接触水面，以利于吸收水分出菇。菌袋每隔 10m 远挂 1 袋，密度为 1.5 万～1.8 万袋/hm^2。为确保稻、菇共生，最好在套放菌袋前 5～7d 集中实施 1 次药物预防虫害工作。

（4）管理。主要是施肥、投饲与水层管理。全年施有机肥 12t/hm^2，其中，基肥 9t/hm^2，追肥 3t/hm^2；以纯量 N、P、K 计算的化肥施用量分别为 90kg/hm^2、75kg/hm^2、60kg/hm^2。另施硫酸铵 15kg/hm^2 作为基肥，以防止水稻赤枯病。放鱼 3d 后开始在鱼坑内投喂配合饲料，每天投喂 2 次，全年投饲量为 1237kg/hm^2。水层管理的原则是确保寒区稻、鱼共生对水量同步的需求。具体为：浅水插秧，深水保苗，薄水分蘖，深水灌浆、孕穗，不晒田。

此外，每次采菇后清理菌袋上的死菇、烂菇、菇脚和失去结菇能力发黄的菌丝束及老根等，连同部分废料一起施入田中做饲料、肥料。

2. 经济效益

试验表明，稻-鱼-菇模式的经济效益约 1.0662 万元/hm^2，其中稻谷为 3407 元/hm^2，菇为 4564 元/hm^2，鱼为 2691 元/hm^2；平作田经济效益为 3709 元/hm^2，前者为后者的 2.87 倍，为稻-鱼共作模式（6098 元/hm^2）的 1.75 倍，增值增产效果显著。

3. 生态效应

（1）稻田水土温度。实测结果表明，6 月 20 日至 9 月 10 日，试验田较对照田平均水温高 0.94℃，这样稻、鱼共生期内可增加水体积温 60℃以上。农业部门认为这种积温可使水稻提前成熟 4～5d，增产 3%以上。对土壤温度的测定结果表明，试验田 5～20cm 耕层温度较对照田分蘖期高 1.1～1.6℃，孕穗期高 0.9～3.4℃；根系密集、吸收水肥作用较大的 5～10cm 耕层温度，分蘖期高 1.1～1.9℃，孕穗期高 2.3～3.1℃。水土温度的提高，对促进寒区水稻秧苗的返青分蘖和后期生长发育有重要作用。因此，垄稻沟鱼对寒区沼泽湿地稻田水土温度的提高作用较为明显，在生产上具有重要意义。

（2）增加土壤有效养分释放量。研究结果表明，养鱼稻田土壤有效 N[Y_N/(mg/kg)]和有效 K[Y_K/(mg/kg)]的释放量与土壤温度（t/℃）之间具有如下回归关系：

$$\begin{aligned} Y_N &= 6.831 + 3.907t \\ Y_K &= 68.374 + 1.826t \end{aligned} \tag{5-7}$$

这表明垄稻沟鱼模式中，垄面土壤温度每升高 1℃，有效 N 可增加 3.9mg/kg，有效 K 增加 1.8mg/kg，从而改善了土壤养分状况，促进水稻分蘖，提高成穗率。根据田间调查结果，试验田较对照田的单株分蘖数、有效穗数及结实率分别增加了 23.7%、31.3%及 19.4%，空秕率减少了 13.9%。

（3）菇对稻、鱼的影响。稻-鱼-菇模式实际就是在传统稻-鱼模式的基础上，增加了菇的生物环节。试验表明，将采完菇的营养价值较高的腐熟的废料施入稻田中，既可作为肥料培肥水土，增殖鱼类天然饵料生物，其残余的大量菌丝体及部分有机物又可直接被鱼类取食。从田间水稻长相观察，加入菇后的水稻长势旺盛，生长期叶色变深，茎粗棵矮。稻-鱼-菇模式的水稻生物学特征见表 5-27。

表 5-27　稻-鱼-菇模式的水稻生物学特征

处理	穗数/(ind./穴)	穗粒数/粒	穗重/(g/穴)	粒数/(粒/穴)	千粒重/g	水稻实产/(kg/hm^2)	株高/cm	根长/cm	根重/(g/穴)	稻草重/(g/穴)
平作田	15.8	126.7	54.8	2001.9	21.2	5183.7	109.6	15.37	10.2	38.6
稻-鱼-菇田	17.4	147.2	71.6	2561.3	22.8	5613.9	102.7	16.51	11.7	40.2
变化/%	10.1	16.2	30.7	27.9	7.5	8.3	−6.3	7.4	14.7	4.1

注：同表 5-26。

实践表明，将种稻、养鱼及食用菌生产结合起来，并共置于稻田生态系统内，采用垄稻沟鱼结构，既可有效地防御沼泽湿地土壤潜在性低温冷害，改善养分供应状况，又可进一步提高稻田的综合效益，丰富稻-鱼结构，是适合松嫩-三江平原稻作区的一种生态农业模式。

5.2.5　稻-鱼-苇模式

松嫩平原湿地，地势平坦，坡降小，水流缓慢，加之河道滚动，形成诸多的闭流区或半闭流区。特别是各大灌区内，存在着大面积的渍水区，以灌区内的中下游最为严重。在多风少雨的半干旱气候作用下，土地盐碱化、沼泽化十分严重，加之不合理的开发利用，更加剧了土壤次生盐碱化的形成，致使这一区域内的生态系统功能十分脆弱，土地生产力与生产水平较低，制约着农业生产的发展。为了从根本上改变区域内的生态环境，促进农业生产的发展，在松辽平原农业综合开发建设中，科研人员经过攻关、试验，提出适合盐碱低洼易涝闭流区的鱼-稻-苇综合开发模式，为盐碱湿地渔业开发利用提供了一种新模式[70, 207]。

1. 盐碱低洼闭流区农业生产中存在的问题

松嫩平原盐碱低洼闭流区的水土资源开发利用，尚处于单一利用为主，并由单一利用向综合开发转化的阶段。因此，农业生产中尚存在许多问题，主要有以下两方面。

1）农田次生盐碱化

在旱作开发利用中，随着开垦面积的逐年扩大，原来碱斑比例较大的盐碱化土地（碱斑面积占 15%～20%）垦殖为耕地。在机械耕翻的搬运下，植被遭受破坏，暗碱层变浅，碱化层上升，导致碱斑面积不断扩大和发生次生盐碱化。水田中的次生盐碱化主要发生在小井灌溉种稻区。在供水不足的井灌稻区，开垦三年后土壤含盐量由 0.4g/kg 增至 3.4g/kg，碱化度由 55%增加到 61.5%，分别提高了 8.5 倍和 6.5%。不连片开发的井灌稻田，不仅稻田本身容易发生盐碱化，还能引起外围及承泄区土壤盐碱化。例如，吉林省前郭尔罗斯蒙古族自治县及镇赉白沙滩灌区下游及部分井灌稻区，普遍存在着沼泽化及盐碱化问题。

2）草原退化与盐碱化

由于过度放牧，草原植被迅速退化，土壤含盐量上升，积盐层由深土层升至表土层，形成大面积的无草碱斑。过樵也是草原退化、碱化的主要原因。搂大耙割草直接破坏了植被的根系和越冬芽，造成草原盐碱化。

松嫩平原地区长期以来未能摆脱春旱、夏涝的“困扰”。在单一利用条件下，土地盐碱化逐年发展，粮食产量一直低而不稳。在开发利用中用一块荒废一块的现象普遍存在。为了解决这个问题，研究人员提出了鱼-稻-苇系列开发技术体系，为盐分向外输出，控制内涝，充分利用盐碱地水土资源开辟了新途径。

2. 稻-鱼-苇模式的环境适应性

1）对气候条件的适应

松嫩平原春季多风干燥，3～5 月的降水量只占全年降水量的 11%。加之蒸发强烈，春旱严重。夏季高温多雨，且雨量集中，6～8月的降水量占全年降水量的71%。雨热同季，一方面是作物生长的良好环境，另一方面，雨水的过分集中也是严重内涝与地下水位上升的主要原因。

2）对地形与水文条件的适应

随着松辽分水岭的隆起，松嫩平原的一些主要河流如松花江、嫩江等江河不断改道，致使这一区域内泡沼湖泊星罗棋布。在凹陷沉降的作用下，平原地势平坦，且形成了许多半闭流区，区内积水不能排出。地下水埋深较浅，一般在1.0～2.0m，夏季有相当一部分区域地下水上升到地表。根据地形部位的高低及地下水位的影响程度，可将适合建立稻-鱼-苇模式的地形分为以下四种区段。

（1）高平地段：地下水位处于允许的变化范围（≤1.5m）。春秋季节地表只有轻微的返盐现象，不影响农作物生长。这一区段的土壤类型主要是草甸淡黑钙土。

（2）低平地段：地下水位已达到临界水位，多数地方夏季水位上升到临界水位以上，波动于0.5～1.5m，是夏涝、盐碱化和次生盐碱化的主要发生地段。土壤类型大多为盐碱化草甸土及少量碱土。

（3）低洼沼泽地区：这一区段大多地处水位线以下。部分季节性地淹没于水下，或常年位于水层以下。自然植被为莎草和蒲草，混生部分芦苇。自然生产力很低，是冬季的放牧场和打柴场。

（4）荒芜积水区：一般位于低洼沼泽地段的下端，是地表径流的最后汇集区，通常雨季与沼泽地连接成为一体。过去因水层较浅，无水源保证，故大多未被利用，处在闲置状态。

在适于稻-鱼-苇综合开发的半闭流区内，上述四种类型的地形通常是相连分布的，而且除了高平地段外，其余三种类型通过水和盐的作用，相互影响。春旱季节由于地下水的蒸发作用，可溶性盐分多由低平地段集聚，造成返盐和盐碱化。当雨季来临时，雨水又携带着高处的盐分集聚于积水区，从而使低洼地段的盐分越积越多，以致荒废。

3）对土壤的适应

松嫩平原的主要地带性土壤为黑钙土、淡黑钙土及部分栗钙土。半闭流区内的主要土壤是盐碱化土壤和草甸化土壤，以及沼泽土与部分草甸土呈复域分布的盐土和碱土。该区域内的土壤具有明显的两面性：一是具有较高的肥力潜力。受草甸化和高地下水位的影响，土壤中有机质含量较高，在适宜的开发条件下，尚能表现出较高的生产能力。二是不利因素。由于渍盐渍水的结果，土壤表现出碱性及冷浆性，同时由于高钠的影响，土壤的物理性状不良。因此，只有克服了这些不良因素土壤才能被利用。

4）对生态环境的适应

松嫩平原半干旱条件下的半闭流区，生态环境十分脆弱。在无人为干扰的条件下，地表植被退化还较缓慢。但是在人为开垦、灌溉以及放牧的条件下，植被与土壤即迅速向退化方向发展，出现不可逆的过程。因此，对这类区域的开发，建立并维持一个稳定的新的生态系统，即成为突出的中心内容。

3. 稻-鱼-苇模式的内涵与功能

1）理论依据

以调控低洼盐碱区的水盐平衡为指导，以生态环境的改善及资源生产潜力的发挥为目的，以生态经济学和系统工程学为理论依据，建立一种可人为控制的复合农业生产系统和良性循环的农业生态系统。

2）模式组成

资源与环境特性相差较大，不可能只靠一种方式进行开发利用。稻-鱼-苇模式以控制水为先导，以利用资源为中心，采用生物物种的多样性与选择性来适应千差万别的自然环境，以寻求其趋于最佳生态模式，获得更高的社会效益、经济效益与生态效益。

根据半闭流区内各地段土壤类型的不同和耕地、沼泽、泡沼水面依次分布的特点，所需具体的治理与利用环节也不同，以及开发利用中所存在的问题，提出建立旱作、水田灌溉、发展芦苇及泡沼承泄区养鱼的综合开发模式。

高平地段不能引水灌溉或经治理后地下水位下降到允许深度以下的区域，以发展旱作为主，减少灌水。主体作物为玉米，在局部的低洼地带配种部分小麦。在地下水位较高，达到临界深度且发生次生盐碱化的低平地段，发展以灌溉为主的水田，以水洗盐，以稻治涝。在低洼处的沼泽区，常年受水渍或夏季受淹的地段，以种植芦苇为主。作为承泄区的荒芜水面经过人工改造，形成泡沼后用于发展养鱼。

3）功能

（1）发展旱作，减少引水。松嫩平原雨热同季，对发展旱作农业较为有利。高平地段不受夏涝的威胁，土壤含盐量尚未达到影响作物生长的程度。因此，只要解决春旱保苗的问题，发展旱作潜力较大。玉米是一种高产作物，生育期内大气降水可基本满足其生理需水要求。在半干旱地区，玉米整个生育期平均降水量高于其耗水量。如果注意调节耕作方法，无须大量补给水源。同时玉米又是一种高耗水作物（全生育期耗水约 350mm），高平地段发展玉米可以大大减少区内地表径流量，从而获得既控制水位又取得高产的双赢效果。

（2）发展水田，以稻治涝适涝，以水改碱抗旱。大多数次生盐碱化的发展区均是灌溉区，但次生盐碱化并非灌溉的必然结果。灌溉可以导致次生盐碱化，但同时也可以控制次生盐碱化的发生，并促进改善盐碱，关键在于能否建立起高效优质的人工调控系统，以达到控制水盐运动的目的。只要使灌区土壤含盐量低于临界值，控制水位，灌溉则不失为一项理想的改碱治盐的有效措施。在低平地带的主要内涝积盐区，单一靠加深排水沟来控制地下水位达到改碱是较为困难的。因为这一区段地表与地下静水面相差只有 0.5～1.0m，排水沟再深也无济于事。以往以玉米、小麦为主，不可能解决春旱、夏涝和盐碱化问题，因而连年受灾，盐碱化加重。采用灌溉发展水田的办法，作物由小麦换成水稻。因为水稻是能够高效利用热能的作物，在这一区段种植水稻能大幅度地提高物质与能量的转化效率。同时水稻还具有水生特性，夏涝期间正是水稻需水的高峰期，要求水层保持在 10cm 左右，允许最大水深为 20～25cm，短期内，更深的水层也不会影响其产量。根据夏季地表积水较多的特点，在水稻高产栽培技术方面可采取如下措施：①开挖深度为 1.0m 左右的蓄水沟，以此来尽可能降低地下水位，保持耕层土壤的氧化-还原电位处于较高水平，以利于水稻生长；②利用部分地表积水灌溉水稻，并将灌溉定额控制在 1.0～1.2m^3/hm^2，从而克服低洼地稻田土壤冷浆的问题。通过灌溉，既解决了旱作农业中存在的春旱和返盐碱问题，还可实现以水压盐、洗盐以至排盐，使大量盐碱成分向更低处的沼泽地带与承泄区迁移。

（3）栽植芦苇，淡化盐碱水质，提高效益。灌区和半闭流区内通常都有一定比例的沼泽湿地。这部分资源或常年淹没于水位线以下，或在水位线上下波动。开发利用时，可修筑畦地和灌排水工程，引入稻田泄水灌溉发展芦苇生产，这不仅充分利用了水土资源，同时还改善了生态环境。芦苇可以生长在 pH 为 9.9、碱化度≥50%、含盐量为 6～16g/kg 的盐碱土壤中，并完成其生殖生长过程[70]。芦苇具有较强的吸收盐碱离子的能力。据测定，芦苇所吸收的盐碱成分可占其干物质的 0.96%，这部分盐分主要来源于土壤与水环境。芦苇每年收割外运，使盐分排出闭流区，开辟了盐分输出途径。同时，芦苇较高的蒸腾率对水分向外输出和调节土体内水盐的再分配，以及对小气候环境的改善，都起到了重要作用。

（4）承泄区泡沼水面养鱼，变水害为水利。低洼泡沼的养鱼开发利用，解决了因排涝积水而造成的资源浪费问题。结合治涝，泡沼区经过修整加深，成为水深 2.0～3.5m 的泡沼。这样既可作为排涝区，避免雨季耕地中形成的大面积地表径流无处排泄而造成内涝，同时放养鱼类发展水产养殖，变水害为水利，可提高经济效益、生态效益和资源利用率。

4. 稻-鱼-苇模式的特点与应用范围

稻-鱼-苇模式的突出特点是，根据资源属性，利用生物种属的多样性，适应各地段的自然特点，最大限度地发挥各地段水土资源的生产潜力。模式结构的设置与排列的基本原则是，确保在开发利用自然资源的同时，保护和治理生态环境；以水为调控中心，进而达到调节盐分运输与排出的目的。所建立的新型农业生态模式是一个复合的多层次的生态系统，其中的人为控制系统应用了工程、农艺、生物等一系列措施。旱区种植玉米，既获得了高产，又减少了水资源灌溉利用和雨季地表径流；涝区种植水稻，既防旱、防涝，又改良了盐碱土壤，一举多得；培植芦苇不仅增加了收入，还改善了生态环境，是半闭流区盐碱成分排出的有力措施。改造泡沼挖鱼塘，可集中利用大面积耕地中的内涝积水，不但可为农田排涝，而且养鱼可增加经济收入，变水害为水利，变废水为资源水，解脱了周围农田的洪涝威胁。

稻-鱼-苇模式是针对内涝及低洼易涝沼泽地和盐碱地区水土资源综合开发而提出来的渔农利用模式，对于半干旱和半湿润地区的沼泽地和盐碱低洼地的渔农利用具有广泛的适应性和适用性，是松嫩平原低洼盐碱湿地渔农利用的较佳模式。

5. 稻-鱼-苇模式生态效益

松嫩平原低洼易涝盐碱湿地稻-鱼-苇综合开发模式，是在春旱夏涝、土壤盐碱化、粮食产量低而不稳、生态环境恶劣的条件下建立并运行的。它打破了原有湿地生态系统各组成因子之间的关系，改善了其内部各组成单元物质和能量的交换方式，形成新的组合关系。采用这种方式的开发区域，基本消除了洪涝的影响，内涝面积显著减少，可经受几十年一遇的洪水考验。在水盐调控与次生盐碱化治理方面，由于水资源的统筹调控，基本稳定了地下水位。夏季低平地段的地下水位控制在 0.5～1.5m，主要返盐返碱期地下水位降低到 1.3～2.5m，使原来返盐返碱较严重的区域出现明显的脱盐降碱状态，连续种稻 3 年后 0～15cm 土壤层的脱盐率可达 90%以上。实施该模式的开发区域，其土地利用率超过 95%。实践表明，稻-鱼-苇模式经济效益、生态效益及社会效益均较显著，实现了经济效益、生态效益及社会效益协调发展，具有科学性和可行性。稻-鱼-苇模式开辟了沼泽地与撂荒水面高产利用的新途径，是一个适于低洼沼泽湿地特别是芦苇湿地集中连片区域大规模开发利用的较为理想的模式，可用来指导沼泽湿地生态农业建设。

6. *实施范例*

试验地位于吉林省大安市叉干镇长城村，开发前为一处面积为 7.27hm^2 的盐碱低洼地，其中稻田为 3.77hm^2，苇塘为 1.92hm^2，泡沼为 1.58hm^2。苇塘和泡沼明水期自然积水水深为 20～30cm，主要来自周围农田集水，水环境盐度为 3.72g/L，pH 为 8.92，碱度和总硬度分别为 7.22mmol/L 和 19.38mmol/L。稻田位于苇塘边缘，泡沼地处苇塘下游。

1）主要技术措施

稻-鱼-苇模式由苇-鱼、泡沼养鱼和稻-鱼三个亚系统组成，其操作技术流程见 4.1.1 节、4.3.1 节及 5.2.1 节。此外，还包括如下技术措施。

（1）综合利用水资源。试验地水源为 3 眼稻田井，同时有渠道分别与苇塘和泡沼相连，可随时补水。为节约水资源，试验中采取稻田排水（春季稻田淋洗盐碱的水除外）先进入苇塘，多余的水再由苇塘排入泡沼，这项措施使得一水多用，实现较好效果。1 个生长期稻田灌水量平均为 1.264 万 m^3/hm^2，排入苇塘水量平均为 8768m^2/hm^2，由苇塘进入泡沼的水量平均为 4224m^3/hm^2。根据经验，1 个生长期苇塘养鱼的平均用水量为 1.1 万 m^3/hm^2，泡沼养鱼为 9000m^3/hm^2。可见 1 个生长期可节水 1.3 万 m^3/hm^2，减少抽水费用 290 元/hm^2。

（2）淤泥还田。为改良盐碱水环境，调节水质，苇塘和泡沼每年都施用大量的有机肥，加上饲料殖渣和水草腐烂，造成底泥大量沉积，年淤积厚度为 5～8cm。底泥中存在大量有害物质，耗氧较多，若不及时清除，很容易出现鱼病和缺氧死鱼。为此，试验中每年冬季和开春放水前清淤 3～5cm，施入稻田，不仅起到盐碱土改良培肥的效果，还增加了苇塘和泡沼的蓄水量，有利于养鱼生产，减少鱼病发生。

2）实施效果

（1）产量与经济效益。以模式Ⅰ、模式Ⅱ的平均值计算，稻-鱼共作、鱼-苇共作及泡沼养鱼的平均鱼产量分别为 584.9kg/hm^2、3618.5kg/hm^2 及 4540.2kg/hm^2（表 5-28）；水稻、芦苇平均产量分别为 6693.7kg/hm^2、9320.3kg/hm^2（表 5-29）。以实际实施面积 7.27hm^2 计算的平均经济效益约为 1.29 万元/hm^2，平均产投比为 3.194（表 5-29）。

表 5-28　稻-鱼-苇模式试验地鱼类放养与起捕情况

试验地	鱼类	模式Ⅰ				模式Ⅱ			
		放养规格/(g/尾)	放养密度/(尾/hm²)	起捕规格/(g/尾)	鱼产量/(kg/hm²)	放养规格/(g/尾)	放养密度/(尾/hm²)	起捕规格/(g/尾)	鱼产量/(kg/hm²)
稻-鱼共作	鲤	52	884	484	322.8	50	755	513	312.0
	鲫	20	280	112	20.5	20	264	120	22.3
	草鱼	83	265	1149	233.1	102	250	1270	259.0
	合计	—	1429	—	576.4	—	1269	—	593.3
鱼-苇共作	鲤	55	3055	620	1544.4	57	3767	510	1415.8
	鲫	22	536	124	42.1	19	1088	107	68.1
	草鱼	102	695	1247	159.3	95	435	960	288.0
	鲢	56	385	540	444.7	54	318	490	114.1
	鳙	62	728	780	2683.2	63	820	710	477.3
	合计	—	5399	—	4873.7	—	6428	—	2363.3
泡沼养鱼	鲤	53	4696	673	789.7	53	4510	694	2589.0
	草鱼	68	737	1302	259.1	82	895	1195	920.9
	鲢	55	628	517	155.9	52	650	682	365.2
	鳙	59	310	755	90.6	54	400	830	266.4
	团头鲂	28	318	476	3545.9	28	280	488	97.6
	合计	—	6689	—	4841.2	—	6735	—	4239.1

表 5-29　稻-鱼-苇模式试验地水稻、芦苇产量及经济效益

模式	水稻总产量/kg	水稻单产/(kg/hm²)	芦苇总产量/kg	芦苇单产/(kg/hm²)	总产值/万元	总成本/万元	总经济效益/万元	平均经济效益/(万元/hm²)	经济产投比
Ⅰ	26400	7002.7	17070	8890.6	13.33	4.17	9.16	1.26	3.197
Ⅱ	24070	6384.6	18720	9750.0	13.91	4.36	9.55	1.31	3.190
平均	25235	6693.7	17895	9320.3	13.62	4.27	9.36	1.29	3.194

（2）改土培肥效应。实测结果表明，稻-鱼-苇模式试验地0～20cm盐碱土层的平均含盐量明显下降，有机质和营养元素含量均显著增加（表5-30）。

表 5-30　稻-鱼-苇模式试验地土壤养分的变化情况

试验地	时间	含盐量/(g/kg)	有机质/(g/kg)	全量/(mg/kg)			速效/(mg/kg)		
				N	P	K	N	P	K
稻-鱼共作	实施前	5.88	3.97	537.0	77.0	224.0	9.5	0.9	2.9
	实施后	3.62	8.37	794.0	165.0	659.0	15.3	2.3	9.2
	变化/%	−38.4	110.8	47.9	114.3	194.2	61.1	155.6	217.2

续表

试验地	时间	含盐量/(g/kg)	有机质/(g/kg)	全量/(mg/kg)			速效/(mg/kg)		
				N	P	K	N	P	K
鱼-苇共作	实施前	4.74	9.84	392.0	103.0	451.0	5.8	1.3	6.6
	实施后	2.31	15.37	847.0	364.0	1344.0	12.9	7.1	14.7
	变化/%	−51.3	56.2	116.1	253.4	198.0	122.4	446.2	122.7
泡沼养鱼	实施前	4.39	4.54	347.0	58.00	376.0	3.8	1.2	8.9
	实施后	2.44	9.87	792.0	137.0	742.0	16.9	2.9	14.4
	变化/%	−44.4	117.4	128.2	136.2	97.3	344.7	141.7	61.8

（3）稻-鱼亚系统生态效应。田间调查结果表明，由于稻-鱼共作亚系统不但使水稻生物学性状发生变化，而且稻飞虱虫口密度、纹枯病发病率及杂草产量均较平作稻田明显下降，化肥和农药用量减少，成本降低，加之水稻实行了合理密植，基本苗数和有效穗数增加，因而也提高了水稻产量（表 5-31）。化肥和农药用量减少，有利于保护农田生态环境。

表 5-31　稻-鱼共作的生态效应

处理	稻飞虱虫口密度/(ind./穴)	水稻纹枯病发病率/%	杂草产量/(kg/hm^2)	农药用量/(kg/hm^2)	化肥用量/(kg/hm^2)	水稻实产/(kg/hm^2)	成本投入/(元/hm^2)
平作田	9.4	17.7	656.3	14.6	980	6017.4	3497.2
稻鱼共作田	5.2	9.4	223.9	6.8	715	6693.6	2827.7
变化/%	−44.7	−46.9	−65.9	−53.4	−27.0	11.2	−19.1

处理	水稻株高/cm	水稻穗长/cm	水稻实粒数/(粒/穗)	水稻空秕率/%	稻秆基茎粗/mm	谷秆比	水稻千粒重/g
平作田	80.3	14.7	74.1	11.39	3.8	1.12	24.38
稻鱼共作田	89.8	15.9	83.5	6.92	4.7	0.94	25.92
变化/%	11.8	8.2	12.7	−39.2	23.7	−16.1	6.3

（4）芦苇净化环境效应。芦苇具有较强的吸收各类盐分和吸附水环境中有机悬浮物的作用，从而降低水环境中有机物数量和水土含盐量，其光合作用还能增加水环境溶解氧含量。实测结果表明，芦苇生长在土壤含盐量为 4～5g/kg、水体含盐量为 3～4g/L 的环境中，其富集盐碱离子的能力为 36.86g/kg[70]，则本试验 1 个生长期芦苇吸收盐分的数量平均为 343.55kg/hm^2。此外，利用芦苇富集水环境和土壤中有毒物质的能力，使进入苇塘中的稻田排水得到净化，为苇塘鱼类提供了无毒少病害的良好生态环境，也为泡沼养鱼提供了部分无污染的补充水源。芦苇所富集的有毒物质及吸收的盐分随着芦苇的收割而被逐年排出水体和土壤之外，实现了模式区水土含盐量的绝对减少而不是迁移（至其他地方）。

（5）鱼-苇亚系统生态效应。鱼、苇共生于同一个生态环境中，可更好地发挥它们之间的互利协同作用。芦苇可净化水质，而鱼类可吃掉与芦苇争肥、争氧、争空间的杂草和底栖动物以及危害芦苇的害虫，减少水体中肥源的消耗和鱼、苇病虫害的发生。同时，鱼类排泄物又可增加肥源，其摄食活动还可疏松土壤、耕耘水体，改善苇塘水体和土壤生态环境，促进芦苇植株生长与地下茎的发育繁殖，提高芦苇质量与产量。从调查结果来看，实施鱼-苇共作后的苇塘芦苇密度、基茎粗、株高等生物学指标均较自然苇塘显著增加（表 5-32）。

表 5-32　鱼-苇共作的生态效应

时间	昆虫数量/(ind./m^2)	底栖动物/(ind./m^2)	杂草产量/(kg/hm^2)	芦苇密度/(株/m^2)	芦苇基茎粗/mm	芦苇株高/cm	芦苇实产/(kg/hm^2)
实施前	39.7	73.6	1376.4	117.4	4.7	129.7	6970
实施后	19.2	14.7	649.7	193.7	6.4	187.4	9750
变化/%	−51.6	−80.0	−52.8	65.0	36.2	44.5	39.9

（6）调节小气候。苇塘养鱼后，芦苇的密度与高度都比自然苇塘有所增加，能明显减弱风力，在背风面 3m 苇高范围内平均风速降低 41.7%。稻-鱼-苇模式区内稻田、苇塘和泡沼水面的蒸发与水稻、芦苇及挺水植物的蒸腾量较自然状态下均有所增加，模式区内的空气相对湿度明显比空旷区高。实测结果显示，模式区上空 3m 苇高范围内的空气相对湿度比周围的空旷区平均高出 11.37%。模式区内土壤湿度也比自然状态下有所增大，太阳辐射能可较快地传入土壤，减缓地面温度上升，致使模式区上空 3m 苇高范围内的空气温度比周围空旷区平均下降 0.38℃，垂直分布 2m 苇高处下降 0.24℃。上述表明，稻-鱼-苇模式对试验区的风速、空气温度及其相对湿度都有一定的影响，具有改善小气候的作用[70]。

（7）稻-鱼-苇模式综合评价。以提供食物产品、水生经济植物产品和生态种养技术模式，增加内涵、提高综合效益为主的低洼盐碱地闭流区稻-鱼-苇生态开发模式，利用芦苇吸收盐碱成分和富集有毒物质的能力，将富含营养物质的稻田水先排入苇塘进行净化处理，再补给泡沼养鱼，不仅充分利用了有限的水资源，宜于发展节水农业，还解决了低洼盐碱闭流区种稻排水的积盐问题，对次生盐碱化的发生起到了较好的生物防治作用。同时对苇塘和泡沼水体还具有施肥效果。例如，1 个生长期内随着稻田排水而进入到苇塘水体的有效 N 平均为 17.47kg/hm^2（水体平均含量为 1.992mg/L），有效 P 平均为 2.39kg/hm^2（水体平均含量为 0.273mg/L）；从苇塘进入泡沼水体的有效 N、P 分别为 6.23kg/hm^2、1.46kg/hm^2（水体平均含量分别为 1.474mg/L、0.346mg/L）。塘泥返田及水稻、芦苇的枯杆落叶腐烂分解，增加了盐碱土壤养分含量，地力得到提高，加之空气温度、相对湿度等农田小气候因子的影响，农田基本结构趋于优化，农业生态环境得到改善。

稻-鱼-苇模式仍保持了原来的湿地生态环境，维持了区域自然生态系统平衡，实现资源利用与生态环境保护相统一；模式内农药化肥用量减少，最大限度地降低了对农业生态环境的危害程度，因此是一种环保-效益型的生态农业模式，可在松嫩平原参考应用。

5.2.6　稻-鱼-苇-蒲模式

1. 技术措施

试验地位于吉林省大安市，土壤类型为苏打盐碱土。1998～1999 年，以苏打盐碱地水产养殖技术为基础，根据水生植物净化原理和仿自然原理，改造利用盐碱沼泽地 $10.89hm^2$，建立稻-鱼-苇-蒲模式，其中，苇塘 $1.92hm^2$、蒲塘 $1.58hm^2$、草塘 $3.62hm^2$ 和低洼易涝荒地 $3.77hm^2$，2000 年投入试验。苇塘、蒲塘和草塘自然积水 30～70cm 深，集水区面积为 $18hm^2$，水环境盐度为 3.71g/L，pH 为 9.22，总碱度、总硬度分别为 13.37mmol/L、19.38mmol/L[208, 209]。

1）鱼-苇亚系统

根据该处苇塘的具体环境特点，在苇塘周围开挖宽 5.0m、深 1.0m 的环沟，出土筑坝，内部开挖宽 1.5m、深 0.5m 的明水沟，与环沟相通，改造后苇塘明水面和芦苇区分别占 30%和 70%。鱼类放养量 400～$500kg/hm^2$（5700～6300 尾$/hm^2$），其中草鱼、鳊、团头鲂合计占 10%，鲤、鲫占 70%，鲢、鳙占 20%。6～8 月苇塘保持水深在 50～80cm，其他时间均保持水深在 20～40cm。投放鱼类前 10d 施有机肥 4.5～$6.0t/hm^2$，养殖期间每 10～15d 施 1 次 1.2～$1.8t/hm^2$ 有机肥；水温超过 20℃时每 7～10d 追施 1 次 30～$45kg/hm^2$ 尿素和 75～$90kg/hm^2$ 过磷酸钙，全年追施有机肥 8～10 次和化肥 10～12 次。其他技术措施见 4.1.1 节。

2）鱼-蒲亚系统

明水区下挖 50cm，水草区开挖宽 1.5m、深 0.5m 的明水沟，改造后蒲塘的明水面和蒲草区分别占 40%和 60%。鱼类放养量为 375～$450kg/hm^2$（折合 5200～6000 尾$/hm^2$），其中草食性鱼类和滤食性鱼类各占 15%，杂食性鱼类占 70%。蒲塘养鱼技术见 4.1.1 节。

3）稻-鱼亚系统

将低洼易涝荒地全部改造成稻田，打机井 3 眼，完善注水、排水工程。单块稻田面积为 0.2～$0.5hm^2$，稻田内开挖鱼沟和鱼坑。鱼沟呈“井”字形或“田”字形设计，其上口宽 70～80cm，底宽 30～40cm，深 50～60cm，每块田开挖鱼坑 1～2 处，规格为 2～$5m^2$，深 1.0～1.2m。鱼类放养量为 120～$150kg/hm^2$（折合 1800～2200 尾$/hm^2$），其中草鱼占 30%～40%，鲤、鲫鱼占 60%～70%。稻田养鱼技术见 5.2.1 节。

4）水资源综合利用

将草塘改造成蓄水池，接纳天然降水和稻田排水，污水通过水生植物净化后补给苇塘和蒲塘。秋季捕鱼时苇塘和蒲塘水均排入蓄水池，经过严冬酷冻，次年开春再以浓度为 $20.0g/m^3$ 的漂白粉（水体浓度）消毒后作为早春放鱼用水。

5）淤泥改土

冬初对苇塘和蒲塘进行清淤，淤泥施入稻田改土。

2. 结果

1）产量与经济效益

2001～2002 年，水稻、芦苇和蒲草的平均产量分别为 $6024.2kg/hm^2$、$8336.2kg/hm^2$ 和 $7387.6kg/hm^2$；稻-鱼共作、鱼-苇共作及鱼-蒲共作的平均鱼产量分别为 $912.1kg/hm^2$、$3537kg/hm^2$ 及 $2766kg/hm^2$；平均经济效益为 5667.1 元$/hm^2$，平均产投比为 2.074。

2）生态效益

（1）改良土壤。开发前后试验地土壤化学性质测定分析结果表明，经过两年的开发试验，盐碱土壤有机质、全量养分和速效养分含量均比开发前有所增加，含盐量下降（表 5-33）。稻田和苇塘土壤阳离子交换量也均有增加，但幅度很小；交换性盐基总量增加较多；土壤腐殖质以富里酸（fulvic acid，FA）为主，HA/FA 值升高（表 5-34）。这表明渔业开发提高了土壤熟化程度和腐殖质品质。

表 5-33　稻-鱼-苇-蒲模式试验地土壤养分变化

类型	处理	含盐量/(g/kg)	有机质/(g/kg)	全 N/(mg/kg)	全 P/(mg/kg)	全 K/(mg/kg)	速效 N/(mg/kg)	速效 P/(mg/kg)	速效 K/(mg/kg)
稻田	试验前	5.5	3.7	50.5	7.2	20.8	0.97	0.8	2.7
	试验后	3.4	7.8	74.2	15.3	61.4	1.4	2.1	8.6
	变化/%	−38.2	110.8	46.9	112.5	195.2	44.3	162.5	218.5
苇塘	试验前	4.1	9.2	36.5	9.6	42.1	5.4	1.2	6.2
	试验后	2.2	14.3	78.9	33.9	98.6	12.0	6.6	13.7
	变化/%	−46.3	55.4	116.2	253.1	134.2	122.2	450.0	121.0
蒲塘	试验前	4.1	4.2	32.3	5.4	35.0	3.5	1.1	8.3
	试验后	2.3	9.2	73.8	12.7	69.1	15.8	2.7	13.4
	变化/%	−43.9	119.0	128.5	135.2	97.4	351.4	145.5	61.4

表 5-34　稻-鱼-苇-蒲模式试验地土壤阳离子交换量、交换性盐基及腐殖质变化

类型	处理	阳离子交换量/(mmol/kg)	盐基总量/(mmol/kg)	K^+/(mmol/kg)	Ca^{2+}/(mmol/kg)	Na^+/(mmol/kg)	Mg^{2+}/(mmol/kg)	胡里酸/(g/kg)	富里酸/(g/kg)	HA/FA
稻田	试验前	68.8	239.0	4.6	16.8	198.3	19.3	73.4	142.7	0.514
	试验后	73.8	272.8	7.7	11.7	240.7	12.7	132.6	169.4	0.783
	变化/%	7.3	14.1	67.4	−30.4	21.4	−34.2	80.7	18.7	52.3
苇塘	试验前	64.3	187.4	2.3	1.1	172.4	12.4	113.6	212.7	0.536
	试验后	71.4	268.7	3.9	1.3	239.2	24.3	142.7	219.9	0.649
	变化/%	11.0	43.4	69.6	18.2	38.7	96.0	25.6	3.4	21.1
蒲塘	试验前	96.7	201.5	2.8	11.8	168.5	18.4	61.4	118.9	0.525
	试验后	79.7	252.5	4.1	11.3	213.8	23.6	118.4	166.9	0.709
	变化/%	−17.6	25.3	46.4	−4.2	26.9	28.3	92.8	40.4	35.0

（2）水环境改良。表 5-35 显示，春季泡田（塘）和淋洗盐碱，导致稻田、苇塘和蒲塘水体盐度、碱度均较高，其中稻田更加明显。随着注水量、排水量逐渐增加，浅层土壤逐渐脱盐，水体含盐量随之下降。秋季排水捕鱼时，苇塘和蒲塘水体盐度已降至 1.0g/L 左右，接近水源水盐度，而碱度已低于水源水。这表明稻-鱼-苇-蒲系统排出的废水已经淡化。

表 5-35　稻-鱼-苇-蒲模式试验地水环境主要离子含量

水体类型	季节	碱度/(mmol/L)	盐度/(g/L)	$\rho(Cl^-)$/(mg/L)	$\rho(SO_4^{2-})$/(mg/L)	$\rho(CO_3^{2-})$/(mg/L)	$\rho(HCO_3^-)$/(mg/L)	$\rho(Ca^{2+})$/(mg/L)	$\rho(Mg^{2+})$/(mg/L)	$\rho(Na^++K^+)$/(mg/L)
稻田	春季	29.83	3.76	910.2	148.5	73.2	1618.7	13.2	22.8	976.2
	夏季	17.85	2.14	480.3	15.4	83.4	1004.1	18.4	221.4	516.5
	平均	23.84	2.95	695.3	82.0	78.3	1311.4	15.8	122.1	746.4
苇塘	春季	7.42	2.83	1671.3	73.9	102.7	226.9	94.8	138.2	523.5
	夏季	17.46	2.05	313.5	55.7	83.4	944.9	15.6	25.4	614.5
	秋季	10.13	1.19	163.4	51.8	37.4	571.6	16.7	232.7	317.3
	平均	11.7	2.0	716.1	60.5	74.5	581.1	42.4	132.1	485.1
蒲塘	春季	23.73	2.69	351.0	75.5	80.4	1227.4	26.8	31.1	893.7
	夏季	19.34	1.98	221.4	50.9	51.2	1013.2	12.8	20.6	597.4
	秋季	7.07	1.07	190.7	40.9	43.6	265.1	15.4	16.5	419.2
	平均	16.7	1.9	254.4	55.8	58.4	835.2	18.3	22.7	636.8
水源		12.24	0.99	86.6	13.5	415.1	270.6	31.2	25.2	151.3

（3）盐碱成分总量减少。实测结果表明，芦苇、蒲草和水稻植物体中盐碱离子含量高于水体和土壤，表明它们均可富集盐碱成分（表 5-36）。芦苇、水稻及蒲草植物体平均年产量分别约为 1.128 万 kg/hm^2、1.744 万 kg/hm^2 及 9843kg/hm^2，每年所富集的盐分数量分别约为 445.11kg/hm^2、431.12kg/hm^2 及 299.52kg/hm^2，合计为 1175.75kg/hm^2。这些盐分随着植物体的收获而排出系统外部，不仅降低了水体和土壤盐碱成分含量，同时还实现了系统盐分总量的减少（而不是平移至别处）。

表 5-36　稻-鱼-苇-蒲模式植物体盐碱离子成分含量

植物体	Cl^-/(mg/kg)	SO_4^{2-}/(mg/kg)	CO_3^{2-}/(mg/kg)	HCO_3^-/(mg/kg)	Ca^{2+}/(mg/kg)	Mg^{2+}/(mg/kg)	Na^+/(mg/kg)	K^+/(mg/kg)	总量/(g/kg)
水稻	3927.3	27462.4	2762.5	793.7	129.7	149.7	1290.3	2943.2	39.46
芦苇	5844.7	21310.7	521.6	7318.2	61.1	127.4	541.6	1702.6	37.43
蒲草	6289.4	16599.4	225.0	201.4	556.4	73.2	324.6	449.7	24.72

3. 问题探讨

1）盐碱土壤改良

土壤改良是盐碱地农业开发对环境生态的影响因素之一，这在土壤有机质、营养元素（N、P、K）及含盐量变化等方面已有过报道。通过探讨稻-鱼-苇-蒲模式的土壤离子交换性及腐殖质特征，进一步揭示盐碱土壤改良的科学机制。以往低洼盐碱地渔-农结合综合利用模式，大多数为池塘水产养殖与旱田种植相结合，其土壤环境改良作用主要缘自池塘的投饵和施肥。相比之下，稻-鱼-苇-蒲模式完全采用湿地农业方式，除上述常规措施外，稻田养鱼、苇塘养鱼和蒲塘养鱼等生物措施，也均起到一定作用。例如，在稻-鱼生态系统中，生物与环境之间的界面作用强于旱田系统[243]，从而使土壤孔隙度增加，生物与环境间的交换性能提高。苇塘、蒲塘中植物的枯枝落叶大量沉入水底，起到秸秆覆盖作用[277]。这些因素的叠加效应，使土壤肥力增加，土壤微生物区系优化，土壤酶活性进一步加强，促进盐碱土壤改良[247-249]。

2）次生盐碱化

次生盐碱化是盐碱地开发中首先要解决的环境问题。在以往的农业开发中，土壤盐碱度的下降主要是通过排水、种稻淋洗盐碱等措施实现的[278]。但由于这些高盐碱废水直接排出系统外部，盐分总量并未减少，很容易造成次生盐碱化。采用文献[279]的计算方法，2000～2002 年稻-鱼-苇-蒲模式中，从稻田、苇塘和蒲塘的 0～20cm 土壤层所析出的盐分总量约为 16.75t/hm^2。按照文献[280]的水量盐分收支平衡分析，其中的部分盐分应通过排水和植物吸收富集而排出系统外部。根据每年稻田、苇塘和蒲塘的排水量，估算出随排水而排出系统外部的盐分总量约 13.34t/hm^2，通过稻秆、芦苇和蒲草的收割而排出系统外部的盐分总量约 2.35t/hm^2（2001～2002 年），二者合计 15.69t/hm^2，与土壤析出的盐分总量基本平衡。在排出系统外部的盐分总量中，排水途径约占 85%，植物吸收约占 15%。

尽管上述估算存在一定差距，但排水淋洗作用对降低土壤盐分的贡献率高于其他途径，这与传统盐碱地种稻降低土壤含盐量的效果是一致的。所不同的是，稻-鱼-苇-蒲模式增加了苇塘和蒲塘两个水生生态系统，通过这两种植物吸收富集，每年可减少盐碱离子成分 715kg/hm^2。因此，除了排水淋洗外，水生植物吸收富集也是稻-鱼-苇-蒲模式水体和土壤环境盐碱成分下降的主要原因，实现了系统盐碱成分总量的减少。所排出的废水中，符合《农田灌溉水质标准》（GB 5084—2021）所规定的盐碱土地区标准（≤2000mg/L），因而不具有次生盐碱化的潜在威胁。

试验表明，盐碱地稻-鱼-苇-蒲湿地生态农业模式在取得显著经济效益的同时，生态效益也较显著，实现了清洁生产，对生态环境无明显的不良影响，而且开发后的盐碱湿地生态系统仍保持了原生湿地景观，实现经济开发与生态保护的协调统一，因而该模式在盐碱湿地开发利用中，具有广阔的应用前景。

5.2.7　稻-鱼-麦模式

渔-农结合综合利用是盐碱地农业综合开发利用的重要途径之一。我国沿黄流域及黄淮海平原地区，通过挖池、抬田，建立蓄、排、灌、引等工程措施，创造了基塘型渔-农-牧和鱼-粮轮作等盐碱地开发模式，取得显著的经济效益[281-287]。地处半干旱地区的吉林省西部粮食生产受旱灾的影响较大，如何解决作物灌溉，扩大水浇地面积，成为粮食高产稳产的关键问题。同时，该区水产养殖业与种植业争地、争水、争肥的矛盾也十分突出，渔业生产的发展也受到限制。能否把二者有机地结合起来，既保证粮食生产，又生产出更多的水产品，满足人们生活需要，这是个很有意义的问题。

以往该区的农业综合开发多以种稻和发展畜牧业为主[288, 289]，只在少数靠近水源的低洼地进行渔业利用[195, 290]。20 世纪 90 年代试验成功的苏打盐碱湿地稻-鱼-麦轮作生态农业模式[70, 291]，得到吉林省西部农民的广泛应用，取得较好效果。实践表明，建立稻-鱼-麦轮作模式是盐碱地鱼、粮结合，互利双赢的农业综合开发途径。

1. 试验示范

1）基本情况

试验地位于松嫩平原吉林省西部大安市叉干镇古莫村和白家围子村，开发前均为浅碟形低洼盐碱荒地。1989 年通过农业工程措施改造成稻田，面积分别为 0.64hm^2 及 0.87hm^2，实施稻-鱼共作，旨在改土培肥。1990 年秋冬季，将原来的稻-鱼共作田，按照池塘养鱼的技术要求开挖集鱼沟，分别改造成鱼塘，1991 年和 1992 年以地下水为水源养鱼。1992 年底，将池塘的集鱼沟宽度由 3.0m 增加到 5.0m，深度由 1.0m 增加到 1.5m，改造后集鱼沟的面积占池底 15%～20%，池塘底部中央平坦地面占 80%～85%，地面可上水 1.0～1.2m。1993～1996 年在改造后的池塘内进行鱼-麦轮作模式的试验示范，即利用中间平坦地面播种水浇麦，集鱼沟内放水养鱼；麦收后将整个池塘灌满水，进行麦后鱼养殖。

2）主要技术措施

（1）稻-鱼共作。1989 年和 1990 年对试验地实施稻鱼共作，以此来改良盐碱土壤，为后续的养鱼、种麦培肥土壤。稻鱼共作技术见 5.2.1 节。

（2）水浇麦种植。1993～1996 年，每年 9 月下旬成鱼捕捞结束后，进行排水、晒池，同时清除底部杂草。第二年春季小麦播种前及时重耙、整平，施 8～12m^3/hm^2 农家肥、90～120kg/hm^2 磷酸二铵和 30～60kg/hm^2 硫酸钾。当土壤 5.0cm 深处地温稳定在 0℃时开始播种，清明前后播完，播种量控制在 280～330kg/hm^2（表 5-37）。播种完毕，将麦田做成宽 2.0m、长 20～30m 的畦，畦埂底宽 30cm 左右，高 10cm 左右。

表 5-37　稻-鱼-麦模式试验地小麦播种情况

试验地点	播种时间	播种量/(kg/hm^2)	保苗数/(株/m^2)	施有机肥/(t/hm^2)	施化肥/(kg/hm^2)
古莫村	1994-04-07	288	424	15	532
	1995-04-04	292	417	12	429
	1996-04-06	304	433	8	286
	平均	295	425	12	416
白家围子	1994-04-07	318	483	14	492
	1995-04-06	316	495	11	415
	1996-04-06	294	465	9	307
	平均	309	481	11	405

小麦生长期间的田间管理，主要进行合理灌水。在整个生育期内，共进行 5 次灌水。①播种结束灌保苗水，用水量为 250～400m^3/hm^2，要求均匀、灌透、不冲籽、无水层，待地表结皮时，用耙子将硬土皮搂碎，防止土壤板结，影响出苗。②5 月下旬灌孕穗水，土壤含水量低于 25%时，用水量为 400～450m^3/hm^2。③6 月上旬灌拔节水，土壤含水量低于 20%时，用水量为 650～770m^3/hm^2。④抽穗前 3～5d 灌扬花水，土壤含水量低于 20%

时，用水量为400～450m^3/hm^2。⑤6月下旬进行第5次灌水，根据天气、苗情、墒情等具体情况确定用水量。

（3）鱼类养殖。鱼类放养前5～7d，向集鱼沟注水50cm左右，施发酵腐熟的有机肥4.5～6.0t/hm^2、氮肥180～300kg/hm^{2}及磷肥300～450kg/hm^2，做到肥水下塘。采取天然饵料为主、人工饲料为辅的鱼类养殖方法。总放养量中鲢、鳙合计占70%～80%，混养鲤鱼、草鱼和银鲫，每年5月10日前放养结束。稻-鱼-麦模式试验地鱼类放养情况见表5-38。

表5-38 稻-鱼-麦模式试验地鱼类放养情况

试验地点	试验时间	规格/(g/尾)	总重量/kg	总个体数/尾	平均重量/(kg/hm^2)	密度/(尾/hm^2)
古莫村	1994-05-02	69.2	301.2	4352	407.6	6800
	1995-05-07	73.7	296.2	4019	462.8	6280
	1996-05-03	70.4	301.3	4280	470.6	6680
	平均	—	299.6	4217	447.0	6587
白家围子	1994-05-03	74.5	424.1	5962	487.2	6853
	1995-05-05	73.7	456.2	6190	524.4	7115
	1996-05-06	75.2	475.0	6317	546.0	7261
	平均	—	451.8	6156	519.2	7076

池塘养鱼系统的水质管理，除了按照相关标准（见附录Ⅵ）的要求进行之外，还要实施针对苏打盐碱土质特点的管理措施。鱼类放养后，根据天气和水温等情况，适当追施无机肥，确保水质肥沃，浮游生物丰富，饵料充足，浮游生物生物量保持在20～30mg/L。每10d施1次尿素和磷酸二铵，用量分别为2～4g/m^{3}和3～5g/m^3。同时投喂少量配合饲料，以满足鲤、鲫、草鱼等吃食性鱼类的生长摄食需要。随着气温的升高，逐渐增加沟内水量，到麦收前，水深达到1.0m。7月中旬麦收以后，池塘灌满水。其间，田面可上水1.0～1.2m，被淹没的麦茬、杂草等很快腐烂，对此实施以下水质管理。①水环境pH控制在7.5～8.5。偏低时，施生石灰调节，用量为30～40g/m^3。②水体透明度保持在25～35cm。偏高时，追施9～12g/m^{3}化肥，或泼洒浓度为50%～70%的有机肥粪水（此法还兼有投饲作用），用量为200～300g/m^3。③每隔2～3d补水5～10cm，以增加水体溶解氧含量，弥补有机物腐烂消耗的氧气。此外，根据吃食性鱼类的摄食情况，每天补投少量人工配合饲料。

3）试验示范结果

7月中旬麦收，小麦实际产量平均为3588.7～4204.4kg/hm^2（表5-39）。9月底起捕成鱼，鱼产量平均为2683.9～2902.6kg/hm^2，回捕率平均为83.9%～87.1%，个体平均增重为5.58～5.59倍（表5-40）。

表5-39 稻-鱼-麦模式试验地小麦收获情况

试验地点	收获时间	实穗数/(穗/hm^2)	总产量/kg	平均产量/(kg/hm^2)
古莫村	1994-07-11	437	2354.9	3679.5
	1995-07-12	425	2296.8	3588.7

续表

试验地点	收获时间	实穗数/(穗/hm^2)	总产量/kg	平均产量/(kg/hm^2)
古莫村	1996-07-12	439	2337.5	3652.4
	平均	434	2329.7	3640.2
白家围子	1994-07-13	492	3612.8	4152.6
	1995-07-10	497	3658.0	4204.4
	1996-07-11	471	3450.2	3965.8
	平均	487	3573.7	4107.6

表 5-40　稻-鱼-麦模式试验地成鱼起捕情况

试验地点	试验时间	平均规格/(g/尾)	总产量		平均产量/(kg/hm^2)	回捕率/%	个体平均增重/倍
			重量/kg	个体数/尾			
古莫村	1994-09-29	431.7	1563.2	3621	2442.5	83.2	5.24
	1995-09-30	463.6	1689.8	3646	2640.3	90.7	5.29
	1996-09-29	507.4	1900.0	3745	2968.8	87.5	6.21
	平均	—	1717.7	3671	2683.9	87.1	5.58
白家围子	1994-09-28	542.2	2615.0	4823	3005.7	80.9	6.28
	1995-09-30	475.4	2424.5	5100	2786.8	82.4	5.45
	1996-09-30	454.7	2536.3	5578	2915.3	88.3	5.05
	平均	—	2525.3	5167	2902.6	83.9	5.59

4）问题探讨

（1）稻-鱼-麦模式的合理性。根据鱼、麦的不同生物学特点，种麦的同时兼养鱼，较为合理地处理了二者在生长期间的矛盾。鱼类在养殖前期摄食量较小，生长缓慢，暂时蓄养在集鱼沟内，适当补充人工饲料和增施肥料，其生长状况不会因此而受到较大的影响。秋季成鱼捕捞出水后，实行排水晒田。经过漫长的严冬酷冻，可以完全达到春播小麦对土壤的要求。同时还具有土壤保墒和消毒的效果，有利于小麦早期时生长发育。

在种稻、养鱼期间的灌水、排水过程中，淋洗掉土壤中的盐碱成分；鱼的排泄物和残余饲料又可增加土壤有机物质含量，为小麦的正常生长创造良好的环境条件。小麦种植过程中的施肥、耕耙等农艺措施，疏松了土壤结构，改变了盐碱土壤的“冷、瘦、板”的不良性状，有利于土壤有机质的分解并使其有效化，增加鱼类天然饵料生物，促进水体生态环境的改良及鱼类生长。因此，建立鱼-麦轮作模式可以增加盐碱土壤养分，降低含盐量（表 5-41）。

表 5-41　稻-鱼-麦模式试验地土壤养分及含盐量的变化

试验地点	试验前					试验后				
	全 N/(mg/kg)	全 P/(mg/kg)	全 K/(mg/kg)	含盐量/(g/kg)	有机质/(g/kg)	全 N/(mg/kg)	全 P/(mg/kg)	全 K/(mg/kg)	含盐量/(g/kg)	有机质/(g/kg)
古莫村	311	66	140	4.69	3.44	572	88	160	2.32	9.16
白家围子	458	87	60	6.57	7.63	751	116	190	3.41	10.31

续表

试验地点	变化量					变化幅度/%				
	全 N /(mg/kg)	全 P /(mg/kg)	全 K /(mg/kg)	含盐量 /(g/kg)	有机质 /(g/kg)	全 N	全 P	全 K	含盐量	有机质
古莫村	261	22	20	−2.37	5.72	83.9	33.3	14.3	−50.5	166.3
白家围子	293	29	130	−3.16	2.68	64.0	33.3	216.7	−48.1	35.1

实施稻-鱼-麦轮作，还可建立一个鱼、粮结合的良性循环的人工湿地生态系统，实现土地资源的可持续利用。这种鱼、粮结合模式充分利用了北方夏季优越的气候条件，将有限的水、土、光、热等自然资源高效利用起来，提高了生物生长季节的时空利用率，最大限度地发掘了自然资源的生物生产潜力。特别是在粮食生产受旱灾影响较大，鱼、粮争地、争水、争肥矛盾十分突出的松嫩平原西部，扩大水浇麦的种植，实行稻、麦、鱼轮作，是实现鱼、粮同步增产的较好途径。

麦后鱼的养殖也具有一定的合理性。小麦收割后进入高温季节，也是全年温水性鱼类生长的高峰时期。这时提高水位，淹没麦田，可以使水面扩大，蓄水量增加，为鱼类提供充分的水体空间，使集鱼沟的鱼密度从 4～5 尾/m^3 减少到 1～2 尾/m^3，鱼类觅食范围扩大，满足鱼类快速生长对环境的需要。生态条件的显著改善，还有可能出现鱼类的陡长期。从捕捞规格看，麦-鱼模式与原来单一养鱼并没有显著差别。

麦田被淹没后，散落的麦粒、麦穗及杂草、植物嫩芽、茎叶和短期繁殖的大量浮游生物等，都能被鱼类摄食利用；部分麦茬、杂草等在高温下很快腐烂分解，可增加水层中营养物质的含量，起到肥水作用，而且产生的大量有机碎屑可直接为鲤、鲫鱼取食，部分被鲢、鳙滤食。在鱼类放养密度适当的情况下，麦收后放水养鱼，只需投入少量肥料和饲料，即可满足鱼类的生长要求。在水质条件保持一致的情况下，麦后鱼所施肥料的数量，仅为单一养鱼同期施肥量的 20%～30%。

从经济效益上看，稻-鱼-麦模式明显高于单一养鱼、单一种麦和麦后复种其他作物的利用模式（表 5-42）。

表 5-42　稻-鱼-麦模式试验地经济效益

试验地点	年份	投入 /(元/hm^2)	产值 /(元/hm^2)	经济效益 /(元/hm^2)	产投比	其他利用模式/(元/hm^2)		
						单一种麦	单一养鱼	麦后复种其他作物
古莫村	1994	6876	14484	7608	2.106	4399	1924	4236
	1995	6502	15657	9155	2.408	5026	3489	4122
	1996	6366	18605	12239	2.923	7054	5573	6583
	平均	6581	16249	9667	2.479	5493	3662	4980
白家围子	1994	6937	17823	10886	2.569	7265	2375	6571
	1995	6762	16526	9764	2.444	6096	1253	5463
	1996	6437	17288	10851	2.686	7123	2340	6629
	平均	6712	17212	10500	2.566	6828	1989	6221

（2）实施稻-鱼-麦模式应注意的问题及对策。种麦与养鱼期间，发现了白粉病、草害等与湿度有关的小麦病害。因此，小麦生长期间田间管理的主要技术措施之一是控制好地下水位和田间湿度。如果能满足这个要求，加之土壤肥力逐年提高，鱼、麦的增产潜力还是较大的。1995 年试验中，将小麦生长期间沟中水深控制在 0.8～1.0m，使水面与田面之间始终保持在 20～30cm 的距离；1996 年采用局部加深鱼沟的办法，在总蓄水量保持不变的条件下，沟中水位降至 80cm 以下，使水面与田面的距离增加到 40cm 以上。

上述改进措施实施后，有效地降低了小麦生育期内的田间湿度，病、草害的发生率明显降低。如果再将鱼沟加宽、加深一些，使其宽、深分别达到 8～10m、1.5m，同时试验地面积扩大到 1.0～2.0hm^2，那么，小麦生长期间沟中水体既能降低到理想水位，减少田间湿度，促进小麦正常生长发育，又能增加深水区的面积和水体溶解氧含量，利于鱼类生长并延长生长期，其是实现鱼、麦双赢的较好措施。

2. 推广示范

1）基本情况

2001 年，在大安市大岗子镇牛心套保村进行了盐碱沼泽地稻-鱼-麦模式的推广示范。示范田为 2.24hm^2，2001 年和 2002 年实施稻-鱼共作后，于 2002 年秋冬季进行了工程改造。在示范田周围开挖宽、深分别为 5.0m、1.0m 的环沟，出土筑坝和填平中间洼地，堤坝高出地面 1.5～2.0m，并在一端留出通道，便于机械和人力播种、收割、运输和拉网捕鱼。经过工程改造的示范田养鱼面积为 0.37hm^2，可种麦面积为 1.87hm^2，分别占总面积的 16.5%和 83.5%。

2）主要技术措施

（1）小麦播种与管理。2003 年春季播种前，对麦田实施翻耙、整平，施 30t/hm^2 农家肥，磷酸二铵、尿素及硫酸钾分别为 200kg/hm^2、300kg/hm^2 及 100kg/hm^2，清明前后播种结束。麦苗出土后，按农业部门的常规技术实施管理。播种的同时向环沟内注水 50cm，放鱼前 10d 向沟内水体施 15t/hm^2 有机肥，磷酸二铵、尿素分别为 180kg/hm^2、150kg/hm^2。

（2）鱼类养殖与管理。5 月 10 日前将鱼种投放到环沟内，放养量为 475kg/hm^2（折合 6000 尾/hm^2），其中鲢、鳙合计占 60%～70%，草鱼、鳊、鲂占 10%～15%，鲤、银鲫占 20%～30%。养殖期间，每隔 10～15d 追施 1 次尿素、磷酸二铵，分别为 75～120kg/hm^2、60～90kg/hm^2；每天投喂配合 60～150kg/hm^2 饲料；随着水温的升高逐渐增加水深，到麦收时沟内水深达到 0.8～1.0m。

（3）麦后鱼的养殖。7 月中旬麦收后，注水淹没麦田，田面水深达到 0.8～1.0m，沟内水深为 1.5～2.0m。麦茬、杂草等很快腐烂，水质 pH 控制在 8.0～9.0，偏低时施 30～40g/m^3 生石灰。透明度保持在 30～40cm，偏高时追施 5～10g/m^3 尿素。养殖期间每隔 2～3d 加注 1 次 3～5cm 新水，保持田面水深在 1.0～1.5m。9 月下旬开始排水捕鱼，同时晒田、除草、维修田间工程，准备下一年试验。

3）推广示范结果

（1）经济效益。2003 年和 2004 年推广示范田平均鱼产量为 2793.3kg/hm^2，小麦平均产量为 3197.6kg/hm^2，平均经济效益为 8686 元/hm^2，平均产投比为 2.491，其经济效益比当地农民单一种麦（3248 元/hm^2）、单一养鱼（5273 元/hm^2）和麦后复种蔬菜（4122 元/hm^2）分别增加 167.4%、64.7%和 110.7%。

（2）生态效益。由表 5-43 和表 5-44 可知，稻-鱼-麦轮作模式可增加盐碱土壤养分含量，降低含盐量，改善土壤温度状况，形成鱼、粮生态系统的良性循环。

表 5-43　稻-鱼-麦模式推广示范田 0～20cm 土层养分变化

采样点	开发前				开发后				变化/%			
	含盐量/(g/kg)	有机质/(g/kg)	全N/(mg/kg)	全P/(mg/kg)	含盐量/(g/kg)	有机质/(g/kg)	全N/(mg/kg)	全P/(mg/kg)	含盐量	有机质	全N	全P
Ⅰ	4.36	5.82	532	120	3.62	13.62	768	186	−17.0	134.0	44.4	55.0
Ⅱ	3.60	3.81	483	132	2.37	11.35	652	173	−34.2	197.9	35.0	31.1
Ⅲ	4.28	2.92	425	152	2.92	12.87	683	207	−31.8	340.8	60.7	36.2
平均	4.08	4.18	480	135	2.97	12.61	701	189	−27.7	224.2	46.7	40.7

注：开发前采样时间为 2002 年 6 月 17 日，开发后采样时间为 2004 年 10 月 11 日。

表 5-44　稻-鱼-麦模式推广示范田土壤温度状况　（单位：℃）

测定时间	土壤类型	土壤深度				
		0cm	5cm	10cm	15cm	20cm
2004-05-21	麦田	20.9	19.4	18.3	16.4	15.3
	荒地	19.7	17.0	15.9	14.8	13.7
	变化量	1.2	2.4	2.4	1.6	1.6
2004-06-25	麦田	24.6	21.2	20.4	19.2	18.4
	荒地	22.6	19.4	18.3	17.3	15.8
	变化量	2.0	1.8	2.1	1.9	2.6

实测结果表明（表 5-45），在实施稻-鱼-麦轮作模式初期（2002 年），试验地水体的平均含盐量为 1.74g/L，至 2004 年，试验地水体的平均含盐量升高到 4.33g/L，增幅 148.85%，表明稻-鱼-麦轮作模式的实施对盐碱土壤可起到淋洗的作用，将土壤中的盐碱成分溶于水体，通过排水排出系统外部，从而降低土壤含盐量（表 5-43）。采用文献[281]土壤盐分析出量的计算方法，示范期间麦田土壤 0～20cm 土层减少盐分 8179.2kg/hm^2，其中约有 7.2t/hm^2 的盐分随水排出系统，占土壤析出盐分总量的 88%。可见，养鱼水体对土壤的淋洗作用是使土壤含盐量下降的主要途径。所排出的高盐度水，可通过工程湿地净化后用于发展水产养殖，实现废水资源化。

表 5-45　稻-鱼-麦模式养鱼水体的水化学特征

		Cl^-/(mmol/L)	SO_4^{2-}/(mmol/L)	HCO_3^-/(mmol/L)	Na^++K^+/(mmol/L)	总碱度/(mmol/L)	总硬度/(mmol/L)	含盐量/(g/L)	TN/(mg/L)	TP/(mg/L)	溶解氧/(mg/L)	pH
测定时间	2002-07-15	1.69	0.43	23.49	26.94	24.74	2.82	1.28	2.25	15.40	2.24	9.5
	2002-09-20	1.65	0.42	22.93	26.52	24.47	2.76	2.19	1.82	17.26	2.19	9.3
	2003-07-18	0.95	0.36	9.02	8.57	9.50	3.23	4.80	2.36	23.48	0.86	8.7

续表

		Cl^- /(mmol/L)	SO_4^{2-} /(mmol/L)	HCO_3^- /(mmol/L)	$Na^+ + K^+$ /(mmol/L)	总碱度 /(mmol/L)	总硬度 /(mmol/L)	含盐量 /(g/L)	TN /(mg/L)	TP /(mg/L)	溶解氧 /(mg/L)	pH
测定时间	2003-09-25	0.91	0.28	8.62	8.19	8.43	3.18	4.91	2.12	23.76	0.83	8.8
	2004-07-24	0.79	0.31	7.13	6.69	7.52	2.74	3.94	2.35	25.54	0.79	8.0
	2004-09-22	0.73	0.26	6.58	6.15	6.45	2.40	4.71	1.83	24.72	0.73	8.8
	水源	0.32	0.03	4.75	3.49	5.18	1.57	0.42	0	0	0.42	7.2

4）问题探讨

（1）稻-鱼-麦模式技术的进一步完善。①草害控制：与试验示范一样，在推广示范过程中也发现了白粉病、草害等与湿度有关的小麦病害，2003 年较为明显。2004 年小麦收割前将沟内水深控制在 50～80cm，使水面与田面之间的距离始终≥20cm，有效地降低了田间湿度，病害发生程度明显减轻。如果在麦田中间加开一定数量的纵横交错的小沟，则可加快降渍速度，改变田间水分状况，这也是降低麦田湿度的较好措施。②环沟改进：周围环沟的宽、深也应分别增加至 15m、1.5m，这样既能保证小麦生长期间沟内水深降至理想水位，降低田间湿度，又能增加深水区面积和蓄水量，有利于秋季水体保温，延长鱼类生长期并增加有效养殖积温。③鱼种合理投放：鱼种应在麦收前后分两次投放，避免小麦收割前期沟内鱼的密度过大。由于小麦生长期内需尽可能降低沟内水深和田间湿度，所以鲤、鲫等底层鱼类应在麦收前期投放，而麦收后主要投放鲢、鳙、草鱼等中上层鱼类；总放养量中适当增加底层鱼类的比例，可进一步提高经济效益。

（2）推广稻-鱼-麦模式的建议。吉林省西部实施稻-鱼-麦模式，比较合理地利用了寒冷地区鱼类、小麦的生长规律。实测结果表明，7 月以前（即麦收前）15℃以上鱼类生长水温日数平均为 21.2d，占全年 15℃以上鱼类生长水温日数（103.7d）的 20.4%；有效养殖积温为 439.7℃，占全年（2391.4℃）的 18.4%。所以鱼类暂养于沟内水体，只要适当补充人工饲料和肥料，对鱼类生长无显著影响。

吉林省西部苏打盐碱地稻-鱼-麦轮作模式，充分利用了北方夏季优越的气候条件，将水体、旱地两种不同环境生长的生物种群置于同一生态系统，种植和养殖结合，使水、土、光、热等自然资源得到高效利用，提高了生物生长季节的时空利用率，其经济效益、生态效益显著，是一种环保效益型农业生产模式。建议松嫩平原盐碱地农业综合开发中推广应用该模式。

5.3　苏打盐碱地稻-渔-牧技术操作规程

5.3.1　稻-鸭共育技术

1. 适用范围

适用于松嫩平原苏打盐碱地稻-鸭共育生产模式。非盐碱地稻田可参照执行。

2. 环境条件

稻-鸭共育稻田的环境质量，应符合《农产品安全质量 无公害畜禽肉产地环境要求》（GB/T 18407.3—2001）和《绿色食品 产地环境质量》（NY/T 391—2021）的规定。

3. 水稻种植

除了插秧密度采用30cm×20cm规格以外，其他技术措施按照《优质稻谷》（GB/T 17891—2017）、《无公害食品 水稻生产技术规程》（NY/T 5117—2002）和《绿色食品 肥料使用准则》（NY/T 394—2021）的规定执行。

4. 鸭品种选择

应选用个体中小型、抗逆性强、活动量大、嗜食野生生物的蛋用型或蛋肉兼用型品种。

5. 基础设施建设

（1）围栏。放鸭前用网目规格为2.0cm×2.0cm的尼龙网圈围，网高70～80cm，每隔2.0m远用竹竿打桩，尼龙网上下边用尼龙绳作纲绳将网拉直。

（2）鸭棚。每0.2～0.6hm^{2}稻田为1个网围单元，在共用田埂的一角用石棉瓦、竹竿等材料按10只/m^{2}的密度搭建简易鸭棚，其规格为3.0m×2.0m。

6. 雏鸭放养时间与放养密度

水稻插秧3周后，投放20～25日龄的雏鸭120～150只/hm^2，鸭群规模控制在50～100只/群。

7. 田间管理

（1）水量。放鸭后3周内，保持田面水深在3.0～5.0cm；其他时间田面水深保持在5.0～8.0cm，至抽穗前不断水。

（2）鸭子。①补充饲料：饲料质量应符合《无公害食品 畜禽饲料和饲料添加剂使用准则》（NY 5032—2006）的要求。鸭子放入稻田2周内，每天6：00～7：00、12：00～13：00、17：00～18：00各投喂1次，每次投喂量50g/只；第3周～第6周，每天9：00～10：00、17：00～18：00各投喂1次，每次投喂量20g/只；第7周至收获前，每天16：00～17：00投喂1次，投喂量为30g/只。②环境卫生：鸭棚每隔2～3d清扫1次。③防疫：制定免疫程序。依据《无公害农产品 畜禽防疫准则》（NY/T 5339—2017）的要求和当地畜牧防疫情况，制定30～40日龄、60～70日龄及80～90日龄的免疫程序，进行药物防治。按照《无公害农产品 兽药使用准则》（NY/T 5030—2016）的规定，使用注射药物和饲料添加药物，进行疫病处置。对出现疫病症状和病死的鸭子，依据《中华人民共和国动物防疫法》和《病死动物无害化处理技术规范》的规定进行处置。

8. 收鸭

水稻抽穗率达到20%时，将鸭从稻田中捕捉收回。

5.3.2 稻田养鱼技术

1. 适用范围

适用于东北地区苏打盐碱地稻田饲养食用鱼。

2. 环境条件

（1）环境。养鱼稻田的环境条件应符合《农产品安全质量 无公害水产品产地环境要求》（GB/T 18407.4—2001）的规定。

（2）水源与水质。养鱼稻田的水源要充足，排灌方便，确保旱季不干涸、雨季不内涝，水质应符合《渔业水质标准》（GB 11607—1989）的规定。

3. 田间工程设施

（1）加高、加固田埂。5月上旬化冻后，修补、加高、夯实田埂，确保不渗水、不漏水。平原地区的田埂应高出稻田平面60～75cm，湖滨和低洼易涝地区的稻田田埂应高出稻田平面70～80cm。田埂截面呈梯形，底部宽80～100cm，顶部宽40～50cm。

（2）开挖鱼沟、鱼坑。①鱼沟：泡田淋洗盐碱前开挖鱼沟。四周沿田埂的鱼沟在距田埂1.5m远处开挖。在田中央与长边平行开挖1条横沟，再根据田块长度，与短边平行开挖1～3条纵沟，并使稻田中包括四周环沟在内的3条横沟、3～5条纵沟均等距离。鱼沟上口宽75～80cm，下底宽30～35cm，深50～55cm。鱼沟与进水、排水渠道相通。②鱼坑：养鱼稻田的鱼坑数量根据稻田面积大小确定，位置设在进水口、排水口及鱼沟交汇处，长、宽均为2.0m，深为1.0～1.2m。③沟、坑占比：养鱼稻田由鱼沟、鱼坑所形成的明水面占稻田总面积的8%～13%。

（3）进水、排水及防逃设施。养鱼稻田的进水口、排水口及其配套设施的设置、鱼类防逃设施的安装，均按照《稻田养鱼技术规范》（SC/T 1009—2006）的规定执行。

4. 鱼种放养

（1）放鱼前的准备。①鱼种暂养：5月20日前利用部分质量较好的泡田水，将购进的鱼种放入排水沟渠的栅栏内，暂养到水稻插秧结束正式放鱼时，再将鱼放入稻田中。②设施清理与田面平整：养鱼稻田在泡田淋洗盐碱的同时，全面整修田埂、清理沟坑。最后一次泡田淋洗盐碱水排掉后，细致拖耙整平田面，沉淀1～2d后插秧。③水稻插秧：插秧时沟坑两侧1.5m远以内适当密植，水稻行、株距由平作稻田的27cm×14cm减至18cm×8cm（外侧）和12cm×5cm（内侧）。稻行应与沟坑的边线垂直。

（2）放鱼。①种类：以草鱼、鲤、银鲫、泥鳅等草食性鱼类及杂食性鱼类为主，鲢、鳙等滤食性鱼类为辅。以江河水为水源的养鱼稻田，还可放养规格为50～100g/尾的鲇鱼

15～150 尾/hm^2。②时间：插秧结束后 10～15d 放养鲤和银鲫，7 月上旬放养草鱼。③密度：在计划鱼产量为 450kg/hm^2 的主养鲤、银鲫和草鱼的养鱼稻田中，鱼种放养量为 75～150kg/hm^2（1350～2400 尾/hm^2）。其中，规格为 50～80g/尾的鲤 15～75kg/hm^2（300～1125 尾/hm^2）；规格为 20～30g/尾的银鲫 8～18kg/hm^2（420～945 尾/hm^2）；规格为 100～120g/尾的草鱼 30～60kg/hm^2（300～540 尾/hm^2）。

5. 饲养管理

（1）水量管理。①插秧结束后立即排灌淋洗一次盐碱，然后灌水至水深 5.0～6.0cm 护苗返青，3～4d 排水至水深 3.0cm 左右。返青后直到有效分蘖结束，田面水深均保持在 3.0cm 左右，并每隔 5～7d 排灌淋洗一次盐碱。②在分蘖末期、孕穗期和抽穗期，田面水深保持在 15.0～20.0cm。③晒田前先排灌淋洗一次盐碱，同时清理沟坑淤泥。晒田排水速度以田面水深每小时下降 1.0～2.0cm 为宜。晒田期间发现沟坑水色呈现棕色或茶褐色时，应灌排淋洗一次盐碱。晒田结束灌水 8.0～10.0cm，并淋洗一次盐碱。④水稻从 7 月下旬开始实行浅—深—浅的间歇灌水，其间都应保持沟坑满水，密切注意水色变化，必要时捞出部分大规格成鱼，减小沟坑鱼密度。⑤水稻扬花后期开始实行浅灌，田面水深 3.0cm 左右，灌浆至成熟期实行早浅晚干的灌水方式。其间每隔 2～3d 深灌一次，保持田面水深在 12.0～15.0cm，每次持续 6～8h。

（2）防逃与投喂。按照《稻田养鱼技术规范》（SC/T 1009—2006）的规定进行。

（3）施肥。①肥料种类：应选用具有改土培肥、控制 pH 上升的生理酸性肥料。有机肥包括发酵腐熟的厩肥，无机肥包括硫酸铵、尿素、硫酸钾及过磷酸钙。②基肥：插秧前结合耙地，施 20～30t/hm^2 有机肥、1.5t/hm^2 尿素、2.25t/hm^2 过磷酸酸钙、20～30kg/hm^2 硫酸锌。③追肥：施用量。施追肥量每次尿素为 150～225kg/hm^2、硫酸钾为 75～120kg/hm^2。每隔 12～15d 向沟坑水体泼洒浓度为 35～40g/m^3 的有机肥溶液 2.25～3.0t/hm^2；灌水施肥。施肥前排灌淋洗一次盐碱，然后灌水至田面水深 10～15cm，将化肥与土混合搅拌均匀后形成球粒状，于傍晚沿稻行撒入秧苗根部；排水施肥。施肥前排灌淋洗一次盐碱，然后排水至田面水深 3.0cm 以下，把鱼类集中到沟坑里再施。排水施肥操作要迅速，防止积盐返碱。

（4）病虫害防治。

a. 鱼病防治：①鱼种消毒。放养时鱼种用 3%的食盐水浸泡 5～10min。②水体消毒。7 月、8 月，每隔 10d 在沟坑内泼洒一次漂白粉，使水体浓度达到 20.0g/m^3。③投喂药饵。7 月、8 月，每半月投喂一次药饵。每 100kg 鱼的药饵配方为：大蒜 1.0kg + 玉米面 15.0kg + 黏高粱面（或黏玉米面）5.0kg + 食盐 0.5kg。药饵制成条状投喂，每次连续投喂 3～4d。

b. 水稻病虫害防治：①人工灭虫。先将田面水深调控至 10～15cm，然后用竹竿在田里驱赶，使害虫落入水中为鱼类取食。连续进行 3～4 次。②药物灭虫。养鱼稻田使用的农药应选择水剂品种，且应符合《稻田养鱼技术规范》（SC/T 1009—2006）的要求。施药时间选择晴天上午露水干后进行。施药前，先疏通沟坑，增加田面水深至 15～20cm 或将田水缓慢排出，使鱼集中到沟坑中，再施药。施药时，喷头顺着风向斜向上方，尽可能使药物喷洒在秧苗上。施药后次日换一次水。

6. 捕捞

（1）续养。9月上旬，稻田秋季排水时，将鱼集中到沟坑和排水沟渠内，投喂配合饲料继续饲养。

（2）捕捞。上述续养的鱼至水稻收割前 7～10d 开始捕捞。捕捞方法按照《稻田养鱼技术规范》（SC/T 1009—2006）的要求进行。

（3）渔获物处理。符合《农产品安全质量 无公害水产品安全要求》（GB 18406.4—2001）的规定和上市规格的食用鱼上市出售，不符合《农产品安全质量 无公害水产品安全要求》（GB 18406.4—2001）规定的食用鱼或不够上市的大规格鱼种转入越冬水体作为明年鱼种。

5.3.3 稻-鱼-鸭共育技术

1. 适用范围

适用于松嫩平原苏打盐碱地稻-鱼-鸭共育生产模式。非盐碱地稻田可参照执行。

2. 环境条件

（1）水源及水质。稻-鱼-鸭共育的水源、水质条件应符合《稻渔综合种养技术规范 第 1 部分：通则》（SC/T 1135.1—2017）的要求。

（2）产地环境。稻-鱼-鸭共育的环境条件应符合《稻渔综合种养技术规范 第 1 部分：通则》（SC/T 1135.1—2017）和《农产品安全质量 无公害畜禽肉产地环境要求》（GB/T 18407.3—2001）的要求。

（3）水体排放。稻-鱼-鸭共育的水体排放应符合《稻渔综合种养技术规范 第 1 部分：通则》（SC/T 1135.1—2017）的要求。

3. 水稻生产

稻-鱼-鸭共育的水稻生产过程应符合《稻渔综合种养技术规范 第 1 部分：通则》（SC/T 1135.1—2017）的要求。

4. 鱼、鸭品种选择

（1）鱼类。通常选择鲤和银鲫。

（2）鸭子。选择个体中小型、抗逆性强、活动量大的蛋肉兼用型品种。

5. 基础设施建设

（1）加高、加固田埂。5 月上旬化冻后加高、夯实田埂。田埂应高出田面 50～60cm，底宽 75～80cm，顶宽 35～40cm。

（2）开挖鱼沟、鱼坑。①鱼沟：四周鱼沟在距田埂 1.5m 远处开挖。田中央开挖横沟 1 条、纵沟 1～2 条。鱼沟上口宽 45～50cm，下底宽 35～40cm，深 30～35cm。②鱼坑：

设在进水口、排水口处，长2.0m，宽1.5m，深1.2m。③沟坑占比：鱼沟和鱼坑面积占田面面积的10%～15%。

（3）围栏。放鸭前用1.0cm×1.0cm的尼龙网圈围，网高60cm左右，每0.2～0.4hm^{2}为1个圈围单元。

（4）鸭棚。按照10只/m^{2}的密度，在稻田进水渠道上，用硬质塑料网等材料建3.0m×2.0m的双门桥式鸭棚。

6. 鱼、鸭放养

（1）鱼类。①水稻插秧：沟坑两侧1.0m远范围内插秧密度为18.0cm×8.0cm，其他区域为30.0cm×20.0cm，稻行与沟坑边线垂直。②放鱼：插秧后2周，放养规格为75～100g/尾的鲤675～900尾/hm^2、规格为20～30g/尾的银鲫10～20尾/hm^2。

（2）鸭子。插秧后3周，放养20～25日龄的雏鸭150～225只/hm^2。

7. 田间管理

（1）水量。①插秧结束后，灌水5.0～10.0cm，3～4d后排水至水深1.0～3.0cm。返青至有效分蘖结束，田面水深保持在3.0～5.0cm，并每隔1周淋洗一次盐碱。②分蘖末期、孕穗期和抽穗期，田面水深保持在15.0～20.0cm。③晒田淋洗一次盐碱，清理沟坑淤泥。晒田排水速度以田面水深下降1.0～2.0cm/h为宜。晒田期间发现沟坑水色呈现棕色或茶褐色时，应淋洗一次盐碱。晒田结束淋洗一次盐碱，之后灌水5.0～10.0cm。④7月下旬在实行浅—深—浅间歇灌水期间，沟坑应保持满水。⑤水稻扬花至成熟期，田面水深保持在1.0～3.0cm。其间每隔3～5d深灌一次至田面水深10.0～15.0cm，每次持续6～8h。

（2）投饲。①鱼类：饲料质量应符合《稻渔综合种养技术规范 第1部分：通则》（SC/T 1135.1—2017）的要求，投喂方法按照《稻田养鱼技术规范》（SC/T 1009—2006）的规定进行。②鸭子：饲料质量应符合《无公害食品 畜禽饲料和饲料添加剂使用准则》（NY 5032—2006）的要求。鸭子入田第1～2周，每天6：00～7：00、12：00～13：00、17：00～18：00各投喂1次，每次投喂量为50g/只；第3周～第6周，每天9：00～10：00、17：00～18：00各投喂1次，每次投喂量为20g/只；第7周至收获前，每天16：00～17：00投喂1次，投喂量为30g/只。

（3）施肥。①肥料种类：应选用具有改土培肥、控制pH上升的生理酸性肥料。有机肥包括发酵腐熟的厩肥，无机肥包括硫酸铵、尿素、硫酸钾、过磷酸钙。②基肥：有机肥30t/hm^2、尿素600kg/hm^2、过磷酸钙900kg/hm^2、硫酸锌22.5kg/hm^2。③追肥；每次施150kg/hm^{2}尿素、37.5kg/hm^{2}硫酸钾。每隔10d向沟坑水体泼洒一次有机肥溶液30g/m^3。

（4）病害防治。①鱼类：所施用的渔用药物应符合《稻渔综合种养技术规范 第1部分：通则》（SC/T 1135.1—2017）和《稻田养鱼技术规范》（SC/T 1009—2006）的要求。②水稻：所施用的农药应符合《稻渔综合种养技术规范 第1部分：通则》（SC/T 1135.1—2017）的要求。③鸭子：鸭棚每隔2d清扫1次；按照《无公害农产品 畜禽防疫准则》（NY/T 5339—2017）的要求制定免疫程序，按照《无公害农产品 兽药使用准则》（NY/T

5030—2016）的规定使用药物；按照《病死动物无害化处理技术规范》的要求，对出现疫病症状和病死的鸭子进行处置。

8. 鱼、鸭收获

（1）鸭子。8月中旬水稻抽穗率达到20%时，将鸭子从稻田收回，结束稻-鱼-鸭共育。

（2）鱼类。秋季稻田排水时，将鱼集中到沟坑水体，投饲续养至水稻收割前1周捕捞，渔获物处理方法见5.3.2节。

第6章 苏打盐碱湿地对虾的驯化移殖

6.1 水环境因子与对虾生存和生长的关系

为探讨内陆苏打盐碱湿地对虾驯化移殖的可能性，2003年作者对辽河三角洲营口地区盐碱地虾塘的水化学特征进行了采样调查，旨在了解滨海和近海内陆地区盐碱地虾塘的水环境特点和水质变化规律。采样调查的虾塘包括海水虾塘（养殖用水为海水）、海淡水虾塘（养殖用水为70%海水＋30%淡水）和淡化虾塘（养殖用水盐度＜5.0g/L）。结果表明，3种虾塘的水环境盐度虽然相差很大，但水质水化学类型均为Cl_{III}^{Na}，与天然海水水质类型相同，这可能是对虾淡化养殖取得成功的一个很重要原因。同时，说明了盐度不是碳酸盐类盐碱水环境对虾驯化移殖的限制因素，较高且较稳定的碱度和pH以及主要离子组成的不平衡性、水质类型的差异性，才是自然条件下对虾驯化移殖不可逾越的障碍[292, 293]。

6.1.1 碱度和pH对对虾的生态毒理学效应

关于碱度和pH对水生生物的毒性作用，20世纪60年代初，文献[101]研究了我国主要淡水养殖鱼类青鱼、草鱼、鲢、鳙、鲤对pH的生存适应性；文献[25]就我国某些淡水鱼类对达里湖碳酸盐类半咸水的适应能力做过一些试验和调查；文献[66]较为详细地进行了碱度对鲢、鳙夏花鱼种的毒性效应研究，并分析了碱度构成成分的作用及其相互关系。内陆盐碱水特别是碳酸盐类盐碱水的碱度和pH都较高，欲将对虾移殖到此类湿地，首先必须了解水环境碱度和pH对对虾生存和生长影响的特征，以便研究应对措施。

1. 碱度对对虾的毒性影响

1）以自来水＋NaCl＋Na_2CO_3为试验用水

（1）试验用水的配制。

a. 基础水：以自来水＋NaCl为试验的基础水，采用充分曝气的自来水＋NaCl配制。自来水盐度为0.27g/L，碱度为1.03mmol/L，pH为6.8。由于沿海地区对虾苗种培育用水的盐度一般在25g/L左右，所以试验基础水的盐度也以此为标准进行配制，通过自来水添加NaCl（市售食用品纯度）来配制。采用这种方法配制的基础水的盐度为25.27g/L[294-298]。

b. 试验用水配制：以基础水＋Na_2CO_3为试验用水。先取上述基础水5.0L，放入凡纳滨对虾幼虾10尾，然后逐渐加入Na_2CO_3（市售食用品纯度），连续观察24h，记录幼虾阳性反应率100%、死亡率0%时Na_2CO_3的加入量，分别计算此时水环境碱度[自来水碱度＋$c(1/2\,CO_3^{2-})$]，即分别为幼虾毒性反应的碱度上限（D_m）和下限（D_n）。试验设置8个碱度梯度，采用下式计算：

$$\lg q = 0.143 \times (\lg D_m - \lg D_n) \tag{6-1}$$

应用式（6-1）计算相邻两个梯度的公比 q，再以 q 确定试验碱度梯度[120]。

应用天然水 pH 基本调整方程[299]，计算上述各碱度梯度的 pH，结果显示，除了第 1 组（碱度 1.51mmol/L）以外，其余各组 pH＞8.5，因而需要加入 HCl 将 pH 下调至 8.5。由于加入 HCl 的同时，碱度也随之下降，所以上述设计的试验碱度梯度，实际上为加入 HCl 后的碱度。根据天然水 pH 基本调整方程，由式（6-2）计算试验梯度加入 HCl 前的碱度（Alk）：

$$\text{Alk} = \text{Alk}_0 \times (a_2 / a_1 - 1) \tag{6-2}$$

式中，Alk_0 为设计的试验碱度；a_1 为 pH 调整前水体碳酸平衡系数；a_2 为 pH 调整到 8.5 时的碳酸平衡系数。当试验碱度梯度 pH 都调整到 8.5 时，水环境碳酸平衡系数为 0.993，故式（6-2）可转化为

$$\text{Alk} = \text{Alk}_0 \times (0.993 / a_1 - 1) \tag{6-3}$$

进一步计算出加入 Na_2CO_3 的量 W（mg）：

$$W = 53 \times (\text{Alk} - 1.03) \tag{6-4}$$

试验用水配制结果见表 6-1。实验用水的盐度为自来水盐度 + NaCl + Na_2CO_3。

表 6-1　试验用水配制结果（添加 Na_2CO_3）

试验类型	试验碱度/(mmol/L)	设计碱度/(mmol/L)	Na_2CO_3 添加量		pH	盐度/(g/L)	pH 调至 8.5 时 HCl 加入量/(mmol/L)
			质量浓度/(mg/L)	物质的量浓度/(mmol/L)			
ED_{50} 试验（q=1.362）	1.51	1.51	25.4	0.48	7.4	25.30	—
	1.91	2.07	49.4	0.93	8.9	25.32	0.05
	2.43	2.82	93.3	1.76	9.6	25.36	0.36
	3.09	3.84	152.1	2.87	9.9	25.42	0.81
	3.92	5.23	228.4	4.31	10.1	25.50	1.42
	4.98	7.12	334.4	6.31	10.3	25.60	2.36
	6.32	9.70	457.9	8.64	10.4	25.73	3.35
	8.03	13.21	642.1	12.13	10.6	25.91	5.13
LC_{50} 试验（q=1.157）	8.00	13.11	640.2	12.08	10.6	25.91	5.11
	9.12	15.17	737.2	13.91	10.6	26.01	5.82
	10.40	17.55	876.1	16.53	10.7	26.15	7.16
	11.86	20.31	1007.0	19.00	10.7	26.28	8.17
	13.52	23.50	1218.5	22.99	10.9	26.49	10.50
	15.41	27.19	1396.0	26.34	10.9	26.67	11.96
	17.57	31.46	1517.9	28.64	10.9	26.79	12.10
	20.03	36.40	1869.3	35.27	11.0	27.14	16.27

（2）试验方法。试验容器为 8.0L 塑料盆，每盆盛实验用水 5.0L，随机放入实验幼虾

10 尾。每个碱度梯度设 2 个平行实验，结果取其平均值。试验用虾为凡纳滨对虾幼虾，取自营口市水产科学研究所海水虾塘，体长为 3.2～5.7cm。半致死浓度试验（LC_{50} 试验）和半数有效量试验（ED_{50} 试验）都设置 8 个碱度梯度和 1 个对照组，观察时间分别为 96h 和 24h。幼虾阳性反应及死亡的判别标准是：幼虾失去正常游泳能力，附肢稍有活动者为阳性反应；幼虾失去游泳能力，附肢也不活动，对外来刺激（如针刺）毫无反应者为死亡。试验水温 24（±1）℃。

（3）结果。

a. ED_{50} 试验：凡纳滨对虾幼虾的碱度 ED_{50} 试验结果见表 6-2。试验结束后，对照组的幼虾 100%存活，且活动正常。试验过程中，各试验梯度组的幼虾均出现不同程度的阳性反应。幼虾呈现阳性反应的表现：当药物超过一定限度时，对虾显得烦躁不安，在水中迅速地窜来窜去、打转，然后慢慢不动、身体翻转，腹部朝上，腹肢的活动速度逐渐减慢。

表 6-2　凡纳滨对虾幼虾的碱度 ED_{50} 试验结果（添加 Na_2CO_3）

试验碱度/(mmol/L)	碱度对数	试验虾数/尾	阳性反应数/尾	平均阳性反应率/%	试验碱度/(mmol/L)	碱度对数	试验虾数/尾	阳性反应数/尾	平均阳性反应率/%
1.51	0.176	10，10	0，0	0	4.98	0.697	10，10	7，8	75
1.91	0.281	10，10	3，3	30	6.32	0.801	10，10	9，9	90
2.43	0.386	10，10	4，5	45	8.03	0.905	10，10	10，10	100
3.09	0.490	10，10	6，6	60	1.03（对照）	0.013	10，10	0，0	0
3.92	0.593	10，10	6，7	65					

注：表中逗号前后的数值表示两组平行试验的数据，下同。

本试验最低碱度为 1.51mmol/L，阳性反应率为 0%；最高碱度为 8.03mmol/L，阳性反应率为 100%。从试验观察看，1.51mmol/L 可作为凡纳滨对虾幼虾生存的碱度阈值，当碱度超过该值时，就会对幼虾产生不良影响。当碱度由 1.91mmol/L 逐渐升高到 8.03mmol/L 时，幼虾的阳性反应率由 30%逐渐增加到 100%。采用概率单位回归法、死亡率-碱度回归法计算阳性反应率分别为 0%、10%、50%、90%和 100%时的碱度 ED 值，并分别表示为 ED_0、ED_{10}、ED_{50}、ED_{90} 和 ED_{100}，计算结果如表 6-3 所示。根据表 6-3 的结果，采用移动平均角法[123]，计算出幼虾阳性反应的 ED_{50} 值为 2.60mmol/L，其 95%置信限为 2.44～2.76mmol/L。

表 6-3　凡纳滨对虾幼虾的碱度 ED 值（添加 Na_2CO_3）

线性回归方程 ($Y=bX+a$)	r 的 95%置信限	ED/(mmol/L)				
		ED_0	ED_{10}	ED_{50}	ED_{90}	ED_{100}
$Y=0.108X+0.193(r=0.970, P<0.01)$	0.807～0.996			2.85	6.57	7.51
$Y=0.132X+4.97\times10^{-2}(r=0.924, P<0.01)$（$Y$ 为阳性反应率，X 为试验碱度）	0.627～0.986		0.38	3.41	6.34	7.20
$Y=4.836X+2.850(r=0.911, P<0.01)$（$Y$ 为阳性反应率的概率值，X 为碱度对数）	0.501～0.987		1.51	2.78	5.12	

续表

线性回归方程 ($Y=bX+a$)	r 的 95%置信限	ED/(mmol/L)				
		ED_0	ED_{10}	ED_{50}	ED_{90}	ED_{100}
$Y=9.10\times10^{-2}X-0.013(r=0.994,P<0.01)$	0.960～0.999	0.97	1.20	2.78	6.44	7.94
$Y=6.42\times10^{-2}X+0.204(r=0.941,P<0.01)$	0.702～0.990	1.60	1.85	3.32	5.97	6.91
（Y 为碱度对数，X 为阳性反应率）						
$Y=8.760X-1.437(r=0.970,P<0.01)$	0.807～0.996			2.94	6.45	7.32
$Y=6.461X+0.269(r=0.924,P<0.01)$	0.627～0.986	0.27	0.91	3.50	6.08	6.73
（Y 为试验碱度，X 为阳性反应率的概率值）						
$Y=0.172X-0.387(r=0.911,P<0.01)$ （Y 为阳性反应率的概率值，X 为碱度对数）	0.501～0.987		1.78	2.95	4.89	

b. LC_{50} 试验：当幼虾的阳性反应达到一定程度后，其附肢活动速度逐渐减慢，腹部朝上，最终失去活动能力，对外来刺激毫无反应而死亡。LC_{50} 试验结果见表 6-4。可知，当碱度超过 8.00mmol/L 时，幼虾开始死亡；达到 20.03mmol/L 时，幼虾全部死亡。根据上述结果，运用线性回归方程，可计算出不同时间、不同致死率（0%、10%、50%、90%及 100%）的 LC 值，分别表示为 LC_0、LC_{10}、LC_{50}、LC_{90} 及 LC_{100}，计算结果如表 6-5 所示。

表 6-4　凡纳滨对虾幼虾的碱度半致死浓度试验结果（添加 Na_2CO_3）

试验碱度 /(mmol/L)	碱度对数	实验虾数/尾	24h		48h		96h	
			死亡数/尾	平均死亡率 /%	死亡数/尾	平均死亡率 /%	死亡数/尾	平均死亡率 /%
8.00	0.903	10，10	0，0	0	0，0	0	1，2	15
9.12	0.960	10，10	1，0	5	1，2	15	2，2	20
10.40	1.017	10，10	2，2	20	2，3	25	3，4	35
11.86	1.074	10，10	4，3	35	4，4	40	4，5	45
13.52	1.131	10，10	4，5	45	5，6	55	6，7	65
15.41	1.180	10，10	7，6	65	7，8	75	8，9	85
17.57	1.245	10，10	9，8	85	10，10	100	10，10	100
20.03	1.302	10，10	10，10	100				
1.03（对照）	0.013	10，10	0，0	0	0，0	0	0，0	0

表 6-5　凡纳滨对虾幼虾的碱度 LC 值（添加 Na_2CO_3）

时间/h	线性回归方程 ($Y=bX+a$)	r 的 95%置信限	LC/(mmol/L)					SC_{Alk} /(mmol/L)
			LC_0	LC_{10}	LC_{50}	LC_{90}	LC_{100}	
24	$Y=0.087X-0.715(r=0.997,P<0.01)$	0.978～0.999	8.18	9.32	13.90	18.48	19.62	
48	$Y=0.101X-0.789(r=0.924,P<0.01)$	0.627～0.986	7.84	8.84	12.81	16.79	17.78	3.26

续表

时间/h	线性回归方程 ($Y=bX+a$)	r 的 95%置信限	LC/(mmol/L)					SC_{Alk} /(mmol/L)
			LC_0	LC_{10}	LC_{50}	LC_{90}	LC_{100}	
96	$Y=0.096X-0.656(r=0.970, P<0.01)$	0.807～0.996	6.81	7.85	11.99	16.14	17.18	
	（Y 为死亡率，X 为试验碱度）							
24	$Y=11.839X-8.163(r=0.948, P<0.01)$	0.285～0.978		10.09	12.94	16.59		
48	$Y=12.932X-8.904(r=0.916, P<0.01)$	0.408～0.991		9.46	11.89	14.93		3.10
96	$Y=7.310X-2.795(r=0.981, P<0.01)$	0.832～0.998		7.78	11.65	17.44		
	（Y 为死亡率的概率值，X 为碱度对数）							
24	$Y=0.033X+0.970(r=0.986, P<0.01)$	0.904～0.998	9.33	10.66	13.65	18.52	19.98	
48	$Y=0.033X+0.9320(r=0.990, P<0.01)$	0.903～0.999	8.55	9.22	12.47	16.85	18.16	3.12
96	$Y=0.038X+0.875(r=0.979, P<0.01)$	0.815～0.998	7.50	8.19	11.65	16.55	18.08	
	（Y 为碱度对数，X 为死亡率）							
24	$Y=11.371X+8.221(r=0.986, P<0.01)$	0.904～0.998	8.22	9.36	13.91	18.45	19.59	
48	$Y=9.910X+7.860(r=0.924, P<0.01)$	0.627～0.986	7.86	8.85	12.81	16.78	17.77	3.26
96	$Y=10.266X+6.851(r=0.970, P<0.01)$	0.807～0.996	6.85	7.88	11.98	16.09	17.12	
	（Y 为试验碱度，X 为死亡率）							
24	$Y=0.076X+0.733(r=0.949, P<0.01)$	0.685～0.993		10.38	12.98	16.24		
48	$Y=0.065X+0.751(r=0.910, P<0.01)$	0.375～0.990		9.80	11.86	14.36		2.97
96	$Y=0.132X+0.407(r=0.981, P<0.01)$	0.832～0.998		7.89	11.63	17.15		
	（Y 为碱度对数，X 为死亡率的概率值）							

根据表 6-5 的数据，通过不同方法计算 24h LC_{50}、48h LC_{50} 及 96h LC_{50} 的平均值分别为 13.48（±0.48）mmol/L、12.37（±0.47）mmol/L 及 11.78（±0.19）mmol/L，SC_{Alk} 平均为 3.14（±0.14）mmol/L；采用移动平均角法计算的 24h LC_{50}、48h LC_{50} 及 96h LC_{50} 平均值分别为 14.29mmol/L、12.55mmol/L 及 12.01mmol/L，95%置信限分别为 13.82～14.78mmol/L、11.58～13.55mmol/L 及 8.19～14.32mmol/L，SC_{Alk} 平均为 2.90mmol/L。试验结束后，对 96h 尚未死亡的幼虾做进一步观察，结果发现最后 1 尾幼虾可存活到 137h，即接近 6d。这表明内陆碳酸盐类盐碱水环境驯化养殖凡纳滨对虾尚有一定的可能性。

2）以自来水 + NaCl + 盐碱水为试验用水

（1）试验用水的配制。

a. 基础水：以自来水 + NaCl 为试验基础水，配制方法同前文。所用自来水的盐度、碱度和 pH 也与前文相同。

b. 试验用水配制：以基础水 + 盐碱水作为试验用水。其中，盐碱水的碱度为 38.64mmol/L，盐度为 3.32g/L。配制试验用水之前，先取上述基础水 5.0L，放入凡纳滨对虾幼虾 10 尾，然后逐渐添加盐碱水，连续观察 24h，记录幼虾阳性反应率 100%、死亡率

0%时盐碱水的加入量，分别计算此时水环境碱度（盐碱水碱度＋自来水碱度），确定D_m与D_n值。设置8个碱度梯度，采用式（6-1）确定试验碱度梯度。

配制试验用水时，按下式计算各碱度梯度盐碱水的添加量V（mL）：

$$V = 5 \times (a - \text{Alk}_2) / (\text{Alk}_1 - \text{Alk}_2) \tag{6-5}$$

式中，a为碱度梯度；Alk_1为盐碱水碱度；Alk_2为自来水碱度。将相关的数据代入式（6-5），可简化为

$$V = 132.9a - 136.9 \tag{6-6}$$

试验用水配制结果见表6-6。试验用水的盐度为基础水盐度＋盐碱水盐度。

表6-6　试验用水配制结果（添加盐碱水）

试验类型	试验碱度/(mmol/L)	盐碱水添加量/mL	盐度/(g/L)	pH	试验类型	试验碱度/(mmol/L)	盐碱水添加量/mL	盐度/(g/L)	pH
ED_{50}试验（$q=1.289$）	1.22	114.8	25.13	7.04	LC_{50}试验（$q=1.148$）	6.94	861.3	25.62	8.03
	1.56	159.2	25.16	7.15		7.97	995.7	25.71	8.05
	2.00	216.6	25.20	7.29		9.15	1149.7	25.81	8.07
	2.56	289.7	25.25	7.47		10.51	1327.2	25.93	8.15
	3.28	383.6	25.31	7.66		12.07	1530.7	26.07	8.25
	4.20	503.7	25.39	7.80		13.86	1764.3	26.22	8.27
	5.38	657.7	25.49	7.91		15.92	2033.2	26.40	8.29
	6.94	861.3	25.63	8.03		18.27	2339.9	26.60	8.37

（2）试验方法。所用试验盆容积为12.0L。由于盐碱水加入量不同，每盆试验用水的量也略有差别，一般在7.0～10.0L。试验的其他条件与前文相同。

（3）试验结果。ED_{50}和LC_{50}试验结果见表6-7～表6-10。采用移动平均角法，计算出幼虾的碱度ED_{50}为2.70mmol/L，95%置信限为2.42～2.97mmol/L；碱度24h LC_{50}、48h LC_{50}及96h LC_{50}分别为12.92mmol/L、11.16mmol/L及10.67mmol/L，95%置信限分别为11.75～13.46mmol/L、10.24～12.10mmol/L及8.21～12.43mmol/L，SC_{Alk}为2.50mmol/L。可见凡纳滨对虾幼虾毒性作用的碱度ED_{50}与SC_{Alk}基本一致，且都接近3.0mmol/L。因此，欲将对虾进行高碱度的适应性驯化，其起始碱度应确定为3.0mmol/L，在此基础上逐步上调碱度梯度。

表6-7　凡纳滨对虾幼虾的碱度ED_{50}试验结果（添加盐碱水）

试验碱度/(mmol/L)	碱度对数	试验虾数/尾	阳性反应数/尾	平均阳性反应率/%	试验碱度/(mmol/L)	碱度对数	试验虾数/尾	阳性反应数/尾	平均阳性反应率/%
1.22	0.086	10，10	0，0	0	4.20	0.623	10，10	7，5	70
1.56	0.193	10，10	2，3	25	5.38	0.731	10，10	9，9	90
2.00	0.301	10，10	3，3	30	6.94	0.841	10，10	10，9	95
2.56	0.408	10，10	4，3	36	1.03（对照）	0.013	10，10	0，0	0
3.28	0.516	10，10	5，7	60					

表 6-8　凡纳滨对虾幼虾的碱度 LC_{50} 试验结果（添加盐碱水）

试验碱度 /(mmol/L)	碱度对数	试验虾数/尾	24h		48h		96h	
			死亡数/尾	平均死亡率 /%	死亡数/尾	平均死亡率 /%	死亡数/尾	平均死亡率 /%
6.94	0.841	10，10	0，0	0	0，0	0	1，1	10
7.97	0.902	10，10	1，0	5	1，2	15	2，2	20
9.15	0.961	10，10	2，2	20	2，3	25	3，4	35
10.51	1.022	10，10	4，3	35	4，4	40	4，5	45
12.07	1.082	10，10	4，5	45	5，6	55	6，7	65
13.86	1.142	10，10	7，6	65	7，8	75	8，9	85
15.92	1.202	10，10	9，8	85	10，10	100	10，10	100
18.27	1.262	10，10	1，10	100				
1.03（对照）	0.013	10，10	0，0	0	0，0	0	0，0	0

表 6-9　凡纳滨对虾幼虾的碱度 ED 值（添加盐碱水）

线性回归方程 ($Y = bX + a$)	r 的 95%置信限	ED/(mmol/L)				
		ED_0	ED_{10}	ED_{50}	ED_{90}	ED_{100}
$Y = 0.144X + 4.96\times10^{-2} (r = 0.969, P < 0.01)$	0.798～0.996		0.37	3.15	5.94	6.64
$Y = 0.161X - 3.93\times10^{-2} (r = 0.958, P < 0.01)$	0.779～0.993	0.24	0.87	3.35	5.84	6.46
（Y为阳性反应率，X为试验碱度）						
$Y = 0.461X + 3.595 (r = 0.949, P < 0.01)$	0.919～0.998		0.27	3.05	5.83	
（Y为阳性反应率的概率值，X为碱度对数）						
$Y = 7.99\times10^{-2} X + 0.056 (r = 0.981, P < 0.01)$	0.873～0.997	1.14	1.37	2.84	5.92	7.11
$Y = 6.43\times10^{-2} X + 0.204 (r = 0.987, P < 0.01)$	0.903～0.998	1.17	1.40	2.87	5.86	7.01
（Y为碱度对数，X为阳性反应率）						
$Y = 6.54X - 8.1\times10^{-2} (r = 0.969, P < 0.01)$	0.798～0.996		0.57	3.19	5.80	6.46
$Y = 5.703X + 0.505 (r = 0.958, P < 0.01)$	0.779～0.993	0.51	1.08	3.36	5.64	6.21
（Y为试验碱度，X为阳性反应率）						
$Y = 0.254X - 0.829 (r = 0.979, P < 0.01)$	0.859～0.997		1.30	2795	5.80	
（Y为碱度对数，X为阳性反应率的概率值）						

表 6-10　凡纳滨对虾幼虾的碱度 LC 值（添加盐碱水）

时间/h	线性回归方程 ($Y = bX + a$)	r 的 95%置信限	LC/(mmol/L)					SC_{Alk} /(mmol/L)
			LC_0	LC_{10}	LC_{50}	LC_{90}	LC_{100}	
24	$Y = 0.085X - 0.691 (r = 0.998, P < 0.01)$	0.986～0.999	8.10	9.27	13.95	18.63	19.81	
48	$Y = 0.100X - 0.788 (r = 0.999, P < 0.01)$	0.991～0.999	7.88	8.88	12.88	16.88	17.88	3.29

续表

时间/h	线性回归方程 ($Y=bX+a$)	r 的95%置信限	LC/(mmol/L)					SC_{Alk} /(mmol/L)
			LC_0	LC_{10}	LC_{50}	LC_{90}	LC_{100}	
96	$Y=0.095X-0.656(r=0.998, P<0.01)$	0.985～0.999	6.90	7.95	12.16	16.36	17.42	
	（Y为死亡率，X为试验碱度）							
24	$Y=11.609X-7.951(r=0.950, P<0.01)$	0.689～0.993		10.12	13.05	16.82		
48	$Y=12.507X-8.498(r=0.907, P<0.01)$	0.361～0.990		9.48	12.00	15.19		3.04
96	$Y=7.683X-3.243(r=0.992, P<0.01)$	0.921～0.999		8.06	11.83	17.36		
	（Y为死亡率的概率值，X为碱度对数）							
24	$Y=3.93\times10^{-2}X+0.934(r=0.992, P<0.01)$	0.951～0.998	8.58	9.38	13.39	19.10	20.88	
48	$Y=3.54\times10^{-2}X+0.919(r=0.990, P<0.01)$	0.931～0.999	8.30	9.01	12.47	17.26	18.72	3.24
96	$Y=3.82\times10^{-2}X+0.882(r=0.988, P<0.01)$	0.891～0.999	7.62	8.32	11.81	16.78	18.31	
	（Y为碱度对数，X为死亡率）							
24	$Y=11.657X+8.127(r=0.998, P<0.01)$	0.986～0.999	8.13	8.29	13.96	18.62	19.78	
48	$Y=9.979X+7.895(r=0.999, P<0.01)$	0.991～0.999	7.89	8.89	12.88	16.88	17.87	3.29
96	$Y=9.949X+7.122(r=0.998, P<0.01)$	0.983～0.999	7.12	8.12	12.10	16.08	17.07	
	（Y为试验碱度，X为死亡率）							
24	$Y=7.82\times10^{-2}X+0.729(r=0.950, P<0.01)$	0.689～0.993		10.43	13.11	16.48		
48	$Y=6.64\times10^{-2}X+0.755(r=0.907, P<0.01)$	0.361～0.990		9.99	12.12	14.71		3.11
96	$Y=0.128X+0.433(r=0.992, P<0.01)$	0.921～0.999		8.10	11.81	17.22		
	（Y为碱度对数，X为死亡率的概率值）							

（4）小结。在对虾正常生长盐度25～27g/L范围内，分别采用添加Na_2CO_3和盐碱水的方法，进行上述碱度对凡纳滨对虾幼虾的急性毒性实验。两种实验中，碱度梯度虽然略有差别，但得出的结果几乎一致。如添加Na_2CO_3、盐碱水实验所得出的ED_{50}分别为3.07（±0.30）mmol/L、3.07（±0.23）mmol/L；所得出的24h LC_{50}分别为13.48（±0.48）mmol/L、13.49（±0.44）mmol/L，48h LC_{50}分别为12.37（±0.47）mmol/L、12.47（±0.41）mmol/L，96h LC_{50}分别为11.78（±0.14）mmol/L、11.94（±0.17）mmol/L，SC_{Alk}分别为3.12（±0.14）mmol/L、3.19（±0.11）mmol/L。

3）以自来水＋NaCl＋Na_2CO_3＋$NaHCO_3$为试验用水

（1）试验用水的配制。①基础水：以自来水＋NaCl为试验基础水。所用自来水的盐度为0.27g/L，碱度为0.013mmol/L。配制时，只需在自来水中按3.0g/L的量添加NaCl即可。试验基础水的盐度为3.27g/L，以模拟沿海及近海地区对虾淡化养殖水环境的盐度水平。②试验用水配制：试验用水采用基础水＋Na_2CO_3＋$NaHCO_3$，旨在模拟内陆碳酸盐类盐碱水环境中$c(1/2\,CO_3^{2-})$∶$c(HCO_3^-)$近似1∶5的比例关系。取8个盆，分别盛入5.0L试验基础水，分成4组，每组2个，每个盆放入试验幼虾10尾，同时按1∶5逐渐加入Na_2CO_3

和 $NaHCO_3$。当有 100%和 0%的幼虾分别呈现阳性反应和死亡时，记录此时 Na_2CO_3 和 $NaHCO_3$ 的加入量，并实测碱度，确定 D_m 与 D_n 值，根据式（6-1）确定试验碱度梯度。

根据 Na_2CO_3 和 $NaHCO_3$ 的加入量，综合校正后得知，水环境 $c(1/2\,CO_3^{2-})$：$c(HCO_3^-)$ 的实际比例为 1：4.55。按此比例，计算出各试验梯度 Na_2CO_3 和 $NaHCO_3$ 的加入量（mg）。配制试验水时，只需准确称量后，溶解到试验基础水中即可。配制完成后，测定各梯度的实际碱度，配制梯度的碱度与实测碱度之差≤±5%，视为符合要求。试验用水配制结果见表 6-11。试验用水的含盐量为基础水盐度 + Na_2CO_3 + $NaHCO_3$。

表 6-11　试验碱度梯度设计与试验用水配制（添加 Na_2CO_3 + $NaHCO_3$）

试验类型	设计碱度/(mmol/L)	实测碱度/(mmol/L)	Na_2CO_3 添加量		$NaHCO_3$ 添加量		pH	盐度/(g/L)	设计−实测/(mmol/L)
			质量浓度/(mg/L)	物质的量浓度/(mmol/L)	质量浓度/(mg/L)	物质的量浓度/(mmol/L)			
ED_{50} 试验（q=1.27）	1.51	1.46	14.3	0.27	104.2	1.24	7.50	3.39	0.05
	1.91	1.97	18.0	0.34	131.9	1.57	7.52	3.42	−0.06
	2.43	2.39	23.3	0.44	167.2	1.99	7.73	3.46	0.04
	3.09	2.98	29.7	0.56	212.5	2.53	7.82	3.51	0.11
	3.92	3.94	37.6	0.71	269.6	3.21	7.95	3.58	−0.02
	4.98	4.87	47.7	0.90	342.7	4.08	8.07	3.66	0.11
	6.32	6.41	60.4	1.14	435.1	5.18	8.24	3.77	−0.09
	8.03	8.12	77.0	1.45	552.7	6.58	8.37	3.90	−0.09
LC_{50} 试验（q=1.14）	8.00	8.07	76.3	1.44	551.0	6.56	8.29	3.90	−0.07
	9.12	9.21	87.0	1.64	628.3	7.48	8.34	3.99	−0.09
	10.40	10.52	99.1	1.87	716.5	8.53	8.37	4.09	−0.12
	11.86	11.93	113.4	2.14	816.5	9.72	8.42	4.20	−0.07
	13.52	13.49	129.3	2.44	930.7	11.08	8.45	4.33	0.03
	15.41	15.46	147.3	2.78	1060.9	12.63	8.56	4.48	−0.05
	17.57	17.51	168.0	3.17	1209.6	14.40	8.68	4.65	0.06
	20.03	19.89	191.3	3.61	1379.3	16.42	8.72	4.84	0.14

（2）试验方法。试验用虾购自辽宁省营口市老边区淡化虾塘，共计 600 尾，体长为 2.94（±1.13）cm，体重为 1.77（±0.74）g。用虾塘水运抵试验地后，暂养 2d，存活 484 尾。试验容器为 8.0L 的塑料盆，每盆盛试验用水 5.0L。对照组以虾塘水为试验用水，其盐度为 3.86g/L，碱度为 9.60mmol/L，pH 为 7.8。试验期间，水温为 21～22℃，气温为 20～26℃，溶解氧含量为 6.32～8.09mg/L，pH 为 7.2～8.5；每隔 12h 换水 50%；每天上午、下午各投喂 1 次卤虫（取自营口）。每天用浓度为 0.02mol/L 的盐酸标定碱度，以控制其变化幅度≤±5%。

（3）结果。试验结束后，对照组幼虾无死亡，且活动正常（表 6-12 和表 6-13）。

表 6-12　凡纳滨对虾幼虾的碱度 ED_{50} 试验结果（添加 $Na_2CO_3 + NaHCO_3$）

试验碱度/(mmol/L)	碱度对数	试验虾数/尾	阳性反应数/尾	平均阳性反应率/%	24h ED_{50}/(mmol/L)	95%置信限/(mmol/L)
1.51	0.176	10，10	0，0	0		
1.91	0.281	10，10	3，3	30		
2.43	0.386	10，10	4，5	45		
3.09	0.490	10，10	6，6	60		
3.92	0.593	10，10	6，7	65	2.60	2.44～2.76
4.98	0.697	10，10	7，8	75		
6.32	0.801	10，10	9，9	90		
8.03	0.905	10，10	10，10	100		
9.60（对照）	0.983	10，10	0，0	0		

表 6-13　凡纳滨对虾幼虾的碱度 LC_{50} 试验结果（添加 $Na_2CO_3 + NaHCO_3$）

试验碱度/(mmol/L)	碱度对数	试验虾数/尾	24h		48h		96h	
			死亡数/尾	平均死亡率/%	死亡数/尾	平均死亡率/%	死亡数/尾	平均死亡率/%
8.00	0.903	10，10	0，0	0	0，0	0	1，2	15
9.12	0.960	10，10	1，0	5	1，2	15	2，2	20
10.40	1.017	10，10	2，2	20	2，3	25	3，4	35
11.86	1.074	10，10	4，3	35	4，4	40	4，5	45
13.52	1.131	10，10	4，5	45	5，6	55	6，7	65
15.41	1.180	10，10	7，6	65	7，8	75	8，9	85
17.57	1.245	10，10	9，8	85	10，10	100		
20.03	1.302	10，10	10，10	100				
9.60（对照）	0.983	10，10	0，0	0	0，0		0，0	0
LC_{50}/(mmol/L)			14.29		12.55		12.01	
95%置信限/(mmol/L)			13.82～14.78		11.58～13.55		8.19～14.32	
SC_{Alk}/(mmol/L)					2.90			

（4）问题探讨。我国内陆盐碱水域一般都具有较高的碱度，这是移殖对虾等海洋生物首先遇到的问题之一，了解对虾对碱度的适应能力十分必要。相对而言，碳酸盐类盐碱水环境碱度较为稳定。例如，1975～1976 年测得达里湖水环境碱度为 44.5mmol/L，pH 为 9.43[119]，1994 年实测值分别为 42.9mmol/L 和 9.60[125]。

文献[25]于 1975～1976 年，以该湖水为试验用水，得出麦穗鱼、瓦氏雅罗鱼和鲫鱼的碱度 24h LC_{50} 分别为 78.8mmol/L、78.8mmol/L 和 73.9mmol/L。据文献[66]的试验结果，pH 为 8.65 时，草鱼种的碱度 24h LC_{50} 为 82.2mmol/L；pH 为 8.30、8.74 时，鲢鱼种的碱度 24h LC_{50} 分别为 109.0mmol/L、95.0mmol/L；pH 为 9.14 时，鳙鱼种的碱度 24h LC_{50} 为

65.7mmol/L。但在达里湖的碳酸盐类盐碱水环境中，草鱼、鲢、鳙的鱼种只能存活 4～40h[25]。鲤鱼种在 pH 为 9.5 时，碱度 24h LC_{50} 为 50.0mmol/L[66]，其适应能力强于草鱼、鲢、鳙的鱼种，但在未经驯化的条件下，在达里湖水环境也仅能存活 5～7d[25]。

据文献[300]报道，以人工海水为试验用水，当 pH 为 8.6、9.0、9.3 和 9.4 时，碱度对中国明对虾（*Fenneropenaeus chinensis*）幼虾的碱度 24h LC_{50} 分别为 22.00mmol/L、11.66mmol/L、6.57mmol/L 和 3.28mmol/L。从上述实验结果看，在 pH 处于安全水平下，凡纳滨对虾幼虾对碱度的适应能力要比中国明对虾弱些，但两种对虾对碱度的适应能力都远不如淡水鱼类。即便像耐碱能力最差的鲢、鳙，两种对虾也无法与之相比。实际生产中，对虾淡化养殖水环境的碱度为 1.82～3.49mmol/L[151, 301, 302]，pH 为 7.35～8.90[151, 302-304]，均在自然海水范围（碱度为 2.0～2.5mmol/L，pH 为 8.1～8.3）[299]。由此可见，对于像达里湖这样同时具有较高、较稳定的碱度和 pH 的碳酸盐类盐碱水环境，未经驯化的对虾尚无法适应。

本试验中，碱度为 1.46mmol/L 试验组的幼虾 24h 阳性反应率为 0%，通过 ED_{50} 试验得到碱度对数（Y）-阳性反应率（X）的回归方程：

$$Y = 0.091X - 0.013 \quad (r = 0.916, P < 0.01) \tag{6-7}$$

根据该回归方程估算，阳性反应率为 0%时的碱度为 0.97mmol/L。综合两种结果，可将碱度为 1.0mmol/L 作为凡纳滨对虾幼虾对碱度中毒反应的最低剂量。

试验中还发现，以营口地区原淡化虾塘水为试验用水的对照组幼虾一直活动正常，未发现中毒症状，当各试验组幼虾全部死亡后，对照组的幼虾仍在摄食卤虫。根据 LC_{50} 试验所得到的幼虾死亡率（LR）与碱度（Alk）的回归方程：

$$\mathrm{LR} = -0.715 + 8.74 \times 10^{-2}\,\mathrm{Alk} \quad (r = 0.997, P < 0.01) \tag{6-8}$$

根据该回归方程的估算，当毒性试验组的碱度达到对照组 9.60mmol/L 的碱度时，该试验组的对虾死亡率已达到 12.4%。由于毒性试验是专门为碱度设计的，其 pH、盐度均保持在正常水平，理论上造成各试验组对虾中毒或死亡的原因应该只有碱度。但实际观察到的现象截然相反，高碱度的对照组对虾并无不良反应。这表明，除碱度外，对虾中毒或死亡还可能与水环境中其他某些因素（如主要离子组成比例、M/D 等）不适合有关。

虽然自然条件下对虾对高碱度尚无法适应，但这种毒性作用还不至于让对虾入水即死，其死亡过程还可持续一定时段。例如，本试验的最高碱度组 19.89mmol/L，幼虾入水 18min 开始出现中毒反应，48min 第 1 尾对虾死亡，6.4h 时最后一尾对虾死亡。试验结束后，对 96h 尚未死亡的幼虾做进一步观察。结果发现，碱度为 8.07mmol/L 试验组的幼虾存活时间最长，最后一尾幼虾死亡历经 157h，即接近 7d；碱度为 15.46mmol/L 试验组的幼虾存活 114h，接近 5d。这些结果都表明，对虾对碱度仍有一定的耐受能力，尚有碱度驯化的可能性。

2. pH 对对虾的毒性效应

虾苗淡化技术的成功，使得对虾在盐度≤5.0g/L 的半咸水[301]、近海内陆氯化物类盐碱水[144, 305]、盐度为 0.4～0.5g/L 的淡水[306]、内陆稻田[307]等湿地环境中广泛养殖。为探讨松嫩平原碳酸盐类盐碱湿地移殖凡纳滨对虾的可能性，2003 年 8 月，以吉林西部天然盐碱泡沼水为试验用水，进行了 pH 对凡纳滨对虾淡化幼虾急性毒性效应的试验[308]。

1）试验条件与方法

（1）材料。试验用虾于2003年7月30日购自辽宁省营口市的淡化虾塘，共计800尾，体长为4.32（±1.42）cm，体重为3.49（±1.94）g，用原虾塘水（碱度为9.60mmol/L，盐度为3.86g/L，pH为7.93）运抵试验地，存活713尾。

（2）试验基础水。试验基础水由自来水（盐度为0.27g/L，碱度为1.03mmol/L，pH为6.82）添加NaCl配制而成。基础水盐度为0.27g/L，碱度为1.03mmol/L，pH为6.82。幼虾在基础水中经过环境适应性驯化后再用于实验。

（3）试验梯度。根据松嫩平原碳酸盐类盐碱水环境自然条件下pH和碱度水平及其协同作用的特点，设置2mmol/L、4mmol/L、8mmol/L和16mmol/L 4个碱度系列，每个碱度系列设5个pH梯度。

（4）试验用水。采用试验基础水添加天然盐碱泡水（碱度为38.78mmol/L，盐度为3.29g/L，pH为9.41）的方法配制。先取试验基础水5.0L，然后添加盐碱水。根据各碱度梯度系列的碱度（a）按式

$$V=(a-1.03)/(7.756-0.2a) \tag{6-9}$$

计算盐碱水的添加量V（L），并测定pH。若pH为7.0～8.5，再用浓度为0.1mol/L的HCl和浓度为1.0mol/L的$NaHCO_3$调节；若pH＞8.5，则用浓度为0.1mol/L的NaOH和浓度为1.0mol/L的Na_2CO_3调节。酸、碱性物质的加入量按下式[297]计算：

$$\sum CO_2=a\times \text{Alk} \tag{6-10}$$

$$\sum CO_2=a\times[\text{Alk}+c(H^+)-c(OH^-)] \tag{6-11}$$

式中，$\sum CO_2$为水环境$c(CO_2)$总量；a为碳酸平衡系数；Alk为总碱度。所配制的试验用水盐度与幼虾原来生活的虾塘水环境基本一致。试验期间，还要对试验用水的碱度和pH实施调控，调控标准以24h内碱度变化范围≤±1.0mmol/L、pH变化范围以≤±0.15pH单位为宜，并以24h内平均值作为试验用水的碱度和pH梯度（表6-14）。

表6-14　试验用水碱度系列和pH梯度

碱度/(mmol/L)		盐度/(g/L)	pH			
设计值	实际值		设计值	实际值	设计值	实际值
2	2.49±0.32	3.26	8.5	8.47±0.12	9.0	8.84±0.11
4	4.52±0.74	3.35	8.0	7.84±0.11	8.5	8.42±0.12
8	8.14±0.43	3.50	7.5	7.39±0.09	8.0	7.88±0.11
16	15.93±0.81	3.77	7.0	6.92±0.07	7.5	7.46±0.07

pH					
设计值	实际值	设计值	实际值	设计值	实际值
9.5	9.37±0.10	10.0	9.85±0.31	10.5	10.42±0.12
9.0	8.87±0.13	9.5	9.36±0.11	10.0	9.84±0.08
8.5	8.42±0.10	9.0	8.96±0.09	9.5	9.44±0.10
8.0	7.90±0.117	8.5	8.45±0.09	9.0	8.87±0.12

试验容器仍采用如前所述的塑料盆，每个盆随机投放幼虾 10 尾，每组重复两次，取其平均死亡率做分析。每隔 12h 更换 1/2 实验水。每天投喂少量卤虫。以幼虾的 pH 半数致死值（LpH_{50}），作为 pH 对幼虾急性毒性作用程度的评价指标，采用直线内插法求得。

2）试验结果

在水温为 24.2（±1.4）℃、盐度为 3.27～3.78g/L 的条件下，碱度为 2mmol/L 组的凡纳滨对虾幼虾 24h LpH_{50}、48h LpH_{50}、72h LpH_{50} 和 96h LpH_{50} 分别为 9.42、9.30、9.15 和 9.06；碱度为 4mmol/L 组的 24h LpH_{50}、48h LpH_{50}、72h LpH_{50} 和 96h LpH_{50} 分别为 9.16、8.90、8.82 和 8.82；碱度为 8mmol/L 组的 24hLpH_{50}、48hLpH_{50}、72hLpH_{50} 和 96hLpH_{50} 分别为 8.85、8.62、8.40 和 8.20；碱度为 16mmol/L 组的 24h LpH_{50} 为 7.40（表 6-15）。

表 6-15　不同碱度条件下幼虾对 pH 的适应能力

碱度/(mmol/L)		盐度/(g/L)	24h			48h			72h			96h		
设计值	实际值		死亡率＞50%	死亡率＜50%	$hLpH_{50}$	死亡率＞50%	死亡率＜50%	$hLpH_{50}$	死亡率＞50%	死亡率＜50%	$hLpH_{50}$	死亡率＞50%	死亡率＜50%	$hLpH_{50}$
2	2.49±0.32	3.26	9.5（55）	9.0（30）	9.42	9.5（60）	9.0（35）	9.30	9.5（75）	9.0（40）	9.15	9.5（90）	9.0（45）	9.06
4	4.52±0.74	3.35	9.5（70）	9.0（40）	9.16	9.0（55）	8.5（35）	8.90	9.0（60）	8.5（35）	8.82	9.0（60）	8.5（35）	8.82
8	8.14±0.43	3.50	9.0（60）	8.5（30）	8.85	9.0（65）	8.5（45）	8.62	8.5（55）	8.0（30）	8.40	8.5（65）	8.0（40）	8.20
16	15.93±0.81	3.77	7.5（100）	7.0（45）	7.40									

3）问题探讨

（1）对虾对 pH 的适应能力不如淡水鱼类。pH 对水生生物的毒性作用是与碱度密切相关的。受特殊的地理、地质、地貌等自然环境因素影响，东北松嫩平原碳酸盐类盐碱水环境 pH 和碱度长期稳定在较高水平，对水生生物的毒性进一步增强，许多淡水鱼、虾难以生存。在一定碱度水平下认识 pH 对对虾的毒性作用，对于开发利用这些盐碱水资源发展对虾移殖、养殖很有意义。

根据文献[66]的研究资料，碱度为 15.8mmol/L（15.7～16.0mmol/L）时，鲢夏花鱼种 24h LpH_{50}、48h LpH_{50}、72h LpH_{50} 和 96h LpH_{50} 分别为 9.64、9.62、9.54 和 9.38；碱度为 8.3mmol/L（8.2～8.4mmol/L）时，24h LpH_{50}、48h LpH_{50} 和 96h LpH_{50} 分别为 10.14、10.10 和 9.84。本试验中，碱度为 16mmol/L 组的幼虾只能在 pH 为 7.0、7.5 水平下生存 24h，且 pH 为 7.5 组的幼虾 24h 时的死亡率已达 100%，而在其余 pH 水平下，幼虾入水仅 6～12min 即全部死亡，其 24h LpH_{50} 低于相近碱度下的鲢夏花鱼种 23.2%；碱度为 8mmol/L 组的幼虾 24h LpH_{50}、48h LpH_{50} 和 96h LpH_{50} 分别低于相近碱度下鲢夏花鱼种的 12.7%、14.7%和 16.3%（平均 1.48 pH 单位）。可见凡纳滨对虾幼虾对 pH 的适应能力要比鲢鱼差。一般鲢、鳙、草鱼对 pH 的适应上限可达 10.2[66]，而这 3 种鱼在 pH 为 9.43、碱度为

44.5mmol/L 的达里湖水环境仅能存活 4～40h[25]。当然，这其中还存在高碱度的毒性作用。但即便如此，凡纳滨对虾幼虾在此类水环境中也难以生存。

在松嫩平原碱度为 16.06～16.7mmol/L 的碳酸盐类盐碱水环境中，即使 pH 达到 9.1～9.3，鲢、鳙、草鱼的养殖产量仍可达 315.8～1125.0kg/hm²[40, 94]；在碱度为 20～25mmol/L、pH 为 9.16～9.47 的天然盐碱泡和芦苇沼泽水环境中饲养的鲢、鳙、草鱼也生长良好，产量达 703～2473kg/hm²，成活率为 70%～85%[70]。本试验中在相同碱度下凡纳滨对虾幼虾 24h LpH_{50} 仅为 7.40，低于虾塘水环境 pH 的正常变化范围 7.5～9.0，而且在 pH≥9.0 的盐碱水环境中也无法存活。曾将本试验幼虾 50 尾直接放入 pH 为 9.41、碱度为 38.78mmol/L 的天然盐碱泡水体，存活率 100%～0%的变化过程历时 5～9h。但同时投放的鲢、鳙夏花和草鱼鱼种 20d 的存活率仍≥30%。

上述结果表明，在一定的碱度水平下，凡纳滨对虾幼虾对 pH 的适应能力要比鲢、鳙、草鱼等普通淡水鱼类差；对于同时具有高 pH、高碱度的内陆碳酸盐类盐碱水环境，对虾的适应能力远不如这些淡水鱼类，即使这些鱼类能够生活下来，对虾也不一定能存活。至于那些长期生活在高碱度、高 pH 的盐碱水域中的鱼类，其适应 pH 的能力则更是幼虾所无法相比的。例如，碱度高于瓦氏雅罗鱼、麦穗鱼和鲫鱼 SC_{Alk} 值 1.0 倍以上的达里湖水环境，在 pH 长期稳定在 9.6 的条件下，3 种鱼在湖区水环境仍可正常生长[125]。

（2）pH 不是幼虾致死的唯一因素。2～4mmol/L 是对虾养殖水环境正常的碱度范围[299]，而 9.0～9.5 的 pH 也常常是虾塘水环境可能达到的高限[307, 308]。然而，虾塘水环境 9.0 以上的 pH 并未影响对虾的生存与生长。相反，在碱度适宜的本实验盐碱水环境中，pH 尚未达到 9.0 就有幼虾死亡。这表明 pH 并不是幼虾致死的唯一因素，水环境中的其他因子也同时影响幼虾的生存，只是这些因子可能在虾塘水环境处在适宜水平而未显毒性。

根据文献[309]～[311]的研究结果，水环境 $\rho(Ca^{2+})$、$\rho(Mg^{2+})$、$\rho(K^{+})$均影响凡纳滨对虾的生存与生长；文献[145]和[312]研究认为水环境 $\rho(Ca^{2+})/\rho(Mg^{2+})$、$\rho(Ca^{2+})+\rho(Mg^{2+})$及 $\rho(Na^{+})/\rho(K^{+})$也都影响对虾的生存与生长。关于内陆碳酸盐类盐碱水环境离子组成及其比例对幼虾影响的特点与程度，还有待进一步研究。

基于上述，松嫩平原碳酸盐类盐碱水环境移殖凡纳滨对虾时，除在一定碱度条件下考虑 pH 因素外，其他因子的作用也不容忽视。

（3）pH 与碱度对对虾的毒性作用相互影响。水环境 CO_2 平衡系统（CO_3^{2-}-HCO_3^--CO_2 缓冲系统），是保持养殖水环境 pH 稳定性的主要缓冲系统，pH 不同时，CO_3^{2-}、HCO_3^-和 CO_2会以不同的比例存在。文献[308]在研究碱度和 pH 对凡纳滨对虾仔虾存活率影响时，采用酸碱滴定法，以酚酞和甲基橙-苯胺蓝作指示剂对 pH 分别为 8.8、9.2 和 9.6 试验组的碱度进行了测定，结果表明，试验水环境 CO_3^{2-}-HCO_3^--CO_2缓冲系统主要以 CO_3^{2-}、HCO_3^-形式存在，而且随着 pH 的升高，水环境中 $OH^- + HCO_3^- \longrightarrow CO_3^{2-} + H_2O$ 反应增强，CO_3^{2-}比例上升，HCO_3^-比例减小，且没有 OH^- 的存在，因此不存在 OH^-、CO_3^{2-}、HCO_3^-三者综合致毒的效应。随着 pH 的升高，水环境中 CO_3^{2-} 比例上升，碱度对凡纳滨对虾的毒性增大，由此可认为在碱度对凡纳滨对虾的毒害作用中，CO_3^{2-} 起了主要作用。这正如文献[66]所指出的 CO_3^{2-} 浓度过高是碱度致死鱼的主要因素。

通常情况下，内陆盐碱水环境 pH 随着碱度的升高而升高[61]。这种相关关系在松嫩平原碳酸盐类盐碱水环境已达到极显著水平：$Alk = 25.93pH - 207.74$（$r = 0.689$，$P < 0.01$）。由本试验可知，在一定碱度水平下，pH 越高对幼虾的致死作用也越强，$hLpH_{50}$ 随着碱度升高而下降；文献[298]的试验结果表明，中国明对虾幼虾对碱度的适应能力随着 pH 升高而下降，当 pH 分别为 8.6、9.0、9.3 及 9.5 时，幼虾的碱度 24h LC_{50} 分别为 22.00mmol/L、11.66mmol/L、6.57mmol/L 及 3.28mmol/L。可见，pH 和碱度对幼虾的毒性作用存在着相互影响。文献[66]将 pH 与碱度对鱼类毒性作用的相互影响的关系描述为：$pH = 10.00 - 1.49 \times 10^{-2} Alk$（$r = -0.976$，$P < 0.01$），其中，Alk 为不同 pH 水平下鲢夏花鱼种的碱度 24h LC_{50}。碳酸盐类盐碱水环境 pH 和碱度这种高度相关性及其相互影响作用，也是对虾移殖过程中值得注意的障碍因素。

（4）虾苗碱度驯化是内陆盐碱水环境对虾移殖的有效途径。根据生产单位的养殖经验，凡纳滨对虾幼虾的 SC_{Alk} 上限在 2.5mmol/L 左右。现以该值为标准，由式 $Alk = 25.93pH - 207.74$，估算出碱度为 2.5mmol/L 时，盐碱水环境 pH 约为 8.11，该 pH 水平下鲢夏花鱼种的碱度 24h LC_{50} 为 126.8mmol/L，相当于凡纳滨对虾幼虾在该 pH 水平下 24h LC_{50}（12.92mmol/L）的 9.8 倍。然而，松嫩平原碳酸盐类盐碱水环境 pH 和碱度都远高于 2.5mmol/L，相应的 pH 也要高于 8.11。

上述结果同时表明，即使 pH 在安全水平下，对虾对碱度的适应能力也远不如淡水鱼类。生产和试验都揭示，对虾长期生活在 pH 为 7.5～8.5、碱度为 2～3mmol/L 的海水环境，对高 pH 和高碱度的同步适应能力较差。在碳酸盐类盐碱水环境，即使不考虑其他因子的影响，仅高 pH 和高碱度的障碍，未经过环境适应性驯化的对虾也无法逾越。综合试验结果，认为培育能同时适应高 pH 和高碱度的碱化虾苗，是内陆盐碱湿地移殖对虾的有效途径[291]。

6.1.2 对虾的环境适应性

与海水和近海内陆氯化物类盐碱水相比，松嫩平原碳酸盐类盐碱水环境因其成因、过程及环境条件的不同，碱度、盐度和 pH 等水环境因子都存在很大差别，也是移殖对虾首先遇到的问题，了解对虾对它们的适应能力十分必要。2003～2004 年，模拟松嫩平原碳酸盐类盐碱水环境特点，在碱度和 pH 对淡化凡纳滨对虾急性毒性效应试验的基础上，探讨对虾对此类盐碱水环境碱度、含盐量及 pH 的适应能力，以期为驯化移殖提供科学依据[313-317]。

1. 对碱度的适应性

松嫩平原碳酸盐类盐碱水水质一般都为 $NaHCO_3$ 型，常常在蒸发浓缩过程中积累碱度。同时，水环境 $\rho(Ca^{2+})$、$\rho(Mg^{2+})$都很低（尤其是前者），对 $\rho(CO_3^{2-})$上升的抑制能力较差，再加上水生植物的光合作用，很容易造成 $\rho(CO_3^{2-})$和 pH 升高。因而水环境一般都同时具有较高的碱度和 pH，单因子毒性及其协同作用进一步增强了水环境毒性，导致许多水域淡水鱼、虾无法生存甚至绝迹。

试验表明，来自海洋的凡纳滨对虾对上述盐碱水环境的耐受性较差。在 pH 为 7.5～

8.37 的适宜条件下，碱度达到 8.03mmol/L 时，24h 内试验幼虾完全处于中毒状态（但不致死）；在 pH 为 8.29～8.72 的安全范围内，碱度达到 20.03mmol/L 时，对虾 24h 死亡率达 100%（实际存活时间为 12～17h）。根据试验结果，对虾长期生活的碱度上限为 2.78mmol/L，生活的安全碱度为 3.10mmol/L，因此建议在只考虑碱度的条件下，对虾在碳酸盐类盐碱水环境长期生存的安全碱度范围确定为≤3mmol/L。这与淡水渔业水环境碱度通常标准为 1～3mmol/L 是一致的。然而，松嫩平原碳酸类盐碱水环境的碱度水平常常高于此范围。

据文献[66]报道，pH 为 8.65 时，草鱼种的碱度 24h LC_{50} 为 82.2mmol/L；pH 为 8.30、8.74 时，鲢鱼种的碱度 24h LC_{50} 分别为 109.0mmol/L、95.0mmol/L；pH 为 9.14 时，鳙鱼种的碱度 24h LC_{50} 为 65.7mmol/L。这 3 种淡水鱼在碱度为 44.5mmol/L、盐度为 5.55g/L、pH 为 9.43 的达里湖水环境只能存活 4～40h[25]。耐碱能力较强的鲤鱼种在 pH 为 9.50 的条件下，虽然其碱度 24h LC_{50} 高达 50.0mmol/L[66]，但在达里湖水环境也仅存活 5～7d[25]。试验表明，pH 在上述安全范围内，淡化凡纳滨对虾的碱度 24h LC_{50} 为 12.94mmol/L，低于鲢、鳙、草鱼鱼种碱度 24h LC_{50} 的 4～7 倍。

从 SC_{Alk} 值来看，在 pH 分别为 8.30 及 9.60 的试验条件下，鲢鱼种分别为 32.7mmol/L 及 6.2mmol/L（作者根据文献资料计算结果）；pH 分别为 9.10 及 9.20 时，鳙鱼种分别为 10.7mmol/L 及 10.3mmol/L；pH 分别为 8.70 及 9.10 时，草鱼种分别为 20.8mmol/L 及 10.4mmol/L。由此可见，虽然淡化凡纳滨对虾幼虾的 SC_{Alk} 值（3.10mmol/L）与天然海水碱度（2～3mmol/L）和虾塘水环境碱度（1～4mmol/L）基本一致，但明显低于鲢、鳙、草鱼等普通淡水鱼类。至于那些长期生活在高碱度、高 pH 盐碱水环境中的鱼类，其耐碱能力则更是对虾所无法相比的。例如，在 pH 为 9.6～9.7 的条件下，生活在达里湖水环境的瓦氏雅罗鱼、麦穗鱼和鲫的碱度 24h LC_{50} 分别为 78.8mmol/L、78.8mmol/L 和 73.9mmol/L[25]，SC_{Alk} 值分别为 19.5mmol/L、20.0mmol/L 和 22.2mmol/L。

鲢、鳙、草鱼是耐碱能力较差的淡水鱼类，文献[66]推荐 10.0mmol/L 作为养殖水体碱度的危险指标。对虾对碱度的耐受能力远赶不上这 3 种鱼，其 SC_{Alk} 值低于此危险指标 2 倍。这表明即便鲢、鳙、草鱼能够正常生活的碳酸盐类盐碱水环境，对虾也不一定能存活。

2. 对 pH 的适应性

pH 对水生生物的毒性作用是与碱度相联系的。对虾生活在 pH 较稳定的海洋中，对高 pH 的适应能力较差。但在对虾塘水体，夏季日照时间长，云量少，光照强度大，水生植物强烈的光合作用使水环境 CO_2 减少，因分解大量的 HCO_3^- 来获取 CO_2 而经常使 pH≥9.6，只因碱度较低而并未影响对虾正常生长[308, 309]。

试验结果显示，pH 为 7.5～10.0 的条件下，幼虾在碱度分别为 5.37mmol/L、10.72mmol/L 及 14.46mmol/L 的水环境可至少存活 96h，在碱度为 19.71mmol/L 的水环境可至少存活 48h，而在碱度为 25.33～42.06mmol/L 的水环境中，幼虾入水 6～12min 即全部死亡，幼虾死亡速度已与 pH 无关。这表明在碳酸盐类盐碱水环境中，当碱度达到一定水平后，碱度先于 pH 而影响幼虾生存。表 6-16 为淡化凡纳滨对虾幼虾在不同碱度条件下的 LpH_{50} 和生存的安全 pH（SpH）。

表 6-16　不同碱度条件下淡化凡纳滨对虾幼虾的 LpH_{50} 和 SpH

碱度/(mmol/L)	盐度/(g/L)	24h LpH_{50}	48h LpH_{50}	72h LpH_{50}	96h LpH_{50}	SpH
5.37±0.86	3.87	9.26	9.14	9.10	9.00	8.42
10.72±0.94	4.19	9.10	8.97	8.82	8.70	8.23
14.66±0.83	4.43	8.98	8.86	8.80	8.80	8.14
19.71±1.31	4.73	8.54	8.47			7.85
25.33±1.27	5.07					
31.42±1.171	5.44					
36.42±2.49	5.74					
42.06±2.30	6.07					

注：$SpH = 3\times(48hLpH_{50}) - 2\times(24hLpH_{50}) - 0.48$（作者整理所得）。

根据文献[66]的研究结果，当碱度为 15.8mmol/L（15.7～16.0mmol/L）时，鲢鱼种的 24h LpH_{50}、48h LpH_{50}、72h LpH_{50} 及 96h LpH_{50} 分别为 9.64、9.62、9.54 及 9.38，SpH 值为 9.10；当碱度为 8.3mmol/L（8.2～8.4mmol/L）时，24h LpH_{50}、48h LpH_{50} 及 96h LpH_{50} 分别为 10.14、10.10 及 9.84，SpH 值为 9.54。上述两个碱度梯度分别接近作者的实验碱度 14.66（±0.83）mmol/L 及 10.72（±0.94）mmol/L，可见幼虾对 pH 的耐受能力不如鲢鱼种，其 24～96h LpH_{50} 平均低于鲢鱼种 0.92（±0.18）个 pH 单位，SpH 值平均低于鲢鱼种 1.13（±0.23）个 pH 单位。在碱度为 5.37（±0.86）mmol/L 的条件下，虽然碱度并不算高，但在 pH 分别为 9.0 和 9.5 的水环境中，幼虾仅能存活 2～3h；在 pH 为 10.0 的水环境中，幼虾入水 6～12min 全部死亡。

文献[68]报道鲢、鳙、草鱼对 pH 的耐受上限为 10.2，鲤鱼为 10.4；曾在碱度为 25～30mmol/L、pH 为 9.16～9.47 的碳酸盐类水质盐碱泡沼和苇塘水环境饲养鲢、鳙、草鱼成鱼，其生长速度和成活率都与普通淡水湖泊、水库相当。以上表明，在碳酸盐类盐碱水环境中，生命起源于海洋的对虾对 pH 的适应能力不如淡水鱼类。

3. 对碱度和 pH 的联合适应性

由于气候原因，盐碱水域经常出现丰水期和枯水期的自然变化，水位呈现类似“五年一小满十年一大满”的周期性波动[318-320]，这样就给水生生物提供了环境适应性驯化的机会，使得水生动物对环境因子的适应能力可能由此而得到强化。上述鲢、鳙、草鱼虽然是淡水鱼类中耐碱能力较差的种类，但对高碱度、高 pH 的碳酸盐类盐碱水环境仍能较好地适应；而瓦氏雅罗鱼、鲫鱼和麦穗鱼在 pH 接近 10.0、碱度高于其生存安全碱度 1 倍以上的达里湖水环境仍能正常生长，显然同这种长期的驯化与适应有关。相比之下，天然海水的碱度稳定在 2.5～3.1mmol/L，变化范围为 2.0～3.5mmol/L；pH 为 8.1～8.3，变化范围为 7.5～8.6[299]，生命起源于海洋的对虾缺少耐受高碱度、高 pH 的环境驯化与适应过程，所以还难以适应碳酸盐类盐碱水环境的高碱度、高 pH。

由本试验可知，随着碱度的升高，对虾的 SpH 值（$r=-0.985$）、24h LpH_{50}（$r=-0.961$）都在显著降低（$P<0.05$）。这表明对虾对 pH 的适应能力随着碱度的升高而下降，同时

也说明碱度和 pH 对对虾的毒性作用是相互影响的。由此提示，在内陆碳酸盐类盐碱水环境移殖对虾时，也必须同时考虑碱度和 pH 的这种作用。特别是碱度指标，还直接影响水环境其他因子的变化特点及其作用强度。

4. 对盐度的适应性

1）对虾对盐度的适应性与 $\rho(HCO_3^-)+\rho(CO_3^{2-})$的关系

一定的盐度是水生生物赖以生存的环境因子之一。水生动物的盐类代谢是受盐度及其组成成分共同影响的。水环境中各种盐分离子之间都存着拮抗与协同作用，某些离子间的比例一旦失调，会使水环境产生一定的毒性，威胁水生动物生存。因而盐度对水生动物的影响是一个非常复杂的过程。在自然海水环境，虽然不同海区（包括河口水域）的海水盐度存在一定差别，但常量离子间的比例几乎保持不变[299]，离子间彼此中和了毒性，因而是一种无毒的平衡水环境，对虾也只适应这种环境，其盐度的变化通常只作为体液渗透压的调节因子而起作用，所以对虾对盐度的适应能力也较强，一般在 2～46g/L[321]。

沿海及近海的内陆氯化物型盐碱地区（如黄河三角洲、辽河三角洲等）和河口水域（黄河口及长江口等），用于养殖对虾的地表咸水、地下咸水及河口咸淡水，尽管它们的盐度差别较大，甚至达到 0.4～0.5g/L 的淡水范围[144, 145, 322]，但各种常量离子间的比例都与天然海水基本一致，水质的水化学类型也都为海水的 NaCl 型。文献[301]曾在室内实验中，将饲养淡化斑节对虾的水环境淡化后，改用碳酸盐类水质（HCO_3^--Ca^{2+}型）的深井水养殖，尽管水体的盐度接近 1.0g/L，但饲养不久，对虾还是逐渐死去。养殖生产和科学实验揭示，对虾淡化养殖成功与否，盐度并不重要，而盐度中的离子成分及其比例起主要作用。

相比之下，因土壤、地质、气候条件的差异，内陆盐碱水离子组成变化剧烈，不但不一定符合对虾生存要求，而且还有可能因离子比例失调而显毒性并直接影响对虾生存。所以这些水体盐度的变化也常常联系着离子成分及其比例的改变，对对虾的影响也必然是多因子综合性的。碳酸盐类盐碱水环境的盐度一般都不太高，即便像达里湖这样典型的内陆高碱度、高 pH 盐碱水域，其盐度也不过在 5.55～6.24g/L[125]，对虾完全可以适应[323]。但其盐度的组成成分与沿海及近海内陆地区的咸水、咸淡水及天然海水迥然不同。例如，盐度构成中，$\rho(HCO_3^-)+\rho(CO_3^{2-})$占 59.2%（29.5%～71.8%）[63, 94, 125]，高于虾塘水和天然海水的 0.8%（0.1%～1.8%）[152, 153, 304, 324-326]，也高于氯化物类和硫酸盐类盐碱水（1%～10%）[321]。

松嫩平原碳酸盐类盐碱水环境 $\rho(HCO_3^-)+\rho(CO_3^{2-})$的改变，都直接或间接地影响其他水生态因子的变动。例如，$\rho(HCO_3^-)+\rho(CO_3^{2-})$与盐度（$r=0.869$）、碱度（$r=0.987$）的相关性均极显著（$P<0.01$）；碱度与盐度（$r=0.872$）、pH（$r=0.987$）的相关性也极显著（$P<0.01$）。表明碳酸盐类盐碱水环境盐度的变化，很大程度上取决于 $\rho(HCO_3^-)+\rho(CO_3^{2-})$的改变；而盐度升高必将使水环境毒性增强，对虾的适应能力下降。因此，对虾在这种环境下对盐度的适应能力也将有所下降。

2）对虾对盐度的适应性与 $\rho(HCO_3^-)$、$\rho(CO_3^{2-})$的关系

由偏相关分析可知（表 6-17），幼虾 24h 存活率与水环境盐度、碱度和 pH 的偏相关

系数 $r_{pd \cdot a}$ 、 $r_{pd \cdot as}$ 和 $r_{sd \cdot ap}$ 均不显著（ $P > 0.05$ ），表明在碱度的 hLC_{50} 实验中（见 6.1.1 节），水环境碱度、盐度及 pH 三因子中，碱度是导致幼虾死亡的唯一因素； $r_{sd \cdot a}$ 、 $r_{sd \cdot ap}$ 均为负值，则说明在一定的碱度和 pH 水平下，水环境中除了 $\rho(HCO_3^-)$、$\rho(CO_3^{2-})$以外的离子浓度增加时，幼虾对盐度的适应能力增强。此时盐度虽然提高，但碱度并未增加，其他离子组成比例也未改变，这一变化过程与天然海水及对虾养殖水环境的盐度变化趋势基本一致，符合对虾养殖的环境生物学特性。根据 r_{ad} （ $P < 0.01$ ）、 $r_{ad \cdot p}$ （ $P < 0.05$ ）、 $r_{ad \cdot ps}$ （ $r \approx r_{0.05} = 0.830$ ）分别极显著、显著、近于显著，可知对虾对碱度的适应能力在下降，而碱度的升高必然导致盐度也随之增加，这表现在 r_{as} 、 $r_{as \cdot p}$ 都极显著（ $P < 0.01$ ）。

表 6-17　幼虾 24h 死亡率与碱度、盐度和 pH 的偏相关性

简单相关性		一级偏相关		二级偏相关		简单相关性		一级偏相关		二级偏相关	
相关	r	因子	r	因子	r	因子	r	因子	r	因子	r
r_{as}	0.99996**	$r_{as \cdot p}$	0.998**	$r_{as \cdot pd}$	0.266	r_{ad}	0.997**	$r_{ad \cdot p}$	0.876*	$r_{ad \cdot ps}$	0.783
r_{ps}	0.990**	$r_{ps \cdot a}$	–0.126	$r_{ps \cdot ad}$	0.254			$r_{ad \cdot s}$	0.868*		
r_{sd}	0.997**	$r_{sd \cdot a}$	–0.724	$r_{sd \cdot ap}$	–0.740	r_{pd}	0.991**	$r_{pd \cdot s}$	0.421	$r_{pd \cdot as}$	0.446
		$r_{sd \cdot p}$	0.844*					$r_{pd \cdot a}$	0.397		

注：a. 碱度；s. 盐度；p. pH；d. 幼虾 24h 死亡率。*表示显著（ $P < 0.05$ ），**表示极显著（ $P < 0.01$ ），后文同。

综合上述，如果盐度的增加是通过提高 $\rho(HCO_3^-)$及 $\rho(CO_3^{2-})$实现的，这将导致对虾对这种盐度的适应能力下降。试验条件下水环境的这种变化过程，与碳酸盐类盐碱水环境的变化特点一致。

在 $\rho(HCO_3^-)$、$\rho(CO_3^{2-})$较高的内陆碳酸盐类盐碱水环境，对虾对盐度的适应能力下降，这还可从 $r_{sd \cdot p}$ （ $P < 0.05$ ）显著得到反映。本试验幼虾 SC_{Alk} 为 3.10mmol/L，由盐度（Sal）与碱度（Alk）的相关关系：$Sal = 0.059Alk + 3.56$（ $r = 0.99$ ，$P < 0.01$ ），可以估算出此时的盐度为 3.74g/L。这表明，在 pH 为 8.29～8.72、碱度为 3.10mmol/L、离子组成及其比例与本试验水相同的碳酸盐类盐碱水环境中，幼虾所能适应的盐度上限为 3.74g/L。可见对虾对盐度的适应能力，在碳酸盐类盐碱水环境要比在天然海水和虾塘水环境显著降低。

但上述结论，也只是在水环境各种离子比例都接近海水的试验条件下得出的。而实际盐碱水环境特别是碳酸盐类盐碱水环境，不但 pH 随着碱度的增加而升高，而且离子组成及其比例与试验水体也相差甚远，水环境条件更不适合对虾生存。已调查到松嫩平原 33 处碳酸盐类盐碱水环境的盐度为 2.21g/L（0.42～5.55g/L），碱度为 21.25mmol/L（4.13～51.17mmol/L），pH 为 8.85（8.27～9.43），相关分析得出：$pH = 0.02Alk + 8.42$（ $r = 0.674$ ，$P < 0.01$ ）； $Sal = 0.092Alk + 0.253$ （ $r = 0.935$ ， $P < 0.01$ ）。可知盐碱水环境 pH 随着碱度的增加而升高这一普遍现象，在松嫩平原碳酸盐类盐碱水环境已表现得极为显著，而且盐度与碱度之间的变化也有 87.42%的可能性呈直线相关，这种线性关系在内陆其他类型的盐碱水环境尚未被发现[61, 70, 320, 321]。由此可以推测，碳酸盐类盐碱水环境碱度分别达到

3.10mmol/L（试验幼虾生存的安全碱度）和 9.60mmol/L（幼虾原来生活的淡化虾塘水环境碱度）时，盐度分别为 0.54g/L 和 1.14g/L。这表明在相同碱度下，碳酸盐类盐碱水环境的盐度明显低于实验水体和淡化虾塘水体。这种推测固然存在一定的误差，但也可以反映出天然盐碱水环境中，由于各种生态因子的综合影响，对虾即便能够存活，所能适应的盐度上限也将很难突破 3.74g/L。

3）碳酸盐类盐碱水环境盐度不是对虾生存的障碍

曾将体长为 2～5cm 及 10～13cm 的凡纳滨对虾分别投放到碱度为 38.78mmol/L、盐度为 3.29g/L、pH 为 9.41 的天然盐碱泡水环境，存活率从 100%～0%历经 5～9h。但同时投放的体长为 10～15cm 的 1 龄鲢、鳙、草鱼 20d 的存活率仍在 50%以上。这说明对虾对高碱度、高 pH 的碳酸盐类盐碱水环境的适应能力不如淡水鱼类。

试验中还发现，虽然对虾对碳酸盐类盐碱水环境盐度的适应能力下降，但通过盐碱水环境的适应性驯化，对虾形成对此类盐碱水环境的综合适应性机制，目前的盐度水平完全可以适应，并不构成生存障碍。文献[311]和[312]报道凡纳滨对虾在盐度为 2.0～6.0g/L 的水环境中饲养成活率可达 56%～77%，在影响其生长速度和成活率的诸多因子中，盐度以外的因子（如 Ca^{2+}浓度）可能比盐度本身更重要。而文献[327]在盐度≤0.1g/L 的淡水水环境饲养凡纳滨对虾的成活率为 22.6%，出池体长为 10.4cm，产量为 868.3kg/hm^2。这些都说明盐度并不是对虾在碳酸盐类盐碱水环境生存的限制因素。

沿海及近海的内陆盐碱地区所放养的淡化虾苗，都是采用虾苗培育用水或海水添加淡水的方法淡化获得的，由于盐度成分的差异，这种虾苗不能移入碳酸盐类盐碱水环境。适于碳酸盐类盐碱水环境移殖的虾苗，只能通过盐碱水环境的适应性驯化获得。

5. 对阳离子组成的适应性

海水的主要离子组成是地球形成以来逐渐形成的，基本上有其恒定的比例，一般通过测最稳定的氯度（Cl‰）就可以计算出其他离子的浓度。对虾等海洋生物经过亿万年的进化，也只适应这种特定的离子组成。试验和实践都已证实，水环境中 K^+、Na^+、Ca^{2+}和 Mg^{2+}的浓度及其比例只有在接近海水的条件下，对虾养殖才能取得较好效果[299]。

地处半干旱地区的松嫩平原碳酸盐型盐碱水域，受特殊自然条件影响，水环境离子组成复杂多变，并不一定符合对虾等海洋生物的生存要求。过去人们往往只注意到水环境的盐度而忽略离子组成特点，便把海带和梭鱼移殖到氯化物型盐碱水质的青海湖试养，结果失败了[25, 328]。根据 2002～2004 年水化学实测资料，通过分析盐碱水、虾塘水、近海地下咸水（虾塘水源）及天然海水等不同水环境中 K^+、Na^+、Ca^{2+}和 Mg^{2+}的组成特点，来了解对虾对内陆碳酸盐类盐碱水环境主要阳离子组成的适应性。

1）对 Ca^{2+}、Mg^{2+}的适应性

Ca^{2+}、Mg^{2+}是生物生命过程所必需的营养元素，它们不仅是生物体液及骨骼的组成成分，还是许多生理功能所必需的成分，与生物的生长、种群变动和分布都有关系。Ca^{2+}是组成甲壳类动物几丁质甲壳的重要成分，对其蛋白质的合成与代谢、碳水化合物转化、细胞的通透性以及 N、P 的吸收转化等均有重要影响。甲壳类动物都是蜕皮生长的。与其

他水生动物相比，Ca^{2+}在其生命过程中起着重要作用，周期性的蜕壳需要大量的 Ca^{2+}，必须从饵料或通过体表从水环境中吸收而得到补充。

虾类动物没有 Ca^{2+}的储存机制，蜕皮早期对 Ca^{2+}的需求量突然增加，必须从水环境中获得。文献[117]认为虾类不能从饵料中获得自身所需要的足够的 Ca^{2+}时，水环境 Ca^{2+}浓度就显得较为重要。文献[314]的实验表明，水环境 $c(1/2Ca^{2+})$、$c(1/2Mg^{2+})$分别为 1.25～14.03mmol/L、2.88～28.74mmol/L，$c(1/2Ca^{2+})/c(1/2Mg^{2+})$为 0.06 时，对中国明对虾幼虾生存没有影响；适宜对虾生存的 $\rho(Ca^{2+})+\rho(Mg^{2+})$为 138～690mg/L、$c(1/2Ca^{2+})/ c(1/2Mg^{2+})$为 0.2～0.6。文献[311]和[312]认为 $c(1/2Ca^{2+})$、$c(1/2Mg^{2+})$分别为 9.13～11.17mmol/L、27.39～33.28mmol/L，$c(1/2Ca^{2+})/c(1/2Mg^{2+})$为 0.45～0.56 时，凡纳滨对虾生长较好。文献[147]报道，罗氏沼虾育苗用水 $\rho(Ca^{2+})$、$\rho(Mg^{2+})$及 $c(1/2Ca^{2+})/c(1/2Mg^{2+})$必须达到一定范围，否则将影响胚胎发育及出苗率，其适宜范围为：$\rho(Ca^{2+})$、$c(1/2Ca^{2+})$分别为 300～440mg/L、8.5～20.3mmol/L，$\rho(Mg^{2+})$、$c(1/2Mg^{2+})$分别为 170～244mg/L、25.0～36.7mmol/L，$c(1/2Ca^{2+})/c(1/2Mg^{2+})$为 0.34～0.55。

表 6-18 显示，辽宁营口地区氯化物类盐碱地海水虾塘和海淡水虾塘水环境中 $c(1/2Ca^{2+})$、$c(1/2Mg^{2+})$及 $\rho(Ca^{2+})+\rho(Mg^{2+})$都明显高于上述对虾生存的适宜范围，且 $c(1/2Ca^{2+})$、$c(1/2Mg^{2+})$都已接近或超过中国明对虾幼虾 24h LC_{50}（分别为 27.92mmol/L 和 57.61mmol/L[314]），但对虾生存与生长并未受到影响，这可能与水环境碱度、pH、$c(1/2Ca^{2+})/c(1/2Mg^{2+})$等其他生态因子都适宜，分别与 $c(1/2Ca^{2+})$、$c(1/2Mg^{2+})$及 $\rho(Ca^{2+})+\rho(Mg^{2+})$产生拮抗作用从而减轻其不利影响有关。

表 6-18　虾塘水环境主要水化学特征

地区	水体名称	养殖品种	$\rho(HCO_3^-)$ /(mg/L)	$\rho(Cl^-)$ /(mg/L)	$c(1/2Ca^{2+})$ /(mmol/L)	$c(1/2Mg^{2+})$ /(mmol/L)	$c(K^++Na^+)$ /(mmol/L)	盐度 /(g/L)	A/H
辽宁营口	盐碱地海水塘	中国明对虾	7.80	612.50	29.68	147.31	433.08	34.93	0.044
	盐碱地海淡水塘	中国明对虾	8.28	390.00	20.29	83.35	385.00	22.68	0.475
	盐碱地淡化塘Ⅰ	凡纳滨对虾	9.60	53.25	6.26	13.93	43.32	3.86	0.080
	淡化虾塘Ⅱ	凡纳滨对虾	2.12	76.11	2.79	7.88	34.48	3.92	0.255
	淡化虾塘Ⅲ	凡纳滨对虾	2.15	4.52	2.46	0.51	4.89	0.49	0.943
	淡化虾塘Ⅳ	凡纳滨对虾	1.82	4.48	3.41	0.53	4.11	0.46	0.462
上海金山	咸淡水塘Ⅰ	斑节对虾	2.55	85.17	4.65	17.14	80.48	5.77	0.160
	咸淡水塘Ⅴ	斑节对虾	2.45	56.36	3.44	11.53	53.36	3.80	0.200
	咸淡水塘Ⅶ	斑节对虾	0.90	109.87	5.68	21.25	105.01	7.31	0.085
	咸淡水塘Ⅷ	斑节对虾	1.35	102.83	5.66	21.14	97.79	6.90	0.084
上海奉贤	咸淡水中虾Ⅰ	斑节对虾	1.51	88.80	4.45	17.40	87.09	6.05	0.139
	咸淡水中虾Ⅺ	斑节对虾	1.97	6.20	1.30	2.17	69.23	0.59	0.741
山东滨州	卤淡水塘Ⅰ	中国明对虾	2.46	190.42	27.00	67.50	162.41	14.75	0.026
	卤淡水塘Ⅱ	凡纳滨对虾	10.16	265.35	33.00	95.00	248.52	21.85	0.079

续表

地区	水体名称	养殖品种	A	B	碱度/(mmol/L)	*M* / *D*	pH	成活率/%	资料来源
辽宁营口	盐碱地海水塘	中国明对虾	2361.32	0.20	7.80	2.45	7.76	67.2	作者
	盐碱地海淡水塘	中国明对虾	1406.00	0.24	8.28	2.74	7.72	59.4	
	盐碱地淡化塘Ⅰ	凡纳滨对虾	292.36	0.45	9.60	2.10	7.93	51.7	
	淡化虾塘Ⅱ	凡纳滨对虾	150.36	0.35	2.72	3.23	8.35	66.0	
	淡化虾塘Ⅲ	凡纳滨对虾	55.32	4.84	2.80	1.65	7.82	50.0	
	淡化虾塘Ⅳ	凡纳滨对虾	77.79	6.43	1.82	1.04	7.35	22.5	
上海金山	咸淡水塘Ⅰ	斑节对虾	298.68	0.27	3.49	3.69	8.79	40.6	[300]
	咸淡水塘Ⅴ	斑节对虾	204.76	0.30	2.99	3.61	8.95	41.3	
	咸淡水塘Ⅶ	斑节对虾	368.60	0.27	2.28	3.90	9.25	67.3	
	咸淡水塘Ⅷ	斑节对虾	366.88	0.27	2.25	3.65	9.10	66.4	
上海奉贤	咸淡水中虾Ⅰ	斑节对虾	297.80	0.26	3.04	3.99	8.85	46.0	[327]
	咸淡水中虾Ⅺ	斑节对虾	52.04	0.60	2.57	1.80	8.99	49.2	
山东滨州	卤淡水塘Ⅰ	中国明对虾	1350.00	0.40	2.46	1.72		19.3	[152]
	卤淡水塘Ⅱ	凡纳滨对虾	1800.00	0.35	10.16	1.94	7.80	73.06	[329]

注：A. $\rho(Ca^{2+})+\rho(Mg^{2+})$；B. $c(1/2\ Ca^{2+})/c(1/2\ Mg^{2+})$。*A*/*H* 表示比碱度，即碱度与硬度的比值。*M*/*D* 表示离子系数（二价阳离子与一价阳离子的比值）。

盐碱地淡化虾塘的上述指标分别与其他地区的虾塘水以及近海地区的地下咸水相同，且都在适宜范围。相比之下，在松嫩平原碳酸盐类盐碱水环境中，$c(1/2Ca^{2+})$、$c(1/2Mg^{2+})$、$\rho(Ca^{2+})+\rho(Mg^{2+})$平均分别为 1.58mmol/L、3.72mmol/L、78.07mg/L，以及$\rho(Ca^{2+})$与$\rho(Mg^{2+})$，尤其是$\rho(Ca^{2+})$，都明显低于虾塘水、近海的内陆盐碱地地下咸水和天然海水（表 6-19）。在表 6-18 中，$c(1/2Ca^{2+})$、$c(1/2Mg^{2+})$及$\rho(Ca^{2+})+\rho(Mg^{2+})$低于或接近上述适宜范围下限，$c(1/2Ca^{2+})/c(1/2Mg^{2+})$平均为 0.50，虽然变化较大，但大部分水域都在适宜范围。

表 6-19　松嫩平原碳酸盐盐碱水、近海地下咸水及天然海水水化学特征

地区	水体名称	$\rho(HCO_3^-)$/(mg/L)	$\rho(Cl^-)$/(mg/L)	$c(K^++Na^+)$/(mmol/L)	$c(1/2Ca^{2+})$/(mmol/L)	$c(1/2Mg^{2+})$/(mmol/L)	盐度/(g/L)
松嫩平原	查干湖	13.20	7.57	31.80	0.75	1.82	2.29
	龙泉泡	16.61	7.12	26.27	0.63	1.72	2.03
	他拉红泡	23.32	3.70	24.48	2.10	5.10	2.45
	蛤蟆泡	16.02	2.49	13.60	3.00	3.40	1.57
	小西米泡	25.41	16.80	38.80	1.10	5.10	3.29
	林河泡	27.85	17.90	47.73	0.90	4.70	3.70
	碱地泡	31.87	6.08	37.76	0.63	3.67	3.29

续表

地区	水体名称	$\rho(HCO_3^-)$ /(mg/L)	$\rho(Cl^-)$ /(mg/L)	$c(K^+ + Na^+)$ /(mmol/L)	$c(1/2Ca^{2+})$ /(mmol/L)	$c(1/2Mg^{2+})$ /(mmol/L)	盐度/(g/L)
松嫩平原	三八泡	26.40	33.40	83.70	0.29	1.92	5.55
	大杨树泡	33.66	25.00	34.80	4.60	19.40	4.07
	新庙泡	5.08	0.57	10.47	1.43	2.48	0.98
	庆学泡	7.92	6.79	22.69	0.92	1.78	1.76
	巩家坝泡	12.44	13.53	25.87	0.37	2.50	1.81
	八王泡	15.49	8.83	27.60	0.79	2.13	2.07
	榆树泡	16.46	10.65	31.03	0.65	1.87	2.27
	根宝甸泡	17.79	7.78	28.62	0.66	1.90	2.17
	烧锅泡	16.66	2.46	16.46	0.85	2.47	2.18
	划仁泡	18.53	2.67	20.37	0.95	3.09	1.83
	乌里泡	16.32	2.96	19.02	1.45	2.39	1.69
	二王泡	11.10	2.75	9.06	1.80	3.60	1.10
	嘎拉泡	8.88	0.65	6.66	2.20	0.75	0.77
	巩固泡	14.76	3.25	2.37	5.40	10.40	1.31
	郭家店泡	15.44	9.12	24.66	0.32	0.99	2.02
	黑鱼泡	23.23	9.84	30.58	2.95	4.16	2.61
	菱角泡	31.49	8.20	37.41	0.50	4.05	3.34
	库里泡	18.96	7.68	23.50	4.06	3.60	2.09
	花敖泡	16.92	6.20	19.20	4.50	3.96	1.83
	三勇泡[63, 94]	10.82	10.17	21.38	0.31	2.06	2.41
	敖包泡[63, 94]	15.31	2.21	16.83	0.78	2.55	1.49
	诺尔湖[63, 94]	42.63	5.46	54.71	0.87	4.33	4.39
辽宁盘锦[330]	管道公司井	4.89	371.27	340.31	112.85	97.25	26.24
	大台子井	6.15	698.70	901.45	59.15	201.08	50.80
	胡家井Ⅰ	6.02	860.28	1141.05	41.95	237.50	62.50
	曙光井	3.50	1043.61	799.70	33.05	202.67	60.44
	前进农场井	3.81	215.27	133.69	56.60	31.92	13.03
	胡家井Ⅱ	8.35	875.10	65.13	30.85	177.83	49.94
辽宁营口	天然海水	2.30	535.30	468.70	20.00	102.60	34.48

地区	水体名称	A	B	M/D	pH	碱度/(mmol/L)	A/H
松嫩平原	查干湖	36.80	0.41	12.40	9.1	17.70	6.89
	龙泉泡	33.20	0.37	11.18	9.2	18.30	7.79

续表

地区	水体名称	A	B	M/D	pH	碱度/(mmol/L)	A/H
松嫩平原	他拉红泡	103.00	0.41	0.40	9.0	30.83	4.28
	蛤蟆泡	100.80	0.88	2.13	9.3	18.67	2.92
	小西米泡	83.20	0.22	6.26	8.9	30.71	4.95
	林河泡	74.40	0.19	8.52	8.9	36.03	6.43
	碱地泡	56.64	0.17	8.78	9.4	38.78	9.02
	三八泡	28.70	0.15	37.87	9.4	44.50	20.14
	大杨树泡	324.80	0.24	1.45	8.9	33.66	1.40
	新庙泡	58.40	0.58	2.68	8.2	5.08	1.30
	庆学泡	39.60	0.52	8.40	8.7	15.70	5.81
	巩家坝泡	37.40	0.15	9.01	8.4	13.46	4.69
	八王泡	41.30	0.37	9.45	8.5	18.27	6.26
	榆树泡	35.50	0.35	12.31	8.8	18.88	7.49
	根宝甸泡	86.20	0.35	11.19	8.9	20.22	7.90
	烧锅泡	51.40	0.30	4.42	8.7	17.62	7.59
	划仁泡	56.00	0.31	5.04	8.8	19.40	4.80
	乌里泡	57.80	0.61	4.95	8.9	18.35	4.78
	二王泡	79.20	0.50	1.68	8.8	12.09	2.24
	嘎拉泡	53.00	2.93	2.26	8.8	8.88	3.01
	巩固泡	232.80	0.52	0.15	8.7	14.76	0.93
	郭家店泡	18.29	0.32	18.82	8.8	17.46	13.33
	黑鱼泡	108.92	0.71	4.30	8.5	24.09	3.39
	菱角泡	58.60	0.12	8.22	9.3	38.50	8.43
	库里泡	124.40	1.13	3.07	9.0	18.96	2.48
	花敖泡	137.52	1.14	2.27	8.6	16.92	2.00
	三勇泡[63, 94]	30.80	0.15	9.02	8.9	14.43	6.09
	敖包泡[63, 94]	46.20	0.31	6.42	8.8	15.26	4.58
	诺尔湖[63, 94]	69.30	0.20	10.52	9.3	51.17	9.84
辽宁盘锦[330]	管道公司井	3424	1.16	1.62	—	—	0.023
	大台子井	3596	0.29	3.46	—	—	0.024
	胡家井Ⅰ	3689	0.18	4.08	—	—	0.022
	曙光井	3093	0.16	3.39	—	—	0.020
	前进农场井	8025	1.77	1.51	—	—	0.043
	胡家井Ⅱ	33200	0.17	0.31	—	8.35	0.040
辽宁营口	天然海水	1655.20	0.19	3.76	8.17	2.30	0.020

注：A、B 意同表 6-18，文献[63]、[94]及[330]以外的资料为 2002～2004 年作者实测。

试验表明，水环境 $\rho(Ca^{2+})$过高或过低都会影响中国明对虾的生存与生长[314]。据报道，在盐度≥10.0g/L 的水环境中，中国明对虾幼虾存活率较高（超过 86%），而且各试验组之间没有显著差异（$P>0.05$）；而在盐度≤6.0g/L 的水体，存活率较低（≤77%），其原因可能是水体中 $\rho(Ca^{2+})$起了重要作用[311, 312]。并认为水环境 $\rho(Ca^{2+})$为 40.0mg/L，即 $c(1/2Ca^{2+})$为 2.0mmol/L 可能是危险指标，低于此值会严重影响幼虾生长与存活。表 6-19 中有 8 处盐碱水环境 $c(1/2Ca^{2+})$相对较高（2.1～5.4mmol/L），但也只接近允许范围的下限。按照文献[314]关于水环境离子浓度、离子总量及其比例构成，只有在它们都达到一定水平下，才能满足对虾生理需要，松嫩平原碳酸盐类盐碱水环境 Ca^{2+}、Mg^{2+}组成比例，尚不适合对虾生存。同时，高碱度、高 pH 的协同作用，还将加剧这种不适程度。

在表 6-18 的辽宁营口淡化虾塘中，II 号塘 $\rho(Ca^{2+})+\rho(Mg^{2+})$、$c(1/2Ca^{2+})/c(1/2Mg^{2+})$都在适宜范围，对虾生长、发育均正常，成活率在 60%以上。III号塘、IV号塘 $\rho(Ca^{2+})+\rho(Ca^{2+})$明显偏低，而 $c(1/2Ca^{2+})/c(1/2Mg^{2+})$显著偏高，养殖成活率较低。IV号塘 $c(1/2Ca^{2+})$分别比 II 号塘、III号塘高出 22.2%、38.6%，但对虾生长发育不正常，软壳虾比例较高，使得成活率下降。IV号塘 Ca^{2+}并不缺乏，但在相同管理水平下，养殖效果差别明显（$P<0.05$），这是否与 Ca^{2+}、Mg^{2+}组成比例及其总量水平不适宜而抑制了对虾吸收钙的能力有关呢？将各地虾塘养殖成活率分别与 $\rho(Ca^{2+})+\rho(Mg^{2+})$和 $c(1/2Ca^{2+})/c(1/2Mg^{2+})$进行相关性分析，其相关系数（$r$）分别为−0.439 和 0.362，虽然都未达到显著（$r_{0.05}=0.532$），但也反映出 $\rho(Ca^{2+})+\rho(Mg^{2+})$和 $c(1/2Ca^{2+})/c(1/2Mg^{2+})$都与对虾存活有关。根据试验观察[311, 312, 314]，只有水环境 $\rho(Ca^{2+})$、$\rho(Mg^{2+})$（尤其是前者）、$\rho(Ca^{2+})+\rho(Mg^{2+})$和 $c(1/2Ca^{2+})/c(1/2Mg^{2+})$都适宜时，对中国明对虾和凡纳滨对虾的正常生长才有促进作用。这可能是上营口IV号虾塘 $\rho(Ca^{2+})$相对较高而实际养殖效果较差的原因之一。同时也进一步说明了松嫩平原碳酸盐类盐碱水环境 Ca^{2+}、Mg^{2+}组成不适合对虾生存。

2）对 K^+、Na^+的适应性

对虾往内陆盐碱水域移殖，首先要完成自身渗透压的调节，而 K^+、Na^+所起的作用至关重要。K^+、Na^+分别是维持细胞外液和内液渗透压的主要离子，它们的相对浓度及其比例对调节和维持细胞的渗透压有重要作用。同时，水环境 $\rho(K^+)$、$\rho(Na^+)$（尤其是前者）过低，也会限制对虾生存与生长[68, 299, 311, 312]。这也是沿海及近海的内陆氯化物类盐碱地区利用地下咸水养殖对虾时，都要进行离子调节的重要原因[152, 154, 331-333]。

实测表明，松嫩平原碳酸盐类盐碱水环境 $c(K^+)$、$c(Na^+)$平均分别为 0.054mmol/L、29.97mmol/L，$c(K^+)+c(Na^+)$为 27.15mmol/L，都远低于沿海盐碱地地下咸水、虾塘水和天然海水，尤其是 $c(K^+)$明显偏低；$c(Na^+)/c(K^+)$为 771.3，则明显偏高（表 6-20）。文献[144]在近海内陆氯化物类盐碱地利用地下渗水养殖中国明对虾时，认为在盐度≤18.0g/L 条件下，水环境 $c(K^+)$为 2～4mmol/L 时，体长为 1.5cm 的幼虾 96h 成活率超过 90%；$c(K^+)$低于 0.77mmol/L 时，虾苗 24h 全部死亡。文献[313]利用虾塘水的试验结果表明，在盐度为 5.0g/L 的条件下，水环境 $\rho(K^+)$为 110～130mg/L，即 $c(K^+)$为 2.82～3.33mmol/L，可能是体长为 8～10mm 的凡纳滨对虾虾苗生存的危险指标，其安全生存浓度 $SC_{\rho(K^+)}$ 为 36.43mg/L，即 $SC_{c(K^+)}$ 为 0.93mmol/L。松嫩平原碳酸盐类盐碱水环境 $c(K^+)$远低于这些指标。

表 6-20　碳酸盐类盐碱水、近海地下咸水、虾塘水及天然海水 $c(K^+)$及 $c(Na^+)$

地区	水体名称	$c(K^+)$ /(mmol/L)	$c(Na^+)$ /(mmol/L)	$c(Na^+)/c(K^+)$	碱度 /(mmol/L)	盐度/(g/L)	资料来源
	碱站井	0.049	37.36	762.45	38.50	3.34	
	碱站泡	0.032	37.73	1179.06	38.78	3.29	
	黑鱼泡	0.056	30.52	545.00	24.09	2.61	
松嫩平原	郭家店泡	0.020	19.18	959.00	19.92	1.83	
	蛤蟆泡	0.044	29.07	661.14	23.09	1.92	作者
	他拉红泡	0.025	23.48	939.20	18.96	2.09	
	小西米泡	0.092	32.47	352.93	33.92	3.41	
	海水虾塘	20.38	412.70	20.25	7.80	34.93	
辽宁营口	淡化虾塘	2.07	40.25	19.44	9.60	3.86	
	海淡水虾塘	17.92	267.08	14.90	8.28	22.68	
	管道公司井	0.27	340.04	1259.40	4.89	26.24	
辽宁盘锦	大台子井	2.40	899.04	374.60	6.15	50.80	[330]
	胡家井	9.87	1131.17	114.61	6.02	62.50	
	地下水	0.51	205.65	403.23	11.64	17.04	
山东滨州	卤淡水虾塘 I	1.54	160.87	104.46	2.46	14.75	[152]、[153]
	卤淡水虾塘 II	0.26	248.26	954.85	10.16	21.86	
山东东营	精养虾塘井	2.77	379.35	137.04		40.40	[145]
	半精养虾塘井	3.62	322.61	89.12		32.30	
天然海水		9.70	459.00	47.32	2.30	34.48	作者

在黄河三角洲氯化物类盐碱地利用地下咸水养殖凡纳滨对虾的试验中，文献[145]研究了不同 K^+、Na^+组成比例对成活率的影响，建议将 $c(Na^+)/c(K^+)$调整到 60 左右，养殖成活率可达到 80%～90%；文献[146]则认为 $c(Na^+)/c(K^+)$达到 60～80，对虾养殖成活率一般在 70%～80%。与之相比，松嫩平原碳酸盐类盐碱水环境 $c(Na^+)/c(K^+)$则高得多。

综合表 6-20 中所列虾塘水和天然海水以及文献资料，保持水环境 $c(Na^+)/c(K^+)$在 50～100、$c(K^+)$在 1.5～5.0mmol/L 是比较适宜的。依照此标准，松嫩平原碳酸盐类盐碱水环境 K^+、Na^+组成比例也不适合对虾生存。

3）对 M/D 的适应性

一般天然海水及河口咸淡水环境中 K^+、Na^+、Ca^{2+}和 Mg^{2+}的组成比例都比较稳定，是一种无毒的平衡水环境。而内陆盐碱水环境由于各种离子组成比例变化很大，就可能因离子之间比例失调而影响水生生物生存。在盐碱水环境中，$\rho(Ca^{2+})$是一个十分重要的生态因子，它可降低 Cu^{2+}、Zn^{2+}、Pb^{2+}等重金属离子及 K^+、Na^+等 1 价阳离子的毒性。而 M/D 是 1 价阳离子总量与 2 价阳离子总量的比值，通常被看作是水环境质量的一个重要指标。M/D 还是评价水生生物对水环境适应能力的重要指标之一。M/D 越高，水环境 K^+、Na^+、Ca^{2+}及 Mg^{2+}组成比例的不平衡性越明显，限制水生生物生存的作用也越强。

碳酸盐类盐碱水环境在蒸发浓缩过程中，通常有 $CaCO_3$ 或 $CaCO_3 \cdot MgCO_3$ 结晶析出，水环境 K^+、Na^+不断积累，$\rho(Ca^{2+})$则受到限制，在导致碱度和 pH 升高的同时，M/D 也随之升高，如达里湖水环境 M/D 高达 35.6～37.9[125]。根据调查资料，除了高碱度、高 pH 外，松嫩平原碳酸盐类盐碱水环境 M/D 也都较高，如三八泡高达 37.87（表 6-19）。

由表 6-18 可知，各地区对虾养殖水环境 M/D 差别不大，平均为 2.68，与天然海水和近海地下咸水 M/D 范围一致。表 6-19 所列碳酸盐类盐碱水湿地 M/D 中，高于虾塘水近海地下咸水和天然海水的占比 76%，且变化较大，平均为 6.70。与其他养鱼的盐碱湿地相比，郭家店泡水环境的 pH、碱度和盐度均与这些水域相同，都适合鱼类生存，但水环境 M/D 明显高于这些水域，从而限制了多种水生生物的移入与生存。因此，K^+、Na^+、Ca^{2+}及 Mg^{2+}组成比例的不平衡性，也成为对虾在松嫩平原碳酸盐类盐碱水环境生存的障碍因素。

4）对 A/H 的适应性

A/H 为水环境碱度与硬度的比值，通常称之为比碱度。目前调查到东北地区碳酸盐类盐碱水环境的 A/H 多＞1.0，如三八泡达 20.14，达里湖为 19.51。表 6-19 显示，碳酸盐类盐碱水环境 A/H 多＞1.0，平均为 5.89。相比之下，表 6-18 中对虾养殖水体 A/H 都＜1.0，平均为 0.27；表 6-19 中近海地下咸水 A/H 平均为 0.03；天然海水 A/H 在 0.02 左右。可见，碳酸盐类盐碱水环境 A/H 比对虾养殖水、近海地下咸水和天然海水分别高出 21 倍、195 倍和 294 倍。

碳酸盐类盐碱水环境碱度和 pH 背景值本来就偏高，A/H 又较高，蒸发浓缩作用导致碱度和 pH 进一步升高，它们与 A/H 的联合毒性作用，使 A/H 对对虾的毒性作用远远超过对虾正常生活的水环境，最终导致对虾对此类盐碱水环境的综合适应能力显著降低。

5）K^+、Na^+、Ca^{2+}、Mg^{2+}与碱度、盐度及 pH 的相关性

表 6-19 所列碳酸盐类盐碱水环境盐度平均为 2.36g/L；表 6-18 中淡化虾塘水体盐度为 3.92g/L（0.59～7.31g/L）。可知两种水环境的盐度差别并不大，但由于 $\rho(Na^+)+\rho(K^+)$在阳离子组成中占比均最高，是决定水质水化学类型和构成盐度的主要离子成分，所以在各自的盐度范围内，该值与盐度均有极显著的相关关系（表 6-21）。

表 6-21　K^+、Na^+、Ca^{2+}、Mg^{2+}与碱度、盐度和 pH 的相关性

水体类型	因子	$c(K^+)$ /(mmol/L)	$c(Na^+)$ /(mmol/L)	$\rho(Na^+)+\rho(K^+)$ /(mg/L)	$c(Na^+)/c(K^+)$	$c(1/2Ca^{2+})$ /(mmol/L)	$c(1/2Mg^{2+})$ /(mmol/L)
盐碱水域（$n=29$）	盐度/(g/L)	0.605	−0.908**	0.939**	−0.296	0.188	0.300
	碱度/(mmol/L)	0.526	0.952**	0.528	−0.164	−0.139	0.290
	pH	−0.280	−0.105	0.837**	0.580	−0.169	0.020
虾塘水体（$n=14$）	盐度/(g/L)			0.828**（淡化塘）		0.761**	0.982**
	碱度/(mmol/L)			−0.099		−0.579*	0.634*
	pH			−0.139		−0.423	−0.337

续表

水体类型	因子	$\rho(1/2Ca^{2+})+\rho(1/2Mg^{2+})$ /(mg/L)	$c(1/2Ca^{2+})/c(1/2Mg^{2+})$	M/D	A/H
盐碱水域（$n=29$）	盐度/(g/L)	0.014	-0.475^{**}	0.591^{*}	0.629^{*}
	碱度/(mmol/L)	0.121	-0.409^{*}	0.408^{*}	0.592^{*}
	pH	−0.067	−0.159	0.364	0.512^{*}
虾塘水体（$n=14$）	盐度/(g/L)	0.958^{**}	-0.629^{*}	0.900^{**}	-0.881^{**}
	碱度/(mmol/L)	0.440	-0.583^{*}	−0.114	0.121
	pH	0.539^{**}	-0.593^{*}	0.740^{*}	−0.309

盐碱水环境 $c(1/2Ca^{2+})$、$c(1/2Mg^{2+})$及 $\rho(1/2Ca^{2+})+\rho(1/2Mg^{2+})$与盐度的相关程度均较小，说明两种离子在盐度构成中并不十分重要，同时也进一步说明盐碱水环境 Ca^{2+}、Mg^{2+}的缺乏。而在虾塘水环境，上述 3 项指标与盐度的相关性均显著或极显著，表明 Ca^{2+}、Mg^{2+}在虾塘水环境盐度构成中的重要性，同时也说明各地虾塘水环境 Ca^{2+}、Mg^{2+}并不缺乏（尤其是 Ca^{2+}）。水环境中 Ca^{2+}不足会影响对虾蜕皮和新皮钙化，进而影响正常生理机能、成活率以及生长性能。根据文献[311]和[312]的观察，凡纳滨对虾幼虾饲养在盐度为 2.0～6.0g/L 的水体成活率可达 56%～77%，认为在影响对虾生长速度和成活率的诸多因子中，$\rho(Ca^{2+})$可能起重要作用。综合以上结果，再结合表 6-21 的相关分析，可知在碳酸盐类盐碱水环境中，虽然盐度并不构成对虾生长与生存的障碍，但因构成盐度成分中 Ca^{2+}、Mg^{2+}（尤其是 Ca^{2+}）的显著缺乏，所以此类水环境仍不适合对虾生存。

养殖期间大量投饵、施肥，使得虾塘水环境浮游植物数量远高于盐碱水环境，碧空条件下强烈的光合作用，浮游植物迅速消耗水中的 CO_2，水环境 CO_3^{2-}、OH^- 积累，导致 pH 和碱度升高。但因虾塘水环境 $\rho(Ca^{2+})$、$\rho(Mg^{2+})$较高，使 $\rho(CO_3^{2-})$、$\rho(OH^-)$受到抑制，从而限制 pH 和碱度升高的能力比盐碱水环境强。因此，虾塘水环境 $\rho(Ca^{2+})$、$\rho(Mg^{2+})$与 pH 和碱度的关系要比盐碱水域更密切。由表 6-21 可知，虾塘水环境 $\rho(Ca^{2+})$、$\rho(Mg^{2+})$及其有关的因子与 pH 和碱度的相关程度要高于盐碱水域，而且多为负相关。也正是这种相关性，才使虾塘水环境对 pH 和碱度的缓冲性能优于盐碱水域，从而更加有利于对虾生存与生长。

上述相关性分析，也可反映出内陆碳酸盐类盐碱水环境的离子组成，尤其是 $\rho(Ca^{2+})$、$\rho(Mg^{2+})$及其比例尚不适合对虾生存。同时表明，水环境 K^+、Na^+、Ca^{2+}、Mg^{2+}比例构成的变化，均可导致盐碱水环境碱度、盐度和 pH 的明显改变；虾塘水环境则只影响盐度和 pH，并不影响碱度。K^+、Na^+、Ca^{2+}、Mg^{2+}（尤其是 Ca^{2+}、Mg^{2+}）组成的改变，对虾塘水环境盐度、碱度和 pH 的影响要大于盐碱水域，而且部分因子的影响作用显著。

与虾塘相比，盐碱水环境 M/D 和 A/H 分别同碱度、pH 存在显著或近于显著、极显著的正相关关系，这不仅说明了盐碱水环境因子的变化同离子组成之间的复杂关系，还揭示了当自然条件变化使水环境离子组成发生改变而导致 M/D 和 A/H 升高时，碱度和 pH 也随之升高，盐碱水环境的毒性也将进一步增强。

辽宁、山东等沿海地区在利用地下咸水养殖对虾时，都要加入大量工业 KCl、$MgCl_2$、Na_2CO_3，来调整水环境 $\rho(K^+)$、$\rho(Na^+)$、$\rho(Ca^{2+})$和 $\rho(Mg^{2+})$及其组成比例，使之接近于天然海水，适合对虾生存。内陆碳酸盐类盐碱水环境中影响对虾生存的因素很多，情况更加复杂，若也采用这种离子调节法，势必要大量加入多种盐类，不但经济成本增加，而且效果不一定明显。即便此法可行，也将加剧虾塘及其周边水、土环境次生盐渍化，仍不足取。从野外实验结果看，幼虾在高碱度、高 pH、离子组成不适合而盐度适宜的天然盐碱水环境中，尚可存活 5～10h，这表明幼虾对这种水环境尚有一定的适应能力，还不致入水即死。因此，解决对虾适应盐碱水环境的根本途径，是通过环境适应性驯化，使机体内形成盐碱水环境的适应性机制，从而提高对虾对盐碱水环境的综合适应能力。

6.1.3　碱水湿地对虾生长与水环境因子的关系

东北地区的碳酸盐类盐碱水环境中，$c(HCO_3^-)$、$c(CO_3^{2-})$相对较高，二者所构成的水环境碳酸盐碱度大多≥10.0mmol/L，通常称此类湿地为碱水湿地。碱水湿地水环境碱度、pH 及 M/D 偏高，水化学离子组成复杂且比例失调，普通淡水鱼、虾难以适应。但此类水环境盐度大多≤5.0g/L，水质化学类型为 $C_{\mathrm{I}}^{\mathrm{Na}}$ 半咸水，病原生物较少，很适合广盐性的对虾生存。研究碱水湿地对虾生长与水环境碱度、盐度、M/D、pH、$c(K^+)$、$c(Ca^{2+})$、$c(Mg^{2+})$、$c(Ca^{2+})+c(Mg^{2+})$、$c(Ca^{2+})/c(Mg^{2+})$及 $c(Na^+)/c(K^+)$的关系，可为碱水湿地对虾驯化移殖提供科学依据[73, 74, 334-339]。

1. 材料与方法

1）试验用虾

试验用虾为体长 1.0～2.0cm 的凡纳滨对虾，取自辽宁省营口市区半咸水虾塘，用虾塘水运至试验地（吉林省大安）后，转入 2.0m×1.0m×0.8m 的铁皮箱内，在室内自然漫散光下采用高盐碱水（碱度为 38.78mmol/L）进行碱水环境的适应性驯化。驯化时，每隔 6h 添加 1 次盐碱水，每次添加量以使水环境碱度提高 1.0～1.5mmol/L 为宜。碱水添加量 V（L）可按式$V=1600/(37.71-\text{驯化碱度})$计算。水环境驯化碱度达到 30mmol/L 时，停止添加碱水，适应 3d 后再用于试验。驯化期间，每天过量投喂 1 次卤虫无节幼体，及时吸污；控制水温在 24（±1）℃，溶解氧含量≥6.0mg/L[334]。

2）试验用水

以虾塘水为基础水，以碱度为指标配制试验用水。碱度梯度设置为 5mmol/L、10mmol/L、15mmol/L、20mmol/L、25mmol/L 及 30mmol/L，另以盐碱水、虾塘水为试验用水各设置 1 组对照组，共 8 组。试验用水的配制方法：在 1.0L 虾塘水中添加澄清的上述高盐碱水，添加量 V（L）按式$V=(a-2.94)/(38.78-a)$计算，其中，a为碱度梯度。配制完成后，逐一进行水化学分析，以实测碱度值作为试验梯度（表 6-22）。实验容器为 30cm×20cm×15cm 的玻璃缸，盛实验水至容积的 3/4。

表 6-22　试验用水的水化学特性

碱度/(mmol/L)	盐度/(g/L)	pH	M/D	$c(Ca^{2+})+c(Mg^{2+})$	$c(Ca^{2+})/c(Mg^{2+})$	$c(Na^+)/c(K^+)$	$c(K^+)$/(mmol/L)
5.41	3.71	7.88	3.74	6.97	0.30	19.68	2.52
10.27	3.65	7.95	4.02	6.26	0.29	22.39	2.15
15.22	3.59	8.03	4.33	6.55	0.28	26.03	1.78
20.49	3.53	8.13	4.74	4.84	0.27	31.57	1.41
25.63	3.47	8.26	5.21	4.15	0.26	40.16	1.05
30.55	3.41	8.43	6.11	3.40	0.24	60.15	0.68
38.78	3.29	9.41	8.81	2.16	0.17	117.91	0.32
2.94（CK）	3.74	7.86	3.94	7.27	0.30	18.99	2.67

$c(Na^+)$/(mmol/L)	$c(Ca^{2+})$/(mmol/L)	$c(Mg^{2+})$/(mmol/L)	$c(Cl^-)$/(mmol/L)	$c(SO_4^{2-})$/(mmol/L)	$c(CO_3^{2-})$/(mmol/L)	$c(HCO_3^-)$/(mmol/L)
49.59	1.61	5.36	52.62	1.98	0.51	4.39
48.14	1.42	4.84	45.73	1.19	0.91	8.45
46.33	2.23	4.32	38.84	1.40	1.37	12.49
44.52	1.04	3.80	31.95	1.11	1.86	16.78
42.17	0.85	3.30	25.07	0.82	2.33	20.98
40.90	0.65	2.75	18.18	0.53	2.26	25.03
37.73	0.32	1.84	6.08	0.02	3.46	31.87
50.69	1.19	5.58	55.46	2.10	0.27	2.41

3）试验虾投放

选择钙化壳完整，体长为 1.4（±0.1）mm，驯化与适应期间摄食正常，且行为、形态均无异常的幼虾作为试验用虾。每组设 10 只缸，各投放幼虾 1 尾，于室内饲养 15d 后，测量存活个体体长。试验期间，每隔 24h 换 1/3 水，其他条件同驯化与适应阶段。如果幼虾死亡率超过 50%，则该组试验重做。

4）试验虾生长评价方法

（1）测定体长生长速度（GR_{BL}），由式 $GR_{BL}=(L_2-L_1)/T$ 计算。式中，L_1、L_2 分别为试验开始、结束时幼虾的体长（mm）；T 为试验时间（d）。

（2）采用幼虾体长生长速度与水环境因子间的简单相关性所受其他因子的影响效应来评价。评价标准为：简单相关系数–偏相关系数≥0.1 时，简单相关性所受影响作用表现为正效应；偏相关系数–简单相关系数≥0.1 时，简单相关性所受影响作用表现为负效应；偏相关系数–简单相关系数＜0.1 时，为无影响效应，即简单相关性不受其他因子的影响。

2. 试验结果

1）对虾存活率与体长生长速度

试验中存活幼虾都能顺利蜕皮 1～2 次，均有一定的生长量。由表 6-23 可知，7 个试验组存活率最高的为 10.27mmol/L 组，存活率为 90%；碱水组存活率最低，为 60%，总体存活率为 75.7%。幼虾生长速度以 10.27mmol/L 碱度组最高，为（1.21±0.23）mm/d；碱水组最低，为（0.52±0.17）mm/d，总体平均为（0.89±0.27）mm/d。差异性检验表明，存活率最低的碱水组分别与对照组（$\chi^2=0.952$）和存活率最高的 10.27mmol/L 组（$\chi^2=2.400$）都无显著差异（$\chi^2_{0.05}=3.84$，$P>0.05$）。因此，7 个实验组与对照组、实验组之间也均无显著差异。方差分析显示（表 6-24），实验前 8 组幼虾体长无显著差别（$P>0.05$），实验后体长及体长生长速度差别极显著（$P<0.01$）。

表 6-23　不同试验组的幼虾体长生长

碱度/(mmol/L)	体长变化/mm											GR_{BL}/(mm/d)
	1	2	3	4	5	6	7	8	9	10	平均	
5.41	12.7	13.2	10.9	11.3	14.7	15.2	12.1	13.3	13.6	12.9	13.0 ± 1.4^{a}	1.16 ± 0.16^{bd}
	27.4	31.1	32.8		34.1	30.7	29.4	35.2		26.9	31.0 ± 3.0^{bd}	
10.27	14.2	11.7	14.2	13.1	13.4	12.9	14.2	15.1	14.4	13.7	13.7 ± 1.0^{a}	1.21 ± 0.23^{b}
	31.5	24.7	34.3	30.4	29.9	35.2	34.5	28.7	37.2		31.8 ± 3.9^{b}	
15.22	14.1	13.2	`14.3	12.7	13.5	14.3	14.1	12.1	12.7	13.5	13.5 ± 0.8^{a}	0.97 ± 0.16^{de}
	26.2		29.7	30.2	29.4	20.1	31.2	24.5		27.1	27.3 ± 3.7^{eg}	
20.49	13.3	12.7	12.4	14.1	15.2	14.7	14.3	14.5	13.9	15.2	14.0 ± 1.0^{a}	0.97 ± 0.14^{cd}
	29.2	28.7		34.3	29.2		29.7	26.5	31.1		29.8 ± 2.4^{ce}	
25.63	13.5	12.1	12.9	12.2	13.1	14.4	15.5	15.4	11.9	12.3	13.3 ± 1.3^{a}	0.86 ± 0.10^{fh}
		24.7	26.7	26.6	28.2	25.9	27.1	28.1	24.4		26.5 ± 1.4^{fi}	
30.55	14.5	13.7	13.5	14.4	15.2	15.1	14.7	12.7	13.7	14.1	14.2 ± 0.8^{a}	0.55 ± 0.15^{gi}
	21.7	24.4	25.1		22.9	19.7		22.0		23.1	22.7 ± 1.8^{hj}	
38.78	12.1	13.3	14.2	13.5	15.1	15.2	14.4	13.9	14.2	14.4	14.0 ± 0.9^{a}	0.52 ± 0.17^{i}
	22.5		23.1	19.2		24.2	18.7		22.1		21.6 ± 2.2^{j}	
2.94	13.2	13.7	14.9	14.7	12.9	13.7	15.2	15.7	15.4	15.5	14.5 ± 1.0^{a}	1.72 ± 0.31^{a}
（对照）	37.3	28.7	41.2	43.1	39.2	39.3	41.2	49.0			39.9 ± 5.7^{a}	

注：每一碱度组上一行为幼虾实验开始体长，下一行为实验结束体长。

表 6-24　不同水体幼虾体长生长的方差分析

体长	变异来源	df	C	SS	s^2	F	$F_{0.05}$	$F_{0.01}$
试验前体长	组内	7		17.10	2.443	1.71	2.13	2.87
	组间	72	15174.54	103.13	1.432			
	总变异	79		120.23				
试验结束体长	组内	8		27.63	3.454	42.64^{**}	2.13	2.89
	组间	53	511.97	4.30	0.081			
	总变异	61		31.93				
体长生长速度	组内	8		8.65	1.081	27.72^{**}	2.13	2.89
	组间	53	62.28	2.07	0.039			
	总变异	61		10.72				

试验还发现，在碱度为 5.41～20.49mmol/L 的 4 组氯化物类盐碱水环境中，幼虾平均体长生长速度为 1.08mm/d，高于碱度为 25.63～38.78mmol/L 的 3 组碳酸盐类盐碱水，幅度为 68.75%（平均为 0.64mm/d）。这表明对虾生长能力在碳酸盐类盐碱水环境中对虾生长能力要低于氯化物类盐碱水。

2）对虾体长生长速度与环境因子的相关性

对 7 个试验组幼虾生长速度分别与碱度、盐度、M/D、pH、$c(K^+)$、$c(Ca^{2+})$、$c(Mg^{2+})$、$c(Ca^{2+})+c(Mg^{2+})$、$c(Ca^{2+})/c(Mg^{2+})$及 $c(Na^+)/c(K^+)$进行相关分析，结果见表 6-25 和表 6-26。总体上看，幼虾体长生长速度与 10 个水环境因子间的简单相关系数和偏相关系数不但数值有异，而且正负相关性也可能不同。这表明水环境因子对幼虾生长的影响存在相互作用，简单相关性中混有其他因子的影响效应。

表 6-25　幼虾体长生长速度与水环境因子的相关性

简单相关性		一级偏相关性									
因子	r	因子	r	因子	r	因子	r	因子	r	因子	r
r_{va}	-0.951^{**}	$r_{va \cdot b}$	-0.827^{*}	$r_{va \cdot c}$	-0.758	$r_{va \cdot d}$	-0.269	$r_{va \cdot e}$	-0.005	$r_{va \cdot f}$	-0.895^{*}
		$r_{va \cdot g}$	0.417	$r_{va \cdot h}$	-0.966^{**}	$r_{va \cdot i}$	-0.651	$r_{va \cdot k}$	-0.921^{**}		
r_{vb}	-0.837^{*}	$r_{vb \cdot a}$	0.110	$r_{vb \cdot c}$	0.838^{*}	$r_{vb \cdot d}$	0.817	$r_{vb \cdot e}$	0.117	$r_{vb \cdot f}$	-0.632
		$r_{vb \cdot g}$	0.611	$r_{vb \cdot h}$	-0.940^{**}	$r_{vb \cdot i}$	-0.133	$r_{vb \cdot k}$	-0.957^{**}		
r_{vc}	-0.881^{*}	$r_{vc \cdot a}$	0.056	$r_{vc \cdot b}$	-0.882^{*}	$r_{vc \cdot d}$	0.122	$r_{vc \cdot e}$	0.062	$r_{vc \cdot f}$	-0.720
		$r_{vc \cdot g}$	0.075	$r_{vc \cdot h}$	-0.961^{**}	$r_{vc \cdot i}$	-0.225	$r_{vc \cdot k}$	-0.956^{**}		
r_{vd}	0.949^{**}	$r_{vd \cdot a}$	-0.189	$r_{vd \cdot b}$	0.824^{*}	$r_{vd \cdot c}$	0.750	$r_{vd \cdot e}$	-0.190	$r_{vd \cdot f}$	0.890^{*}
		$r_{vd \cdot g}$	-0.324	$r_{vd \cdot h}$	0.990^{**}	$r_{vd \cdot i}$	0.627	$r_{vd \cdot k}$	0.921^{**}		
r_{ve}	0.951^{**}	$r_{ve \cdot a}$	0.005	$r_{ve \cdot b}$	0.828^{*}	$r_{ve \cdot c}$	0.758	$r_{ve \cdot d}$	0.368	$r_{ve \cdot f}$	0.895^{*}
		$r_{ve \cdot g}$	-0.461	$r_{ve \cdot h}$	0.966^{**}	$r_{ve \cdot i}$	0.651	$r_{ve \cdot k}$	0.921^{**}		
r_{vf}	0.738	$r_{vf \cdot a}$	-0.230	$r_{vf \cdot b}$	0.294	$r_{vf \cdot c}$	0.142	$r_{vf \cdot d}$	-0.217	$r_{vf \cdot e}$	-0.224
		$r_{vf \cdot g}$	-0.231	$r_{vf \cdot h}$	0.699	$r_{vf \cdot i}$	-0.676	$r_{vf \cdot k}$	0.583		
r_{vg}	0.952^{**}	$r_{vg \cdot a}$	0.436	$r_{vg \cdot b}$	0.897^{*}	$r_{vg \cdot c}$	0.764	$r_{vg \cdot d}$	0.395	$r_{vg \cdot e}$	0.477
		$r_{vg \cdot f}$	0.897^{*}	$r_{vg \cdot h}$	0.967^{**}	$r_{vg \cdot i}$	0.663	$r_{vg \cdot k}$	0.923^{**}		
r_{vh}	0.339	$r_{vh \cdot a}$	-0.621	$r_{vh \cdot b}$	-0.809	$r_{vh \cdot c}$	-0.837^{*}	$r_{vh \cdot d}$	-0.682	$r_{vh \cdot e}$	-0.621
		$r_{vh \cdot f}$	0.071	$r_{vh \cdot g}$	-0.622	$r_{vh \cdot i}$	-0.357	$r_{vh \cdot k}$	-0.510		
r_{vi}	0.917^{**}	$r_{vi \cdot a}$	-0.203	$r_{vi \cdot b}$	0.691	$r_{vi \cdot c}$	0.570	$r_{vi \cdot d}$	-0.169	$r_{vi \cdot e}$	-0.203
		$r_{vi \cdot f}$	0.900^{*}	$r_{vi \cdot g}$	-0.220	$r_{vi \cdot h}$	0.918^{**}	$r_{vi \cdot k}$	0.859^{*}		
r_{vk}	-0.628	$r_{vk \cdot a}$	0.203	$r_{vk \cdot b}$	0.910^{*}	$r_{vk \cdot c}$	0.872^{*}	$r_{vk \cdot d}$	0.281	$r_{vk \cdot e}$	0.207
		$r_{vk \cdot f}$	-0.349	$r_{vk \cdot g}$	0.213	$r_{vk \cdot h}$	-0.702	$r_{vk \cdot i}$	0.042		

注：a. 碱度；b. pH；c. M/D；d. 盐度；e. $c(K^+)$；f. $c(Ca^{2+})$；g. $c(Mg^{2+})$；h. $c(Ca^{2+})/c(Mg^{2+})$；i. $c(Ca^{2+})+c(Mg^{2+})$；k. $c(Na^+)/c(K^+)$；v. GR_{BL}。

表 6-26　幼虾体长生长速度与水环境因子的相关性比较

简单相关性		一级偏相关性				二级偏相关性				三级偏相关性	
因子	r	因子	r	因子	r	因子	r	因子	r	因子	r
r_{va}	-0.951^{**}	$r_{va\cdot c}$	-0.758	$r_{va\cdot b}$	-0.827^{*}	$r_{va\cdot ch}$	-0.711	$r_{va\cdot bf}$	-0.819	$r_{va\cdot chk}$	-0.282
		$r_{va\cdot h}$	-0.966^{**}	$r_{va\cdot k}$	-0.921^{**}	$r_{va\cdot ck}$	0.387	$r_{va\cdot bk}$	0.428	$r_{va\cdot bch}$	-0.556
r_{vb}	-0.837^{*}	$r_{vb\cdot h}$	-0.940^{**}	$r_{vb\cdot k}$	-0.957^{**}	$r_{vb\cdot ch}$	0.568	$r_{vb\cdot ck}$	-0.102	$r_{vb\cdot chk}$	-0.316
		$r_{vb\cdot c}$	0.838^{*}	$r_{vb\cdot a}$	0.110	$r_{vb\cdot hk}$	-0.963^{**}	$r_{vb\cdot fh}$	-0.632	$r_{vb\cdot cfk}$	0.406
r_{vc}	-0.881^{*}	$r_{vc\cdot a}$	0.056	$r_{vc\cdot b}$	-0.882^{*}	$r_{vc\cdot ah}$	-0.661	$r_{vc\cdot hk}$	-0.960^{**}	$r_{vc\cdot ahk}$	-0.087
		$r_{vc\cdot h}$	-0.961^{**}	$r_{vc\cdot k}$	-0.956^{**}	$r_{vc\cdot ak}$	-0.734	$r_{vc\cdot bh}$	-0.763	$r_{vc\cdot abh}$	-0.647
						$r_{vc\cdot bk}$	-0.124	$r_{vc\cdot ab}$	0.209	$r_{vc\cdot bhk}$	-0.062
										$r_{vc\cdot abk}$	-0.214
r_{vd}	0.949^{**}	$r_{vd\cdot b}$	0.824^{*}	$r_{vd\cdot h}$	0.970^{**}	$r_{vd\cdot fk}$	0.884^{*}	$r_{vd\cdot hk}$	0.964^{**}	$r_{vd\cdot bfh}$	0.907
		$r_{vd\cdot f}$	0.890^{*}	$r_{vd\cdot k}$	0.921^{**}	$r_{vd\cdot bh}$	0.828	$r_{vd\cdot bf}$	0.815	$r_{vd\cdot bfk}$	0.983^{*}
						$r_{vd\cdot fh}$	0.949^{*}	$r_{vd\cdot bk}$	-0.483	$r_{vd\cdot bhk}$	0.913
										$r_{vd\cdot fhk}$	0.968^{*}
r_{ve}	0.951^{**}	$r_{ve\cdot b}$	0.828^{*}	$r_{ve\cdot h}$	0.966^{**}	$r_{ve\cdot bk}$	-0.379	$r_{ve\cdot bh}$	0.825	$r_{ve\cdot bhk}$	0.391
		$r_{ve\cdot k}$	0.921^{**}			$r_{ve\cdot hk}$	-0.505				
r_{vf}	0.738	$r_{vf\cdot h}$	0.699	$r_{vf\cdot i}$	0.583	$r_{vf\cdot hi}$	-0.810	$r_{vf\cdot hk}$	0.538	$r_{vf\cdot hik}$	-0.902
		$r_{vf\cdot k}$	-0.702			$r_{vf\cdot ik}$	-0.694				
r_{vg}	0.952^{**}	$r_{vg\cdot f}$	0.897^{*}	$r_{vg\cdot h}$	0.967^{**}	$r_{vg\cdot fh}$	0.942^{*}	$r_{vg\cdot fk}$	0.887^{*}	$r_{vg\cdot fhk}$	0.918
		$r_{vg\cdot k}$	0.923^{**}			$r_{vg\cdot hk}$	0.961^{**}				
r_{vh}	0.339	$r_{vh\cdot c}$	-0.837^{*}	$r_{vh\cdot b}$	-0.809	$r_{vh\cdot bc}$	-0.591	$r_{vh\cdot cd}$	-0.817	$r_{vh\cdot bcd}$	-0.696
		$r_{vh\cdot d}$	-0.682			$r_{vh\cdot bd}$	-0.814				
r_{vi}	0.917^{**}	$r_{vi\cdot f}$	0.900^{*}	$r_{vi\cdot h}$	0.917^{**}	$r_{vi\cdot fh}$	0.946^{*}	$r_{vi\cdot fk}$	0.891^{*}	$r_{vi\cdot fhk}$	0.970^{*}
		$r_{vi\cdot k}$	0.859^{*}			$r_{vi\cdot hk}$	0.872				
r_{vk}	-0.628	$r_{vk\cdot b}$	0.910^{*}	$r_{vk\cdot c}$	0.872^{*}	$r_{vk\cdot bc}$	0.448	$r_{vk\cdot ch}$	0.685	$r_{vk\cdot bch}$	0.484
		$r_{vk\cdot h}$	-0.702			$r_{vk\cdot bh}$	0.824				

注：同表 6-25。

由一级偏相关性可知，生长速度与水环境因子的简单相关性受其他因子正效应影响的频率由高到低依次为：$c(Ca^{2+})$、$c(Na^+)/c(K^+)$均为 7.78%，碱度、盐度、M/D、$c(K^+)$、$c(Ca^{2+})+c(Mg^{2+})$均为 6.67%，pH、$c(Mg^{2+})$均为 5.56%，$c(Ca^{2+})/c(Mg^{2+})$为 1.11%；受负效应影响的频率依次为：$c(Ca^{2+})/c(Mg^{2+})$为 7.78%，pH、$c(Na^+)/c(K^+)$均为 2.22%，其他因子均为 0；不受影响的频率依次为：$c(Mg^{2+})$为 4.44%，碱度、盐度、M/D、$c(K^+)$、

$c(Ca^{2+})+c(Mg^{2+})$均为 3.33%，$c(Ca^{2+})/c(Mg^{2+})$为 1.11%，$c(Na^{+})/c(K^{+})$为 0%。总体上，简单相关系数所受到的其他因子的影响，多数表现为正效应。

盐度、$c(Ca^{2+})$、$c(Mg^{2+})$及$c(Ca^{2+})+c(Mg^{2+})$与生长速度的三级偏相关性，都为显著或接近于显著的正相关（$r_{0.05}=0.950$），表明它们与生长速度的简单相关性受其他因子或因子组合的影响作用较小，与幼虾生长的关系较为密切，很可能成为影响因子。碱度、pH、M/D、$c(K^{+})$、$c(Na^{+})/c(K^{+})$及$c(Ca^{2+})/c(Mg^{2+})$与生长速度的三级偏相关性，均远离显著水平，则表明它们与幼虾生长的关系较弱，影响可能不明显。

从二级偏相关和三级偏相关可以看出，简单相关性不仅受到单因子的影响，多个因子组合也具有影响作用。例如，碱度、pH、M/D、$c(K^{+})$、$c(Ca^{2+})$、Na^{+}/K^{+}及Ca^{2+}/Mg^{2+}与生长速度的简单相关性，都受到其他因子组合效应的影响。这进一步反映出碱水环境的复杂性和生态因子作用的综合性特点。

3. 对虾生长与环境因子的关系评价

1）碱水环境对虾存活与生长能力

综合文献[145]、[146]、[302]及[340]～[343]的资料，可知我国沿海及近海的内陆盐碱地半咸水虾塘凡纳滨对虾的体长生长速度，一般为 1.10～1.45mm/d。本试验碱度分别为 5.41mmol/L 及 10.27mmol/L 的两组幼虾体长生长速度已达到该水平；盐碱水组和碱度为 30.55mmol/L 组的幼虾生长速度虽然只有 0.5mm/d 左右，远低于上述虾塘，但仍表明存活幼虾已初步具备了在碱水环境生存与生长的能力。

各试验组间幼虾存活率无显著差异，表明幼虾碱度驯化水平达到 30mmol/L 左右时，其对碱度 5～40mmol/L 的盐碱水环境都有一定的适应性，而且 5～25mmol/L 的降碱度差及 10mmol/L 左右的升碱度差，对存活率均无显著影响。在碱度分别为 5.41mmol/L 与 10.27mmol/L、15.22mmol/L 与 20.49mmol/L、盐碱水与 30.55mmol/L 的各组之间，幼虾生长速度都无显著差异，表明 5～10mmol/L 的升碱度差对幼虾生长无明显影响。

以上表明原本海水养殖的对虾，经过一定水平的盐碱水环境驯化之后，也可以在内陆碱水湿地环境中生存与生长，从而使对虾移殖具有了可能性。

2）碱水环境对虾生长的影响因子

天然海水化学成分是地球产生以来逐渐形成的，各成分间基本有其恒定的比例结构，生命起源于海洋的对虾经过亿万年的进化所产生的进化适应性，也只适于这种特定的水环境。相比之下，内陆盐碱水湿地水化学成分千差万别，水质类型复杂多样，影响对虾生长的水环境因子也各异。研究表明，硫酸盐类半咸水与凡纳滨对虾生长关系较密切的环境因子，主要是盐度、$c(K^{+})$及$c(Na^{+})/c(K^{+})$；黄河三角洲地区的氯化物类半咸水与凡纳滨对虾生长关系较密切的环境因子，主要是$c(Ca^{2+})$[344]、$c(K^{+})$及$c(Na^{+})/c(K^{+})$[143]，而碱度、pH、M/D等都与天然海水相同或相近，适宜对虾生长[301, 324]。

东北地区碱水湿地的水化学成分组成复杂，比例结构失调，造成碱度、pH 及M/D偏高，往往先于盐度等其他因子限制水生生物生存[61]。本试验表明，凡纳滨对虾幼虾生长速度与环境因子间的相关性均受到其他因子的影响，这很可能与水化学成分组成的不平衡性有关，水化学成分不平衡也可能影响某一因子对幼虾生长的作用程度。例如，碱度、pH 及M/D与幼虾生长速度的简单相关性都为显著或极显著负相关，偏相关性也大多呈显著负相关，但偏相关系数（尤其是三级偏相关系数）明显小于简单相关系数。表明这3种因子对幼虾生长的影响，因受其他因子的正效应作用而被削弱。盐碱水组与碱度为30.55mmol/L组幼虾生长速度无明显差别的实验结果也可反映出三种因子的影响程度有可能被削弱。

上述结果表明，碱水环境因子之间的相互作用，可使某些原本限制幼虾生存的环境因子，对生长的影响反而不明显。相反，那些幼虾生存的非限制性因子，如盐度、$c(Ca^{2+})$、$c(Mg^{2+})$及$c(Ca^{2+})+c(Mg^{2+})$，反而与幼虾生长密切相关。

本试验$c(K^{+})$与幼虾生长速度的简单相关性极显著，但三级偏相关性远离显著水平；$c(Na^{+})/c(K^{+})$与生长速度的简单相关性及三级偏相关性都远离显著水平。表明碱水环境中，$c(K^{+})$、$c(Na^{+})/c(K^{+})$与幼虾生长的关系不明显。这不仅异于上述氯化物类和硫酸盐类半咸水，同时还反映出生态因子作用的局限性特点。因此，东北地区碱水环境移殖对虾时，应注意水环境盐度、$c(Ca^{2+})$、$c(Mg^{2+})$及$c(Ca^{2+})+c(Mg^{2+})$的调节。由偏相关性质可知，在移殖水域适当提高这些离子的浓度，有利于对虾生长。

3）幼虾生长与水质类型及驯化适应的关系

我国黄河三角洲和辽河三角洲等近海的内陆盐碱地区，因与海洋有着密切的水力联系，无论地表咸水还是地下卤水，其主要水化学成分的组成特征都与天然海水相同或相近，以此为水源的半咸水虾塘，其水质类型也均与天然海水相同，均为NaCl型。本试验的4组氯化物类碱水环境中，除碱度偏高外，盐度、pH 及M/D等其他水化学指标均与对照组的半咸水虾塘水相近，水质类型也都为NaCl型，较适宜幼虾生长，故生长速度优于3组碱水环境。这表明，虽然幼虾经过高碱度水环境驯化而形成了一定的适应机制，但仍未完全实现生活水环境的转型（由氯化物类盐碱水环境转为碳酸盐类），对碱水环境，尤其是对碱度≥30.0mmol/L的高碱度水环境的适应能力仍然较差，因而其适应机制尚不够完善。这从碱水组的幼虾存活率和生长速度都比较低也可以得到印证。

水质类型主要根据水环境中不同化学成分的组成特点来划分，幼虾生长同水质类型的关系，实质上也就是同各种水环境因子的关系。从本试验可以看出，幼虾生长与10种水环境因子都有一定的相关性，它们对幼虾生长的影响存在着复杂的因子间的互作效应。因此，在实际移殖工作中，要尽可能采取有效的驯化技术，提高幼虾对移殖水环境一系列生态因子及其因子组合的综合适应能力，实现生活水环境转型，促进幼虾生长，并提高其存活率。东北地区亟待开发利用的，是碱度≥30.0mmol/L的高碱度碱水湿地，水化学成分组成差异较大，建议采取测水驯化技术，即根据移殖水域的水化学资料，确定合理的驯化速度与方法，这样培育的对虾苗种更能适应具体的水域环境，移殖易获成功。

6.2 对虾的环境适应性驯化

6.2.1 幼虾对碱度突变的适应性

1. 试验方法

试验基础水为辽宁省营口市老边区养虾农户的淡化虾塘水，经过充分消毒、沉淀和过滤，水环境中 $c(1/2\,CO_3^{2-})$、$c(HCO_3^-)$、$c(1/2\,SO_4^{2-})$、$c(Cl^-)$、$c(K^+)$、$c(Na^+)$、$c(1/2Ca^{2+})$及 $c(1/2Mg^{2+})$分别为 0.53mmol/L、2.41mmol/L、4.20mmol/L、55.46mmol/L、2.67mmol/L、50.69mmol/L、3.38mmol/L 及 11.15mmol/L，盐度为 3.74g/L，碱度为 2.94mmol/L，pH 为 7.86，水质化学类型为Cl_{III}^{Na}（与天然海水相同）[345]。

试验幼虾购自该虾塘，体长为 1.82（±0.54）cm，体重为 0.073（±0.021）g，用试验基础水暂养 3d，待其适应该水环境后再用于试验。试验用容器为 10.0L 的塑料盆。试验用水采用基础水添加天然盐碱水的方法配制。天然盐碱水碱度为 38.78mmol/L，盐度为 3.29g/L，pH 为 9.41，$c(1/2\,CO_3^{2-})$、$c(HCO_3^-)$、$c(1/2\,SO_4^{2-})$、$c(Cl^-)$、$c(K^+)$、$c(Na^+)$、$c(1/2Ca^{2+})$及 $c(1/2Mg^{2+})$分别为 6.91mmol/L、31.87mmol/L、0.04mmol/L、6.08mmol/L、0.032mmol/L、37.73mmol/L、0.63mmol/L 及 3.67mmol/L，水质化学类型为C_I^{Na}。配制试验用水时，先取基础水 5.0L，然后根据式$V=(a-2.94)/(7.756-0.2a)$，计算盐碱水的添加量V（L），其中 a 为设计碱度梯度。

各组间幼虾存活率的差异性采用χ^2检验。其χ^2值采用下式计算：

$$\chi^2=(a_1+a_2)(a_2b_1-a_1b_2)/a_1a_2(b_1+b_2)(a_1+a_2-b_1-b_2) \tag{6-12}$$

式中，a_1、b_1和a_2、b_2分别为对照组和实验组初始个体数、实验结束存活个体数。

2. 幼虾由虾塘水环境直接放入高碱度水环境（Ⅰ）

该试验碱度为 7～35mmol/L，以公差 4.0mmol/L 设置 8 个梯度，随机取 10 尾幼虾直接放入盛 5.0L 试验用水的塑料盆中，每个梯度设 1 个平行组，以虾塘水为对照组。结果表明，在水温 24.9（±1.2）℃条件下，碱度以 4.0mmol/L 的梯度增加时，幼虾在碱度为 7～19mmol/L 组的水环境中至少可存活 96h，当碱度达到 23mmol/L 时，至少可存活 48h（表 6-27）。碱度为 27mmol/L、31mmol/L、35mmol/L 的 3 组，幼虾入水 10h 内全部死亡。用χ^2检验对照组与碱度分别为 7mmol/L、11mmol/L、15mmol/L 及 19mmol/L 的试验组幼虾 96h 存活率间的差异性，得χ^2值分别为 0.78、2.40、4.62 及 9.90，与χ^2临界值（$\chi^2_{0.05}=3.84$，$\chi^2_{0.01}=6.63$）比较，可知碱度为 7mmol/L 及 11mmol/L 的两组幼虾存活率与对照组均无显著差异（$P>0.05$）；碱度分别为 15mmol/L 及 19mmol/L 的两组幼虾存活率与对照组差异显著（$P<0.05$）及极显著（$P<0.01$）。

表 6-27 幼虾由虾塘水环境直接放入高碱度水环境的试验结果（Ⅰ）

碱度/(mmol/L)	24h 存活数/尾		48h 存活数/尾		72h 存活数/尾		96h 存活数/尾		96h 平均存活率/%
	实验组	平行组	实验组	平行组	实验组	平行组	实验组	平行组	
7	9	9	9	8	8	8	7	8	75
11	8	9	8	9	7	7	6	6	60
15	7	6	6	5	5	4	5	4	45
19	5	4	4	3	3	2	2	2	20
23	2	3	2	2	0	0			0
27	0	0							0
31	0	0							0
35	0	0							0
2.94（对照）	10	10	10	10	10	9	9	9	90

3. 幼虾由虾塘水环境直接放入高碱度水环境（Ⅱ）

该试验碱度梯度设置为 6mmol/L、9mmol/L、12mmol/L、16mmol/L、20mmol/L、24mmol/L、28mmol/L 及 32mmol/L。随机取 10 尾幼虾直接放入试验水体，每个梯度设 1 个平行组，以虾塘水为对照组。结果表明，在水温 25.6（±1.0）℃的条件下，碱度为 6～16mmol/L 的 4 组幼虾至少可存活 96h，碱度为 20mmol/L 组的幼虾至少可存活 48h（表 6-28）。用 χ^2 检验对照组与 6～16mmol/L 各组幼虾 96h 存活率的差异性，得 χ^2 值分别为 1.03、2.16、4.82 及 12.93。与 χ^2 的临界值（见前文）相比较，可知碱度分别为 6mmol/L 与 9mmol/L 的两组幼虾 96h 存活率与对照组均无显著差异（$P>0.05$）；碱度为 12mmol/L 与 16mmol/L 的两组幼虾 96h 存活率与对照组差异显著（$P<0.05$）与极显著（$P<0.01$）。

表 6-28　幼虾由虾塘水环境直接放入高碱度水环境的试验结果（Ⅱ）

碱度/(mmol/L)	24h 存活数/尾		48h 存活数/尾		72h 存活数/尾		96h 存活数/尾		96h 平均存活率/%
	实验组	平行组	实验组	平行组	实验组	平行组	实验组	平行组	
6	9	9	8	8	8	8	8	8	80
9	8	8	8	8	8	7	7	7	70
12	8	9	8	7	6	5	5	4	45
16	6	7	4	5	4	4	2	1	15
20	2	2	1	0	0	0			0
24	0	0							0
28	0	0							0
32	0	0							0
2.94（对照）	10	10	10	10	9	10	9	10	90

4. 碱度驯化至 14mmol/L 的幼虾直接放入降碱度水环境

该试验碱度梯度为 12～2mmol/L，以公差 2.0mmol/L 设置 6 个组，另加对照组（碱度为 14mmol/L）和纯淡水组（碱度接近 0）。随机取 10 尾幼虾直接放入试验水体，每个梯度设 1 个平行组。结果表明，水温为 25.4（±0.8）℃的条件下，幼虾在碱度为 12～4mmol/L 的各组水环境中至少可存活 96h，在碱度为 2mmol/L 组和淡水环境 24h 全部死亡（表 6-29）。而实际上后两组幼虾放入水中 3min 就已经全部死亡。用 χ^2 检验对照组与 10～4mmol/L 各组间 96h 存活率的差异性，得 χ^2 值分别为 1.79、1.90、8.64 及 14.49。与 χ^2 的临界值比较，可知碱度为 10mmol/L 和 8mmol/L 的两组幼虾 96h 存活率与对照组均无明显差别（$P>0.05$）；碱度为 6mmol/L 与 4mmol/L 的两组幼虾 96h 存活率均与对照组差异极显著（$P<0.01$）。

表 6-29　碱度驯化至 14mmol/L 的幼虾直接放入低碱度水环境的试验结果

碱度/(mmol/L)	24h 存活数/尾		48h 存活数/尾		72h 存活数/尾		96h 存活数/尾		96 平均存活率/%
	实验组	平行组	实验组	平行组	实验组	平行组	实验组	平行组	
12	10	10	9	9	9	9	9	9	90
10	8	9	8	7	6	7	6	7	65

续表

碱度/(mmol/L)	24h 存活数/尾		48h 存活数/尾		72h 存活数/尾		96h 存活数/尾		96 平均存活率/%
	实验组	平行组	实验组	平行组	实验组	平行组	实验组	平行组	
8	7	8	6	8	5	6	4	6	50
6	5	6	3	5	1	4	1	4	25
4	3	4	3	2	1	1	1	0	5
2	0	0							0
纯淡水	0	0							0
14（对照）	10	10	10	9	10	8	10	8	90

5. 碱度驯化至30mmol/L的幼虾直接放入升碱度水环境

本试验碱度梯度为16～30mmol/L，以公差2.0mmol/L设置8个试验组及1个对照组（碱度为14mmol/L）。随机取10尾幼虾直接放入试验水体，每个梯度设1个平行组。结果表明，水温为25.7（±1.4）℃的条件下，将已驯化到14mmol/L碱度水平的幼虾分别投放到16～30mmol/L各碱度水环境中，均可至少存活96h（表6-30）。用χ^2检验对照组与24～30mmol/L各组间幼虾96h存活率的差异性，得χ^2值分别为1.79、4.62、6.45及11.28。与χ^2的临界值比较，可知碱度为24mmol/L及其以下各组幼虾96h存活率与对照组均无显著差别（$P>0.05$）；碱度为26mmol/L与28mmol/L的两组幼虾96h存活率均与对照组差别显著（$P<0.05$）；碱度为30mmol/L组的幼虾96h存活率与对照组差别极显著（$P<0.01$）。

表6-30 碱度驯化至14mmol/L的幼虾直接放入升碱度水环境的试验结果

碱度/(mmol/L)	24h 存活数/尾		48h 存活数/尾		72h 存活数/尾		96h 存活数/尾		96h 平均存活率/%
	实验组	平行组	实验组	平行组	实验组	平行组	实验组	平行组	
16	10	10	10	9	9	9	9	9	90
18	10	10	10	10	9	9	8	9	85
20	9	10	9	10	9	9	8	8	80
22	9	9	8	9	8	8	7	8	75
24	9	8	9	8	8	8	7	6	65
26	8	9	6	7	5	5	4	5	45
28	6	5	5	4	5	3	4	3	35
30	4	4	4	4	3	2	2	1	15
14（对照）	10	10	10	10	9	10	9	9	90

6. 碱度驯化至30mmol/L的幼虾直接放入降碱度水环境

本验设计碱度梯度为33mmol/L、27mmol/L、23mmol/L、19mmol/L、15mmol/L、11mmol/L、7mmol/L、5mmol/L和3mmol/L及对照组（碱度为30mmol/L）。随机取10尾幼虾直接放入试验水体，每个梯度设1个平行组，水温为26.2（±0.8）℃的条件下，碱度驯化至30mmol/L的幼虾直接放入碱度为33～3mmol/L的水环境中，虽然其96h内存活率相差不大，但存活率随着碱度升高而增加（表 6-31）。用 χ^2 检验对照组与碱度为 3mmol/L 组之间幼虾 96h 存活率的差异性，得 $\chi^2=1.79<\chi^2_{0.05}$，表明两组间无显著差异（$P>0.05$）。同样，其他组与对照组之间也均无显著差异。

表 6-31　碱度驯化至 30mmol/L 的幼虾直接放入降碱度水环境的试验结果

碱度/(mmol/L)	24h 存活数/尾		48h 存活数/尾		72h 存活数/尾		96h 存活数/尾		96h 平均存活率/%
	实验组	平行组	实验组	平行组	实验组	平行组	实验组	平行组	
33	10	10	10	10	10	10	9	9	90
27	10	10	10	10	10	9	9	9	90
23	10	9	9	9	8	8	8	8	80
19	9	8	9	8	9	7	8	7	75
15	10	10	9	10	9	9	8	8	80
11	9	10	8	9	7	8	6	7	65
7	9	8	8	8	8	8	8	6	70
5	8	9	8	8	8	8	7	6	65
3	9	8	8	7	8	7	7	6	65
30（对照）	10	10	10	9	10	9	10	9	95

7. 问题探讨

（1）未经过驯化的幼虾对碱度的适应能力较差。淡化虾苗是由海水虾苗在育苗期间，通过逐渐添加淡水降低盐度而驯化获得的。淡化过程只是含盐量逐渐降低，而碱度并未升高，所以虾苗并未接受高碱度的驯化，这种虾苗对碱度的适应能力较差，这一点与未进行淡化的海水虾苗是一致的。

本试验将淡化幼虾直接放入碱度高于淡化虾塘的水环境中，可知碱度≤11mmol/L，幼虾 96h 存活率同生活在原虾塘水环境无明显差异；碱度≥12mmol/L，则差异显著；碱度≥20mmol/L 时，幼虾 72h 死亡率为 100%。这表明，在未经过高碱度驯化的情况下，淡化幼虾对高碱度的适应能力较差，其自然适应的碱度上限在 10mmol/L 左右。内陆盐碱水环境移殖对虾时，只能考虑那些碱度≥10mmol/L 的水域。当然，这里所讨论的指标只有碱度，尚未考虑 pH、*M*/*D*、离子组成等其他水环境因子的影响。由此可见，目前沿海地区成虾养殖中普遍放养的淡化虾苗，还不能随意往内陆盐碱水域特别是碳酸盐类盐碱水环境移殖，尽管盐度方面不存在障碍，但至少碱度是其限制因素。

（2）幼虾对碱度差的适应能力。本试验还观察到，将淡化幼虾放入碱度≥12mmol/L 的水环境中，开始时大多数幼虾都沿着盆的边缘快速游动，然后活力减弱，反应迟钝，最后相继侧翻沉入水底而渐渐死亡。可见，幼虾对碱度的变化有一个适应过程，骤然改变碱度会影响幼虾的存活与生长。这一点与盐度对幼虾的影响相似。

目前已基本清楚在一定的盐度变化范围内，虾苗可以通过自身渗透压的调节机制来维持身体内外介质的平衡，维持其正常生活。试验表明，在盐度差为 11.0g/L 的条件下，中国明对虾仔虾无一死亡，从盐度为 8.45g/L 的水体捞出直接放入盐度为 28.8g/L 的水体中，盐度差约达 20g/L，其 48h 存活率仍可达 90%，且成活的仔虾仍可进行正常活动。另据试验观察，将未经淡化的凡纳滨对虾仔虾，从盐度为 28g/L 的水体捞出后，直接放入盐度为 8g/L 的水体中，盐度差也为 20g/L，但其 48h 存活率仅为 50%，与中国明对虾仔虾相比，差距明显。这表明，对于相同的盐度差，升高或降低盐度对对虾渗透压调节能力的影响是不一样的。

同样，对虾对碱度的调节机制也具有一定的作用范围，超过这个限度，对虾也将无法通过自身的碱度调节机制来完成对碱度的适应性调节。本试验幼虾从虾塘水环境（碱度约为 3mmol/L）捞出后直接放入碱度为 23mmol/L 的盐碱水环境中，虽然 96h 死亡率为 100%，但在 48h 内仍可保持 20%的存活率。这说明 20mmol/L 的高碱度差，虽然超过了其自身对碱度调节机制的作用范围，但幼虾仍具有一定的耐受能力。同时表明幼虾具有一定的适应高碱度的驯化潜力。

（3）高碱度驯化可提高幼虾的耐碱能力。对虾生活水体的碱度，一般≤4.0mmol/L（包括天然海水、虾塘养殖水体以及育苗水体），而且相对较稳定，由于长期的驯化与适应，对虾也只能适应这种低水平、低变幅的碱度环境，其适应的高限≤10mmol/L。但经过高碱度环境驯化后，对虾对碱度的适应能力明显增强。例如，本试验将驯化至 14mmol/L 的幼虾直接放到碱度为 16～24mmol/L 的水体环境中，其 96h 存活率与碱度为 14mmol/L 水体没有显著差别，而且在碱度为 26～30mmol/L 的水环境中尚有一定的成活率（45%～15%）。而未经过碱度驯化的幼虾从虾塘水体的碱度水平直接放入碱度为 12～16mmol/L 的水环境，其 96h 存活率为 45%～15%，在碱度达到 20mmol/L 时，72h 死亡率为 100%。

相反，幼虾对低碱度的适应能力，比未驯化时有所下降。例如，将驯化到 14mmol/L 的幼虾直接放入碱度≤6.0mmol/L 的水体，其 96h 存活率比原来生活在 14mmol/L 的水体显著下降，其中在碱度为 2mmol/L 和碱度近乎为 0 的淡水环境，24h 死亡率为 100%。未经过碱度驯化的幼虾（如在虾塘养殖的幼虾）直接放入碱度为 6mmol/L 的水环境，其 96h 存活率仍可达 80%，与虾塘水体没有差别。

（4）不同驯化水平的幼虾对碱度的适应能力有所差别。本试验将碱度驯化至 30mmol/L 的幼虾直接放入碱度为 33～3mmol/L 的水环境，96h 存活率同原来生活在碱度为 30mmol/L 的水环境没有明显差别，同时，相对于≤10.0mmol/L 的低碱度组和≥20mmol/L 的高碱度组的存活率都要高一些。碱度驯化至 14mmol/L 的幼虾在≤10mmol/L 低碱度水环境中的存活率较高，在碱度≥20mmol/L 的水环境中存活率明显降低。其中，碱度为 20mmol/L 水环境中 48h 存活率仅为 5%，碱度≥24mmol/L 的水环境 24h 存活率均为 0。

以上表明，随着碱度驯化水平的提高，幼虾对碱度的适应能力也在增强，适应范围在扩大。这就要求在培育适于碳酸盐类盐碱水环境移殖的虾苗时，应尽可能地提高碱度驯化水平。因为只有这种充分得到驯化的虾苗，才能较好地适应碱度宽泛的碳酸盐类盐碱水环境。

（5）碱度突变对幼虾的影响。碳酸盐类盐碱水环境移殖对虾，首先要对虾苗（或幼虾）实行盐度淡化，使其先在盐度上适应盐碱水环境，之后再进入碱度驯化阶段，使其适应盐碱水环境的高碱度、高 pH。目前已查明，在盐度淡化过程中，虾苗对于耐盐限度内低幅度的盐度差的驯化是能够适应的，而高幅度的盐度差会使虾苗的生长受到影响，甚至死亡。有人做过试验：将斑节对虾从盐度为 28.8g/L 的海水中，以 8.0g/L 的盐度差分别过渡到盐度为 4g/L 和 52g/L 的海水中养殖，3h 内对虾尚可生存；若将对虾直接从盐度为 28.8g/L 的海水中移到 4g/L 的海水中，对虾因无法适应而死亡。

为防止盐度突然变化，在对虾养殖生产上，如果育苗水体与养殖池塘水体的盐度差过大，虾苗先要进行暂养性过渡，使虾苗从育苗池水的盐度逐渐适应养殖池塘水体的盐度，然后再放养。在淡化养殖过程中，如果池塘水体的盐度过低，还要往水体中增施些粗盐或海水精。这些措施都可使对虾养殖成活率大大增加。

正如盐度的突变势必要影响对虾的正常生理机能一样，对虾对水环境碱度的忍耐力也是有一定范围的，超过耐碱范围，也会破坏对虾正常的自身调节机能。HCO_3^- 是血浆中最为重要的缓冲系统。外界环境 $c(CO_3^{2-})$、$c(HCO_3^-)$的变化必将影响对虾体内血淋巴 CO_2-HCO_3^--CO_3^{2-} 缓冲系统，并通过渗透与吸收作用，改变对虾血液的 pH，从而破坏其输氧功能。由于对虾的循环系统为开放式，其血淋巴 pH 的变化同样会直接影响其他组织，如肝脏、肾脏、鳃组织等。当碱度超过其忍耐的极限时，血液循环系统中的 CO_2 缓冲体系被打破，血液的 pH 升高，破坏了对虾自身对碱度的适应性调节机能，同时引起体内某些酶失去活性。碱性过强，还常常直接腐蚀鳃组织，造成对虾呼吸障碍而窒息或患上碱病（如肌原组织被破坏）。

由于幼虾的碱度驯化也是采取逐步升高碱度的方法，为幼虾创造了一个逐渐适应高碱度环境的机会，所以经过碱度驯化的幼虾对碱度差的适应能力较强。例如，将驯化至 30mmol/L 的幼虾直接放入碱度为 3～19mmol/L 的低碱度水环境，24h 及 48h 检查发现，在存活的幼虾中，有些个体身体弯曲，游动缓慢，人为刺激时，反应迟钝，但经过一段时间后，又慢慢恢复正常。这说明幼虾对此碱度已基本适应，可通过自身血液中 CO_2 平衡系统的调节机制来维持身体正常的循环代谢，保持正常生活状况。将驯化至 14mmol/L 碱度水平的幼虾直接放入 24～30mmol/L 的高碱度水体，幼虾也同样表现出上述症状。其共同特点是，幼虾身体弯曲数目随碱度升高增加，随时间的延长而减少。这可能是因为碱度差过大，使幼虾处于不断应激调节与适应状态，很容易破坏机体正常的生理机能，对幼虾产生不利影响；而在较长时间内，幼虾逐渐完成血液中 CO_2 平衡系统的调节，并在新的环境下建立起适应新环境条件的 CO_2 平衡体系。同时，这种调节过程必然要消耗一定的能量，所以在碱度驯化过程中，要适当投喂一些饲料，这有助于幼虾对碱度适应范围的扩大。

6.2.2　幼虾对高碱度的适应性驯化

1. *材料与方法*

1）试验虾与试验用水

试验用虾体长为 1.77（±0.49）cm，体重为 0.068（±0.019）g，购自辽宁营口市区养虾农户的淡化虾塘。该虾塘水环境 pH 为 7.93，碱度为 9.60mmol/L，盐度为 3.86g/L，$c(1/2\,CO_3^{2-})$、$c(HCO_3^-)$、$c(1/2\,SO_4^{2-})$、$c(Cl^-)$、$c(K^+)$、$c(Na^+)$、$c(1/2Ca^{2+})$及 $c(1/2Mg^{2+})$分别为 0mmol/L、9.60mmol/L、0.91mmol/L、53.25mmol/L、2.07mmol/L、40.25mmol/L、6.26mmol/L 及 13.93mmol/L，水质化学类型为 Cl_{III}^{Na} 半咸水[346, 347]。

试验用水的配制见 6.2.1 节。根据凡纳滨对虾幼虾的 SC_{Alk} 值 2.97～3.26mmol/L（见 6.1.1 节），确定高碱度驯化的初始碱度为 3.0mmol/L。碱度梯度设计为 3～37mmol/L，共 35 个梯度，基本覆盖了碳酸盐类盐碱水环境的碱度水平。每个梯度的水化学特征见表 6-32。

表 6-32　高碱度适应性驯化试验用水的水化学特征

碱度梯度/(mmol/L)	盐碱水添加量/mL	盐度/(g/L)	pH	$c(K^+)$/(mmol/L)	$c(Na^+)$/(mmol/L)	$c(1/2Ca^{2+})$/(mmol/L)	$c(1/2Mg^{2+})$/(mmol/L)	$c(Cl^-)$/(mmol/L)	$c(1/2\ SO_4^{2-})$/(mmol/L)
3	8.4	3.74	7.86	2.67	50.67	3.38	11.14	55.38	4.19
4	152.4	3.73	7.87	2.59	50.31	3.30	10.93	54.00	4.08
5	304.9	3.71	7.88	2.52	49.95	3.22	10.72	52.62	3.96
6	466.7	3.70	7.90	2.44	49.58	3.15	10.51	51.24	3.84
7	638.8	3.69	7.91	2.37	49.22	3.07	10.30	49.87	3.73
8	822.0	3.68	7.92	2.30	48.86	2.99	10.09	48.49	3.61
9	1017.5	3.66	7.94	2.22	48.50	2.92	9.89	47.11	3.50
10	1226.5	3.65	7.95	2.15	48.14	2.84	9.68	45.73	3.38
11	1450.7	3.64	7.97	2.08	47.78	2.76	9.47	44.35	3.26
12	1691.6	3.63	7.98	2.00	47.41	2.71	9.26	42.98	3.15
13	1951.1	3.62	8.00	1.93	47.05	2.61	9.05	41.60	3.03
14	2231.6	3.61	8.01	1.86	46.69	2.53	8.84	40.22	2.92
15	2535.7	3.59	8.03	1.78	46.33	3.45	8.63	38.84	2.80
16	2866.5	3.58	8.05	1.71	45.97	2.38	8.42	37.47	2.68
17	3227.7	3.56	8.07	1.64	45.61	2.30	8.22	36.09	2.57
18	3623.7	3.55	8.09	1.56	45.24	2.22	8.01	34.71	2.45
19	4059.7	3.54	8.11	1.49	44.88	2.15	7.80	33.33	2.34
20	4542.1	3.53	8.13	1.41	44.52	2.07	7.59	31.95	2.22
21	5078.7	3.51	8.15	1.34	44.16	1.99	7.38	30.58	2.10
22	5679.4	3.50	8.18	1.27	43.80	1.92	7.17	29.20	1.99
23	6356.1	3.49	8.20	1.18	43.44	1.84	6.96	27.82	1.87
24	7124.5	3.48	8.23	1.12	43.07	1.76	6.75	26.44	1.76
25	8004.4	3.47	8.26	1.05	42.71	1.69	6.55	25.07	1.64
26	9021.9	3.45	8.29	0.97	42.35	1.61	6.34	23.69	1.52
27	10212.2	3.44	8.32	0.90	41.99	1.53	6.13	22.31	1.41
28	11623.4	3.43	8.35	0.83	41.63	1.46	5.92	20.93	1.37
29	13323.1	3.42	8.39	0.75	41.27	1.83	5.71	19.55	1.18
30	15410.0	3.41	8.43	0.68	40.90	1.30	5.50	18.18	1.06
31	18033.4	3.40	8.48	0.60	40.54	1.23	5.29	16.80	0/94
32	21431.0	3.38	8.53	0.53	40.18	1.15	5.09	15.42	0.86
33	26003.0	3.36	8.59	0.46	39.82	1.07	4.88	14.03	0.71
34	32490.0	3.35	8.66	0.38	39.46	1.00	4.67	12.67	0.59
35	42407.0	3.34	8.74	0.31	39.10	0.92	4.46	11.29	0.48

续表

碱度梯度/(mmol/L)	盐碱水添加量/mL	盐度/(g/L)	pH	$c(K^+)$/(mmol/L)	$c(Na^+)$/(mmol/L)	$c(1/2Ca^{2+})$/(mmol/L)	$c(1/2Mg^{2+})$/(mmol/L)	$c(Cl^-)$/(mmol/L)	$c(1/2\ SO_4^{2-})$/(mmol/L)
36	59460.0	3.32	8.85	0.24	38.74	0.84	4.25	9.91	0.36
37	95674.0	3.31	8.98	0.16	38.73	0.77	4.04	8.54	0.25
38	224743.0	3.30	9.17	0.09	38.01	0.69	3.38	7.15	0.13
2.94（对照）	0	3.74	7.86	2.67	50.69	3.38	11.15	55.46	4.20

碱度梯度/(mmol/L)	$c(1/2\ CO_3^{2-})$/(mmol/L)	$c(HCO_3^-)$/(mmol/L)	*A* / *H*	A	B	C	*M* / *D*	水质类型
3	0.54	2.46	0.21	18.98	201.3	0.303	3.67	Cl_{III}^{Na}
4	0.72	3.28	0.28	19.42	197.2	0.302	3.72	Cl_{III}^{Na}
5	0.90	4.10	0.36	19.32	193.0	0.300	3.76	Cl_{III}^{Na}
6	1.07	4.93	0.44	20.32	189.2	0.300	3.81	Cl_{III}^{Na}
7	1.25	5.75	0.52	20.77	185.0	0.298	3.86	Cl_{III}^{Na}
8	1.43	6.57	0.61	21.24	180.9	0.296	3.91	Cl_{III}^{Na}
9	1.61	7.39	0.70	21.85	177.1	0.295	3.96	Cl_{III}^{Na}
10	1.78	8.22	0.80	22.39	172.0	0.293	4.02	Cl_{II}^{Na}
11	1.96	9.04	0.90	22.97	168.8	0.291	4.08	Cl_{II}^{Na}
12	2.14	9.86	1.00	23.71	165.3	0.293	4.13	Cl_{I}^{Na}
13	2.32	10.68	1.11	24.38	160.8	0.288	4.20	Cl_{I}^{Na}
14	2.50	11.50	1.23	25.10	156.7	0.286	4.27	Cl_{I}^{Na}
15	2.68	12.32	1.35	26.03	152.6	0.284	4.34	Cl_{I}^{Na}
16	2.85	13.15	1.48	26.88	148.6	0.283	4.41	Cl_{I}^{Na}
17	3.03	13.97	1.62	27.81	144.6	0.280	4.49	Cl_{I}^{Na}
18	3.21	14.79	1.76	29.00	140.5	0.277	4.57	Cl_{I}^{Na}
19	3.39	15.61	1.91	30.12	136.6	0.276	4.66	Cl_{I}^{Na}
20	3.57	16.43	2.07	31.57	132.5	0.273	4.75	Cl_{I}^{Na}
21	3.74	17.26	2.24	32.96	128.4	0.270	4.86	Cl_{I}^{Na}
22	3.92	18.08	2.42	34.49	124.4	0.268	4.96	Cl_{I}^{Na}
23	4.10	18.90	2.61	36.81	120.3	0.264	5.07	Cl_{I}^{Na}
24	4.28	19.72	2.82	38.46	116.2	0.261	5.19	Cl_{I}^{Na}
25	4.46	20.54	3.03	40.68	112.4	0.258	5.31	Cl_{I}^{Na}
26	4.63	21.37	3.27	43.66	108.3	0.254	5.45	Cl_{I}^{Na}
27	4.81	22.19	3.52	46.66	104.2	0.250	5.60	C_{I}^{Na}

续表

碱度梯度/(mmol/L)	$c(1/2\,CO_3^{2-})$/(mmol/L)	$c(HCO_3^-)$/(mmol/L)	A/H	A	B	C	M/D	水质类型
28	4.99	23.01	3.79	50.16	100.2	0.247	5.75	C_I^{Na}
29	5.17	23.83	4.09	55.03	95.5	0.242	5.93	C_I^{Na}
30	5.35	24.65	4.41	60.15	92.0	0.236	6.00	C_I^{Na}
31	5.53	25.47	4.75	67.57	88.1	0.233	6.31	C_I^{Na}
32	5.70	26.30	5.13	75.81	84.1	0.226	6.24	C_I^{Na}
33	5.88	27.12	5.55	86.57	80.0	0.219	6.77	C_I^{Na}
34	6.06	27.94	6.00	103.80	76.0	0.214	7.03	C_I^{Na}
35	6.24	28.76	6.51	126.13	71.9	0.206	7.33	C_I^{Na}
36	6.42	29.58	7.07	161.42	67.8	0.198	7.66	C_I^{Na}
37	6.59	30.41	7.69	298.81	63.9	0.191	8.01	C_I^{Na}
38	6.77	31.23	8.41	422.33	59.76	0.180	8.43	C_I^{Na}
2.94（对照）	0.53	2.41	0.202	18.79	201.4	0.303	3.67	Cl_{III}^{Na}

注：A. $c(Na^+)/c(K^+)$；B. $\rho(1/2Ca^{2+})+\rho(1/2Mg^{2+})$；C. $c(1/2Ca^{2+})/c(1/2Mg^{2+})$。

2）试验内容与方法

（1）不同驯化速度对幼虾存活率的影响。随机取暂养过的幼虾 300 尾，分成 3 组，每组设 1 个重复。第 1 组每隔 36h 更换 1 次高碱度实验用水，第 2 组、第 3 组分别间隔 24h、12h 更换 1 次高碱度试验用水，每次均提高碱度 2.0mmol/L。试验持续 14d。对照组以淡化虾塘水为试验用水（碱度为 2.94mmol/L），同样设 1 个重复组，每组投放幼虾 50 尾。

（2）碱度增幅对幼虾存活率的影响。同样随机取暂养过的幼虾 300 尾，分成 3 组，每组设 1 个重复。第 1 组每 12h 更换 1 次高碱度试验用水，每次升高碱度 1.0mmol/L；第 2 组每隔 24h 更换 1 次高碱度试验用水，每次升高碱度 2.0mmol/L；第 3 组每隔 48h 更换 1 次高碱度试验用水，每次升高碱度 4.0mmol/L。试验持续 16d。对照组试验与上述相同。

试验期间，采用排出老水、同时添加新水的方法更换试验用水，更换过程在 0.5h 内完成。试验容器分别有 10L、20L、50L 及 120L 的塑料盆、玻璃缸及水族箱各若干个，每只容器投放幼虾 50 尾。

2. 结果

经过 14d 驯化，每隔 36h 升高 1 次碱度，驯化至 17mmol/L 时的幼虾存活率为 37%；每隔 24h 升高 1 次碱度，驯化至 25mmol/L 时的存活率为 44%；每隔 12h 升高 1 次碱度，驯化至 37mmol/L 时的存活率为 24%（表 6-33）。对照组幼虾平均存活 46 尾，存活率为 92%。χ^2 检验结果显示，第 1 组（$\chi^2=33.03$）、第 2 组（$\chi^2=26.47$）及第 3 组（$\chi^2=47.05$）的幼虾存活率均与对照组存在极显著差异（$P<0.01$）。由 3 个组间存活率的差异性比较

可知，第 3 组与第 2 组差异显著（$\chi^2=4.46$，$P<0.05$）；第 1 组与第 2 组（$\chi^2=0.58$）、第 3 组与第 1 组（$\chi^2=1.19$）差异均不显著（$P>0.05$）。这说明高碱度的适应性驯化过程中，碱度每隔 36h 升高 1 次与每隔 24h 及 12h 升高 1 次，其幼虾存活率都相差不大，但每隔 24h 升高 1 次和每隔 12h 升高 1 次的幼虾存活率差异显著。

表 6-33　不同驯化速度对幼虾存活率的影响试验结果

时间		第 1 组			第 2 组			第 3 组			对照组	
		碱度梯度/(mmol/L)	A	B	碱度梯度/(mmol/L)	A	B	碱度梯度/(mmol/L)	A	B	A	B
07-02	18:00		50	50	3	50	50	3	50	50	50	50
07-03	6:00	3	49	50	3	50	50	5	49	49	50	50
	18:00		48	49	5	49	50	7	47	48	50	50
07-04	6:00		48	49	5	48	48	9	47	47	50	50
	18:00	5	48	49	7	48	47	11	45	46	50	50
07-05	6:00		47	48	7	46	46	13	45	46	50	50
	18:00		46	45	9	46	46	15	44	45	50	50
07-06	6:00	7	45	45	9	45	44	17	43	44	50	50
	18:00		45	45	11	43	42	19	41	42	50	50
07-07	6:00		44	43	11	41	39	21	40	41	49	50
	18:00	9	44	42	13	40	37	23	38	37	49	50
07-08	6:00		42	42	13	38	35	25	37	35	49	48
	18:00		40	39	15	36	32	27	34	32	49	48
07-09	6:00	11	38	38	15	34	30	29	32	30	49	48
	18:00		36	35	17	31	28	31	32	29	49	48
07-10	6:00		34	33	17	31	28	33	30	28	49	48
	18:00	13	34	32	19	30	27	35	29	26	48	48
07-11	6:00		31	31	19	29	26	37	28	24	48	47
	18:00		30	31	21	28	24	37	26	22	48	47
07-12	6:00	15	24	22	21	28	24	37	24	21	48	47
	18:00		23	21	23	28	24	37	21	19	48	47
07-13	6:00		22	20	23	25	23	37	20	19	47	46
	18:00	17	21	19	25	24	22	37	17	18	47	46
07-14	6:00		21	19	25	23	21	37	15	14	47	45
	18:00	19	20	17	27	23	21	37	13	11	47	45
平均存活数		18.5 尾			22 尾			12 尾			46 尾	
平均存活率		37%			44%			24%			92%	

注：A. 试验组幼虾存活数；B. 平行组幼虾存活数。对照组碱度为 2.94mmol/L。

由表 6-34 可知，每隔 12h、24h 及 48h 分别升高碱度 1.0mmol/L、2.0mmol/L 及 4.0mmol/L，这 3 种碱度增幅对幼虾存活率的影响差别不大。对照组幼虾存活 42 尾，存活率为 84%。用 χ^2 检验这 3 个组与对照组幼虾存活率的差异性，得 χ^2 值分别为 19.72、21.38 及 25.84，都大于 $\chi^2_{0.01}$，表明这 3 个组与对照组的幼虾存活率差别极显著（$P<0.01$）。3 个组间比较，其 $\chi^2_{1\cdot2}=0.042$，$\chi^2_{1\cdot3}=0.87$，$\chi^2_{2\cdot3}=0.27$，都小于 $\chi^2_{0.05}$，表明 3 个组间幼虾存活率无显著差异（$P>0.05$）。也就是说，3 种碱度增幅模式对幼虾存活率没有显著影响。

表 6-34　碱度增幅对幼虾存活率的影响试验结果

时间		第 1 组			第 2 组			第 3 组			对照组	
		碱度梯度/(mmol/L)	A	B	碱度梯度/(mmol/L)	A	B	碱度梯度/(mmol/L)	A	B	A	B
07-02	18:00	3	50	50	3	50	50	3	50	50	50	50
07-03	6:00	4	50	50	3	50	50	3	50	50	50	50
	18:00	5	50	50	5	49	50	3	50	49	50	50
07-04	6:00	6	49	47	5	49	49	3	50	49	50	50
	18:00	7	48	47	7	48	49	7	47	47	50	50
07-05	6:00	8	46	46	7	48	48	7	47	47	50	50
	18:00	9	46	45	9	46	47	7	45	46	50	50
07-06	6:00	10	45	45	9	46	47	7	45	46	50	50
	18:00	11	43	42	11	46	46	11	44	43	50	50
07-07	6:00	12	42	42	11	45	45	11	43	42	48	50
	18:00	13	40	41	13	44	45	11	43	41	48	49
07-08	6:00	14	40	40	13	42	43	11	40	40	47	49
	18:00	15	38	36	15	41	43	15	40	40	47	47
07-09	6:00	16	38	35	15	38	40	15	38	37	47	47
	18:00	17	37	35	17	37	40	15	37	35	47	46
07-10	6:00	18	37	33	17	35	39	15	34	33	45	45
	18:00	19	36	33	19	35	38	19	32	33	45	44
07-11	6:00	20	35	32	19	34	35	19	29	30	45	44
	18:00	21	33	32	21	32	32	19	29	30	45	44
07-12	6:00	22	30	31	21	30	31	19	25	28	43	44
	18:00	23	28	31	23	28	27	23	24	27	43	44
07-13	6:00	24	26	27	23	28	26	23	22	25	43	43
	18:00	25	25	25	25	27	25	23	21	23	43	42
07-14	6:00	26	24	22	25	27	25	23	21	22	42	42
	18:00	27	23	21	27	25	22	27	20	21	42	42
07-15	6:00	28	23	21	27	24	20	27	19	19	42	42

续表

		第 1 组			第 2 组			第 3 组			对照组	
		碱度梯度/(mmol/L)	A	B	碱度梯度/(mmol/L)	A	B	碱度梯度/(mmol/L)	A	B	A	B
时间	07-15 18:00	29	22	20	29	22	20	27	19	18	42	42
	07-16 6:00	30	22	20	29	21	19	27	18	18	42	42
	07-16 18:00	31	21	20	31	20	19	31	18	16	42	42
平均存活数		20.5 尾			19.5 尾			17 尾			42 尾	
平均存活率		41%			39%			34%			84%	

注：同表 6-33。

3. 问题探讨

1）水质类型由天然海水向内陆盐碱水的转变

试验基础水（虾塘水）的离子含量及其比例构成均与天然海水和对虾养殖水环境基本相同，是适宜对虾生存的水环境，以此为试验用水的对照组幼虾 16d 存活率均在 80%以上，符合试验设计要求。因此，这种基础水作为幼虾高碱度适应性驯化用水也是可行的。

由表 6-32 可知，随着盐碱水加入量的增加、碱度的升高，水质水化学特征也逐渐改变。其显著表现是：各个梯度水环境因子由天然海水和对虾养殖水环境特征，逐渐趋向天然盐碱水，pH、M/D、A/H、$c(Na^+)/c(K^+)$、$c(1/2Ca^{2+})/c(1/2Mg^{2+})$等水环境因子，都逐渐转变为盐碱水特征。水质化学类型也由天然海水和对虾养殖水环境的Cl_{III}^{Na}，在经过Cl_{II}^{Na}到Cl_{I}^{Na}的转变之后，逐渐过渡到内陆碳酸盐类盐碱水的C_{I}^{Na}。从对照组开始，随着碱度增大，天然海水和对虾养殖水环境的海水水质类型，即Cl_{III}^{Na}特征逐渐减弱。当碱度达到 25mmol/L 时，水环境 $c(1/2\,CO_3^{2-}) + c(HCO_3^-) \approx c(Cl^-)$。碱度从 26mmol/L 开始，水环境逐渐趋于 $c(1/2\,CO_3^{2-}) + c(HCO_3^-)$高于 $c(Cl^-)$，水质类型开始表现为碳酸盐类，而且随着碱度的升高，C_{I}^{Na}水质特征增强（A/H 增大），试验用水与盐碱水的水质特征趋于一致。

2）碱度驯化应循序渐进

对虾的盐度淡化，是为了适应低盐度甚至纯淡水养殖而进行的低盐度驯化，主要是使对虾能够适应盐度≤10.0g/L 的半咸水环境或盐度＜1.0g/L 的淡水环境。其方法是：在对虾育苗期间，采取逐渐降低水环境盐度的措施，使虾苗逐渐适应低盐度水环境。一般较好的淡化方式，是从育苗水体盐度为 20～25g/L，经过 10～15d 的淡化过程，将虾苗淡化到盐度为 2～5g/L，并且每次盐度的降低幅度≤2.0g/L。这种淡化虾苗用于低盐度的半咸水或淡水养殖成虾时，其成活率和生长率均良好。而进行短时间搞突击淡化的虾苗，由于盐度降低幅度太大，超过了虾苗自身的适应能力，不但淡化成活率低，而且放养成活率也不高，养殖过程中也容易感染疾病，生长速度减慢。

与之相反，对虾的高碱度驯化是为了适应内陆高碱度、高 pH 的盐碱水环境而进行的综合性驯化。根据过去的研究结果，对虾生活在低碱度的海水环境，对高碱度的耐受性较差。因此，高碱度驯化过程中碱度的变化应为递增模式，同时水质化学类型也应同时发生变化，逐渐由海水类型过渡到内陆盐碱水类型。由本试验可知，在不同淡化速度对幼虾存活率的影响中，以相同的碱度升幅 2.0mmol/L，每隔 12h 升高 1 次的幼虾存活率最低，其次是每隔 36h 升高 1 次，但两组幼虾的存活率没有达到生物统计学意义上的显著差别。每隔 24h 升高 1 次的幼虾存活率最高，该组与每隔 12h 升高 1 次的差别显著，但与每隔 36h 升高 1 次的无明显差异。由此可知，在碱度递增幅度为 2.0mmol/L 的条件下，碱度以 24h 或 36h 调高 1 次较为适宜。若以每隔 6h 调高 1 次计算，则需分别调整 4 次和 6 次，每次碱度升高幅度分别为 0.5mmol/L 和 0.3mmol/L。

在不同碱度增幅对幼虾存活率影响的实验中，碱度的 3 种递增方式对幼虾存活率的影响均无显著差异，即每隔 12h、24h 及 48h 碱度分别升高 1.0mmol/L、2.0mmol/L 及 4.0mmol/L 的幼虾存活率没有较大差别，存活率平均为 38%左右。若以每隔 6h 调整 1 次碱度计算，上述 3 种方式要分别调整 2 次、4 次及 8 次，每次增加幅度均为 0.5mmol/L。

综合上述两种试验结果可知，在虾苗（或幼虾）进行高碱度适应性驯化过程中，碱度递增速度以 0.1mmol/(L·h)或 0.5mmol/(L·h)都是安全的，驯化时间以 10～15d 为宜。

3）对虾对碱度的适应较平稳

有人在进行凡纳滨对虾仔虾对低盐度环境的耐受力试验中，观察仔虾对海水比重递减速度的耐受力。结果表明，海水比重在 1.019～1.000 范围内（相当于盐度为 24.87～1.84g/L），各实验组的仔虾死亡率都是在比重降到 1.007 以后（相当于盐度为 9.11g/L）才出现明显增加的。这说明凡纳滨对虾仔虾在海水盐度＞9.11g/L 时，对盐度的降低有较强的耐受能力；在低盐度的水环境中，对盐度的下降较为敏感，相邻两组死亡率之差大于 10%。

相比之下，凡纳滨对虾对水环境碱度的适应过程则较为平稳，没有出现像对盐度适应那样的死亡越层。从本试验碱度递增的几种方式来看，随着碱度的增加，幼虾死亡率也在平缓地变化，相邻两组死亡率的差值一般都低于 8%，并未出现像盐度递减变化下，仔虾死亡率大起大落的情况。这表明，对虾虽然长期生活在碱度较低且较稳定的海水环境，生理上对高碱度的耐受力较差，但在逐步驯化的条件下，幼虾对碱度的递增变化仍有较强的耐受力，而且在 37mmol/L 的高碱度水环境中，尚有一定数量的幼虾存活下来。这可能是因为在较长的驯化时间内，幼虾可以进行自身耐碱机制的调节，逐渐适应高碱度水环境。

4）通过驯化可提高幼虾对高碱度的耐受力

天然海水碱度一般在 2.0～2.5mmol/L，对虾养殖水体及育苗水体的碱度范围均在 4.0mmol/L 左右，对虾因缺少高碱度驯化过程，故对碱度的耐受范围较窄。本试验采取递增式提高碱度的方法，给幼虾创造了一个逐步驯化的过程，从而大大提高了其耐碱范围，甚至对 37mmol/L 的高碱度水环境也有一定的适应能力。这一碱度水平已基本达到内陆盐碱水环境碱度的上限标准。

本试验的两种驯化方式，当碱度达到 20～30mmol/L 时，幼虾存活率尚可保持在 40%左右，这一碱度与绝大多数内陆苏打盐碱水环境的碱度水平相当，可以满足该水环境下移殖对虾的需要，因为碱度＞30mmol/L 的高碱度水环境毕竟占少数。

如同对虾经过人工驯化可耐受 0.2～0.5g/L 的低盐度，提高了对低盐度水环境适应性一样，凡纳滨对虾幼虾在高碱度驯化条件下，也可以适应碱度比天然海水高出 10 倍以上的水环境。本试验条件下，幼虾在碱度为 37mmol/L 的水环境中可至少存活 96h。2003 年，曾就碱度对淡化凡纳滨对虾幼虾的毒性效应进行过试验，结果表明，幼虾的碱度 24h LC_{50} 为 12～14mmol/L，24h LC_{100} 为 18～21mmol/L。这是在幼虾未经过任何碱度驯化的条件下，从虾塘水体直接捞出进行试验所观察到的结果。与之相比，本试验幼虾对碱度的耐受能力明显提高。例如，当试验用水的碱度达到上述 24h LC_{100} 时，幼虾存活率仍可达到 66%～74%；达到 24h LC_{50} 时，幼虾存活率达 80%～84%。可见，在逐步驯化的条件下，凡纳滨对虾幼虾对碱度的耐受能力大大增强。至于幼虾在驯化过程中能耐受的碱度高限尚待进一步研究。但驯化至 20～30mmol/L，就已经达到内陆碳酸盐类盐碱水域移殖的要求了。

5）幼虾高碱度的适应性驯化方法

本试验表明，采用原虾塘水添加盐碱水的方法对幼虾进行高碱度驯化是可行的。驯化速度以碱度递增 0.1mmol/(L·h)，或递增 0.5mmol/(L·6h)均可，10～15d 驯化到 20～30mmol/L，幼虾存活率可达 40%左右，而且在 37mmol/L 水平的存活率仍可保持 10%以上。同时，当碱度在 20～30mmol/L 时，水环境 pH 也已经升至 8.1～8.5，在碱度为 37mmol/L 时，pH 达到 9.0，与碳酸盐类盐碱水环境基本一致。由此可见，在幼虾逐步适应高碱度环境的同时，对高 pH 环境也得到驯化与适应。所以，驯化过程实际上就是对内陆高碱度、高 pH 的盐碱水环境的驯化与适应过程，随着水环境其他因子的逐步改变，最后完成水质类型的转型，即由最初的海水型完全转为内陆碳酸盐类盐碱水。

通过驯化的幼虾对盐碱水环境已有很强的适应能力。曾将驯化至 37mmol/L、并且在此碱度环境下已生存了 48h 的 10 尾幼虾，放入容积为 $1.0m^3$ 的玻璃水族箱中，利用本试验所用的盐碱水进行投饵饲养，其 96h 存活率为 90%，144h 存活率为 70%，第 10d 仍有 2 尾存活，最后 1 尾幼虾死亡历经 321h。

在本试验中，驯化结束后，还对存活下来的幼虾进行了体长、体重的测量。在抽样的 15 尾幼虾中，平均体长为 2.07（±0.41）cm，体重为 0.107（±0.071）g，分别比试验之初增加了 16.9%和 57.4%。在上述已驯化至碱度 37mmol/L、并在此水环境中生存了 48h 的 10 尾幼虾中，其驯化后平均体长为 1.94（±0.38）cm，平均体重为 0.083（±0.027）g，投放到水族箱中饲养至第 13d 死亡时，体长为 2.13cm，体重为 0.098g，分别增长了 9.8%和 18.1%。

上述结果表明，幼虾在驯化过程中，不仅可逐步适应盐碱水环境，还有一定的生长量；同时，驯化后的幼虾投放到盐碱水环境中饲养，也有一定的增长量。尽管与正常淡化的幼虾在池塘饲养时的增长速度相差悬殊，但这说明幼虾不仅初步适应了盐碱水环境，还能获得一定的生长速度，这为幼虾在碳酸盐类盐碱水环境中成功移殖与养殖带来了希望。

6.2.3　驯化幼虾的生长性能

1. 材料与方法

试验基础水为辽宁省营口市老边区养虾农户的淡化虾塘水，经过充分消毒、沉淀和过滤，水质化学类型与天然海水相同（Cl_{III}^{Na}）。试验用水以基础水添加天然盐碱水（C_{I}^{Na}）配制。试验碱度梯度分别设置为：以公差 5.0mmol/L，在 5～30mmol/L 之间设置 6 个碱度梯度；以天然盐碱水为试验用水设置 1 个梯度；以虾塘水为试验用水设置 1 个对照组。各试验梯度的水化学特征见表 6-35。每个碱度梯度分为 10 组，每组 1 个试验盆（容积 8.0L），共 80 个（包括对照组）。从碱度驯化至 30mmol/L 的幼虾中，挑选个体大小相差不大的幼虾（表 6-36），分别投放到各试验盆中，每个盆投放 1 尾。试验水温为 25.7（±0.8）℃，溶解氧含量为 6.72（±1.41）mg/L，试验持续 15d。试验结束后，测量存活幼虾体长[73, 74, 337, 338]。

表 6-35　驯化幼虾生长试验用水的水化学特征

碱度梯度/(mmol/L)	盐碱水加入量/mL	盐度/(g/L)	pH	$c(K^+)$/(mmol/L)	$c(Na^+)$/(mmol/L)	$c(1/2Ca^{2+})$/(mmol/L)	$c(1/2Mg^{2+})$/(mmol/L)	$c(Cl^-)$/(mmol/L)	$c(1/2\ SO_4^{2-})$/(mmol/L)
5	304.9	3.71	7.88	2.52	49.95	3.22	10.72	52.62	3.96
10	1226.5	3.65	7.95	2.15	48.14	2.84	9.68	45.73	3.38
15	2535.7	3.59	8.03	1.78	46.33	3.45	8.63	38.84	2.80
20	4542.1	3.53	8.13	1.41	44.52	2.07	7.59	31.95	2.22
25	8004.4	3.47	8.26	1.05	42.71	1.69	6.55	25.07	1.64
30	15410.0	3.41	8.43	0.68	40.90	1.30	5.50	18.18	1.06
38.78（盐碱水）	0	3.29	9.41	0.032	37.73	0.63	3.67	6.08	0.04
2.94（虾塘水）	0	3.74	7.86	2.67	50.69	3.38	11.15	55.46	4.20

碱度梯度/(mmol/L)	$c(1/2\ CO_3^{2-})$/(mmol/L)	*A* / *H*	$c(HCO_3^-)$/(mmol/L)	C	A	B	*M*/*D*	水质类型
5	0.90	0.36	4.10	19.32	193.0	0.300	3.76	Cl_{III}^{Na}
10	1.78	0.80	8.22	22.39	172.0	0.293	4.02	Cl_{II}^{Na}
15	2.68	1.35	12.32	26.03	152.6	0.284	4.34	Cl_{I}^{Na}
20	3.57	2.07	16.43	31.57	132.5	0.273	4.75	Cl_{I}^{Na}
25	4.46	3.03	20.54	40.68	112.4	0.258	5.31	Cl_{I}^{Na}
30	5.35	4.41	24.65	60.15	92.0	0.236	6.00	C_{I}^{Na}
38.78（盐碱水）	6.91	9.02	31.87	1179.10	56.64	0.17	8.78	C_{I}^{Na}
2.94（虾塘水）	0	0.015	2.30	46.78	1655.20	0.19	3.76	Cl_{III}^{Na}

注：$A = c(Na^+)/c(K^+)$；$B = \rho(1/2Ca^{2+}) + \rho(1/2Mg^{2+})$；$C = c(1/2Ca^{2+})/c(1/2Mg^{2+})$。

表 6-36　试验开始时幼虾体长

碱度梯度/(mmol/L)	体长/cm										平均/cm
	1	2	3	4	5	6	7	8	9	10	
5	1.27	1.32	1.09	1.13	1.47	1.52	1.21	1.33	1.36	1.29	1.30±0.14
10	1.42	1.17	1.42	1.31	1.34	1.29	1.42	1.51	1.44	1.37	1.37±0.10
15	1.41	1.32	1.43	1.27	1.35	1.43	1.41	1.22	1.27	1.35	1.35±0.07
20	1.33	1.27	1.24	1.41	1.52	1.47	1.43	1.45	1.39	1.52	1.40±0.10

续表

碱度梯度/(mmol/L)	体长/cm										平均/cm
	1	2	3	4	5	6	7	8	9	10	
25	1.35	1.21	1.29	1.22	1.31	1.44	1.55	1.54	1.19	1.23	1.33±0.13
30	1.45	1.37	1.35	1.44	1.52	1.51	1.47	1.27	1.327	1.41	1.42±0.08
38.78（盐碱水）	1.21	1.33	1.42	1.35	1.51	1.52	1.44	1.39	1.42	1.44	1.40±0.09
2.94（虾塘水）	1.32	1.37	1.49	1.47	1.29	1.37	1.52	1.57	1.54	1.55	1.45±0.10

2. 试验结果

1）幼虾存活率

碱度为 10mmol/L 组的幼虾存活率最高，为 90%；盐碱水组最低，为 60%；其余各组为 70%～80%（表 6-37）。从存活率看，碱度驯化至 30mmol/L 的幼虾，已经初步具备了对水环境各种碱度水平的适应能力，为适应内陆盐碱水特别是碳酸盐类盐碱水环境宽泛的碱度奠定了良好基础。χ^2 检验结果表明，各个碱度梯度组与对照组的幼虾存活率均无显著差异（$P>0.05$）；其中，幼虾死亡率最高的盐碱水组与对照组之间 $\chi^2=0.22$，为最高。试验组间比较可知，各组间的幼虾存活率也无显著差别（$P>0.05$）；其中幼虾死亡率最高的天然盐碱水组与死亡率最小的 10mmol/L 组之间 $\chi^2=0.82$，为最高。以上表明各碱度梯度（包括对照组）的幼虾存活率没有明显差别。

表 6-37　试验结束时存活幼虾体长

碱度梯度/(mmol/L)	体长/cm										平均/cm
	1	2	3	4	5	6	7	8	9	10	
5	2.74	3.11	3.28	死亡	3.41	3.07	2.94	3.52	死亡	2.69	3.10±0.30
10	3.15	2.47	3.43	3.04	2.99	3.52	3.45	2.87	3.72	死亡	3.18±0.39
15	2.62	死亡	2.97	3.02	2.94	3.01	3.12	2.45	死亡	2.71	2.86±0.25
20	2.92	2.87	死亡	2.43	2.92	死亡	2.97	2.65	3.11	死亡	2.84±0.23
25	死亡	2.47	2.62	2.66	2.82	2.59	2.71	2.81	2.44	死亡	2.64±0.14
30	2.17	2.44	2.51	死亡	2.29	1.97	死亡	2.20	死亡	2.31	2.27±0.18
38.78（盐碱水）	2.25	死亡	2.31	1.92	死亡	2.42	1.87	死亡	2.21	死亡	2.16±0.22
2.94（虾塘水）	3.73	2.87	4.12	4.31	3.92	3.93	4.12	4.90	死亡	死亡	3.99±0.37

2）幼虾体长

试验之初幼虾体长并无明显差别，平均体长较大的对照组与最小组之差仅 0.15cm（表 6-36）。但经过 15d 饲养，体长差别明显，绝对平均体长最大的对照组与最小的盐碱水组之差为 1.83cm（表 6-37）。方差分析表明，各碱度梯度之间幼虾体长差异显著（表 6-38）。

采用最小显著差数法（LSD）和新复极差检验法（SSR），对试验结束后不同碱度水平下幼虾体长的差异性进行多重比较，结果见表 6-39～表 6-41。可知对照组与其他各组间、碱度为 10mmol/L 组与 15～38.78mmol/L 各组间、碱度为 5mmol/L 组与 25～38.78mmol/L 各组间的幼虾体长差异极显著（P＜0.01）；碱度分别为 5mmol/L、15mmol/L 及 20mmol/L 各组与 25mmol/L 组间的幼虾体长差异显著（P＜0.05）；碱度为 5mmol/L 与 10mmol/L 组间、15mmol/L 与 20mmol/L 组间以及 30mmol/L 与盐碱水组间的幼虾体长均无显著差异（P＞0.05）。

表 6-38　幼虾体长生长方差分析

变异来源	df	SS	s^2	F	$F_{0.05}$	$F_{0.01}$
处理间	7	19.10	2.729	33.69**	2.20	3.02
处理内	53	4.30	0.081			
总变异	60	23.40				

表 6-39　不同碱度水平下幼虾体长差异性比较（LSD）

碱度/(mmol/L)	m_i /cm	差异显著性						
		$m_i-2.16$	$m_i-2.27$	$m_i-2.65$	$m_i-2.81$	$m_i-2.84$	$m_i-3.04$	$m_i-3.18$
2.94（虾塘水）	4.11	1.95**	1.84**	1.46**	1.30**	1.27**	1.07**	0.93**
10	3.18	1.02**	0.91**	0.53**	0.37**	0.34**	0.14	
5	3.04	0.88**	0.77**	0.39**	0.23**	0.20*		
20	2.84	0.68**	0.57**	0.19*	0.03			
15	2.81	0.65**	0.54**	0.16				
25	2.65	0.49**	0.38**					
30	2.27	0.11						
38.78（盐碱水）	2.16							

注：m_i 为平均数；$s_{m_1-m_2}=0.078\text{mm}$；$\text{LSD}_{0.05}=0.156\text{mm}$；$\text{LSD}_{0.01}=0.207\text{mm}$。

表 6-40　不同碱度水平下幼虾体长的 LSR 值（SSR）

LSR 值	M 值						
	2	3	4	5	6	7	8
$\text{SSR}_{0.05}$	2.83	2.98	3.07	3.14	3.20	3.24	3.28
$\text{SSR}_{0.01}$	3.76	3.92	4.03	4.11	4.17	4.23	4.27
$\text{LSR}_{0.05}$	0.156	0.164	0.169	0.173	0.176	0.179	0.181
$\text{LSR}_{0.01}$	0.207	0.216	0.222	0.226	0.230	0.233	0.235

注：$s_m=0.055\text{mm}$。M 值表示检验极差的平均数个数，后文同。

表 6-41　不同碱度水平下幼虾体长差异性（SSR）

碱度/(mmol/L)	平均数/cm	显著水平		碱度/(mmol/L)	平均数/cm	显著水平	
		$\alpha=0.05$	$\alpha=0.01$			$\alpha=0.05$	$\alpha=0.01$
2.94（虾塘水）	4.11	a	A	15	2.81	eg	DG
10	3.18	b	B	25	2.65	fi	DF
5	3.04	bd	BC	30	2.27	hj	EH
20	2.84	ce	CD	38.78（盐碱水）	2.16	j	H

3）幼虾日增长情况

上述结果显示，尽管试验之初幼虾体长之间的差别并不十分明显，但试验结束后，各组间的幼虾体长差异显著（$P<0.05$）。这表明经过 15d 饲养，存活幼虾均获得了一定的增长量。从平均日增长量看，以对照组最高，平均为 1.71mm/d，其次为 10mmol/L 组。盐碱水组的幼虾平均日增长量最小，为 0.52mm（表 6-42）。方差分析表明（表 6-43），各碱度组之间幼虾平均日增长量差异极显著（$P<0.01$）。

表 6-42　不同碱度下幼虾平均体长日增长量

碱度/(mmol/L)	平均日增长量/(mm/d)										平均/(mm/d)
	1	2	3	4	5	6	7	8	9	10	
5	0.98	1.19	1.15	死亡	1.29	1.03	1.15	1.46	死亡	1.04	1.16±0.16
10	1.15	0.87	1.34	1.15	1.10	1.49	1.35	0.91	1.52	死亡	1.21±0.23
15	0.81	死亡	0.76	1.17	1.06	1.05	1.14	0.82	死亡	0.93	0.97±0.16
20	1.06	1.07	死亡	0.68	0.93	死亡	1.03	0.94	1.09	死亡	0.97±0.14
25	死亡	0.84	0.92	0.96	1.01	0.77	0.77	0.85	0.73	死亡	0.86±0.10
30	0.48	0.71	0.77	死亡	0.51	0.31	死亡	0.51	死亡	0.56	0.55±0.15
38.78（盐碱水）	0.69	死亡	0.59	0.38	死亡	0.60	0.24	死亡	0.59	死亡	0.52±0.17
2.94（虾塘水）	1.61	1.00	1.75	1.89	1.75	1.71	1.73	2.22	死亡	死亡	1.71±0.31

表 6-43　幼虾平均体长日增长量的方差分析

变异来源	df	SS	s^2	F	$F_{0.05}$	$F_{0.01}$
处理间	7	7.61	1.087	27.80**	2.20	3.02
处理内	53	2.07	0.039			
总变异	60	9.68				

分别采用 LSD 法和 SSR 法，对不同碱度水平下幼虾体长日均增长量的差异性进行多重比较，结果见表 6-44～表 6-46。可知碱度为 5mmol/L 与 10mmol/L 组间，碱度为 15mmol/L、20mmol/L 及 25mmol/L 各组分别与 30mmol/L 和盐碱水组间的幼虾平均日增长量差异极显著（$P<0.01$）；碱度为 15mmol/L、20mmol/L 组分别与 25mmol/L 组间幼虾平

均日增长量差异显著（$P<0.05$）；碱度为5mmol/L、10mmol/L组间，碱度为15mmol/L、20mmol/L组间以及30mmol/L与盐碱水组间的幼虾平均日增长量无显著差别（$P>0.05$）。

表6-44　不同碱度水平下幼虾平均体长日增长量的差异性（LSD）

碱度/(mmol/L)	m_i /(mm/d)	差异显著性						
		$m_i-0.52$	$m_i-0.55$	$m_i-0.86$	$m_i-0.97$	$m_i-0.97$	$m_i-1.16$	$m_i-1.21$
2.94（虾塘水）	1.72	1.20**	1.17**	0.86**	0.75**	0.75**	0.56**	0.51**
10	1.21	0.69**	0.66**	0.35**	0.24**	0.24**	0.05	
5	1.16	0.64**	0.61**	0.30**	0.19*	0.19*		
20	0.97	0.45**	0.42**	0.11*	0			
15	0.97	0.45**	0.42**	0.11*				
25	0.86	0.34**	0.31**					
30	0.55	0.03						
38.78（盐碱水）	0.52							

注：m_i 为平均数；$s_{m_1-m_2}=0.054\text{mm}$；$LSD_{0.05}=0.108\text{mm}$；$LSD_{0.01}=0.144\text{mm}$。

表6-45　不同碱度水平下幼虾平均体长日增长量的LSR值（SSR）

LSR值	LSR值	*M*值						
		2	3	4	5	6	7	8
$SSR_{0.05}$	$SSR_{0.05}$	2.83	2.98	3.07	3.14	3.20	3.24	3.28
$SSR_{0.01}$	$SSR_{0.01}$	3.76	3.92	4.03	4.11	4.17	4.23	4.27
$LSR_{0.05}$	$LSR_{0.05}$	0.108	0.114	0.118	0.120	0.123	0.124	0.126
$LSR_{0.01}$	$LSR_{0.01}$	0.144	0.150	0.154	0.157	0.160	0.162	0.164

注：$s_m=0.038\text{mm}$。

表6-46　不同碱度水平下幼虾平均体长日增长量的差异性（SSR）

碱度/(mmol/L)	平均数/cm	显著水平		碱度/(mmol/L)	平均数/cm	显著水平	
		$\alpha=0.05$	$\alpha=0.01$			$\alpha=0.05$	$\alpha=0.01$
2.94（虾塘水）	1.72	a	A	15	0.97	eg	E
10	1.21	b	B	25	0.86	fi	EG
5	1.16	bd	BD	30	0.55	hj	FH
20	0.97	ce	CE	38.78（盐碱水）	0.52	j	H

3. 问题探讨

1）水环境因子、幼虾体长和平均体长日增长量的相关性

水环境因子与实验结束时幼虾体长和平均体长日增长量的相关分析结果表明（表6-47），幼虾体长和平均体长日增长量与水环境因子的相关性均呈正向相关，相关系数也基本相

同，这表明各碱度梯度水环境因子对幼虾生长的影响程度基本一致。从相关性质看，幼虾体长和平均体长日增长量与碱度、$c(Na^+)/c(K^+)$和 M/D 均呈负相关。所以，从内陆碳酸盐类盐碱水水质特点来看，这 3 个因子可能是对虾在盐碱水环境生长与生存的限制因子。

表 6-47　幼虾平均体长日增长量与水环境因子的线性关系

水环境因子（X）	$L=b_1X+a_1$	$\Delta L=b_2X+a_2$
盐度/(g/L)	$L=3.457X-9.368(r=0.881,P<0.01)$	$\Delta L=2.282X-7.103(r=0.914,P<0.01)$
碱度/(mmol/L)	$L=-18.44X+70.63(r=-0.880,P<0.01)$	$\Delta L=-29.662X+47.854(r=-0.914,P<0.01)$
pH	$L=-0.885X+9.931(r=-0.718,P<0.05)$	$\Delta L=-0.567X+5.672(r=-0.750,P<0.05)$
$c(K^+)$/(mmol/L)	$L=0.58X+1.992(r=0.880,P<0.01)$	$\Delta L=0.383X+0.406(r=0.914,P<0.01)$
$c(Na^+)$/(mmol/L)	$L=0.118X-2.436(r=0.879,P<0.01)$	$\Delta L=0.081X-2.69(r=0.921,P<0.01)$
$c(1/2Ca^{2+})$/(mmol/L)	$L=0.556X+1.66(r=0.880,P<0.01)$	$\Delta L=0.368X+0.187(r=0.915,P<0.01)$
$c(1/2Mg^{2+})$/(mmol/L)	$L=0.284X+1.261(r=0.880,P<0.01)$	$\Delta L=0.135X-0.077(r=0.915,P<0.01)$
$c(Cl^-)$/(mmol/L)	$L=0.031X+1.823(r=0.880,P<0.01)$	$\Delta L=2.05\times10^{-2}X+0.294(r=0.914,P<0.01)$
$c(1/2\,SO_4^{2-})$/(mmol/L)	$L=0.368X+1.996(r=0.880,P<0.01)$	$\Delta L=0.243X+0.409(r=0.914,P<0.01)$
$c(1/2\,CO_3^{2-})$/(mmol/L)	$L=-0.24X+3.666(r=-0.880,P<0.01)$	$\Delta L=-0.158X+0.513(r=-0.915,P<0.01)$
$c(HCO_3^-)$/(mmol/L)	$L=-5.19\times10^{-2}X+3.664(r=-0.880,P<0.01)$	$\Delta L=-3.43\times10^{-2}X+1.512(r=-0.914,P<0.01)$
$c(Na^+)/c(K^+)$	$L=-7.53\times10^{-4}X+3.014(r=-0.504,P>0.05)$	$\Delta L=-7.53\times10^{-4}X+1.082(r=-0.522,P<0.05)$
A/(mg/L)	$L=1.06\times10^{-2}X+1.41(r=0.880,P<0.01)$	$\Delta L=6.995\times10^{-3}X+0.022(r=0.915,P<0.01)$
B	$L=10.064X+6.59\times10^{-2}(r=0.778,P<0.05)$	$\Delta L=7.08X-0.879(r=0.814,P<0.05)$
M/D	$L=-2.72X+4.266(r=-0.761,P<0.05)$	$\Delta L=-0.181X+1.915(r=-0.795,P<0.05)$
A/H	$L=-0.135X+3.271(r=-0.619,P>0.05)$	$\Delta L=-9.26\times10^{-2}X+1.262(r=-0.670,P>0.05)$

注：L．幼虾体长；ΔL．幼虾平均体长日增长量；$A=\rho(1/2Ca^{2+})+\rho(1/2Mg^{2+})$；$B=c(1/2Ca^{2+})/c(1/2Mg^{2+})$。

表 6-47 还显示，盐碱水环境中幼虾平均体长日增长量不仅与离子浓度有关，还与若干离子间的组成比例有关。例如，平均日增长量与 $c(1/2\,CO_3^{2-})+c(HCO_3^-)$、$A/H$、$c(Na^+)/c(K^+)$等环境因子均存在相关性，有的相关程度达到显著和极显著水平。因此，在碳酸盐类盐碱水环境移殖对虾时，不仅要考虑某些离子浓度，还要注意它们之间的组成比例。只有离子浓度适宜、比例适当，才能满足对虾生存与生长的需要。

2）碱度、盐度和 pH 与幼虾平均体长日增长量的相关性

由表 6-48 可知，在简单相关性中，幼虾体长平均日增长量与碱度、盐度和 pH 的相关性都达到显著或极显著。从一级偏相关性来看，当碱度和盐度二者之一保持在一定范围时，幼虾体长平均日增长量同另一个因子的变化无关（$r_{al\cdot s}$、$r_{sl\cdot a}$ 趋于 0）；当碱度或盐度保持在一定范围时，幼虾体长平均日增长量虽然与 pH 的变化有关，但均未达到显著水平（$r_{pl\cdot s}$、$r_{pl\cdot a}<r_{0.05}$）。当 pH 保持在一定范围时，幼虾体长平均日增长量与碱度和盐度都显著相关（$r_{sl\cdot p}$、$r_{al\cdot p}>r_{0.05}$），其中与碱度显著负相关（$r_{al\cdot p}<0$）。

表 6-48　幼虾平均体长日增长量与碱度、盐度和 pH 的相关性

简单相关性		一级偏相关性		二级偏相关性	
因子	r	因子	r	因子	r
r_{as}	-0.9997^{**}	$r_{as\cdot p}$	-0.9995^{**}	$r_{as\cdot pl}$	-0.9991^{**}
r_{ps}	-0.902^{**}	$r_{ps\cdot a}$	-0.471	$r_{ps\cdot al}$	-0.950^{**}
r_{ap}	0.892^{**}	$r_{ap\cdot s}$	-0.865^{*}	$r_{ap\cdot sl}$	-0.942^{**}
r_{sl}	0.914^{**}	$r_{sl\cdot a}$	0.058	$r_{sl\cdot ap}$	0.782
		$r_{sl\cdot p}$	0.832^{*}		
r_{al}	-0.914^{**}	$r_{al\cdot p}$	-0.820^{*}	$r_{al\cdot ps}$	0.660
		$r_{al\cdot s}$	0.003		
r_{pl}	-0.750^{*}	$r_{pl\cdot s}$	0.424	$r_{pl\cdot as}$	0.813
		$r_{pl\cdot a}$	0.357		

注：a. 碱度；s. 盐度；p. pH；l. 幼虾平均体长日增长量。

从二级偏相关系数来看，pH 在一定范围内，当碱度和盐度二者之一发生变化时，另一个因子对幼虾体长平均日增长量均有一定的影响，但这种影响效应并未达到生物学意义上的显著水平（$r_{al\cdot ps}$、$r_{sl\cdot ap} < r_{0.05}$）。当碱度和盐度同时保持在一定范围时，pH 变化对幼虾体长平均日增长量有明显影响（$r_{pl\cdot as} > r_{0.05}$）。这一现象与虾塘的情况基本一致。养殖过程中虾塘水环境碱度和盐度的变化并不明显，都基本保持在一定范围内。但由于水生植物的光合作用，pH 变化较大，常常出现 9.0～9.5 的高值，超过正常养殖条件下的 pH 范围（7.8～9.0）。但由于碱度等其他水环境因子适宜，对虾的生长与生存并不受任何影响。根据养殖生产经验，pH 在 7.8～9.0 范围内，随着 pH 的升高对虾饲养效果也逐渐增强。

在本试验中，幼虾是经过高碱度驯化过的“碱化”幼虾，驯化过程中盐度和 pH 都保持在虾塘水环境范围，因而高 pH 并未得到适应性驯化。本试验幼虾生长的水环境 pH 也在虾塘水体范围。所以，在此范围内，幼虾体长平均日增长量与 pH 具有显著正相关关系。

3）碱度、pH 和 M/D 与幼虾平均体长日增长量的相关性

通常，碱度、pH 和 M/D 是内陆盐碱水环境水生生物移入和栖息的障碍因子。表 6-49 显示，这些水环境因子对幼虾体长平均日增长量的影响效应也都达到显著或极显著程度，其简单相关系数 r_{pl}、r_{al} 和 r_{ml} 都为负值，且 $> r_{0.05}$。当碱度保持在一定范围时，pH 和 M/D 的变化对幼虾体长平均日增长量的影响程度基本一致，而且都不明显（$r_{pl\cdot a}$、$r_{ml\cdot a} < r_{0.05}$）。当 pH 和 M/D 二者之一保持在一定范围时，另一个因子的变化对幼虾体长平均日增长量的影响也都不明显，其中 pH 的影响是正向的（$r_{pl\cdot m} > 0$），这与前面的分析结果相一致；M/D 的影响则是负向的（$r_{ml\cdot p} < 0$），且已接近显著水平（$r_{ml\cdot p}$ 趋近于 $r_{0.05}$）。

表 6-49　幼虾平均体长日增长量与碱度、*M* / *D* 和 pH 的相关性

简单相关性		一级偏相关性		二级偏相关性	
因子	r	因子	r	因子	r
r_{am}	-0.929^{**}	$r_{am\cdot p}$	0.934^{**}	$r_{am\cdot pl}$	0.870^{**}
r_{pm}	-0.995^{**}	$r_{pm\cdot a}$	0.992^{**}	$r_{pm\cdot al}$	0.991^{**}
r_{ap}	0.892^{**}	$r_{ap\cdot m}$	-0.837^{*}	$r_{ap\cdot ml}$	-0.697
r_{ml}	-0.795^{*}	$r_{ml\cdot a}$	0.363	$r_{ml\cdot ap}$	0.072
		$r_{ml\cdot p}$	-0.715		
r_{al}	-0.914^{**}	$r_{al\cdot p}$	-0.820^{*}	$r_{al\cdot pm}$	0.610
		$r_{al\cdot m}$	-0.782^{*}		
r_{pl}	-0.750^{*}	$r_{pl\cdot m}$	0.645	$r_{pl\cdot am}$	-0.024
		$r_{pl\cdot a}$	0.357		

注：m. *M* / *D*；a、p、l 意同表 6-48。

以上表明，*M* / *D* 与 pH 同时存在时，*M* / *D* 对幼虾生长的影响作用要强于 *M* / *D* 与碱度组合时的作用；pH 与 *M* / *D* 组合时对幼虾生长的限制作用要强于 pH 与碱度组合时的作用。但是，从二级偏相关性来看，当碱度和 *M* / *D* 都保持在一定范围时，pH 对幼虾的生长已基本无影响效应（$r_{pl\cdot am}$ 趋于 0）；当碱度和 pH 同时保持在一定范围时，*M* / *D* 也基本不影响幼虾生长（$r_{ml\cdot ap}$ 趋于 0）。这可能与幼虾在接受高碱度适应性驯化的同时，对 *M* / *D* 也产生了较强的适应能力有关。

表 6-49 还显示，在碱度、pH 和 *M* / *D* 中，无论 pH 或 *M* / *D* 哪个因子保持在一定范围，碱度都将明显地限制幼虾生长（$r_{al\cdot p}$、$r_{al\cdot m} > r_{0.05}$）。但当 pH 和 *M* / *D* 都保持在一定范围时，碱度对幼虾生长的影响则为正效应。这种情况也只有在虾塘水环境下才会出现。对某个特定的虾塘水体，养殖期间 *M* / *D* 基本不变，pH 通过人工调节也控制在适宜范围。这时水环境碱度的变化对对虾生长的影响具有正效应，这如同淡水养殖水环境碱度保持在 1.0～3.0mmol/L 可促进鱼类生长的影响效应一样。

4）*A* / *H* 、$c(Na^+)/c(K^+)$、$c(1/2Ca^{2+})/c(1/2Mg^{2+})$与幼虾平均体长日增长量的相关性

表 6-50 显示，$c(Na^+)/c(K^+)$或 $c(1/2Ca^{2+})/c(1/2Mg^{2+})$保持一定时，*A* / *H* 对幼虾生长均有显著负影响；当二者同时保持一定时，*A* / *H* 对幼虾生长的影响不明显，这表明 *A* / *H* 对幼虾生长的影响还受到其他因子的作用。*A* / *H* 或 $c(Na^+)/c(K^+)$保持一定时，$c(1/2Ca^{2+})/c(1/2Mg^{2+})$对幼虾生长均有显著影响（$r_{Cl\cdot A}$、$r_{Cl\cdot N} > r_{0.05}$）；当二者同时保持一定时，$c(1/2Ca^{2+})/c(1/2Mg^{2+})$对幼虾生长的影响不显著。同时还发现 $c(Na^+)/c(K^+)$对幼虾生长的影响不明显。

表 6-50　幼虾平均体长日增长量与 *A/H*、$c(Na^+)/c(K^+)$及 $c(1/2Ca^{2+})/c(1/2Mg^{2+})$的相关性

简单相关性		一级偏相关性		二级偏相关性	
因子	r	因子	r	因子	r
r_{AN}	0.890^{**}	$r_{AN\cdot C}$	0.956^{**}	$r_{AN\cdot Cl}$	0.917^{**}
r_{AC}	-0.9996^{**}	$r_{AC\cdot N}$	-0.9996^{**}	$r_{AC\cdot Nl}$	-0.998^{**}

续表

简单相关性		一级偏相关性		二级偏相关性	
因子	r	因子	r	因子	r
r_{CN}	−0.878**	$r_{CN \cdot A}$	0.951**	$r_{CN \cdot Al}$	0.906*
r_{Al}	−0.801*	$r_{Al \cdot N}$	−0.868**	$r_{Al \cdot NC}$	0.322
		$r_{Al \cdot C}$	−0.772*		
r_{Nl}	−0.522	$r_{Nl \cdot A}$	0.705	$r_{Nl \cdot AC}$	−0.230
		$r_{Nl \cdot C}$	0.695		
r_{Cl}	−0.814*	$r_{Cl \cdot A}$	0.787*	$r_{Cl \cdot AN}$	0.533
		$r_{Cl \cdot N}$	0.872*		

注：A. A/H；N. $c(Na^+)/c(K^+)$；C. $c(1/2Ca^{2+})/c(1/2Mg^{2+})$；l. 同表 6-48。

5）$c(K^+)$、$c(1/2Ca^{2+})$及 $c(Cl^-)$与幼虾平均体长日增长量的相关性

从表 6-51 可以看出，$c(K^+)$、$c(1/2Ca^{2+})$及 $c(Cl^-)$对幼虾生长的影响都不显著。相对地，$c(1/2Ca^{2+})$对幼虾生长的影响作用较大些，但也未达到显著，这说明还有其他因子在同时起作用。同时发现，$c(Cl^-)$对幼虾生长具有一定的负影响，而在 NaCl 型水质的虾塘水环境并不影响对虾生长。这说明 $c(Cl^-)$在虾塘水环境下虽未影响对虾生长，但在 $c(1/2\,CO_3^{2-})$、$c(HCO_3^-)$较高的碳酸盐类盐碱水环境中，$c(Cl^-)$在一定程度上影响对虾的生长。因此，原本没有毒性的某些离子，在碳酸盐类盐碱水环境很可能产生毒性作用。

表 6-51　幼虾平均体长日增长量与 $c(K^+)$、$c(1/2Ca^{2+})$及 $c(Cl^-)$的相关性

简单相关性		一级偏相关性		二级偏相关性	
因子	r	因子	r	因子	r
r_{KCa}	0.999995**	$r_{KCa \cdot Cl}$	0.017	$r_{KCa \cdot ClL}$	−0.054
r_{KCl}	0.999997**	$r_{KCl \cdot Ca}$	0.123	$r_{KCl \cdot CaL}$	0.023
r_{CaCl}	0.999997**	$r_{CaCl \cdot K}$	0.123	$r_{CaCl \cdot KL}$	0.107
r_{KL}	0.914**	$r_{KL \cdot Ca}$	−0.172	$r_{KL \cdot ClCa}$	−0.120
		$r_{KL \cdot Cl}$	0.098		
r_{CaL}	0.915**	$r_{CaL \cdot Cl}$	0.608	$r_{CaL \cdot ClK}$	0.609
		$r_{CaL \cdot K}$	0.174		
r_{ClL}	0.914**	$r_{ClL \cdot Ca}$	0.104	$r_{ClL \cdot Cak}$	−0.597
		$r_{ClL \cdot K}$	−0.604		

注：K. $c(K^+)$；Ca. $c(1/2Ca^{2+})$；Cl. $c(Cl^-)$；L. 幼虾平均体长日增长量。

从上面的相关分析可以看出，任何一个水环境因子对幼虾生长的影响都与其他因子的参与分不开。如简单相关系数都达到显著或极显著水平，而一级偏相关系数大多数情况下

为不显著或很少达到显著水平，二级偏相关系数除 pH 的影响达到显著水平外，其他均为不显著，甚至近于无相关性。

6）驯化幼虾生长评价

对比表 6-52 中的沿海和近海内陆地区池塘养殖对虾的生长情况，本试验在盐碱水环境中驯化养殖的幼虾体长平均日增长量与之存在一定差异。当水环境碱度超过 30mmol/L 时，试验水体的水质类型转变为碳酸盐类盐碱水，幼虾体长平均日增长量明显偏低；碱度＜25mmol/L 时，试验水体的水质类型为氯化物类盐碱水，有的试验组已属海水类型，该水环境下幼虾平均体长日增长水平与虾塘相当。由于表 6-52 的幼虾平均体长日增长量为全年平均值，而本试验幼虾平均体长日增长量只是 15d 的平均值，因此，本试验幼虾的实际生长水平将相对低一些。

表 6-52　池塘养殖对虾的全年平均体长日增长量　（单位：mm/d）

养殖品种	地点	全年平均体长日增长量										平均
		1 组	2 组	3 组	4 组	5 组	6 组	7 组	8 组	9 组	10 组	
凡纳滨对虾	山东[145]	0.86	0.83	0.86	0.87	0.86	0.89					0.86±0.02
凡纳滨对虾	山东[305]	0.50	1.20	1.60	0.70	0.80	0.40	1.50	1.60	0.90	0.70	0.99±0.45
凡纳滨对虾	福建[306]	1.11	1.22	1.22	1.00	0.78	0.56	0.44	0.33			0.83±0.36
		1.22	0.89	1.11	1.22	0.89	0.67	0.56	0.78			0.92±0.25
		1.44	0.78	0.78	0.89	1.00	0.78	0.56	0.78	0.56	0.44	0.80±0.28
		1.22	1.00	1.11	1.22	1.00	0.78	0.78	0.56			0.96±0.23
凡纳滨对虾	浙江[310]	0.90	0.67	0.67	0.73	0.71						0.74±0.10
斑节对虾	上海[324]	1.46	1.30	1.21	1.38	1.25	1.32					1.32±0.09
中国明对虾	山东[331]	0.63	0.61	0.56	0.73	0.66	0.61					0.63±0.16
凡纳滨对虾	浙江[340]	0.76	0.88	0.65	0.71	1.41						0.88±0.31
凡纳滨对虾	浙江	0.32	0.76	0.92	1.04	1.12	1.08	0.88	0.80			0.87±0.26
中国明对虾	山东[348]	0.85	0.97	0.94	0.77	0.90						0.89±0.08
中国明对虾	山东[349]	0.73	0.71	0.75	0.72	0.77						0.74±0.02
凡纳滨对虾	湛江[350]	1.01	1.20	1.23	1.26							1.18±0.14
凡纳滨对虾	广西[351]	1.23	1.27	1.31	1.45	1.06	1.14	0.91	0.96	1.29	1.09	1.17±0.17
凡纳滨对虾	上海[352]	1.63	2.00	1.13	2.22	0.83	1.00	0.80				1.37±0.58
凡纳滨对虾	海南[353]	1.67	1.44	1.56	1.67	1.22	1.56	1.00				1.45±0.23
凡纳滨对虾	上海[354]	1.83	1.29	1.71	1.52	1.00	0.87	0.68	0.77			1.21±0.44
凡纳滨对虾	浙江[355]	0.37	1.39	1.50	1.33	0.94	0.78	0.61	0.44	0.33		0.85±0.46
凡纳滨对虾	江苏[356]	0.85	0.82	0.83								0.83±0.02
凡纳滨对虾	山东[357]	1.00	1.22	1.33	1.44	1.67	1.67	0.89	0.78	0.33	0.33	1.07±0.49
凡纳滨对虾	辽宁[358]	1.39	1.28	1.31	1.28	1.24	1.27					1.30±0.05

从以上试验结果可以看出，经过高碱度环境适应性驯化的对虾，在碳酸盐类盐碱水环

境中生长仍存在一定困难，而且这种困难是多因子综合作用的结果。尽管如此，但毕竟突破了自然环境下不能存活的障碍。同时表明，通过驯化的幼虾不仅可以在碱度≥30mmol/L的盐碱水环境中生存，还能获得一定的生长量，对虾的适应性驯化初步得到成功，为下一步开展盐碱水环境移殖提供了可能性。

6.3 对虾移殖的可能性

6.3.1 移殖水体 $\rho(CO_3^{2-})+\rho(HCO_3^-)$组成特征

1. 含盐量中 $\rho(CO_3^{2-})+\rho(HCO_3^-)$的占比

水环境 $\rho(CO_3^{2-})+\rho(HCO_3^-)$直接或间接地影响 pH 和碱度，并决定水体 CO_2 缓冲系统，因而是水环境重要的生态因子之一。天然水环境中，$c(1/2\,CO_3^{2-})+c(HCO_3^-)$通常称为碳酸盐碱度，一般低于 3.0mmol/L，但盐碱水环境大多超过该值。由表 6-53 可知，在对虾的碱度 hLC_{50} 试验中（见 6.1.1 节），试验用水的含盐量中 $\rho(CO_3^{2-})+\rho(HCO_3^-)$占 10.61%～22.04%，并且随着试验用水碱度的增加而升高；作为对照组的虾塘水环境 $\rho(CO_3^{2-})+\rho(HCO_3^-)$在盐度中占比为 15%左右，二者相差不大，表明试验水环境中导致幼虾死亡的因素除碱度外，还可能存在其他因素（见 6.1.1 节）。由此可见，碱度毒性试验中导致试验幼虾死亡的水环境因子不仅仅是碱度本身，还可能存在其他水化学因子（如主要离子比例组成等），也可能是多种生态因子组合的综合作用[71, 299]。

表 6-53 对虾碱度 hLC_{50} 试验用水的盐度中 $\rho(CO_3^{2-})+\rho(HCO_3^-)$的占比

碱度/(mmol/L)	盐度/(g/L)	pH	$\rho(CO_3^{2-})$/(mg/L)	$\rho(HCO_3^-)$/(mg/L)	$\rho(CO_3^{2-})+\rho(HCO_3^-)$				幼虾 24h 死亡率/%
					增加量/(mg/L)	增加比例/%	总量/(mg/L)	占比盐度/%	
6.94	3.63	8.03	37.13	347.90	322.20	89.50	385.03	10.61	0
7.97	3.71	8.05	42.64	399.54	379.35	86.22	442.18	11.92	5
9.15	3.81	8.07	48.95	458.69	444.81	82.37	507.64	13.32	20
10.51	3.93	8.15	56.23	526.87	520.27	78.83	583.10	14.84	35
12.07	4.07	8.25	64.57	605.07	606.81	75.85	669.64	16.65	45
13.86	4.22	8.27	74.15	694.80	706.12	74.33	768.95	18.22	65
15.95	4.40	8.29	85.33	799.57	822.07	72.75	884.90	20.11	85
18.27	4.60	8.37	97.74	915.88	950.79	71.49	1013.62	22.04	100
9.60（虾塘水）	3.86	7.93	0.00	585.60			585.60	15.17	0

2. 盐碱水与虾塘水 $\rho(CO_3^{2-})+\rho(HCO_3^-)$的组成

比较松嫩平原碳酸盐类盐碱水、西北地区硫酸盐类与氯化物类盐碱水、黄河下游地区氯化物类盐碱池塘以及沿海和近海地区虾塘水环境中阴离子含量及其在盐度中的占比可知（表 6-54），松嫩平原的 22 片碳酸盐类盐碱湿地水环境中，有 18 片的 $\rho(CO_3^{2-})+\rho(HCO_3^-)$

在盐度中占比高于50%；部分水体盐度虽然并不算高（低于1.0g/L），但$\rho(CO_3^{2-})+\rho(HCO_3^-)$占比＞60%。相比之下，在山西、陕西、内蒙古及山东等西北和黄河下游地区的7片氯化物类和硫酸盐类盐碱湿地水环境中，$\rho(CO_3^{2-})+\rho(HCO_3^-)$在盐度中占比低于17.0%（1.07%～16.71%），西北及黄河下游地区的氯化物类和硫酸盐类盐碱水环境$\rho(CO_3^{2-})+\rho(HCO_3^-)$在盐度中占比低于17.0%，在辽宁、上海和浙江等沿海及近海内陆地区的13片虾塘湿地水环境中，$\rho(CO_3^{2-})+\rho(HCO_3^-)$在盐度中的占比，其中4片湿地占比平均为23.49%（15.17%～31.19%），9片湿地占比平均为2.21%（1.32%～4.36%）。

表6-54　内陆盐碱水与虾塘水环境阴离子浓度及其在盐度中占比

湿地名称	碱度/(mmol/L)	盐度/(g/L)	$\rho(CO_3^{2-})$		$\rho(HCO_3^-)$	
			浓度/(mg/L)	占比/%	浓度/(mg/L)	占比/%
吉林东方红泡	38.64	3.32	208.8	6.29	1932.5	58.21
吉林月亮泡	4.13	0.36	0.0	0.00	251.8	69.94
吉林丰收泡	5.18	0.42	14.4	3.43	286.9	68.31
吉林烧锅泡	4.70	0.42	5.8	1.38	275.2	65.52
吉林新荒泡	16.92	1.83	0.0	0.00	1032.1	56.40
吉林菱角泡	18.96	2.09	0.0	0.00	1156.6	55.34
吉林乌里泡	18.34	1.69	60.8	3.60	995.7	58.92
吉林划仁泡	19.43	1.83	27.2	1.49	1130.5	61.78
吉林根宝甸泡	20.21	2.17	73.0	3.36	1085.4	50.02
吉林榆树泡	18.88	2.27	72.6	3.20	1004.2	44.24
吉林三八泡	44.50	5.55	543.0	9.78	1610.4	29.02
吉林杨树泡	33.66	4.07	0.0	0.00	2053.3	50.45
吉林海坨泡	32.25	6.86	234.0	3.41	1790.1	26.09
吉林林河泡	31.93	3.70	245.3	6.63	1698.6	45.91
吉林小西米泡	28.07	3.29	159.1	4.84	1550.3	47.12
吉林他拉红泡	27.08	2.45	225.4	9.20	1422.5	58.06
吉林太阳升泡	24.09	2.61	25.8	0.99	1417.0	54.29
吉林蛤蟆泡	38.50	3.34	210.3	6.30	1920.9	57.51
吉林红岗泡	38.78	3.29	207.3	6.30	1944.1	59.09
黑龙江三勇水泡	14.43	1.66	50.3	3.03	778.2	46.88
黑龙江敖包泡	15.26	1.56	32.2	2.06	865.7	55.49
黑龙江诺尔湖	8.60	0.79			497.9	63.03
山西运城硝池	5.77	26.90	88.2	0.33	199.5	0.74
陕西渭南咸水湖		5.57	61.3	1.10	61.3	1.10
山西运城咸水湖		11.34	28.2	0.25	185.0	1.63
内蒙古岱海	9.26	4.26	236.1	5.54	443.8	10.42
山东黄河下游鱼塘Ⅰ	6.37	2.26	10.8	0.48	366.8	16.23
山东黄河下游鱼塘Ⅱ	5.35	2.89	14.2	0.49	297.7	10.30

续表

湿地名称	碱度/(mmol/L)	盐度/(g/L)	$\rho(CO_3^{2-})$		$\rho(HCO_3^-)$	
			浓度/(mg/L)	占比/%	浓度/(mg/L)	占比/%
辽宁营口盐碱地虾塘Ⅰ	9.60	3.86	0.0	0.00	585.6	15.17
辽宁营口盐碱地虾塘Ⅱ	7.80	34.93	0.0	0.00	475.8	1.36
辽宁营口盐碱地虾塘Ⅱ	8.28	22.68	0.0	0.00	505.1	2.23
上海金山虾塘Ⅰ	3.49	5.77	19.6	0.34	155.8	2.70
上海金山虾塘Ⅴ	2.99	3.80	16.2	0.43	149.2	3.93
上海金山虾塘Ⅶ	2.28	7.31	41.5	0.57	55.0	0.75
上海金山虾塘Ⅷ	2.25	6.90	27.1	0.39	82.5	1.20
上海奉贤虾塘中Ⅰ	3.04	6.05	45.8	0.76	92.4	1.53
上海奉贤虾塘中Ⅺ	2.57	0.59	18.1	3.07	120.0	20.34
浙江萧山围垦虾塘	2.72	3.92	18.0	0.46	129.3	3.30
浙江富阳灵桥虾塘Ⅰ	2.80	0.49	21.6	4.41	131.2	26.78
浙江富阳灵桥虾塘Ⅱ	1.82	0.46	0.0	0.00	111.2	24.17
山东垦利盐碱地虾塘	6.93	12.60	19.9	0.16	382.5	3.04

湿地名称	$\rho(SO_4^{2-})$		$\rho(Cl^-)$		水质类型	资料来源
	浓度/(mg/L)	占比/%	浓度/(mg/L)	占比/%		
吉林东方红泡	2.0	0.06	253.5	7.63	C_I^{Na}	
吉林月亮泡	2.08	0.58	12.3	3.41	C_I^{Na}	
吉林丰收泡	1.6	0.39	11.4	2.70	C_I^{Na}	
吉林烧锅泡	3.7	0.89	17.0	4.06	C_I^{Na}	
吉林新荒泡	0.0	0.00	220.1	12.03	C_I^{Na}	
吉林菱角泡	0.0	0.00	272.6	13.04	C_I^{Na}	
吉林乌里泡	25.0	1.48	109.2	6.22	C_I^{Na}	
吉林划仁泡	30.1	1.64	94.8	5.18	C_I^{Na}	
吉林根宝甸泡	43.3	2.00	276.3	12.73	C_I^{Na}	作者
吉林榆树泡	72.5	3.20	377.9	16.65	C_I^{Na}	
吉林三八泡	260.7	4.70	1185.7	21.36	C_I^{Na}	
吉林杨树泡	5.8	0.14	887.5	21.81	C_I^{Na}	
吉林海坨泡	22.4	0.33	1695.1	24.71	C_I^{Na}	
吉林林河泡	22.0	0.59	635.5	17.18	C_I^{Na}	
吉林小西米泡	7.6	0.23	596.5	18.13	C_I^{Na}	
吉林他拉红泡	16.8	0.69	131.4	5.36	C_I^{Na}	
吉林太阳升泡	0.5	0.02	349.3	13.38	C_I^{Na}	

续表

湿地名称	$\rho(SO_4^{2-})$		$\rho(Cl^-)$		水质类型	资料来源
	浓度/(mg/L)	占比/%	浓度/(mg/L)	占比/%		
吉林蛤蟆泡	2.3	0.07	291.1	8.72	C_I^{Na}	作者
吉林红岗泡	1.7	0.05	215.8	6.56	C_I^{Na}	
黑龙江三勇水泡	40.0	2.41	267.4	16.11	C_I^{Na}	[63]
黑龙江敖包泡	16.0	1.02	79.1	5.07	C_I^{Na}	
黑龙江诺尔湖	25.9	3.28	30.9	3.91	C_I^{Na}	
山西运城硝池	10684.8	39.72	7171.0	26.66	硫酸盐	[320]
陕西渭南咸水湖	288.0	5.17	1980.0	35.55	氯化物	[359]
山西运城咸水湖	996.0	8.78	4150.0	36.60	氯化物	
内蒙古岱海	470.9	11.05	2063.8	48.25	氯化物	[321]
山东黄河下游鱼塘Ⅰ	672.5	29.78	689.2	30.49	氯化物	[78]
山东黄河下游鱼塘Ⅱ	753.6	26.08	904.2	31.29	氯化物	
辽宁营口盐碱地虾塘Ⅰ	43.6	1.13	1890.4	48.97	Cl_{III}^{Na}	[79]
辽宁营口盐碱地虾塘Ⅱ	94.0	0.27	21743.8	62.25	Cl_{III}^{Na}	
辽宁营口盐碱地虾塘Ⅲ	81.0	0.36	13845.0	61.04	Cl_{III}^{Na}	
上海金山虾塘Ⅰ	390.6	6.77	3048.5	52.83	Cl_{III}^{Na}	[301]
上海金山虾塘Ⅴ	204.8	5.39	2000.8	52.65	Cl_{III}^{Na}	
上海金山虾塘Ⅶ	525.1	7.18	3900.3	53.36	Cl_{III}^{Na}	
上海金山虾塘Ⅷ	524.6	7.60	3650.6	52.91	Cl_{III}^{Na}	
上海奉贤虾塘中Ⅰ	455.8	7.53	3152.5	52.11	Cl_{III}^{Na}	
上海奉贤虾塘中Ⅺ	28.1	4.76	220.0	37.29	Cl_{III}^{Na}	
浙江萧山围垦虾塘	131.0	3.34	2702.0	68.93	Cl_{III}^{Na}	[302]
浙江富阳灵桥虾塘Ⅰ	160.5	18.25	32.8	3.73	Cl_{III}^{Na}	
浙江富阳灵桥虾塘Ⅱ	18.3	3.97	158.9	34.54	Cl_{III}^{Na}	
山东垦利盐碱地虾塘	2080.0	16.51	7030.0	55.79	Cl_{III}^{Na}	[140]

以上表明，不同水环境$\rho(CO_3^{2-})+\rho(HCO_3^-)$在盐度中占比存在一定差别。基本趋势是：碳酸盐类盐碱水环境明显高于氯化物类和硫酸盐类盐碱水及虾塘水；氯化物类盐碱水和硫酸盐类盐碱水与虾塘水之间差别不明显。这可能是沿海及近海地区内陆氯化物类盐碱池塘养殖对虾获得成功的一个重要原因。

3. $\rho(CO_3^{2-})+\rho(HCO_3^-)$及其在盐度中占比与盐度、碱度的相关性

通过分析虾塘（盐碱水虾塘及淡水虾塘）、淡化虾塘（盐度＜10g/L）和碳酸盐类盐碱水

三种水环境中 $\rho(CO_3^{2-})+\rho(HCO_3^-)$及其在盐度中的占比与盐度、碱度的相关性（表 6-55），可知三种水环境中 $\rho(CO_3^{2-})+\rho(HCO_3^-)$都与碱度极显著相关（$P<0.01$）；$\rho(CO_3^{2-})+\rho(HCO_3^-)$在盐度中的占比与盐度显著相关（$P<0.05$），其中在淡化虾塘和碳酸盐类盐碱水环境均极显著相关（$P<0.01$）；盐度分别与碱度、$\rho(CO_3^{2-})+\rho(HCO_3^-)$的相关性在虾塘水环境为显著（$P<0.05$）、在碳酸盐类盐碱水环境为极显著（$P<0.01$）。虾塘水环境和淡化虾塘水环境 $\rho(CO_3^{2-})+\rho(HCO_3^-)$在盐度中的占比与碱度近乎无相关性；在碳酸盐类盐碱水环境中相关性相对较高，但尚未达到显著水平（$P>0.05$）。

表 6-55 $\rho(CO_3^{2-})+\rho(HCO_3^-)$及其在盐度中占比与碱度、盐度的相关关系

虾塘水	淡化虾塘水	盐碱水
$S=2.098A+2.02\times10^{-2}$	$S=4.72\times10^{-2}A+3.757$	$S=0.115A-9.61\times10^{-2}$
$(r=0.576, P<0.05)$	$(r=0.04, P>0.05)$	$(r=0.837, P<0.01)$
$S=3.31\times10^{-2}C+0.929$	$S=-8\times10^{-4}C+4.054$	$S=2.13\times10^{-2}C-0.291$
$(r=0.576, P<0.05)$	$(r=-0.042, P>0.05)$	$(r=0.869, P<0.01)$
$S=-50.53p+13.134$	$S=-21.34p+6.268$	$S=-11.423p+9.022$
$(r=-0.576, P<0.05)$	$(r=-0.919, P<0.01)$	$(r=0.810, P<0.01)$
$A=0.158S+2.827$	$A=3.09\times10^{-2}S+3.235$	$A=6.09S+7.909$
$(r=0.573, P<0.05)$	$(r=0.037, P>0.05)$	$(r=0.837, P<0.01)$
$A=1.55\times10^{-2}C+0.489$	$A=1.55\times10^{-2}C+0.536$	$A=1.79\times10^{-2}C-0.824$
$(r=0.966, P<0.01)$	$(r=0.995, P<0.01)$	$(r=0.987, P<0.01)$
$A=-4.267p+4.577$	$A=1.23p+3.22$	$A=-46.519p+49.315$
$(r=-0.166, P>0.05)$	$(r=0.063, P>0.05)$	$(r=-0.405, P>0.05)$

注：*S*. 盐度；*A*. 碱度；*C*. $\rho(CO_3^{2-})+\rho(HCO_3^-)$；*p*. $\rho(CO_3^{2-})+\rho(HCO_3^-)$在盐度中的占比。

三种水环境中 $\rho(CO_3^{2-})+\rho(HCO_3^-)$与碱度极显著正相关（$P<0.01$），也说明了虾塘水环境较低的 $\rho(CO_3^{2-})+\rho(HCO_3^-)$浓度导致其碱度也较低（1.0～4.0mmol/L）；碳酸盐类盐碱水环境较高的 $\rho(CO_3^{2-})+\rho(HCO_3^-)$浓度导致其碱度也相对较高（>10mmol/L）。后者是由水质化学类型所决定的，也是该类型水环境的固有属性，无法通过人为措施来改变。由于水环境 CO_3^{2-}、HCO_3^- 的毒性强于 SO_4^{2-} 和 Cl^-，故 $\rho(CO_3^{2-})$及 $\rho(HCO_3^-)$浓度水平的高低，可作为内陆盐碱水环境对虾能否生存的评价指标。

6.3.2 未驯化幼虾的养殖试验

1. 材料与方法

试验用虾为淡化凡纳滨对虾幼虾，体长为 2.73（±1.22）cm，体重为 1.59（±0.31）g，数量为 1000 尾，购自辽宁省营口市区淡化虾塘，该虾塘水环境盐度为 3.86g/L，碱度为

9.60mmol/L。用虾塘水将试验用虾运抵试验地，暂养 24h 后，存活 707 尾。试验用水分别取自月亮泡、红岗子、龙沼和大榆树 4 个乡（镇）的 20 个自然泡沼，其水化学特征见表 6-56。

表 6-56　试验用水的水化学特征

试验用水来源	$\rho(K^+)$ /(mg/L)	$\rho(Na^+)$ /(mg/L)	$\rho(Ca^{2+})$ /(mg/L)	$\rho(Mg^{2+})$ /(mg/L)	$\rho(Cl^-)$ /(mg/L)	$\rho(SO_4^{2-})$ /(mg/L)	$\rho(CO_3^{2-})$ /(mg/L)	$\rho(HCO_3^-)$ /(mg/L)	pH
月亮泡Ⅰ	2.7	72.6	35.1	3.0	17.0	3.7	5.8	275.2	8.6
月亮泡Ⅱ	2.4	79.0	18.7	7.6	11.4	1.6	14.4	286.9	9.0
月亮泡Ⅲ	0.1	64.5	22.5	10.6	12.3	2.1	0.00	251.8	7.7
红岗子Ⅰ	1.9	859.3	10.0	48.6	291.1	2.2	210.2	1920.8	9.3
红岗子Ⅱ	1.2	867.8	12.5	44.1	215.8	1.7	207.4	1944.2	9.4
红岗子Ⅲ	0.8	441.2	90.0	47.5	220.1	0.1	0.00	1032.4	8.9
红岗子Ⅳ	1.0	540.0	81.2	43.2	272.6	0.1	0.00	1156.6	8.8
红岗子Ⅴ	2.2	702.0	59.0	49.9	349.3	0.4	25.9	1417.2	8.5
龙沼Ⅰ	0.9	44.1	185.5	103.0	34.1	1.6	0.00	581.9	8.1
龙沼Ⅱ	3.1	37.1	208.2	106.5	29.8	1.8	6.1	603.9	8.5
龙沼Ⅲ	4.4	34.6	212.2	106.0	29.2	1.7	0.00	598.0	8.3
龙沼Ⅳ	4.5	10.0	763.8	310.6	14.4	4.2	64.8	1328.6	8.8
龙沼Ⅴ	2.6	15.0	204.9	97.6	18.2	23.5	21.6	402.6	8.5
大榆树Ⅰ	1.9	561.2	42.0	61.2	131.4	6.8	225.4	1422.5	9.4
大榆树Ⅱ	3.6	888.7	22.0	61.2	596.5	7.6	159.1	1550.3	9.4
大榆树Ⅲ	0.7	207.6	36.0	43.2	97.6	3.4	29.8	677.4	9.2
大榆树Ⅳ	2.3	310.3	60.0	40.8	88.8	6.7	79.6	977.4	9.4
大榆树Ⅴ	0.2	21.5	56.0	45.6	46.2	1.8	0.00	377.5	8.7
大榆树Ⅵ	3.7	1025.1	18.0	56.4	635.5	22.0	245.3	1698.6	9.5
大榆树Ⅶ	1.5	151.6	44.0	9.0	23.1	3.7	0.00	541.7	8.9

试验用水来源	碱度/(mmol/L)	盐度/(g/L)	$c(Na^+)/c(K^+)$	$c(Ca^{2+})/c(Mg^{2+})$	$\rho(Ca^{2+})+\rho(Mg^{2+})$ /(mg/L)	M/D
月亮泡Ⅰ	4.70	0.42	45.1	6.90	38.1	1.7
月亮泡Ⅱ	5.20	0.42	55.3	1.50	26.3	2.2
月亮泡Ⅲ	4.13	0.36	781.5	1.26	33.1	1.4
红岗子Ⅰ	38.50	3.34	766.9	0.12	58.6	8.2
红岗子Ⅱ	38.78	3.29	1186.6	0.18	56.6	8.8
红岗子Ⅲ	16.92	1.83	947.0	1.14	137.5	2.3
红岗子Ⅳ	18.96	2.09	944.0	1.14	124.4	3.1
红岗子Ⅴ	24.09	2.61	546.0	0.72	108.9	4.3

续表

试验用水来源	碱度/(mmol/L)	盐度/(g/L)	$c(Na^+)/c(K^+)$	$c(Ca^{2+})/c(Mg^{2+})$	$\rho(Ca^{2+})+\rho(Mg^{2+})$ /(mg/L)	M/D
龙沼Ⅰ	9.54	0.95	81.2	1.08	288.5	0.1
龙沼Ⅱ	10.10	1.00	20.5	1.2	314.7	0.1
龙沼Ⅲ	9.80	0.99	13.4	1.2	218.2	0.1
龙沼Ⅳ	23.94	2.50	3.7	1.5	1074.4	0.01
龙沼Ⅴ	7.32	0.79	9.7	1.26	302.5	0.04
大榆树Ⅰ	30.83	2.45	500.9	0.42	103.2	3.4
大榆树Ⅱ	30.72	3.29	418.7	0.24	83.2	6.4
大榆树Ⅲ	12.10	1.10	502.9	0.48	79.2	1.7
大榆树Ⅳ	18.68	1.57	228.7	0.84	100.8	2.1
大榆树Ⅴ	6.19	0.50	182.3	0.72	101.6	0.1
大榆树Ⅵ	36.02	3.50	469.9	0.18	74.4	8.0
大榆树Ⅶ	8.88	0.71	58.5	2.94	53.0	2.3

试验用水经过滤、澄清后，分别盛入规格为40cm×30cm×20cm的玻璃缸至容积的80%。每个玻璃缸投放体质健壮、行动活跃的幼虾30尾。幼虾入水后即观察，分别记录第1尾幼虾呈阳性反应与死亡、50%死亡及100%死亡所经历的时间。试验期间，水温为24.7（±1.2）℃，溶解氧含量为7.36（±1.29）mg/L，pH与天然水体误差≤±0.2个pH单位。

2. 结果

分别以盐度<1.0g/L、盐度≥1.0g/L为标准，将20处天然泡沼水环境划分为淡水及半咸水。由表6-57可知，未经过驯化的幼虾在淡水环境生存时间明显长于半咸水。在淡水环境中，幼虾生存时间为1～2d；在半咸水环境中，幼虾生存时间除个别水体≥10h外，在绝大多数水体都<10h。在半咸水环境中，幼虾入水1～5min出现阳性反应，1.5～10min出现死亡，时间间隔很短，这表明幼虾对半咸水环境的不适反应尤为敏感。同时，所有幼虾都未入水即死，至100%死亡均持续一定时段，这也表明淡化幼虾对碳酸盐类盐碱水环境尚有一定的适应能力，从而为其环境适应性驯化提供了可能。

表6-57　不同水环境中幼虾死亡时间

试验水环境	至第1尾幼虾呈阳性反应所经历的时间/h	至第1尾幼虾死亡所经历的时间/h	至50%的幼虾死亡所经历的时间/h	至100%的幼虾死亡所经历的时间/h	水质类型
月亮泡Ⅰ	0.38	1.28	12.72	37.15	
月亮泡Ⅱ	0.31	2.83	15.25	48.48	
月亮泡Ⅲ	0.47	2.22	18.47	34.37	淡水
龙沼Ⅰ	0.12	0.13	1.28	28.72	
龙沼Ⅱ	0.17	0.22	2.25	41.15	

续表

试验水环境	至第 1 尾幼虾呈阳性反应所经历的时间/h	至第 1 尾幼虾死亡所经历的时间/h	至 50%的幼虾死亡所经历的时间/h	至 100%的幼虾死亡所经历的时间/h	水质类型
龙沼Ⅴ	0.21	0.33	0.93	33.08	淡水
大榆树Ⅴ	0.29	0.37	17.62	39.02	
大榆树Ⅶ	0.33	0.40	14.55	43.17	
红岗子Ⅰ	0.02	0.03	0.68	5.24	半咸水
红岗子Ⅱ	0.02	0.04	0.71	4.83	
红岗子Ⅲ	0.07	0.08	0.87	8.72	
红岗子Ⅳ	0.08	0.14	0.48	9.22	
红岗子Ⅴ	0.11	0.13	0.57	8.19	
龙沼Ⅲ	0.08	0.12	1.68	16.93	
龙沼Ⅳ	0.03	0.07	1.79	6.09	
大榆树Ⅰ	0.04	0.13	1.12	5.91	
大榆树Ⅱ	0.04	0.10	1.84	6.22	
大榆树Ⅲ	0.44	0.64	4.38	11.07	
大榆树Ⅳ	0.12	0.29	1.22	5.91	
大榆树Ⅵ	0.02	0.07	2.19	7.44	

3. 问题探讨

1）盐碱水环境对对虾生存的影响因子

（1）$\rho(K^+)$、$\rho(Na^+)$及 $c(Na^+)/c(K^+)$。由表 6-58 可知，辽宁营口半咸水虾塘（Ⅱ）和山东滨州氯化物类盐碱地虾塘水环境的 $\rho(K^+)$、$\rho(Na^+)$平均占比分别为天然海水的 25.1%（15.9%～38.1%）及 32.9%（8.8%～55.0%），均高于碳酸盐类盐碱水。据观察，在盐度为 18.0g/L 及 $\rho(K^+)$为 82.3～134.6mg/L 的条件下，平均体长为 1.5cm 的中国明对虾幼虾 96h 存活率≥85%；$\rho(K^+)$≤30.0mg/L 时，24h 全部死亡。文献[313]的研究结果表明，在盐度为 5.0g/L 条件下，$\rho(K^+)$≤5.0mg/L 可能是凡纳滨对虾虾苗（平均体长为 8.0mm）生存的危险范围。可见在盐度与上述试养水体相同或相近的碳酸盐类盐碱水环境中，$\rho(K^+)$已接近或低于上述危险指标。

表 6-58　虾塘水环境特征

所在地区	$\rho(K^+)$ /(mg/L)	$\rho(Na^+)$ /(mg/L)	$\rho(Ca^{2+})$ /(mg/L)	$\rho(Mg^{2+})$ /(mg/L)	$\rho(Cl^-)$ /(mg/L)	$\rho(SO_4^{2-})$ /(mg/L)	$\rho(CO_3^{2-})$ /(mg/L)	$\rho(HCO_3^-)$ /(mg/L)	pH
辽宁营口Ⅰ	794.8	9492.1	573.6	1767.7	21743.8	94.1	0.00	475.8	7.8
辽宁营口Ⅱ	80.2	925.8	125.2	167.2	1890.4	43.7	0.00	585.6	7.9
辽宁营口Ⅲ	698.9	6142.8	405.8	1000.2	13845.0	81.1	0.00	505.1	7.7
天然海水	378.3	10557.0	400.0	2052.0	19003.2	2644.8	0.00	140.3	8.2

续表

所在地区	$\rho(K^+)$ /(mg/L)	$\rho(Na^+)$ /(mg/L)	$\rho(Ca^{2+})$ /(mg/L)	$\rho(Mg^{2+})$ /(mg/L)	$\rho(Cl^-)$ /(mg/L)	$\rho(SO_4^{2-})$ /(mg/L)	$\rho(CO_3^{2-})$ /(mg/L)	$\rho(HCO_3^-)$ /(mg/L)	pH
山东滨州Ⅰ	60.1	3700.0	540.0	810.0	6760.0	2730.0		150.0	
山东滨州Ⅱ	144.3	5801.6	856.9	1123.6	9863.2	3906.4		164.0	7.8
浙江萧山	793.0[a]		55.7	94.5	2702.0	131.0	18.0	129.3	8.4
浙江富阳Ⅰ	112.4[a]		49.1	6.1	110.5	18.3	21.6	131.2	7.8
浙江富阳Ⅱ	94.5[a]		68.1	6.3	158.9	18.3	0.00	111.2	7.4
上海金山Ⅰ	1851.1[a]		93.0	205.7	3048.5	390.6	28.1	155.8	8.8
上海金山Ⅱ	1227.3[a]		68.8	136.0	2000.8	204.8	16.2	149.2	9.0
上海金山Ⅶ	2415.2[a]		113.6	255.0	3900.3	525.1	41.5	55.0	9.3
上海金山Ⅷ	2249.3[a]		113.2	253.7	3650.6	524.6	27.1	82.5	9.1
上海奉贤Ⅰ	2003.1[a]		89.0	208.8	3152.5	455.8	45.8	92.4	8.9
上海奉贤Ⅺ	143.3[a]		26.0	26.0	220.0	28.1	18.1	120.0	9.0

所在地区	碱度/(mmol/L)	含盐量/(g/L)	$c(Na^+)/c(K^+)$	$c(Ca^{2+})/c(Mg^{2+})$	$\rho(Ca^{2+})+\rho(Mg^{2+})$ /(mg/L)	*M* / *D*
辽宁营口Ⅰ	7.80	34.93	20.2	0.18	2361.3	2.5
辽宁营口Ⅱ	9.60	3.86	19.5	0.48	292.4	2.1
辽宁营口Ⅲ	8.28	22.68	14.9	0.24	1406.1	2.7
天然海水	2.30	35.18	47.3	1.20	2452.0	3.8
山东滨州Ⅰ	2.46	14.75	104.6	0.42	1350.0	1.7
山东滨州Ⅱ	2.69	21.86	66.2	0.48	1980.5	1.9
浙江萧山	2.72	3.92		0.36	150.2	0.3
浙江富阳Ⅰ	2.80	0.49		4.80	55.2	0.6
浙江富阳Ⅱ	1.82	0.46		6.42	74.4	1.0
上海金山Ⅰ	3.49	5.77		0.30	298.7	0.2
上海金山Ⅱ	2.99	3.80		0.30	204.8	0.3
上海金山Ⅶ	2.28	7.31		0.30	368.6	0.3
上海金山Ⅷ	2.25	6.90		0.30	366.9	0.3
上海奉贤Ⅰ	3.04	6.05		0.24	297.8	0.3
上海奉贤Ⅺ	2.57	0.59		0.60	52.0	0.6

注：a 为 $c(Na^+)+c(K^+)$，余同。

文献[145]在盐度为 8.0g/L 条件下，将 $c(Na^+)/c(K^+)$调整到 35 左右时，体长为 8～10mm 的凡纳滨对虾和细角滨对虾（*Litopenaeus stylirostris*）的虾苗 72h 存活率均可达到 90%以上。文献[146]在盐度为 5～15g/L、$c(Na^+)/c(K^+)$为 40～80 的氯化物类盐碱水池塘饲养凡纳滨对虾，8 口池塘养殖成活率为 41.7%～75.9%，平均为 54.1%（作者根据文献资料计算结果），养殖产量为 1711.3kg/hm^2（885～2924kg/hm^2）。相比之下，碳酸盐类淡水环境中，$c(Na^+)/c(K^+)$明显偏低，而半咸水环境显著偏高。

（2）$\rho(Ca^{2+})$、$\rho(Mg^{2+})$、$\rho(Ca^{2+})+\rho(Mg^{2+})$及 $c(Ca^{2+})/c(Mg^{2+})$。文献[314]利用蒸馏水添加化学试剂的毒性试验结果表明，全长为 1.9～2.9cm 的中国明对虾幼虾能够生存的水环境$\rho(Ca^{2+})$、$\rho(Mg^{2+})$分别为 24.9～280.6mg/L、34.5～344.9mg/L。本次试验所用的碳酸盐类盐碱水$\rho(Ca^{2+})$、$\rho(Mg^{2+})$与虾塘水基本一致，且都在上述生存范围。文献[314]的试验还显示，在$\rho(Ca^{2+})+\rho(Mg^{2+})$为 46～690mg/L 的条件下，$c(Ca^{2+})/c(Mg^{2+})$为 0.06～0.6 时，幼虾 24h、48h 存活率分别为 87.5%～100%、65.0%～100%。本次试养所用的碳酸盐类盐碱水$\rho(Ca^{2+})+\rho(Mg^{2+})$与虾塘水也基本一致，均在上述范围。

另据文献[360]的试验，在水温为 26（±1）℃条件下，体长为 1.8～2.8cm 的淡化凡纳滨对虾对水环境 Ca^{2+}、Mg^{2+}都表现出极大的耐受力。例如，$\rho(Ca^{2+})$为 0mg/L 和 100mg/L 时，48h 存活率为 80%～92.5%，48h LC_{50}为 470.38mg/L；$\rho(Mg^{2+})$为 0mg/L 和 30mg/L 时，48h 存活率为 80%～85%，48h LC_{50}为 741.31mg/L。由此推测，$\rho(Ca^{2+})+\rho(Mg^{2+})$为 120mg/L、$c(Ca^{2+})/c(Mg^{2+})$为 0.2，可能是幼虾生存的最佳因子组合。

在本次试验所用的碳酸盐类盐碱水环境中，淡化凡纳滨对虾幼虾 48h 全部死亡，由上述可知，其原因并非$\rho(Ca^{2+})$、$\rho(Mg^{2+})$及$\rho(Ca^{2+})+\rho(Mg^{2+})$不适合所致。大部分试养水体的$c(Ca^{2+})/c(Mg^{2+})$都比虾塘水和如上所述的适宜范围偏高 1～5 倍以上，该值很可能是限制幼虾生存的主要水环境因子之一。

（3）M/D、碱度、盐度及 pH。与虾塘水环境相比，本次试验所用碳酸盐类水环境的M/D，除其中少部分半咸水偏高外，其余水体均与虾塘水环境基本一致或相近（表6-58）。据文献[300]利用人工海水的试验结果，在碱度为 6.12（±0.98）mmol/L 的条件下，pH＞9.0 时，pH 开始影响中国明对虾幼虾生存，体全长为 2.4cm 的幼虾 24h SpH_{50}为 9.3（作者根据文献资料计算结果）。本次试验所用淡水的 pH、碱度均未超过上述范围，故不至于影响幼虾生存。养殖生产上，pH 达到 9.0～9.3 也是虾塘水体经常出现的情况[152, 153, 301, 302, 324, 329, 340]。所以，在不考虑其他因子影响时，pH 对幼虾生存影响不大。

文献[300]的研究结果还表明，pH 分别为 8.6、9.0、9.3 及 9.5 时，中国明对虾幼虾的碱度 24h LC_{50}分别为 22.00mmol/L、11.66mmol/L、6.57mmol/L 及 3.28mmol/L。由表 6-53 可知，在本次试验所用的碳酸盐类水环境中，与上述 pH 相同或相近的淡水环境，其碱度均低于 24h LC_{50}和幼虾原来生活的虾塘水环境（9.60mmol/L）；但半咸水水体的碱度均高于 24h LC_{50}和虾塘水环境。因此，碳酸盐类淡水的碱度可以满足幼虾生存要求，而半咸水的碱度有可能影响其生存。

由表 6-58 可知，虽然各地虾塘水环境盐度差别较大，有的甚至达到淡水范围。但水质水化学类型都与天然海水相同，即 NaCl 型，这可能是目前对虾淡化养殖成功的一个重要原因。即便在盐度≤0.5g/L 的淡水环境饲养，也都在放苗之初通过增施粗盐或海水精，使水质类型在养殖的全过程始终保持 NaCl 型[310, 328, 339-341, 361-363]。

本次试验所用的碳酸盐类水中，$\rho(NaCl)$在盐度中占 11.75%（0.96%～29.90%），$\rho(NaHCO_3)$占 62.31%（51.00%～80.80%）。淡化凡纳滨对虾幼虾在碳酸盐类淡水环境可存活 48h，即便在盐度与原虾塘水体相近的半咸水中，幼虾存活时间也少于 24h。据文献[360]观察，在盐度的组成成分中只有 NaCl 的条件下，蒸馏水中 ρ(NaCl)为 2.0g/L 时，凡纳滨对虾幼虾可生存 12h。

综上所述，盐度大小对幼虾的存活与生长似乎并不重要，而盐度的组成成分及其浓度、占比等在起主要作用。

2）幼虾 100%死亡所持续的时间与水环境因子的相关性

从表 6-59 可以看出，在淡水环境中，幼虾死亡率 0～100%所持续的时间与水环境因子的简单相关性，只有 pH 达到显著（$P<0.05$）。其生态学意义是：在 pH 为 7.7～9.0 的淡水环境中，幼虾存活时间是随 pH 的升高而增加的。所以，本次试验所用的碳酸盐类淡水的 pH 并不影响幼虾生存。

表 6-59　幼虾死亡率 0～100%所持续的时间与水环境因子的简单相关性

水体类型	r_{t1}	r_{t2}	r_{t3}	r_{t4}	r_{t5}	r_{t6}	r_{t7}	r_{t8}	r_{t9}
淡水	0.330	0.465	−0.477	−0.501	−0.227	−0.315	0.100	−0.155	−0.242
半咸水	−0.049	−0.543	0.050	−0.008	−0.295	−0.204	−0.621*	−0.770**	−0.341
水体类型	r_{t10}	r_{t11}	r_{t12}	r_{t13}	r_{t14}	r_{t15}	df	$r_{0.05}$	$r_{0.01}$
淡水	0.068	−0.606	0.605	−0.148	−0.314	0.724*	6	0.707	0.834
半咸水	0.436	0.304	−0.563	−0.718**	−0.709**	−0.472	10	0.576	0.708

注：t. 幼虾死亡率 0～100%所持续的时间（h）；1. $\rho(K^+)$；2. $\rho(Na^+)$；3. $\rho(Ca^{2+})$；4. $\rho(Mg^{2+})$；5. $\rho(Cl^-)$；6. $\rho(SO_4^{2-})$；7. $\rho(CO_3^{2-})$；8. $\rho(HCO_3^-)$；9. $c(Na^+)/c(K^+)$；10. $c(Ca^{2+})/c(Mg^{2+})$；11. $\rho(Ca^{2+})+\rho(Mg^{2+})$；12. M/D；13. 碱度；14. 盐度；15. pH。

表 6-59 显示，在半咸水环境中，幼虾死亡率 0～100%所持续的时间与水环境因子的简单相关性达到显著或极显著的水环境因子有 $\rho(HCO_3^-)$、$\rho(CO_3^{2-})$、碱度和盐度。表明这 4 种水环境因子在本次试验水平范围内，已成为半咸水环境中幼虾生存的影响因子。另外，半咸水环境中的幼虾死亡率 0～100%所持续的时间与 M/D 的相关程度已接近显著，因而可能成为影响幼虾生存的潜在因子。

选择红岗子Ⅰ～Ⅴ（幼虾存活时间分别为 5.2h、4.8h、8.7h、9.2h 及 8.2h）和大榆树Ⅰ、Ⅱ、Ⅳ及Ⅵ（幼虾存活时间分别为 5.9h、6.2h、5.9h 及 7.4h）9 处典型碳酸盐类半咸水，对这些水体中的幼虾存活时间与水环境因子进行偏相关性分析，其结果见表 6-60。

表 6-60　天然盐碱水环境幼虾存活时间与环境因子的偏相关性

简单相关性		一级偏相关性		二级偏相关性		三级偏相关性	
因子	r	因子	r	因子	r	因子	r
r_{at}	−0.697*	$r_{at·k}$	−0.687	$r_{at·kn}$	−0.676	$r_{at·knp}$	−0.495
		$r_{at·n}$	−0.713*	$r_{at·np}$	−0.476		
		$r_{at·p}$	−0.506	$r_{at·pk}$	−0.587		
r_{pt}	−0.750*	$r_{pt·k}$	−0.752*	$r_{pt·kn}$	−0.750	$r_{pt·akn}$	−0.626
		$r_{pt·n}$	−0.753*	$r_{pt·na}$	0.814*		
		$r_{pt·a}$	0.605	$r_{pt·ak}$	0.597		

续表

简单相关性		一级偏相关性		二级偏相关性		三级偏相关性	
因子	r	因子	r	因子	r	因子	r
r_{st}	−0.441	$r_{st\cdot c}$	0.891**	$r_{st\cdot cp}$	0.878**	$r_{st\cdot cip}$	0.836*
		$r_{st\cdot p}$	−0.229	$r_{st\cdot ip}$	0.270		
		$r_{st\cdot i}$	0.265	$r_{st\cdot ci}$	0.825*		
r_{it}	−0.539	$r_{it\cdot c}$	0.612	$r_{it\cdot ca}$	0.564	$r_{it\cdot acp}$	0.507
		$r_{it\cdot a}$	0.409	$r_{it\cdot ap}$	0.694		
		$r_{it\cdot p}$	−0.337	$r_{it\cdot cp}$	0.512		
r_{ct}	0.782	$r_{ct\cdot i}$	0.811**	$r_{ct\cdot ai}$	0.659	$r_{ct\cdot aip}$	0.450
		$r_{ct\cdot a}$	0.556	$r_{ct\cdot ap}$	0.407		
		$r_{ct\cdot p}$	0.558	$r_{ct\cdot ip}$	0.639		
r_{kt}	−0.210	$r_{kt\cdot a}$	0.134	$r_{kt\cdot an}$	0.908**	$r_{kt\cdot anp}$	0.194
		$r_{kt\cdot p}$	−0.201	$r_{kt\cdot ap}$	−0.054		
		$r_{kt\cdot n}$	−0.223	$r_{kt\cdot np}$	0.176		
r_{nt}	0.102	$r_{nt\cdot k}$	−0.082	$r_{nt\cdot ak}$	0.872**	$r_{nt\cdot akp}$	−0.217
		$r_{nt\cdot a}$	0.274	$r_{nt\cdot ap}$	0.713		
		$r_{nt\cdot p}$	−0.143	$r_{nt\cdot kp}$	−0.152		

注：k. $\rho(K^+)$；c. $\rho(Ca^{2+})$；i. M/D；n. $c(Na^+)/c(K^+)$；a. 碱度；s. 盐度；p. pH；t. 幼虾存活时间（h）。

目前已基本弄清沿海及近海内陆氯化物类盐碱地咸水对虾养殖的限制因子，主要是$\rho(K^+)$偏低，一般在 30～150mg/L，低于天然海水（380mg/L）；$c(Na^+)/c(K^+)$偏高，多为 80～300，高于海水（30）；而碱度（1.0～4.0mmol/L）和 pH（8.5～9.0）都较为适宜。与之相比，碳酸盐类盐碱水环境中除了碱度、pH 同时偏高外，$\rho(K^+)$明显偏低，$c(Na^+)/c(K^+)$则显著偏高。

表 6-60 的偏相关分析结果显示，由于水环境因子间的相互作用，松嫩平原碳酸盐类盐碱水环境对对虾的影响，是诸多生态因子综合作用的结果，较沿海及近海内陆地表盐碱水、地下卤水（NaCl 型）复杂得多。总体上，对虾幼虾存活时间与水环境$\rho(K^+)$、$c(Na^+)/c(K^+)$的关系并不大，这一点有别于沿海及近海的内陆氯化物类盐碱水；而与盐度、碱度、pH、M/D及$\rho(Ca^{2+})$均有关，其中碱度和 pH 可能是限制因子。

3）碳酸盐类盐碱湿地对虾驯化移殖的可能性

文献[302]曾在室内将饲养斑节对虾幼虾的水环境淡化后，转用碳酸盐类水质的深井水（C_{II}^{Ca}）饲养，尽管井水盐度接近 10g/L，但不久试验虾还是逐渐死亡。本次试养也说明内陆碳酸盐类水质（包括淡水和盐碱水）养殖凡纳滨对虾还有一定困难。

沿海地区地表与地下半咸水以及近海内陆氯化物类盐碱水（如黄河三角洲地区），虽然盐度差别较大，但水质化学类型都为海水的 NaCl 型（Cl_{III}^{Na}）。这类水质大多数只缺 K^+，

Ca^{2+}、Mg^{2+}并不缺乏，组成比例也与海水相差不大；水环境$\rho(HCO_3^-)$、$\rho(CO_3^{2-})$较低；碱度、pH 适宜对虾生存与生长。用这些水养殖对虾时，只需添加适量的 KCl，调整 Na^+、K^+比例结构，即可满足对虾的生长要求。

相比之下，碳酸盐类水环境主要离子浓度整体水平都较低，即使某些离子浓度及其组成比例适宜，也只能满足生存的最低要求，距离适宜生长的标准差距较大。如文献[311]在盐度为 5.0g/L 的水环境中试养凡纳滨对虾，认为适宜生长的$\rho(Ca^{2+})$、$\rho(Mg^{2+})$分别为 182.6～223.4mg/L、328.7～379.4mg/L，$c(Ca^{2+})/c(Mg^{2+})$为 0.27～0.34。若将本次试养所用的水环境盐度折算成 5.0g/L 水平，则大部分水环境中 $\rho(Ca^{2+})$、$\rho(Mg^{2+})$及 $c(Ca^{2+})/c(Mg^{2+})$都远低于或高于上述适宜范围。K^+也存在类似的情况。

有研究认为，水环境中的离子组成及其总量对对虾的生存及生长有着重要的影响，只有一定的离子浓度和离子比例才能满足其生理需要[314]。由此也可以推想，上述碳酸盐类水环境离子组成尚不适合凡纳滨对虾的生存与生长。利用碳酸盐类水养殖凡纳滨对虾时，如果也采用沿海及近海内陆地区的离子调节法，势必要加入多种盐类，不但养殖成本增加，而且离子间相互制约的作用，其效果也不一定明显。即便此法可行，也存在养殖区周边自然水、土生态环境次生盐渍化的潜在危机，仍不足为取。特别是碳酸盐类半咸水，即使盐度不是障碍因素，但在盐度中占比较高的$\rho(HCO_3^-)+\rho(CO_3^{2-})$浓度，常常造成水环境碱度和 pH 背景值都很高，加上离子比例的不平衡性等诸多因子的综合作用，情况会更加复杂。同时，水质化学类型也是无法逾越的天然屏障。作者认为，通过环境适应性驯化来提高幼虾对碳酸盐类盐碱水环境的综合适应能力，投放驯化过的虾苗（或幼虾），养殖易获成功。

6.3.3 松嫩平原盐碱水养殖对虾的途径与问题

通常将盐度≥1.0g/L 的水统称为咸水，包括地下咸水和地上咸水。显然，盐碱水也属于咸水范畴。我国盐碱水资源十分丰富，“三北”地区及沿海均有分布。随着海水养殖、苗种繁育疾病问题的日益突出，2000 年以来人们开始用无生物污染的地下咸水繁殖虾蟹苗种，并在黄河三角洲和辽河三角洲等近海地区的氯化物类盐碱地养殖商品对虾获得成功。这对开辟对虾养殖新领域，减轻海水养殖压力和海水环境污染，都具有特别重要的意义。

松嫩平原深居内陆半干旱地区，是我国盐碱地主要分布的区域之一，盐碱湿地众多，蕴藏着丰富的盐碱水资源。这些盐碱水资源能否用来养殖从海洋来的、经济价值较高的对虾呢？作者根据多年的试验研究结果，分析可能出现的问题与解决的方法，提出松嫩平原盐碱水养殖对虾的途径[364]。

1. 松嫩平原盐碱水养殖对虾的难点

在以往水产养殖生产中，人们只注意到水环境的盐度指标而忽略了其他水环境因子的作用，常常导致养殖失败。由于地质、土壤、自然条件以及成因、过程的不同，松嫩平原盐碱水同沿海和近海地区的盐碱水在离子组成及其比例构成上有很大差别。尤其是地下盐碱水，就是同一地点，由于取水深度的不同，也有明显变化。

1）碱度和 pH 都较高，对虾很难适应

松嫩平原盐碱水一般都属于碳酸盐类钠组 I 型水质（C_I^{Na}）。这种盐碱水在蒸发浓缩过程中常常积累大量碱度成分（可溶性碳酸盐和重碳酸盐类）。同时，水体中 Ca^{2+}、Mg^{2+}（尤其是 Ca^{2+}）含量很低，抑制 CO_3^{2-} 升高的能力较差，再加上水生植物的光合作用，很容易造成水环境中 CO_3^{2-} 大量积累，使 pH 升高。根据水质上述特点，该区盐碱水往往同时具有较高的碱度和 pH，碱度和 pH 单因子的毒性以及二者的协同作用，进一步增强了水环境的毒性效应，使得许多淡水鱼、虾难以生存，这对于长期生活在低碱度、低 pH 的海水环境中的对虾更是很难适应。实验室的模拟试验结果表明，在其他水环境因子都适宜的条件下，南美白对虾幼虾生存的安全碱度上限为 3.1mmol/L，对 pH 的安全生存范围为 7.85～8.38，并且随着碱度的升高，幼虾对 pH 的适应能力在下降。然而，松嫩平原盐碱水的碱度一般都在 10.0mmol/L 以上，pH 超过 8.5，个别水体甚至达到 10.0。天然海水的碱度长期稳定在 2.0～3.1mmol/L，pH 在 8.1～8.3。可见，对于松嫩平原这种碱度和 pH 水平，来自海洋的对虾是很难适应的。根据试验观察，把幼虾投放到碱度为 38.8mmol/L、盐度为 3.29g/L、pH 为 9.4 的野外天然盐碱湿地水体中，幼虾只存活 5h 稍多，这也说明幼虾对这种水环境尚不能适应，而且高碱度、高 pH 已先于盐度等其他水环境因子而限制幼虾生存。

2）离子组成不合适

天然海水环境中 Ca^{2+} 物质的量浓度在 20.0mmol/L 左右，Mg^{2+} 物质的量浓度在 100.0mmol/L 左右。对松嫩平原 29 处盐碱湿地的水质调查结果显示，盐碱水环境 Ca^{2+}、Mg^{2+} 物质的量浓度分别在 1.0mmol/L、4.0mmol/L 以下，相差较大。天然海水环境中 K^+、Na^+ 物质的量浓度分别在 10.0mmol/L、460.0mmol/L 左右，上述松嫩平原盐碱水物质的量浓度分别为 0.03mmol/L 和 30.0mmol/L 以下，也同样差别很大。M/D 值上，天然海水和沿海及近海氯物类盐碱地虾塘水环境均在 1.0～4.0；松嫩平原盐碱水一般都高于 4.0，部分水体达到 30～40。较高的 M/D 值对水生生物的毒性较强，从而限制了多种生物的栖息与移殖，这也是此类盐碱湿地水生生物区系简单、种类贫乏的重要原因之一。A/H 值也是盐碱水水质的重要指标，其越大于 1，表明水环境的毒性越强。天然海水的 A/H 值在 0.02 左右，沿海及近海氯化物类盐碱地虾塘水环境在 0.03～0.09，沿海及近海氯化物类盐碱地地下咸水为 0.01～0.04，而松嫩平原盐碱水在 1.0～20.0，显著高于前几种适合对虾生存的水环境。

2. 松嫩平原盐碱水养殖对虾的途径

目前，辽宁、山东等沿海或近海的内陆氯化物类盐碱地区在利用地下咸水（少部分为地表咸水）养殖对虾时，都要加入大量的工业 KCl、$MgCl_2$、Na_2CO_3 等化学盐类，用来补充或去除养殖水环境中的某些离子，以调整离子比例结构，使之更接近于天然海水，适合对虾生存。内陆盐碱水影响对虾生存的环境因素很多，尤其像松嫩平原这样高碱度、高 pH、离子组成千差万别的盐碱水，情况要复杂得多。如果也采用这种“离子调节法”改善对虾生存环境，势必要加入多种化学盐类，这不但造成经济成本增加，而且不一定有效果（因为离子之间存在着相互制约的复杂关系）。即便此方法可行，也将导致虾塘内外水、土生态环境的次生盐碱化，故仍不可取。解决对虾适应盐碱水环境的根本途径，应该是培育“碱化”对虾苗种。为此，可采用逐渐增加盐碱水，同时减少海水或育苗水的办法，递增式提高水环境碱度，与之相关的 pH、离子组成比例等其他水环境因子也随之改变，水质化学类型也逐渐由氯化物类（对虾养殖塘的水质化学类型）过渡到碳酸盐类水质，最终改变对虾苗种的生态适应性，实现对虾苗种完全适应盐碱水环境。根据初步的实验研究结果，这种“碱化”过程，以 3.0mmol/L 为基础碱度（该碱度值是天然海水和对虾养殖水环境的碱度水平），升幅为 0.1mmol/(L·h)左右，或 0.5mmol/(L·6h)左右效果较好，并且至少要驯化到碱度为 25.0～30.0mmol/L，才能达到适应盐碱水环境的要求。

目前，沿海及近海的内陆氯化物类盐碱地区养殖对虾所用的苗种，都是育苗生产单位采用育苗水添加淡水或低盐度海水进行盐度淡水化（递增式降低盐度）的品种，并未经过内陆盐碱水环境的适应性驯化，因而此类苗种只能适合那些氯化物类水质养殖，还不能适应像松嫩平原这样的内陆碳酸盐类盐碱水环境。因此，此类对虾苗种不能用于内陆碳酸盐类盐碱水移殖，适宜的苗种只能通过“碱化”获得。

3. 可能出现的问题与解决的办法

1）短时间 pH 升高而毒死对虾

对虾生活在 pH 较稳定的海水环境中，对高 pH 的适应能力较差。松嫩平原盐碱水环境平常的 pH 就偏高，特别是夏季日照时间长，光照强度大，水生植物生长茂盛，光合作用强烈，水环境中的 CO_2 被消耗殆尽，因分解碳酸盐补充 CO_2 而使水环境 pH 升高，再加上高碱度的毒性作用，会造成对虾死亡。根据试验，在一口长满菹草和眼子菜等水生维管束植物的盐碱水池塘里，投放规格＞500g/尾的草鱼 500 尾，用来清除水草，水环境碱度为 17.2mmol/L，盐度为 3.34g/L，pH 为 8.82。草鱼投放第二天，发现有部分草鱼已翻肚死亡，这时测定水环境 pH 已达 10.2。养殖水环境夏季 pH 升高现象在沿海对虾养殖塘也经常出现，晴天中午或下午 pH 有时可达 9.6 以上，远远超过对虾适应范围，但因碱度较低而不会影响对虾的正常生长。遇到 pH 大幅度升高时，治本之法是换水。

2）小三毛金藻的危害

该藻是生活在低盐度水环境中的一种致病生物。当水环境盐度≥2.0g/L，pH≤11.0 时，这种藻类很容易大量繁殖，向水环境分泌大量鱼毒素，导致鱼、虾大批死亡。松嫩平原盐碱湿地水环境盐度大多不超过 10.0g/L，pH 又偏高，所以很适合这种藻类的大量繁殖。在长期从事盐碱水水产养殖实践中，作者曾经历过多次较重的小三毛金藻毒死鱼、虾（日本沼虾）的病例。防治方法是大量泼洒黄泥浆，或者换水。切忌施用生石灰。

3）水温影响

松嫩平原地处寒区，水温的日较差、年较差均较大，对虾又不适应低温，所以只能在 6～8 月温度适宜的季节养殖，生长期仅 80d 左右，有效养殖积温不超过 2000℃，较沿海和近海的内陆地区少得多。解决的办法是，利用塑料大棚，开春蓄水升温，提早投放虾苗；秋季气温下降，覆盖大棚保持水温。这样可相对延长对虾养殖生长期并增加养殖积温，效果会更好。

参 考 文 献

[1] 赵魁义. 中国沼泽志. 北京：科学出版社，1999.

[2] 解玉浩. 东北地区淡水鱼类. 沈阳：辽宁科学技术出版社，2007.

[3] 董崇智，李怀明，牟振波，等. 中国淡水冷水性鱼类. 哈尔滨：黑龙江科学技术出版社，2001.

[4] 乐佩琦，陈宜瑜. 中国濒危动物红皮书·鱼类. 北京：科学出版社，2007.

[5] 旭日干. 内蒙古动物志（第1卷）圆口纲·鱼纲. 呼和浩特：内蒙古大学出版社，2011.

[6] 缪丽梅，张笑晨，张利，等. 呼伦湖渔业资源调查评估及生态修复技术. 内蒙古农业大学学报（自然科学版），2014，35（4）：1-9.

[7] 缪丽梅，刘鹏斌，张笑晨，等. 达里湖水质和生物资源量监测及评价. 内蒙古农业科技，2013，（6）：53-55，67.

[8] 王苏民，窦鸿身. 中国湖泊志. 北京：科学出版社，1998.

[9] 呼伦湖渔业有限公司. 呼伦湖志（续志二：1998—2007）. 海拉尔：内蒙古文化出版社，2008.

[10] 任慕莲. 黑龙江鱼类. 哈尔滨：黑龙江人民出版社，1981.

[11] 易伯鲁，章宗涉，张觉民. 黑龙江流域水产资源的现状和黑龙江中上游径流调节后的渔业利用. 水生生物学集刊，1959，（2）：97-118.

[12] 任慕莲. 黑龙江的鱼类区系. 水产学杂志，1994，7（1）：1-14.

[13] 徐占江. 呼伦湖志. 长春：吉林文史出版社，1989.

[14] 黑龙江省水产科学研究所资源室，呼伦贝尔盟达赉湖渔场. 达赉湖水产资源状况和渔业发展问题的初步调查报告//徐占江. 呼伦湖志. 长春：吉林文史出版社，1989.

[15] 波鲁茨基，斯维托维多娃，刘正琮. 与黑龙江流域水利建设有关的呼伦池水生生物和鱼类学调查//徐占江. 呼伦湖志. 长春：吉林文史出版社，1989.

[16] 呼伦湖渔业集团有限公司. 呼伦湖志（续志一：1987—1997）. 海拉尔：内蒙古文化出版社，1998.

[17] 贾跃峰，刘巍. 内蒙古自治区渔业生态环境与资源保护. 中国渔业经济，2002，（5）：42-43.

[18] 李树国，张全诚，高庆全，等. 呼伦湖蒙古油繁殖生物学的研究. 淡水渔业，2008，38（5）：51-54.

[19] 李宝林，王玉亭. 达赉湖的餐条鱼生物学. 淡水渔业，1995，38（5）：51-54.

[20] 郑水平，彭本初，新建，等. 查干淖尔鱼类组成及区系分析. 内蒙古农业科技，2002，（1）：31-32.

[21] 张建华，新建，郑水平，等. 锡盟小查干淖尔水质现状及变化情况研究. 内蒙古农业科技，2001，（5）：30-31.

[22] 张春光，赵亚辉，邢迎春，等. 中国内陆鱼类物种与分布. 北京：科学出版社，2016.

[23] 关玉明. 内蒙古锡林郭勒高原东半部内陆水系的鱼类. 内蒙古师大学报（自然科学汉文版），1992，（4）：45-49.

[24] 解玉浩，唐作鹏，朴笑平. 达里湖瓦氏雅罗鱼的生物学. 动物学研究，1982，3（3）：235-244.

[25] 史为良. 我国某些鱼类对达里湖碳酸盐型半咸水的适应能力. 水生生物学集刊，1981，7（3）：359-369.

[26] 韩一平. 达里湖渔业资源现状调查分析. 内蒙古水利，2007，（1）：45-46.

[27] 刘伟，李俊有. 达里湖水域生态状况评价报告. 内蒙古农业科技，2010，（4）：84.

[28] 李文阁，刘群. 内蒙古赤峰市达里湖渔业产量的灰色预测与分析. 中国海洋大学学报，2011，41（6）：30-34.

[29] 姜志强，刘秀锦，毕凤山. 达里湖鲫和东北雅罗鱼捕捞群体资源量和合理捕捞量的估算. 大连水产学院学报，1995，10（4）：44-50.
[30] 安晓萍，孟和平，杜昭宏，等. 达里湖东北雅罗鱼的生长、死亡和生活史类型的研究. 淡水渔业，2008，38（6）：3-7.
[31] 安晓萍，刘景伟，乌兰，等. 岗更湖鲫的生长和生活史对策研究. 水生态学杂志，2009，2（4）：71-74.
[32] 李志明，刘海涛，冯伟业，等. 达里湖和岗根湖东北雅罗鱼和鲫四种同工酶的比较研究. 淡水渔业，2008，38（5）：26-29.
[33] 李志明，安明. 达里湖浮游植物调查. 内蒙古农业科技，2007，（7）：210，212.
[34] 李思忠. 中国淡水鱼类的分布区划. 北京：科学出版社，1981.
[35] 裘善文，王锡魁. 中国东北平原及毗邻地区古水文网变迁研究综述. 地理学报，2014，69（11）：1604-1613.
[36] 裘善文. 中国东北地貌第四纪研究与应用. 长春：吉林科学技术出版社，2008.
[37] 杨秉赓，孙肇春，吕金福. 松辽水系的变迁. 地理学报，1983，2（1）：48-56.
[38] 杨富亿，吕宪国，娄彦景，等. 东北地区火山堰塞湖鱼类区系与群落多样性. 应用生态学报，2012，23（12）：3449-3457.
[39] 杨富亿，吕宪国，娄彦景，等. 黑龙江兴凯湖国家级自然保护区的鱼类资源. 动物学杂志，2012，47（6）：44-53.
[40] 姚书春，薛滨，吕宪国，等. 松嫩平原湖泊水化学特征研究. 湿地科学，2010，8（2）：169-175.
[41] 陈大刚. 渔业资源生物学. 北京：中国农业出版社，1997.
[42] 殷名称. 鱼类生态学. 北京：中国农业出版社，1995.
[43] 覃林. 统计生态学. 北京：中国林业出版社，2009.
[44] 中国水产科学研究院黑龙江水产研究所，黑龙江省水产总公司. 黑龙江省渔业资源. 牡丹江：黑龙江朝鲜民族出版社，1985.
[45] 于清海. 松花江中发现大银鱼. 黑龙江水产，2000，（2）：18.
[46] 单余恒，卢振民，何登伟. 茂兴湖大银鱼移殖与资源保护技术措施. 黑龙江水产，2004，（3）：9-10，12.
[47] 张树文，袁龙福. 连环湖那什代泡大银鱼移植增殖试验初报. 黑龙江水产，1997，（1）：27-28.
[48] 王玲. 连环湖水域大银鱼移殖、增殖方式及技术措施. 黑龙江水产，2009，（4）：35-36.
[49] 宫慧鼎，李瑞艳，赵忠琦，等. 扎龙湖渔业资源现状及其利用的探讨. 中国水产，2000，292（3）：22-23.
[50] 张卓，史玉洁，梁秀芹，等. 扎龙自然保护区渔业资源状况及渔业环境保护. 黑龙江水产，2006，（1）：37-39.
[51]《查干湖渔场志》编纂委员会. 查干湖渔场志（1960～2009）. 长春：吉林大学出版社，2010.
[52] 刘翠英，杜秀华，岳金妹，等. 查干湖渔业资源调研结果. 河北渔业，1992，（5）：26-29.
[53] 李凤龙. 充分借鉴查干湖大水面开发的经验，推动大中型水面深度开发的步伐//中国水产学会. 中国水产学会学术年会论文集（2001～2002）. 北京：海洋出版社，2002.
[54] 马克平. 生物群落多样性的测度方法 I. α 多样性的测度方法(上). 生物多样性，1994，2(3)：162-168.
[55] 马克平，刘玉明. 生物群落多样性的测度方法 I. α 多样性的测度方法（下）. 生物多样性，1994，2（4）：231-239.
[56] 施炜刚，刘凯，张敏莹，等. 春季禁渔期间长江下游鱼虾蟹类物种多样性变动（2001～2004 年）. 湖泊科学，2005，17（2）：169-175.
[57] 刘凯，张敏莹，徐东坡，等. 长江春季禁渔对崇明北滩渔业群落的影响. 中国水产科学，2005，13（5）：834-840.

[58] 胡茂林，吴志强，刘引兰. 鄱阳湖湖口水域鱼类群落结构及种类多样性. 湖泊科学，2011，23（2）：246-250.
[59] 张堂林，谢松光，李钟杰. 中、小型湖泊的资源环境特征·鱼类与渔业//崔奕波，李钟杰. 长江流域湖泊的渔业资源与环境保护. 北京：科学出版社，2005.
[60] 佟守正，吕宪国，苏立英，等. 扎龙湿地生态系统变化过程及影响因子分析. 湿地科学，2008，6（2）：179-184.
[61] 何志辉，赵文. 三北地区内陆盐水生物资源及其渔业利用. 大连水产学院学报，2002，17（3）：157-166.
[62] 秦克静，姜志强，何志辉. 中国北方内陆盐水水域鱼类的种类和多样性. 大连水产学院学报，2002，17（3）：167-175.
[63] 梁秀琴，王福玲. 关于碱性水域水化学因子与渔业利用问题的探讨. 大连水产学院学报，1993，8（4）：67-72.
[64] 杨富亿，吕宪国，娄彦景，等. 松嫩湖群鱼类群落多样性. 生态学报，2015，35（4）：1022-1036.
[65] 马克平，刘灿然，刘玉明. 生物群落多样性的测度方法 II. β 多样性的测度方法. 生物多样性，1995，3（1）：38-43.
[66] 雷衍之，董双林，沈成钢，等. 碳酸盐碱度对鱼类毒性作用的研究. 水产学报，1985，9（2）：171-183.
[67] Magurran. 生物多样性测度. 张峰，译. 北京：科学出版社，2011.
[68] 雷衍之. 淡水养殖水化学. 南宁：广西科学技术出版社，1993.
[69] 李永函，杨和荃，张礼善，等. 淡水生物学. 北京：高等教育出版社，1993.
[70] 杨富亿. 盐碱湿地及沼泽渔业利用. 北京：科学出版社，2000.
[71] 杨富亿，李秀军，孙丽敏，等. 东北碳酸盐类水养殖南美白对虾试验. 水利渔业，2005，25（5）：21-24.
[72] 杨富亿，李秀军，赵春生，等. 内陆盐碱水域对虾移殖技术研究——苏打盐碱水域对虾生存也环境因子的关系. 农业现代化研究，2007，28（3）：365-370.
[73] 杨富亿，李秀军，田明增，等. 盐碱水域对虾体质量生长与环境因子的相关性. 水产科学，2008，27（9）：438-442.
[74] 杨富亿，李秀军，田明增，等. 东北西部碱水水域对虾生存和生长与 K^+、Ca^{2+}、Mg^{2+}、Na^+/K^+ 及 M/D 的关系. 海洋通报，2009，28（1）：21-28.
[75] 邓伟，何岩，宋新山，等. 松嫩平原西部盐沼湿地水环境化学特征. 地理研究，2000，19（2）：113-119.
[76] 满秀玲，蔡体久. 公别拉河流域三类湿地水化学特征研究. 应用生态学报，2005，16（7）：1335-1340.
[77] 李云鹏，李怡庭，刘景哲，等. 松嫩平原湖湿地水化学特征及净化水质作用研究. 东北水利水电，2001，19（11）：39-56.
[78] 张美昭，张兆琪，赵文，等. 氯化物型盐碱地池塘水化学特征的研究. 青岛海洋大学学报，2000，30（1）：68-74.
[79] 张美昭，张兆琪，赵文，等. 氯化物型盐碱地池塘主要离子的相关研究. 水利渔业，2000，20（4）：8-9，40.
[80] 文良印，董双林，张兆琪，等. 氯化物水型盐碱池塘缓冲能力研究. 中国水产科学，2000，7（2）：51-55.
[81] 文良印，董双林，张兆琪，等. 氯化物水型盐碱池塘的限制性营养盐研究. 中国水产科学，1999，6（4）：43-48.
[82] 孙栋，马荣棣，陈金萍，等. 沿黄低洼盐碱地池塘水质特点及调控机理. 淡水渔业，2005，35（1）：29-31.
[83] 申屠青春，董双林，文良印. 四种处理方法下盐碱池塘底泥 N、P 的吸收与释放. 海洋湖沼通报，

1998，（4）：54-61.

[84] 杜兴华，段登选，王志忠，等. 重盐碱地池塘养殖周期水体理化因子变化特点. 河北渔业，2008，（8）：16-20，36.

[85] 石玉龙，段登选，王志忠，等. 重盐碱地养殖池塘水化学特性的研究. 海洋湖沼通报，2009，（2）：49-58.

[86] 杜兴华，段登选，王志忠，等. 重盐碱地不同土壤池塘水体理化因子的研究. 河北渔业，2008，（9）：18-20.

[87] 杨富亿. 盐碱地养鱼的水质改良. 资源开发与市场，2000，6（4）：195-197.

[88] 徐玉林. 盐碱泡沼的利用和改造报告. 水产科学，1987，6（3）：8-10.

[89] 郑伟刚，张兆琪，张美昭，等. 盐碱水 NaCl 浓度和碱度对银鲫（*Carassius auratus gibelio*）幼鱼毒性的初步研究. 青岛海洋大学学报（自然科学版），2001，31（4）：513-517.

[90] 臧维玲，王武，叶林，等. 盐度对淡水鱼类的毒性效应. 海洋与湖沼，1989，20（5）：445-452.

[91] 章征忠，张兆琪，董双林. 鲢鱼幼鱼对盐、碱耐受性的研究. 青岛海洋大学学报，1999，29（3）：441-446.

[92] 章征忠，张兆琪，董双林，等. pH、盐度、碱度对淡水养殖种类影响的研究进展. 中国水产科学，1999，6（4）：96-98.

[93] 周伟江，梁利群，常玉梅，等. 达里湖鲫对盐度和碱度突变和渐变的耐受性. 淡水渔业，2013，43（5）：14-20.

[94] 梁秀琴，王福玲. 碱性水域水化学因子对鱼类的影响. 黑龙江水产，1993，（2）：19-23.

[95] 杨富亿，李秀军，杨欣乔. 日本沼虾幼虾对碱度和 pH 的适应性. 动物学杂志，2005，40（6）：74-79.

[96] 张玉，王洪滨，何江，等. 内蒙古达里诺尔湖水质现状调查. 水产科学，2008，27（12）：671-673.

[97] 张利，刘海涛，高文海，等. 乌梁素海生态治理技术. 水生态学杂志，2008，1（2）：142-145.

[98] 章征忠，张兆琪，董双林. 淡水白鲳幼鱼对盐碱耐受性的初步研究. 青岛海洋大学学报，1998，28（3）：393-398.

[99] 郑伟刚，张兆琪，张美昭. 彭泽鲫幼鱼对盐度和碱度耐受性的研究. 集美大学学报（自然科学版），2004，9（2）：127-130.

[100] 郑伟刚，张兆琪. 盐度和碱度对彭泽鲫幼鱼耗氧率和排氨率的影响. 水产养殖，2003，24（6）：38-41.

[101] 张礼善. 青草鲢鳙对氢离子浓度的适应性. 水生生物学集刊，1960，（2）：134-144.

[102] 党云飞，徐伟，耿龙武，等. 盐度和 pH 对鱼类生长和发育的影响. 水产学杂志，2012，26（2）：62-64.

[103] 邱德依，秦克静. 盐度对鲤能量收支的影响. 水产学报，1995，19（1）：35-42.

[104] 刘锡胤，于再新，李龙，等. 盐度对大银鱼受精卵孵化率的影响. 淡水渔业，1993，23（6）：52-28.

[105] 李勃，富丽静，解玉浩. 温度、盐度对大银鱼胚胎发育的影响. 水产科学，1995，14（6）：3-5.

[106] 李勃，解玉浩. 温度、盐度、碱度对池沼公鱼胚胎发育的影响. 生态学杂志，1992，11（2）：18-21.

[107] 戈志强. 不同盐碱度对大银鱼受精卵孵化和仔鱼存活的影响. 水利渔业，1996，（2）：4-41.

[108] 姜秋俚，藺玉华，王信海，等. 咸海卡拉白鱼胚胎及仔鱼对盐碱耐受性的研究. 吉林农业大学学报，2008，30（2）：219-225，228.

[109] 李志明，张利，刘海涛，等. 盐度、pH 对达里湖瓦氏雅罗鱼受精卵孵化的影响. 内蒙古科技，2008，（4）：68，81.

[110] 吕富，黄金田，王爱民. 碱度对异育银鲫摄食、生长和存活的影响. 安徽农业科学，2007，35（22）：6789-6790.

[111] 黄玉玲. 我国虾类淡水养殖概述. 水利渔业，2003，23（1）：1-3.

[112] 廖家遗，吴强. 日本沼虾脑神经元中微绒毛小管的观察. 动物学杂志，2001，36（5）：56-57.

[113] 席贻龙，邓道贵，崔之学. 日本沼虾消化道形态和组织学特点. 动物学杂志，1997，32（3）：8-11.
[114] 王军霞，王维娜，王安利，等. Ca^{2+}对体外培养的日本沼虾血细胞的影响. 动物学杂志，2003，38（3）：22-25.
[115] 王维娜，孙儒泳. 环境因子对日本沼虾消化酶和碱性磷酸酶的影响. 应用生态学报，2002，13（9）：1153-1156.
[116] 谢文星，谢山，黄道明，等. 温度对青虾幼体变态发育及培育率的影响. 淡水渔业，1999，29（7）：8-9.
[117] 董双林，堵南山，赖伟. pH 值、Ca^{2+}浓度对日本沼虾生长和能量收支的影响. 水产学报，1994，18（2）：118-123.
[118] 董双林，堵南山，赖伟. 日本沼虾生理生态学研究：I. 温度和体重对其代谢的影响. 海洋与湖沼，1994，25（3）：233-236.
[119] 何志辉，谢祚浑，雷衍之. 达里湖水化学和水生生物学研究. 水生生物学集刊，1981，7（3）：341-357.
[120] 杨富亿，李秀军，赵春生，等. 日本沼虾对碱性湖泊水含盐量的适应性研究. 中国农学通报，2006，22（6）：475-479.
[121] 邓欢，刘亚杰. 吡哌酸（PPA）对中国对虾仔虾幼体的半致死量（LD_{50}）及半有效量（ED_{50}）试验研究. 水产科学，1992，11（4）：7-9.
[122] 娄忠玉，钱续. 福尔马林对银鲑鱼苗半致死浓度试验. 水利渔业，2003，23（1）：58.
[123] 刘建康，何碧梧. 中国淡水鱼类养殖学. 3 版. 北京：科学出版社：1992.
[124] 吴志新，陈孝煊. 红螯螯虾对盐度耐受性的研究. 水利渔业，1997，（4）：20-21.
[125] 何志辉，姜宏，毕凤山. 达里湖水化学和水生生物再调研. 大连水产学院学报，1996，11（2）：1-13.
[126] 杨富亿. 盐碱湿地青虾资源及其增养殖技术. 资源开发与市场，2000，16（1）：14-16.
[127] 杨富亿. 盐碱地区养鱼技术. 北京：金盾出版社，2000.
[128] 朱华平，谢刚，黄樟翰，等. 翘嘴鲌鱼苗对盐度的敏感性试验. 水产养殖，2003，24（2）：33-35.
[129] 许淑英，谢刚，祁保伦，等. 广东鲂鱼苗对盐度敏感性的试验. 水利渔业，1998，（4）4-5.
[130] 许淑英，谢刚，祁保伦，等. 海南红鲌对水产药物的敏感性研究. 水利渔业，2001，21（1）：36-37.
[131] 谢刚，陈昆慈，胡隐昌，等. 倒刺巴鱼苗对水产药物的敏感性试验. 淡水渔业，2002，32（5）：49-50.
[132] 唐建清，滕忠祥，周继纲. 淡水青虾规模养殖关键技术. 南京：江苏科学技术出版社，2002.
[133] 李义. 温度、pH 对日本沼虾血清酚氨化酶活力及稳定性的影响. 海洋科学，2002，26（10）：1-3.
[134] 杨代勤，陈芳，肖海洋，等. pH 值对黄鳝生存和生长的影响. 水利渔业，2001，21（1）：13.
[135] 吴萍，曹振华，杨立荣，等. pH 对黄颡鱼生长和生存的影响. 水利渔业，2001，21（6）：3-4，6.
[136] 徐桂荣，朱正国，臧维玲，等. 盐度对罗氏沼虾幼虾生长的影响. 上海水产大学学报，1997，6（2）：124-127.
[137] 邢克智，刘茂春，王金华. 温度、盐度对青虾幼体生长发育的影响. 南开大学学报（自然科学版），1997，30（3）：88-93，105.
[138] 王桂春. 盐度和碱度对河蟹幼蟹毒性作用的研究. 苏盐科技，2007，（1）：24-26.
[139] 臧维玲，江敏，戴习林，等. 中华绒螯蟹育苗用中 Mg^{2+} 与 Ca^{2+}含量及 Mg^{2+} / Ca^{2+} 对出苗率的影响. 水产学报，1998，22（2）：111-116.
[140] 张树林，邢克智，韩世华，等. 中华绒螯蟹大眼幼体密度对育成Ⅴ期幼蟹存活率的影响. 天津农学院学报，2006，13（3）：5-8.
[141] 成永旭，王武，谭玉钧，等. 盐度及钙镁离子对中华绒螯蟹大眼幼体育成Ⅲ期仔蟹的成活率和生长的影响. 水产学报，1997，21（1）：84-88.
[142] 刘存歧，王军霞，张亚娟，等. 盐碱地渗水盐度与钠钾比对凡纳滨对虾生长的影响. 应用生态学报，2008，19（6）：1337-1342.

[143] 朱长波，董双林，张建东，等. 缺 K^+ 型低盐度水体 Na^+ / K^+ 比值对凡纳滨对虾幼虾生长和能量收支的影响. 中国海洋大学学报，2005，35（5）：773-778.
[144] 高全才，李春岭. 钾离子浓度对南美白对虾的影响. 河北渔业，2003，（1）：19，34.
[145] 栾治华，潘鲁青，肖国强，等. 沿黄低洼盐碱地对虾养殖技术的研究. 海洋湖沼通报，2003，（3）：71-77.
[146] 肖国强，潘鲁青，冉宪宝，等. 低盐度地下卤水养殖南美白对虾的研究. 海洋科学，2002，26（12）：36-40.
[147] 臧维玲，朱正国，张建达，等. 简易过滤装置对罗氏沼虾亲虾越冬池水质的净化作用. 上海水产大学学报，1995，4（1）：20-26.
[148] 房文红，来琦芳，王慧. 脱壳和盐度突变对中国对虾血淋巴渗透浓度和离子浓度的影响. 水产学报，1999，23（s1）：22-27.
[149] 邓勇辉，熊国根，周智勇，等. 人工半咸水中 Ca^{2+}、Mg^{2+} 、K^+ 含量对罗氏沼虾育苗的影响. 江西水产科技，2002，（3）：43-45.
[150] 李树国，催海鹏，朱善央，等. 河蟹和罗氏沼虾幼体对海水中 K^+ 、Ca^{2+}、 Mg^{2+} 的需要量. 水产科学，2007，26（10）：587-588.
[151] 来琦芳，王慧，房文红. 水环境 K^+ 、Ca^{2+}对国明对虾幼虾生存的影响. 生态学杂志，2007，26（9）：1359-1363.
[152] 王淑生，柴晓贞. 北方地区内陆平原盐碱地兑水养殖东方对虾试验. 水产科学，2001，20（5）：25-26.
[153] 王淑生，王荣星，陈胜林. K^+ 浓度对中国对虾仔虾成活率的影响. 中国水产，2001，（4）：53-55.
[154] 梁象秋，严生良，郑德崇，等. 中华绒螯蟹的幼体发育. 动物学报，1974，20（1）：61-68.
[155] 王悦如，李二超，龙丽娜，等. 中华绒螯蟹对盐度变化的适应及其渗透压调节的研究进展. 海洋渔业，2011，33（3）：352-360.
[156] 徐如卫，江锦坡. 中华绒螯蟹幼体对盐度变化忍受力的初步研究. 水产科技情报，1996，23（4）：147-150.
[157] 雷衍之，于淑敏，徐捷. 无锡市河埒口高产鱼池水质研究：I. 水化学与初级生产力. 水产学报，1983，7（3）：189-197.
[158] 齐荣斌，王冯粤. 龙江湖洗碱改水见成效. 黑龙江水产，1994，（3）：37-38.
[159] 杨富亿，李秀军，裘善文，等. 松辽平原盐碱沼泽地的渔业治理模式. 地理科学，1994，14（3）：284-289.
[160] 杨富亿. 北方地区盐碱苇塘开发养鱼试验报告. 淡水渔业，1995，25（2）：23-25.
[161] 杨富亿. 盐碱闭流洼地苇塘养鱼试验报告. 水产科学，1995，14（5）：10-14，7.
[162] 杨富亿. 芦苇湿地鱼-苇生态开发试验. 水利渔业，1997，（6）：8-11.
[163] 杨富亿. 寒区盐碱地井灌稻田养鱼试验报告. 淡水渔业，1996，26（2）：27-30.
[164] 杨富亿. 大安市大岗子镇牛心套保芦苇湿地生态保护与修复技术示范——苇塘鱼、蟹养殖示范//雒鹏飞. 农业综合开发的科技示范. 北京：世界图书出版公司北京公司，2011.
[165] 杨富亿，李秀军，刘兴土，等. 吉林西部盐碱化苇塘养殖生态工程研究——牛心套保湿地盐碱水环境对虾生长于阳离子组成的关系. 农业系统科学与综合研究，2011，27（1）：78-85.
[166] 陈宜瑜，吕宪国. 湿地功能与湿地科学的研究方法. 湿地科学，2003，1（1）：7-11.
[167] 国家林业局野生动物保护司. 湿地管理与研究方法. 北京：中国林业出版社，2001.
[168] 章宗涉，吴斯锦. 固城湖河蟹放养和水草资源利用探讨. 淡水渔业，1994，24（特刊）：21-25.
[169] 金刚，李钟杰，刘伙泉，等. 保安湖沉水植被恢复及其渔业效益. 湖泊科学，1999，11（3）：260-266.
[170] 金刚，李钟杰，谢平. 草型湖泊河蟹养殖容量初探. 水生生物学报，2003，27（4）：345-351.
[171] 金刚，谢平，李钟杰. 湖泊放流二龄河蟹的食性. 水生生物学报，2003，27（2）：140-146.

[172] 崔奕波，李钟杰. 长江流域湖泊的渔业资源与环境保护. 北京：科学出版社，2005.
[173] 于洪贤，周玲玲，于海波. 黑龙江省大水面河蟹综合养殖技术研究. 黑龙江水产，2003，(1)：28-33.
[174] 梁彦龄，刘伙泉. 草型湖泊资源、环境与渔业生态学管理（一）. 北京：科学出版社，1995.
[175] 刘建康. 东湖生态学研究（二）. 北京：科学出版社，1995.
[176] 许巧情，王洪铸，张世萍. 河蟹过度放养对湖泊底栖动物群落的影响. 水生生物学报，2003，27（1）：41-46.
[177] 刘建康. 高级水生生物学. 北京：科学出版社，1999.
[178] 朱晓明，崔奕波，光寿红. 中华绒螯蟹对三种天然饵料的选食性及消化率. 水生生物学报，1997，21（1）：94-96.
[179] 边文冀，吴乃薇，姚宏禄. 池养鱼类及常规饲料的热卡值测定. 水产科技情报，1991，18(5)：157-158.
[180] 高明. 河蟹标准化生产技术. 北京：中国农业大学出版社，2003.
[181] B. П. Ермопин. 各种饵料生物对鱼产量作用的计算. 张来发，译. 水库渔业，1982，(4)：65-67.
[182] 于洪贤，邢东华，韩鲁平. 高寒地区扣蟹及商品蟹的长距离运输技术. 水产学杂志，2001，14（1）：37-39.
[183] 于洪贤，蒋超. 放养河蟹对黑龙江东湖水库底栖动物和水生维管束植物的影响. 水生生物学报，2005，29（4）：430-434.
[184] 李晓东. 北方河蟹养殖新技术. 北京：中国农业出版社，2006.
[185] 于洪贤，柴方营. 高寒地区河蟹养殖技术初步研究. 水利渔业，2000，20（4）：23-24.
[186] 林乐峰. 河蟹养殖与经营. 北京：农业出版社，1994.
[187] 杨富亿. 池塘移植菹草养鱼技术. 水产科学，1995，14（4）：27-30.
[188] 杨富亿. 菹草型水体的渔业利用. 水产科学，1994，13（2）：24-27.
[189] 杨富亿. 菹草的人工栽培及养鱼技术. 水产养殖，1992，(2)：4.
[190] 杨富亿，李秀军，刘兴土. 苏打型盐碱化芦苇沼泽地“苇-蟹-鳜-鲴”模式研究. 中国生态农业学报，2012，20（1）：116-120.
[191] 杨富亿，李秀军，刘兴土，等. 一龄幼蟹在盐碱化芦苇沼泽中的放养密度. 湿地科学，2014，12（2）：170-181.
[192] Wang H Z，Wang H J，Liang X M，et al. Stocking models of Chinese mitten crab（*Eriocheir japonica sinensis*）in Yangtze lakes. Aquaculture，2006，255（1-4）：456-465.
[193] 温周瑞，刘慧集，吴良虎，等. 河蟹对几种水草的选择性与摄食量的研究. 水利渔业，2000，20（1）：16-17，53.
[194] 陈炳良，堵南山，叶鸿发. 中华绒螯蟹的食性成分. 水产科技情报，1989，16（1）：2-5.
[195] 刘兴土. 松嫩平原西部生态保育策略探讨. 农业系统科学与综合研究，2003，19（4）：282-285，289.
[196] 秦大河，丁一汇，苏纪兰，等. 中国气候与环境变化评估（I）：中国气候与环境变化及未来趋势. 气候变化研究进展，2005，1（1）：4-9.
[197] 陈宜瑜，丁永建，佘之祥，等. 中国气候与环境变化评估（II）：气候与环境变化的影响与适应、减缓对策. 气候变化研究进展，2005，1（2）：51-57.
[198] 刘兴土，吕宪国. 东北山区湿地的保育与合理利用对策. 湿地科学，2004，2（4）：241-247.
[199] 徐在宽. 淡水虾无公害养殖重点、难点与实例. 北京：科学技术文献出版社，2005.
[200] 谢忠明，李增崇，赵明森. 淡水经济虾类养殖技术. 北京：中国农业出版社，2002.
[201] 蔡仁逵. 淡水虾实用养殖技术. 北京：中国农业出版社，1998.
[202] 陈飞星，张增杰. 稻田养蟹模式的生态经济分析. 应用生态学报，2002，13（3）：323-326.
[203] 侯万发，裴光富. 稻-蟹-泥鳅农田生态系统的效益分析. 沈阳学业大学学报，2005，36（4）：401-404.
[204] 刘某承，张丹，李文华. 稻田养鱼与常规稻田耕作模式的综合效益比较研究——以浙江省青田县为

例. 中国生态农业学报，2010，18（1）：164-169.
[205] 刘铁军. 生态农业建设障碍的宏观环境探析. 中国生态农业学报，2006，14（2）：11-14.
[206] 李文华. 中国生态农业面临的机遇与挑战. 中国生态农业学报，2004，12（1）：1-3.
[207] 杨富亿. 吉林省西部低洼盐碱地稻-苇-鱼开发模式的研究. 吉林农业科学，1998，（3）：90-96.
[208] 杨富亿，李秀军，王志春，等. 东北苏打盐碱地生态渔业模式研究. 中国生态农业学报，2004，12（4）：192-194.
[209] 杨富亿，李秀军，王志春，等. 鱼-稻-苇-蒲模式对苏打盐碱土的改良. 农业现代化研究，2004，25（4）：306-309.
[210] 李秀军，杨富亿，刘兴土. 松嫩平原西部盐碱湿地“稻-苇-鱼”模式研究. 中国生态农业学报，2007，15（5）：174-177.
[211] 李秀军. 大安古河道盐碱土类型与开发利用模式研究. 中国生态农业学报，2006，14（3）：111-113.
[212] 刘兴土. 松嫩平原退化土地整治与农业发展. 北京：科学出版社，2001.
[213] 李艳和，江河，管远亮，等. 细鳞斜颌鲴湖泊套养试验. 安徽农业科学，2005，33（11）：2085-2086.
[214] 钱华，叶飞，卜金宝. 虾蟹池混养细鳞斜颌鲴的试验. 渔业致富指南，2008，（3）：58-59.
[215] 杨富亿，李秀军，刘兴土，等. 松嫩平原退化芦苇湿地恢复模式. 湿地科学，2000，7（4）：306-313.
[216] 唐娜，崔保山，赵欣胜. 黄河三角洲芦苇湿地的恢复. 生态学报，2006，26（8）：2616-2624.
[217] 罗新正，朱坦，孙广友. 松嫩平原大安古河道湿地的恢复与重建. 生态学报，2003，23（2）：244-250.
[218] 包维楷，刘照光，刘庆. 生态恢复重建研究与发展现状及存在的主要问题. 世界科技研究与发展，2000，23（1）：44-48.
[219] 刘国华，傅伯杰，陈利顶，等. 中国生态退化的主要类型、特征及分布. 生态学报，2000，20（1）：13-19.
[220] 许木启，黄玉瑶. 受损水域生态系统恢复与重建研究. 生态学报，1998，18（5）：547-557.
[221] 吕宪国，刘晓辉. 中国湿地研究进展. 地理科学，2008，28（3）：301-308.
[222] 江长胜，王跃思，郝庆菊，等. 土地利用对沼泽湿地土壤碳影响的研究. 水土保持学报，2009，33（5）：248-252.
[223] 王毅勇，宋长春，闫百兴，等. 三江平原不同土地利用方式下湿地土壤 CO_2 通量研究. 湿地科学，2003，1（2）：111-114.
[224] 杨富亿，李秀军，刘兴土. 沼泽湿地生物碳汇扩增与碳汇型生态农业利用模式. 农业工程学报，2012，28（19）：156-162.
[225] 张家玉，冯慧芳. 湖北省朱湖农场水体生态农业初探. 农村生态环境，1992，8（1）：14-18.
[226] 张召，白中科，贺振伟，等. 基于 RS 与 GIS 的平朔露天矿区土地利用类型与碳汇量的动态变化. 农业工程学报，2012，28（3）：232-236.
[227] 张明园，魏燕华，孔凡磊，等. 耕作方式对华北农田土壤有机碳储量及温室气体排放的影响. 农业工程学报，2012，28（6）：203-209.
[228] 徐敏云，李培广，谢帆，等. 土地利用和管理方式对农牧交错带土壤有机碳密度的影响. 农业工程学报，2011，27（7）：320-325.
[229] 吕贻忠，廉晓娟，赵红，等. 保护性耕作模式对黑土有机碳含量和密度的影响. 农业工程学报，2010，26（11）：163-169.
[230] 李小涵，王朝辉，郝明德，等. 黄土高原旱地不同种植模式土壤碳特征评价. 农业工程学报，2010，26（14）：325-330.
[231] 韩新辉，佟小刚，杨改河，等. 黄土丘陵区不同退耕还林地土壤有机碳库差异分析. 农业工程学报，2012，28（12）：223-229.
[232] 王相平，杨劲松，金雯晖，等. 近 30a 玛纳斯县北部土壤有机碳储量变化. 农业工程学报，2012，

28（17）：223-229.
[233] 谭梦，黄贤金，钟太洋，等. 土地整理对农田土壤碳含量的影响. 农业工程学报，2011，27（8）：324-329.
[234] 杨富亿，李秀军，裘善文. 盐碱泡沼养鱼试验. 水产科学，1993，12（8）：9-12.
[235] 杨富亿. 松辽平原盐碱泡沼开发养鱼试验报告. 淡水渔业，1994，24（3）：27-29.
[236] 杨富亿. 松嫩平原盐碱性湿地渔业开发途径. 资源科学，1998，20（2）：59-68.
[237] 杨富亿. 吉林省西部盐碱地和浅层咸淡水资源的渔业利用及开发途径初探——以大安市为例. 自然资源，1992，（2）：55-61.
[238] 杨富亿. 盐碱小型水库成鱼高产技术措施. 水利渔业，1995，（4）：34-36，40.
[239] 杨富亿. 东北喇蛄人工养殖技术. 水产养殖，1993，（4）：12-13.
[240] 杨富亿. 东北喇蛄资源及其开发利用. 资源开发与市场，1995，11（3）：128-131.
[241] 杨富亿. 草塘养殖东北螯虾试验. 水产科学，1998，17（5）：14-16.
[242] 杨富亿. 螯虾的养殖. 农村科学实验，1999，（4）：34.
[243] 杨富亿. 吉林西部盐碱地稻田养鱼研究. 吉林农业科学，1997，（4）：87-93.
[244] 杨富亿. 松嫩平原盐碱地稻田养鱼技术. 水产科学，1993，12（7）：18-21.
[245] 苏东涛，王芬棠，刘炳宇. 养鱼稻田土壤学变化的研究. 淡水渔业，1996，26（6）：19-21.
[246] 朱海清，李毓鹏，徐春河，等. 稻-萍-蟹立体农业的效益. 生态学杂志，1994，13（5）：1-4.
[247] 杨富亿，李秀军，王志春，等. 盐碱化湿地稻-鱼复合生态系统微生物特征. 湿地科学，2003，1（2）：105-110.
[248] 杨富亿，李秀军，王志春，等. 吉林省西部苏打盐碱地养鱼稻田微生物研究. 吉林农业大学学报，2003，25（6）：606-610.
[249] 杨富亿，李秀军，王志春，等. 苏打盐碱地养鱼稻田水体微生物区系研究. 农村生态环境，2004，20（2）：21-23，45.
[250] 石俊艳，刘中，丁茂昌，等. 营口对虾养殖示范区水化学状况. 水产科技情报，1998，25（6）：257-260.
[251] 刘国才，包文仲，刘振奇，等. 鱼塘内细菌数量消长和季节变动. 水产学报，1992，16（1）：24-31.
[252] 吴根福. 杭州西湖水体中微生物生理和生态分布的初步研究. 生态学报，1999，19（3）：435-440.
[253] 王慎强，蒋其鳌，钦绳武，等. 长期施用有机肥与化肥对土壤化学及生物学性质的影响. 中国生态农业学报，2001，9（4）：67-69.
[254] 张孝安. 稻鸭共作技术在中国的应用与普及现状. 世界农业，2007，（4）：51-54.
[255] 刘欣，王强盛，许国春，等. 稻鸭共作农作系统的生态效应与技术模式. 中国农学通报，2015，31（29）：90-96.
[256] 王昌付，汪金平，曹凑贵. 稻鸭共作对稻田水体底栖动物生物多样性的影响. 中国生态农业学报，2008，16（4）：933-937.
[257] 汪金平，曹凑贵，金晖，等. 稻鸭共生对稻田水生生物群落的影响. 中国农业科学，2006，39（10）：2001-2008.
[258] 曹凑贵，汪金平，邓环. 稻鸭共生对稻田水生动物群落的影响. 生态学报，2005，25（10）：2644-2648.
[259] 王强盛，黄丕生，甄若宏，等. 稻鸭共作对稻田营养生态及稻米品质的影响. 应用生态学报，2002，15（4）：639-646.
[260] 杨志辉，黄璜，王华. 稻鸭复合生态系统稻田土壤质量研究. 土壤通报，2004，35（2）：117-121.
[261] 章家恩，赵美玉，陈进，等. 鸭稻共作方式对土壤肥力因素的影响. 生态环境，2004，13（4）：654-655.
[262] 戴志明，杨华松，张曦，等. 云南稻-鸭共生模式效益的研究及综合评价（三）. 中国农学通报，2004，20（4）：265-267，273.
[263] 甄若宏，王强盛，沈晓昆，等. 我国稻鸭共作生态农业的发展现状与技术展望. 农村生态环境，2004，

20（4）：64-67.
[264] 王缨，雷慰慈. 稻田种养模式生态效益研究. 生态学报，2000，20（2）：311-316.
[265] 郑永华，邓国彬，卢光敏. 稻鱼鸭复合生态经济效益的初步研究. 应用生态学报，1997，8（4）：431-434.
[266] 禹盛苗，朱练峰，欧阳由男，等. 稻鸭农作系统对稻田生物种群的影响. 应用生态学报，2008，19（4）：807-812.
[267] 禹盛苗，朱练峰，欧阳由男，等. 稻鸭种养模式对稻田土壤理化性状、肥力因素及水稻产量的影响. 应用生态学报，2014，45（1）：151-156.
[268] 刘辉，仇长礼，李东玲，等. 北方地区稻田养鸭的优点及其技术. 现代农业科技，2013，（11）：299，301.
[269] 权太焕. 绿色水稻生产的新技术——稻田养鸭技术. 吉林农业，2015，（24）：70.
[270] 许英民. 北方稻田养鸭的主要技术措施. 水禽世界，2009，（5）：16-17.
[271] 王志林，刘振铸，崔歌，等. 稻田养鸭技术要点. 吉林农业，2014，（24）：65.
[272] 卢金龙，韩庆霞. 浅谈北方稻鸭共作生产技术. 现代农业，2009，（1）：72.
[273] 邸树峰，孟英. 哈尔滨地区稻鸭共作试验研究初报. 黑龙江农业科学，2013，（3）：26-30.
[274] 赵国臣，侯立刚，曹忠，等. 稻鸭共作技术的研究. 吉林农业科学，2005，30（1）：13-15.
[275] 杨富亿. 东北喇蛄稻田养殖技术. 水产养殖，1994，（4）：8-9.
[276] 杨富亿. 寒区沼泽地稻菇鱼养殖模式研究. 水产科学，1998，17（3）：47-48.
[277] 樊修武，池宝亮，焦晓燕，等. 盐碱地秸秆覆盖改土增产措施的研究. 干旱区农业研究，1993，（4）：13-18.
[278] 杨瑞珍，毕于运. 我国盐碱化耕地的防治. 干旱区资源与环境，1996，10（3）：22-30.
[279] 邱瑞骥，赵峰，张凡. 甘肃河西盐碱荒地开发对河流水质的影响. 干旱区资源与环境，1996，12（4）：19-25.
[280] 成正才. 博斯腾湖的咸化与淡化. 干旱区资源与环境，1996，10（4）：33-41.
[281] 姚予龙. 宁夏引黄灌区低洼盐碱荒地的开发利用方向研究. 自然资源学报，1995，10（4）：364-371.
[282] 许学工. 黄河三角洲的适用生态农业模式及农业地域结构探讨. 地理科学，2000，20（1）：27-36.
[283] 王建化，贾志诚. 二华夹槽生态渔业模式能量转换效率的比较试验. 水利渔业，1999，19（4）：28-29.
[284] 史广同. 黄河三角洲盐碱地“农基鱼塘”生态农业开发模式. 国土与自然资源研究，1998，（3）：32-35.
[285] 杨家恭，孙文德. 宝坻县洼地复合生态农业模式及效益分析. 生态农业研究，1998，6（2）：72-75.
[286] 刘树云，杨立邦，段登选，等. 山东沿黄低洼盐碱地以渔改碱试验. 淡水渔业，1993，23（6）：52-28.
[287] 李建奎，史奎树. 鱼麦轮作试验. 水产科技情报，1992，19（1）：23-35.
[288] 王志春，孙长占，李秀军，等. 苏打盐碱地水稻开发综合技术模式. 农业系统科学与综合研究，2003，19（1）：56-59.
[289] 李取生，宋玉祥，赵春生. 吉林西部草地盐碱化治理对策研究. 农业系统科学与综合研究，2001，17（4）：304-306，309.
[290] 李秀军，孙广友. 大安古河道农业系统动力学模式. 农业系统科学与综合研究，2002，18（1）：30-33.
[291] 杨富亿，王志春，李秀军，等. 吉林西部苏打盐碱地鱼麦轮作试验. 农业系统科学与综合研究，2006，22（3）：228-230.
[292] 肖笃宁，裴铁凡，赵羿. 辽河三角洲湿地景观的水文调节与防洪功能. 湿地科学，2003，1（1）：21-25.
[293] 杨富亿，李秀军，王志春，等. 辽河三角洲对虾塘湿地水环境特征. 湿地科学，2004，2（3）：176-183.
[294] 杨富亿，孙丽敏，杨欣乔. 碳酸盐碱度对南美白对虾幼虾的毒性作用. 水产科学，2004，23（9）：3-6.
[295] 杨富亿，孙丽敏，杨欣乔. 南美白对虾对内陆碳酸盐型盐碱水环境适应性研究：I. 淡化幼虾对碱度

的适应能力. 水产科技情报，2004，31（3）：99-101.
[296] 杨富亿，李秀军，杨欣乔，等. 南美白对虾对东北碱性水域的适应性研究. 中国农学通报，2005，21（8）：413-416，466.
[297] 杨富亿，李秀军，赵春生，等. 对虾对内陆苏打型高盐碱水环境的适应性. 安徽农学通报，2007，13（1）：120-123.
[298] 杨富亿，李秀军，赵春生，等. 吉林西部盐碱水域 CO_2^- 、HCO^- 组成特征及其对对虾的毒性效应. 现代农业科技，2007，(3)：107-109，113.
[299] 陈佳荣. 水化学. 北京：中国农业出版社，1996.
[300] 房文红，王慧，来琦芳. 碳酸盐碱度、pH 对中国对虾幼虾的致毒效应. 中国水产科学，2000，7（4）：78-81.
[301] 臧维玲，王为东，戴习林，等. 河口区斑节对虾淡化养殖塘水化学状况与水质管理模式. 中国水产科学，2001，8（4）：73-78.
[302] 郑善坚，童小荣. 南美白对虾淡化养殖水质研究. 淡水渔业，2003，33（4）：25-27.
[303] 刘中，石俊艳，王小光，等. 营口咸水河及其供水虾池水环境研究. 水产科学，1998，17（3）：14-18.
[304] 傅志茹，张勤，臧莉，等. 卤水兑地下淡水养殖中国对虾精养高产技术. 水产科学，2000，19（1）：27-30.
[305] 王荣星，王淑生，陈胜林. 南美白对虾平原盐碱地池塘兑水养殖试验. 齐鲁渔业，2001，18（4）：25-26.
[306] 戴锦华，王延艺. 南美白对虾兑淡健康养殖试验. 水产科技情报，2002，29（5）：204-207.
[307] 汪长友，林干云. 内陆地区稻田养殖南美白对虾技术. 水产养殖，2002，(2)：6-7.
[308] 杨富亿，孙丽敏，杨欣乔. 南美白对虾对内陆碳酸盐型盐碱水环境的适应性研究：II. 淡化幼虾对 pH 值的适应能力. 水产养殖，2004，25（6）：26-28.
[309] 王彩理. 养殖池海水的酸碱度. 水产养殖，2001，(6)：29.
[310] 李永富，丁理法，陈海玮，等. 南美白对虾淡水养殖试验报告. 水利渔业，2002，22（3）：25-26.
[311] 朱春华，徐志标. 淡化养殖水体中 Ca^{2+} 与 Mg^{2+} 含量对南美白对虾生长的影响. 淡水渔业，2002，32（6）：46-48.
[312] 朱春华. 盐度对南美白对虾生长性能的影响. 水产科技情报，2002，29（4）：166-168.
[313] 仲铭霞，刘培廷，孙国铭. 水体中 Ca^{2+} 、Mg^{2+} 、K^+ 对南美白对虾淡化苗生存的影响. 水产养殖，2003，24（4）：36-37，46.
[314] 王慧，房文红，来琦芳. 水环境中 Ca^{2+} 、Mg^{2+} 对中国对虾生存及生长的影响. 中国水产科学，2000，7（1）：82-86.
[315] 么宗利，王慧，周凯，等. 碳酸盐碱度和 pH 值对凡纳滨对虾仔虾存活的影响. 生态学杂志，2010，29（5）：945-950.
[316] 周凯，来琦芳，王慧，等. Ca^{2+} 、Mg^{2+} 对凡纳滨对虾仔虾生存的影响. 海洋科学，2007，31（7）：4-7.
[317] 杨富亿，李秀军，杨欣乔，等. 凡纳滨对虾对东北碳酸盐型半咸水的适应性. 海洋湖沼通报，2005，(2)：66-71.
[318] 杨富亿，李秀军，赵春生，等. 对虾对东北苏打盐碱湖泊的适应性研究. 中国生态农业学报，2007，15（5）：115-119.
[319] 杨富亿，李秀军，杨欣乔，等. 凡纳滨对虾对东北碳酸盐型盐碱水域的适应能力. 海洋科学，2008，32（1）：41-44.
[320] 何志辉，秦克静，王岩，等. 晋南盐水水域生物资源调查：一、硝池. 大连水产学院学报，1993，8（4）：1-16.

[321] 朱正国，臧维玲，戴习林，等. 河口区中国对虾养殖水源的水质状况研究. 海洋渔业，1993，15（1）：13-15.
[322] 杜昭宏，刘海涛，彭本初，等. 内蒙古岱海水质调查. 水利渔业，1999，19（2）：42-43.
[323] 荣长宽，梁素秀. 中国对虾人工养殖生态环境的研究. 海洋渔业，1990，12（1）：10-14.
[324] 戴习林，臧维玲，王为东，等. 河口区斑节对虾三种淡化养殖模式的比较. 上海水产大学学报，2003，12（3）：209-214.
[325] 庄雪峰. 我国对虾主要养殖种类的耐盐性. 水产养殖，1992，（5）：28-29.
[326] 王守青. 盐碱地池塘渗水养虾技术. 水产养殖，2000，（4）：6-7.
[327] 吴明立. 南美白对虾淡水养殖试验. 淡水渔业，2001，31（3）：30.
[328] 史建全，祁洪芳，杨建新. 青海湖自然概况及渔业资源现状. 淡水渔业，1998，34（5）：3-5.
[329] 曾现英，徐高峰，张新峰. 北方盐碱洼地养殖南美白对虾试验. 淡水渔业，2004，34（5）：34-35.
[330] 史为良. 地下卤水、盐水和地下咸水在水产养殖中的应用问题. 齐鲁渔业，1998，18（6）：28-30.
[331] 李群峰，江涛，丁志起，等. 地下卤水养殖中国对虾试验报告. 齐鲁渔业，1997，14（4）：22-24.
[332] 李鲁晶，王春生，朱丰锡，等. 南美白对虾盐碱地渗水大面积健康养殖技术. 海洋渔业，2002，24（2）：75-78.
[333] 王怀国，崔江华，张政军，等. 重盐碱地养殖中国对虾的几个问题. 齐鲁渔业，2002，19（8）：30.
[334] 杨富亿，李秀军，赵春生，等. 内陆碱性水域凡纳滨对虾生长与环境因子的关系. 海洋水产研究，2008，29（1）：27-37.
[335] 杨富亿，李秀军，赵春生，等. 东北碳酸盐类盐碱水域凡纳滨对虾生长的影响因子. 水利渔业，2007，27（1）：42-45.
[336] 杨富亿，李秀军，赵春生，等. 内陆盐碱水域对虾移殖技术研究：II. 碱性水域幼虾生长与环境因子的关系. 云南农业大学学报，2007，22（6）：871-876.
[337] 杨富亿，李秀军，田明增，等. 盐碱水域凡纳滨对虾体长生长与环境因子的相关性. 中国农学通报，2008，24（1）：520-526.
[338] 杨富亿，李秀军，田明增. 东北碳酸盐类盐碱水凡纳滨对虾幼虾体重生长速度与碱度、盐度 pH 及 M/D 的相关性. 科技信息，2008，（19）：21-22，24.
[339] 杨富亿，李秀军，宋怀龙. 碱性水环境对虾生存与 K^+ 、Ca^{2+} 、Mg^{2+} 、Na^+/K^+ 及 M/D 的关系. 现代农业科学，2008，（9）：75-78.
[340] 郑善坚. 南美白对虾淡化养殖试验. 水利渔业，2002，22（6）：8-9.
[341] 陈明勇. 池塘低盐度半封闭式养殖斑节对虾试验. 水利渔业，2001，21（5）：22-23.
[342] 陈明勇. 南美白对虾兑淡养殖技术. 水利渔业，2001，21（6）：15-16.
[343] 张秀江，韩道富. 南美白对虾淡水养殖试验. 齐鲁渔业，2003，20（5）：26.
[344] 董少帅，董双林，王芳，等. Ca^{2+} 浓度对凡纳滨对虾稚虾生长的影响. 水产学报，2005，29（2）：211-215.
[345] 杨富亿，李秀军，孙丽敏，等. 凡纳滨对虾对吉林西部盐碱水的适应性. 应用生态学报，2006，17（2）：315-319.
[346] 杨富亿，李秀军，杨欣乔，等. 凡纳滨对虾对东北碳酸盐类盐碱水的驯化适应. 淡水渔业，2006，36（4）：17-21.
[347] 杨富亿，赵春生，陈渊，等. 碳酸盐类盐碱水驯化南美白对虾的试验. 水产科学，2006，25（7）：338-342.
[348] 陆广进，刘德月，李学文，等. 利用盐碱地地下水养殖中国对虾试验. 齐鲁渔业，2001，18（4）：14.
[349] 孙玉忠，王雪梅，宋金山，等. 中国对虾盐碱地池塘养殖试验. 齐鲁渔业，2003，20（6）：1-2.
[350] 李广丽，朱春华，李天凡. 南美白对虾淡化和养殖技术. 水产养殖，2000，（6）：18-20.

[351] 王志成. 南美白对虾高密度养殖试验. 水产养殖，2000，(4)：32-34.
[352] 杨正华，盛德元，周国良，等. 南美白对虾长江口滩涂规模饲养试验. 水产科技情报，2001，28 (1)：18-19.
[353] 王红勇，李靖，黄勃，等. 南美白对虾高位池饲养技术. 水产科技情报，2001，28 (4)：155-156.
[354] 陆根海，潘桂平，陈建明，等. 南美白对虾池养技术初探及经济效益分析. 水产科技情报，2000，27 (1)：22-24.
[355] 李仁伟，罗海忠. 南美白对虾室内池饲养与室外围塘饲养的比较. 水产科技情报，2002，29 (1)：31-32.
[356] 黄鹤忠. 南美白对虾池塘淡化养殖试验. 淡水渔业，2002，32 (2)：14-16.
[357] 陈胜林，王淑生，王荣星，等. 水泥池淡水养殖南美白对虾试验. 淡水渔业，2002，32 (3)：18-19.
[358] 王吉桥，罗鸣，马成学，等. 低盐水体南美白对虾与鲢鳙鱼混养的试验. 水产科学，2003，22 (6)：21-24.
[359] 赵永坚，乔振国，施兆鸿. 内陆盐湖水养虾试验初报. 海洋渔业，1991，13 (6)：255-257.
[360] 陈昌生，纪德华，王兴标，等. Ca^{2+} 、Mg^{2+} 对凡纳滨对虾存活及生长的影响. 水产学报，2004，28 (4)：413-418.
[361] 张群杰，杜建明. 南美白对虾环境友好淡水池塘养殖试验. 水利渔业，2003，24 (2)：75-78.
[362] 丘芙宾. 南美白对虾的冬季养殖技术. 水利渔业，2001，21 (4)：14-15.
[363] 陈德福，时丽萍，马福涛，等. 南美白对虾淡水养殖试验报告. 齐鲁渔业，2002，19 (4)：15-16.
[364] 杨富亿. 松嫩平原咸水养虾的试验与应用. 科学新闻，2004，(13)：38.

附录Ⅰ 《内陆鱼类多样性调查与评估技术规定》

1 适用范围

本规定规范了内陆鱼类调查与评估主要内容、技术要求和方法。

本规定适用于中华人民共和国范围内内陆鱼类物种多样性调查与评估。

2 规范性引用文件

《地表水环境质量标准》（2002）
《中华人民共和国行政区划代码》（2016）
《土地利用现状分类》（2007）
《中国河流代码》（2012）
《水文测量规范》（2014）
《水质分析方法》（1994）
《全国淡水生物物种资源调查技术规定（试行）》（2010）
《国家重点保护野生动物名录》（1988）
《中国生物多样性红色名录——脊椎动物卷》（2015）
《重点流域水污染防治规划（2016—2020年）》（2017）

3 术语和定义

3.1 内陆鱼类

指终生生活在内陆江河、湖泊、水库和湿地等淡水或咸水水体的鱼类。在江海、溯河洄游鱼类；离开内陆水域，无法完成其生活史的鱼类；在陆封型水体中生活的鱼类也视为内陆鱼类。

3.2 特有种

指分布仅局限于某一特定的地理区域，而未在其他地方出现的物种。

3.3 珍稀濒危物种

指《国家重点保护野生动物名录》中的Ⅰ级和Ⅱ级重点保护物种、各省（直辖市）发布的省级重点保护物种和在《中国生物多样性红色名录——脊椎动物卷》中评估为易危（VU）、濒危（EN）或极危（CR）等级的物种。

3.4 现场捕获法

指根据采样河段的生境类型和调查种类的习性，选择相应的网具、钓具或其他捕鱼设备，直接将鱼类从水体中捕获的方法。

3.5 渔获物调查法

指直接从渔民处收集其持有的所有渔获物进行定量统计分析的方法。

3.6 补充调查法

指从码头、市场、饭店等地的渔民、鱼贩、商家等处收集鱼类个体用于制作标本的补充方法。

3.7 生物完整性指数

指利用对环境变化敏感的多个生物参数，通过与参照的健康生态系统进行对比得到的综合指数，用于对受到人类活动或者自然灾害干扰后的生态系统进行健康评价。

4 调查与评估原则

4.1 科学性原则

生物多样性评估应坚持严谨的科学态度，采用科学的技术方法评估调查水域鱼类多样性现状、受威胁因素以及保护状况。

4.2 全面性原则

应尽量涵盖调查评估范围内的全部鱼类种类和鱼类可能利用的全部典型生境类型。

4.3 重点性原则

有针对性地对珍稀濒危物种、特有种等重点物种进行调查与评估。

5 调查与评估内容

5.1 调查内容

内陆鱼类物种组成、分布、生境、威胁因子和保护状况。

5.2 评估内容

（1）评估调查水域鱼类物种多样性状况；

（2）评估调查水域珍稀濒危物种种类、数量、受威胁状况和保护情况；

（3）评估调查水域鱼类栖息状况；

（4）评估调查水域鱼类多样性保护成效和保护空缺。

6 工作流程

6.1 调查准备

6.1.1 技术准备

根据调查目的、任务以及调查对象，确立调查工作所涉及的区域范围，收集、分析与调查评估任务有关的文献和相关资料，制定工作方案，初步设置调查采样区和采样点，初步确定范围内的物种名单。

6.1.2 组建队伍

结合调查地区的实际情况，组织调查队伍。在开展现场踏查和野外采样前，必须对参加野外工作人员开展必要的培训，培训内容应包括调查采集相关技术、野外安全等。

6.1.3 准备工具与用品

准备野外作业需要的工具，包括样品采集用具、标本保存处理用具、标本防腐剂、照相设备、信息记录用具、工具书等。

准备野外工作中需使用的个人防护用品及装备，包括防护装备、衣物、雨具、通讯设备、医药品等。

6.2 外业调查

6.2.1 踏勘并确定采样点

针对调查准备阶段初步设置的采样区和采样点，开展实地踏勘，确定调查采样区、采样点、调查路线和调查方法。

6.2.2 野外调查采样

选择合适的调查时间实施调查，采集标本，做好相应的调查记录，并拍摄生境及物种的照片。

6.3 内业工作

6.3.1 标本处理与鉴定

对采集的标本进行整理和鉴定，对鉴定后的标本进行妥善保存。

6.3.2 材料整理

整理调查记录表格、照片、访谈信息；编制调查区域物种名录。

6.3.3 数据分析与评估

根据调查结果计算相关评估指标，针对评估要求开展评估；绘制相关图件。

6.3.4 编写报告

根据调查和评估结果编写报告，评估调查区域鱼类多样性状况，提出保护建议。

6.3.5 提交成果

提交调查评估工作成果，包括调查评估报告、调查采样过程中的原始记录和整理后的基础数据、绘制的图件、拍摄的工作照、标本照和环境照片，以及需提交至环保部的标本等。

7 调查技术方法及要求

7.1 调查指标与要求

7.1.1 物种种类

7.1.1.1 物种名称

调查记录每个物种的中文名、学名，如有曾用名，也应列明。

7.1.1.2 数量

以种计数，单位为尾。

7.1.1.3 生物量

以种计数，单位为 g，精确到 1g。

7.1.2 采样点信息

7.1.2.1 所在水域

根据民政部门发布的行政区地图，记录采样点所在河流、湖泊、水库名称。

7.1.2.2 小地名

根据民政部门发布的行政区地图，记录采样点所在村、屯、队名称，或标志性地物名称。

7.1.2.3 经纬度

用 GPS 或北斗定位仪定位采样点的地理位置信息。以“度、分、秒”格式记录，精确到 0.1 秒。

7.1.2.4 海拔

用 GPS 或北斗定位仪定位采样点的海拔高度信息，单位为 m，精确到 1m。

7.1.3 生境状况

7.1.3.1 生境类型

描述采样点生境类型。生境类型见附录 D。

7.1.3.2 底质

描述采样点的底质类型。底质类型包括淤泥、砂砾、基岩、卵石等。

7.1.3.3 水文

参照《水文测量规范》（SL 58—2014），记录采样点的河宽、水深和流速。河宽、水深单位为 m；流速单位为 m/s。

7.1.3.4 水质

参照《地表水环境质量标准》（GB 3838—2002），记录采样点的水温、pH 值和透明度。

7.1.3.5 植被

记录采样点岸带水位线沿岸带 50m 可视范围内或山脊线内土地利用类型和比例。

土地利用类型参照《土地利用现状分类》（GB/T 21010—2007）中的二级类型名称。各类型土地比例结合遥感图像进行统计。

记录采样点水生植被类型和覆盖度，主要记录沉水植物种类和覆盖度。

7.1.4 威胁因素

记录调查采样点及周边有无工矿业（包括挖沙）、水污染、岸线固化、水利工程、外来物种入侵、捕捞等威胁因素。

采样点环境信息应当在野外采样点环境记录表中记录，见附录 A。

7.2 调查时间与频次

春、秋两季应开展外业调查，条件较好的，可在丰水期、平水期和枯水期各开展一次调查。每条河流、湖泊和水库调查与评估工作为期 2 年。因调查需求必须在禁渔期内采样的，须提前取得各地渔业、渔政等相关部门批准。

7.3 调查选点要求

（1）样点设置应充分考虑水环境控制单元，在各控制单元的控制断面附近至少设置一个采样点。

（2）河流上、中、下游分别采样，湖、库中心处、水流进出口处分别采样。

（3）河流交汇处、湖湾、库湾、急流、浅滩、深潭、河口以及河漫滩等不同生境应当采样；重要经济鱼类或珍稀种类的索饵、洄游及产卵场，省级以上自然保护区、风景名胜区、自然遗产地等重要栖息地应当采样；岸线固化、控沙等发生地点应增设采样点。

7.4 调查方法

7.4.1 现场捕获法

野外采样必须以现场捕获法为主要采集方法。

调查团队根据采样点生境状况选择适宜的采样方法和工具捕获鱼类。

用现场捕获法调查采样时，需记录采样点的地理信息、生境状况和威胁因素，以及使用工具的类型、规格、使用时间和捕获时长。

捕获时应注意适度取样，减少对物种资源的破坏。禁止使用对鱼类栖息地造成破坏的毒鱼、炸鱼等非法手段捕获鱼类。

7.4.2 渔获物调查法

渔获物调查法应作为现场捕获法的补充。

渔获物调查法应直接从渔民处收集所有鱼类样本，收集时应注意了解所获鱼类来源，记录当地名称，了解产量等情况。

7.4.3 补充调查法

除现场捕获鱼类制作标本之外，可从码头、市场、饭店等地的渔民、鱼贩、商家等处收集鱼类个体用于制作标本，收集时应注意了解所获鱼类来源，记录当地名称，了解产量等情况。

7.5 样品采集

《国家重点保护野生动物名录》中的Ⅰ级和Ⅱ级重点保护物种、《中国生物多样性保护红色名录—脊椎动物卷》中评定为濒危、极危等级的物种除必须制作标本的，原则上只需提供照片。

鱼类野外采样信息应当在采样记录表中记录，见附录 C。

8 标本鉴定与编号

8.1 标本鉴定

标本鉴定到种。进行标本鉴定时，主要依据已出版的《中国动物志硬骨鱼纲》各卷册、地方志及专志等，并可结合各标本馆馆藏标本进行鉴定。对于不能准确鉴定的物种，邀请有关专家协助鉴定。

8.2 标本编号

标本编号由“河流代码”+“调查工作代码”+“采样区代码”+“采样点序号”+“采样时间”+“物种编号”+“个体序号”组成。

河流代码参照《中国河流代码》（SL 249—2012）。

调查工作代码为“鱼”的汉语拼音缩写“Y”。

采样区代码参考《中华人民共和国行政区划代码》（GB/T 2260）。调查评估范围在单个县域内时，采用县级行政区 6 位代码；跨行政区域时，采用共同的上一级行政区代码。

采样点序号为调查团队自行编制的序号，采用 2 位数字编码，从 01 到 99。

采样时间为采集到该样本时的时间，采用年月日连写形式（YYYYMMDD）。

物种序号为调查团队自行编制的序号，采用 3 位数字编码，从 001 至 999。

一个物种的标本中包含多个个体时，用个体编号加以区分，采用“–”+1 位数字编码的方式，从“–1”至“–9”。标本只有一个物种个体时不用个体编号。

9 物种命名

记录物种的中文名、学名。物种名称及其分类系统参照《中国生物物种名录》（http://www.sp 2000.cn）。

10 照片拍摄

10.1 拍摄内容

（1）拍摄采样水域外貌 1 张；

（2）以生境为背景，GPS 定位仪屏幕为前景的照片 1 张，GPS 定位仪屏幕上显示内容为调查点的地理位置信息；

（3）小生境照片 2 张以上；

（4）反映物种特征的照片至少 1 张。

10.2 照片要求

照片分辨率不低于 500 万像素，要求清晰、自然，能准确反映河流（湖库）环境状况和采样鱼类形态特征。每张照片上显示由相机内置的拍摄日期与时间，提交照片格式为.jpg。

10.3 照片命名

（1）生境照片命名以“河流（湖库）名称-采样点编号-照片序号（从 01 号起编，以 2 位数字表示）”的形式命名。

（2）物种照片以“采样点-物种学名-照片序号（从 0001 号起编，以 4 位数字表示）”的形式命名。

11 评估指标及要求

11.1 评估指标

11.1.1 物种现状

11.1.1.1 物种丰富度

以物种丰富度指数为评估参数，评估全部采样点及整个调查评估区域的物种丰富度，绘制物种丰富度分布图。

11.1.1.2 物种多样性

以香农-威纳（Shannon-Wiener）多样性指数为评估参数，评估全部采样点及整个调查评估区域的物种多样性，绘制物种多样性分布图。

11.1.1.3 物种特有性

以特有物种比例为评估参数，评估调查评估区域整体的特有物种占比。

11.1.1.4 优势物种

以相对优势度指数为参数评估全部采样点及整个调查评估区域的优势物种。每个采样点根据优势度指数大小评选 1～5 种优势物种；整个调查评估区域评选 5～10 种优势物种。

11.1.1.5 珍稀濒危程度

以珍稀濒危物种种类和数量为参数评估全部采样点及整个调查评估区域鱼类的珍稀濒危程度，绘制珍稀濒危物种分布图。

11.1.2 受威胁状况

11.1.2.1 受威胁程度

以物种红色名录指数为参数，以整个调查评估区域为单元，评估调查评估区域物种受威胁程度。

11.1.2.2 威胁因素

（1）外来物种入侵

以外来入侵物种种类数量为参数，评估外来入侵物种有威胁状况。统计调查区域内外来入侵水生生物的种类及分布，包括鱼类、水生植物、两栖爬行动物、底栖动物。

（2）工矿业

以工矿业作业点密度评估工矿业的威胁状况。

（3）水体污染

以严重污染河流（湖库）比例为参数评估水污染的威胁状况。统计调查区域内水质质量为V类或劣V类河段的比例。

（4）水利工程

以河流连通度为参数评估水利工程的威胁状况。

（5）渔业捕捞

以渔船密度为参数评估渔业捕捞的威胁状况。

（6）其他威胁因素

对上述未列出的威胁因素进行评估。

11.1.3 生态系统健康状况

以生物完整性指数评估生态系统的健康状况，分为“健康”“一般”“较差”“极差”“无鱼”五个等级。

11.2 指标处理与分析

基于调查结果进行指标分析与评估。指标处理与分析方法参见附录E。

12 质量控制与安全管理

（1）严格按照本规定要求设计样地调查方案、开展调查记录、采集制作标本与分析评估。

（2）规范填写调查数据，并在调查表中填写调查者姓名。保存记录表完整，原始数据记录随项目报告一起归档保存。

（3）由鱼类专业技术人员完成标本鉴定，并在标本鉴定签上填写鉴定人和鉴定日期。

（4）及时进行数据上传和备份。将所有调查数据的电子文档上传至数据库，并进行备份。定期检查备份数据，防止由于存储介质问题引起数据丢失。

（5）建立调查数据审核程序，邀请专家对上报数据与信息的准确性和完整性进行审查，发现错误与遗漏应及时更正与补充。

（6）做好安全防护工作，野外工作应避免单人作业，注意自然灾害，防止蛇虫伤害，在确保人身安全的前提下开展野外调查工作。

13 调查评估报告与名录编制

13.1 调查与评估报告编写格式

调查与评估报告分工作报告和技术报告。

技术报告由封面、目录、正文、致谢、参考文献、附录等组成。

13.2 物种名录编制

在调查准备阶段，收集调查区域原有鱼类物种名录，作为附表附于项目实施方案后。野外调查完成后，基于野外调查结果，编制新的鱼类物种名录。名录附上凭证，包括照片、标本、卵或者 DNA 序列等信息编号。鱼类物种名录格式参见附录 F。

附录 A 野外采样点环境记录表

日期	年 月 日	采集地	县 乡 村		记录人		
参加人员			野外采集号				
天气		备注					
GPS 数据（度/分/秒）							
北纬	° ′ ″	东经	° ′ ″		海拔/m		
生境信息							
生境类型							
干扰类型							
干扰强度							
水体长度/m		水体宽度/m		水体深度/m		透明度/m	
水温/℃			水体 pH 值				
水体气味	无 /酸 /腥臭 /恶臭 /其他						
水体颜色	透明 /浑浊 /乳白色 /绿色 /其他						
水面漂浮物							
底质							
流速/(m/s)		描述					
植被信息							
水生植被覆盖度/%	水生植被			陆生植被	标本采集编号		
	沉水植物	漂浮植物	挺水植物	遮蔽植物			
其他							

附录B　干扰类型及干扰强度划分方法

干扰类型分类参见表B.1。

表 B.1　干扰类型分类表

干扰来源		具体类型	干扰来源		具体类型
人为干扰	农林牧渔活动	围湖造田/造林	自然干扰	气象灾害	洪涝
		捕捞			干旱
		其他（具体说明）			其他（具体说明）
	开发建设	挖沙		地质灾害	地震
		河岸固化			滑坡
		旅游开发			泥石流
		水坝建设			崩坍
		其他（具体说明）			其他（具体说明）
	环境污染	排污口		生物灾害	病害
		水体污染			外来物种入侵
		其他（具体说明）			其他（具体说明）
	其他	（具体说明）		其他	（具体说明）

影响强度分级参见表B.2。

表 B.2　干扰强度分级表

影响强度等级	状况描述
强	生境受到严重干扰；鱼类难以栖息繁衍。
中	生境受到干扰；鱼类栖息繁衍受到一定程度影响，但仍可以栖息繁衍。
弱	生境受到一定干扰；对鱼类栖息繁衍影响不大。
无	生境没有受到干扰；对鱼类栖息繁衍没有影响。

附录C　鱼类野外采样记录表

采集时间		记录人			
采集人		采集人数			
采集地		鉴定人			
采集地编号		经纬度		海拔	
开始时间		结束时间		累计时间	

续表

<table>
<tr><td colspan="2">采样网次或距离</td><td colspan="4"></td></tr>
<tr><td colspan="2">采样方法/工具</td><td colspan="2"></td><td colspan="2">野外采集号</td></tr>
<tr><td>序号</td><td>当地俗名</td><td>中文名</td><td>学名</td><td>数量/尾</td><td>重量/g</td></tr>
<tr><td>1</td><td></td><td></td><td></td><td></td><td></td></tr>
<tr><td>2</td><td></td><td></td><td></td><td></td><td></td></tr>
<tr><td>3</td><td></td><td></td><td></td><td></td><td></td></tr>
<tr><td>…</td><td></td><td></td><td></td><td></td><td></td></tr>
<tr><td>总计</td><td></td><td></td><td></td><td></td><td></td></tr>
<tr><td colspan="6">备注</td></tr>
</table>

附录D 鱼类栖息地生境类型

<table>
<tr><th>序号</th><th>层次1</th><th>层次2</th><th>层次3</th></tr>
<tr><td rowspan="10">1</td><td rowspan="10">河流</td><td rowspan="5">可涉水河流（wadable river）</td><td>跌水潭 cascade</td></tr>
<tr><td>瀑布 fall</td></tr>
<tr><td>浅滩 riffle</td></tr>
<tr><td>流水 run or glide</td></tr>
<tr><td>深潭 pool</td></tr>
<tr><td rowspan="5">不可涉水河流（non-wadable river）</td><td>主河道 main channel</td></tr>
<tr><td>次河道 side channel</td></tr>
<tr><td>河湾 embayment</td></tr>
<tr><td>洄水湾 backwater</td></tr>
<tr><td>牛轭湖 oxbow-lake</td></tr>
<tr><td rowspan="5">2</td><td rowspan="5">湖泊</td><td rowspan="3">深水湖（deep lake）</td><td>沿岸带 littoral water</td></tr>
<tr><td>湖沼带 limnetic water</td></tr>
<tr><td>深底带 profound water</td></tr>
<tr><td rowspan="2">浅水湖（shallow lake）</td><td>沿岸带 littoral water</td></tr>
<tr><td>敞水带 pelagic water</td></tr>
</table>

附录E 评估指标处理与分析方法

1. 物种丰富度指数

物种丰富度指数等于调查到的鱼类物种数。

2. 多样性指数

以香农-威纳（Shannon-Wiener）多样性指数（H'）来评估调查水域鱼类群落的多样性。计算公式：

$$H' = -\sum D_i \ln D_i$$

式中，D_i——第 i 个物种在群落中的相对密度；$D_i = \dfrac{\text{该物种个体数}(n_i)}{\text{所有物种个体总数}(n)}$。

3. 特有物种比例

分别统计调查区域内的中国特有种比例和地方特有种比例。

计算公式：

$$P_{\mathrm{E}} = S_{\mathrm{E}} / S \times 100\%$$

式中，P_{E}——特有种的比例；

S_{E}——调查区域内的特有种的种数（个）；

S——调查区域内的物种总种数（个）。

4. 相对优势度

以物种相对优势度指数（DI_i）评估各调查鱼类物种在群落中的地位与作用。相对优势度指数由相对密度（D_i）、相对频度（P_i）和相对显著度（R_i）三个参数组成。计算公式：

$$\mathrm{DI}_i = D_i + P_i + R_i$$

其中，相对密度$D_i = \dfrac{\text{该物种个体数}(n_i)}{\text{所有物种个体数}(n)}$；

相对频度$P_i = \dfrac{\text{该物种出现的样点（或河段）数}(n_{pi})}{\text{调查河流所有样点（或河段）总数}(n_p)}$；

相对显著度$R_i = \dfrac{\text{该物种生物量}(m_i)}{\text{所有物种生物量}(m)}$。

5. 物种红色名录指数

基于《中国生物多样性红色名录——脊椎动物卷》对物种的红色名录等级分类进行指数计算。计算公式为

$$\mathrm{RLI}_t = 1 - \sum W_{c(t,s)} \big/ (N \times W_{\mathrm{EX}})$$

式中，$W_{c(t,s)}$——在 t 评估时段，物种 s 的红色名录等级 c 的权重；

W_{EX}——“灭绝（extinct）”“野外灭绝（extinct in the wild）”“区域灭绝（regional extinct）”的权重；

N——当前评估的物种总数。应排除“数据缺乏（data deficient）”的物种数以及在

第一次评估中就已经灭绝的物种数。

各红色名录等级的权重设置为：

无危（least Concern）——0；

近危（near threatened）——1；

易危（vulnerable）——2；

濒危（endangered）——3；

极危（critically endangered）——4；

灭绝（extinct）、野外灭绝（extinct in the wild）、区域灭绝（regional extinct）——5。

6. 工矿业作业点密度

根据遥感图像和实地调查，统计河岸挖沙、工矿业作业点数量和挖沙船数量，计算工矿业（包括挖沙）作业点密度。计算公式：

$$d_m = (n_m + n_s) / L \times 100$$

式中，d_m——工矿业作业点密度，即百公里河流工矿业（包括挖沙）作业点数量；

n_m——挖沙、工矿业作业点数量（个）；

n_s——挖沙船数量（条）；

L——调查评估区域内河道总长度（km）。

7. 严重污染河流比例

通过水样水质分析，统计水质质量为Ⅴ类或劣Ⅴ类河道长度与调查区域整体河流长度的比例。计算公式：

$$P_p = L_p / L \times 100\%$$

式中，P_p——严重污染河流比例；

L_p——水质质量为Ⅴ类或劣Ⅴ类河道长度（km）；

L——调查评估区域内河道总长度（km）。

8. 河流连通度指数

通过统计调查评估范围内的挡水性建筑物数量和位置进行计算。计算公式：

$$R_c = N_d / L \times 100$$

式中，R_c——河流连通度指数；

N_d——调查评估范围内的挡水性建筑物数量（个）；

L——调查评估区域内河道总长度（km）。

9. 渔船密度

统计实地调查中发现的渔船数量，计算单位水域面积内的渔船密度。计算公式：

$$d_c = n_c / (L \times D) \times 1000$$

式中，d_c——每平方公里水面的渔船数量；

n_c——实地调查发现的渔船总数（条）；

L——调查评估区域内河道总长度（km）；

D——调查评估区域河道平均宽度（m）。

10. 其他威胁因素

基于野外调查与资料数据分析，识别影响调查区域鱼类物种多样性的其他主要威胁，并利用定量与定性相结合的方式，分析其影响程度。

11. 未纳入自然保护区管护范围的高多样性区域

基于调查评估结果和自然保护区、渔业种质资源保护区等管护区域的分布情况，识别未纳入自然保护区管护范围的高多样性区域。

12. 亟待重点保育的物种

从物种分布、种群数量、种群更新能力、适宜生境的质量与范围、已有保护措施等五个方面，根据目标物种调查结果进行综合评估，识别种群稀少、受威胁程度严重、需要重点保育的物种。

13. 生物完整性指数

通过下列步骤对调查水域的生物完整性指数进行计算和评价。

（1）确定候选生物状况参数指标。参数指标应包括物种丰富度、香农-威纳指数、特有鱼类种数、鱼类生物量、耐受性鱼类数量百分比，以及其他反映调查水域水生生物多样性的指标。

（2）建立评价指标体系。将未受干扰、干扰极小的采样点设置为参考点，已受各种干扰（包括污染、工矿作业、捕捞、城镇化、水利工程建设等）的采样点设置为干扰点。采集参数指标数据，对参数指标值进行分布范围分析、判别能力分析和相关关系分析，剔除不符合评价需求的参数指标，形成评价指标体系。

参考点与干扰点的参数指标数值范围应满足：①无重叠，或②部分重叠，但中位数值不在另外一组的参数指标数值范围内，否则视为判别能力不足，不能用于建立指标体系；具有显著相关性的参数指标，至多选择其中一项指标。

（3）建立生物完整性指数的评分标准。统计参考点的各项参数指标，将所有参考点的单项参数指标数值按大小排列，取 25%分位数值（X'_j）或 75%分位数值（X''_j）作为计算该指标分值的标准，对各采样点进行赋值评价。

对于受干扰因素影响而降低的指标，得分值（P_{ij}）通过以下公式计算：

$$P_{ij}=\begin{cases}1, & X_{ij} < X'_j/2 \\ 3, & X'_j/2 < X_{ij} < X'_j, \quad i,j=1,2,3,\cdots,n \\ 5, & X_{ij} > X'_j\end{cases}$$

对于受干扰因素影响而上升的指标，得分值（P_{ij}）通过以下公式计算：

$$P_{ij}=\begin{cases}1, & X_{ij}>2X''_j \\ 3, & X''_j<X_{ij}<2X''_j, \quad i,j=1,2,3,\cdots,n \\ 5, & X_{ij}<X''_j\end{cases}$$

式中，P_{ij}——第 i 个采样点第 j 项指标参数得分值；

X_{ij}——第 i 个采样点第 j 项指标参数值；

X'_j——参考点第 j 项指标的 25%分位数值；

X''_j——参考点第 j 项指标的 75%分位数值。

（4）建立基于生物完整性指数的生态系统健康评价标准。计算所有采样点各项参数指标总分值（T_i），将所有参考点总分值按大小排列，取 25%分位数值（T'）作为评价标准。各采样点按表 E.1 进行级别评价。

表 E.1 基于生物完整性指数的生态系统健康评价

健康级别	健康	一般	较差	极差	无鱼
分值范围	$T_i>T'$	$2T'/3<T_i<T'$	$T'/3<T_i<2T'/3$	$T_i>T'/3$	未采集到鱼类样本

（5）验证评价的有效性。通过与其他评价方法或独立数据进行比较，对生物完整性评价方法进行验证与修订，确定评价结果的有效性。

附录 F 鱼类物种名录格式

序号	种名	拉丁名	保护等级	濒危等级	标本号	照片号	其他凭证号
1							
2							
3							
…							

注：本规定文件源自中华人民共和国生态环境部官方门户网站（www.mee.gov.cn）。本规定为环境保护部 2017 年 12 月 29 日发布的电子版文件《关于发布县域生物多样性调查与评估技术规定的公告》〔公告 2017 年第 84 号〕的附件 9 的内容。

附录Ⅱ 《生物多样性观测技术导则 内陆水域鱼类》（HJ 710.7—2014）

1 适用范围

本标准规定了内陆水域鱼类多样性观测的主要内容、技术要求和方法。

本标准适用于中华人民共和国范围内所有内陆水域鱼类多样性的观测。

2 规范性引用文件

本标准内容引用了下列文件或其中的条款。凡是不注日期的引用文件，其最新版本适用于本标准。

GB/T 7714 文后参考文献著录规则

HJ 623 区域生物多样性评价标准

HJ 628 生物遗传资源采集技术规范（试行）

SL 58 水文普通测量规范

SL 219 水环境监测规范

3 术语和定义

下列术语和定义适用于本标准。

3.1 内陆水域 inland water

指陆地上的各种水体，包括河流、湖泊、水库、池塘等。

3.2 受精卵 fertilized egg

指从精卵结合至孵化出膜时期的鱼卵。

3.3 仔鱼 larval fish

指从孵化出膜至变态完成时期的个体，一般指持续至临时器官消失，成鱼器官开始出现的发育阶段。

3.4 稚鱼 juvenile fish

指完成了变态，仔鱼特征消失，成鱼表型特征已经基本形成，直到性成熟前的个体。

3.5 成鱼 adult fish

指达到初次性成熟以后的个体。

3.6 全长 total length

指吻端至尾鳍末端的距离。

3.7 体长 standard length

指吻端至尾叉最深点的距离。

3.8 叉长 fork length

指吻端至尾叉最深点的距离。

3.9 体重 body weight

指鱼类个体的质量。

3.10 空壳重 carcass weight

指鱼类个体去内脏的质量。

3.11 性腺发育期 gonad stages

依据性腺的形态学、组织学和细胞学特征，对性腺发育进行分期：

a）卵巢的分期

Ⅰ期：卵巢为透明细线状；肉眼不能分辨雌雄，看不到卵粒，表面无血管或甚细弱。为未达性成熟的低龄个体所具有。

Ⅱ期：卵巢多呈扁带状，有不少血管分布于卵巢上，已能与精巢相区分，但肉眼尚看不清卵粒，即卵粒中尚未沉积卵黄。

Ⅲ期：卵巢体积因卵粒生长而增大，卵巢血管发达，肉眼已可看清积累卵黄的卵粒，但卵粒不够大也不够圆，且不能从卵巢褶皱上分离剥落。

Ⅳ期：卵巢中卵粒充满卵黄，卵巢膜甚薄，表面的血管十分发达，卵粒极易从卵巢褶皱上脱落下来，有时挤压腹部可流出少量卵粒。

Ⅴ期：为产卵期，卵巢已完全成熟，呈松软状，卵粒已从卵巢褶皱上脱落，排至卵巢腔（或腹腔）中，提起亲鱼或轻压腹部即有成熟卵从泄殖孔中流出。

Ⅵ期：产完卵以后的卵巢，一批产卵的鱼，卵巢呈萎瘪的囊状，表面血管充血，以后转变为Ⅱ期；分批产卵的鱼，卵巢内仍有还在发育的第3、第4时期的卵母细胞，经一段时期发育后又产下一批卵。所以此类卵巢经短期恢复后，由Ⅵ期转变为Ⅳ期。

b）精卵的分期

Ⅰ期：特征和Ⅰ期卵巢相同，也是未达性成熟的低龄个体所具有。

Ⅱ期：呈线状或细带状腺体，半透明或不透明，表面血管不显著。

Ⅲ期：呈圆杆状，挤压鱼的腹部或剪开精巢都没有精液流出，作精巢切面时塌陷；不少鱼的Ⅲ期精巢呈肉红色。

Ⅳ期：呈乳白色，表面血管显著，作精巢切面时，切面塌陷；挤压鱼腹有白色精液流出，精液入水后随即溶散，此时已进入成熟期。

Ⅴ期：为生殖期，精巢柔软，内充满乳白色精液，提起鱼头或轻压腹部即有大量精液从生殖孔流出。

Ⅵ期：为生殖后期的精巢，体积缩小，外观萎瘪，经恢复后转为Ⅲ期。

3.12 性腺重 gonad weight

性腺的总质量，单位为克（g）。

3.13 成熟系数 coefficient of maturity 或 gonadosomatic index（GSI）

指性腺重占体重（一般指去内脏体重）的百分比，表示性腺相对大小的指标，用于衡量性腺发育程度的鱼体能量资源在性腺和躯体之间的分配比例。

3.14　性比 sex radio

指同一调查水域内同一物种不同性别个体数的比例。

3.15　存活率 survival rate

指某一时段终止时和起始时鱼类种群个体数量的比值。

3.16　鱼体肠管充塞度 intestine fullness

表示鱼体肠管内食物多少，共分 6 级：

0 级：肠管空；

1 级：食物约占肠管的 1/4；

2 级：食物约占肠管的 1/2；

3 级：食物约占肠管的 3/4；

4 级：整个肠管都有食物；

5 级：食物极饱满，肠管膨胀。

3.17　食物组成 diet composition

鱼类消化道中食物的成分、数量和质量比例。

4　观测原则

4.1　科学性原则

观测样地和观测对象应具有代表性，能全面反映观测区域鱼类物种资源的整体状况；应采用统一、标准化的观测方法，能观测到鱼类物种资源的动态变化。

4.2　可操作性原则

观测计划应考虑所拥有的人力、资金和后勤保障等条件，充分利用现有资料和成果，立足现有观测设备和人员条件，应采用效率高、成本低的观测方法。

4.3　持续性原则

观测工作应满足鱼类物种资源保护和管理的需要，并能对生物多样性保护和管理起到指导及预警作用。观测对象、方法、时间和频次一经确定，应长期保持不变。

4.4　保护性原则

尽量采用非损伤性取样方法，避免不科学的频繁观测。若要捕捉重点保护水生野生动物进行取样或标志，必须获得相关主管部门的行政许可。

4.5　安全性原则

鱼多样性观测具有一定的野外工作特点，观测者应接受相关专业培训，观测过程中应做好安全防护措施。

4.6　方法适用性原则

根据观测水体的形态、大小、流量等环境条件，选择相应的观测方法。产漂流性卵鱼类早期资源调查方法、渔获物调查方法、声呐水声学调查方法和标记重捕方法可用于大型湖泊、河流鱼类观测。鱼类自主采样方法、产沉黏性卵鱼类早期资源调查方法可用于小型浅水湖泊、小型河流、溶洞和高山溪流鱼类观测。

5 观测方法

5.1 观测准备

5.1.1 确定观测目标

观测目标可为掌握观测区域鱼类物种多样性、群落和种群结构、早期资源补充、地理分布，或为分析人类活动和环境变化对鱼类物种资源的影响，或为鱼类物种资源保护措施的制定，以及评价鱼类保护措施和政策的有效性提供基础数据。

5.1.2 明确观测对象

根据观测目标，一般应从具有不同生态需求和生活史的类群中选择观测对象。在考虑物种多样性观测的同时，还应重点考虑以下类群的观测：

a）受威胁物种、保护物种和特有种；

b）具有重要社会、经济价值的物种；

c）对维持生态系统结构和过程具有重要作用的物种；

d）对环境或气候变化反应敏感的指标性物种。

5.1.3 制定观测计划

收集观测区域自然和社会经济状况的资料，了解观测对象的生态学及种群特征，必要时可开展一次预调查，为制定观测计划作好准备。观测计划应包括：观测内容、要素和指标，观测时间和频次，样本量和取样方法，观测方法，数据分析和报告，质量控制和安全管理等。

5.1.4 人员培训

做好观测方法、野外操作规范等方面的培训工作，确保观测者能够熟练掌握各种仪器的使用以及鱼类标本的采集和鉴别方法。同时，做好安全培训，加强安全意识，强调野外采样中应注意的事项，杜绝危险事件发生。

5.1.5 仪器设备和计量控制

准备好鱼类资源观测所需的仪器和设备（参见附录 A）。检查并调试相关仪器设备，确保设备完好，对长期放置的仪器进行精度校正。

5.2 观测断面或样点设置

5.2.1 湖泊、水库等开阔水域

根据水体底质、水生植物组成、水深、水流、湖库形状、水质等因素划分成若干小区，使同一小区内变异程度尽可能小。在每个小区内，设置若干有代表性的样点。样点的数量可根据小区湖体面积、形态和生境特征、工作条件、观测目的、经费情况等因素确定。一般情况下，湖体水面大于 $2km^2$ 时样点不少于 3 个。对于通江湖泊，应确保主要入湖支流、主湖区以及通江水道必须设置采样点。主要入湖支流的样点数不得少于 2 个。对于通江水道，样点不少于 2 个，在离通江口和入湖口的一定距离处分别设置样点。

5.2.2 河流或河流型水库

根据河流形态、河床底质、水位、水流、水质等因素，将河流划分成若干断面，使同一断面上的变异程度尽可能小。在同一断面上每隔一定距离设置一个样点。

5.3　鱼类早期资源调查

5.3.1　产漂流性卵鱼类早期资源调查

该方法适用于河流或湖泊的入湖、出湖通道的流动水体。

5.3.1.1　定点定量采集

按照 HJ 628 的规定执行。采样点选择在河岸相对平直，水流平顺、流速为 0.3～1.0m/s、流态稳定的位置，距离河岸 20～100m。采样点设置在靠近主流的一侧。将弶网（网目 0.50～0.80mm）或者圆锥网（网目 0.50～0.80mm）固定在船舶或者近岸的支点，每日采集 2 次，采集时间为 6：00～7：00 和 18：00～19：00，每次采集约 1h。采集时间可根据实际情况进行适当调整。采样过程如下：

a）将采集网具悬挂于卷扬机的钢索上；

b）启动卷扬机，释放钢索，将采集网放入水中；

c）网口到达预定水层时开始计时并记录；

d）观察钢索计数器和倾角仪的度数；

e）将流速仪安装于网口中央，测定网口流速；

f）一次采集持续到预定时间时，开启卷扬机，拉起采集网具，同时记录采集网的起吊时间；

g）分拣鱼卵、仔鱼、稚鱼等；

h）采样期间，测定流速、透明度、水温、pH 值、溶解氧等环境因子。

5.3.1.2　定性采集

按照 HJ 628 的规定执行。在鱼卵、仔鱼“发江”时用弶网进行定性采集。获得的鱼卵、仔鱼主要用于培养观察。定性采集通常昼夜连续进行，持续 24h，下网时间间隔 2～4h，每次采集 15～30min，如遇上雨后杂质较多时，可根据实际情况，适当缩短采样时间。采集完毕后，将鱼卵、仔鱼与杂质等一并带回，在实验室内进行分拣，拣出形态完好、行为正常的鱼卵、仔鱼进行培养和观察，直至能够准确地鉴定出种类。

5.3.1.3　断面采集

使用圆锥网，在定量采集点所处的断面上进行，采集点为左岸近岸、左岸至江中距离的 1/2 处、江中、江中至右岸 1/2 处、右岸近岸，共 5 个点，从左岸侧的江岸至对岸 5 个点分别编号为 A、B、C、D、E。在水深大于 3m 的样点，每个采集点采集表、中、底 3 个样，分别编号为 1、2、3，相应的采集深度分别为该点水深的 0.2、0.5、0.8 倍（图 1）；

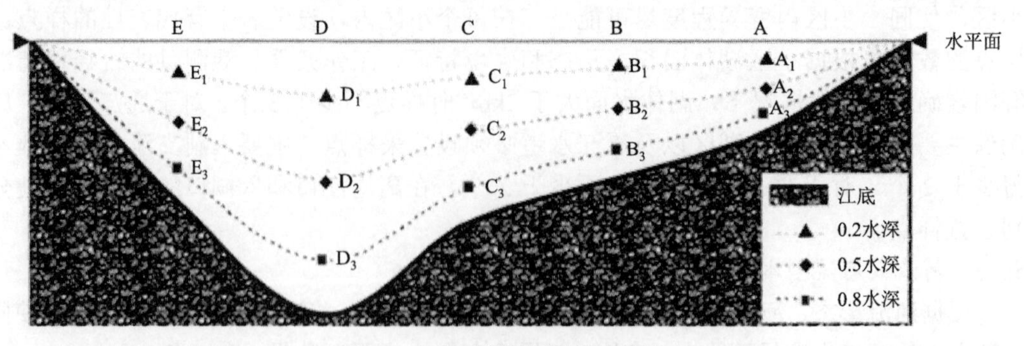

图 1　鱼类早期资源采样点分布

在水深大于1m，小于3m的样点，进行表层和底层采样；在水深小于1m的样点，只进行表层采集。每次采集的时间定为10min，采集记录表参见附录B。

5.3.1.4 样本处理

将采集到的鱼卵、仔鱼、稚鱼及所有悬浮物和碎屑等一起过滤。如果发现鱼卵，计数后逐个培养，培养过程中进行种类鉴定，并做好相关记录（记录表参见附录C）。如果发现仔鱼，则放入7%的福尔马林溶液中固定，15min后拣出，逐尾计数，放入5%的福尔马林中保存。如果发现稚鱼，放入10%的福尔马林溶液中固定保存。各次采样的仔鱼、稚鱼样本放入标签后分别存放，供实验室内进行种类鉴定。分别记录每个样本内各种类鱼卵、仔鱼、稚鱼的数量及其每一尾的发育期（鉴定结果记录参见附录D）。对于种类鉴定有疑问的样本，用乙醇保存，进行分子鉴定。

5.3.2 产沉黏性卵鱼类早期资源调查

5.3.2.1 主动采集

在水流较缓的水域，利用抄网等网具，在鱼类产卵场及仔鱼、稚鱼的栖息地进行采集。对以水草为产卵基质的种类，可将水草取出，挑取黏附在水草上的黏性卵；对以浅水砾石为产卵基质的种类，可直接在砾石上进行采样。近岸浅水生境仔鱼、稚鱼的采集可用抄网（网目0.50～1.00mm）采集。按照HJ 628的规定执行。

5.3.2.2 被动采集

可以通过设置底层网、人工鱼巢采集鱼卵，并按照HJ 628的规定执行。人工鱼巢指在合适的地点放置适合鱼类产卵习性的基质，吸引鱼类在其上产卵。对于鲤、鲫等产卵于水生植物的鱼类，用水草或棕榈丝扎成束放置在静水或水流较缓的区域，以吸引鱼类产卵；对于在底质筑巢的鱼类，放置有裂缝的瓦罐，可吸引鱼类产卵。对随水流向下游漂流的沉黏性鱼卵，可采用底层网进行采集。底层网具如同倒置的弶网，网口为“D”形，配置锥形网，以铁锚将网具固定于水底，网口上缘系一个浮筒。在网口悬挂电子流速计，记录起止读数计算流速和网口过水量。放置底层网前，应确定流速计是否正常工作。放网时要确定网具是否已抵达江底，同时记录放网时间和经纬度。收网时，要记录收网时间。根据观测要求确定采样时间，一般维持数小时。

5.3.2.3 其他

静水或缓流的清澈水域可采用调查人员直接入水进行收集、观察及计数。

5.4 鱼类物种多样性调查

5.4.1 渔获物统计

统计所观测水体的小区内各类渔具、渔法所捕捞的渔获物中的所有种类。样品采集按照HJ 628的规定执行。

5.4.2 走访并调查

渔民、码头、水产市场、餐馆等有当地鱼类交易或消费的地方，或者开展休闲垂钓的地方，购买鱼类标本，进行补充采样。样品采集按照HJ 628的规定执行。

5.4.3 自行采集

在湖泊浅水区、河流沿岸带、高山溪流、洞穴水体等区域进行自行采集，以抄网、撒网、地笼、饵钓等采样方法，收集鱼类样本。样品采集HJ 628的规定执行。

5.5 渔获物调查

5.5.1 调查方法

5.5.1.1 渔获物的取样数量

渔获物的取样数量需能反映渔获物的现实情况。当渔船数量较多时，可根据各种渔具的渔船数量按比例进行取样；当渔船数量较少时，应对所有渔船的渔获物进行统计分析。常年有渔船作业的水体，可按月进行渔获物统计，当渔船数量较多，所采用渔具不一致时，需对渔获物进行抽样统计。如果一次起水的渔获物较多，对于过秤后分装在箩筐内的渔获物，可采用拈阄法或者借助于随机数表进行取样；当渔获物被分为若干单元（如不同的渔具或分批起网的渔获物），而这些单元的鱼类组成或个体大小有明显区别时，应当以单元为层次进行分层随机抽样。

5.5.1.2 环境数据记录

每次进行鱼类采集时都应填写环境数据记录表（附录 E），将采集到的每一尾鱼样本当场进行种类鉴定，并逐尾进行各项生物学指标的测量和记录（记录表参见附录 F 和 G）。每个种类都拍照留存图像资料，并注明采样信息。对于不能当场识别、识别尚存疑问或者以前没有采集到的种类，应在采集记录上做好备注，并取鳍条、肌肉等组织材料用乙醇固定以备进行分子鉴定，整体标本用福尔马林溶液固定并作标记。

5.5.1.3 鱼类食性材料收集

样品采集按照 HJ 628 的规定执行。同一种鱼的食性需取自种群内不同大小的个体；采集的样品鱼，经长度测量，称重等程序之后，即可剖开腹部，取出完整的胃和/或肠；将取出的胃和肠管轻轻拉直，测量长度，并目测其食物饱和度。肉食性鱼类的肠管较短，可按整个肠管或前后肠来检定食物饱和度；草食性或杂食性鱼类的肠管较长，通常要按照前、中、后肠来进行鉴定。将胃和肠管的两端用线扎紧，系上编号标签，再用纱布包好放入标本瓶，然后加入 5%甲醛溶液。体长 20cm 以下的小鱼，可采用整体固定，固定之前，在鱼体腹下剪一小口，系上标签，并用纱布裹紧。

5.5.2 样品处理方法

根据不同的目的和样品的大小，采用不同的处理方法。

5.5.2.1 整体浸泡法

5.5.2.1.1 福尔马林整体浸泡

将鱼类体表冲洗干净，进行编号、登记和记录，并系好布标签，个体较大者在腹腔中注入适量 10%福尔马林以固定内脏器官。然后将背鳍、胸鳍、臀鳍和尾鳍适当展开，在 10%福尔马林溶液中浸泡片刻，待各鳍形态固定后，放入盛有 8%～10%福尔马林的标本瓶中进行固定，将固定后的标本放入 5%福尔马林液中浸泡保存。

5.5.2.1.2 乙醇整体浸泡

将鱼类体表冲洗干净，进行编号、登记和记录，并系好布标签，直接放入装有 95%乙醇溶液中浸泡，一天后更换 95%乙醇即可长期保存。对个体大的鱼需向腹部注射乙醇，隔天更换乙醇一次，若隔天乙醇颜色变黄仍需更换，直到不变黄色为止。

5.5.2.2 取分子材料后保存

通常剪取适量右侧背部肌肉或右侧偶鳍保存组织材料。取材过程中应注意个体之间避免相互污染，每取一个样品后应对器材进行消毒。对剪取的组织和鱼体应进行编号，确保一一对应，取过组织材料的鱼体可以放入10%福尔马林溶液中保存。剪取的组织材料一般放入装有95%以上纯度乙醇的密封容器内保存。

5.6 声呐水声学调查

5.6.1 实施要求

由于本方法对设备要求较高，可根据观测能力条件选择实施。

5.6.2 观测方法

分为走航式和固定式两种。

5.6.2.1 走航式

走航式运用回声探测仪观测鱼类数量与分布。将声呐探测设备的数字换能器（探头）固定在船体的一侧，确保探头发射声波面垂直向下，探头放于水面以下一定深度，避免船体波动致使探头露出水面，同时也减少水面反射的影响。利用导航定位仪确定探测船的坐标位置，并记录航行路线。在河流中，根据探测江段长度、深度、宽度和观测要求选择探测方式。探测方式可采用平行式走航探测，比如"Z"和"弓"字形路线，也可采用直线式走航探测（记录表参见附录H）。在湖泊、水库等开阔水域，先划分成若干小区，在每个小区的角和中心点上设置站位。航线走向的设置以尽量垂直于鱼类密度梯度线为设计原则，力求每条走航路线均可覆盖各种密度类型的鱼类分布区，以保证所采集数据的代表性和资源评估结果的准确性。

5.6.2.2 固定式

用于观测鱼类通过某一断面的数量和活动规律。根据观测要求和水域形状，选择断面，探头完全放于水下一定的深度，确保探头发射声波面与水面平行。利用换能器进行连续（一般1秒一次）脉冲探测和声学数据采集。

5.6.3 声学数据的预处理

在某些特殊情况下，如风浪天气、船舶颠簸以及遇到特殊水底时，船底气泡和水底信号等"噪声"均可能影响探测结果，因此需要对观测数据进行预处理予以校正。

5.7 标记重捕法

5.7.1 标记重捕法步骤

包括以下主要步骤：确定放流种类、选择标记方法、选择放流对象、存活和脱标实验、标记和放流、回捕和检测。每一步骤都应做好记录（记录表参见附录I）。标记重捕法一般适用于封闭的小型湖泊。

5.7.2 标记方法

选择合适的标记方法，一般采用挂牌标记、线码标记、荧光标记、切鳍标记等方法。

5.7.3 选择放流对象

最好选用个体较大、健壮的野生鱼类，并在池塘或者人工圈养的水体内暂养。

5.7.4 存活和脱标实验

选择一定数量成功标记的个体进行暂养。3日后，逐尾检测标记的存留状况，及鱼类的存活和生活状况。根据不同标记部位的留存率和不同标记方法对鱼类生活行为的影响程度，选择标记留存率较大且对鱼类生活影响较小的标记部位。

5.7.5　标记和放流

根据 5.7.4 确定的标记方法，对鱼类进行标记。标记当日停止投喂饵料，次日恢复饵料的投喂。运输前 2 至 3 天，将生长良好的鱼类筛选好分塘暂养，如果缺少池塘条件应将鱼类集中于网箱中暂养，同时反复清洗网箱，增加鱼类在网箱中的活动量，刺激鱼体分泌黏液并将粪便排出；运输前应停止投喂 1 至 2 天。

5.7.6　标记鱼的回捕

标记鱼的回捕分四类：①发布消息，有偿回收；②渔获物调查；③在放流水域周边乡镇的集市上进行访问调查；④自主采样。

5.7.7　样品的处理方法

已死亡的样本用 10%甲醛溶液保存以备检测，而活体则暂养于池塘，经检测后标记放流。

5.8　遗传多样性分析

5.8.1　样本处理

选择较新鲜的鱼类标本，剪取鳍条、肌肉等组织样本，每份样本分别浸泡于 95%以上纯度乙醇中单独保存。其中微卫星多态性分析要求每个地理群体至少需要 30 尾样本，线粒体或者核基因序列分析至少需要 5 尾样本。

5.8.2　DNA 提取

用高盐法或专业 DNA 提取试剂盒提取样本基因组 DNA。

5.8.3　遗传结构的获得

选用线粒体基因序列分析、核基因序列分析、微卫星多态性分析等方法，选用相关的引物，进行 PCR（聚合酶链式反应）扩增。PCR 产物经琼脂糖凝胶电泳（适用于线粒体或核基因）或者聚丙烯酰胺凝胶电泳（适用于微卫星）检测后进行测序或基因分型。然后，对测序的结果利用相关软件进行分析，得到种群的遗传结构。

6　观测内容和指标

6.1　鱼类早期资源调查内容包括鱼类种类组成、鱼类繁殖时间以及环境条件等，以便估算鱼类早期资源量，推算产卵场及产卵规模，确定鱼类繁殖条件需求（表 1）。

6.2　鱼类物种资源调查内容包括鱼类物种多样性、群落结构、种群结构、遗传结构和环境条件等（表 1）。

6.3　可根据观测目标和观测区域实际情况对观测指标进行适当调整。

表 1　内陆水域鱼类观测内容和指标

观测内容		观测指标	主要观测方法
鱼类早期资源调查		繁殖群体组成	鱼类早期资源调查
		产卵规模	鱼类早期资源调查
		产卵习性	鱼类早期资源调查
		产卵卵场的分布和规模	鱼类早期资源调查
鱼类物种资源调查	鱼类物种多样性	种类组成和分布	渔获物调查
		鱼类生物量	声呐水声调查、标记重捕法

续表

观测内容		观测指标	主要观测方法
鱼类物种资源调查	鱼类群落结构	优势物种；不同种类的重量和尾数频数分布	渔获物调查、声呐水声调查
	鱼类个体生物学及种群结构	食物饱满度、性腺发育等个体生物学特征，年龄组成、性比、体长和体重的频数分布、种群数量、生物量等	渔获物调查、标记重捕法
	鱼类种群遗传结构	变异位点、单倍型数、单倍型多样性、核苷酸多样性、等位基因数、观测杂合度、期望杂合度、近交系数、遗传分化指数等	遗传结构分析
栖息地调查		水体（包括产卵场）的长、宽、深、底质类型、流（容）量、水位、流速、水温、透明度、pH值等理化因子，污染状况（污染源、污染程度）及水利工程建设、渔业等人类活动状况	资料调查和现场测量，按 SL 58 和 SL 219 的规定执行

7 观测时间和频次

7.1 根据观测对象的繁殖季节确定鱼类早期资源调查的时间。通常每年进行一次，从繁殖季节开始持续到繁殖季节结束。如果所调查的鱼类产卵场上游有大型水利水电工程建设，应考虑工程运行引起的水文、水温情势改变对鱼类造成的延迟影响，合理安排观测时间。

7.2 鱼类物种资源调查的时间没有强制性规定，主要根据观测目标和观测对象确定观测时间和频次，尽量保持不同观测样点时间和条件的同步性。一般每年春、秋两季或枯水期、丰水期各进行 1 次观测；或者根据鱼类生物学特点及水文条件的变化规律每年进行 4 次观测，分别在四个季节开展；或者逐月开展调查。观测时间长短视具体需要而定。

7.3 观测时间和频次一经确定，应保持稳定，以保证数据的连续性和可比性。

8 数据处理和分析

数据处理和分析方法参见附录 J。

9 质量控制和安全管理

9.1 样本来源

无论是渔获物统计，还是生物学调查，均需明确记录样本的采集地、采集时间和捕捞网具。对于来源有疑问的样本必须进一步调查与核实；如果不能核实，这些数据只能作为参考数据，不能用于进一步的结果分析。

9.2 样本的代表性

避免因样本的人为选择导致结果偏离真实情况，对同一时间、同一渔船、同一网具、同一物种的材料必须随机抽取或全部收取。野外调查的时间尽量包含各个季节。样本量应达到一定的数量。

9.3 数据记录

应对观测者进行观测方法和操作规范等方面的培训。观测者应掌握野外观测标准及相关知识，熟练掌握操作规程，严格按照记录表格规范地填写各项观测数据。记录表格一般要设计成记录本格式，页码、内容齐全，字迹要清楚，需要更正时，应在错误数据（文字）

上划一横线，在其上方写上正确内容，并在所划横线上加盖修改者名章或者签字以示负责。同时，鱼类标本、栖息地等可视化内容应注重数码影像的采集记录。纸质原始记录及数据整理过程记录都需要建立档案并存档，并进行必要的备份（光盘、硬盘），每半年检查更新、备份数据一次，防止由于储存介质问题引起数据丢失。

9.4　数据审核

观测负责人不定期地对数据进行检查。数据录入计算机后由输入者自行复查一次，年度总结前对全年数据再次复查，保证数据源的准确性。

9.5　数据管理

数据管理人员负责数据存档、整理等工作，做好建档工作，归档材料缺失等问题要及时解决或反馈给观测负责人。

9.6　安全管理

乘船作业期间，操作人员必须穿戴工作救生衣，禁止穿拖鞋作业；夜间作业，禁止单人作业，至少二人以上，其中至少有一人会游泳。

10　观测报告编制

鱼类观测报告包括前言，观测区域概况，观测方法，观测区域鱼类的种类组成、区域分布、种群动态、面临的威胁，对策建议等。观测报告编写格式参见附录 K。

附录 A（资料性附录）　鱼类观测所需的主要仪器和设备

标准中鱼类观测所需的主要仪器和设备参见附表 A。

表 A　鱼类观测所需的主要仪器和设备表

观测方法	仪器和设备	用途
渔获物调查	解剖剪	解剖鱼类标本
	镊子	处理鱼类鳞片标本
	水桶	装渔获物
	福尔马林溶液	浸泡标本
	乙醇	浸泡分子样本
	自封袋	存放浸泡标本或解剖材料
	组织管	存放分子材料或解剖材料
	标本瓶	存放浸泡标本
	解剖镜	观测鳞片
	量鱼板	测量鱼类标本的体长
	电子秤	测量鱼类标本的体重
鱼类早期资源调查	弶网	采集漂流性鱼卵和仔鱼
	圆锥网	采集漂流性鱼卵和仔鱼
	底层网	采集沉黏性鱼卵和仔鱼

续表

观测方法	仪器和设备	用途
鱼类早期资源调查	解剖镜	观测鱼卵和仔鱼的发育期、性腺发育期
	手抄网等渔具	采集鱼类
	乙醇	浸泡分子样本
声呐调查	鱼探仪	声呐探测
标记重捕调查	打标设备	标记重捕
	标记	标记重捕
	检测设备	标记重捕
遗传多样性分析	PCR 仪	DNA 扩增
栖息地调查	流速仪	测量流速
	GPS 定位仪	记录采样点的经纬度
	深水温度计	测量水温
	透明度盘	测量透明度
	多普勒剖面仪	测量流量、流速
	水质分析仪	测量 pH 值、溶氧值、电导值
数据记录	标签纸	做标签
	标签布	做标签
	标签笔	做标签
	铅笔	记录数据，做标签
	油性记号笔	做标签
	记录本	记录数据
工作平台	船	水上作业观测平台

附录B（资料性附录） 鱼类早期资源调查——断面采集记录表

标准中鱼类早期资源调查——断面采集记录参见表B。

表B 鱼类早期资源调查——断面采集记录表

记录人：

采样河流：			采样日期：		断面名称：	
采样时天气和水文状况描述：						
断面采样位点	A	B	C	D	E	水层编号
采样位点坐标						
位点水深/m						

续表

断面采样位点	A	B	C	D	E	水层编号
0.2*水深/m						
采样网距水面深度/m						
网口倾角/(°)						
标签号						
采样时间						
0.5*水深/m						
采样网距水面深度/m						
网口倾角/(°)						
标签号						
采样时间						
0.8*水深/m						
采样网距水面深度/m						
网口倾角/(°)						
标签号						
采样时间						

注：A：右岸采样点；B：右岸采样点至江中 1/2；C：江中；D：江中至左岸采样点对岸 1/2；E：右岸边采样点对岸；网口倾角：采样时网口与河流横断面的夹角。*表示倍数。

附录 C（资料性附录）　鱼类早期资源调查—鱼卵培养记录表

标准中鱼类早期资源调查—鱼卵培养记录参见表 C。

表 C　鱼类早期资源调查——鱼卵培养记录表

采样地点：　　采样河流：　　采集人：　　记录人：

采样时间（　年　月　日　时：　分钟）					样本编号		卵径	
水文状况：水位涨（落）；		透明度　cm；		水温　℃	天气情况：			
观测日期	观测时间	发育期	胚长/mm	肌节数	色素分布	其他特征描述	培养水温	备注

注：一卵一表，不敷可另加页。

附录 D（资料性附录） 鱼类早期资源调查——鱼卵、仔鱼采集记录表

标准中鱼类早期资源调查一鱼卵、仔鱼采集记录参见表 D。

表 D 鱼类早期资源调查——鱼卵、仔鱼采集记录表

采样日期： 采集人： 记录人：

编号	采集时间	采集点	网型	持续时间/min	网口流速/(m/s)	距岸距离/m

注：Y：圆锥网；Q：弶网；倾角：与水面垂直线的夹角。

附录 E（资料性附录）　环境数据记录表

标准中环境数据记录参见表 E。

表 E　环境数据记录表

日期		采集地		记录人			
参加人员		采集地编号					
水体名称和位置							
天气	晴　/多云　/雨（小　中　大）　/大风　/雾						
过去一周是否下雨	是　否	备注					
经纬度数据（度/分/秒）							
北纬	°　′　″	东经	°　′　″	海拔/m			
生境信息							
湿地类型	溪流　/湖泊沿岸带　/沼泽　/湖泊　/地下水出口　/江河						
周边生境类型	森林　/农田　/草地　/沼泽　/灌丛　/裸地						
其他（描述）							
优势植被类型	原始　/次生　/被干扰	植被覆盖度/%					
生境现状	完全无干扰　/自然状态　/被干扰　/污染　/被破坏						
干扰类型	工作人员　/游客　/当地村民　/畜群　/其他：						
干扰程度							
水体长度/m		水体宽度/m		水深/m		透明度/cm	
水温/℃		pH 值		溶氧量/(mg/L)			
电导率/(μS/cm)		叶绿色素 a					
水体气味	无　/酸　/腥臭　/恶臭　/其他：						
水体颜色	透明　/浑浊　/乳白色　/绿色　/其他：						
水面漂浮物	干净　/树叶　/泡沫、浮渣　/垃圾　/死鱼　/其他：						
底质	泥（软　/硬）/树枝叶　/细砂　/粗砂　/卵石　/大石						
流速/(m/s)		描述					
河道特征描述							
左岸坡度		右岸坡度		蜿蜒程度	直　/略弯　/蜿蜒　/急弯		
其他（描述）							

续表

植被信息						
物种类别	水生植被				陆生植被	标本采集编号
	沉水植物	漂浮植物	浮叶植物	挺水植物	遮蔽植物	
优势种						
次优势种						
常见种						
偶见种						
稀有种						
其他:						

附录 F(资料性附录) 渔获物统计记录表

标准中渔获物统计记录参见表 F。

表 F 渔获物统计记录表

采样时间				记录人	
采集人				采集人数	
采集地				鉴定人	
采集地编号				经纬度	
开始时间		结束时间		累计时间	
采样网次或距离					
采集方法/工具				野外采集号	
序号	中文名	学名		数量/尾	总重/g
1					
2					
3					
4					
5					
6					
7					
8					

续表

序号	中文名	学名	数量/尾	总重/g
9				
10				
11				
12				
13				
14				
15				
16				
17				
18				
19				
20				
总计				
备注：				

附录 G（资料性附录）　鱼类生物学数据记录表

标准中鱼类生物学数据记录参见表 G。

表 G　鱼类生物学数据记录表

采集时间		采集人					解剖人		
采集地		采集地点编号					记录人		
序号	中文名	学名	标本号	健康状况	全长/mm	体长/mm	体高/mm	体重/g	空壳重/g
1									
2									
3									
4									
5									
6									
7									
8									
9									
10									
11									

续表

序号	中文名	学名	标本号	健康状况	全长/mm	体长/mm	体高/mm	体重/g	空壳重/g
12									
13									

采集时间		采集人					解剖人	
采集地		采集地点编号					记录人	
序号	性别	成熟度	性腺重（左＋右）	充塞度	肠长/mm	肠重/g	分子材料	备注
1								
2								
3								
4								
5								
6								
7								
8								
9								
10								
11								
12								
13								

注：健康状况指鱼类是否畸形、是否受伤、是否感染寄生虫等情况。

附录 H（资料性附录） 回声探测仪记录表

标准中回声探测仪记录参见表 H。

表 H 回声探测仪记录表

记录人：				编号：			
序号	时间	地点	起点经纬度	终点经纬度	深度	宽度	尾数

续表

序号	时间	地点	起点经纬度	终点经纬度	深度	宽度	尾数

附录Ⅰ（资料性附录）　标记重捕数据记录表

标准中标记重捕数据记录参见表Ⅰ。

表Ⅰ　标记重捕数据记录表

<table>
<tr><td colspan="4">记录日期：</td><td colspan="4">记录人：</td></tr>
<tr><td>观测区域</td><td></td><td>观测起止时间</td><td></td><td>中文名</td><td></td><td>学名</td><td></td></tr>
<tr><td>经纬度</td><td></td><td>海拔</td><td></td><td>水温</td><td></td><td>气温</td><td></td></tr>
<tr><td colspan="8">备注：</td></tr>
<tr><td>序号</td><td>标记放流尾数</td><td>放流时间</td><td>捕捞尾数</td><td>捕捞时间</td><td colspan="2">捕捞标记鱼尾数</td><td>备注</td></tr>
<tr><td></td><td></td><td></td><td></td><td></td><td colspan="2"></td><td></td></tr>
<tr><td></td><td></td><td></td><td></td><td></td><td colspan="2"></td><td></td></tr>
<tr><td></td><td></td><td></td><td></td><td></td><td colspan="2"></td><td></td></tr>
<tr><td></td><td></td><td></td><td></td><td></td><td colspan="2"></td><td></td></tr>
<tr><td></td><td></td><td></td><td></td><td></td><td colspan="2"></td><td></td></tr>
<tr><td></td><td></td><td></td><td></td><td></td><td colspan="2"></td><td></td></tr>
<tr><td></td><td></td><td></td><td></td><td></td><td colspan="2"></td><td></td></tr>
<tr><td></td><td></td><td></td><td></td><td></td><td colspan="2"></td><td></td></tr>
<tr><td></td><td></td><td></td><td></td><td></td><td colspan="2"></td><td></td></tr>
<tr><td></td><td></td><td></td><td></td><td></td><td colspan="2"></td><td></td></tr>
<tr><td></td><td></td><td></td><td></td><td></td><td colspan="2"></td><td></td></tr>
<tr><td></td><td></td><td></td><td></td><td></td><td colspan="2"></td><td></td></tr>
<tr><td></td><td></td><td></td><td></td><td></td><td colspan="2"></td><td></td></tr>
<tr><td></td><td></td><td></td><td></td><td></td><td colspan="2"></td><td></td></tr>
<tr><td></td><td></td><td></td><td></td><td></td><td colspan="2"></td><td></td></tr>
<tr><td></td><td></td><td></td><td></td><td></td><td colspan="2"></td><td></td></tr>
<tr><td></td><td></td><td></td><td></td><td></td><td colspan="2"></td><td></td></tr>
</table>

附录J（资料性附录） 数据处理和分析方法

1 鱼类早期资源数据分析

1.1 产漂流性卵鱼类早期资源数据分析

1.1.1 产卵规模估算

鱼卵、仔鱼、稚鱼通过断面的数量根据式（1）～（8）计算。

网口实际滤水面积按式（1）计算：

$$a_i = a \cdot \cos(\theta_i / 180 \times 3.14) \tag{1}$$

网口中央距水面深度按式（2）计算：

$$L_i' = L_i \cdot \cos(\theta_i / 180 \times 3.14) \tag{2}$$

鱼卵、仔鱼、稚鱼密度按式（3）计算：

$$d_i = n_i / (60 \times a_i v_i t_i) \tag{3}$$

断面上鱼卵、仔鱼、稚鱼平均密度按式（4）计算：

$$d_p = \left(\sum_{j=1}^{k} d_j \right) \Big/ k_p \tag{4}$$

断面系数按式（5）计算：

$$c_j = d_p / d_j \tag{5}$$

采集时间内鱼卵、仔鱼、稚鱼径流量按式（6）计算：

$$m_i = q_i d_i c_i t_i \tag{6}$$

相邻两次采集时间间隔内鱼卵、仔鱼、稚鱼径流量按式（7）计算：

$$m_{i,i+1} = (m_i / t_i + m_{i+1} / t_{i+1}) T_{i,i+1} / 2 \tag{7}$$

调查期内鱼卵、仔鱼、稚鱼径流量按式（8）计算：

$$y = \sum m_i + \sum m_{i,i+1} \tag{8}$$

式中，a——定制网具的网口面积（m^2）；

a_i——第 i 次采集时网口实际滤水面积（m^2）；

θ_i——第 i 次采集时网口与江河横断面的夹角；

L_i——第 i 次采集时拉网索放入水中长度（m）；

L_i'——第 i 次采集时网具实际入水深度（m）；

d_i——第 i 次采集的鱼卵、仔鱼、稚鱼密度（ind./m^3）；

n_i——第 i 次采集的鱼卵、仔鱼、稚鱼数量（ind.）；

v_i——第 i 次采集的网口流速（m/s）；

t_i——第 i 次采集的持续时间（min）；

c_j——第 j 次断面采集的断面系数；

d_p——断面采集中第 p 次采集的鱼卵、仔鱼、稚鱼平均密度（ind./m^3）；

d_j——断面采集中第 p 次采集第 j 个采集点的鱼卵、仔鱼、稚鱼密度（ind./m^3）；

k_p——第 p 次断面采集样本数；

m_i——第 i 次采集期间的鱼卵、仔鱼、稚鱼径流量（ind.）；

q_i——第 i 次采集期间的水流量（m^3/s）；

$m_{i,i+1}$——第 i 次、第 $i+1$ 次采集时间间隔内的鱼卵、仔鱼、稚鱼流量（ind.）；

$T_{i,i+1}$——第 i 次、第 $i+1$ 次采集时间间隔（min）；

y——采集断面鱼卵、仔鱼、稚鱼的总流量（ind.）。

1.1.2 产卵场位置估算

产卵场距采集地漂流的距离按式（9）计算：

$$L = VT \tag{9}$$

式中，L——鱼卵（鱼苗）的漂流距离（km）；

V——采集江段的平均流速（m/s）；

T——胚胎发育所经历的时间（h）。

1.2 产沉黏性卵鱼类早期资源数据分析

漂流密度（d）指平均每 100m^3 过网口水量所采集到沉黏性卵、仔鱼的数量（n），按式（10）和（11）计算：

$$q = \alpha \times t \times v \tag{10}$$

$$d = 100 \times n / q \tag{11}$$

式中，α——底层网的网口面积（m^2）；

d——鱼卵、仔鱼漂流密度（ind./m^3）；

n——采集到的鱼卵、仔鱼数量（ind.）；

v——网口流速（m/s）；

t——采集的持续时间（min）；

q——采集期间的水流量（m^3/s）。

2 渔获物数据分析

2.1 种类组成

统计所有样品的种数，并确定各分类阶元中的物种数和分布特征。按式（12）计算：

$$F_i\% = s_i / S \times 100\% \tag{12}$$

式中，F_i——第 i 科鱼类的种类数百分比；

s_i——第 i 科鱼类的种类数；

S——总种类数。

2.2 群落结构

统计不同物种的渔获物数量，计算其相对种群数量。按式（13）计算：

$$C_i\% = n_i / N \times 100\% \tag{13}$$

式中，C_i——第 i 种鱼类的尾类数百分比或重量百分比；

n_i——第 i 种鱼类的尾数或重量；

N——渔获物的总尾数或总重量。

2.3 多样性指数

香农-维纳（Shannon-Wiener）指数按式（14）计算：

$$H' = -\sum_{i=1}^{S}(P_i \cdot \ln P_i) \tag{14}$$

辛普森（Simpson）指数按式（15）计算：

$$D = 1 - \sum_{i=1}^{S} P_i^2 \tag{15}$$

皮洛（Pielou）均匀度指数按式（14）和式（15）计算：

皮洛均匀度指数 1：
$$J_{\text{SW}} = -\sum_{i=1}^{S} P_i \ln P_i \Big/ \ln S \tag{16}$$

皮洛均匀度指数 2：
$$J_{\text{SI}} = \left(1 - \sum P_i^2\right) / (1 - 1/S) \tag{17}$$

式中，P_i——渔获物中第 i 种的尾数百分比；

S——总种类数。

3 标记重捕数据分析

3.1 封闭种群

封闭种群假设所观测的种群没有出生、死亡、迁入和迁出，种群数量不变。实际观测中没有真正的封闭种群，但小型封闭湖泊基本上能满足这一假设。

3.1.1 Lincoln-Petersen 模型

该公式简单，但会低估种群的实际数量。样本越少，偏差越大，当 $n_1 n_2 > 4N$ 时，偏差才可接受。假设在样本中标记鱼的比例与所有标记鱼在整个群体中的比例相同，则种群数量（N）按式（18）计算。

$$N = n_1 n_2 / m_2 \tag{18}$$

$$标准误差\text{S.E.} = \sqrt{n_1^2 n_2 (n_2 - m_2) / m_2^3}$$

3.1.2 Chapman 模型

该模型可在一定程度上消除偏差，当 $(n_1 + n_2) \geqslant N$ 时，种群数量（N）按式（19）计算：

$$N = (n_1 + 1)(n_2 + 1) / (m_2 + 1) - 1 \tag{19}$$

$$标准误差\text{S.E.} = \sqrt{(n_1 + 1)(n_2 + 1)(n_1 - m_2)(n_2 - m_2) / (m_2 + 1)^2 (m_2 + 2)}$$

式中，n_1——标记并放流的鱼类尾数；

n_2——标记鱼回收阶段捕获的鱼类尾数；

m_2——标记鱼回收捕获的鱼类中存在标记的鱼类尾数。

3.1.3 Schnabel 模型

Schnabel 模型与 Lincoln-Petersen 模型具有相同的假设，但要求对标记鱼进行多次回收捕捞。假设 C_i 为时间节点 i 采样时捕捞的鱼类总尾数，W_i 为时间节点 i 采样时新捕捞的标记鱼的尾数，M_i 为时间节点 i 采样前捕捞的标记鱼总尾数，种群数量（N）的估计值按式（20）计算：

$$N=\sum(C_iM_i)\Big/\sum W_i \tag{20}$$

$$\text{标准误差S.E.}=\sqrt{\sum(C_iM_i)^2\Big/\sum W_i}$$

3.2 开放种群

开放种群允许所观测种群有出生、死亡、迁入和迁出发生。开放种群模型适用于估计种群的存活率。一些模型也可用于估计种群数量，但存在较大的误差。Jolly-Seber 模型要求进行 4 次以上的采样，每次采样都采用唯一标记，所有重新捕获的标记鱼都要进行记录，实际使用时存在较大的局限性。

种群中标记个体的比例 $\hat{\alpha}_i$ 按式（21）计算：

$$\hat{\alpha}_i=(m_i+1)/(n_i+1) \tag{21}$$

种群中标记的鱼类尾数按式（22）计算：

$$\hat{M}_i=m_i+z_i(R_i+1)/(r_i+1) \tag{22}$$

种群资源量的估计值按式（23）计算：

$$\hat{N}_i=\hat{M}_i/\hat{\alpha}_i \tag{23}$$

种群存活率的估计值按式（24）计算：

$$\hat{\phi}_i=\hat{M}_{i+1}/[\hat{M}_i+(R_i-m_i)] \tag{24}$$

式中，n_i——时间节点 i 采样中共捕捞的鱼类尾数；

m_i——时间节点 i 采样中被标记的鱼类尾数；

R_i——时间节点 i 采样中被标记放流的鱼类尾数；

r_i——时间节点 i 采样中被标记放流，其后又被捕获的鱼类尾数；

z_i——时间节点 i 以前被标记，在 i 中不被捕获，i 以后再被捕获的鱼类尾数。

4 声呐探测数据分析

鱼类目标强度（TS）与体长的关系按式（25）计算：

$$\mathrm{TS}=a\lg l+b \tag{25}$$

式中，l——鱼的体长（cm）；

a、b——回归系数。

鱼的密度按式（26）计算：

$$\rho=S_a/\sigma \tag{26}$$

式中，ρ——为鱼的密度，即单位面积水体内鱼的尾数（ind./km^2）；

S_a——积分值，亦称面积反向散射系数，即每平方千米水域内鱼体反向散射截面的总和（(ind.·m^2)/km^2）；

σ——鱼类个体的平均反向散射截面（m^2）。

附录K（资料性附录） 鱼类观测报告编写格式

鱼类观测报告由封面、目录、正文、致谢、参考文献、附录等组成。

1. 封面

包括报告标题、观测单位、编写单位及编写时间等。

2. 报告目录

一般列出二到三级目录。

3. 正文

包括：

（1）前言；

（2）观测区域概况；

（3）观测目标；

（4）工作组织；

（5）观测方法（生物多样性相关术语参见HJ 623）；

（6）鱼类的种类组成、区域分布、种群动态、面临的威胁等；

（7）对策建议。

4. 致谢

5. 参考文献

按照GB/T 7714的规定执行。

注：本标准文件源自中华人民共和国生态环境部门户网站（www.mee.gov.cn）。本标准为环境保护部2014年10月31日发布的，2015年1月1日实施。

附录Ⅲ　东北地区内陆天然盐碱湿地鱼类物种组成

种类	分布		特有种		濒危种	重点保护种		冷水种
	内蒙古高原	松嫩平原	中国	东北地区	易危	国家级	黑龙江省级	
一、鲑形目 Salmoniformes								
（一）鲑科 Salmonoidae								
1. 哲罗鲑 *Hucho taimen*	◎				√		√	√
2. 细鳞鲑 *Brachymystax lenok*	◎				√	II	√	√
3. 乌苏里白鲑 *Coregonus ussuriensis*	◎				√		√	√
（二）银鱼科 Salangidae								
4. 大银鱼 *Protosalanx chinensis* ▲	◎	+						√
（三）狗鱼科 Esocidae								
5. 黑斑狗鱼 *Esox reicherti*	+	+		√			√	√
二、鲤形目 Cypriniformes								
（四）鲤科 Cyprinidae								
6. 瓦氏雅罗鱼 *Leuciscus waleckii waleckii*	+						√	√
7. 拟赤梢鱼 *Pseudaspius leptocephalus*	◎			√			√	√
8. 真鲅 *Phoxinus phoxinus*		+		√			√	√
9. 拉氏鲅 *Phoxinus lagowskii*	+	+					√	√
10. 湖鲅 *Phoxinus percnurus*		+		√			√	
11. 花江鲅 *Phoxinus czekanowskii*	+			√				
12. 青鱼 *Mylopharyngodon piceus* ▲		+						
13. 草鱼 *Ctenopharyngodon idella* ▲	+	+					√	
14. 鳡 *Elopichthys bambusa*		+					√	
15. 䱗 *Hemiculter leucisculus*	◎	+					√	
16. 贝氏䱗 *Hemiculter bleekeri*	◎	+					√	
17. 蒙古䱗 *Hemiculter lucidus warpachowskii*	+			√				
18. 翘嘴鲌 *Culter alburnus*	◎	+					√	
19. 蒙古鲌 *Culter mongolicus mongolicus*	+	+					√	
20. 团头鲂 *Megalobrama amblycephala* ▲	+	+						
21. 鳊 *Parabramis pekinensis*	+	+					√	
22. 红鳍原鲌 *Cultrichthys erythropterus*	+	+					√	
23. 银鲴 *Xenocypris argentea*		+					√	
24. 细鳞鲴 *Xenocypris microlepis* ▲	◎							

续表

种类	分布		特有种		濒危种	重点保护种		冷水种
	内蒙古高原	松嫩平原	中国	东北地区	易危	国家级	黑龙江省级	
25. 大鳍鱊*Acheilognathus macropterus*	+	+					√	
26. 黑龙江鳑鲏 *Rhodeus sericeus*	+	+					√	
27. 彩石鳑鲏 *Rhodeus lighti*		+	√					
28. 唇䱻*Hemibarbus labeo*	+	+					√	
29. 花䱻*Hemibarbus maculatus*	◎	+					√	
30. 条纹似白鮈*Paraleucogobio strigatus*	+	+		√			√	
31. 麦穗鱼 *Pseudorasbora parva*	+	+					√	
32. 平口鮈*Ladislavia taczanowskii*		+		√			√	√
33. 东北颌须鮈*Gnathopogon mantschuricus*		+	√	√			√	
34. 银鮈*Squalidus argentatus*		+	√				√	
35. 兴凯银鮈*Squalidus chankaensis*	+			√			√	
36. 东北鳈 *Sarcocheilichthys lacustris*	◎	+		√			√	
37. 克氏鳈 *Sarcocheilichthys czerskii*	+	+		√			√	
38. 凌源鮈*Gobio lingyuanensis*	+	+	√				√	
39. 犬首鮈*Gobio cynocephalus*	◎	+					√	
40. 细体鮈*Gobio tenuicorpus*	◎						√	
41. 高体鮈*Gobio soldatovi*	+			√			√	
42. 似铜鮈*Gobio coriparoides*	+							
43. 棒花鱼 *Abbottina rivularis*	+	+					√	
44. 突吻鮈*Rostrogobio amurensis*	◎	+					√	
45. 蛇鮈*Saurogobio dabryi*	+	+					√	
46. 鲤 *Cyprinus carpio*	+	+					√	
47. 鲫 *Carassius auratus auratus*	+							
48. 银鲫 *Carassius auratus gibelio*	+	+					√	
49. 鲢 *Hypophthalmichthys molitrix* ▲	+	+					√	
50. 鳙 *Aristichthys nobilis*▲	+	+						
（五）鳅科 Cobitidae								
51. 黑龙江花鳅 *Cobitis lutheri*	+	+		√			√	√
52. 北方花鳅 *Cobitis granoei*	◎						√	√
53. 泥鳅 *Misgurnus anguillicaudatus*	+							
54. 黑龙江泥鳅 *Misgurnus mohoity*	+	+		√			√	
55. 北方泥鳅 *Misgurnus bipartitus*	+	+						
56. 北鳅 *Lefua costata*	+						√	√
57. 北方须鳅 *Barbatula nuda*	+						√	√

续表

种类	分布		特有种		濒危种	重点保护种		冷水种
	内蒙古高原	松嫩平原	中国	东北地区	易危	国家级	黑龙江省级	
58. 弓背须鳅 *Barbatula gibba*	+			√				
59. 达里湖高原鳅 *Triplophysa dalaica*	+		√					
60. 花斑副沙鳅 *Parabotia fasciata*		+						
三、鲇形目 Siluriformes								
（六）鲿科 Bagridae								
61. 黄颡鱼 *Pelteobagrus fulvidraco*		+					√	
62. 乌苏拟鲿 *Pseudobagrus ussuriensis*	◎						√	
（七）鲇科 Siluridae								
63. 怀头鲇 *Silurus soldatovi*		+			√		√	
64. 鲇 *Silurus asotus*	+	+					√	
四、鲈形目 Perciformes								
（八）鮨科 Serranidae								
65. 鳜 *Siniperca chuatsi*		+					√	
66. 斑鳜 *Siniperca scherzeri*▲		+						
（九）塘鳢科 Eleotridae								
67. 葛氏鲈塘鳢 *Perccottus glenii*	+	+		√			√	
68. 黄黝 *Hypseleotris swinhonis*		+	√					
（十）斗鱼科 Belontiidae								
69. 圆尾斗鱼 *Macropodus chinensis*		+						
（十一）鳢科 Channidae								
70. 乌鳢 *Channa argus*		+					√	
五、鳕形目 Gadiformes								
（十二）鳕科 Gadidae								
71. 江鳕 *Lota lota*	◎						√	√
六、刺鱼目 Gasterosteiformes								
（十三）刺鱼科 Gasterosteidae								
72. 九棘刺鱼 *Pungitius pungitius*	◎						√	√

注：▲移入种；◎可能存在种。

附录Ⅳ 《盐碱地水产养殖用水水质》(SC/T 9406—2012)

1 范围

本标准规定了盐碱地水产养殖用水质要求。

本标准适用于不同类型盐碱地水产养殖用水水质检测与判定。

2 规范性引用文件

下列文件对于本文件的应用是必不可少的。凡是注日期的引用文件，仅注日期的版本适用于本文件。凡是不注日期的引用文件，其最新版本（包括所有的修改单）适用于本文件。

GB 7477	水质 钙和镁总量的测定 EDTA 滴定法
GB 11607—1989	渔业水质标准
GB/T 1189	水质 氯化物的测定 硝酸银滴定法
GB/T 11904	水质 钾和钠的测定 火焰原子吸收分光光度法
GB/T 12763.4	海洋调查规范 海水化学要素观测
GB/T 17378.3	海洋监测规范 样品采集、贮存、运输
GB/T 18407	农产品安全质量 无公害水产品产地环境要求
HJ/T 342	水质 硫酸盐的测定 铬酸钡分光光度法（试行）
NY/T 5051	无公害食品 淡水养殖用水水质
NY/T 5052	无公害食品 海水养殖用水水质

3 术语和定义

3.1 盐碱水 saline-alkaline water

属于咸水范畴，主要是指低洼盐碱地渗透水和地下浅表水。其特征为水质中主要离子不具恒定性，水化学组成复杂多样。

3.2 离子总量 total ion concentration

指天然水中所有的离子含量。由于水中各种盐类一般均以离子的形式存在，所以离子总量也可以表示为水中各种阳离子和阴离子的量之和。离子总量单位为毫克每升（mg/L）。

3.3 主要离子 main ions

在各种天然水中，钠、钾、钙、镁、氯、硫酸根、重碳酸根和碳酸根等离子的数量之和约占溶解盐类总量的90%以上，被称为主要离子。单位一般以毫克每升（mg/L）或毫摩尔每升（mmol/L）表示。

4 水质质量评价指标

水质质量评价是以 GB 11607 以及 NY/T 5051、NY/T 5052 为基础，除应符合 GB 18407

中有关规定外，还应检测盐碱水质中的主要离子钠、钾、钙、镁、氯、硫酸根、重碳酸根和碳酸根以及离子总量、pH 作为盐碱地水产养殖用水质量评价指标。

5　水质分类及适宜养殖种类

按盐碱水质化学组分的天然背景含量，将盐碱水水质质量按养殖功能划分为适宜养殖淡水鱼、虾蟹类、广盐性鱼类、虾蟹类和其他水生生物的养殖。盐碱地养殖水质质量分类评价是以 GB 11607 以及 NY/T 5051、NY/T 5052 为基础，应符合 GB 11607—1989 第 3 章中有关规定，对参加评价的项目，应不少于表 1 规定中的有关检测项目，按表 1 所列分类指标判定（见表 1）。

表 1　盐碱地水产养殖水质分类及适宜养殖种类

序号	项目	Ⅰ类	Ⅱ类		Ⅲ类
		淡水鱼、虾蟹类	广盐性鱼类	广盐性虾蟹类	其他水生生物
1	离子总量，mg/L	≤8000	≤25000		
2	pH	7.5～9.0	7.6～9.0	7.6～8.8	9.0～11.0
3	钠，%	5.0～32.0	5.0～35.0	25.0～35.0	5.0～40.0
4	钾，%	0.2～5.0	0.3～1.5	0.4～1.5	0.2～1.5
5	钙，%	0.2～16.0	0.2～2.0	0.4～1.5	0.2～16.0
6	镁，%	2.0～70.0			2.0～70.0
7	氯，%	3.0～50.0	≤60.0	20.0～60.0	3.0～60.0
8	硫酸根，%	≤30.0	2.0～30.0	2.0～25.0	≤30.0
9	总碱度，mmol/L	≤15.0	≤10.0	≤8.0	<56.0

5.1　Ⅰ类盐碱水质

按盐碱水化学组分的天然背景含量，宜作为淡水鱼、虾蟹的养殖用水。适宜养殖种类参见 A.1。

5.2　Ⅱ类盐碱水质

按盐碱水化学组分的天然背景含量，宜作为广盐性鱼、虾蟹类的养殖用水。适宜养殖种类参见 A.2。

5.3　Ⅲ类盐碱水质

按盐碱水化学组分的天然背景含量，宜作为其他水生生物的养殖用水。适宜养殖种类参见 A.3。

6　盐碱水质检测方法

6.1　盐碱水质检测样品的采集、贮存、运输和预处理

按 GB/T 12763.4 和 GB/T 17378.3 的有关规定执行。

6.2 检测方法

盐碱水质的离子总量：钾离子、钠离子、钙离子、镁离子、氯离子、硫酸根离子、碳酸氢根离子、碳酸根离子含量总和。各离子含量按表2的检测方法进行。

表2 盐碱水质检测方法

序号	项目	分析方法	引用标准
1	pH	pH计电测法	GB/T 12763.4
2	钾和钠	火焰原子吸收分光光度法	GB 11904
3	钙和镁	EDTA滴定法	GB 7477
4	氯	硝酸银滴定法	GB/T 11896
5	硫酸盐	铬酸钡分光光度法	HJ/T 342
6	总碱度	酸碱滴定法	参见附录B

附录A（资料性附录） 盐碱水质适宜养殖种类

A.1 Ⅰ类盐碱水质适宜养殖种类

草鱼（*Ctenopharyngodon idella*）、鲢（*Hypophthalmichthys molitrix*）、鳙（*Aristichthys nobilis*）、淡水白鲳（*Colossoma brachypomum*）、尼罗罗非鱼（*Oreochromis niloticus*）、黄河鲤（*Cyprinus carpio*）、鲫（*Carassius auratus*）、罗氏沼虾（*Macrobrachium rosenbergii*）、日本沼虾（*Macrobrachium nipponense*）、中华绒螯蟹（*Eriocheir sinensis*）等淡水鱼、虾蟹类品种。

A.2 Ⅱ类盐碱水质适宜养殖种类

以色列红罗非鱼（*Oreochromis niloticus*×*Oreochromis mossambicus*）、吉丽罗非鱼（*Sarotherodon melanotheron*×*Oreochromis niloticus*）、梭鱼（*Mugil soiuy*）、鲈鱼（*Lateolabrax japonicus*）、漠斑牙鲆（*Paralichthys lethostigma*）、西伯利亚鲟（*Acipenser baeri*）、史氏鲟（*Acipenser schrenckii*）、凡纳滨对虾（*Litopenaeus vannamei*）、中国明对虾（*Fenneropenaeus chinensis*）、日本囊对虾（*Marsupenaeus japonicus*）、斑节对虾（*Penaeus monodon*）、罗氏沼虾（*Macrobrachium rosenbergii*）、拟穴青蟹（*Scylla paramamosain*）等广盐性品种。

A.3 Ⅲ类盐碱水质适宜养殖种类

青海湖裸鲤（*Gymnocypris przewalskii*）、雅罗鱼（*Leuciscus* spp.）等耐盐碱鱼类以及藻类、卤虫（Artemia）、轮虫（Rotifera）等种类。

附录B（资料性附录） 酸碱滴定法测定碱度

B.1 原理

水样用酸标准溶液滴定至规定的pH，其终点可由加入的酸碱指示剂在该pH时颜色的变化来判断。当滴定至酚酞指示剂由红色变为无色时，溶液的 pH 为 8.3，表明水中氢氧根离子（OH^-）已被中和，碳酸根离子（CO_3^{2-}）均转为重碳酸根离子（HCO_3^-）：

$$OH^- + H^+ \longrightarrow H_2O$$

$$CO_3^{2-} + H^+ \longrightarrow HCO_3^-$$

水样加入酚酞显红色，表明水中含有氢氧化物碱度（OH^-）或碳酸盐碱度（CO_3^{2-}），或者两者都有。若水样加酚酞无色，表明水中仅有重碳酸盐碱度（HCO_3^-）。

当滴定至甲基红—次甲基蓝混合指示剂由橙黄色变成浅紫红色时，溶液的 pH 为 4.4～4.5，指示水中碳酸氢根（包括原有的和由碳酸根转换成的）已被中和，反应如下：

$$HCO_3^- + H^+ \longrightarrow H_2O + CO_2 \uparrow$$

据上述两个滴定终点到达时所消耗的盐酸标准滴定液的量，可算出水中碳酸根、碳酸氢根浓度及总碱度。

B.2 试剂

B.2.1 无二氧化碳纯水

用于制备标准溶液及稀释用的纯水，临用前煮沸 15min，冷却至室温。pH 应大于 6.0，电导率小于 2μS/cm。

B.2.2 碳酸钠标准溶液（$c_{1/2Na_2CO_3} = 0.02000 mol/L$）

称取 0.5300g 无水碳酸钠（一级试剂，预先在 220℃恒温干燥 2h，置于干燥器中冷却至室温），溶于少量无二氧化碳纯水中，再稀释至 500mL。

B.2.3 甲基红—次甲基蓝混合指示剂

称取 0.032g 甲基红溶于 80mL 95%乙醇中，加入 6.0mL 次甲基蓝乙醇溶液（0.01g 次甲基蓝溶于 100mL 95%乙醇中），混合后加入 1.2mL 氢氧化钠溶液（40.0g/L），贮于棕色瓶中。

B.2.4 酚酞指示剂

称取 0.5g 酚酞固体溶于 50mL 95%乙醇中，用纯水稀释至 100mL。

B.2.5 盐酸标准溶液

量取 1.8mL 浓盐酸，并用纯水稀释至 1000mL。

B.3 操作步骤

B.3.1 盐酸标准溶液浓度的标定

用移液管准确吸取 20.00mL 碳酸钠标准溶液于锥形瓶中，加 30mL 无二氧化碳纯水，混合指示剂 6 滴，用盐酸标准溶液滴定至由橙黄色变成浅紫红色后，加热煮沸驱赶反应生成的二氧化碳，继续滴定至浅紫红色。记取盐酸标准溶液用量 V。按式（B.1）计算其准确浓度 c_{HCl}。

$$c_{HCl} = 20.00 \times 0.02000 / V \quad \text{(B.1)}$$

式中，c_{HCl}——盐酸的浓度，单位为摩尔每升（mol/L）；

V——盐酸消耗的体积，单位为毫升（mL）。

B.3.2 水样测定

a）取 50.00mL 水样于 250mL 锥形瓶中，加入 4 滴酚酞指示剂，摇匀。当溶液呈红色时，用盐酸标准溶液滴定至刚褪色至无色，记录盐酸标准溶液用量 V_P。如加酚酞指示剂后溶液无色，则不需要用盐酸标准溶液滴定，接着进行 b）项操作。

注：若水样中含有游离二氧化碳，则不存在碳酸根碱度，可直接用混合指示剂进行滴定。用酚酞作指示剂滴定 CO_3^{2-} 时，滴加盐酸的速度不可太快，应边滴边摇荡锥形瓶，以免局部生成过多的 CO_2 逸出，使 CO_3^{2-} 测定结果偏高。

b）向上述锥形瓶中加入 6 滴混合指示剂，摇匀。继续用盐酸标准溶液滴定至溶液由橙黄色变成浅紫红色后，加热煮沸驱赶反应生成的二氧化碳，继续滴定至浅紫红色。记录第二次滴定盐酸标准溶液用量 V_M。两次的总用量为 V_T。

B.4 结果与计算

B.4.1 总碱度 A_T

总碱度 A_T 按式（B.2）计算：

$$A_T = 1000 \times c_{HCl} \times V_T / 50.00 \tag{B.2}$$

式中，A_T——总碱度，单位为毫摩尔每升（mmol/L）；

c_{HCl}——盐酸的浓度，单位为摩尔每升（mol/L）；

V_T——盐酸标准溶液的总用量，单位为毫升（mL）。

B.4.2 分别计算碳酸根、碳酸氢根与氢氧根浓度

当 $V_T \geqslant 2V_P$ 时，碳酸氢根浓度按式（B.3）计算：

$$c_{HCO_3^-} = 1000 \times c_{HCl} \times (V_T - 2V_P) / 50.00 \tag{B.3}$$

碳酸根浓度按式（B.4）计算：

$$c_{1/2CO_3^{2-}} = 1000 \times c_{HCl} \times 2V_P / 50.00 \tag{B.4}$$

当 $V_T < 2V_P$ 时，氢氧根浓度按式（B.5）计算：

$$c_{OH^-} = 1000 \times c_{HCl} \times (2V_P - V_T) / 50.00 \tag{B.5}$$

碳酸根浓度按式（B.6）计算：

$$c_{1/2CO_3^{2-}} = 2000 \times c_{HCl} \times (V_T - V_P) / 50.00 \tag{B.6}$$

式中，c_{HCl}——盐酸标准溶液浓度，单位为摩尔每升（mol/L）；

$c_{HCO_3^-}$——碳酸氢根浓度，单位为毫摩尔每升（mmol/L）；

$c_{1/2CO_3^{2-}}$——碳酸根浓度，单位为毫摩尔每升（mmol/L）；

c_{OH^-}——氢氧根浓度，单位为毫摩尔每升（mmol/L）；

V_T——滴定至混合指示剂终点时，盐酸总共消耗的体积，单位为毫升（mL）；

V_P——用酚酞作指示剂时滴定消耗盐酸的体积，单位为毫升（mL）。

注：碱性化合物在水中产生的碱度，有五种组成情况。为说明方便，令以酚酞作指示剂时，滴定至终点所消耗盐酸标准溶液的量为 P mL；这时碳酸根碱度的一半（因为反应到碳酸氢根离子）和氢氧化物碱度参与反应。接着加入混合指示剂，再用盐酸标准溶液滴定，令盐酸标准溶液的用量为 M mL；这时参与反应的是由碳酸根反应生成的碳酸氢根和水中原有的碳酸氢根离子。两次滴定，盐酸标准溶液总

消耗量为T mL，$T = M + P$。

第一种情形，$T = P$，或$M = 0$时：

$M = 0$，表示不含有碳酸根，也不含有碳酸氢根。因此，$P = T$，表明水中只有氢氧化物碱度。这种情况在天然水中不存在。

第二种情形，$M > 0$，$P > 1/2T$时：

说明水中有碳酸根存在，将碳酸根中和到碳酸所消耗的酸量$= 2M = 2(T - P)$。且由于$P > M$，说明尚有氢氧化物存在，中和氢氧化物碱度消耗的酸量$= T - 2(T - P) = 2P - T$。

第三种情况，$P = 1/2T$，即$P = M$时：

说明水中没有氢氧化物碱度，也不存在碳酸氢根碱度，仅有碳酸根碱度。P和M都是中和碳酸根一半的酸消耗量。这种情况在天然水中也很难存在。

第四种情形，$P < 1/2T$，即$P = M$时：

此时，$M > P$，M除包含滴定由碳酸根生成的碳酸氢根外，尚有水样中原有碳酸氢根对酸的消耗。滴定碳酸根消耗的酸量$= 2P$，滴定水中原有碳酸氢根消耗的酸量$= T - 2P$。

第五种情形，$P = 0$时：

此时，水中只有碳酸氢根形式的碱度存在。滴定碳酸氢根消耗的酸量$= T = M$。

以上五种情形的碱度组成示于表B.1中。

表B.1　碱度的组成

滴定结果	氢氧根（OH^-）	碳酸根（CO_3^{2-}）	碳酸氢根（HCO_3^-）
$P = T$	P	0	0
$P > 1/2T$	$2P - T$	$2T - 2P$	0
$P = 1/2T$	0	$2P$	0
$P < 1/2T$	0	$2P$	$T - 2P$
$P = 0$	0	0	T

注：本标准文件源自中华人民共和国农业农村部官网（www.moa.gov.cn）。本标准为中华人民共和国农业部2012年12月7日发布的电子版发布稿，2013年3月1日实施。

附录Ⅴ 《稻渔综合种养技术规范 第1部分：通则》（SC/T 1135.1—2017）

1 范围

本部分规定了稻渔综合种养的术语和定义、技术指标、技术要求和技术评价。

本部分适用于稻渔综合种养的技术规范制定、技术性能评估和综合效益评价。

2 规范性引用文件

下列文件对于本标准的应用是必不可少的。凡是注日期的引用文件，仅注日期的版本适于本文件。凡是不注日期的引用文件，其最新版本（包括所有的修改单）适用于本文件。

GB 2763 食品安全国家标准 食品中农药最大残留限量

GB/T 8321.2 农药合理使用准则（二）

GB 11607 渔业水质标准

NY 5070 无公害农产品 水产品中渔药残留限量

NY 5071 无公害食品 渔用药物使用准则

NY 5072 无公害食品 渔用配合饲料安全限量

NY 5073 无公害食品 水产品中有毒有害物质限量

NY 5116 无公害食品 水稻产地环境条件

NY /T 5117 无公害食品 水稻生产技术规程

NY /T 5361 无公害食品 淡水养殖产地环境条件

SC/T 9101 淡水池塘养殖水排放要求

3 术语和定义

以下术语和定义适用于本文件。

3.1 共作 co-culture

在同一稻田中同时种植水稻和养殖水产养殖动物的生产方式。

3.2 轮作 rotation

在同一稻田中有顺序地在季节间或年间轮换种植水稻和养殖水产养殖动物的生产方式。

3.3 稻渔综合种养 integrated farming of rice and aquaculture animal

通过对稻田实施工程化改造，构建稻渔共作轮作系统，通过规模开发、产业经营、标准生产、品牌运作，能实现水稻稳产、水产品新增、经济效益提高、农药化肥施用量显著减少，是一种生态循环农业发展模式。

3.4 茬口 stubble

在同一稻田中种植和水产养殖的前后季作物、水产养殖动物及其替换次序的总称。

3.5 沟坑 ditch and pueldle for aquaculture

用于水产养殖动物活动、暂养、栖息等用途而在稻田中开挖的沟和坑。

3.6 沟坑占比 percentage of the areas of ditch and puddle

种养田块中沟坑面积占稻田总面积的比例。

3.7 田间工程 field engineering

为构建稻渔共作轮作模式而实施的稻田改造，包括进排水系统改造、沟坑开挖、田埂加固、稻田平整、防逃防害防病设施建设、机耕道路和辅助道路建设等内容。

3.8 耕作层 plough layer

经过多年耕种熟化形成稻田特有的表土层。

4 技术指标

稻渔综合种养应保证水稻稳产，技术指标应符合以下要求：

a）水稻单产：平原地区水稻产量每 667m^2 不低于 500kg，丘陵山区水稻单产不低于当地水稻单作平均单产；

b）沟坑占比：沟坑占比不超过 10%；

c）单位面积纯收入提升情况：与同等条件下水稻单作对比，单位面积纯收入平均提高 50%以上；

d）化肥施用减少情况：与同等条件下水稻单作对比，单位面积化肥施用量平均减少 30%以上；

e）农药施用减少情况：与同等条件下水稻单作对比，单位面积农药施用量平均减少 30%以上；

f）渔用药物施用情况：无抗菌类和杀虫类渔用药物使用。

5 技术要求

5.1 稳定水稻生产

5.1.1 宜选择茎秆粗壮、分蘖力强、抗倒伏、抗病、丰产性能好、品质优、适宜当地种植的水稻品种。

5.1.2 稻田工程应保证水稻有效种植面积，保护稻田耕作层，沟坑占比不超过 10%。

5.1.3 稻渔综合种养技术规范中，应按技术指标要求设定水稻最低目标单产。共作模式中，水稻栽培应发挥边际效应，通过边际密植，最大限量保证单位面积水稻种植穴数；轮作模式中，应做好茬口衔接，保证水稻有效生产周期，促进水稻稳产。

5.1.4 水稻秸秆宜还田利用，促进稻田地力修复。

5.2 规范水产养殖

5.2.1 宜选择适合稻田浅水环境、抗病抗逆、品质优、易捕捞、适宜于当地养殖、适宜产业化经营的水产养殖品种。

5.2.2 稻渔综合种养技术规范中，应结合水产养殖动物生长特性、水稻稳产和稻田生态环保的要求，合理设定水产养殖动物的最高目标单产。

5.2.3 渔用饲料质量应符合 NY 5072 的要求。

5.2.4 稻田中严禁施用抗菌类和杀虫类渔用药物，严格控制消毒类、水质改良类渔用药物施用。

5.3 保护稻田生态

5.3.1 应发挥稻渔互惠互促效应，科学设定水稻种植密度与水产养殖动物放养密度的配比，保持稻田土壤肥力的稳定性。

5.3.2 稻田施肥应以有机肥为主，宜少施或不施用化肥。

5.3.3 稻田病虫草害应以预防防治为主，宜减少农药和渔用药物施用量。

5.3.4 水产养殖动物养殖应充分利用稻田天然饵料，宜减少渔用饲料投喂量。

5.3.5 稻田水体排放应符合 SC/T 9101 的要求。

5.4 保障产品质量

5.4.1 稻田水源条件应符合 GB 11607 的要求，稻田水质条件应符合 NY/T 5361 的要求。

5.4.2 稻田产地环境条件应符合 NY 5116-2002 的要求，水稻生产过程应符合 NY/T 5117 的要求。

5.4.3 稻田中不得施用含有 NY 5071 中所列禁用渔药化学组成的农药，农药施用应符合 GB/T 8321.2 的要求，渔用药物施用应符合 NY 5071 的要求。

5.4.4 稻米农药最大残留限量应符合 GB 2763 的要求，水产品渔药残留和有毒有害物质限量应符合 NY 5070、NY 5073 的要求。

5.4.5 生产投入品应来源可追溯，生产各环节建立质量控制标准和生产记录制度。

5.5 促进产业化

5.5.1 应规模化经营，集中连片或统一经营面积应不低于 66.7hm^2，经营主体宜为龙头企业、种养大户、合作社、家庭农场等新型经营主体。

5.5.2 应标准化生产，宜根据实际将稻田划分为若干标准化综合种养单元，并制定相应稻田工程建设和生产技术规范。

5.5.3 应品牌化运作，建立稻田产品的品牌支撑和服务体系，并形成相应区域公共或企业自主品牌。

5.5.4 应产业化服务，建立苗种供应、生产管理、流通加工、品质评价等关键环节的产业化配套服务体系。

6 技术评价

6.1 评价目标

通过经济、生态、社会效益分析，评估稻渔综合种养模式的技术性能，并提出优化建议。

6.2 评价方式

6.2.1 经营主体自评

经营主体应每年至少开展一次技术评价，形成技术评价报告，并建立技术评价档案。

6.2.2　公共评价

成立第三方评价工作组，工作组应由渔业、种植业、农业经济管理、农产品市场分析等方面专家组成，形成技术评价报告，并提出公共管理决策建议。

6.3　评价内容

6.3.1　经济效益分析

通过综合种养和水稻单作的对比分析，评估稻渔综合种养的经济效益。评价内容应至少包括：

a）单位面积水稻产量及增减情况；

b）单位面积水稻产值及增减情况；

c）单位面积水产品产量；

d）单位面积水产品产值；

e）单位面积新增成本；

f）单位面积新增纯收入。

6.3.2　生态效益评价

通过综合种养和水稻单作的对比分析，评估稻渔综合种养的生态效益。评价内容应至少包括：

a）农药施用情况；

b）化肥施用情况；

c）渔用药物施用情况；

d）渔用饲料施用情况；

e）废物废水排放情况；

f）能源消耗情况；

g）稻田生态改良情况。

6.3.3　社会效益评价

通过综合种养和水稻单作的对比分析，评估稻渔综合种养的社会效益。评价内容应至少包括：

a）水稻生产稳定情况；

b）带动农户增收情况；

c）新型经营主体培育情况；

d）品牌培育情况；

e）产业融合发展情况；

f）农村生活环境改善情况；

g）防灾抗灾能力提升情况。

6.4　评价方法

6.4.1　效益评价方法

通过稻渔综合种养模式，与同一区域中水稻品种、生产周期和管理方式相近的，水稻单作模式进行对比分析，评估稻渔综合种养的经济、生态、社会效益。

效益评价中，评价组织者可结合实际，选择以标准种养田块或经营主体为单元，进行调查分析。稻渔综合种养模式中稻田面积的核定应包括沟坑的面积。单位面积产品产出汇总表、单位面积成本投入汇总表填写参见附录A、附录B。

6.4.2 技术指标评估

根据效益评价结果，填写模式技术指标评价表（参见附录C）。第4章的技术指标全部达到要求，方可判定评估模式为稻渔综合种养模式。

6.5 评价报告

技术评价应形成正式报告，至少包括以下内容：

a）经济效益评价情况；

b）生态效益评价情况；

c）社会效益评价情况；

d）模式技术指标评估情况；

e）优化措施建议。

附录A（资料性附录） 单位面积产品产出汇总表

单位面积产品产出汇总表见表A.1。

表A.1 单位面积产品产出汇总表

综合种养模式名称：

经营主体名称：				联系人：		联系电话：		
调查取样序号	综合种养（评估组）							
	综合种养面积/($\times 667m^2$)		水稻产出			水产产出		
	水稻种养面积	沟坑面积	产量/kg	单价/元	单产/kg	产量/kg	单价/元	单产/kg
A	B	C	D	E	F	G	H	I
记录人签字：						调查日期： 年 月 日		

经营主体名称			联系人：		联系电话：	
调查取样序号	水稻单作（对照组）				单位面积水稻产量增减/kg	单位面积总产量增减/元
	水稻种植面积/($\times 667m^2$)	水稻产出				
		产量/kg	单价/元	单产/kg		
A	J	K	L	M	N	O
记录人签字：					调查日期： 年 月 日	

注1：增量在数字前添加符号“+”，减量添加符号“-”。
注2：表内平衡公式：F＝D（B+C）；M＝K/J；N＝F-K；O＝D×E-G×H。
注3：表中单价指每千克的价格；单产指每$667m^2$的产量；单位面积指$667m^2$。

附录 B（资料性附录）　单位面积成本投入汇总表

单位面积成本投入汇总表见表 B.1。

表 B.1　单位面积成本投入汇总表

综合种养模式名称：

经营主体名称：　　　　联系人：　　　　联系电话：

调查取样序号	对比分析项目	单位面积投入情况/元							
		劳动用工	物质投入						
		劳动用工费	稻种/秧苗费	化肥费	有机肥费	农药费	水产苗种费	饲料费	渔药费
	综合种养（评估组）								
	水稻单作（对照组）								
	综合种养（评估组）								
	水稻单作（对照组）								

记录人签字：　　　　调查日期：　年　月　日

经营主体名称：　　　　联系人：　　　　联系电话：

调查取样序号	对比分析项目	单位面积投入情况/元						单位面积投入合计/元	单位面积投入增减/元
		其他							
		田（塘）租费	设施设备改造费	服务费（机耕/机收）	产品加工费	产品营销费	其他费用		
	综合种养（评估组）								
	水稻单作（对照组）								
	综合种养（评估组）								
	水稻单作（对照组）								

记录人签字：　　　　调查日期：　年　月　日

注 1：增量在数字前添加符号“+”，减量添加符号“–”。
注 2：表中单位面积指 $667m^2$。

附录 C（资料性附录）　模式技术指标评价表

模式技术指标评价表见表 C.1。

表 C.1 模式技术指标评价表

综合种养模式名称：

<table>
<tr><td colspan="5">经营主体名称： 联系人： 联系电话：</td></tr>
<tr><td>序号</td><td>评价指标</td><td>指标要求</td><td>评价结果</td><td>结果判定</td></tr>
<tr><td>1</td><td>水稻单产</td><td>平原地区水稻产量每667m^{2}不低于500 kg，丘陵山区水稻单产不低于当地水稻单作平均单产</td><td></td><td>□合格，□不合格</td></tr>
<tr><td>2</td><td>沟坑占比</td><td>沟坑占比不超过10%</td><td></td><td>□合格，□不合格</td></tr>
<tr><td>3</td><td>单位面积纯收入提升情况</td><td>与同等条件下水稻单作对比，单位面积纯收入平均提高50%以上</td><td></td><td>□合格，□不合格</td></tr>
<tr><td>4</td><td>化肥施用减少情况</td><td>与同等条件下水稻单作对比，单位面积化肥施用量平均减少30%以上</td><td></td><td>□合格，□不合格</td></tr>
<tr><td>5</td><td>农药施用减少情况</td><td>与同等条件下水稻单作对比，单位面积农药施用量平均减少30%以上</td><td></td><td>□合格，□不合格</td></tr>
<tr><td>6</td><td>渔用药物施用情况</td><td>无抗菌类和杀虫类渔用药物施用</td><td></td><td>□合格，□不合格</td></tr>
<tr><td colspan="5">模式判定：
评估模式是否为稻渔综合种养模式：□是，□否</td></tr>
<tr><td colspan="5">其他评价说明：</td></tr>
<tr><td colspan="5">评价人签字：
日期： 年 月 日</td></tr>
<tr><td colspan="5">注：技术指标全部达到要求，方可判定评估模式为稻渔综合种养模式。</td></tr>
</table>

注：本标准文件源自中华人民共和国农业农村部官网（www.moa.gov.cn）。本标准为中华人民共和国农业部2017年9月30日发布的，2018年1月1日实施，本书收录时其格式适做改动。

附录Ⅵ 《低洼盐碱地池塘养殖技术规范》（SC/T 1049—2006）

1 范围

本标准规定了低洼盐碱地环境条件改造，挖池抬田，降盐碱措施，水质要求，鱼苗、鱼种放养和饲养管理。

本标准适用于低洼盐碱地的池塘养殖。

2 规范性引用文件

下列文件中的条款通过本标准的引用而成为本标准的条款。凡是注日期的引用文件，其随后所有的修改单（不包括勘误的内容）或修订版均不适用于本标准，然而，鼓励根据本标准达成协议的各方研究是否可使用这些文件的最新版本。凡是不注日期的引用文件，其最新版本适用于本文件。

GB/T 10030　团头鲂鱼苗、鱼种质量标准
GB 11607　渔业水质标准
GB/T 11776　草鱼鱼苗、鱼种质量标准
GB/T 11777　鲢鱼鱼苗、鱼种质量标准
GB/T 11778　鳙鱼鱼苗、鱼种质量标准
NY 5071　渔用药物使用准则
SC/T 1044.3　尼罗罗非鱼养殖技术规范 鱼苗、鱼种

3 术语和定义

下列术语和定义适用于本标准。

3.1　低洼盐碱地

土壤含盐量在5‰以上，地下潜水矿化度在5 g/L以上，pH在8.0以上的低洼地。主要特征是地表雨季积水成涝，旱季地表返盐碱干旱，不能种植农作物。

4 低洼盐碱地类型

4.1　水质类型

低洼盐碱地水质类型分为：碳酸盐型水，硫酸盐型水，氯化物型水和混合型水。

水质矿化度在2.0g/L～5.0g/L的属微咸水或半咸水；

水质矿化度在5g/L～10.0g/L的属重咸水；

水质矿化度在10g/L以上的属重度咸水。

4.2 土壤类型

低洼盐碱地土壤分为盐土类型和碱土类型。

5 环境条件的改造

5.1 设计规划

设计低洼盐碱渔农综合开发治理规划，合理布局，确定池塘、台田、河渠路林占地面积的合理比例，一般为4∶4∶2。

5.2 开辟水源

根据综合开发治理规划，搞好水利建设，开辟水源，引河水灌溉。并配备第二水源，每公顷池塘配置机井一口，确保养鱼用水。

5.3 建设排灌系统

根据池塘养鱼规划，搞好水利配套建设，养鱼区排灌系统应设施齐全，与当地水利区系衔接配套，做到旱能灌、涝能排。排涝标准十年一遇，农业灌溉保证率达50%以上。

池塘应有独立的进、排水系统，进、排水口设有闸门，单独控制每口池塘水位。进水渠一般设在鱼池常年水位线以上，排水渠应低于鱼池底，排水渠应设有防逃设施。

6 挖池抬田

6.1 挖池抬田排列方式应根据当地地理条件和开发需要，一般采取鱼池与台田间隔排列，即挖一口鱼池，筑一个台面；也可采取池与田分别集中排列，即池塘集中排列，取土集中堆放，筑成大面积台田。

6.2 池与田的面积比例：一般为池塘水面占30%～50%，台田面积占50%～70%，即“挖一抬一”或“挖一抬二”的方法。

6.3 鱼池深度：挖池深度与抬田高程有关，抬田高程应高于地下潜水临界深度1.0m以上，一般设计鱼池深度为2.5～4.0m，需因地制宜，确保挖池深度。

黏质土地区，鱼池从原地面下挖1.5m～2.0m，同时筑台田高出原地面1.5m～2.0m。

砂质土地区，鱼池从原地面下挖2.0m～2.5m，同时筑台田高出原地面2.0m～2.5m。

6.4 台田田面应平整；在沿鱼池四周修筑宽30cm、高20cm土埂，用作漫灌，淋洗盐碱和保护池坡；台田四周及边坡应种植耐盐碱牧草护坡，统一向鱼池设置排水簸箕。

6.5 每口鱼池面积一般为2000m^2～5000m^2。以长方形为宜，东西长，南北宽，长宽比为3∶1～5∶3。池埂坡比为1∶2～2.5，常年保持养鱼水深1.6m～2.5m。

7 降盐碱措施

7.1 注淡水排咸水

7.1.1 低洼盐碱地鱼池和排水渠，春季应排尽矿化度高、含盐碱量大的越冬老水，蓄足灌渠新水。新开发区应用灌渠新水灌透台田，蓄满鱼池和灌渠，随后通过排水渠排掉，再蓄足灌渠新水。

7.1.2 趁雨季或抓住来水时机，养鱼池塘应勤换水，多蓄水；夏季多补充淡水，秋季勤换水。

7.1.3　台田应漫灌 1 次～2 次，淋洗盐碱，排除盐碱水。

7.2　其他措施

7.2.1　盐碱地池塘应根据不同类型盐碱水和矿化度，多施有机肥，有选择地使用化肥，以利降低或控制盐碱度与避免 pH 升高。

7.2.2　新建台田应经深耕晒垡，增强土壤渗透力，加速熟化速度，提高肥力。

7.2.3　每年挖泥整塘，移走含盐量高的塘底表层淤泥，培肥台田地力。

8　水质要求

8.1　水源水质

灌溉系统的水源水质和深井水的水质应符合 GB 11607 的规定。

8.2　池塘水质

池水透明度保持在 20cm～30cm，pH 为 7.5～9.0，矿化度在 5g/L 以下，其他指标应符合 GB 11607 的规定。

9　鱼苗、鱼种放养

9.1　放养品种的选择

9.1.1　因地制宜选择放养品种，先小试后推广。

9.1.2　养殖水体矿化度小于 5g/L 时，常规养殖的品种都能存活且正常生长，不同矿化度水质适宜放养的品种见表 1。

表 1　不同矿化度水质适宜放养品种

矿化度/(g/L)	适宜放养品种
1～3	鲤、鲫、草鱼、鲢、鳙、罗非鱼、淡水白鲳、革胡子鲇、罗氏沼虾、青虾、河蟹等
3～5	鲤、鲫、罗非鱼、淡水白鲳、罗氏沼虾、鲈、鲻、梭鱼、河蟹、南美白对虾、美国条纹鲈等
5～10	罗非鱼、南美白对虾、鲻、梭鱼、美国条纹鲈等

9.2　放养模式

9.2.1　食用鱼饲养的放养模式见表 2。

表 2　饲养食用鱼放养模式

模式类型	主养鱼类	混养鱼类	混养比例/%	放养规格/(g/尾)	放养尾数尾/(×667m^2)	放养重量/(kg/667m^2)	预计产量/(kg/667m^2)
I	鲤	鲤	60～65	80～120	600～800	40～45	≥600
		鲢	15～20	100～120	150～200	15～20	
		鳙	5	50～150	50～60	5～8	
		草鱼	10～15	60～120	100～120	12～20	
II	草鱼	草鱼	45～60	150～220	500～600	75～80	≥600
		鲂	10～15	60～75	120～150	10～15	

续表

模式类型	主养鱼类	混养鱼类	混养比例/%	放养规格/(g/尾)	放养尾数尾/(×667m^2)	放养重量/(kg/667m^2)	预计产量/(kg/667m^2)
Ⅱ	草鱼	鲢	15	100～120	150～200	15～20	≥600
		鳙	5	120～150	50～80	7～10	
		鲤	10～15	100～150	100～200	10～15	
Ⅲ	鲢	鲢	50～60	150～200	500～600	75～80	≥350
		鳙	5	250～300	25～30	5～8	
		鲤	20～30	100～150	200～300	20～30	
		草鱼	10～15	100～120	100～150	10～15	
Ⅳ	罗非鱼	罗非鱼	70～80	100～120	1000～1200	100～120	≥500
		鲢	10～15	80～120	150～200	15～20	
		鲤	5	100～120	50～100	5～10	
		鳙	5	120～150	30～50	4～6	
Ⅴ	淡水白鲳	淡水白鲳	70～75	100～150	800～1200	80～120	≥500
		鲢	12～15	100～120	150～200	15～20	
		鳙	3～5	100～120	30～50	5～6	
		鲤	5～8	100～120	50～100	5～10	
Ⅵ	鲫	鲫	70～80	50～80	1000～1500	50～80	≥600
		鲢	15	100～150	200～300	20～30	
		鳙	5	100～150	50～80	5～10	
Ⅶ	南美白对虾	—	—	1cm～3cm	（2～3）×10^4	—	>150
注：低洼盐碱地开发后，草源丰盛适于饲养草食性鱼类，如草鱼、团头鲂等。							

9.2.2 鱼种培育模式见表3。

表3 鱼种培育模式

模式类型	主养鱼类	混养鱼类	混养比例/%	入池规格（全长）/cm	放养尾数尾/(×667m^2)	出池规格/(g/尾)	预计产量/(kg/667m^2)
Ⅰ	草鱼	草鱼	80	2	5000～7000	150～220	≥350
		鲢	15		500～700	150～200	
		鳙	5		200～300	150～200	
Ⅱ	鲢	鲢	70～75	2	5000～6000	150～200	≥300
		鳙	15		800～1200	150～200	
		草鱼	15		800～1200	150～220	

续表

模式类型	主养鱼类	混养鱼类	混养比例/%	入池规格（全长）/cm	放养尾数尾/(×667m²)	出池规格/(g/尾)	预计产量/(kg/667m²)
Ⅲ	鲤	鲤	85～90	2	8000～12000	80～120	≥500
		鲢	5～10		300～400	150～200	
		鳙	5～7		100～200	150～200	

9.3 放养时间

鱼种放养时间在三月中、下旬或四月初，水温回升并稳定在12℃以上。

9.4 放养鱼苗、鱼种的质量要求

团头鲂、草鱼、鲢、鳙、尼罗罗非鱼的鱼苗、鱼种应分别符合GB/T 10030、GB/T 11776～11778、SC/T 1044.3的要求。鲤和淡水白鲳等其他品种的鱼苗、鱼种亦应体质健壮、规格整齐、品种纯正，不带传染性疾病。鱼苗鱼种放养应经检疫合格。鱼种放养时用3%～5%食盐水浸洗消毒。

10 饲养管理

10.1 施肥

春季引入大流域淡水水源，排掉鱼塘、排水沟等越冬含盐碱量高的老水，补入新水后，及时施用发酵腐熟有机肥培肥水质，每667m² 施200kg～300kg，并应根据水质肥瘦程度，追施有机肥或化肥，提高总氮含量，抑制小三毛金藻的繁衍。

10.2 投饲

10.2.1 吃食性鱼类需投喂配合颗粒饲料，主养草食性鱼类池塘，一般以鲜青饲草为主，配合饲料为辅。每天投一次配合饲料，傍晚投足鲜青饲草，以次日晨吃完为度。

10.2.2 投饲做到“四定”，即定时、定量、定质、定点。

各月份投饲量占全年投饲量的比例见表4。

表4 各月份投饲量占全年投饲量的比例 （单位：%）

月份	4	5	6	7	8	9	10
配合饲料	≤3	5～6	10	15～18	25～30	25～30	≤8
饲草	1	6	15	25	35	15	≤5

10.3 水质调控

10.3.1 保持池塘水质的pH处于7.5～9.0之间。初春应换淡水、施足基肥；5月底以后有条件时应补充新鲜淡水，6月份以后开始机械增氧。pH高于8的池塘应施二氧化氯等酸性的化学物质进行消毒，以调整pH，净化水质，改善生态环境。养殖池塘应少用或不用生石灰，以避免pH升高。

10.3.2 应用光合细菌改善水质：按平均每667m²、0.5m水深计，以7.5×10^{10}个/m²的浓度施用光合细菌。

10.4 鱼病防治

10.4.1 坚持“预防为主，防重于治”的原则：

a）放鱼前严格清塘；

b）鱼种下塘前严格进行鱼体检查和药物消毒；

c）高温多发病季节，定期投喂药饵，定期检查病原体，发现征兆应及时施用药物消毒，以控制鱼病发生。

d）严格监测小三毛金藻的繁衍，初春水质清瘦时及时调控水质施氮肥抑制其生长。

10.4.2 渔药使用按 NY 5071 的规定执行。

10.5 日常管理

加强巡塘，建立池塘管理日记；专人负责巡塘，注意观察鱼群吃食活动情况；注意观察水色、水质，坚持早、中、晚巡塘；夏季闷热天夜间勤巡塘；汛期注意防逃；认真做好生产记录，发现问题及时采取措施。

注：本标准于 2006 年 1 月 26 日由中华人民共和国农业部第 604 号公告发布（www.moa.gov.cn），2006 年 4 月 1 日实施，标准文件源自标准库（www.bzko.com）。